中国土木建筑百科辞典

工 程 力 学

中国建筑工业出版社

图书在版编目(CIP)数据

中国土木建筑百科辞典．工程力学卷/李国豪等著．
北京:中国建筑工业出版社,2001
ISBN 7-112-02300-9

I．中… II．李… III．①建筑工程-词典 ②工程力学-词典 IV．TU-61

中国版本图书馆 CIP 数据核字(2000)第 80240 号

中国土木建筑百科辞典
工 程 力 学
*
中国建筑工业出版社出版、发行(北京西郊百万庄)
新 华 书 店 经 销
北京市景煌照排中心照排
北京市兴顺印刷厂印刷
*
开本:787×1092 毫米 1/16 印张:43½ 字数:1527 千字
2001 年 12 月第一版 2001 年 12 月第一次印刷
印数:1—1,000 册 定价:**130.00** 元
ISBN 7-112-02300-9
TU·1786 (9068)

《中国土木建筑百科辞典》总编委会名单

主　　任：李国豪

常务副主任：许溶烈

副 主 任：（以姓氏笔画为序）

左东启　卢忠政　成文山　刘鹤年　齐　康　江景波　吴良镛　沈大元
陈雨波　周　谊　赵鸿佐　袁润章　徐正忠　徐培福　程庆国

编　　委：（以姓氏笔画为序）

王世泽	王　弗	王宝贞（常务）	王铁梦	尹培桐
邓学钧	邓恩诚	左东启	石来德	龙驭球（常务）
卢忠政	卢肇钧	白明华	成文山	朱自煊（常务）
朱伯龙（常务）	朱启东	朱象清	刘光栋	刘先觉
刘柏贤	刘茂榆	刘宝仲	刘鹤年	齐　康
江景波	安　昆	祁国颐	许溶烈	孙　钧
李利庆	李国豪	李荣先	李富文（常务）	李德华（常务）
吴元炜	吴仁培（常务）	吴良镛	吴健生	何万钟（常务）
何广乾	何秀杰（常务）	何钟怡（常务）	沈大元	沈祖炎（常务）
沈蒲生	张九师	张世煌	张梦麟	张维岳
张　琰	张新国	陈雨波	范文田（常务）	林文虎（常务）
林荫广	林醒山	罗小未	周宏业	周　谊
庞大中	赵鸿佐	郝　瀛（常务）	胡鹤均（常务）	侯学渊（常务）
姚玲森（常务）	袁润章	贾　岗	夏行时	夏靖华
顾发祥	顾迪民（常务）	顾夏声（常务）	徐正忠	徐家保
徐培福	凌崇光	高学善	高渠清	唐岱新
唐锦春（常务）	梅占馨	曹善华（常务）	龚崇准	彭一刚（常务）
蒋国澄	程庆国	谢行皓	魏秉华	

《中国土木建筑百科辞典》编辑部名单

主　　任：张新国

副 主 任：刘茂榆

编辑人员：（以姓氏笔画为序）

刘茂榆　杨　军　张梦麟　张　琰　张新国　庞大中　郦锁林　顾发祥
董苏华　曾　得　魏秉华

工程力学卷编委会名单

主编单位：清华大学

湖南大学

浙江大学

主　　编：龙驭球　刘光栋　唐锦春

副主编：匡文起　罗汉泉

编　　委：（以姓氏笔画为序）

张季容　杨德铨　龚晓南　孙炳楠　寿楠椿　徐文焕　熊祝华

黎邦隆　叶镇国　李家宝　杨茀康　陈树年　沈蒲生　宋福磐

洪范文　项海帆　张相庭　徐秉业　吴明德　韩守询　包世华

支秉琛　冯乃谦　余寿文　刘西拉　王娴明　傅承诵　张如一

夏亨熹　庞大中　郑邦民　郑照北　傅梦蘧　刘　铮　梅占馨

屠大燕　周谟仁　吴秀水　王启宏

撰稿人：（以姓氏笔画为序）

王志刚　王娴明　王晚姬　王　烽　支秉琛　石　沅　龙驭球

叶镇国　田　浦　包世华　冯乃谦　匡文起　朱向荣　刘光栋

刘尚培　刘国华　刘信声　江见鲸　孙学伟　孙炳楠　杜守军

李纪臣　李明逵　杨挺青　杨德品　杨德铨　吴世明　吴明德

何放龙　何祥铁　余寿文　汪树玉　宋福磐　张如一　张季容

张相庭　张　清　陈龙珠　陈树年　罗汉泉　罗学富　周　啸

周德培　庞大中　郑邦民　郑照北　项海帆　郝中堂　胡春芝

钟国成　施宗城　洪范文　姚振汉　袁文忠　袁　驷　夏亨熹

唐锦春　顾　明　徐文焕　徐秉业　郭　平　龚晓南　崔玉玺

屠大燕　屠树根　彭绍佩　彭剑辉　傅承诵　谢康和　熊祝华

黎邦隆　戴诗亮

特约审稿人名单：（以姓氏笔画为序）

王贻荪　孙天风　江爱川　张　行　张　清　林钟祥　范文田

周景星　郝中堂　崔尔杰　雷中和　欧阳可庆

序　言

经过土木建筑界一千多位专家、教授、学者十个春秋的不懈努力,《中国土木建筑百科辞典》十五个分卷终于陆续问世了。这是迄今为止中国建筑行业规模最大的专科辞典。

土木建筑是一个历史悠久的行业。由于自然条件、社会条件和科学技术条件的不同,这个行业的发展带有浓重的区域性特色。这就导致了用于传授知识和交流信息的词语亦有颇多差异,一词多义、一义多词、中外并存、南北杂陈的现象因袭流传,亟待厘定。现代科学技术的发展,促使土木建筑行业各个领域发生深刻的变化。随着学科之间相互渗透、相互影响日益加强,新兴学科和边缘学科相继形成,以及日趋活跃的国际交流和合作,使这个行业的科学技术术语迅速地丰富和充实起来,新名词、新术语大量涌现;旧名词、旧术语或赋予新的概念或逐渐消失,人们急切地需要熟悉和了解新旧术语的含义。希望对国外出现的一些新事物、新概念、新知识有个科学的阐释。此外,人们还要查阅古今中外的著名人物,著名建筑物、构筑物和工程项目,重要学术团体、机构和高等学府,以及重要法律法规、典籍、著作和报刊等简介。因此,编撰一部以纠讹正名,解讹释疑,系统汇集浓缩知识信息的专科辞书,不仅是读者的期望,也是这个行业科学技术发展的需要。

《中国土木建筑百科辞典》共收词约 6 万条,包括规划、建筑、结构、力学、材料、施工、交通、水利、隧道、桥梁、机械、设备、设施、管理、以及人物、建筑物、构筑物和工程项目等土木建筑行业的主要内容。收词力求系统、全面,尽可能反映本行业的知识体系,有一定的深度和广度;构词力求标准、严谨,符合现行国家标准规定,尽可能达到辞书科学性、知识性和稳定性的要求。正在发展而尚未定论或有可能变动的词目,暂未予收入;而历史上曾经出现,虽已被淘汰的词目,则根据可能参阅古旧图书的需要而酌情收入。各级词目之间尽可能使其纵横有序,层属清晰。释义力求准确精练,有理有据,绝大多数词目的首句释义均为能反映事物本质特征的定义。对待学术问题,按定论阐述;尚无定论或有争议者,则作宏观介绍,或并行反映现有的各家学说、观点。

中国从《尔雅》开始,就有编撰辞书的传统。自东汉许慎《说文解字》刊行以来,迄今各类辞书数以万计,可是土木建筑行业的辞书依然屈指可数,大型辞书则属空白。因此,承上启下,继往开来,编撰这部大型辞书,不惟当务之急,亦是本书总编委会和各个分卷编委会全体同仁对本行业应有之奉献。在编撰过程中，建设部科学技术委员会从各方面为我们创造了有利条件。各省、自治区、直辖市建设部门给予热情帮助。同济大学、清华大学、西南交通大学、哈尔滨建筑大学、重庆建筑大学、湖南大学、东南大学、武汉工业大学、河海大学、浙江大学、天津大学、西安建筑科技大学等高等学府承担了各个分卷的主要撰稿、审稿任务，从人力、财力、精神和物质上给予全力支持。遍及全国的撰稿、审稿人员同心同德，精益求精，切磋琢磨，数易其稿。中国建筑工业出版社的编辑人员也付出了大量心血。当把《中国土木建筑百科辞典》各个分卷呈送到读者面前时，我们谨向这些单位和个人表示崇高的敬意和深切的谢忱。

在全书编撰、审查过程中，始终强调"质量第一"，精心编写、反复推敲。但《中国土木建筑百科辞典》收词广泛，知识信息丰富，其内容除与前述各专业有关外，许多词目释义还涉及社会、环境、美学、宗教、习俗，乃至考古、校雠等；商榷定义，考订源流，难度之大，问题之多，为始料所不及。加之客观形势发展迅速，定稿、付印皆有计划，广大读者亦要求早日出版，时限已定，难有再行斟酌之余地，我们殷切地期待着读者将发现的问题和错误，一一函告《中国土木建筑百科辞典》编辑部（北京西郊百万庄中国建筑工业出版社，邮编 100037），以便全书合卷时订正、补充。

《中国土木建筑百科辞典》总编委会

前　言

本书编辑工作在《中国土木建筑百科辞典》总编委会指导下，由工程力学卷编委会主持进行。从1988年春季开始，共列词目五千余条，释文一百五十余万字，由百余位专家学者撰稿审稿，反复推敲，数易其稿，历时数载，方告定稿。

本书编撰时力求贯彻《中国土木建筑百科辞典》的编撰方针。在选择词目方面，力求做到既考虑工程力学的学科体系，又注意切合土木建筑界的实际需要；既介绍传统内容，又反映新近发展；既勾画出学科全貌，又点出中国学者的特殊贡献；适当扩大词目的覆盖面，各分支学科之间比例合理，疏密适度。在阐释词义方面，力求做到释文准确、全面、清晰、扼要；广度和深度适当，科学性和可读性兼备，用词规范，资料可靠；着眼于解惑释疑，向读者提供正确的知识。

本书按学科系统分为十三篇。其中理论力学、材料力学、结构力学、弹塑性力学、流体力学五篇，主要涉及基础性的学科内容；土力学、岩体力学、工程流变学、风工程四篇带有较强的工程应用背景；计算力学和实验应力分析两篇对工程力学两大分析手段进行综述；断裂力学和结构优化两篇对工程力学两个新兴学科加以介绍。采用上述安排的目的，是想尽量做到条理分明，归属情晰，纵横有序，为检索查阅提供方便。

在编撰本卷过程中得到多方面的支持。许多学者为撰稿审稿付出了辛勤劳动；中国建筑工业出版社给予了热心指点，密切配合；清华大学、湖南大学、浙江大学等主编院校在人力、物力上提供了大力支援；我们在此对他们表示衷心的感谢。

我们对编撰辞书缺少经验，如有不完善甚至错误之处希望读者和同行多加指正。

工程力学卷编委会

凡　　例

组　　卷

一、本辞典共分建筑、规划与园林、工程力学、建筑结构、工程施工、工程机械、工程材料、建筑设备工程、基础设施与环境保护、交通运输工程、桥梁工程、地下工程、水利工程、经济与管理、建筑人文十五卷。

二、各卷内容自成体系；各卷间存有少量交叉。建筑卷、建筑结构卷、工程施工卷等，内容侧重于一般房屋建筑工程方面，其他土木工程方面的名词、术语则由有关各卷收入。

词　　条

三、词条由词目、释义组成。词目为土木建筑工程知识的标引名词、术语或词组。大多数词目附有对照的英文，有两种以上英译者，用“,”分开。

四、词目以中国科学院和有关学科部门审定的名词术语为正名，未经审定的，以习用的为正名。同一事物有学名、常用名、俗名和旧名者，一般采用学名、常用名为正名，将俗名、旧名采用“俗称”、“旧称”表达。个别多年形成习惯的专业用语难以统一者，予以保留并存，或以“又称”表达。凡外来的名词、术语，除以人名命名的单位、定律外，原则上意译，不音译。

五、释义包括定义、词源、沿革和必要的知识阐述，其深度和广度适合中专以上土木建筑行业人员和其他读者的需要。

六、一词多义的词目，用①、②、③分项释义。

七、释义中名词术语用楷体排版的，表示本卷收有专条，可供参考。

插　　图

八、本辞典在某些词条的释义中配有必要的插图。插图一般位于该词条的释义中，不列图名，但对于不能置于释义中或图跨越数条词条而不能确定对应关系者，则在图下列有该词条的词目名。

排　　列

九、每卷均由序言、本卷序、凡例、词目分类目录、正文、检字索引和附录组成。

十、全书正文按词目汉语拼音序次排列；第一字同音时，按阴平、阳平、上声、去声的声调顺序排列；同音同调时，按笔画的多少和起笔笔形横、竖、撇、点、折的序次排列；首字相同者，按次字排列，次字相同者按第三字排列，余类推。外文字母、数字起头的词目按英文、俄文、希腊文、阿拉伯数字、罗马数字的序次列于正文后部。

检　索

十一、本辞典除按词目汉语拼音序次直接从正文检索外，还可采用笔画、分类目录和英文三种检索方法，并附有汉语拼音索引表。

十二、汉字笔画索引按词目首字笔画数序次排列；笔画数相同者按起笔笔形横、竖、撇、点、折的序次排列，首字相同者按次字排列，次字相同者按第三字排列，余类推。

十三、分类目录按学科、专业的领属、层次关系编制，以便读者了解本学科的全貌。同一词目在必要时可同时列在两个以上的专业目录中，遇有又称、旧称、俗称、简称词目，列在原有词目之下，页码用圆括号括起。为了完整地表示词目的领属关系，分类目录中列出了一些没有释义的领属关系词或标题，该词用［ ］括起。

十四、英文索引按英文首词字母序次排列，首字相同者，按次词排列，余类推。

目　　录

序言 …… 7
前言 …… 9
凡例 …… 10
词目分类目录 …… 1—58
辞典正文 …… 1—487
词目汉语拼音索引 …… 488—532
词目汉字笔画索引 …… 533—575
词目英文索引 …… 576—626

词目分类目录

说　　明

一、本目录按学科、专业的领属、层次关系编制，供分类检索条目之用。

二、有的词条有多种属性，可能在几个分支学科和分类中出现。

三、词目的又称、旧称、俗称、简称等，列在原有词目之下，页码用圆括号括起，如(1)、(9)。

四、凡加有［　］的词为没有释义的领属关系词或标题。

工程力学 120
　理论力学 207
　　［基本概念］
　　机械运动 149
　　力 208
　　静力学 181
　　几何静力学 156
　　平衡 268
　　力学模型 214
　　　刚体 109
　　　质点 459
　　　质点系 459
　　静力学公理 182
　　　二力平衡公理 86
　　　增减平衡力系公理 448
　　　力的平行四边形法则 209
　　　作用与反作用定律 481
　　　刚化原理 108
　　　硬化原理 435，(108)
　　　力的可传性 209
　　　三力平衡汇交定理 298
　　约束 444
　　　自由体 473，(118)
　　　非自由体 94
　　　主动力 465
　　　荷载 136，(465)
　　　约束反力 444
　　　约束力 445，(444)
　　　约束反作用力 (444)
　　　柔性体约束 293
　　　光滑接触面约束 127
　　　光滑圆柱形铰链 127
　　　　销钉 (127)
　　　　圆柱铰 (127)
　　　　铰 (127)
　　　支座 457
　　　　固定铰支座 123
　　　　活动铰支座 147
　　　　　滚动铰支座 132，(147)
　　　　　可动铰支座 (147)
　　　　　辊轴支座 132，(147)
　　　　　滚轴支座 132，(147)
　　　　固定端支座 123
　　　蝶形铰链 71
　　　球形铰链 284
　　　滑动轴承 142
　　　链杆 216
　　　二力杆 86
　　受力分析 315
　　　解除约束原理 177
　　　隔离体 118
　　　　分离体 95，(118)
　　　　脱离体 361，(118)
　　　　自由体 473，(118)

受力图 315
示力图 (315)
隔离体图 118，(315)
分离体图 (315)
脱离体图 (315)
自由体图 473，(315)
[力的投影]
力在平面上的投影 214
力在轴上的投影 214
合力投影定理 136
力矩 211
力对点之矩 209
力对轴之矩 210
合力矩定理 136
伐里农定理 (136)
力偶 212
力偶矩 212
等效力偶 60
力系 212
力系的等效代换 213
等效力系 61
平衡力系 268
力的分解 209
合力 136
分力 95
外力 363
内力 248
集中力 155
分布力 94
体积力 349，(460)
表面力 21
汇交力系的合成 145
力多边形 210
力三角形 212
平行力系的合成 273
力偶系的合成 212
任意力系的简化 291
力的平移定理 209
简化中心 166
力系的主矢量 213
力系的主矩 213
力螺旋 212
力系的中心轴 213
力系的平衡方程 213
平面力系的图解法 270
索多边形 337
平面力系平衡的图解条件 270
摩擦 244
滑动摩擦 142
第一类摩擦 (142)
最大静摩擦力 479
极限静摩擦力 (479)
库仑摩擦定律 197
滑动摩擦系数 142
摩擦角 244
摩擦锥 244
自锁 472
滚动摩阻 132
滚动摩擦 (132)
第二类摩擦 (132)
滚动摩阻力偶 132
滚动摩擦力偶 (132)
最大滚动摩阻力偶矩 478
极限滚动摩阻力偶矩 (478)
最大滚阻力偶矩 (478)
滚动摩阻定律 132
滚阻定律 (132)
滚动摩阻系数 132
重心 463
平行力系中心 274
形心 394
古尔顿定理 123
运动学 447
[一般概念]
参考系 31
参考体 (31)
参照系 (31)
参考坐标系 31
瞬时 325
时刻 (325)
时间间隔 309
运动的绝对性与相对性 446
[点的运动]
点的运动方程 66
点的轨迹 64
点的位移 65
路程 232
位置矢 374
矢径 312，(374)
点的直线运动 66

简谐运动 166
点的曲线运动 65
点的变速直线运动 64
速度 329
即时速度 (329)
速率 331
加速度 160
点的运动的直角坐标法 65
点的运动的自然坐标法 66
弧坐标法 (66)
密切面 238
曲率平面 (238)
法平面 87
主法线 465
副法线 105
自然轴系 472
切向加速度 282
法向加速度 87
点的运动的极坐标法 65
径向速度 180
横向速度 139
径向加速度 180
横向加速度 139
点的运动的柱坐标法 66
点的运动的球坐标法 65
速度端图 330
速度矢端曲线 (330)
速端曲线 (330)
运动图 446
速度图 330，(331)
加速度图 161
点的复合运动 64
点的合成运动 (64)
动参考系 72
定参考系 71
绝对运动 186
绝对速度 186
绝对加速度 186
相对运动 387
相对速度 386
相对加速度 386
牵连运动 279
牵连速度 279
牵连加速度 279
点的速度合成定理 65
点的加速度合成定理 64
科里奥利斯加速度 191
科氏加速度 (191)
补充加速度 (191)
刚体的平动 109
刚体的移动 (109)
刚体的定轴转动 109
刚体角位移 110
转动方程 467
角速度 168
角加速度 168
匀速转动 446
变速转动 19
匀变速转动 446
泊松公式 274
定轴轮系的传动比 72
刚体的平面运动 109
平面图形 271
沙尔定理 301
瞬时转动中心 326
基点 151
刚体平面运动的运动方程 111
平面图形上任意点速度的合成法 271
基点法 (271)
速度投影定理 330
速度瞬心 330
瞬时速度中心 (330)
瞬心 (330)
平面图形上任意点速度的瞬心法 271
动瞬心轨迹 77
本体极迹 (77)
定瞬心轨迹 71
瞬时平动 326
加速度瞬心 161
瞬时加速度中心 (161)
平面图形上任意点加速度的合成法 271
基点法 (271)
速度图解 331
速度图 330，(331)
加速度图解 161
加速度图 161
刚体的定点转动 109
节线 170
欧拉角 261
刚体定点转动的运动方程 110

达朗伯-欧拉定理 48
瞬时转动轴 326
瞬轴 (326)
无限小角位移合成定理 378
欧拉运动学方程 262
里瓦斯公式 207
转动加速度 468
向轴加速度 389
刚体的一般运动 110
刚体一般运动的运动方程 111
刚体转动的合成 111
转动偶 468
反转法 89
相对角速度法 (89)
维利斯法 (89)
角速度合成定理 168
动力学 74
［总论］
牛顿运动定律 257
牛顿三定律 (257)
质点动力学基本方程 459
惯性 126
惯性运动 126
惯性参考系 126
基础参考系 (126)
惯性坐标系 127
基础坐标系 (127)
自由质点 474
非自由质点 94
自由质点系 474
非自由质点系 94
质量 460
力学单位制 213
牛顿力学 257
经典力学 179
古典力学 (179)
重力 462
重力加速度 462
万有引力定律 366
力的独立作用原理 209
质点的运动微分方程 459
运动初始条件 446
抛射体运动 264
落体运动 234
极限速度 153
过载 133
超重 (133)
动荷系数 72
过载系数 (72)
质点相对运动动力学基本方程 459
质点相对运动微分方程 459
非惯性参考系 90
牵连惯性力 279
科氏惯性力 191
铅垂线的偏斜 279
落体对铅垂线的偏离 233
落体偏东 234
相对平衡 386
相对静止 386
经典力学的相对性原理 179
动力学普遍定理 74
动量定理 75
动量 75
线动量 (75)
弯管内流体的欧拉方程 363
动量守恒定律 76
冲量 43
线冲量 (43)
元冲量 441
冲量定理 43
质心 460
质心运动定理 460
质心运动守恒 460
变质量质点的运动微分方程 19
密歇尔斯基方程 (19)
反推力 88
火箭的运动微分方程 148
火箭的质量比 148
火箭的特征速度 148
齐奥尔可夫斯基公式 276
动量矩定理 75
动量矩 75
角动量 (75)
动量矩守恒定律 75
冲量矩 43
角冲量 (43)
冲量矩定理 43
赖柴耳定理 203
单摆 51
数学摆 (51)

欧拉涡轮方程 262
刚体定轴转动微分方程 110
复摆 103
  物理摆 (103)
相对于质心的动量矩定理 387
相对于质心的冲量矩定理 387
刚体平面运动微分方程 111
中心力 462
  有心力 (462)
比奈公式 12
质点在牛顿引力场中的运动 459
宇宙速度 440
开普勒定律 189
面积速度 239
陀螺 361
陀螺的自转 362
陀螺的进动 361
陀螺的章动 362
欧拉动力学方程 260
陀螺的近似理论 361
陀螺力矩 362
  回转力矩 (362)
陀螺效应 362
  回转效应 (362)
陀螺的定轴性 361
陀螺的规则进动 361
  稳态进动 (361)
陀螺的赝规则进动 362
  伪规则进动 (362)
动能定理 76
功 120
  元功 441
  元功解析式 441
  合力的功 136
  重力的功 462
  弹性力的功 344
  牛顿引力的功 257
  焦耳 168
  功率 121
  瓦 362
  马力 235
  功率方程 121
动能 76
  柯尼希定理 191
势能 313
机械能守恒定律 149
  能量守恒原理 (149)
等势面 60
零位置 225
力场 209
  有势力 436
    保守力 10，(436)
  力函数 211
    势函数 312，(211)
  势力场 312
    保守力场 10，(312)
  保守系统 10
转动惯量 468
刚体转动惯量 (468)
质量惯性矩 (468)
  回转半径 145
    惯性半径 (145)
    惯量半径 (145)
  平行轴定理 274
  刚体对过同一点的任意轴的转动惯量 110
  惯性积 126
    惯量积 (126)
    离心转动惯量 (126)
  惯性张量 126
    惯量张量 (126)
  惯性椭球 126
    惯量椭球 (126)
  惯性主轴 126
    惯量主轴 (126)
  中心惯性主轴 462
    中心惯量主轴 (462)
  主转动惯量 466
  中心主转动惯量 462
  赤道转动惯量 40
  极转动惯量 154
达朗伯原理 49
  质点的惯性力 459
  离心力 206
  动静法 72
    惯性力法 (72)
  刚体惯性力系的简化 110
  定轴转动刚体的轴承动反力 72
  静平衡 182
  动平衡 77
碰撞 265

对心正碰撞 83
对心斜碰撞 83
碰撞力 265
瞬时力 (265)
碰撞冲量 265
恢复系数 145
弹性碰撞 345
塑性碰撞 333
非弹性碰撞 (333)
撞击中心 470
打击中心 (470)
碰撞中动能的损失 265
卡诺定理 188
碰撞时的动力学普遍定理 265
分析力学 97
分析静力学 97
虚位移原理 397
虚功原理 396,(397)
几何约束 157,(177)
位置约束 (157)
运动约束 447
微分约束 (447)
速度约束 (447)
单面约束 52
单向约束 (52)
非固执约束 (52)
双面约束 318
双向约束 (318)
固执约束 (318)
定常约束 71
稳定约束 376,(71)
非定常约束 90
非稳定约束 (90)
完整约束 365
非完整约束 92
约束方程 444
广义坐标 131
自由度 473,(447)
虚位移 397
虚功 395
理想约束 208
广义力 130
广义力表示的平衡条件 130
静力学普遍方程 182
分析动力学 96
动力学普遍方程 74
达朗伯-拉格朗日方程 (74)
广义动量 129
广义速度 131
拉格朗日方程 201
第一类拉格朗日方程 64
第二类拉格朗日方程 63
多余坐标 85
完整系统 365
非完整系统 92
拉格朗日乘子 201
拉格朗日函数 201
动势 (201)
能量积分 249
循环坐标 401
可遗坐标 (401)
循环积分 401
碰撞情况下的拉格朗日方程 265
变分 18
等时变分 59
真实轨迹 451
正路 (451)
比较轨迹 12
哈密顿原理 133
哈密顿作用量 133
分析力学的变分原理 97
振动 451
线性振动 385
微幅振动 367
简谐振动 166
平衡稳定性 268
单自由度系统的自由振动 56
恢复力 145
单自由度系统的衰减振动 56
减幅系数 163
对数减幅系数 83
单自由度系统的受迫振动 55
振幅 452
固有频率 125
自然频率 (125)
自振频率 474,(125)
振动周期 452
振动频率 452
赫兹 137
弹簧常数 339

弹簧刚度 (339)
弹簧刚性系数 (339)
等值弹簧常数 61
当量弹簧常数 (61)
阻尼 476
阻尼系数 477
黏滞阻尼 256
黏性阻尼 (256)
线性阻尼 (256)
阻尼比 476
临界阻尼 224
欠阻尼 280
过阻尼 133
耗散力 136
瑞利耗散函数 295
激励 152
干扰力 106
激扰力 (106)
响应 389
暂态响应 448
瞬态响应 (448)
瞬态振动 (448)
稳态响应 376
幅频特性曲线 103
相频特性曲线 389
放大系数 90
放大因子 (90)
放大率 (90)
动力系数 (90)
品质因子 267
品质因数 (267)
半功率点 3
共振 123
共振频率 123
临界转速 224
李萨如图 207
减振 163
隔振 118
主动隔振 465
积极隔振 (465)
被动隔振 11
消极隔振 (11)
隔振系数 119
传递系数 45, (119)
传递率 (119)

材料力学 31

[通用词目]
杆件 106
变截面杆 18
曲杆 284
曲梁 285, (284)
杆轴 108
截面 175
[变形性质]
弹性 340
塑性 331
本构方程 12
本构关系 (12)
[基本假定]
均质连续性假定 187
各向同性假定 119
圣维南原理 308
叠加原理 70
平截面假定 269
各向异性 119
小变形假定 390
[研究目的]
强度 280
刚度 108, (214)
刚度系数 108
压杆稳定性 402
屈曲 286
荷载 136, (465)
静力荷载 181
动力荷载 73
冲击荷载 42
交变荷载 167
横向荷载 139
轴向荷载 464
集中荷载 155
分布荷载 94
均布荷载 186
内力 248
应力 427
正应力 456
法向应力 (456)
剪应力 164
应变 424
线应变 385
剪应变 164

位移 370
　线位移 384
　角位移 169
应变能 425
　变形能 (425)
　应变余能 426
变形 19
　弯曲变形 364
　轴向变形 464
　扭转变形 258
[材料的机械性能(力学性能)]
静荷常温试验 180
　　[仪器设备]
　　拉力试验机 201
　　扭转试验机 258
　　万能试验机 365
　　变形测试仪表 19
　　　引伸计 422
　　　[量具]
　　　千分卡尺 278
　　　　游标卡尺 (278)
　　　螺旋测微计 233
　　标准试件 20
　　[拉伸图及其特性]
　　应力-应变曲线 433
　　σ-ε 曲线 (433)
　　真应力应变曲线 451
　　　弹性阶段 344
　　　　弹性模量 345
　　　　　杨氏弹性模量 (345)
　　　　　杨氏模量 (345)
　　　　　割线模量 117
　　　　比例极限 12
　　　　弹性极限 343
　　　　泊松比 274
　　　　胡克定律 141
　　　屈服阶段 285
　　　　流动阶段 (285)
　　　　滑移线 142
　　　　吕德斯线 (142)
　　　　切尔诺夫线 (142)
　　　　屈服极限 285
　　　　　流动极限 (285)
　　　　名义屈服极限 240
　　　　　条件屈服极限 (240)
　　　　　屈服强度 (240)
　　　强化阶段 281
　　　　加载卸载规律 162
　　　　切线模量 282
　　　　加工硬化 159
　　　　　冷作强化 (159)
　　　　　加工强化 (159)
　　　　包辛格效应 5
　　　　　包氏效应 (5)
　　　局部变形阶段 182
　　　　颈缩现象 180
　　　　　拉伸失稳 202, (180)
　　　　强度极限 280
　　　　强度指标 280
　　　　　脆性材料 48
　　　　　塑性材料 331
　　　　塑性指标 334
　　　　　延伸率 405
　　　　　面积收缩率 239
　硬度试验 434
　　布氏硬度 29
　　洛氏硬度 233
　　维氏硬度 369
　　肖氏硬度 390
　　显微维氏硬度 383
金属材料的冲击试验 177
　冲击试验机 42
　切口试件 282
　　缺口试件 (282)
　冲击韧性 42
　　韧度 (42)
　　冷脆性 206
　　韧脆性转变温度 292
　　　冷脆转化温度 (292)
[拉伸与压缩]
轴力 464
　拉力 201
　压力 402
　轴力图 464
强度计算 280
　极限应力 154
　许用应力 398
　安全系数 1
　强度条件 280
　抗拉刚度 190

应力集中 429
装配应力 469
[连接件]
剪切弹性模量 164
剪切模量 (164)
剪切胡克定律 164
受剪面 315
挤压应力 157
名义挤压应力 (157)
名义剪应力 240
剪切强度条件 164
挤压强度条件 157
[扭转]
[等圆直杆]
圆轴扭转平面假设 442
截面极惯性矩 175
抗扭截面模量 190
纯剪应力状态 46
抗扭刚度 190
扭矩 258
扭矩图 258
扭转刚度条件 258
单位长度的允许扭转角 53
[非圆截面杆]
截面翘曲 176
纯扭转 46
自由扭转 (46)
相当极惯性矩 385
薄膜比拟法 7
[弯曲]
[梁的强度]
支座 457
固定端支座 123
固定铰支座 123
可动铰支座 (147)
梁 216
悬臂梁 399
简支梁 167
外伸梁 363
组合梁 477
换算截面法 144
跨度 198
截面法 175
弯矩 363
弯矩图 363
剪力 163
剪力图 164
[弯曲应力]
纯弯曲 46
横弯曲 139
平面弯曲 271
剪心 164
弯心 (164)
中性层 462
中性轴 462
弯曲刚度 364
抗弯截面模量 190
等强度梁 59
[强度条件]
弯曲正应力强度条件 364
弯曲剪应力强度条件 364
[梁的位移]
挠度 247
挠曲线 247
弹性曲线 (247)
挠曲线微分方程 247
梁的边界条件 217
梁的连续条件 217
初参数法 43
克雷洛夫法 (43)
共轭梁法 122
虚梁法 (122)
虚梁 397
截面几何参数 176
截面几何性质 (176)
形心 394
面积矩 239
静面矩 (239)
一次矩 (239)
截面惯性矩 175
截面主惯性轴 177
截面形心主轴 176
中心主惯性轴 (176)
中心主轴 (176)
截面惯性积 175
截面性质的平行移轴定理 176
截面性质的转轴定理 176
截面惯性半径 175
组合变形 477
偏心拉伸（压缩） 266

斜弯曲 392
相当弯矩 386
截面核心 175
[应力应变分析]
应力莫尔圆 430
莫尔圆 246，(424)，(430)
主应力 465
梁的主应力迹线 217
应变莫尔圆 424
强度理论 280
最大拉应力理论 479
第一强度理论 (479)
最大伸长应变理论 479
第二强度理论 (479)
最大剪应力理论 478
第三强度理论 (478)
特雷斯卡屈服准则 (478)
歪形能理论 363
第四强度理论 (363)
米泽斯屈服准则 (363)
莫尔强度理论 246
相当应力 386
[稳定]
稳定平衡 376
随遇平衡 336
中性平衡 (336)
分支点失稳 97
第一类失稳 64，(97)
极值点失稳 154
第二类失稳 63，(154)
临界荷载 221
临界应力 223
欧拉公式 261
长细比 37
临界应力曲线 223
临界应力总图 (224)
稳定折减系数 376
非弹性屈曲 92
弹塑性失稳 340，(92)
双模量理论 318
卡门理论 (318)
折算模量理论 (318)
切线模量理论 282
湘雷屈曲理论 389
梁的侧向屈曲 217
薄壁杆件 6
约束扭转 445
扇性几何性质 302
扇性坐标 303
扇性面积 (303)
扇性惯矩 302
扇性坐标极点 303
扭转中心 259
主扇性惯矩 465
扇性正应力 302
扇性剪应力 302
双力矩 317
[热应力及高温性质]
热应力 291
热膨胀 290
等温弹性系数 60
绝热弹性系数 186
定常热应力 71
非定常热应力 90
耦合热应力 262
非耦合热应力 92
各向同性热应力 119
各向异性热应力 120
正交各向异性热应力 456
热弹性理论 290
非耦合准静热弹性理论 92
耦合热弹性理论 262
线膨胀系数 384
热弹性常数 290
非耦合热弹性理论 92
热弹塑性理论 290
热传导 289
导热 (289)
热导率 289
温度扩散率 374
温度传导率 (374)
换热系数 144
比热 13
傅里叶定律 105
热传导方程 289
[高温强度]
热振动 291
材料高温特性 30
热冲击 289
热屈曲 290

热疲劳 290
热棘变形 289
蠕变 293，(146)
徐变 (293)
循环荷载蠕变 401
动蠕变 77
循环温度蠕变 401
高温疲劳 116
高温低周疲劳 116
高温材料本构关系 116
蓝脆现象 204
蠕变持久强度 293
蠕变持久极限 (293)
应力松弛 432
松弛 (432)
高温硬度 117
热-相变应力 290
热-相变弹性理论 290
热-相变弹塑性理论 290

结构力学 172

结构 171
工程结构 (171)
杆件结构 107
杆系结构 (107)
平面杆件结构 269
空间杆件结构 194
静定结构 180
超静定结构 37
静不定结构 (37)
梁 216
曲梁 285，(284)
单跨超静定梁 52
多跨静定梁 83
吉伯梁 (83)
连续梁 216
交叉梁系 167
格栅 (167)
高桩承台 117
弹性地基梁 342
弹性基础梁 (342)
柱 467
刚架 108
平面刚架 269
门式刚架 238
复式刚架 104
无侧移刚架 378
有侧移刚架 436
壁式刚架 14
壁式框架 (14)
空腹桁架 193
空间刚架 194
网架结构 366
高耸结构 116
塔桅结构 (116)
桁架 138
空间桁架 194
平面桁架 270
梁式桁架 217
无推力桁架 (217)
简单桁架 165
联合桁架 216
复杂桁架 105
再分桁架 448
拱 121
三铰拱 298
矢跨比 312
两铰拱 219
无铰拱 378
连拱 215
拉杆拱 200
系杆拱 (200)
组合结构 477
加劲梁 159
组合屋架 477
铰接排架 169
悬索结构 399
索网 337
悬索桥 399
斜拉桥 392
斜张桥 (392)
薄壁结构 7
实体结构 311

荷载 136，(465)
恒荷载 138
永久荷载 (138)
活荷载 148
可变荷载 (148)
可动活荷载 192
移动活荷载 422
偶然荷载 262

动力荷载 73
突加荷载 352
周期荷载 463
简谐荷载 166
随机荷载 335
冲击荷载 42
冲量荷载 (42)
广义荷载 129
计算简图 157
结构的力学模型 (157)
杆件 106
梁式杆 217
带刚域的杆 50
结点 170
节点 (170)
铰结点 169
理想铰结点 (169)
刚结点 109
组合结点 477
支座 457
滑动支座 142
定向支座 (142)
刚性支座 112
弹性支座 346
空间结构支座 194
固定球形铰支座 124
点支座 (124)
可动圆柱形支座 192
线支座 (192)
可动球形支座 192
面支座 (192)
几何组成分析 157
机动分析 (157)
杆件体系机动分析 108
几何不变体系 155
几何可变体系 157
瞬变体系 325
运动自由度 447
自由度 473，(447)
刚片 109
约束 444
链杆 216
铰 (127)
单铰 52
复铰 104
虚铰 396
多余约束 84
非多余约束 90
计算自由度 158
内部可变度 248
几何不变体系组成规则 155
二元体 87
零载法 225
[静定结构的受力分析]
层叠图 34
区段叠加法 284
结点法 170
节点法 (170)
零杆 225
截面法 175
麦克斯韦-克利莫那图解法 235
桁架图解法 (235)
通路法 351
杆件代替法 107
内力系数法 248
推力 360
压力多边形 402
压力曲线 403
合理拱轴 136
拱的合理轴线 (136)
[结构分析原理]
杆件平衡条件 107
杆件变形协调条件 107
杆件物理条件 108
线性变形体系 384
线性弹性体系 (384)
非线性变形体系 93
解答的唯一性 177
叠加原理 70
实功原理 311
外力实功 363
虚功原理 396，(397)
虚功方程 396
虚功 395
外力虚功 363
外虚功 (363)
虚位移 397
几何可能位移 (397)
可能位移 (397)
虚变形能 395

虚应变能 (395)
内虚功 (395)
虚应变 397
几何可能应变 (397)
虚位移原理 397
单位位移法 53
虚力原理 396
单位荷载法 53
[互等定理]
功的互等定理 121
贝蒂定理 (121)
位移互等定理 372
麦克斯韦定理 (372)
反力互等定理 88
反力与位移互等定理 88
[势能原理]
势能驻值原理 313
最小势能原理 479
荷载势能 137
瑞利-里兹法 295
卡氏第一定理 189
卡斯提里阿诺第一定理 (189)
[余能原理]
余能驻值原理 440
最小余能原理 480
总余能偏导数公式 475
克罗第-恩格塞定理 193
卡氏第二定理 188
卡斯提里阿诺第二定理 (188)
[混合能量原理]
分区混合能量原理 96
分项混合能量原理 97
[结构的位移计算]
广义位移 131
相对位移 386
单位荷载法 53
虚单位力法 (53)
虚拟状态 397
位移计算一般公式 372
麦克斯韦-莫尔公式 (372)
图乘法 352
维列沙金法 (352)
弹性荷载法 343
弹性荷载 342
维氏变位图 369
β方程 486
[超静定结构分析方法]
力法 210
超静定次数 37
基本未知量 150
基本未知数 (150)
多余未知力 84
多余力 (84)
赘余力 (84)
力法基本体系 211
力法基本结构 (211)
力法典型方程 210
三弯矩方程 298
弯矩定点法 363
弯矩定点比 363
五弯矩方程 380
弹性中心法 346
弹性中心 346
柱比法 467
比拟柱 13
似柱 (13)
位移法 370
位移法基本未知量 371
结点独立线位移 170
转角位移方程 468
角变位移方程 (468)
转动刚度 467
劲度系数 180，(467)
线刚度 383
传递系数 45，(119)
近端弯矩 178
远端弯矩 444
侧移系数 33
弦转角 382
固端弯矩 124
固端剪力 124
[弯曲常数]
形常数 394
载常数 448
位移法基本体系 371
位移法基本结构 (371)
位移法典型方程 371
转角位移法 468
角变位移法 (468)
广义转角位移法 131

跨变结构 198
混合法 146
［对称性利用］
对称结构 81
组合未知力 477
广义未知力 (477)
半结构法 3
半刚架法 3
力矩分配法 211
弯矩分配法 (211)
力矩分配单元 211
力矩分配单位 (211)
结点不平衡力矩 170
力矩分配系数 211
分配弯矩 95
传递弯矩 44
剪力分配法 163
侧移刚度 33
剪力分配系数 163
不平衡剪力 28
分配剪力 95
传递剪力 44
无剪力分配法 378
无剪力力矩分配法 (378)
剪力静定柱 163
剪力静定杆 (163)
替代刚架法 350
卡尼迭代法 188
迭代法 70，(60)，(188)
转角弯矩 468
侧移弯矩 33
位移弯矩 (33)
楼层剪力 232
楼层力矩 232
转角分配系数 468
侧移分配系数 32
力矩集体分配法 212
集体分配法 (212)
集体分配单元 155
集体分配单位 (155)
集体分配系数 155
隔点传递系数 118
二次力矩分配法 86
分层计算法 94
反弯点法 88
反弯点 88
D 值法 483
结构矩阵分析 172
杆件结构有限元法 (172)
［杆件结构矩阵分析］
单元 54
杆端力向量 106
杆端位移向量 106
结点 170
矩阵 184
矩阵力法 184
柔度法 292
单元柔度矩阵 55
单元柔度系数 55
单元柔度方程 55
秩力法 460
单元分析 54
逆步变换 253
坐标变换 481
局部坐标系 183
单元坐标系 (183)
整体坐标系 455
结构坐标系 (455)
坐标变换矩阵 482
矩阵位移法 184
单元刚度矩阵 54
单元刚度系数 55
单元刚度方程 54
整体分析 454
整体刚度矩阵 455
相关结点 388
相关单元 387
整体刚度方程 454
结点力向量 171
结点位移向量 171
自由结点荷载向量 473，(171)
自由结点位移向量 473，(171)
直接刚度法 458
刚度集成法 (458)
换码 144
局部码 183
整体码 455
总码 (455)
结构刚度矩阵 171
矩阵位移法基本方程 184

先处理法 382
定位向量 71
后处理法 140
划零置一法 143
乘大数法 39
等效结点荷载向量 (171)
综合结点荷载 474
结点荷载 (474)
子结构法 471
子结构 471
缩(凝)聚 (181)
影响线 423
位移影响线 373
静力法 181
影响线方程 423
影响线顶点 423
机动法 148，(149)
机构 149
最不利荷载位置 478
临界位置判别式 223
换算荷载 144
等代荷载 (144)
内力包络图 248
内力范围图 (248)
绝对最大弯矩 186
结构动力学 171
结构动力分析 171
运动方程 446
动力平衡方程 74，(241)
刚度法 108
阻尼力 477
位移方程 371
柔度法 292
振动自由度 452
单自由度体系 55
单自由度系统 (55)
多自由度体系 85
质量矩阵 460
阻尼矩阵 476
瑞利阻尼 296
柔度矩阵 292
柔度系数 293
刚度矩阵 108
刚度系数 108
无限自由度体系 379
自由度缩减 473
自由振动 474
固有振动 (474)
动力特性 74
自振周期 474
周期 (474)
自振频率 474，(125)
固有频率 125
基本频率 150
振型 453
[主振型]
振型向量 454
基本振型 150
标准化振型 20
规格化振型 (20)
归一化振型 (20)
振型正交性 454
初干扰 43
频率方程 266
受迫振动 315
强迫振动 (315)
稳态受迫振动 376
伴生自由振动 5
动力反应 73
动力响应 (73)
杜哈梅积分 79
幅值方程 103
振型分解法 453
振型叠加法 (454)
正则坐标 457
振型矩阵 454
广义质量矩阵 131
广义质量 131
广义刚度矩阵 129
广义刚度 129
广义荷载向量 129
广义荷载 129
广义单自由度体系 129
振子 454
能量法 249
振幅曲线 453
瑞利商 296
瑞利比 (296)
等效质量法 61
集中质量法 155，(61)

迭代法 70，(60)，(188)
斯托杜拉法 (70)
滤频 232
时程分析 309
加速度冲量外推法 161
线加速度法 383
威尔逊－θ 法 367
随机振动 335
随机过程 335
随机变量 335
平稳随机过程 273
各态历经随机过程 119
遍历随机过程 (119)
正态随机过程 456
高斯随机过程 (456)
窄带随机过程 449
宽带随机过程 199
白噪声随机过程 2
白噪声 (2)
概率密度 106
非线性振动 94
自激振动 471
自感振动 (471)
颤振 36
冲击 41
冲击响应谱 42
冲击脉冲 42
冲击脉冲持续时间 42
冲击脉冲有效持续时间 (42)
模态分析 243
振动模态 452
机械阻抗 149
频响函数 267
传递函数 44
机械导纳 149
模态参数 243
[杆件结构稳定理论]
结构稳定理论 174
失稳 308
第一类失稳 64，(97)
分支点失稳 97
第二类失稳 63，(154)
极值点失稳 154
第三类失稳 63
跳跃失稳 (63)
跳跃屈曲 (63)
临界状态 224
前屈曲平衡状态 279
后屈曲平衡状态 140
线性小挠度稳定理论 385
小变形稳定理论 (385)
理想轴压杆 208
非线性大挠度稳定理论 93
大变形稳定理论 (93)
平衡分支荷载 268
屈曲荷载 286，(268)
屈曲模态 286
失稳极限荷载 308
压溃荷载 402，(308)
刚性链杆-弹簧体系 112
静力准则 182
微扰动准则 (182)
静力法 181
中性平衡微分方程 462
稳定方程 375
能量准则 250
能量法 249
保守力 10，(436)
非保守力 90
保向力 11
铁摩辛柯法 351
[势能驻值原理]
布勃诺夫-伽辽金法 29
瑞利-里兹法 295
动力准则 75
运动准则 (75)
动力法 73
随动力 334
动力失稳 74
初始缺陷准则 44
弹性支承压杆 346
弹性支承刚度系数 346
位移法 370
对称屈曲 81
反对称屈曲 87
有限元法 438
梁柱单元刚度矩阵 217
梁柱单元几何刚度矩阵 217
初应力矩阵 (217)
有限差分法 437

里查森外推法 207
非弹性屈曲 92
压弯杆件失稳 404
弯扭失稳 363
弯扭屈曲 (363)
结构塑性分析 173
结构破损分析 (174)
结构极限分析 172，(174)
理想塑性 208
理想刚塑性变形模型 208
刚性完全塑性模型 (208)
理想弹塑性变形模型 208
弹性极限弯矩 343
屈服弯矩 (343)
弹塑性弯曲 340
弹塑性弯矩 340
弹性核 342
弹-塑性分界面 340
塑性极限弯矩 332
极限弯矩 (332)
截面塑性模量 176
塑性抵抗矩 (176)
截面形状系数 176
塑性铰 332
结构极限分析 172，(174)
破坏机构条件 274
单向机构条件 (274)
破坏机构 274
塑性机构 (274)
塑性弯矩条件 334
屈服条件 285，(334)
比例加载 12
简单加载 165，(12)
极限状态 154
塑性极限状态 332
极限荷载 153，(331)
极限分析定理 153
塑性分析定理 (153)
上限定理 303
下限定理 382
可破坏荷载 192
可接受荷载 192
单值定理 55
唯一性定理 (55)
机构法 149
机动法 148，(149)
基本机构 150
基本破坏机构 (150)
梁式机构 217
侧移机构 33
层机构 (33)
山墙机构 302
双坡刚架机构 (302)
结点机构 171
组合机构 477
静力法 181
试算法 314
增量变刚度法 448
变刚度法 (448)

[弹性力学与塑性力学]

弹性力学 344
弹性理论 (344)
一点应力状态 421
应力张量 434
应力偏斜张量 431
应力偏量 (431)
应力球形张量 432
转轴时应力分量的变换 469
应力主方向 434
主应力 465
主剪应力 465
最大剪应力 478
应力张量的不变量 434
应力偏斜张量的不变量 431
八面体正应力 2
八面体剪应力 2
应力星圆 433
应力曲面 432
平衡微分方程 268
纳维方程 (268)
应力边界条件 428
一点应变状态 421
位移 370
几何方程 156
柯西方程 (156)
应变张量 427
应变偏斜张量 426
应变偏量 (426)
应变球形张量 426
转轴时应变分量的变换 469

应变主方向 427
应变张量的不变量 427
体积应变 349
应变曲面 426
应变莫尔圆 424
应变协调方程 426
圣维南方程 (426)
有限变形 436
均匀变形 187
广义胡克定律 129
应变能 425
弹性系数 345
弹性常数 (345)
各向异性 119
正交各向异性 456
各向同性 119
体积弹性模量 349
体积应力 350
边值问题 17
位移解法 373
拉梅-纳维方程 (373)
应力解法 430
贝尔脱拉密-米歇尔方程 (430)
应力函数 429
逆解法 253
半逆解法 4
解答的唯一性 177
应力互换定律 429
[弹性力学中的功能定理]
应变能定理 425
克拉珀龙定理 (425)
功的互等定理 121
位移互等定理 372
最小应变能定理 480
卡氏第一定理 189
卡氏第二定理 188
弹性力学平面问题 345
平面应力问题 272
平面应变问题 272
双调和函数 318
弹性力学平面问题的多项式解 345
弹性力学平面问题的三角级数解 345
弹性力学复变函数法 344
曲线坐标 285
轴对称平面问题 463
调和函数 350
位移函数 371
曲梁纯弯曲 285
楔体问题 391
半无限平面问题 4
多连通有限平面域 84
多连通无限平面域 84
保角映射 10
保角变换 (10)
保形映射 (10)
柱体的扭转 467
扭转应力函数 259
普朗特应力函数 (259)
扭转位移函数 259
圣维南函数 (259)
翘曲函数 (259)
剪应力环量定理 165
柱体的弯曲 467
弯曲应力函数 364
铁摩辛柯函数 (364)
接触问题 169
布辛内斯克问题 29
赫兹接触 137
非赫兹接触 91
滑动接触 141
滚动接触 132
两球体接触 219
两互相垂直的柱体接触 218
两互相平行的柱体接触 219
球与圆柱的接触 284
应力集中 429
应力集中的扩散 429
多重应力集中 83
重复应力集中 (83)
组合系数 478
应力集中系数 429
理论应力集中系数 (429)
有效应力集中系数 439
疲劳缺口应力集中系数 (439)
求应力集中系数的诺埃伯法 283
弹性力学变分原理 344
静力可能应力场 181
几何可能位移场 157
虚功原理 396，(397)
最小势能原理 479

最小余能原理 480
弹性力学广义变分原理 345
胡海昌-鹫津变分原理 141
赫林格-瑞斯纳变分原理 137
瑞利-里兹法 295
里兹法 (295)
布勃诺夫-伽辽金法 29
伽辽金法 (29)
坎托罗维奇法 189
特雷夫茨法 347
塑性力学 332
[常用名词概念]
简化的应力-应变曲线 165
塑性应变 334
永久应变 (334)
屈服极限 285
应力空间 430
应变空间 424
π平面 486
应力偏量平面 (486)
残余应力场 32
残余应变场 32
应变率 424
洛德参数 233
卸载规律 392
简单卸载定理 (392)
屈服条件 285，(334)
屈服准则 (286)
屈服曲面 285
理想塑性 208
特雷斯卡屈服条件 347
最大剪应力屈服条件 (347)
米泽斯屈服条件 238
畸变能屈服条件 (238)
双剪应力屈服条件 317
莫尔-库伦屈服条件 245
德鲁克-普拉格屈服条件 57
广义米泽斯屈服条件 (57)
强化规律 280
强化条件 281
加载条件 (281)
相继屈服条件 (281)
等向强化 60
随动强化 335
混合强化 146
幂强化 239
塑性本构关系 331
德鲁克公设 57
伊柳辛公设 422
塑性全量理论 333
塑性形变理论 (333)
简单加载 165，(12)
简单加载定理 165
单一曲线假设 53
塑性增量理论 334
塑性流动理论 (334)
塑性流动法则 333
与屈服条件相关连的流动法则 (334)
塑性位势 334
莱维-米泽斯理论 203
普朗特-罗伊斯理论 275
杆件塑性分杆 108
塑性极限状态 332
塑性极限荷载 331
塑性承载能力 (331)
极限荷载 153，(331)
塑性极限弯矩 332
塑性铰 332
截面形状系数 176
塑性极限扭矩 332
沙堆比拟 301
塑性极限转速 332
弹性极限荷载 343
弹性极限弯矩 343
弹性极限扭矩 343
弹性极限转速 344
弹塑性扭转 340
结构塑性分析 173
广义应变 131
广义应力 131
极限条件 153
极限曲面 153
破坏机构 274
载荷系数 137
静力许可系数 181
静力系数 (181)
运动许可系数 447
运动系数 (447)
塑性极限荷载系数 331
静力许可应力场 181

运动许可速度场　447
完全解　364
比耗散功率　12
比耗散函数　(12)
塑性铰线　332
破坏线　(332)
上限定理　303
机动定理　(303)
极小定理　(303)
下限定理　382
静力定理　(382)
极大定理　(382)
界限定理的推论　177
安定性　1
变值荷载　19
交变塑性破坏　167
交变塑流破坏　(167)
塑性循环破坏　(167)
递增变形破坏　63
增量变形破坏　(63)
塑性变形积累破坏　(63)
静力安定定理　181
梅兰定理　(181)
机动安定定理　148
科伊特定理　(148)
运动许可的塑性应变率循环　447
塑性力学平面问题　333
滑移线法　142
亨奇应力方程　137
滑移线的性质　142
亨奇定理　137
盖琳格速度方程　105
速度端图　330
应力间断面　429
速度间断面　330
初始塑性流动　44
定常塑性流动　71
准定常塑性流动　470
几何相似非定常塑性流动　(470)
金属成形力学　178
主应力法　465
切块法　(465)
上限元技术　303
视塑性法　313
弹性回弹　343
拉伸失稳　202，(180)
弹性动力学　342
弹性波理论　(342)
[基本理论]
弹性动力学的互易定理　342
弹性动力学的基本奇异解　342
弹性动力学的射线理论　342
拉梅势函　202
[波的基本概念]
波面　23
波阵面　(22)，(23)
波锋　22
波前　(22)
波额　(22)
波速　24
行波　394
驻波　466
纵波　475
横波　139
简谐波　166
波数　24
相速度　389
平面简谐波　270
非均匀平面简谐波　91
非均匀平面波　(91)
波数矢量　24
波矢量　(24)
频散　267
频散波　267
弹性波　341
无旋波　379
集散波　(379)
膨胀波　264，(379)
压缩波　(379)
等容波　59
畸变波　151，(59)
剪切波　164，(59)
P波　485，(379)
S波　485，(59)
SH波　485
SV波　485
体波　349
平面波　269
球面波　283
圆柱面波　443

表面波 21
面波 (21)
瑞利波 294
乐甫波 204
界面波 177
斯通利波 327
弹性波的反射 341
弹性波的折射 341
弹性波的衍射 341
弹性波的绕射 341
瑞利散射 296
斯耐尔定律 327
导波 56
波导 22
直杆内的纵波 457
圆杆内的扭转波 441
直杆内的弯曲波 457
平板内的弯曲波 267
塑性动力学 331
过应力模型理论 133
拟线性本构方程 253
间断面的传播 162
动力和运动连续条件 73
阻尼介质 476
虚速度原理 397
特征线法 347
卸载波 392
复合应力波 104
弹性薄板 341
硬板 434
刚劲板 (434)
小挠度板 (434)
软板 294
柔韧板 (294)
大挠度板 (294)
薄膜 7
膜 (7)
薄板弯曲的基本假设 6
基尔霍夫-乐甫假设 (6)
薄板中面的变形和内力 6
薄板的抗弯刚度 6
薄板小挠度方程 6
薄板大挠度方程组 5
卡门方程组 (5)
薄膜平衡方程 8
薄板的边界条件 5
硬板的边界条件 434
软板的边界条件 294
薄膜的边界条件 8
轴对称圆板 464
非轴对称圆板 94
矩形板的纳维叶解 184
矩形板的列维解 184
矩形板的里兹解法 183
矩形板的伽辽金解法 183
加劲板 159
夹层板 162
波纹板 25
薄板的弹性屈曲 6
薄板的弹性失稳 (6)
板屈曲的静力法 2
板屈曲的能量法 2
中厚板 461
赖斯纳理论 203
弹性薄壳理论 341
[基本概念和基本方程]
乐甫-基尔霍夫假设 204
壳体中面的变形和内力 281
壳体的应变和应力 281
薄壳理论的基本方程 9
薄壳的变形协调方程 8
相容方程 (8)
薄壳的边界条件 8
闭合壳体的周期性条件 14
单值条件 (14)
薄壳的弯曲理论 9
有矩理论 (9)
薄壳的薄膜理论 8
无矩理论 (8)
薄壳的无矩状态 9
薄壳的边缘效应 8
边界影响 (8)
[薄壳分析的基本方法]
薄壳分析的位移法 9
薄壳分析的力法 9
薄壳分析的混合法 9
中面的几何性质 461
科达齐-高斯条件 191
圆柱壳 442
旋转壳 401

扁壳 17
简支等曲率扁壳 166
扁壳的合理中面 18
薄壳的稳定理论 9
圆柱壳屈曲基本方程 443
唐奈方程 (443)
圆柱壳轴向均匀受压的屈曲 443
圆筒壳受法向均布外压力的屈曲 442
圆筒壳受扭转的屈曲 442
球壳均匀受压的屈曲 283

计算力学 157

计算力学的数值方法 158
有限元法 438
有限单元法 (438)
有限元素法 (438)
结构（或连续体）的离散化 171
网格划分 366
网格自动生成 366
单元 54
元素 (54)
元 (54)
单元分析 54
结点位移向量 171
自由结点位移向量 473，(171)
结点力向量 171
结点荷载向量 171
自由结点荷载向量 473，(171)
等效结点荷载向量 (171)
应变向量 426
应力向量 433
弹性常数矩阵 342
单元刚度矩阵 54
单元劲度矩阵 (54)
单元刚度方程 54
单元劲度方程 (54)
单元柔度矩阵 55
局部坐标系 183
整体坐标系 455
总坐标系 (455)
结构坐标系 (455)
插值函数 35
拉格朗日插值函数 200
拉氏多项式 (200)
配点多项式 (200)
赫尔米特插值函数 137
样条插值函数 420
线性插值函数 384
二次插值函数 86
三次插值函数 297
泡状函数 264
d次样条函数 483
B样条 482
位移元 373
位移函数 371
形函数 394
形状函数 (394)
形态函数 (394)
形函数矩阵 394
位移元的广义坐标 373
等参元的曲线坐标 58
单元的自然坐标 54
正规化坐标 (54)
无量纲坐标 (54)
三角形单元的面积坐标 297
四面体单元的体积坐标 328
单元自由度 55
结点自由度 171
内部结点自由度 248
无结点自由度 378
位移元的收敛准则 373
刚体位移模式 111
常应变位移模式 37
位移元的单调收敛性 373
位移函数的完备性 372
帕斯卡三角形 263
杨辉三角形 (263)
帕斯卡四面体 263
协调元 391
保续元 (391)
非协调元 94
非保续元 (94)
过协调元 133
过分协调元 (133)
小片检验 390
分片检验 (390)
单元的几何各向同性 54
三角形元族 297
常应变三角形元 37
六结点二次三角形元 231
线性应变三角形元 (231)

十结点三次三角形元 308
三结点十八自由度三角形元 298
四面体元族 328
常应变四面体元 37
十结点四面体元 309
二次四面体元 (309)
二十结点四面体元 86
三次四面体元 (86)
复合单元 103
拉格朗日元族 201
揣测元族 44
正六面体元族 456
三角棱柱元族 297
双线性矩形元 318
平衡元 268
应力元 (268)
高阶元 114
高精度元 (114)
等参元 58
等参元的坐标变换 58
等参元的母单元 58
等参元的图象映射 58
超参元 37
次参元 47
轴对称元 464
三角形截面轴对称元 297
轴对称壳体截锥元 464
轴对称壳体曲边元 464
广义协调元 131
拟协调元 253
应力杂交元 434
位移杂交元 373
广义杂交元 131
混合元 146
奇异元 276
裂纹元 221
样条元 420
过渡元 132
薄板弯曲元 6
三结点三角形板元 298
矩形板元 184
线性弯矩三角形混合板元 385
中厚板元 461
剪切闭锁 164
曲面壳元 285
平板壳元 267
多余的零能模式 84
零能变形模式 (84)
无限元 379
无界元 (379)
深壳元 305
一般壳元 (305)
扁壳元 18
厚壳元 140
C_n 连续性 483
C^n 连续性 483
数值积分 316
牛顿-科特斯积分 257
梯形公式 348
辛普森公式 393
高斯积分 115
罚函数法 87
雅可比矩阵 404
雅可比行列式 404
雅可比式 (404)
雅可比变换矩阵行列式 (404)
降阶积分 167
减缩积分 (167)
子结构 471
静力缩聚 181
静力凝聚 (181)
缩(凝)聚 (181)
主自由度 466
从自由度 47
子结构法 471
动力分析的有限元法 73
一致质量矩阵 422
协调质量矩阵 (422)
集中质量矩阵 155
团聚质量矩阵 (155)
质量缩聚 460
特征值简化法 (460)
模态综合法 243
稳定分析的有限元法 376
几何刚度矩阵 156
初应力刚度矩阵 44, (156)
非线性分析的有限元法 93
几何非线性问题 156
初位移刚度矩阵 44
大变形刚度矩阵 (44)

材料非线性问题 30
切线刚度矩阵 282
全拉格朗日格式 286
修正的拉格朗日格式 395
拖带坐标系 361
共转坐标系 (361)
增量法 449
增量初应力法 449
增量变刚度法 448
增量初应变法 449
整体分析 454
总体分析 (454)
刚度法 108
有限元位移法 (108)
整体刚度矩阵的集成 455
单元贡献矩阵 55
整体刚度矩阵 455
整体劲度矩阵 (455)
总刚度矩阵 (455)
柔度法 292,(371)
有限元力法 (292)
稀疏矩阵 381
奇异矩阵 276
带状矩阵 51
带宽 51
半带宽 3
带宽最小化 51
带宽极小化 (51)
等带宽二维贮存 59
变带宽一维贮存 18
整体柔度矩阵 455
总柔度矩阵 (455)
对称矩阵 81
对角线矩阵 82
正定矩阵 456
半正定矩阵 4
混合法 146
有限元混合法 (146)
分区混合法 96
分区混合有限元法 (96)
变分法 18
泛函 89
泛函的变分 89
泛函的一阶变分 (89)
函数的变分 135
泛函的二阶变分 89
泛函的条件极值问题 89
条件变分问题 350,(89)
约束变分问题 (89)
泛函的极值问题 89
泛函的极值条件 89
欧拉方程 261
自然边界条件 472
本质边界条件 (472)
基本边界条件 150
强加边界条件 (150)
势能驻值原理 313
最小势能原理 479
极小势能原理 (480)
有限元解的下界性质 438
余能驻值原理 440
最小余能原理 480
有限元解的上界性质 438
哈密顿原理 133
泛函的无条件极值问题 89
无条件变分问题 378,(89)
拉格朗日乘子法 201
拉氏乘子法 (201)
赫林格-瑞斯纳变为原理 137
二类变量广义变分原理 (137)
瑞斯纳变分原理 (137)
胡海昌-鹫津变分原理 141
三类变量广义变分原理 (141)
分区势能原理 96
分区余能原理 96
分区混合变分原理 95
分区混合广义变分原理 96
无条件变分问题 378,(89)
条件变分问题 350,(89)
弹性力学变分原理 344
静力可能应力场 181
几何可能位移场 157
弹性力学广义变分原理 345
坎托罗维奇法 189
特雷夫茨法 347
布勃诺夫-伽辽金法 29
伽辽金法 (29)
加权余量法 159
权函数 286
加权函数 (286)

试函数 314
试探函数 (314)
余量 440
加权余量法的边界法 159
加权余量法的混合法 160
加权余量法的内部法 160
加权余量法的最小二乘法 160
加权余量法的连续型最小二乘法 160
加权余量法的离散型最小二乘法 160
最小二乘配点法 (160)
加权余量法的矩法 160
加权余量法的伽辽金法 159
加权余量法的配点法 160
加权余量法的子域法 160
积分关系法 (160)
稳定分析的伽辽金法 375
边界元法 15
边界积分方程-边界元法 (15)
直接法边界积分方程 457
共轭算子 122
微分算子的基本解 367
含奇异积分的直接法 134
域外奇点法 441
间接法边界积分方程 162
单层势 51
双层势 317
虚应力法 398
位移间断法 372
域外回线虚荷载法 441
边界元 15
二维问题的边界线元 86
三维问题的边界面元 298
样条边界元法 420
边界元法方程组 15
等精度高斯积分 59
弹性力学问题的边界元法 345
平面问题的边界元法 272
苏米格梁纳等式 329
半平面问题的边界元法 4
三维问题的边界元法 298
无限域问题的边界元法 379
边界元与有限元耦合 16
钢筋混凝土有限元分析 113
钢筋混凝土有限元分离式模型 112
联结单元 216
双弹簧联结单元 318
四边形滑移单元 328
钢筋混凝土有限元组合式模型 113
分层单元组合式模型 94
等参元组合式模型 94
钢筋混凝土有限元整体式模型 113
混凝土应力应变矩阵 147
等效的分布钢筋应力应变矩阵 60
混凝土裂缝模型 147
混凝土裂纹模型 (147)
混凝土双轴破坏准则 147
混凝土三轴破坏准则 147
弹塑性材料矩阵 339
钢筋混凝土本构模型 112
非开裂混凝土的材料矩阵 92
开裂混凝土的材料矩阵 189
程序 ADINA 39
程序 ASKA 39
程序 MSC/NASTRAN 39
程序 SAP 39
[解线性方程组的直接法]
高斯消去法 115
高斯循序消去法 (115)
高斯-约当消去法 115
高斯主元素消去法 116
直接三角分解法 458
克劳德分解 193
对称正定矩阵的三角分解法 82
Choleski 法 (82)
对称正定矩阵的平方根法 82
波前法 24
追赶法 470
[解线性方程组的迭代法]
高斯-赛德尔迭代法 115
雅可比迭代法 404
共轭斜量法 122
超松弛迭代法 38
[矩阵特征值和特征向量的计算方法]
特征值 347
特征向量 347
幂法 239
反幂法 88
雅可比法 404
QR 迭代法 485
里兹向量法 207

吉文斯·豪斯豪德尔法 152
彼得斯-维尔金生法 13
子空间迭代法 471
兰呲斯法 203
［动力方程组解法］
动力方程组的直接积分法 73
豪包特法 136
纽马克法 260
中心差分法 461
龙格-库塔法 232
拟静力法 253
非线性方程组解法 93
牛顿-雷扶生法 257
修正 N-R 法 395
割线刚度法 117
弧长法 140
BFGS 法 482
收敛准则 315
［数值计算的精度与误差］
舍入误差 304
离散误差 206
截断误差 175
半解析数值法 3
半离散法 4，(3)
半解析法 (3)
半解析有限元法 3
半解析元法 (3)
有限条法 438
有限条带法 (438)
有限条的内结线 437
有限条的辅助结线 (438)
有限条的结线 437
有限条的结线自由度 437
有限条的结线位移参数 (437)
高阶条元 114
低阶条元 62
平面应力条 272
有限条的位移函数 438
基函数 151
基函数的正交性 151
有限条的刚度矩阵 437
有限条的荷载向量 437
有限层法 437
有限棱法 437
样条子域法 420
样条有限条法 420
有限差分法 437
差分方法 (437)
椭圆形方程边值问题的差分格式 362
调和与双调和方程的差分格式 350
抛物型方程的差分格式 264
双曲型方程的差分格式 318
用差分表示的插值多项式 435
前差分 279
向前差分 (279)
后差分 140
向后差分 (140)
中心差分 461
有限元线法 438
结构优化设计 174
［问题类型］
最轻设计 479
最小体积设计 480
最小成本设计 479
优化设计层次 435
截面优化设计 176
形状优化设计 394
布局优化设计 29
拓扑优化设计 362
分布参数优化设计 94
集中参数优化设计 155
极限优化设计 154
动力优化设计 75
抗震优化设计 190
模糊优化设计 243
结构设计模糊性 173
最优设防水平 480
多目标优化设计 84
保型优化设计 11
多级优化设计 83
主体优化 465
系统级优化 (465)
分部优化 94
元件级优化 (94)
整体优化 455
基于可靠度的优化设计 151
［基本术语、基本概念］
优化设计数学模型 435
最优化 480
约束最优化 445

约束极小化 445
无约束最优化 380
无约束极小化 380
设计变量 304
截面尺寸变量 175
坐标变量 482
形状参数变量 394
连续变量 215
离散变量 206
整数变量 454
变量变换 18
变量结组 19
自由变量 472
性态变量 394
设计空间 304
可行域 193
非可行域 92
性态变量空间 395
目标函数 246
评价函数 (246)
线性目标函数 385
非线性目标函数 93
二次目标函数 86
目标函数等值线（或面） 246
目标函数梯度 246
负梯度方向 103
目标函数海色矩阵 246
约束条件 445
界限约束 177
几何约束 157，(177)
性态约束 395
应力约束 433
位移约束 373
稳定约束 376，(71)
频率约束 267
频率禁区 266
作用约束 481
有效约束 439，(481)
活动约束 (481)
近似作用约束 179
准作用约束 471
非作用约束 94
非活动约束 (94)
约束界面 445
约束容差 445
约束函数 444
约束函数梯度 445
线性约束 385
非线性约束 93
等式约束 60
不等式约束 27
显式约束 383
隐式约束 423
整体性约束 455
局部性约束 183
设计点 304
初始点 44
可行点 192
非可行点 92
边界点 15
最优点 480
最优解 480
极小点 154
极小解 (154)
局部最优点 183
局部最优解 (183)
全局最优点 286
整体最优解 (286)
下降算法 382
下降方向 382
一维搜索 422
线性搜索 (422)
步长 30
步长因子 30
搜索区间 329
进退法 179
倍增半减法 (179)
牛顿法 256
0.618 法 486
黄金分割法 144，(486)
抛物线法 264
二次插值法 (264)
有理插值法 436
有理分式法 (436)
两分法 218
收敛准则 315
终止准则 462
面向设计的结构分析 240
近似重分析 178
等效荷载法 60

迭代法 70，(60)，(188)
摄动法 305
降维法 167
结构静定化 172，(78)
冻结内力法 78
灵敏度分析 224
最优性条件 481
库-塔克条件 197
K-T 条件 484
K-T 点 484
拉格朗日函数 201
互补松弛条件 141
对偶性 82
对偶理论 82
鞍点定理 1
凸组合 352
凸集 352
凸函数 351
凸规划 351
锯齿形现象 185
反锯齿形策略 87
优化后分析 435
数学规划法 316
数学规划 316
线性规划 384
线性规划标准式 385
松弛变量 328
剩余变量 308
自由变量 472
人工变量 291
多面集 84
凸多面体 (84)
极点 152
极方向 152
基变量 150
非基变量 91
基本解 150
基本可行解 150
单纯形法 51
线性规划典范式 385
单纯形表 51
大 M 法 50
两相法 219
退化 361
修正单纯形法 395
对偶单纯形法 82
非线性规划 93
梯度型算法 348
直接法 457
直接搜索法 (457)
无约束非线性规划 379
收敛速度 314
二次截止性 86
最速下降法 479
梯度法 (479)
牛顿法 256
共轭方向法 122
共轭方向 122
共轭梯度法 122
变尺度法 18
拟牛顿法 (18)
坐标轮换法 482
模式搜索法 243
步长加速法 30
模式移步法 (30)
鲍威尔法 11
方向加速法 90，(11)
单纯形法 51
约束非线性规划 444
罚函数法 87
SUMT 法 (87)
乘子法 39
序列线性规划法 399
SLP 法 (399)
限步法 383
近似规划法 (383)，(399)
序列二次规划法 398
SQP 法 (398)
可行方向法 193
可行方向 193
卓坦狄克可行方向法 471
梯度投影法 348
简约梯度法 166
既约梯度法 (166)
广义简约梯度法 130
GRG 法 (130)
复形法 104
整数规划 454
割平面法 117
分枝定界法 97

0-1 规划 486
可分规划 192
二次规划 86
随机规划 335
几何规划 156
广义多项式 129
正项式 456
算术-几何均值不等式 334
几何规划的困难度 156
几何规划的对偶算法 156
几何规划的线性化算法 156
动态规划 77
多阶段决策过程 83
贝尔曼最优性原理 11
决策变量 186
控制变量 (186)
状态变量 470
转换方程 468
输入状态 316
输出状态 316
阶段效应 169
阶段效益 (169)
逆序递推法 253
顺序递推法 325
准则法 471
米切尔准则 238
同步失效准则 351
同时破坏模式 (351)
满约束准则 237
满应力准则 237
满应力设计 237
应力比法 428
应力比 427
加速应力比法 162
松弛指数 329
齿行法 40
射线步 304
比例步 (304)
准则步 470
最优性准则法 481
最优性准则 481
能量准则 250
桁架设计两相优化法 139
性态相优化 395
结构相优化 174
位移可行域 373
位移可用域 (373)
流体力学 229
工程流体力学 120
流体 228
流体重度 230
流体容重 (230)
流体重率 (230)
流体密度 230
表面张力 21
表面张力系数 22
体积压缩系数 349
自由表面 472
流体质点 230
连续介质假设 215
运动要素 447
黏度 254
黏性系数 (254)
动力黏度 73
动力黏性系数 (73)
运动黏度 446
运动黏性系数 (446)
黏滞系数 256,(254)
动力黏滞系数 74,(73)
运动黏滞系数 446
正压流体 456
斜压流体 392
不可压缩流体 28
可压缩流体 193
黏性流体 256
实际流体 (256)
真实流体 (256)
理想流体 208
牛顿流体 257
非牛顿流体 92
流体静力学 228
流体运动学 230
流体动力学 228
多相流体力学 84
地球流体力学 63
自然流体力学 (63)
磁流体力学 46
非牛顿流体力学 92
物理-化学流体动力学 380
相对论流体力学 386

一维流动	422
一元流动	(422)
二维流动	86
二元流动	(86)
平面流动	(86)
三维流动	298
三元流动	(298)
亥姆霍兹速度分解定理	134
流场	225
标量场	20
数量场	(20)
矢量场	312
梯度	348
速度梯度	330
压强梯度	403
散度	300
旋度	400
斯托克斯流动	327
蠕动流	(327)
拉格朗日描述法	201
拉格朗日变数	200
迹线	158
欧拉描述法	261
欧拉变数	260
流线	231
流管	226
元流	441
总流	475
定常流动	71
恒定流动	138，(71)
非定常流动	90
非恒定流动	(90)
无旋流动	379
有势流动	(379)
无涡流动	(379)
势流	312，(379)
流速势	228
流函数	226
单连通区域	52
多连通区域	84
等势面	60
平面有势流动	273
二维势流	(273)
势流拉普拉斯方程	313
流网	230
柯西-黎曼方程	191
柯西-黎曼条件	(191)
源	444
汇	145
势流叠加原理	312
有旋流动	439
有涡流动	(439)
涡线	377
涡管	376
元涡	441
涡带	(441)
涡量	377，(400)
涡强	377
涡通量	(377)
速度环量	330
自由涡	474
势涡	(474)
强迫涡	281
涡的诱导流速	376
亥姆霍兹涡定理	134
开尔文定理	189
［作用在流体上的力］	
表面力	21
质量力	460
体积力	349，(460)
单位质量力	53
［流体力学基本微分方程组］	
连续性微分方程	216
运动微分方程	446
纳维-斯托克斯方程	247
N-S方程	(247)
欧拉运动微分方程	262
欧拉平衡微分方程	261
能量微分方程	250
状态方程	470
本构微分方程	12
伯努利方程	27
伯诺里方程	(27)
能量方程	(27)
伯努利积分	(27)
气体动力学	278
空气动力学	194
钝体空气动力学	83
环境空气动力学	143
稀薄气体动力学	381

高温气体动力学 117
宇宙气体动力学 440
气体 277
  完全气体 364
  理想气体 208
  实际气体 311
    真实气体 (311)
焓 135
熵 303
  等熵流动 59
绝热流动 186
声速 307
  音速 (307)
马赫数 234
  马赫角 234
  马赫锥 235
  临界马赫数 222
气动噪声 277
气体引射器 278
空气动力 194
  空气动力系数 194
  空气动力学小扰动理论 195
  举力 184
    升力 (184)
    举力系数 185
      升力系数 (185)
    细长体理论 382
    儒科夫斯基定理 293
    举力线理论 185
    举力面理论 185
    下洗 382
    攻角 121
      迎角 (121)
      冲角 (121)
    失速 308
比热比 13
亚声速流动 405
  普朗特-格劳厄脱法则 275
  卡门-钱学森公式 188
  热阻 291
跨声速流动 198
  跨声速相似律 198
  壅塞 435
  声障 307
超声速流动 38
  压缩波 403,(379)
  膨胀波 264,(379)
  激波 151
    冲击波 (151)
  激波管 151
  拉瓦尔管 203
    缩放管 (203)
  阿克莱特法则 1
高超声速流动 113
  高超声速相似律 113
  马赫数无关原理 235
  激波层 151
  牛顿撞击理论 258
  实际气体效应 311
  高超声速尾迹 113
高速边界层 116
  气动加热 277
  热障 291
  烧蚀 304
  风洞 98
马格努斯效应 234
  马格努斯力 234
流动形态 226
  层流 34
    泊肃叶流动 27
    柯埃梯流动 190
  湍流 359
    紊流 375,(359)
    时均法 310
    时间平均法 309
    湍流强度 360
      湍流度 (360)
      紊流度 (360)
    时均流速 310
    时均压强 310
    脉动流速 236
    脉动压强 236
    湍流长度尺度 359
    湍流模化理论 359
    涡黏性系数 377
      湍流黏性系数 (377)
    湍能耗散率 360
    K-ε 模型 484
    湍流流速分布定律 359
    湍流统计理论 360

雷诺数 205
临界雷诺数 221
上临界流速 303
下临界流速 382
上临界雷诺数 303
下临界雷诺数 382
射流 304
流体阻力 230
雷诺方程 204
雷诺应力 205
湍流应力 (205)
黏性底层 255
层流底层 (255)
牛顿内摩擦定律 257
普朗特混合长度理论 275
动力流速 73
摩阻流速 (73)
卡门定律 188
边界层分离 15
边界层 14
分离点 95
位移厚度 372
排挤厚度 (372)
动量损失厚度 76
能量损失厚度 249
绕流阻力 288
潜体阻力 (288)
尾流 370
涡街 376
卡门涡街 (376)
流线型体 231
绝壁物体 186
蠕动 294
压强阻力 403
形状阻力 394，(403)
压差阻力 (403)
诱导阻力 440
流线型化 231
沿程阻力 418
局部阻力 183
紊动射流 375
自由射流 473
自由紊流 473
自由紊动射流 (473)
淹没射流 405
淹没自由紊动射流 (405)
自由射流 473
非淹没射流 (473)
平面射流源 271
轴对称射流源 464
紊流扩散 375
分子扩散 97
扩散质 200
对流扩散 82
紊动扩散 375
分散 96
离散 (96)
弥散 (96)
流散 (96)
欧拉型紊流扩散基本方程 262
史密特数 312
普朗特数 276
斯托罗哈数 327
谐时数 (327)
时间准数 (327)
纵向移流分散 475
纵向离散 (475)
总流分散方程 475
水力学 322
随机水力学 335
水静力学 321
水静力学基本方程 321
静止液体基本方程 (321)
压强 403
压力 402
点压强 67
绝对压强 186
相对压强 387
计示压强 (387)
表压强 (387)
真空 450
真空度 450
等压面 61
重力水 462
液体质点 420
理想液体 208
水头 324
位置水头 374
单位位能 (374)
压强水头 403

压力水头 (403)
压头 (403)
测管水头 33
静力水头 181
液体相对平衡 420
静水总压力 182
压力体 403
压力中心 403
潜体 279
浮体 102
浮力 102
浮心 102
浮轴 102
定倾中心 71
稳定平衡 376
随遇平衡 336
阿基米德原理 1
帕斯卡定律 263
水动力学 320
有压流 440
有压管流 (440)
无压流 379，(243)
半压流 4
均匀流 187
非均匀流动 91
渐变流 167
急变流 154
过水断面 133
流量 226
体积流量 (226)
重量流量 463
质量流量 460
单宽流量 52
断面平均流速 81
水力要素 322
恒定流连续性方程 138
恒定流能量方程 138
伯诺里方程 (27)
单位位能 (374)
单位压能 (403)
单位动能 (228)
单位势能 (33)
单位总能 (475)
单位能量损失 (324)
动能修正系数 76
流速水头 228
总水头 475
水头损失 324
水头线 324
总水头线 475
测管水头线 33
水力坡度 322
测管坡度 33
能坡 (322)
恒定流动量方程 138
动量修正系数 76
恒定流动量矩方程 138
驻点 467
静压 182
动压 78
总压 475
驻点压强 467
滞止压强 (467)，(475)
压力系数 403
滞止点 (467)
孔口出流 195
管嘴出流 125
流速系数 228
收缩系数 315
流量系数 227
淹没系数 405
自由出流 473
淹没出流 405
局部水头损失 183
包达公式 5
局部阻力系数 183
沿程水头损失 418
均匀流基本方程 187
湿周 308
水力半径 321
沿程阻力系数 418
相对粗糙度 386
绝对粗糙度 186
相对光滑度 386
水力光滑面 322
水力粗糙面 321
当量粗糙度 56
粗糙系数 47
糙率 32，(47)
尼古拉兹试验 250

阻力平方区 476
自动模型区 (476)
谢才公式 393
谢才系数 393
曼宁公式 237
巴甫洛夫斯基公式 2
流量模数 227
达西-魏士巴哈公式 49
液体动力学 420，(320)
[恒定有压管流]
简单管路 165
复杂管路 105
串联管路 45
并联管路 22
均匀泄流管路 187
管网 125
经济流速 179
管网控制点 125
管网控制干线 125
枝状管网 457
环状管网 143
自由水头 473
长管 36
短管 79
作用水头 481
管系阻抗 125
水泵扬程 319
吸水扬程 381
压水扬程 403
虹吸管 140
倒虹吸管 57
非恒定有压管流 91
一维非恒定流连续性微分方程 421
一维非恒定渐变总流运动方程 421
不可压缩流体一维非恒定总流能量方程 28
能量方程 (27)
惯性水头 126
水击 320
水锤 (320)
水击波 320
水击相长 321
水击压强 321
直接水击 458
间接水击 163
水击基本方程 320
水击联锁方程 320
明渠水流 243
明渠 240
单式断面渠道 53
复式断面渠道 104
棱柱形渠道 206
非棱柱形渠道 92
顺坡渠道 325
平坡渠道 273
逆坡渠道 253
边坡系数 16
明渠恒定流动 242
明渠均匀流动 242
正常水深 456
断面平均水深 81
水力最佳断面 323
渠道允许流速 286
充满度 40
充满角 40
比流量 12
比流速 12
明渠恒定非均匀渐变流动 242
断面比能 80
临界水深 223
佛汝德数 101
弗劳德数 (101)
急流 154
缓流 143
临界流 222
临界坡度 222
陡坡 79
缓坡 144
明渠恒定渐变流基本微分方程 242
壅水水面曲线 435
降水水面曲线 167
水面曲线分段求和法 323
水面曲线数值积分法 323
水力指数 322
动能变化系数 76
水力指数积分法 322
控制断面 196
控制水深 196
断面平均水深 81
明渠恒定急变流 242
水跃 324

水跃高度 324
跃高 (324)
水跃长度 324
水跃消能率 325
水跃函数 325
水跃共轭水深 324
完整水跃 365
完全水跃 (365)
波状水跃 25
自由水跃 473
远驱水跃 444
远离水跃 (444)
淹没水跃 405
临界水跃 223
水跌 319
断面环流 81
明渠非恒定流动 241
位移波 370
运行波 (370)
移动波 (370)
传递波 (370)
逆行波 253
逆波 (253)
顺行波 325
顺波 (325)
落水波 233
负波 (233)
涨水波 450
正波 (450)
连续波 215
断波 80
涌波 435，(80)
不连续波 (80)
波速 24
波流量 23
溃坝波 199
纵波 475
绳套曲线 307
明渠非恒定渐变流连续性方程 240
明渠非恒定渐变流运动方程 241
明渠非恒定渐变流圣维南方程组 241
明渠非恒定渐变流基本微分方程组 (241)
明渠非恒定渐变流水量平衡方程 241，(240)
明渠非恒定渐变流动量方程 240，(241)
堰流 419
堰 418
堰顶水头 419
堰上水头 (419)
堰流通用公式 419
堰流流量系数 419
堰流淹没系数 419
薄壁堰 7
实用堰 312
宽顶堰 199
侧堰 32
顺流堰 (32)
纵向堰 (32)
闸下出流 449
闸孔出流 (449)
涵洞水流 135
长涵 36
短涵 80
有压涵洞 440
无压涵洞 379
半压涵洞 4
［泄水建筑物下游的衔接与消能］
衔接水深 383
收缩断面水深 315，(383)
消能 390
消力池 389
消能池 (389)
静水池塘 (389)
消力槛 390
综合消力池 474
消力戽 390
消能戽 (390)
冲刷系数 43
挑流冲刷系数 (43)
尾水 370
护坦 141
海漫 133
波浪 23
波浪基本要素 (23)
波体 25
波锋 22
波阵面 (22)，(23)
波额 (22)

波前 (22)
波谷 23
波高 23
波顶 22
波底 22
波陡 22
波峰 22
波幅 22
相对波高 386
波长 22
波周期 25
波浪中线 23
驻波 466
立波 (466)
有限振幅立波 438
波腹 23
波节 23
二向波 86
自由波 473
余波 440，(473)
强迫波 281
规则波 132
风成波 98
色散波 300
涟波 216
表面张力波 (216)
微幅波 367
微波 (367)
振动波 452
振荡波 (452)
行波 393
推进波 (394)
有限振幅推进波 439
深水推进波 305
浅水推进波 280
波浪临界水深 23
涌波 435，(80)
击岸波 (435)
长波 36
短波 79
重力波 462
内波 248
波压强 25
净波压强 180
净波压 (180)
波动面 22
波能量 23
波能流量 24
波群 24
波群速 24
盖司特耐理论 105
鲍辛耐司克理论 11
吹程 46
表面波 21
动床水力学 72
泥沙 251
黏性泥沙 256
非黏性泥沙 92
泥沙粒径 251
泥沙等容粒径 251
泥沙筛孔粒径 252
泥沙沉降粒径 251
泥沙算术平均粒径 252
泥沙中值粒径 252
中径 (252)
沉速 (252)
泥沙水力粗度 252
泥沙沉降速度 (252)
泥沙临界推移力 251
泥沙起动流速 252
泥沙干表观密度 251
泥沙干容重 (251)
泥沙干重度 (251)
泥沙干重率 (251)
沙波运动 301
沙纹 301
沙垄 301
沙浪 301
悬移质 399
悬沙 (399)
浮沙 (399)
推移质 360
底沙 (360)
定床 71
定床水力学 71
动床 72
床面形态 (301)
动床阻力 72
沙粒阻力 301
肤面阻力 (301)

表面阻力 (301)
沙波阻力 (45)
床面形态阻力 45
岸壁阻力 1
滩面阻力 339
河槽形态阻力 136
人工建筑物阻力 291
床面形态阻力的爱因斯坦法 45
床面形态阻力的英格隆法 46
挟沙水流 391
挟沙力 391
输沙率 316
含沙量 134
含沙浓度 (134)
含沙体积比浓度 134
含沙重量比浓度 134
悬移临界值 399
床沙质 46
冲泻质 43
平衡输沙过程 268
高速水流 116
空化现象 193
空泡现象 (193)
空穴现象 (193)
气穴现象 278，(193)
气穴指数 278
气穴数 (278)
临界气穴指数 222
初生气穴数 (222)
气蚀 277
空蚀 (277)
掺气水流 35
掺气浓度 35
含气比 (35)
明渠冲击波 240
冲击波波前 42
扰动线 (42)
冲击波波角 41
滚波 132
渗流 305
地下水动力学 63
多孔介质 83
孔隙介质 196
渗流流速 306
渗流模型 306
渗透系数 306
内在渗透系数 249
内禀渗透系数 (249)
渗透率 (249)
导水率 (306)
导水系数 57
浸润面 179
浸润线 179
达西定律 49
渗流基本方程 305
裘布衣公式 284
布辛内斯克方程 29
非恒定渗流基本方程 91
潜水井 279
无压井 (279)
自流井 472
承压井 (472)
完全井 364
不完全井 29
井群 180
井组 (180)
河渠自由渗流 136
弹性释放 345
弹性贮存 346
贮水率 466
弹性给水度 (466)
贮水系数 466
弹性释放系数 (466)
计算流体力学 158
流体力学控制方程 229
流体力学基本方程 (229)
传输方程 45
初始条件 44
边界条件 15
本质边界条件 (472)
自然边界条件 472
混合边界条件 146
第三类边界条件 (146)
无滑移边界条件 378
非线性边界条件 92
壁函数 14
无穷远边界 378
可动边界 192
吸收边界 381
反射边界 88

差分方程构造法 34
网格生成 366
一般曲线坐标变换 421
适体坐标 314
差分方程守恒性 34
差分方程输运性 34
特征线法 347
激波捕捉 151
差分格式 35
欧拉-拉格朗日法 261
格子中质点法 118
质点模拟法 (118)
格子中标记点法 118
大涡模拟 50
迎风格式 423
上风格式 (423)
特征偏心格式 (423)
数值扩散 316
数值耗散 (316)
数值弥散 316
人工黏性法 291
杜福特-弗兰克格式 79
柯兰克-尼克尔逊格式 191
交替方向迭代法 167
时间分裂法 309
时间相关法 310
蛙步法 362
柯朗条件 191
C-F-L 条件 (191)
压力方程联解半隐格式 402
SIMPLE 算法 (402)
流体流动的有限元法 229
方程余量 90
边界余量 15
势流解法 313
黏性流有限元方程 256
渗流有限元 306
自由面流动 473
钢盖假定 112
可变域变分法 192
浅水有限元方程 280
随机有限元 335
边界元法 15
格林函数法 118
数值奇异性 316
黏性流中奇异子分布法 256
有限分析法 437
交错网格法 167
分裂算子法 95
弱可压缩流方程解 296
无限元法 379
蒙特卡洛法 238
统计试验法 (238)
并行算法 22
平行算法 (22)
紊流模型 375
K-ε 模型 484
雷诺应力模型 205
水击方程 320
流速压力的原参数法 228
流函数-涡量法 226
流函数法 226
不可压缩黏性流方程解法 28
边界层方程 15
部分抛物型方程 30
不可压缩流罚函数法 28
流体力学实验 229
流速测量 228
毕托管 13
旋桨式流速仪 400
量热式测速法 218
热线风速计 290
热敏电阻风速计 289
激光多普勒流速仪 152
流量测量 227
节流式流量计 170
孔板流量计 195
喷嘴流量计 264
文丘里流量计 375
流量测定体积法 227
流量测定重量法 227
浮子流量计 102
转子流量计 (102)
罗托计 (102)
流量测定速度面积法 227
涡轮流量计 377
自来水表 471
速度式流量计 (471)
电磁流量计 67
超声波测流法 38

量水堰 218
三角形薄壁堰 297
梯形堰 348
量水槽 218
文丘里水槽 375
帕歇尔水槽 263
压强测量 403
压力测量 (403)
测压管 34
U形管测压计 485
U形管比压计 (485)
斜管测压计 392
斜管微压计 (392)
多管测压计 83
复式测压计 (83)
组合式测压计 (83)
真空计 450
金属测压计 178
金属压力表 (178)
压力表 (178)
液位测量 420
测针 34
跟踪液位计 120
黏度测量 254
黏滞性测量 (254)
毛细管黏度计 237
恩格勒黏度计 85
儒科夫斯基黏度计 293
泥砂沉速测量 251
悬移质测量法 400
推移质测量法 360
相似理论 388
物理现象相似 380
力学相似 214
相似比尺 388
几何相似 157
运动相似 447
动力相似 74
相似准数 388
力学相似准则 214
牛顿相似准则 257
合力相似准则 (257)
佛汝德相似准则 102
弗劳德相似准则 (102)
重力相似准则 (102)
雷诺相似准则 205
黏性阻力相似准则 (205)
阻力相似准则 476
欧拉相似准则 262
动水压力相似准则 (262)
柯西相似准则 191
弹性力相似准则 (191)
韦伯相似准则 367
表面张力相似准则 (367)
斯特罗哈相似准则 327
惯性力相似准则 (327)
模型试验 244
完全相似模型 365
近似相似模型 179
正态模型 456
变态模型 19
模型律 244
水电模拟 319
量纲分析法 218
量纲 218
基本量纲 150
导出量纲 56
基本物理量 150
量纲齐次性原理 218
量纲和谐原理 (218)
量纲公式 218
瑞利法 295
瑞利定理 (295)
雷列法 (295)
π定理 486
布金汉定理 (486)
实验数据处理 311
实验测量误差 311
绝对误差 186
相对误差 386
系统误差 381
随机误差 335
马利科夫准则 235
马利科夫判据 (235)
阿贝-赫梅特准则 1
阿贝-赫梅特判据 (1)
粗大误差 48
准确度 (456)
测量精密度 33
符合度 (33)

精确度 (180)
函数误差 135
函数误差分配 135
直接测量 457
间接测量 162
等精度测量 59
不等精度测量 27
剩余误差 308
残差 (206),(308)
算术平均值 334
权 286
权数 (286)
加权平均值 159
加权算术平均值 (159)
标准误差(σ) 20
极限误差 153
最大误差 (153)
误差合成 380
综合误差 474
相关关系 387
回归分析 145
回归方程 145
经验公式 (145)
流变学 225
[一般流变学]
黏弹行为 254
黏弹性性能 (254)
线性黏弹行为 385
线性黏弹性模型 385
弹性元件 346
胡克元件 (346)
弹簧 (346)
黏性元件 256
牛顿元件 (256)
阻尼器 (256)
塑性元件 334
圣维南体 (334)
宾厄姆体 22
麦克斯韦流体 235
开尔文固体 189
开尔文模型 (189)
松弛时间 329
延滞时间 405
延迟时间 (405)
推迟时间 (405)
三参量固体 296
标准线性固体 (296)
三参量流体 297
伯格斯模型 26
广义麦克斯韦模型 130
广义开尔文模型 130
微分型本构关系 367
微分型本构方程 (367)
积分型本构关系 149
遗传积分 (149)
继承积分 (149)
黏弹性斯蒂尔吉斯卷积 255
蠕变柔量 294
徐变柔量 (294)
体变柔量 349
体积变化柔量 (349)
松弛模量 329
体积松弛模量 (349)
体积模量 349
瞬态模量 326
冲击模量 (326)
稳态模量 376
渐近模量 (376)
材料函数 30
材料函数关系 30
复模量 104
动态模量 77,(104)
储能模量 44
损耗模量 336,(267)
复柔量 104
动态柔量 78,(104)
储能柔量 44
损耗柔量 336
损耗因子 336
损耗正切 (336)
松弛时间谱 329
延滞时间谱 406
热黏弹性理论 289
热流变简单行为 289
热流变简单性能 (289)
移位因子 422
时温等效原理 310
时间-温度叠加原理 (310)
内变量与黏弹性 247
拉普拉斯变换 202

黏弹性边值问题 254
准静态问题 470
拟静态问题 (470)
弹性-黏弹性相应原理 345
黏弹性问题解的唯一性 255
黏弹性互易定理 255
黏弹性功的互等定理 (255)
非变换型问题 90
黏弹性体的振动 255
黏弹性波 254
黏弹性基础梁 255
黏弹性基支黏弹板 255
非线性黏弹行为 93
非线性黏弹性 (93)
重积分型本构关系 41
重积分本构方程 (41)
单积分本构关系 52
幂律关系 239
蠕变函数 294
松弛函数 329
水泥混凝土的流变性 323
新拌混凝土的流变性 393
新拌混凝土 393
水泥浆的流变性 323
水泥砂浆的流变性 324
絮凝结构 399
附着力 103
粘附力 (103)
内聚力 248,(254)
触变性 44
反触变性 87
混凝土工作度 146
流动性 226
拌合物的可塑性 5
新拌混凝土的稳定性 393
拌合物的易密性 5
坍落度法 339
维勃仪法 369
捣实因素 57
流动桌 226
扩散度试验 (226)
针入法 450
球体贯入度试验 (450)
剪切盒法 164
直剪试验 (164)
拌合物工作性两点试验法 5
振动式黏度计法 452
平行板压缩仪法 273
提升球黏度计法 348
双圆筒黏度计法 319
同轴回转圆筒黏度计法 (319)
减水剂效应 163
可泵性 192
助泵剂 466
泵送剂 (466)
振动流变 452
硬化混凝土的流变性 435
硬化混凝土 434
混凝土的徐变 146
蠕变 293,(146)
基本徐变 150
干燥徐变 106
恢复性徐变 145
一次徐变 (145)
可逆徐变 (145)
非恢复性徐变 91
二次徐变 (91)
不可逆徐变 (91)
瞬时恢复 326
徐变系数 398
比徐变 13
徐变度 (13)
极限比徐变 152
极限徐变度 (152)
麦克亨利叠加原理 235
混凝土徐变破坏 147
滞弹性 461
弹性后效 343,(410)
黏滞变形 256
迟缓弹性变形 40
渗出假说 305
渗出理论 (305)
尺寸效应 40
经时性 180
持荷时间 40
混凝土真弹性变形 147
实际弹性变形 (147)
混凝土徐变估计 147
罗斯公式 232
徐变推算公式及曲线 398

汉森模型 135
沥青的流变性 214
沥青 214
环球软化点 143
针入度 450
针入度指数 450
沥青的劲度 214
沥青的变形模量 (214)
沥青的刚度 (214)
沥青的热应力破坏 215
陶瓷材料的流变性 347
泥浆的流变性 251
陶瓷泥浆 347
絮凝泥浆 399
解凝泥浆 177
泥浆的棚架结构 251
泥浆黏度测定 251
恩氏黏度计法 85
泥浆稠化系数 250
泥浆厚化系数 (250)
可塑性泥团的流变性 192
可塑性泥团 192
黏土的塑性指数 255
坯体干燥过程的流变性 265
陶瓷的高温徐变 347
岩石的流变性 408
金属的徐变 178
高聚物流变学 114
聚合物 185,(114)
高聚物 114
高分子 (114)
大分子 (114)
高分子运动 114
高分子热运动 114,(114)
运动单元 446
运动多重性 446
布朗运动 29
微布朗运动 367
高聚物的松弛过程 114
徐变 (293)
蠕变 293,(146)
应力松弛 432,433
体积松弛 349
介电松弛 177
运动单元活化能 446
非晶态高聚物 91
结晶高聚物 175
玻璃态 26
高弹态 116
黏流态 254
次级松弛 47
玻璃化转变 25
玻璃化转变温度 26
玻璃化温度测量方法 25
膨胀计法 264
差热分析法 35
马丁耐热试验法 234
热变形温度测定法 288
玻璃化转变机理 26
自由体积理论 473
增塑剂效应 449
玻璃化转变多维性 26
玻璃化转变压力 26
玻璃化转变频率 26
黏性流动 255
链段位移 216
流动单元 225
流动活化能 226
黏流温度 254
熔融黏度 292
熔融指数 292
表观黏度 20
时间-温度等效原理 309
聚合物的力学性质 185
玻璃态高聚物应力-应变曲线 26
强迫高弹形变 281
强迫高弹性 281
结晶态高聚物应力-应变曲线 175
应变诱发塑料-橡胶转变 426
表观应力应变曲线 21
真应力应变曲线 451
高聚物的理论强度 114
化学键合力 143
范德华引力 89
氢键 283
应力发白 428
高弹态高聚物的力学性质 116
高弹形变 116
回缩力 145
拉伸放热 202

熵弹性 303
理想高弹体 208
硫化橡胶应力-应变曲线 231
徐变与温度和外力关系曲线 398
贮能函数 466
滞后现象 460
力学损耗 214
内耗 248
形变和内耗与温度关系曲线 394
内耗与频率关系曲线 248
内耗峰 248
频率谱 267
温度谱 374
高聚物力学图谱 114
WLF 方程 485
波尔兹曼迭加原理 22
黏弹性测试 254
高温徐变仪 117
应力松弛仪 433
动态扭摆仪 77
振簧仪 453
高聚物老化 114
土力学 357
土 352
岩石 406
无黏性土 378
碎石土 336
漂石 266
块石 198
卵石 232
碎石 336
圆砾 442
角砾 168
砂土 302
砾砂 215
粗砂 48
中砂 461
细砂 382
粉砂 98
粉土 98
黏性土 256
黏土 255
粉质黏土 98
亚黏土 (98)
人工填土 291
素填土 329
杂填土 448
冲填土 43
软黏土 294
软土 (294)
淤泥 440
淤泥质土 440
泥炭 253
红黏土 140
黄土 144
湿陷性黄土 308
膨胀土 264
冻土 78
寒土 (78)
分散性土 96
塑性图 333
三相土 299
饱和土 10
非饱和土 90
高岭石 115
伊利石 422
蒙脱石 238
粒组 215
粒度 215
土的颗粒级配 354
有效粒径 439
限定粒径 383
平均粒径 269
不均匀系数 28
曲率系数 285
结合水 174
自由水 473
重力水 462
毛细水 237
土中气 359
土的结构 354
单粒结构 52
蜂窝结构 101
絮状结构 399
原状土 441
重塑土 41
土的灵敏度 355
团粒 360
土的构造 354
土粒比重 (357)

土粒相对密度 357
土的密度 355
土的干密度 354
土的有效密度 357
土的饱和密度 352
土的重力密度 357
重度 (357)
土的容重 (357)
土的干重度 354
土的干容重 (354)
土的有效重度 357
土的有效容重 (357)
土的浸水容重 (357)
土的浮容重 (357)
土的饱和重度 353
土的饱和容重 (353)
土的含水量 354
孔隙比 196
孔隙率 196
饱和度 10
阿太堡界限 1
界限含水量 (1)
缩限 336
塑限 331
液限 421
流限 (421)
塑性指数 334
液性指数 421
土的稠度 353
活动度 147
土的密实度 355
土的相对密实度 356
土的可塑性 355
最大干密度 478
最优含水量 480
土的渗透性 356
渗流量 305
渗透速度 306
渗透系数 306
渗透力 306
土的渗透破坏 356
管涌 125
流土 230
砂沸 302
临界水力坡度 223
临界水力梯度 (223)
临界渗透坡降 (223)
临界坡降 (223)
土体中的应力 358
自重应力 474
地基中的附加应力 62
角点法 168
纽马克感应图 260
应力扩散 430
有效应力原理 439
总应力 475
孔隙水压力 196
中性应力 (196)
孔隙压力 (196)
超静孔隙水压力 37
负孔隙水压力 103
孔隙压力系数 A 196
孔隙压力系数 B 196
有效应力 439
粒间应力 (439)
孔隙气压力 196
应力路径 430
应力途径 (430)
总应力路径 475
有效应力路径 439
土体的变形 358
土体的残余变形 358
土体的剪胀 358
蠕变 293
土体的触变 358
土的压缩性 356
黄土湿陷性 144
土的弹性模量 356
土的变形模量 353
土的压缩模量 356
侧限压缩模量 (356)
土的体积变形模量 356
土的泊松比 355
土的切线模量 355
土的压缩系数 356
压缩指数 404
回弹系数 145
回弹指数 145
土的体积压缩系数 356
土体固结 358

固结压力 125
K_0 固结 484
固结速率 125
土的压缩曲线 356
土的原始压缩曲线 357
现场压缩曲线 (357)
回弹曲线 145
再压缩曲线 448
固结曲线 124
固结试验曲线 (124)
时间对数拟合法 309
$\log t$ 法 (309)
时间平方根拟合法 309
$\sqrt{t}$法 (309)
主固结 465
固结系数 125
次固结 47
次固结系数 47
前期固结压力 279
先期固结压力 (279)
卡萨格兰德法 188
超固结比 37
超固结土 37
正常固结土 456
欠固结土 280
固结理论 124
太沙基固结理论 338
一维固结 421
单向固结 (422)
固结度 124
时间因子 T_v 310
时间因素 (310)
竖向固结时间因子 (310)
太沙基-伦杜立克扩散方程 339
多维固结 84
比奥固结理论 12
曼代尔-克雷尔效应 237
巴隆固结理论 2
最终沉降 481
瞬时沉降 326
固结沉降 124
次固结沉降 47
分层总和法 95
基底附加应力 151
基底接触压力 151
地基压缩层厚度 62
地基受压层厚度 (62)
地基沉降的弹性力学公式 62
应力路径法 430
三向变形法 299
规范沉降计算法 131
土的抗剪强度 354
土的破坏准则 355
莫尔-库伦理论 245
莫尔包线 245
破坏包线 (245)
土的抗剪强度包线 (245)
库伦方程 197
库伦定律 (197)
库伦公式 (197)
土的抗剪强度参数 354
土的抗剪强度指标 (354)
黏聚力 254
内聚力 248，(254)
凝聚力 (254)
内摩擦角 248
伏斯列夫参数 102
真黏聚力 451
真内摩擦角 451
极限平衡状态 153
破裂角 274
弹性平衡状态 345
抗剪强度总应力法 190
总应力强度参数 475
总应力强度指标 (475)
总应力破坏包线 475
抗剪强度有效应力法 190
有效应力强度参数 439
有效黏聚力 439
有效内摩擦角 439
有效应力强度指标 (439)
有效应力破坏包线 439
峰值强度 101
残余强度 32
剩余强度 (32)
最终强度 (32)
残余内摩擦角 32
不排水抗剪强度 28
无侧限抗压强度 378
土的长期强度 353

十字板抗剪强度 309
单轴抗拉强度 55
土的本构模型 353
土的力学本构方程 (353)
土的弹性模型 356
文克尔地基模型 375
双参数地基模型 317
弹性半空间地基模型 340
横观各向同性体 139
非线性弹性模型 93
土的弹塑性模型 356
土的弹塑性模型理论 356
土的屈服面理论 356
莫尔-库伦屈服条件 245
米泽斯屈服条件 238
广义特雷斯卡屈服准则 131
引伸的特雷斯卡屈服准则 (131)
拉特屈服准则 202
Matsuoka-Nakai 屈服准则 485
土的流动规则理论 355
正交定律 (355)
土的加工硬化理论 354
弹塑性模量矩阵 $[D]_{ep}$ 340
刚塑性模型 109
理想弹塑性模型 208
临界状态弹塑性模型 224
剑桥模型 167
临界状态线 224
罗斯科面 232
伏尔斯莱夫面 102
完全状态边界面 365
修正剑桥模型 395
清华弹塑性模型 283
拉特-邓肯模型 202
沈珠江三重屈服面模型 305
边界面模型 15
土的黏弹性模型 355
土的流变学模型 355
土的内蕴时间塑性模型 355
土的超弹性模型 353
土的次弹性模型 353
地基承载力 62
地基稳定性 62
整体剪切破坏 455
局部剪切破坏 182
冲剪破坏 42
临塑荷载 224
地基极限承载力 62
普朗特承载力理论 275
太沙基承载力理论 338
斯肯普顿极限承载力公式 326
梅耶霍夫极限承载力公式 238
汉森极限承载力公式 135
魏锡克极限承载力公式 374
地基容许承载力 62
土压力 358
主动土压力 465
主动土压力系数 465
被动土压力 11
被动土压力系数 12
静止土压力 182
静止土压力系数 182
静止侧压力系数 (182)
朗肯土压力理论 204
朗肯状态 204
库伦土压力理论 197
库尔曼图解法 196
土坡稳定分析 358
土坡 357
自然休止角 472
边坡稳定安全系数 16
土坡稳定分析方法 358
土坡稳定极限平衡法 358
库尔曼法 196
泰勒法 339
稳定数法 (339)
条分法 350
瑞典圆弧滑动法 294
费莱纽斯法 (294)
毕肖普法 14
摩根斯坦-普赖斯法 245
杨布普遍条分法 419
斯宾塞法 326
不平衡推力传递法 28
土坡稳定极限分析法 358
土的动力性质 353
土中应力波 359
土中骨架波 358
土中孔隙流体波 358
土中波的弥散特性 358

土的动剪切模量 353
土的振动压密 357
振陷 453
动力固结 73
周期加载双线性应力应变模型 463
土的阻尼 357
几何阻尼 157
土的材料阻尼 353
吸收系数 381
衰减系数 (381)
阻尼比 476
对数减幅系数 83
比阻尼容量 13
比消散函数 13
损耗角 336
土的动强度 353
土的液化 356
流滑 226
往返活动性 366
残余孔隙水压力 31
液化势评价 420
初始液化 44
抗液化强度 190
临界标准贯入击数 221
液化应力比 420
土的比重试验 353
土的密度试验 355
土的容重试验 (355)
土的含水量试验 354
颗粒分析试验 191
界限含水量试验 177
液、塑限联合测定法 420
液限试验 421
碟式仪法 70
卡式液限仪法 (70)
圆锥仪法 444
瓦氏液限仪法 (444)
塑限试验 331
缩限试验 336
湿化试验 308
砂的相对密实度试验 301
毛细管上升高度试验 237
击实试验 148
承载比试验 38
加州承载比试验 (38)
渗透试验 306
常水头渗透试验 37
变水头渗透试验 19
固结试验 124
常规固结试验 37
常规压缩试验 (37)
高压固结试验 117
快速固结试验 199
快速压缩试验 (199)
连续加荷固结试验 215
等应变速率固结试验 61
CRS 试验 (61)
等梯度固结试验 60
CGC 试验 (60)
等速加荷固结试验 60
CRL 试验 (60)
直接剪切试验 458
直接剪切仪 458
单剪仪 52
扭剪仪 258
环剪仪 (258)
快剪试验 199
固结快剪试验 124
慢剪试验 237
无侧限抗压强度试验 378
土的拉伸试验 355
三轴压缩试验 299
三轴剪切试验 (299)
反压饱和 89
剪切应变速率 164
应变控制式三轴压缩仪 424
应力控制式三轴压缩仪 430
真三轴仪 251
平面应变仪 272
不固结不排水试验 27
不排水剪试验 (27)
固结不排水试验 124
固结排水试验 124
排水剪试验 (124)
各向不等压固结排水试验 119
CAD 试验 (119)
各向不等压固结不排水试验 119
CAU 试验 (119)
K_0 固结排水试验 484
CK_0D 试验 (484)

K_0 固结不排水试验 484
CK_0U 试验 (484)
三轴伸长试验 299
孔隙压力消散试验 196
反复直剪强度试验 87
无黏性土天然坡角试验 378
黄土湿陷试验 144
振动三轴试验 452
振动单剪试验 452
共振柱试验 123
超声波试验 38
十字板剪切试验 309
旁压试验 263
横压试验 (263)
标准贯入试验 20
静荷载试验 181
静力触探试验 181
现场土的渗透试验 383
波速法 25
跨孔试验 198
下孔试验 382
速度检层法试验 (382)
表面波试验 21
块体共振试验 198
动力触探试验 72
土工模型试验 357
离心模型试验 206
岩石力学 412
岩体结构力学 417
岩石水力学 417
岩石断裂力学 411
[岩石的物理性质]
岩石 406
岩石的三相指标 409
岩石的干密度 408
岩石含水量 411
孔隙度 (196)
岩石的表观孔隙度 408
岩石的全孔隙度 409
岩石的孔隙指标 408
岩石的水理性质 410
岩石吸水性 415
岩石的吸水率 410
岩石的饱水率 407
岩石的饱水系数 407
岩石透水性 415
岩石渗透系数 414
岩石软化性 414
岩石软化系数 414
岩石的崩解性 408
岩石的耐崩解性指标 409
岩石膨胀性 413
岩石的抗冻性 408
岩石抗冻系数 412
岩石重量损失率 415
岩石强度损失率 414
岩石的静力学性质 408
岩石本构关系 406
[岩石的变形特征]
岩石弹性模量 410
岩石变形模量 406
岩石切线模量 414
岩石平均模量 413
岩石割线模量 411
岩石的卸载模量 410
岩石破裂后期模量 413
岩石泊桑比 413
岩石的变形能 408
岩石的扩容 408
岩石的塑性 410
岩石的滞后效应 411
岩石的应变软化性 410
岩石的应变硬化性 410
岩石的应力-应变曲线 410
岩石应力-应变后期曲线 415
岩石的全应力-应变曲线 409
岩石单轴压缩应变 407
岩石的双轴压缩应变 410
岩石三轴压缩应变 414
[岩石的强度特征]
岩石强度 413
岩石单轴抗压强度 407
岩石的屈服强度 409
岩石抗拉强度 412
岩石抗剪强度 412
岩石断裂韧度 411
岩石三轴抗压强度 414
岩石抗弯强度 412
[岩石的破坏型式]
岩石脆性破坏 407

岩石的剪切破坏 408
岩石塑性破坏 415
岩石对顶锥破坏 411
封闭应力 101
岩石强度理论 414
格里菲斯强度理论 118
修正的格里菲斯强度理论 395
岩石强度曲面 414
[岩石的动力学性质]
岩石动弹性模量 411
岩石的动泊桑比 408
动态岩石强度 78
岩石的时间效应 409
蠕变 293
岩石的应力松弛 410
岩石蠕变曲线 414
岩石初始蠕变 407
岩石稳定蠕变 415
岩石加速蠕变 411
岩石黏滞性 413
岩石黏滞系数 413
岩石弹性滞后 410
岩石长期强度 406
岩石流变模型 413
[岩体的地质特征]
岩体 416
连续介质岩体 215
碎裂介质岩体 336
块裂介质岩体 198
板裂介质岩体 2
松软岩体 329
松散岩体 329
岩体结构 416
结构体 174
结构面 172
块状结构体 199
板（柱）状结构体 3
软弱结构面 294
硬性结构面 435
原生结构面 441
次生结构面 47
构造结构面 123
节理 169
断层 80
充填物 41
充填度 41
产状 36
起伏度 276
起伏差 276
延续性 405
结构面间距 173
结构面形态 173
节理组数 170
粗糙度 47
裂隙频率 221
体积裂隙数 349
地质模型 63
[岩体的力学性质]
结构面力学效应 173
[结构面力学性质]
结构面的剪切变形 173
结构面的法向变形 173
结构面抗剪强度 173
裂隙抗压强度 221
裂隙粗糙系数 221
结构面摩擦强度 173
结构面弱面系数 173
剪胀 165
岩体变形 416
岩体变形机制 416
岩体本构关系 416
变形机制单元 19
结构面当量闭合刚度 172
结构面闭合模量 172
岩体变形模量 416
侧胀系数 33
岩体强度 417
准岩体强度 470
龟裂系数 187
岩体抗剪强度 417
岩体的抗切强度 416
岩体的剪断强度 416
岩体的重剪强度 416
应力比 427
模量比 243
极限应力比 154
岩石质量指标 415
岩体破坏 417
破坏机制 274
脆性度 48

岩体的各向异性 416
横观各向同性体 139
岩爆 406
[岩体应力状态]
原岩应力 441
原岩 441
自重应力 474
重力应力梯度 463
构造应力 123
侧压系数 32
岩体中的垂直应力 417
岩体中的水平应力 418
原岩应力比值系数 441
附加应力 103
静水应力状态 182
弹性抗力 344
弹性抗力系数 344
单位弹性抗力系数 53
围岩应力 369
一次应力 421
二次应力 86
[围岩压力理论]
围岩 368
围岩压力 368
围岩松动压力 368
散体地压 300
围岩变形压力 368
围岩弹性变形压力 368
围岩塑性变形压力 368
围岩流变压力 368
冲击地压力 42
围岩膨胀压力 368
开挖面的空间效应 189
围岩非弹性变形区 368
围岩松动区 368
[围岩压力理论举例]
海姆理论 133
普氏压力拱理论 276
岩石坚固性系数 411
自然平衡拱 472
太沙基理论 338
岩体稳定性 417
区域稳定性 284
工程地质比拟法 120
岩体结构分析法 416
应力平衡法 431
岩体投影 417
赤平极射投影 40
摩擦锥法 244
矢量代数法 312
围岩稳定性 368
局部落石破坏 183
拉断破坏 200
重剪破坏 41
复合破坏 104
潮解膨胀破坏 38
收敛-约束法 314
收敛曲线 314
约束曲线 445
相对收敛 386
岩坡稳定性 406
边坡地质模型 16
平面破坏 271
楔形破坏 391
圆弧形破坏 442
倾倒破坏 283
葛洲坝模型 119
边坡安全系数 16
边坡安全性的强度判据 16
边坡安全性的位移判据 16
边坡安全性的最大滑动速度判据 16
最终边坡角 481
滑面爆破加固 142
岩基稳定性 406
岩石力学试验 412
岩石力学室内试验 413
捣碎法 57
岩石直接拉伸试验 415
岩石双轴拉伸试验 414
岩石间接拉伸试验 411
岩石弯曲试验 415
岩石单轴压缩试验 407
岩石双轴压缩试验 414
岩石常规三轴试验 406
岩石常规三轴试验机 407
岩石真三轴试验 415
岩石真三轴试验机 415
岩石剪切试验 412
单面剪切试验 52
双面剪切试验 317

倾斜压模剪切试验 283
圆剪试验 442
岩石扭转试验 413
蠕变试验 294
松弛试验 329
刚性试验机 112
伺服控制试验机 328
[岩石动力特性试验]
谐振法 392
超声脉冲法 38
岩石标准试件 406
不规则岩石试件 27
尺寸效应 40
端面效应 79
泊松效应 274
形状效应 394
加载路径 162
可控应力试验法 192
可控应变试验法 192
相似材料模型试验 388
原型 441
相似函数 388
相似误差 388
边界条件相似 15
相似材料 388
破坏模型试验 274
地质力学模型试验 63
光塑性比拟法 127
自模拟 472
岩石力学现场试验 413
刚性加载法 112
柔性加载法 293
双千斤顶法 318
刚性垫板法 112
应力解除法 430
表面应力解除法 21
钻孔应力解除法 478
应力恢复法 429
逐级循环加载法 464
点荷载强度试验 66
点荷载仪 67
压头贯入量 404
点荷载强度指标 66
强度各向异性指标 280
水压破裂法 324
地球物理勘探 63
弹性波法 341
电阻率法 69
声测法 306
岩音定位法 418
γ射线法 486
[计算岩体力学]
[有限元法]
节理单元 169
切向刚度 K_s 282
法向刚度 K_n 87
粘结单元 254
无拉分析法 378
离散单元法 206
刚体弹簧模型 111
反分析法 87
量测位移反分析 218
直接反分析法 458
逆算反分析法 253
不连续变形分析 28
块体理论 198
半空间 4
凸体 352
节理块体 170
组合块体 477
关键块体 125
节理锥 170
块体锥 199
开挖锥 189
有界性定理 436
可移动性定理 193
断裂力学 80
线弹性断裂力学 384
理论断裂强度 207
裂纹 219
张开型（Ⅰ型）裂纹 450
滑开型（Ⅱ型）裂纹 142
撕开型（Ⅲ型）裂纹 328
裂纹几何 220
裂纹表面能 219
能量释放率 249
格里菲斯断裂准则 118
应力强度因子 431
应力强度因子断裂准则 431
应力强度因子计算方法 432

应力强度因子计算的复势法 431
应力强度因子计算的威斯特噶德法 432
应力强度因子计算的权函数法 431
应力强度因子计算的边界配点法 431
应力强度因子计算的有限元法 432
应力强度因子计算的柔度法 432
应力强度因子计算的实验法 432
线弹性裂纹尖端奇异场 384
脆性断裂 48
准脆性断裂 470
塑性区尺寸 333
塑性区半径 333
等效裂纹长度 61
裂纹扩展 220
裂纹起始扩展 221
裂纹稳定扩展 221
裂纹失稳扩展 221
阻力曲线方法 476
复合型断裂准则 104
最大正应力准则 479
最大能量释放率准则 479
应变能密度因子准则 425
最大正应变准则 479
弹塑性断裂力学 339
韧性断裂 292
裂纹张开位移 221
COD 法 483
韦尔斯公式 368
COD 设计曲线 483
D-B 模型 483
COD 断裂准则 483
J 积分 484
J 主导条件 484
J 积分断裂准则 484
HRR 奇异场 483
全塑性解 287
J 控制扩展 484
J_R 阻力曲线 484
撕裂模量 328
断裂力学参量 80
裂纹尖端场角分布函数 220
断裂动力学 80
裂纹扩展极限速率 220
裂纹的动态响应 219
裂纹的动态扩展 219
止裂 458
裂纹的分叉 219
动载断裂韧性 78
动态断裂韧性 77
材料的断裂韧性 30
断裂韧性 80
平面应变断裂韧性 272
临界裂纹张开位移 222
临界 J 积分 224
断裂形貌转变温度 80
无延性转变温度 379
塑性失稳 333
冲击韧性 42
辐照损伤 103
断裂韧性试件 80
三点弯曲试件 297
单边缺口弯曲试件（SENB） (297)
紧凑拉伸试件 178
拱形拉伸试件 121
圆形拉伸试件 442
改进的 WOL 试件 105
单边裂纹试件 51
双边裂纹试件 317
中心裂纹试件 462
双悬臂梁试件 319
条件荷载 350
条件应力强度因子 350
柔度标定 292
突进现象 352
裂纹检测的交流电位法 220
裂纹检测的直流电位法 220
裂纹的声发射检测 220
裂纹的涡流检测 220
裂纹检测的金相剖面法 220
应力腐蚀 428
应力腐蚀临界应力强度因子 428
应力腐蚀裂纹扩展速率 428
氢脆 283
缺陷评定 288
断裂临界应力 80
当量缺陷 56
临界裂纹尺寸 222
破裂前泄漏准则 274
ASME 缺陷评定方法 482
CVDA 评定曲线 483

CEGB-R6 方法 482
IIW 方法 484
概率断裂力学 106
损伤力学 336
连续损伤力学 216
脆性损伤 48
弹塑性损伤 340
疲劳损伤 266
蠕变损伤 294
实验力学 311
电测方法 67
[应变计]
电阻应变计 69
电阻应变片 (69)
应变片 (69)
灵敏系数(K) 225
横向效应 139
机械滞后 149
应变极限(ε_{lim}) 424
疲劳寿命(N) 265
频响特性 267
蠕变 293,(146)
零飘 225
绝缘电阻 186
视应变 314
热滞后 291
横向效应系数 139
丝绕式电阻应变计 326
短接式电阻应变计 80
箔式电阻应变计 27
液体金属电阻应变计 420
焊接式电阻应变计 136
封闭式电阻应变计 101
大应变电阻应变计 50
双层电阻应变计 317
高(低)温电阻应变计 113
防水电阻应变计 90
应变花 424
温度自补偿式电阻应变计 374
温度补偿片 374
热输出 290,(314)
半导体应变计 3
金属薄膜应变计 177
卡尔逊应变计 188
振弦应变计 453
电容应变计 68
应力计 429
测压计 34
疲劳寿命计 266
裂纹扩展计 220
测温计 33
传感器 45
有源式传感器 440
无源式传感器 379
线性度(L) 384
滞后(H) 460
不重复度 29
输出温度影响 315
温度漂移 374
蠕变 293,(146)
幅频特性 103
相频特性 389
[电阻应变式传感器]
电阻应变式测力传感器 69
电阻应变式位移传感器 70
电阻应变式压力传感器 70
电阻应变式倾角传感器 69
电阻应变式加速度传感器 69
电阻应变式引伸计 70
[电阻式传感器]
滑线电阻式位移传感器 142
导电液泡式倾角传感器 57
[电容式传感器]
电容式压力传感器 68
电容式加速度计 68
电容式引伸计 68
[压电式传感器]
压电式加速度传感器 402
[磁电式传感器]
电感式压力传感器 67
电感式位移传感器 67
磁尺 46
电涡流式传感器 68
电涡流式位移传感器 68
惯性式拾振器 126
磁电式拾振器 46
[放大器]
电阻应变仪 70
应变电桥 424
静态电阻应变仪 182

动态电阻应变仪 77
电容放大器 68
电荷放大器 68
[记录仪]
模拟式记录仪 243
笔录仪 13
阴极射线示波器 422
光线示波器 128
XY 函数记录仪 486
磁带记录仪 46
瞬时贮存器 326
数字式记录仪 316
信号分析仪 393
实时分析 311
[其它量测方法]
[机械式量测仪表]
引伸计 422
[声学法量测仪表]
声发射法 307
声弹性法 307
声全息法 307
[光-电法量测仪表]
光纤维应变计 128
激光测位移 152
脆性涂层法 48
[比拟法]
沙堆比拟 301
薄膜比拟法 7
电比拟法 67
电阻网络比拟 69
水电模拟 319
[无损探测]
磁力探测 46
射线探测 305
涡流探测 377
超声探伤 38
模型试验 244
模型 244
相似理论 388
相似三定理 388
量纲分析法 218
相似准数 388
[实验误差分析]
真值 451
测定值 33
量测误差 218
系统误差 381
随机误差 335
粗大误差 48
正确度 456
准确度 (456)
精密度 180
精度 180
离差 206
相对误差 386
标准误差（σ） 20
极限误差 153
平均误差（η） 269
或然误差（γ） 148
t 分布 485
格拉布斯方法 118
3σ 法 487
误差传播 380
最佳值 479
[实验数据处理]
相关系数（γ） 388
实验-数值计算综合分析法 311
电液伺服阀 69
电液伺服闭环 68
[实验模态分析方法]
时域 310
频域 267
拉氏域 202
振动模态 452
模态参数 243
传递函数 44
频响函数 267
机械阻抗 149
模态分析 243
复模态理论 104
复模态参数 104
脉动分析法 235
奈奎斯特图 247
振动系统识别 452
机械导纳 149
光测力学 127
光弹性法 127
偏振光 266
平面偏振光 270
圆偏振光 442

椭圆偏振光 362
偏振片 266
四分之一波片 328
双折射效应 319
暂时双折射效应 448
等差线 58
等倾线 59
光弹性仪 128
透射式光弹性仪 351
光弹性材料 127
时间边缘效应 309
应力-光学定律 428
材料条纹值 31
补偿器 27
剪应力差法 164
主应力迹线 465
光弹性应力冻结法 128
应力冻结效应 428
次主应力 47
光弹性斜射法 128
光弹性夹片法 128
光弹性贴片法 128
反射式光弹性仪 88
光弹性应变计 128
单轴光弹性应变计 55
双轴光弹性应变计 319
光弹性散光法 128
散光光弹性仪 300
光塑性法 127
热光弹性法 289
动态光弹性法 77
云纹法 445
振幅型光栅 453
面内云纹法 240
等位移线 60
正交参考栅云纹法 456
云纹条纹倍增技术 445
离面云纹法 206
影子云纹法 423
反射云纹法 88
位移等高线 370
等斜率线 61
等曲率线 59
云纹干涉法 445
位相型衍射光栅 370
全息衍射光栅 287
闪耀衍射光栅 302
错位云纹干涉法 48
网格法 366
全息干涉法 287
全息照相 287
全息术 (287)
激光器 152
相干光波 387
时间相干性 309
空间相干性 194
物光 380
参考光 31
再现虚像 448
再现实像 448
复振幅 105
全息照相的记录材料 288
菲涅尔全息照相 94
夫琅和费全息照相 102
平面全息图 271
体积全息图 349
振幅型全息图 453
位相型全息图 370
傅里叶变换全息图 105
象平面全息术 389
双曝光全息干涉法 318
二次曝光法 (318)
即时全息干涉法 154
实时法 (154)
夹层全息干涉法 162
全息干涉位移场测量术 287
平面位移场全息干涉测量术 271
零级条纹法 225
ZF 法 (225)
条纹计数法 350
FC 法 (350)
全息无损检测术 287
全息干涉振动测量术 287
时间平均法 309
即时时间平均法 154
频闪法 267
参考光调制法 31
脉冲全息干涉术 235
红宝石激光器 139
声光偏转器 307

全息光弹性法 287
平面应力全息光弹性分析法 272
双模型法 318
旋光器法 400
等和线 59
等程线 58
三维应力全息光弹性分析法 299
浸渍法 179
散斑干涉法 299
散斑 299
客观散斑 193
主观散斑 465
单光束散斑干涉法 52
逐点分析法 464
全场分析法 286
杨氏条纹 420
频谱面 267
光学傅里叶变换 129
散斑干涉振动测量术 299
横向振动散斑干涉测量术 139
纵向振动散斑干涉测量术 475
散光散斑干涉法 300
夹层散斑法 162
双光束散斑干涉法 317
相关法 387
过度曝光法 132
面内位移场双光束散斑分析法 239
离面位移场双光束散斑分析法 206
单光束散焦散斑干涉法 52
散焦散斑错位干涉法 300
散斑错位干涉法 299
白光散斑法 2
散斑光弹性干涉法 300
电子散斑干涉仪 69
引伸计 422
声发射法 307
声弹性法 307
声全息法 307
光纤维应变计 128
激光测位移 152
脆性涂层法 48
[比拟法]
砂堆比拟 301
薄膜比拟法 7
电比拟法 67
电阻网络比拟 69
[物理探测]
磁力探测 46
射线探测 305
涡流探测 377
超声探伤 38
风工程 99
空气动力学 194
工业空气动力学 120
建筑空气动力学 167
环境空气动力学 143
[大气和风]
大气边界层 49
大气 49
大气污染 50
大气扩散 50
大气旋涡 50
大气湍流 50
大气温度 50
大气湿度 50
自由大气层 473
近地层 178
风 98
风速 99
风压 100
风力 99
平均风 269
稳定风 (269)
脉动风 235
横风向风力 139
风力矩 99
近地风 178
飓风 185
台风 337
热带气旋 289
龙卷风 232
雷暴风 204
风速实测 100
风速仪 100
风（力）等级 99
浦福风级 274，(99)
静风 180
软风 294
轻风 283
微风 367

和风 136
劲风 180
强风 280
疾风 155
大风 49
烈风 219
狂风 199
暴风 11
基本风速 150
基本风压 150
风速风压关系式 100
标准高度 20
地貌 62
地面粗糙度 63
平均风速 269
平均风压 269
瞬时风速 326
平均风速时距 269
最大风速样本 478
重现期 41
保证系数 11
峰因子 101，(11)
线型 384
基本风速换算系数 150
风速廓线 100
梯度风 348
风速沿高度变化规律 100
脉动风速 236
脉动风压 236
脉动风的概率分布 235
脉动系数 236
风速谱 100
水平风速谱 324
竖向风速谱 316
风压谱 101
功率谱密度 121
谱密度 (121)
卓越周期 471
风的空间相关性 98
脉动风的相关函数 236
时域相关系数 310
相干函数 387
空间相关性折算系数 194
[结构风载]
钝体空气动力学 83
钝体 83
钝形物体 (83)
流线型体 231
分离气泡 95
再附着 448
剪切流 164
旋涡 400
旋涡脱落 400
卡门涡街 (376)
旋涡脱落频率 400
尾流 370
尾迹 (370)
尾涡 (370)
斯克拉顿数 326
罗斯贝数 232
西奥多森数 381
风向 100
风向仪 100
风玫瑰图 99
上升气流 303
上曳气流 (303)
迎风面 423
背风面 11
前方气压 279
后方气压 140
上风 303
下风 382
吸力 381
风荷载 99
风载体型系数 101
风压高度变化系数 101
风振系数 101
承风面积 38
爬坡效应 263
穿堂风 44
极限风荷载 153
等效频率 61
风振控制 101
舒适度 315
[结构风振]
涡致振动 377
锁定现象 337
涡激共振 376
风琴振动 99
涡激力 376

旋涡结构 400
涡迹 376
抖振 78
抖振力 78
气动导纳 277
特征紊流 347
来流紊流 203
驰振 39
驰振不稳定 40
驰振力 40
驰振型颤振 40
横流驰振 139
邓·哈托驰振判据 61
尾流驰振 370
斯托克布里奇阻尼器 327
脉动增大系数 236
鞭梢效应 17
颤振 36
古典颤振 123
失速颤振 308
分离流扭转颤振 95
多振型耦合颤振 85
颤振临界风速 36
扭弯频率比 258
颤振频率 36
颤振导数 36
气动导数 (36)
颤振后性能 36
[非定常空气动力学]
折算频率 450
非定常气动系数 90
拟定常理论 253
准定常理论 (253)
西奥多森函数 381
气动阻尼 277
薄翼理论 10
片条理论 266
[风振破坏实例]
塔科马峡谷桥 337
[风洞试验]
[试验模型]
全模型 286
足尺模型 475
全尺寸模型 (476)
节段模型 169
拉条模型 203
刚性模型 112
气弹模型 277
中性大气边界层模拟 462
曲网法 285
棍栅法 132
曲线切面蜂窝器法 285
1/4 椭圆尖劈、挡板和粗糙元组合法 487
大孔眼格网法 49
尖塔旋涡发生器法 162
孔板速度车法 195
垂直喷射法 46
反向喷射法 89
多路喷射法 84
脉动棍栅法 236
主动湍流发生器 465
温度边界层的模拟 374
自然形成法 472
人工形成法 291
风洞 98
低速风洞 62
汽车风洞 278
边界层风洞 15
烟风洞 405
水洞 320
激波管 151
粉末激波管 98
[测量仪器和实验技术]
风洞天平 99
机械式天平 149
应变式天平 426
高频测力天平 115
压力扫描阀 403
气压表 278
热线风速计 290
测压排管 34
流动显示 226
风洞实验数据修正 98
支架干扰修正 457
平均气流偏角修正 269
轴向静压梯度影响修正 464
洞壁干扰修正 78
气流紊流度影响修正 277
雷诺数影响修正 205

A

a

阿贝－赫梅特准则 Abb'e-Helmert criterion

又称阿贝－赫梅特判据。判别测量中是否存在周期性系统误差的法则。它通过将相邻残差之积的代数和与标准误差比较进行判别。设对应某量进行 n 次测量得到的 n 个测量值的残差为 $v_1, v_2 \cdots\cdots v_n$，标准误差为 σ，相邻残差积的代数和为 $A=\sum_{i=1}^{n-1} v_i \cdot v_{i+1}$，若 $|A|>\sqrt{n-1}\sigma^2$，则认为测量值中存在周期性系统误差；反之，则不存在。 （李纪臣）

阿基米德原理 Archimedes principle

说明物体在液体中所受浮力的来源和计算方法的原理。这一原理约在公元前250年由古希腊科学家阿基米德首先提出，故名。它指出物体在液体中所受的浮力等于该物体所排开液体的重量。当物体所受的浮力与物体重量相等时，物体就浮在水面上或没入水中而不下沉，人们应用这一原理建造了能在水里和空气中航行的工具，如轮船和飞艇；利用这一原理还可制成液体相对密度计测定液体的相对密度。 （叶镇国）

阿克莱特法则 Ackeret rule

见普朗特－格劳厄脫法则(275页)。

阿太堡界限 Atterberg limits

又称界限含水量。黏性土由一种状态过渡到另一种状态的界限含水量。包括缩限、塑限和液限。1911年瑞典农业学家阿太堡(Atterberg)提出界限含水量的概念，并在农业土壤学中应用，后来经太沙基(Terzaghi)等的研究与改进被广泛地应用于土木工程中。它反映了土的颗粒级配、颗粒形状、矿物成分及土的胶体化学性质，表征了土的粘性和塑性大小，是土的重要的物理性质指标之一。 （朱向荣）

an

安定性 shakedown

弹性理想塑性体在变值荷载作用下最终可不再出现新的塑性变形的一种特性。如果物体在给定范围的变值荷载作用下经过初始阶段产生了一个残余应力场，使得此后荷载在此范围内无论如何变化，物体不再出现新的塑性变形，则称物体处于安定状态。如果在给定变值荷载作用下物体不能达到安定状态，则可能出现两种破坏形式：交变塑性破坏和递增变形破坏。 （熊祝华）

安全系数 factor of safety

表征构件安全度的指标。考虑到构件在实际使用期内不可避免地会遇到意外荷载和其他一些不利的工作条件，以及构件破坏时将带来的严重后果，必需给构件以足够的强度储备。安全系数的选择，视构件的重要性、永久性以及工作条件和工作环境而定；其中要考虑到客观存在的一些差异：如标准荷载和实际荷载的差异。结构设计尺寸与实际结构尺寸的差异，以及材料实际的极限应力值与试验测定的极限应力值的差异等。安全系数通常是由设计规范规定。塑性材料的极限应力常取屈服极限 σ_s，其安全系数为 K_s；脆性材料取强度极限 σ_b，其安全系数为 K_b。取 $K_b>K_s$，是由于脆性材料突然破坏的危险性要比塑性材料发生一定的塑性变形后才破坏的危险性要大。 （郑照北）

鞍点定理 saddle point theorem

关于拉格朗日函数的鞍点与约束优化问题最优点之间的关系定理。鞍点是函数平稳点的一种，应用鞍点的性质，可以推得最优点的充分条件如下：对于约束极小化问题，如果其拉格朗日函数的鞍点 $(\boldsymbol{x}^*, \boldsymbol{\mu}^*, \boldsymbol{v}^*)$ 存在，即有 $L(\boldsymbol{x}^*, \boldsymbol{\mu}, \boldsymbol{v}) \leqslant L(\boldsymbol{x}^*, \boldsymbol{\mu}^*, \boldsymbol{v}^*) \leqslant L(\boldsymbol{x}, \boldsymbol{\mu}^*, \boldsymbol{v}^*)$，那么相应的 x^* 必是该约束极小化问题的最优点。由于没有涉及函数的凸性与可微性，适用范围较广，但因求解鞍点很困难，且即使原问题的最优点存在，它的拉格朗日函数也不一定有鞍点，故目前并不实用。

（汪树玉）

岸壁阻力 bank resistance

河岸壁面粗糙引起的水流阻力。它可按曼宁公式估算，但因粗糙系数变化很大，不易确定。在山区河流中，有时岸石参差，河道宽深比又小，岸壁阻力可以很大。例如长江巫峡及瞿塘峡河段，岸壁的粗糙系数有达0.1的。 （叶镇国）

B

ba

八面体剪应力 octahedral shearing stress

作用在法线与三个主轴成等倾斜的正八面体面上的剪应力。其值为

$$\tau_0 = \frac{1}{3}[(\sigma_1-\sigma_2)^2+(\sigma_2-\sigma_3)^2+(\sigma_3-\sigma_1)^2]^{\frac{1}{2}}$$

$$=\sqrt{\frac{2}{3}I'_2}$$

其中 I'_2 为应力偏量的第二不变量。(参见应力偏斜张量的不变量)当应力分量增加或减小三向相同的正应力(静水压力)时,τ_0 值不变。式中 σ_1、σ_2、σ_3 为主应力。 (刘信声)

八面体正应力 octahedral normal stress

作用在法线与三个主轴成等倾斜的正八面体面上的正应力。取坐标原点与所研究的点相重合,坐标轴与应力主方向重合,由倾斜微分面上法线方向余弦相等($l=m=n=\pm 1/\sqrt{3}$)的条件可以求得其值为

$$\sigma_0 = \frac{1}{3}(\sigma_1+\sigma_2+\sigma_3) = \frac{1}{3}I_1$$

其中 I_1 为应力张量的第一不变量(参见应力张量的不变量)。 (刘信声)

巴甫洛夫斯基公式 Pavlovskii formula

见谢才系数(393页)。

巴隆固结理论 Barron's consolidation theory

巴隆(R. A. Barron)于1948年建立的较为完整的分析砂井地基径向固结问题的微分方程及其给出的解答。其中等应变条件下的理想井固结理论已在砂井工程中得到长期广泛的应用。 (谢康和)

bai

白光散斑法 white-light speckle method

用非相干光作光源的散斑照相术对物体进行全场位移分析的一种干涉计量术。物体表面固有的斑点或人为制造于物面上的斑均可视为随机分布的散斑。它们将随物体变形而运动。在白光照射下,拍摄物体变形前后的双曝光散斑图。对这种散斑图用逐点分析法或全场分析法进行分析,可测得物体表面的位移和变形。该法不仅能用于平面物体表面位移的测量;还适用于曲表面变形、振动及动态问题的分析,且便于大构件表面变形的实测。 (钟国成)

白噪声随机过程 white noise random process

简称白噪声。均值为零而功率谱为非零常数的随机过程。其名出于白光具有均匀光谱之故。是一种理想化的数学模型。其平均功率是无限的,实际上并不存在。如果某种信号(如随机振动)在比实际考虑的有用频带宽得多的范围内具有比较"平坦"的谱密度,则可近似视为白噪声。 (陈树年)

ban

板裂介质岩体 slab-rent medium rock mass

具有板梁结构的变形和破坏规律的岩体。1983年孙广忠首次提出这一概念。对于层间错动剧烈、软硬相间的薄层状岩体,当其骨架层岩层长度与厚度之比大于15至18时;岩浆岩及深变质岩在构造作用下;沿一组节理面发育成错动面,将岩体切割时;碎裂结构岩体在人工或天然地应力场作用下,使一组结构面开裂、另一组闭合时;完整结构岩体由人工开挖或劈裂成板状结构体时,均可构成这类岩体。其变形机制为结构体横向弯曲及纵向缩短。破坏机制为弯折、溃屈、倾倒滑动。可用板梁结构力学理论进行其力学分析。 (屠树根)

板屈曲的静力法 static equilibrium method for plate buckling

根据薄板处于中性平衡状态这一条件求解薄板屈曲问题的方法。假定板从基本平衡状态发生轻微挠曲变形(微扰动)后处于新的平衡状态,列出板处于微扰动变形时的平衡微分方程,将屈曲问题归结为平衡微分方程的本征值问题。用此方法可确定临界应力与屈曲波形,但波形的幅值则是不定的。 (罗学富)

板屈曲的能量法 energy method for plate buckling

根据薄板在屈曲前后势能应相等这一条件求解薄板屈曲问题的方法。假定薄板屈曲时的挠度可表示为

$$w = \sum_{i=1}^{n} a_i\varphi_i(x,y)$$

其中 $\varphi_i(x,y)$ 为满足位移边界条件的任意函数。利

用总势能的驻值条件，可确定上式中的参数 a_i，并进而确定临界应力。（罗学富）

板（柱）状结构体 slab(pillar) structure body

长厚比大于 15 的结构体。如薄层及中厚层砂页岩互层岩体在褶皱作用下常形成板状结构体。其力学作用主要为弯曲变形和溃折破坏。（屠树根）

半带宽 half-bandwidth

对称带状矩阵的每行中主对角线元素与最右端的非零元素之间的列宽度或每列中主对角线元素与最下端的非零元素之间的行宽度。对于任一编码为 i 的结点，上半带宽的表达式为

$$d_i = (D_i + 1)n$$

式中，d_i 为半带宽，D_i 为相邻结点的最大编码与 i 的差值，n 为一个结点的自由度数。利用矩阵的对称性，可只贮存上（下）半带内的元素。（夏亨熹）

半导体应变计 semiconductor strain gauge

利用半导体材料在应力作用下电阻率发生变化这一性能制成的测应变转换元件。敏感栅一般采用锗、硅等半导体材料。

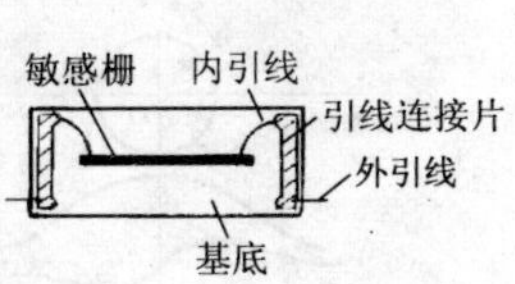

灵敏系数大（比一般金属电阻应变计大数十倍）、横向效应小（可控制在 0.5% 以下），频率响应快（10^{-11}s，金属丝式为 10^{-7}s）、机械滞后及蠕变小。但灵敏系数随温度变化而显著变化，热输出大，应变线性范围小。适用于量测十分之一～几个微应变。随着新制造工艺和新材料的应用，性能已得到较大的改进。（王娴明）

半刚架法 method of half-frame

见半结构法。

半功率点 half-power points

在小阻尼的情况下，在一条幅频特性曲线上，频率比 $\gamma=1$ 处的两侧，放大因子 $\beta=\frac{\beta_{max}}{\sqrt{2}}=0.707/2\zeta$ 的两点 P_1 与 P_2。

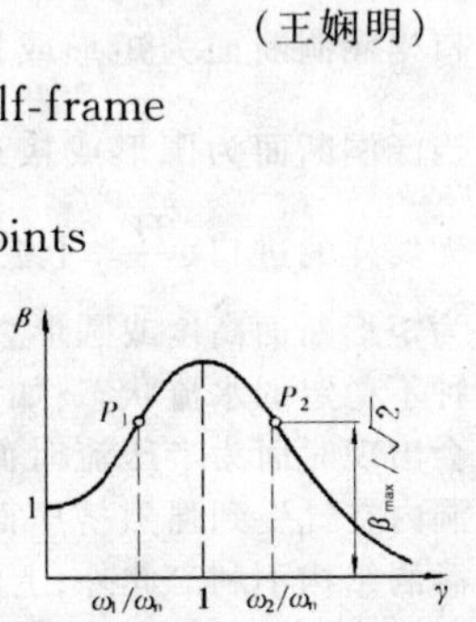

令对应于这两点的干扰力频率分别为 ω_1 与 ω_2，则 $\Delta\omega=\omega_2-\omega_1$ 称为系统的带宽。当 $\zeta\ll1$ 时，有 $\beta_{max}=\frac{1}{2\zeta}=\omega_n/\Delta\omega$。可见阻尼愈大，带宽 $\Delta\omega$ 愈宽，曲线在共振点附近愈平缓；反之，当带宽愈窄，曲线在共振点附近就愈陡峭。（宋福磐）

半结构法 method of half-structure

根据对称结构在正、反对称荷载作用下的受力和变形特性，取其半边结构代替原结构进行计算的方法。是对称性利用中广泛应用的手法。对称结构在正对称荷载作用下，结构的内力分布和变形形式是正对称的，位于对称轴的截面两侧的位移和内力也是正对称的；而在反对称荷载下，结构的内力分布和变形形式是反对称的，该截面两侧的位移和内力是反对称的。为此，可只取出其中的半边结构，并根据位于对称轴的截面处的内力和位移特征，在该处用相应的支座代替另外半边结构的作用。半结构法应用于对称刚架，称为半刚架法。例如，图 a 所示刚架在反对称荷载作用下，位于对称轴的截面 K 只有水平位移和转角而无竖向位移，故可取图 b 所示半刚架来计算。这样就使原来的三次超静定刚架转化为一次超静定的刚架。取出半结构后，应选择适宜的方法进行解算，绘出该半边结构的内力图，然后再按正对称或反对称的特性，绘出另外半边结构的内力图。

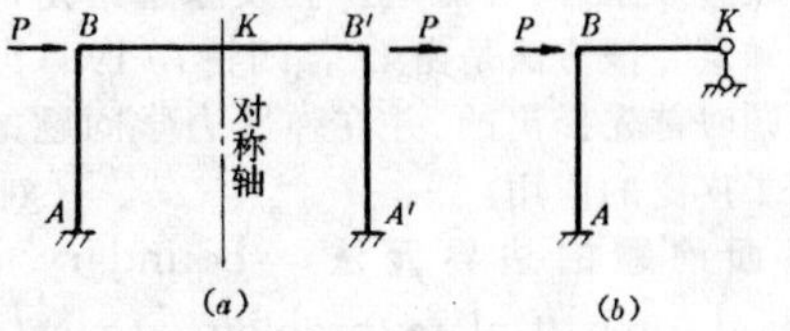

(a) (b)

（罗汉泉）

半解析数值法 semi-analytical numerical method

又称半解析法或半离散法。一种解析法与数值法相结合的求解数理方程的方法。按两种方法结合的方式可分为：①分向半解析数值法。多维问题在某些分向上采用解析函数解，另一些方向上采用离散和插值解，两者结合组成场函数，如各种半解析有限元法；②分域半解析数值法。如内域解析法、外域数值法求解的边界元法；③分部半解析数值法。解函数中部分为给定的解析函数、部分为数值求解的待定系数。加权余量法为其典型；④分区半解析数值法。将问题在几何上分区，部分区用解析法，部分区用数值法求解。与完全的离散化方法（如有限元法）相比，半解析数值法的适应性要差些，但计算工作量要小得多；可以在小型计算机上解大问题，经济效果显著。适宜于求解高维、耦合及无限域问题。是近年来发展起来并已取得很大进展的方法。

（包世华）

半解析有限元法 semi-analytical finite element method

又称半解析元法。解多维问题时，在某些方向上用解析解，另一些方向上采用离散化解，两者结合组成场函数的一种半解析数值法。由于在离散化方向采用了有限元法的几何剖分与合成的概念，并承袭了有限元法的计算格式和技巧，所以，剖分后的子域可视为一个广义的单元。计算过程与有限元法类似。按子域剖分的形式有：有限条法、有限棱法、有

限层法等等 (包世华)

半空间 hemi-space

任意一个平面的上方或下方的空间。平面上方称上半空间 U,平面下方称为下半空间 L。在岩石力学中确定一个点是在一个平面的上方还是下方是块体理论的基础。 (徐文焕)

半离散法 semi-discrete method

见半解析数值法(3 页)。

半逆解法 semi-inverse method

在求解弹性力学问题中,首先确定一部分未知量,然后根据基本方程和边界条件求出其余未知量的一种方法。通常根据实验结果或其他分析方法得到一部分应力分量(或位移分量),然后由基本方程求出其余应力分量(或位移分量),并使全部应力和位移分量满足所给定的边界条件。若不能满足基本方程或边界条件,则需重新假设原来给定的那一部分未知量。该方法是由 L.普朗特在 1903 年求解扭转问题时首先提出的,并在弹性力学问题的求解中得到了广泛的应用。 (刘信声)

半平面问题的边界元法 boundary element method for half-plane problem of elasticity

用边界元法解弹性半平面问题。在弹性半平面内任意一点作用单位集中力所引起的位移 $u^{s}_{\alpha\beta}$和面力 $t^{s}_{\alpha\beta}$可以表示成开尔文解与辅助解之和,即

$$u^{s}_{\alpha\beta} = u^{s(k)}_{\alpha\beta} + u^{s(c)}_{\alpha\beta},\ t^{s}_{\alpha\beta} = t^{s(k)}_{\alpha\beta} + t^{s(c)}_{\alpha\beta}$$

其中上标(k)、(c)分别表示开尔文解及辅助解。边界积分方程为

$$\begin{aligned} c_{\alpha\beta}(p)u_{\beta}(p) = & \int_{\Gamma_1+\Gamma_2} u^{s}_{\alpha\beta}(p;q)t_{\beta}(q)\mathrm{d}\Gamma(q) \\ & - \int_{\Gamma_1} t^{s}_{\alpha\beta}(p;q)u_{\beta}(q)\mathrm{d}\Gamma(q) \\ & + \int_{\Omega} u^{s}_{\alpha\beta}(p;Q)f_{\beta}(Q)\mathrm{d}\Omega(Q) \end{aligned}$$

式中 u_{β}、t_{β}、f_{β} 分别为待解边界位移分量,面力分量及域内体力分量;$c_{\alpha\beta}$是与边界源点 p 处边界面几何有关的系数;Γ_1 为半平面内的孔洞等的边界线;Γ_2 是半平面的边界线上有外力作用的部分。半平面的一直延伸到无穷远的边界线上无外力作用部分在边界积分方程中不出现,因此它比用平面问题的边界元法解半平面问题方便得多。 (姚振汉)

半无限平面问题 semi-infinite plane problem

平直边界下方与左右两个方向均为无限长的平面问题(参见弹性力学平面问题,345 页)。若在边界上受集中力或集中力偶作用,这类问题的解答可由相应的楔体问题令 $\alpha=\pi/2$ 而得到。例如对于距边界 x 处 mn 截面上的应力 σ_x,τ_{xy}的分布如图所示,其中$(\sigma_x)_{\max}=\dfrac{2P}{\pi x}$。利用位移计算结果还可以求得除 $r=0$ 处以外表面任意一点 A 处的沉陷(铅垂位移)为

$$-v_{\theta} = -\frac{2P}{\pi E}\ln\frac{d}{r} - \frac{(1+\nu)P}{\pi E}$$

式中 d 为沿 x 轴上无铅垂位移的距离;E 是弹性模量;ν 是泊松比,v_{θ} 前的负号表示位移指向下方。点 A 与点 B 的相对沉陷为

$$\eta = -(v_{\theta})_A - [-(v_{\theta})_B] = \frac{2P}{\pi E}\ln\frac{S}{r}$$

如果同时受几个垂直集中力作用,则利用叠加原理,将每个集中力单独作用时的解答叠加起来就可得到其解答。当受集中力偶 M 作用时,由相应的楔体问题的解令 $\alpha=\pi/2$,则极坐标系中的应力分量可表示如下

$$\sigma_r = \frac{2M\sin 2\theta}{\pi r^2} \quad \sigma_{\theta} = 0 \quad \tau_{r\theta} = -\frac{M(\cos 2\theta + 1)}{\pi r^2}$$

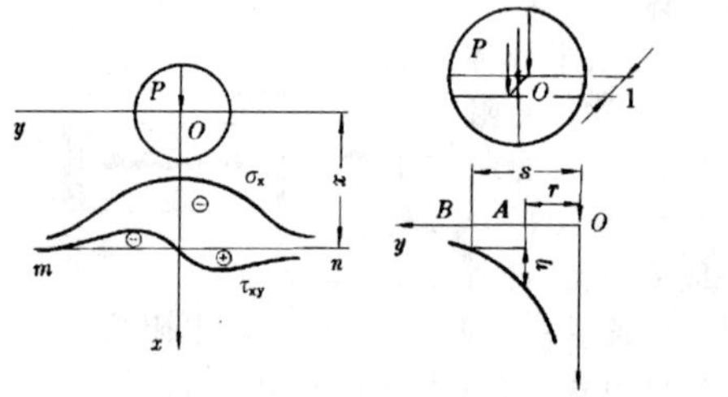

(刘信声)

半压涵洞 partly full flow through culvert

进口被水淹没但全涵洞仍呈无压流状态的涵洞。半压涵洞的水力条件是:①具有各式翼样的进口当涵洞断面为矩形或接近于矩形时,$\dfrac{H}{a}\geqslant 1.15$;当涵洞断面为圆形或接近于圆形时,$\dfrac{H}{a}\geqslant 1.10$;②无翼样的进口,$\dfrac{H}{a}\geqslant 1.25$。式中 H 为涵前水深;a 为矩形断面高度或圆形直径。涵洞中的半压流是一种不稳定的水流状态,如下游水位有变化时,洞内就会出现时而为半压流时而为有压流的交替现象,使洞内空气受到强烈挤压而产生较大的附加压力,对涵洞结构不利。此外,上游水位变化时,洞内也可发生半压与无压流的交替现象,对涵洞的泄水能力也有不利影响。所以在设计涵洞时,应尽量避免发生半压流状态。 (叶镇国)

半压流 partly full flow

见半压涵洞。

半正定矩阵 positive semidefinite matrix

对于 n 维列向量恒有

$$\boldsymbol{x}^{T}\boldsymbol{A}\boldsymbol{x} \geqslant 0$$

的实矩阵 $\boldsymbol{A}$。式中 $\boldsymbol{A}$ 为 $n\times n$ 阶实矩阵;其所有的主子式均大于或等于零。当结构缺少必要的约束

时，其整体刚度矩阵一般属于半正定矩阵。

（夏亨熹）

伴生自由振动　associated free vibration

见受迫振动(315 页)。

拌合物的可塑性　plasticity of mix

拌合物承受超过其屈服点的力，则出现长期保持其变形后的形状或尺寸，亦即出现非可逆性变形（塑性流动）的性能。混凝土浇灌成型的效果与其有密切的关系。它与体系中的固、液相比例无关，只决定于分散相粒子间单位距离的分子力。

（胡春芝）

拌合物的易密性　easy compaction of mix

固、液体拌合物在进行捣实时，克服内在的和表面的抗力，以达到拌合物完全致密的能力。振捣密实时，需要的振捣能越小则拌合物的易密性越好。一般来说，轻骨料混凝土拌合物的易密性比普通混凝土的更差。

（胡春芝）

拌合物工作性两点试验法　two-point test of mix workability

测定混凝土拌合物两个参数来表示其工作性的方法。英国学者 G.H.塔特索尔(Tattersall)反复鉴别了现有的各种工作性试验方法，认为这些方法都只测定一个参数(单点)。他用“两点”(两个参数)来表示工作性特征。用经改装的粮食拌合机研究出扭矩量测法。对混凝土宾厄姆体来说，流动曲线用下式表示

$$T = g + hN$$

式中 T 为用 N 转/分所测出的转矩；g、h 为两个常数，分别与屈服值与塑性粘度成正比。这是一种比较理想的定量方法，但只能测定坍落度在 100mm 以上的拌合物，尚未成为施工现场控制拌合物质量的手段。

（胡春芝）

bao

包达公式　J.C.Bordas formula

断面突然放大时局部水头损失的理论公式。它由包达(J.C.Bordas1733—1799)提出，故名。利用恒定流能量方程、动量方程及连续性方程，可导出此局部水头损失公式如下

$$h_j = (1 - \frac{\omega_1}{\omega_2})^2 \frac{v_1^2}{2g} = \left(\frac{\omega_2}{\omega_1} - 1\right)^2 \frac{v_2^2}{2g} = \zeta_1 \frac{v_1^2}{2g} = \zeta_2 \frac{v_2^2}{2g}$$

式中 ω_1、ω_2 为突然放大时前后过水面积($\omega_1 < \omega_2$)；v_1、v_2 为突然放大时前后断面平均流速；ζ_1，ζ_2 为局部阻力系数。

（叶镇国）

包辛格效应　Bauschinger effect

又称包氏效应。材料在两个相反方向上的(后继)屈服极限不相等的现象。是德国 J.包辛格于 1886 年首先发现的。例如，材料由于拉伸塑性变形而提高了拉伸屈服极限，当试件卸载，并做反向承受压缩变形时，压缩的(后继)屈服极限(绝对值)将比拉伸(后继)屈服极限为低。反之亦然(见图)。

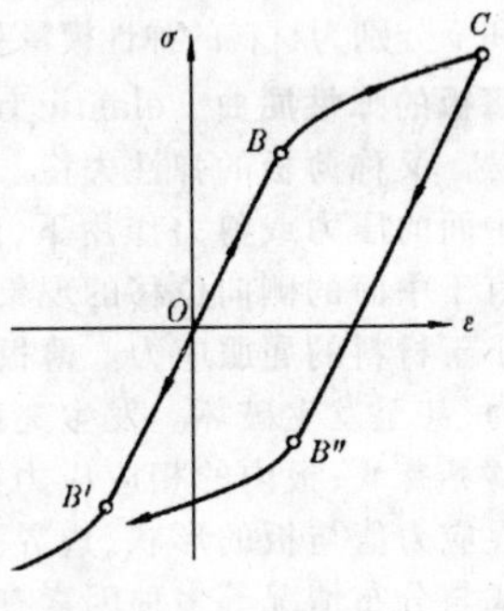

（郑照北）

薄板大挠度方程组　large deflection equations for thin plate

又称卡门方程组。求解软板在外载作用下挠度的偏微分方程组。在笛卡尔坐标内(z 轴 E 交于中面)其式为

$$\frac{D}{h}\nabla^2\nabla^2 w = \frac{\partial^2\varphi}{\partial y^2}\frac{\partial^2 w}{\partial x^2} + \frac{\partial^2\varphi}{\partial x^2}\frac{\partial^2 w}{\partial y^2} - 2\frac{\partial^2\varphi}{\partial x\partial y}\frac{\partial^2 w}{\partial x\partial y} + \frac{q}{h}$$

$$\nabla^2\nabla^2\varphi = E\left[\left(\frac{\partial^2 w}{\partial x\partial y}\right)^2 - \frac{\partial^2 w}{\partial x^2} - \frac{\partial^2 w}{\partial y^2}\right]$$

式中 p 为侧向均布荷载；w 为板的挠度；h 为板厚；D 为薄板的抗弯刚度；$\nabla^2 = \frac{\partial^2}{\partial x^2} + \frac{\partial^2}{\partial y^2}$ 为拉普拉斯算符；φ 为板中面应力函数，其与中面应力间的关系为

$$\frac{\partial^2\varphi}{\partial x^2} = \sigma_y$$

$$\frac{\partial^2\varphi}{\partial y^2} = \sigma_x, \frac{\partial^2\varphi}{\partial x\partial y} = -\tau_{xy}$$

式中 σ_x、σ_y、τ_{xy} 分别为中面法应力和剪应力。当挠度远小于板厚时，此方程组简化为薄板小挠度方程；若挠度远大于板厚，则简化为薄膜方程(参见薄膜，7 页)。

（熊祝华）

薄板的边界条件　boundary conditions for thin plate

薄板边缘处的静力平衡关系或位移连续关系。在求解薄板问题时，必须有给定的边界条件。边界条件一般可分为三类：①位移边界条件，给定边界上的广义位移；②力的边界条件，给定边界上的广义力；③混合边界条件，在部分边界上给定广义位移，在其余边界上给定广义力。

（熊祝华）

薄板的抗弯刚度 flexural rigidity of thin plate

表示单位宽度内薄板抵抗弯曲变形能力的量，记为 D。其表示式为 $D=\frac{Eh^3}{12(1-\nu^2)}$。式中 h 为板厚；E 和 ν 分别为材料的弹性模量和泊松比。（熊祝华）

薄板的弹性屈曲 elastic buckling of thin plate

又称薄板的弹性失稳。薄板在一定值的平行于中面的压力或剪力作用下，因受干扰而突然发生垂直于中面的侧向位移的现象。假设失稳时板内应力小于材料的屈服应力。薄板常因失稳而降低承载能力，甚至发生破坏。发生失稳时的最小外荷载称为临界荷载；板内的相应应力称为临界应力。失稳临界应力值与板的形状、边界条件、材料性能、荷载形式与分布情况等多种因素有关。（罗学富）

薄板弯曲的基本假设 basic hypothesis for plate bending

又称基尔霍夫－乐甫假设。薄板弯曲变形中几何性的简化假设。主要内容为：①变形前垂直于中面的线段，在板变形后仍垂直于变形后的中面，且长度不变；②平行于板中面的各层互不挤压；③中面内无伸缩和剪切变形。克希霍夫－乐甫假设是板弯曲的工程理论赖以建立的基础。按这个假设分析薄板弯曲问题的理论有时称为克希霍夫理论。（罗学富）

薄板弯曲元 thin plate bending element

基于薄板小挠度理论中克希霍夫假设建立的板单元。根据最小势能原理，以挠度 w 为场函数的位移板单元，按收敛准则，在单元交界面上必须保持 w 及其一阶导数的连续性，即 C_1 连续性。有多种构造协调板元和非协调板元的方法，它们不仅对薄板弯曲问题，对于其他泛函中包含二阶导数的问题均有用。还有根据二类变量广义变分原理，以位移和力为混合场函数的混合板单元和杂交板单元。

（包世华）

薄板小挠度方程 small deflection equation for thin plate

求解硬板在外载作用下挠度的偏微分方程。当板仅承受侧向分布荷载 p 时，在笛卡尔坐标系内此方程为

$$\frac{\partial^4 w}{\partial x^4}+2\frac{\partial^4 w}{\partial x^2\partial y^2}+\frac{\partial^4 w}{\partial y^4}=\frac{p(x,y)}{D}$$

式中 w 为沿中面法向拉移(挠度)；D 为薄板的抗弯刚度。在极坐标系内，上式成为

$$\left(\frac{\partial^2}{\partial r^2}+\frac{1}{r}\frac{\partial}{\partial r}+\frac{1}{r^2}\frac{\partial^2}{\partial\theta^2}\right)\left(\frac{\partial^2 w}{\partial r^2}+\frac{1}{r}\frac{\partial w}{\partial r}+\frac{1}{r^2}\frac{\partial^2 w}{\partial\theta^2}\right)=\frac{p(r,\theta)}{D}$$

如板同时受到中面力 N_x、N_y 和 N_{xy} 作用，则方程为

$$\frac{\partial^4 w}{\partial x^4}+2\frac{\partial^4 w}{\partial x^2\partial y^2}+\frac{\partial^4 w}{\partial y^4}=\frac{1}{D}\left[p(x,y)+N_x\frac{\partial^2 w}{\partial x^2}+2N_{xy}\frac{\partial^2 w}{\partial x\times\partial y}+N_y\frac{\partial^2 w}{\partial y^2}\right]$$

（熊祝华）

薄板中面的变形和内力 deformations and internal forces of middle surface of thin plate

薄板在外部荷载作用下所引起的中面的力学响应。薄板中面的变形包括面内变形和弯曲变形。在笛卡尔坐标系内，取板的中面为 xy 平面，z 轴正交于中面(见图)，中面的面内变形用应变 ε_x、ε_y 和 γ_{xy} 表示；中面的弯曲变形为中面沿坐标轴的曲率 κ_x、κ_y 和扭率 κ_{xy}。设 w 为沿 z 轴的位移(挠度)，则有(小挠度情况)

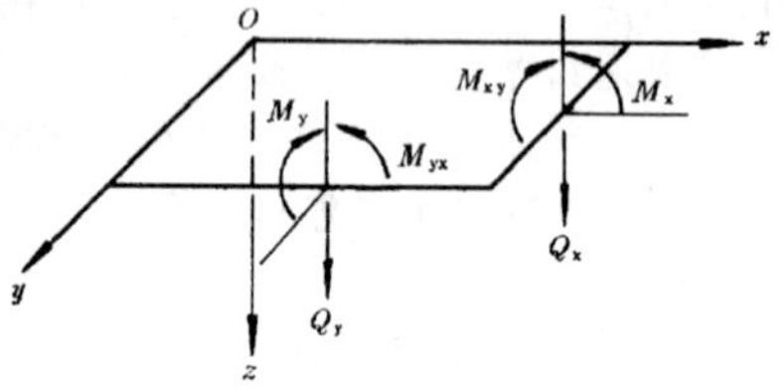

$$\kappa_x=-\frac{\partial^2 w}{\partial x^2}$$

$$\kappa_y=-\frac{\partial^2 w}{\partial y^2}$$

$$\kappa_{xy}=-\frac{\partial^2 w}{\partial x\partial y}$$

薄板中面的内力包括法向内力 N_x、N_y；平错力 $N_{xy}=N_{yx}$；横向剪力 α_x、α_y；弯矩 M_x，M_y 和扭矩 $M_{xy}=M_{yx}$。对于硬板，根据薄板弯曲的基本假设，前两种内力 N_x，N_y，$N_{xy}=N_{yx}$ 可忽略不计。弯曲内力(见图)与挠度 w 的关系为

$$M_x=-D\left(\frac{\partial^2 w}{\partial x^2}+\nu\frac{\partial^2 w}{\partial y^2}\right)$$

$$Q_x=-D\frac{\partial}{\partial x}\nabla^2 w$$

$$M_y=-D\left(\frac{\partial^2 w}{\partial y^2}+\nu\frac{\partial^2 w}{\partial x^2}\right)$$

$$Q_y=-D\frac{\partial}{\partial y}\nabla^2 w$$

$$M_{xy}=M_{yx}=-D(1-\nu)\frac{\partial^2 w}{\partial x\partial y}$$

式中 ν 为材料的泊松比；D 为薄板的抗弯刚度；$\nabla^2=\frac{\partial^2}{\partial x^2}+\frac{\partial^2}{\partial y^2}$ 为拉普拉斯算符。（熊祝华）

薄壁杆件 thin-walled member

横截面的壁厚远小于周边长度，周长又远小于纵向尺寸的杆件。薄壁截面有开口与闭口之分。以开口薄壁杆件为例，扭转变形的特点是横截面不再保持平面而将产生翘曲，如果杆件各个横截面的翘

曲相同(均匀翘曲),则称为自由扭转,杆件轴向无伸缩变形,横截面上不产生正应力。如果各个横截面的翘曲不同(非均匀翘曲),则杆件轴向将有伸缩变形或应变,也即杆件除去扭转变形之外还伴随有弯曲变形,这就是约束扭转。此时,横截面上除剪应力之外还有附加的正应力,称为扇性正应力。横截面上扇性正应力是自身平衡体系,所组成的内力系称为双力矩。 (吴明德)

薄壁结构 thin-walled structure

壁的厚度远小于其他两个方向尺度的结构。当它为一平面板状物时,称为薄板;当它具有曲面外形时,称为薄壳。由薄板和薄壳(或辅以杆件加强)可构成各种形式的薄壁结构。由于其自重小,承载能力大而被广泛用于建筑、桥梁和航空、航天等工程中。其计算可用电子计算机完成,也可简化为便于求解的力学模型计算。 (何放龙)

薄壁堰 sharp crested weir

堰壁厚度 δ 小于 0.67 倍堰顶水头 H 的堰。此时堰壁厚度对堰顶水流无影响。其主要用途是作量水设备,在工业及给水工程中有时兼作控制水位和分配流量的设备。常见类型有矩形薄壁堰、梯形薄壁堰、三角形薄壁堰及抛物形薄壁堰等。这种堰制作简单,使用方便,量水精度高,对于薄壁三角堰的顶角 $\theta=90°$ 时,可按 H. W. 金(H. W. King)公式计算泄流量

$$Q = 1.343H^{2.47}$$

式中 H 为堰顶水头($H=0.06\sim0.55$m),以 m 计;Q 为流量,以 m^3/s 计。此式为自由出流时的计算公式。其他类型薄壁堰按堰流通用公式计算。 (叶镇国)

薄膜 membrane

简称膜。沿中面法向的位移(挠度)w 远大于板厚 $h\left(如\dfrac{w}{h}>5\right)$的薄板。此时弯曲应力相对于中面拉伸应力可忽略不计,侧向荷载由中面拉力平衡。由于拉应力沿厚度基本不变,因此在计算中通常以中面拉应力 σ_0 代表整个厚度 h 上的拉应力,并称 $\sigma_0 h$ 为薄膜拉力。薄膜拉力可以是预加的,也可以是由于固支边的约束所引起的。对于挠度 w 远小于膜平面尺寸的情况,薄膜的挠度平衡方程为(笛卡尔坐标,z 轴正交于膜平面)

$$\frac{\partial^2 w}{\partial x^2}+\frac{\partial^2 w}{\partial y^2}=-\frac{p(x,y)}{T(x,y)}$$

式中 x,y 为膜面的坐标,w 为膜挠度,$p(x,y)$为侧向分布荷载;$T(x,y)$为膜面内单位长度的薄膜拉力。上列方程是非线性的(由于 T 随 p 而变化);若边界自由,则 T 为预加常值拉力,平衡方程为线性的。薄膜问题按薄膜平衡方程和薄膜边界条件求解。 (熊祝华)

薄膜比拟法 membrane analogy method

计算等直杆扭转应力比拟的一种实验方法。均匀张紧弹性薄膜受气压鼓起的小挠度微分方程和等直杆受扭转横截面上的剪应力函数,微分方程具有数学相似的泊松方程。

$$\frac{\partial^2 \omega}{\partial x^2}+\frac{\partial^2 \omega}{\partial y^2}=-p/q$$

$$\frac{\partial^2 \psi}{\partial x^2}+\frac{\partial^2 \psi}{\partial y^2}=-2G\theta$$

其边界条件分别为

$$\left.\frac{\partial \omega}{\partial s}\right|_{s_1}=0,\left.\frac{\partial \psi}{\partial s}\right|_{s_2}=0$$

式中 ω 为薄膜小挠度,p 为作用于弹性薄膜的气体压力,q 为薄膜单位长拉力;ψ 为扭转剪应力函数(普朗特应力函数),G 为材料剪切模量,θ 为单位长度扭转角(弧度);s_1 和 s_2 分别为薄膜边界和等值杆横截面边界;x,y 为正交直线坐标系。它们的数学公式相似,可以进行变换。如薄膜边界与受扭等直杆横截面周界几何相似,使 p/q 变换为 $2G\theta$,即 $p/q\approx2G\theta$,则薄膜小挠度 $\omega(x,y)$变换为扭转剪应力函数 $\psi(x,y)$,即 $\omega(x,y)\approx\psi(x,y)$。利用这种数学相似变换可以求解复杂横截面杆的扭转应力问题。实用中是在一平板上开挖一个与受扭杆横截面几何相似的孔洞,将弹性薄膜张紧固结在孔洞处,施加气压 p 使薄膜鼓起。①鼓起薄膜上任一点等高线的切线方向对应于受扭杆横截面该点处剪应力方向;②鼓起薄膜上任一点的最大斜率对应于受扭杆横截面该点处剪应力大小;③鼓起薄膜的体积大小对应于受扭杆扭矩值。它们相似比拟变换关系为

$$p/q\approx2G\theta,\omega(x,y)\approx\psi(x,y),$$

$$\frac{\partial\omega}{\partial y}\approx\frac{\partial\psi}{\partial y}=\tau_{zx};\frac{\partial\omega}{\partial x}\approx\frac{\partial\psi}{\partial x}=-\tau_{zy},$$

$$M_t=2\iint_\Omega\psi d\Omega\approx V=\iint_\Omega\omega d\Omega$$

此处≈表示比拟变换。这种用弹性薄膜鼓起小挠度比拟变换扭转杆横截面的剪应力方法称为薄膜比拟

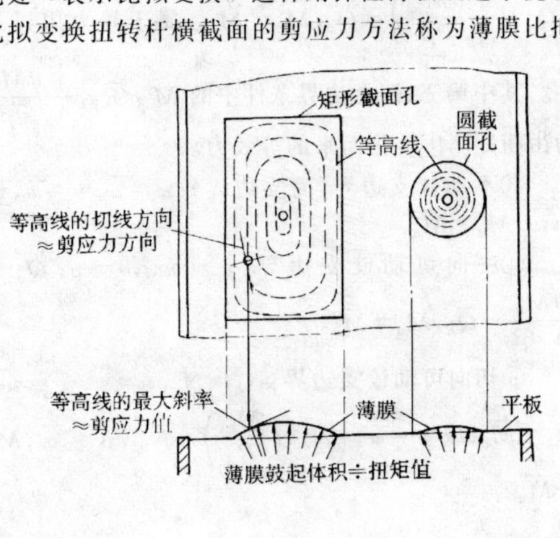

法(见图)。 (郑照北)

薄膜的边界条件 boundary conditions for membrane

薄膜边缘处的静力平衡关系或位移连续关系。设采用笛卡尔坐标(x,y,z),z轴正交于膜平面。以$x=x_0$边界为例,常见的边界条件有:①边缘点沿x轴向可自由移动:$\sigma_x=0$,σ_x为x方向的法应力;②边缘点沿x方向不能移动:$u=0$,u为x方向的位移;③边缘点沿y轴方向可自由移动:$\tau_{xy}=0$,τ_{xy}为y方向的剪应力;④边缘点沿y轴方向不能移动:$u=0$,v为y方向的位移。 (熊祝华)

薄膜平衡方程 equilibrium equation of membrane

见薄膜(7页)。

薄壳的边界条件 boundary condition of thin shells

薄壳边界上已知的静力平衡关系或位移连续关系。求解壳体内的位移和内力,须将基本方程化为用位移或内力表示的偏微分方程组,其总阶数为八阶,因而在每个边界上要有四个边界条件方可从这些方程中解出全部未知量。在中面边界上的每一点有四个广义位移,即沿坐标α、β、γ方向的三个位移分量u,v,w和绕边界线的转角;与之对应的有四个广义力,即沿三个位移方向的力分量和对边界线的力矩。在每对广义位移和广义力中,只能任意给定其中的一个。这样,共有$2^4=16$种边界条件的组合方式,可分为三类:位移边界条件;静力边界条件;混合边界条件。以$\alpha=\text{const.}$的边界为例,列出工程中常见的五种边界的边界条件如下:

①固定边界:$u=\overline{u}$,$v=\overline{v}$;$w=\overline{w}$,$\left(-\frac{1}{A_\alpha}\frac{\partial w}{\partial\alpha}+\frac{u}{R_\alpha}\right)=\overline{\theta}_\alpha$。属于位移边界条件。

②自由边界:$N_\alpha=\overline{N}_\alpha$,$\left(N_{\alpha\beta}+\frac{M_{\alpha\beta}}{R_\beta}\right)=\overline{N}_{\alpha\beta}$,$\left(Q_\alpha+\frac{1}{A_\beta}\frac{\partial M_{\alpha\beta}}{\partial\beta}\right)=\overline{Q}_\alpha$,$M_\alpha=\overline{M}_\alpha$。属于静力边界条件。其中第三、四个边界条件中的$M_{\alpha\beta}/R_\beta$,$\frac{1}{A_\beta}\frac{\partial M_{\alpha\beta}}{\partial\beta}$为由扭矩$M_{\alpha\beta}$转化而来的等效力。

③不动铰支边界(简支边界):$u=\overline{u}$,$v=\overline{v}$,$w=\overline{w}$,$M_\alpha=\overline{M}_\alpha$。

④法向可动铰支边界:$u=\overline{u}$,$v=\overline{v}$,$Q_\alpha+\frac{1\partial M_{\alpha\beta}}{A_\beta\partial\beta}=\overline{Q}_\alpha$,$M_\alpha=\overline{M}_\alpha$。

⑤切向可动铰支边界:$N_\alpha=\overline{N}_\alpha$,$v=\overline{v}$,$w=\overline{w}$,$M_\alpha=\overline{M}_\alpha$,或$u=\overline{u}$,$\left(N_{\alpha\beta}+\frac{M_{\alpha\beta}}{R_\beta}\right)=\overline{N}_{\alpha\beta}$,$w=\overline{w}$,$M_\alpha=\overline{M}_\alpha$。

式中N_α、N_β、$N_{\alpha\beta}$、Q_α、Q_β、M_α、M_β、$M_{\alpha\beta}$为内力;A_α和A_β为拉梅系数;R_α和R_β为主曲率半径。混合边界条件共有$16-2=14$种,上列③、④、⑤为常见的三种混合边界条件。以上带有符号"－"的字母代表边界上给定的量,当给定的为齐次边界条件,则这些量均为零。 (杨德品)

薄壳的边缘效应 edge effect of thin shells

又称边界影响。薄壳的实际边界约束对薄壳的无矩状态的影响。由于在薄壳边界附近往往不可避免地发生弯曲内力,但只限在局部范围。所以,可先用无矩理论计算薄壳的薄膜内力,再考虑边界影响,用比较简单的近似方法求出边界附近的弯曲内力,从而可以简捷地得到满足工程精度要求的计算结果。 (杨德品)

薄壳的变形协调方程 equation of compatibility of deformation of thin shells

又称相容方程。薄壳中面六个变形参数ε_α、ε_β、$\gamma_{\alpha\beta}=\gamma_{\beta\alpha}$、$\kappa_\alpha$、$\kappa_\beta$、$\kappa_{\alpha\beta}$必须满足的关系式。因为中面六个变形参数由三个位移分量u、v、w所确定,所以它们应该满足一定的关系式,以保证薄壳变形后中面的连续性,这种关系式也称相容条件,其数学表达式为

$$\frac{\partial(A_\beta\kappa_\beta)}{\partial\alpha}-\frac{\partial(A_\alpha\kappa_{\alpha\beta})}{\partial\beta}-\kappa_\alpha\frac{\partial A_\beta}{\partial\alpha}-\kappa_{\alpha\beta}\frac{\partial A_\alpha}{\partial\beta}+\frac{\gamma_{\alpha\beta}}{R_\beta}\frac{\partial A_\alpha}{\partial\beta}-\frac{1}{R_\alpha}\left[\frac{\partial(A_\beta\varepsilon_\beta)}{\partial\alpha}-\frac{\partial A_\alpha}{\partial\alpha}\varepsilon_\alpha-\frac{\partial(A_\alpha\gamma_{\alpha\beta})}{\partial\beta}\right]=0,$$

$$\frac{\partial(A_\alpha\kappa_\alpha)}{\partial\beta}-\frac{\partial(A_\beta\kappa_{\alpha\beta})}{\partial\alpha}-\kappa_\beta\frac{\partial A_\alpha}{\partial\beta}-\kappa_{\alpha\beta}\frac{\partial A_\beta}{\partial\alpha}+\frac{\gamma_{\alpha\beta}}{R_\alpha}\frac{\partial A_\beta}{\partial\alpha}-\frac{1}{R_\beta}\left[\frac{\partial(A_\alpha\varepsilon_\alpha)}{\partial\beta}-\frac{\partial A_\beta}{\partial\beta}\varepsilon_\beta-\frac{\partial(A_\beta\gamma_{\alpha\beta})}{\partial\alpha}\right]=0,$$

$$\frac{\kappa_\beta}{R_\alpha}+\frac{\kappa_\alpha}{R_\beta}+\frac{1}{A_\alpha A_\beta}\frac{\partial}{\partial\beta}\left\{\frac{1}{A_\beta}\left[A_\alpha\frac{\partial\varepsilon_\alpha}{\partial\beta}+\frac{\partial A_\alpha}{\partial\beta}(\varepsilon_\alpha-\varepsilon_\beta)-\gamma_{\alpha\beta}\frac{\partial A_\beta}{\partial\alpha}-\frac{A_\beta}{2}\frac{\partial\gamma_{\alpha\beta}}{\partial\alpha}\right]\right\}+\frac{1}{A_\alpha A_\beta}\frac{\partial}{\partial\alpha}\left\{\frac{1}{A_\alpha}\left[A_\beta\frac{\partial\varepsilon_\beta}{\partial\alpha}+\frac{\partial A_\beta}{\partial\alpha}(\varepsilon_\beta-\varepsilon_\alpha)-\gamma_{\alpha\beta}\frac{\partial A_\alpha}{\partial\beta}-\frac{A_\alpha}{2}\frac{\partial\gamma_{\alpha\beta}}{\partial\beta}\right]\right\}=0。$$

式中α和β是曲线坐标;A_α和A_β为拉梅系数;R_α和R_β为主曲率半径。 (杨德品)

薄壳的薄膜理论 membrane theory of thin shells

又称无矩理论。根据无矩假设建立的薄壳理论。所谓无矩假设是假定薄壳内只有薄膜内力,没有弯曲内力。此时,薄壳理论的基本方程得到简化。首先,五个平衡方程简化为只包含三个未知薄膜内力的三个平衡方程

$$\frac{\partial(A_\beta N_\alpha)}{\partial\alpha}+\frac{\partial(A_\alpha N_{\beta\alpha})}{\partial\beta}+\frac{\partial A_\alpha}{\partial\beta}N_{\alpha\beta}-\frac{\partial A_\beta}{\partial\alpha}N_\beta+A_\alpha A_\beta p_\alpha=0$$

$$\frac{\partial(A_\alpha N_\beta)}{\partial\beta}+\frac{\partial(A_\beta N_{\alpha\beta})}{\partial\alpha}+\frac{\partial A_\beta}{\partial\alpha}N_{\beta\alpha}-\frac{\partial A_\alpha}{\partial\beta}N_\alpha+A_\alpha A_\beta p_\beta=0$$

$$-\left(\frac{N_\alpha}{R_\alpha}+\frac{N_\beta}{R_\beta}\right)+p_\gamma=0$$

其次，薄壳的六个几何方程和六个物理方程简化为三个表示位移与内力之间关系的所谓弹性方程

$$\frac{1}{A_\alpha}\frac{\partial u}{\partial\alpha}+\frac{v}{A_\alpha A_\beta}\frac{\partial A_\alpha}{\partial\beta}+\frac{w}{R_\alpha}=\frac{N_\alpha-\mu N_\beta}{Et}$$

$$\frac{1}{A_\beta}\frac{\partial v}{\partial\beta}+\frac{u}{A_\alpha A_\beta}\frac{\partial A_\beta}{\partial\alpha}+\frac{w}{R_\beta}=\frac{N_\beta-\mu N_\alpha}{Et}$$

$$\frac{A_\alpha}{A_\beta}\frac{\partial}{\partial\beta}\left(\frac{u}{A_\alpha}\right)+\frac{A_\beta}{A_\alpha}\frac{\partial}{\partial\alpha}\left(\frac{v}{A_\beta}\right)=\frac{2(1+\mu)N_{\alpha\beta}}{Et}$$

此外，薄壳的边界条件也得到简化。在薄壳的每一个边界(例如 $\alpha=\text{const.}$ 的边界)上的四对广义力和广义位移中，与弯曲变形有关的两对不能施加限制，即有两个广义力恒为零$\left(Q_\alpha+\frac{1}{A_\beta}\frac{\partial M_{\alpha\beta}}{\partial\beta}\equiv0, M_\alpha\equiv0\right)$，对应的两个广义位移$\left(w, \frac{1}{A_\alpha}\frac{\partial w}{\partial\alpha}+\frac{u}{R_\alpha}\right)$恒不确定。因此，只有两对广义力和广义位移($N_\alpha$ 和 u，$N_{\alpha\beta}$和 v)组成两个边界条件，共有 $2^2=4$ 种组合方式。这样，每个边界的边界条件简化为两个。在某些特定的边界条件下，无矩理论的上列方程组是静定的，即可直接由平衡方程积分求得内力，然后再由弹性方程求出中面位移。 (杨德品)

薄壳的弯曲理论 bending theory of thin shells

又称有矩理论。研究薄壳弯曲问题的一般理论。按照薄壳理论的基本方程和薄壳的边界条件，应用薄壳分析的基本方法，对薄壳进行受力分析，全面考虑薄壳的弯曲内力和薄膜内力以及其他力学响应。 (杨德品)

薄壳的稳定理论 stability theory of thin shells

研究薄壳屈曲时力学响应的理论。它可分为线性理论和非线性理论，前者只研究薄壳屈曲临界状态时的临界荷载，后者则研究薄壳屈曲后的力学性态。在工程上常用的薄壳线性化稳定近似理论中，通常把薄壳屈曲前的薄膜内力状态作为基本状态，把屈曲开始的弯曲状态作为附加状态(即新的平衡状态)，且认为薄壳屈曲(附加状态)是对基本状态很小的偏离。薄壳从基本状态进入附加状态的最小荷载就是薄壳的临界荷载。为求临界荷载所建立的基本微分方程，是新的平衡状态下的静力平衡方程，它考虑了变形对平衡方程的影响。 (杨德品)

薄壳的无矩状态 zero-moment state of thin shells

壳体内弯曲内力为零的内力状态。它是薄壳的合理受力状态，可使材料强度得到充分利用。实现无矩状态的三个条件是：①中面连续光滑，斜率、曲率及壳体的厚度均没有突变；②荷载连续分布，没有任何突变(更不能有集中荷载)；③壳体的边界没有法向约束和转动约束，边界上也没有横向剪力、弯矩和扭矩作用。实际工程中的壳体，条件②、③往往不易满足，此时，除边界附近和厚度或荷载突变处附近的局部区域外，大部分区域有可能近似地处于无矩状态。因此，可先按无矩理论进行分析，再对局部区域进行弯曲内力的修正。这种简化薄壳分析的有效方法，在工程中得到广泛应用。 (杨德品)

薄壳分析的混合法 mixed method for thin shell analysis

以位移函数和内力函数为基本未知量求解薄壳问题的方法。其步骤为，先引入一个内力函数和一个位移函数作为基本未知量，将所有内力分量分别用这两个函数表示，使平衡方程和相容方程中各留一个外都得到满足，然后由两个余留方程可建立两个包含内力函数和位移函数各为四阶的微分方程，亦即混合法的基本方程。 (杨德品)

薄壳分析的力法 force method for thin shell analysis

以薄壳中面内力为基本未知量求解薄壳问题的方法。其基本步骤为，首先从平衡方程中解出横向剪力，代入前三式(参见薄壳理论的基本方程 281 页)，得到包含其余六个内力(参见壳体中面的变形和内力，281 页)的三个平衡方程；再利用物理方程从薄壳的变形协调方程中消去应变分量，得到以该六个内力表示的三个相容方程。与三个平衡方程联立，就是以 M_α、M_β、$M_{\alpha\beta}$、N_α、N_β、$N_{\alpha\beta}$等六个内力为基本未知量的力法方程。 (杨德品)

薄壳分析的位移法 displacement method for thin shell analysis

以薄壳中面位移为基本未知量求解薄壳问题的方法。其步骤为：首先从平衡方程中消去横向剪力，再通过物理方程，从几何方程中消去应变分量，建立内力分量与位移分量的关系式，将它们代入平衡方程中的前三式(参见薄壳理论的基本方程)，即得到以三个中面位移分量为基本未知量的位移法的平衡微分方程组。 (杨德品)

薄壳理论的基本方程 fundamental equation of thin shells

反映或制约薄壳变形和内力的方程式。在静态平衡的情况下，它们包括：

①几何方程。即中面变形的应变 ε_α，$\varepsilon_{\alpha\beta}$，$\gamma_{\alpha\beta}$、曲率变化 K_α，K_β，$K_{\alpha\beta}$与中面位移的关系式

$$\varepsilon_\alpha=\frac{1}{A_\alpha}\frac{\partial u}{\partial\alpha}+\frac{1}{A_\alpha A_\beta}\frac{\partial A_\alpha}{\partial\beta}v+\frac{w}{R_\alpha}$$

$$\varepsilon_\beta = \frac{1}{A_\beta}\frac{\partial v}{\partial \beta} + \frac{1}{A_\alpha A_\beta}\frac{\partial A_\beta}{\partial \alpha}u + \frac{w}{R_\beta}$$

$$\gamma_{\alpha\beta} = \gamma_{\beta\alpha} = \frac{A_\alpha}{A_\beta}\frac{\partial}{\partial \beta}\left(\frac{u}{A_\alpha}\right) + \frac{A_\beta}{A_\alpha}\frac{\partial}{\partial \alpha}\left(\frac{v}{A_\beta}\right)$$

$$K_\alpha = -\frac{1}{A_\alpha}\frac{\partial}{\partial \alpha}\left(\frac{1}{A_\alpha}\frac{\partial w}{\partial \alpha} - \frac{u}{R_\alpha}\right) - \frac{1}{A_\alpha A_\beta}\frac{\partial A_\alpha}{\partial \beta}\left(\frac{1}{A_\beta}\frac{\partial w}{\partial \beta} - \frac{v}{R_\beta}\right)$$

$$K_\beta = -\frac{1}{A_\beta}\frac{\partial}{\partial \beta}\left(\frac{1}{A_\beta}\frac{\partial w}{\partial \beta} - \frac{v}{R_\beta}\right) - \frac{1}{A_\alpha A_\beta}\frac{\partial A_\beta}{\partial \alpha}\left(\frac{1}{A_\alpha}\frac{\partial w}{\partial \alpha} - \frac{u}{R_\alpha}\right)$$

$$K_{\alpha\beta} = -\frac{1}{A_\alpha A_\beta}\left(\frac{\partial^2 w}{\partial \alpha \partial \beta} - \frac{1}{A_\alpha}\frac{\partial A_\alpha}{\partial \beta}\frac{\partial w}{\partial \alpha} - \frac{1}{A_\beta}\frac{\partial A_\beta}{\partial \alpha}\frac{\partial w}{\partial \beta}\right) + \frac{1}{R_\alpha}\left(\frac{1}{A_\beta}\frac{\partial u}{\partial \beta} - \frac{1}{A_\alpha A_\beta}\frac{\partial A_\alpha}{\partial \beta}u\right) + \frac{1}{R_\beta}\left(\frac{1}{A_\alpha}\frac{\partial u}{\partial \alpha} - \frac{1}{A_\alpha A_\beta}\frac{\partial A_\beta}{\partial \alpha}v\right)。$$

式中 u、v 和 w 分别为沿主曲率线坐标 α、β 方向和法向 γ 的位移分量；A_α 和 A_β 为拉梅系数 R_α 和 R_β，为主曲率半径。由于曲率的存在，壳体变形中的切向位移分量 u、v 与法向位移分量 w 间有耦合关系，从而使壳体几何方程复杂化。

②静力平衡方程。表示中面内力与荷载之间的关系，即

$$\frac{1}{A_\alpha A_\beta}\left[\frac{\partial (A_\beta N_\alpha)}{\partial \alpha} + \frac{\partial (A_\alpha N_{\beta\alpha})}{\partial \beta} + N_{\alpha\beta}\frac{\partial A_\alpha}{\partial \beta} - N_\beta\frac{\partial A_\beta}{\partial \alpha}\right] + \frac{Q_\alpha}{R_\alpha} + p_\alpha = 0,$$

$$\frac{1}{A_\alpha A_\beta}\left[\frac{\partial (A_\alpha N_\beta)}{\partial \beta} + \frac{\partial (A_\beta N_{\alpha\beta})}{\partial \alpha} + N_{\beta\alpha}\frac{\partial A_\beta}{\partial \alpha} - N_\alpha\frac{\partial A_\alpha}{\partial \beta}\right] + \frac{Q_\beta}{R_\beta} + p_\beta = 0,$$

$$\frac{1}{A_\alpha A_\beta}\left[\frac{\partial (A_\beta Q_\alpha)}{\partial \alpha} + \frac{\partial (A_\alpha Q_\beta)}{\partial \beta}\right] - \left(\frac{N_\alpha}{R_\alpha} + \frac{N_\beta}{R_\beta}\right) + p_\gamma = 0$$

$$\frac{1}{A_\alpha M_\beta}\left[\frac{\partial (A_\beta M_\alpha)}{\partial \alpha} + \frac{\partial (A_\alpha M_{\beta\alpha})}{\partial \beta} + \frac{\partial A_\alpha}{\partial \beta}M_{\alpha\beta} - \frac{\partial A_\beta}{\partial \alpha}M_\beta\right] - Q_\alpha = 0,$$

$$\frac{1}{A_\alpha A_\beta}\left[\frac{\partial (A_\alpha M_\beta)}{\partial \beta} + \frac{\partial (A_\beta M_{\alpha\beta})}{\partial \alpha} + \frac{\partial A_\beta}{\partial \alpha}M_{\beta\alpha} - \frac{\partial A_\alpha}{\partial \beta}M_\alpha\right] - Q_\beta = 0,$$

$$\frac{M_{\alpha\beta}}{R_\alpha} - \frac{M_{\beta\alpha}}{R_\beta} + N_{\alpha\beta} - N_{\beta\alpha} = 0。$$

式中内力符号的说明参见壳体中面的变形和内力（281 页），p_α、p_β、p_γ 分别为单位中面面积上在 α、β 方向和法向的表面荷载分量。上列方程的前三个表示沿 α、β 坐标线和法线方向 γ 的力平衡条件，后三个为相应的力矩平衡条件。这些方程表明，在中面切向的平衡方程（第 1、2 式）中包含横向剪力 Q_α 和 Q_β，法向平衡方程（第 3 式）中又含有面内拉（压）力 N_α 和 N_β，因此，即使在小变形情况下，中面拉（压）力与横向剪力也是相互耦合的。通常，最后一式不作为基本方程列入，而看成是恒等式。

③物理方程。反映壳体内中面内力与变形之间的关系，即

$$N_\alpha = C(\varepsilon_\alpha + \mu\varepsilon_\beta), N_\beta = G(\varepsilon_\beta + \mu\varepsilon_\alpha),$$

$$N_{\alpha\beta} = N_{\beta\alpha} = C(1-\mu)\gamma_{\alpha\beta};$$

$$M_\alpha = D(\kappa_\alpha + \mu\kappa_\beta), M_\beta = D(\kappa_\beta + \mu\kappa_\alpha),$$

$$M_{\alpha\beta} = M_{\beta\alpha} = D(1-\mu)k_{\alpha\beta}。$$

式中 $C = \dfrac{Et}{2(1-\mu^2)}$，$D = \dfrac{Et^3}{12(1-\mu^2)}$。$E$ 为弹性模量；μ 为泊松比；壳体变形的符号说明参见壳体中面的变形和内力（281 页）。

（杨德品）

薄翼理论 thin-airfoil theory

求解薄翼型升力问题的理论。当翼型很薄、弯度很小、攻角又不大的情况下计算翼型的升力特性时，应用低速不可压流的势流理论。由于其扰动速度势满足拉普拉斯方程，物面边界条件又可线化，因此能将翼型的厚度和弯度分开处理。这样，一个薄翼型的升力问题只需求解其中弧线的绕流即可。

（施宗城）

饱和度 degree of saturation

土孔隙中被水充满的体积与孔隙总体积之比。用百分数表示。可从土的含水量、密度和土粒相对密度换算得到。根据其值砂土可分为稍湿、很湿和饱和三种湿度状态。（朱向荣）

饱和土 saturated soil

土孔隙中完全充满水的土。对于地下水位以下的土，工程上可以认为是饱和的。

（朱向荣）

保角映射 conformal mapping

又称保角变换，保形映射。复变函数 $w = f(z)$ 将复平面 z 上的某一点集（或图形）A，映射（变换）为复平面 w 上的一个点集（或图形）B，若 $w = f(z)$ 在区域 A 内解析且导数 $f'(z)$ 处处不为零，则面内任意 两条曲线的交角在映射前后保持不变。保角变换是用复变函数解弹性力学平面问题的一种有效方法。（罗学富）

保守力 conservative force

见有势力（436 页）。

保守力场 conservative force field

见势力场（312 页）。

保守系统 conservative system

在势力场中运动且仅受有势力作用或只有有势力对它作功的质点系。这种质点系的机械能守恒参

见机械能守恒定律(149页)。　(黎邦隆)

保向力　directive force

体系受力发生变形时,作用于其上方向始终保持不变的力。在研究大多数稳定问题时,常引用"作用力的方向保持不变"的假定,这样可不考虑变形增长的过程,而只需按临界状态时的变形情况用静力法或能量法进行分析。　(罗汉泉)

保型优化设计　optimum design with expected deformed shape

使结构受载后的形状符合预定要求(即保型)的优化设计。这一些特殊结构(如电讯接收或发射天线等)的构形有严格的要求,否则将影响使用。因此优化设计时除满足一般的约束条件外,还要求结构受载后的节点位移满足位移等式约束条件,即满足保型要求。当保型要求提得合理,可通过保型位移反解结构的反分析方法求解。也可以用设计形状与预定形状各节点位置的均方差作为目标函数并使之极小化来达到近似保型的目的,此时结构重量被作为约束条件之一。也有用上述均方差、结构重量以及其他目标构成多目标优化设计问题来获得保型优化设计方案。　(杨德铨)

保证系数　guarantee factor

又称峰因子。随机变量(风压)根方差作为设计值时所乘的系数。如果数学期望不为零,则设计值等于该变量的数学期望加上保证系数乘以根方差。保证系数与结构安全度或重现期有关。只要已知重现期和线型,即可求出基本风速或基本风压的设计计算值。　(张相庭)

鲍威尔法　Powell's method

又称方向加速法。直接利用目标函数值信息来生成一组共轭方向,用以寻求无约束非线性规划问题最优点的一种直接法。1964年由M.J.D.鲍威尔(Powell)提出,是直接法中最有效的算法之一。它以 n 个线性无关的方向组作为初始搜索方向(常取为各坐标方向,其中 n 为问题的维数),依次作一维搜索,在适当的条件下将这 n 次一维搜索的起点至终点的连线作为一个新的方向,并依照一定的准则取代原方向组中的某一个方向以构成新的线性无关方向组。如此反复进行,对于正定二次目标函数可在 n 步内形成 n 个共轭方向并获得最优解,具有二次截止性,对于非二次函数亦有良好的效果。

(刘国华)

鲍辛耐司克理论　Boussinesq's theory

以椭圆余摆线描述浅水推进波波形曲线的理论。鲍氏根据所作研究,对浅水推进波运动作以下假设:①在质量力只有重力的作用下,理想液体作二元平面波浪运动,②水深有限,但大于波浪临界水深,水底对波浪运动有影响,③每一个水质点在波动时,其轨迹在铅直平面上为椭圆,其长轴与水平轴平行,短轴与铅垂线平行,④椭圆的大小在同一波动面上相同,沿铅直方向向下逐渐变成扁平,水质点在椭圆轨迹上不再作等速运动,但其角速度不变。根据上述假设,鲍氏得波动水面的波形曲线方程

$$\begin{cases} x = -\dfrac{\lambda}{2\pi}\theta + \dfrac{h}{2}\mathrm{cth}kH\sin\theta \\ z = -\dfrac{h}{2}\cos\theta \end{cases}$$

$$\theta = \sigma t - kx_0, \sigma = \frac{2\pi}{T}, k = \frac{2\pi}{\lambda}$$

式中 x 为波形曲线的横坐标;z 为波形曲线的纵坐标;x_0 为椭圆圆心横坐标;λ 为波长;h 为波高;k 为转圆曲率;θ 为相角;H 为波浪中线到水底的距离,即水深;σ 为水质点角速度;π 为圆周率;T 为波周期;t 为时间。其中相角 θ 不是水质点与轨迹椭圆中心点连线和铅垂线间的夹角,而是内外辅助圆径线和向上铅垂线间的夹角。这一理论不足处在于只有当波高与波长的比值为无限小时才能满足水流连续性方程;波高与水深之比越大,则越不符合水流连续性方程,若波高与水深比值极小,则水质点作圆周运动,又属于深水推进波范畴了。因此,这一理论也是一种浅水推进波运动的近似关系。　(叶镇国)

暴风　violent storm

蒲福风级中的十一级风。其风速为28.5～32.6m/s。　(石　沅)

bei

贝尔曼最优性原理　Bellman's principle of optimality

研究多阶段决策过程的最优策略所依据的基本原理。1952年R.贝尔曼(Bellman)提出如下原理:作为整个动态规划问题的最优策略,它具有如下性质,不论初始状态和决策如何,对前面的决策所造成的状态来说,其后的各个决策必定构成最优策略。

(刘国华)

背风面　leeward side

建筑物、丘陵、高山等背向风的来流方向的一面。　(石　沅)

被动隔振　passive vibration isolation

又称消极隔振,见隔振(118页)。

被动土压力　passive earth pressure

当挡土结构物向土体方向偏移至土体达到极限平衡状态时的土压力。是土压力的最大值,工程上常用的计算理论主要有朗肯土压力理论和库伦土压力理论。　(张季容)

被动土压力系数 coefficient of passive earth pressure

见郎肯土压力理论(204 页)与库伦土压力理论(197 页)。

ben

本构方程 constitutive equations

又称本构关系。反映表征物质宏观性质的各物理量间关系的数学表达式。如胡克定律等。(吴明德)

本构微分方程 differential equation of constitution

表征流体应力与变形速率关系的方程。不同流体模型有不同的本构方程。对牛顿流体,它就是广义的牛顿黏性定律。在笛卡尔坐标系中,本构方程的分量形式为

$$p_{xx} = -p + \lambda\left(\frac{\partial u_x}{\partial x} + \frac{\partial u_y}{\partial y} + \frac{\partial u_z}{\partial z}\right) + 2\mu\frac{\partial u_x}{\partial x}$$

$$p_{yy} = -p + \lambda\left(\frac{\partial u_x}{\partial x} + \frac{\partial u_y}{\partial y} + \frac{\partial u_z}{\partial z}\right) + 2\mu\frac{\partial u_y}{\partial y}$$

$$p_{zz} = -p + \lambda\left(\frac{\partial u_x}{\partial x} + \frac{\partial u_y}{\partial y} + \frac{\partial u_z}{\partial z}\right) + 2\mu\frac{\partial u_z}{\partial z}$$

$$\tau_{xy} = \tau_{yx} = \mu\left(\frac{\partial u_x}{\partial y} + \frac{\partial u_y}{\partial x}\right)$$

$$\tau_{xz} = \tau_{zx} = \mu\left(\frac{\partial u_x}{\partial z} + \frac{\partial u_z}{\partial x}\right)$$

$$\tau_{yz} = \tau_{zy} = \mu\left(\frac{\partial u_y}{\partial z} + \frac{\partial u_z}{\partial y}\right)$$

式中 p_{xx}, p_{yy}, p_{zz} 和 $\tau_{xy}, \tau_{yx}, \tau_{xz}, \tau_{zx}, \tau_{yz}, \tau_{zy}$ 分别为笛卡尔坐标系中作用于所取微元六面体各表面上的压强和剪切应力,第一个下标表示应力所在平面的法线方向,第二个下标表示应力方向;μ 为动力黏度(亦称第二黏滞系数);λ 为体积黏滞系数(亦称第一黏滞系数)。(叶镇国)

bi

比奥固结理论 Biot's consolidation theory

比奥(M. A. Biot)于 1941 年创立的三维固结理论。该理论将弹性理论求解土体的应力和变形的方法与渗透水流连续条件相结合,建立由四个偏微分方程所组成的固结方程组,可同时求解土体在固结过程中任意点的孔隙水压力和变形。常称为真固结理论。其求解非常复杂,一般需用数值法并借助于电子计算机。(谢康和)

比耗散功率 specific work dissipation rate

又称比耗散函数。单位体积(理想)塑性材料在单位时间内所作的塑性功;记为 D。其表达式为 $D(\dot{\varepsilon}_{ij}^{p}) = \sigma_{ij}\dot{\varepsilon}_{ij}^{p}$ 或 $D(\dot{q}_j^{p}) = Q_j\dot{q}_j^{p}$,$\sigma_{ij}$(或 Q_j)是与 $\dot{\varepsilon}_{ij}^{p}$(或 $\dot{q}_j^{p}$)对应的应力,$\dot{\varepsilon}_{ij}^{p}$ 是塑性应变率,$\dot{q}_j^{p}$ 是广义塑性应变率。D 是塑性应变率的一次齐次函数,有 $D(\alpha\dot{\varepsilon}_{ij}^{p}) = \alpha D(\dot{\varepsilon}_{ij}^{p})$ 或 $D(\alpha\dot{q}_j^{p}) = \alpha D(\dot{q}_j^{p})$,$\alpha$ 为任意常数。物体内的总塑性功率称为耗散功率。(熊祝华)

比较轨迹 comparative path

见真实轨迹(451 页)。

比例极限 proportional limit

应力与应变成正比关系的应力极限值,用 σ_p 表示。应力低于比例极限时,应力与应变成正比例,这一实验规律是由胡克首先完成,并于 1678 年正式公布的,称为胡克定律。应力超过比例极限时,拉伸曲线开始偏离直线。(郑照北)

比例加载 proportional loading

又称简单加载。作用在结构上的所有荷载都按一固定比例单调增加的加载方式(不出现卸载现象)。各荷载之间有一个公共的因子,称为荷载参数,以 P 表示。结构塑性分析中通常采用这种理想加载方式。(王晚姬)

比流量 specific discharge

又称相对流量。不满流管道中的流量与满管流时流量的比值。其定义式为

$$\overline{Q} = \frac{Q}{Q_0}$$

式中 $\overline{Q}$ 为比流量;Q 为不满管流流量;Q_0 为满管流流量。它是充满角 θ 的函数。当 $\theta = 302.41°$ 时,$\overline{Q}_{max}$(最大值)$= 1.0755$。(叶镇国)

比流速 specific velocity

又称相对流速。不满流管道中的流速与满管流时流速的比值。其定义式为

$$\bar{v} = \frac{v}{v_0}$$

式中 $\bar{v}$ 为比流速;v 为不满流管道中的流速;v_0 为满管流时的流速。它是充满角 θ 的函数。当 $\theta = 257.45°$ 时,$\bar{v}_{max}$(最大值)$= 1.14$。(叶镇国)

比奈公式 Binet's formula

以极坐标表示的,质点在中心力作用下运动轨迹微分方程。以力心为极坐标系的极点时,此方程为

$$\frac{d^2}{d\varphi^2}\left(\frac{1}{r}\right) + \left(\frac{1}{r}\right) = \frac{r^2 F_r}{mC^2}$$

式中 r 为质点与极点间的距离;φ 为极角;F_r 为中心力在矢径 $\boldsymbol{r}$ 上的投影;m 为质点的质量;$C = r^2\frac{d\varphi}{dt}$ 为一常量,等于质点的面积速度的 2 倍。在已知

$F_r = f(r)$及运动初始条件后积分此式，即可求得质点以极坐标表示的轨迹方程。（黎邦隆）

比拟柱 analogous column

又称为似柱。柱比法中假想的短柱。这种假想柱的截面为宽度等于$\frac{1}{EI}$的窄条，而窄条的轴线形状和长度与原超静定结构中的杆件一致。其中 EI 为原杆件截面的抗弯刚度。例如，图(a)所示变截面梁 AB 的比拟柱的截面为图(c)所示，图(b)为所取的相应静定结构。

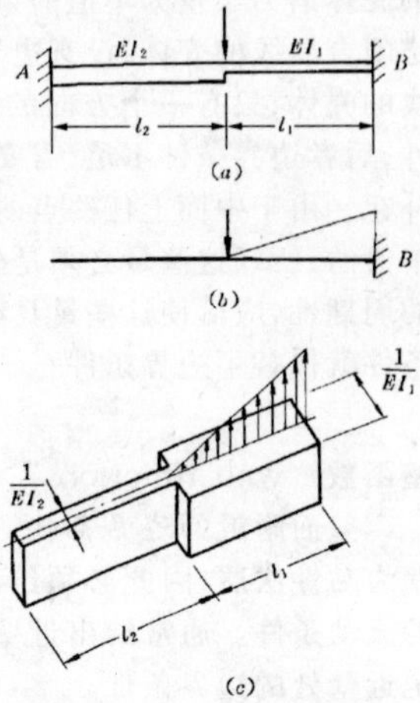

（罗汉泉）

比热 specific heat

单位质量（工程中也用单位重量）物质温度升高1℃所吸收的热量。各种物质的比热不同。对同一物质，比热的大小还与加热时的条件有关，如温度的高低、内部应力和变形的大小等。例如气体在体积恒定时和压力恒定时的比热不同，分别称为定容比热和定压比热。对于固体和液体两者差别不大，可不加区别。（王志刚）

比热比 ratio of specific heats

定压比热与定容比热之比。它是描述气体热力学性质的一个重要参数，常用符号 γ 表示

$$\gamma = \frac{C_p}{C_v}$$

式中 C_p 为定压比热；C_v 为定容比热。根据分子运动理论，γ 的理论值为$(n+2)/n$，其中 n 为气体分子微观运动自由度的数目。单原子气体分子只有三个平移运动自由度，即 $n=3$，故 $\gamma=\frac{5}{3}$，氩、氦等单原子气体的 γ 实验值为1.66，与此非常接近；在不太高的温度下，双原子气体分子除有三个平动自由度外，还有两个转动自由度，即 $n=5$，故 $\gamma=7/5$，工程上常见的双原子气体，如氧、氮等分子在很宽的温度范围内的 γ 值也很接近此值。在空气动力学中，空气常取 $\gamma=1.40$，喷气发动机中的燃后气体常取 $\gamma=1.33$，火箭发动机中的燃后气体常取 $\gamma=1.25$。

（叶镇国）

比消散函数 specific dissipation function

材料阻尼的一种量度，其值等于对数递减率与 π 的比。（吴世明　陈龙珠）

比徐变 specific creep

又称徐变度。单位加荷应力下的徐变变形值。

（胡春芝）

比阻尼容量 specific damping capacity

在振动的一个循环中所吸收的能量与该循环中在最大位移时的势能之比。用来描述介质的材料阻尼。实验测定比阻尼容量 Δ 的计算方法如图所示，$\Delta = \Delta E_\sigma / E_\sigma$。

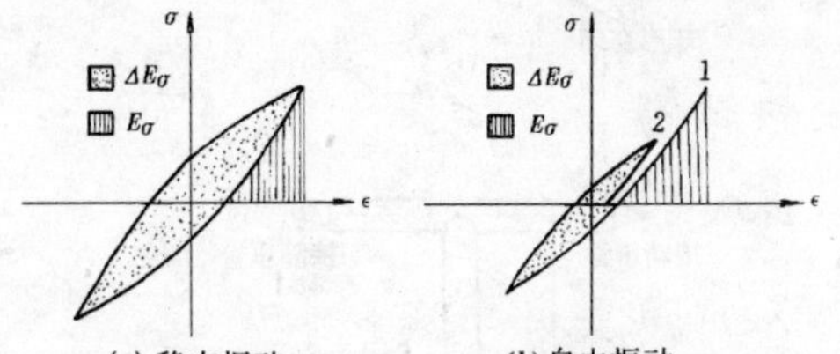

(a) 稳态振动　(b) 自由振动

（吴世明　陈龙珠）

彼得斯－维尔金生法 Peters-Wilkinson method

确定特征值的方法之一，它的出发点是小于某个给定值 μ 的特征值数等于将高斯消去法用于 $\boldsymbol{K}-\mu\boldsymbol{M}$ 时出现的负对角元素数，于是可以通过二分法或其他方法来确定特征值。比如要确定 μ_∂—μ_u 之间的特征值，先可分别令 $\mu=\mu_\partial$，$\mu=\mu_u$，确定小于 μ_∂小于 μ_u 的特征值数，从而确定在这区间中的特征值数。再将此区间分成若干区间，确定每个特征值出现在哪个区间。然后再将区间分细，直至能给出各特征值的近似值。（姚振汉）

笔录仪 writing recorder

利用磁－电原理，由检流计驱动记录笔在等速运行的记录纸上进行记录的仪器。记录方式有墨水、刻痕、热笔、电笔等。方便直观，但记录的上限频率低（最高约为100Hz），体积较大，不能和计算机直接连接进行数据处理。（王娴明）

毕托管 Pitot tube

点流速的测量仪器。是一根弯成直角的测速管和一根测压管组成。测速管的开口端朝着液流方向，另一端与测压计相连，或与测压管连在比压计的两端。该仪器于1730年由享利·毕托（Henri Pitot）所首创而得名。其后经二百多年来的改进，目前已有几十种型式。测速管测得的是驻点压强 p_0，因而它与测压管的压差水头 Δh 即等于流速水头$\frac{u^2}{2g}$，故得毕托管前开口端处的点流速为

$$u = \sqrt{2g\left(\frac{p_0 - p}{\gamma}\right)} = \sqrt{2g\Delta h}$$

式中 p 为测压管内测点的压强；u 为测点处点流速；γ 为流体重度。用毕托管测定管路某给定断面点流速时，其安装方法如图所示。对测定较大管路，

多用普朗特毕托管的探头，其相对尺寸如图示。

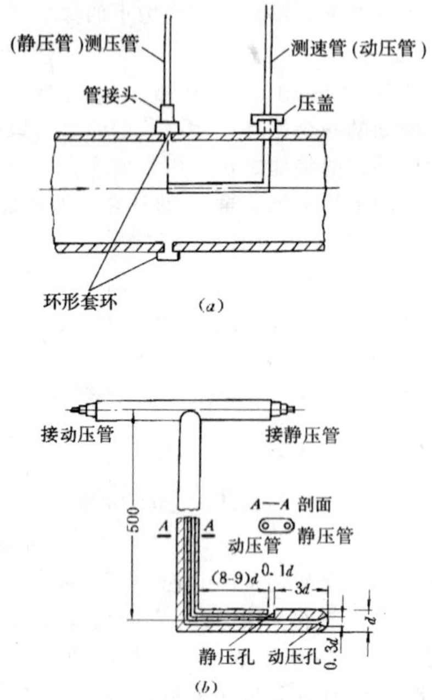

(a)
(b)

（彭剑辉　施宗城）

毕肖普法　Bishop method

毕肖普(1955)提出的一种土坡稳定分析条分法。他在瑞典圆弧滑动法的基础上，考虑了条间力的作用，提出了一个新的稳定安全系数公式：

$$F_s = \frac{\Sigma \frac{1}{m_{\alpha i}}\{c'_i b_i + [W_i - u_i b_i + (X_i - X_{i+1})]\mathrm{tg}\varphi_i\}}{\Sigma W_i \sin\alpha_i + \Sigma Q_i \frac{e_i}{R}}$$

式中 $m_{\alpha i} = \cos\alpha_i + \frac{\mathrm{tg}\varphi' \sin\varphi_i}{F_s}$，其他符号如图所示，上式中 X_i 和 X_{i+1} 是未知的，为使问题得解，毕肖普又假定各土条之间切向条间力均略去不计，于是上式简化为

$$F_s = \frac{\Sigma \frac{1}{m_{\alpha i}}[c'_i b_i + (W_i - u_i b_i)\mathrm{tg}\varphi'_i]}{\Sigma W_i \sin\alpha_i + \Sigma Q_i \frac{e_i}{R}}$$

上述简化式又称为简化毕肖普法。

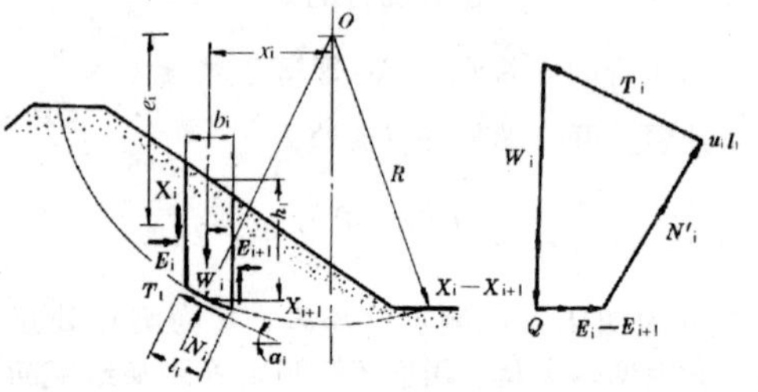

（龚晓南）

闭合壳体的周期性条件　periodicity condition of closed shell

又称单值条件。保证中面上坐标线为闭合曲线的壳体诸力学量为单值的条件。α、β 两个坐标线都是闭合曲线的壳体，没有边界；一个坐标线为闭合曲线的壳体，只有一个方向的边界。前者没有边界条件，后者边界条件不足，需要用周期性条件来取代或补充。由于中面上任一点的位移、变形、内力一定是单值的，所以这些量必须是坐标的周期函数，而函数的周期性，应恰使这些量具有单值性。这样，周期性条件就代替了边界条件。

（杨德品）

壁函数　wall function

壁面附近的边界条件。在紊流计算中，由于边壁为黏性次层，因此必须给予紊流边界在壁面附近的流动条件。通常给出近壁附近的流速分布，以确定近壁处的边界条件。

（郑邦民）

壁式刚架　wall frame

又称壁式框架。建筑结构中，杆端带有刚域的刚架。是对钢筋混凝土多层或高层房屋结构中的平面开洞剪力墙所选取的一种计算简图。所谓剪力墙，是指既作为竖向承重结构，又用来抵抗水平荷载的建筑物墙体。当其上洞口尺寸较大，且墙肢和连系梁都较宽时，在墙梁相交处形成一个刚性区域，内力分析时常将此类剪力墙简化为一个由带刚域的杆所组成的多层等效刚架，即壁式刚架。它与普通刚架的主要差别在于：一是刚域的存在，二是因杆件截面较宽，计算时除考虑弯曲变形外，还应考虑剪切变形的影响。

（罗汉泉）

bian

边界层　boundary layer

流体流动壁面附近，黏性影响不可忽略的薄流层。这一概念于 1904 年由普朗特提出，它简化了纳维－斯托克斯方程，使流体力学的理论分析与实验途径得到了统一；明确了理想流体的适用范围，为解决实际流体流经物体的问题开拓了新途径，在科学上是一项重大成就。流体绕流时，边界层内属粘性流动，边界层外可看作理想流动或有势流动。一般规定 $u_x = 0.99u_\infty$ 的地方作为边界层的界限，沿壁面外法线方向到这一流速处的距离就是边界层厚度。边界层内的流体同样有两种流动型态(层流与湍流)，沿流动方向先出现层流边界层，经过渡段发展成湍流边界层。在湍流边界层中，最靠近壁面处

仍为层流，所以湍流边界层中也有一个粘性底层(层流底层)。 (叶镇国)

边界层方程 boundary layer equation

边界层微分或积分形式的方程。边界层方程的微分形式最早由普朗特（L.Prandtl）提出，后来卡门（Von Karman）提出边界层动量近似积分关系式。对平板边界层或简单流动有分析解。由于电子计算机的应用，大多求微分形式的边界层方程的数值解。目前，层流边界层、紊流边界层、边界层分离流的计算工作均有人在进行。具体流动计算往往需要边界层与外部势流区反复迭代进行。

(王 烽)

边界层分离 separation of boundary layer

边界层流线离开边界壁面的现象。以流体对圆柱的绕流为例，当绕流开始时，边界层甚薄，边界层外的压强分布与理想流体情况接近，流体质点在圆柱前半段曲面上，由于边界层内粘滞阻力的作用，沿程耗散了大量的动能，以至它不能克服在圆柱后半段曲面沿程的压力升高，在圆柱后半段曲面的升压区不大的距离内，液体质点一部分动能继续损耗于摩阻力，一部分动能转化为压能而使动能消耗殆尽，在固体边壁附近某点处流速变为零，并导致流线脱离边界，同时，压强又低于下游，下游流体会因此发生回流；边界层内的流体质点自上游不断流来，而且都有上述共同的经历，这样，在这一点处堆积的流体质点越来越多，加之下游发生回流，这些流体质点就会被挤向主流而使边界层脱离后半段柱体的边界表面。边界层分离常伴随旋涡产生，引起能量损失，增加液流对物体的阻力，因此是一个很重要的流动问题。 (叶镇国 刘尚培)

边界层风洞 boundary-layer type wind tunnel

能模拟大气边界层及其温度层结的低速风洞。它的特点是实验段较长，长度一般为其高度的10～15倍。可用人工手法在实验段中迫使直匀气流受到扰动和阻滞，在一定的距离内形成有指定风速剖面和湍流结构，同时又具有符合实验要求的温度分层的模拟的大气边界层。这类风洞有环境风洞、建筑风洞等。 (施宗城)

边界点 boundary points

设计空间中位于约束界面上的点。结构优化设计的最优点都是边界点。 (杨德铨)

边界面模型 boundary surface model of soil

不仅具有屈服面，同时还有边界面的一类土的本构模型。边界面实际上是加载历史中最大加载应力所对应的屈服面。在加载过程中，土体的应力路径不超越边界面。当应力点到达边界面时，若继续加载，边界面会按一定的规律扩大。当应力点落在边界面内，与该应力点对应的存在一屈服面。应力状态变化，屈服面形状和位置也随之变化。至今已建立不少边界面模型。该类模型较适用于反向大卸载和周期荷载下土的变形计算。

(龚晓南)

边界条件 boundary condition

在运动流体的边界上，方程组的解所应满足的条件。它是使流体力学控制方程获得定解的必要条件，并将直接影响解的准确性。通常分为本质边界条件、自然边界条件和混合边界条件。

(王 烽)

边界条件相似 similarity of boundary conditions

两物理系统的边界状态相似。即两系统在边界处的几何相似、物理相似和时间相似。 (袁文忠)

边界余量 residue of boundary

由于边界处理的近似性所引起的边界算子方程的余量。当以函数的近似解代入边界算子方程时，它不能满足为零而形成一定余量。在加权余量法中，可使方程余量与边界余量在加权的意义上综合为零。 (郑邦民)

边界元 boundary element

边界元法中将边界划分的单元。因对域内无需划分单元，它比有限元等区域解法降低了一维。分为二维问题的边界线元和三维问题的边界面元两大类。 (姚振汉)

边界元法 boundary element method

又称边界积分方程－边界元法。属于边界解法，将边界划分为边界元，对边界变量插值近似，将边界积分方程离散化为代数方程组求解的一类数值分析方法。它以边界未知量为基本未知量，域内未知量可在需要时由边界变量积分求得，因而降低了问题的维数，减少了问题的自由度数。对线性问题而言，这样得到的解精确满足域内方程，其误差的来源只是由于边界条件未能精确满足，因此此法具有较高精度。边界积分方程可分为直接法边界积分方程与间接法边界积分方程。边界元法可用于求解位势问题、弹性静力学问题、薄板弯曲问题、弹塑性问题以及动力问题。除采用分元离散插值的边界元法外还有采用样条插值的样条边界元法。边界元法方程组的系数矩阵是满阵，因此解题规模受限制。采用边界元子域法在某些情况下能克服这一缺点。边界元与有限元耦合则能充分发挥两种方法的长处。

(姚振汉 郑邦民)

边界元法方程组 system of equations for boundary element method

由边界积分方程离散得到的线性代数方程组。

其系数矩阵是非对称的满阵,而不是带状的稀疏对称矩阵,每个系数都通过边界积分方程的核函数(即微分算子的基本解)与插值形函数的乘积积分算出。方程系数的计算量占整个计算量中的很大部分,而且其精度又对最终所得解的精度有很大影响,比较有效的是采用等精度高斯积分。方程组的求解一般用主元消去法,当主对角元素含高阶奇异积分的自由项时由于它保证了对角元素占优,也可不选主元。

(姚振汉)

边界元与有限元耦合 coupling technique of boundary element and finite element

边界元法与有限元法各有长处,将二者耦合以发挥各自的长处。一类耦合方案是先解有限元区,将有限元解引入边界元法的边界条件。这里要注意的是两区域公共边界处的匹配,为保证连续位移应采用相同的离散插值;在力的平衡上要保证边界元区边界分布面力与有限元区结点集中力的等效。通常把边界元用在外部无限域,有限元用在内部结构;还可把边界元用在要准确计算局部应力的局部区域,而结构其他部分均用有限元。另一类耦合方案是先解边界元区,将它的非公共边界自由度缩聚,建立边界积分方程超元的刚度矩阵及荷载列阵,然后将它引入通用的有限元程序求解。 (姚振汉)

边坡安全系数 safety factor of slope

反映工程对边坡稳定性的要求程度。以允许边坡的最大变形,以及允许边坡破坏后的最大滑移速度为依据,根据不同的工程性质,提出不同的判据,如边坡安全性的强度判据、位移判据、最大滑动速度判据。 (屠树根)

边坡安全性的强度判据 strength criterion of slope safety

以边坡岩体破坏为标准的判据。如公路边坡、露天矿边坡对边坡岩体变形没严格要求,允许有变形或有较大变形,只要边坡岩体不发生破坏,不危害生产就认为是安全的。判断这类工程边坡安全性可用抗滑力 T 和滑动力 S 之比值作为衡量标准,其安全系数为

$$K = T/S$$

一般以极限平衡原理为基础,进行稳定计算。

(屠树根)

边坡安全性的位移判据 displacement criterion of slope safety

以边坡岩体变形为标准的判据。对边坡变形有严格要求,变形量不能超过工程允许的变形范围,更不能允许失稳破坏的边坡工程,如离工业及民用建筑物很近的露天矿等边坡工程,不允许边坡产生较大变形,以免危及建筑物的安全。此时,应以建筑物允许边坡的变形值为标准来评价边坡对建筑物的安全程度的影响。其安全系数为

$$K = u_o/u$$

u_o 为工程允许边坡最大变形值;u 为实际变形。一般应以岩体应力应变理论为基础,进行稳定计算。

(屠树根)

边坡安全性的最大滑动速度判据

以边坡岩体滑动速度为标准的判据。对于水库区边坡工程,其变形虽没严格的要求,但边坡滑动破坏后引起的巨大涌浪会危及生命财产的安全。此时,边坡安全系数为

$$K = \frac{v_o}{v}$$

式中,v_o 为边坡的允许滑动速度;v 是实际滑动速度。为了预测边坡最终失稳破坏的时间,提出了临界变形速度,常取 1cm/d 的位移速度作为临界速度。用这种衡量标准的边坡,一般以能量守恒定律为基础,进行稳定计算。 (屠树根)

边坡地质模型 geology model of slope

研究边坡岩体变形破坏的地质模型。是边坡岩体稳定分析研究中一种新术语。为了便于分类研究和应用,用典型工程实例来命名地质模型,如金川模型、葛洲坝模型等,长期以来,对于边坡变形破坏的形式,提出了多种多样的类型,如以滑动面的形态、数目、组合特征,以及边坡岩体破坏的力学性质将其分为五类;根据实际经验,提出最常见的破坏形式,即平面破坏、楔体破坏、圆弧形破坏、倾倒破坏等。上述分类,仅仅是边坡破坏的几何形态和运动形式的划分。而地质模型概念不仅包括边坡破坏的形态和运动形式,还包括边坡破坏的成因及其发生和发展的过程。它具体考虑了工程地质岩组和边坡岩体结构特征、岩体应力和水文地质等条件、边坡破坏形态及变形破坏的时间效应等。这就为边坡稳定性分析提供了计算模型,也为判断边坡稳定性变化趋势提供了依据。 (屠树根)

边坡稳定安全系数 safety factor of stability of slope

土坡稳定分析中,抗滑力与滑动力的比值。当其值大于 1.0 时,土坡处于稳定状态,否则为不稳定。不同的土坡稳定分析方法中,稳定安全系数的定义及其表达式具有不同的形式。在工程设计中,稳定安全系数应参照具体的规范选用。不同的规范对其设计取值的要求也不一样。

(龚晓南 张 清)

边坡系数 sideslope coefficient

梯形渠道边坡与水平面夹角 α 的余切,常以符号 m 表示,即 $m = \mathrm{ctg}\alpha$。m 值的大小取决于渠道

的土壤性质，由土力学实验研究确定。沙土 $m=3.0\sim3.5$，未风化的岩石可取 $m=0\sim0.25$，利用边坡系数，则梯形断面水力要素可用下式表示

$$B = b + 2mh$$

$$\omega = (b + mh)h$$

$$x = b + 2h\sqrt{1 + m^2}$$

$$R = \frac{\omega}{x} = \frac{(b + mh)h}{b + 2h\sqrt{1 + m^2}}$$

式中 B 为水面宽度；ω 为过水断面面积；x 为断面湿周；R 为水力半径；b 为梯形渠道的底宽；h 为断面水深。对于矩形断面，$m=0$。 （叶镇国）

边值问题 boundary value problem

在给定的边界条件下求解偏微分方程组的问题。在弹性力学中，所要求解的应力分量、应变分量和位移分量，除应满足平衡微分方程、几何方程以及广义胡克定律，还必须满足给定的边界条件。若为动力学问题，求出的位移还必须满足初始条件。若物体为多连通，还需考虑位移单值的条件。按照所给出的边界条件不同，有三类边值问题。第一类边值问题：已知作用于物体内的体力及其表面上的面力，求解这类问题时应满足应力的边界条件。第二类边值问题：已知作用于物体内的体力及其表面上的位移，求解时应满足给定的位移边界条件。第三类问题，又称为混合边值问题：已知作用于物体内的体力，在一部分表面上面力为已知，而另一部分上位移是已知的。这三类边值问题可以代表一些简化的实际工程问题。 （刘信声）

鞭梢效应 whiplash effect

结构顶部有细小突出部分时在横向力（风力、地震力等）作用下产生的剧烈振动效应。鞭梢效应系振型在顶部细小突出部分剧烈增大所引起，因类似于抽打马鞭时鞭梢产生剧烈振动而得名。当细小突出部分作为独立体的频率与主体作为独立体的频率相差较远时，第1振型起着主要的作用；但当二者比较接近时，由于结构可以出现二个比较接近的频率，因而计算时应考虑该二相近频率相应的二振型的影响。 （张相庭）

扁壳 shallow shell

中面的最大矢高 f 远小于底边最小长度 a 的壳体 $\left(\frac{f}{a}<\frac{1}{5}\right)$。这种壳体的近似理论是利用壳体中面（见图）扁平的特点，把高斯曲率 κ 近似地取为零（$\kappa=\kappa_\alpha\kappa_\beta\approx0$），除在中面应变分量的几何关系中和法向平衡方程中保留曲率影响外，其他都近似地采用平板弯曲的方程。正交曲线坐标 α、β 可用笛卡尔坐标 x、y 取代，拉梅系数近似地取为 $A_\alpha=A_\beta=1$；切向荷载分量 p_α、p_β 可以忽略不计，只考虑法向荷载分量 p_γ，这使理论分析和计算大为简化。这种壳体受力性能比平板好，制作方便，在建筑工程中常用作大跨度的屋盖结构。静力分析宜用混合法，即取内力函数 $\varphi=\varphi(x,y)$ 和法向位移 $w=w(x,y)$ 为基本未知量，将壳体基本方程简化为两个相互耦联的四阶偏微分方程

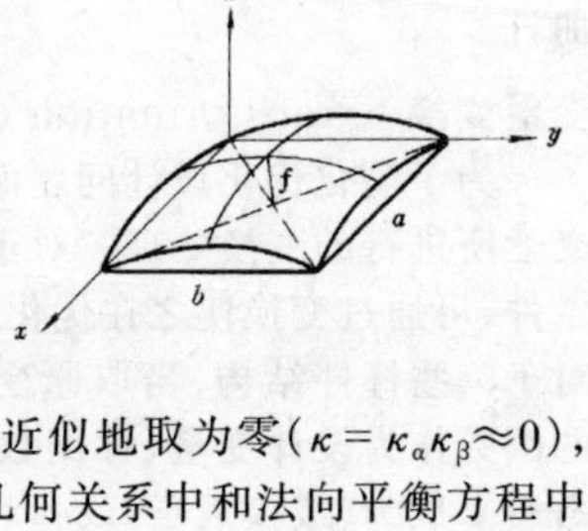

$$\nabla^4\varphi - Et\nabla_k^2 w\varphi = 0$$

$$D\nabla^4 w + \nabla_k^2 = p_\gamma$$

式中微分算子 ∇^4 见圆柱壳，$\nabla_k^2 \equiv k_x\frac{\partial^2}{\partial y^2}+k_y\frac{\partial^2}{\partial x^2}$。经过将边界上四对广义位移和广义力（参见薄壳的边界条件，8页）变换为用 φ 和 w 表示后，可写出工程中常见的三种边界条件（以 $x=\text{const.}$ 的边界并假设为齐次边界条件为例）为

①简支边界：

$$\left(\frac{\partial^2\varphi}{\partial x^2},\frac{\partial^2\varphi}{\partial y^2},w,\frac{\partial^2 w}{\partial x^2}\right)=0。$$

②固定边界

$$\left(w,\frac{\partial w}{\partial x},\frac{\partial^2\varphi}{\partial x^2},\frac{\partial^2\varphi}{\partial y^2}\right)=0。$$

③自由边界：

$$\left[\frac{\partial^2\varphi}{\partial y^2},\frac{\partial^2\varphi}{\partial x\partial y},\frac{\partial^2 w}{\partial x^2}+\mu\frac{\partial^2 w}{\partial y^2},\frac{\partial^3 w}{\partial x^3}+(2-\mu)\frac{\partial^2 w}{\partial x\partial y^2}\right]=0。$$

此外，两自由边相交或两固定边相交的角点 c 的角点条件分别是 $\left(\frac{\partial^2 w}{\partial x\partial y}\right)_c=0$，$\left(\frac{\partial^2\varphi}{\partial x\partial y}\right)_c=0$。在给定的边界条件下，由上列微分方程组解出未知量 φ 和 w 后，可由下式求得中面内力

$$N_\alpha = \frac{\partial^2\varphi}{\partial y^2}$$

$$N_\beta = \frac{\partial^2\varphi}{\partial x^2}$$

$$N_{\alpha\beta} = N_{\beta\alpha} = -\frac{\partial^2\varphi}{\partial x\partial y}$$

$$M_\alpha = -D\left(\frac{\partial^2 w}{\partial x^2}+\mu\frac{\partial^2 w}{\partial y^2}\right)$$

$$M_\beta = -D\left(\frac{\partial^2 w}{\partial y^2}+\mu\frac{\partial^2 w}{\partial x^2}\right)$$

$$M_{\alpha\beta} = M_{\beta\alpha} = -(1-\mu)D\frac{\partial^2 w}{\partial x\partial y}$$

$$Q_\alpha = -D\frac{\partial}{\partial x}(\nabla^2 w)$$

$$Q_\beta = -D\frac{\partial}{\partial y}(\nabla^2 w)$$

式中 $\nabla^2\equiv\frac{\partial^2}{\partial x^2}+\frac{\partial^2}{\partial y^2}$，$D$ 见薄壳理论的基本方程。

至于无矩理论的基本微分方程则简化为$\nabla_k^2\varphi = p_\gamma$，相应的简支边界条件简化为$(\varphi)_s = 0$。（杨德品）

扁壳的合理中面 rational middle surface of shallow shell

在某一给定荷载作用下，使扁壳受力状态最优的中面形状。此时，中面只存在拉（压）力，且在整个壳体内等于常量（$N_\alpha = N_\beta = N = \text{const.}$），其余内力全为零。由于在整个壳体内应力分布均匀，所以材料的强度得到最充分的利用。具有这种中面的混凝土扁壳，若 N 为压力，则在整个壳体内毋需布置受力钢筋，故称为无筋扁壳。从扁壳无矩理论的基本方程可导出这种中面应满足的微分方程为$\nabla^2 z = p_\gamma / N$，其中 $z = z(x, y)$，为中面方程。这种中面必须和给定的荷载相对应，其实现条件比无矩状态的实现条件还要苛刻，实际工程中往往难以做到。只有荷载分布固定，而且边界效应又很小的情况下，这种中面才有实际意义。（杨德品）

扁壳元 shallow shell element

按扁壳理论建立的曲面壳元（参见曲面壳元，285 页）。（包世华）

变尺度法 variable metric methods

又称拟牛顿法。利用迭代中已有的信息逐次地构造一个正定矩阵 $\boldsymbol{H}$ 的序列来近似并取代阻尼牛顿法中目标函数海色（Hesse）矩阵的逆矩阵而形成的一类共轭方向法。若利用 $\boldsymbol{H}^{-1}$（尺度矩阵）定义下列范数作为一种尺度

$$\| \boldsymbol{x} \|_{\boldsymbol{H}^{-1}} = \sqrt{\boldsymbol{x}^{\mathrm{T}} \boldsymbol{H}^{-1} \boldsymbol{x}}$$

则拟牛顿法的搜索方向是在尺度矩阵 $\boldsymbol{H}^{-1}$ 意义下的最速下降方向。由于迭代过程中尺度矩阵在不断地改变，故称变尺度法。此法的多种公式经 H. Y. 霍格（Huang）作统一处理后形成霍格族变尺度法，其中具有三个独立的参数，每取一组参数值就对应一种具体的算法。著名的 DFP 法和 BFGS 法以及勃洛登（Broyden）子族均为霍格族中的特例。（刘国华）

变带宽一维贮存 one-dimensional array storage

用一个一维数组按每行（或每列）的半带宽来贮存对称稀疏矩阵 $\boldsymbol{A}$ 中非零元素的方法。当按行贮存上半带时，利用一维数组 $K_1[1:H]$，从第一行开始，逐行贮存每行半带宽内的元素直到最后一行 n 止。H 为贮存元素的总数。另开一个一维辅助数组 $K_2[1:n]$ 来记录 $\boldsymbol{A}$ 的对角线元素在 $K_1[1:H]$ 中的地址，由于每行的半带宽是变化的，$K_2[i+1] - K_2[i]$ 即为矩阵 $\boldsymbol{A}$ 第 i 行的半带宽，从而可以确定 $\boldsymbol{A}$ 中非零元素在 $K_1[1:H]$ 中的地址。但是，在每行半带宽内仍可能有少量零元素，如果不贮存这些零元素，可采用变带宽紧凑贮存的方法。（夏亨熹）

变分 variation

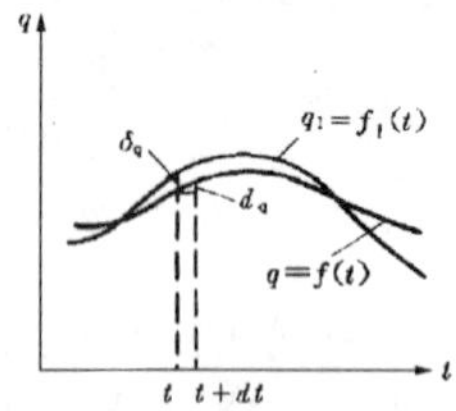

不是由自变量的增量引起，而是在自变量保持不变的情况下，只由于函数本身的构造发生微小变化，成为与原来函数有微小差别的新函数时，由此引起的函数值发生的微小改变。以单自由度的系统为例，附图中广义坐标 q 是时间 t 的函数，由 dt 引起的函数 $q = f(t)$ 的增量 $\mathrm{d}q$ 是 q 的微分；当 t 不变，函数由 $q = f(t)$ 变为 $q_1 = f_1(t)$ 时，q 的增量 $\delta q = q_1(t) - q(t)$ 是函数 q 的变分。微分与变分分别用符号 d 与 δ 表示。虚位移是在时间不变的情况下发生的，所以也是变分。分析力学和其他力学分支里还用到泛函的变分。例如哈密顿作用量就是一个泛函，哈密顿原理表述的就是这个泛函的变分等于零。（黎邦隆）

变分法 variational method

以变分学和变分原理为基础的一种近似计算方法。变分学研究的内容是泛函的极值问题，变分原理则是以变分形式表述的物理定律，是有限元法的理论基础。重要的变分原理有最小势能原理、最小余能原理、哈密顿原理、赫林格－瑞斯纳变分原理、胡海昌－鹫津变分原理等。一般可表述为：在所有满足一定约束条件的可能解答中，真实的解答使定义的泛函取极值或驻值。变分问题可以化成等价的微分方程问题。有时从泛函的极值或驻值出发求近似解比求微分方程的近似解更方便。其作法是：选取满足约束条件的带有某些待定参数的可能解，根据泛函的极值（或驻值）条件确定待定参数的值，以求得近似解。用分片插值方法选取可能解，再由泛函极值（或驻值）条件求变分问题近似解的方法便是有限元法。以不同的变分原理为基础，可以得到不同类型的有限元模型。（支秉琛）

变截面杆 bar with varying cross-section

沿轴线长度横截面发生变化的杆件。如果轴线为直线则为变截面直杆；如轴线为曲线则为变截面曲杆。（吴明德）

变量变换 transformation of variables

为了简化优化设计问题而利用数学手段对设计变量所进行的变换处理。对于某些简单的显式约束条件，可通过变换使之在优化过程中自动得到满足；对于一些杆件结构，当取原变量——截面尺寸变量的倒数作为设计变量（称倒数变量）时，可使某些性态约束成为（或接近于）线性约束条件；另外，利用等

式约束条件消去某些设计变量(假定这样做有利的话)亦可称之为变量变换;还有一些非线性规划问题通过变量变换能转化为几何规划问题。(杨德铨)

变量结组 design variable groupings

对结构构件截面尺寸进行分批、结组使同一批(或组)的尺寸相同从而使截面尺寸变量个数缩减的措施。如同一房间的梁、柱截面尺寸统一,桁架各杆件只取少数几种规格等。采取这种措施,一方面是为了降低优化设计问题的维数,更主要地是为了满足构造或施工上的要求以及协调性或美学上的要求。(杨德铨)

变水头渗透试验 variable head permeability test

在水位差变化的水流下测定黏性土渗透系数的试验。用脱气水,记下起始水头 H_1 和起始时间 t_1,按预定时间间隔测记终了水头 H_2 和时间 t_2,按下式计算水温 T℃ 时渗透系数 k_T:

$$k_T = 2.3\frac{aL}{A(t_2 - t_1)}\log\frac{H_1}{H_2}$$

式中 a 为变水头管截面积,cm^2;L 为渗径,等于试样高度,cm;A 为试样截面积,cm^2。再将 k_T 校正到标准温度 20℃ 时的渗透系数。(李明逵)

变速转动 nonuniform rotation

角速度随时间而变化的转动。其运动特征是,刚体角位移与时间不成正比,角加速度不等于零。角加速度 ε 等于常量的转动,称为匀变速转动,它有类似于点的匀变速直线运动的公式:

$$\varphi = \varphi_0 + \omega_0 t + \frac{1}{2}\varepsilon t^2$$

$$\omega = \omega_0 + \varepsilon t$$

$$\omega^2 - \omega_0^2 = 2\varepsilon(\varphi - \varphi_0)$$

式中 φ_0 与 ω_0 分别为刚体的初转角与初角速度,φ 与 ω 分别为任意时刻 t 的转角与角速度。(何祥铁)

变态模型 abnormal model

纵向与横向或纵向与垂向线性长度比尺不一致的模型。在设计细长流动模型时,常因场地限制,要求缩短模型纵向长度(参见正态模型,456页)。此外,有些流动,按正态模型设计时,模型的粗糙系数往往很小,模型材料不易找到,即使找到这种材料,原型和模型的流动也常因阻力区不同而达不到阻力相似。为了克服这些困难,不得不采用纵横向或纵垂向比尺不一致的变态模型。设计变态模型时,通常是先选定纵向(长)比尺,再根据有关相似准则去确定其他方向的线性长度比尺。例如设计明渠水流模型,在选定纵向线性长度比尺后,则可根据重力相似准则去确定横向或垂向的线性长度比尺。变态模型在几何上并非完全相似,因此它是一种近似的力学相似模型,它只能获得平均速度和水位的相似,而得不到速度分布的相似。(李纪臣)

变形 deformation

变形体由于外界作用(如外力、温差等)所引起的几何形状和尺寸的变化。变形体由初始状态到终了状态时,体内两点间位移的相对部分(位移的改变)即构成物体的变形。在材料力学及固体力学中常用位移向量或沿选定坐标的位移分量来描述变形。以杆件为例其变形通常用横截面的位移来表示:例如杆件的轴向伸缩变形可用横截面沿杆件轴线的位移来表示;杆件的弯曲变形可用横截面形心处的横向位移(挠度)以及截面绕形心主轴的角位移(转角)来表示;杆件的扭转变形可用横截面绕杆件形心轴线的转角(扭角)来表示等等。(吴明德)

变形测试仪表 strain gauge

测量变形固体两点之间线变形的一种仪器。它由传感器、放大器和记录器三部分组成。传感器直接接触固体,固体变形使传感器随着变形,将固体变形变换为机械、电、光、声等信息。记录器(读数器)将通过放大器放大的信息做直接显示或自动记录。如各种引伸仪等。(郑照北)

变形机制单元 element of deformation mechanism

与岩体结构单元相对应的岩体变形的地质成分。在实际应用中,可分为两类8种变形的机制单元,材料变形型有结构体弹性变形、黏性变形和结构面闭合变形、错动变形机制单元;结构变形型有结构体滚动变形、板裂体结构变形和结构面滑动变形,以及软弱夹层压缩和挤出变形机制单元。(屠树根)

变值荷载 variable load

在给定范围内作周期性变化或按某种规律循环变化的荷载(包括温度变化)。如果在变值荷载作用下物体恒呈现弹性变形,将在很大数目的荷载循环后出现疲劳断裂。如果物体出现弹塑性变形,则当荷载小于塑性极限荷载时,物体可能出现交变塑性破坏或递增变形破坏;也可能经过一定次数荷载循环后物体内不再产生新的塑性变形,处于安定状态。(熊祝华)

变质量质点的运动微分方程 differential equations of motion of a particle with variable mass

又称密歇尔斯基方程。质量不断变化的质点的运动微分方程

$$M\frac{d\boldsymbol{v}}{dt} = \boldsymbol{F}^e + \boldsymbol{\Phi}$$

式中 M 是质点的瞬时质量,$\boldsymbol{F}^e$ 为作用于其上的外力的合力,$\boldsymbol{\Phi}$ 是反推力。此式表示:变质量质点的瞬时质量与其加速度的乘积,等于作用在其上的外

力的合力与反推力的矢量和。上式在固定直角坐标轴上的投影形式为

$$\left.\begin{aligned} M\frac{\mathrm{d}v_x}{\mathrm{d}t} &= X + \frac{\mathrm{d}m}{\mathrm{d}t}v_{rx} \\ M\frac{\mathrm{d}v_y}{\mathrm{d}t} &= Y + \frac{\mathrm{d}m}{\mathrm{d}t}v_{ry} \\ M\frac{\mathrm{d}v_z}{\mathrm{d}t} &= Z + \frac{\mathrm{d}m}{\mathrm{d}t}v_{rz} \end{aligned}\right\}$$

式中 X、Y、Z 分别为合力 $\boldsymbol{F}^e$ 在 x、y、z 三轴上的投影；$\frac{\mathrm{d}m}{\mathrm{d}t}$ 为质量并入率或排出率；v_{rx}、v_{ry}、v_{rz} 分别为并入或排出的质量相对于质点的速度 $\boldsymbol{v}_r$ 在 x、y、z 轴上的投影。　　（宋福磐）

biao

标量场　scalar field

又称数量场。各处都对应着某种物理量的数量的空间。如温度场、密度场、电位场等。（叶镇国）

标准高度　standard height

确定基本风压所规定的量测高度。是确定基本风压的六个因素之一。中国气象台记录风速仪大多要安装在10m上下的高度，因而中国荷载规范GBJ9—87规定10m高为标准高度。目前世界上大多数国家亦规定10m为标准高度，相应于不同高度的风压，可以通过风压高度变化系数进行换算。

（张相庭）

标准贯入试验　standard penetration test

用63.5kg的穿心锤，以76cm的自由落距，将一标准尺寸的圆筒贯入器，先打入土中15cm，然后再打入30cm，记录后30cm的锤击数的试验。根据锤击数来判断砂土密实程度或黏性土稠度，确定地基土的容许承载力，评定砂土的振动液化及估计单桩承载力，并可确定土层剖面和取扰动土样进行一般物理性试验。是动力触探试验的一种特殊形式。设备简单，操作容易，工效高，适应性广，是常用的一种工程地质勘察方法。　　（李明逵）

标准化振型　normalized mode

又称规格化振型或归一化振型。将振型向量中的所有分量，同乘以按一定方式确定的某个常数因子后所得的振型。标准化的方式有多种，如规定振型向量中的某个分量（如第一个分量、最大的分量或最小的分量）等于1；或规定振型向量 $\boldsymbol{\Phi}^{(i)}$ 满足某种条件（如 $\boldsymbol{\Phi}^{(i)^{\mathrm{T}}}\boldsymbol{M}\boldsymbol{\Phi}^{(i)}=1$ 或 $\boldsymbol{\Phi}^{(i)\mathrm{T}}\boldsymbol{K}\boldsymbol{\Phi}^{(i)}=\boldsymbol{\omega}_i^2$，式中 $\boldsymbol{M}$、$\boldsymbol{K}$ 分别为质量矩阵、刚度矩阵，$\boldsymbol{\omega}_i$ 为与 $\boldsymbol{\Phi}^{(i)}$ 相应的第 i 频率）。由于振型仅由比值组成，故振型的标准化不会对振型本身产生影响，而在应用时却方便得多。　　（洪范文）

标准试件　standard test specimens

按规定尺寸做成的试件。在拉伸试验和压缩试验中，为了保证轴向拉力和压力所产生的应力和应变的均匀性，避免加力端部应力的复杂性等，要规定试件工作段的标准长度。试件受轴向拉伸时。试件的中间等直部分称为工作段。为了对拉伸试验所得的拉伸图和应力应变曲线以及拉断后的变形程度具有可比性，国际上对工作段的长度有统一规定，称为标距，用 L 表示。常用的标距有两种：

$L=10d$　或　$L=5d$（圆截面试件）

$L=11.3\sqrt{A}$　或　$L=5.65\sqrt{A}$（矩形截面试件）

式中 d 为圆截面试件直径，A 为矩形截面试件横截面面积。

压缩试件常用圆截面或正方截面的短柱体，其长度 L 与横截面直径 d 或正方形边长 b 的比值一般规定为1～3。压缩试验受一定条件制约，因此材料的力学性质带有一定的条件性。压缩试件的高度与横向尺寸的比值过大，易于失稳压坏；如比值过小，则试件两端部与试验机平台间的摩擦力阻止试件横向变形，将使试件应力状态比较复杂，影响测试精度。

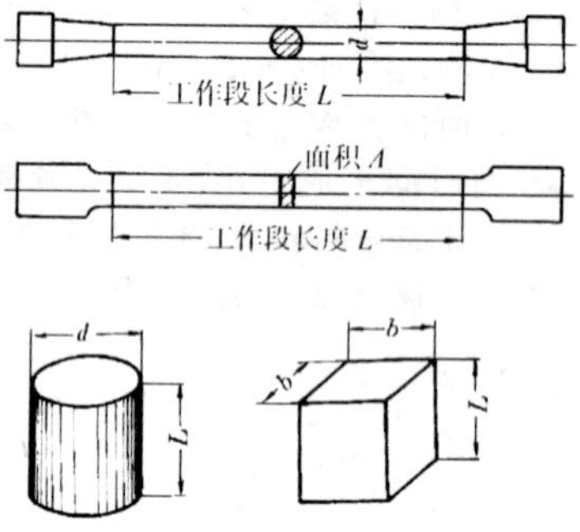

（郑照北）

标准误差(σ)　standard deviation

又称均方根差。是表征随机误差大小的重要参数。它的大小可用如下公式计算

$$\sigma=\sqrt{\frac{\sum_{i=1}^{n}(xi-x)^2}{n}}$$

式中 xi，x，n 分别为测定值，真值和观测次数。当量测次数足够大时，以离差代替误差

$$\sigma=\sqrt{\frac{\sum_{i=1}^{n}(xi-\bar{x})^2}{n-1}}$$

$\bar{x}$ 为平均值。对应的置信度为0.683。对测定值中的较大误差和较小误差较灵敏，适于表示精密度。

（李纪臣）

表观黏度　apparent viscosity

参照牛顿流体的粘度定义，由非牛顿流体直观的切应力和剪切速率的商求得的粘度值，记作 ηa。高聚物的黏性流动总伴随有高弹形变，使其直观的流动值要比真正的不可逆流动更大，因而表观黏度要比高聚物的真实黏度为小。它只能对流动性的好坏作一个相对的比较。（周　啸）

表观应力－应变曲线　nominal stress-nominal strain curve

简称应力－应变曲线，又称工程应力－应变曲线或习用应力－应变曲线。起始截面积为 A_0、起始工作长度为 l_0 的试样在外力 F 作用下产生简单拉伸时的表观应力 $\sigma = F/A_0$ 对表观应变 $\varepsilon = \Delta l / l_0$ 的作图。实际上是荷重－伸长曲线（也有在均匀压缩情况下的应力－应变曲线）。高聚物的典型应力－应变曲线可参见玻璃态高聚物应力－应变曲线（26页）中的图例。根据这种曲线可以得到评价材料性能的杨氏模量、屈服强度、抗张强度和断裂伸长率等重要参数，为判断材料的强弱、软硬和韧脆提供依据。实际高聚物的表观应力－应变曲线有以下五类：如聚合物凝胶、如软聚氯乙烯、如有机玻璃、如硬聚氯乙烯、如聚碳酸酯。

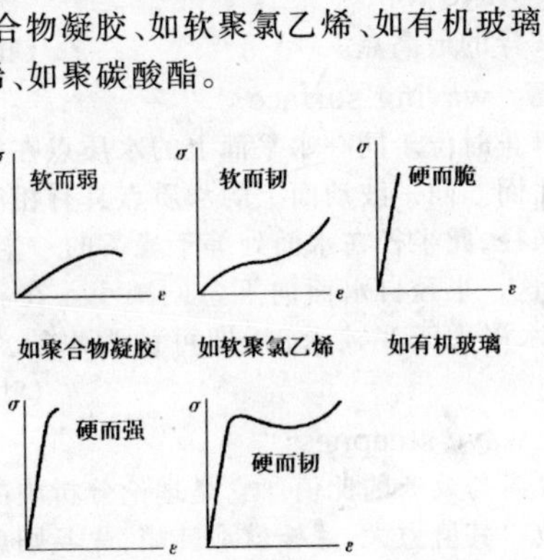

（周　啸）

表面波　surface wave

①简称面波。沿固体表面传播，振幅沿着深度以指数函数形式衰减的弹性波。例如，在半空间 $y \geqslant 0$ 中，沿 x 轴传播的无旋面波的拉梅势函具有以下形式

$$\varphi(x,y,t) = Ae^{-sy}e^{i\kappa(x-ct)}$$

式中 κ 为波数；c 为相速度；s 为振幅的衰减系数，由下式确定

$$s = \kappa\left(1 - \frac{C^2}{C_d^2}\right)^{\frac{1}{2}} > 0$$

其中 c_d 为无旋波的波速。

②水深足够大时波动影响只在水面附近的波浪。水波的重要特性是它的影响范围一般仅集中在水表面以下不大的深度内，在半个波长以下，波动的影响就很微弱了，如果水深足够大（水深与波长的比值大于或等于 $\frac{1}{2}$），对波来说相当于无限水深，波浪也好象只在水面附近发生，故有此名。风成波、船行波均属此类。（郭　平　叶镇国）

表面波试验　surface wave test

利用瑞雷波特性测定浅层土剪切波速度的现场试验方法。根据激振方式可将其分成稳态振动法和表面波频谱分析法（简称 SASW 法）。前者利用谐式激振器产生稳态瑞雷波，由改变频率得出土层瑞雷波波速与波长的关系；后者利用冲击激振，对两检波器信号作交叉功率谱分析而得出瑞雷波速度与波长的关系。两者由同一理论反算方法得出剪切波速与深度的关系。（吴世明　陈龙珠）

表面力　surface force

①连续分布在受力物体某个表面上的力。如屋面上的积雪荷载、墙面所受的风荷载、水池池壁所受的水压力等。

②作用在流体隔离体表面上的力。它是相邻流体或其他物体作用的结果。它与受作用的流体表面积成正比例。表面力又可分为垂直于作用表面的正应力（即压强）和平行于作用表面的剪切应力。一般流体中都可忽略拉力。根据连续介质假设，表面力在隔离体表面上连续分布，因此，在分析流体隔离体受力时采用应力概念。与作用面正交的为压应力或压强，与作用面平行的为剪切应力。设在隔离体表面上取包含 A 点的微小面积 $\Delta\omega$，作用在 $\Delta\omega$ 上的法向力为 ΔP，切向力为 ΔT，则 A 点的压强 P 及剪切应力 τ 为

$$p = \lim_{\Delta\omega \to 0} \frac{\Delta P}{\Delta\omega} = \frac{dp}{d\omega}$$

$$\tau = \lim_{\Delta\omega \to 0} \frac{\Delta T}{\Delta\omega} = \frac{dT}{d\omega}$$

在静止流体中，流体没有相对运动，流速梯度 $\frac{du}{dy} = 0$；在理想流体中，动力黏度 $\mu = 0$，此时，$\tau = \mu\frac{du}{dy} = 0$，因此，作用在 $\Delta\omega$ 上的就只有法向力 ΔP。在法定计量单位制中，ΔP 及 ΔT 的单位是 N，p 及 τ 的单位是 N/m^2 或 Pa。（彭绍佩　叶镇国）

表面应力解除法　surface stress relief method

在洞壁进行的应力解除法。量测结果可用于围岩的稳定性评价。如采用爆破开挖，使围岩表面一定深度的岩体松动，则用该法量测的结果评价围岩的稳定性和原岩应力状态就有一定困难。但如能有效控制爆破或用浅孔应力解除避开围岩松动范围，则该法仍是一种比较实用的方法。（袁文忠）

表面张力　surface tension

沿液体表面拉紧收缩的作用力。它是液体分子

引力作用的结果,发生在两种不同流体介质的分界面(如液体与气体的分界面、不同液体的分界面)及液体与固体的接触面上,可使微小液体形成球状液滴,使弯曲液面的液体内部产生附加压强,对于液体的运动状况会有一定的影响。在一般情况下,其值很小,可忽略不计。但对土壤及岩石中水的毛细作用、微小水滴的形成、曲率很大的薄水舌的破碎、波长较小的微幅波的运动等都与表面张力有关,其影响不可忽略。它的数值大小随液体种类、温度和表面接触情况而异,温度升高,这种张力减小。 (叶镇国)

表面张力系数 coefficient of surface tension

液体表面单位长度上所受的表面张力。常用符号 σ 表示,其单位按法定计量单位制为 N/m,其值随液体种类、温度和表面接触情况而异。对于空气与水接触的水面,20℃时 $\sigma=0.0728$N/m;空气与水银接触的液面,20℃时 $\sigma=0.514$N/m。对于弯曲液面,利用 σ 可求得其附加压强 p 为

$$p=\sigma\left(\frac{1}{R_1}+\frac{1}{R_2}\right)$$

式中 R_1、R_2 分别为分界面上两正交曲线的曲率半径。对具有凸形分界面的液体,附加压力指向该液体内部;对具有凹形分界面的液体,附加压力指向该液体的外法线方向。 (叶镇国)

bin

宾厄姆体 Bingham body

宾厄姆(E.C.Bingham)1919 年提出的一种理想物体。其流变方程是把圣维南塑性体和牛顿液体的流变方程合并而成,$\tau=\sigma_t+\eta\dot{v}$。式中 τ 为剪切应力;σ_t 为屈服应力;η 为粘性系数;$\dot{v}$为速度梯度。宾厄姆体在 $\tau\leqslant\sigma_t$ 时,不发生流动;$\tau>\sigma_t$ 时,按牛顿液体产生流动。圣维南体是宾厄姆体黏性为 0 时的特殊形式。水泥浆具有宾厄姆体的流变特性。 (冯乃谦)

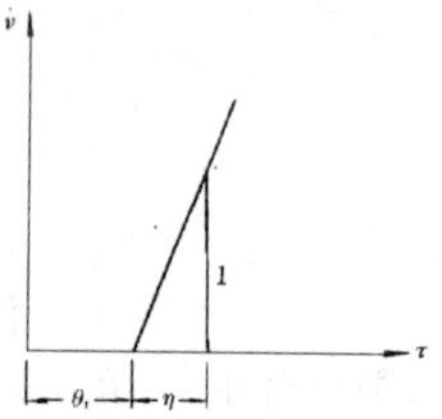

bing

并联管路 pipes in parallel

由两条以上简单管路并联的组合管路。即多条简单管路在同一处分出后又在另一处汇合的组合管路。这种管路可增大供水的可靠性。一般亦按长管计算。其水力特征是:①并联各管段的水头损失相等;②各管段的直径、长度、粗糙系数可能不同,流量也可能不等,但各管段流量分配应满足节点(管段的接头)流向各管段流量平衡条件,即流向节点的流量等于由节点流出的流量。 (叶镇国)

并行算法 parallel algorithm

又称平行算法。在并行电子计算机上的一种算法,用来解流体流动可以分区、分块,随机地选取某一流动区域在多台计算机上同时进行。计算中间的误差控制,信息交换,可以通过一定的算法控制进行。 (郑邦民)

bo

波长 wave length

相邻两波顶或波底间的水平距离。(叶镇国)

波导 waveguide

见导波(56 页)。

波底 wave bottom

波谷的最低点。 (叶镇国)

波顶 wave top

波锋的最高点。 (叶镇国)

波动面 waving surface

静止时位于同一水平面上的水质点在波动时形成的曲面。同一波动面上的水质点具有相等的圆周运动半径,此半径在水面处等于波高的一半,在垂直方向,这一半径自水面向下急剧减小。在实际运算中,当水深大于半波长时,即可认为水质点是静止的。 (叶镇国)

波陡 wave steepness

波高与波长的比值。它是理论分析中的一个重要参数。其值愈大,波峰就愈陡峭,波谷则愈平坦。 (叶镇国)

波尔兹曼叠加原理 Boltzmann superposition principle

由复杂的加载历程产生的形变等于各个负载产生的形变之和。这个原理所包含的假说是:①徐变试验时形变与负载成正比;②某一给定负载产生的形变与其他负载所产生的形变无关,即每个负载对高聚物徐变的贡献是独立的。这一原理对大多数材料均能适用,所以徐变曲线是可以预测的。 (周 啸)

波峰 wave crest

波浪高出静水面的水体。 (叶镇国)

波锋 wave front

又称波前、波额、波阵面。波体的前锋。 (叶镇国 郭 平)

波幅 wave amplitude

波高的一半。 (叶镇国)

波腹 wave loop

立波中在直墙面和离直墙$\frac{1}{2}\lambda$、λ、$\frac{3}{2}\lambda$、……处交替出现波峰和波谷各点的统称。λ为波长。 (叶镇国)

波高 wave height bo

波锋顶点至原水面的高度或相邻波顶与波底的高差。前者是明渠非恒定流的有关波高的定义;后者是波浪运动方面的波高定义,亦名浪高。 (叶镇国)

波谷 wave valley

波浪低于静止水面的空间。 (叶镇国)

波节 wave nodes

立波中波面高度保持在静水位处,水体质点几乎没有升降的各点。 (叶镇国)

波浪 wave

海洋、湖泊和水库等宽广水面上水质点振动的传播现象。它的特点是水的自由表面在外力作用下发生周期性高低起伏波动,而水质点只是在其原来平衡位置附近作有规则的往返周期性振荡运动。因此它是一种波动现象。波浪的基本要素有波高、波速、波长、坡陡和波周期等。从物理上看,各种水波,大体可分为两大类:一为振动波(振荡波),另一为推进波,二者的差别在于振动波的平均流量为零,而推进波沿波的传播方向还伴有一定的流体质量转移。前者如表面波,后者如潮汐波、溃坝波等。波动是非常复杂的非恒定流(或称非定常流)问题,在数学处理上不得不采取简化方法。尽管一百多年来波浪理论已经有很大的发展,特别是电子计算机的应用更加速了发展的势头,但尚未能形成一个统一完整的水波理论。大多数波动问题在数学上可以归纳为两大类型:一为双曲波,其控制方程是双曲型偏微分方程;另一为色散波。按形成波动的外力性质,波浪的类型有:风成波、船行波、潮汐波、地震波等。水利工程中主要研究风成波,因为它对水工建筑物的影响最大。此外,还有推进波、驻波、深水波、浅水波等。所谓深水,是指水深比半波长大(水深大于或等于半波长)的情况,此时水域底部对波浪运动无影响;所谓浅水,是指水深远小于半波长的情况。海洋的近岸地区,如果波长有几百米,则几十米水深仍属浅水。研究波浪运动主要靠理论分析、试验研究和现场观测三者的综合应用。在理论分析方法中,采用欧拉描述法的有微幅波、斯托克斯波、椭余波和孤立波理论;采用拉格朗日描述研究的有摆线波理论,但这些理论都有一定的局限性。此外,对于有限振幅推进波,较为简明实用的近似理论有盖司特耐圆余摆线理论(1802年)和鲍辛司克椭圆余摆线理论,前者适用于深水推进波,后者适用于浅水推进波。 (叶镇国)

波浪基本要素 essential factor for wave

表征波浪运动性质和形状特征的主要物理量。其中包括波高、波速、波长、波陡和波周期等。工程中关于这些物理量的计算多用经验公式。 (叶镇国)

波浪临界水深 critical depth of wave

维持浅水推进波外形稳定、波顶不破碎所需的最小水深。它与波长、波高以及浅海、湖泊及水库的底面情况等有关。若水面受到潮水涨落的影响,则波浪临界水深的位置有一相当宽的变化范围,因此,岸滩波浪往往在一个相当宽的范围内破碎,即破碎带。浅水推进波在水深小于波浪临界水深的区域中发生波形破碎,之后,又会重新组成新的波浪继续向岸滩推进,若水深越来越浅,则波浪不断破碎,并将不断组成与浅水推进波性质不同的另一种名为击岸波的波浪向岸滩推进。 (叶镇国)

波浪中线 midwater level of wave

平分波高的水平线。一般由于波峰尖突,波谷比较平坦,静水面至波峰的距离大于静水面至波谷的距离,因此波浪中线位于静水面之上,其超出的高度称为波浪超高。 (叶镇国)

波流量 wave discharge

波动带来的流量。即波达到某断面时所引起的流量变化值。对于明渠断波,其波流量按下式计算

$$C' = v \pm \sqrt{g\left(\frac{\omega}{B'} + \frac{3}{2}\Delta h + \frac{B'(\Delta h)^2}{2\omega}\right)}$$

$$\Delta Q = C'\Delta h B'$$

式中ΔQ为波流量;C'为绝对波速;v为明渠断面平均流速;ω为流量未改变时的过水面积;B'为水面平均宽度,$B'=\frac{B+B_0}{2}$,其中B_0和B分别为波到达断面前后的水面宽度;Δh为波高;g为重力加速度。在上式中,当计算顺流波速时取"+"号,当计算逆流波速时取"-"号,对于涨水波,Δh取正值,对于落水波,Δh取负值。 (叶镇国)

波面 wave surface

又称波阵面。波锋等相面。在使各点以相同频率作简谐振动的稳态波场中,由同一时刻具有相同相位的点所构成的曲面。相位值不同的诸波面构成波阵,随着波的传播向前移动。 (郭 平)

波能量 wave energy

波动水体比其静止时所增加的能量。对于重力波,其波能由势能和动能两部分组成。它可随波浪传播到远方,造成巨大的破坏,也可为人们利用。分析波能量,不仅是一种研究波浪的途径,而且对解决

某些工程应用问题也是重要的，例如研究近岸泥沙运动及解决能源问题等。对于深水推进波和浅水推进波，单位宽度水体中的波能量可按下式计算

①深水推进波

$$E = E_k + E_p = \frac{\gamma h^2 \lambda}{8}(1 - e^{-2kz_0})$$

②浅水推进波

$$E = E_k + E_p = \frac{\gamma h^2 \lambda}{8}$$

式中 E 为单宽水体的总能量；E_k 为单宽水体的动能；E_p 为单宽水体的势能；γ 为水的重度；h 为波高；λ 为波长；k 为转动圆曲率，$k=\frac{2\pi}{\lambda}$，其中 π 为圆周率；z_0 为水质点的波动中线在波浪中线以下的深度；e 为自然对数的底。由上式可见，在深水推进波中，波能随水深 z_0 的增大而增加，但波能大部集中在水体表层，当 $z_0 > \frac{1}{2}\lambda$ 时，$e^{-2kz_0} \approx 0$，$E = \frac{\gamma h^2 \lambda}{8}$；此外，在波动中，水质点虽然没有向前移动，但波动由某局部地方开始向各方传播时，波能量随推进波而转移，且只有它的势能。驻波或行波的波能都是常数，驻波的动能与势能都随时间变化，但它们之间互相转化，所以总是常数，而行波的波能则并不随时间变化，其波能为驻波的两倍；驻波只在原处振荡，没有能量转移，而行波的波能则以波群速度向前传播。 （叶镇国）

波能流量 wave energy discharge

单位时间内波能的传递量。常以符号 φ 表示。对于深水推进波及浅水推进波的波能流量可分别按下式计算

①深水推进波

$$\varphi = \bar{E}_p C = \frac{1}{2}\bar{E}C = \frac{\gamma h^2}{16}C$$

②浅水推进波

$$\varphi = n\bar{E}C = \frac{1}{2}\left(1 + \frac{2kH}{\mathrm{sh}2kH}\right)\bar{E}C$$

式中 φ 为单位长度的波能流量；E_p 为单位长度的平均波势能；C 为波速；$\bar{E}$ 为单位长度的平均波总能；γ 为水的重度；h 为波高；k 为转动圆的曲率；H 为半波长处的水深；n 为波能传递率。由上式可见，在深水推进波中，向前传递的只有势能，并以波速向前传递；浅水推进波的波能传递率大于深水推进波的波能传递率，当 $H=\frac{1}{2}\lambda$（λ 为波长）时，$\frac{2kH}{\mathrm{sh}2kH} = \frac{2\pi}{\mathrm{sh}2\pi} = 0.012$，$n \approx \frac{1}{2}$，当水深很小 $\left(H \leqslant \frac{\lambda}{20}\right)$ 时，$n \approx 1$，此时，波能传播速度等于波浪传播速度。所以浅水推进波的波能传递率 n 随相对水深 $\frac{H}{\lambda}$ 而变，水深愈浅波能传递率愈大，其变化范围为 $1 \leqslant n \leqslant \frac{1}{2}$。 （叶镇国）

波前法 wave front method

将高斯消去法中先集成整个矩阵然后消去回代的步骤改进为交替进行集成和消元，然后回代，解线性代数方程组的方法。它能大大降低对计算机内存的要求。求解时按单元顺序扫描计算单元的 $\underline{K}$ 和 $\underline{P}$，送入内存组装。每扫描一个单元即检查对哪些自由度已集成完毕，并以这些自由度为主元行对内存中各行消元。主元行在消元后连同当时在内存中的位置信息送入外存。内存中只留下以后扫描中还将增加新元素的行，称为扫描波的波前三角形。对全部单元扫描完毕，求解当时的波前三角形可得有关未知量的解。按消元顺序由后向前逐步调入外存信息恢复当时波前三角形，可依次回代得解。此法主要缺点是内外存交换频繁。 （姚振汉）

波群 wave group

又称拍。波长、波高不同的若干波叠加而成的组合波。 （叶镇国）

波群速 wave group velocity

整组波向前推进的速度。它总是小于所包括的各单波的波速，因此，各单波在波群中移动总较波群快，在深水波（短波）的情况下，波群速只等于原波速的一半。波的能量是通过波群传播的，因此它对护岸工程和海洋建筑也有实用意义。

（叶镇国 郭 平）

波数 wave number

简谐波波长的倒数；或在 2π 长度内所包含波长 λ 的倍数，记为 κ，即 $\kappa=\frac{2\pi}{\lambda}$。 （郭 平）

波数矢量 wave number vector

简称波矢量。描述平面简谐波的波长和传播方向的矢量。其方向与波的传播方向相同，模等于平面简谐波在此方向所形成的一列简谐波的波数。平面简谐波在任意方向所形成的简谐波的波数，等于该矢量在此方向上的投影。 （郭 平）

波速 wave velocity

波锋的推进速度。对于海洋中的推进波，其值等于波长除以周期，即

$$c = \frac{\lambda}{T}$$

式中 λ 为波长；T 为波周期；C 为波速。对于明渠流动中微小干扰引起的微波，其波速可按下式计算

$$C = \sqrt{\frac{g}{\alpha} \cdot \frac{\omega}{B}}$$

式中 ω 为渠道过水面积；B 为渠中水面宽度；g 为重力加速度。若明渠水流断面平均流速为 v，则有

$$\frac{v^2}{C^2}=\frac{\alpha v^2}{g\frac{\omega}{B}}=\mathrm{Fr}$$

式中 Fr 为佛汝德数。当为急流时，$\mathrm{Fr}>1$，$v>C$，表明微波只能向下游传播，不能向上游传播；当为缓流时，$\mathrm{Fr}<1$，$v<c$，微波既可向下游传播又可向上游传播；当为临界流时，$\mathrm{Fr}=1$，$v=C$，微波只能向下游传播，不能向上游传播，这一特性是明渠渐变流水面曲线定性分析的重要依据。 (叶镇国 郭 平)

波速法 wave velocity method

利用土的波速确定土的物理力学性质或工程指标的方法。由于主要受土骨架特性控制，土中剪切波速度在科研和工程中应用比较普遍，已用它进行划分土类、测定土的动力特性、确定地基承载力以及检验地基加固效果。 (吴世明 陈龙珠)

波体 wave body

波的躯体。即位移波所到之处，水面高出和低于原水面的空间。 (叶镇国)

波纹板 bellows-type plate

中面(参见弹性薄板，341 页)呈波纹状的板。这种板在结构上是各向异性的，其各向异性程度随波纹深度与波纹分布而变。 (罗学富)

波压强 wave pressure

波动水体中某点的动水压强。对于深水波和浅水波两种情况，其值各不相同，计算公式可有四种情况

①有限振幅深水推进波

$$\frac{p}{\gamma}=z_0-\zeta_0+\zeta=z$$

②有限振幅深水立波

$$\frac{p}{\gamma}=z_0-4(\zeta_0-\zeta)$$

③有限振幅浅水推进波

$$\frac{p}{\gamma}=z_0-\frac{\pi h^2}{4\lambda}\mathrm{cth}kH\left[1-\frac{\mathrm{ch}^2k(H-z_0)}{\mathrm{ch}^2kH}\right]+\frac{h}{2\mathrm{ch}kH}[\mathrm{ch}k(H-z_0)-\mathrm{sh}k(H-z_0)\mathrm{cth}kH]\cos\theta$$

④有限振幅浅水立波

$$\frac{p}{\gamma}=z_0+h\sin\sigma t\sin kx_0\left[\frac{\mathrm{ch}k(H-z_0)}{\mathrm{ch}kH}-\frac{\mathrm{sh}k(H-z_0)}{\mathrm{sh}kH}\right]$$

以上各式中，p 为压强；γ 为水的重度；z_0 为水质点的波动中线在波浪中线以下的深度；z 水质点静止时距水面的深度；ζ_0 为波浪中线在静水面以上的超高；ζ 为水质点波动中线在其静止位置线以上的超高；h 为波高；λ 为波长；k 为转圆曲率；π 为圆周率；H 为半波长处水深；σ 为水质点角速度；t 为时间；x_0 为水质点的轨迹圆圆心的横坐标；θ 为相角，即内外辅助圆的径线和垂线的夹角。由上式可知，有限振幅深水立波的附加波压强是其推进波的 4 倍；深水推进波中任一水质点在波动过程中所受的动水压强，等于该质点静止时承受的静水压强，与该质点在波动中的位置无关，其波动面是一个等压面；对于有限振幅浅水推进波及有限振幅浅水立波，其波压强是时间的函数，水质点所受的压强作周期性变化，这点与深水推进波有所不同，此外，除自由表面外，任一波动面都不是等压面。当出现最大波峰和波谷时，沿铅直墙面上各水质点所受的动水压强为

$$\frac{p}{\gamma}=z_0\pm 2h\frac{\mathrm{sh}kz_0}{\mathrm{sh}2kH}$$

式中当出现最大波峰时取“+”号，出现最大波谷时取“-”号，在浅水立波的表面上，$z_0=0$，$\frac{p}{\gamma}=0$，在浅水立波的水底面上，$z_0=H$，$p=p'$，有

$$\frac{p'}{\gamma}=H\pm\frac{h}{\mathrm{ch}kH}$$

这表明，当墙面上出现浅水立波最大波峰时，水底面处水质点的动水压强大于静水压强，当出现最大波谷时，水底面处水质点的动水压强小于静水压强。

(叶镇国)

波周期 period of wave

重复一个完整波动过程所经历的时间。对于行波，其周期等于波顶(或波底)向前移动一个波长需的时间。因此波周期、波长及波速三者之间的关系为

$$\lambda=CT$$

式中 λ 为波长；C 为波速；T 为波周期。

(叶镇国)

波状水跃 undular hydraulic jump

无表面水滚、前后断面水深相差较小($h''<2h'$)的水跃。此处 h'、h''为水跃前后共轭水深。这种水跃的跃前断面佛汝德数 $\mathrm{Fr}_1=1.0\sim1.7$，表面呈一系列起伏不平且波峰依次衰减的波浪，故名。其掺混作用差，消能效果不显著。 (叶镇国)

玻璃化温度测量方法 measuring methods of glass transition temperature

通过测量玻璃化转变过程中发生突变的物理量随温度的变化关系来测定 T_g 的方法。常用的有膨胀计法、热机械曲线法、差热分析法、示差扫描量热法、动态力学性能测试法和介电松弛法等。

(周 啸)

玻璃化转变 glass transition

高聚物固体在某一温度附近，随着温度的降低突然从柔软而富有弹性的橡胶状态转变为坚硬而不

易变形的玻璃状态的过程。习惯上也把高聚物在该温度附近随温度升高而表现出来的逆过程同样称为玻璃化转变。发生这种转变的温度称为玻璃化转变温度。在玻璃化转变时，除了上面提到的硬度和模量要发生突变以外，其他一系列物理性能，如比容、比热、热焓、折光指数、膨胀系数、导热系数、力学损耗、介电常数、介电损耗等也都要发生突变。但是这种转变并不是一级或二级相转变，而是一个松弛过程。不但非晶态高聚物会发生玻璃化转变，而且结晶高聚物中的非晶区也会发生玻璃化转变。不但改变温度可以发生玻璃化转变，而且改变频率等其他因素也可以发生玻璃化转变，即具有玻璃化转变多维性。 (周 啸)

玻璃化转变多维性 multidimensional glass transition

玻璃化转变不但可以在其他因素保持不变的条件下，通过单独改变温度的办法来实现，也可以在温度和其他因素不变的条件下，通过单独改变压力、外力、交变外力的作用频率、外电场作用频率、分子量、增塑剂浓度或共聚物组成等因素来多渠道地实现的特性。除了常用玻璃化转变温度以外，也可以用玻璃化转变压力、玻璃化转变应力、玻璃化转变频率、玻璃化转变分子量或玻璃化转变共聚物组成等参量来表征玻璃化转变现象。 (周 啸)

玻璃化转变机理 glass transition mechanism

物质发生玻璃化转变的内在规律。用来解释高聚物发生玻璃化转变的理论，较普遍的是自由体积理论。根据这一理论，当高聚物的温度降低到某一值时，其中的自由体积将达到一个最低值，并保持恒定，不再能提供链段运动所需的孔穴，导致链段运动冻结使高聚物进入玻璃态。此外，还有简正振动理论、位垒理论、热力学理论和动力学理论等。 (周 啸)

玻璃化转变频率 glass transition frequency

维持温度和其他诸因素不变，在单独改变交变应力频率或交变电场频率的过程中，使高聚物发生玻璃化转变的频率。可以根据力学损耗峰或介电损耗峰的极大值位置来确定。 (周 啸)

玻璃化转变温度 glass transition temperature

又称玻璃化温度。高聚物在降温过程中从高弹态转变为玻璃态，或在升温过程中从玻璃态转变为高弹态的温度。习惯上用 T_g 来表示。从分子运动的角度来看，它是高分子的链段从运动到冻结或从冻结到运动的转变温度。根据自由体积理论，它是物质内部的自由体积分数达到某一临界值的温度。对于低聚物来说，它随分子量的增大而增高，但对高聚物而言，则基本上不随分子量而改变。它对测量方法和测量时的速度因素相当敏感，用不同的方法或用同一种方法在不同的测试条件下所得的 T_g 值并不相同。它对分子结构和材料结构的变化也十分敏感，并与高聚物材料的使用温度范围有密切的关系。 (周 啸)

玻璃化转变压力 glass transition pressure

维持温度和其他诸因素不变，在单独改变压力的过程中，使高聚物发生玻璃化转变的压力。可以根据高聚物的比容－压力曲线上的转折点测定，记作 P_g。 (周 啸)

玻璃态 glassy state

在迅速降温过程中把液态结构冻结下来的固体状态。与结晶状态不同之处在于它不是分子和分子上的次级结构单元处于最小势能配置的状态，而是整个分子的运动被冻结的状态。对于高聚物则是整个分子链和链段两种运动单元的运动都被冻结的状态。尺寸更小的运动单元的运动则仍可在高聚物的玻璃态进行。 (周 啸)

玻璃态高聚物应力－应变曲线 stress-strain curve of glassy polymer

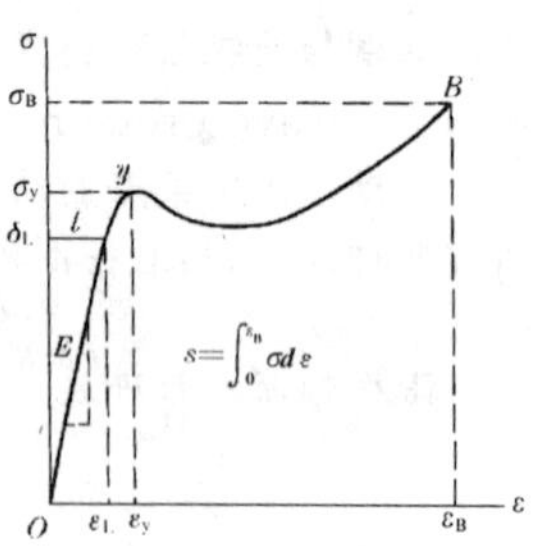

玻璃态高聚物在张应力作用下的典型应力－应变曲线如图所示。图中 L 为线弹性极限，Y 为屈服点，B 为断裂点。在 L 点以下，不但应变与应力成正比，服从胡克定律，而且卸载以后形变可立即恢复。Y 点是弹性形变的极限，虽然卸载以后 L 与 Y 点之间的应变也可以完全恢复，但这种恢复有一个过程。Y 点以后有强迫高弹形变和塑性形变发生。S 为应力－应变曲线下面积，其大小与材料的韧性有关。σ_y 是屈服强度，σ_B 是抗张强度，$E=\Delta\sigma/\Delta\varepsilon$ 是杨氏模量，与材料的刚度有关，ε_y 是屈服伸长率，与材料的弹性有关，ε_B 是断裂伸长率，与材料的延性有关。 (周 啸)

伯格斯模型 Burgers model

由麦克斯韦单元和开尔文单元串联而成的线性粘弹性体的一种模型，如图。表征一种四参量流体。本构方程标准形式为

$$\sigma + p_1\dot{\sigma} + p_2\ddot{\sigma} = q_1\dot{\varepsilon} + q_2\ddot{\varepsilon}$$

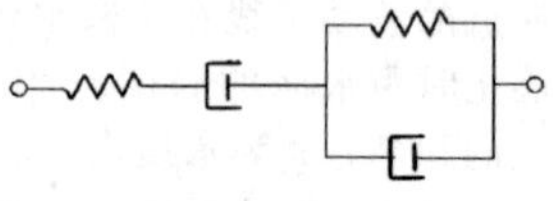

蠕变柔量为麦克斯韦流体和开尔文固体两者柔量之和，呈流体特征；松弛模量含两个指数函数。可用以表示非晶态聚合物粘弹行为的

基本特征，能近似地描述一些金属蠕变曲线的前两个阶段。（杨挺青）

伯努利方程 Bernoulli's equation

又称伯诺里方程、能量方程或伯努利积分。表达无黏性正压流体在有势外力作用下作定常流动时总能量沿流线守恒的关系式。它为瑞士科学家丹尼尔第－伯努利（Daniel Bernoulli 1700—1782）于1738年提出，故名。此关系式为

$$\frac{u^2}{2}+\int\frac{\mathrm{d}p}{\rho(p)}+W=C$$

对于只受重力作用不可压缩流体，上式变为

$$z+\frac{p}{\gamma}+\frac{u^2}{2g}=C$$

对于无旋非定常流动有

$$\frac{\partial\Phi}{\partial t}+\frac{u^2}{2}+W+\int\frac{\mathrm{d}p}{\rho(p)}=f(t)$$

对于可压缩绝热完全气体，忽略重力作用，有

$$\frac{u^2}{2}+\frac{\gamma_c}{\gamma_c-1}\frac{p}{\rho}=c$$

式中 u 为流速；p 为压强；W 为质量力的势；ρ 为流体密度；g 为重力加速度；γ 为流体重度；Φ 为流速势；t 为时间；γ_c 为比热比；C 为积分常数。此式在工程流体力学和水力学中都有着广泛的应用，在流体力学的研究中也有重要意义；它可推出著名的托里拆利公式，还可阐明飞机机翼产生举力的原因。（叶镇国）

泊肃叶流动 Poiseuille flow

流体在圆管中或平行板间的层流运动。19世纪哈根（G. H. L. Hagen）及泊肃叶（J. L. M. Poiseuille）经实验得出其流动规律，后证实与精确解符合。在此流动状态下，断面流速分布、断面平均流速、水头损失、沿程压力降及管中流量可按下式计算

$$u=\frac{\gamma J}{4\mu}(r_0^2-r^2),$$

$$v=\frac{\gamma J}{32\mu}d^2$$

$$h_f=-\frac{\Delta p}{\gamma}=\frac{64}{\mathrm{Re}}\cdot\frac{l}{d}\cdot\frac{v^2}{2g}$$

$$Q=v\omega=\frac{\pi\gamma J}{128\mu}d^4=-\frac{\pi\Delta p}{128\mu l}d^4$$

式中 u 为距管轴 r 处流体质点流速，其分布图形为绕管轴线的旋转抛物面；r_0 为圆管半径；J 为水力坡度；μ 为液体动力粘度；d 为圆管直径；g 为重力加速度；Re为雷诺数；l 为管段长；γ 为流体重度；h_f 为管段 l 上的沿程水头损失；Δp 为管段 l 上的压力降；Q 为流量；v 为断面平均流速；ω 为过水断面面积；π 为圆周率。由流量公式可见，其他条件不变情况下，压力降增大一倍，流量也增大一倍，反之亦然。（叶镇国）

箔式电阻应变计 foil resistance strain gauge

敏感栅由 $\delta=0.002\sim0.005$mm 的金属箔蚀刻成形的电阻应变计。其敏感栅可按试验要求做成不同的形状，栅线薄而宽，可较好地反映试件的变形，横向部分可做成较宽的栅条，因而横向效应小。便于粘贴在弯曲的试件表面。蠕变小，疲劳寿命长。是目前应用最广泛的电阻应变计。（王娴明）

bu

补偿器 compensator

一种用于光弹性实验的由两块光轴相互正交且相对厚度可调的晶体光学元件组成的器件。常用的补偿器有：科克尔补偿器，巴比内特补偿器，巴比内特－索莱尔补偿器等。使用时，将补偿器置于偏振光场中，使其快、慢轴跟测点的主应力方向平行，调节补偿器的旋钮，此时由于晶体相对厚度发生变化产生相应的光程差，抵消测点的一部分或全部光程差，从而测得非整数级条纹级数。由这种方法测得的分数级条纹级数，其精度较高，可达百分之一条条纹级数。（傅承诵）

不等精度测量 measurement for unequal precision

测量误差各影响因素（条件）全部或部分改变的测量。显然，这种测量的各次测量值的可靠程度是不相同的。因此其测量结果不能用简单的算术平均值表示，而应采用加权平均值表示。不等精度测量比等精度测量复杂些，但精度较高，适用于科学研究的高精度测量和检测。（李纪臣）

不等式约束 inequality constraints

以不等式关系出现的约束条件。若优化设计中有 m 个这种约束，则在数学模型中表达成 $g_j(\boldsymbol{x})\geqslant0, j=1,2,\cdots,m$（也有用 $g_j(\boldsymbol{x})\leqslant0, j=1,2,\cdots,m$ 形式）。一般的结构优化设计问题所含的界限约束和性态约束大都是这一类约束条件。（杨德铨）

不固结不排水试验 unconsolidated undrained test

又称不排水剪试验。对三轴压缩仪压力室中的试样，在施加周围压力和增加轴向压力直至破坏的过程中均不允许排水的试验。可测得土的不排水强度参数。（李明逵）

不规则岩石试件 irregular specimen for rocks

未经机械加工的岩石试件。形状和尺寸视试验类型而异。如国际岩石力学学会建议：点荷载强度试验中的不规则块体为近似的方块体，尺寸为50±35mm；单面剪切试验的试件为近似的方块体，剪切面

最好是正方形,最小面积为 2 500mm^2。（袁文忠）

不均匀系数 coefficient of uniformity

限定粒径 d_{60} 与有效粒径 d_{10} 之比值。记为 C_u,即:$C_u = d_{60}/d_{10}$。反映了颗粒级配的不均匀程度。C_u 越大,土的级配越不均匀。（朱向荣）

不可压缩流罚函数法 penalty function method in incompressible flow

解不可压缩粘性流的一种方法。利用:

$$\nabla \cdot \vec{u} = -\frac{1}{\lambda}p \quad \lambda > 0, \quad \lambda \to \infty,$$

代替散度方程

$$\nabla \cdot \vec{u} = 0$$

用下列方程代替动量方程

$$\frac{\partial \vec{u}}{\partial t} + (\vec{u} \cdot \nabla)\vec{u} - \lambda \nabla(\nabla \cdot \vec{u}) - \frac{1}{\mathrm{Re}}\nabla^2 \vec{u} = -\frac{(\nabla \cdot \vec{u})\vec{u}}{2}$$

其中 λ 称为罚函数。有人证明:当 λ→∞时,上述方程的解收敛于不可压缩黏性流纳维埃－斯托克斯方程的解。（郑邦民）

不可压缩流体 incompressible fluid

密度为常数的流体。液体的压缩性都很小,因此通常看成是不可压缩流体;对于低速流动(流速小于 50m/s)而温差不大的气体,一般也可近似地看成不可压缩流体。它只是实际流体在某种条件下的近似模型。（叶镇国）

不可压缩流体一维非恒定总流能量方程 energy equation of one-dimensional unsteady total flow for incompressible fluids

表征不可压缩流体一维非恒定总流单位重量流体的位置势能、压强势能、动能及惯性能四者守恒与转化的关系式。其形式为

$$z_1 + \frac{p_1}{\gamma} + \frac{v_1^2}{2g} = z_2 + \frac{p_2}{\gamma} + \frac{v_2^2}{2g} + h_\omega + \frac{1}{g}\int_1^2 \frac{\partial v}{\partial t}\mathrm{d}s$$

式中 z_1, z_2 为前后两断面的平均高程(流体由断面 1 流向断面 2);v_1, v_2 为前后两断面的断面平均流速;h_ω 为从断面 1 到断面 2 之间的能量损耗;$\frac{1}{g}\int_1^2 \frac{\partial v}{\partial t}\mathrm{d}s$ 为当地加速度引起的惯性能。s 为断面沿流程的位置坐标;γ为流体重度;g 为重力加速度。上式适用于分析调压系统液面振荡、船闸充水放水过程,以及低水头长管道调节阀门的水力分析。

（叶镇国）

不可压缩黏性流方程解法 solution of equation in incompressible viscous flow

不可压缩流纳维埃－斯托克斯方程作为非线性对流扩散方程的解法。由于连续性方程中不包含压力,给速度、压力解带来一定困难,因此对于二维问题多采用流函数－涡量解。目前数值解只适用于低雷诺数情况,当雷诺数较大时,纳维埃－斯托克斯方程解将失去稳定,发生分岐,此时流态变为紊流。

（王　烽）

不连续变形分析 discontinuous deformation analysis

块体理论分析的反算法。当通过实测求得块体系统中若干点的位移值之后,即可用反算的方法求出各块体的平移、转动、法向和切向应变,从而可以估计出该块体系统达到极限状态的程度。

（徐文焕）

不排水抗剪强度 undrained shear strength

由三轴压缩试验在完全不排水条件下测定的土的抗剪强度,常用 C_u 表示。对于饱和粘性土,其值等于不固结不排水试验得出的粘聚力,对均质的正常固结粘土大致随有效固结压力成线性增大。

（张季容）

不平衡剪力 out-of-balance shear force

用剪力分配法计算等高铰接排架和横梁抗弯刚度为无穷大的多层刚架时,由于荷载的作用或相邻层的横梁传来的传递剪力而在某层横梁端的附加链杆上所产生的反力。第 r 层横梁的不平衡剪力通常以 R_{rp}表示。当只有荷载作用时,R_{rp}等于与该层横梁相联的各柱端固端剪力 Q_i^g 之代数和,即 $R_{rp} = \Sigma Q_i^g$;当与 r 层横梁相邻的上层或下层横梁向 r 层横梁的柱端传来传递剪力时,R_{rp}还应包括这些传递剪力。（罗汉泉）

不平衡推力传递法

土坡稳定分析条分法的一种,它假定条间力的合力方向与上一条土条底面相平行,根据力的平衡条件,逐步向下推求,直至最后一条土条的推力为零。该法适用于任意形状的滑动面。中国工业与民用建筑和铁道部门在核算滑坡稳定时使用广泛。

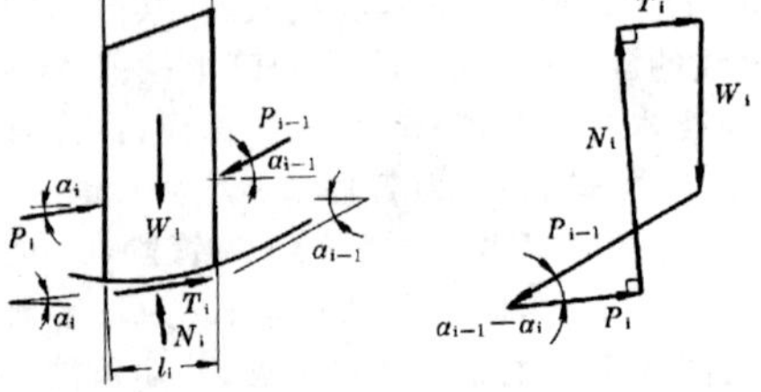

（龚晓南）

不重复度 unrepeatability

传感器在同一环境工作条件下,若干次额定值(满量程,F.S.)输出值的最大偏差与满量程输出值的平均值之比。以%F.S.表示。(王娴明)

不完全井 non-complete well

见潜水井(279页)及自流井(472页)。

布勃诺夫-伽辽金法 Bubnov-Galerkin method

又称伽辽金法。求解微分方程边值问题的一种近似方法,由И.Г.布勃诺夫(1913)首先提出,后由Б.Г.伽辽金推广应用。当用于求弹性力学问题的位移解时,取位移的近似函数为若干线性独立的已知连续函数的线性组合

$$u_i(\underset{\sim}{x}) = \sum_{k=1}^{n} A_k^{(i)} u_k^{(i)}(\underset{\sim}{x}), i = 1,2,3$$

与里兹法(参见*瑞利-里兹法*)的不同点在于,本法要求近似函数 $u_i(\underset{\sim}{x})$ 同时满足位移和力的边界条件;$A_k^{(i)}$ 为 $3n$ 个待定系数。以 $u_k^{(i)}$ 为运动可能位移,由*泛函* π_p(参见*最小势能原理*,479页)的极值条件推得

$$\int_v (\sigma_{ij} + f_i) u_k^{(i)} dv = 0, i = 1,2,3; k = 1,2,\cdots,n$$

式中 v 为弹性体所占空间,σ_{ij} 为应力,f_i 为体积力。通过几何方程及弹性本构方程将应力用位移 u_i 表示,再将 u_i 的近似式代入,得到 $3n$ 个关于 $A_k^{(i)}$ 的代数方程;解此方程组就得到位移的近似式。然后可求应变和应力。本法的优点在于毋需构造泛函,不一定要从变分原理出发,只要已知位移解法的微分方程—平衡方程就行,因而本法实际上是*加权余量法*的一种。本法的缺点是有时难于找到同时满足位移和力的边界条件的位移试函数 $u_k^{(i)}(\underset{\sim}{x})$。(熊祝华)

布局优化设计 optimum layout design

通过改变构件(或单元)在结构空间中的布置来改善结构的优化设计。优化时所取的设计变量一般有*截面尺寸变量*、*构件结点的坐标变量*以及构件轴线(或中面)形状参数或函数等。是比*形状优化设计*更为复杂的优化设计。布局优化的概念首先由米切尔提出(参见*米切尔准则*,238页),后来由W.扑莱格尔(Prager)和G.I.N.罗兹凡尼(Rozvany)等人在1980年前后建立了一套布局优化理论。

(杨德铨)

布朗运动 Brownian motion

尺寸为1μm或更小的悬浮粒子在液体分子的碰撞下产生动量转换而导致的"无规行走"。研究*高分子运动*时,常把整个高分子的热运动比拟为布朗运动。(周 啸)

布氏硬度 Brinell hardness

用一定的荷载将规定的钢球压入固体表面来定义的一种硬度标准。记作HB,是由瑞典J.A.布里涅耳于1900年提出,故名。它是以规定大小的荷载,把直径为 D 的钢球或硬质合金球压入固体金属表面,持续规定的时间后卸载。用荷载 P 值(千克力kgf或牛顿N)和压痕面积(mm^2)之比值定义为布氏硬度值。压头为钢球时用HBS,它适用于布氏硬度值在450以下的材料,压头为硬质合金球时用HBW,它适用于布氏硬度值在650以下的材料。如120HBS10/1 000/30表示用直径10mm的钢球在1 000kgf(9.807kN)荷载力作用下保持30s测得的布氏硬度值为120;又如500HBW5/750表示用直径5mm的硬质合金球在750kgf(7.355kN)荷载力作用下保持10~15s测得的布氏硬度值为500。布氏硬度值的计算公式为

$$\text{HBS 或 HBW} = \frac{2P}{\pi D(D - \sqrt{D^2 - d^2})} \quad \text{kgf/mm}$$

$$\text{HBS 或 HBW} = 0.102\frac{2P}{\pi D(D - \sqrt{D^2 - d^2})} \quad \text{N/mm}$$

式中 d 为压痕直径。

材料的布氏硬度值范围可选择的 P/D^2 值见下表。

材 料	布 氏 硬 度	P/D^2
钢及铸铁	<140	10
	≥140	30
铜及其合金	<35	5
	35~130	10
	>130	30
轻金属及其合金	<35	2.5(1.25)
	35~80	10(5或15)
	>80	10(15)
铅 锡		1.25(1)

布氏硬度试验方法详见中华人民共和国国家标准GB 231。(郑照北)

布辛内斯克问题 Boussinesq problem

不计体力的弹性半空间,在其边界平面上受法向集中力作用,求其应力与变形分布的问题。应力与位移以集中力的作用线为对称轴呈轴对称分布,在力的作用点处具有奇异性,随到作用点的距离增加而急剧减少。应力及变形与材料的弹性模量和泊松比有关,正比于集中力的大小。这一问题是求解*接触问题的基本解*。(罗学富)

布辛内斯克方程 Boussinesq equation

无压渐变渗流的基本方程。它由综合无压渐变

渗流连续性方程和无压渐变运动方程得出，其关系式如下

$$\frac{\partial}{\partial x}\left(h\frac{\partial H}{\partial x}\right)+\frac{\partial}{\partial y}\left(h\frac{\partial H}{\partial y}\right)-\frac{\mu}{k}\frac{\partial h}{\partial t}+\frac{\varepsilon}{k}=0$$

式中 h 为渗流区的高度；H 为潜水面的水头；μ 为孔隙不饱和系数，在潜水面下降的情况下，μ 表示孔隙的弹性给水度（贮水率）；ε 为单位水平投影面积上单位时间内垂直补给（或消耗）强度，单位为mm/h或 m/d；k 为渗透系数；t 为时间。当隔水层底面为水平时，$h=H$；当渗流为恒定流时，潜水面位置不变，$\frac{\partial H}{\partial t}=0$，$\varepsilon=0$。 （叶镇国）

步长加速法 method of Hooke and Jeeves

又称模式移步法。由探测步和模式步构成的一种寻求无约束非线性规划问题最优点的直接法。1961 年由 R.胡克（Hooke）和 T.A.齐费斯（Jeeves）提出，可用于设计变量数目不多的问题。探测步是按类似于坐标轮换法中的加速增量法沿各坐标方向作一轮探测，以揭示目标函数的变化规律；模式步是从探测步的终点出发，循着由探测步所确定的有利方向作一维搜索。如此反复迭代，直至逼近最优点为止。 （刘国华）

步长 step length

一个一维搜索过程的出发点与终点之间的连接向量。它可以表达成步长因子与搜索方向（下降方向或可行方向）矢量的积，其中步长因子是一个标量。有时步长专指上述连接向量的长度，当搜索方向矢量为规格化向量时，步长因子在数值上等于步长，故有时将步长因子称为步长。 （杨德铨）

步长因子 factor of step length

见步长。

部分抛物型方程 partially parabolic equation

由纳维埃－斯托克斯方程简化得到的抛物型边界层方程。它略去了纳维埃－斯托克斯方程中某个方向的扩散项，使原来的椭圆型方程变为部分抛物型方程，此即边界层方程解。它可用于流动有一主方向的情况。 （郑邦民）

C

cai

材料的断裂韧性 fracture toughness of materials

表示材料抵抗裂纹扩展的能力的材料的力学性能。也是材料在断裂前以及断裂过程中产生塑性变形与吸收能量的能力。在不同的加载方式与变形情况下可采用不同的断裂韧性参数。常见的有：在线弹性与小范围屈服条件下的平面应变断裂韧性 K_{Ic}；在弹塑性情况下的临界裂纹张开位移与临界 J 积分 J_{Ic}；考虑温度对材料韧性影响的断裂形貌转变温度与无延性转变温度；以及冲击韧性等。 （罗学富）

材料非线性问题 nonlinear material problem

材料的应力和应变关系即本构关系是非线性的问题，有非线性弹性、黏弹性、弹塑性和塑性等等，遇到最多的是弹塑性问题，如形状突变（缺口、裂纹）处的应力集中，高速飞行器的热应力，长期高温下的蠕变等。一般说，可通过试探和迭代的过程分解为求解一系列线性问题，如果在最后材料的状态参数被调整得满足材料的本构关系，即得到问题的解答。现多采用增量法进行分析，即将弹塑性本构关系线性化，基本上仍采用线性问题有限元法相同的方法求解。 （包世华）

材料高温特性 mechanical properties of metals at high temperature

高温下材料的机械性能。材料的机械性能随温度变化而变化。一般地，温度增高，大多数金属材料的弹性模量、弹性极限、屈服极限等强度指标下降，而引伸率、面缩率等塑性指标增高。但在某些温度区域，如普通碳素钢在 200℃ 到 300℃ 区域（蓝脆）、950℃ 附近、1 100℃ 附近的区域反而强度增高而塑性降低（变脆）。这个温度区域会因含碳量和应变速率不同而有所变动。高温时蠕变现象变得显著。 （王志刚）

材料函数 material functions

表征材料粘弹行为的函数，包括蠕变函数（creep functions）和松弛函数（relaxation functions），线性黏弹性一维情形分别是蠕变柔量和松弛模量；三维情况下有体变柔量函数和剪切蠕变函数，体积模量和剪切松弛函数；动态性能用复柔量和复模量函数来表示。在非线性黏弹性本构关系中，往往采用多个蠕变函数或松弛函数。 （杨挺青）

材料函数关系 interrelations between material functions

黏弹性材料函数之间存在的相互关系。例如：蠕变柔量 $J(t)$ 和松弛模量 $Y(t)$ 的卷积为现时刻 t，即 $\int_{0^-}^{t} J(t-\zeta)Y(\zeta)\mathrm{d}\zeta = t$；复模量 $Y^*(i\omega)$ 与复柔量 $J^*(i\omega)$ 互为倒数，即 $Y^*(i\omega)J^*(i\omega)=1$；松弛模量 $Y(t)$ 的变换值 $\bar{Y}(i\omega)$ 与复模量 $Y^*(i\omega)$ 之间有关系式 $Y^*(i\omega)=i\omega\bar{Y}(i\omega)$，等等。

（杨挺青）

材料力学 mechanics of materials

研究构件或零件强度、刚度与稳定性的基础学科。属于固体力学的一个重要分支。当结构在各种荷载作用下，为保证构件或零件能正常工作必须保证：①足够的强度，即不发生过大的塑性变形或断裂；②足够的刚度，即弹性变形要保持在一定的允许范围之内；③不丧失稳定性，即原有的平衡形态处于稳定平衡。材料力学作为一门强度学科始见于意大利科学家伽利略(Galileo)《两种新的科学》(1638 年)一书。书中提出了梁的计算公式，但对变形规律还缺乏认识，到英国科学家胡克(R. Hooke)通过弹簧试验建立了“力与变形成正比”的胡克定律之后，才为现代弯曲理论提供了试验基础。自此材料力学就沿着理论分析与试验研究相结合的方向蓬勃发展，形成了固体力学实用理论中一个重要分支。其内容大体包括两类：第一类为材料的力学性能的试验研究，有常温静荷性能及冲击、疲劳性能等，还有在高温及低温条件下的力学性能，如蠕变、松弛等。第二类为构件的力学分析，按其几何形状及变形特点分为杆件、薄板及薄壳等不同课题，对于其应力、变形及稳定性给出了各种简化分析及计算公式。其中以杆件分析为主。材料力学的求解方法与弹性理论有所区别。其特点是对构件的材料及变形的几何关系都做了重要的简化假定，广泛地采用各种近似方法。以杆件为例，对其拉伸、压缩、弯曲、扭转等的力学分析通常采用如下的假定和简化：①材料均质连续性的假定；②各向同性的假定；③应力应变关系符合胡克定律；④杆件变形的平截面假定—杆件横截面在变形之后仍保持平面；只有对于少数问题如非圆截面杆的扭转以及薄壁杆件的约束扭转才放弃了平截面假定而代之以另外假定。对于薄板及薄壳则为直法线假定，即垂直于中面的线段在变形后仍垂直于变形后的中面。根据上述假定建立物理关系、几何关系以及静力平衡关系，获得简化的理论公式。近代由于实验技术的进步以及电子计算机的迅速发展，使得材料力学的分析方法也不断地得到改进与更新。（吴明德）

材料条纹值 material fringe value

表示光弹性材料灵敏度的一个性能指标。根据应力－光学定律可知，$\sigma_1-\sigma_2=\frac{f}{\delta}N$，$f=\lambda/C$；它与材料的应力光学常数 C 和光源波长 λ 有关；它可通过典型试件（如单向拉伸、纯弯曲或对径受压圆盘试件）标定出来。在室温下，对于环氧树脂材料 $f=13.0\sim13.5$kg/cm·条；对于聚碳酸酯材料 $f\approx7$kg/cm·条。因而后一种材料的灵敏度要比前者高出一倍。

（傅承诵）

can

参考光 reference light

见全息照相(287 页)。

参考光调制法 reference light modulation method

测量振动物体表面相位分布的全息干涉术。在全息照相光路中，使反射参考光的镜片作正弦振动，其频率与物体的振动频率相同。当其振幅与物体上某点的振幅相等时，在全息底片上记录的该点的振动相位变化为零，振幅为零，因而形成相当于时间平均法中节点或节线时的最大亮度条纹，而当相位相反时，再现象呈现出振幅增大，相当于高阶条纹的亮度。因此振动相位可从再现象中区别开来。

（钟国成）

参考系 reference system

又称参考体、参照系。为描述物体的位置和运动而被选作基准的其他物体。同一物体对不同参考系表现不同的运动，因而物体的静止和运动是相对的。从运动学观点来看，即从物体运动的描述来看，参考系都是可以任意选择的。它的选用决定于所研究问题的性质和计算的方便。研究物体在地面上的运动时，通常取地球为参考系；对于宇宙飞行器或行星的运动，则以太阳或其他恒星为参考系。

（何祥铁）

参考坐标系 reference coordinate system

为定量描述物体的位置和运动而选取并固连在参考系上的坐标系。常用的有直角坐标系、自然坐标系、极坐标系、柱坐标系及球坐标系等。物体在空间的位置和运动，用它在参考坐标系中的坐标（一组有序实数）及其对时间的变化来表示。在同一参考系上可选取不同的坐标系，视研究的方便而定。一个物体对所选参考系的运动，尽管可用不同的坐标系加以描述，但其客观性质不会因此而改变。例如无论怎样描述地球的运动，都不会而且不可能改变地球沿椭圆形轨道绕太阳运动这一事实。

（何祥铁）

残余孔隙水压力 residual pore water pressure

在往返剪切作用下饱和土中由塑性体变势引起

的一时不可恢复的孔隙水压力。残余孔隙水压力累积到一定限度时,有效应力将消失,饱和土体即发生液化。 (吴世明 陈龙珠)

残余内摩擦角 residual angle of internal friction

由土的残余强度确定的内摩擦角。参见残余强度(32页)。 (张季容)

残余强度 residual strength

又称剩余强度或最终强度。相应于土或岩石的应力-应变曲线上过峰值后大致稳定的最终强度。由土的直接剪切试验可知,密实砂土或黏性土在剪应力达到峰值后,如果继续增大位移,强度将逐渐下降,最后达到某一稳定值(图 a),对应于峰值和残余强度的破坏包线分别为 AB 和 CD(图 b)。黏粒含量越多,强度降低得越多,而与应力历史无关。一般认为这种强度的降低是由于土的结合作用遭到破坏,土颗粒重新定向排列的结果,对于硬粘土的土坡,采用残余强度分析比较合理。岩石有抗压和抗剪残余强度,前者由岩石应力-应变后期曲线确定,后者由直接剪切试验得出。 (张季容 周德培)

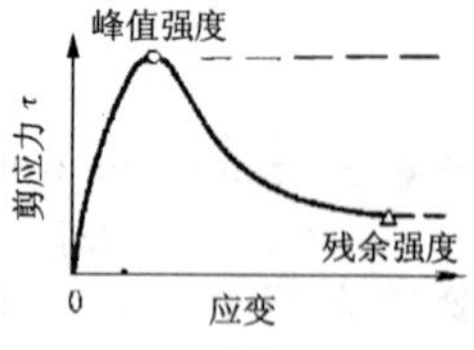

(a)

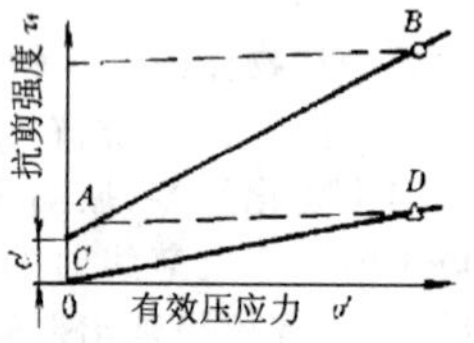

(b)

残余应变场 residual strain field

荷载完全卸去后保留在物体内的,满足内、外约束(几何协调)条件的应变场。如果卸去荷载前物体内的塑性应变不满足内、外约束条件,则将出现残余应力场和残余应变场;否则,不会出现残余应力,而残余应变等于塑性应变(参见残余应力场)。

(熊祝华)

残余应力场 residual stress field

荷载完全卸去后保留在物体内的自平衡应力场。物体在外力作用下部分或全部经历了塑性变形;卸去荷载,并设想除去物体的内、外约束,则各个材料单元体的应力消失,但保留塑性应变;这些塑性应变一般地不满足内、外约束条件,因而将引起附加应力及相应的附加应变,使得塑性应变与附加应变之和满足物体的内、外约束条件,成为运动可能位移场和应变场,同时附加应力场满足零荷载下的平衡条件。这个附加应力场即为残余应力场,而塑性应变与附加应变之和构成残余应变场。

(熊祝华)

cao

糙率 roughness coefficient

见粗糙系数(47页)。

ce

侧压系数 lateral pressure coefficient

岩体内水平应力和垂直应力的比值。可表示为

$$\lambda = \frac{\sigma_h}{\sigma_v}$$

在弹性区内,可按弹性理论的半无限空间问题计算

$$\lambda = \frac{\mu}{1-\mu}$$

式中,μ 为岩体的泊松比。在塑性区内,λ 不再保持常数,而是随覆盖层厚度的增加而增加。

(袁文忠)

侧堰 side weir

又称顺流堰或纵向堰。位于河岸一侧且堰顶宽度方向与河渠水流方向平行或几乎平行的堰。这种堰常用作河渠侧面引水或泄水建筑物。其水力特点是堰顶水流自由水面沿堰宽方向不平行于堰顶,即沿河渠水流方向的堰顶水头不相等(正交堰沿堰宽方向的堰顶水头不变)且取决于河中水流状态。当为缓流时,堰顶水头沿河渠水流方增加,当为急流时,堰顶水头沿河渠水流方向降低。自由出流时,其泄水流量按下式计算

$$\begin{cases} Q = \xi mb\sqrt{2g}H^{3/2} \\ \xi = \left(\dfrac{H}{b}\right)^{\frac{1}{6}} \end{cases}$$

式中 ξ 为侧堰流量修正系数;m 为流量系数;b 为堰宽;g 为重力加速度;H 为堰顶末端(最大)水头。实验表明,侧堰泄水能力约为正交堰的86%。侧堰淹没出流时,也可按淹没堰公式计算,但不计行近流速并要引入修正系数 ξ,实验得出 $\xi=0.86$。

(叶镇国)

侧移分配系数 distribution factor of sidesway moment

用卡尼迭代法计算有侧移刚架时,在侧移弯矩的迭代公式中所引用的竖柱的力矩分配系数。它只与该竖柱所在楼层的各柱线刚度有关。第 r 层的任一柱 ik 的侧移分配系数 ν_{ik} 按下式计算

$$\nu_{ik} = -\frac{3}{2}\frac{i_{ik}}{\sum\limits_{(r)} i_{ik}}$$

式中,i_{ik} 为 ik 柱的线刚度;$\sum\limits_{(r)} i_{ik}$ 表示对第 r 层全部竖柱的线刚度求和。每一楼层竖柱的侧移分配系数

之和应满足$\sum_{(r)}\nu_{ik}=-\frac{3}{2}$。 （罗汉泉）

侧移刚度 sidesway stiffness ce

一端固定，另一端铰支或两端固定的杆件（通常为竖柱）当其一端发生垂直于杆轴方向的单位线位移时，在杆端产生的剪力，以 J_i 表示。对于等截面杆件，当为一端固定、另一端铰支时，$J_i=\frac{3EI}{l^3}$；当为两端固定时，$J_i=\frac{12EI}{l^3}$。其中 EI、l 分别为杆件的抗弯刚度和杆长。 （罗汉泉）

侧移机构 sidesway mechanism

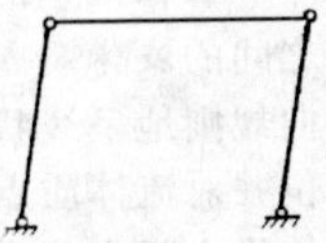

又称层机构。刚架由于发生较大侧移而形成的塑性破坏形式（见图，图中圆圈点表示塑性铰）。是用机构法确定刚架的极限荷载时常用到的基本机构之一。它既可以作为一种独立的破坏机构，也可与梁式机构，结点机构或山墙机构等基本机构合成组合机构，以寻求可破坏荷载。 （王晚姬）

侧移弯矩 sidesway moment

又称位移弯矩。由杆件（ik 柱）两端垂直于杆轴方向的相对线位移 Δ_{ik} 所引起的杆端弯矩，以 M_{ik}''表示。是卡尼迭代法中引用的杆端弯矩的组成部分。对于等截面直杆，有 $M_{ik}''=\frac{-6i_{ik}\Delta_{ik}}{h_{ik}}$。其中 i_{ik}为 ik 杆的线刚度；h_{ik}为该杆（竖柱）的高度。侧移弯矩的迭代公式为

$$M''_{ik}=\nu_{ik}\left[M_r+\sum_{(r)}(M'_{ik}+M'_{ki})\right]$$

式中，ν_{ik}为侧移分配系数；M_r 为楼层力矩；M'_{ik}、M'_{ki}分别为杆件两端的近端和远端转角弯矩；$\sum_{(r)}(M'_{ik}+M'_{ki})$表示对第 r 层的所有竖柱的 M'_{ik}、M'_{ki}求和。 （罗汉泉）

侧移系数 sidesway coefficient

两端固定的杆件 ik 当其两端发生垂直于杆轴方向的相对线位移Δ_{ik}，且其弦转角 $\beta_{ik}=\frac{\Delta_{ik}}{l}=1$ 时，在该杆两端所引起的弯矩。通常以 γ_{ik} 和 γ_{ki} 表示

$$\left.\begin{aligned}\gamma_{ik}&=-S_{ik}(1+C_{ik})\\ \gamma_{ki}&=-S_{ki}(1+C_{ik})\end{aligned}\right\}$$

式中，S_{ik}和 S_{ki} 分别为 i 端和 k 端的转动刚度，C_{ik}（或 C_{ki}）为 i 端向 k 端（或由 k 端向 i 端）的传递系数。对于两端固定的等截面杆件，有 $\gamma_{ik}=\gamma_{ki}=-6i$。其中 $i=\frac{EI}{l}$为杆件的线刚度。 （罗汉泉）

侧胀系数 coefficient of lateral expansion

岩体的侧向应变与纵向应变的比值。用 u_m 表示

$$u_m=\frac{\text{侧向应变}}{\text{纵向应变}}$$

式中侧向应变包括与岩块试验相同的横向应变以及空化产生的侧向扩胀。侧胀系数的值，在岩体的不同变形阶段有不同的值，不仅大于 0.5，甚至大于 1。在表达岩体变形特征时，通常用它来代替泊桑比 μ。 （屠树根）

测定值 measured value

实验时由量测仪器仪表得出的读数值。 （王娴明）

测管坡度 piezometric gradient

测管水头线的坡度。它表示单位流程上的测管水头线的变化或势能变化。其定义式为：

$$J_p=-\frac{dH_p}{ds}=-\frac{d\left(z+\frac{p}{\gamma}\right)}{ds}$$

式中 H_p 为测管水头；z 为计算点的位置高度；p 为压强；s 为流程；γ 为液体重度。dH_p 为微元流程 ds 上的测管水头增量。当测管水头线沿程下降时，$J_p>0$，沿程上升时，$J_p<0$；沿程不变（水平线）时，$J=0$。当为均匀流动（沿程流速不变）时，$J_p=J$，即测管坡度与水力坡度相等，测管水头线与总水头线平行。 （叶镇国）

测管水头 piezometric head

又称单位势能或单位重量液体的全势能。位置水头与相对压强水头之和。若液体中某点的位置高度为 z，相对压强为 p_γ，其重度为 γ，则测管水头可用下式表示：

$$H_p=z+\frac{p_\gamma}{\gamma}$$

（叶镇国）

测管水头线 piezometric head line

液流中沿程测管水头的连线。它与沿程流速变化及水头损失情况有关，可为沿程下降或沿程上升的曲线，亦可为水平线。总水头线与测管水头线的垂直距离即流速水头。 （叶镇国）

测量精密度 measurement precision

又称符合度。表征多次重复测量结果互相接近的程度。是反映随机误差影响大小的定量标志。常用均方差表示。某量测量结果的精密度高，则表示其随机误差小；反之，则随机误差大。精密度是反映测量结果好坏的重要标志之一，它与准确度组成精确度，作为评定测量结果好坏的标准。 （李纪臣）

测温计 temperature sensor

利用金属材料的温度－电阻效应制成的测量温度的片式敏感元件。栅体一般采用镍、铂等电阻温度系数较大而灵敏系数较小的材料。外形与箔式电

阻应变计相似。使用时将其主轴沿试件的应变最小方向粘贴。能较快地反映试件的表面温度。

（王娴明）

测压管 piezometer

以液柱高度为表征测量点压强的透明连通管。它的一端连结在测定孔上，另一端开口直接和大气相通。管中液体的升降即可表明测点压强的变化，测压管中自液面到测点的高度即为点压强大小。测压管内径不宜太小，一般采用 1cm 左右，以防毛细现象及表面张力影响。测孔孔径一般 1～2mm，测孔壁面应与水流方向垂直，孔口要平顺光滑，以免测定的压强失真。为防止脉动压强影响读数还可在管道断面外侧各方向对称钻孔，再用小管并接成平压环，尔后与测压管连接。（彭剑辉）

测压计 pressure gauge

利用金属材料的压阻效应制成的量测压强的敏感元件。构造与电阻应变计相似。栅体由经特殊处理的锰铜箔制成。量测范围为十分之一至几百兆帕。体积小（直径为 10mm 左右），响应时间短。可用于冲击波的传播和爆炸效应等的试验研究。

（王娴明）

测压排管 pitot-rack

又称测压耙。把数支皮托管安装在同一支架上所组成的梳状排管。用于测量流场的总压场或静压场。（施宗城）

测针 point gauge

测量水位的仪器。利用旋转微动齿轮使测针杆在套筒上下微量移动，当使针尖自上而下刚好接触液面时，即可从游标尺上测读出液面高程。其测量精度为 0.1mm。它可用在拟测面处直接测读，亦可用一测针筒将液体引出后测读，亦可安装在活动测针架上，沿轨道来回滑动，测量液面线，或任意断面处的水深和水位。（彭剑辉）

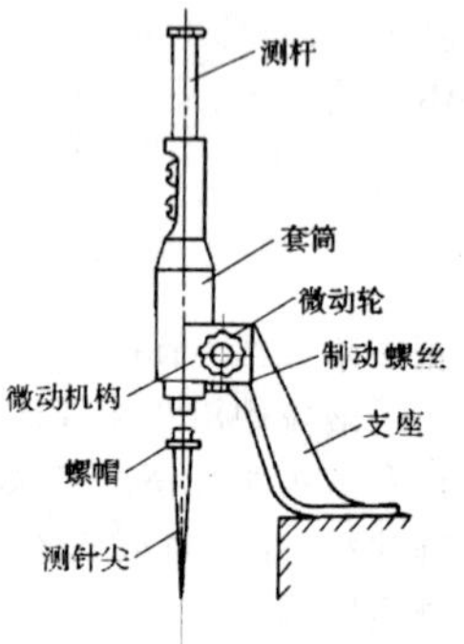

ceng

层叠图

结构分析中表示各部分之间传力层次的计算简图。多用于多跨静定梁的分析。如图 *a* 所示多跨静定梁，其层叠图如图 *b* 所示。内力分析时，先从最上层的杆件开始，然后依次计算下面各层的杆件。

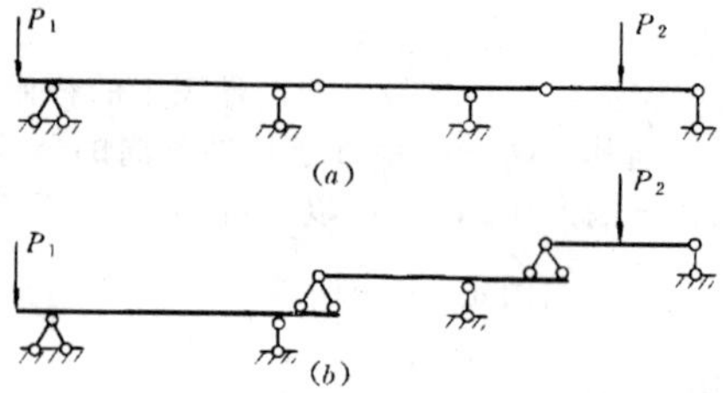

（何放龙）

层流 laminar flow

黏性流体的层状流动。在这种流动中，各流线之间的液体质点互不混掺，各自沿着自己的流线方向规则地呈线状或层状流动，此时黏滞力占主要地位并对流体质点的运动起控制作用。同时，相邻流体质点间有相对运动的地方都存在因黏滞性作用而产生的剪切应力。这种流动状态只出现在雷诺数 Re 较小的条件下。在工程实际中常见的层流现象有：毛细管或多孔介质中的流动；轴承中的润滑油流动；微小颗粒在黏性流体中运动时引起的流动；液体或气体流经物体表面附近形成的边界层中的流动等。这种流动的研究目前比较成熟，已有较多的精确解、近似解和数值解。它可以在满足实际液流的边界条件下联立纳维埃－斯托克斯方程和连续性方程求解。此外，层流稳定性小扰动理论也相当成熟。近年来，分岔理论等非线性理论也有重要发展。

（叶镇国　刘尚培）

cha

差分方程构造法 structuring method of difference equation

构造有限差分方程的方法。一般可采用泰勒级数展开法、多项式拟合法、积分法和控制体积法。在计算流体力学中，多项式拟合法使用得较多。在每一方法中，若在具体做法上不一样，则得到的差分方程形式也可能不一样，求解的方法也可能不同，甚至难以求解。（王　烽）

差分方程守恒性 conservational property of difference equation

差分方程能保持原微分方程中所具有的某些物理守恒关系的性质。它取决于所用的连续性方程的形式和差分格式。有些差分格式能保持，有的则不能。守恒性并不一定意味着方程解的精确性，但是当流动变量变化剧烈时，守恒性给出比较精确的结果。（王　烽）

差分方程输运性 conveying property of difference equation

由于对流作用被带走的物理量只能沿着速度方向传输的物理性质。有些差分格式具有这一性质,即所谓的差分格式应具有"迎风"特性,有些则不具备,从而产生输运误差,不符合实际对流特点,使计算失真。（王　烽）

差分格式　difference scheme

在建立差分方程时,以差商代微商所采用的离散化计算格式。通常这种格式与计算点附近的格点数目、位置、形式及时间、空间上的配合方式有关。例如在计算流体力学中采用了为数众多的差分格式。常用的有显式差分格式和隐式差分格式两大类。但是,只有当格式是稳定、相容、收敛时,才能取得满意的计算结果。（郑邦民）

差热分析法　differential thermal analysis

依据试样在结晶、晶体熔化、玻璃化转变、交联、氧化与降解等情况下会在某一温度附近产生某种热效应的特点,通过测量在等速升温(或降温)条件下置于同一个受热环境中的试样与热惰性参照物之间的温度差 ΔT 随温度 T 变化规律的一种实验方法。所测得的 $\Delta T-T$ 曲线称为差热曲线或热谱图。根据图中的峰位和台阶可以确定发生上述各种物理或化学变化的特征温度。（周　啸）

插值函数　interpolation function

在满足插值条件下,函数的一种近似表达式。寻找这种近似函数的方法称为插值法。可以用不同方式构造插值函数,如拉格朗日插值、赫尔米特(Hermite)样条函数插值等。用代数多项式构造插值函数的方法如下:在区间$[a,b]$上,设 $f=f(x)$为连续函数,在$[a,b]$上有 $n+1$ 个互不重合的点 x_0,x_1,…… x_n,取值为 $f_0,f_1,\cdots f_n$。若强制代数多项式 $P(x)$在 x_i 点上满足 $P(x_i)=f_i(i=0,1,\cdots n)$,在其余点处 $P(x)\approx f(x)$,并用 $P(x)$近似代替 $f(x)$,则称 $P(x)$为 $f(x)$的插值函数;$x_i(i=0,1,\cdots\cdots n)$称为插值点;在插值点处 $P(x_i)=f(x_i)$称为插值条件。在位移元中,常以插值函数作为形函数构成单元位移函数。（夏亨熹）

chan

掺气浓度　concentration of self-aerated water flow

又称含气比。掺气水流所含空气体积与气水混合物体积的比值。常用 C 表示。C 沿水深变化,在气水交界面处 $\mathrm{d}C/\mathrm{d}h$ 值最大(h 为水深)。常取 $C=99\%$处以下的深度定义为掺气水流的上限水深 h_u,并按下式表征平均掺气浓度

$$\overline{C}=\frac{\int_0^{h_u} C\mathrm{d}z}{h_u}$$

式中 $\overline{C}$ 为平均掺气浓度;h_u 为掺气水流的上限水深;z 为自河底起算的垂直坐标值。$\overline{C}$ 可由实测的掺气浓度分布曲线求得,用它可计算掺气水流的水深。（叶镇国）

掺气水流　aerated water flow

高速水流中的一种气水混合两相流动。例如在明渠水流中,当 $\mathrm{Fr}=\frac{v^2}{gh}\geqslant 36\sim 50$ 时(Fr 为佛汝德数;v 为平均流速,h 为水深,g 为重力加速度),界面上的水、气开始混掺,界面变得模糊;以后,水面逐渐汹涌翻腾,水流呈泡沫状的乳白色水气混合体,水深显著加大,并有大量水滴散射到水面以上带动附近空气流动。这种水流的特点是:水体膨胀,水深显著增加,脉动加剧,运动规律也有改变,并可影响水工建筑物的正常使用,但水流掺气也可增强下泄水流的防冲刷效果或减低气蚀破坏。本世纪 20 年代,人们就开始进行掺气水流的试验研究。对于掺气的成因,各有不同的解释,主要有两种:①表面波破碎理论。这种理论把水流自由表面的掺气看作是由于波浪破碎引起的。这一见解只解释了空气的卷入方式,但未能说明气泡为什么能保持在水中并发展到整个断面等问题;②紊流边界层理论。这种理论认为从水流底部边界开始的紊流边界层发展到水面以后,如水流由于紊动引起的水质点横向速度的动能大于水面表面张力所作的功时,则水质点离开水表面进入空中,当其回落入水中时带入空气,从而使水流掺气。当水中卷入的空气与水面逸出的气泡相平衡时,称为均匀掺气水流,否则称为不均匀掺气水流。明渠掺气水流的水力计算主要是确定掺气后的水深或流速,公式如下

$$\begin{cases} h_u=\frac{1}{\beta}h \\ v_{aw}=\frac{1}{n_{aw}}R_{aw}^{\frac{2}{3}}i^{\frac{1}{2}} \end{cases}$$

$$\beta=\frac{1}{1+K\mathrm{Fr}^2}$$

$$n_{aw}=\frac{n}{1-(\overline{C}_t)^{1.69}}$$

$$\overline{C}_t=1.11(\overline{C})^{2.18}$$

式中 h_u 为明渠掺气水流的水深;v_{aw}为明渠掺气水流的平均流速;R_{aw}为掺气水流的水力半径;n_{aw}为掺气后的粗糙系数;i 为渠道底坡;n 为未掺气时的粗糙系数;$\overline{C}$ 为沿 h_u 的平均掺气浓度;$\overline{C}_t$ 为水气交界面以下的平均掺气浓度;Fr 为佛汝德数;K 为系数。木槽 $K=0.003\sim 0.004$,普通混凝土 $K=0.004\sim 0.006$,粗混凝土或光滑砌石,$K=0.008\sim$

0.012，粗砌石或浆砌块石，$K=0.015\sim0.020$。 （叶镇国）

产状 attitude

结构面在空间的分布状态。控制着岩块和岩体的破坏机制，影响到岩块和岩体的变形和强度性质。一般用罗盘和测斜仪测量。 （屠树根）

颤振 flutter

弹性结构系统在气流中所发生的一种自激振动现象。由于系统的振动对空气力的反馈作用而使结构系统从空气流动中不断吸取能量。随着气流速度的增大，当所吸取的能量超过了因结构阻尼的能量耗散，就会引起振幅不断发散的危险性颤振。根据结构截面形式的不同，颤振的形态主要有两大类：①古典颤振。是弯扭耦合的颤振，发生于带流线形截面的结构系统。②分离流扭转颤振。这种颤振伴随着流动分离和旋涡形成，发生于带非流线形钝截面的结构系统。 （项海帆 陈树年）

颤振导数 flutter derivative

又称气动导数。与平板截面的非定常空气力表达式中的西奥多森函数 $C(k)$ 相对应的空气动力参数。由于非定常空气力是引起颤振的自激力，又因为在拟定常理论中，这些自激力可以通过相对攻角的概念，借助于定常空气力系数的导数形式表示出来，故称为颤振导数或气动导数。 （项海帆）

颤振后性能 post-flutter behavior

当风速超过颤振临界风速后，随着振幅的增大，由结构或气动力的非线性所引起的现象。1940 年发生的美国 Tacoma 悬索桥的风毁事故表明，当风速超过悬索桥的颤振临界风速，空气力将推动振动的发散直至破坏。然而，对于另一种斜拉桥体系，由于斜拉索有效弹性模量因垂度引起的非线性，使桥道在发生颤振后的振动也成为非线性的。随着振幅的逐渐增大，拉索的弹性恢复力也相应增大，于是在风速超过颤振临界风速的相当大范围内，振幅并没有无限发散的趋势，而是有限的和稳定的，这种性能对斜拉桥向更大跨度方向的发展是极为有利的。 （项海帆）

颤振临界风速 flutter critical wind speed

发生颤振时的风速临界值。由于引起颤振的空气作用力是由与结构的振动位移以及速度有关的项所组成的自激力，因而使颤振运动方程成为一个齐次方程组。作为一个特征值问题可以通过逐次逼近的途径求解颤振的临界风速。当风速低于临界风速时，振动是衰减的；而当风速高于临界风速时，结构从空气中吸取的能量将超过从阻尼中耗散的，振动将是发散的，而且超过愈多，发散愈快。无论从数学处理方面还是从物理现象方面，颤振和结构静力稳定都有相似之处，因此，颤振也称为空气动力失稳。颤振临界风速就是空气动力失稳的临界条件。 （项海帆）

颤振频率 flutter frequency

当风速达到临界值而使结构物发生颤振时的频率。根据结构不同的体系和截面形式，颤振形态可以是古典弯扭耦合颤振、分离流扭转颤振或者是多振型耦合颤振。对于古典弯扭耦合颤振，颤振频率一般在无风时的一阶弯曲振动频率和一阶扭转振动频率之间。分离流扭转颤振接近纯扭振动，其颤振频率也接近扭转频率。流线性截面的斜拉桥可能发生多振型耦合颤振，其颤振频率将介于参与颤振的各阶振型所对应的频率之间，视参与成分的多少而定，由三维颤振分析自动解出。 （项海帆）

chang

长波 lengthy wave

波长与水深的比值大于或等于 25 的波浪。它是浅水推进波中的一种，其自由表面曲率常常可以忽略不计，明渠非恒定流动产生的波也属此类。1974 年日本椿东一朗著《水力学》一书中则将长波的波长与水深比值标准定为 12。对于这类波浪有

$$\lambda \geqslant 25H$$

$$C = \sqrt{gH}$$

$$\tau = \frac{\lambda}{\sqrt{gH}}$$

式中 λ 为波长；H 为水深；C 为波速；τ 为波周期；g 为重力加速度。由上式可知，长波的波速与波长无关，仅取决于水深。 （叶镇国）

长管 long pipe

局部水头损失和流速水头可以忽略不计的管道。其一般条件是 $\frac{l}{d}>1000$。式中 l 为管段长度；d 为管径。串联管路，并联管路以及管网等一般均按长管计算。长管的水力特点是全部作用水头都消耗于沿程水头损失，测压管水头线与总水头线重合。以简单管路为例，其水力计算公式为

$$H = h_w = h_f = \lambda\frac{l}{d}\cdot\frac{v^2}{2g} = s_0 lQ^2$$

式中 H 为作用水头；h_w 为总水头损失；h_f 为沿程水头损失；λ 为沿程阻力系；v 为断面平均流速；g 为重力加速度；s_0 为管系阻抗；Q 为流量。长管的水力计算问题有三类：①已知水头 H（如水塔或水箱水位标高）和管径 d，求通过流量 Q，②已知 Q 和 d，求 H，③已知 H 和 Q，求 d。 （叶镇国）

长涵 long culvert

洞长对泄水能力（涵洞泄水流量）有影响的无压

涵洞，判别标准为

$$L_k = (64 - 163m)H$$

式中 m 为涵洞流量系数，一般采用 $m = 0.32 \sim 0.36$；H 为涵前水深；当涵洞中间渐变流段长度 $l_2 > L_k$ 时，即为长涵，其流量可按宽顶堰淹没出流计算。（叶镇国）

长细比 slenderness ratio

表征压杆稳定性的几何因素，记为 λ。其值为相当长度 μl 与横截面惯性半径 i 之比。表达式为

$$\lambda = \frac{\mu l}{i}。$$

式中 μ 为长度系数，其值取决于压杆两端约束条件，如两端铰支，则 $\mu = 1$；两端固定，则 $\mu = \frac{1}{2}$，等等。i 为惯性半径，其值为 $\left(\frac{I}{A}\right)^{\frac{1}{2}}$，其中 I 为横截面形心主惯性矩，A 为截面面积。（吴明德）

常规固结试验 routine consolidation test

又称常规压缩试验。测定饱和粘性土试样在分级施加垂直压力下的一维压缩特性的试验。它是以太沙基单向固结理论为基础的。将试样放在有侧限和容许轴向排水的容器中，按前一级荷载的 2 倍的加荷率逐级施加垂直压力，一般为 12.5、25、50、100、200、400、800、1 600、3 200kPa，最后一级压力应大于上覆土层的计算压力。若需测定沉降速率时，测记每级压力下不同时刻试样的高度变化。一般每 24 小时加一级，依次逐级加压至试验结束。绘制各级压力与相应压力下试样固结稳定后孔隙比的关系曲线及某级压力下试样高度随时间变化曲线，从曲线可得压缩性指标、前期固结压力、固结系数等。完成一个试验历时往往要一周或十天以上。当只进行压缩时，允许用非饱和土。本法已列为国家土工试验方法标准。（李明逵）

常水头渗透试验 constant head permeability test

在恒定的水位差情况下测定砂性土渗透系数的试验。用脱气水在恒定水位差 H 的水流下，量测在 t 时间内流过长度为 L，横截面积为 A 的试样的流量 Q，按达西实验公式

$$k_T = QL/(HAt)$$

计算出水温 T℃ 时渗透系数 k_T，再校正到标准温度 20℃ 时渗透系数。（李明逵）

常应变三角形元 constant strain triangular element

弹性力学二维问题中最简单的、应变均匀分布的三角形单元。以三角形的三个顶点为结点，每结点有两个自由度，单元共有六个结点位移参数，其位移函数为一次完备多项式。（支秉琛）

常应变四面体元 constant strain tetrahedron element

弹性力学三维问题中以四面体的四个顶点为结点的单元。单元共有十二个自由度，位移函数以三维坐标系中的一次完备多项式表示，单元内应变为常量，是最简单的三维单元。（支秉琛）

常应变位移模式 constant strain mode

位移函数中表示单元常量应变的部分。一般说来，即弹性力学二维和三维问题位移函数中完全的一次式部分，梁和薄板弯曲问题中完全的二次式部分。（支秉琛）

chao

超参元 superparametric element

单元内任一点位置坐标表达式中结点坐标参数数目多于其位移表达式中结点位移参数数目的单元。（支秉琛）

超固结比 over consolidation ratio

土的前期固结压力与土的自重应力之比。其值越大，超固结作用越大，土的强度越高，压缩性越小。（谢康和）

超固结土 overconsolidated soil

历史上曾经受过大于现行自重应力的前期固结压力作用的土，其超固结比大于 1。（谢康和）

超静定次数 degree of redundancy

用力法计算超静定结构时，除静力平衡条件外，尚需补充的方程数目。它即等于该超静定结构的多余约束或多余未知力的数目。具有 n 个多余约束（或多余未知力）的超静定结构称为 n 次超静定结构。（罗汉泉）

超静定结构 statically indeterminate structure

又称为静不定结构。仅凭静力平衡条件不能求出全部反力和内力的确定值的结构。其几何组成特征是具有多余约束的几何不变体系，将其上的多余约束去掉后，仍能保持几何不变性。进行力学分析时，除应用静力平衡条件外，还需用到物理条件和变形协调条件，故这类结构的计算问题属于变形体力学的范畴。当结构符合小变形假定且材料的应力应变关系满足胡克定律时，其内力分析和位移计算可应用叠加原理。分析超静定结构的两个基本方法是力法和位移法。此外，还有便于实际应用的渐近法和近似法，适用于编制电算程序的直接刚度法等等。（罗汉泉）

超静孔隙水压力 excess pore water pressure

土孔隙水中超过静水压力的压力，为附加应力中由孔隙水所承受或传递的压（或应）力。它随土中

水的排出而不断消散,直至完全转化为有效应力。(谢康和)

超声波测流法 supersonic method for measuring flow

利用超声波技术测量流速、流量的方法。超声波流量计的测量原理多种多样,目前实用的有传播速度差法和多普勒法等。根据检测量的不同,前者又分为时差法、声循环法(频差法)和相位差法等数种,原理大体相同。现以时差法为例,它是在管道外壁分别装设超声波发生器和接收器(统称探头),分别组成两个距离 L 相等的传声道。设 c 为超声波在静止流体的传播速度,当流体 $v=0$ 时,超声波在两通道传播速度、传播时间相等。当 $v\neq0$ 时,超声波在两通道的传播速度、传播时间不相等。若测得时差 ΔT,则平均流速公式为

$$\bar{v}=\frac{\Delta T\cdot c^2}{2DK\operatorname{ctg}\theta}$$

式中 c 为声速;D 为管径;θ 为声道与水流方向的夹角;K 为修正系数。多普勒法是应用多普勒效应的测流方法,检测量是超声波的漂移频率(即多普勒频率)。它们的共同优点是其检测部件比电磁流量计简单,且具有应用范围广,测量量程宽,对流场无干扰。测量仪器安装在管壁之外,无需停水切断管路,流量计功能齐全,瞬时流量、累积流量可同时显示,一台流量计可测不同管径流量,精度可靠。传播速度差法对黏性过大或悬浮物过多的液体不能量测,而多普勒法虽不存在这个缺点,但在液体含气太多时,测量精度也受到影响。(彭剑辉)

超声波试验 ultrasonic wave test

测定土中压缩波和剪切波传播速度的室内试验。采用压电晶体换能器激振和接收波信号,主频率一般为 $10^2\sim10^3$kHz 量级,波长可小于试样最小尺寸的几分之一,使得所测波速与无限土体中波速相一致而无边界效应。(吴世明 陈龙珠)

超声脉冲法 ultrasonic pulse method

又称超声波法或脉冲法。是一种在室内进行的利用波长在数 cm 以下的高频弹性波量测岩石动弹性参数的方法。脉冲发生器产生的脉冲通过试件后由放大器在示波器上显示出来,测量纵波和横波在试件内的传播时间和试件长度,可以计算出纵波速度 V_p 和横波速度 V_s,并确定岩石的动弹性参数 E_d 和 μ_d。动泊松比 μ_d 的计算为

$$\frac{V_p}{V_s}=\sqrt{\frac{1-\mu_d}{0.5-\mu_d}}$$

算出 μ_d 后,可用下式算出岩石的动弹性模量 E_d,即

$$E_d=\frac{\rho(1+\mu_d)(1-2\mu_d)V_p^2}{(1-\mu_d)}$$

式中,ρ 为岩石试件的密度。(袁文忠)

超声速流动 supersonic flow

流场中所有各点的流速都大于当地声速的流动。其马赫数 Ma=1.5~5.0 之间。这种流动一般均要出现激波。它有内流和外流之分。在超声速风洞和火箭发动机喷管中的超声速流动属于超声速内流,工业上喷气纺纱和粉末冶金等技术中所利用的超声速射流,也属超声速内流;超声速飞机和导弹周围的流动则属于超声速外流。定常超声速流动的一个重要特征是:流场中的任何扰动的影响范围都是有界的,任何扰动都表现为波的形式。(叶镇国)

超声探伤 ultrasonic inspection

利用超声波在材料中传播时会受材料内部缺陷的干扰这一现象进行结构或材料探伤的方法。可检测较深层的内部缺陷及表面裂纹。探测方法有透射法及反射法,后者的灵敏度高于前者。(王娴明)

超松弛迭代法 successive overrelaxation method

在高斯-赛德尔迭代公式中引进松弛因子的解线性代数方程组的迭代法之一。对方程组 $\boldsymbol{Ka}=\boldsymbol{P}$,求 a_i 的 $m+1$ 次迭代解只要把高斯—赛德尔迭代法的相应公式改为

$$a_i^{(m+1)}=\omega K_{ii}^{-1}\left\{P_i-\sum_{j=1}^{i-1}K_{ij}a_j^{(m+1)}-\sum_{j=i+1}^{n}K_{ij}a_j^{(m)}\right\}+(1-\omega)a_i^{(m)}$$

式中 ω 是常数,称为松弛因子。当 $\omega=1$ 时即高斯-赛德尔迭代。当 $1.0<\omega<2.0$ 时称为超松弛迭代,通常取 $\omega=1.5\sim2.0$。适当选取 ω 可以提高收敛速度。(姚振汉)

潮解膨胀破坏

围岩遇水而引起的破坏。表现为岩体软化崩解或强烈膨胀。潮解膨胀岩层具有流变性,易风化潮解、遇水泥化、软化而丧失围岩强度。为了防止这类破坏,应加速支护,尽快封闭围岩。(屠树根)

cheng

承风面积 windward area

承受风力的有效面积。在悬臂型实心结构中,起作用的常为迎风面积和背风面积。在桁架式结构中,由于后排桁架受到前排桁架的遮挡作用,则承受风力的有效面积应为前排承风面积加上后排面积乘以折减系数。(张相庭)

承载比试验 bearing ratio test

又称加州承载比试验,简称 CBR 试验。用规

定尺寸的贯入杆，以一定速度匀速贯入土体一定深度所需单位面积的力与标准材料的相应贯入深度所需单位面积的力之比检验路基承载力的试验。为美国加利福尼亚州公路局于30年代初提出。是路基土和路面材料的强度指标。将扰动土试样按重型击实试验步骤击实试样，然后在试样表面放荷载块达路面材料所需的压力，放入水槽中浸泡四昼夜，测定试样浸水膨胀量，最后用直径为50mm贯入杆在浸水后试样表面以1～1.25mm/min速度匀速压入，同时测记不同贯入压力和相应贯入量，绘出两者关系曲线，通常以贯入量为2.5mm所需单位面积的力与标准材料相应贯入量时单位面积的力之比作为承载比。适用于粒径小于40mm的土。现场试验原理同室内试验，可直接测定路基的承载比。

（李明逵）

乘大数法 method of multiplication by a large number

用后处理法编制程序时，为使结构支承条件得以满足而对整体刚度方程进行修改的程序处理方法。它可保持方程的阶数不变，同时使支座结点的某些结点位移等于已知位移(包括位移为零)。其步骤是：将整体刚度矩阵中与该位移对应的位于主对角线上的元素，乘以一个比该元素之值大得多的数字(例如10^{10})；再将已经乘以大数后的元素与该已知位移之值相乘，以此乘积作为结点力向量中的相应分量，从而达到使该位移等于已知支座位移而不改变方程阶数的目的。

（洪范文）

乘子法 multiplier method

通过逐步调整拉格朗日(Lagrange)乘子并求解一系列由增广拉格朗日函数所组成的无约束子问题来逐步逼近原问题最优解的一种约束非线性规划算法。1969年由M.J.D.鲍威尔(Powell)和M.R.海斯顿耐斯(Hestenes)提出。类似于罚函数法，它亦将约束函数转化为罚项，但它不是将罚项加到目标函数上，而是加到拉格朗日函数上，以构成增广拉格朗日函数。该法可克服罚函数法中随着无约束问题序列的延长而使问题越来越病态的缺点，是约束非线性规划中较有效的算法之一。

（刘国华）

程序SAP SAP

1970年开始研制、发展起来的线性静动力结构分析程序(Structural Analysis Program for Static and Dynamic Analysis)。此后一再更新版本。以SAP5为例，它包括桁架单元、梁单元、二维单元、三维单元、板壳单元等多种单元，还具有计算温度应力、结构优化及绘图功能，用FORTRAN语言编写，有语句二万多条，适用于土建、水利、机械等许多专业的结构分析工作。SAP6语句增加至三万多条，配有功能较强的前处理程序MODEL，后处理程序POST，以及温度场分析程序TAP6，缩短了作业的周期，提高了设计计算的效率。近期又有SAP7程序问世，其主要特点是增加了非线性分析的功能。SAP84是专为微机开发的大型通用结构分析程序。备有三维框架、曲梁、变截面梁单元，3～9结点平面等参元，8～21结点三维等参元，可承受扭矩的轴对称等参元、管道单元、中厚板单元和剪力墙单元。可作多重子结构分析、特征值问题和动态响应分析、地震反映谱分析、高层结构分析，能作配筋计算和绘制结构图与振型图。

（匡文起）

程序ADINA

在有限元分析中得到广泛应用的一种大型通用程序。设有桁架、梁、二维、三维、轴对称、板弯曲和壳等多种类型的单元；可以应用于线弹性各向同性与各向异性、非线性弹性、粘弹性、塑性和大应变材料等问题；能作动力、静力、屈曲、后屈曲、断裂力学和热传导等问题的分析。其主要的优点是能有效地分析动力非线性问题，求解过程稳定可靠(瑞典编制)。与ADINA程序相连的还有一个ADINAT，用于计算温度场以及应力与温度相耦合问题的分析。

（支秉琛）

程序ASKA

德国与英国合作编制的通用有限元软件系统。为不同类型的问题设有许多子程序。有桁架、梁、二维、三维、轴对称、板弯曲和壳等多种单元；可以应用于线弹性各向同性与各向异性、非线性弹性、蠕变、塑性等材料问题，能作静力、动力、屈曲、后屈曲、断裂力学、稳态与瞬态温度场等问题的分析。并有制图程序包，可以绘制变形前、后的结构图形，绘制等应力线，显示出应力集中的区域。

（支秉琛）

程序MSC/NASTRAN

美国航空与航天局为航空工业中结构分析问题组织编制的有限元法大型通用程序。可用于静力与动力、线性与非线性结构分析，以及热传导、气动弹性力学、声学和电磁学等场问题的分析。单元库中备有五十种以上类型的单元。能有效地求解大型的分析问题，例如，自由度超过十万的静力和动力分析问题。前后处理的程序使用方便。绘图程序包可以绘制变形前的结构模型、应力分布、结构振型和静、动态变形的图形。

（支秉琛）

chi

驰振 galloping

流体诱发的非流线型结构的不稳定振动。驰振包括横流驰振和尾流驰振，是一种自激型振动。流动的流体和结构的横截面分离产生的作为流动角度的非线型函数的气动力和结构振动的速度具有相同的相位时，气动力不断加强结构的振动，结构出现驰振。和结构的另一种气动不稳定现象——由弯扭振型相互作用产生的颤振现象不同，驰振通常只影响单一振型。（顾　明）

驰振不稳定　galloping instability

流动的流体中的气动不稳定结构在驰振临界风速作用下发生的单自由度不稳定振动现象。这种结构称为驰振不稳定结构。驰振不稳定结构在某阶固有频率处发生振动时，将受到和振动速度同相位的空气动力阻尼力的作用。某一风速时，负气动阻尼力在数值上和结构阻尼力相等，结构处于无阻尼振动状态。风速增加时，结构呈负阻尼特性。

（顾　明）

驰振力　galloping force

稳定流动的流体在振动着的驰振不稳定结构上产生的诱发结构发生驰振的力。对驰振力的基本假设是：在结构固有频率远小于和旋涡脱落有关的近尾流周期分量的频率时，驰振力是准静态的。在实验中测量驰振力时，仅需对不同角度安装的静止模型进行静力测量，一般不需要做动态实验。驰振力表示为动压头和驰振力系数的乘积，而驰振力系数表示为相对攻角的多项式。多项式中线性项系数可用于邓·哈托判据来确定结构的驰振临界风速。考虑驰振力中的非线性项后可计算结构的驰振响应。

（顾　明）

驰振型颤振　galloping flutter

流体诱发的气动不稳定结构的单自由度扭转驰振。它是由稳定流动的流体流经结构表面时产生分离所致。当结构截面的宽高比在一定的范围时，其升力系数在静攻角处斜率大于零，而其扭矩系数在静攻角处的斜率小于零。这时，流体便在振动结构上诱发出和结构扭转振动同相位的气动扭矩。当风速到达某一临界值时，结构便出现驰振型颤振。

（顾　明）

迟缓弹性变形　delayed elastic deformation

见恢复性徐变(145 页)。

持荷时间　loading time

荷载在试件上保持的时间。加荷瞬间产生的可逆变形看作弹性变形；持荷期间产生的变形看作徐变。（胡春芝）

尺寸效应　size effect

混凝土试件尺寸对收缩、徐变、强度等测定值的影响。我国以截面尺寸影响系数表示徐变的尺寸效应，其值随构件体积与表面积之比值(C_m)而变化；以尺寸换算系数表示立方体混凝土抗压强度的尺寸效应。又称比例效应。岩石试件的大小和体积对强度的影响。岩石内部分布着从微观到宏观的细微孔隙，按断裂理论和概率论的观点，试件尺寸越大，发生断裂的概率就越大，试件的强度越低。

（胡春芝　袁文忠）

齿行法　zigzag moving method

在直观准则法的基础上引进数学规划法的思想，交替进行准则步和射线步的优化方法。由于所得的设计点沿边界成齿形状逐步移向最优点，故有此名。其中准则步使设计点趋向满足准则的要求，射线步使设计点成为可行域的边界点，再通过计算设计点的目标函数值与约束值，跟踪作用约束，并直接与优化目标联系以掌握迭代进程。由于结构优化的最优点总是位于可行域边界上，因此沿边界“齿行”搜索容易逼近最优点。此法收敛迅速，是目前流行的方法。应用于满应力设计，称改进满应力设计。

（汪树玉）

赤道转动惯量　equatorial moment of inertia

当刚体在某一点上的惯性椭球为旋转型时，它对过椭球中心并位于赤道平面内的任一轴的转动惯量。这些轴都是刚体的惯性主轴，刚体对它们的转动惯量都相等。赤道平面是过椭球中心垂直于旋转轴的平面。（黎邦隆）

赤平极射投影　stereographic projection

简称赤平投影。物体在三维空间的几何要素表现在平面上的一种投影方法。其特点是只反映物体的线和面的产状和角距关系，不涉及它们的具体位置、长短大小和距离远近。（屠树根）

chong

充满度　full-level

不满流管道中过水断面水深与管道直径的比值。它是不满流管道水力计算的重要水力要素之一。这类无压圆形管道一般按明渠均匀流计算，其最大流量和最大流速均不发生在无压满流情况下，当充满度$\frac{h}{d}=0.8128$时，流速最大；当$\frac{h}{d}=0.9382$时，流量最大。（叶镇国）

充满角　full-angle

不满流管道湿周所对应的圆心角。圆管无压流过水断面水力要素与充满角的关系如下：

$$\omega=\frac{d^2}{8}(\theta-\sin\theta)$$

$$\chi=\frac{d}{2}\theta$$

$$R=\frac{d}{4}\left(1-\frac{\sin\theta}{\theta}\right)$$

$$B=d\left(\sin\frac{\theta}{2}\right)=2\sqrt{h(d-h)}$$

$$a = \frac{h}{d} = \sin^2 \frac{\theta}{4}$$

式中 ω 为过水断面面积；χ 为湿周；R 为水力半径；B 为水面宽度；a 为充满度；d 为管道直径；h 为正常水深；θ 为充满角。当 $\theta = 360°$ 时，$h = d$，表明此时为无压满流。当 $\theta = 302.41°$ 时，$\frac{h}{d} = 0.9328$，泄水流量最大且相当于无压满流管道泄水能力的 1.0755 倍；当 $\theta = 257.45°$ 时，$\frac{h}{d} = 0.8128$，流速最大且相当于无压满流时流速的 1.14 倍。 （叶镇国）

充填度 degree of filling

结构面内充填物厚度与起伏差之比。

$$f = t/h$$

t 为充填物厚度；h 为起伏差。一般情况下，充填度愈小，结构面的力学强度愈高，反之，随着充填度的增加，结构面力学强度为充填物的力学性质所决定。 （屠树根）

充填物 filling

充填于结构面相邻岩壁间的物质。这些物质一般比母岩软弱。结构面之间全部充满时，结构面的力学强度主要取决于这些物质的性质，而当它仅附着在侧壁上呈薄膜状时，则对侧壁的力学性能有颇大的影响。 （屠树根）

重积分型本构关系 multiple integral form of constitutive relations

又称重积分本构方程。非线性粘弹性本构关系的一种，应用中一般取至三重积分，含有多个材料函数。有蠕变型和松弛型的表达形式。例如，一维的松弛型本构方程为

$$\begin{aligned}\sigma(t) &= \int_0^t \psi_1(t-\zeta)\dot{\varepsilon}(\zeta)d\zeta \\ &+ \int_0^t\int_0^t \psi_2(t-\zeta_1, t-\zeta_2)\dot{\varepsilon}(\zeta_1)\dot{\varepsilon}(\xi_2)d\zeta_1 d\zeta_2 \\ &+ \int_0^t\int_0^t\int_0^t \psi_3(t-\zeta_1, t-\zeta_2, t-\zeta_3) \\ &\times \dot{\varepsilon}(\zeta_1)\dot{\varepsilon}(\zeta_2)\dot{\varepsilon}(\zeta_3)d\zeta_1 d\zeta_2 d\zeta_3\end{aligned}$$

式中 ψ_i 为材料松弛函数，$i = 1,2,3$。三维本构方程形式复杂，取至三重积分即含 12 个材料函数。考虑材料特性和荷载条件，有许多关于本构关系简化的研究，包括简化材料函数形式的讨论。在一些特殊情况下可转化为单积分本构关系或幂律关系。 （杨挺青）

重剪破坏

弱面中的剪应力超过弱面抗剪强度而造成的剪切破坏。此时，岩体中的剪应力尚未超过岩石抗剪强度，故破坏只沿着弱面发生。它主要出现在岩性坚硬、弱面发育的岩体中。是由围岩应力引起的，因此，破坏部位与原岩应力场及弱面强度、密度、方位和组数有关。 （屠树根）

重塑土 remolded soil

天然结构被破坏的土。其抗剪强度低于同密度的原状土的抗剪强度。 （朱向荣）

重现期 recurrence period

出现大于基本风压的平均时间间隔，通常以年来表示。它是确定基本风压六个因素之一。重现期愈长，则所取的基本风压值也愈高，因而是在概率意义上体现了结构的安全度。我国荷载规范 GBJ9—87 对一般结构重现期取为 30 年，对重要建筑物，则可取 50 年或 100 年。 （张相庭）

冲击 shock

因力、位移、速度或加速度等参量的突然变化激起系统的瞬态运动。其特点是幅值变化快，持续时间短（与系统的固有频率相比），频率范围宽。在碰撞、爆炸、地震等过程中都会发生冲击，往往导致结构的破坏或仪器设备失效。按激励参量的时域波形特性可分为：①脉冲型冲击。其特征是激励参量的瞬时值在极短时间内由平衡位置上升到最大值，然后又下降到平衡位置。可用数学式描述的理想脉冲的波形有正弦波、梯形波、钟形波、三角波或锯齿波等。②阶跃型冲击。这是参量幅值由平衡位置急剧改变到新的位置所形成的冲击。理想阶跃改变参量位置所需的时间为零。③复杂冲击，又称瞬态冲击。其波形往往难以用数学公式表达。冲击的描述方法有：①描述冲击波形本身的固有特性。可在时域内用波形的形状、峰值、脉冲宽度（即持续时间）等参量描述，也可在频域内用傅里叶谱求出冲击的主要频率分量和频率范围。前者适用于简单脉冲型冲击，后者对简单脉冲型和复杂脉冲型都能适用。②用冲击响应谱描述冲击作用在单自由度系统的效果。冲击响应谱综合考虑了冲击信号本身的特性和结构的传递特性，而实际系统常可简化为单自由度系统，因而在工程上得到广泛的应用。但它没有考虑到相位因素，提供的是一种不完整的信息。 （陈树年）

冲击波波角 wave angle of shock wave

冲击波波前(扰动线)与原来水流方向的夹角。它是推求冲击波壅高水深的基本水力要素。对于矩形明渠，当边墙向急流内部作微小转折时，它与原来水流特性及冲击波前后水深的关系如下

$$\sin\beta = \frac{1}{Fr_1}\sqrt{\frac{1}{2}\cdot\frac{h_2}{h_1}\left(\frac{h_2}{h_1}+1\right)}$$

式中 β 为冲击波波角；h_1、h_2 为冲击波前后水深；Fr_1 为原来水流的佛汝德数。对于微小的干扰，h_1

$\approx h_2$,β 主要决定于 Fr_1。 (叶镇国)

冲击波波前 wave front of shock wave

又称扰动线。急流中扰动波横向传播速度与急流流速合成所形成一条划分扰动区域的斜线。急流流速恒大于波速,扰动波不能向上游传播只能向下游传播,因此波前呈一向下游倾斜的直线。在明渠中,当边墙向水流内部转向时,扰动线(即波前)以下的区域内发生水面壅高,形成正扰动波,当边墙向水流外部偏转时,由于水流失去边墙依托,同样也形成扰动线,扰动线以下的区域,水面发生跌落,形成负的干扰波。但在缓流中,即使边墙偏折,也不会产生冲击波现象。 (叶镇国)

冲击地压 rock burst

见岩爆(406页)。

冲击荷载 impulsive load

又称冲量荷载。在极短时间内荷载数值急剧增大或减小的动力荷载。短时荷载、瞬时冲量及各种爆炸荷载均属于冲击荷载。当其作用持续时间远小于结构的自振周期时,它的作用主要取决于荷载冲量和结构的动力特性,而与荷载的大小及变化规律关系不大。由于其动力反应很快达到最大值,阻尼所吸收的能量较少,故阻尼对其反应的影响较小。

(洪范文)

冲击脉冲 shock pulse

在小于系统固有周期的时间内发生的以运动量或力的升降来表示的冲击激励形式。一般用加速度的升降来表示。通常遇到的有:①能用简单数学式精确描述的理想冲击脉冲,如半正弦、正矢、矩形、梯形、对称三角形、锯齿形等脉冲;②经测量得到的实验冲击脉冲。工程上常在不超过某一给定公差范围内用理想冲击脉冲来描述实测冲击脉冲。

(陈树年)

冲击脉冲持续时间 duration of shock pulse

又称冲击脉冲有效持续时间。冲击脉冲从基准值上升到最大值,再下降到基准值所需要的时间。此定义仅限于单一脉冲波。对实测冲击脉冲,基准值通常为最大值的1/10,对理想冲击脉冲,基准值为零。 (陈树年)

冲击韧性 impulsive toughness

又称韧度。衡量材料抗冲击能力的工程实用指标。分别为U型缺口和V型缺口冲击韧性值,记作 a_{KU}和 a_{KV},其计算公式为

$$a_{KU} = \frac{A_{KU}}{A}, \quad a_{KV} = \frac{A_{KV}}{A}$$

A 为切口试件缺口处的横截面面积值;A_{KU}、A_{KV}为冲击吸收功。a_{KU}、a_{KV}的单位为焦耳/厘米^2(J/cm^2)或千克力·米/厘米^2(kgf·m/cm^2)。冲击韧性取决于材料的性质、试验温度和试件的形状大小。缺口形式等因素,不同尺寸和缺口形状的试件的冲击韧性不能互换。试件吸收的冲击功主要为缺口处材料的塑性变形所消耗,因此,冲击韧性只能是材料抗冲击性能的相对指标。冲击韧性值对材料品质、宏观缺陷、显微组织等很敏感,因之常用来检验冶炼、热加工、热处理等工艺质量。影响冲击韧性值的因素较多,如晶格结构、晶粒大小、内部缺陷以及温度变化等。详见中华人民共和国国家标准 GB 229、GB 2106、GB 4159。 (郑照北)

冲击试验机 impact testing machine

测定材料抗冲击能力的单梁式摆锤冲击试验设备(见图)。钢制摆锤悬挂于试验机轴上,摆锤向上抬起高度为 H_1,其势能为 WH_1。试验时,使摆锤突然自由落下,折断机座上放置的切口试件。试件折断后所消耗的功等于原有势能与折断试件后摆锤摆起到最高位置时的势能差 $W(H_1 - H_2)$,称为冲击吸收功。按U型缺口和V型缺口,冲击吸收功分别用 A_{ku}、A_{kv}表示,其单位为焦耳(J)或千克力·米(kgf·m)。

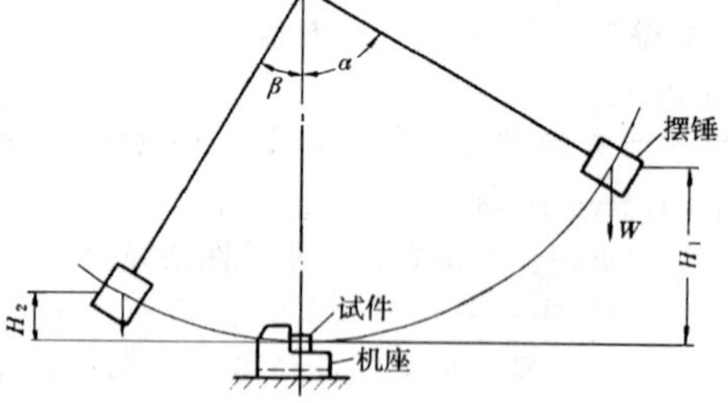

(郑照北)

冲击响应谱 shock response spectrum

受冲击作用的一系列线性单自由度系统的最大响应(位移、速度、加速度等)与这些系统固有频率的函数关系。位移、速度与加速度冲击响应谱分别表示为

$$S_d = X \approx \frac{V}{\omega} \approx \frac{A}{\omega^2}$$

$$S_v = \omega X \approx V \approx \frac{A}{\omega}$$

$$S_a = \omega^2 X \approx \omega V \approx A$$

式中 X 代表一组单自由度系统的最大(或相对)位移响应;V 代表最大速度响应;A 代表最大(绝对值)加速度响应;ω 代表系统的固有频率。

(陈树年)

冲剪破坏 punching shear failure

基础下的土体发生垂直剪切破坏使基础产生较大沉降的一种地基破坏型式。破坏时地基中不出

现明显的滑动面，基础没有明显的倾斜，但发生较大的沉降。对于压缩性较大的松砂和软土地基或基础埋置较深时，将可能发生这种破坏型式。

（张季容）

冲量　impulse

又称线冲量(linear impulse)。量度力的时间累积效应的物理量。是作用力在一段时间内对时间的积分。它是矢量。常力 $\boldsymbol{F}$ 的冲量 $\boldsymbol{S}$ 是该力与其作用时间的乘积，即 $\boldsymbol{S}=\boldsymbol{F}t$。$\boldsymbol{F}(t)\mathrm{d}t$ 称为变力 $\boldsymbol{F}(t)$ 在 $\mathrm{d}t$ 时间内的元冲量，$\boldsymbol{F}(t)$ 在一段时间 t_2-t_1 内的冲量则为 $\boldsymbol{S}=\int_{t_1}^{t_2}\boldsymbol{F}(t)\mathrm{d}t$。其单位与动量的单位相同，在法定计量单位中也是千克·米/秒(kg·m/s)或牛·秒(N·s)。（宋福磐）

冲量定理　theorem of impulse

动量定理的积分形式。质点的动量在时间间隔 t_2-t_1 中的改变，等于作用力 $\boldsymbol{F}$ 在此段时间内的冲量，即

$$m\boldsymbol{v}_2-m\boldsymbol{v}_1=\int_{t_1}^{t_2}\boldsymbol{F}\mathrm{d}t$$

式中 $\boldsymbol{v}_1$ 与 $\boldsymbol{v}_2$ 分别为质点在瞬时 t_1 与 t_2 的速度；m 为质点的质量。质点系的动量在时间间隔 t_2-t_1 中的改变，等于作用的诸外力在此段时间内的冲量的矢量和，即

$$\Sigma(m_i\boldsymbol{v}_{i2})-\Sigma(M_i\boldsymbol{v}_{i1})=\Sigma\int_{t_1}^{t_2}\boldsymbol{F}_i^{\mathrm{e}}\mathrm{d}t$$

式中 m_i 为任意质点 i 的质量；$\boldsymbol{v}_{i1}$ 与 $\boldsymbol{v}_{i2}$ 分别为它在瞬时 t_1 与 t_2 的速度；$\boldsymbol{F}_i^{\mathrm{e}}$ 为作用于该质点的、系统的外力。本定理多用来解决碰撞问题。（黎邦隆）

冲量矩　moment of impulse

又称角冲量(angular impulse)。量度力矩对转动物体的时间累积效应的物理量。从瞬时 t_1 到 t_2，力 $\boldsymbol{F}$ 对 O 点的冲量矩为 $\int_{t_1}^{t_2}\boldsymbol{m}_0(\boldsymbol{F})\mathrm{d}t$。在碰撞问题中，从矩心作出的、冲量 $\boldsymbol{S}$ 的作用点的位置矢 $\boldsymbol{r}$ 在碰撞过程可视为不变，此时 $\boldsymbol{S}$ 对 O 点的冲量矩为 $\int_0^\tau(\boldsymbol{r}\times\boldsymbol{F})\mathrm{d}t=\boldsymbol{r}\times\int_0^\tau\boldsymbol{F}\mathrm{d}t=\boldsymbol{r}\times\boldsymbol{S}=\boldsymbol{m}_0(s)$，其中 τ 为碰撞时间。（黎邦隆）

冲量矩定理　theorem of moment of impulse

动量矩定理的积分形式。质点系对固定点 O（或定轴 x）的动量矩在时间间隔 t_2-t_1 中的改变，等于作用在该系统上的诸外力在这段时间内对该点（或该轴）的冲量矩的矢量和（或代数和）。即

$$\Sigma\boldsymbol{m}_0(m_i\boldsymbol{v}_{i2})-\Sigma\boldsymbol{m}_0(m_i\boldsymbol{v}_{i1})=\Sigma\int_{t_1}^{t_2}\boldsymbol{m}_0(\boldsymbol{F}_i^{\mathrm{e}})\mathrm{d}t$$

或 $\Sigma m_x(m_i\boldsymbol{v}_{i2})-\Sigma m_x(m_i\boldsymbol{v}_{i1})=\Sigma\int_{t_1}^{t_2}m_x(\boldsymbol{F}_i^{\mathrm{e}})\mathrm{d}t$

式中 m_i 是任意质点 i 的质量；$\boldsymbol{v}_{i1}$ 与 $\boldsymbol{v}_{i2}$ 分别为该质点在瞬时 t_1 与 t_2 的速度；$\boldsymbol{F}_i^{\mathrm{e}}$ 为作用于该质点的系统的外力。（黎邦隆）

冲刷系数　coefficient of erosion for jet

挑流冲刷系数的简称。反映岩基抗冲刷特性及其他水力因素影响的系数。常以 K 表示。它用于计算冲刷坑深度，对于坚硬、较完整及抗冲刷力强的巨块岩石，$K=0.85$，对于大块，节理较发育、半坚硬及完整性较差的岩石，$K=0.9\sim1.5$，对于破碎、裂缝发达且完整性差的松软岩石，$K=1.5\sim2.0$。（叶镇国）

冲填土　dredger fill

由水力冲填泥砂形成的人工填土。主要由黏粒、粉粒组成，这种土易出现触变现象。（朱向荣）

冲泻质　wash load

水流所挟带来自上游的悬移质泥沙。其中极少来源于河床中的部分，水流挟带这类泥沙的数量不取决于水流条件，只取决于其上游的来量。因此一般讨论水流挟带悬沙质的能力，只指床沙质。（叶镇国）

chu

初参数法　initial parameter method

又称克雷洛夫法。在固体力学中求解常系数线性微分方程时，将其一般解写成若干初始参数及荷载特解的形式的通用方程，然后求解。此法常用于直梁、薄板以及薄壁杆件的弯曲、振动等问题。A.H.克雷洛夫(1863—1945年)首先有效地用于弹性基础梁的弯曲问题，并给出了一系列函数的表格以便查用。以直梁弯曲为例，其微分方程为

$$\frac{\mathrm{d}^4w}{\mathrm{d}x^4}=\frac{q(x)}{EI}$$

w 为梁的挠度；$q(x)$ 为横向荷载集度；EI 为弯曲刚度。其初参数解可写成

$$w=w_0+\theta_0x+\frac{M_0}{2!EI}x^2+\frac{Q_0}{3!EI}x^3+\int_0^x\frac{(x-t)^3}{3!EI}q(t)\mathrm{d}t$$

w_0、θ_0、M_0 和 Q_0 四个初参数分别为梁起始端的挠度、转角、弯矩和剪力。最后一项为荷载特解。（吴明德）

初干扰　initial excitation

在振动的初始时刻($t=0$)加于体系而使之产生自由振动的外来干扰。其形式主要有两种：一是使

体系中的质点在初始时刻产生偏离其平衡位置的初位移；二是使体系中的质点在初始时刻产生的某一初速度。它们即是自由振动问题数学解答的初始条件。 （洪范文）

初始点 initial points

优化迭代过程中作为出发点的设计点。它的优劣将影响优化设计的效率和结果。大多数结构优化设计都不是凸规划问题，不同的初始点一般只能得到不同的局部最优点，为求得更好的最优点，常需选用多个初始点以求得多个局部最优点，再从中选优。有些优化方法要求初始点必须是可行点，更要凭借经验甚至使用优化方法来寻求。为加快优化进程，应尽量使初始点靠近最优点，故有时称之为最优点的近似估计。 （杨德铨）

初始缺陷准则 initial imperfection criterion

利用具有微小初始缺陷（初弯曲、初偏心等）的不完善体系的稳定特性来确定理想体系的临界荷载的稳定准则。其基本思路为：先假设所研究的压杆或结构具有某一初始缺陷，导出其挠度表达式，使其挠度趋于无限大的荷载即为对应理想体系的临界荷载。 （罗汉泉）

初始塑性流动 initial plastic flow

物体到达极限状态瞬时的塑性流动场。这是在刚塑性模型的基础上求出的极限状态到达瞬时的解（包括极限荷载、塑性区的应力分布和速度分布），因而一般只适用于实际变形不大的情况。这类问题属于强度问题。 （熊祝华）

初始条件 initial condition

初始时刻，方程的解所应满足的条件。对于非定常流动问题，它不仅涉及方程解的准确性，而且对求解的速度和稳定性有很大的影响，因此给定的条件应能合理地反映初始流场状态。对于定常流动问题，如用“时间相关法”，也要给定这一条件，其值可以粗糙一点，一般只要求解收敛即可。 （王 烽）

初始液化 initial liquefaction

动荷载作用下饱和土中孔隙水压力上升至与有效应力相等时的状态。对于松散饱和砂，初始液化和破坏几乎同时发生，但对于较密的饱和砂，由于往返活动性，引起初始液化所需往返剪切次数比引起破坏的次数要少。 （吴世明 陈龙珠）

初位移刚度矩阵 initial displacement stiffness matrix

又称大变形刚度矩阵。有限元法解几何非线性问题时，由于考虑几何非线性的大变形而引起的那一部分刚度矩阵（参见几何刚度矩阵，156 页）。

（包世华）

初应力刚度矩阵 initial stress stiffness matrix

见几何刚度矩阵（156 页）。

储能模量 storage modulus

见复模量（104 页）。

储能柔量 storage compliance

见复柔量（104 页）。

触变性 thixotropy

凝胶在振动、搅拌等作用下变为溶胶的现象。固体微细粒子或其类似物质，用液体分散而成溶胶，溶胶静置时变为凝胶。其宏观表现为：应力保持一定时，表现黏度随应力持续时间而减小，应变率逐渐增加。黏结剂、水泥浆、新鲜灰膏等均表现有触变性。 （冯乃谦）

chuai

揣测元族 elements of Serendipity family

由边界上结点值构成协调形函数的单元。一般情况下单元无内部结点，增加边界上的结点数便可以提高单元形函数的精度。在弹性力学二维问题中，常用的有形函数与拉格朗日族线性矩形元完全相同的线性矩形元、八结点二次矩形元和十二结点三次矩形元。 （支秉琛）

chuan

穿堂风 wind through the main room of a house

贯穿建筑物内部的风。即室外空气从建筑物的一边进入，贯穿内部，从另一边排出的自然通风。尤其当来流风向与建筑物开口方向一致时，风速由于狭管效应而增大。这种现象在高楼耸立的街道、天然的峡谷都相似地出现，常称为街巷风或峡谷风。这种由于环境不同而引起风力的增大，工程上常采用乘以大于 1 的系数来解决。 （张相庭）

传递函数 transfer function

在定常线性振动系统中，当初始条件为零时，系统响应的拉普拉斯变换与激励的拉普拉斯变换之比。它是振动系统动特性的拉氏域描述。

（戴诗亮 陈树年）

传递剪力 carryover shear force

用剪力分配法进行计算时，为了消除梁端的附加链杆上的不平衡剪力，在与该层横梁相联的各柱的另一端所产生的剪力。竖柱某一端的传递剪力等于其另一端的分配剪力，即剪力传递系数等于 1。

（罗汉泉）

传递弯矩 carryover moment

当力矩分配单元的刚结点 i 消除结点不平衡力

矩 R_{ip}时,在汇交于该结点各杆的另一端(远端)所产生的弯矩。对于 ik 杆的 k 端,以 M^{c}_{ki}表示。它等于 i 端的分配弯矩 M^{μ}_{ik}乘以该杆由 i 端向 k 端的传递系数 C_{ik},即

$$M^{c}_{ki} = C_{ik}M^{\mu}_{ik} = -C_{ik}\mu_{ik}R_{ip}$$

(罗汉泉)

传递系数 carryover factor

当单跨超静定梁 ik 的某一端 i 发生转动时,其另一端 k 的弯矩 M_{ki}(远端弯矩)与转动端弯矩 M_{ik}(近端弯矩)之比。以 C_{ik}表示。对于等截面直杆,当两端均为固定端时,有 $C_{ik} = C_{ki} = \frac{1}{2}$;当 i 端固定,k 端铰支(固定铰支座或活动铰支座)时,$C_{ik} = 0$;当 i 端固定,k 端为滑动支座时,则 $C_{ik} = -1$。

(罗汉泉)

传感器 transducer

感受和传递被测非电物理量并将非电物理量转换为电量的器件。是电测法的关键部分。一般由敏感元件和转换元件两部分组成,其工作过程为

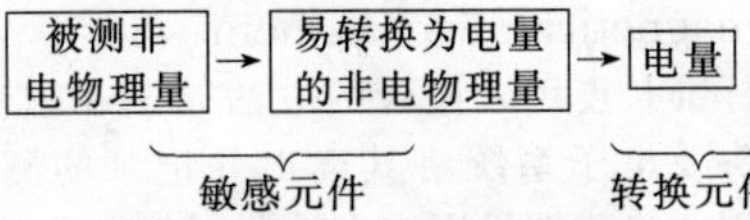

敏感元件又称弹性元件。它的作用是将力、位移、加速度等非电物理量转换为其自身的变形。根据将非电量转换为电量时所采用的不同原理,有电阻应变式传感器、压电式传感器、电容式传感器等。根据其线性度、滞后、不重复度、输出温度影响、零点温度影响、蠕变和灵敏度不稳度等 7 项特性指标的要求,中国将传感器分为 A 级(高精密级)、B 级(精密级)、C 级(普通级)三个精度等级。 (王娴明)

传输方程 transport equation

将守恒性原理应用于流体中任意的某一有限体积 V 所建立起来的方程

$$\frac{\partial}{\partial t}\int_V F\mathrm{d}V = -\oint_A \vec{n}\cdot\vec{u}F\mathrm{d}A + \oint_A \vec{n}\cdot\vec{f}\mathrm{d}A + \int_V Q\mathrm{d}V$$

其微分形式为

$$\frac{\partial F}{\partial t} + \nabla\cdot(\vec{u}F) = \nabla\cdot\vec{f} + Q$$

式中 F 为流体中单位体积内的物质量,可以是质量、动量、机械能、热能、涡量和浓度等;$\vec{f}$为通量,表示扩散过程的扩散量,如质量通量、动量通量、能通量等;Q 为源项。它为物质在流体传输中的一般形式,可以由它得出连续性方程作为质量传输的一种形式,而由动量传输、能量传输性质可得有关流体力学控制方程。 (郑邦民)

串联管路 pipes in series

由不同直径的管段依次串联而成的管路。各管段通过的流量可能相同,也可能因其间有流量分出或汇入而不同。因为各段管径不同,通常流速也不相同,所以应分段计算水头损失。全管线的水头损失等于各段水头损失之和。这类管路按长管计算情况为多,对于局部水头损失较多的管路,常用当量折算长度的办法,即在实际管长 l 上加上一段折算长度 l_m,以 $l+l_m$ 为管长按长管计算。其中

$$l_m = \frac{d}{\lambda}\Sigma\zeta$$

长管的测压管水头线与总水头线重合,整个管路的水头线呈折线形,原因是各管段流速不同,其水力坡度也各不相等。按长管计算的串联管路的作用水头可按下式计算

$$H = \sum_1^n h_{fi} = \sum_1^n S_{0i}Q_i^2 l_i = \sum_1^n \frac{Q_i^2 l_i}{K_i^2}$$

式中 h_{fi}为管段的沿程水头损失;S_{0i}管段的比阻抗;Q_i 为管段末端的流量;l_i 为管段长度;K_i 为管段流量模数。由此式可解算 Q,d(管径)及 H 等各类问题。 (叶镇国)

chuang

床面形态阻力 bed resistance

又称沙波阻力。床面上沙纹、沙垄与沙浪三者所造成的阻力的统称。当床面具有沙纹或沙垄时,由于水流在沙波波峰发生分离,造成沙波波峰前后出现压差,从而产生形状阻力;在沙浪阶段,虽然水流基本上不发生分离,但当水面波破碎时,局部紊动增大,也会增加阻力。三者随水流强度(以佛汝德数 Fr 为标志)增大而逐步演变,沙纹、沙垄阶段,$Fr \ll 1$,沙浪阶段,$Fr \geqslant 1$。在沙浪阶段,由于水流经沙浪时不发生分离,因此其阻力小于沙纹及沙垄阻力;但大于平整的河床阻力。 (叶镇国)

床面形态阻力的爱因斯坦法 Einstein method for forms resistance of bed

通过分析床面形态阻力相应的流速与水流强度参数间的关系推求床面形态阻力的方法。此法为爱因斯坦(H.A.Einstein)于 1952 年提出,故名。爱因斯坦根据美国 10 条河流的资料,绘制了 $\frac{v}{v''_*} \sim \psi'$ 关系曲线,其中 v 为断面平均流速,v''_* 为床面形态阻力流速,ψ'为水流强度参数。且有

$$\psi' = \frac{\gamma_s - \gamma}{\tau'_b}d_{35}, v''_* = \sqrt{\frac{\tau''_b}{\rho}}$$

式中 γ_s 为泥沙重度;γ 为水的重度;τ'_b 为沙粒阻力,可用定床水力学方法确定;d_{35}为小于此粒径的

泥沙占总重量的 35%；ρ 为水的密度；τ''_b 为床面形态阻力(摩擦剪切应力)。由 ψ' 即可求得 τ''_b。一般认为，所得关系主要反映沙垄阻力，如床沙较细、床面有沙纹时，其阻力还与粘滞性有关，阻力规律与上不同。 (叶镇国)

床面形态阻力的英格隆法 Engelund method for forms resistance of bed

按断面突然扩大的形状阻力处理并用能坡分割法计算床面形态阻力的方法。此法由英格隆(F. Engelund)于 1967 年提出，故名。此法将床面阻力分成两部分

$$\tau_* = \tau'_* + \tau''_*$$

$$\tau_* = \frac{\tau_b}{(\gamma_s - \gamma)d_{35}},$$

$$\tau'_* = \frac{\tau'_b}{(\gamma_s - \gamma)d_{35}},$$

$$\tau''_* = \frac{\tau''_b}{(\gamma_s - \gamma)d_{35}}$$

式中 τ_b、τ'_b、τ''_b 分别为床面阻力、沙粒阻力、沙坡阻力(床面形态阻力)；γ_s 为泥沙重度；γ 为水的重度；d_{35} 为小于此粒径的泥沙占总重量的 35%。此法根据两种水流相似性原理，利用水槽试验资料点绘了 $\tau_* \sim \tau'_*$ 关系曲线，据此可求得 τ''_b。此法可得比较满意的结果，但由于实测资料还不多，尚难作最后的结论。 (叶镇国)

床沙质 bed material load

水流挟带的悬移质泥沙中，来源于河床中的一部分泥沙。其组成在河床中大量存在。水流挟带床沙质的数量由水流条件决定，当挟沙量小于挟沙能力时，挟沙量可从河床的床沙质组成中得到补给。

(叶镇国)

chui

吹程 fetch

又称波浪扩散长度。由建筑物起沿水面到对岸的最大直线距离。它是计算波高和波长的重要参数。吹程大，浪高也大，在海、洋、湖泊及水库水面上发生的波浪，波高常达数米，大洋中还可有十余米的。 (叶镇国)

垂直喷射法

法国 J. P. Schon 在 1971 年提出的一种产生模拟的中性大气边界层的方法。在试验段入口处的底板上，从许多细长孔中垂直喷射空气，通过调节引射速度可增厚边界层，并呈现自然边界层特性，尤其是湍流谱的低频部分模拟得比较好。

(施宗城)

chun

纯剪应力状态 pure shearing stress state

物体内一点处正交六面微单元体，在各微元面上正应力分量皆等于零，只有剪应力分量的应力状态。纯剪应力状态只引起微单元体的形状变化，不引起体积变化。 (郑照北)

纯扭转 pure torsion

又称自由扭转。截面可以自由翘曲时的非圆截面杆扭转。此时横截面虽发生翘曲变形，但只有剪应力，没有正应力。 (郑照北)

纯弯曲 pure bending

弯曲变形的一种特殊情况，此时横截面上的剪力恒等于零，各截面的弯矩为常数，相应的横截面上只有正应力而无剪应力。 (熊祝华)

ci

磁尺 magnetical displacement sensor

将标准长度用磁记录的方法录制在磁性尺上，通过磁头及电子系统将其读出并记录的测位移装置。使用时将磁性尺固定在被测试件上。

(王娴明)

磁带记录仪 magnetic tape recorder

利用电磁原理将电信号转化为磁带的磁化状态的记录仪器。能以输出电信号的形式再现记录信号，因而可方便地后接各种仪器及计算机进行数据处理。工作频带宽，低频可从直流开始，可改变记录信号时基，可同时记录多路信号并可重复使用。有模拟式及数字式两种记录方法。模拟式磁带记录仪又有直接记录式(简称 DR 式)和调制式两种。前者低频性能差，不宜用作机械振动信号的记录。

(王娴明)

磁电式拾振器 magneto-pick up

见惯性式拾振器(126 页)。

磁力探测 magnetic inspection

材料的内部缺陷会引起磁场偏转。利用这一原理，由磁强计或磁粉检测磁场的扰动情况从而探测试件内部缺陷的一种非破损探测方法。可探测出试件的缺陷部位及大小。 (王娴明)

磁流体力学 magneto-fluid mechanics

结合经典流体力学和电动力学的方法研究导电流体和磁场作用的学科。它包括磁流体静力学和磁流体动力学两个分支。这一学科问题于 1832 年由 M. 法拉第首次提出；1937 年 J. F. 哈特曼通过定量实验成功地提出了粘性不可压缩磁流体力学流动的

理论计算方法;1950年S.伦德奎斯特首次探讨了利用磁场来保存等离子体的所谓磁约束问题,即磁流体静力学问题,受控热核反应中的磁约束方法就是利用这一原理来约束温度高达一亿度量级的等离子体,但磁约束不易稳定,因此研究磁流体力学稳定性成了极重要的课题。这门学科主要应用在三个方面:天体物理、受控热核反应和工业等。电磁泵用于核能动力装置中传热回路内液态金属传输,冶金和铸造工业中熔融金属的自动定量浇注和搅拌,化学工业中汞、钾、钠等有害和危险流体的输送,利用磁场控制飞行器的传热和阻力以及电磁流量计、电磁制动、电磁轴承、电磁波管等都是磁流体力学在工业应用中所取得的成就。 (叶镇国)

次参元 subparametric element

单元内任一点位置坐标表达式中结点坐标参数数目少于其位移表达式中结点位移参数数目的单元。实际应用中许多常用单元都属次参元。

(支秉琛)

次固结 secondary consolidation

在荷载作用下,当土中应力已基本上由孔隙水转移到土颗粒后,土体由于其内部结构的调整而发生体积减小的现象。其速率用次固结系数表征。对于塑性指数很高的土,次固结占的比例较大。

(谢康和)

次固结沉降 secondary consolidation settlement

土体因发生次固结而产生的竖向位移。

(谢康和)

次固结系数 coefficient of secondary consolidation

土的固结试验某级压力下土样的孔隙比与时间对数关系曲线末尾段的斜率。其值越大,次固结速率越大。 (谢康和)

次级松弛 secondary relaxation

发生在玻璃化转变温度以下的高聚物的松弛过程总称。由比链段尺寸更小的分子局部运动(微布朗运动)引起。通常把玻璃化转变称为 α 松弛,把次级松弛依出现的温度从高到低的顺序分别称为 β、γ 和 δ 等松弛。尽管对于不同的高聚物 α 松弛都由链段引起,但对于 β、γ 或 δ 松弛,不同的高聚物将对应于不同的运动单元和不同的运动模式。

(周 啸)

次生结构面 secondary structure plane

岩体受卸荷、风化、地下水等次生作用所形成的结构面。如卸荷裂隙、风化夹层、泥化夹层等。它多为张裂隙,结构面不平坦,产状不规则,多为不连续,延展性不大。 (屠树根)

次主应力 secondary principal stress

实验表明,当用一束偏振光垂直于三维光弹性模型切片一点入射(z 向)时,则仅有 σ_x、σ_y 和 τ_{xy} 应力分量才有双折射效应,而平行入射方向的其余应力分量 $\sigma_z, \tau_{xz}, \tau_{yz}$ 均不显示出双折射效应。即切片平面中的等差线和等倾线条纹只和垂直于入射方向的平面内的应力分量有关(如图所示)。由于实验所得该平面应力状态 $\sigma_x, \sigma_y, \tau_{xy}$ 的主应力 σ'_1 和 σ'_2 并不是该点三维应力状态的主应力,故实验所得的平面应力状态的主应力 σ'_1 和 σ'_2 称为次主应力。对于同一测点不同方向的切片,分别以不同方向偏振光入射,可得不同的次主应力。

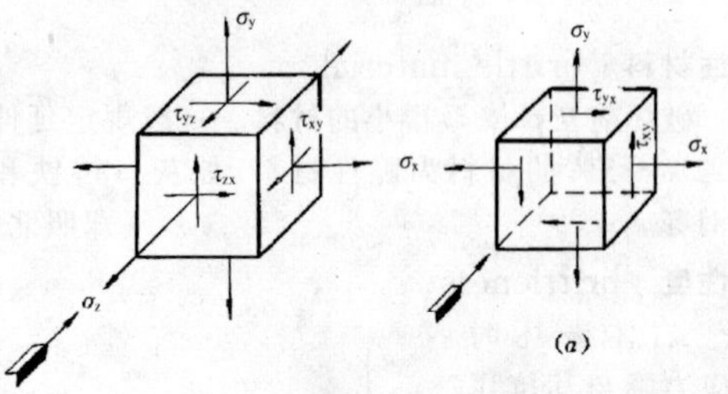

(a)

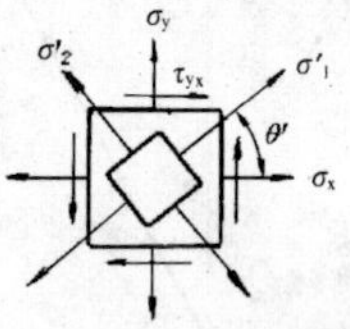

(b)

(傅承诵)

cong

从自由度 slave degree of freedom

表征单元或结构力学特性的从属于主自由度的参数(参见主自由度,466页)。 (包世华)

cu

粗糙度 roughness

在岩石力学中指结构面侧壁的粗糙程度。可分为粗糙的、平滑的和镜面的三种。粗糙结构面,黏聚力 c 和内摩擦角 φ 均较高;镜面的 $c=0$, φ 也很低;平滑的介于两者之间。这对于研究岩体的抗剪强度和评价岩体的剪胀均有重要意义。 (屠树根)

粗糙系数 roughness coefficient

又称糙率。衡量边壁形状不规则性和粗糙影响的一个综合性系数。常用 n 表示。它是计算谢才系数的一个重要参数。 (叶镇国)

粗大误差 thick error

又称过失误差或简称粗差。是一种偏离真实值很大的误差，由测量装置意外改变或测量人员读数或记录失误造成。测量结果中含有粗大误差的值称为坏值，应予剔除。在数据处理时，应根据有关判别准则找出存在粗差的坏值并将其剔除。（李纪臣）

粗砂 coarse sand

粒径大于 2mm 的颗粒含量不超过全重 25%、粒径大于 0.5mm 的颗粒含量超过全重 50% 的土。

（朱向荣）

cui

脆性材料 brittle material

破坏前塑性变形很小的材料。一般规定延伸率 $\delta<2\%\sim5\%$ 的材料为脆性材料，如灰口铸铁和玻璃钢等。（郑照北）

脆性度 brittleness

岩体破坏时的应力降与其抗压强度的比值。以 χ 表示为

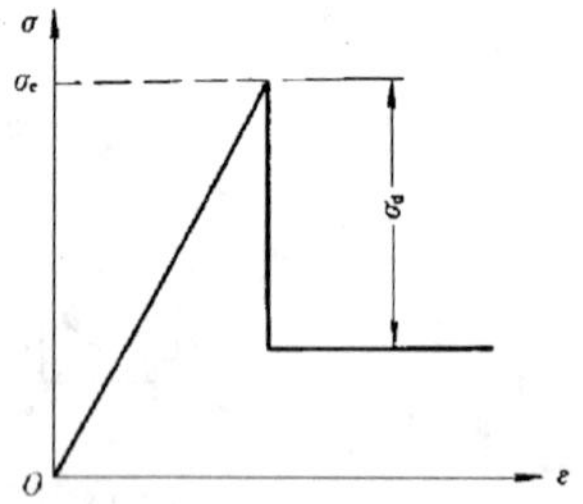

$$\chi=\frac{\sigma_d}{\sigma_c}$$

岩体破坏可分为脆性破坏和柔性破坏。后者在变形上常是连续的，而前者的岩体变形曲线上有明显的应力降 σ_d。χ 值愈大，脆性度愈大。如完整结构的石英岩、花岗岩等在单轴压力作用下，σ_d 常等于 σ_c，即 $\chi=1$，呈全脆性。而碎裂的砂页岩，破坏时不存在应力降，$\chi=0$，呈全塑性状态，为全柔性破坏。

（屠树根）

脆性断裂 brittle fracture

从宏观角度看材料直到断裂前没有塑性变形发生而均保持线弹性的断裂现象。（罗学富）

脆性损伤 brittle damage

又称弹脆性损伤。材料发生弹性变形过程中伴随着微裂纹的形核与扩展而引起的材料损伤。它发生在岩石、混凝土、复合材料和部分金属的损伤中。

（余寿文）

脆性涂层法 brittle-coating method

利用涂在试件表面的特殊脆性材料在荷载作用下产生的裂纹来确定试件的最大应力区和主应力方向的一种全场实验方法。连接同一荷载下所有裂纹的端点即可获得等应力线，通过逐级加载可得遍及整个涂层的裂纹图。目前应用的脆性涂料有树脂型和陶瓷型两种，前者可通过调节配比改变涂层灵敏度。温、湿度变化及加载历程对灵敏度有明显影响；后者灵敏度稳定但在试件上形成脆性层时需较高的焙烧温度。主要用作定性分析和精确试验前的辅助试验。（王娴明）

cuo

错位云纹干涉法 shearing moiré interferometry

利用错位获取的代表位移导数的二阶云纹干涉条纹图进行应力或应变分析的实验方法。如将两张同样的变形栅或云纹条纹图叠合在一起，并沿其不同主方向加以错位时，即可获得代表位移导数场的二阶云纹干涉条纹图，这就是传统云纹法的错位法。如果采用高密度云纹干涉法的位相型衍射光栅作为试件栅，则在相干光束的照射下，随试件栅变形而衍射出的翘曲波前经不同的光学错位元件加以错位，就可获得二阶云纹图。（傅承诵）

D

da

达朗伯－欧拉定理 d'Alembert-Euler theorem

关于定点转动刚体位移的一个定理，因 J. le R. 达朗伯和 L. 欧拉先后提出而得名。表述为：具有一固定点的刚体从一个位置转到另一位置的位移，可借助绕通过该定点的某轴一次转动来实现。用以刚体的固定点 O 为中心的参考固定球面来截取该刚体而得截面图形 S（图上未画出），刚体在任一瞬时的位置，可由图形 S 内任一大圆弧于此瞬时在该固定球面上的位置来确定。若该圆弧在瞬时 t 位于 $\overset{\frown}{A_1B_1}$，经

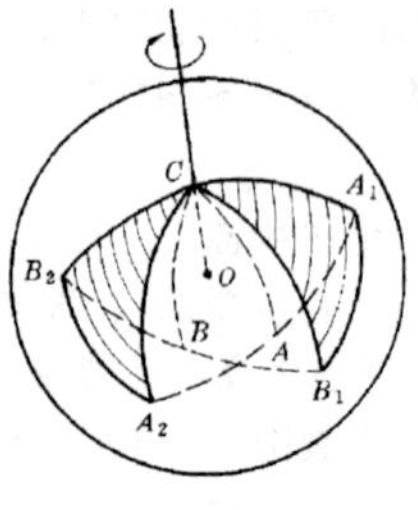

时间 Δt 后运动到$\overset{\frown}{A_2B_2}$，作大圆弧$\overset{\frown}{A_1A_2}$和$\overset{\frown}{B_1B_2}$的中垂面而得交线 OC，则刚体在 Δt 时间内的位移，可看成是它绕 OC 轴线转过球面角 $\angle A_1CA_2$（或 $\angle B_1CB_2$）的一次转动而达成。由于点 A_1、B_1 的实际运动轨迹一般不是大圆弧$\overset{\frown}{A_1A_2}$与$\overset{\frown}{B_1B_2}$，故这种一次转动只符合刚体运动的结果而不反映其运动的实际过程。但当 $\Delta t\to 0$ 时，刚体绕 OC 轴线的转动就无限逼近刚体的真实运动。此时，OC 轴线所趋近的极限位置就是刚体在瞬时 t 的瞬时转动轴。刚体在该瞬时的运动，可以看成是它绕该轴的瞬时转动。 （何祥铁）

达朗伯原理 d'Alembert principle

在每一瞬时，实际作用在运动质点上的主动力、约束反力与该质点的惯性力互相平衡（即 $\boldsymbol{F}+\boldsymbol{N}-m\boldsymbol{a}=0$）；在每一瞬时，实际作用在质点系上的主动力系、约束反力系与各质点的惯性力组成的力系互相平衡。是不变分的力学原理之一。由本原理知，添加相应的惯性力后，即可用平衡规律解决质点或质点系的动力学问题。本原理与虚位移原理结合，可导出动力学普遍方程，成为分析动力学的基础。

（黎邦隆）

达西定律 Darcys law

描述渗流能量损失与渗流流速间基本关系的定律。它为法国水利工程师达西（Henri Darcy）于1852～1855年间为解决水的净化问题通过大量试验后提出，故名。其基本关系式为

$$v = kJ$$

$$u = kJ$$

$$Q = k\omega J$$

式中 v 为渗流模型的断面平均流速；u 为任一点渗流流速；Q 为渗流流量；ω 为过水断面面积；J 为水力坡度，k 为渗透系数。上式表明，单位距离内的水头损失与渗流流速一次方成正比。因此这一定律也称为渗流线性定律。其适用范围是层流，雷诺数按下式计算

$$\mathrm{Re} = \frac{vd}{\upsilon}$$

式中 d 为土壤颗粒的“有效”粒径（$d=d_{10}$）；υ 为水的运动粘度。实验得出，渗流线性定律雷诺数上限值的变化范围为 $\mathrm{Re}\leqslant 1\sim 10$，为安全计，此上限值可取 $\mathrm{Re}=1.0$。至于层流与紊流的转变，有人提出可取 $\mathrm{Re}=100$。按此判别标准，可知大多数渗流运动是服从达西定律的，在水利工程有关渗流问题中一般也在线性定律适用范围之内，但在堆石坝、堆石排水设备及裂隙介质中，渗流往往是紊流，甚至为阻力平方区，渗流损失与流速呈非线性关系，达西定律不适用。1901年福希海梅（Forchheimer）首先提出在高雷诺数时的非线性关系为：

$$J = au + bu^2$$

式中 J 为水力坡度；u 为点流速；a、b 为待定常数。早期，人们对 bu^2 项出现认为是紊流的影响，但从50年代起，一些实验结果表明，紊流开始于 $\mathrm{Re}=\frac{vd}{\upsilon}=60\sim 150$；而达西定律在 $\mathrm{Re}\geqslant 1\sim 10$ 时已不适用了。因此在 $\mathrm{Re}\approx 10\sim 150$ 间的层流区也会有 bu^2 项出现，最近人们把它归于渗流在弯曲通道中水流质点惯性力的影响。 （叶镇国）

达西－魏士巴哈公式 Darcy-Weisbach equation

简称达西公式。计算沿程水头损失的通用公式。达西（Henry Philibert Gaspard Darcy，1803～1858）为法国工程师，魏士巴哈（Julius Weisbach，1806～1871）为德国水力学家。其表达式如下

$$h_{\mathrm{f}} = \lambda\,\frac{l}{4R}\cdot\frac{v^2}{2g}$$

式中 h_{f} 为沿程水头损失；v 为断面平均流速；l 为计算段的长度；R 为水力半径；g 为重力加速度；λ 为沿程阻力系数。对于圆管，上式可为

$$h_{\mathrm{f}} = \lambda\,\frac{l}{d}\cdot\frac{v^2}{2g}$$

式中 d 为圆管直径。达西－魏士巴哈公式对于层流和紊流均通用，但 λ 值不同。 （叶镇国）

大风 gale, fresh gale

蒲福风级中的八级风。其风速为 17.2～20.7m/s。 （石 沅）

大孔眼格网法

以大孔眼格网作为旋涡发生器，以增大湍流尺度，并在格网下游放置板条或档板，在试验段下游形成模拟的中性大气边界层的方法。英国牛津大学4m×2m的工业空气动力学风洞则将档板合并为格网的底条，并将横格条采用变间距布置，以改善速度剖面形状，进一步提高湍流的强度与尺度。

（施宗城）

大气 atmosphere

覆盖地球的气体层。由氮、氧、氩、氖、氦、氪、氢、臭氧、水汽、二氧化碳等多种气体混合组成，气体密度随高度增高而降低，高空空气趋于稀薄。大气沿竖向因物理、化学特性的差异，可分成若干层次，通常分为：对流层、平流层、中间层、热成层和外大气层等。对地面天气有直接影响的大气层厚度约为20～30km。 （石 沅）

大气边界层 atmospheric boundary layer

受地面摩擦作用较明显的近地大气层。上界面高度约为500～1 000m。在此层中大气运动基本上呈不规则的湍流状态。由于受地面的热力、动力及地面粗糙度影响，边界层内的风速有其特定的变化

规律。大量实测结果表明，平均风速沿高度变化的规律可用对数或指数函数来描述。在大气边界层上界面以上处，风不受地表影响，能在气压梯度作用下自由流动，从而达到所谓梯度风速。出现这种速度的高度称为梯度风高度。在不同地面粗糙度情况下，梯度风高度是不同的。（石　沅）

大气扩散　atmospheric diffusion

空气中的某种物质由于大气湍流运动所引起的空间扩散。对大气扩散的研究是防治大气污染、计算自然蒸发等问题的基础。（石　沅）

大气湿度　atmospheric moisture

大气中所含水汽多少的度量。可用水汽压、绝对湿度、相对湿度及露点等度量。大气中湿度一般自沿海向内陆、自低层向高层递减。（石　沅）

大气湍流　atmospheric turbulence

大气中气流的不规则运动。在高度 1、2km 以下的大气边界层中常发生湍流运动，称为“边界层湍流”。在大气边界层以上的自由大气层中有时也发生湍流运动，称为“晴空湍流”。若大气湍流是由于气流受阻碍物或粗糙起伏地表的影响所致（它常出现于较大的气流切变区），称为动力湍流；若是因大气热力不稳定而产生对流所造成，则称为热力湍流。（石　沅）

大气温度　atmospheric temperature

大气的温度。通常用离地面 1.5m 高度处百叶箱内的空气温度来表示，它基本上代表了当地的空气温度。一日中最低温度一般出现在早晨，以后逐渐上升，到下午二时左右达最高温度，然后气温又下降。（石　沅）

大气污染　atmospheric pollution

由于有害气体和悬浮物质微粒排入大气，破坏生态系统以致对人和物造成危害的现象。包括火山爆发、森林火灾等自然因素及工业、交通运输工具所排放的废气、核爆炸后散落的放射性物质等人为因素所造成的后果。污染物质在近地面层的积累和扩散，取决于风向、风速、温度层结构等气象条件及地形、地表覆盖物等地表性质。大气污染不仅对某一地区，而且对全球的天气和气候均会发生影响，对人类生活、动植物生长及建筑物使用寿命均有危害。故防止或减轻污染的科研及实施，受到很大重视。（石　沅）

大气旋涡　atmospheric vortex

大气中作旋转运动的气流。在北半球，旋涡气流沿反时针方向旋转，在南半球则相反。在同一高度上，气旋中心的气压低于周围的气压。（石　沅）

大涡模拟　large eddy simulation

紊流模拟的一种数值解法。把求解区域尺度作为最大涡尺度，把网格尺度取做最小涡尺度，并认为不存在比网格尺度更小的旋涡，即将更小的涡滤掉的处理方法。（王　烽）

大应变电阻应变计　post yield resistance strain gauge

可测应变达 10%～20% 的电阻应变计。敏感栅由经退火处理的康铜材料制成，基底材料及黏结剂为聚酰亚胺或环氧树脂、合成橡胶等高强高延性材料。（王娴明）

大 M 法　big-M method

针对具有人工变量的线性规划问题，引入大数 M 再用单纯形法求解的一种方法。为形成初始基本可行解，在线性规划标准式的等式约束中引入人工变量，同时为保证问题的等价性，将人工变量列入目标函数，并令其对应的价值系数为一大正数 M（对于求极小的问题）。若用单纯形法求解，所得解中的人工变量不全为零，则表明原问题无解；否则，所得解中原设计变量的值就形成原问题的最优解。求解过程中，当人工变量退出基变量时可将其删除，全部退出后即获得原问题的基本可行解。（刘国华）

dai

带刚域的杆　member with rigid end parts

一端或两端带有抗弯刚度为无限大的刚性段的杆件。它是在杆件截面的尺寸相对较大（例如大于杆件长度的 $\frac{1}{5}$）时，为考虑刚结点处结合区域的较大尺寸对杆端刚度的影响而选取的杆件计算简图。此时，杆件的轴线仍按原来的轴线，但将杆件端部进入结合区域的一段作为刚性段（截面惯性矩为无限大），称为刚域。在壁式刚架结构和框架—剪力墙结构的计算简图中，一部分杆件即为带刚域的杆。计算时将它作为变截面杆件处理，先利用杆件变形协调条件和平衡条件求出其形常数和载常数，建立相应的转角位移方程，便可应用位移法或矩阵位移法进行计算。

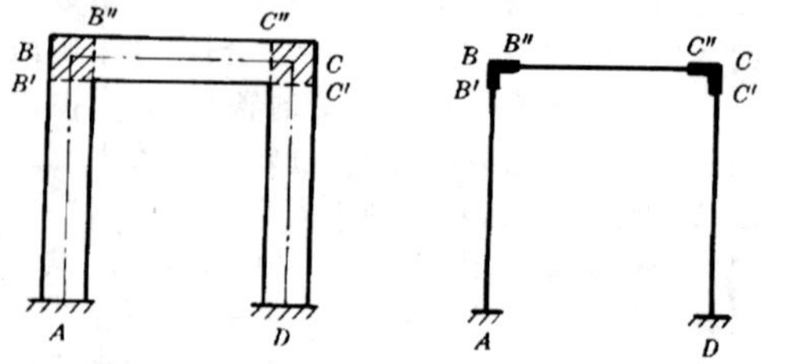

（洪范文）

带宽 bandwidth

带状矩阵的各行中最左端的非零元素与最右端的非零元素之间的列宽度。在带宽范围内可能有部分零元素。在整体刚度矩阵中,元素按结点的整体编码排列,其中的非零元素是由相关结点的单位位移引起的,所以,带宽与相关结点的编码有密切的关系。 （夏亨熹）

带宽最小化 minimization of half-bandwidth

又称带宽极小化。采取措施使稀疏矩阵的带宽达到最小。主要措施有:① 有规则地划分单元,恰当地进行结点编码,使相邻结点码的差值最小。这也可用优化方法在计算机上实现。② 合理选择未知量(特别是在高次模型中),以降低单元刚度矩阵的阶数。 （夏亨熹）

带状矩阵 banded matrix

非零元素分布在以主对角线为中心的斜带状区域内的矩阵。整体刚度矩阵为对称的带状矩阵。利用这一特点,以主对角线为界,可将斜带状区分为上半带和下半带。选择适当的贮存方式,只贮存上半带或下半带的非零元素,以节省计算机的贮存容量。常用的贮存方式有等带宽二维贮存、变带宽一维贮存等。 （夏亨熹）

dan

单摆 simple pendulum

又称数学摆(mathematical pendulum)。以上端固定、质量及伸长不计的线或杆悬挂一重锤,使线与锤可在重力作用下在铅垂平面内摆动的装置。不计阻力时,它进行的微幅摆动近似为简谐振动,振动周期 $T=2\pi\sqrt{\frac{l}{g}}$,其中 l 是摆长;g 是重力加速度。 （黎邦隆）

单边裂纹试件 single edge crack specimen

具有单边裂纹的平板型试件。通常承受拉伸荷载，是断裂力学试验中常用的一种试件。 （孙学伟）

单层势 single layer potential

在无限空间中沿某一面元分布的面密度为 σ 的源所产生的势。调和函数 u 可表示为沿边界分布的密度为 σ 的源的单层势

$$u(Q)=\int_{s}u^{s}(p;Q)\sigma(p)\mathrm{d}S(p)$$

式中 $u^{s}(p;Q)$ 即点源的势,对三维问题是牛顿势 $\frac{1}{4\pi r(p,Q)}$,对二维问题是对数势 $\frac{1}{2\pi}\ln\frac{1}{r(p,Q)}$。利用单层势可建立调和方程诺伊曼问题的边界积分方程

$$-\alpha(q)\sigma(q)+\int_{s}\frac{\partial u^{s}(p;Q)}{\partial n(q)}\sigma(p)\mathrm{d}S(p)=\bar{g}(q)$$

式中 n 为边界 S 在边界点 q 处的外法线方向，对光滑边界点系数 α（q）为 1/2，右端项为给定法向梯度。 （姚振汉）

单纯形表 simplex tableau

用单纯形法求解线性规划问题的运算表格。由目标行和约束行组成如下表格：

单纯形表

	x_B^T	x_N^T	RHS（右端项）
约束行	$\boldsymbol{I}$	$\boldsymbol{B}^{-1}\boldsymbol{N}$	$\boldsymbol{B}^{-1}\boldsymbol{b}$（基变量值）
目标行	$\boldsymbol{O}$	$\boldsymbol{c}_B^T\boldsymbol{B}^{-1}\boldsymbol{N}-\boldsymbol{c}_N^T$	$\boldsymbol{c}_B^T\boldsymbol{B}^{-1}\boldsymbol{b}$（目标函数值）

表中 $\boldsymbol{x}_B$ 为基变量；$\boldsymbol{x}_N$ 为非基变量；$\boldsymbol{B}$ 为基矩阵；$\boldsymbol{N}$ 为非基矩阵；$\boldsymbol{c}_B$、$\boldsymbol{c}_N$ 为与 $\boldsymbol{x}_B$、$\boldsymbol{x}_N$ 相对应的价值系数；$\boldsymbol{b}$ 为等式约束的右端常数项。通过这张表可判别当前基本可行解是否为最优解，若否，则利用该表作换基运算以获得新的基本可行解以及与其相应的单纯形表。一张单纯形表也泛指单纯形法迭代过程的一个中间结果，尽管有时并非以表格形式给出。 （刘国华）

单纯形法 simplex method

①通过几种运算规则使单纯形不断变更、移动直至充分靠近最优点的一种无约束非线性规划直接法。1962 年由 W. 司泮特莱（Spendley）等提出，1965 年由 J. A. 耐尔岱（Nelder）等作了改进。适用于设计变量不多、精度要求不高的问题。所谓单纯形是指在 n 维设计空间中由 $n+1$ 个顶点所构成的几何形体。通常取各顶点间等距离的正则单纯形作为初始单纯形，通过比较单纯形各顶点上的目标函数值来确定试探目标函数改善点的方向，并在此方向上进行反射、延伸或收缩等试探，当获得较好的试探点时用它取代劣点（对于求极小问题是指目标函数值最大的顶点），否则对整个单纯形进行压缩，生成一个新的单纯形，如此反复以逐次逼近最优点。

②从一个初始极点出发，找出并沿着与该极点相连接的、目标函数值下降（对于求极小的问题）速率较大的棱线移动至下一更好的极点，直至获得最优点的线性规划求解方法。1947 年由 G. B. 丹齐格（Dantzig）提出，至今仍是求解线性规划问题的基本方法，在结构优化设计中也得到广泛应用。由于线性规划问题的有界最优点必可从其可行域极点（即基本可行解）中获得，故若在某极点上沿与

之相连结的各棱线移动时目标函数值均不下降，则该极点即为最优点；若找到的使目标函数值下降的棱线为极方向，则问题不存在有界最优点。从一个极点到另一个极点的移动过程实际上就是利用单纯形表从一个基本可行解中选取某一基变量与一非基变量进行互换以生成另一基本可行解的过程。对非退化问题通过有限步的换基运算可找到最优解或确定最优解无界。对于不能直接获得初始极点（即初始基本可行解）的问题可采用大 M 法或两相法。

（刘国华）

单光束散斑干涉法 single beam speckle interforometry

通过测量单束激光照明物体所形成的散斑图的变化，分析物体全场位移的一种干涉计量术。物体发生微小变形时，散斑场也随着发生变化，它们之间有着确定的关系。用直接记录客观散斑或通过透镜记录主观散斑的方法，把物体变形前后所形成的两个散斑图记录在同一张底片上，用逐点分析法或全场分析法显示散斑干涉条纹图，由此得到物体的全场位移分布。（钟国成）

单光束散焦散斑干涉法 single beam off-focus speckle interferometry

利用离焦的散斑照相记录技术，测量物体转角变化的一种方法。激光束近似于板表面照射，照相机聚焦在离被测物表面距离为 A 的 $S-S$ 平面上，A 称为散焦距离。采用物体转动前后二次曝光拍摄散斑图。将此散斑图进行全场分析法处理，即可获得物体表面转角的等值线图。此法可直接测定板弯曲时的斜率。

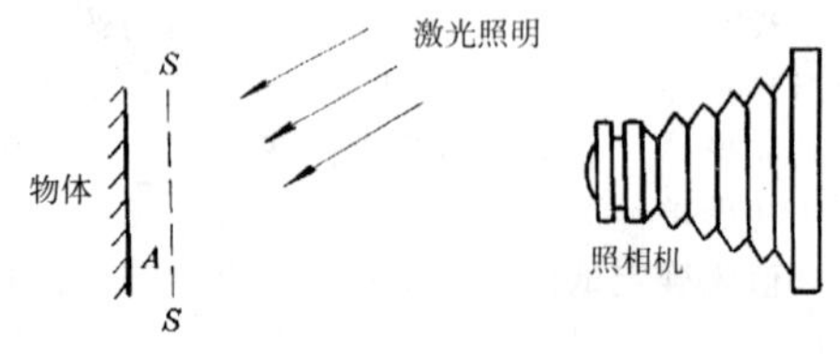

（钟国成）

单积分本构关系 single-integral constitutive relations

非线性粘弹性本构表达的一种，有相应的材料函数。形式很多，如 BKZ 理论、有限线性粘弹性理论、修正迭加法、热力学本构关系，等等。不同材料在各种条件下的单积分本构形式可不相同，同一材料也可用不同的单积分本构关系来表达。各种单积分理论有各自的假设与条件，材料函数的多少和繁简程度也颇为不同。（杨挺青）

单剪仪 simple shear apparatus

直接剪切仪的改良型式。为了克服直接剪切仪在试样受剪时剪应变不均匀，不能控制排水条件及剪切面位置固定等缺点而在仪器构造上作了改进。按其剪切容器可分为迭环式、加筋膜式和刚性式三种，以限制试样受压后侧向膨胀和控制排水。对试样施加法向压力后，在试样的顶部和底部借上下透水石与试样间摩擦来施加剪力。可测定试样在排水或不排水条件下的强度与剪切模量。用来模拟实际土体受水平剪切情况。（李明逵）

单铰 simple hinge

见复铰（104 页）。

单跨超静定梁 single-span statically indeterminate beam

只具有一个跨间的超静定梁。是最简单的超静定结构之一。有两端固定梁，一端固定、另一端铰支梁和一端固定、另一端滑动支座梁三种形式。用位移法和力矩分配法计算连续梁或超静定刚架时，总是把原结构的各根杆件转化为上述三种单跨超静定梁来进行计算。（罗汉泉）

单宽流量 discharge per unit width

单位宽度内的流量，以 q 表示。其单位为 $m^3/s{\cdot}m$ 由下式决定：

$$q=\frac{Q}{b}$$

式中 b 为宽度；Q 为流量。（叶镇国）

单粒结构 single-grained structure

粗土粒在水或空气中下沉而形成的土的结构。颗粒间几乎无联结。根据密实程度分密实和疏松。常见于颗粒较粗的粉土和无粘性土中。（朱向荣）

单连通区域 simply connected region

区域内任一封闭曲线可以不出边界连续地收缩到一点的连通区。例如球的内、外区域，两同心球之间的区域等均属此类区域。（叶镇国）

单面剪切试验 single-shear test

将剪切力平行地加于某一人为的剪切面上，使材料沿该面剪断的一种常用直接剪切试验。可在剪切面上法向应力为零和不为零两种条件下进行。该试验可测定岩石节理、层面、片理或劈理面，以及土与岩石之间、混凝土与岩石之间分界面的峰值剪切强度和残余剪切强度。（袁文忠）

单面约束 unilateral constraint

又称单向约束、非固执约束。只能限制质点向某个方向运动而不能限制它向相反方向运动的约束。约束方程为不等式。（黎邦隆）

单式断面渠道 channel for simple cross-section

过水断面面积、水面宽度及湿周等断面要素与渠中水深呈连续函数关系且断面形状规则的渠道。这种渠道的断面形式可有多种，一般要求结构合理、便于施工、且呈对称的规则形状。如矩形、梯形、马蹄形或圆形等。矩形断面渠道常用于岩基地区；圆形断面及马蹄形断面常用于地基承载力较差或封闭式输水隧洞或保护环境卫生需要，避免有碍城市卫生气体外溢的都市排污涵管等方面；梯形断面渠道常用于土质地区，工程应用最为普遍。这类断面形式在中小型工程中应用较广。

（叶镇国）

单位长度的允许扭转角 allowable twisting angle of twist per unit length

保证转轴刚度所规定的一个设计参量，记为〔θ〕，单位为〔°/m〕。机器传动轴扭转变形过大，运转时将发生较大的扭转振动，并影响精密机床的加工精度。因此，对转轴的扭转角要加以限制，规定单位长度的扭转角值不大于〔θ〕。（郑照北）

单位弹性抗力系数 coefficient of unit elastic resistance

洞室半径为 1m 时的弹性抗力系数，用 K_0 表示。

$$K_0 = \frac{E}{1+\mu}$$

式中，E 为岩石弹性模量；μ 为泊松比。（袁文忠）

单位荷载法 unit-load method

又称虚单位力法、麦克斯韦-莫尔法。应用虚力原理时，在虚拟状态中沿所求位移方向作用一相应单位力来计算结构位移的方法。为英国学者J.C.麦克斯韦于1864年、德国学者O. 莫尔于1874年分别独立提出。其基本要点为：欲求结构在外因作用下，某截面 K 沿某方向的位移 Δ_{k2}（此状态为实际位移状态），应虚设一个力状态，即在 K 点沿所求位移方向作用一个虚设的单位力 $P_k=1$（P_k 为广义力）而构成一虚设力系。应用虚力原理，即可导得计算杆件结构的位移计算一般公式为

$$\Delta_{k2} = \Sigma\int \bar{N}_1 du_2 + \Sigma\int \bar{M}_1 d\varphi_2 + \Sigma\int \bar{Q}_1\gamma_2 ds - \Sigma\bar{R}_1 C_2$$

式中 $\bar{N}_1$、$\bar{M}_1$、$\bar{Q}_1$ 和 $\bar{R}_1$ 分别代表结构在虚单位力单独作用下（虚设力状态）所产生的轴力、弯矩、剪力和支座反力；du_2、$d\varphi_2$、$\gamma_2 ds$、c_2 代表实际位移状态相应微段的轴向变形、弯曲变形、剪切变形和已知的支座位移。（何放龙）

单位位移法 method of virtual unit displacement

在应用虚位移原理时，令虚设状态中沿未知力方向的位移为单位位移以求解该未知力的方法。其主要步骤为：以求未知力的状态作为力状态；去掉与所求未知力相应的约束，使所得体系（如原来的结构为静定结构，则所得体系为具有一个自由度的机构）沿未知力 X 的正方向发生单位虚位移 $\delta_x=1$，得到位移状态；根据虚位移原理建立虚功方程，它即为求解该未知力的静力平衡方程，据此可求出该未知力。此方法的特点是将一个静力平衡问题转化为几何问题，即利用未知力方向的位移 δ_x 与荷载方向的位移 Δ_p 之间的几何关系来计算未知力，而且因取 $\delta_x=1$，使计算更为简便。在用机动法作结构的影响线时，即是应用这一方法。

（罗汉泉）

单位质量力 body force of unit mass

又称单位体积力。作用于每一单位质量物体、流体上的质量力。对于流体它的量纲为［L/T²］，单位为 m/s²。设流体的质量为 M，所受的质量力为 F，它在笛卡尔坐标系中的三个分量为 F_x、F_y、F_z，则有

$$\vec{f} = \frac{\vec{F}}{M} = \frac{F_x}{M}\vec{i} + \frac{F_y}{M}\vec{j} + \frac{F_z}{M}\vec{k}$$

$$X = \frac{F_x}{M}, Y = \frac{F_y}{M}, Z = \frac{F_z}{M}$$

式中 $\vec{f}$、X、Y、Z 分别为单位质量力及其在各坐标轴上的分量；i，j，k 为沿三坐标轴方向的单位矢量。在流体的平衡与运动分析中常引用这一概念。

（叶镇国）

单一曲线假设 "single curve" hypothesis

关于 $\sigma_e-\varepsilon_e$ 或 $T-\Gamma$ 曲线与应力状态无关的假设。实验表明，在简单加载条件下，各向同性材料足够精确地符合这个假设。其表达式为

$$\sigma_e = E(\varepsilon_e)\varepsilon_e \text{ 或 } T = G(\Gamma)\Gamma$$

此处 $G(\Gamma)$、$E(\varepsilon_e)$ 是割线模量，不是常数；σ_e 和 ε_e 见幂强化；T 和 Γ 分别为剪应力强度和剪应变强度

$$T = \left(\frac{1}{6}\right)^{\frac{1}{2}}\left[(\sigma_x-\sigma_y)^2+(\sigma_y-\sigma_z)^2 + (\sigma_z-\sigma_x)^2+6(\tau_{xy}^2+\tau_{yz}^2+\tau_{zx}^2)\right]^{\frac{1}{2}}$$

$$= \left(\frac{1}{6}\right)^{\frac{1}{2}}\left[(\sigma_1-\sigma_2)^2+(\sigma_2-\sigma_3)^2 + (\sigma_3-\sigma_1)^2\right]^{\frac{1}{2}}$$

$$\Gamma = \left(\frac{2}{3}\right)^{\frac{1}{2}}\left[(\varepsilon_x-\varepsilon_y)^2+(\varepsilon_y-\varepsilon_z)^2 + (\varepsilon_z-\varepsilon_x)^2+\frac{3}{2}(\gamma_{xy}^2+\gamma_{yz}^2+\gamma_{zx}^2)\right]^{\frac{1}{2}}$$

$$= \left(\frac{2}{3}\right)^{\frac{1}{2}}\left[(\varepsilon_1-\varepsilon_2)^2+(\varepsilon_2-\varepsilon_3)^2+(\varepsilon_3-\varepsilon_1)^2\right]^{\frac{1}{2}}$$

对于稳定材料，有 $\mathrm{d}T/\mathrm{d}\Gamma \geqslant 0$，及 $\frac{\mathrm{d}T}{\mathrm{d}\Gamma}-\frac{T}{\Gamma}=G'$（ɾ）$\Gamma<0$，即 $\mathrm{d}G$（Γ）；$\mathrm{d}\Gamma=G'$（Γ）<0，G（Γ）为 Γ 的减函数，且 $0 \leqslant G$（Γ）$\leqslant G$，G 为剪切弹性模量。对于 σ_e、ε_e、E（ε_e）有类似的关系式。如果 E（ε_e）或 G（Γ）为常数，则为线弹性材料。

（熊祝华）

单元 element

又称元素或元。在有限元法中将连续体进行网格剖分而离散出来的有限个组成部分。杆件结构通常将每根杆件作为一个单元。单元是有限元法中最基本的分析对象，连续体是所有单元的集合。网格线称为单元边界线；网格点以及在单元内和边界上特别选定的点统称为结点。在单元中选择有限个独立结点位移、应变、应力作为基本未知量。单元的种类很多。按力学性质分为一维单元、二维单元和三维单元；按几何形状分为三角形元、四边形元、四面体元和六面体元等；按基本未知量的选取分为位移元、平衡元、混合元或杂交元；还发展了许多新型单元，如边界元、奇异元、无限元等。

（夏亨熹　洪范文）

单元的几何各向同性 geometric isotropy of element

单元场函数与坐标方向的选择无关的性质。

（支秉琛）

单元的自然坐标 natural coordinates of element

又称正规化坐标或无量纲坐标。用长度、面积或体积的相对比值表示的坐标。一般线元、二维矩形和三维正六面体母单元的局部坐标可用长度的相对比值（ξ、η、ζ）表示，且有 $-1 \leqslant \xi$、η、$\zeta \leqslant 1$；三角形单元和四面体单元的局部坐标常分别用面积坐标和体积坐标表示。采用自然坐标可简化形函数，使公式推导规范化。

（杜守军）

单元分析 element analysis

建立单元的结点位移向量与结点力向量间关系的分析过程。其关系式称为单元的基本方程。位移元的基本方程称为单元刚度方程，表达为结点力向量等于单元刚度矩阵与结点位移向量的乘积。平衡元的基本方程称为单元柔度方程，表达为结点位移向量等于单元柔度矩阵与结点力向量的乘积。单元的结点位移向量和结点力向量可根据所选取的基本未知量列出。所以，单元分析的主要任务是寻求单元刚度矩阵或单元柔度矩阵。在混合元中，两者都需要求。单元分析的常用方法为直接法。对于位移元，直接法的分析步骤如下：①选择位移函数或形函数，建立结点位移与单元内部位移的关系；②由几何方程建立结点位移与单元应变的关系；③由物理方程建立结点位移与单元应力的关系；④利用虚位移原理建立结点位移与结点力的关系；即得到单元刚度方程和单元刚度矩阵。对于平衡元，用直接法建立单元柔度矩阵时，则须选择应力模式，其推导步骤恰好相反。单元刚度矩阵和单元柔度矩阵也可由能量变分原理或加权余量法来推导。

结构矩阵分析系有限元法在杆系结构中的应用，故结构矩阵分析中的单元分析与上述内容大致相同：

对作用在单元体上的力向量与位移向量之间关系所进行的分析。如在结构矩阵分析中，是对某一单元两端的杆端力向量与杆端位移向量之间的关系所进行的分析。是整体分析的基础，所建立起的杆端力与杆端位移之间的关系式通常用矩阵表达，在矩阵力法中为单元柔度方程，相应的转换矩阵即单元柔度矩阵；在矩阵位移法中为单元刚度方程，相应的转换矩阵即单元刚度矩阵。对于矩阵力法中的简支式、悬臂式单元，其单元柔度矩阵的逆矩阵即为矩阵位移法中相应单元的单元刚度矩阵。对于矩阵力法中的自由式单元，其单元柔度矩阵不存在，而矩阵位移法中相应单元的单元刚度矩阵则为奇异矩阵。单元分析可以借助于转角位移方程，也可用能量原理进行，在结构矩阵分析中以前者应用较多。

（夏亨熹　洪范文）

单元刚度方程 element stiffness equation

又称单元劲度方程。位移元中用以表示结点位移和结点力关系的方程。表达为单元结点力向量等于单元刚度矩阵与结点位移向量的乘积。

在矩阵位移法中，通过单元分析得到的反映单元杆端力向量 $\boldsymbol{F}^e$ 与单元杆端位移向量 $\boldsymbol{d}^e$ 之间关系的表达式 $\boldsymbol{K}^e\boldsymbol{d}^e=\boldsymbol{F}^e$。式中 $\boldsymbol{K}^e$ 即为单元刚度矩阵。对于一般形式的单元，$\boldsymbol{K}^e$ 是奇异矩阵，其逆矩阵不存在，因此，通过单元刚度方程只能由杆端位移求杆端力，不能由杆端力求杆端位移。根据所采用坐标系的不同，又有局部坐标系和整体坐标系表示的单元刚度方程之分。

（洪范文　夏亨熹）

单元刚度矩阵 element stiffness matrix

又称单元劲度矩阵。在位移元中将单元结点位移向量转换为单元结点力向量的转换矩阵。它表征单元的刚度特性，是一个对称矩阵。它的任一元素 K_{ij} 表示当结点位移 δ_j 为 1 时沿结点位移 δ_i 方向产生的结点力，称为刚度系数。建立单元刚度矩阵是单元分析的主要任务，用以组成整体刚度矩阵。单元刚度矩阵的秩等于 $n-r$，这里 n 是单元结点位移向量的阶数，r 是单元刚体位移的个数。如果秩小于 $n-r$，则表明此单元存在多余的零能模式。

在结构矩阵分析中又简称单刚。是在单元刚度方程中，反映杆端力向量与杆端位移向量之间关系的转换矩阵，以 $\boldsymbol{k}^e$ 表示，为一对称方阵。该矩阵中的元素 k_{ij} 称为单元刚度系数，它表示当单元杆端位移向量中的第 j 个分量单独发生单位位移时，在单元杆端力向量中的第 i 个分量上产生的杆端力。根据所采用的坐标系不同，又分为局部坐标系表示的和整体坐标系表示的单元刚度矩阵。

（洪范文　夏亨熹））

单元刚度系数　element stiffness coefficient

见单元刚度矩阵（54 页）。

单元贡献矩阵　element contributed matrix

由单元刚度矩阵 $\boldsymbol{K}^e$ 扩大而成的、与整体刚度矩阵 $\boldsymbol{K}$ 同阶的矩阵。由于 $\boldsymbol{K}^e$ 中的元素系按局部编码排列，$\boldsymbol{K}$ 中的元素按整体编码排列，因此，形成的方法是：根据两种编码的对应关系，把按局部码排列的 $\boldsymbol{K}^e$ 中元素放到扩大矩阵中按整体码排列的对应位置上，扩大矩阵的其他元素均为零。单元贡献矩阵表示每个单元单独变形时对整体刚度矩阵提供的贡献；用来集成整体刚度矩阵。

（夏亨熹）

单元柔度方程　element flexibility equation

在矩阵力法中，通过单元分析得到的反映单元杆端力向量 $\boldsymbol{F}^e$ 与单元杆端位移向量 $\boldsymbol{d}^e$ 之间关系的表达式 $\boldsymbol{f}^e\boldsymbol{F}^e=\boldsymbol{d}^e$。式中 $\boldsymbol{f}^e$ 即为单元柔度矩阵。对于简支式和悬臂式单元，由于 $\boldsymbol{f}^e$ 可求逆矩阵，故既可由杆端力求杆端位移，也可由杆端位移求杆端力。　（洪范文）

单元柔度矩阵　element flexibility matrix

平衡元中将单元结点力向量转换为结点位移向量的转换矩阵。它表征单元的柔度特性，是一个对称矩阵；其逆矩阵为单元刚度矩阵。它的任一元素 f_{ij} 表示当结点力 $\boldsymbol{F}_j$ 为 1 时沿结点力 $\boldsymbol{F}_i$ 方向产生的位移，称为柔度系数。单元柔度矩阵可由直接法或余能变分原理推导。用以组成结构的整体柔度矩阵。

对杆系结构是指在单元柔度方程中，反映单元杆端力向量 $\boldsymbol{F}^e$ 与单元杆端位移向量 $\boldsymbol{d}^e$ 之间关系的转换矩阵 $\boldsymbol{f}^e$。该矩阵为一对称方阵，其中的元素 f_{ij} 称为单元柔度系数，它表示当单元杆端力向量中的第 j 个分量为单位力单独作用时，在单元杆端位移向量中的第 i 个分量上产生的位移。根据单元形式的不同，单元柔度矩阵具有不同的形式。对于简支式和悬臂式单元，杆端力与杆端位移的关系用单元柔度方程 $\boldsymbol{f}^eF^e=\boldsymbol{d}^e$ 表示。

（夏亨熹　洪范文）

单元柔度系数　element flexibility coefficient

见单元柔度矩阵。

单元自由度　degrees of freedom of element

确定单元位移模式所需的独立参数的个数。包括单元的结点自由度、内部结点自由度和无结点自由度。单元自由度决定位移插值多项式的项数，直接影响单元的精度和收敛性。结构自由度为结构的结点自由度之和而不是单元自由度的简单累加，它决定总刚度矩阵的大小。　（杜守军）

单值定理　uniqueness theorem

又称唯一性定理。对于比例加载的给定结构，若所求得的某一荷载能同时满足平衡条件、破坏机构条件和屈服条件，则这一荷载就是真实的极限荷载，而相应的破坏机构就是真实的破坏机构。本定理也可表为：对于比例加载的给定结构，若所求得的某一荷载既是可破坏荷载，又是可接受荷载，则这一荷载就是极限荷载。它是结构极限分析的基本定理之一，是用试算法求结构极限荷载的依据。

（王晚姬）

单轴光弹性应变计　uniaxial photoelastic strain gauge

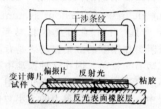

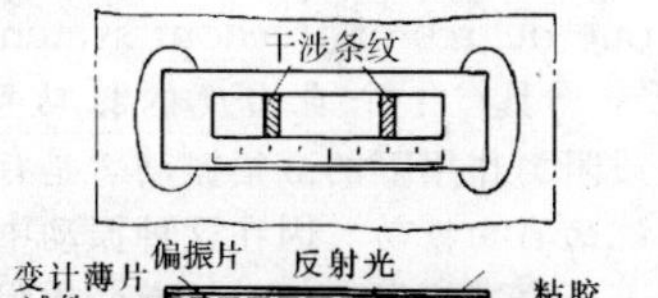

具有长条形光弹性材料薄片的光弹性应变计。将环氧树脂薄片梁在纯弯曲作用下冻结（参见光弹性应力冻结法，128 页）后切成长条形薄片，并覆盖同一形状的偏振片而成。在应变计的长度方向装有标尺，可由等差线条纹移动的距离获得沿应变计长度方向应变的大小。　（傅承诵）

单轴抗拉强度　uniaxial tensile strength

由土的拉伸试验确定的土的抗拉强度。对于如何防止土体产生裂缝具有重要意义，近十年来，在较新的路面设计方法以及土的抗冲蚀性研究中，也考虑了它的影响。　（张季容）

单自由度体系　single-degree of freedom system

又称单自由度系统（参见单自由度系统的自由振动和单自由度系统的受迫振动，56 页）。

（洪范文）

单自由度系统的受迫振动　forced vibration of one degree of freedom system

具有 1 个自由度的系统在外来干扰力作用下的振动。对这种振动通常只考察由干扰力所引起的不衰减的那部分响应。工程技术中典型的、常见的干扰力是周期干扰力，它可按富氏级数分解成许多简谐分量之和。对于线性振动，系统的总响应等于各个简谐干扰力所引起的响应之和。单自由度具有

粘滞阻尼的系统在简谐干扰力作用下的线性振动微分方程为（参见单自由度系统的衰减振动）

$$m\ddot{x} + c\dot{x} + kx = F_0\sin\omega t \qquad (1)$$

其中 F_0 是干扰力的最大值；ω 是干扰力的圆频率。此时其响应是两部分之和，一部分是有阻尼的自由振动，即衰减振动，由于这部分振动不久即趋于消失，一般不予考虑；另一部分单纯由干扰力所激起的振动，称为受迫振动或强迫振动，其运动方程为

$$x = B\sin(\omega t - \psi) \qquad (2)$$

其中

$$B = \frac{F_0}{\sqrt{(k - m\omega^2)^2 + (c\omega)^2}},$$

$$\psi = \mathrm{arctg}\left(\frac{c\omega}{k - m\omega^2}\right)$$

式(2)所表示的受迫振动是稳态响应，它是简谐振动，其频率与干扰力的频率相同，但与干扰力有一相位差 ψ；其振幅 B 与干扰力的最大值成正比，并与系统的物理参数 m、k、c 有关。（宋福磐）

单自由度系统的衰减振动 damped vibration of one degree of freedom system

具有 1 个自由度的振动系统在恢复力和介质阻力作用下的减幅振动。是有阻尼的单自由度系统的自由振动。因在这种振动中有能量耗散，振幅不断衰减而得名。对于有介质阻力的微幅振动，工程中一般认为介质阻力的大小与速度一次方成正比（粘滞阻尼）。以弹簧振子为代表，此时其运动微分方程为 $m\ddot{x} + c\dot{x} + kx = 0$，其中 c 为阻力系数；k 为弹簧刚度；m 为振子的质量。此式的标准形式为

$$\ddot{x} + 2n\dot{x} + \omega_n^2 x = 0 \qquad (1)$$

式中 $n = c/2m$，为阻尼系数或阻尼参变量；ω_n 为系统的固有频率。当 $n < \omega_n$ 时，方程(1)的解为

$$x = Ae^{-nt}\sin(\sqrt{\omega_n^2 - n^2}\,t + \alpha) \qquad (2)$$

其中积分常数 A 与 α 由运动初始条件确定。振幅 Ae^{-nt} 按指数规律衰减。这种振动并非周期运动，但因仍具有往复运动的性质，往复一次的时间为 $T_1 = 2\pi/\sqrt{\omega_n^2 - n^2}$，故习惯上仍称 T_1 为周期。相隔一个周期的前后两个振幅之比 e^{nT_1} 称为减幅系数或减幅率；其自然对数 $\delta = \ln e^{nT_1} = nT_1$ 称为对数减幅系数或对数减幅率、对数缩减。减幅系数可描述振幅随时间的增加而衰减的急剧程度。当 $n > \omega_n$ 时，黏性阻尼大到使振体离开平衡位置后，根本不发生振动而只是缓慢地又回到平衡位置。

（宋福磐）

单自由度系统的自由振动 free vibration of one degree of freedom system

具有 1 个自由度的振动系统在线性恢复力或恢复力矩作用下的微幅振动。通常指的是无阻尼的情况，此时系统作简谐振动。（宋福磐）

dang

当量粗糙度 equivalent roughness

与工业用粗糙管区沿程阻力系数相等的同直径人工粗糙管的绝对粗糙度。尼古拉兹试验及蔡克士大试验对水力学的贡献是很大的，但他们采用的人工粗糙管和人工粗糙渠道，与工业用自然管道或自然明渠的粗糙比较，差别很大，所以不能将他们的研究成果直接应用到实际中去。1939 年柯列勃洛克(C.F. Colebrook)对工业用自然管道进行了研究，发现自然粗糙管的沿程阻力系数变化规律也与人工粗糙管一样存在着三个区，即水力光滑区、过渡区与阻力平方区。并引入当量粗糙度概念，得出适用于自然粗糙管紊流三个区的沿程阻力系数统一计算公式

$$\frac{1}{\sqrt{\lambda}} = 1.74 - 2\lg\left(\frac{\Delta}{r_0} - \frac{18.7}{\mathrm{Re}\sqrt{\lambda}}\right)$$

式中 λ 为沿程阻力系数；Δ 为当量粗糙度；r_0 为圆管半径；Re 为雷诺数。（叶镇国）

当量缺陷 equivalent defect

在缺陷评定时，用来取代实际结构中多种多样缺陷的一个典型裂纹。现今的缺陷评定规范中，计算当量缺陷的公式不尽相同，但多数是根据缺陷与裂纹之间用应力强度因子等效的原则进行计算的。

（余寿文）

dao

导波 guide wave

有一个或两个方向的尺寸比较小的弹性体（如长杆、薄板、薄壳等）内的行波。这类弹性体称为波导。在波导中导波受波导侧表面制约，被引导沿着波导伸展的方向传播。导波一般为频散波，可以具有多种模式，每种模式的振幅在波面上有特定的分布形式，波数与频率之间有特定的函数关系。

（郭　平）

导出量纲 derived dimension

又称诱导量纲。由基本量纲导出的量纲。当基本量纲决定后，任何一个非基本量纲，便可以由基本量纲和有关公式（几何关系式或物理公式）导出。例如选定长度、时间和质量三个量的量纲 $[L]$、$[T]$、$[M]$ 为基本量纲后，便可以根据体积公式 $V = L^3$ 得到体积的量纲为 $[V] = [L^3]$；根据速度公式 $v =$

L/T 得速度的量纲为$[v]=[L/T]$；根据牛顿第二定律 $F=ma$ 得到力的量纲为$[F]=[ML/T^2]$。总之，任何一个力学量的量纲均可由$[L,T,M]$基本量纲导出。显然，同一物理量对应不同的基本量纲有不同的导出量纲。（李纪臣）

导电液泡式倾角传感器 banking inclinometer

利用浸入导电液体内的三个电极的极间电阻的变化量测转角的测转角装置。当传感器随试件转动时，两个端电极的浸入深度分别增加和减小，极间电阻相应变化。

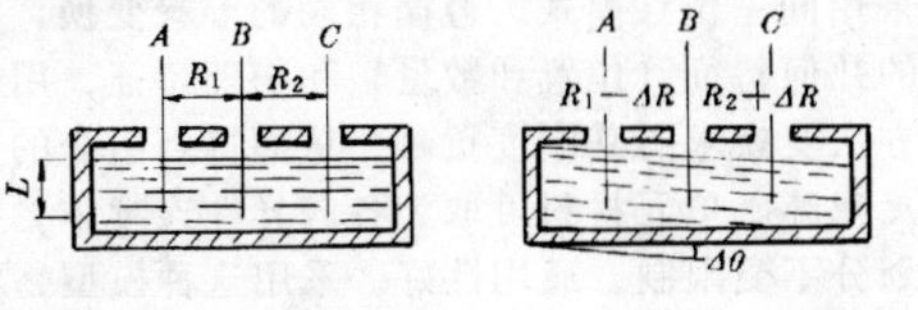

（王娴明）

导水系数 coefficient of transmissibility

水力坡度 $J=1$ 时通过一定厚度含水层的单宽流量。其定义式为

$$T = kM$$

式中 T 为导水系数；k 为含水层的渗透系数；M 为含水层的厚度。T 的量纲为 $[L^2T^{-1}]$，通常单位为 m^2/d。在分析井的非恒定流时，常用柱坐标系，引入这一系数，可得下述非恒定渗流基本方程

$$\frac{\partial^2 H}{\partial r^2}+\frac{1}{\rho g}\frac{\partial H}{\partial r}=\frac{S}{T}\frac{\partial H}{\partial t}$$

式中 H 为距井轴线的半径为 r 处的水头；ρ 为水的密度；g 为重力加速度；t 为时间；S 为贮水系数（弹性释放系数）。上式可用于分析最简单的单井承压含水层的非恒定渗流运动。（叶镇国）

捣实因素 compacting factor

对混凝土拌合物作一定量的功后，密实度改变的程度。如图，将混凝土拌合物装满漏斗 A，打开卸料门使混合料落入漏斗 B，再打开卸料门使混合料落入圆筒 C 中，将圆筒上部刮平，称出筒中混合料的重量。按 $P=\frac{G_1}{G_0}$公式计算所得的值称为捣实因素。G_1 为圆筒中混合料的重量；G_0 为同体积最大密实度混合料的重量，可按混合料各组份的绝对体积算出，也可将筒中经过分层（每层厚约 5cm）充分捣实后的混合料直接称出。只适用于测量骨料最大粒径 40mm 以下的拌合物。（胡春芝）

捣碎法 pounding method

一种测试岩石单轴抗压强度的简易方法。试验时，在捣碎筒内把一个 2.4kg 的重锤从 600mm 高处自由落下，对按规定制备的岩样进行冲击。每个试件冲击 5 次。根据试件捣碎后形成的粉末数量，按实验室对比试验得到的经验公式，换算出坚固性系数 f。该法得到的结果与岩石单轴压缩试验的结果有一定差异，但可满足一般顶板分类的要求。该法不宜用于单轴抗压强度高于 80MPa 的岩石和强度很低的软岩。（袁文忠）

倒虹吸管 inverted siphon

形似倒置虹吸管的有压管道。它是一种有压简单管路，毫无虹吸功能。常作为公路等的交叉输水（泄水）构筑物。其出流情况有自由出流与淹没出流两种。水力计算主要是确定泄水流量或管道直径。（叶镇国）

de

德鲁克公设 Drucker's postulate

关于材料强化性质和稳定性的定义或判断准则。它可表述为：设某材料单元体经历某变形历史后处于应力状态 σ_{ij}^0，对此单元体缓慢地施加，然后又移去某一附加应力，使单元体经历一个应力循环，则在该应力循环过程中，附加应力所作的功不为负，即有 $\oint(\sigma_{ij}-\sigma_{ij}^0)\mathrm{d}\varepsilon_{ij}\geqslant 0$。如在应力循环中，塑性应变的变化为无限小量，则由此不等式可导出下列不等式

$$(\sigma_{ij}-\sigma_{ij}^0)\mathrm{d}\varepsilon_{ij}^{\mathrm{p}}\geqslant 0,\text{或}(\sigma_{ij}-\sigma_{ij}^0)\ \dot{\varepsilon}_{ij}^{\mathrm{p}}\geqslant 0$$

$$\mathrm{d}\sigma_{ij}\mathrm{d}\varepsilon_{ij}^{\mathrm{p}}\geqslant 0,\text{或}\ \dot{\sigma}_{ij}\dot{\varepsilon}_{ij}^{\mathrm{p}}\geqslant 0$$

由第一个不等式可以推出两个重要结论：①屈服曲面必定是外凸的；②在屈服曲面的光滑处塑性应变增量（或应变率）正交于屈服曲面，且指向屈服曲面之外，称为正交性法则。式中 σ_{ij}、$\mathrm{d}\sigma_{ij}$，$\mathrm{d}\varepsilon_{ij}^{\mathrm{p}}$ 及 $\dot{\sigma}_{ij}$、$\dot{\varepsilon}_{ij}^{\mathrm{p}}$分别是应力分量、应力增量、塑性应变增量、应力率分量及塑性应变率分量；i，$j=1$，2，3。（熊祝华）

德鲁克－普拉格屈服条件 Drucker-Prager yield condition

又称为广义米泽斯屈服条件。是屈服与静水(平均)应力有关及拉、压屈服极限不相等的材料的屈服准则。由 D.G.德鲁克和 W.普拉格于 1952 年提出。这个屈服条件可看作米泽斯屈服条件的推广。其表达式为

$$f=\sqrt{J_2}+\alpha I_1-k=0$$

式中 I_1 和 J_2 分别是应力张量的一次不变量和应力偏张量的二次不变量

$$I_1 = \sigma_x + \sigma_y + \sigma_z$$

$$J_2 = \frac{1}{6}[(\sigma_x - \sigma_y)^2 + (\sigma_y - \sigma_z)^2 + (\sigma_z - \sigma_x)^2 + 6(\tau_{xy}^2 + \tau_{yz}^2 + \tau_{zx}^2)]$$

α、k 为材料常数，它们与材料的黏聚力 c 和材料的内摩擦角 φ 有下列关系

$$\alpha = \frac{\mathrm{tg}\varphi}{\sqrt{9 + 12\mathrm{tg}^2\varphi}} = \frac{\sin\varphi}{\sqrt{3}\sqrt{3 + \sin^2\varphi}}$$

$$k = \frac{3c}{\sqrt{9 + 12\mathrm{tg}^2\varphi}} = \frac{\sqrt{3}c\cos\varphi}{\sqrt{3 + \sin^2\varphi}}$$

当 $\varphi = 0$ 时，$\alpha = 0$，$k = c$，这个屈服条件退化为米泽斯屈服条件。（龚晓南 熊祝华）

deng

等参元 isoparametric element

用自然坐标表示的单元位移插值公式与单元任一点的（直角）坐标用其自然坐标表示的坐标变换式两者具有完全相同的构造［即两式中所含结点参数（结点位移值以及结点坐标值）的个数彼此相同，且两式中每个结点参数对应的系数为同一个形状函数］的单元。整体坐标（直角坐标）与局部坐标（自然坐标）之间的坐标变换关系可以看成实际单元（等参元）和母单元之间的图像映射关系。总体坐标系中复杂形状的实际单元映射为自然坐标系中简单几何形状的单元——母单元。例如，边界为二次曲线的平面曲边等参元映射为自然坐标系中正方形的母单元，三维问题中二次曲面构成的六面体等参元映射为正立方体形的母单元。曲边的（曲面的）等参元可以较好地模拟实际问题中的复杂曲线（面）边界，实用中有很好的效果。

（支秉琛）

等参元的母单元 parent element

见等参元。

等参元的曲线坐标 curvilinear coordinates of isoparametric element

母单元上自然坐标（局部坐标系）在直角坐标（整体坐标系）中实际单元（等参元）上的映射坐标。在曲线坐标下，实际单元可以是曲边（面）元，因而能适应不同形状的模型边界。建立起直角坐标与曲线坐标间的对应关系后，就可在局部坐标系中规定形函数，并通过适当变换确定单元的性质。（杜守军）

等参元的图象映射 mapping

见等参元。

等参元的坐标变换 coordinate transformation for isoparametric elements

使用单元局部坐标系推导等参元刚度矩阵时，由局部坐标到总体坐标的变换或其逆变换。推导等参元刚度矩阵时需求形函数对总体坐标的导数，并需作对单元体（面）积的积分运算。当形函数用局部坐标表示时，上述求导和积分运算都需作坐标变换。

（支秉琛）

等参元组合式模型 isoparametric combined element

不考虑钢筋和混凝土的粘结滑移，将钢筋和混凝土组合于同一等参元中构成的模型。钢筋和混凝土采用同一位移模式，遵循相同的等参变换，按各自的几何特征（位置和数量）和物理特征，用等参元方法变换求得其刚度贡献，从而得到组合的单元刚度矩阵。单元材料可取为各向异性连续体，则单元划分不受限制，通用性好。采用这种模型，结构总结点数较少，但不适用于考虑黏结滑移的钢筋混凝土结构分析。

（江见鲸）

等差线 isochromatic

又称等色线。主应力（或主应变）的差值，即剪应力（或剪应变）值相同的点的轨迹。将受力光弹性模型置于正交圆偏振光场中时，就呈现出等差线干涉条纹图（如图所示）。若采用白光光源，就可以观察到彩色条纹，故又有等色线之称。根据应力-光学定律可知，其光程差相等的等差线就是等主应力差线。由一个应力模型上的不同级数的等差线图，可以确定模型相应点的主应力差值。

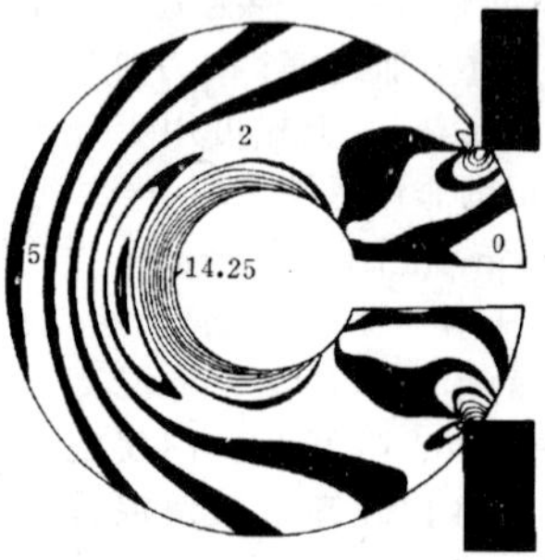

（傅承诵）

等程线 isodromics

全息光弹性实验中，绝对光程差相等的迹线。用参考光和物光为两束偏振平面相互平行的光路系统，进行模型加载前、后的双曝光法全息光弹性实验时，通常得到的是三组条纹重叠的干涉条纹图。它们是绝对程差 δ_1、δ_2 条纹及等差线条纹的组合。δ_1 和 δ_2 是分别与主应力 σ_1 和 σ_2 方向平行的偏振分量等程线条纹。在偏振平面与主方向重合的那些点，只能观察到一组条纹，δ_1 或 δ_2 等程线。因此，

对已知主应力方向的问题，可用等程线分离主应力。（钟国成）

等带宽二维贮存 half equal bandwidth storage

用一个矩阵 ***B***（或二维数组）来贮存对称稀疏矩阵 ***A*** 中非零元素的方法。利用对称性，只须贮存稀疏矩阵上（下）半带元素。***B*** 与 ***A*** 的行数相同，***B*** 的列数为 ***A*** 的最大半带宽；两个矩阵中元素的对应关系是：行码不变；新的列码等于原先的列码减行码加 1；***A*** 中的主对角线元素变成了 ***B*** 的第一列元素。但是，***B*** 中仍包含了一部分零元素，采用变带宽一维贮存可进一步节省贮存容量。（夏亨熹）

等和线 isopachic

全息光弹性实验中，主应力和相等的迹线。用参考光和物光为两束同向旋转的圆偏振光路系统，进行模型加载前、后的双曝光全息光弹性实验时，能得到反映主应力和的等和线干涉条纹图。（钟国成）

等精度测量 measurement for equal precision

保持影响测量误差的各因素（条件）不变的测量方法。例如对某物理量在相同环境下，由同一测量人员用同一台仪器采用同样的方法进行次数相同的测量。这种测量的结果的可靠程度相同，因此可以取其算术平均值作为测量结果。等精度测量比非等精度测量简单，工程实际应用中大多数场合采用这种测量。（李纪臣）

等精度高斯积分 Gaussian quadrature with equi-accuracy

根据精度要求与误差估计确定每个积分的积分点数的高斯积分。（姚振汉）

等强度梁 beam of uniform strength

各横截面上的最大正应力都等于许用应力的梁。等强度梁一般是变截面梁，其截面变化规律为

$$W(x)=\frac{M(x)}{[\sigma]}$$

$W(x)$ 为距梁端 x 处的抗弯截面模量；$M(x)$ 为该处的弯矩；$[\sigma]$ 为许用正应力。为了制造方便，常用直线形或阶梯形变截面梁代替理论上的等强度梁。（庞大中）

等倾线 isoclinic

主应力（或主应变）的倾角相同点的轨迹。将受力的光弹性模型置于正交平面偏振光场中，会出现等差线和等倾线两组条纹图。将正交的一对偏振片同步旋转时，那些随转角改变位置的干涉条纹即为等倾线。同一条等倾线的任一点上，主应力方向均相同，而且等于偏振光轴的倾角（如图所示）。

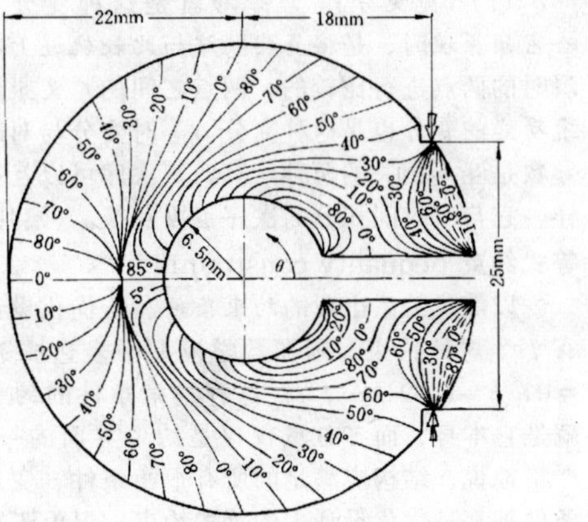

（傅承诵）

等曲率线 contour of partial curvature

曲率$\left(\frac{\partial^2 w}{\partial x^2}或\frac{\partial^2 w}{\partial y^2}\right)$值相同的点的轨迹。反射云纹法中，云纹图直接提供了板挠曲后各点斜率$\left(\frac{\partial w}{\partial x}或\frac{\partial w}{\partial y}\right)$的等值线。将同一荷载下的两个这种云纹图沿 x 或 y 方向错位，则得到的二阶云纹图就是各点曲率$\left(\frac{\partial^2 w}{\partial x^2}或\frac{\partial^2 w}{\partial y^2}\right)$值相同的等值线。（崔玉玺）

等容波 equivoluminal wave

又称畸变波、剪切波，简称 S 波。不引起弹性介质发生体积应变的波场。弹性波的基本类型之一。它使弹性介质产生纯剪切变形，一般表现为横波。在弹性体内传播时，它的波速

$$C_s=\sqrt{\frac{\mu}{\rho}}$$

式中 ρ 为介质的密度;，μ 为拉梅系数。（郭　平）

等熵流动 isentropic flow

流体系统每一部分的熵在运动过程中都保持不变的流动。这种流动中虽然每个流体质点的熵保持不变，但不同流体质点的熵可以有不同的数值，因而整个流场内的熵并非常数。如果流场在初始时刻是匀熵的（各流体质点的熵相同），则这种流动将使流场在任何时刻都是匀熵的，即熵为常数，亦可称为等熵流动。可逆的绝热流动都是等熵的；不可逆的绝热流动则不是等熵的。由热力学第二定律可知，后者熵总是增加的，因此，有时把等熵流动和可逆的绝热流动看成是等同的。从能量方程还可看出，忽略黏性和热传导的流体连续运动一定也是等熵流动。（叶镇国）

等时变分 contemporaneous variation

函数在同一瞬时的改变。例如 $\delta q = q_1(t) - q(t)$（见变分）。虚位移就是这种变分。推导哈密顿原理时，是将真实轨迹与比较轨迹上在同一瞬时的两点进行比较的，两点之间的广义坐标及系统动能的变分也是这种变分。等时变分与对时间求导数是互不相关的两种运算，其次序可以互换；同样，它与对时间积分的次序也可互换。（黎邦隆）

等式约束 equality constraints

以等式关系出现的约束条件。若优化设计中含有 l 个这种约束，则在数学模型中表达成 $h_k(\boldsymbol{x})=0$，$k=1, 2, \cdots, l$。这种约束条件的约束界面就是它本身，而可行域仅仅是约束界面的一部分。严格地说，结构应满足的所有平衡条件、变形协调条件等都是优化设计中的等式约束，但由于在结构分析中已予以满足，故一般可不再列入优化设计的数学模型中。理论上说，有一个等式约束就有消去一个设计变量的机会，使问题降维，但对于非线性等式约束来说，这往往不会减小工作量。

（杨德铨）

等势面 equipotential surface

流速势 φ 的等值面。在三维流动中有

$$d\varphi = u_x dx + u_y dy + u_z dz$$

式中 u_x、u_y、u_z 分别为笛卡尔坐标中的三个流速分量。对于平面流动，φ 的等值线称为等势线，它与流线在同一点处互相正交。势能之值相等的各点所在的平面或曲面。例如每个水平面都是重力势能的等势面。在势力场内的每一点，有势力总是垂直于过该点的等势面且指向势能值减小的一方。在通过零位置的等势面上，各点的势能值都等于零，此面称为零势面，其上各点均可选为零位置。

（叶镇国　黎邦隆）

等速加荷固结试验 consolidation test under constant loading rate

又称 CRL 试验。加荷时控制试样上的荷重增长率为常量的一种快速测定土的一维压缩特性的固结试验。是连续加荷固结试验的一种。试验程序与等应变率固结试验基本相同。（李明逵）

等梯度固结试验 constant gradient consolidation test

又称 CGC 试验。在整个加荷期间，使饱和土样底部不排水面的孔隙水压力始终保持某个量的一种快速测定土的一维压缩特性的固结试验。是连续加荷固结试验的一种。仪器主要由固结仪、孔隙水压力测定系统、控制系统和加荷系统等组成。

（李明逵）

等位移线 contour of equal displacement

沿某一方向（例如 x 或 y），位移值相同的点的轨迹。（崔玉玺）

等温弹性系数 isothermal elastic constants

保持温度不变状态下测量物体变形所得到的弹性系数。工程上可采用变形速度较低从而可近似看成是等温过程的实验方法测量。对于固体，与绝热弹性系数相差不大，通常不加区别。（王志刚）

等向强化 isotropic hardening

认为强化效应是各向同性的；在塑性变形过程中，屈服曲面作均匀扩大，保持形状、位置不变。其数学表达式可写成 $f(\sigma_{ij}, q) = f^*(\sigma_{ij}) - C(q) = 0$，$C(q)$ 是 q 的单调递增函数，当 $C(q)$ 为常数时，则为初始屈服条件；q 为标量性强化参数，常取为下列两者之一

$$q = w^p = \int \sigma_{ij} d\varepsilon_{ij}^p, q = \int (d\varepsilon_{ij}^p d\varepsilon_{ij}^p)^{1/2}$$

这个模型的缺点是没有反映包辛格效应。但用于连续加载的场合，可以得到较好的近似结果。式中 σ_{ij} $(i, j=1, 2, 3)$ 为应力分量；$d\varepsilon_{ij}^p$ 为塑性应变增量。（熊祝华）

等效的分布钢筋应力应变矩阵 stress-strain matrix of ‘smeared’ reinforcement

在有限元整体式模型中，求均匀连续分布的钢筋对单元贡献时采用的应变向量与应力向量之间的转换矩阵。钢筋的弹性模量按单元内配筋率对即时弹性模量折减。在单元内，可设钢筋只承担轴力（忽略抗剪能力）。在 [3×3] 矩阵的元素中，只有与正应力和正应变对应的主元素不为零，其值为配筋率 ρ 与钢筋即时弹性模量 E_s 的乘积 ρE_s；其余元素均为零。（江见鲸）

等效荷载法 equivalent load method

以相同效果的荷载代替原有荷载借以简化计算的方法。在结构优化中，又称迭代法（iterative solution method）。是将截面变化对刚度方程的影响当作等效荷载来处理的一种结构近似重分析方法。应用时需分解截面变化后的结构刚度 $\boldsymbol{K}$ 为原刚度 $\boldsymbol{K}$ 与截面变化引起的刚度增量 $\Delta\boldsymbol{K}$，将这增量与原位移的乘积 $\Delta\boldsymbol{K}\boldsymbol{u}$ 并入刚度方程的右端荷载内，看作一种等效荷载，重解方程以获得截面变化后的位移近似值，即

$$\boldsymbol{u}^{\nu+1} = \boldsymbol{K}^{-1}(\boldsymbol{P} - \Delta\boldsymbol{K}\boldsymbol{u}^{\nu})$$

式中 ν、$\nu+1$ 为迭代序号。如果精度不满足可以反复迭代。此法可利用已三角化的原刚度阵作回代计算，从而减少结构重分析工作量。但这种近似处理不能连续多次进行，需间断地插入严格的结构分析，以免误差积累过大。（汪树玉）

等效力偶 equivalent couples

对刚体具有相同转动效应的力偶。力偶等效的

条件是：力偶矩矢相等。在保持力偶矩矢不变的条件下，可将力偶在其作用平面或平行平面内任意搬动，或同时改变力偶中的力的大小、方向和力偶臂的长短，而不改变它对刚体的作用效果。

（彭绍佩）

等效力系 equivalent force systems

对刚体具有同样的作用效果，可以互相替代的力系。它们的主矢量相等，对同一任意点的主矩也相等。进行力系的合成或简化时常需用等效力系互相代换。例如按力的平移定理将作用于刚体上某点的一个力等效变换为作用于同一刚体上另一点的一个力和一附加力偶。（彭绍佩）

等效裂纹长度 equivalent crack length

考虑裂纹尖端塑性区修正之后，计算弹性应力分布的一种"计算裂纹长度"。当根据这一裂纹长度按线弹性理论计算时，所得的弹性区内应力分布与实际应力分布一致。这一等效裂纹长度等于原裂纹长度加上欧文或达格代尔的塑性区修正。

（罗学富）

等效频率 equivalent frequency

根据一定的等效原则将弹塑性结构换算为弹性结构计算的弹性频率。由于弹塑性结构准确的计算较为麻烦，工程上常采用一些实用方法进行计算，等效线性法就是其中之一。对于确定性荷载，根据等效原则可直接求出等效频率，但对于随机荷载，例如风荷载，必须根据等效原则用统计方法求出等效频率。一旦等效频率求出之后，计算即可按弹性结构计算方法进行。（张相庭）

等效质量法 equivalent mass method

又称集中质量法。将多自由度体系或无限自由度体系中的集中质量、分布质量按照某种等效原则换算成某种集中质量（称为等效质量），作为单自由度体系或多自由度体系来计算自振频率的近似方法。确定等效质量的方式有：①静力等效，使质量集中后所受的重力与原来的重力等效。这是最常用的方法，优点是简便灵活。②动能等效，使质量集中后体系的动能与原体系的动能相等。为此需预先假设振幅曲线，求出等效质量再按单自由度体系算出频率，它即为原体系的基本频率。③频率等效，按照使频率不变的原则，将各质量的等效质量分别转移到体系上的同一点，依此所求出的频率近似值是原体系基本频率的下限。（洪范文）

等斜率线 contour of partial slope

斜率$\left(\dfrac{\partial w}{\partial x}或\dfrac{\partial w}{\partial y}\right)$值相同的点的轨迹。该线系反射云纹法中，云纹图所提供的。（崔玉玺）

等压面 equipressure surface

液体中压强相等各点所组成的曲面。在实际问题中，常需决定等压面的位置、形状和方程式。按定义，等压面方程式为

$$X\mathrm{d}x + Y\mathrm{d}y + Z\mathrm{d}z = 0$$

式中 X、Y、Z、为单位质量力在笛卡尔坐标中的三个分量；$\mathrm{d}x$、$\mathrm{d}y$、$\mathrm{d}z$ 为质点位移在三坐标轴方向的分量。上式表明等压面与质量力正交。对于重力液体（只受重力作用的液体），$X=Y=0$，$Z=-g$，表明其等压面为一系列水平面；对于以等角速度旋转的相对平衡液体，如将坐标系置于旋转容器上，z 轴垂直向上，原点取在旋转轴 z 与自由表面的交点处，其等压面方程为

$$\frac{\omega^2 r^2}{2g} - z = \frac{p}{\gamma} = \mathrm{const}$$

式中 ω 为角速度；r 为计算点距转动轴的半径；z 为计算点的高程；p 为计算点的压强；γ 为重度。对于自由表面，$p=0$，则

$$z = \frac{\omega^2 r^2}{2g}$$

可见等压面为一系列平行的旋转抛物面，自由表面是其中之一。（叶镇国）

等应变速率固结试验 consolidation test under constant rate of strain

又称 CRS 试验。加荷时控制试样的变形速率为常量的一种快速测定土的一维压缩特性的固结试验。是连续加荷固结试验的一种。仪器构造基本上与等梯度固结试验仪相同。（李明逵）

等值弹簧常数 equivalent spring constant

又称当量弹簧常数。能提供与原系统等效恢复力的单个弹簧的弹簧常数，以 k_e 表示。任何提供恢复力的弹性体都可看作弹簧。为了计算固有频率的方便，常用一根弹簧代替原系统中的弹性体或弹簧组，使前者与后者在相同的力作用下有相等的静变形，从而把原系统简化成一个与它有相同固有频率的、单一的弹簧-质量系统，这个简单系统的弹簧常数即为原系统的 k_e。例如弹簧常数分别为 k_1 与 k_2 的两个弹簧并联时，$k_e=k_1+k_2$；串联时 $k_e=k_1k_2/(k_1+k_2)$。（宋福磐）

邓·哈托驰振判据 Den Hartog galloping criterion

由邓·哈托提出的结构驰振稳定性及驰振临界风速的判别条件的总称。其驰振稳定性判据表达式为

$$\frac{\partial C_y}{\partial \alpha} = \left(\frac{\partial C_L}{\partial \alpha} + C_D\right)\begin{cases} >0,\text{驰振不稳定；} \\ <0,\text{驰振稳定} \end{cases}$$

式中 C_y 为驰振力系数；α 为相对攻角；C_L 为升力系数；C_D 为阻力系数。对于驰振不稳定结构，驰振临界风速判别式为

$$U_{cr}=\frac{4m(2\pi\zeta)}{\rho D^2}f_y\cdot D\Big/\frac{\partial C_y}{\partial\alpha}$$

式中 U_{cr}为驰振临界风速；m 为结构质量；ζ 为结构阻尼比；ρ 为空气密度；f_y 为结构固有频率；D 为结构截面特征尺寸。（顾　明）

di

低阶条元　lower order strip

在弹性力学平面问题中，以条元两边界线为结线，以结线位移为基本参数，沿横向位移为线性插值的条元。沿横方向为常应变，因而两邻近条元的横向应力在结线处有突变。通常以各条元中线处的应力为准，连成曲线表示应力的分布。（包世华）

低速风洞　low speed wind tunnel

实验段中气流马赫数小于 0.4，空气的压缩性影响可略去不计的风洞。这类风洞一般均用一级轴流式风扇来驱动气流。在相同实验段口经的各类风洞中，低速风洞的驱动功率为最小，构造也较简单。它的基本形式有两种：直流式和回流式。按其实验段的结构不同，又分开口和闭口风洞。低速风洞按照用途又可分为：模拟直匀流的低速风洞，如航空风洞；和模拟大气边界层的边界层风洞，如环境风洞、建筑风洞等。低速风洞的主要部件有：稳定段、收缩段、试验段、回流扩压段以及动力段等。（施宗城）

地基沉降的弹性力学公式

根据弹性力学方法推导而得的计算基础底面沉降 S 的公式

$$S=\frac{1-\mu^2}{E}\omega Bp_0$$

式中 B 为矩形荷载（基础）的宽度或圆形荷载（基础）的直径；p_0为基底附加应力；ω 为沉降影响系数，按基础的底面形状、刚度及计算点位置而定，有现成表可查；E、μ 分别为土的弹性模量与土的泊松比。（谢康和）

地基承载力　bearing capacity of foundation soil

地基承受荷载的能力。其极限值为地基极限承载力，其容许值为地基容许承载力。是土力学重要研究课题之一，目的在于确保地基不致因荷载过大而发生剪切破坏和保证基础不因沉降或沉降差过大而影响建筑物的安全和正常使用。（张季容）

地基极限承载力　ultimate bearing capacity of foundation soil

使地基发生剪切破坏失去整体稳定时的最小基础底面压力。是地基承受基底压力的极限值，在整体剪切破坏的情况下为压力—沉降曲线（p—s 曲线）中出现陡降段所对应的压力，对于局部剪切破坏和冲剪破坏的情况，则为曲线坡度显著变化点相应的压力。确定的方法有：①现场的原位试验方法，如静载荷试验、静力触探试验、标准贯入试验、旁压试验等；②理论计算方法，主要是以极限平衡理论为基础的各种极限承载力理论和公式。（张季容）

地基容许承载力　allowable bearing capacity of foundation soil

在保证地基稳定条件下，房屋和构筑物的沉降量不超过容许值的地基承载能力。是包含一定安全系数的地基承载力，在浅基础设计中需按该值验算基底压力和下卧层强度。其确定方法有：①现场试验法，如静载荷试验、静力触探试验、标准贯入试验、旁压试验等；②理论计算法，按地基极限承载力除以安全系数而得，一般取安全系数为 2～3；③根据土的物理力学性指标查有关表格；④经验方法。根据具体工程性质选择以上一种或几种方法确定。（张季容）

地基稳定性　stability of foundation soil

地基在外荷载作用下抵抗剪切破坏的稳定安全程度。如果地基由于外荷载作用产生剪切破坏而使基础倾斜甚至倾倒，就认为地基失去稳定。试验研究表明，地基剪切破坏的型式有整体剪切破坏、局部剪切破坏和冲剪破坏。为保证地基的稳定性，必需按地基承载力进行基础设计，对于承受较大水平荷载或建在斜坡上的结构物，还应按圆弧滑动法进行验算。（张季容）

地基压缩层厚度　thickness of compression layer of foundation

又称地基受压层厚度。自基础底面至需要计算压缩变形的下限土层底面的深度。该深度以下土层的压缩变形值很小可以不计。我国《建筑地基基础设计规范》中对它的确定有详细规定。（谢康和）

地基中的附加应力　superimposed stress in ground

由外加荷载（如建筑物基础荷载）在地基中引起的应力。是引起地基变形、破坏的主要因素。研究时一般假定地基土是连续、均匀、各向同性的线弹性体，然后根据弹性理论求解。一般情况下地基中的附加应力可用角点法及纽马克感应图等计算；复杂情况下可用数值分析法求解。（谢康和）

地貌　terrain

地面各种形态的总称。是确定基本风压六个因素之一，由内力（地壳运动，火山活动，地震等）和外力（流水、冰川、风、波浪、海流等）相互作用而成。地表愈粗糙，风的能量消耗也愈厉害，因而平均风速也就愈低，由于地表的不同，影响着风速的取值，因此有必要为平均风速或平均风压规定一个共同的标准，考虑到风速仪大都安装在气象台，它一般离开城市中心一段距离，且以空旷平坦地区居多，故基本风速是以空旷平坦地表为标准。（张相庭）

地面粗糙度 ground roughness

以风速等于零时的高度来表征的地貌的一个指标。地表愈粗糙，地面粗糙度也就愈高，一般对于粗糙度很低的海面，地面粗糙度仅 0.001cm 左右，但对粗糙度很高的城市来说，可达 100～150cm。风速或风压沿高度变化采用对数律是十分方便的，但是目前在工程上，风速或风压沿高度变化常采用指数律来代替过去常用的对数律，这种表达方式不但计算方便，而且对下部误差也不大，此时常将指数作为反映地貌的一个指标。该指数也常称为地面粗糙度指数。（张相庭）

地球流体力学 geophysical fluid dynamics

又称自然流体力学。研究地球以及其他星体上的自然界流体宏观运动，着重探讨其中大尺度运动一般规律的流体力学分支。它是 20 世纪 60 年代在流体力学、大气动力学和海洋动力学研究基础上发展起来的一门新学科。其研究对象具有时间和空间尺度大，星体自转和引力起重要作用，存在能量输入、交换和耗散过程等特点。目前主要通过建立有关模式来研究大气和海洋的大尺度运动，并研究支配这些运动的基本方程、基本运动形态和基本动力学过程。随着人类对地球上流体环境的开发、利用和保护以及对空间的探索，它还将成为一个活跃的流体力学分支。（叶镇国）

地球物理勘探 geophysical exploration

用地球物理方法对现场岩体特性、状态和结构进行探测。其原理是用人工方法在岩体的被研究区域内造成某种物理场参数，这些参数将随这个区域内应力的变化而变化。应用较多的是弹性波法和电阻率法。可测定岩石弹性常数，了解岩体某些物理力学性质，判断岩体结构的完整性和破坏程度，确定围岩松动圈范围等。该方法速度快、成本低、适用性广。（袁文忠）

地下水动力学 groundwater dynamics

见渗流（305 页）。

地质力学模型试验 geomechanical model test

（1）又称地力学模型试验。指研究地壳构造变化及地壳运动规律的模型试验。李四光教授的构造地质试验即属此类。（2）又称岩石力学模型试验。指研究与岩土工程及岩石地基有关的、反映小范围内具体工程地质构造条件的模型试验。在国外，该试验系指后者。（袁文忠）

地质模型 geologic model

表征岩体建造、改造和一定结构特征的地质体。其主要标志是岩体结构以及评价岩体质量好坏的岩石特征。它是分析岩体力学模型的基础。同一类模型因其赋存条件、地质工程结构的不同，能够抽象出许多力学模型。通常分为水平、缓倾、陡倾、陡立、弯曲层状岩体和完整块状、碎裂块状、岩溶化块状岩体等八种。（屠树根）

递增变形破坏 progressive deformation failure

又称增量变形破坏、塑性变形积累破坏。弹塑性体在变值荷载作用下由于塑性变形递增导致的破坏。如果物体每经历一个荷载循环，其内局部材料将产生一个同号塑性变形增量，最后导致不能容许的塑性变形积累。（熊祝华）

第二类拉格朗日方程 Lagrange's equations of second kind

具有理想、完整约束的质点系以广义坐标表示的运动微分方程组

$$\frac{d}{dt}\frac{\partial T}{\partial \dot{q}_j}-\frac{\partial T}{\partial q_j}=Q_j\qquad(j=1,2,\cdots,k)\quad(1)$$

式中 T 是系统以广义坐标 q_1、q_2、…、q_k 及广义速度 $\dot{q}_1$、$\dot{q}_2$、…、$\dot{q}_k$ 表示的动能；Q_j 是对应于广义坐标 q_j 的广义力。当主动力是有势力时，式（1）可写成

$$\frac{d}{dt}\frac{\partial L}{\partial \dot{q}_j}-\frac{\partial L}{\partial q_j}=0\qquad(j=1,2,\cdots,k)\quad(2)$$

式中 $L=T-V$ 是拉格朗日函数，而势能 V 须表为各广义坐标的函数。方程组（1）不但可用于任何质点系，而且方程个数等于系统的广义坐标数或自由度，故用来解决质点数很多、自由度却很少的非自由质点系的动力学问题非常方便。由于这组方程应用很广，通常就简称为拉格朗日方程。（黎邦隆）

第二类失稳 instability of second kind

见极值点失稳（154 页）。

第三类失稳 instability of third kind

又称跳跃失稳或跳跃屈曲。结构在加载过程中，其变形突然变化而发生跳跃现象的一种失稳形式。荷载与位移关系如图 a 所示，荷载有极大值（A 点）和极小值（B 点）。当

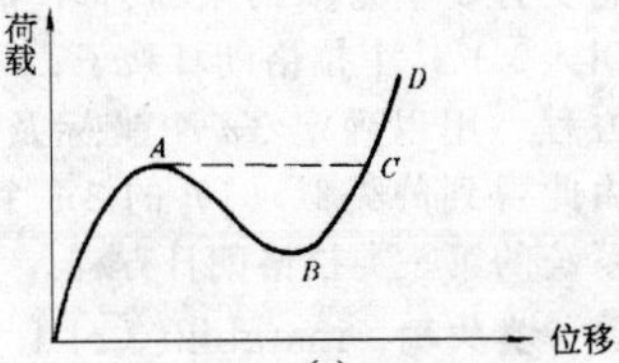

(a)

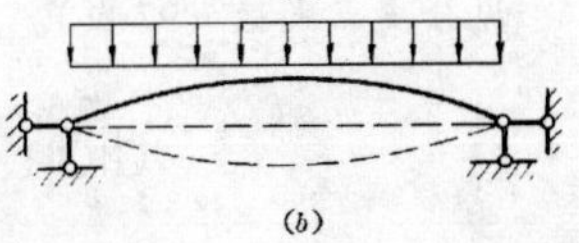
(b)

结构持续加载至 A 点前，位移随荷载的增加而增长；到达 A 点后，位移的增长却对应于荷载的减小，故 A 点相当于由稳定平衡到不稳定平衡的临界点。但实际上荷载并不减小，曲线不可能遵循 AB 而是沿 AC 移动，即发生由 A 点到 C 点的跳跃。到达 C 点后，随着荷载的继续增加，曲线将沿着 CD 线上升，又进入稳定平衡状态。图 b 所示承受竖向均布荷载作用的扁平拱（须考虑压缩变形的影响），是在较小的临界荷载作用下可能发生跳跃失稳的一例。（罗汉泉）

第一类拉格朗日方程 Lagrange's equations of first kind

以直角坐标表示、含有拉格朗日乘子的拉格朗日方程。完整系统的这类方程为

$$\left.\begin{aligned} X_i - m_i \ddot{x}_i + \sum_{j=1}^{s} \lambda_j \frac{\partial f_j}{\partial x_i} = 0 \\ Y_i - m_i \ddot{y}_i + \sum_{j=1}^{s} \lambda_j \frac{\partial f_j}{\partial y_i} = 0 \\ Z_i - m_i \ddot{z}_i + \sum_{j=1}^{s} \lambda_j \frac{\partial f_j}{\partial z_i} = 0 \end{aligned}\right\} \quad (i = 1,2,\cdots,n) \tag{1}$$

$$f_j(x_1,y_1,z_1;\cdots;x_n,y_n,z_n;t) = 0 \quad (j = 1,2,\cdots,s) \tag{2}$$

式中 f_j 为系统所受的 s 个完整约束；m_i 为任意质点 i 的质量；$\ddot{x}_i$、$\ddot{y}_i$、$\ddot{z}_i$ 与 X_i、Y_i、Z_i 分别为它的加速度及它所受的主动力在 x、y、z 轴上的投影；λ_1、λ_2、…、λ_s 为个数等于约束方程数的拉格朗日乘子；n 为系统的质点数。方程组（1）与（2）结合，共有 $3n+s$ 个方程，可用来确定 $3n$ 个坐标 x_1、y_1、z_1，…，x_n、y_n、z_n 及 s 个不定乘子 λ_1、λ_2、…、λ_s。但一般的质点系其质点数与所受约束都很多，解算这些方程很困难，因此这类方程的实际用途没有第二类拉格朗日方程大。但目前使用计算机解算这些方程已无困难，而且还可在求出各个拉格朗日乘子后求得各约束反力，所以这类拉氏方程的应用已日益广泛。如系统是非完整的，它受有 s 个完整约束和 s_1 个非完整约束，这时需引入 $s+s_1$ 个拉格朗日乘子，可得到 $3n+s+s_1$ 个方程，用以确定 $3n$ 个坐标及 $s+s_1$ 个不定乘子。由此得到的类似（1）的 $3n$ 个方程，称为非完整系统的第一类拉格朗日方程。（黎邦隆）

第一类失稳 instability of first kind

见分支点失稳（97 页）。

dian

点的变速直线运动 nonuniform rectilinear motion of a particle

点的速度随时间而改变的直线运动。速度的变化用加速度表示，即 $a=\mathrm{d}v/\mathrm{d}t$。加速度等于常数时，称为点的匀变速直线运动。这时，加速度就等于速度的改变量与对应时间的比值

$$a = \frac{v - v_0}{t}$$

式中 v、v_0 分别为点的末速度与初速度。由此得出匀变速直线运动中点的坐标与时间 、速度、加速度的关系

$$x = x_0 + v_0 t + \frac{1}{2}at^2, v^2 - v_0^2 = 2a(x - x_0)$$

（何祥铁）

点的复合运动 composite motion of a particle

又称点的合成运动。动点由下列两种运动合成的运动：① 它对动参考系的运动，② 它由于牵连运动而获得的运动。主要研究同一动点对两个不同参考系的运动以及这两个参考系之间的运动三者的关系。就速度和加速度而言，这种关系表达为点的速度合成定理和点的加速度合成定理。由此得出的运动合成与分解的方法，能够有效地解决有关的运动学问题，包括将点的复杂运动分解为两个简单运动来求解；通过点的运动分析建立机构中各构件的运动关系，由主动构件的运动求从动构件的运动；已知点对某一参考系的运动，求该点对另一参考系的运动等。这种方法还应用于刚体复杂运动的分析和非惯性参考系中的动力学问题的研究。

（何祥铁）

点的轨迹 path of a particle

又称路径。点在空间的位置连续变化而形成的曲线。例如流星的光迹就是它在大气层中运动的路径。轨迹曲线的数学表达式，称为轨迹方程。从点的直角坐标形式或极坐标形式的运动方程中消去参量 t（时间），即得到动点的轨迹方程。如已知点的运动方程 $x=t$ 和 $y=2t^2$，则该点的轨迹方程为 $y=2x^2$。此式表明点在 Oxy 平面上运动的轨迹为一抛物线。因而，点的运动方程可当作点的轨迹参量方程。点运动时的实际轨迹，可以是它的轨迹方程所表示的曲线的一部分或全部。（何祥铁）

点的加速度合成定理 theorem of composition of accelerations of a particle

表达动点的绝对加速度、相对加速度、牵连加速度之间关系的定理。这个关系与牵连运动的形式有关。当牵连运动为平动时，本定理为：在任一瞬时，动点的绝对加速度 $\boldsymbol{a}_a$ 等于其牵连加速度 $\boldsymbol{a}_e$ 与相对加速度 $\boldsymbol{a}_r$ 的矢量和，即

$$\boldsymbol{a}_a = \boldsymbol{a}_e + \boldsymbol{a}_r$$

当牵连运动为非平动时，本定理为：在任一瞬时，

动点的绝对加速度 $\boldsymbol{a}_a$ 等于其牵连加速度 $\boldsymbol{a}_e$、相对加速度 $\boldsymbol{a}_r$ 及科里奥利斯加速度 $\boldsymbol{a}_c$ 的矢量和，即

$$\boldsymbol{a}_a = \boldsymbol{a}_e + \boldsymbol{a}_r + \boldsymbol{a}_c$$

这一结论又称科里奥利斯定理。（何祥铁）

点的曲线运动 curvilinear motion of a particle

点沿曲线轨迹的运动。研究的方法有矢径法、直角坐标法、自然坐标法、极坐标法、柱坐标法及球坐标法等。这些方法采用不同的参量描述点的位置，因而它们对点的运动方程、速度及加速度的表达形式也各不相同。（何祥铁）

点的速度合成定理 theorem of composition of velocities of a particle dian

表达动点的绝对速度、相对速度及牵连速度三者关系的定理。表述为：在任一瞬时，动点的绝对速度 $\boldsymbol{v}_a$ 等于其牵连速度 $\boldsymbol{v}_e$ 与相对速度 $\boldsymbol{v}_r$ 的矢量和，即

$$\boldsymbol{v}_a = \boldsymbol{v}_e + \boldsymbol{v}_r$$

这一结论对于动参考系作任何形式的运动都适用。由此作出三种速度构成的、以绝对速度为对角线的速度平行四边形或速度三角形，可求得三种速度大小和方向中的两个未知量。实际应用时，应恰当选择动点与动参考系，使得动点的相对运动是一种简单而又明显的运动。（何祥铁）

点的位移 displacement of a particle

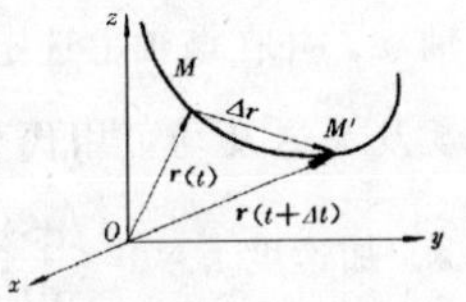

表示点的位置变化的矢量。设点作曲线运动，在瞬时 t 和 $t+\Delta t$ 分别位于轨迹上 M 和 M' 处。该点在时间间隔 Δt 的位移，用连接前后两个位置的矢量 Δr 表示。它等于这两个位置的改变量，即 $\Delta\boldsymbol{r} = \boldsymbol{r}(t+\Delta t) - \boldsymbol{r}(t)$。位移只表明点的位置变化的距离和方向，并非该点运动的路径。点作直线运动时，如取轨迹为坐标轴，则其位移可用代数量表示。（何祥铁）

点的运动的极坐标法 polar-coordinate method for motion of a particle

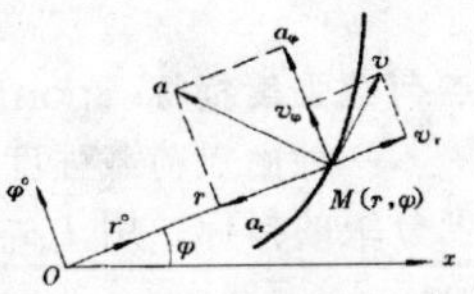

用极坐标表示点的平面曲线运动的方法。设点作平面曲线运动，其位置参量 r（矢径）和 φ（极角）为时间 t 的函数

$$r = r(t), \varphi = \varphi(t)$$

称为点的极坐标形式的运动方程。此时，点的速度 $\boldsymbol{v}$ 分解为沿矢径的径向速度 $\boldsymbol{v}_r$ 和垂直于矢径的横向速度 $\boldsymbol{v}_\varphi$，且 $\boldsymbol{v}_r = \dot{r}\boldsymbol{r}^0$，$\boldsymbol{v}_\varphi = r\dot{\varphi}\boldsymbol{\varphi}^0$。此处 $\boldsymbol{r}^0$ 为径向单位矢量，沿矢径 r 并指向 r 增大的一方；$\boldsymbol{\varphi}^0$ 为横向单位矢量，垂直于 $\boldsymbol{r}^0$ 并指向极角 φ 增大的一方。点的加速度 $\boldsymbol{a}$ 分解为径向加速度 $\boldsymbol{a}_r$ 和横向加速度 $\boldsymbol{a}_\varphi$，且 $\boldsymbol{a}_r = (\ddot{r} - r\dot{\varphi}^2)\boldsymbol{r}^0$，$\boldsymbol{a}_\varphi = (r\ddot{\varphi} + 2\dot{r}\dot{\varphi})\boldsymbol{\varphi}^0$。（何祥铁）

点的运动的球坐标法 spherical-coordinate method for motion of a particle

用球坐标表示点的运动的方法。点在球坐标系中的任一位置对应于 r、θ、φ 三个坐标，其运动

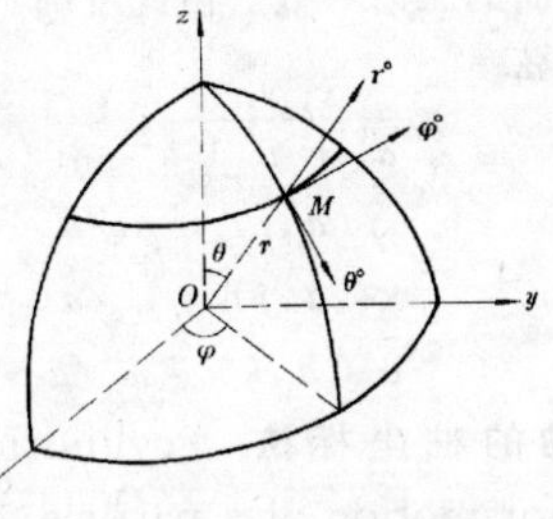

方程为

$$r = r(t), \theta = \theta(t), \varphi = \varphi(t)$$

点的速度

$$\boldsymbol{v} = v_r\boldsymbol{r}^0 + v_\theta\boldsymbol{\theta}^0 + v_\varphi\boldsymbol{\varphi}^0$$

式中 $v_r = \dot{r}$，$v_\theta = r\dot{\theta}$，$v_\varphi = r\dot{\varphi}\sin\theta$；$\boldsymbol{r}^0$、$\boldsymbol{\theta}^0$、$\boldsymbol{\varphi}^0$ 为图示的正交单位矢量。点的加速度

$$\boldsymbol{a} = a_r\boldsymbol{r}^0 + a_\theta\boldsymbol{\theta}^0 + a_\varphi\boldsymbol{\varphi}^0$$

式中 $a_r = \ddot{r} - r\dot{\theta}^2 - r\dot{\varphi}^2\sin^2\theta$，$a_\theta = r\ddot{\theta} + 2\dot{r}\dot{\theta} - r\dot{\varphi}^2\sin\theta\cos\theta$，$a_\varphi = r\ddot{\varphi}\sin\theta + 2\dot{r}\dot{\varphi}\sin\theta + 2r\dot{\theta}\dot{\varphi}\cos\theta$。（何祥铁）

点的运动的直角坐标法 rectangular-coordinate method for motion of a particle

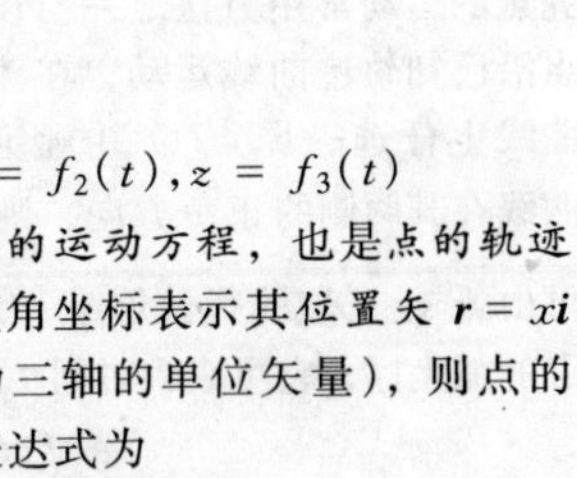

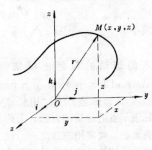

用直角坐标表示点的运动的方法。为研究点的运动常用方法之一。动点在固定直角坐标系 $Oxyz$ 中的任一位置所对应的三个坐标 x、y、z，是时间 t 的单值连续函数，即

$$x = f_1(t), y = f_2(t), z = f_3(t)$$

称为直角坐标形式的点的运动方程，也是点的轨迹参量方程。如用点的直角坐标表示其位置矢 $\boldsymbol{r} = x\boldsymbol{i} + y\boldsymbol{j} + z\boldsymbol{k}$（$\boldsymbol{i}$、$\boldsymbol{j}$、$\boldsymbol{k}$ 为三轴的单位矢量），则点的速度在该坐标系中的表达式为

$$\boldsymbol{v} = \frac{\mathrm{d}\boldsymbol{r}}{\mathrm{d}t} = v_x\boldsymbol{i} + v_y\boldsymbol{j} + v_z\boldsymbol{k} = \dot{x}\boldsymbol{i} + \dot{y}\boldsymbol{j} + \dot{z}\boldsymbol{k}$$

即点的速度在直角坐标轴上的投影等于其对应的坐标对时间的一阶导数。由此可确定速度的大小和方

向余弦

$$v=|\boldsymbol{v}|=\sqrt{v_x^2+v_y^2+v_z^2}=\sqrt{\dot{x}^2+\dot{y}^2+\dot{z}^2}$$

$$\cos(\boldsymbol{v},\boldsymbol{i})=v_x/v,\cos(\boldsymbol{v},\boldsymbol{j})=v_y/v,\cos(\boldsymbol{v},\boldsymbol{k})=v_z/v$$

点的加速度在该坐标系中的表达式为

$$\boldsymbol{a}=\frac{\mathrm{d}\boldsymbol{v}}{\mathrm{d}t}=a_x\boldsymbol{i}+a_y\boldsymbol{j}+a_z\boldsymbol{k}=\ddot{x}\boldsymbol{i}+\ddot{y}\boldsymbol{j}+\ddot{z}\boldsymbol{k}$$

即点的加速度在直角坐标轴上的投影等于其对应的坐标对时间的二阶导数。由此可确定加速度的大小和方向余弦

$$a=|\boldsymbol{a}|=\sqrt{a_x^2+a_y^2+a_z^2}=\sqrt{\ddot{x}^2+\ddot{y}^2+\ddot{z}^2}$$

$$\cos(\boldsymbol{a},\boldsymbol{i})=a_x/a,$$

$$\cos(\boldsymbol{a},\boldsymbol{j})=a_y/a,$$

$$\cos(\boldsymbol{a},\boldsymbol{k})=a_z/a$$

（何祥铁）

点的运动的柱坐标法 cylindrical-coordinate method for motion of a particle

用柱坐标表示点的运动的方法。点在柱坐标系中的任一位置，对应于该瞬时的三个坐标 ρ、φ、z，其运动方程为

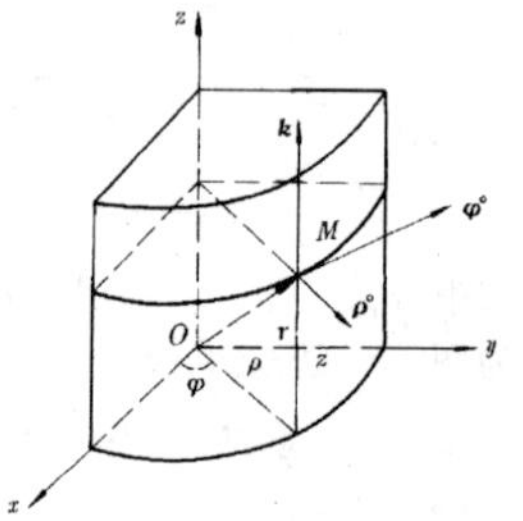

$\rho=\rho\ (t)$,

$\varphi=\varphi\ (t)$,

$z=z\ (t)$

点的速度

$$\boldsymbol{v}=v_\rho\boldsymbol{\rho}^0+v_\varphi\boldsymbol{\varphi}^0+v_z\boldsymbol{k}$$

式中 $v_\rho=\dot{\rho}$，$v_\varphi=\rho\dot{\varphi}$，$v_z=\dot{z}$；$\boldsymbol{\rho}^0$、$\boldsymbol{\varphi}^0$、$\boldsymbol{k}$ 为图示正交单位矢量。点的加速度

$$\boldsymbol{a}=a_\rho\boldsymbol{\rho}^0+a_\varphi\boldsymbol{\varphi}^0+a_z\boldsymbol{k}$$

式中 $a_\rho=\ddot{\rho}-\rho\dot{\varphi}^2$，$a_\varphi=\rho\ddot{\varphi}+2\dot{\rho}\dot{\varphi}$，$a_z=\ddot{z}$。

（何祥铁）

点的运动的自然坐标法 natural-coordinate method for motion of a particle

又称弧坐标法。用弧坐标表示点的运动的方法。为研究点的运动常用方法之一。设点沿已知轨迹曲线运动，在该曲线上任选一原点 O 并规定曲线在其两侧的正负方向，则点在某瞬时的位置 M 可由弧 $s=\overset{\frown}{OM}$ 的代数值唯一地确定。代数量 s 称为点的弧坐标，它可表为时间 t 的单值连续函数

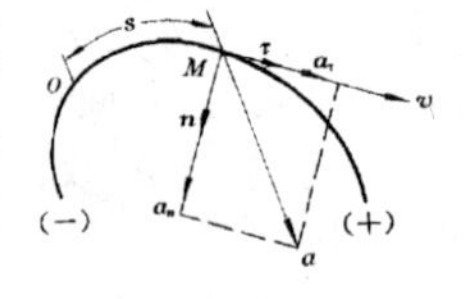

$$s=f(t)$$

称之为点沿已知轨迹的运动方程。此时点的速度

$$\boldsymbol{v}=\frac{\mathrm{d}s}{\mathrm{d}t}\boldsymbol{\tau}=\dot{s}\boldsymbol{\tau}$$

式中 $\boldsymbol{\tau}$ 为沿轨迹正向的切线单位矢量。点的加速度

$$\boldsymbol{a}=\boldsymbol{a}_\tau+\boldsymbol{a}_n=\ddot{s}\boldsymbol{\tau}+\frac{\dot{s}^2}{\rho}\boldsymbol{n}$$

式中 $\boldsymbol{a}_\tau=\ddot{s}\boldsymbol{\tau}$ 为切向加速度，$\boldsymbol{a}_n=\frac{\dot{s}^2}{\rho}\boldsymbol{n}$ 为法向加速度，ρ 为轨迹在 M 处的曲率半径，$\boldsymbol{n}$ 为轨迹在 M 处主法线方向的单位矢量。由此可确定点的加速度大小和方向

$$a=\sqrt{a_\tau^2+a_n^2}=\sqrt{\ddot{s}^2+\left(\frac{\dot{s}^2}{\rho}\right)^2}\ \mathrm{tg}(\boldsymbol{a},\boldsymbol{a}_n)=\frac{|a_\tau|}{a_n}$$

（何祥铁）

点的运动方程 equations of motion of a particle

描述点的位置随时间变化规律的数学表达式。以点的位置参数与时间的确定函数表出，并因位置参数的不同选择而具有不同形式。例如，点的位置用位置矢 $\boldsymbol{r}$ 表示时，其形式为 $\boldsymbol{r}=\boldsymbol{r}\ (t)$；用直角坐标（$x$，$y$，$z$）表示时，其形式为 $x=f_1\ (t)$，$y=f_2\ (t)$，$z=f_3\ (t)$；用沿已知轨迹的弧坐标 s 表示时，其形式为 $s=f\ (t)$。它决定点在所选参考坐标系中对应于每一瞬时的位置，并可由此求得点在任意瞬时的速度和加速度。（何祥铁）

点的直线运动 rectilinear motion of a particle

点沿直线轨迹的运动。为点的最简单的运动形式。常见的有点的匀速直线运动、点的匀变速直线运动及点的直线简谐运动等。如取点的轨迹为坐标轴 x，并在该轴上选定坐标原点，则点的位移、速度及加速度均可用代数量表示，且速度 $v=\frac{\mathrm{d}x}{\mathrm{d}t}=\dot{x}$，加速度 $a=\dot{v}=\frac{\mathrm{d}^2x}{\mathrm{d}t^2}=\ddot{x}$。（何祥铁）

点荷载强度试验 point load strength test

一种量测岩石点荷载强度指标和强度各向异性指标的岩石材料强度分级指标试验。试件为岩心、方块体或不规则块体。试验时将试件放在点荷载仪的上下压头之间，加压时试件沿压头联线劈裂破坏。由于试验装置轻便易带，操作简单，试件制备方便，是一种简易快速的现场试验方法。

（袁文忠）

点荷载强度指标 point load strength index

一种由点荷载强度试验得到的用作岩石材料强度分级的指标，用 $I_{s(50)}$ 表示。计算如下

$$I_{s(50)}=\frac{P}{D^2}\quad(\mathrm{MPa})$$

式中 P 为试件破裂时所加荷载（kN）；D 为岩心试件直径，$D=50\mathrm{mm}$。上式仅适用于荷载作用线通过岩心试件直径的径向试验。对于荷载作用线通过岩心试件纵轴的轴向试验以及方块体和不规则块体，应对试验结果加以修正，使其等于相应的

$I_{s(50)}$。 （袁文忠）

点荷载仪 point load apparatus

进行点荷载强度试验的装置。包括：(1) 加载系统。由加载框架、油泵、活塞和压头组成。压头为球状截头锥体，锥体顶角 60°，球半径 5mm，如图所示。(2) 荷载量测系统。可以是液压表或与活塞相联的传感器，用来测定试件破裂时的荷载 P。(3) 距离量测系统。可以是读数刻尺或位移传感器，用来量测与试件接触的上下压头间的距离 D。 （袁文忠）

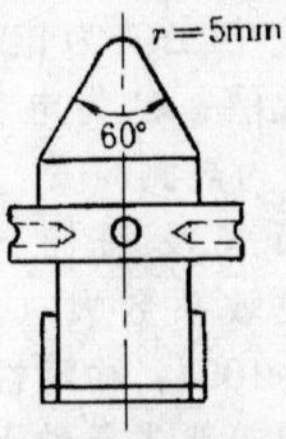

点压强 pressure at the point

包含某点 A 在内的作用面上，单位面积所受压力的极限值。其定义式为

$$p_A = \lim_{\Delta\omega \to 0} \frac{\Delta P}{\Delta\omega} = \frac{dP}{d\omega}$$

式中 p_A 为 A 点压强；ω 为含 A 点在内的受压面积；P 为 ω 内所受的总压力，其单位为 N。在连续介质中，点压强可用坐标函数表示

$$p = p(x, y, z, t)$$

式中 x，y，z 为任意点的坐标值；t 为时间，即点压强也可因时而异。 （叶镇国）

电比拟法 electronic simulation

用电场模拟应力场、温度场等的研究方法。使用该法的基础是因为模型和原型的对应量遵循同样的方程，具有数学上的相似性。如可用电解槽各点的电位来模拟柱状弹性杆的自由扭转、薄膜的变形等，因为它们都服从同一形式的拉普拉斯方程。

（袁文忠）

电测方法 electrical experiment method

将非电物理量如应变、位移、力、转角、加速度等等转换为电参量后进行量测的方法。其工作过程一般为

转换 → 放大 → 显示或记录

具有灵敏度高，量程大，便于多点量测和遥测，可和计算机连接进行快速数据采集和数据处理以及实现用计算机控制实验等一系列优点。是目前最主要的实验量测方法。其转换部分通常为传感器，放大、显示部分属一般的电信号量测技术。

（王娴明）

电磁流量计 magnetic flow-meter

利用电磁感应测量流速和流量的仪器。当导体横切磁场移动时，在导体中会感应出与速度成正比的电压。由此即可求得流体的流速和流量。依据法拉第电磁感应定律，在均匀磁场 $B_{(T)}$ 中，一个宽为 d (m) 的导体以速度 v (m/s) 沿与磁场垂直的方向移动时，感应电动势 $e = Bdv$ (V)，如在宽为 d 的、扁平的由绝缘体组成的管道内通过均匀速度为 v 的导电流体时，也感应同样的电动势。由此，在管道上装上电极，检测出感应电动势即可求得流速。对圆形管路，取其平均流速，上述关系也成立，其感应电压和流速、流量按下式计算

$$\bar{v} = K\frac{e}{Bd} \quad 及 \quad Q = K\frac{e \cdot \pi d}{4B}$$

单位为 m·kg·s·A 制，式中 K 是检测器的磁场强度和磁感应强度不均匀所加的修正系数；e 为感应电动势；B 为磁场强度；$\bar{v}$ 为通过管路流体平均流速；Q 为体积流量；d 为过流断面直径。电磁流量计的特点是测量量程宽，无压力损失，响应速度快，可测正向、反向的体积流量，但流体要具有一定的导电性。 （彭剑辉）

电感式位移传感器 linear variable differential transformer

将位移转换为电感变化后进行量测的测位移装置。铁芯随试件的变位而移动，使线圈中的电感产生变化。时间稳定性能较好，适用于长期监测。附加装置后还可用作引伸计。

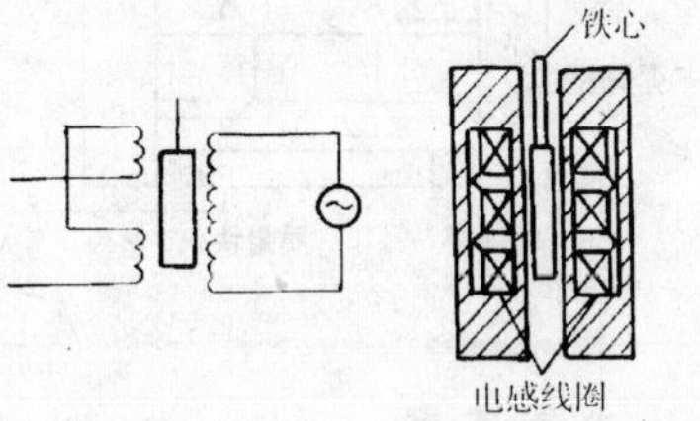

（王娴明）

电感式压力传感器 inductance type pressure transducer

将压力变化引起线圈磁回路磁阻变化，从而导致电感量变化的一种传感器。图示为一微压力传感器，当压力输入膜盒后，膜盒自由端产生一正比于被测压力的位移，并带动衔铁在差动变压器线圈中移动，从而使差动变压器有一电压输出，通过测量电路，可测出压力值。

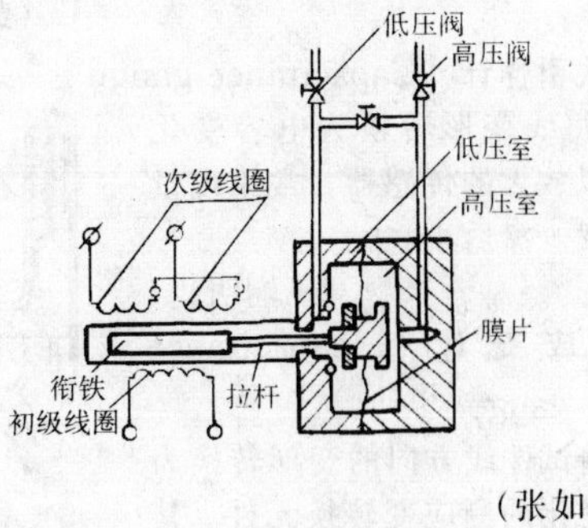

（张如一）

电荷放大器 charge amplifier

与压电晶体类传感器配合使用，将其输出的极间电荷转换成电压并放大的电子放大器。输入阻抗极高，可防止输入端的电荷流失。适用于缓慢变化的电荷量的测量。

（王娴明）

电容放大器 capacitance amplifier

将电容变化量转换成电压信号，并将其放大的一种仪器。可作为电容应变计和电容传感器的测量仪器。按不同工作原理，电容放大器有调幅、调频等数种。（张如一）

电容式加速度计 capactive type accelerometer

将加速度转换为电容量变化的一种传感器。当传感器垂直方向感受加速度时，由于质量块的惯性作用，使质量块与两固定板极产生相对位移，使 C_1、C_2 中一个增大，另一个减少，电容发生变化，用电容放大器可测出此电容量变化大小，从而测定加速度。

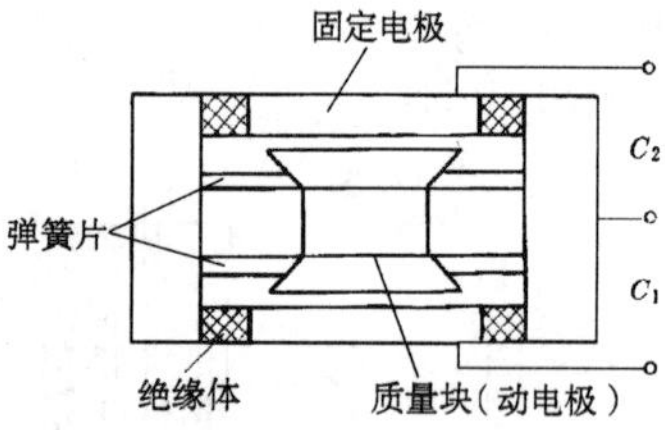

（张如一）

电容式压力传感器 pressure sensor with capacitance

利用电容应变原理测量流体压强的仪器。其构造原理为在压力 p 的作用下(1)、(2)两板间的距离发生变化。因此率定两板间的电容器改变与压力大小的关系，由量测电容的大小及变化过程，即可得出压力 p 的大小及其随时间的变化特性。

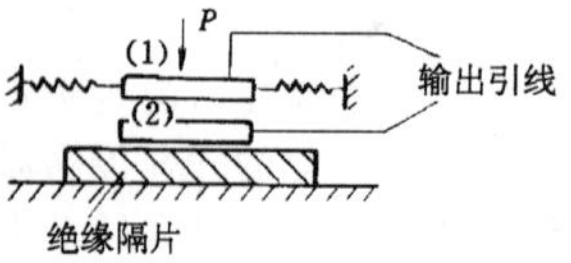

（彭剑辉）

电容式引伸计 Capacitance gauge

将线变形转换为电容变化再加以放大的传感器。常用以量测应变。滞后小。

（王娴明）

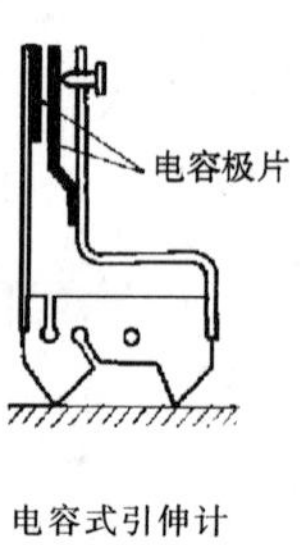

电容式引伸计

电容应变计 capacitance strain gauge

将试件线方向的变形转换为电容变化的测应变转换元件。其灵敏系数 K 定义为

$$K=\frac{\Delta C}{C}/\varepsilon$$

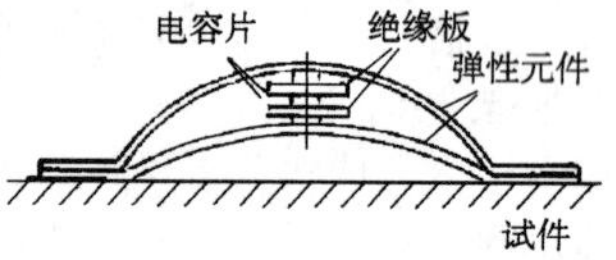

式中 ΔC 为电容变化值；C 为电容值，ε 为被测应变。有平板式及圆柱式等。灵敏系数大（为 10～100），稳定性高，零飘小，可在高、低温及核幅射等恶劣条件下工作。但输出信号小，易受电缆寄生电容的影响。多用于长期高温条件下的应变量测或裂缝的长期监测。

（王娴明）

电涡流式传感器 eddy-current transducer

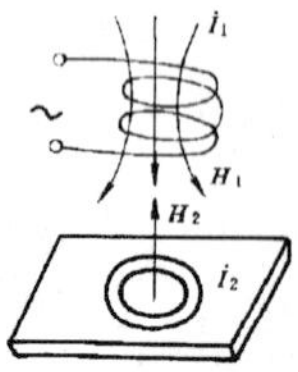

利用电涡流效应，将非电量转换为阻抗变化（或电感、品质因素变化），从而进行非电量测量的装置。通有交变电流的传感器线圈，由于电流的变化，在线圈周围产生一交变磁场，如被测导体置于该磁场范围内，被测导体便产生电涡流，此电涡流也将产生一个新的磁场，抵消部份原磁场，从而导致线圈的阻抗、电感和品质因素的改变，如果被测导体与线圈的相对位置发生变化，则上述参数均发生变化，通过相应测量仪器，可测出各种非电量。它是一种非接触式的测量传感器，通常用来测量物体的位移，即*电涡流式位移传感器*。量程为 0～15μm，分辨率为 0.05μm。

（王娴明 张如一）

电涡流式位移传感器 displacement sensor with eddy-current

见*电涡流式传感器*（68 页）。

电液伺服闭环 close loop of electric-hydraulic servo system

利用电液伺服阀使液压执行机构精确地按设定要求动作的系统。设定要求通过对电信号的控制来达到。液压执行机构对动作的执行情况经传感器转换为电信号后反馈到比较器中实时地与设定的电参量进行比较，其差值信号经调整放大后控制电液伺服阀并推动执行机构向消除差值的方向动作，因而动作可精确地符合设定要求。

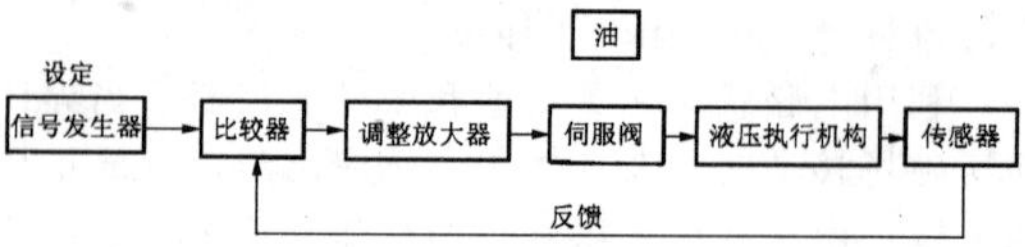

（王娴明）

电液伺服阀 electronic-hydraulic servo valve

使高压液体的流量随电信号的波形、频率、幅值而变化，从而达到用电信号控制液压执行机构（如液压千斤顶）的动作的转换控制元件。是实行计算机控制试验及实验－数值计算分析法中的关键组成部分。是极精密的部件，对油液的清洁度和工作室温都有很高的要求。一般通过电液伺服闭环进行精确的动作控制。（王娴明）

电子散斑干涉仪 electronic speckle pattern interferometry

用光学设备和闭路电视系统研究散斑干涉现象的仪器。光路布局和电视系统框图如图所示。其优点是可实时、快速显示相关条纹，且能存储信息。并能联结计算机进行数据处理。

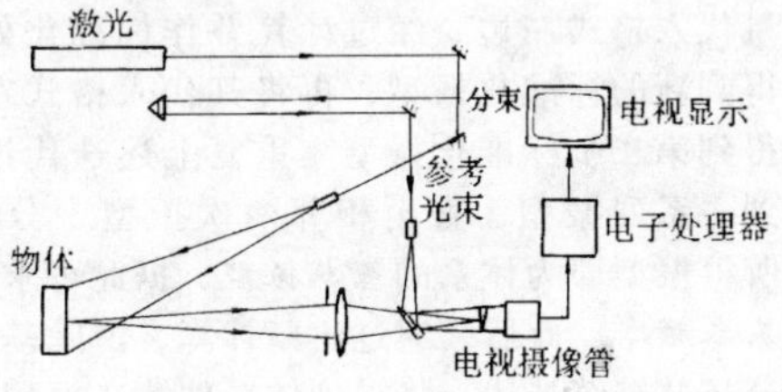

（钟国成）

电阻率法 resistivity method

以岩体导电性为基础的一种地球物理勘探方法。不同的地下空间、岩石、矿物和结构面方向具有不同的电阻率，通过对人工建立的电场进行观察和分析，可获得电阻率变化规律，确定岩层、矿体及地下空间的形状、大小和埋深等，也能确定结构面的产状以及破碎带和岩溶的主要发育方向等。还可以对采空区定位、确定围岩在开挖影响下性质的变化、预报岩爆、评价裂隙破碎带的宽度等。

（袁文忠）

电阻网络比拟 resistance network analogy

用离散的电阻器组成的网络模拟由拉普拉斯方程、泊松方程和双调和方程所描述的现象的一种比拟法。例如可用作研究风载和基础变形下刚架的应力，梁、板的振动和瞬态应力等。（张如一）

电阻应变计 resistance strain gauge

又称电阻应变片或应变片。利用金属导体的应变－电阻效应（金属导体的电阻随其机械应变而变化）制成的测应变转换元件。典型构造如图所示。

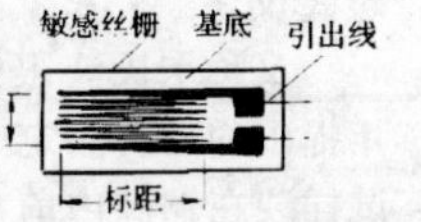

敏感栅由具有一定电阻值的金属细丝或箔制成，用特殊的粘结剂使之固定在基底上。使用时，将电阻应变计固定在试件上，受力后，敏感栅将和试件产生相同的变形，其电阻变化率 $\frac{\Delta R}{R}$ 和试件在该处标距范围内的平均应变 ε 保持一定的比例关系。通过测定电阻变化率来取得试件的应变值。需后接电阻应变仪将电阻变化率转换成电压变化并加以放大后才能测读。它具有体积小（最小标距可为 0.2mm）、重量轻（几毫克）、量测精度高（常温下为 1%）、频率响应高等优点。可在高、低温及液态介质中进行静、动态的应变量测。是目前应用最广泛的测应变元件。缺点是不能重复使用。按不同的使用要求，基底可由低、高分子树酯，玻璃纤维布及金属薄片等不同材料制成。有封闭式应变计、大应变应变计、高低温应变计等多种特殊用途的应变计。除量测应变外，还可用作传感器的转换元件。根据其阻值，灵敏系数、机械滞后、蠕变、疲劳寿命、热输出及零点飘移等工作特性的指标，我国的电阻应变计分为 A、B、C、D 四个质量等级。（王娴明）

电阻应变式测力传感器 force sensor with resistance strain gauge

将力转换为弹性元件的变形后利用电阻应变计量测此变形的测力装置。通过率定的应变－力值曲线得出力值。目前以筒式、轮辐式及 S 型等应用最广。筒式将力转换为圆筒的轴向变形；轮辐式将力转换为轮辐的剪变形。后者结构高度小，抗偏心能力好。（王娴明）

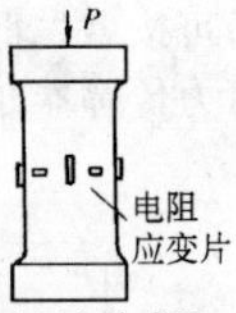

筒式压力传感器

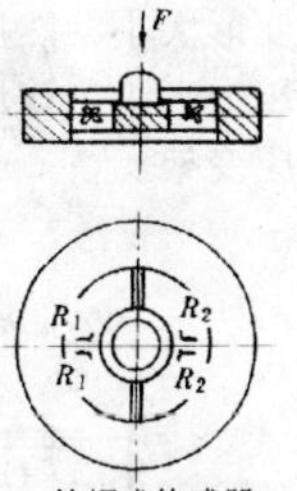

轮帽式传感器

电阻应变式加速度传感器 acceleration transducer with resistance strain gauge

加速度通过弹性悬臂梁端部的质量块产生的惯性力转换为弹性悬臂梁根部的变形，用电阻应变计量测此变形的测加速度装置。需由率定的应变一加速度曲线得出加速度值。（王娴明）

电阻应变式倾角传感器 inclination sensor with resistance strain gauge

将角度变化变换为悬臂梁的变形，由电阻应变计量测此变形的测倾角装置。由率定的应变一转角曲线得出转角值。悬臂梁的自由端带有一重锤，传感器随试件转动后，在重锤作用下悬臂梁弯曲。当转角较小时，角变位和应变输出可视为线性关系。（王娴明）

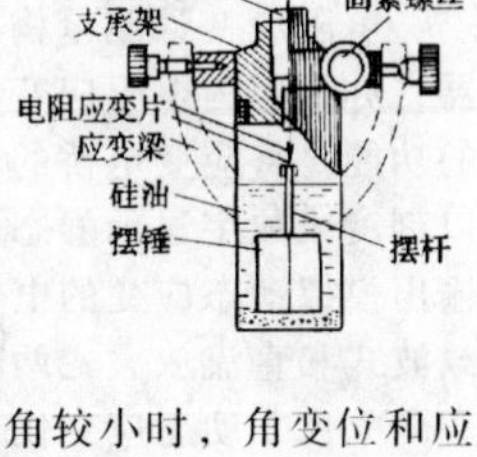

电阻应变式位移传感器 displacement sensor with resistance strain gauge

将位移转换为弹性元件的变形后利用电阻应变计量测此变形的测位移装置。由率定的应变-位移曲线得出位移值。弹性元件有弹簧-梁组合式和等强度悬臂式两种。前者量测范围较大，量测精度优于1%，是目前广泛应用的测位移传感器。

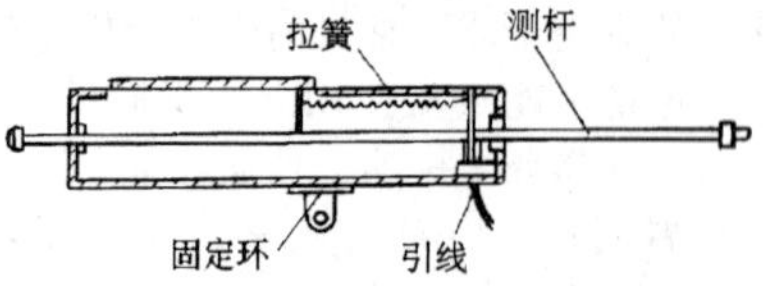

（王娴明）

电阻应变式压力传感器 pressure sensor with strain resistance wire

利用电阻应变原理测量流体压力的仪器。将两片直径为0.02～0.04mm的电阻丝片（1）和（2）贴在悬臂式钢片或磷片的两侧，在压力P的作用下，应变电阻丝片发生变形，由静态应变仪测出其变形大小，然后可按事先得出的率定曲线求出所测压力大小。该压力传感器亦可做成圆环式或框架式应变架。

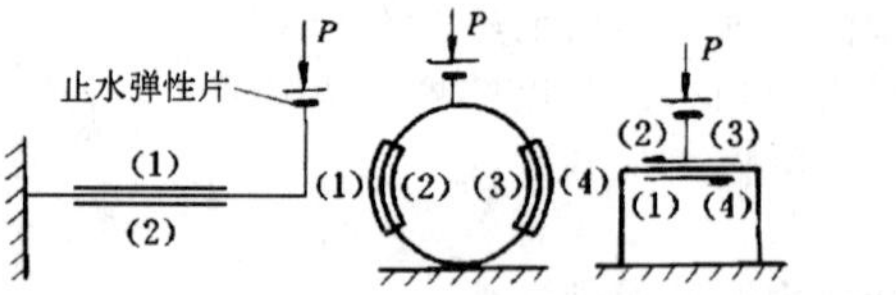

（彭剑辉）

电阻应变式引伸计 extensometer with resistance strain gauge

将线变形变换为弹性元件上的应变，通过电阻应变计进行量测的传感器。

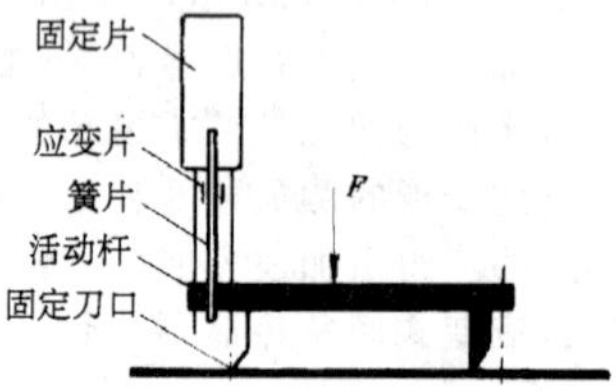

（王娴明）

电阻应变仪 resistance strain tester

电阻应变计测量构件应变时的一种专用测量仪器，亦可作为电阻应变计式传感器的测量仪器。它的功能是将应变电桥的输出电压放大，在显示部份以刻度或数字显示静态应变读数，或者向记录仪器输出模拟动态应变的电信号。按工作原理分为交流载波式和直流放大式两种。按测量应变频率分为静态应变仪、动态应变仪、超动态应变仪等数种。此外，还有无线电遥测应变仪及具可编程实时处理的自动测量应变仪。（张如一）

die

迭代法 iteration method

又称斯托杜拉法。用数学中的迭代法解力学问题的方法。在结构动力学中指用逐步逼近的迭代方式确定多自由度体系的自振频率和振型的方法。它从自由振动的运动方程导出形如

$$\left(\boldsymbol{FM}-\frac{1}{\omega^2}\boldsymbol{E}\right)\boldsymbol{A}=0$$

的齐次线性代数方程组（式中$\boldsymbol{F}$为柔度矩阵；$\boldsymbol{M}$为质量矩阵；$\boldsymbol{E}$为单位矩阵；$\boldsymbol{A}$为振幅向量；ω为自振频率），由此建立$\boldsymbol{FMA}=\frac{1}{\omega^2}\boldsymbol{A}$的迭代格式进行迭代计算。先以假设的某个标准化振型作为初始向量代入格式左边、经过计算并作标准化处理，即可得到新的标准化振型，再将其代入格式左边，又可得到第二个标准化振型。重复上述迭代过程，将得到一系列振型，直至相邻两次振型十分接近时，所得振型即为体系的基本振型，据此可求出相应的基本频率。此后，通过滤频计算，清除基本振型的分量并继续迭代，将得到体系的第二振型和第二频率。按照这一方式，还可依次求出其它更高阶的振型和频率。由于滤频和迭代运算冗繁，本方法主要用于计算低阶振型和频率。（洪范文）

叠加原理 principle of superposition

又称力作用的独立性原理。在小变形和线弹性的情况下，由几组荷载作用于物体上所产生的反力、内力以及应力分量或位移分量等于每组荷载单独作用结果的总和。为固体力学分析求解中的重要原理之一。叠加原理只有当所建立的基本方程及边界条件为线性时才能成立，对于非线性弹性材料或者是有限变形的情况，该原理不能适用；在使用该原理时，还要求结构上一种荷载的作用不会引起另一种荷载的作用发生性质的变化，例如杆件的纵横弯曲，横向荷载所引起的弯曲变形将使轴向荷载产生附加弯曲效应，还有压杆及薄壁结构的弹性稳定等问题，都不能应用此原理。

（刘信声　吴明德　罗汉泉）

碟式仪法

又称卡氏液限仪法。是A.卡萨格兰德于1932年提出的一种测定土的液限方法。将调成浓糊状的试样装在铜碟内前半部，刮平表面，用专门开槽器将试样划分成两半，以每秒2次的速度将铜碟抬高10毫米，坠击于底座上，反复起落，当击数达到25次时，若两半土膏在碟底的合拢长度刚好达13mm，此时的含水量即为液限。至今为西欧、美国、日本等国所采用。本法已列入国家标准《土工试验方法

标准》(GBJ123) 中，适用于粒径小于0.5mm的土。（李明逵）

蝶形铰链　hinge

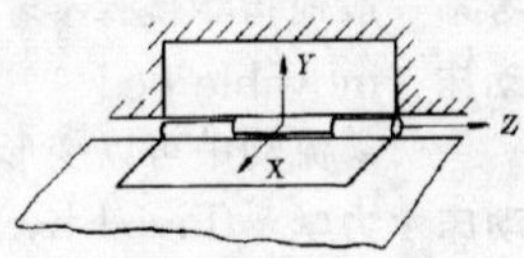

用销钉将两个活页联成的约束。其中一页固定在支承物上，另一页固联在被约束物体上。将门或窗扇安装在门框或窗框上即用这种约束。当被约束物体没有沿销钉轴移动的趋势，且除了绕销钉轴转动外不再有其他的转动趋势时，铰链反力可分解为与销钉轴垂直的两个正交分力 $\boldsymbol{X}$ 与 $\boldsymbol{Y}$。如物体还有沿 z 轴移动的趋势，则还有沿该轴的分反力 $\boldsymbol{Z}$。（黎邦隆）

ding

定参考系　fixed reference system

在所论问题中被当作固定不动的参考系。在运动学中，通常以地球为定参考系；在动力学中，则必须以惯性参考系为定参考系。（何祥铁）

定常流动　steady flow

又称恒定流动。流场中每一空间固定点处流体质点的运动要素（如流速、压强、密度等）不随时间而改变的流动。当为定常流动时，不存在当地加速度（参见欧拉变数，260页）。压强、流速等仅仅是坐标值的函数。因此有

$$\frac{\partial \vec{u}}{\partial t}=0,$$

$$\frac{\partial p}{\partial t}=0,$$

$$\vec{u}=\vec{u}(x,y,z),$$

$$\vec{a}=\vec{a}(x,y,z)$$

式中 $\vec{u}$ 为流体质点流速；$\vec{a}$ 为质点的加速度；p 为压强。在定常流动中，流线与迹线重合，流线、流管、元流的形状与位置不随时间改变。（叶镇国）

定常热应力　steady thermal stress

物体在不随时间变化的温度场中的热应力。此时热传导方程与力学方程均与时间无关。当不考虑变形产生的热量，即温度与应力非耦合情况时，可以先解热传导方程求出温度分布，然后由包含温度项的力学方程求出位移和应力。耦合问题则需联立求解热传导方程和力学方程。（王志刚）

定常塑性流动　steady plastic flow

平面应变情况下塑性区的大小、形状及力学量分布不随时间而变化的塑性变形过程。在有些金属成形过程中，对空间坐标而言，塑性区的大小、形状及其内的应力分布和速度分布都不随时间而变化，但塑性区内每个空间点处的质点是变化的；例如，在拉薄和辊轧等压力加工过程中就是如此。（熊祝华）

定常约束　scleronomic constraint

又称稳定约束。不随时间变化，约束方程中不显含时间 t 的约束。（黎邦隆）

定床　fixed bed

明渠流动中在水力作用下不变形且不透水的槽身。（叶镇国）

定床水力学　rigid boundary hydraulics

研究定床中水流运动规律的学科。其水流特征是槽身形状固定不变，槽壁不透水、渠中水流为清水。它是动床水力学的基础。（叶镇国）

定倾中心　metacenter

浮体因受外力倾斜后，浮力作用线与浮轴的交点。定倾中心低于重心时，外力干扰使浮体倾斜后则浮体将发生倾复，此称不稳定平衡；若定倾中心高于浮体的重心，则外力干扰倾斜后，浮体仍可恢复原来的平衡位置，这种情况称为稳定平衡。可见，浮体稳定与否，取决于重心与定倾中心的相对位置，但其重心可在浮心之上。定倾中心到浮心的距离称为定倾半径，以 R_ρ 表示，若重心与浮心的距离为 e（称为偏心距)，则浮体的稳定条件为：

$R_\rho>e$，呈稳定平衡，

$R_\rho<e$，呈不稳定平衡，

$R_\rho=e$，呈随遇平衡。

（叶镇国）

定瞬心轨迹　fixed centrode

见动瞬心轨迹（77页）。

定位向量　localization vector

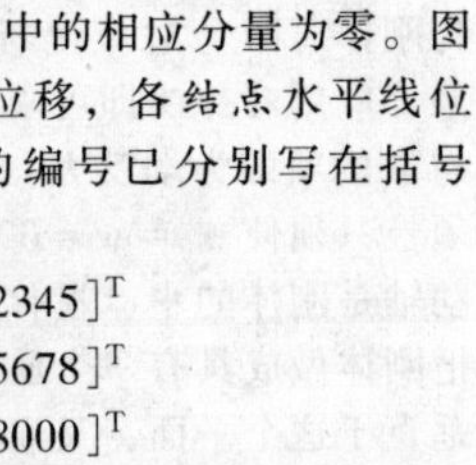

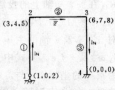

先处理法中，由单元两端的位移分量所对应的整体码（即该位移在自由结点位移向量中的排列序号）按顺序排列而构成的向量。其中，若结点位移分量为零位移，则定位向量中的相应分量为零。图示结构共有8个独立结点位移，各结点水平线位移、竖向线位移和角位移的编号已分别写在括号中，故各单元的定位向量为

$$\lambda^{①}=[102345]^{\mathrm{T}}$$

$$\lambda^{②}=[345678]^{\mathrm{T}}$$

$$\lambda^{③}=[678000]^{\mathrm{T}}$$

利用它们，不仅可以在刚度集成时换码，确定单元刚度矩阵中各元素的应有位置，还能在单元杆端力、杆端位移与结点力、结点位移之间建立对应关系，依靠它所传递的信息，可以使程序编制中的许多问题迎刃而解。（洪范文）

定轴轮系的传动比 transmitting ratio of a wheel train

表示定轴轮系在传动中增速或减速程度的比值。它等于主动轮和从动轮的角速度或转速之比，并冠以正负号，即

$$i_{12} = \pm \frac{\omega_1}{\omega_2} = \pm \frac{n_1}{n_2}$$

两轮转向相同时取正号，相反时取负号。这一公式适用于齿轮、链轮、皮带轮、摩擦轮等的传动计算。对于多级齿轮传动，总传动比等于各级传动比的连乘积，也等于各级传动中所有从动轮齿数的乘积和所有主动轮齿数的乘积之比，并冠以正负号，即

$$i_{1k} = (-1)^P \frac{z_2 \cdot z_4 \cdot z_6 \cdots\cdots}{z_1 \cdot z_3 \cdot z_5 \cdots\cdots}$$

式中 P 为外啮合齿轮的对数，z_1、z_3、z_5 等分别为各级传动中主动轮的齿数，z_2、z_4、z_6 等分别为各级传动中从动轮的齿数。 （何祥铁）

定轴转动刚体的轴承动反力 dynamic reactions of the bearings supporting a rotating rigid body

定轴转动的刚体在运动时产生的轴承反力。它是刚体不平衡的惯性力系引生的。高速机械运转时的这种反力往往比不运转时的静反力高许多倍，是设计机械时应关注的问题。当刚体具有垂直于转动轴的质量对称平面时，只要按刚体惯性力系的简化中所述结果添加惯性力与力偶，即可用动静法求得轴承动反力。当刚体不具有该对称面时，惯性力系的主矢量仍为 $\boldsymbol{R}_Q = -M\boldsymbol{a}_c$。以转动轴为 z 轴，任选其上一点 O 为简化中心并取坐标系 $Oxyz$，则 $\boldsymbol{R}_Q$ 在 x、y 轴上的投影分别为 $My_c\varepsilon + Mx_c\omega^2$ 与 $-Mx_c\varepsilon + My_c\omega^2$，在 z 轴上的投影为零；惯性力系对 x、y 及 z 轴的主矩分别为 $J_{xz}\varepsilon - J_{yz}\omega^2$、$J_{yz}\varepsilon + J_{xz}\omega^2$ 及 $-J_z\varepsilon$，各式中 M 为刚体的质量；x_c 与 y_c 为质心的坐标；ε 与 ω 分别为刚体的角加速度与角速度；J_z 为它对转动轴的转动惯量；J_{xz}与 J_{yz}分别为刚体对两个对应坐标轴的惯性积。利用这些结果，应用动静法即可求得各轴承分反力，其中含 ε 与 ω 的项即为动反力。要使轴承动反力等于零，必须且只须使 $x_c = y_c = 0$ 和使 $J_{xz} = J_{yz} = 0$，即须使转动轴是刚体的中心惯性主轴。为满足这个条件，可把刚体做成具有一个质量对称平面，且使转动轴既垂直于这个平面，又通过刚体的质心。这可简称为既不偏心，又无偏角。 （黎邦隆）

dong

动参考系 moving reference system

相对于定参考系有运动的参考系。在运动学中，通常取地面为定参考系，而取对地面运动的物体如汽车、火车等为动参考系；在动力学中，动参考系一般地指非惯性参考系。 （何祥铁）

动床 movable bed

明渠流动中可以变形的槽身。 （叶镇国）

动床水力学 fluvial hydraulics

研究动床中水流运动规律的学科。天然河流和未加衬砌的人工渠道，其槽身大都有不同程度的变形、透水，水流往往是挟带有泥沙的浑水，改变了原来的清水结构，流速分布及能量损失也与清水不同，常引起河渠断面的冲淤变化，使河床出现沙纹、沙垄、沙浪等不同河床形态、粗糙系数沿流程也不会是一个常量。因此，动床水力学的任务是探讨水流为什么能挟沙、如何挟沙、能挟带多少沙、挟沙水流的特性、河渠水流阻力及其冲淤规律等。它是定床水力学的继续。 （叶镇国）

动床阻力 resistances of movable bed

冲积河流河床（或动床）上沙粒阻力和床面形态阻力（如沙纹阻力及沙垄阻力等）的统称。它是河槽总阻力中的一部分，动床河流断面的总阻力的组成有

河流总阻力：
- 岸壁阻力
- 滩面阻力
- 动床阻力（床面阻力）
  - 沙粒阻力
  - 床面形态阻力
- 河槽形态阻力
- 人工建筑物（如护岸、桥墩等）阻力

其中沙粒阻力和床面形态阻力是在同一周界（即河床）上的两种不同类型的阻力。 （叶镇国）

动荷系数 coefficient of excess load

又称过载系数。见过载（133 页）。

动静法 method of kineto-statics

又称惯性力法。根据达朗伯原理，在质点上或质点系的每个质点上虚加其惯性力后，用静力平衡规律解决动力学问题的方法。力学中这部分内容称为动态静力学。由于列写平衡方程比用动力学方法列写运动微分方程易于掌握，步骤比较规范，需要考虑的因素一般较少，故这种方法及惯性力的概念在工程中应用较广。用此法求约束反力还特别方便。 （黎邦隆）

动力触探试验 dynamic penetration test

用一定锤击动能将一定规格的探头打入土层并测定土的动贯入阻力或贯入阻抗的试验。贯入阻抗常用探头贯入土中的一定距离所需的锤击数表示。由试验结果可对土进行分层，也可粗略估算土的物理力学性质参数以及对地基土作出某些工程地质评

价。对难以取样的无粘性土和静力触探试验难以贯入的土层，用动力触探试验勘测更为适宜。

（吴世明　陈龙珠）

动力法　dynamic method

见动力准则（75页）。

动力反应　dynamic response

又称动力响应。体系在作受迫振动时所产生的内力、位移、速度和加速度等量值的时间历程。其大小取决于体系固有的动力特性和体系所受的动力荷载（干扰力）的性质及大小。研究动力反应的计算原理和方法，是结构动力分析的主要内容。此时产生的内力和位移，分别称为动内力和动位移，它们都是时间的函数，计算其最大值（幅值）是动力分析的直接目的。（洪范文）

动力方程组的直接积分法　direct integration method of the equations of motion

采用加速度、速度的某种差分公式为基本假设求解动力方程组的方法。将差分公式代入方程组导出计算公式。在起始计算阶段，首先要形成 $\boldsymbol{K}$、$\boldsymbol{M}$、$\boldsymbol{C}$ 矩阵，给定初值 $\boldsymbol{a}_0$，$\dot{\boldsymbol{a}}_0$ 和 $\ddot{\boldsymbol{a}}_0$，选择时间步长 Δt，计算积分公式中的积分常数。然后对隐式积分要形成等效刚度阵 $\hat{\boldsymbol{K}}$，并作三角分解 $\hat{\boldsymbol{K}}=\boldsymbol{LDL}^{\mathrm{T}}$。对显式积分则形成等效质量阵 $\hat{\boldsymbol{M}}$，作三角分解 $\hat{\boldsymbol{M}}=\boldsymbol{LDL}^{\mathrm{T}}$。对每一时间步则首先计算等效荷载 $\hat{\boldsymbol{P}}$，然后求解得到 $t+\Delta t$ 时刻的位移，必要时还可求相应的速度、加速度。（姚振汉）

动力分析的有限元法　finite element method for dynamic analysis

在结构动力学问题中将结构进行离散化的一种数值解法。基本计算过程与静力分析相似，参见有限元法，不同的是荷载、位移、速度、应变和应力都是时间的函数。建立动力方程的方法，可以直接利用拉格朗日方程，也可依据哈密顿原理。不同于静力分析的是，能量方程中出现了动能和能量耗散，因此，动力方程中出现了质量矩阵和阻尼矩阵；最后得到的求解方程不是代数方程组，而是常微分方程组。由于方程矩阵阶数很高，多用直接积分法和振型叠加法求解。动力分析的有限元法计算工作量很大，因此，提高效率、节省计算工作量的数值方案和方法是研究工作中的重要组成部分。

（包世华）

动力固结　dynamic consolidation

在动力荷载作用下土体发生的固结过程。这一术语是为解释强夯机理而提出的。在国内强夯法又称动力固结法。在较强冲击荷载作用下，土中产生很大的孔隙压力并发生局部液化，结构受到破坏，土中出现裂隙；由此加速孔隙压力消散，土体发生固结，土的模量和强度得到恢复并且较先前可能有较大的提高。（吴世明　陈龙珠）

动力和运动连续条件　dynamic and kinematic continuous condition

在应力波的传播过程中，间断面上应力间断值，应变间断值以及速度间断值之间应满足的条件。根据质量守恒定律，动量守恒定理以及运动中的几何关系可以推出

$$\rho_1(v_{1n}-G)=\rho_2(v_{2n}-G) \tag{1}$$

$$[\sigma_{ij}]n_j=\rho_1(v_{1n}-G)[v_i] \tag{2}$$

$$[v_i]=-Gn_j[\varepsilon_{ij}+\omega_{ij}] \tag{3}$$

式中 ρ_i、v_{in} 分别为间断面两侧介质密度和边界上的速度；G 为间断面上外法线的运动速度；$[\sigma_{ij}]$ 和 $[v_i]$ 分别为间断面上应力和速度的间断量；ε_{ij} 和 ω_{ij} 为应变张量和转动张量（小变形）。若 $v_i \ll G$，及 $\omega_{ij}=0$，则式（2）和（3）可简化为

$$[\sigma_{ij}]n_j=-\rho_1 G[v_i]$$

$$[\varepsilon_{ij}]n_j=-\frac{1}{G}[v_i]$$

式（2）和（3）分别称为动力和运动连续条件。

（徐秉业）

动力荷载　dynamic load

使结构或构件产生不可忽略的加速度而使结构上惯性力的影响不容忽视的荷载。严格说来，工程中绝大多数实际活荷载均属此类，但当其变化相对缓慢时，一般可作为静力荷载处理。它主要分为：突加荷载、周期荷载、随机荷载、冲击荷载和交变荷载等。（洪范文）

动力流速　friction velocity

又称摩阻流速。反映边界壁面处摩擦剪切应力影响具有流速量纲的特征值，常以 v_* 表示，关系式如下

$$v_*=\sqrt{\frac{\tau_0}{\rho}}$$

式中 τ_0 为边界壁面处的剪切应力；ρ 为流体密度。

（叶镇国）

动力粘度　dynamic viscosity

又称动力粘滞系数或动力粘性系数。流体剪应力与剪切应变率（即流体速度梯度）的比例常数。数值上它等于流体速度梯度为一个单位时，流体在单位面积上所受到的剪力。其常用单位为 Pa·s。对于气体，它和温度的关系可用萨瑟兰公式表达

$$\frac{\mu}{\mu_0}=\left(\frac{T}{T_0}\right)^{\frac{3}{2}}\frac{T_0+B}{T+B}, B\approx 110.4K$$

对于空气，在 90K＜T＜300K 时可采用下式计算

$$\frac{\mu}{\mu_0}=\left(\frac{T}{T_0}\right)^{\frac{8}{9}}$$

对于水，可按下式计算

$$\mu = \frac{0.01779}{1 + 0.03368T + 0.00022099T^2}$$

上式中 μ 为动力粘度；T 为开氏温度；T_0 为绝对温度参考值，绝大多数气体取 $T_0 = 273\text{K}$；μ_0 为 $T = T_0$ 时的动力粘度。萨瑟兰公式在相当大的范围（$T < 2\,000\text{K}$）对空气都适用。粘性的物理原因对于气体来说，是由于相邻两部分宏观速度不同的气体团之间有许多分子相互交换，从而带来动量交换，使气体团的速度有平均化的趋势；对于液体来说，其分子运动论还未成熟，目前还没有建立类似于气体分子运动论的简单物理图象用来说明产生液体粘性的机制。（叶镇国　冯乃谦）

动力粘滞系数　coefficient of dynamic viscosity

见动力粘度（73 页）。

动力平衡方程　equation of dynamic equilibrium

在结构动力分析中，根据质点在某一瞬间所受的各种力（动力荷载、惯性力、弹性恢复力和阻尼力等）应满足的平衡条件所建立的平衡方程。这种平衡是把动力问题从形式上化为静力问题，根据达朗伯原理引入质点的惯性力后，得到的一种与静力平衡类似的动力平衡。它是建立体系运动方程的途径之一，其中要用到体系的刚度系数，所以按动力平衡方程求解的方法又称为刚度法。这一方程可以由取隔离体的方式建立，也可按位移法的原理用增加附加链杆的方式得到。（洪范文）

动力失稳　dynamic instability

受周期性压力作用的杆件，当其上的动力荷载频率与压杆的横向自振频率之比达到某一定值时，杆件发生剧烈横向振动（横向振幅迅速增长）的现象。在振动理论中又称为参数共振。研究动力稳定性的主要任务在于确定动力不稳定区域，求出动力荷载的临界频率，以避免动力失稳。（罗汉泉）

动力特性　dynamic behavior

结构本身固有的，与荷载无关的自振周期、自振频率、振型和阻尼等振动特性。研究表明，结构在动力荷载作用下，其动力反应除与该荷载的大小和变化规律有关外，还取决于结构所具有的动力特性。对其进行分析是计算动力反应的前提。除阻尼可由试验测定外，动力特性通过对结构自由振动的分析得到。（洪范文）

动力相似　dynamic similarity

表征两现象受力状况的相似。它要求两流动相应点受同名力的作用，各同名力互相平行且具有同一比值。即力比尺 $C_F = F_p/F_m = G_p/G_m = P_p/P_m = R_p/R_m = F_{\sigma p}/F_{\sigma m}$ 为固定比值。式中 F、G、P、R、F_σ 分别为合力、重力、压力、阻力和表面张力；各力的下标 p 表示原型量，m 表示模型量。显然，动力相似的两个流动的力场必定相似。动力相似是力学相似的重要条件，是保证达成运动相似的主导因素。（李纪臣）

动力学　dynamics

研究物体的运动与作用于其上的力之间的一般关系的学科。是理论力学的一个组成部分。它以牛顿运动定律为基础，研究对象是运动速率远小于光速的宏观物体。分为质点动力学和质点系（包括刚体）动力学两部分，研究两类基本问题：一是已知质点或质点系的运动，求作用在其上的力；二是已知作用在质点或质点系上的力以及运动初始条件，求它们的运动规律。在质点动力学中，主要是应用质点运动微分方程来解决这两类问题。质点系动力学一般包含动力学普遍定理、达朗伯原理、虚位移原理、碰撞理论、分析动力学基础及振动理论基础等内容。动力学知识是许多工程技术的基础，广泛应用在机械、土木、电机、交通运输、国防、地质、矿业、化工、天文以及宇宙空间技术等诸多方面，并且是一些边缘学科的基础之一。（宋福磐）

动力学普遍定理　general theorems of dynamics

分别从某个方面表达质点或质点系的运动变化与作用力之间的关系的几个定理。有动量定理（包括质心运动定理）、动量矩定理和动能定理。它们都可从牛顿第二定律简单地导出。几乎对于所有的工程实际问题，都不可能也不需要详尽地研究质点系内每个质点的运动，而只需知道系统的某些运动特征即可，这些定理正是从这个角度解决质点系动力学的两类问题的。而且在这些定理中，无需考虑系统的未知内力或作用于系统的未知约束反力，所以其实用价值很高。此外，动能定理中建立的功与能的概念及与此有关的能量方法，还在分析力学和许多力学分支中有很重要的应用。

（黎邦隆　宋福磐）

动力学普遍方程　general equation of dynamics

又称达朗伯－拉格朗日方程（d' Alembert - Lagrange equation）。对具有理想约束的质点系联合应用达朗伯原理及虚位移原理而得到的方程

$$\Sigma(\boldsymbol{F}_i - m_i\boldsymbol{a}_i)\cdot\delta\boldsymbol{r}_i = 0$$

或

$$\Sigma[(X_i - m_i\ddot{x}_i)\delta x_i + (Y_i - m_i\ddot{y}_i)\delta y_i + (Z_i - m_i\ddot{z}_i)\delta z_i] = 0$$

式中 m_i、$\boldsymbol{a}_i$、$\delta\boldsymbol{r}_i$ 分别为任意质点 i 的质量、加速度及虚位移；$\boldsymbol{F}_i$ 为作用在其上的主动力的合力；X_i、Y_i、Z_i，$\ddot{x}_i$、$\ddot{y}_i$、$\ddot{z}_i$ 与 δx_i、δy_i、δz_i 分别为 $\boldsymbol{F}_i$、$\boldsymbol{a}_i$ 与 $\delta\boldsymbol{r}_i$ 在 x、y、z 轴上的投影。本方程是经

典力学的重要方程之一，可直接用来解决质点或质点系的动力学问题，或导出各个动力学普遍定理。但更重要的是，由它可导出拉格朗日方程及分析动力学的其他运动微分方程。拉格朗日曾将它作为分析力学的基础。（黎邦隆）

动力优化设计　optimum design in the dynamic response regime

考虑结构动力特性和动力响应的优化设计。在约束条件中还包括有频率禁区、动应力和动位移约束。当采用常用的动力计算方法时，一般的优化方法大都仍可使用，若采用其中的梯度型算法，则要进行动力灵敏度分析，即要计算结构动力反应对各设计变量的偏导数，比较麻烦；若采用直接法则无此麻烦，但效率不一定高；若约束条件比较单一，则采用最优性准则法（如能量准则）将更为方便。（杨德铨）

动力准则　dynamic criterion of stability

又称运动准则。根据体系受微小扰动后的运动特性来研究稳定问题的准则。设给受荷载作用处于直线平衡状态的压杆以某种初始微小扰动，使其发生微幅振动，若振动随时间的增长而减小，则压杆原来的平衡状态是稳定的；若振动随时间的增长而无限增大，则原来的平衡状态是不稳定的。使压杆失去简谐振动的最小荷载即为临界荷载，此时所处的状态即为临界状态。应用此准则确定临界荷载的方法称为动力法或运动法。在研究体系的弹性稳定问题时，如果荷载是保守力，则静力法、能量法和动力法都适用并可得到相同的结果。不过，因动力法的计算较为复杂，故通常只用前两种方法；如果荷载是非保守力，则能量法不适用。在有些非保守力的情况下（例如杆端压力为沿杆轴切线方向作用的随动力时），体系将以运动状态失稳而不存在随遇平衡状态，这时静力法也不适用而必须采用动力法。动力法是最一般的方法，目前仍在探讨中。（罗汉泉）

动量　momentum

又称线动量（linear momentum）。量度物体机械运动的一个物理量。质点的动量等于其质量与速度矢的乘积；质点系的动量等于系内各质点动量的矢量和，即 $\Sigma m_i\boldsymbol{v}_i = M\boldsymbol{v}_c$，式中 $\boldsymbol{v}_c$ 是质点系质心的速度，M 是质点系的总质量。在法定计量单位中，动量的单位是千克·米/秒（kg·m/s）。（宋福磐）

动量定理　theorem of momentum

表达质点或质点系的动量变化与作用力之间关系的定理。是动力学普遍定理之一。质点的动量定理是牛顿第二定律的原来表达式 $\frac{d}{dt}(m\boldsymbol{v}) = \boldsymbol{F}$，即质点的动量对时间的导数等于作用于它的力。质点系的动量定理是：质点系的动量对时间的导数等于作用在系统上所有外力的矢量和（外力系的主矢量）。即

$$\frac{d}{dt}(\Sigma m_i\boldsymbol{v}_i) = \Sigma \boldsymbol{F}_i{}^{e}$$

它表明质点系动量的变化仅与外力有关，内力不能改变系统的动量。（宋福磐）

动量矩　moment of momentum

又称角动量（angular momentum）。量度转动物体的运动的一个物理量。质量为 m 速度为 $\boldsymbol{v}$ 的质点对 O 点的动量矩是它的动量 $m\boldsymbol{v}$ 对 O 点的矩矢，可表为 $\boldsymbol{m}_0(m\boldsymbol{v}) = \boldsymbol{r}\times m\boldsymbol{v}$，其中 $\boldsymbol{r}$ 为该质点对矩心 O 的位置矢。质点系对 O 点的动量矩是它的各质点对该点的动量矩的矢量和，即等于 $\Sigma\boldsymbol{m}_0(m_i\boldsymbol{v}_i) = \Sigma(\boldsymbol{r}_i\times m_i\boldsymbol{v}_i)$。定轴转动刚体对转动轴 z 的动量矩等于 $J_z\omega$（J_z 为刚体对 z 轴的转动惯量，ω 为其角速度）。质点系的动量矩常用以下关系计算：质点系在绝对运动中对任意固定点（或轴）的动量矩，等于它对质心（或质心轴）的动量矩与把系统的质量都集中在质心上时所具有的对该点（或轴）的动量矩之和。在法定计量单位中，动量矩的单位是千克·米^2/秒（kg·m^2/s）。（黎邦隆）

动量矩定理　theorem of moment of momentum

表达质点或质点系的动量矩变化与作用的外力矩之间关系的定理。是动力学普遍定理之一。质点对任意固定点 O 的动量矩矢对时间的一阶导数，等于作用在该质点上的力 $\boldsymbol{F}$ 对该点之矩；对任意固定轴 x 的动量矩对时间的一阶导数，等于该力对该轴之矩。即

$$\frac{d}{dt}m_0(m\boldsymbol{v}) = m_0(F)$$

$$\frac{d}{dt}m_x(m\boldsymbol{v}) = m_x(\boldsymbol{F})$$

质点系对任意固定点 O 的动量矩矢对时间的一阶导数，等于作用在该系统的诸外力对该点之矩的矢量和；对任意固定轴 x 的动量矩对时间的一阶导数，等于作用的诸外力对该轴之矩的代数和。即

$$\frac{d}{dt}\Sigma m_0(m_i\boldsymbol{v}_i) = \Sigma m_0(\boldsymbol{F}_i^e)$$

$$\frac{d}{dt}\Sigma m_x(m_i\boldsymbol{v}_i) = \Sigma m_0(\boldsymbol{F}_i^e)$$

式中 m_i 与 $\boldsymbol{v}_i$ 分别为任意质点 i 的质量与速度；$\boldsymbol{F}_i^e$ 为作用在该质点上的系统的外力。本定理用于研究转动性质的动力学问题。（黎邦隆）

动量矩守恒定律　law of conservation of moment of momentum

表述动量矩守恒条件的定律。质点不受力或作

用力对某固定点（或轴）之矩始终等于零时，该质点对该点（或轴）的动量矩保持不变。质点系所受外力对某固定点（或轴）之矩的和始终等于零时，该质点系对该点（或轴）的动量矩保持不变。例如行星所受太阳引力始终指向太阳中心，故如不计其他星体的引力，行星对太阳中心的动量矩守恒（参见中心力及面积速度，462、239 页）。（黎邦隆）

动量守恒定律 law of conservation of momentum

质点系在运动过程中，若作用于其上的外力矢量和恒为零，则质点系的动量保持不变；若外力在某一轴上投影的代数和恒为零，则质点系的动量在该轴上的投影保持不变。动量守恒时，如果系内某一部分的速度发生变化，则另一部分的速度也必将改变，以保持整个系统的动量不变。（宋福磐）

动量损失厚度 momentum loss thickness

计算边界层内流体质点流速降低造成动量减小时的化引厚度。其关系式如下

$$\delta_2 = \int_0^\infty \frac{u_x}{u_0}\left(1 - \frac{u_x}{u_0}\right)\mathrm{d}y$$

式中 δ_2 为动量损失厚度；u_0 为未受到阻滞时理想流体的流速；y 为沿边界外法线方向的距离；u_x 为边界层内距边界 y 处的流速。若边界层内的流速呈直线分布，则 δ_2 约为边界层厚度的 1/7.5。

（叶镇国）

动量修正系数 momentum correction factor

利用断面平均流速计算液流动量时所取的误差修正系数。常以 α_0 表示。表达式为

$$\alpha_0 = \frac{\int_\omega (\rho Q\mathrm{d}t)u}{(\rho Q\mathrm{d}t)v} = \frac{\int_\omega u^2\mathrm{d}\omega}{v^2\omega}$$

式中 u 为点流速；v 为断面平均流速；Q 为流量；ρ 为液体密度；t 为时间。它表示单位时间内通过断面的实际动量与单位时间内以相应断面平均流速计算通过的动量的比值，是一个大于 1 的数。对于圆管层流，$\alpha_0 = \frac{4}{3}$，在一般渐变紊流中，$\alpha_0 = 1.02 \sim 1.05$，常取 $\alpha_0 = 1$。若知断面流速分布，α_0 也可由上式算出。α_0 常用实验方法求得。（叶镇国）

动能 kinetic energy

量度物体因其运动而具有的作功能力的物理量。以 T 表示。它与动量是物体机械运动的两种不同的量度。质量为 m、速度大小为 v 的质点，$T = \frac{1}{2}mv^2$；质点系的 $T = \Sigma\left(\frac{1}{2}m_i v_i^2\right)$；质量为 M、以速度 $\boldsymbol{v}$ 平动的刚体，$T = \frac{1}{2}Mv^2$；对转动轴 z 的转动惯量为 J_z、角速度为 ω 的定轴转动刚体，$T = \frac{1}{2}J_z\omega^2$；质量为 M、质心速度为 $\boldsymbol{v}_c$、对质心轴的转动惯量为 J_c、角速度为 ω 的平面运动刚体，$T = \frac{1}{2}Mv_c^2 + \frac{1}{2}J_c\omega^2$；角速度大小为 ω、对瞬时转动轴的转动惯量为 J、绕定点 O 转动的刚体，$T = \frac{1}{2}J\omega^2$，又可表为 $T = \frac{1}{2}(J_x\omega_x^2 + J_y\omega_y^2 + J_z\omega_z^2)$，其中 x、y、z 是以 O 为原点、沿刚体在 O 点的三根惯性主轴的直角坐标轴，J_x、J_y、J_z 分别是刚体对这三轴的转动惯量，ω_x、ω_y、ω_z 分别是刚体的角速度矢在这三轴上的投影。（黎邦隆）

动能变化系数 coefficient of kinetic-energy variation

考虑动能沿水深变化的一个无量纲数。其算式为

$$j = \frac{\alpha i C^2 B}{g\chi}$$

式中 α 为动能修正系数；i 为渠道底坡；C 为谢才系数；B 为水面宽度；χ 为湿周；g 为重力加速度。在粗糙系数及断面形式和尺寸给定之后，它的大小决定于底坡和水深。如底坡等于临界底坡，水深趋于临界水深时，$j = 1$；在一般情况下，j 值在水深变化不大的范围内可视为常数。

（叶镇国）

动能定理 theorem of work and kinetic energy

表述质点或质点系的动能变化与作用力的功之间关系的定理。动力学普遍定理之一。质点在无限小的位移中，动能的增量等于作用力在此位移中的元功，即

$$\mathrm{d}\left(\frac{1}{2}mv^2\right) = \delta W$$

在有限路程中，动能的改变等于作用力在这段路程中的功，即

$$\frac{1}{2}mv_2^2 - \frac{1}{2}mv_1^2 = W_{1,2}$$

质点系在无限小的位移中，动能的增量等于所有作用力的元功之和，即

$$\mathrm{d}\Sigma\left(\frac{1}{2}m_i v_i^2\right) = \Sigma\delta W$$

在有限路程中，动能的改变等于所有作用力在这段路程中的功之和，即

$$\Sigma\left(\frac{1}{2}m_i v_{i2}^2\right) - \Sigma\left(\frac{1}{2}m_i v_{i1}^2\right) = \Sigma W_{1,2}$$

式中 m_i 与 v_i 分别为任意质点 i 的质量与速度大小；v_{i1} 与 v_{i2} 分别为系统在始末位置时，该质点的速度大小。对于质点系，作用力一般应包括内力与外力。（黎邦隆）

动能修正系数 kinetic energy correction factor

以断面平均流速计算液流动能时所取的误差修

正系数。常以 α 表示，其表达式为

$$\alpha=\frac{\int_{\omega}\frac{u^{2}}{2g}\gamma \mathrm{d}Q}{\frac{v^{2}}{2g}\gamma Q}=\frac{\int_{\omega}u^{3}\mathrm{d}\omega}{V^{3}\omega}$$

式中 u 为点流速；v 为断面平均流速；ω 为过水断面面积；Q 为流量；γ 为流体重度。动能修正系数是一个大于1的数，其大小取决于断面上的流速分布情况。流速分布越均匀，α 越接近于1；流速分布越不均匀，α 数值越大。对于圆管层流 $\alpha=2$，一般的渐变紊流 $\alpha=1.05\sim1.10$，通常取 $\alpha=1.0$，若知断面流速分布函数，亦可用上式算出 α 值。α 常用实验方法测定。（叶镇国）

动平衡　dynamic balance

定轴转动刚体的转动轴是刚体的中心惯性主轴，刚体转动时不引起轴承动反力的情况（参见定轴转动刚体的轴承动反力，72页）。具有质量对称平面的转子，如转动轴既过它的质心，又垂直于该对称面，它就满足了上面的要求。动平衡的刚体一定是静平衡的，反之则不一定。机器中高速转动的零、部件出厂前都要做动平衡试验，对不满足要求的，要采取措施来调整其质量分布情况，使之能达到上述要求。对大型转子则还须在安装时及使用过程进行现场找正。（黎邦隆）

动蠕变　dynamic creep

高频率非对称循环的交变应力下的蠕变。与循环荷载蠕变的差别在于应力变化频率较高，且振幅较小（应力振幅小于平均应力）。对金属材料，这种情况下的蠕变变形和寿命一般介于平均应力下和最大应力下的静蠕变之间。破坏寿命一般与频率无关。（王志刚）

动瞬心轨迹　moving centrode

又称本体极迹。平面图形在各连续瞬时的速度瞬心在该图形上形成的轨迹。这一系列速度瞬心在该图形所在的固定平面上画出的轨迹，称为定瞬心轨迹，亦称空间极迹。例如，车轮在直线轨道上作无滑动的滚动时，车轮的轮缘曲线是动瞬心轨迹，轨道直线是定瞬心轨迹。平面图形在其自身平面内运动时，若动瞬心轨迹与定瞬心轨迹是两条连续曲线，而且曲线上的每一点都有确定的切线，则动瞬心轨迹沿定瞬心轨迹作无滑动的滚动。（何祥铁）

动态电阻应变仪　dynamic resistance strain tester

测量动态应变的电阻应变仪。它的作用是将应变电桥输出电压信号进行放大，输出与应变成比例的模拟电信号，使用时需配置相应的记录仪。为满足各种应变量程的测量，使其具有适当的灵敏度，又不导致放大器饱和，动态电阻应变仪在输入线路中设有分压衰减装置，并设有输出标准应变值的标定装置，供应变记录曲线读数用。动态电阻应变仪测量应变工作频率量程为1kHz到10kHz。超动态应变仪为200kHz。（张如一）

动态断裂韧性　dynamic fracture toughness

裂纹在快速扩展中的阻力。是表征材料动态断裂的一种性能，通常用 K_{ID} 表示。目前，测量 K_{ID} 的技术还不完善，各种材料的 K_{ID} 的数据仍很缺乏。以往人们对动载断裂韧性 K_{Id} 与动态断裂韧性不加区分，但在一般情况下，K_{Id} 与 K_{ID} 两者是不同的。（余寿文）

动态光弹性法　dynamic photoelasticity

通过将具有双折射效应的光弹性材料或模型置于偏振光场中，研究弹性体动态应力和应力波传播规律的一种光学实验方法。与静态应力比较，在动态实验中，高速的突加载荷引起的惯性力影响构件中的应力分布；且在施加动载过程中（或之后），构件中的应力状态和光弹性干涉条纹是瞬态的、随时间变化的；被测材料的应力－光学定律和应力－应变关系等力学性能，将依赖于应力变化速率或加载频率。在偏振光路中，采用高速摄影机或用很强的闪光源，使得动荷载源、光源、摄影机和控制电路同步启动，即可获得一组构件内动应力瞬时变化的干涉条纹。采用这种方法可以研究冲击应力和动态应力集中问题、地震波在介质中的传播规律、冲击波在地下结构物的作用，以及构件中裂纹的传播过程和止裂规律。（傅承诵）

动态规划　dynamic programming

处理多阶段决策过程的一个数学规划分支。起源于20世纪40年代中期，50年代提出贝尔曼（Bellman）最优性原理，并形成了较完整的体系，在许多最优化问题中得到应用。为了使多阶段决策问题达到整体的最优目标，不能只局限于考虑单阶段效益来确定各阶段的决策，而要兼顾当前的状态以及对以后阶段的影响，进而从众多的允许策略中找到使问题达到最优目标的最优策略。常用的算法有逆序递推法和顺序递推法。其独特的求解方式使之对某些问题比用一般的数学规划算法更为有效，也可用来求解离散变量的问题。在结构优化设计中，常用于求解各部分之间相互作用较简单的结构，如连续梁和塔架的优化设计以及刚架的最优塑性设计等。（刘国华）

动态模量　dynamic modulus

见复模量（104页）。

动态扭摆仪　dynamic torsion pendulum apparatus

一种测量高聚物动态切模量和力学阻尼的仪

器。长方形薄板状试样或圆柱状试样垂直地夹持在两夹具之间，上夹具位置固定，下夹具与一个能自由振动的惯性棒相连。当外力使惯性棒水平地转过一个角度时，会使试样发生扭转变形。外力去掉后，试样的弹性回复力使惯性棒开始作扭转自由振动。在试样中的高分子间内摩擦作用下，使振动受到阻尼衰减，振幅随时间增加而减小，如图所示。在阻尼不很高时，如果试样尺寸和转动惯量已经选定，则动态切模量仅仅与振动周期的平方成反比。力学阻尼常用对数减量 Δ 来衡量，即用振幅减小的速率来衡量，它是两个相继振动的振幅比值的自然对数：$\Delta=\ln\dfrac{A_i}{A_{i+1}}$。

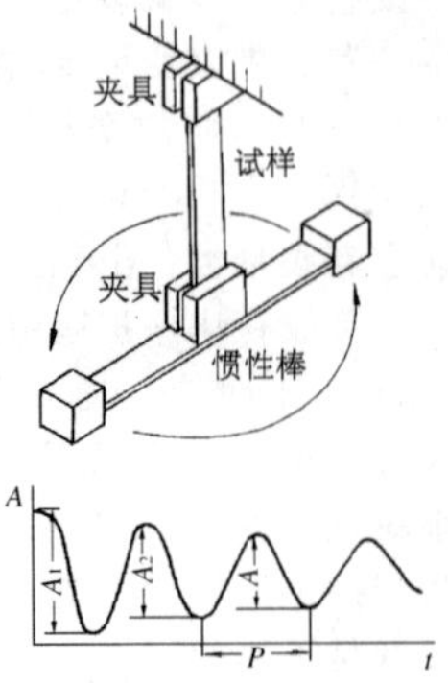

（周　啸）

动态柔量　dynamic compliance

见复柔量（104 页）。

动态岩石强度　dynamic strength of rock

岩石承受动荷载时抵抗破坏的能力。通常比岩石在静荷载下的强度高得多。同种岩石的动态与静态抗拉强度之比为 5～10，坚硬岩石比值小，软弱岩石较大。（周德培）

动压　dynamic pressure

单位体积流体所具有的动能所转化的压强。即 $\rho v^2/2$。根据伯努利方程，当流体等熵滞止时，这部分动能可全部转变为压力能，使流体的压强升高，因此，$\rho v^2/2$ 可视为运动流体具有的一种潜在的压强，它具有压强量纲，故名。（叶镇国）

动载断裂韧性　fracture toughness for dynamic loading

动载下裂纹发生失稳扩展时的应力强度因子的临界值，常用符号 $K_{\mathrm{I d}}$ 表示。它也就是动载下裂纹开始扩展时的阻力，即起裂阻力。它是表征材料在动载下抵抗裂纹扩展的能力大小的力学量。$K_{\mathrm{I d}}$ 的测试，原则上与静载下测试 $K_{\mathrm{I c}}$ 的方法相同。动载断裂韧性也可用裂纹张开位移 δ_{d} 和 J 积分 J_{d} 表示。（余寿文）

冻结内力法　freezing internal force method

又称结构静定化。在结构优化过程的每轮迭代内，暂不考虑构件截面改变对内力重分配的影响（称为内力冻结），进行各构件截面修改与优化的方法。应用此法，每轮迭代开始时，进行一次结构分析，求出各构件的内力，将这些内力冻结起来，分别进行各构件的截面修改，使各构件暂时满足局部优化目标（如满应力），从而构成新结构，以此进入下一轮迭代，再进行结构分析。重复运用此法，对于受局部性约束（如应力约束）为主的正常型结构，能获得较好的优化效果。满应力设计是使用这种方法的典型。（汪树玉）

冻土　frozen soil

又称寒土。孔隙中有冰结晶存在的土。由土固体颗粒、冰包裹体、水和空气四相组成。根据含冰量可分为富冰冻土、微含冰冻土和含冰冻土。根据物理状态可分为坚硬冻土和塑性冻土。根据冻土存在的时间又可分为永久冻土、多年冻土、季节冻土和短暂冻土，其中季节冻土在我国分布范围很广。冻胀和融陷是影响冻土工程性质的两个方面。冻胀指土体冻结时产生的体积膨胀，融陷指解冻时产生的收缩变形。根据冻胀程度可分为不冻胀、弱冻胀、冻胀和强冻胀。在冻土地区确定基础埋置深度时应考虑地基土冻胀和融陷的影响。（朱向荣）

洞壁干扰修正　correction for tunnel wall

对于风洞试验所测及的气动力系数与相应实物的气动力系数之间的差异所进行的修正。由于有风洞洞壁存在，使得试验段中模型的流场与大气中实物的流场有一定的差别，因此风洞试验测得的模型的气动力系数与相应实物的气动力系数之间存在差异。这个差异便是洞壁干扰量，须设法进行修正。

（施宗城）

dou

抖振　buffeting

由紊流风速中的脉动成份所引起的一种强迫振动现象。根据强迫力（也叫抖振力）产生的机理可以分为三类：①由于气流绕过物体时分离与再附体交替出现或者由于在分离区中有强烈的气流脉动引起的抖振；②由结构物本身尾流中的涡脱引起的或者由相邻结构物的尾流引起的抖振；③由大气来流中的紊流，如阵风引起的抖振。上述的脉动成份无论是周期性的，或含有卓越周期成份，或完全是随机的，在理论上都可作为强迫力来处理，由此引起的抖振是一种限幅振动。它虽然不会导致结构的灾难性破坏，但由于激振风速低，发生概率高，再加上同时作用的自激力的负阻尼效应，其振幅也可能大到足以导致结构某些部位的疲劳，或者影响使用的舒适性和安全性。（项海帆）

抖振力　buffeting force

结构物在脉动风作用下所受到的空气力。因它是引起抖振响应的强迫力而得名。在确定抖振力时一般都基于准定常理论，因而，抖振的阻力，升力和力矩的系数 C_D，C_L 和 C_M 在所考虑的范围内与频率无关，使抖振分析简化。作用在结构物上的随机抖振力可看成是若干简谐荷载的叠加，并由此进行时域的抖振响应分析，也可通过富里哀变换转化为抖振力的功率谱密度进行频域的抖振响应分析。

(项海帆)

陡坡 steep slope

又称急坡。大于临界坡度的渠底坡度。若为明渠均匀流动，由谢才公式有

$$K_0(h_0) = \frac{Q}{\sqrt{i}}$$

$$K_k(h_k) = \frac{Q}{\sqrt{i_k}}$$

式中 Q 为流量；i 为渠道底坡；i_k 为临界坡度；K_0 为对应于正常水深 h_0 时的流量模数；K_k 为渠中以临界水深 h_k 作均匀流动时的流量模数。当为陡坡时，$i > i_k$，则 $K_0 < K_k$，$h_0 < h_k$，这表明在陡坡渠道中的均匀流动，其正常水深必小于临界水深，全渠处于急流状态，佛汝德数 $Fr > 1$。但应注意：对于某一特定的渠道，其底坡的陡、缓只能相对于某一流量条件下的临界坡度而言。其原因在于临界坡度可随流量、断面形状、断面尺寸及粗糙系数而定，对于断面形状尺寸及粗糙系数一定的渠道，i_k 也不是一个固定值，若流量有变化，i_k 也随 i 变化，而渠道底坡 i 并未变化，因此，原来是陡坡的情况也可能随流量变化成为缓坡。

(叶镇国)

du

杜福特－弗兰克格式 Dofort-Frankel scheme

时间用中心差分，空间也用中心差分，但中心结点处用前一时刻和后一时刻的平均值来代替的差分格式。将它用于对流扩散方程是条件稳定的。它已成功地用于许多流体流动问题的求解。

(王 烽)

杜哈梅积分 Duhamel integral

用于计算初干扰为零的单自由度体系在任意动力荷载 $P(t)$ 作用下所产生的动位移 $y(t)$ 的积分公式。它由瞬时冲量的概念导出，在无阻尼情况下，其形式为

$$y(t) = \frac{1}{m\omega}\int_0^t P(\tau)\sin\omega(t-\tau)\mathrm{d}\tau$$

在有阻尼时，其形式为

$$y(t) = \frac{1}{m\omega'}\int_0^t P(\tau)e^{-\xi\omega(t-\tau)}\sin\omega'(t-\tau)\mathrm{d}\tau$$

式中 m 为质量，ω 和 ω' 分别为无阻尼和有阻尼时的自振频率，ξ 为阻尼比。当荷载 $P(t)$ 的函数关系已知且易于积分时，由上式公式可积分求得动位移的闭合解；而当 $P(t)$ 较为复杂难以直接积分或 $P(t)$ 由一些离散数值表示时，则杜哈梅积分只能借助数值积分的方法求出。在应用振型分解法分析多自由度体系的受迫振动时，该积分也起着重要的作用。

(洪范文)

duan

端面效应 end surface effect

又称端部效应。在压缩试验中，试件端部与压头之间接触情况对岩石强度和破坏形态的影响。如在单轴压缩试验中，由于承压板的端面约束，阻止试件表面平行于加载方向的裂缝扩展而形成圆锥状端部。

(袁文忠)

短波 short wave

波长与水深的比值等于或小于 2.5 的波浪。它是深水推进波的一种。我国交通部 1978 年所订《港口工程技术规范》和日本 1974 年椿东一郎著《水力学》则定此比值标准为 2.0。对于这种波浪有

$$\lambda \leqslant 2.5H$$

$$C = \sqrt{\frac{g\lambda}{2\pi}}$$

$$T = \sqrt{\frac{2\pi\lambda}{g}}$$

式中 λ 为波长；H 为水深；C 为波速；T 为波周期；g 为重力加速度；π 为圆周率。由上式可知，短波波速与水深无关，仅取决于波长。(叶镇国)

短管 short pipe

必须同时计入沿程水头损失、局部水头损失及流速水头的管路。通常的条件是 $\frac{l}{d} < 1000$（l 为管段长度，d 为管径）。抽水机的吸水管、虹吸管、倒虹吸管、路基涵管一般均按短管计算。其出流状态可分为自由出流与淹没出流两类，对于简单管路，其水力计算公式为

$$H_0 = \left(\lambda\frac{l}{d} + \Sigma\zeta + \alpha\right)\frac{v^2}{2g} \quad \text{（自由出流）}$$

$$H_0 = h_\omega = \left(\lambda\frac{l}{d} + \Sigma\zeta\right)\frac{v^2}{2g} \quad \text{（淹没出流）}$$

式中 H_0 为作用水头；λ 为沿程阻力系数；ζ 为局部阻力系数；α 为动能修正系数；v 为断面平均流速；g 为重力加速度。利用上式可解三类水力计算问题：①已知流量 Q 及 d，求 H_0；②已知 H_0 及 d，求 Q；③已知 Q 及 H_0 求 d。 (叶镇国)

短涵 short culvert

洞长对涵洞泄水能力无影响的无压涵洞。陡坡及临界坡涵洞均属此类。洞中水面曲线末端以正常水深为渐近线，全涵均处于急流状态，涵洞泄水能力由前端收缩断面水深控制，其泄水流量可按宽顶堰自由出流公式计算。（叶镇国）

短接式电阻应变计

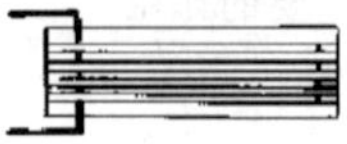

敏感栅由纵向金属细丝及横向粗直金属丝或箔带组成的电阻应变计。其横向效应小，通常小于0.1%，可以忽略。但因纵横向栅线之间是焊接连接，故疲劳寿命较低。（王娴明）

断波 surge

又称涌波、不连续波。瞬时水面线坡度很陡，在波体前锋呈陡削台阶状的位移波。如溃坝涌波、潮汐波等。这类波可理解为在无限短时段内由起始断面发生的一个元波叠加起来的结果。它属明渠非恒定急变流，其波锋附近的水力要素不能作为时间和距离的连续函数，但在波体部分仍可近似地作渐变流处理。断波由于水力要素随时间剧烈改变而形成，其波高较大，有些甚至可达数十米、波锋几乎直立。（叶镇国）

断层 fault

地质构造运动中，在大变形，特别是经过位置错动条件下形成的切割岩层的破裂面或破碎带。它是岩体内的主要构造结构面。其特点是上下两盘岩层被错开，层面内充填有一定厚度的破碎带。它属于软弱结构面。按力学作用特征可分为压性断层、张性断层、扭性断层、压扭性断层、张扭性断层等。（屠树根）

断裂动力学 fracture dynamics

考虑物体的惯性，采用连续介质力学的方法，研究裂纹体在高速荷载作用下的动态响应和裂纹在高速扩展下的断裂规律。是断裂力学的一个分支。主要的研究内容如：高速扩展裂纹尖端附近的应力应变场；裂纹的起始扩展和失稳扩展的准则；高速扩展裂纹的止裂；高速扩展裂纹的能量转换；以及动态及动载情况下，材料断裂韧度的确定等。研究的方法有渐近分析、数值模拟与实验测量等。断裂动力学在武器装备、地震学、输油气管道工程等许多工程部门获得实际应用，但目前这一理论尚未臻成熟。（余寿文）

断裂力学 fracture mechanics

固体力学的一个分支，研究材料和工程结构中裂纹起裂和扩展规律的一门学科。它在分析裂纹尖端附近主导力学参量的基础上，研究：(1) 裂纹的起裂条件；(2) 裂纹的扩展过程；(3) 裂纹失稳扩展的条件。它必须计算在外载或其它因素作用下，裂纹扩展的推动力；同时测定材料抵抗裂纹扩展的能力——断裂韧性。研究脆性材料中裂纹扩展规律的线弹性断裂力学已臻成熟；研究韧性材料中裂纹扩展规律的弹塑性断裂力学尚处于发展阶段。断裂动力学、疲劳裂纹扩展、应力腐蚀已取得了重要的研究进展。（余寿文）

断裂力学参量 fracture mechanics parameters

描述含裂纹固体断裂特性的力学量。各种断裂参量应满足下述的要求：能通过实验测定；能通过理论算得；当此参量达到临界值时，含裂纹物体就发生断裂。此临界值应取决于材料的性质，与外荷载和裂纹体的几何构形无关。线弹性断裂力学中常用的断裂参量有应力强度因子 K，能量释放率 G；弹塑性断裂力学中有 J 积分，裂纹张开位移 δ 等。（余寿文）

断裂临界应力 critical fracture stress

在给定的材料断裂韧性与结构部件中裂纹尺寸的条件下，利用断裂准则所确定的应力值。（余寿文）

断裂韧性 fracture toughness

见材料的断裂韧性（30页）。

断裂韧性试件 fracture toughness specimen

用于测量材料断裂韧性（又称断裂韧度）的试件。它们通常带有预制的疲劳裂纹，在相应的受载形式下测试材料对于裂纹扩展的抵抗能力，例如断裂韧性 K_{Ic}、K_c、临界 J 积分 J_c 和临界裂纹张开位移 δ_c 等，以表征材料的断裂韧性。从几何构形和受载形式可分类为：三点弯曲试件、紧凑拉伸试件、单边裂纹试件、双边裂纹试件、中心裂纹拉伸试件、双悬臂梁试件以及改进的 *WOL* 型试件等。从符合试验标准的角度可把它们分类成标准试件和非标准试件。从原则上讲，凡带有裂纹和能够可靠准确地计算其断裂参量的试件都属于断裂韧性试件。为了使断裂韧性测试结果准确、可靠、便于交流和具有法定性，在条件许可时应尽量采用符合标准试验方法规定的标准试样。在条件不许可时也可采用非标准试样。（孙学伟）

断裂形貌转变温度 fracture appearance transition temperature

又称脆性转变温度，简称FATT。材料的低温冷脆指标。冲击试样断面上的结晶面积（脆性破坏断面）随温度下降而增加，对应于50%结晶面积的温度即为断口形貌转变温度。它主要反映冲击断裂时裂纹扩展过程中的断口形貌在韧脆程度上的差别。（罗学富）

断面比能 specific energy at the section

又称断面单位能量。从渠道断面最低点起算的单位重量液体的总机械能。用下式表示

$$E_s = h + \frac{\alpha v^2}{2g} = h + \frac{\alpha Q^2}{2g\omega^2} = f(h)$$

式中 h 为断面中的最大水深，即水面高程与断面最低点高程之差；v 为断面平均流速；Q 为流量；α 为动能修正系数；g 为重力加速度；E_s 为断面比能。当断面形状及流量一定时，它是水深 h 的函数。由上式可知，$h \to 0$ 时，$\omega \to 0$，$E_s \to \infty$；当 $h \to \infty$ 时，$v \to 0$，$E_s \to \infty$，断面比能曲线以横坐标 E_s 和过原点成 45°的直线为渐近线，且有最小值，即当 $dE_s/dh = 0$ 时，$E_s = E_{smin}$，曲线上支 $dE_s/dh > 0$，下支 $dE_s/dh < 0$。这表明，在明渠水流中，同一断面比能情况下，可能有几种水力特征不同的水流状态即急流、缓流、临界流。断面比能的沿程（s）变化按下式计算

$$\frac{dE_s}{ds} = i - J$$

式中 i 为渠道底坡，J 为水力坡度。此方程即明渠恒定渐变流微小流段间的能量方程。（叶镇国）

断面环流 secondary flow in the plane of cross section

又称二次流。液流除纵向运动外在断面上还产生环形流动的水力现象。其产生的原因是受到离心力及地球自转偏力（柯里奥利斯力）的作用。当为弯道流动时，离心力使水质点从凸边挤向凹边并在弯道断面上出现环流现象，弯道之后由于粘性作用，环流在一段距离内将消失；在直段河渠中，水面横比降的影响，断面上常呈双环形流动，而在弯段河渠中则呈单环形流动。断面环流和主流叠加，便形成了向前进的螺旋流；直段河渠中的环流现象常造成河床的纵向冲淤，弯段河渠中的环流则常造成河床的凹岸受冲凸岸淤积，严重的可造成河弯发展甚至截弯取直使河流改道。（叶镇国）

断面平均流速 mean velocity of cross section

过水断面上各点流速的平均值。通常用符号 v 表示。若按测量中的加权平均法取其中 $d\omega$ 为权数，则有

$$v = \frac{\int_\omega u\,d\omega}{\int_\omega d\omega} = \frac{Q}{\omega}$$

$$Q = \omega V$$

式中 Q 为流量；u 为点流速；ω 为过水断面面积。由此可见总流的流量等于其过水断面面积与断面平均流速之积。当流量不变时，断面平均流速与过水断面面积的大小成反比。沿流程而言，有

$$v = v(s)$$

式中 s 为沿流程的距离。（叶镇国）

断面平均水深 mean depth over a cross-section

过水断面面积与水面宽度之比。常以符号 $\bar{h}$ 表示，因此其定义式为

$$\bar{h} = \frac{\omega}{B}$$

式中 ω 为过水断面面积；B 为水面宽度。对于矩形断面，$\bar{h}$ 即为渠中的实际水深；对于河渠非矩形断面，上式结果即为一种化引的水深，它是断面中以面积元作权数的一种加权平均水深。在水跃、波速、佛汝德数及河渠等水力计算中常引用这一水深概念。（叶镇国）

dui

对称结构 symmetrical structure

几何形状、支承情况、材料性质以及杆件的截面尺寸都对称于某一轴线（对称轴）的结构。若将结构中位于对称轴两侧的部分绕该轴对折，它们将完全重合（见附图）。对称结构在

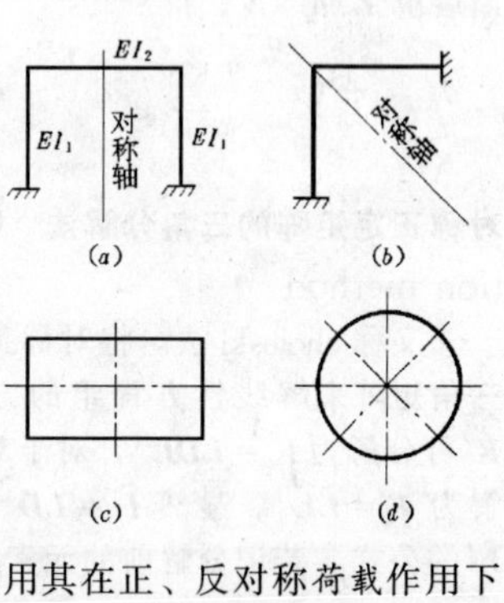

工程中广为采用。利用其在正、反对称荷载作用下的内力分布特性和变形特性，常可使计算大为简化。计算对称的超静定结构时，通常有如下几个途径：①用力法计算时，宜取对称的基本体系，并取对称和反对称的多余未知力作为基本未知量。有时还采用组合未知力，以使力法典型方程中有尽可能多的副系数等于零；②采用半刚架法或半结构法；③当承受非对称荷载时，将其分解为正对称和反对称两组荷载，再用上述办法进行计算。（罗汉泉）

对称矩阵 symmetric matrix

对称于主对角线的元素两两相等、即存在元素 $a_{ij} = a_{ji}$ $(i \neq j)$ 的方阵。其转置矩阵就是其本身。任一矩阵与其转置矩阵的乘积为对称矩阵。由互等定理可证明，有限元法中的单元性质矩阵、整体性质矩阵都是对称矩阵。（夏亨熹）

对称屈曲 symmetric buckling

对称结构受对称荷载作用时呈现的正对称失稳形式。当其变形形式呈反对称时，则称为反对称屈曲（在刚架中，又称为侧向屈曲）。这两种失稳形式的临界荷载均可取其相应的半结构来计算，两者中的最小值即为原结构的实际临界荷载。对于绝大多数对称结构，当无侧向支撑时，引起反对称屈曲

所需的荷载比正对称屈曲的荷载要小，故实际多为反对称屈曲。（罗汉泉）

对称正定矩阵的平方根法 square root method for symmetric positive-definite matrix

将对称正定系数分解为实非奇异下三角阵来解线性代数方程组的方法。对方程组 $\boldsymbol{Ka}=\boldsymbol{P}$，首先将对称正定阵 $\boldsymbol{K}$ 分解，$\boldsymbol{K}=\boldsymbol{LL}^{\mathrm{T}}$，$L$ 为实非奇异下三角阵，其元素为

$$l_{ii}=(K_{ii}-\sum_{K=1}^{i-1}l_{ik}^{2})^{1/2},i=1,2,\cdots,n$$

$$l_{ij}=\frac{1}{l_{jj}}(K_{ij}-\sum_{k=1}^{i-1}l_{ik}l_{jk}),i=2,\cdots,n,j=1,\cdots,i-1$$

然后解 $\boldsymbol{LV}=\boldsymbol{P}$，得

$$V_i=\frac{1}{l_{ii}}(P_i-\sum_{k=1}^{i-1}l_{ik}V_k),\quad i=1,2,\cdots,n$$

最后解 $\boldsymbol{L}^{\mathrm{T}}\boldsymbol{a}=\boldsymbol{V}$，得

$$a_i=\frac{1}{l_{ii}}(v_i-\sum_{k=i+1}^{n}l_{ik}a_k),\quad i=n,n-1,\cdots,1$$

（姚振汉）

对称正定矩阵的三角分解法 Cholesky factorization method

又称 choleski 法。将对称正定系数矩阵分解成三角矩阵来解线性方程组的方法。一般对称矩阵 $\boldsymbol{K}$ 可分解为 $\boldsymbol{K}=\boldsymbol{LDL}^{\mathrm{T}}$，对于对称正定矩阵则可分解为 $\boldsymbol{K}=\tilde{\boldsymbol{L}}\tilde{\boldsymbol{L}}^{\mathrm{T}}$，显然 $\tilde{\boldsymbol{L}}=\boldsymbol{LD}^{1/2}$，但也可直接给出 $\tilde{\boldsymbol{L}}$ 的公式。若记分解前的元素为 $K_{ij}^{(1)}=K_{ij}$，则

$$\tilde{l}_{11}=\sqrt{K_{11}^{(1)}},\quad \tilde{l}_{1j}=K_{1j}^{(1)}\quad(j=2,\cdots,n)$$

$$K_{ij}^{(m+1)}=K_{ij}^{(m)}-\tilde{l}_{mi}\tilde{l}_{mj}\quad(i=m+1,\cdots,n;\ j=i,\cdots,n)$$

$$\tilde{l}_{m+1,m+1}=\sqrt{K_{m+1,m+1}^{(m+1)}},$$

$$\tilde{l}_{m+1,j}=K_{m+1,j}^{(m+1)}\qquad(j=m+2,\cdots,n)$$

式中 $m=1,2,\cdots,n$。计算过程中的 $K_{ij}^{(m)}$，$K_{ij}^{(m+1)}$及分解所得$\tilde{l}_{1j}$均可存在原来K_{ij}的地址，所以节省内存。同时此法精度及效率也很高。分解后可由$\tilde{\boldsymbol{L}}\boldsymbol{V}=\boldsymbol{P}$回代解出 $\boldsymbol{V}$，再由 $\tilde{\boldsymbol{L}}^{\mathrm{T}}\boldsymbol{a}=\boldsymbol{V}$ 回代求得 $\boldsymbol{a}$。（姚振汉）

对角线矩阵 diagonal matrix

除对角线元素外，其余元素均为零的方阵。当对角线元素均为1时，称为 $\boldsymbol{I}$ 阵或单位阵。一个 n 阶实对称方阵 $\boldsymbol{A}$ 可转换为阶数相同的对角线矩阵 $\boldsymbol{\lambda}$，称为矩阵的对角化，其转换表达式为：

$$\boldsymbol{L}^{-1}\boldsymbol{A}\boldsymbol{L}=\boldsymbol{\lambda}$$

式中，$\boldsymbol{L}$ 为由 $\boldsymbol{A}$ 的 n 个线性无关的特征向量列组成的矩阵。对角线矩阵将在线性方程组的解法中和动力、稳定特征值问题中用到。（夏亨熹）

对流扩散 convection diffusion

运动流体过流断面上时均流速作用造成的扩散现象。不论在层流或在紊流中，只要有时均流速，就会出现这种扩散现象。它是流体扩散的物理原因之一。（叶镇国）

对偶单纯形法 dual simplex method

应用对偶理论而导出的一种类似于单纯形法的线性规划解法。当利用单纯形法求解原问题比求解对偶问题计算量大或需作优化后分析时，使用该法较为有利。对原问题的一张单纯形表作对偶处理可获得对偶问题的单纯形表，反之亦然。利用这一特性，该算法不是直接构造对偶问题来求解，而是在原问题的单纯形表上作对偶处理，使其迭代过程与计算量同直接求解对偶问题相同。也就是说，就对偶问题而言，该法的迭代过程同普通单纯形法一样，是从可行但非最优的初始基本可行解开始，然后保持可行性不断地求得目标函数值改善的解直至得到最优解；而就原问题而言，则变为从非可行但满足最优判别条件（称为正则性），且目标函数值低于（对于原问题为求极小的问题）最优值的初始对偶基本可行解开始迭代，使之保持正则性直至满足可行性。其缺点是获取初始对偶基本可行解过程的效率不高。（刘国华）

对偶理论 duality theorem

研究数学规划问题的对偶形式、存在性和对偶解之间关系的理论。线性规划中的任一原问题均存在唯一对应的另一线性规划问题，两者互为对偶。如果原问题为 n 个变量（具有非负性要求）和 m 个等式约束条件的求极小问题（线性规划标准式），那么它的对偶问题便是具有 m 个自由变量和 n 个不等式约束条件的求极大问题。原问题存在有界最优解的充分必要条件是其对偶问题存在有界最优解；如果最优解存在，则两者最优目标值必相等。非线性规划问题的对偶形式，常采用原问题的拉格朗日函数 L（$\boldsymbol{x}$，$\boldsymbol{\mu}$，$\boldsymbol{v}$）关于$\boldsymbol{x}$ 的极小函数θ（$\boldsymbol{\mu}$，$\boldsymbol{v}$）在满足$\boldsymbol{\mu}\geqslant\boldsymbol{0}$ 条件下求极大值的问题。此时，原问题可行点的目标函数值必大于或等于其对偶问题可行点的目标函数值；两者最优点的目标值并不一定相等，即存在对偶间隙，仅当原问题为凸规划问题时，才能保证两者最优点的目标值相等。非线性规划问题的对偶问题不一定存在，存在亦不一定唯一，且不一定具有线性规划问题的那种互为对偶的对称性。（汪树玉）

对偶性 duality

寻求极值的问题中，一个求极小（极大）问题常存在一个与之对应的求极大（极小）问题的现象。它们是根据相同的条件建立的两个不同的问

题，其数学表达式可以相互转换，而且两者的最优解之间存在某种关系，解决了其中一个问题将导致另一个问题的解决。结构优化设计中常有因原问题不易处理而通过构造它们的对偶问题来求解的情况。研究问题的对偶形式、存在性、唯一性以及对偶解之间的关系的理论称为对偶理论。(汪树玉)

对数减幅系数 logarithmic decrement

见单自由度系统的衰减振动（56页）。

对心斜碰撞 oblique central impact

两物体相撞时，接触点的公法线通过两物体的质心，但相撞前两质心的速度不沿此公法线方向。(宋福磐)

对心正碰撞 direct central impact

两物体相撞时，接触点的公法线通过两物体的质心，且相撞前两质心的速度都沿此公法线方向。工程实际中有不少这种例子，如锤锻工件、打桩等都可看作这种碰撞。(宋福磐)

dun

钝体 bluff body

钝形物体的简称。气流很容易从其表面分离的非流线型物体。典型的有圆球、圆柱、棱柱等。绝大部分的土木建筑物均是钝体。(施宗城)

钝体空气动力学 bluff body aerodynamics

研究非流线型物体相对空气有运动时相互作用力的学科。研究的重点是气流绕工程结构物、建筑物流动的特性和物体受力情况，包括绕单体、群体的流动和流致振动。研究不同雷诺数、紊流度和尺度，不同钝体几何形状、群体的布列形式及参数变化对各绕流流场及钝体所受力的影响。目前这些研究仍以实验研究为主。(施宗城 叶镇国)

duo

多重应力集中 multiple stress concentration

又称重复应力集中。两个或两个以上的应力集中因素同时存在，相互重叠，而使应力集中进一步加剧的状态。(罗学富)

多管测压计 multiple-tube manometer

又称复式测压计、组合式测压计。由多个U型管压力计串联组成。当被测压强较大时，为避免液柱过高，观测不便，常采用这种测压计。(彭剑辉)

多级优化设计 multi-level optimum design

复杂结构分成系统和元件两级进行的优化设计方法。第一步是系统级优化，即主体优化：预先确定构件（或元件）截面诸尺寸（如矩形截面的高和宽）之间的相对关系，或预先把各构件（或元件）的形状简化，使设计变量减少然后在满足结构整体性约束的条件下寻求使结构最轻的各构件的内力分配；第二步是元件级优化，即分部优化；根据主体优化所得的、较合理的内力分配，在满足各构件的局部性约束的条件下寻求最轻构件的截面尺寸（即截面优化设计），此时要注意各构件内力分配额的改变和整体性约束的破坏。多级优化简便易行，但其优化设计效果不如整体优化。(杨德铨)

多阶段决策过程 multistage decision process

可分为若干个相互联系的阶段，且每一阶段都需要作出决策的过程。常含有时间因素，故有动态的含义，是动态规划的研究对象。各阶段组成一个串连系统，具有无后效性，即前面阶段只通过输出状态对后续阶段产生影响，而与其历史无关。有些与时间无关的静态规划问题，只要能人为地引进类似于时间的因素，能划分为若干阶段，也可当作多阶段决策过程来处理。(刘国华)

多孔介质 porous medium

见渗流（305页）。

多跨静定梁 multi-span statically determinate beam

又称吉伯梁。由若干带伸臂的梁用铰联接而成的多跨静定结构。其特点是：一部分杆件直接与地面联成几何不变部分（称为基本部分），而另一些杆件则需借助于与基本部分的联结，才能与地面联成几何不变部分（称为附属部分）。在房屋建筑和桥梁工程中，通常有两种类型：第一种（图 *a*）是由双向外伸梁与支承在外伸梁端的悬跨交互排列。其中各外伸梁在竖向荷载作用下能独立地维持平衡，故在此特定情况下，可将它们看成基本部分，而悬跨则为附属部分；第二种（图 *b*）是除某一跨（通常为第一跨）为基本部分外，其余各跨均为附属部分。计算多跨静定梁时，宜先作几何组成分析，分清其上的基本部分和附属部分，按照传力的层次，先算附属部分，再算基本部分（参见层叠图，34页）。多跨静定梁与相应的多跨简支梁相比，在相同的竖向荷载作用下，前者的内力分布要比后者均匀一些，因而可节省材料。

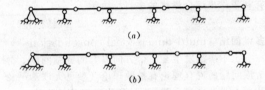

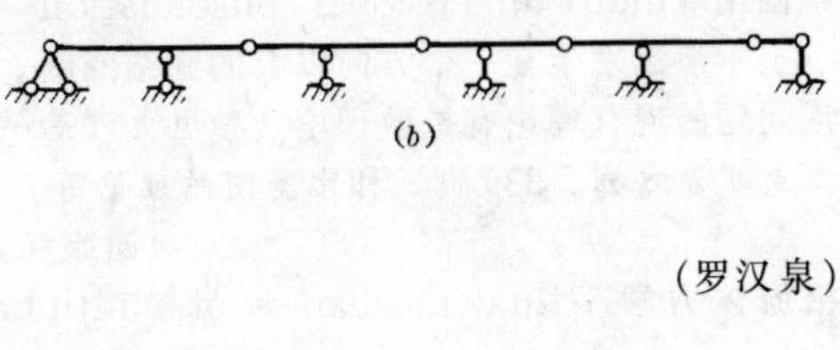

(*a*)

(*b*)

(罗汉泉)

多连通区域 multiply connected region

区域内能作两个以上分隔面而不破坏其连通性的区域。如圆柱外的区域。 （叶镇国）

多连通无限平面域 multiply connected infinite plane region

含有孔洞的无限平面域，该域无外边界（参见多连通有限平面域，84页）。 （罗学富）

多连通有限平面域 multiply connected finite plane region

含有孔洞的有限平面域，该域具有外边界。n 连通域含有 $n-1$ 个孔洞。用 $n-1$ 个横贯孔洞间通道的截面将 $n-1$ 个通道切断，就化为单连通域。 （罗学富）

多路喷射法

H.W.Teunissen 在1975年提出的一种产生模拟的中性大气边界层的方法。该装置包括几个水平的铝制空心翼型板，每个翼型板内安装多个喷嘴，压缩空气从喷嘴经由翼型板后缘喷出，各喷嘴流量都可以独立调节，所获得的速度剖面幂律指数和湍流特性，具有很宽的变化范围。

（施宗城）

多面集 polyhedral set

又称凸多面体。n 维欧氏空间中由有限个闭半空间的交所给出的非空闭凸集。凸多面体上的任一点均可表示为极点和极方向的正线性组合（系数非负的线性组合）。闭半空间可看作是由一个线性不等式约束所给出的可行域。线性规划中非空的可行域即为多面集。 （刘国华）

多目标优化设计 multiobjective optimum design

针对一个问题，寻求多个互不一致的目标综合最优效果的结构优化设计。例如，要求结构重量轻、成本低，同时又要求结构的位移小、可靠度大的设计问题。先对多个目标的目标函数进行规范化处理，然后按一定的次序排列而组成向量目标函数，加上约束条件等即构成向量最优化问题。向量最优化是标量最优化（单目标优化）的拓广，可以用多目标数学规划方法求得多目标优化解集，这个解集提供了从多种角度进行判断和选择的可能性，有利于作出综合最优的多目标决策。

（杨德铨）

多维固结 multi-dimensional consolidation

土中渗流发生在一个方向以上的固结问题。分析该问题的现有理论有扩散理论（参见太沙基－伦杜立克扩散方程，339页）和比奥固结理论等。

（谢康和）

多相流体力学 fluid mechanics of multiphase systems

研究同种或异种化学成分物质共同流动规律的学科（如固－气，液－气，液－液或固－液－气系统）。“相”（phase）可以指不同的热力学集态（固、液、气等），也可以指同一集态下不同的物理性质或力学状态。多相流动广泛存在于自然界和工程设备中，如含尘埃的大气和云雾，含沙水流，掺气水流，各种喷雾冷却，粉末喷涂，血管流，含固体粉末的火箭尾气，炮膛内火药颗粒及其燃烧产物的流动等。多相流体力学主要应用于粉粒物料的管道输送、颗粒分离和除尘、液雾和煤粉悬浮体燃烧及气化、流化床和流化床燃烧以及锅炉、反应堆、化工、冶炼及采油等装置中以及气－液流动等方面，其目的是节省管道输送能量，提高分离或除尘效率，改善传热传质或燃烧中颗粒混合，改善锅炉中水循环，提高反应堆冷却的安全性等。多相流体力学的研究对象是探讨流场中各个相的速度，压强、温度、组分浓度、体积分数、相和相之间的相互作用，以及相与壁面间相互作用，以便弄清其中的动量传递、传热、传质、化学反应及电磁效应的规律。多相流体力学的研究内容主要分成气－固多相（或两相）流和气－液两相流两个较大的分支，其根本出发点是建立多相流模型和基本方程组，借以分析各相的压强、速度、温度、表观密度和体积分数、气泡或颗粒尺寸分布，相间相互作用（如气泡或颗粒的阻力与传热传质）、颗粒紊流扩散、流型、压力降、截面含气率、流动稳定性、流动的临界状态等。 （叶镇国）

多余的零能模式 spurious zero-energy mode

又称零能变形模式。在某些中厚板单元分析中，由于采用降阶积分技巧，在单元刚度矩阵中出现一种使板应变能为零的某些非刚体位移模式。使用有多余的零能模式的板单元时，有时其有限元解会在精确解上下跳动，而不收敛于精确解。

（包世华）

多余未知力 redundant force

简称多余力，又称赘余力。用力法计算超静定结构时，与被去掉的多余约束相应的力。若去掉的多余约束是一根支座链杆，相应的多余力为沿该链杆方向的一个集中反力；切开一根结构内部的链杆，其多余力为一对轴力；切开梁、刚架或拱中的一个截面，则其多余力为一对弯矩、一对剪力和一对轴力，等等。 （罗汉泉）

多余约束 redundant constraint

加于体系后不能使其自由度减少的约束。对于能够使体系自由度减少的约束，则称为非多余约束。就保持体系的几何不变性而言，非多余约束是必不可少的，而多余约束则不是必要的。

（洪范文）

多余坐标 excess coordinates

对于确定质点系的位置成为不需要的坐标。例如有 n 个质点的质点系，各质点的直角坐标共有 $3n$ 个。但如系统受有 s 个几何约束，因而有 s 个约束方程，则这 $3n$ 个坐标并不都是可以任意取值的，它们之间必须满足各个约束方程，因此只有 $3n-s$ 个坐标是独立的，其余 s 个即为多余坐标。

（黎邦隆）

多振型耦合颤振 multi-mode coupled flutter

一种由于结构动力特性的复杂性而引起的，有两个以上的振型耦合而成的颤振形态。例如斜拉桥的侧向弯曲和扭转变形是相互耦连的，而且其竖向弯曲振型和扭转振型的相似性也较差，这种振型的复杂性使斜拉桥可能出现多振型耦合颤振的现象。即由于多振型的参与，使得颤振条件沿桥梁的跨度方向都得到了满足。与两振型耦合颤振相比，多振型耦合颤振的临界风速较高，这对斜拉桥的抗风是有利的，其他的复杂结构也可能出现这种现象。

（项海帆）

多自由度体系 multi-degree of freedom system

具有有限多个振动自由度的体系。它是对实际结构（无限自由度体系）的近似和简化，是结构动力分析的主要研究对象。常用的简化方式主要有：①集中质量法，即把结构上连续分布的质量按一定方式集中到某些位置上，使其成为具有有限个质点的体系，而把质点间的杆件视为无质量的弹性杆；②广义坐标法，即用带有若干个广义坐标并满足位移边界条件的形状函数，近似表示体系的振幅曲线，从而将问题归结为有限个广义坐标的求解；③有限元法，即先对结构划分单元，再分段选择形状函数插值，导出单元的一致质量矩阵，以结点位移作为广义坐标，这一方法同时兼有前两者的优点，适合用计算机进行结构动力计算。多自由度体系自由振动的运动方程为

$$\boldsymbol{M}\ddot{\boldsymbol{Y}}+\boldsymbol{C}\dot{\boldsymbol{Y}}+\boldsymbol{K}\boldsymbol{Y}=\boldsymbol{0}$$

或

$$\mathrm{FM}\ddot{\mathrm{Y}}+\mathrm{FC}\dot{\mathrm{Y}}+\mathrm{Y}=\boldsymbol{0}$$

受迫振动（干扰力作用在质点上时）的运动方程为

$$\boldsymbol{M}\ddot{\boldsymbol{Y}}+\boldsymbol{C}\dot{\boldsymbol{Y}}+\boldsymbol{K}\boldsymbol{Y}=\mathbf{P}(t)$$

或

$$\boldsymbol{FM}\ddot{\boldsymbol{Y}}+\boldsymbol{FC}\dot{\boldsymbol{Y}}+\boldsymbol{Y}=\mathbf{FP}(t)$$

式中 $\boldsymbol{Y}$、$\dot{\boldsymbol{Y}}$、$\ddot{\boldsymbol{Y}}$ 和 $\boldsymbol{P}(t)$ 分别为由各质点的位移、速度、加速度和所受干扰力排列而成的向量；$\boldsymbol{M}$ 为质量矩阵；$\boldsymbol{C}$ 为阻尼矩阵，$\boldsymbol{K}$ 和 $\boldsymbol{F}$ 分别为刚度矩阵和柔度矩阵。

（洪范文）

E

en

恩格勒黏度计 Engler viscometer

测量液体运动黏度的仪器。该黏度计由两个同心安置的黄铜内外容器组成。球形底部的容器中心镶有一个小管嘴，在容器内表面上有三个小块，用以指示注入液体所必须达到的水位。管嘴用杆塞塞住，内外容器间有水浴室。测定时，测定所测液体的温度，并求出所测液体 $200\mathrm{cm}^3$ 的出流时间 T 及 20℃ 同体积的水的出流时间 T_0，可按下式求得恩格勒运动黏滞度

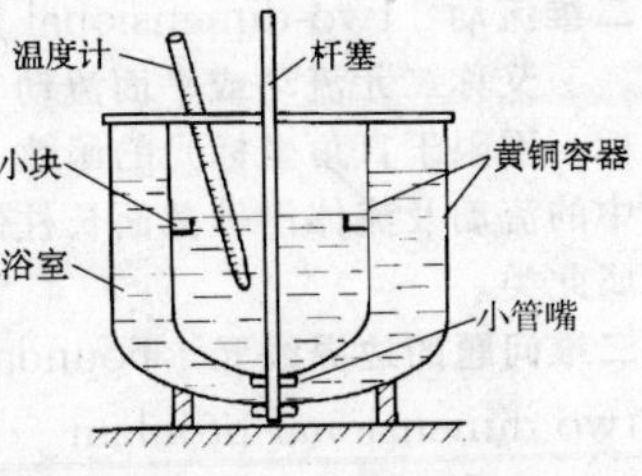

$$\upsilon=0.0731E-\frac{1}{E}0.0631$$

式中 $E=\dfrac{T}{T_0}$，称恩格勒度；υ 的单位为 cm^2/s。

（彭剑辉）

恩氏黏度计法 Engler's viscosimeter method

在一定温度下，一定量泥浆通过一定管径自上而下流出所需要的时间来表示泥浆黏度的方法。仪器见图，流出孔直径 7mm。

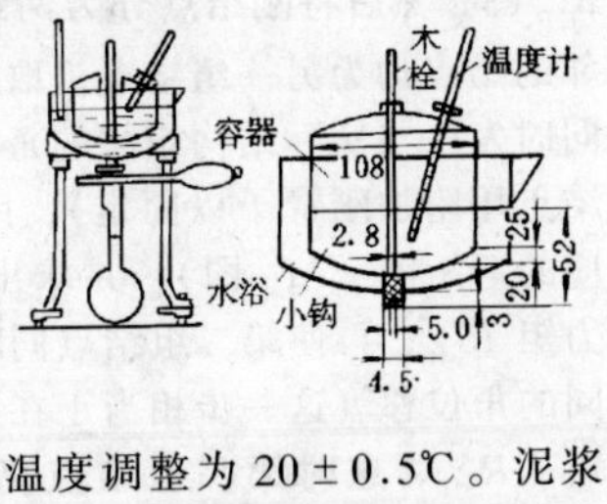

将仪器调水平，泥浆温度调整为 20±0.5℃。泥浆充分搅匀后，立即倒入粘度计内层容器内至恰好盖住三个尖形标志。30s 后立即打开粘度计流出孔，并按动记时秒表，待流出的泥浆恰好为 100mL 时，记下流出的时间（s），即为黏度值。

（胡春芝）

er

二次插值函数 quadratic interpolation function

在给定的三点上取指定函数值的二次多项式函数。可表示为：$f(x) = a_0 + a_1x + a_2x^2$，其中的系数 a_0、a_1、a_2 可用结点的插值条件 $f(x_i) = y_i$（$i=0, 1, 2$）确定。在有限元法中用于构造形函数。用于数值积分可导出辛普森公式。在多点插值中用分段二次插值比高次多项式插值的稳定性好。（杜守军）

二次规划 quadratic programming

在线性约束条件下寻求凸二次目标函数极值问题的数学规划分支。是一种凸规划也是最简单的约束非线性规划。有一些专门的算法，如可利用约束非线性问题的最优性条件将原问题转化为一系列线性规划问题求解，也可用一般的约束非线性规划算法求解。可获得全局最优点。

（刘国华）

二次截止性 quadratic termination property

一个优化算法使用于无约束正定二次目标函数时，具有能在有限步内获得其极小点的性质。具有二次截止性的算法有超线性或超线性以上的收敛速度。（刘国华）

二次力矩分配法 twice moment distribution method

借助于力矩分配的概念减少位移法基本未知量数目的一种简化计算方法。由我国学者王先德和王光远教授共同研究提出。按这一方法分析刚架，所需解算的位移法典型方程的基本未知量数目只等于刚架中刚结点数的一半与结点独立线位移数之和，大大地减轻了解算联立方程的工作量。以无侧移刚架为例，先确定位移法基本体系，作出荷载弯矩图 M_p 图；然后将刚结点分为两组，使与每一结点相邻的结点均为另一组结点；取数目较少的一组结点同时发生与实际结构相同的角位移（此时，另一组结点用附加刚臂予以固定），用力矩分配法作出相应的弯矩图（M_{I} 图），并求出各附加刚臂上的反力矩 R'_{ip}；再使第二组结点同时发生与实际结构相同的角位移（这一步相当于在第二组结点上加入力矩 $-R'_{ip}$，这时第一组结点仍用附加刚臂予以固定），绘出其相应的弯矩图（M_{II} 图）。把 M_p 图，M_{I} 和 M_{II} 图中第一组结点上各附加刚臂的反力矩相加，根据它们应等于零的条件，便可建立只包含以第一组结点的角位移为基本未知量的位移法典型方程。解出这组基本未知量，代入 M_{I} 和 M_{II} 图，即可据以绘出原刚架的最后弯矩图。对于有侧移刚架，只需在使结点发生角位移之前，先使结点发生与实际情况相同的线位移，即结点的独立线位移也含于基本未知量中，再用与上面相似的方法即可进行解算。（罗汉泉）

二次目标函数 quadratic objective function

与设计变量成二次函数关系的目标函数。

（杨德铨）

二次应力 secondary stress

又称次生应力。由于洞室开挖引起围岩中一次应力重新分布而产生的应力。它仅限于围岩这一范围内。（袁文忠）

二力杆 two-force bar

只在两端点受力作用而平衡的直杆。例如不计杆重时桁架的每一杆件。若杆的每端只受一个力作用，则这两力必沿杆轴，或为拉力，或为压力；若两端点各受一汇交力系作用，平衡时其合力必沿杆轴。只在两点受力的任意平衡构 件亦适用上述结论，称为二力构件（two-force member)。

（黎邦隆）

二力平衡公理 axiom of equilibrium of two forces

作用在刚体上的两个力平衡的必要与充分条件是：这两力大小相等，方向相反，作用线相同。是静力学公理之一。只适用于刚体。是研究力系平衡条件的基础。（彭绍佩）

二十结点四面体元 tetrahedron element with twenty nodes

又称三次四面体元（cubic tetrahedron element）弹性力学三维问题中以四面体的四个顶点、四个三角形面的形心和六条棱边的十二个三分点为结点的单元。位移函数用三次完备多项式表示，单元内应变为二次分布。

（支秉琛）

二维流动 two-dimensional flow

又称二元流动或平面流动。运动要素是两个坐标（不限于直角坐标）的函数。如水在宽矩形渠道中的流动及流体沿等截面长柱体管道中的流动等均属此类。（叶镇国）

二维问题的边界线元 boundary line element of two dimensional problem

边界元法对二维问题划分的边界元。从形状可分为直线元、圆弧元及曲线元，从边界未知量的插值规律可分常值元、线性元、采用拉格朗日插值函数的二次元、三次元等，还有采用赫尔米特插值的单元。曲线元中有等参元，也有次参元及超参元。

（姚振汉）

二向波 two-dimensional wave

水质点只在波浪传播方向的铅直平面内运动的波浪。若取波浪传播的水平方向为 x 轴，铅直向下的方向为 z，则水质点仅在 $x-z$ 平面内运动。

（叶镇国）

二元体

在平面体系的几何组成分析中，对体系上不共线的两根链杆连同由它们联接的一个新的结点的总称。 （洪范文）

F

fa

罚函数法 penalty function method

计算力学中一种求解有约束条件的泛函驻值问题的方法。在 Ω 域内有约束条件 $L(u)=0$ 的泛函 Π，通过罚函数 α，将约束条件以乘积的形式引入，得修正泛函 Π^*

$$\Pi^* = \Pi + \alpha\int_\Omega L^T(u)L(u)\mathrm{d}\Omega$$

由无约束条件泛函 Π^* 的驻值解给出原条件驻值问题的解。方法不增加未知参量的数目，不改变驻值的性质，α 值越大，约束条件的满足越好。常用于厚板、厚壳及不可压缩性材料等的分析中。

结构优化中又称 *SUMT* 法（*Sequential Unconstrained Minimization Technique*）。通过将约束函数转化为罚项加到目标函数中以形成罚函数，从而构成无约束非线性规划子问题并使之逼近原问题的一类约束非线性规划算法。可分为如下四种：①外罚函数法，又称外点法：以一种衡量约束违反程度的泛函作为罚项。②内罚函数法，又称障碍函数法或内点法：以一种能够阻止内点穿越约束界面的屏障（称为障碍项）作为罚项。具有等式约束的问题因其不存在内点而不能使用。③混合罚函数法：对被违反的等式约束和不等式约束施加惩罚项，对已满足的不等式约束施加障碍项。以上三种方法为了使所构造的无约束问题易于求解，在构成罚函数时要使其在搜索区域内连续可微（此处假定原问题连续可微）。为了顺利获得原问题的解，常要求通过求解一个无约束问题的序列，使得前一个无约束问题的解为后一问题的解提供一个恰当的估计以减少其求解难度，从而逐步地逼近原问题。④精确罚函数法：放弃对所构造罚函数连续可微的要求，只需求解一次无约束问题就可获得原问题的解，此时的无约束问题一般采用直接法求解。 （包世华 刘国华）

法平面 normal plane

见密切面（238 页）。

法向刚度 K_n normal stiffness K_n

结构面上法向应力 σ_n 与法向相对位移 V 的关系曲线的斜率。节理单元的一个重要力学参数，其物理意义是指使结构面发生单位压缩变形时的压应力。K_n 随结构面的变形状态而变化，当结构面受拉开裂时 $K_n=0$，当结构面完全压实闭合时 K_n 趋于一个很大的值，而在这两种状态之间，常近似地取为常数。 （徐文焕）

法向加速度 normal acceleration

见切向加速度（282 页）。

fan

反触变性 anti-thixotropy

又称加力凝聚性。溶胶在加外力时凝胶化，除掉外力时又变成溶胶的现象。其宏观表现为：应力保持一定时，表现粘度随应力持续时间而增大，应变率逐渐减小。淀粉、矿物粉、玻璃粉等加少量水，缓慢地摇动可以流动，剧烈搅拌就变为固化状态，称反触变性。 （冯乃谦）

反对称屈曲 antisymmetric buckling

见对称屈曲（81 页）。

反分析法 back analysis method

根据现场实测的位移或应力反推岩体物性参数及初始地应力的分析方法。由它所获得的参数，是复杂岩体的综合反映。从力学角度讲，它属于一般的逆问题的范畴。根据求解过程的不同，可分为直接反分析法和逆算反分析法两大类。 （徐文焕）

反复直剪强度试验

用应变控制式直接剪切仪在慢速（排水）条件下，对粘性土或有软弱面的原状土试样，作反复剪切至剪应力达到稳定值，以测求土的残余强度参数的试验。该试验需将常用的应变控制式直剪仪稍加改装，增加剪切盒可反推装置和可逆电动机即成应变控制式反复直剪仪。试验成果的整理与直接剪切试验基本相同。 （李明逵）

反锯齿形策略 strategy for anti-zigzagging

见锯齿形现象（185 页）。

反力互等定理 reciprocal theorem of reactions

在线性变形体系中，当超静定结构的两个支座分别发生单位位移时，反映这两种状态的反力具有互等关系的一个定理。它可表述为：支座 1 由于支座 2 的单位位移所引起的反力 r_{12}，等于支座 2 由于支座 1 的单位位移所引起的反力 r_{21}，即有 $r_{12}=r_{21}$。它可由功的互等定理导出。本定理在位移法，矩阵位移法和结构动力分析中都得到应用。

（罗汉泉）

反力与位移互等定理 reciprocal theorem for reaction and displacement

在线性变形体系中，反映该体系处于某一状态的外力与另一状态的位移具有互等关系的定理。它可表述为：在一单位力（可为单位广义力）作用下体系某支座所产生的支座反力 r_{12}，等于因该支座发生单位位移所引起的沿该单位力作用点和方向的广义位移 δ_{21}，但符号相反，即有 $r_{12}=-\delta_{21}$。它可由功的互等定理导出。本定理在用混合法分析超静定结构时，将得到应用。 （罗汉泉）

反幂法 inverse power method，method of inverse iteration

对于广义特征值问题 $\boldsymbol{K\Phi}=\lambda\boldsymbol{M\Phi}$，若其中 $\boldsymbol{K}$ 正定，用迭代法求系统的最小特征值 λ_1 及相应的特征向量 $\boldsymbol{\Phi}_1$ 的方法。为矩阵特征值问题的解法之一。首先设起始向量 $\boldsymbol{x}_1$，计算 $\boldsymbol{y}_1=\boldsymbol{M}\boldsymbol{x}_1$，然后即可按如下公式迭代（$m=1, 2, \cdots$）

$$\boldsymbol{K}\bar{\boldsymbol{x}}^{(m+1)}=\boldsymbol{y}^{(m)},\quad \bar{\boldsymbol{y}}^{(m+1)}=\boldsymbol{M}\bar{\boldsymbol{x}}^{(m+1)}$$

$$\rho(\bar{\boldsymbol{x}}^{(m+1)})=\frac{(\bar{\boldsymbol{x}}^{(m+1)})^{\mathrm{T}}\boldsymbol{y}^{(m)}}{(\bar{\boldsymbol{x}}^{(m+1)})^{\mathrm{T}}\bar{\boldsymbol{y}}^{(m+1)}}$$

$$\boldsymbol{y}^{(m+1)}=\bar{\boldsymbol{y}}^{(m+1)}/((\bar{\boldsymbol{x}}^{(m+1)})^{\mathrm{T}}\bar{\boldsymbol{y}}^{(m+1)})^{1/2}$$

只要 $\boldsymbol{\Phi}_1^{\mathrm{T}}\boldsymbol{y}_1\neq 0$，即可证当 $m\to\infty$ 时

$$\boldsymbol{y}^{(m+1)}\to\boldsymbol{M\Phi}_1,\qquad \rho(\bar{\boldsymbol{x}}^{(m+1)})\to\lambda_1$$

迭代到 $|\lambda_1^{(l+1)}-\lambda_1^{(l)}|/\lambda_1^{(l+1)}\leqslant\varepsilon$，即可停止迭代，得

$$\lambda_1\approx\rho(\bar{\boldsymbol{x}}_{l+1})$$

$$\boldsymbol{\Phi}_1\approx\bar{\boldsymbol{x}}_{l+1}/((\bar{\boldsymbol{x}}^{(l+1)})^{\mathrm{T}}\bar{\boldsymbol{y}}^{(l+1)})^{1/2}$$

（姚振汉）

反射边界 reflected boundary

如果有波、浓度、温度、动量、能量等物理量的传出、传入时的流动区域边界，当遇到反射时，这种边界计算时常要根据入射及反射的物理量的大小及方向，确定边界条件，或给定反射率或反射系数。 （郑邦民）

反射式光弹性仪 reflection polariscope

用来进行反射光弹性实验的装置。反射式光弹性仪的光路系统，一般有 V 型和正交型两种，如图所示。V 型的光路简单，反射光较强；正交型的反射光较弱，但能避免斜射的误差，对应力集中区域的测试有较高的精度。

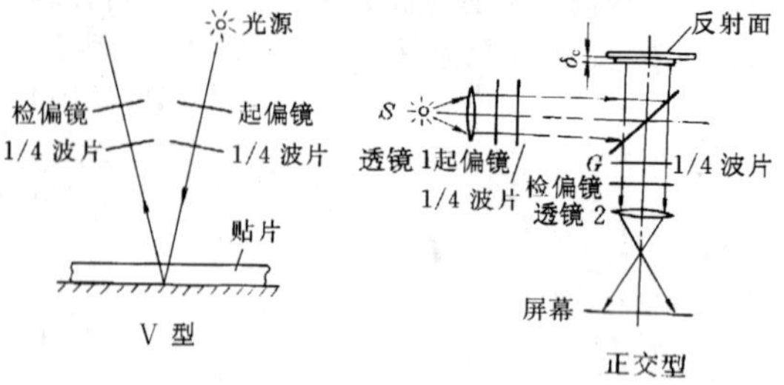

（傅承诵）

反射云纹法 reflection-moiré method

通过光的反射获得云纹图的一种云纹法。实验时，试件的被测面必须制成能反光的镜面。参考栅投射到镜面上，经反射形成的栅作为试件栅。该法的云纹图能提供等斜率线，可用于测定板挠曲后 $\frac{\partial w}{\partial x}$ 和 $\frac{\partial w}{\partial y}$ 的分布。 （崔玉玺）

反推力 propulsive force

从变质量质点排出或并入的微质量 $\mathrm{d}m$ 作用于该质点的力。其表达式为

$$\boldsymbol{\Phi}=\frac{\mathrm{d}m}{\mathrm{d}t}\boldsymbol{v}_{\mathrm{r}}$$

式中 $\boldsymbol{v}_{\mathrm{r}}$ 是微质量 $\mathrm{d}m$ 对基本质量 M 的相对速度。$\frac{\mathrm{d}m}{\mathrm{d}t}$ 为质量并入率或排出率，即单位时间内并入或排出的质量。并入时，$\frac{\mathrm{d}m}{\mathrm{d}t}$ 为正值，$\boldsymbol{\Phi}$ 与 $\boldsymbol{v}_{\mathrm{r}}$ 同向，$\boldsymbol{\Phi}$ 为微质量 $\mathrm{d}m$ 沿相对速度 $\boldsymbol{v}_{\mathrm{r}}$ 方向作用于基本质点 M 的阻力；排出时，$\frac{\mathrm{d}m}{\mathrm{d}t}$ 为负值，$\boldsymbol{\Phi}$ 与 $\boldsymbol{v}_{\mathrm{r}}$ 反向，$\boldsymbol{\Phi}$ 为微质量 $\mathrm{d}m$ 在相对速度 $\boldsymbol{v}_{\mathrm{r}}$ 的反向给予质点 M 的推力。$\boldsymbol{\Phi}$ 的量纲与力的量纲相同。 （宋福磐）

反弯点 inflexion point

受弯杆件的弯矩图中弯矩为零的点。即弯矩图中由一侧受拉过渡到另一侧受压的分界点（如附图 b 中的 O 点）。它也是该杆件的变形曲线（图 a）中的拐点。

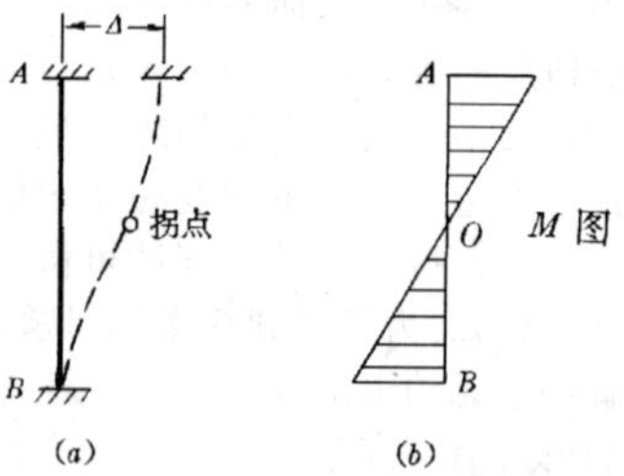

（罗汉泉）

反弯点法 method of contraflexure point

在分析承受水平结点集中荷载作用的多跨多层刚架时，假定刚架横梁的抗弯刚度为无穷大而提出的一种近似计算方法。最适宜于计算刚架为强梁弱柱的情况（例如 $i_{梁}/i_{柱}\geqslant 3$，其中 $i_{梁}$ 和 $i_{柱}$ 分别为

刚架横梁和竖柱的线刚度)。因横梁抗弯刚度为无穷大,故各刚结点只有水平线位移(侧移)而无角位移,即柱中的弯矩仅由侧移所引起。计算时,通常假定刚架底层柱的反弯点在柱的$\frac{2}{3}$高度处,其余各层柱的反弯点则在柱的中点处。在同一层中,各柱的剪力与柱的侧移刚度成正比,它们可用剪力分配法求得。求出各柱的剪力后,即可根据柱的反弯点高度算出各柱端弯矩。梁端弯矩则由结点的力矩平衡条件确定,其中中间结点两侧的梁端弯矩可将该结点的不平衡力矩按两梁端的转动刚度之比分配求得。此方法在具体计算中未能反映梁柱刚度比的影响,对于梁柱的刚度之比较小的刚架,将引起较大的误差。在此基础上经过改进的 D 值法,弥补了这一缺陷。 (罗汉泉)

反向喷射法

H.M.Nagib 等人在 1974 年提出的一种产生模拟的中性大气边界层的方法。在试验段入口处底壁上安放有成排小孔的导管,用调节阀改变喷射速度,并转动导管使射流向上游倾斜喷射,喷射角在 ±20°以内,造成垂直向上分层阻力。再配合以粗糙元,可得到与自然界情况相吻合的速度剖面和湍流结构。 (施宗城)

反压饱和 back pressure saturation

三轴压缩试验中常用的一种使粘性土试样饱和的方法。试样以不透水膜密封后,人为地同时等量地增加周围压力和试样中的孔隙水压力,使试样孔隙中的空气在增加的压力下溶解于水,达到使试样饱和目的。由于这种方法十分有效,所以很快被采用于剪切、固结、孔隙压力消散及渗透试验中。 (李明逵)

反转法 method of reverse rotation

又称相对角速度法、维利斯法。求差动轮系的传动比和各轮转速的一种方法。在该轮系(自由度等于 2)上附加一个与系杆角速度等值、反向的角速度后,各轮相对于系杆的传动关系相当于定轴轮系的传动关系,这时可按求定轴轮系传动比的公式来计算各轮相对于系杆的传动比,从而可确定其绝对传动比及各轮的绝对角速度。 (何祥铁)

泛函 functional

由一个或几个函数确定其值的因变量。泛函表示的关系是因变量与自变函数之间的关系,因此,有人称泛函是"函数的函数"。例如,梁的应变能是以梁的挠度函数 $y(x)$ 为自变函数的泛函 $n[y(x)]$。工程力学中许多问题可以化为泛函的极(驻)值问题来求解。 (支秉琛)

泛函的变分 variation of functional

又称泛函的一阶变分。泛函 n 因自变函数变分引起的增量的主部,记作 δn。是自变函数变分(及其导数)的线性项,即一阶小量。泛函的一阶变分 δn 等于零是泛函 n 的极(驻)值条件。 (支秉琛)

泛函的二阶变分 second variation of functional

泛函 n 增量的二阶小量,记作 $\delta^2 n$。对于泛函 n 的极(驻)值问题,在 $\delta n=0$ 的条件下,若 $\delta^2 n$ 是非负的,则 n 取极小值;$\delta^2 n$ 非正,则取极大值;$\delta^2 n$ 等于零时 n 取驻值。在工程力学问题中,若泛函 n 表示体系总势能,则上述三种情况分别表示体系的稳定平衡、不稳定平衡和中性平衡三种状态。 (支秉琛)

泛函的极值条件 extremal condition of functional

使泛函取极小(或极大)值的条件。在泛函的极值问题中,如泛函 $n[y(x)]$ 在自变函数 $y=y_0(x)$ 上达到极小(或极大)值,则在任何一个与 y_0 接近的曲线上的泛函值必不小于(或不大于)$n[y_0(x)]$,其必要条件为泛函的一阶变分 δn 等于零。由此条件可以导出泛函极值问题的基本方程。 (支秉琛)

泛函的极值问题 extremal problem of functional

求某一定义域内的未知函数,使以此未知函数为自变函数而定义的泛函取极值。是变分法的研究对象。这类问题与相应的微分方程(欧拉方程)问题等价。工程力学中许多求解微分方程的问题可以化为相当的求解泛函极值的问题,而从求泛函极值出发来求问题的近似解有时比求解欧拉方程更为方便。用有限元等数值方法可以有效地求泛函极值问题的近似解。 (支秉琛)

泛函的条件极值问题 extremal problem of functional with subsidiary condition

又称条件变分问题或约束变分问题。对自变函数加一定的限制条件,或诸自变函数变分之间不是相互独立、而是由某些给定条件连系着的泛函极值问题。利用拉格朗日乘子法可将这类问题变换为泛函的无条件极值问题来处理。 (支秉琛)

泛函的无条件极值问题 extremal problem of functional with no subsidiary condition

又称无条件变分问题。对泛函的自变函数没有任何限制条件,诸自变函数的变分都是独立变分的泛函极值问题。是一般的变分问题。条件极值问题也可以通过拉格朗日乘子法转变为无条件极值问题。 (支秉琛)

范德华引力 Van der Waals force

又称次价键。在气态、液态和固态物质中分子与分子间的弱相互吸引力。其键能约为 10～20kJ/mol，是化学键键能的 1/20～1/50。它包括三种成分：①静电力——永久偶极子间的相互吸引力，存在于极性分子间；②诱导力——诱导偶极子间和诱导偶极子与永久偶极子间的相互吸引力，存在于极性分子与极性分子之间或极性分子与非极性分子之间；③色散力——瞬时偶极子间的相互吸引力，存在于一切极性和非极性的分子之间，是范德华引力中最普遍的一种。范德华力的特点是没有方向性与饱和性，作用范围约为 10^{-1}nm。 （周　啸）

fang

方程余量　residue of equation

以近似解代入算子方程时所形成的误差。由于近似解不同于真解，它不满足方程而带来误差，方程不为零而有余量。如果能使这一余量在某种意义上趋近于零，则可获方程的某种意义上的近似解。

（郑邦民）

方向加速法　accelerating direction method

见鲍威尔法（11 页）。

防水电阻应变计　waterproof resistance strain gauge

带有密封防水剂，能直接用于高压水下应变测量的电阻应变计。现已有用聚喹恶啉作防水剂及敏感栅封装在钢管内，以氧化镁作填料绝缘层的水下应变计。 （张如一）

放大系数　magnification factor

又称放大因子、放大率、动力系数。单自由度系统稳态受迫振动的振幅 B 与由大小等于干扰力幅值的静力所引起的静位移 B_0 的比值

$$\beta = \frac{B}{B_0} = \frac{1}{\sqrt{(1-\gamma^2)^2 + (2\zeta\gamma)^2}}$$

式中 $\gamma = \omega/\omega_n$ 为干扰力频率与系统固有频率的比值，ζ 为阻尼比。 （宋福磐）

fei

非饱和土　unsaturated soil

土孔隙中没有完全充满水的土。即三相土。

（朱向荣）

非保守力　nonconservative force

当体系受力发生变形时，力所做的功不仅与力作用点的始末位置有关，而且还与其作用点的位移路径有关的一类力。例如随动力，摩擦力等。保守力与非保守力的稳定计算问题（参见动力准则，75 页）。 （罗汉泉）

非变换型问题　problem of nontransform type

泛指不属直接应用弹性－粘弹性相应原理求解的问题，诸如粘弹性体的接触问题、裂纹扩展问题、以及热与力耦合作用问题。尽管有的问题求解时或许用到积分变换方法，但在变换的象空间中不与对应的弹性力学问题相同，不是直接采用相应原理求解。有的问题只能采用数值解法。

（杨挺青）

非定常流动　unsteady flow

又称非恒定流动。流体流动状态随时间改变的流动。流体通常的流动多属此类。其特点是

$$\frac{\partial u}{\partial t} \neq 0, \frac{\partial p}{\partial t} \neq 0$$

式中 u 为流速；p 为压强。如用能量方程（伯努利方程）描述这类流动时，就需要增加一个与速度有关的项，成为

$$\frac{p_B - p_A}{\rho} + \frac{v_B^2 - v_A^2}{2} + g(z_B - z_A) + \int_A^B \frac{\partial v_s}{\partial t} ds = 0$$

式中 v_s 为理想流体沿流线的速度分布；A、B 表示同一流线上前后两计算点；p 为压强；ρ 为密度；z 为重力方向的坐标；g 为重力加速度；ds 为流线上的长度元。 （叶镇国）

非定常气动系数　unsteady aerodynamic coefficient

物体在空气中作非定常相对运动时所承受到的力和力矩对动压头和几何参考量进行无量纲化后的系数。这些系数对一些重要参数如攻角及其时间变化率、物体本身角速度等的导数，称之为气动导数。 （施宗城）

非定常热应力　unsteady thermal stress

温度分布随时间变化情况下物体中的热应力。这时应力、应变分布也随时间变化。原则上是一个动力问题。但一般情况下温度变化缓慢，求解时可以忽略加速度影响而看成静力问题（准静处理）。准静处理后与定常热应力问题的区别仅在于热传导方程不同，多一个时间项。对于热冲击等温度、变形变化速度较高的动态问题，则需要考虑加速度的影响。 （王志刚）

非定常约束　rheonomic constraint

又称非稳定约束。随时间变化，约束方程中显含时间 t 的约束。 （黎邦隆）

非多余约束　necessary constraint

见多余约束（84 页）。

非惯性参考系　noninertial reference system

相对于惯性参考系作非惯性运动的参考系。牛顿运动定律对它不适用。实际上任何参考系都是非惯性的，惯性参考系并不存在。但在研究天体和地

面上物体的运动时，能找到足够精确的、可应用牛顿定律的参考系，并将它视为惯性参考系。例如对于在地面或其附近发生的一般工程问题，可取地球为惯性参考系，而对于高空落体、远程射击等问题，则必需考虑地球自转的影响，将地球作为非惯性参考系。（宋福磐）

非赫兹接触 non-Hertzian contact

不满足赫兹接触理论假设的弹性体间的接触。例如：刚性冲头与被压物间的接触；钝楔或锥与平表面的接触；协调表面间的接触；接触面间存在摩擦；相接触的弹性体间有粘连；材料各向异性或非均质等。在这些情况中，可能出现无穷大的接触应力，或弹性半空间假设不再适用，或接触面处的变形因摩擦或粘连的存在而变得复杂。（罗学富）

非恒定渗流基本方程 basic equation for unsteady seepage flow

考虑了土骨架变形和水的弹性的潜水（地下水）水头变化的微分关系式。它可由渗流连续性方程推得，形式如下

$$\frac{\partial}{\partial x}\left(k\frac{\partial H}{\partial x}\right)+\frac{\partial}{\partial y}\left(k\frac{\partial H}{\partial y}\right)+\frac{\partial}{\partial z}\left(k\frac{\partial H}{\partial z}\right)=\rho g(\alpha+n\beta)\frac{\partial H}{\partial t},$$

$$S_s=\rho g(\alpha+n\beta)$$

式中 H 为水头；k 为渗透系数；ρ 为水的密度；g 为重力加速度，α 为土骨架的垂直压缩系数；β 为液体的体积压缩系数；n 为孔隙率；t 为时间；S_s 为贮水率，其物理意义为 H 变化一个单位时，由于土骨架变形和水的膨胀（或压缩）而从单位体积含水层中弹性释放（或弹性贮存）的总水量。若贮水率 Ss=0，即土壤骨架不变形，液体不可压缩，则由上式可得渗流的拉普拉斯方程

$$\frac{\partial^2 H}{\partial x^2}+\frac{\partial^2 H}{\partial y^2}+\frac{\partial^2 H}{\partial z^2}=0$$

$$\varphi=-kH$$

式中 φ 为渗流的流速势。解此方程可得 φ 或 H，就可求得渗流的流速场和压强场。若引入导水系数，则由基本方程可得

$$\frac{\partial H}{\partial r^2}+\frac{1}{\rho g}\frac{\partial H}{\partial r}=\frac{S}{T}\frac{\partial H}{\partial t}$$

式中 r 为 H 所在位置的圆柱半径；S 为贮水系数；T 为导水系数。应用此式可分析最简单的单井承压含水层的非恒定渗流运动。上述方程是非线性偏微分方程，很难求解，一般只能在某些特定的初始条件和边界条件下求解，通常采用数值计算法求近似解。（叶镇国）

非恒定有压管流 unsteady flow in pipes

流体质点运动要素随时间变化的有压管流。有压管道中的水击问题及水电站引水系统中调压系统的水力计算问题均属此类。分析这类流动问题，应考虑其时变惯性力的作用。如按一维问题处理，其运动要素可表示为 $v=v(s,t)$，$p=p(s,t)$。其中 t 为时间，s 为沿流程的位置坐标。由于增加了时间因素，非恒定的基本微分方程欲求其普遍积分解答是很困难的，只有把问题简化，才能得到其解析解（如有压管道水击的解析法），但绝大部分都用特征线法求其近似的数值解法，并用计算机来进行计算。（叶镇国）

非恢复性徐变 irreversible creep

又称二次徐变或不可逆徐变。硬化混凝土中的一种粘流变形，随时间大致成比例地增长，卸荷后变形永不消失。可以用麦克斯韦模型来表达（参见广义麦克斯韦模型，130 页）。（胡春芝）

非基变量 non-basic variables

见基变量（150 页）。

非晶态高聚物 non-crystalline polymer, amorphous polymer

根本不可能结晶的或虽可结晶但还没有来得及结晶就被冷却成固体的高聚物。含有大侧基的不对称主链碳原子的无规立构高聚物（例如有机玻璃）和无规共聚物（例如丁苯橡胶）属于前者；结晶速率低或很低的高聚物（例如聚碳醋酯）属于后者。关于非晶态高聚物的内部结构目前有完全无序和局部有序两大派系的争论。后者认为非晶态高聚物要比非晶态低分子物的有序性稍好。（周 啸）

非均匀流动 nonuniform flow

流线不呈平行直线的流动。如液体在收缩管、扩散管、弯管、以及断面形状大小沿程变化的渠道中的流动都属此类。非均匀流还可分为渐变流与急变流两种；非均匀流与非定常流（非恒定流）是两种不同的概念，非定常流的特征是流体质点的当地加速度不等于零，而非均匀流的特征是流体质点的迁移加速度不等于零。（叶镇国）

非均匀平面简谐波 inhomogeneous plane harmonic wave

简称非均匀平面波。振幅在波面上分布不均匀的平面简谐波，一般以指数函数形式变化。例如，沿着与 z 轴垂直的方向传播时，它可以表示为

$$\varphi(x,y,z,t)=Ae^{-sz}e^{i(\kappa_x x+\kappa_y y-\omega t)}$$

式中 t 为时间；ω 为圆频率；κ_x 和 κ_y 分别为该波在 x 轴和 y 轴上所形成的简谐波的波数；s 为衰减系数。由下式确定

$$s=\left(\frac{\omega^2}{c^2}-\kappa_x^2-\kappa_y^2\right)^{\frac{1}{2}}\quad>0$$

式中 c 为均匀平面简谐波在该介质中的相速度。非

均匀平面简谐波的相速度 c' 则为

$$c' = \frac{c}{\sqrt{1+\left(\frac{sc}{\omega}\right)^2}}$$

（郭　平）

非开裂混凝土的材料矩阵　material matrix of uncracked concrete

未开裂单元混凝土应力应变之间的转换矩阵。单元为均匀连续、各向同性或正交各向异性体。可按广义胡克定律求得。是钢筋混凝土有限元分析中应用最广泛的混凝土材料矩阵。（江见鲸）

非可行点　infeasible points

不满足全部约束条件的设计点。由于这种设计点在可行域之外，故有时又称之为“外点”。

（杨德铨）

非可行域　infeasible region

设计空间中不满足全部约束条件的设计点的集合。域中（不包括边界）的设计点称为非可行点。

（杨德铨）

非棱柱形渠道　non-prismatic channel

断面形状及尺寸沿程变化的渠道。由此有

$$\omega = \omega(h, s)$$

式中 ω 为渠道过水断面面积；h 为渠中水深；s 为计算断面距起始断面的距离。（叶镇国）

非粘性泥沙　noncohesive sediment

分子引力不起作用的泥沙。如砾石、沙粒等颗粒较粗的泥沙。其颗粒间为不粘连的松散体、性质比较简单，在河床中一般占主要成分，是目前研究水流中泥沙运动理论的主要对象。（叶镇国）

非牛顿流体　non-Newtonian fluid

流动性能不能用牛顿内摩擦定律来描述的流体。如接近凝固的石油、泥浆、沥青、硅橡胶等均属此类。这种流体在通常条件下能流动，因而可看作流体，但它又可能具有某些固体的特性，如能够反弹。近三十年来，人们对这类流体的兴趣日益增长，特别是近年来聚合物工业的发展，更使这类流体的研究有着迅速的发展。表示这类流体的剪应力与流速梯度的公式有

$$\tau = \tau_0 + \mu\frac{du}{dy} \quad \text{（宾汉型塑性流体）}$$

$$\tau = k\left(\frac{du}{dy}\right)^n, n > 1 \quad \text{（膨胀性流体）}$$

$$\tau = k\left(\frac{du}{dy}\right)^n, n < 1 \quad \text{（假塑性流体）}$$

τ 为非牛顿流体流动时的剪应力；τ_0 为屈服剪应力；μ 为牛顿流体的动力粘滞系数；k、n 为参数，与压强、温度及流体成分有关；$\frac{du}{dy}$ 为流速梯度。

（叶镇国）

非牛顿流体力学　non-Newtonian fluid mechanics

研究非牛顿流体应力应变关系和非牛顿流动问题的流体力学分支学科。它由流变学发展而来，其研究始于 1867 年 J. C. 麦克斯韦提出线性粘弹性模型。第二次世界大战后，随着化学纤维、塑料、石油等工业的迅速发展，对这一学科提出了社会需求，而数学、流体力学等学科的不断发展，则为这一学科提供了理论基础。1950 年 J. G. 奥尔德罗伊德提出了建立非牛顿流体本构方程的基本原理，把线性粘弹性理论推广到非线性范围，70 年代后期它已发展成为一门独立的学科。其研究的主要内容有：①非牛顿流体及其本构方程；②广义牛顿流体；③有时效的非牛顿流体；④粘弹性流体；⑤非牛顿流体流动；⑥有时效非牛顿流体流动；⑦非牛顿流体流动的稳定性等。（叶镇国）

非耦合热弹性理论　uncoupled thermal elastic theory

研究物体在温度与变形非耦合情况下的热弹性应力的理论（参见耦合热应力，262 页）。

（王志刚）

非耦合热应力　uncoupled thermal stress

见耦合热应力（ 262 页）。

非耦合准静热弹性理论　uncoupled quasi-static thermal elastic theory

研究温度与变形非耦合、且不考虑惯性力情况下的热弹性应力的理论。对于许多工程上的热应力问题，可以忽略应变变化产生的热量及惯性力的影响（参见耦合热应力，262 页），从而只需在弹性理论的基础上考虑温度变化引起的热应变即可。这时热传导方程与力学方程不耦合，求解时可先单独求解热传导方程，然后求解力学方程。（王志刚）

非弹性屈曲　inelastic buckling

又称弹塑性失稳。杆件或结构材料超出弹性阶段后的失稳。对于长细比较小的压杆（柱），失稳时横截面上的应力常超过材料的比例极限，此时，欧拉公式不再适用。主要的理论有切线模量理论、双模量理论等，在工程计算中也常采用各种经验公式，如直线公式或抛物线公式等。（吴明德）

非完整系统　nonholonomic system

除了受到完整约束外，还受到非完整约束的质点系。（黎邦隆）

非完整约束　nonholonomic constraint

不能积分成几何约束的运动约束。（黎邦隆）

非线性边界条件　nonlinear boundary condition

方程在边界处满足函数或其导数以非一次方所给出的边界条件。它在流体力学问题的数值解中经

常出现。由于这一条件在数学上尚无成熟的理论，因此是目前的难题之一。对于有些问题，可作近似性处理，使问题既便于计算，又能满足精度要求。（王 烽）

非线性变形体系 nonlinear deformation system

不满足线性变形体系假定的体系。其中，若材料的物理条件不满足胡克定律，称为物理非线性体系；若体系的变形过大以致需要按照变形后的几何位置来进行计算的体系（例如悬索结构），则称为几何非线性体系。非线性变形体系不适用叠加原理。（罗汉泉）

非线性大挠度稳定理论 nonlinear large deflection theory of stability

又称大变形稳定理论。不采用小变形假定的稳定计算理论。以理想轴压杆为例，它从精确曲率公式

$$\kappa = \frac{1}{\rho} = \frac{d\theta}{ds} \text{或} \kappa = \frac{\left(\frac{d^2 v}{dx^2}\right)}{\left[1 + \left(\frac{dv}{dx}\right)^2\right]^{\frac{3}{2}}}$$

出发，建立压杆在临界状态下的平衡微分方程。式中，κ为杆件变形后的曲率；ρ为曲率半径；$v=v(x)$为杆件的挠度；θ为杆件变形后杆轴切线对x轴的倾角。按此理论，不仅可以确定临界荷载P_{cr}（与按线性小挠度稳定理论所得结果完全相同），还可导出压杆在超过临界状态之后的荷载与位移的关系，研究压杆在后屈曲平衡状态下的变形特性。它表明，当荷载P大于P_{cr}时，压杆进入后屈曲平衡状态，荷载与位移之间仍然保持一一对应的关系。不过，此时压杆的挠度增长极为迅速，对于一般金属结构构件，相应于这些挠度值的材料应力已超过弹性极限，最终将导致极值点形式的塑性失稳。按此理论所建立的平衡微分方程是非线性的，所导出的挠度与荷载的关系式中包含着第一类椭圆积分，计算较为繁琐。当只需确定临界荷载时，按线性小挠度稳定理论分析即可。（罗汉泉）

非线性方程组解法 method for the solution of non-linear equation systems

用各种迭代法求解非线性方程组 $\boldsymbol{\Psi}(\boldsymbol{a}) \equiv \boldsymbol{P}(\boldsymbol{a}) + \boldsymbol{f} = 0$ 的总称。其中常见的有 Newton－Raphson 法，修正的 $N-R$ 法（等刚度迭代法），割线刚度法等，此外还有 *BFGS* 法。为了跟踪解曲线通过极值点则可用弧长法。迭代一直进行到满足收敛准则为止。（姚振汉）

非线性分析的有限元法 finite element method for non-linear analysis

在非线性问题中将结构进行离散化的一种数值解法。凡平衡方程、应力和应变关系、应变和位移关系三大基本方程中有不满足线性关系的问题称为非线性问题。分两大类：材料非线性问题和几何非线性问题，后者常伴随着要求考虑平衡方程的非线性。非线性问题的分析很复杂，解析方法能解的问题很有限；有限元法在非线性分析中的进展，使很多不同类型的问题获得了解答。非线性问题的有限元格式最后都导致求解非线性代数方程组，所以，非线性方程组的解法也是非线性问题的研究中让人关注的问题。（包世华）

非线性规划 nonlinear programming

研究目标函数或约束函数中至少有一个为非线性函数的一类极值问题的数学规划分支。在数学规划中占有中心地位，形成于20世纪40年代后期至50年代初。它的主要理论是最优性条件和对偶性理论，中心议题是各种迭代算法。按照问题有无约束条件区分为约束非线性规划和无约束非线性规划。求解的难度和计算量相对较大，且一般不能保证求得全局最优点。但它具有广泛的适应性，且其求解方法越来越成熟，因而在实际问题中得到广泛应用。自20世纪60年代初 L.A. 史密特（Schmit）首次利用非线性规划求解结构优化设计问题以来，它在这个领域得到了广泛的应用。（刘国华）

非线性目标函数 nonlinear objective function

与设计变量成非线性关系的目标函数。（杨德铨）

非线性粘弹行为 nonlinear viscoelastic behavior

又称非线性粘弹性。表征材料粘弹性的非线性性能。有相应的材料函数和本构关系，其表达形式、实验研究和理论分析都比线性粘弹性复杂。非线性本构表达种类很多，常用的为重积分型本构关系、单积分本构关系和幂律关系，研究方法有多种，如理论的、实验的、半经验的和细观的方法。（杨挺青）

非线性弹性模型 nonlinear elastic model

应力应变关系呈非线性的一类弹性模型。已建立的模型很多。按照拟合应力应变试验曲线的形状可分为：折线型、双曲线型、对数曲线型以及用样条函数逼近土体应力－应变试验曲线等。按照采用的弹性系数可分为E（杨氏模量）－ν（泊松比）非线性弹性模型、K（体积变形模量）－G（剪切模量）非线性弹性模型，以及用其他形式表示的弹性模型等。（龚晓南）

非线性约束 nonlinear constraints

与设计变量成非线性函数关系的约束条件。在结构优化设计中，大多数性态约束属于这一类。（杨德铨）

非线性振动 nonlinear vibration

系统的一个或几个参数具有非线性性质，只能用非线性微分方程描述的振动。其主要特征有：①线性系统中的叠加原理不再适用；②固有频率不仅与系统的参数有关，还和振幅有关；③存在跳跃、滞后、亚谐共振及同步（频率俘获）等现象。研究的方法可分为定性和定量两类。定性方法主要研究方程积分曲线的性状和分布情况，直观地分析振动的特性，观察参量变化对振动的影响，常用相平面等方法。定量法常用平均法、摄动法（小参数法）及三角级数法等，大多数问题只能求得近似解。（陈树年）

非协调元 non-conforming element

又称非保续元。位移函数不能完全满足变分原理所规定的连续性要求（通常是单元之间协调要求不能完全满足）的单元。通常用小片检验来检验单元的收敛性。一般情况下，非协调元的性质比协调元柔软，解答的精度比协调元要好。（支秉琛）

非轴对称圆板 nonsymmetrical circular plate

外加荷载或支承条件关于旋转轴非对称的圆板。在以中面圆心为原点的柱坐标系内，板的挠曲微分方程是一个四阶偏微分方程，其特解取决于荷载 $p(r, Q)$ 的形式。在求解时，将荷载、边界条件、挠度齐次解 $\overline{w}$ 与特解 w^* 均按富里叶级数展开，代入挠曲方程与边界条件，可逐次确定 $\overline{w}$ 与 w^* 展开式中的各项系数。（罗学富）

非自由体 constrained body

由于受到约束，在某个或某些方向的运动受到限制的物体。工程中大多数都是这种物体。如齿轮、轴、梁、柱等零件、构件及堤坝、水塔等结构物，都必须受到恰当的约束，才能实现所需的运动或承受作用于其上的荷载，满足工程的需要。（彭绍佩）

非自由质点 constrained particle

受到约束的质点。它只能进行为约束所允许的运动，这种运动不仅决定于已知的主动力和运动初始条件，而且还与所受约束的性质有关。（宋福磐）

非自由质点系 system of constrained particles

见自由质点系（474页）。

非作用约束 inactive constraints

又称非活动约束。对于可行域内的设计点以不大的步长进行移动不起限制作用的约束条件。如同作用约束一样，它也依附于所论设计点和约束容差的大小（参见作用约束，481页）。（杨德铨）

菲涅尔全息照相 Fresnel holography

物体离记录介质较近，从物体反射（或透射）的光波到达全息底片平面为球面波，与参考光干涉形成菲涅尔全息图。大多数全息照相属于这一类。（钟国成）

fen

分布参数优化设计 optimum design of distribution parameter structure

以描述结构材料在空间中分布的一个或数个函数作为设计变量，且目标函数和约束函数均取该函数的泛函数形式的优化设计。是形状优化设计中的一类，其解法大多采用变分法，但多数情况下最终仍需通过数值方法求解。（杨德铨）

分布荷载 distributed load

分布于构件上的荷载。有均布与非均布之分。作用于构件表面上的荷载又称为面荷载，在任一点的邻域处取微面积 ΔA，其上有荷载 ΔP，则当 $\Delta A \to 0$ 时，取极限

$$\lim_{\Delta A \to 0} \frac{\Delta P}{\Delta A} = p$$

称为该点处面荷载集度。对于杆件而言，如果面荷载集度 p 沿宽度 b 相同，则 $q = pb$ 称为线荷载集度，其量纲为 $[F][L]^{-1}$。（吴明德）

分布力 distributed force

连续地作用于物体的某一范围内的力。例如体积力与表面力。分布力用集度来量度其大小。（彭绍佩）

分部优化 component-level optimization

又称元件级优化。结构的各个构件在满足各自的局部性约束条件下达到局部性目标的优化设计。它可以是多级优化设计的一个步骤；也可以是优化设计的全过程，如满应力设计。在整体优化设计中它可以被作为一种辅助性手段。（杨德铨）

分层单元组合式模型 combined model element with layers

对受弯构件，在不考虑钢筋与混凝土粘结滑移的条件下，假定结构截面应变分布规律，将单元沿截面高度分层的模型。单元分析时，按钢筋和混凝土的实际应力应变关系，求得各层对单元刚度的贡献。由于引进简化的应变分布假设，计算简单。其精度取决于分层的多少，一般沿截面分为7～10层，即可满足工程精度要求。在浅梁、薄板和薄壳等结构的分析中广泛应用。（江见鲸）

分层计算法 method of separate levels of rigid frame

忽略刚架结点线位移的影响，将承受竖向荷载作用的多跨多层刚架沿其高度方向分解为数目与其

层数相等的敞口刚架来分析的一种近似计算法。由苏联学者日莫契金教授所创。分解出的每一敞口刚架都包含有一根横梁和与此横梁相联的竖柱，且竖柱的远端都假定为固定端。因忽略刚架侧移的影响，它们均可用力矩分配法或力矩集体分配法进行计算。考虑到除底层外，其余各柱的远端实际上为弹性固定端，故计算时通常都将上层各柱的线刚度乘以折减系数0.9，传递系数由$\frac{1}{2}$改为$\frac{1}{3}$，以反映弹性固定端的影响。将各敞口刚架的弯矩图作出后，除底层外，每个柱的弯矩应由相邻两层刚架的对应部分叠加求出。由此所得到的各刚结点的杆端弯矩一般不能互相平衡，故还应对各结点上的不平衡力矩再作一次力矩分配。 （罗汉泉）

分层总和法

建立在侧限压缩假定上的一种计算地基最终（主固结）沉降$S_{c\infty}$的常用方法，即在地基压缩层范围内划分若干分层计算各分层的压缩量然后求其总和。计算时须先求得土中应力分布（包括基底附加应力、地基中的附加应力和土自重应力），确定地基压缩层厚度，然后根据土的压缩曲线计算。一般计算式为

$$S_{c\infty} = \sum_{i=1}^{n} \frac{\Delta e_i}{1 + e_{oi}} H_i$$

式中n为分层数；e_{oi}和H_i分别为第i分层的天然孔隙比和厚度，Δe_i为第i分层土平均附加应力作用前后的孔隙比变化量。 （谢康和）

分离点 point of separation

边界层与固体边界分离的起点。沿流动方向在分离点前，接近固体壁面外法线方向分布的流速均为正值，$\left(\frac{\partial u_x}{\partial y}\right)_{y=0} > 0$，其后的流速为负，$\left(\frac{\partial u_x}{\partial y}\right)_{y=0} < 0$，在分离点处，流速为零，且$\left(\frac{\partial u_x}{\partial y}\right)_{y=0} = 0$。由于回流，边界层分离后，其厚度显著增加，自分离点起有一条流线与固体边界成一定的角度。 （叶镇国　刘尚培）

分离流扭转颤振 separated-flow torsional flutter

一种伴随着流动分离和旋涡脱落的颤振形态。对于多数桥梁所采用的非流线形钝头截面，当气流绕过振动的截面时将发生流动的分离和旋涡的脱落。此时，用势流理论已不能描述非定常的空气作用力以及由此引起的颤振现象。通过实验的手段测得非流线形截面的颤振导数后发现，与流线形截面相比，其中与扭转振动速度有关的扭转气动阻尼具有改变符号的特征，即随着气流速度的增大，扭转气动阻尼将从开始时的正阻尼在某一临界点转变为负阻尼性质的空气作用力。因此，当风速超过临界值时，由于弯曲振动的衰减和扭转振动的发散而形成一种带分离流的单自由度扭转颤振。（项海帆）

分离气泡 separation bubble

气流绕物体流动时，主流在物面上某处分离，先离开物面，然后在下游某处又再附着于物面，其间形成气泡——局部回流区。气流常见是层流分离，然后转换成湍流，其能量增大，因而再附着。 （刘尚培）

分离体

见隔离体（118页）。

分力 component

见合力（136页）。

分裂算子法 split operator method

将对流项与扩散项分开，对不同的时间步进行反复迭代求解对流扩散方程的计算方法。这样做可以针对扩散项采用有限元，对流项采用特征差分法，以适应各自的特点。但由于对流方程是无粘性流，边界条件的流速与粘性扩散方程中无滑移边界条件不同，两者不能协调。最近有人证明：简单地把对流算子与扩散算子分开的做法是不收敛的，必须在方程上或边界条件上进一步加上其他条件，才可使计算稳定收敛。 （郑邦民）

分配剪力 distributed shear force

用剪力分配法进行计算时，为了消除横梁端的附加链杆上的不平衡剪力R_{rp}，在与该层横梁相联的各柱端所产生的剪力，以Q_i^μ表示。它等于该柱的剪力分配系数μ_i^Q与不平衡剪力乘积的负值，即

$$Q_i^\mu = -\mu_i^Q R_{rp}。$$

分配弯矩 distributed moment

当力矩分配单元的刚结点i作用有一集中力偶矩M时，在汇交于该结点的各个杆端（近端）所产生的杆端弯矩。以M_{ik}^μ表示。它等于该杆端的力矩分配系数μ_{ik}与M的乘积，即$M_{ik}^\mu = \mu_{ik} M$。它也可表述为：用力矩分配法计算超静定结构时，在某一力矩分配单元的刚结点上，为了消除结点不平衡力矩R_{ip}，使汇交于该结点的各杆端所产生的杆端弯矩，即

$$M_{ik}^\mu = -\mu_{ik} R_{ip}。$$ （罗汉泉）

分区混合变分原理 subregion mixed variational principle

将弹性体体积V分为V_{I}和V_{II}两区，混合应用势能和余能概念的变分原理。在V_{I}区内假设几何可能的位移场（满足变形连续条件和给定的位移边界条件），在V_{II}区内假设静力可能的应力场（满足区内平衡条件和给定的静力边界条件），使混

合泛函有驻值的解是问题的真实解。混合泛函定义为Ⅰ区势能、Ⅱ区余能的负值（均不包含交界面）和交界面上Ⅱ区应力合力在Ⅰ区位移上所作虚功的总和。 （支秉琛）

分区混合法 subregion mixed finite element method

又称分区混合有限元法。将连续体分区，以势能区的结点位移和余能区的应力作为基本未知量的数值解法。该法将连续体分为若干由势能区单元和余能区单元组成的分区混合体，应用分区混合能量原理推导基本性质方程。曾成功地用于计算多种断裂力学问题的应力强度因子及分析高梁、托墙梁、框支墙等结构的应力集中问题。 （夏亨熹）

分区混合广义变分原理 subregion mixed generalized variational principle

将弹性体体积 V 分为 V_{I} 和 V_{II} 两区，混合应用三类变量广义势能和余能概念的无条件变分原理。在两区内分别以两区的位移、应力和应变三类变量为独立的自变函数、使广义混合泛函有驻值的解为问题的真实解。广义混合泛函定义为Ⅰ区三类变量广义势能、Ⅱ区三类变量广义余能的负值（均不包含分界面）与分界面上Ⅱ区应力合力在Ⅰ区位移上所作虚功的总和。由此出发，若将Ⅱ区三类变量广义余能变换为Ⅱ区三类变量广义势能，便得到分区广义势能原理（三类变量）；将Ⅰ区三类变量广义势能变换为Ⅰ区三类变量广义余能，便得到分区广义余能原理（三类变量）。 （支秉琛）

分区混合能量原理 subregion mixed energy principle

将结构划分为两类区域，并将结构的总能量用相应区域的势能、余能及交接处的附加能量组成的分区混合能 $\tilde{\Pi}$ 来求解的一种能量原理。它可表述为：在弹性结构（线性或非线性）的一切可能的分区混合状态中，真实状态使分区混合能为驻值，即

$$\delta\tilde{\Pi}=0$$

式中，$\tilde{\Pi}=\Pi_{\mathrm{I}}-\Pi_{\mathrm{II}}^{*}+\sum\limits_{(\mathrm{I},\mathrm{II})}R_{\mathrm{k\,II}}C_{\mathrm{k\,I}}$。其中 Π_{I} 为区域Ⅰ（以结点独立位移为基本未知量，该区的位移状态必须满足本区的位移边界条件）的总势能；Π_{II}^{*} 为区域Ⅱ（以多余未知力为基本未知量，该区的力状态必须满足本区的静力边界条件并与给定荷载一起满足静力平衡条件）的总余能；$\sum\limits_{(\mathrm{I},\mathrm{II})}R_{\mathrm{k\,II}}C_{\mathrm{k\,I}}$ 为Ⅰ区与Ⅱ区交接点处的附加能量，$R_{\mathrm{k\,II}}$ 和 $C_{\mathrm{k\,I}}$ 分别表示在交接处的Ⅱ区所受到的力和Ⅰ区的相应位移。由驻值条件 $\delta\tilde{\Pi}=0$ 所导得的方程实质上是以能量形式表示的以未知结点独立位移和多余未知力为基本未知量的混合法方程，据此解出各基本未知量后，即可进而算得结构的内力。

（罗汉泉）

分区势能原理 principle of subregion potential energy

将弹性体体积分为若干个区的势能原理。只要保证各区交界面上位移的连续性，最小势能原理便能成立。其总势能泛函等于各分区势能泛函的总和，总势能泛函极值条件确定的解是问题的真实解。这时，原理称分区最小势能原理，是有限元法中用协调元求解问题的理论基础。若放松各区交界面上的位移连续条件，用拉氏乘子法将其纳入势能泛函，便得到分区势能驻值原理。有限元法中采用非协调元时，以此原理为计算基础。 （支秉琛）

分区余能原理 principle of subregion complementary energy

将弹性体体积分为若干个区的余能原理。只要保证各区交界面上应力合力的连续性，最小余能原理便能成立。其总余能泛函等于各分区余能泛函的总和，总余能泛函极值条件确定的解是问题的真实解。这时，原理称分区最小余能原理。若放松交界面上应力合力的连续条件，用拉氏乘子法将其纳入余能泛函，便得到分区余能驻值原理。（支秉琛）

分散 dispersion

又称离散或弥散，也称流散。对流扩散与紊动扩散的合称。 （叶镇国）

分散性土 dispersive soil

在纯净的水中能够大部或全部自行分散成原级颗粒的粘性土。含较多的可交换的钠离子。常用双比重计分析、土块崩解试验、孔隙水阳离子化学分析和针孔冲蚀试验进行鉴别。我国在黑龙江等省（区）发现有分布。该土土质特殊，抵抗纯净水冲刷的能力极低，给某些工程造成危害。常在土中掺加一定量的 CaO 或 $Ca(OH)_2$ 来改变土体的分散性。

（朱向荣）

分析动力学 analytical dynamics

分析力学中研究动力学问题的部分。它研究：① 质点系更普遍、类型更多、概括程度更高、应用范围更广的各种运动微分方程，如拉格朗日方程、具有循环坐标的系统的运动微分方程、具有多余坐标的系统的运动微分方程、非完整系统的运动微分方程、阿沛耳方程、哈密顿正则方程等等。与此同时，建立了一些新概念如广义坐标、自由度、循环坐标、理想约束、广义力、完整及非完整约束、广义动量、拉格朗日函数、哈密顿作用量等等。② 这些微分方程的积分方法。③ 力学的一些新原理——变分原理，如哈密顿原理、拉格朗日最小作用量原理、高斯最小约束原理等。这些内容拓

展了动力学的范围，把动力学的研究提到了一个新的高度。 （黎邦隆）

分析静力学 analytical statics

分析力学中研究平衡问题的部分。以虚位移原理为核心，用分析的方法研究质点系（主要是非自由质点系）平衡的普遍规律。 （黎邦隆）

分析力学 analytical mechanics

以牛顿力学为基础，以能量为主要物理量，主要采用广义坐标，应用数学分析的方法（还常用到变分法）来处理和解决问题的力学分支学科。是经典力学的一部分，包括分析静力学与分析动力学。是继牛顿力学之后的一个重要发展阶段。在18世纪末由法国J. L. 拉格朗日奠基，并在19世纪得到很大发展。它能超越经典力学的范围，后来成为量子力学、统计力学、相对论力学等现代学科的基础，从研究宏观、低速物体的运动过渡到研究微观、高速运动的领域。它的各个规律比牛顿力学的各个规律具有更简洁的形式、更高的普遍性和更广的应用范围。近代发展起来的一些力学新分支与边缘学科都或多或少地用到它的概念、理论与方法。 （黎邦隆）

分析力学的变分原理 variational principles of analytical mechanics

分析力学中变分形式的几个原理。分为微分原理与积分原理两类。前者有虚位移原理、高斯最小约束原理、赫兹最直路径原理等；后者有莫培督最小作用量原理、拉格朗日最小作用量原理、哈密顿原理等。变分原理与不变分的原理（牛顿第二定律、达朗伯原理、机械能守恒定律等）不同，它们不直接表达机械运动的某个规律，而只是将质点系的真实运动与它在同样条件下的可能运动加以比较，从而提供真实运动的某种判别准则。这种准则可用以导出系统的动力学方程，可提供动力学问题的近似解法。这些原理还在经典力学发展到量子力学等近代学科的过程中起重要作用。它们中最重要的是虚位移原理和哈密顿原理，这二个原理不但应用于理论力学，而且还应用于弹性力学、结构力学、计算力学及有限元法等学科。 （黎邦隆）

分项混合能量原理 sub-item mixed energy principle

以结构的某些多余未知力和结点独立位移为基本未知量，利用原结构的基本体系的分项混合能$\tilde{\Pi}$来求解的一种能量原理。当选取静定结构作为力法基本体系时，本原理可表述为：结点独立位移 Z_i（$i=1, 2, \cdots n_z$）和未知力 X_j（$j=1, 2, \cdots n_x$）的真实解使分项混合能量$\tilde{\Pi}$为驻值，即

$$\delta\tilde{\Pi}=0$$

式中$\tilde{\Pi}=\sum_{i=1}^{n_z}R_iZ_i-\Pi^*$。其中$\sum_{i=1}^{n_z}R_iZ_i$为与结点位移$Z_i$相应的反力$R_i$所引起的附加余能；$\Pi^*$为静定的基本体系在荷载$P$、多余力$X_j$和支座位移$C'_k$以及初始曲率$\kappa_0$共同作用下的总余能，可表为

$$\Pi^* = \Sigma\int(\kappa_0 M+\int_0^M \kappa \mathrm{d}m)\mathrm{d}s-\Sigma R'_k C'_k$$

由驻值条件$\delta\tilde{\Pi}=0$，可导出相应的混合法基本方程，据此解出多余未知力和未知结点位移后，即可进而求出原结构的全部内力。 （罗汉泉）

分支点失稳 bifurcation point instability

又称第一类失稳。变形体所受荷载达到一定数值时，其平衡状态将由一种形式转变为另外一种形式的失稳问题。其特征是平衡路径图上有明显的分支点，在分支点处将发生稳定性的转变，此时初始的平衡状态成为不稳定。对应于分支点的荷载值称为临界荷载。以薄板或薄壳为例，由原始的薄膜状态转变为有矩状态的失稳，即为分支点失稳（参见压杆稳定性，402页）。 （吴明德）

分枝定界法 branch and bound method

通过松弛、分枝和隐去等步骤求解混合整数规划问题的一种算法。适用于线性、非线性的整数规划以及非整数的离散变量问题，20世纪60年代初由A. H. 伦德（Land）、R. J. 戴金（Dakin）等提出，并作了改进。基本思路参见整数规划，其中的“舍弃”与“生成”在此即为隐去与分枝。以纯整数规划为例，按照松弛问题解$\tilde{x}$的性质，分下列三种不同情况处理隐去与分枝：①若松弛问题无解，或有解但解的目标函数值比已知的可行整数解大，则隐去这一分枝；②若$\tilde{x}$中存在一变量$\tilde{x}_i$为非整数，则分别在母问题上增加约束条件$x_i\leqslant[\tilde{x}_i]$和$x_i\geqslant[\tilde{x}_i]+1$后生成两个分枝，其中方括号[ ]表示截断小数取整；③若$\tilde{x}$的各分量均为整数，则获得原问题的一个可行点，并记录已获得的最好可行点，该分枝终止。当所有分枝均终止时，算法结束，所获得的可行整数解中最好的一个即为原问题的最优解。 （刘国华）

分子扩散 molecular diffusion

静止流体或断面流速分布均匀的流体扩散质浓度改变的传递现象。它是流体扩散的物理原因之一，并遵守弗克（A. Fick, 1855）定律：

$$\Gamma=-D_m\frac{\partial C}{\partial x}$$

式中Γ称为单位通量，即单位时间内通过垂直于x方向单位面积的异质的含量（此处含量可为质量或重量，也可以为异质的体积）；C为异质的浓度（单位体积含量）；D_m为分子扩散系数，量纲为

〔L^2/T〕；x 为流程。式中负号是因为异质总是从浓度高处向低处扩散而加上的。上式表明，异质沿某方向的单位通量与沿该方向的浓度梯度成比例。

（叶镇国）

粉末激波管 dusty-gas shock tube

研究激波在两相介质中传播引起爆震现象的激波管实验装置。在被驱动段中均匀地充满了悬浮着的粉末状可燃固体微粒和空气，利用破膜后激波来激起爆震现象。它可用于研究纺纱厂车间、面粉厂车间和采煤坑道中的防火、防爆问题。（施宗城）

粉砂 silty sand

粒径大于 0.075mm 的颗粒含量超过全重 50%，但不超过全重 85% 的土。饱和、松散的粉砂在地震或其他动力荷载作用下易产生液化。

（朱向荣）

粉土 silt

塑性指数小于或等于 10、粒径大于 0.075mm 的颗粒含量不超过全重 50% 的土。其性质介于砂土与黏性土之间。（朱向荣）

粉质黏土 silty clay

旧称亚黏土。塑性指数大于 10、小于或等于 17 的土。（朱向荣）

feng

风 wind

空气的流动现象。是由于各地气压不同，空气从高气压处流向低气压处所致。它包括空气在水平方向及竖向的流动。气象上常将空气在水平方向的流动称为风，通常用风速（或风级）、风向来描述。地面风用测风仪器测得。空中风用测风气球、无线电或飞机探测等方法测量。由于存在大气一般环流及地方性环流，在大气中任一点，风速及风向是随机变化的。在大气边界层内由于地表摩擦力及气压梯度的影响，风速、风湍流度等参数随高度按一定规律而变化。它们是风工程研究的重要内容。

（石 沅）

风成波 wind-driven wave

风力引起的波浪。一般风吹过水面，其方向未必与水面平行，且作用在水面上的风力变化亦具有随机性，从而形成凹凸不平的波浪表面。受风力直接作用的波浪迎风面称为后坡，背风面称为前坡。气流绕过波峰，在背风面的波谷处形成气旋低压区，迫使波峰向波浪推进方向倾斜，并形成后坡较前坡平坦且对铅垂线不对称的波浪外表面。随着风力加强，前后坡差别继续增大，波高与波陡也相应加大，当波峰过于陡峻时可导致波顶失去平衡并引起波浪外形破碎卷入空气，形成白色浪花。当风停止之后，波浪靠其惯性力和重力作用继续运动，直到能量耗尽为止。由于波能耗散率很小，波浪运动常可持续很久时间且传播很远。（叶镇国）

风的空间相关性 spatial correlation of wind speed

在强风过程中，各点风速和风向之间的相关程度。它反映了阵风的尺度及其在空间的分布，包括竖向相关、侧向相关及前后相关。它可以通过对不同高度和不同距离的风速同步观测分析得到，也可在模拟风洞实验中获得。对于高耸结构，竖向相关极为重要，而对于桥梁和宽度较大的建筑物，则侧向相关影响较大，对高层建筑物，由于竖向和侧向尺寸均较大，故竖向和侧向相关都必需考虑。在一些特殊情况下，前后相关也是需要考虑的。

（田 浦）

风洞 wind tunnel

能人工产生和控制气流以模拟飞行器或物体周围气体流动，并可量度气流对物体作用以及观察有关物理现象的一种管状空气动力学实验设备。它由洞体，驱动系统和测量控制系统等三部分组成。各部分的形式因其类型而异。其类型有：①低速风洞，世界上第一座风洞于 1869～1871 年建于英国；②高速风洞，马赫数 Ma＝0.4～4.5。其中又有亚声速风洞，Ma＝0.4～0.7；跨声速风洞，Ma＝0.5～1.3，第一座跨声速风洞由美国航空咨询委员会（NACA）于 1947 年建成；超声速风洞，Ma＝1.5～4.5；③高超声速风洞，Ma＞5，世界上第一座常规高超声速风洞于第二次世界大战期间由德国建成。其中又有低密度风洞，它为形成稀薄（低密度）气体流动的风洞；激波风洞，利用激波压缩实验气体，再用定常膨胀方法产生高超声速实验气流的风洞。风洞试验是飞行器研制工作中的一个不可缺少的组成部分，不仅在航空、航天工程的研究和发展中起着重要作用，而且在交通运输、房屋建筑、风能利用及环境保护等部门也得到了越来越广泛的利用。（叶镇国 施宗城）

风洞实验数据修正 wind tunnel test data correction

为使风洞实验数据尽量接近真值，对各种因素的影响规律进行分析，并逐一对实验数据进行修正的做法。模型在风洞中试验时，其周围的绕流流场不可能模拟得与实物在大气中的流场完全相似，如雷诺数偏低、气流紊流特性和平均速度剖面不同、洞壁干扰、支架干扰等等因素，致使实验所得的数据会或多或少地偏离真值。为此必须进行修正。

（施宗城）

风洞天平 balance in wind tunnel

在风洞试验段中用来测量模型所受的气动力和力矩的仪器。它能将气动力和力矩沿着模型体轴系三个相互正交的方向分解并进行精确测量。风洞天平按所测力的性质分为静态测力天平和动态测力天平；按结构和测量原理分为机械式、应变式等形式。按所测分量多少分为单分量天平、三分量天平、六分量天平等等。（施宗城）

风工程 wind engineering

研究大气边界层内的风与人类活动、人类社会和自然环境之间相互作用规律的一门学科。它涉及到多门基础学科的知识，诸如气象学、空气动力学、结构力学、结构工程、实验力学、数学等。且已作为一门独立的边缘学科创立于本世纪七十年代。1975年在英国举行的“第四届国际风对建筑与结构作用会议”上，“风工程”这一学科命名正式得到国际确认，并决定改称这次会议为“第四届国际风工程会议”，同时建立国际风工程协会。国际性的关于风工程的学术会议由国际风工程学会主办，每四年举行一次，已举行了九次，见下表。

届数	时间	国家及地点
1	1963	英国 Teddington
2	1967.9.11～9.15	加拿大 ottawa
3	1971.9.6～9.9	日本 Tokyo
4	1975	英国 Heathrow
5	1979.6	美国 Fort Collins
6	1983.3.21～3.25	澳大利亚 Gold Coast
	4.6～4.7	新西兰 Auckland
7	1987.7.6～7.10	原西德 Aachen
8	1991.7.8～12	加拿大 London
9	1995.1.9～13	印　度 New D

我国关于风工程的全国性学术会议，由中国风工程与工业空气动力学会主办，每四年一届。第一届于1982年在长沙举行，共有论文42篇；第二届于1986年在成都举行，共有论文85篇；第三届于1990年在南京召开，共有论文97篇；第四届于1994年在上海召开，共有论文115篇。（石　沅）

风荷载 wind loading

风作用在结构上的作用力。基本风压为10m高处按一定条件所求得的风压力，如作用在结构上，尚需乘以不同高度的风压高度变化系数、与结构体型有关的风载体型系数、由于脉动风作用的风振系数，才是结构上的风力或风荷载。当按点荷载计算时，还需乘以承风面积。风荷载是结构计算的外因，有了它，才能进行结构分析和设计。

（张相庭）

风力 wind force

风的强度。气象上常用风级表示。天气预报中风力分为十三个等级，分别对应于十三档不同的风速，见蒲福风级。工程上常通过风速或风压再求出作用在结构上的风荷载而得到（参见风荷载，99页）。（石　沅）

风（力）等级 wind class

又称蒲福风级。根据风对地面（或海面）物体影响程度而定出的等级。常用于估计风力的大小。英国人蒲福（Francis Beaufort，1774～1857）于1805年首次判定了风力等级。以后几经修改，将风力分成了十三个等级（自零级到十二级）。自1946年以来，对风力等级又作了某些修改，并增加到了十八个等级。（石　沅）

风力矩 wind moment

使结构产生扭转振动的风荷载。由于结构不对称或作用在结构上的风速不均匀等原因而产生。

（石　沅）

风玫瑰图 wind rose

在极座标纸上绘出的表示某一地区在某段时间内各种风向出现的频率，或各种风向的平均风速的统计图。由于其形状与玫瑰花相似，故得名。

（石　沅）

风琴振动 aeolian oscillation

琴弦在微风中发生振动的现象。据犹太史书记载：大卫王将他的古琴挂在床顶上，半夜的微风使琴弦发出声音，于是以古代神话中的风神（Aeolus）来给这种风琴振动命名，并把能够引起风成振动的琴也称为风鸣琴（Aeoliau Harp）。十五世纪的意大利人达．芬奇（Leonardo da Vinci）发现了船浆尾流中的涡迹及其造成的船浆振动现象。1878年Strouhal通过实验找到了弦在发生风成振动时的音高与风速成正比，而与弦的直径成反比的规律。直到1912年Von Karman从理论上阐明了交替涡街的形成原因才使风琴振动现象有了科学的解释。

（项海帆）

风速 wind speed

单位时间内风的行程。其单位有m/s、km/h及nmile/h时，并有如下换算关系

1m/s＝3.6km/h＝1.943n mile/h

1km/h＝0.278m/s＝0.540n mile/h

1nmile/h＝0.515m/s＝1.852km/h

风速有瞬时风速和平均风速之分。我国气象台、站常用电动风速仪、达因风速仪等观测地面风速。空

中风速可用测风气球、无线电雷达或飞机探测等方法测定。我国建筑结构荷载规范中规定以 10m 高、10min 平均风速为基本风速。风速变化常显示气流运动的特征，有时也为天气变化的先兆。

（石 沅）

风速风压关系式 equation with wind speed and wind pressure

表示风速 v 与风压 w 之间关系的基本方程。可按流体力学中伯努利(Bernouilli)方程而得到，其式为 $w=\frac{1}{2}\rho v^2=\frac{1}{2}\frac{\gamma}{g}v^2$，式中 ρ 为空气质量密度，γ 为空气重力密度。在气压为101.325kPa、常温15℃和绝对干燥的条件下，$\gamma=0.012\ 018\text{kN/m}^3$，在纬度 45 度处海平面上的重力加速度 $g=9.8\text{m/s}^2$，因而 $w=\frac{1}{1\ 630}v^2\text{kN/m}^2$，$v$ 的单位为 m/s。由于各地情况与上述标准条件有一定出入，因而上述关系式中的数字也有所变化。我国东南沿海该系数约为$\frac{1}{1\ 700}$，内陆海拔高度 500m 以下地区约$\frac{1}{1\ 600}$，对于内陆高原和高山地区，随着海拔高度增大而减小，海拔高度达到 3 500m 以上地区，该系数可减至$\frac{1}{2\ 600}$。 （张相庭）

风速廓线 wind speed profile

又称平均风速梯度或风剖面。表示平均风速沿高度变化规律的曲线。是风的重要特性之一。摩擦层内的风速，主要取决于气压梯度力及地表摩擦力的大小，当气压场沿高度不变时，则风速随高度的变化主要受摩擦力的控制，由于地表层中摩擦力随着高度的增加而减小，故风速将随着高度的增加而增加。风速廓线一般可通过实测的方法，经分析而得到。对于不同的地表粗糙度地区，其风剖面亦不相同。 （田 浦）

风速谱 wind-speed spectrum

表示风的脉动速度按频率的分布。由于风速脉动近似地为各态历经的平稳随机过程，因此可采用数理统计的方法来研究风力问题。风谱一般通过强风观测记录导出，其方法有两种：一是把强风观测的记录经过相关分析，得到相关曲线的数学表达式，然后再通过富氏变换得风速谱的数学表达式；另一方法是将强风记录通过超低频滤波器，直接测出风速功率谱曲线，建立数学表达式。（田 浦）

风速实测 anemometry

大气的风速测定。气象站观测地面风速的风速仪要装在平坦开阔地 10m 标高处。亦可在专门设置的观测塔上的不同高度处安置风速仪，以获得风速沿高度的变化规律。通过实测可获得风剖面曲线、湍流度曲线、风功率谱曲线、相关函数等参数。高空风速可用测风气球、无线电雷达或飞机等观测。 （石 沅）

风速沿高度变化规律 law of wind speed variation with height

平均风速与离地高度之间的函数表达式。与地面粗糙度有关。根据各国的梯度观测资料分析，平均风速剖面一般用指数函数和对数函数来描述，即

$$\frac{\overline{V}}{\overline{V}_s}=\left(\frac{z}{z_s}\right)^{\alpha}$$

$$\frac{\overline{V}}{\overline{V}_s}=\frac{\lg z-\lg z_0}{\lg z_s-\lg z_0}$$

式中：$\overline{V}$、z 为任一高度处的平均风速和高度；$\overline{V}_s$、z_s 为标准高度处的平均风速和高度；α 为地面粗糙度指数；z_0 为风速等于零时的高度。地面越粗糙则 α 及 z_0 越大。研究结果指出，用指数律描述上层风速较为合理，而在近地面的下部摩擦层，如 100m 以下的范围内，则用对数律更为合理，但两者差别并不很大，所以目前国内外均利用计算简便的指数律来描述。 （田 浦）

风速仪 anemometer wind gauge

用来测量、记录风速、风向的仪器。在气象台、站通常使用电接风向风速计、达因式风向风速计，可分别获得平均风速、瞬时风速及风向值。三杯轻便风向风速表适用于野外流动观测，可测风向及平均风速。螺旋式瞬时风速仪、超声风速仪均可获得瞬时风速时程曲线。若采用磁带记录仪记录，则可输入计算机分析，通常用于科研工作中。

（石 沅）

风向 wind direction

风的流向。通常以 10min 内的平均风作为实测风向。常以 16 或 8 个方位或以角度来表示（如图)。正北向为 0°，正东、正南、正西分别为 90°、180°、270°。风向变化常显示气流运动特征，有时亦为天气变化的先兆。 （石 沅）

风向仪 wind cock

用以指示风向的装置。常用风标由带有箭头的水平杆、竖向支撑轴及尾翼构成。尾翼有单翼、双翼等不同形状。水平标箭头即指向来风方向。亦可采用简易的装置，例如悬于杆顶的圆锥形布袋，有风时，风吹往袋口，锥底即指示风的去向。这种装置称为风向袋。 （石 沅）

风压 wind pressure

风作用于物体上的压强。单位为千牛顿/米^2 或 kN/m^2。风压是建筑结构设计中基本的设计依据之一。作用在建筑物表面单位面积上的风压 w 与风速 v、空气密度 ρ 有以下关系：$w^2=\frac{1}{2}\rho v^2$。

w 亦可用空气重力密度 γ 与重力加速度 g 表示：$w=\frac{1}{2}\frac{\gamma}{g}v^2$。平均风速与高度、地貌、平均时距等因素有关，在建筑结构荷载规范中规定以 10 米高、空旷平坦地面、平均时距为 10 分钟的风压值为基本风压值。 （石 沅）

风压高度变化系数 mean wind-pressure factor varied with height

计算非标准高度风压时基本风压需乘以的系数。由于基本风压是以标准高度如 10m 高为标准的，而结构上各处的位置并非为 10m，因而必须乘以一系数以反映不同高度的影响。我国荷载规范 GBJ9 对风压沿高度的变化采用指数律，因而该系数为一指数函数，它与地貌和点的高度有关。

（张相庭）

风压谱 wind pressure spectrum

脉动风压按频率的分布。风压亦是随机荷载，可近似地作为各态历经的平稳随机过程，用统计参数来表示，风压谱可以直接通过实测的风压样本获得，根据风压与风速之间的平方关系，亦可由相应的风速谱求出。 （田 浦）

风载体型系数 shape factor for wind loading

风作用于结构上与结构体型有关的系数。基本风压是自由气流在基本风速下所产生的压力，并不是作用在结构上的作用力。该风压力作用在结构上，不同的结构体型将受到不同的作用力，而且同一物面上各处分布也不相同，其值通常由风洞试验求得，也可根据实测而求得。工程上为了应用方便，同一类型面积上的风压取各处不均匀风压值以相应面积进行加权平均，其平均值即为该面上的风载体型系数。 （张相庭）

风振控制 control of wind-excited vibration

对风振引起的响应加以抑制的结构措施。通常是在结构顶部或楼层中部设置某种装置，以抑制响应使其不超过某一限值，以保证结构的安全性。目前采用风振控制在国外已有实行，但在国内尚处于开始阶段。 （张相庭）

风振系数 gust loading factor

在顺风向，考虑风中脉动成份引起结构振动而需将平均风荷载乘以的系数。顺风向结构响应等于平均风作用下的响应加上脉动风作用下的响应，它等效于平均风下的响应乘以该响应的风振系数。当只考虑第一个振型影响时，平均风下任意响应乘以该响应的风振系数与各平均风荷载乘以荷载风振系数后所得的该响应相同。响应的风振系数由于响应的种类和位置不同而各有不同，计算要多次进行，而荷载风振系数一旦求得后即可同时求出任意响应，因而工程上常用平均风荷载乘以荷载风振系数进行计算，此即中国荷载规范 GBJ9—87 所采用的风振系数。 （张相庭）

封闭式电阻应变计 encapsulated resistance strain gauge

用薄钢片或环氧树脂等将电阻应变片封闭以抵抗水、潮气等恶劣使用条件的应变计。适用于钢筋混凝土结构内部应变的量测。

（王娴明）

封闭应力 locked in stress

被约束在岩石或岩体结构内部而成自身平衡的应力。各种地质因素的长期作用，使岩体不断遭到复杂的加载和卸载过程，形成极不均匀的应力场。卸载过程中，岩体内部各成份的相互限制或摩擦力，阻止了尚处于弹性状态的岩石或岩体结构恢复到原来状态，形成封闭应力体系。封闭应力的假说可用于研究岩爆、地震机制、坑道底鼓等问题。

（周德培）

峰因子 peak factor

见保证系数（11 页）。

峰值强度 peak strength

相应于土或岩石的应力－应变曲线上最大剪应力的强度。在土的剪切试验中，常以峰值强度代表土的抗剪强度。当岩石达到该值时，岩石内部结构已破坏，变形加剧，承载能力显著下降。

（张季容 周德培）

蜂窝结构 honeycomb structure

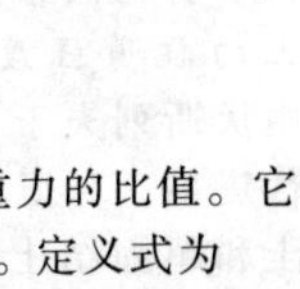

细土粒（粒径 0.05～0.005mm）在水中下沉而形成的土的结构。常见于粉土及粘性土中。具有这种结构的粘性土，其土粒之间的联结强度会由于长期的压密作用与胶结作用而加强。 （朱向荣）

fo

佛汝德数 Froude number

又称弗劳德数。水流惯性力与重力的比值。它是一个无量纲数，常用符号 Fr 表示。定义式为

$$\mathrm{Fr}=\frac{\alpha v^2}{g\dfrac{\omega}{B}}=\frac{\alpha v^2}{g\bar{h}}=2\cdot\frac{\dfrac{\alpha v^2}{2g}}{\bar{h}},\left(\bar{h}=\frac{\omega}{B}\right)$$

式中 v 为断面平均流速；ω 为过水断面面积；B 为水面宽度；g 为重力加速度；$\bar{h}$ 为明渠断面平均水深。上式表明 Fr 等于单位重量液体的平均动能与平均势能比值的 2 倍。Fr 是判别明渠水流流动状态的一个数值标准，也是明渠水流模型试验中常用的重力相似准数。Fr 还可有下列形式

$$\mathrm{Fr} = \frac{v}{\sqrt{gh}}$$

（李纪臣）

佛汝德相似准则 Froude similarity criterion

又称重力相似准则或弗劳德相似准则。两流动在只有重力作用下实现动力相似必须遵守的准则。它表述作用于原型和模型相应流体质点上的重力与惯性力的比值相等。显然几何相似的两流动要达成重力相似其佛汝德数 Fr（见相似准数）必须相等，即 $\mathrm{Fr}_p = \mathrm{Fr}_m$ 或 $v_p^2/g_p l_p = v_m^2/g_m l_m$（式中 v、g、l 分别为速度、重力加速度和线性长度；下标 p 和 m 分别表示原型量和模型量）。反之若几何相似的两流动的佛汝德数相等，则它们必定是重力相似的。佛汝德相似准则是无压液流（明渠流）模型试验必须应用的一个重要准则。（李纪臣）

fu

夫琅和费全息照相 Fraunhofer holography

物体离记录介质较远，从物体反射（或透射）的光波到达全息底片平面时近似于平面波，或利用透镜使物点射出的光波成为平面波，与参考光干涉形成夫琅和费全息图。（钟国成）

伏尔斯莱夫面 Hvorslev surface

完全状态边界面的一部分。各种超固结比的超固结土的三轴剪切试验土体发生屈服后的有效应力路径族在 p'：q：V 空间形成的曲面。p' 为平均有效应力，q 为主应力差，V 为比容，$V = 1 + e$，e 为孔隙比。当超固结土的三轴剪切试验的有效应力路径到达伏尔斯莱夫面时，土体发生屈服。

（龚晓南）

伏斯列夫参数 Hvorslev parameter

在相同孔隙比条件下剪切破坏确定的土的抗剪强度参数。由伏斯列夫于三十年代提出，对正常固结土和超固结土，若在剪切破坏时的孔隙比 e（饱和土即含水量 w）相同，所对应的有效固结压力 σ' 就不同（图 a），分别表示为 σ'_a 和 σ'_b，破坏时的抗剪强度也不一样，分别为 τ_{fa} 和 τ_{fb}（图 b），其连线与纵坐标的截矩 c_e 表示在同一孔隙比 e 条件下的粘聚力，称为真粘聚力，与水平轴的夹角 φ_e 称为真内摩擦角。c_e 和 φ_e 主要用于研究工作，实际工程中一般仍用有效应力强度参数 c'、φ'。伏斯列夫参数的作用主要从物理概念上区分土的粘聚强度和摩擦强度，并强调了有效应力的提高对土抗剪强度的影响。（张季容）

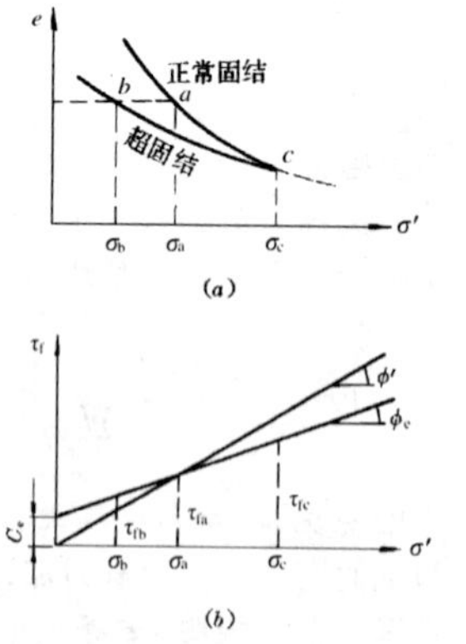

浮力 buoyancy

浮体或潜体所受流体给它的铅垂向上的作用力。其大小等于该物体所排开流体的重量，当物体重量大于浮力时则下沉；等于浮力时则可处随迁平衡；小于浮力时则上浮水面。浮力的作用线通过被排开流体体积的形心。人们应用这一原理建造了能在水里和空气中航行的工具，如轮船和飞艇等。

（叶镇国）

浮体 floating body

浮力与重力相平衡且漂浮于液体自由表面上的物体。它和潜体的共同处是重力与浮力相等，重心和浮心同在一条垂线上。但两者的区别在于：潜体浮心不会因其倾斜会有所变化，而浮体倾斜后，浸没在水中的那部份形状改变可使浮心位置随之移动。所以当其重心高于浮心时，其平衡仍有稳定的可能，其关键取决于重心与定倾中心的相对位置。若定倾中心高于重心时，浮体仍可处于稳定平衡状态，浮体倾斜后会有一抗倾复力矩使其恢复到原来的平衡位置，定倾中心位置愈高浮体平衡愈稳定；若定倾中心低于重心，则浮体呈不稳定平衡状况；若定倾中心与重心重合，浮体可处随迁平衡状况。浮体的平衡在船舶设计、沉箱浮运中都是极重要的问题。（叶镇国）

浮心 center of buoyancy

浮力的作用点。即浮体所排开液体体积的形心。（叶镇国）

浮轴 axis through the center of buoyancy and the center of gravity

通过浮体的浮心和重心的轴线。在正常情况下它是铅垂的，当浮体受到某种外力（如风吹浪击等）作用时，浮轴可随之倾斜。（叶镇国）

浮子流量计 float-type current meter

又称转子流量计、罗托计。利用浮子（转子）在流体压力差作用下的位置变化来测量流量的装置。它由锥管和浮子组成。锥管采用玻璃等透明材料制成。该流量计历史悠久，结构简单，得到广泛应用。当液流通过浮子和锥管环形缝隙时，由于浮子的节流作用，浮子上下两侧产生压力差，并受力而上升（浮起），同时浮子的最大截面

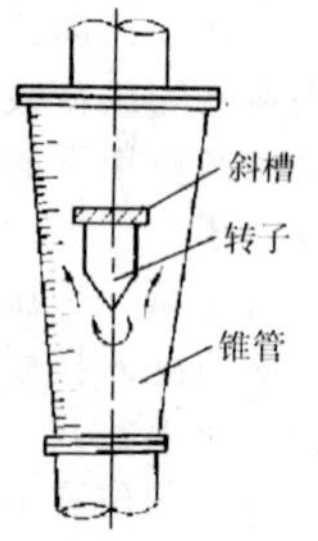

积与锥筒内壁构成的环形面积也随之加大，其周围的液流速度则因此下降。当液流向上的压差作用力与浮子在液流中的重量相等时，浮子可稳定在某一高度，这时便可以直接从锥筒刻度上读出上升高度 S，按下式计算流量

$$Q = \mu KS$$

式中 μ 为流量系数，K 为常数，由定型流量计确定。　　（彭剑辉）

幅频特性　amplitude-frequency characteristic

测试系统输出信号的幅值随输入量频率而变化的特性。　　（张如一）

幅频特性曲线　amplitude-frequency characteristics curves

以频率比 $\gamma = \omega/\omega_n$（ω 为简谐干扰力的频率，ω_n 为系统的固有频率）为横坐标，放大系数 $\beta = B/B_0$（B 为稳态受迫振动的振幅，B_0 为大小等于扰力幅值的静力所引起的静位移）为纵坐标，并以阻尼比 $\zeta = n/\omega_n$（n 为阻尼系数）为参数而画出的曲线族。它反映系统受迫振动的振幅随干扰力频率而变化的特性以及振幅出现峰值（共振）的条件，同时也表明阻尼对受迫振动振幅的影响。　　（宋福磐）

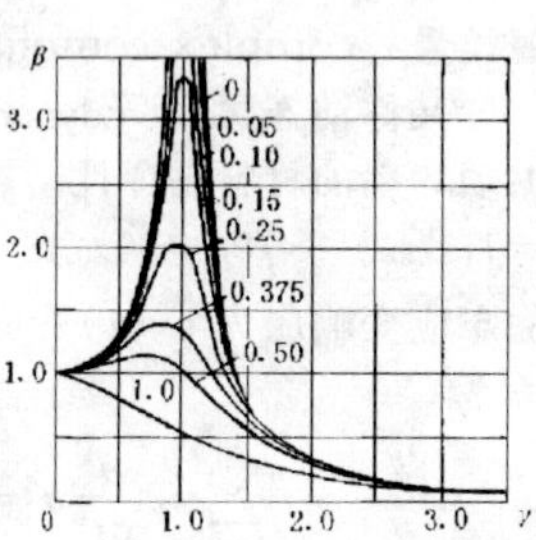

幅值方程　amplitude equation

在分析多自由度体系受若干频率相同的简谐荷载作用的无阻尼受迫振动时，为直接求解动位移或惯性力的幅值（最大值）而建立的非齐次线性方程组。它是根据体系振动时各质点均作同步简谐振动的特点导出的。对于柔度法，动位移和惯性力幅值方程的形式分别为

$$\left(\boldsymbol{FM} - \frac{1}{\theta^2}\boldsymbol{E}\right)\boldsymbol{Y}^0 + \frac{1}{\theta^2}\boldsymbol{\Delta p} = \boldsymbol{0}$$

和

$$\left(\boldsymbol{F} - \frac{1}{\theta^2}\boldsymbol{M}^{-1}\right)\boldsymbol{I}^0 + \boldsymbol{\Delta p} = \boldsymbol{0}$$

对于刚度法，它们分别为

$$(\boldsymbol{K} - \theta^2\boldsymbol{M})\boldsymbol{Y}^0 = \boldsymbol{P}$$

和

$$(\boldsymbol{KM}^{-1} - \theta^2\boldsymbol{E})\boldsymbol{I}^0 = \theta^2\boldsymbol{P}$$

式中 $\boldsymbol{Y}^0$ 和 $\boldsymbol{I}^0$ 分别为动位移和惯性力的幅值向量，且 $\boldsymbol{I}^0 = \theta^2\boldsymbol{MY}^0$；$\boldsymbol{F}$、$\boldsymbol{K}$ 和 $\boldsymbol{M}$ 分别为体系的柔度矩阵、刚度矩阵和质量矩阵；$\boldsymbol{\Delta p}$、$\boldsymbol{P}$ 和 $\boldsymbol{\theta}$ 分别为简谐荷载达到幅值时的静位移向量、荷载幅值向量和简谐荷载的频率；$\boldsymbol{E}$ 为单位矩阵。此时，由于动位移、惯性力和简谐荷载同时达到幅值，故可将惯性力和简谐荷载的幅值作为静力荷载作用于结构，据以计算最大动位移和动内力。　　（洪范文）

辐照损伤　radiation damage

材料因受中子流辐射产生点阵缺陷而引起的断裂韧性降低。降低的程度取决于中子流强度、辐照温度及特定材料的相对敏感性。　　（罗学富）

负孔隙水压力　suction pore water pressure

小于大气压力的孔隙水压力。一般在存在毛细水的土中或当土体体积有发生膨胀的趋势时产生。此时，土体中的有效应力将增加。　　（谢康和）

负梯度方向　negative gradient direction

见目标函数梯度（246页）。

附加应力　additional stress

有压隧洞充水后，内水压力使围岩产生的应力。对于圆形无衬砌隧洞

$$\sigma_r = \frac{a^2}{r^2}P$$

$$\sigma_\theta = -\frac{a^2}{r^2}P$$

式中，σ_r 和 σ_θ 分别是径向和切向应力，a 为洞室半径，r 是围岩内计算点至圆心的距离，P 是内水压力。当 σ_θ 较大，抵消了围岩原来的压应力并超过岩体抗拉强度时，岩石就会开裂。　　（袁文忠）

附着力　adhesion

又称粘附力。不同材料接触部分分子间作用所产生的引力。固体与固体间不能紧密接触，此力甚小；但液体与固体之间接触很紧密，此力较强，胶粘剂与被粘物之间此力很大，粘附作用很强。　　（冯乃谦）

复摆　compound pendulum

又称物理摆（physical pendulum）。在重力作用下能绕固定水平轴摆动的刚体。在微幅摆动的情况下，它与单摆一样近似地作简谐振动，振动周期 $T = 2\pi\sqrt{\frac{J_o}{Mga}}$，其中 J_o 是摆对水平悬挂轴 O 的转动惯量，a 是摆的质心 C 到 O 轴的距离，g 是重力加速度。作微幅摆动时，复摆的周期与摆长为 $l = \frac{J_o}{Ma}$ 的单摆周期相等，该长度称为复摆的简化长度（$l > a$）。OC 连线上与 O 点的距离为 l 的点 A，称为摆心。将过摆心 A 且平行于原悬挂轴 O 的轴作为水平悬挂轴时，摆的周期不变。　　（黎邦隆）

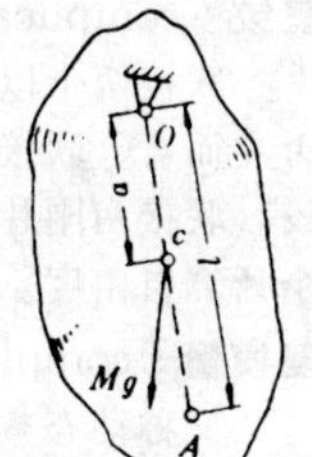

复合单元　composite element

将几个简单的单元集合在一起，其内部结点自由度用静力缩聚法消去而构成的单元。例如四个三

角形元集合而构成的平面四边形复合元和三维问题中六个简单的四面体元集合构成的八个角点的六面体复合元。（支秉琛）

复合破坏 composite failure

侧壁破坏后，如不采取有效的支护，则随着洞室断面形状的恶化，破坏就会从侧壁发展到顶部，出现拉断或新的剪切破坏的全过程。脆性岩体的最终破坏表现为严重片帮、冒顶；延性流变岩体，破坏从四周向洞内蠕动，前者称为冒落型破坏，后者为挤压型破坏。（屠树根）

复合型断裂准则 mixed mode fracture criterion

判断复合型裂纹是否扩展、如何扩展的准则。在复合型加载下，裂纹并不一定沿裂纹延长线方向扩展，可能会拐弯。拐弯的角度称为断裂角。复合型断裂分析包含解决断裂角与断裂判据两方面的问题。目前关于复合型断裂的准则有：最大正应力准则、最大正应变准则、最大能量释放率准则与应变能密度因子准则等。前两种为应力应变参量准则，后两种为能量准则。（罗学富）

复合应力波 combined stress wave

介质中同时有正应力和剪应力时所发生的波。例如当杆或薄圆筒同时受到扭转和轴向冲击干扰作用时所产生的波；由于此时状态参量只与一个坐标值有关，因而这类复合波仍属一维波。在简单加载问题中可采用自模拟的方法求解波的传播问题。在非简单加载时，应采用增量理论求解。在复合应力波的情况下，卸载波波速与屈服函数和应力状态有关。在轴向力和剪切力共同传播的复合塑性波的研究中，往往采用预扭式薄管撞击试验进行研究，其应变率可达 10^4 秒$^{-1}$。（徐秉业）

复铰 complicated hinge

联接两个以上刚片的铰。就减少体系的计算自由度而言，联接 n 个刚片的复铰相当于 $n-1$ 个单铰（联接两刚片的铰称为单铰），共减少 2（$n-1$）个计算自由度。（洪范文）

复模量 complex modulus

又称动态模量（dynamic modulus）。取决于振动频率的粘弹性材料动态性能，一般记作 $Y^*(i\omega)=Y_1(\omega)+iY_2(\omega)$，拉压复模量和剪切复模量分别用 $E^*(i\omega)$ 和 $G^*(i\omega)$ 表示。在 $\varepsilon(t)=\varepsilon_0 e^{i\omega t}$ 激励下的稳态应力响应 $\sigma(t)=\sigma^* e^{i\omega t}$，代入微分型本构关系

$$\sum_{k=0}^{m} p_k \frac{d^k}{dt^k}\sigma = \sum_{k=0}^{n} q_k \frac{d^k}{dt^k}\varepsilon$$

得 $\sigma(t)/\varepsilon(t)=\overline{Q}(i\omega)/\overline{P}(i\omega)=E^*(i\omega)$

式中 $\overline{P}(i\omega)=\sum_{k=0}^{m} p_k(i\omega)^k, \overline{Q}(i\omega)=\sum_{k=0}^{n} q_k(i\omega)^k$ 复模量与复柔量互为倒数，复模量的实部 $Y_1(\omega)$ 和虚部 $Y_2(\omega)$ 分别称为储能模量和损耗模量。（杨挺青）

复模态参数 complex modal parameter

表征复模态特征的参数。包含特征值、特征向量以及相应表征系统阻尼、质量和刚度的参数。（戴诗亮）

复模态理论 theory of complex mode

复模态是阻尼比较复杂的机械振动系统动特性的一种表征，系统微分方程求解所得特征值和特征向量均为复数。以复特征向量为基础进行坐标变换使联立微分方程解耦，进而用复模态叠加求系统响应。（戴诗亮）

复柔量 complex compliance

又称动态柔量（dynamic compliance）。取决于振动频率的材料粘弹性动态性能，常记作 $J^*(i\omega)=J_1(\omega)-iJ_2(\omega)$。在 $\sigma(t)=\sigma_0 e^{i\omega t}$ 作用下的稳态应变响应为 $\varepsilon(t)=\varepsilon^* e^{i\omega t}$，代入微分型本构关系

$$\sum_{k=0}^{m} p_k \frac{d^k}{dt^k}\sigma = \sum_{k=0}^{n} q_k \frac{d^k}{dt^k}$$

得 $\varepsilon(t)/\sigma(t)=\overline{P}(i\omega)/\overline{Q}(i\omega)=J^*(i\omega)$

式中 $\overline{P}(i\omega)=\sum_{k=0}^{m} p_k(i\omega)^k, \overline{Q}(i\omega)=\sum_{k=0}^{n} q_k(i\omega)^k$ 复柔量与复模量互为倒数。其实部 $J_1(\omega)$ 和虚部 $J_2(\omega)$ 分别称为储能柔量和损耗柔量。（杨挺青）

复式断面渠道 channel of compound cross-section

过水断面面积，水面宽度及其湿周与渠中水深不呈连续函数关系的渠道。这种断面形式常用于大型输水渠道。对于天然河道常有滩地与主河槽之分，也属此类。（叶镇国）

复式刚架 complex rigid frame

在平面刚架中，有某一层或几层的横梁不与全部竖柱相连的刚架。其特点是有某些竖柱通过两个或两个以上的楼层而不与横梁相连（该竖柱称为连续柱）。这种刚架在用卡尼迭代法进行计算时，与简式刚架（无连续柱的刚架）相比，其侧移弯矩的计算要复杂一些。当采用直接刚度法进行计算时，两者并无区别。（罗汉泉）

复形法 complex method

将无约束非线性规划单纯形法推广并用于求解具有不等式约束的非线性规划问题的一种直接法。它不象单纯形法那样用 $n+1$ 个顶点构成单纯形，而是选用更多的顶点（常取 $2n$ 个，其中 n 为问题的维数）来构成复形，以克服单纯形易退化为低维流形的缺点。初始复形各顶点常利用伪随机数生

成。迭代过程类似于单纯形法，迭代中每生成一个顶点均需检查其可行性，若不可行，则向当前中心点靠拢。当中心点亦不可行时，则可采取某种摄动使之可行。复形法程序简单，适用于规模较小的问题，在国内比较流行，但收敛速度较慢。

（刘国华）

复杂管路 complex pipes

由两根以上不同管径的管道组成的管系。如水电站引水道末段分岔管；给水管道系统，实验室中的管道系统等均属此类。一般都可认为这类管道系统是由两种基本类型管道，即串联管路与并联管路组合而成。多按长管计算。（叶镇国）

复杂桁架 complex truss

其几何组成方式不同于简单桁架或联合桁架的其他静定桁架。这类桁架的内力计算一般比简单桁架或联合桁架要复杂得多，通常要采用结点法与截面法联合应用或用其他方法（如杆件替代法、通路法等）求解。当采用矩阵位移法并用电子计算机进行计算时，复杂桁架的计算不再有特殊的困难。

（何放龙）

复振幅 complex amplitude

光波复数表达式中模的大小。光波是一种电磁波，描述光在 x 方向传播的平面波动方程为

$$E = E_0\cos(\omega t - kx + \varphi_0)$$

式中 E 为光振动；E_0 为振幅；E，E_0 的单位为伏/米；ω 为圆频率；t 为时间，单位为秒；k 为波数，$k=\frac{2\pi}{\lambda}$，λ 为波长；φ_0 为初相位。光波的复数表示为

$$E = E_0e^{i(\omega t - kx + \varphi_0)} = Ae^{i\omega t}$$

其中 $A=E_0e^{i(-kx+\varphi_0)}$ 光波复数表示的模。

（钟国成）

副法线 binormal

见主法线（465页）。

傅里叶变换全息图 Fourier transform hologram

用傅里叶变换光路拍摄的全息图。平面物体位于透镜（傅里叶变换透镜）的前焦面上，在透镜的后焦面记录全息图。参考光为平行光。物体上每一点散射的光，经透镜折射成为平行光投射到全息图平面上，与参考光干涉形成平行等距的干涉条纹。因此，全息图平面和物平面上光的复振幅分布是傅里叶变换关系。这种全息图多用于光学图象的信息处理。（钟国成）

傅里叶定律 Fourier's law

一种反映热传导规律的定律，它假定单位时间内流过单位面积的热量（热流密度）与该面法向的温度梯度成正比。比例系数称为热导率。数学表达式为

$$q_x = -\lambda\frac{\partial T}{\partial x},$$

$$q_y = -\lambda\frac{\partial T}{\partial y},$$

$$q_z = -\lambda\frac{\partial T}{\partial z}$$

其中 q_x、q_y、q_z 为热流密度 $\boldsymbol{q}$ 在三个坐标轴方向上的分量；λ 为热导率；T 为温度。（王志刚）

G

gai

改进的 WOL 试件 modified wedge-opening loading specimen

改进的楔形张开加载试件。其构形和受载方式见图示，属于恒位移加载类型。常用螺钉加载，用于测试腐蚀条件下的断裂参数 $K_{\mathrm{I\,scc}}$ 及 da/dt 等。（孙学伟）

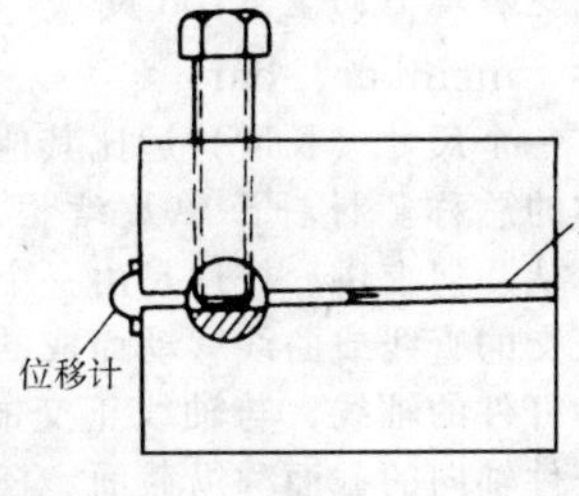

盖琳格速度方程 Geiringer's velocity equations

塑性区内质点位移速度变化规律的数学表达式。1930年H·盖琳格根据刚塑性本构关系和不可压缩条件证明速度方程的特征线与滑移线重合。设 v_α、v_β 分别为质点沿两族滑移线（α 线和 β 线）的位移速度，则盖琳格速度方程为

沿 α 线　　$dv_\alpha - v_\beta d\theta = 0$

沿 β 线　　$dv_\beta + v_\alpha d\theta = 0$

因此，用滑移线法可求出塑性区的速度场。式中 θ 为滑移线相对 x 轴的倾角。

（熊祝华）

盖司特耐理论 Gerstner's theory

以圆余摆线作为描述深水推进波波形曲线的理论。它由盖司特耐（F. Gerstner）于1802年提出，故名。所谓余摆线，是指一圆沿其切线滚动时，圆内某点 P 的运动轨迹线。盖氏从观察实际现象出发提出了五点假定：①深水推进波为理想液体在重力作用下的二向自由规则波，其波形为圆余摆线；②波动时，每个水质点都在垂直平面上作顺钟向等角速圆周运动，圆心位于水质点静止时的位置线之上一定距离；③水深无限大，波浪不受海底影响；④同一波动面上的水质点都有相同的轨迹圆半径，而在铅直方向上的轨迹圆半径沿水深迅速减小；⑤水质点作圆周运动时，在同一瞬时同一波动面上，其相角（即水质点径线与向上铅垂线的夹角）顺波浪进行方向随距离增加而成比例地减小，同一瞬时圆心位于同一铅垂线的各水质点的相角相等。由此得深水推进波波形曲线方程

$$\begin{cases} x = -\dfrac{\lambda}{2\pi}\theta + \dfrac{h}{2}\sin\theta \\ z = -\dfrac{1}{2}h\cos\theta \end{cases}$$

$$\theta = \sigma t - kx_0, \sigma = \frac{2\pi}{T}, k = \frac{2\pi}{\lambda}$$

式中 x 为水面波形曲线横坐标；z 为水面波形曲线纵坐标；θ 为相角；h 为波高；σ 为水质点角速度；t 为时间；k 为转圆曲率；T 为波周期；π 为圆周率；x_0 为水质点轨迹圆圆心坐标；$z-x$ 关系为圆余摆线。盖氏理论符合液体运动的基本规律，即符合液体连续性方程，运动方程和边界条件，其求解简明，与实际观测结果比较一致，所以至今仍得到广泛应用。不足处是按这一理论，波浪将是有旋流动，这与盖氏假定波浪运动是理想液体的运动相矛盾，所以，盖氏理论只是一种近似的理论。

（叶镇国）

概率断裂力学 probabilistic fracture mechanics

综合断裂分析中各变量的不确定因素，将它视为多值的随机现象，应用概率的方法研究裂纹扩展的规律。断裂力学中的这一分析方法，构成工程断裂力学中的一个新的内容。其主要的设计准则为在给定寿命下求破坏概率或最小可靠度。首先要寻求各设计变量的分布形式；这些变量如裂纹检测的概率曲线，缺陷尺寸的统计分布，以及外载的概率性质以及其所引起的应力变化的统计分布，材料韧性的统计分布，疲劳裂纹扩展的材料参量的不定性等。根据断裂力学的基本理论，找出断裂失效或疲劳寿命的分布形式，最终求得结构的可靠度。将可靠度作为防断裂的安全程度的概率度量。概率断裂力学已在核电工程、交通运输工程中获得了应用。

（余寿文）

概率密度 probability density

连续随机变量的分布函数的导数。即

$$f(x) = \lim_{\Delta x \to 0}\frac{F(x+\Delta x) - F(x)}{\Delta x} = \frac{\mathrm{d}F(x)}{\mathrm{d}x} = F'(x)$$

式中 $f(x)$ 为概率密度；$F(x)$ 为概率分布函数；Δx 为增量。它表示随机变量的瞬时幅值落在增量范围内可能出现的概率与增量之比，亦即单位区间的概率。它描述了随机变量的概率分布密度，所以又称概率分布密度。它具有下列性质：①非零性，即 $f(x) > 0$；②如 $b > a$，则 $\int_a^b f(x)\mathrm{d}x = F(b) - F(a) \geqslant 0$；③ $\int_{-\infty}^{+\infty} f(x)\mathrm{d}x = 1$。对离散随机变量或由连续与离散变量组成的混合型随机变量，一般不存在概率密度。但是，如果引入狄拉克 δ 函数来表示跳跃点上的导数，也可有相应的概率密度。

（陈树年）

gan

干扰力 disturbing force

又称激扰力。使系统产生和维持振动的、持续作用的外加主动力。工程中常见的是周期性变化的干扰力。

（宋福磐）

干燥徐变 drying creep

试件在加荷条件下进行干燥时，因加荷所增加的变形。这时总的变形大于干燥收缩所产生的变形。

（胡春芝）

杆端力向量 vector of nodal forces

在结构矩阵分析中，由杆件两端的杆端力分量按一定顺序排列而成的向量。通常以 $\boldsymbol{F}^e$ 表示（右上标 e 表示第 e 个单元）。由杆件两端相应的位移分量排列成的向量，称为杆端位移向量，通常以 $\boldsymbol{d}^e$ 表示。对于同一类单元，这两个向量中的各分量是一一对应的。根据所取坐标系的不同，它们又有按局部坐标系和按整体坐标系表示之分。

（洪范文）

杆端位移向量 vector of nodal displacements

见杆端力向量（106页）。

杆件 member，bar

一个尺寸（长度）远比其他两个尺寸为大的细长体的总称。材料力学及结构力学的主要研究对象。从几何上讲，杆件是由一个平面图形沿一条与其正交的直线或曲线移动而成的；图形形心的轨迹称为杆件的轴线，与轴线正交的截面称为横截面，沿杆件轴向的截面称纵截面。杆件的横截面可以是

等截面的或变截面的，分别称为等截面杆和变截面杆。根据轴线形状不同，杆件分为直杆和曲杆，后者如拱、曲梁等。由于曲杆轴线的曲率大小不同，又有大曲率杆和小曲率杆之分。如果杆件变形后的轴线仍与所受外力位于同一平面内，称为平面杆件，其横截面上内力有轴力、剪力和弯矩，相应的变形分别为轴向变形、剪切变形和弯曲变形。由平面杆件组成的结构称为平面杆系结构，如平面桁架及平面刚架等。如果杆件不在同一平面内或轴线与所受外力不在同一平面内的杆件，称为空间杆件，其受力及变形特点除轴向伸缩变形之外，还可能为双向弯曲以及扭转的组合变形。

（吴明德　洪范文）

杆件变形协调条件　condition of compatibility of member

杆件在荷载、支座位移或温度改变等外因作用下发生如图所示的变形时，为了保证其连续性，它的变形与截面的位移之间必须满足的关系式。包括杆件内部截面位移的连续条件和杆端位移的边界条件。其内部任一微段的位移连续条件为

$$\left.\begin{aligned}&\frac{\mathrm{d}u}{\mathrm{d}x}=\varepsilon\\&\theta=\frac{\mathrm{d}v}{\mathrm{d}x}=\gamma_0-\varphi\\&\frac{\mathrm{d}\varphi}{\mathrm{d}x}=\kappa\end{aligned}\right\}\qquad(a)$$

式（a）中，u、v、φ 分别为微段左端截面的轴向位移、法向位移和截面转角；ε、γ_0 和 κ 分别为微段 $\mathrm{d}x$ 的轴向应变（线应变）、平均剪应变和轴线变形后的曲率。θ 为杆件轴线的转角。θ 以顺时针为正，φ 则以逆时针为正。杆端处的位移边界条件为

$$\left.\begin{aligned}&A\text{端}:u_A=\overline{u}_A,v_A=\overline{v}_A,\varphi_A=\overline{\varphi}_A\\&B\text{端}:u_B=\overline{u}_B,v_B=\overline{v}_B,\varphi_B=\overline{\varphi}_B\end{aligned}\right\}\qquad(b)$$

式（b）中，$\overline{u}_A$，$\overline{v}_A$，$\overline{\varphi}_A$ 和 $\overline{u}_B$，$\overline{v}_B$，$\overline{\varphi}_B$ 分别为 A 端和 B 端截面给定的轴向位移，法向位移和转角。除了杆件的上述变形协调条件外，杆件端部的位移还应和与该端相联接的结点或支座的位移协调一致，满足整个结构的变形协调条件。

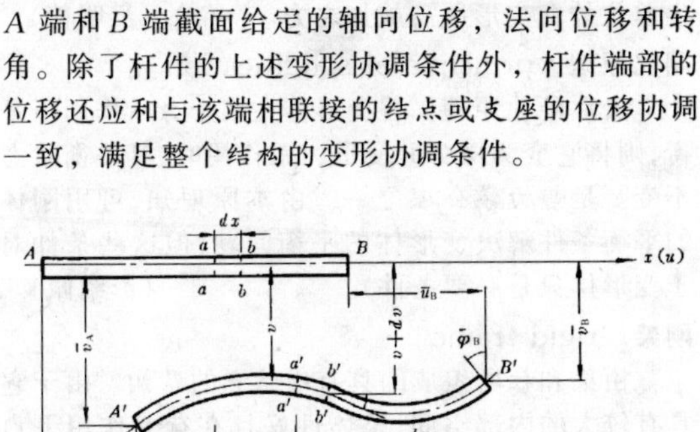

（罗汉泉）

杆件代替法　method of substitution of bars

以解答唯一性原理和叠加原理为基础，利用"代替杆"把复杂桁架改造成简单桁架来进行分析的一种方法。由德国学者亨奈贝尔格于 1886 年提出。其要点为：将原桁架中某些杆件去掉，并在所去杆件两端结点上以一对轴力 X_i 代替；同时加入同等数目的杆件（代替杆）使原来的复杂桁架变为几何不变的简单桁架（称为代替桁架）；根据代替桁架在荷载和 X_i 共同作用下各代替杆的内力应等于零的条件即可求得 X_i，进而便可方便地求出其余杆件的内力。

（何放龙）

杆件结构　framed structure

又称杆系结构。由若干根杆件相互联结而成的结构。当不考虑材料的变形时，其各部分之间不应发生相对运动，且应直接或间接地与地基联成一个整体。这类结构在房屋建筑、桥梁、水利等工程中应用极广。结构力学即是以它为主要研究对象的一门学科。实际结构是很复杂的，进行力学分析时，都将其简化为便于计算的力学模型（称为计算简图）来进行计算。其中，杆件以轴线来代替，杆件之间的联接以结点来表示，杆件与支承物之间的联接以支座来表示。常用的基本类型有：梁、拱、桁架、刚架、组合结构等。此外，按不同观点，杆件结构还可作不同的分类。例如，按空间观点，可分为平面杆件结构和空间杆件结构；按静力特征，可分为静定结构和超静定结构等等。

（罗汉泉）

杆件平衡条件　equilibrium condition of member

当杆件处于平衡状态时，作用于其上的力系必须满足的力系的平衡方程。例如图 a 所示的平面杆件，设其上承受轴向分布荷载 $p(x)$，横向分布荷载 $q(x)$ 及分布力偶矩 $m(x)$ 的作用。除

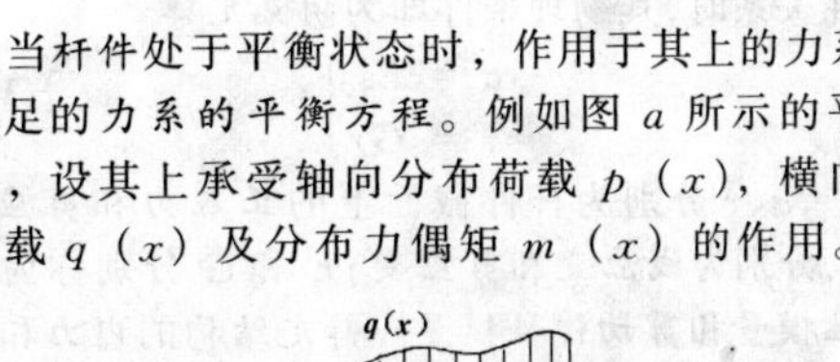

(a)

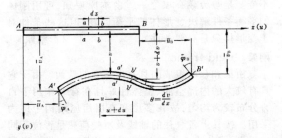

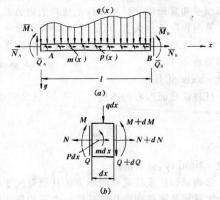

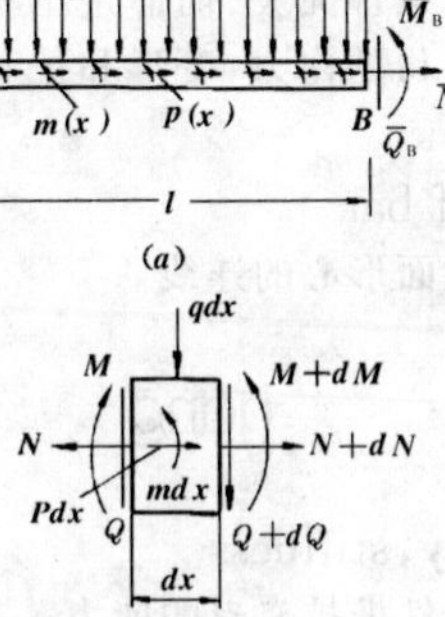

(b)

杆件上的外力必须满足整体平衡方程 $\Sigma X=0$，$\Sigma Y=0$ 和 $\Sigma M=0$ 外，任一内部微段（图 b 所示）必须满足下列平衡方程

$$\left.\begin{aligned}\frac{dN}{dx}+p(x)&=0\\\frac{dQ}{dx}+q(x)&=0\\\frac{dM}{dx}-Q+m(x)&=0\end{aligned}\right\}\qquad(a)$$

式(a)中,N、Q、M分别为微段左端截面上的轴力、剪力和弯矩。两端的边界微段必须满足

$$\left.\begin{aligned}A\text{ 端}:N_A=\overline{N}_A,Q_A=\overline{Q}_A,M_A=\overline{M}_A\\B\text{ 端}:N_B=\overline{N}_B,Q_B=\overline{Q}_B,M_B=\overline{M}_B\end{aligned}\right\}\qquad(b)$$

式(b)又称为力的边界条件。式中,$\overline{N}$,$\overline{Q}$,$\overline{M}$为杆件两端已知的轴力、剪力和弯矩。　　(罗汉泉)

杆件塑性分析　plastic analysis of bars

结构塑性分析的研究内容之一,研究理想塑性杆件在极限状态下的特性。通常假定材料是刚塑性的,且在杆内只有一个内力(广义应力)起主要作用。在塑性分析中,不考虑塑性极限状态到达前的变形过程,直接计算塑性极限状态到达瞬时的内力分布和速度分布,以及对应的荷载值。　　(熊祝华)

杆件体系机动分析　kinematic analysis of framed system

对由若干杆件相互联接而成的整体(杆件体系)所进行的几何组成分析。几何不变的杆件体系即为杆件结构。　　(洪范文)

杆件物理条件　physical condition of member

杆件受力发生变形时,反映其应力与材料应变之间关系的表达式。常用应力应变曲线表示,只与材料性质有关。当两者之间呈线性关系时,称为物理线性;当呈非线性关系时,称为物理非线性。当呈线性关系时,其物理条件即为胡克定律

$$\left.\begin{aligned}\sigma&=E\varepsilon\\\tau&=G\gamma\end{aligned}\right\}$$

式中,σ、τ分别为杆件截面上的正应力和剪应力;ε、γ分别为线应变和剪应变;E和G分别称为拉压弹性模量和剪切弹性模量。静定结构的内力和应力的计算与物理条件无关,而静定结构的变形和位移以及超静定结构的内力、变形和位移等的计算则须用到物理条件。　　(罗汉泉)

杆轴　axis of bar

杆件横截面形心的连线。　　(吴明德)

gang

刚度　rigidity, stiffness

结构或构件抵抗变形的能力。其值取决于材料的力学性能及横截面的几何特性。由于构件变形有不同形式,又有拉伸(压缩)刚度EA、弯曲刚度EI及扭转刚度GI_p之分,其中E、G为弹性模量,A、I、I_p分别为截面积、惯性矩及极惯性矩。(吴明德)

刚度法　stiffness method

又称有限元位移法。以结点位移为基本未知量的连续体数值解法。其计算过程是:①离散化,将连续体离散为有限个位移元;②单元分析,建立单元刚度方程;③整体分析,形成连续体的整体刚度方程;解方程求结点位移,进而计算应力。形成整体刚度方程时,先将所有单元刚度方程按单元编号组成方程组,经过结点力和结点位移的转换求得整体刚度方程和整体刚度矩阵。刚度法在结构分析中得到广泛应用。在结构动力学中的含义,参见动力平衡方程(74 页)。　　(夏亨熹)

刚度矩阵　stiffness matrix

结构动力分析中,由体系对应于振动自由度的全部刚度系数所组成的矩阵。其形式为

$$\boldsymbol{K}=\begin{bmatrix}k_{11}&k_{12}&\cdots\cdots&k_{1n}\\k_{21}&k_{22}&\cdots\cdots&k_{2n}\\\cdots&\cdots&\ddots&\cdots\\\cdots&\cdots&\ddots&\cdots\\k_{n1}&k_{n2}&\cdots&k_{nn}\end{bmatrix}$$

它是一对称方阵,主要用于刚度法所建立的动力平衡方程,其逆矩阵即为柔度矩阵。矩阵中的元素k_{ij}称为刚度系数,它表示当体系沿全部质点的自由度方向均加入附加链杆约束,且使沿第j个自由度方向的相应约束发生单位位移时,在沿第i个自由度方向的相应约束上所产生的约束反力。可用剪力平衡条件计算(参见单元刚度矩阵,54 页)。

(洪范文)

刚度系数　stiffness factor

构件产生单位位移所需施加的力或力偶。其值与构件的材料性能、几何因素及边界约束情况等有关。在结构力学的位移法计算中广泛采用。弹簧刚度系数(简称弹簧系数或弹簧常数)则是指使弹簧产生单位伸缩变形所需施加之力。　　(吴明德)

刚化原理　principle of solidification

又称硬化原理。若变形体在某个力系作用下平衡,则将它变为刚体并受原力系作用时,其平衡状态不变。是静力学公理之一。由本原理知,可用刚体的平衡条件解决变形体的平衡问题(但这些条件对于变形体只是必要条件)。　　(彭绍佩)

刚架　rigid frame

由梁和柱所组成的具有刚结点的结构。由于它具有较大的内部空间、整体性好且在荷载作用下内力分布较为均匀,故在多层和高层房屋结构中广为采用。按其上各杆件的轴线及所受荷载是否位于同一平面,可分为平面刚架和空间刚架两大类。平面刚架中的杆件一般都同时受弯矩、剪力和轴力的作

用，而空间刚架中的杆件除受到弯矩、剪力和轴力的作用外，还受有扭矩的作用。依照静力特征，它可分为静定刚架和超静定刚架。静定刚架只需用静力平衡条件即可求出其上全部杆件的内力和支座反力；而超静定刚架的分析则必须综合应用平衡条件、物理条件和杆件变形协调条件来解算。计算超静定刚架的方法很多，最基本的是力法和位移法。此外，还有许多实用计算方法：如力矩分配法，力矩集体分配法，无剪力分配法，卡尼迭代法等渐近法以及分层计算法，反弯点法和 D 值法等近似计算方法。随着电子计算机的普及应用，已有各种通用刚架计算程序，它们中大多数是采用以位移法为基础的直接刚度法编制的。 （罗汉泉）

刚结点 rigid joint

各杆在联接处相互间不能相对转动的结点。结构受力发生变形后，汇交于该结点各杆的杆端除不能发生任何相对线位移外，各杆端之间的夹角也始终保持不变，因此在杆端将有相互约束的集中力和弯矩作用。工程中连续梁和刚架结构的结点，由于具有较大的刚性，结点处的杆端弯矩对杆件内力有决定性的影响，且结构整体的几何不变性又主要依赖于结点的刚性，因而应视为刚结点。实际杆件的联接处是一个刚性的结合区域，当其尺寸较小时，可简化为一般的刚结点；若其尺寸较大，则需视作刚性区域，并将相应杆件作为带刚域的杆。

（洪范文）

刚片 rigid disk

平面刚体。它是在平面体系的几何组成分析中所采用的专门术语之一。一根杆件或由若干杆件所组成的几何不变体系都可视为刚片。分析时，地基亦可视为一个刚片。 （洪范文）

刚塑性模型 rigid plastic model

又称圣维南(Saint - Venant)模型。当应力小于土体屈服应力时，土体不产生变形，如同刚体。当应力达到土体屈服应力时，塑性变形将不断增加，直至土体发生破坏。刚塑性模型在土体的稳定性问题中得到普遍的应用。 （龚晓南）

刚体 rigid body

受力作用后形状和几何尺寸保持不变的物体。它是对受力后变形很小的一般固体的科学抽象，是理论力学中一个重要的理想模型。静力学主要研究刚体的平衡问题，刚体运动学和刚体动力学则是运动学和动力学的主要内容。研究力的内效应时，不能将物体视为刚体。 （彭绍佩）

刚体的定点转动 rotation of a rigid body about a fixed point

刚体绕一固定点旋转的运动。玩具陀螺绕其固定支承点的转动、回转仪（参见陀螺，361 页）转子的运动及辗轮绕相交轴的交点（固定点）的转动等是典型实例。其运动特征是，刚体上有一点恒固定不动，其余各点分别在以该固定点为中心的对应同心球面上运动。定点转动刚体在空间的位置，常用欧拉角 ψ、θ、φ 来决定。刚体运动时，ψ、θ、φ 为时间 t 的单值连续函数

$$\psi = f_1(t),\ \theta = f_2(t),\ \varphi = f_3(t)$$

这组方程称为刚体定点转动的运动方程，可确定刚体及其上各点的运动。 （何祥铁）

刚体的定轴转动 rotation of a rigid body about a fixed axis

刚体内或其延伸部分有一直线保持不动的运动。该直线称为转动轴(axis of rotation)。刚体的位置可用过转轴的定半平面 P 与过转轴且固连于刚体的动半平面 Q 之间的夹角即转角(angle of rotation) φ 确定。转角 φ 随时间 t 变化的规律

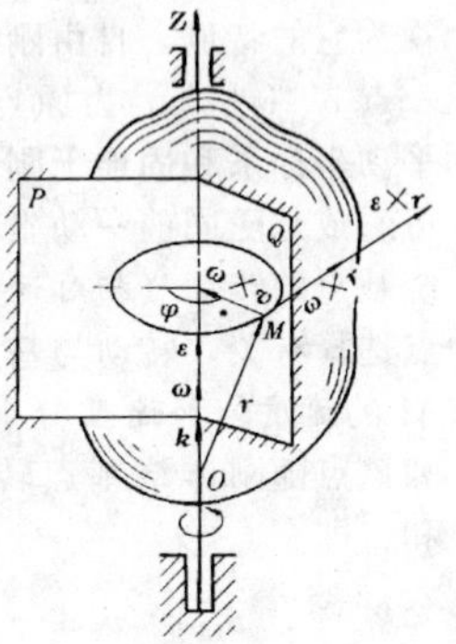

$$\varphi = f(t)$$

称为刚体的转动方程。刚体转动的快慢和方向，用角速度 $\omega = \dfrac{d\varphi}{dt}$ 表示。角速度随时间的变化，用角加速度 $\varepsilon = \dfrac{d\omega}{dt} = \dfrac{d^2\varphi}{dt^2}$ 表示。若角速度与角加速度用轴矢量 $\boldsymbol{\omega}$ 与 $\boldsymbol{\varepsilon}$ 表示（参见角速度和角加速度，168 页），则刚体内任一点 M 的速度 $\boldsymbol{v}$ 与加速度 $\boldsymbol{a}$ 都可用矢积形式表出，即

$$\boldsymbol{v} = \boldsymbol{\omega} \times \boldsymbol{r},\ \boldsymbol{a} = \boldsymbol{\varepsilon} \times \boldsymbol{r} + \boldsymbol{\omega} \times \boldsymbol{v}$$

式中 $\boldsymbol{r}$ 为 M 点的位置矢。后一式等号右边第一项为切向加速度，第二项为法向加速度。 （何祥铁）

刚体的平动 translation of a rigid body

又称刚体的移动。刚体平行移动的简称。刚体内任一直线始终与其初始位置平行的运动。有直线平动和曲线平动两种形式。刚体作平动时，其内各点运动的轨迹形状相同，在同一瞬时的速度、加速度相等，体内任一点（如质心）的运动都可代表刚体的运动。因而，刚体平动的运动学问题归结为点的运动学问题。 （何祥铁）

刚体的平面运动 plane motion of a rigid body

刚体的平面平行运动的简称。刚体内任一点到某一固定平面的距离保持不变的运动。例如，曲柄连杆机构中连杆的运动、车轮在直线轨道上的滚动等都是。设刚体作平行于固定平面 P 的运动，以平

行于 P 的平面 Q 截此刚体，所得截面 S 称为平面图形。刚体内任一垂直于该截面的直线 L 均作平面运动，可用 L 与 S 的交点 A 的运动来代表。S 就是许多象 A 这样的交点的集合，因而可将刚体的平面运动简化为平面图形在其自身平面（Q 平面）内的运动来研究。

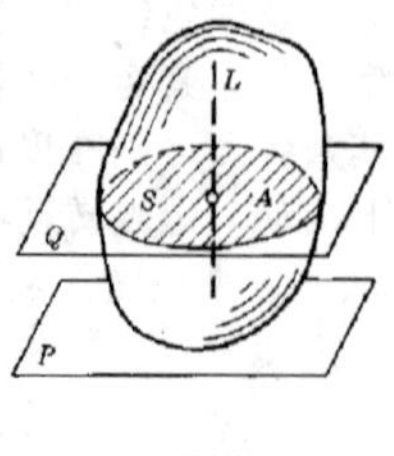

（何祥铁）

刚体的一般运动 general motion of a rigid body

自由刚体的任意运动。为刚体最一般形式的运动。平动、定轴转动、平面运动以及定点转动可视为它的特例。自由刚体有六个自由度，以其上任一点 o'（基点）为原点建立对定坐标系作平动的平动坐标系和固连于刚体的动坐标系，刚体的运动可看成是随同前一动坐标系的平动（牵连运动）和绕基点的转动（相对运动）合成的结果。平动与基点选择有关，转动与基点选择无关。刚体上任一点 M 的速度与加速度分别等于基点的速度与加速度和该点随刚体绕基点转动的速度与加速度的矢量和，即

$$\boldsymbol{v}_{\mathrm{M}} = \boldsymbol{v}_{\mathrm{e}} + \boldsymbol{v}_{\mathrm{r}} = \boldsymbol{v}_{o'} + \boldsymbol{\omega} \times \boldsymbol{r}',$$
$$\boldsymbol{a}_{\mathrm{M}} = \boldsymbol{a}_{\mathrm{e}} + \boldsymbol{a}_{\mathrm{r}} = \boldsymbol{a}_{o'} + \boldsymbol{\varepsilon} \times \boldsymbol{r}' + \boldsymbol{\omega} \times \boldsymbol{v}_{\mathrm{r}}。$$

式中 $\boldsymbol{v}_{o'}$、$\boldsymbol{a}_{o'}$ 为基点的速度与加速度，$\boldsymbol{\omega}$、$\boldsymbol{\varepsilon}$ 为刚体此时的角速度矢与角加速度矢，$\boldsymbol{r}'$ 为 M 点对基点的位置矢，$\boldsymbol{v}_{\mathrm{r}}$ 为 M 点对平动坐标系的相对速度。

（何祥铁）

刚体定点转动的运动方程 equations of motion of a rigid body rotating about a fixed point

见刚体的定点转动(109 页)。

刚体定轴转动微分方程 differential equation of motion of a rigid body rotating about a fixed axis

表达定轴转动刚体的运动变化与作用的外力对转动轴的力矩之间的关系的微分方程

$$J_z \frac{\mathrm{d}^2 \varphi}{\mathrm{d}t^2} = \Sigma m_z(\boldsymbol{F}_i^{\mathrm{e}})$$

式中 J_z 为刚体对转动轴 z 的转动惯量；φ 为刚体的转角；右端为作用于刚体的诸外力对 z 轴力矩的代数和。代入 $\frac{\mathrm{d}^2 \varphi}{\mathrm{d}t^2} = \varepsilon$（刚体的角加速度），上式也可写为 $J_z \varepsilon = \Sigma m_z(\boldsymbol{F}_i^{\mathrm{e}})$。如已知刚体的转动方程 $\varphi = f(t)$，由上式可求得外力矩；反之已知外力矩时，将上式积分并据运动初始条件，可确定刚体的运动。

（黎邦隆）

刚体对过同一点的任意轴的转动惯量 moment of inertia of mass of a rigid body about concurrent axes

刚体对过同一点 O 的各轴中任意一轴 OL 的转动惯量

$$J_{\mathrm{OL}} = J_x \cos^2\alpha + J_y \cos^2\beta + J_z \cos^2\gamma - 2J_{yz}\cos\beta\cos\gamma - 2J_{zx}\cos\gamma\cos\alpha - 2J_{xy}\cos\alpha\cos\beta$$

式中 α、β、γ 分别为轴 OL 与以 O 为原点的直角坐标轴 x、y、z 正向间的夹角；J_x、J_y、J_z 分别为刚体对这三轴的转动惯量；J_{yz}、J_{zx} 与 J_{xy} 则分别为刚体对两个相应坐标轴的惯性积。如刚体对此三轴的转动惯量及对任两轴的惯性积均为已知，由上式即可求得它对过原点的任意轴 OL 的转动惯量。显然，过 O 点的各轴的 α、β、γ 角不同，刚体对这些轴的转动惯量一般也不相同。上式称为转动惯量的转轴公式。

（黎邦隆）

刚体惯性力系的简化 reduction of inertia force system of a rigid body

应用任意力系的简化方法，将刚体内各质点的惯性力组成的力系进行的简化。结果如下：① 刚体平动时，惯性力系简化为作用在质心的合力 $\boldsymbol{R}_{\mathrm{Q}} = -M\boldsymbol{a}$，其中 M 是刚体的质量；$\boldsymbol{a}$ 为其加速度。② 刚体作定轴转动时，如它有一质量对称面与转动轴垂直，则惯性力系简化为在该平面内作用于该面与转动轴交点的一力 $\boldsymbol{R}_{\mathrm{Q}} = -M\boldsymbol{a}_{\mathrm{c}}$ 和一力偶，其力偶矩 $M_{\mathrm{Q}} = -J_z\varepsilon$，式中 J_z 为刚体对转动轴 z 的转动惯量；ε 为刚体的角加速度；$\boldsymbol{a}_{\mathrm{c}}$ 为质心加速度。当刚体具有任意形状时，其惯性力系简化的结果见定轴转动刚体的轴承动反力。③ 刚体作平面运动时，如它有一质量对称面，质心在此平面上运动，则惯性力系简化为作用在质心的力 $\boldsymbol{R}_{\mathrm{Q}} = -M\boldsymbol{a}_{\mathrm{c}}$ 及作用在对称面上的力偶，其力偶矩 $M_{\mathrm{Q}} = -J_{\mathrm{c}}\varepsilon$，式中 J_{c} 为刚体对过质心 c 且垂直于对称面的轴的转动惯量。

（黎邦隆）

刚体角位移 angular displacement of a rigid body

描述转动刚体的位置变化的物理量。在刚体的定轴转动中，设刚体在瞬时 t 和 $t+\Delta t$ 的转角分别为 $\varphi(t)$ 和 $\varphi(t+\Delta t)$，则其在时间 Δt 的角位移为 $\Delta\varphi = \varphi(t+\Delta t) - \varphi(t)$。它是代数量，在法定计量单位中的单位为弧度（rad）。在刚体的定点转动中，刚体在时间 Δt 内由一个位置运动到另一个相邻位置，可借助绕通过该定点的某一轴转过 $\Delta\theta$ 角而达到（参见达朗伯－欧拉定理，48 页）。当 Δt 为有限值时，$\Delta\theta$ 为有限角位移；当 $\Delta t \to 0$ 时，则 $\Delta\theta$ 为无限小角位移。可以证明，无限小角位移是矢量，而有限角位移不是矢量（参见无限小角位移合成定理，378 页）。

（何祥铁）

刚体静力学

见几何静力学(156页)。

刚体平面运动的运动方程 equations of plane motion of a rigid body

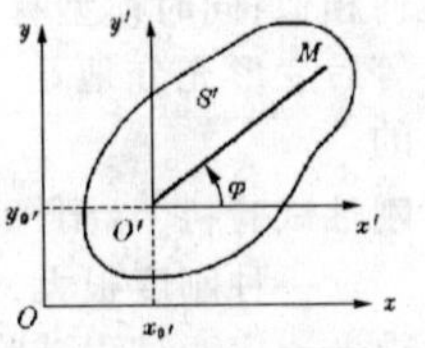

表达平面运动刚体的位置随时间变化规律的方程 $x_{o'}=f_1(t), y_{o'}=f_2(t), \varphi=f_3(t)$。式中 $x_{o'}$、$y_{o'}$ 为代表刚体的平面图形上基点 o' 在定坐标系的坐标,φ 为平面图形上以 o' 为始点的任意线段 $o'M$ 的方向角,$f_1(t)$、$f_2(t)$、$f_3(t)$ 均为时间 t 的单值连续函数。由此可确定刚体在任一瞬时的位置及其上各点的运动。在特殊情况下,当 φ 为常量时,线段 $o'M$ 在运动中保持方位不变,刚体作平动;当 $x_{o'}$、$y_{o'}$ 皆为常量时,点 o' 保持位置不变,刚体绕垂直于图面的定轴 o' 转动。 (何祥铁)

刚体平面运动微分方程 differential equations of plane motion of a rigid body

表达平面运动刚体的运动变化与作用的外力之间的关系的微分方程组。它是应用质心运动定理及相对于质心的动量矩定理于平面运动的刚体而得到的。

$$\left.\begin{aligned} M\frac{\mathrm{d}^2 x_c}{\mathrm{d}t^2} &= \Sigma X_i^e \\ M\frac{\mathrm{d}^2 y_c}{\mathrm{d}t^2} &= \Sigma Y_i^e \\ J_c\frac{\mathrm{d}^2 \varphi}{\mathrm{d}t^2} &= \Sigma m_c(\boldsymbol{F}_i^e) \end{aligned}\right\}$$

式中 x_c、y_c 是质心的坐标;J_c 是刚体对过质心 C 且垂直于 xy 坐标平面的轴的转动惯量;xy 平面则平行于刚体运动的参考平面;ΣX_i^e 与 ΣY_i^e 分别是各外力在 x、y 轴上投影的代数和;$\Sigma m_c(\boldsymbol{F}_i^e)$ 是各外力对上述质心轴之矩的代数和。当已知各外力及刚体运动初始条件时,积分这组方程即可确定刚体的运动;反之已知刚体的运动时,可求得作用在其上的外力。 (黎邦隆)

刚体弹簧模型 rigid body spring model

将连续体离散成为有限个刚体单元,单元之间用弹簧相连的计算模型。是日本学者川井忠彦于1981年提出的。单元作为刚体,两个单元的接触面上用一个法向弹簧和一个切向弹簧相连接,弹簧的变形及变形能通过单元中心的位移 u、v、θ 来表现,单元之间的刚度矩阵用最小势能原理建立,计算步骤与有限元法相似。改变弹性特性,即可使之适用于材料非线性问题。此法也可用于几何非线性分析。 (徐文焕)

刚体位移模式 rigid body mode

位移函数中表示单元刚体位移的部分。单元发生刚体位移时不产生应变。对于弹性力学二维和三维问题,多项式位移函数中的常数项部分,在梁和薄板弯曲问题中,多项式位移函数的常数项与线性项部分是刚体位移模式。 (支秉琛)

刚体一般运动的运动方程 equations of general motion of a rigid body

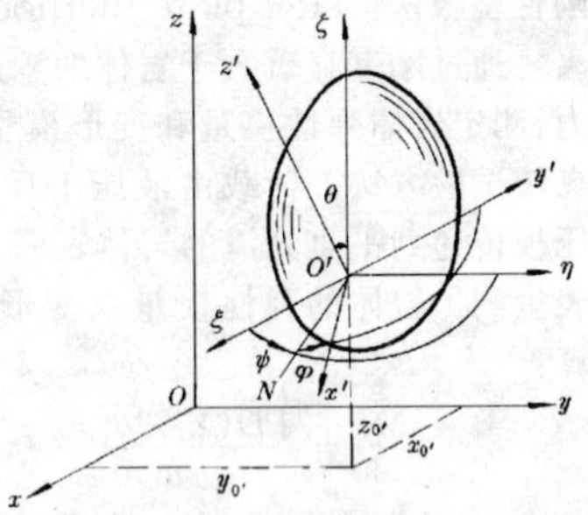

描述一般运动刚体的位置随时间改变的规律的方程组。刚体在定坐标系 $Oxyz$ 中的位置,可由刚体上任选的基点 O' 的坐标 $(x_{O'}, y_{O'}, z_{O'})$ 及以 O' 为原点的平动坐标系 $O'\xi\eta\zeta$ 与固连于刚体的动坐标系 $O'x'y'z'$ 之间的相对位置角(ψ、θ、φ)(参见欧拉角)两者唯一地确定。这六个独立参量可表为时间 t 的单值连续函数

$$\left.\begin{aligned} x_{O'} = f_1(t) \quad y_{O'} = f_2(t) \quad z_{O'} = f_3(t) \\ \psi = f_4(t) \quad \theta = f_5(t) \quad \varphi = f_6(t) \end{aligned}\right\}$$

这组方程就是刚体一般运动的运动方程。前三个方程描述基点 O' 的运动即平动坐标系 $O'\xi\eta\zeta$ 的运动,后三个方程描述刚体绕基点 O' 的相对转动。这六个方程决定刚体在任一瞬时的位置和刚体上任一点的运动。 (何祥铁)

刚体转动的合成 composition of rotations of a rigid body

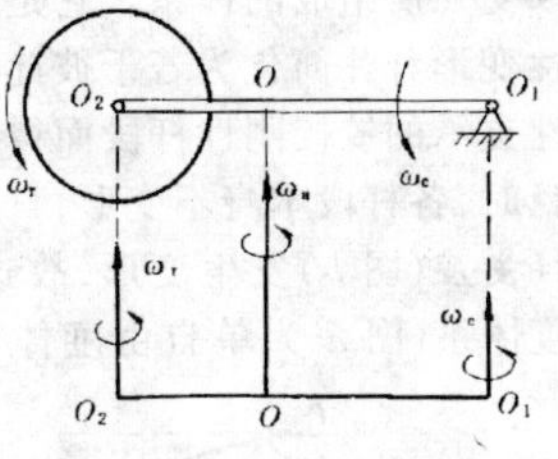

(a)

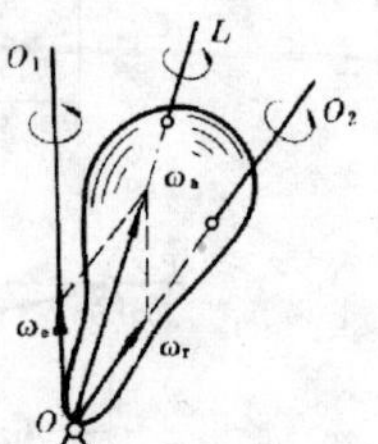

(b)

将刚体的两种或两种以上的转动合成为一种运动。①刚体绕两平行轴转动时,合成运动一般为绕与该两轴共面且平行的另一轴的转动。例如,圆盘以角速度 ω_r 绕轴 O_2 转动,同时该轴以角速度 ω_e 绕与之平行的轴 O_1 转动(图 a),当 $\boldsymbol{\omega}_r \neq -\boldsymbol{\omega}_e$ 时,圆盘的合成运动为绕另一平行轴 O 的转动,其角速度 $\boldsymbol{\omega}_a$ 及轴 O 的位置由

$\boldsymbol{\omega}_r$、$\boldsymbol{\omega}_e$共同决定。当$\boldsymbol{\omega}_r = -\boldsymbol{\omega}_e$时，圆盘的合成运动为平动(参见转动偶)。② 刚体绕两相交轴转动时，合成运动为绕过该两轴交点的瞬时转动轴的转动。例如，陀螺以角速度$\boldsymbol{\omega}_r$绕轴OO_2转动，同时该轴以角速度$\boldsymbol{\omega}_e$绕轴OO_1转动(图*b*)，两轴交于定点O，陀螺的合成运动为以角速度$\boldsymbol{\omega}_a = \boldsymbol{\omega}_e + \boldsymbol{\omega}_r$绕过$O$点的瞬轴$OL$的转动。 (何祥铁)

刚性垫板法 stiff plate method

通过刚度显著大于岩体的承压板向岩体施加压力，测定岩体弹性模量和变形模量的一种岩石力学现场试验方法。荷载由液压千斤顶施加，经刚性承压板传递到平直光滑的岩体表面。岩体变形由测微表量测。岩体的弹性模量及变形模量E由下式计算：

$$E = \frac{PD(1-\mu^2)\omega}{u} \quad (\text{MPa})$$

式中，P为压力(MPa)；D为承压板尺寸(mm)，圆板为直径，方板为边长；μ为岩体泊松比；ω为与承压板刚度和形状有关的系数，圆板取0.79，方板取0.88；u为岩体表面的垂直位移(mm)。

(袁文忠)

刚性加载法 stiff loading method

用厚度很大、弹性模量远大于岩体(如大10倍)的承压板对岩体加载，测定岩体变形的一种现场试验类型。通过刚性压板施加荷载时，压板下部岩体的变形是均匀的，而压板底部受到的反力是非均匀的，中心处最小，而边沿处会出现很大的应力集中。

(袁文忠)

刚性链杆-弹簧体系 rigid bar-spring system

由刚性链杆(不变形的链杆)与抗转弹簧或弹性支座所组成的体系。它是在稳定计算中将某些弹性变形杆件简化为若干彼此之间弹性联接或具有弹性支承的铰接刚性杆段而得到的计算简图。体系失稳时，各杆段本身不变形，只有抗转弹簧(图*a*)和弹性支座(图*b*)发生变形，故这类体系均为有限自由度体系(图*a*为单自由度体系，图*b*为两个自由度体系)。 (罗汉泉)

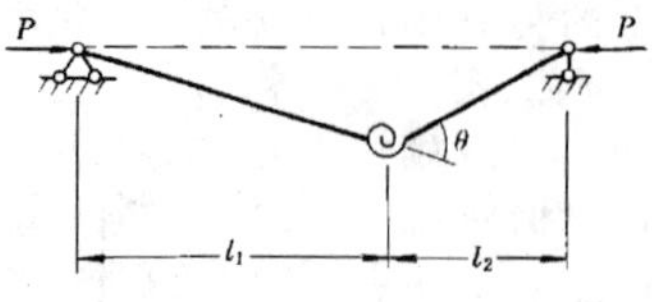

(a)

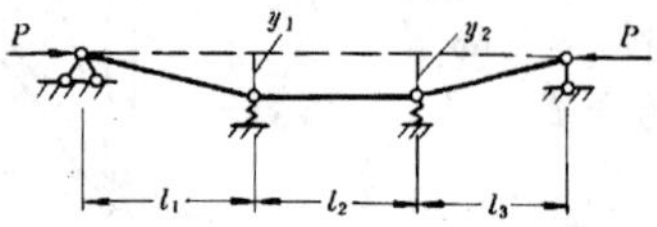

(b)

刚性模型 rigid model

自身的固有频率远高于它所在系统的固有频率的模型。在风洞中实验时，要求模型与实物严格几何相似；同时模型有足够的刚度，使得模型受气动力等后变形充分地小。利用刚性模型可达到这一目的。 (施宗城)

刚性试验机 stiff testing machine

一种刚度很大，可进行岩石等脆性材料的全应力——应变过程试验的试验机。由于试验机的系统刚度大于岩石的刚度，加压时机器内积蓄的弹性变形能小于试件进一步压缩时所需的能量，因此试件的压缩始终需要机器提供能量，这样，当荷载达到峰值时试件不会破裂成碎片。该试验机为研究岩石等脆性材料的峰值后阶段的性质提供了可能。

(袁文忠)

刚性支座 rigid support

在约束的方向不允许产生位移，而在无约束方向允许有自由转动或移动的支座。主要包括：活动铰支座、固定铰支座、固定端支座和滑动支座。当结构受荷载作用时，这种支座在受约束方向将产生相应反力，其大小和方向与荷载有关。房屋建筑中一般以基础作为上部结构的支座。当基础下面的地基承载力较高而其变形可以忽略时，通常将这些支座当作刚性支座。这是对实际支座的理想化处理。

(洪范文)

钢盖假定 steelmaking cap supposition

把自由面看成是固定不变的一种近似假定。可应用于不求自由水深与波高的变化只求内部流场流速、温度等情况下的自由面问题。 (郑邦民)

钢筋混凝土本构模型 constitutive model of reinforced concrete

钢筋和混凝土应力应变本质关系。它与应力状态、时间与环境等影响有关。是钢筋混凝土有限元分析的基础。按照应力、应变的性质分为：①全量关系模型；②增量关系模型。按材料变形性质分为：①弹性模型（线弹性和非线弹性）；②弹塑性模型；③粘弹、塑性模型。按应力、应变状态分为：①单轴模型；②双轴模型③三轴模型。还可采用内时理论。各种模型的应力、应变关系都由实验确定。 (江见鲸)

钢筋混凝土有限元分离式模型 separated model in finite element analysis of reinforced concrete

钢筋混凝土有限元分析中采用的，对钢筋和混凝土分别进行单元划分，并引入各自的本构关系，分别计算其单元刚度矩阵的一种有限元组合模型。在这种模型中,钢筋可划分为实体单元或杆单元;钢筋和混凝土可采用不同的位移场。在结点处可设钢筋和混凝土的联结单元,以模拟二者之间的粘结滑移;不考虑粘结滑移时,二者之间为刚性联结,不设联结单元。与组合式模型和整体式模型相比,这类模型有较多的单元数和结点数。 (江见鲸)

钢筋混凝土有限元分析 finite element analysis of reinforced concrete

针对钢筋混凝土的特点,引入钢筋和混凝土的本构关系,用于钢筋混凝土结构分析的有限元法。常用的模型有分离式模型、组合式模型和整体式模型三种。在钢筋混凝土结构性能研究中用于辅助试验和分析,可减少工作量并提高分析水平。用于各种类型钢筋混凝土结构的全过程分析,可得到各受力阶段的结构位移、应力、应变、钢筋屈服、混凝土开裂和压碎等各种信息。对结构设计和施工有重要的指导作用。目前在海上采油平台、核电站结构、大型水坝、地下空间结构等具有重要意义的结构分析中均有应用。在模拟结构破坏过程方面的应用也日益广泛。 (江见鲸)

钢筋混凝土有限元整体式模型 composite model or 'smeared' reinforcement model in finite element analysis of reinforced concrete

不考虑钢筋与混凝土的粘结滑移,将同一单元中的钢筋和混凝土化作均匀连续材料构成的模型。假定钢筋均匀分布于单元中,并按其力学性能折算为等效的混凝土。这类模型公式简单,单元和结点数较少,计算量小。但不适用于考虑粘结滑移的钢筋混凝土结构分析。 (江见鲸)

钢筋混凝土有限元组合式模型 combined model in finite element analysis of reinforced concrete

将钢筋和混凝土组合于同一单元中,不考虑二者之间滑移作用的有限元模型。通常有两种方式:分层单元组合式模型和等参单元组合式模型。分析中,按钢筋和混凝土的几何特征(位置和数量)与物理力学特征,分别计算其对单元的贡献,并形成统一的单元刚度矩阵。与分离式模型相比,其单元结点数较少,但不适用于考虑粘结滑移的钢筋混凝土结构分析。 (江见鲸)

gao

高超声速流动 hypersonic flow

流体速度远大于声速的流动。对于细长体,一般指来流马赫数 Ma≥5 的流动。这种流动的理论研究始于 20 世纪 40 年代后期中国学者钱学森和郭永怀对高超声速相似律的研究,60 年代中期高超声速流动无粘近似理论有了蓬勃发展,并在研究和制造高速飞行器的过程中,逐步建立了无粘和粘性流理论。高超声速飞行器基本外形有钝头体,尖薄细长体和钝头细长体等几种,其绕流流动图案亦十分复杂。这种流动还具有一些流体动力和物理化学特点。如其绕流的激波层很薄,尖薄细长体绕流具有小扰动特点,钝头体驻点附近的流动具有常密度的近似特性等;高速大能量气体经过激波的强烈压缩而滞留下来,或者与物体表面发生强烈摩擦,气体温度可升高到数千开尔文;在高温下气体分子受到激发,还会发生离解、电离、辐射等物理化学变化;物体表面在高温条件下,则会发生材料烧蚀,形成复杂的多相流动,出现严重的边界层传热传质现象。因此,气体介质的热力学特性、输运特性、能量传递和转换以及与物体间的相互作用都变得十分复杂。这些也给理论分析带来了超声速流动所没有的复杂性。 (叶镇国)

高超声速尾迹 hypersonic wake

高超声速飞行物体后面的尾流。在流星体进入大气层或航天飞行器(人造卫星、远程导弹等)返回大气层时的高超声速飞行条件下,物体后面会形成具有电离效应的炽热等离子体流。形成这些等离子体的主要原因是物体头部弓形激波的强烈压缩(主要对钝头体)和物面同大气之间的强烈摩擦(主要对细长体),使周围气体发生离解和电离;次要原因是在物体脱落下来的自由剪切层流动汇集处的减速和加热。这种尾迹具有粘性、高熵和等离子体流动的特点,其研究对天体物理和军事科学都有重大意义。 (叶镇国)

高超声速相似律 similitude of hypersonic flow

在相同的无量纲空间位置上,流动的无量纲化物理量(如无量纲化的压强、密度、速度等)对应相等的等效性规律。它在理论和实验研究上都有重要意义,为中国学者钱学森和郭永怀于 1946 年研究二维和轴对称无旋运动方程时提出,后来又有许多发展。 (叶镇国)

高(低)温电阻应变计 high (low) temperature resistance strain-gauge

在高(低)温工作环境下测量构件应变的电阻应变计。常温应变计适用于 −30℃ ~60℃ 温度范围内的构件应变测量,60℃ ~350℃ 温度范围内的称为中温应变计,高于 350℃ 以上的称为高温应变计,低于 −30℃ 以下称为低温应变计。它通常采用自补偿方式进行温度补偿,典型的有下列四种:①单丝温度自补偿应变计;②双丝温度自补偿应变计;③半桥式温度自补偿应变计;④全桥式温度自补偿应变计。现已研制出可用于 −270℃ 到 800℃ 温度范围内各种

类型的应变计,成功地对汽轮机外壁、高温阀门、锅炉、换热器等进行了应变测量。 (张如一)

高分子热运动 thermal motion of macromolecules

见高分子运动。

高分子运动 molecular motion in polymers

又称高分子热运动。高分子作为整体的振动、转动和移动,以及高分子内某一局部,如链段、链单元、侧基、支链、偶极子等相对于其他部分的摆动、转动、扭转、移动、取向和解取向等的总称。能作上述运动的各种单元称为运动单元。参照经典的分子运动论的习惯,常把整个高分子的运动称为布朗运动;与此类似,把其他各种小尺寸运动单元的运动称为微布朗运动;把高分子所具有的这种复杂而又多样化的运动特点称为运动多重性。高分子上各种运动单元的运动对温度有强烈的依赖性,随温度的升高,它们先后被活化,依次进入各自的运动状态。从本质上讲它们都属于热运动。它们的运动还有强烈的时间依赖性。由于它们的分子很大、结构复杂、分子间相互作用很强、本体粘度很大等原因,使得高分子的各种单元的运动不可能瞬时完成,而需要经历一个松弛过程。它们的运动还强烈地依赖于聚集态结构。 (周 啸)

高阶条元 higher order strip

在弹性力学平面问题中沿横方向位移采用二次以上插值函数的条元。有两种插值方式:①多结线条元,除边界线外,增设内结线,以结线位移为基本参数;②两结线条元,除结线位移外,还以结线上位移对横向坐标的偏导数为基本参数。精度高于低阶条。 (包世华)

高阶元 higher order element

又称高精度元。选取的近似函数具有较高阶完备性的单元。这类单元虽然具有较多的单元自由度,单元分析较为复杂,但常可用较粗的网格得到较好的精度,例如结点数多于三个的平面三角形元,结点参数含挠度的高阶导数的薄板三角形元都是高阶元。 (支秉琛)

高聚物 high polymer

又称高分子或大分子,也常称为聚合物。分子量在 $10^4 \sim 10^6$ 之间的聚合物。有天然的和合成的两类。淀粉、蛋白质、棉、麻、丝、毛及天然橡胶等都是天然高聚物;聚乙烯、尼龙、环氧树脂、丁苯橡胶等则是合成高聚物。对于组成单元的种类很多,甚至排列顺序也有规定的生物物质,用大分子这一名称更加合适。高聚物在航空航天、人造卫星、国防军工、交通运输、机电工业、电子技术、轻工包装、农林渔业、医疗卫生以及土木建筑等众多领域有广泛用途。高聚物是一类很有发展前途的新颖建筑材料,像塑料壁纸、塑料地面、塑料地毯、塑料门窗、隔音材料、隔热材料、保暖材料、卫生设备、全塑卫生间、塑料管道、管件、塑料防水防渗材料都已在现代建筑中大量使用。 (周 啸)

高聚物的理论强度 theoretical strength of polymer

根据高聚物的分子结构和晶脆参数,利用组成它的化学键、范德华键或氢键的键能数据,并作出材料结构均匀、没有缺陷,受力后没有应力集中、断裂时通过断裂截面上的全部键都同时被拉断等假设,计算出来的强度值。计算表明,在同时拉断全部化学键时的理论抗张强度达 $10^{10}N/m^2$ 的量级,比高度取向的结晶高聚物的实际强度高出几十倍。在全部并同时破坏氢键或范德华力时的理论强度为 $5\times10^8N/m^2$ 或 $1\times10^8N/m^2$,与高度取向纤维的实际强度属同一数量级。 (周 啸)

高聚物的松弛过程 relaxation in polymer

随温度或外场的改变,高聚物从一种平衡状态转变到与这种改变相适应的新平衡状态的过程。这种转变是通过高分子热运动来完成的。衡量转变过程快慢的某种时间称为松弛时间,用 τ 来表示。对于低分子物,由于分子间相互作用弱,运动时所受到的内摩擦小,因而松弛时间很短,松弛过程不明显。但对于高聚物,由于其分子很大,分子间相互作用强,高分子运动时各运动单元所受到的内摩擦相当大,使松弛时间与外场作用时间或观察时间相比显得相当长。因而高聚物的松弛过程十分明显。随外界作用改变的方式不同,松弛过程的表现形式也各异,例如有徐变、应力松弛、体积松弛和介电松弛等。 (周 啸)

高聚物老化 ageing of polymer

在热效应、辐射效应、化学物质作用、生物侵蚀和机械应力等外界环境因素作用下,引起高聚物组成和结构的变化,导致其使用性能的不可逆劣变,以至最后完全丧失使用价值的现象。其中化学物质作用主要是氧和水的作用,辐射效应主要是由射线、光和电磁辐射引起的。高聚物的老化不仅取决于外界环境因素而且也与其自身的化学结构、物理结构、结晶形态以及微量杂质有关。 (周 啸)

高聚物力学图谱 mechanical spectrum of polymer

高聚物复数模量和内耗的温度谱与频率谱合在一起的统称。 (周 啸)

高聚物流变学 rheology of high polymer

研究高聚物流动和形变的学科。其主要内容是研究在应力作用下高聚物产生粘性流动和弹塑性形变,以及这些行为与力的大小、作用方式、作用时间、体系温度、高分子结构及高聚物体系的组成等因素间的相互关系的学科。在聚合反应体系中,在高分子纺丝、塑料成型和橡胶加工时都与物料的流动和形变有关。因此搞清这些体系的流变行为及其规律对反应设备和加工机械的优化设计、对工艺条件的合理选择以及对产品性能的优质稳定等方面都有相当重要的现实意义。在研究方法上,目前有从现象出发来分析客观实验结果的唯象理论和把流变过程与高聚物的亚微观形态结构联系起来的亚微观流变理论。由于高聚物流变行为十分复杂,因此至今关于其流变行为的解释仍然有很多是定性的或经验性的。 (周 啸)

高岭石 kaolinite

在地面常温、常压及热液影响下由长石类及云母类矿物转变形成的粘土矿物。其结构单元是由一层铝氢氧晶片和一层硅氧晶片组成的晶胞。该矿物由若干重叠的晶胞构成,晶胞之间通过 O^{2-} 与 OH^-(氢健)相互联结,联结力强,致使晶格不能自由活动,是遇水较稳定的粘土矿物。

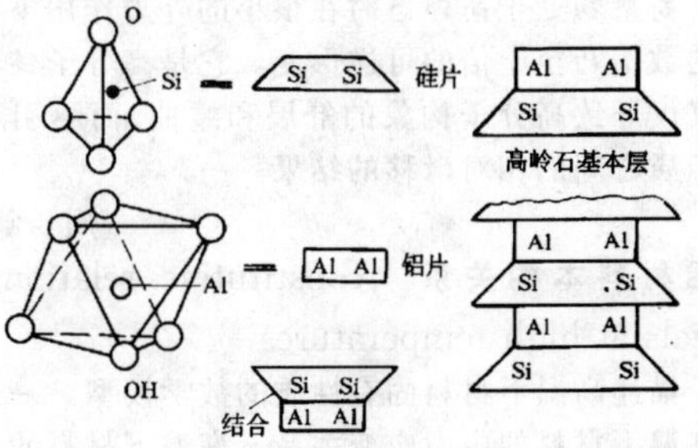

(朱向荣)

高频测力天平 high-frequency force balance

简称 HFFB 技术。依据气动力无反馈假定和结构低阶振型的线性假定所发展的一种新的试验装置。它对大多数剪切型建筑是适用的。HFFB 技术将风洞试验与结构分析相互结合,它不直接测定作用在结构上的满足相似条件的实际荷载,而是通过天平的应变量测定结构的基底力,来得到各振型的广义力,然后由分析再得到结构的实际反应。因此允许采用轻质刚体模型,在制作上较为简单、成本又低。 (施宗城)

高斯积分 Gaussian quadrature or Gauss integration

一种不等间距内插的数值积分。基本做法是:n 个积分点的位置由先定义的 n 次多项式 $P(x)$,按 $\int_a^b x^i P(x)\mathrm{d}x = 0, (i = 0,1,\cdots,n-1)$ 的条件确定。被积函数 $f(x)$ 由 $2n-1$ 次多项式来近似,在积分点上多项式等于被积函数。积分值可写为

$$\int_{-1}^{1} f(\xi)\mathrm{d}\xi = \sum_{i=1}^{n} H_i f(\xi_i)$$

式中 ξ 为积分点坐标,H_i 为积分的加权系数。常用的 ξ_i 和 H_i 值见下表。当被积函数 $f(\xi)$ 是 $2n-1$ 次多项式时,上式给出积分的精确值。

积分点数 n	积分点坐标 ξ_i	加权系数 H_i
2	±0.577 350 269 2	1
3	0	0.888 888 888 9
	±0.774 596 669 2	0.555 555 555 6
4	±0.339 981 043 6	0.652 145 154 9
	±0.861 136 311 6	0.347 854 845 1
5	0	0.568 888 888 9
	±0.538 469 310 1	0.478 628 670 5
	±0.906 179 845 9	0.236 926 885 1

(包世华)

高斯-赛德尔迭代法 Gauss-Seidel method

为解线性代数方程组的迭代法之一。对方程组 $\boldsymbol{Ka}=\boldsymbol{P}$,求 a_i 的第 $m+1$ 次迭代解的公式为

$$a_i^{(m+1)} = K_{ii}^{-1}\left\{P_i - \sum_{j=1}^{i-1} K_{ij}a_j^{(m+1)} - \sum_{j=i+1}^{n} K_{ij}a_j^{(m)}\right\}$$

当进行到所有未知量的迭代误差足够小,例如

$$\frac{\| a^{(m+1)} - a^{(m)} \|}{\| a^{(m+1)} \|} < \varepsilon$$

就可停止迭代,得到方程的近似解。 (姚振汉)

高斯消去法 Gaussian elimination method

又称高斯循序消去法。用循序消元的直接法解线性代数方程组的一种基本方法。对 n 阶方程组 $\boldsymbol{Ka}=\boldsymbol{P}$ 需循序进行 $n-1$ 次消元。第 m 次消元以 $m-1$ 次消元后的 m 行为主元行,$K_{mm}^{(m-1)}$ 为主元,对第 i 行($i>m$)的消元公式为

$$K_{ij}^{(m)} = K_{ij}^{(m-1)} - K_{im}^{(m-1)}K_{mj}^{(m-1)}/K_{mm}^{(m-1)}$$

$$P_i^{(m)} = P_i^{(m-1)} - K_{im}^{(m-1)}P_m^{(m-1)}/K_{mm}^{(m-1)}$$

式中 $m=1,2\cdots,n-1,i,j=m+1,m+2,\cdots,n$。消元结束时 $\boldsymbol{K}^{(n-1)}$ 为上三角阵,由此直接可得

$$a_n = P_n^{(n-1)}/K_{nn}^{(n-1)}$$

然后进行 $n-1$ 次回代,得

$$a_i = (P_i^{(n-1)} - \sum_{j=i+1}^{n} K_{ij}^{(n-1)}a_j)/K_{ii}^{(n-1)}$$

式中 $i=n-1,n-2,\cdots,2,1$。 (姚振汉)

高斯-约当消去法 Gauss-Jordan method

解线性代数方程组的直接法的消去法,消元结束时可得单位对角矩阵。对 n 阶方程组 $\boldsymbol{Ka}=\boldsymbol{P}$ 进行 n 次消元。第 m 次消元以 $m-1$ 次消元后的 m 行为主元行,$K_{mm}^{(m-1)}$ 为主元。将主元行用主元相除,得

$$K_{mj}^{(m)} = K_{mj}^{(m-1)}/K_{mm}^{(m-1)}$$

$$P_m^{(m)} = P_m^{(m-1)}/K_{mm}^{(m-1)}$$

对其余所有行的消元公式为

$$K_{ij}^{(m)} = K_{ij}^{(m-1)} - K_{im}^{(m-1)}K_{mj}^{(m)}$$

$$P_i^{(m)} = P_i^{(m-1)} - K_{im}^{(m-1)}P_m^{(m)}$$

消元结束时 $\boldsymbol{K}$ 即为单位对角阵,直接可得

$$a_i = P_i^{(n)}$$

(姚振汉)

高斯主元素消去法 Gaussian elimination with pivoting

解线性代数方程组的直接法中对高斯消去法的一种改进方法。在每步消去之前先选主元素。对 n 阶方程组进行第 m 次消去时,先在 $m-1$ 次消去后的各元素 $K_{ij}^{(m-1)}(i,j=m,m+1,\cdots,n)$ 中选出绝对值最大的元素 $K_{kl}^{(m-1)}$ 作为主元素,将 m 行和 k 行,m 列和 l 列交换,使主元素换到 m 行 m 列位置。然后可按高斯消去法消元。当系数矩阵的对角元素不保证占优时,此法可提高解的精度。

(姚振汉)

高耸结构 high-rise structure

又称塔桅结构。高度大、横断面尺寸相对较小的结构。在其所承受的荷载中,以水平荷载(特别是风荷载)起决定作用。通常有自立式塔式结构和拉线式桅式结构两种。水塔、烟囱、钻井塔架、无线电塔和电视塔等都属这类结构。除高度较小的采用砖石结构之外,大多数高耸结构采用钢、钢筋混凝土或预应力混凝土结构。 (罗汉泉 张相庭)

高速边界层 boundary layers at high speed

大雷诺数高速气流绕过物体时贴近物面的一气体薄层。其中速度、温度等参量沿物面法线方向急剧变化,因而粘性、导热和质量扩散等效应不能忽略。它与低速边界层的主要区别在于:①气体速度和温度变化剧烈,必须同时考虑粘性和传热作用;②气体温度很高,会发生离解,电离等物理化学变化,还会出现表面烧蚀现象;由于边界层中气体各组元的浓度梯度很大,还必须考虑质量扩散效应。高速边界层理论对研究燃气轮机、超声速飞机、航天飞行器的气动力和气动热性能有重要意义。(叶镇国)

高速水流 high speed flow

速度高达每秒十几米或三、四十米的水流。这种水流有许多特殊的水力学问题,主要有四个方面:①发生强烈的压强脉动,可引起水工建筑物的振动;②发生气蚀现象;③发生掺气现象,使水流的连续性遭到破坏并形成液气二相流动;④出现冲击波和滚波等特殊波动现象,不仅会增加工程费用,还会造成下游出口的消能困难。这类水流问题是水利事业发展中提出的新问题,至今仅有 40~50 年的历史,还无成熟经验,理论研究也很不完善,距离解决工程实际问题也还有一定的差距。 (叶镇国)

高弹态 rubbery state

在很小的外力作用下高聚物表现出很大的可逆形变的状态。其实质在于整个分子的运动被冻结(确切地说是它们的质心之间不能产生相对滑移),但链段的热运动依然存在,并不断引起分子构象的改变,从而为高聚物提供可高达 1 000% 的弹性形变。可以说高弹态是链段运动的产物,是在分子排列方面类似于液体、在链段运动方面类似于气体的一种高聚物特有的固体状态。 (周 啸)

高弹态高聚物的力学性质 mechanical properties of rubberlike polymer

高聚物处于高弹态时表现出来的在很小的外力作用下便可产生高达 1 000% 的可逆形变,伸长时放热、回缩时吸热,并且有与大气压同数量级的杨氏模量以及模量随温度的升高而增大,大形变的建立和恢复都需要一定的时间等与金属和无机非金属材料迥然不同而与气体特性有某种相似之处的力学特性。这种力学特性与键段运动密切相关,为高聚物材料所独有。 (周 啸)

高弹形变 rubber elastic deformation

高聚物处于高弹态时在很小的外力作用下所产生的数倍乃至十倍的可逆形变。它是高分子链段位移仅仅导致高分子构象的舒展和蜷曲,而不引起高分子质心间的相对滑移的结果。

(周 啸)

高温材料本构关系 constitutive relations of metals at high temperatures

描述高温下材料固有性质的数学模型。一般多指高温下材料的应力应变关系。高温下材料的变形特性一般比常温下更为复杂,通常粘性将增加,即时间相关性变得更显著,例如出现蠕变变形、屈服应力随应变率增高、蠕变变形与塑性变形相互影响以及塑性屈服面的大小及中心随时间变化等现象。因此高温材料本构关系一般也比较复杂。如要描述多种现象,则势必使方程更为复杂,材料常数也要增多,从而增加工程应用上的难度。因此一般的高温本构关系多是针对某些具体现象而建立的,应用于其他情况时不一定有较好的结果,选用时应注意其适用范围。 (王志刚)

高温低周疲劳 elevated temperature low cycle fatigue

高应力、高应变、应力变化频率比较低,因而疲劳寿命比较短(通常指 10^4 次以下)的高温下的疲劳。因变化频率较低而高温下又容易产生蠕变变形,所以高温低周疲劳往往有蠕变的影响,因此一般其寿命与频率及波形有关。

(王志刚)

高温疲劳 elevated temperature fatigue

高温下荷载交替变化引起的材料的疲劳。狭义上特指频率和破坏寿命循环次数都比较高的高周疲劳。多数情况下，适当增高温度可延缓疲劳裂纹的扩展，但对过度老化、松弛、再结晶或高温下延性降低的材料，增高温度常促使疲劳裂纹扩展。广义上，也包括高温低 周疲劳。更广义地，也包括热疲劳。

（王志刚）

高温气体动力学　high temperature gas physical mechanics

研究高温气体流动规律和流动中气体产生的高温所引起的各种物理化学变化、能量传递和转化规律的学科。它产生于20世纪50年代，是一门复杂的边缘学科。研究的内容主要有下述几个方面：①高温气体流动中，气体分子内部各种能级的激发和气体中电离、离解、化学反应等物理化学变化的规律以及伴随有这些变化的流动规律；②高温气体状态方程；③高温气体流动中能量的传递和转化过程。

（叶镇国）

高温徐变仪　high temperature creep tester

在20～200℃温度范围内测量精度可达0.001cm，控温精度可达±0.1℃的徐变仪。所用试样为高聚物单丝，直径为2.5mm、长度为30cm，它受到的拉力为下夹具及所加负荷的重量。试样伸长由螺旋测微计读出。测试一个温度下的徐变曲线约需花20小时。

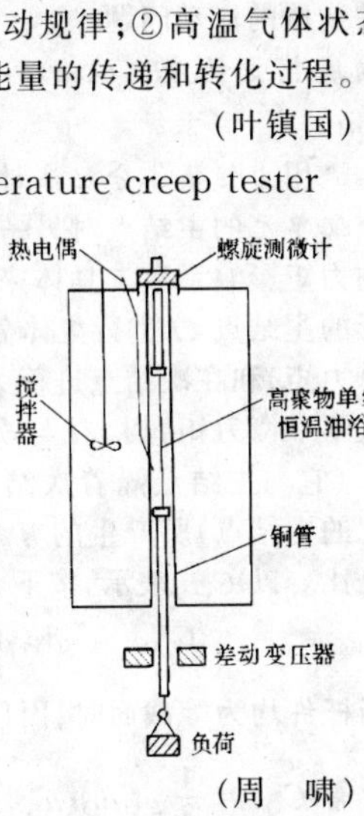

（周　啸）

高温硬度　hardness of metal at high temperatures

表征金属材料在高温下的软硬程度的参数。因硬度与其它强度指标有关联，所以硬度随温度的变化规律与其它强度指标相似（参见高温材料特性）。高温硬度的测量一般仍采用与常温硬度测量相同的布氏、洛氏及维氏试验法。由于在高温下一般蠕变变形更为显著，因此测量时必须规定加载时间。

（王志刚）

高压固结试验　high pressure consolidation test

试样上的压力可加至3 200kPa以上的固结试验。试验原理和步骤同常规固结试验。用于研究高坝等大型工程的土料压缩特性。

（李明逵）

高桩承台　elevated pile foundation

由若干根桩和位于地面以上（或冲刷线以上）的承台所组成的桩基础结构。桩和承台多用钢筋混凝土制成，在桥梁基础工程中应用甚广。其作用是将上部结构传来的外力通过承台和桩传到较深的地基持力层中去。它的受力情况较为复杂。为简化计算，有时将承台横梁按有侧移的弹性支座上的连续梁来计算；对于桩的计算，通常假设承台为一刚性物体并与各桩的桩头刚结，根据承台上所受外力求出各桩顶的轴力、剪力和弯矩，然后分别按单根桩计算各桩的承载能力。

（罗汉泉）

ge

割平面法　Gomory's cutting plane method

利用构造出来的平面来逐次切割因舍弃整数性要求而被扩大了的可行域，最终获取最优整数解的纯整数规划算法。1958年由R·E·戈摩莱（Gomory）提出。该法首先舍弃整数性要求，将整数规划问题松弛为普通的线性规划问题，因而原可行域被扩大了，然后逐次地构造并增加一些线性约束，形成新的线性规划问题，这相当于逐次地利用构造出来的平面去切割扩大了的可行域，使得在不割掉任何可行整数解的前提下逐次地割除非整数解。当新问题的解是整数时即获得原问题的最优整数解。

（刘国华）

割线刚度法　secant method

用连结两近似解的割线刚度矩阵求新的近似解的非线性方程组解法。对于非线性方程组 $\boldsymbol{\Psi}(\boldsymbol{a})\equiv\boldsymbol{P}(\boldsymbol{a})+\boldsymbol{f}=0$，如果已得 $m-1$ 次及 m 次的近似解 $\boldsymbol{a}^{(m-1)}$、$\boldsymbol{a}^{(m)}$。$\boldsymbol{\Psi a}^{(m)}$ 及 $\boldsymbol{\Psi}(\boldsymbol{a}^{(m-1)})$ 均不等于零。这时可作连结 $\boldsymbol{\Psi}(\boldsymbol{a}^{(m-1)})$、$\boldsymbol{\Psi}(\boldsymbol{a}^{(m)})$ 两点的割线，求出割线刚度阵 $\boldsymbol{K}_s^{(m)}\equiv\dfrac{\boldsymbol{P}^{(m)}-\boldsymbol{P}^{(m-1)}}{\boldsymbol{a}^{(m)}-\boldsymbol{a}^{(m-1)}}$，来求得进一步的近似解 $\boldsymbol{a}^{(m+1)}=\boldsymbol{a}^{(m)}+\Delta\boldsymbol{a}^{(m)}$，其中

$$\Delta\boldsymbol{a}^{(m)}=-(\boldsymbol{K}_s^{(m)})^{-1}(\boldsymbol{P}^{(m)}+\boldsymbol{f})$$

（姚振汉）

割线模量　secant modulus

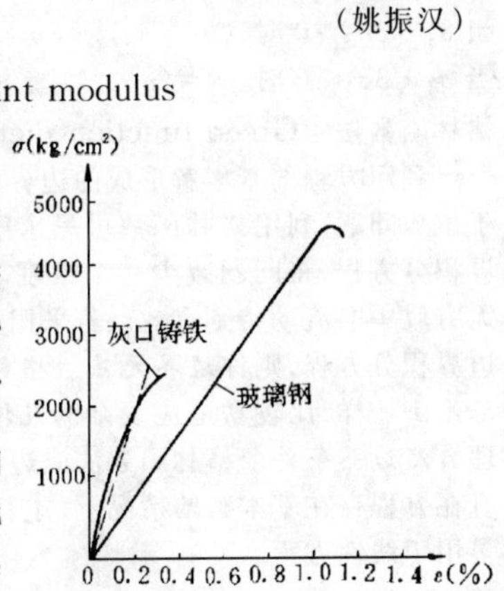

对于应力-应变关系曲线没有直线段，且拉断时的变形量又非常小的材料，可近似地将其 $\sigma-\varepsilon$ 曲线绝大部分用直线（即该曲线的割线）代替，并认为材料是

弹性的,这时即以该直线求出弹性模量。

(郑照北)

格拉布斯方法 Grubbs criterion

以 t 分布为基础的判断实验数据是否含有粗大误差的一种方法。格拉布斯(Grubbs)按数理统计理论算出了按危险率 α 及子样容量 n 求得的 Grubbs 标准用表 $T(n,\alpha)$。找出一组测定值中的最大和最小值 $x_{\max(\min)}$,计算它们的 T 值

$$Tx_{\max(\min)} = \frac{\bar{x} - x_{\max(\min)}}{S}$$

式中 $\bar{x} = \frac{1}{n}\sum_{i=1}^{n} x_i$;$S^2 = \frac{1}{n-1}\sum_{i=1}^{n}(x_i - \bar{x})^2$。按 n 及 α 由标准用表查得 $T(n,\alpha)$,若 $|T_{\max,\min}| \geqslant T(n,\alpha)$ 则认为 $x_{\max(\min)}$ 含有粗大误差,应剔除。

(王娴明)

格里菲斯断裂准则 Griffith fracture criterion

当能量释放率(裂纹扩展力)G 等于形成裂纹新表面所需的表面能(裂纹扩展阻力)时,发生临界裂纹扩展。是脆性材料中判断裂纹是否扩展的准则。由 A.A.格里菲斯,于 1921 年提出。这一准则成功地解释了玻璃的脆断。第一次确定了荷载、几何形状、裂纹长度与裂纹扩展阻力间的关系,成为现代脆性断裂力学的基础。 (罗学富)

格里菲斯强度理论 Griffith's strength theory

又称脆性断裂理论。该理论认为材料的破坏是脆性破坏,材料内存在着杂乱分布的微小裂隙,在外力作用下,一些裂隙尖端出现的拉应力 σ_θ 若超过材料抗拉强度 σ_t,裂隙尖端就首先破裂,外力增加破裂将不断扩展,最后导致材料破坏。由格里菲斯(A.A.Griffith)于 1921 年提出。该理论的假设与岩石裂隙性一致。设材料内某个裂隙尖端发生破坏时,它周围作用的最大和最小主应力为 σ_1 和 σ_3,裂隙尖端破坏后产生的新裂隙将沿 σ_1 方向扩展,最后与 σ_1 方向平行而终止。破裂准则为

当 $\sigma_1 + 3\sigma_3 > 0$ 时,$(\sigma_1 - \sigma_3)^2 - 8\sigma_t(\sigma_1 + \sigma_3) = 0$

当 $\sigma_1 + 3\sigma_3 \leqslant 0$ 时,$\sigma_3 = -\sigma_t$。 (周德培)

格林函数法 Green function method

利用方程的基本解形成的边界积分方程法。对于位势问题,利用格林函数可只求解一个或一组边界积分方程,将问题减少一个维度。对三维问题或无穷域中的流动特别有效。若采用有限元近似地解边界积分方程,则称边界元法。格林函数法也和有限元法一样,比较易适应复杂的几何形状和统一处理自然边界条件。格林函数法或边界积分方程法只有在方程存在基本解的情况下,才有其优越性,因此多用于线性方程。 (郑邦民)

格子中标记点法 method of mark in cell

采用原始变量方程形式的差分格式,构造一个格子系,在格子中安排一定数目标记点并用有限差分法求解流场的方法。在求解流场过程中,根据流场的对流性质确定质点运动,当质点移动到新的位置后,再解流场,这样反复进行,直到满足实际边界条件为止。它被广泛地应用于自由面流动问题的数值计算中,可以生动地给出运动的图象,但在精度方面尚有待提高。 (王 烽)

格子中质点法 method of particle-in-cell

又称质点模拟法。用拉格朗日观点在格子中构造有限数目可动质点并跟踪其运动位置的方法。当可动质点通过一计算网格运动时,可用此法反复跟踪,直到满足边界条件为止。它可通过有限质点模拟微分方程,即模拟基本的物理过程。此法的质点可赋予不同的质量、比热等,适用于解自由表面或多种物质的流动问题。 (王 烽)

隔点传递系数 carryover factor in alternate joint

用力矩集体分配法计算刚架时,反映一个集体分配单元的主结点对另一个集体分配单元的主结点的力矩影响系数。具体来说,它表示当集体分配单元的主结点 O 进行集体分配(消除主结点的不平衡总力矩)和在次结点进行力矩分配(消除次结点的历次不平衡力矩)时,在与次结点相联杆件的另一端 A'(它与主结点隔着次结点 A,为另一集体分配单元的主结点)所产生的弯矩与主结点的不平衡力矩之比。以 $C^{g}_{OA'}$ 表示,按下式计算

$$C^{g}_{OA'} = \mu^{g}_{O}(\mu C)_{OA}(\mu C)_{AA'}$$

当杆件均为等截面时,因传递系数 $C_{OA} = C_{AA'} = \frac{1}{2}$,故有 $C^{g}_{OA'} = \frac{1}{4}\mu^{g}_{O}\mu_{OA}\mu_{AA'}$。其中 μ^{g}_{O} 为主结点 O 的集体分配系数;μ_{OA} 和 $\mu_{AA'}$ 分别为 OA 杆在 O 端及 AA' 杆在 A 端的力矩分配系数。只在用力矩集体分配法计算具有两个以上集体分配单元的刚架时才需用到隔点传递系数。 (罗汉泉)

隔离体 isolated body

又称分离体、脱离体、自由体(free body)。画受力图时从周围物体中隔离开来而单独取出的研究对象。 (彭绍佩)

隔离体图

见受力图(315 页)。

隔振 vibration isolation

将振源隔离或将须加保护的物体从振动环境中隔离开来,以减轻振动危害的措施。按干扰振源的不同,可分为两种情况;用恰当的弹性支承物及阻尼器将振源与基础隔开,以减少它通过地基传到周围机器或结构物上的交变力,称为主动隔振或积极隔

振。如要使精密仪器或其他机器设备免受外部振源的干扰而引起振动,也要用弹性支承物及阻尼器将它与基础隔开,称为被动隔振或消极隔振。(宋福磐)

隔振系数 coefficient of vibration isolation

又称传递系数、传递率。在主动隔振中,机器通过弹性支承物传到地基上的动压力的最大值与无弹性支承物时直接传到地基上的动压力的最大值之比;在被动隔振中,指被隔离物体的振幅与振源振幅之比。在简谐振动情况下,这两种隔振系数的表达式相同,均为

$$\eta = \sqrt{\frac{1 + (2\zeta\gamma)^2}{(1 - \gamma^2)^2 + (2\zeta\gamma)^2}}$$

式中 ζ 为阻尼比;γ 为干扰力频率与系统固有频率之比。η 越小,隔振效果越好。(宋福磐)

葛洲坝模型 Ge-Zhou-Ba(Ge-Zhou Dam)model

大型基坑边坡沿水平层面变形的地质模型。是以葛洲坝大基坑边坡工程命名的。其主要地质特征是水平或近水平状的、薄层状的、软硬相间的岩层,并顺层发育有软弱夹层或泥化夹层。极少有水的作用。受力条件比较简单,主要是地应力作用。边坡岩体变形破坏方式是沿软弱夹层产生水平位移。是减速变形,且具有蠕变特征。(屠树根)

各态历经随机过程 ergodic random process

又称遍历随机过程。每一时间历程的均值和自相关函数都相同的平稳随机过程。即均值和自相关函数的集合平均值等于任一样本函数相应的时间平均值(依概率 1 成立)的平稳随机过程。它的意义是所选的一个样本函数经历了过程可能出现的各种状态。工程上遇到的平稳随机过程大多数都满足各态历经的条件。各态历经的假定具有很大的实际意义,由此,可以从一次试验获得随机过程的概率特征,从而大大减少试验次数和材料消耗,也便于数据处理和节省时间。(陈树年)

各向不等压固结不排水试验 consolidated anisotropically undrained test

又称 CAU 试验。在三轴压缩仪压力室中,先使试样在轴向压力和周围压力不等条件下排水固结,然后在不允许排水的条件下增加轴向压力直至破坏的试验。(李明逵)

各向不等压固结排水试验 consolidated anisotropically drained test

又称 CAD 试验。在三轴压缩仪的压力室中,试样先在周围压力和轴向压力不等条件下排水固结,然后在允许排水条件下增加轴向压力直至破坏的试验。(李明逵)

各向同性 isotropy

在所有方向上材料的力学性质都相同。从各向同性弹性体中的某一点附近按不同方位切出的微分单元体,当应力相同时,将产生相同的应变,反之亦然;这表明各个方向上的应力与应变的关系是相同的。在工程实际中,许多金属材料是由各向异性的晶粒组合而成,但由于晶粒非常微小,而且排列也是杂乱无章的,所以从宏观上看,可以认为是各向同性的。描述各向同性弹性体的独立弹性常数只有两个(参见广义胡克定律,129 页)。(刘信声)

各向同性假定 assumption of isotropy

介质中任一点处各个方向的力学性能相同的假定。为材料力学的基本假定之一。意指从介质中任意方位切取微元体时,其力学性能都是相同的。金属材料为多晶体的组织,其排列是随机的,从宏观上考察其力学性能可视为各向同性。木材顺木纹方向与垂直木纹方向的力学性能明显不同,其他如纺织品及复合材料如胶合板等也有类似情况,则为各向异性材料。(吴明德)

各向同性热应力 isotropic thermal stress

材料的热传导特性和力学特性在各方向上均相同情况下物体中的热应力。此时由于材料的对称性,材料常数大为减少。例如对于弹性问题,独立的弹性常数只有两个,热导率只有一个。相对于此,材料特性具有三个互相垂直的对称平面时,称为正交各向异性热应力问题,此时独立的弹性常数有九个,热导率有三个。更一般地,材料特性在各方向均不相同时,称为各向异性热应力问题,此时独立的弹性常数一般有二十一个,热导率有九个。(王志刚)

各向异性 anisotropy

材料在各个方向的力学性能不相同的特性。例如复合材料。当材料的力学性能只是在两相互正交方向不同时,则称为正交异性材料;如果各个方向的力学性能都相同时,则称为各向同性材料。材料在不同方向上具有不同的力学性质。在各向异性弹性体中,不同方向上的应力与应变关系不相同。对于最一般的各向异性体,其应力应变关系为(笛卡尔坐标系)

$$\begin{aligned}
\sigma_x &= c_{11}\varepsilon_x + c_{12}\varepsilon_y + c_{13}\varepsilon_z + c_{14}\gamma_{xy} + c_{15}\gamma_{yz} + c_{16}\gamma_{zx}\\
\sigma_y &= c_{21}\varepsilon_x + c_{22}\varepsilon_y + c_{23}\varepsilon_z + c_{24}\gamma_{xy} + c_{25}\gamma_{yz} + c_{26}\gamma_{zx}\\
\sigma_z &= c_{31}\varepsilon_x + c_{32}\varepsilon_y + c_{33}\varepsilon_z + c_{34}\gamma_{xy} + c_{35}\gamma_{yz} + c_{36}\gamma_{zx}\\
\tau_{xy} &= c_{41}\varepsilon_x + c_{42}\varepsilon_y + c_{43}\varepsilon_z + c_{44}\gamma_{xy} + c_{45}\gamma_{yz} + c_{46}\gamma_{zx}\\
\tau_{yz} &= c_{51}\varepsilon_x + c_{52}\varepsilon_y + c_{53}\varepsilon_z + c_{54}\gamma_{xy} + c_{55}\gamma_{yz} + c_{56}\gamma_{zx}\\
\tau_{zx} &= c_{61}\varepsilon_x + c_{62}\varepsilon_y + c_{63}\varepsilon_z + c_{64}\gamma_{xy} + c_{65}\gamma_{yz} + c_{66}\gamma_{zx}
\end{aligned}$$

式中 c_{mn} 为弹性常数。如果存在应变能势函,则有 $c_{mn} = c_{nm}$,在此情况下,最一般的各向异性弹性体也只有二十一个独立的弹性常数。

(吴明德 刘信声)

各向异性热应力 anisotropic thermal stress

见各向同性热应力(119页)。

gen

跟踪液位计 trace-type water level meter

测记各种水位过程及其波动情况的仪器。60年代兴起,其传感器为两根不锈钢探针,较长的一根接地,另一根较短的针尖与水面接触。探针相对于水面不动时,二探针间的水电阻是不变的,水电阻接入测量电桥的一个臂,这时电桥是平衡的,无讯号输出。当水位上升(或下降)时,水电阻增大(或减小),电桥失去平衡,因而有讯号输出。输出讯号经前置放大器放大后驱动可逆电机。电机的旋转通过齿轮、丝杆、螺母、连杆变成探针的上下移动,驱使探针又回到平衡位置。这样探针就跟踪着水位变化。它有接口,可联结记录设备,记录水位的变化过程。

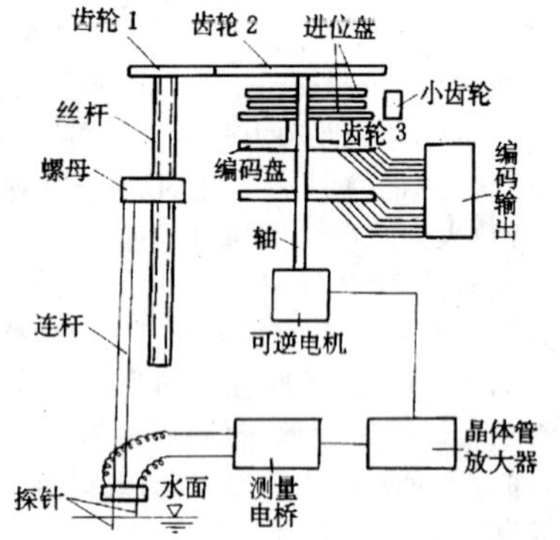

(彭剑辉)

gong

工程地质比拟法 engineering geology analogue

以自然岩体的稳定性比较工程岩体的稳定性,以已建工程岩体比较待建工程岩体稳定性的方法。其适用条件必须是被比较的两种岩体具有相似的地质特征(但此种条件并不是经常具备的)。

(屠树根)

工程力学 engineering mechanics

侧重工程应用的各力学分支的总称。在科学之林中,力学肩负着双重任务:既是一门基础科学,主要任务是阐明机械运动的普遍规律;又是一门技术科学,主要任务是为工程技术中提出的力学问题建立模型和提供理论分析方法和解决途径。工程力学则是属于技术科学范畴和侧重工程应用领域的力学。力学学科可从多种角度加以分类:按照研究对象分类,则可分为固体力学、流体力学和一般力学,它们分别以固体、流体(固体和流体统称为连续介质)和离散系统(质点系和刚体系)为研究对象;按照研究手段分类,则可分为理论分析、数值计算和实验研究三个方面。本书工程力学卷从土木建筑工程应用的角度出发,将工程力学的主要内容分为十三个部分或分支,即理论力学、材料力学、结构力学、弹性力学及塑性力学、工程流体力学、断裂力学、结构优化设计、计算力学及有限元、实验力学、工程流变学、土力学、岩石力学和风工程。其中理论力学属于一般力学;材料力学、结构力学和弹塑性力学属于固体力学,分别以杆件、杆件结构、板壳和三维体作为研究对象;工程流体力学属于流体力学;断裂力学和结构优化设计是从弹塑性力学和结构力学发展起来的新学科分支;计算力学和实验力学分别是以数值计算和实验研究作为研究手段的学科分支;工程流变学、土力学、岩体力学和风工程是密切结合特定工程对象而形成的学科分支。

(龙驭球)

工程流体力学 fluid mechanics of engineering

侧重于解决工程实际问题的流体力学。主要研究液体和气体的机械运动规律及其在工程上的应用,内容包括液体力学和气体力学两大部分。液体力学通常以水为代表,并称为水力学,它研究的前提是等密度流体,气体力学的研究前提是气体具有可压缩性,运动过程流体密度为变数。在水利工程、土木工程、机械工程等领域,工程流体力学不但得到了广泛的应用,而且还促进了这些部门的迅速发展。

(叶镇国)

工业空气动力学 industrial aerodynamics

由经典的空气动力学与气象学、气候学、结构动力学、建筑工程等学科相互渗透和促进而形成的一门新兴边缘学科。研究对象为非航空系统的空气动力学,研究范围主要有两个方面:①研究大气边界层内风与人类表面活动及人类创造的物体之间的相互作用。这包括风对建筑、车船、化工电力设备、建筑机械等的作用及气象、农业、林业、生物、环境保护等方面的研究。②研究如何应用空气动力学原理设计制造合理的机械设备和建筑结构,并利用风能作为能源发电等。工业空气动力学属于典型的工程师工作范畴,它应满足在较短时间内找到适合解决工业问题的方法的要求。最常用的方法是以实验研究(包括实测与风洞试验)为基础进行理论分析和数值计算。

(石 沅)

功 work

量度力的空间累积效果的物理量。常力 $\boldsymbol{F}$ 在其作用点作直线运动时,在位移 $\boldsymbol{S}$ 中所作的功 $W=\boldsymbol{F}\cdot\boldsymbol{S}=FS\cos(\boldsymbol{F},\boldsymbol{S})$。常力或变力 $\boldsymbol{F}$ 在无限小位移 $\mathrm{d}\boldsymbol{r}$ 中的功 $\delta W=\boldsymbol{F}\cdot\mathrm{d}\boldsymbol{r}$,称为元功;当其作用点作曲线运动时,元功 $\delta W=\boldsymbol{F}\cdot\mathrm{d}\boldsymbol{r}=F\cdot\mathrm{d}s\cos(\boldsymbol{F},\boldsymbol{\tau})$,其中

ds 是无限小段弧长，$\boldsymbol{\tau}$ 是作用点轨迹的切向单位矢。在该点运动经过弧长 $\overset{\frown}{M_1M_2}$ 时，总功 $W_{1,2}=\int_{M_1}^{M_2}F\cdot ds\cdot\cos(\boldsymbol{F},\boldsymbol{\tau})$。当用直角坐标法时，元功表达式为 $\delta W=Xdx+Ydy+Zdz$，称为元功解析式，式中 X、Y、Z 分别是力 $\boldsymbol{F}$ 在 x、y、z 轴上的投影；dx、dy、dz 分别是位移 $d\boldsymbol{r}$ 在 x、y、z 轴上的投影。这时总功可写为 $W_{1,2}=\int_{M_1}^{M_2}(Xdx+Ydy+Zdz)$。功是代数量。在法定计量单位中，其单位为焦耳(J)。 （黎邦隆）

功的互等定理 reciprocal theorem of works

又称为贝蒂定理。当线性变形体系处于两种不同状态时，第一状态的外力在第二状态的相应位移上所作的外力虚功 T_{12}，等于第二状态的外力在第一状态的相应位移上所作的外力虚功 T_{21}，即 $T_{12}=T_{21}$。它可由虚功原理得到证明。是线性变形体系的四个互等定理中最基本的定理，其他三个互等定理（位移互等定理，反力互等定理和反力与位移互等定理）都可由本定理导出。或者说，它们只是本定理的特殊情况。其应用极为广泛。例如，在结构矩阵分析、结构稳定理论和在结构动力分析中可利用它导出一些重要的公式，还可利用它巧妙地解决超静定结构中某些反力、内力和位移的计算问题（利用结构中某些已知的量值求出另一些量值）。

（罗汉泉）

功率 power

单位时间内所做的功。集中力 $\boldsymbol{F}$ 的功率 $P=\lim\limits_{\Delta t\to 0}\frac{\Delta W}{\Delta t}=\frac{\boldsymbol{F}\cdot d\boldsymbol{r}}{dt}=\boldsymbol{F}\cdot\boldsymbol{v}$；作用在定轴转动刚体上的转动力矩或力偶矩 M 的功率 $P=\frac{M\cdot d\varphi}{dt}=M\omega$。式中 $\boldsymbol{v}$ 是力 $\boldsymbol{F}$ 作用点的速度；ω 是刚体的角速度。在法定计量单位中，它的单位名称是瓦特，其中文符号是瓦，单位符号是W。$1W=1N\cdot m/s=1m^2\cdot kg/s^3$。工程上还用千瓦(kW)及马力为它的单位，1 千瓦 = 1 000 瓦，1 公制 马力(PS) = 736 瓦，1 英制马力(hP) = 746 瓦。 （黎邦隆）

功率方程 power equation

表示机器的输入、输出功率及无用阻力所消耗的功率与机器的动能变化率之间关系的方程。以 P_I、P_O、及 P_R 分别表示输入、输出的功率及无用阻力消耗的功率，T 表动能，则此方程为 $\frac{dT}{dt}=P_I-P_O-P_R$。当机器加速运转时，$P_I-P_O-P_R>0$；减速运转时，$P_I-P_O-P_R<0$；匀速运转时，$P_I-P_O-P_R=0$。 （黎邦隆）

功率谱密度 power spectral density

简称谱密度。平均功率（或能量）按频率分布的密度，即单位频率范围内的密度。是在频域描述随机荷载的一个重要参数，用它进行风振分析较在时域内分析简单明了。

（田 浦）

攻角 angle of attack

又称迎角、冲角。飞机速度方向与飞机上某固定基线（常取为机身轴线或机翼弦线）之间的夹角。平板或流线型体与来流的夹角亦称攻角。它是确定飞机气动性能的重要参数。飞机的举力与阻力等都与攻角有关。 （叶镇国）

拱 arch

杆轴为平面曲线且在竖向荷载作用下能产生水平推力的结构。其主要特点是，截面以承受轴向压力为主，能充分发挥砖、石、混凝土等抗压性能好的建筑材料的作用，刚度大，能跨越较大空间，外形美观等。拱是我国桥梁工程中具有悠久历史的结构形式之一，房屋建筑中也常用它作为承重构件。其计算简图多取成平面杆件结构。按其所含铰的个数可分为三铰拱、两铰拱和无铰拱；按拱轴形状可分为圆弧拱、抛物线拱和悬链线拱；按其截面特征可分为实体拱、箱形拱和桁架拱（拱式桁架）；按两支座是否在同一水平线上可分为平拱、斜拱等。有时在拱的两支座铰之间联以水平拉杆，此拉杆的拉力即代替了支座推力的作用（见拉杆拱）。在拱的受力分析中，除荷载外，矢跨比和拱轴形状是影响其内力分布的两个重要因素。其最理想的设计是寻求一条合理拱轴。三铰拱的计算可用数解法（利用静力平衡条件计算其反力和内力）或图解法（根据图解静力学原理通过几何作图来确定其反力和内力），两铰拱和无铰拱的计算常利用力法和矩阵位移法。因拱常以受压为主，在拱桥等设计中通常应进行稳定性分析。拱各部位的名称如图示，图中 l 为拱的跨度，f 为拱的矢高。

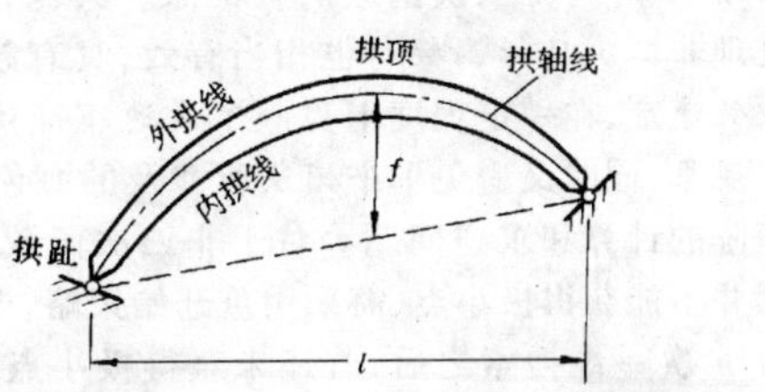

（何放龙）

拱形拉伸试件 arc-shaped specimen (or C-shaped specimen)

金属材料平面应变断裂韧度试验方法规定可采用的形状如C形的一类试件，其几何构形与受载方式见图示。这种类型的试件常用于厚壁筒类材料的测试。

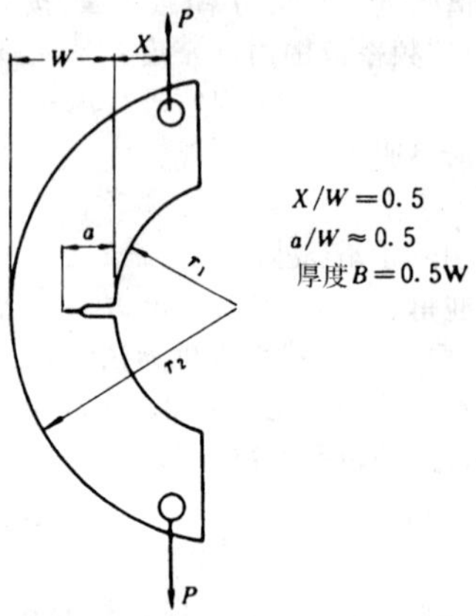

（孙学伟）

共轭方向 conjugate directions

由对称正定矩阵的特征向量所组成的一组方向。设有 $n\times n$ 阶对称正定矩阵 $\boldsymbol{Q}$，其共轭方向为 $\{\boldsymbol{d}^i, i=1,2,\cdots,m\}$，则有

$$(\boldsymbol{d}^i)^{\mathrm{T}}\boldsymbol{Q}\boldsymbol{d}^j = 0, i\neq j, i,j=1,2,\cdots,m$$

也称这 m 个向量对 $\boldsymbol{Q}$ 共轭。对于 n 元正定二次目标函数，依次沿 n 个共轭方向作一维搜索，则至多在 n 步内可获得最优点，利用这一性质可以构造一类无约束非线性规划算法——共轭方向法。

（刘国华）

共轭方向法 conjugate direction method

以一组共轭方向作为搜索方向来求解无约束非线性规划问题的一类下降算法。是在研究寻求具有对称正定矩阵 $\boldsymbol{Q}$ 的 n 元二次函数

$$f(\boldsymbol{x}) = \frac{1}{2}\boldsymbol{x}^{\mathrm{T}}\boldsymbol{Q}\quad \boldsymbol{x}+\boldsymbol{b}^{\mathrm{T}}\boldsymbol{x}+\boldsymbol{c}$$

最优解的基础上提出的一类梯度型算法，包含共轭梯度法和变尺度法。根据共轭方向的性质，依次沿着对 $\boldsymbol{Q}$ 共轭的一组方向作一维搜索，则可保证在至多 n 步内获得二次函数的极小点。共轭方向法在处理非二次目标函数时也相当有效，具有超线性的收敛速度，在一定程度上克服了最速下降法的锯齿形现象，同时又避免了牛顿法所涉及的海色（Hesse）矩阵的计算和求逆问题。对于非二次函数，n 步搜索并不能获得极小点，需采用重开始策略，即在每进行 n 次一维搜索之后，若还未获得极小点，则以负梯度方向作为初始方向重新构造共轭方向，继续搜索。

（刘国华）

共轭梁法 method of conjugate beam

又称虚梁法。求解梁的弯曲变形的一种比拟方法，即利用弯矩 M、剪力 Q 和荷载集度 q 之间的微分关系 $\frac{\mathrm{d}^2M}{\mathrm{d}x^2}=\frac{\mathrm{d}Q}{\mathrm{d}x}=q$，与挠曲线近似微分方程 $\frac{\mathrm{d}^2(EIy)}{\mathrm{d}x^2}=\frac{\mathrm{d}(EI\theta)}{\mathrm{d}x}=M$ 之间的相似性，藉助求解内力的方法来求解梁的变形。其具体方法是，设想一根与实梁等长的虚梁，以实梁的弯矩作为虚梁的虚荷载，则虚梁的某一截面的弯矩和剪力，分别为实梁在同一截面的 EIy 和 $EI\theta$。为了使两微分方程解完全相同，虚梁与实梁之间需要进行支座转换（参见虚梁）。

（庞大中）

共轭算子 conjugate operator

对于微分算子 L 与 M，若在其定义域 V 上满足方程

$$\int_{\mathrm{v}} L(u)w\mathrm{d}V = \int_{\mathrm{v}} M(w)u\mathrm{d}V + \int_{\mathrm{s}} B[u,w]\mathrm{d}s$$

式中 $B[u,w]$ 为在边界 s 上定义的算子，则算子 L 与 M 互为共轭算子。

若 L 为二阶微分算子

$$L(u) = A_{ij}u_{,ij} + B_iu_{,i} + C_u$$

式中 A_{ij}、B_i 及 C 分别为各项的系数，它们均可为空间点的函数，则

$$M(w) = (A_{ij}w)_{,ij} - (B_i,w)_{,i} + Cw$$

若 $M(u)=L(u)$，则称算子 L 为自共轭算子。

（姚振汉）

共轭梯度法 conjugate gradient methods

依赖迭代点处目标函数的负梯度来构造共轭方向的一类共轭方向法。在迭代中取 $\boldsymbol{x}^0$ 上的负梯度作为初始共轭向量 $\boldsymbol{d}^0$，而其后的各共轭方向 $\boldsymbol{d}^{\mathrm{k}}$ 可由第 k 个迭代点 $\boldsymbol{x}^{\mathrm{k}}$ 处的负梯度和已经得到的共轭向量 $\boldsymbol{d}^{\mathrm{k}-1}$ 的线性组合来确定。其中线性组合的系数可由几种不同的公式给出，相应地构成了不同的共轭梯度法。这些不同方法对于正定二次目标函数来说是等价的，对于一般非二次目标函数，其计算量与效果大体上也是一致的。常用的有弗雷切尔－里费斯（Fletcher－Reeves）法等。共轭梯度法所需的存贮量较少，适用于维数较多的问题。

（刘国华）

共轭斜量法 method of conjugate gradients

解线性方程组的迭代法。对方程组 $\boldsymbol{Ka}=\boldsymbol{P}$，先选适当的近似解 $\boldsymbol{a}^{(0)}$，计算初次残差矢量 $\boldsymbol{r}^{(0)}=\boldsymbol{P}-\boldsymbol{Ka}^{(0)}$，和矢量 $\boldsymbol{q}^{(0)}=\boldsymbol{K}^{T}\boldsymbol{r}^{(0)}$，然后依下列公式迭代

$$b_i = \frac{(\boldsymbol{Kq}^{(i)},\boldsymbol{r}^{(i)})}{(\boldsymbol{Kq}^{(i)},\boldsymbol{Kq}^{(i)})} = \frac{(\boldsymbol{K}^{\mathrm{T}}\boldsymbol{r}^{(i)},\boldsymbol{K}^{\mathrm{T}}\boldsymbol{r}^{(i)})}{(\boldsymbol{Kq}^{(i)},\boldsymbol{Kq}^{(i)})}$$

$$\boldsymbol{a}^{(i+1)} = \boldsymbol{a}^{(i)} + b_i\boldsymbol{q}^{(i)}$$

$$\boldsymbol{r}^{(i+1)} = \boldsymbol{r}^{(i)} - b_i\boldsymbol{Kq}^{(i)}$$

$$\beta_{(i+1)} = \frac{(\boldsymbol{K}^{\mathrm{T}}\boldsymbol{r}^{(i+1)},\boldsymbol{K}^{\mathrm{T}}\boldsymbol{r}^{(i+1)})}{(\boldsymbol{K}^{\mathrm{T}}\boldsymbol{r}^{(i)},\boldsymbol{K}^{\mathrm{T}}\boldsymbol{r}^{(i)})}$$

$$q^{(i+1)} = \boldsymbol{K}^{\mathrm{T}}\boldsymbol{r}^{(i+1)} + \beta_{i+1}\boldsymbol{q}^{(i)}$$

式中 $(\boldsymbol{u},\boldsymbol{v})=\sum_{i=1}^{n}u_iv_i$。迭代直到 $\boldsymbol{r}^{(N)}$ 足够小为止。为解线性代数方程组的迭代法之一。

（姚振汉）

共振 resonance

具有小阻尼的系统在简谐干扰力作用下，当扰力频率接近系统的固有频率时，受迫振动的振幅急剧增大，且在频率比 $\gamma=1$ 的邻近达到峰值的现象。振幅达到峰值时的频率，称为系统的共振频率；而当干扰力频率等于系统的固有频率时，振幅就非常接近峰值，故在实用上都取系统的固有频率作为共振频率。共振现象必须特别注意，它恶化环境，加大构件的变形，增大其工作应力，甚至造成破坏。另一方面，在振动测量和一些为生产服务的振动机械中，则又需加以利用。 （宋福磐）

共振频率 resonant frequency

见共振。

共振柱试验 resonant column test

一种测定土的动模量（剪切模量、杨氏模量）和阻尼的室内试验。在圆柱形土样上施加扭转或纵向振动并逐步增大激振频率至试样发生共振，根据振动理论公式求动模量；激振突然中止，从试样自由振动的振幅与振次关系曲线上确定土的对数递减率等阻尼参数。 （吴世明　陈龙珠）

gou

构造结构面 tectonic structure plane

构造应力作用下岩体内产生的各种破裂面。包括断层面、错动面、节理面及劈理面等。它对岩体的稳定性影响很大。 （屠树根）

构造应力 tectonic stress

地壳构造运动在岩体中产生的应力。它包括：正在形成某种构造体系和构造形式的新应力；过去构造运动残留于岩体内的残余应力；因各种地质因素长期作用残留于矿物内部的封闭应力。它的存在，使原岩应力的分布在空间上呈不均匀性，在时间上也不是常数，并导致岩体中的垂直应力和水平应力之间没有明确的比例关系。 （袁文忠）

gu

古典颤振 classical flutter

流线形机翼在稳定气流作用下所发生的一种横风向、弯扭耦合的不稳定的发散振动。两个自由度的耦合以及非分离性是这种古典颤振的识别特征。气流绕过振动的机翼所产生的空气作用力可以从势流理论导出。随着气流速度的增大改变了两个自由度运动之间的相位差和振幅比，通过求解特征值问题确定气流的临界速度。此时，弯扭振动的耦合使机翼能从气流中不断吸取能量从而造成振动的发散。采用平板或接近平板的流线形截面的大跨度悬吊结构都有可能发生这种古典颤振。

（项海帆）

古尔顿定理 theorems of Pappus and Guldinus

关于平面曲线或平面图形的形心位置同它旋转后所形成回转体的表面积或体积间的关系的定理。定理一　任一平面曲线绕其平面上不与此曲线相交的任一轴（y）旋转一周而形成的曲面的表面积（S），等于此曲线的长（L）乘以其形心（c）描出的圆周的长度，即

$$S=2\pi x_c L$$

如已知 S 及 L，即可求得 x_c 之值（图 a）。

定理二　任一平面图形绕其平面上不与此图形相交的任一轴（y）旋转一周而形成的回转体的体积（V），等于此图形的面积（S）乘以其形心（c）所描出的圆周的长度，即

$$V=2\pi x_c S$$

如已知 V 及 S，即可求得 x_c 之值（图 b）。

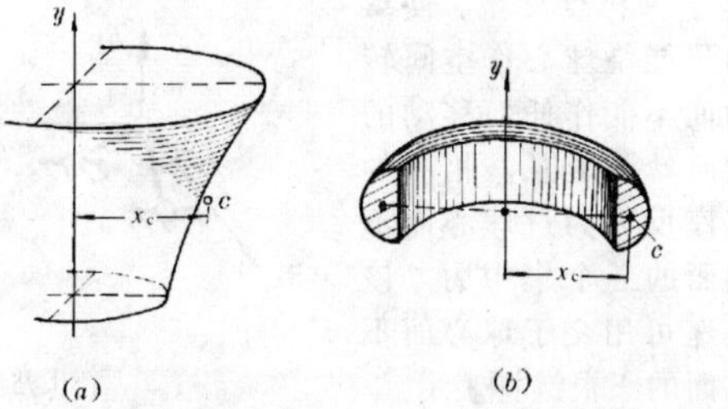

(a)　(b)

（彭绍佩）

固定端支座 fixed-end support

将构件的一端嵌入固定支承物时所受到的约束。插入墙内的阳台挑梁、插入杯形基础并将空隙用细石混凝土填实的厂房柱子等，都是受到这种约束。支座对此固定端的约束反力是分布力。当荷载是平面力系时，这些反力可简化为作用在构件 A 横截面形心处的二分力 $\boldsymbol{X}_A$、$\boldsymbol{Y}_A$，及一力偶，其力偶矩以 M_A 表示（见图）。当荷载是空间力系时，一般情况下有互相垂直的 3 个分反力及 3 个分反力偶。

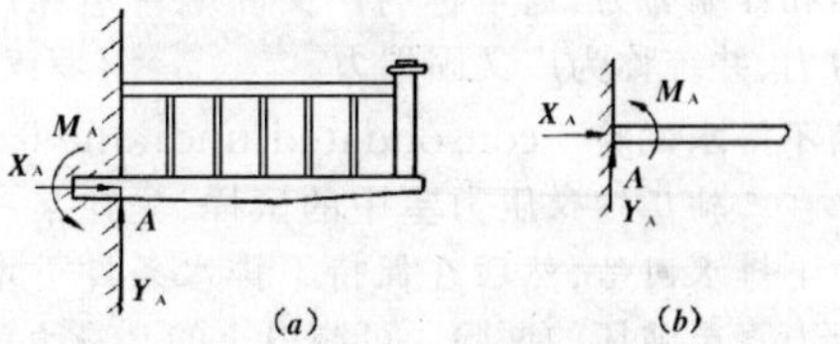

(a)　(b)

（黎邦隆）

固定铰支座 fixed-pin pedestal

由固定的靴形底座与光滑圆柱形铰链构成的支承装置。构件插入底座后将圆柱铰在二者所开的圆孔中穿过，底座则用螺栓固定在桥墩、墙、柱等支承

物上如图(a)。为免开孔后削弱构件的承载能力，一般在构件上固装一形如底座的上均衡托(又称上摇座)，底座则称为下均衡托或下摇座，最后用圆柱铰将二者联结如图(b)。这种支座的反力和光滑圆柱铰一样，一般用通过铰的截面圆心 A 的二分力 $\boldsymbol{X_A}$ 与 $\boldsymbol{Y_A}$ 代替。图(c)为其简图。这种支座只用于受平面力系作用的平面结构或机构，它也可用两根不平行的链杆代替如图(d)。

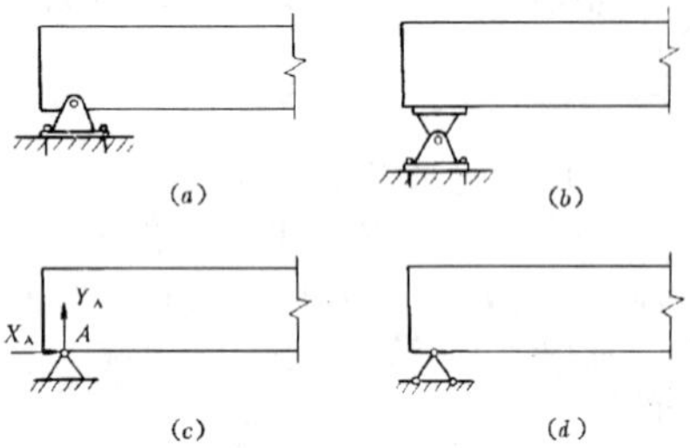

(黎邦隆)

固定球形铰支座 spherical fixed support

又称点支座。使结构只能绕球心作空间转动而不能作任何移动的空间结构支座。相应的支座反力为过球心而不共面的三个集中力。该支座可用交于球心而不共面的三根链杆表示。

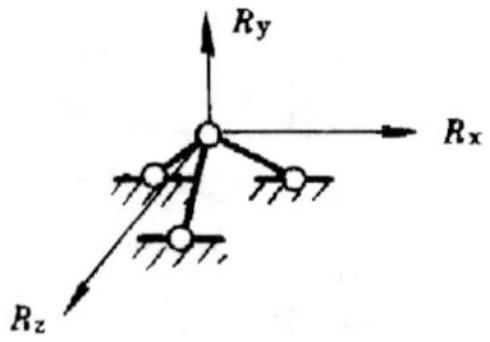

(洪范文)

固端剪力 fixed-end shear force

单跨超静定梁在荷载单独作用下所产生的杆端剪力。ik 梁两端的固端剪力通常以 Q^g_{ik} 和 Q^g_{ki} 表示。它与固端弯矩统称为固端力。 (罗汉泉)

固端弯矩 fixed-end moment

单跨超静定梁在荷载单独作用下所产生的杆端弯矩。对于 ik 梁，通常以 M^g_{ik} 和 M^g_{ki} 分别表示其 i、k 端的固端弯矩。它与固端剪力统称为固端力，是位移法和渐近法计算的基本数据。杆件在已知的杆端支座位移，温度改变等外因作用下所产生的杆端弯矩和杆端剪力，通常称为广义固端弯矩和广义固端剪力，并统称为广义固端力。 (罗汉泉)

固结不排水试验 consolidated undrained test

在三轴压缩仪压力室中的试样，先在某一周围压力下排水固结，然后在保持不排水条件下增加轴向压力直至破坏的试验。可测得土的总应力强度参数、有效应力强度参数及孔隙压力参数。

(李明逵)

固结沉降 consolidation settlement

荷载作用下，土体因发生主固结而产生的竖向位移。主固结终了相应的固结沉降称为最终固结沉降($S_{c\infty}$)。一般用分层总和法计算。任一时刻地基的固结沉降(S_{ct})常按下式计算：$S_{ct}=\overline{U}\cdot S_{c\infty}$。$\overline{U}$ 为平均固结度。 (谢康和)

固结度 degree of consolidation

地基内任一点某时刻所消散的超静孔隙水压力与起始超静孔隙水压力之比，或有效应力与总应力之比。通常，对实际工程更有用的是地基整个土层的平均固结度，其定义为地基某时刻的固结沉降与最终固结沉降之比，或地基中的有效应力面积与总应力面积之比。对于一维固结，平均固结度与时间因子 T_v 之间存在单值关系。 (谢康和)

固结快剪试验 consolidated quick direct shear test

在应变控制式直接剪切仪中的粘性土试样，先在垂直压力下充分排水固结，然后以较快速度施加水平剪力，使试样在 3 至 5min 内近似不排水条件下剪损的试验。可测得土的固结不排水强度参数。用于土体在施加荷重后已完全固结，但在后来使用期由于荷载的突然增加(如水池贮水等)而来不及排水固结情况。本法适用于渗透系数小于 10^{-6}cm/s 的粘性土。 (李明逵)

固结理论 theory of consolidation

研究土体固结的全过程并作定量分析的理论。目前主要有太沙基固结理论和比奥固结理论。通常针对粘性土，特别是饱和粘性土。 (谢康和)

固结排水试验 consolidated drained test

又称排水剪试验。在三轴压缩仪压力室中的试样，先在周围压力作用下排水固结，然后在允许排水条件下缓慢增加轴向压力直至破坏的试验。在剪切过程中试样内孔隙水压力始终为零。可测定土的排水剪切强度参数，等于有效应力强度参数。可根据测定的应力、应变及试样体积变化关系，计算切线模量和切线泊桑比等。 (李明逵)

固结曲线 consolidation curve

又称固结试验曲线。土的固结试验中某级压力下土样的垂直变形与时间的关系曲线。用于确定土的固结系数。常用两种配合法整理，即时间对数拟合法和时间平方根拟合法。 (谢康和)

固结试验 consolidation test

测定饱和粘性土试样在侧限的条件下加压的压缩试验。将试样在侧限和容许轴向排水的容器中逐渐增加压力，测定压力和试样变形或孔隙比的关系，变形和时间的关系，以便计算土的单位沉降量、压缩系数、压缩指数、回弹指数、压缩模量、固结系数及原状土的前期固结压力等。测定项目视工程需要而定。有常规固结试验、快速固结试验、高压固结试验和连续加荷固结试验，包括等应变速

率固结试验、等速加荷固结试验、等梯度固结试验等。（李明逵）

固结速率　rate of consolidation

土层发生主固结的快慢程度。主要取决于土的固结系数和土层排水距离的大小。固结系数越大，土层排水距离越小，土层固结得越快，也即固结速率越大。（谢康和）

固结系数　coefficient of consolidation

用于固结理论的系数，表征土体固结特性的指标之一。对于仅发生竖向压缩变形的主固结过程，其定义式为

$$c = \frac{k(1+e_o)}{a\gamma_w}$$

式中 c 为固结系数，当渗流沿竖向时，记为 c_v，并称为竖向固结系数；当渗流沿水平向时，记为 c_h，并称为水平向固结系数；k 为渗透系数，对于 c_v，用竖向渗透系数 k_v；对于 c_h，用水平向渗透系数 k_h；e_o 为土的天然孔隙比；a 为土的压缩系数；γ_w 为水密度。c_v 一般由土的固结试验用时间平方根拟合法或时间对数拟合法确定。（谢康和）

固结压力　consolidation pressure

使土体产生固结或压缩的应力。对于地基土层，主要有两种，即土自重应力和地基中的附加应力；对于土的固结试验，则为垂直荷重产生的应力。（谢康和）

固有频率　natural frequency

又称自然频率、自振频率。线性系统中单频率无阻尼自由振动（主振动）的频率。是体系上任一点在 2π 秒内振动的次数。通常以 ω 表示，在结构动力分析中广泛使用。若换算为每秒内振动的次数，则称为工程频率，通常以 f 表示，单位为 1/秒(1/s) 或赫兹(Hz)。因其与振动的初始条件无关，仅取决于振动系统的物理参数，是系统的一个固有特征量，故名。对于具有 n 个自由度的多自由度体系，共有 n 个固有频率，按照数值由小到大排列，其中第一频率又称基频。（宋福磐　洪范文）

guan

关键块体　key block

首先滑移的块体。在组成岩体的许多岩块中，必定有一块安全系数最小，在各种力的作用下，它会首先滑移，其它岩块随之滑移，发生连锁反应，最后造成整体破坏，称这种先滑移的块体为关键块体 KB。它可根据有界性定理和可移动性定理来判断确定。

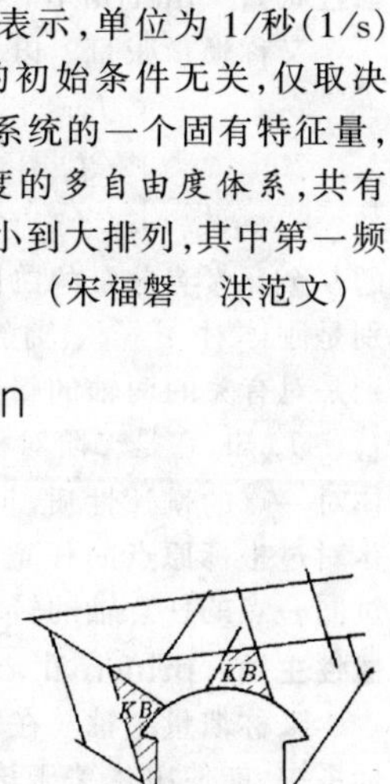

（徐文焕）

管网　pipe network

由许多管路组合成的管路系统。管网按其布置形式可分为枝状和环状两种。各管段的管径由流量及流速两者决定。在流量一定时，如选用的流速大，则管径小，管路造价低。但流速大会导致水头损失大，又会增加水塔高度及水泵运行的经常费用；反之，如果选用的流速小，则管径大，虽然可以减小水头损失和经常运营费用，但增加了管路造价。所以在确定管径时应作经济比较使供水总成本最低。传统方法是应用经济流速，现代方法是用优化设计方法。（叶镇国）

管网控制点　control point of pipe network

地形标高、要求的自由水头及水塔至该点水头损失三项总和数值最大之点。它是决定水塔高度的重要设计数据。（叶镇国）

管网控制干线　control main line of pipe network

管网干线中平均水力坡度最小的干线。它是选定枝状管网各管段直径的重要数据。（叶镇国）

管系阻抗　impede

又称管系比阻抗。单位流量流过单位长度管道所需的水头。它取决于沿程阻力系数 λ 和管径 d，其定义式为

$$S_0 = \frac{H}{Q^2 l} = \frac{8\lambda}{g\pi^2 d^5} = f(\lambda, d),$$

式中 H 为作用水头；Q 为流量；l 为管段长度；λ 为沿程阻力系数；d 为管径；g 为重力加速度；π 为圆周率。在长管水力计算中，若已知 S_0 及 λ 值，即可用上式求得管径 d。（叶镇国）

管涌　piping

在渗流作用下土体中的细颗粒在粗颗粒形成的孔隙孔道中移动并被带走、土体发生变形破坏的现象。土按其颗粒级配特点可区分为管涌土和非管涌土。不均匀系数大、级配不连续、细颗粒含量高的土容易发生管涌。判别发生管涌的指标为管涌土的临界水力坡度。（谢康和）

管嘴出流　nozzle efflux

水经长度为直径 3～4 倍的管段中的出流现象。其水力计算公式与孔口出流相同。水流进入管嘴之后形成断面收缩，而后再扩展到整个断面成为有压满管出流。在收缩断面处水流与管壁分离形成旋涡并出现真空。对于圆形管嘴，真空度可为其作用水头的 0.75 倍，相当于把它的作用水头加大了 75%。因此，在直径和作用水头相同条件下，管嘴的泄水能力大于孔口，其流量系数约为孔口的 1.32 倍。作用

水头愈大，管嘴收缩断面处的真空度亦愈大，当真空度大于7～8m水柱时，其收缩断面的真空状态会遭破坏而失去管嘴出流特性。为此，应使管嘴的作用水头小于9.5m水柱，管段长度 l 与直径 d 的关系应使 $l=(3\sim4)d$。管嘴常用于涵洞或泄水管进口、消防龙头、水力喷射机以及人工降雨器喷口等。

（叶镇国）

惯性 inertia

物体所具有的恒欲保持其静止或匀速直线运动状态的性质。是物质的一种基本属性。物体的匀速直线运动，称为惯性运动。静止是惯性运动的特殊情形。（宋福磐）

惯性参考系 inertial reference system

又称基础参考系。适用牛顿运动定律的参考系。由于任何物体都在运动，因而也找不到绝对精确的惯性参考系。但能够找到足够精确的、适用牛顿定律的参考系。例如，天文学上采用日心参考坐标系，应用牛顿定律所得的结果和精密的观测相符。对绝大多数工程问题，可将地球作为足够精确的惯性参考系。（宋福磐）

惯性积 product of inertia

又称惯量积或离心转动惯量。刚体对 x 轴与 y 轴的惯性积为其各质点的质量与它们各自的 x 坐标及 y 坐标的乘积之和，以 J_{xy} 表示，即 $J_{xy}=\Sigma(m_ix_iy_i)=J_{yx}$。同样，$J_{yz}=\Sigma(m_iy_iz_i)=J_{zy}$，$J_{zx}=\Sigma(m_iz_ix_i)=J_{xz}$。它们可能是正值，也可能是负值。

（黎邦隆）

惯性式拾振器 seismic transducer

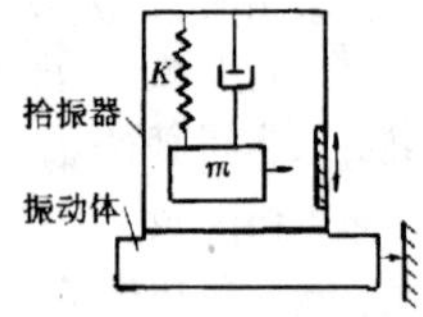

又称绝对式测振仪。内部设有质量－弹簧系统，外壳附着于测试对象上与试件同步振动而质量块的惯性力使之构成一相对静止点的振动传感器。通过磁电、压电等换能装置，将质量块与仪器壳体（即试件）间的相对运动以电信号的方式记录下来，其指示量随着质量－弹簧系统和试件间的频率比和阻尼比的不同，可以是位移、速度或加速度。通过磁电换能装置进行量测记录的惯性式拾振器称作磁电式拾振器。

（王娴明）

惯性水头 acceleration head

当地加速度引起的流体惯性力在流段上对单位重量流体所做的功。它表征非恒定流动在能量关系上的特点。设以 h_i 表示。则有

$$h_i=\frac{1}{g}\int_1^2\frac{\partial v}{\partial t}\mathrm{d}s$$

式中 g 为重力加速度；v 为断面平均流速；t 为时间；s 为断面沿程的位置坐标。由不可压缩流体一维非恒定总流的能量方程可知，$\frac{\partial v}{\partial t}>0$ 时，流体作加速运动；$h_i>0$，表明为了提高整段水流的动能，水流必须供给该段一部分能量，这只能由起始断面1－1的总能转化而来。这时，h_i 在能量平衡关系中处于和水头损失 h_ω 同样的地位。但 h_i 和 h_ω 不同。h_ω 转化热能而消失，而 h_i 则被蕴藏在流体中没有消耗。当 $\frac{\partial v}{\partial t}<0$ 时，$h_i<0$，表明整段水流的动能降低，将释放一部分能量而转化成后断面2－2的其他能量。（叶镇国）

惯性椭球 ellipsoid of inertia

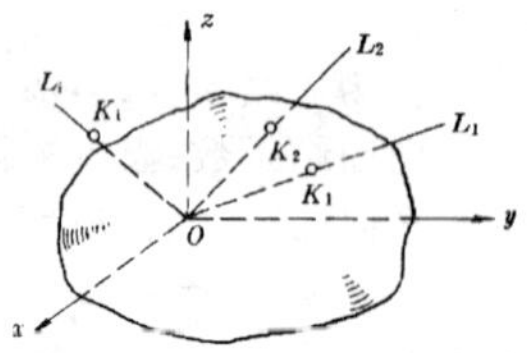

又称惯量椭球。在过任意点 O 的各轴 OL_1、OL_2、… 上分别截取线段 $OK_1=1/\sqrt{J_1}$、$OK_2=1/\sqrt{J_2}$、… $OK_i=1/\sqrt{J_i}$、… 时，各线段的末端 K_1、K_2、… K_i、… 所形成的曲面。J_1、J_2、… J_i、… 等分别为刚体对轴 OL_1、OL_2、… OL_i、… 等的转动惯量，此曲面为以 O 点为中心的椭球面。O 点为刚体的质心时，称为中心惯性椭球。此椭球面上各点到 O 点的距离，与刚体对过该点及 O 点的轴的转动惯量的平方根成反比，故此椭球能形象地表明刚体对过 O 点的各轴的转动惯量大小的变化情况。它还可用于刚体定点转动问题的研究。

（黎邦隆）

惯性运动 inertial motion

见惯性。

惯性张量 inertia tensor

又称惯量张量。以方阵

$$\begin{bmatrix} J_{xx} & -J_{xy} & -J_{xz} \\ -J_{yx} & J_{yy} & -J_{yz} \\ -J_{zx} & -J_{zy} & J_{zz} \end{bmatrix}$$

的9个元素为分量的二阶张量。此处 J_{xx}、J_{yy}、J_{zz} 分别是刚体对 x、y、z 轴的转动惯量；J_{xy}、J_{yz}、J_{zx} 等分别是对有关的两轴的惯性积。由 $J_{xy}=J_{yx}$、$J_{yz}=J_{zy}$、$J_{xz}=J_{zx}$ 知，它是二阶对称张量。它完整地描述了物体对一点的惯性性质。知道该张量后，就可求得刚体对过坐标原点的任意轴的转动惯量（参看刚体对过同一点的任意轴的转动惯量）。（黎邦隆）

惯性主轴 principal axes of inertia

又称惯量主轴。在以同一点为原点的各直角坐标系中，能使刚体关于该轴的两个惯性积都等于零的坐标轴。在刚体内任一点都有三根互相垂直的主轴，对该点的惯性椭球的三根对称轴即为这三轴。

以这三轴为坐标轴时,刚体的各个惯性积都等于零,从而使刚体转动惯量的转轴公式(参看刚体对过同一点的任意轴的转动惯量)可简化为

$$J_{OL}=J_x\cos^2\alpha+J_y\cos^2\beta+J_z\cos^2\gamma$$

在简单情况下,垂直于刚体的质量对称平面的任一轴均为此刚体内该轴与该平面交点的惯性主轴之一;刚体的质量对称轴即为刚体在此轴上任一点的惯性主轴之一。（黎邦隆）

惯性坐标系 inertial coordinate system

又称基础坐标系。固连于惯性参考系上的坐标系。（宋福磐）

guang

光测力学 photomechanics

用光学方法对构件进行全场应力或应变分析的一种实验力学方法。在实验力学领域中不断引入现代光学新的成就而发展起来的原理、方法和实验技术,所形成的一门新的学科分支。它的主要特点是非接触式全场测量。由于激光器和计算机的出现和发展,由传统的光弹性法发展了激光静动态散光光弹性法;研究应力波传播和热应力的动态光弹性法和热光弹性法;静动态云纹干涉法、全息干涉法、散斑干涉法和焦散线法;引入光纤技术后研制出一系列新型光纤传感器。这些方法大多借助光学干涉条纹图进行力学量的测量;借助数字图象处理技术,采集和分析这些干涉条纹图数据,大大提高了测量的精确度,缩短了实验周期,实现了现场实测和实时在线处理,推动了现代光测力学的进一步发展。它已被广泛应用于工程材料和结构、弹塑性力学、断裂力学、岩石力学、陶瓷力学、生物力学、高分子材料力学和复合材料力学的宏观和细微观力学等科学领域,为新材料、新理论的研究提供了科学的实验手段和依据。（傅承诵）

光滑接触面约束 smooth-surface constraint

限制非自由体运动的光滑平面或曲面。光滑面只能限制被约束物体沿接触处的公法线向约束物体运动,其约束反力沿该公法线并指向被约束物体。（黎邦隆）

光滑圆柱形铰链 smooth cylindrical pin

又称销钉,简称圆柱铰或铰。用来联接受到平面力系作用的平面机构或平面结构构件的圆柱体。也是固定铰支座和活动铰支座的主要组成部分。工程上应用极广。受它约束的构件在平面力系作用下不会沿铰的轴线移动,也不能在机构或结构平面内移动,而只能绕铰轴转动,故它对构件的约束反力垂直于铰的圆柱表面,并通过铰的截面圆心,方向不能预先确定,通常以画在该圆心的两个大小与指向尚待确定的正交分力来代替,并常将它们设为沿 x、y 坐标轴的正向或沿水平、铅垂方向。（黎邦隆）

光塑性比拟法 optical-plastic analogy

用光学和塑性力学研究受力试件中应力分布的一种实验应力分析方法。试验材料可采用卤化银、卤化铊及其合金。由于除去荷载后塑性变形仍然存在,为研究材料在塑性阶段的应力分布,可将卸载后的试件进行平板切片并作偏光观察。该试验可研究岩体流动和破坏机理、残余应力、岩体疲劳、松弛、弹性后效、接触摩擦等。（袁文忠）

光塑性法 photoplasticity

一种通过置于偏振光场中弹-塑性变形的光弹塑性模型产生双折射效应干涉条纹图,来确定模型弹塑性应力(或应变)的实验应力分析方法。它可以模拟原型结构或构件的塑性变形过程,解决超过弹性极限时的应力分布状况;可以研究塑性流动的一些物理现象,如流动和破坏过程;还可以研究残余应力、蠕变和松弛,以及裂纹尖端弹塑性场的断裂力学问题。值得注意的是,在实验中必须重新测定光塑性模型材料的非线性应力-应变关系曲线和应力-光学定律,将光塑性法所得的结果换算成原型的结果;除需满足几何、载荷和边界条件相似之外,还必须根据不同的原型材料选择相应的模型材料,以保证其主要力学性能的相似性。（傅承诵）

光弹性材料 photoelastic material

用于光弹性实验的具有暂时双折射效应的材料。理想的光弹性材料,应具有较灵敏的应力双折射效应,透明、无毒、材质均匀,在受力前是各向同性的;还应具有较高的光学、力学比例极限,较小的初应力和时间边缘效应,较小的光学和力学蠕变,良好的加工性能等。在光弹性应力冻结切片法中,还需具有良好的冻结性能和易于加工成形等性能。环氧树脂和聚碳酸酯基本上能满足上述要求,在光弹性实验中得到广泛采用。（傅承诵）

光弹性法 photoelasticity

借助于偏振光和光弹性材料对构件进行全场应力或应变分析的一种光测力学方法。它是用具有暂时双折射效应的透明材料制成的模型,或在实际构件上粘贴这种材料;然后将受力的模型或构件置于偏振光场中,形成光学干涉条纹图;通过对干涉条纹图的分析和计算,可确定模型或构件表面和内部的应力分布规律。由于激光器和计算机的出现和发展,进一步推动了传统的光弹性法的发展,形成了激光散光光弹性法、全息光弹性法、散斑光弹性干涉

法、热光弹性法、光塑性法、动态光弹性法、光弹性－数值分析混合法，以及光弹性图象处理技术等。这种方法具有全场性、条纹的实时性、直观性强等优点。已被广泛应用于工程材料和结构等科学领域。

（傅承诵）

光弹性夹片法 photoelastic sandwich method

利用在光弹性模型中待测应力的部位夹入具有暂时双折射效应薄片所显示的干涉条纹，进行应力分析的一种模型实验方法。该薄片可以夹在诸如有机玻璃等无光弹性效应的透明模型中。夹片的力学性能应接近模型的性能。薄片也可以夹在材料相同的光弹性模型中，并在薄片的两个表面上贴有偏振片，这样可显示出薄片的干涉条纹。为了消除观测时的折射影响，整个模型还必须浸没在和模型材料相同折射率的液体中。（傅承诵）

光弹性散光法 scattered-light method of photoelasticity

利用线光或片光通过受力的或冻结的光弹性模型时的散光偏振性能进行光弹性应力分析的一种实验方法。它的主要特点是在进行实验时，可不必破坏冻结的三维光弹性模型；有时也可对模型直接实时加载进行三维应力分析。采用激光光源后，散光法已应用于解决扭转、平面应力、表面应力和轴对称等问题。（傅承诵）

光弹性贴片法 photoelastic coating method

将一种光弹性材料薄片粘贴在被测构件表面上，通过反射式光弹仪测定该贴片随构件表面变形而产生的等差线条纹级数，求得该构件表面应力（或应变）分布的实验应力分析方法。由于它能直接获得实际工程构件的应力场和应力集中现象，故可应用于现场实测中去。如飞机和汽车的机架、机翼、起落架、导弹尾翼和压力容器等。可发现由于装配、焊接等工艺带来的应力集中区。除能测量静弹性应力外，还可以测动态应力、弹塑性、残余和热应力；适用于测定金属构件、混凝土、木材、复合材料、岩石、橡胶等结构或零件；适用于测定裂纹尖端弹塑性应力场和裂纹扩展的断裂力学研究中。

（傅承诵）

光弹性斜射法 photoelastic oblique incidence method

光弹性实验中常用的分离应力分量的一种实验方法。以二维应力分析为例，当主应力方向已知时，只要将模型放在偏振光场中进行一次正射，再将模型绕 σ_1 方向转动 θ 角进行一次斜射，即可按下式解出主应力大小

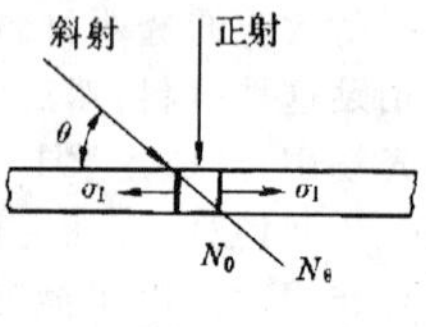

$$\begin{cases} \sigma_1 = \dfrac{f}{\delta}\dfrac{\cos\theta}{\sin^2\theta}(N_\theta - N_0\cos\theta) \\ \sigma_2 = \dfrac{f}{\delta}\dfrac{1}{\sin^2\theta}(N_\theta\cos\theta - N_0) \end{cases}$$

式中 N_θ 和 N_0 分别为斜射和正射时的等差线条纹级数。若主应力方向未知时，或难以沿主方向进行斜射时，须用一次正射和两次斜射（分别绕 x 轴和 y 轴各转 θ 角），同样能分离出应力分量（$\sigma_x, \sigma_y, \tau_{xy}$），如图所示。（傅承诵）

光弹性仪 polariscope

测量光弹性模型受载所产生等差线和等倾线条纹的光弹性实验装置。常见的有透射式、反射式、散光、动态和全息等几种光弹性仪。（傅承诵）

光弹性应变计 photoelastic strain gauge

根据光弹性贴片法原理制成的一种应变计。它是由一光弹性材料薄片和附于其上的偏振片所组成。分为单轴光弹性应变计和双轴光弹性应变计。测试时将它固定在被测构件表面上；当构件受到静载或动载时，薄片将随构件表面一起变形；用白光照射，即可观察到等差线条纹的变化，从而可计算出构件被测点的应变大小和方向。其灵敏度可达 5 微应变。它的优点为：直观性好，测试设备简单，抗干扰性好，可用于较恶劣环境下（如水下、爆炸等）。因为其尺寸不可能很薄很小，故只能用于大型构件上，如桥梁、矿井、水坝、房屋建筑和大型机械等。

（傅承诵）

光弹性应力冻结法 stress-freezing method of photoelasticity

应用应力冻结效应进行三维光弹性实验的方法。将冻结后模型切成薄片、条和块，分别置于偏振光场中进行正射和斜射，获取等差线和等倾线，利用应力－光学定律，得到五个独立的方程式，再用剪应力差法解出六个应力分量。（傅承诵）

光纤维应变计 fiber-optic strain gauge

利用光导纤维传输光信号的功能（光强或相位）随变形而改变的现象制成的测应变元件。是 70 年代开始发展的新技术，形式种类很多，如将光纤维敏感栅和参考栅贴在试件上，以 He－Ne 激光为光源，试件变形后两组光栅产生扬氏干涉条纹，条纹数与应变值成正比。灵敏度高，稳定，不受电信号及周围条件的干涉。（王娴明）

光线示波器 light-beam oscillograph

又称光线振子示波器。利用磁－电原理，将被测电信号经振子转换为光点的运动，在感光纸上进行记录的记录仪器。灵敏度高，记录频率高（可达 5000Hz 左右），但记录不易保存，不易用计算机进行数据处理。（王娴明）

光学傅里叶变换 optical Fourier transform

光学图象通过会聚透镜即能实现其傅里叶变换的现象。光学成象过程是傅里叶变换过程。如图所示的透镜系统，假设光波自左向右通过透镜，则它在透镜前的坐标平面 P_1 上任一点(x_0, y_0)处引起的光振动，用函数 $u(x_0, y_0)$描述，而在透镜后焦面 P_2 上相应点(x, y)处，由这光波引起的光振动用 $u(f_x, f_y)$描述，则 $u(f_x, f_y)$是将 $u(x_0, y_0)$进行数学上的二维傅里叶变换所得到的结果，其中 $f_x = \frac{x}{\lambda f}$，$f_y = \frac{y}{\lambda f}$。$\lambda$ 为入射光波长，f 为透镜的焦距。此透镜称为傅里叶变换透镜，其后焦面为频谱平面。

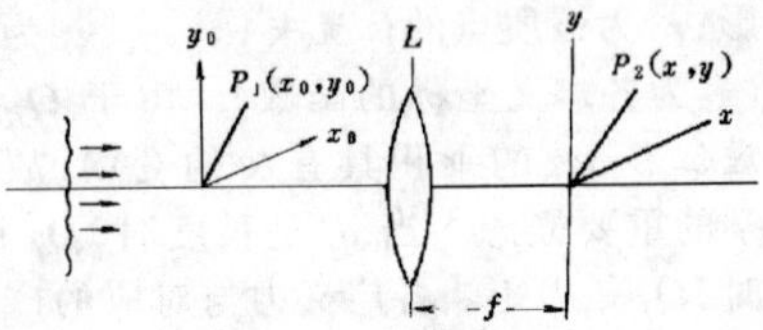

(钟国成)

广义单自由度体系 generalized single-degree of freedom system

在振型分解法中，利用正则坐标的概念，对多自由度体系通过解耦得到的对应于某一自振频率和振型的单自由度体系。其运动方程由相应的广义质量 $\tilde{m}_i$、广义刚度 $\tilde{k}_i$、广义荷载 $\tilde{p}_i(t)$和广义坐标 x_i 构成，形式为

$$\tilde{m}_i \ddot{x}_i + \tilde{k}_i x_i = \tilde{p}_i(t)$$

这一单自由度体系称为原多自由度体系对应于第 i 振型的振子。 (洪范文)

广义动量 generalized momentum

系统的动能 T(以广义坐标及广义速度表示)对广义速度的一阶偏导数。对应于广义坐标 q_j 的广义动量是 $p_j = \frac{\partial T}{\partial \dot{q}_j}$。因势能表达式中不含有广义速度，故对于保守系统，$p_j$ 也等于$\frac{\partial L}{\partial \dot{q}_j}$。$L$ 是系统的拉格朗日函数。对于质点，广义动量表示它的动量或动量矩。 (黎邦隆)

广义多项式 generalized polynomial

每一项都是变量(不限为一个变量)的幂函数所组成的多项式。若各项中的系数均为正，则称为正项式。用几何规划的方法可较好地解决由这类函数组成的非线性程度很高的最优化问题。(刘国华)

广义刚度 generalized stiffness

见广义刚度矩阵。

广义刚度矩阵 generalized stiffness matrix

在振型分解法中，利用正则坐标的概念，由体系的刚度矩阵 $\boldsymbol{K}$，通过 $\widetilde{\boldsymbol{K}} = \boldsymbol{\Phi}^{\mathrm{T}}\boldsymbol{K}\boldsymbol{\Phi}$ 这一变换得到的矩阵 $\widetilde{\boldsymbol{K}}$，式中 $\boldsymbol{\Phi}$ 为振型矩阵。利用关于刚度的振型正交性，这一变换使通常为满阵的刚度矩阵转化为对角矩阵。该矩阵中处于主对角线位置上的非零元素 $\tilde{k}_i = \boldsymbol{\Phi}^{(i)^{\mathrm{T}}}\boldsymbol{K}\boldsymbol{\Phi}^{(i)}$，称为对应于第 i 振型的广义刚度，式中 $\boldsymbol{\Phi}^{(i)}$为第 i 振型的振型向量。广义刚度矩阵所具备的对角性质，是振型分解法能够解耦的原因之一。 (包世华 洪范文)

广义荷载 generalized load

作用于结构，并能使其产生内力、变形和位移的除力之外的所有其他外因的总称。在工程上主要指温度改变、支座位移、材料收缩或制造误差等。其中温度改变指结构在施工和使用期间温度不同或结构各部分处于不同温度的环境中；支座位移指结构的支座因地基变形或施工质量等原因而产生的位移(包括支座的移动和转动)；材料收缩指结构或构件的组成材料因含水量的减少而产生的干缩；制造误差指结构中某些构件的实际尺寸与设计尺寸的差异。这些外因对于静定结构，一般只引起变形和位移，但并不产生内力；而对超静定结构，除引起变形和位移外，还会发生很大的内力。这种荷载为零而内力不为零的内力状态，称为自内力状态。在结构设计中，应注意防止、减轻和消除自内力的不利影响，但有时亦可利用它来调整结构中的内力分布。另参见广义荷载向量。 (洪范文)

广义荷载向量 generalized load vector

在振型分解法中，利用正则坐标的概念，由体系的荷载向量 $\boldsymbol{P}(t)$，通过 $\widetilde{\boldsymbol{P}}(t) = \boldsymbol{\Phi}^{\mathrm{T}}\boldsymbol{P}(t)$这一变换得到的向量 $\widetilde{\boldsymbol{P}}(t)$，式中 $\boldsymbol{\Phi}$ 为振型矩阵。该向量中的分量 $\widetilde{\boldsymbol{P}}_i(t) = \boldsymbol{\Phi}^{(i)^{\mathrm{T}}}\boldsymbol{P}(t)$称为对应于第 i 振型的广义荷载，式中 $\boldsymbol{\Phi}^{(i)}$为第 i 振型的振型向量。

(洪范文)

广义胡克定律 generalized Hooke's law

在复杂应力状态下胡克定律的推广。英国物理学家 R·胡克于 1678 年提出了“伸长量和力成正比”的论断，这是胡克定律的最早形式。该定律亦可表述为：在应力低于比例极限的情况下，固体中的应力 σ 与应变 ε 成正比，即 $\sigma = E\varepsilon$，其中 E 为弹性模量。当推广到复杂应力状态时，对于各向同性弹性体，它给出的应力分量与应变分量之间的关系为

$$\sigma_x = \lambda\theta + 2G\varepsilon_x \qquad \tau_{xy} = G\gamma_{xy}$$
$$\sigma_y = \lambda\theta + 2G\varepsilon_y \qquad \tau_{yz} = G\gamma_{yz}$$
$$\sigma_z = \lambda\theta + 2G\varepsilon_z \qquad \tau_{zx} = G\gamma_{zx}$$

式中 $\theta = \varepsilon_x + \varepsilon_y + \varepsilon_z$，$\lambda$ 和 G 称为拉梅系数，G 又称为剪切弹性模量。上面关系式也可写成

$$\varepsilon_x = \frac{\sigma_x}{2G} - \frac{\lambda}{2G(3\lambda + 2G)}\Theta$$

$$\gamma_{xy} = \frac{1}{G}\tau_{xy}$$

$$\varepsilon_y = \frac{\sigma_y}{2G} - \frac{\lambda}{2G(3\lambda + 2G)}\Theta$$

$$\gamma_{yz} = \frac{1}{G}\tau_{yz}$$

$$\varepsilon_z = \frac{\sigma_z}{2G} - \frac{\lambda}{2G(3\lambda + 2G)}\Theta$$

$$\gamma_{zx} = \frac{1}{G}\tau_{zx}$$

式中 $\Theta = \sigma_x + \sigma_y + \sigma_z$。或写成

$$\varepsilon_x = \frac{1}{E}[\sigma_x - \nu(\sigma_y + \sigma_z)]$$

$$\gamma_{xy} = \frac{2(1+\nu)}{E}\tau_{xy}$$

$$\varepsilon_y = \frac{1}{E}[\sigma_y - \nu(\sigma_z + \sigma_x)]$$

$$\gamma_{yz} = \frac{2(1+\nu)}{E}\tau_{yz}$$

$$\varepsilon_z = \frac{1}{E}[\sigma_z - \nu(\sigma_x + \sigma_y)]$$

$$\gamma_{zx} = \frac{2(1+\nu)}{E}\tau_{zx}$$

式中 ν 为泊松比。弹性系数 λ、G、E、ν 之间的关系为

$$G = \frac{E}{2(1+\nu)}$$

$$\lambda = \frac{E\nu}{(1+\nu)(1-2\nu)}$$

因此,对于各向同性弹性体,独立的弹性系数只有两个。以上讨论都限于小变形。 (刘信声)

广义简约梯度法 generalized reduced gradient method

又称 GRG 法,广义既约梯度法。将简约梯度法推广到处理具有非线性约束问题的一种有效算法。在迭代点上,首先将约束函数作线性展开,按简约梯度法的方式构造搜索方向作一维搜索。由于约束的非线性,沿搜索方向迭代时迭代点将偏离约束界面而进入非可行域,常采用求解非线性方程组的牛顿迭代法使之返回可行域。如此反复迭代,直到逼近最优点。是约束非线性规划中最有效的算法之一。

(刘国华)

广义开尔文模型 generalized Kelvin model

又称开尔文链(Kelvin chain)。由多个开尔文单元串联而成,与广义麦克斯韦模型一样,是线性粘弹性体的一般模型。有相应的材料函数和一般微分型本构关系,有若干个延滞时间,能较好地描述线性粘弹性材料的性能。

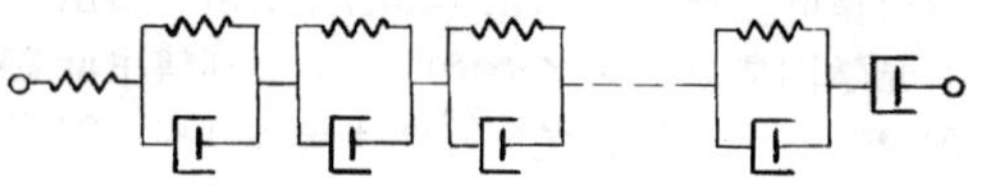

(杨挺青)

广义力 generalized force

对应于广义坐标 q_j 的由下式定义的 Q_j,即

$$Q_j = \sum_{i=1}^{n}\left(\boldsymbol{F}_i \cdot \frac{\partial \boldsymbol{r}_i}{\partial q_j}\right) = \sum_{i=1}^{n}\left(X_i \cdot \frac{\partial x_i}{\partial q_j} + Y_i \cdot \frac{\partial y_i}{\partial q_j} + Z_i \cdot \frac{\partial z_i}{\partial q_j}\right)$$

式中 n 为质点系的质点数;$\boldsymbol{F}_i$ 为作用在任意质点 i 上的主动力的合力;X_i、Y_i、Z_i 为该力在 x、y、z 轴上的投影;$\boldsymbol{r}_i$ 为该质点的位置矢;x_i、y_i、z_i 为该质点的坐标(表为各广义坐标的函数)。由于 Q_j 与对应的广义虚位移 δq_j 的乘积具有功的量纲,故名。是分析力学的重要概念。当 q_j 是长度时,Q_j 是力;q_j 是角度时,Q_j 是力矩。各广义力与对应的广义虚位移的乘积之和 $\sum_{j=1}^{k} Q_j\delta q_j$,等于作用在系统上所有主动力的虚功之和。具体求 Q_j 一般不用上式而用下法。由于 δq_1、δq_2、…、δq_k 都是彼此独立的,每次可只令其中一个(例如 δq_j)不等于零而其余的都等于零,由此计算出各主动力的虚功之和 $\Sigma\delta W$,即易求得 $Q_j = \Sigma\delta W/\delta q_j$。如主动力是有势力,则 $Q_j = -\partial V/\partial q_j$,此处 V 是系统的势能(表为各广义坐标的函数)。 (黎邦隆)

广义力表示的平衡条件 equilibrium conditions of a system in generalized forces

受到双面、定常、理想约束的质点系保持静止平衡的必要与充分条件是:对应于每个广义坐标的广义力都等于零,即

$$Q_j = 0 \qquad (j = 1,2,\cdots k)$$

这是虚位移原理的另一表达形式。这组方程的个数 k 等于系统的自由度数,因而也等于静定系统平衡问题中未知量的个数,可用以求出这些未知量。如各主动力都是有势力,则上述平衡条件可写为

$$\frac{\partial V}{\partial q_j} = 0 \qquad (j = 1,2,\cdots,k)$$

其中系统的势能 V 须表为各广义坐标的函数。

(黎邦隆)

广义麦克斯韦模型 generalized Maxwell model

由多个麦克斯韦单元并联而成,与广义开尔文模型一样属线性粘弹性体的一般模型。利用线性微分算子或拉普拉斯变换的方法,可得出相应的一般微分型本构方程。材料函数中含有多个指数函数,其中有若干个松弛时间,表征较复杂的线性粘弹行为。

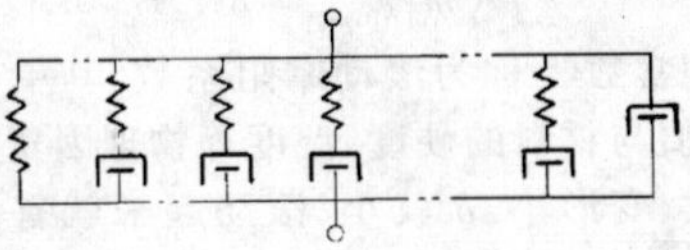

（杨挺青）

广义速度 generalized velocity

广义坐标对时间的一阶导数。对应于广义坐标 q_r 的广义速度为 $\frac{dq_r}{dt}$，即 $\dot{q}_r$。（黎邦隆）

广义特雷斯卡屈服准则 extended Tresca yield criterion

又称引伸的特雷斯卡屈服准则。特雷斯卡屈服准则的推广。它考虑了静水压力对材料屈服的影响，表达式为

$$(\sigma_1 - \sigma_3) + \alpha I_1 = k$$

式中 σ_1、σ_3 分别为最大、最小主应力；I_1 为应力张量第一不变量，α、k 为材料常数。在主应力空间，屈服面为正六棱锥体面。在 π 平面上为正六角形。

（龚晓南）

广义位移 generalized displacement

描述结构上的点、截面或杆件的位置变化或相对位置变化的物理量的统称。通常包括线位移、角位移以及相对位移等。（何放龙）

广义协调元 generalized conforming element

单元间公共边界上满足广义（平均）位移协调条件的单元。它保留了非协调元自由度少、推导简便等优点，又能通过小片检验，使收敛性得到保证。构造这类单元时，要求在广义协调条件中能建立起广义位移参数与结点位移参数之间的可逆关系。四结点十二自由度矩形薄板广义协调元和三结点九自由度三角形薄板广义协调元分别是已有的同类薄板单元中精度最好的单元之一。（支秉琛）

广义应变 generalized strain

唯一确定结构变形状态的独立参量，记为 q_j。对于具体结构由于引入某些几何性的简化假设，例如梁的截面平面假设，薄板（壳）的直法线假设等，使得这些结构的变形状态可用若干个独立参量唯一确定；如中心轴线的曲率，薄板（壳）中面的曲率、扭率等。（熊祝华）

广义应力 generalized stress

与广义应变 q_j 对应的描述结构受力状态的独立参量，记为 θ_j。它与广义应变的关系为

$$\int_\Omega Q_j q_j \mathrm{d}\Omega = A, A \text{ 的量纲与功相同。}$$

$\mathrm{d}\Omega$ 为广义体元；例如，梁元的广义应变为曲率，广义应力为弯矩，广义体元为梁中心轴线的线元。与广义应变无关的内力称为"反力"，如梁弯曲中的剪力。"反力"是为平衡所必需，而在结构变形过程中不作功的内力。（熊祝华）

广义杂交元 generalized hybrid element

场函数中有力参数和位移参数两类以上的变量，且有部分场函数只在边界上出现的单元。通过能量原理，建立两类变量间的关系和单元的特性矩阵。应力杂交元和位移杂交元是其两特例。

（包世华）

广义质量 generalized mass

见广义质量矩阵。

广义质量矩阵 generalized mass matrix

在振型分解法中，利用正则坐标的概念，通过 $\widetilde{\boldsymbol{M}} = \boldsymbol{\Phi}^{\mathrm{T}}\boldsymbol{M}\boldsymbol{\Phi}$ 这一变换，由体系的质量矩阵 $\boldsymbol{M}$ 得到的矩阵 $\widetilde{\boldsymbol{M}}$，式中 $\boldsymbol{\Phi}$ 为振型矩阵。利用关于质量的振型正交性，无论质量矩阵都是集中质量矩阵还是一致质量矩阵，其相应的广义质量矩阵是对角矩阵。矩阵中处于主对角线位置上的非零元素 $\widetilde{m}_i = \boldsymbol{\Phi}^{(i)\mathrm{T}}\boldsymbol{M}\boldsymbol{\Phi}^{(i)}$，称为对应于第 i 振型的广义质量，式中 $\boldsymbol{\Phi}^{(i)}$ 为第 i 振型的振型向量。广义质量矩阵具有的对角性质，是振型分解法能够解耦的原因之一。

（包世华 洪范文）

广义转角位移法 generalized slope-deflection method

推广应用于跨变结构的转角位移法。本方法与普通转角位移法的不同之处，在于它须用到跨变杆件（如拱形杆件，人字形杆件等）的转角位移方程。故只要先推导出这类杆件的转角位移方程，其余计算即与普通转角位移法无异。（罗汉泉）

广义坐标 generalized coordinates

能确定质点系位置的独立参量。例如定轴转动刚体的转角，平面运动刚体的质心坐标与绕质心转动的相对转角，曲柄连杆机构中曲柄的转角。用广义坐标研究问题，是分析力学的一个显著特点与优点。（黎邦隆）

gui

规范沉降计算法

我国《建筑地基基础设计规范》所规定的地基最终沉降 S_∞ 计算法。其表达式为

$$S_\infty = \psi_s S' = \psi_s \sum_1^n \frac{p_o}{E_{si}}(z_i\bar{\alpha}_i - z_{i-1}\bar{\alpha}_{i-1})$$

式中 S' 为按分层总和法计算得到的地基沉降量；ψ_s 为反映了瞬时沉降、次固结沉降、地基土性质等因素的沉降计算综合经验系数；n 为地基压缩层厚度范围内的分层数；p_o 为基底附加应力；E_{si} 为第 i 分层土的压缩模量，按实际应力范围取值；z_i 和 z_{i-1} 分别

为基础底面至第 i 分层和第 $i-1$ 分层底面的距离；$\bar{\alpha}_i$ 和 $\bar{\alpha}_{i-1}$ 分别为基础底面计算点至第 i 分层和第 $i-1$ 分层底面范围内平均附加应力系数。ψ_s、$\bar{\alpha}_i$ 和 $\bar{\alpha}_{i-1}$ 均有表可查。（谢康和）

规则波 regular wave

波浪要素（即波高、波长及波周期等）恒定，且位于同一静水平面上各水质点所形成的波面具有完全相同振幅的波浪。（叶镇国）

gun

辊轴支座

见活动铰支座（147 页）。

滚波 rolling wave

槽身宽、水深浅、坡度大的平直陡坡渠道中发生的一种后波赶前波的特殊波浪。这种波浪在槽中每隔一定距离波前横贯渠槽，其波速大于流速，以致出现大波追小波，小波并成大波以滚雪球形式向前传播，故名。发生这种波浪的渠道底坡往往比临界底坡大数倍，此时的水流称为超急流。这种波浪破坏了水流的恒定状态，使水槽中的水面突然升高，还会增加下游的消能困难。其发生的原因是坡度过大，摩擦力远小于重力及惯性力且不足以使行进扰动波衰减。防止其发生的关键在于加大陡坡渠道的摩阻力，具体措施有：①对渠壁作人工加糙；②合理设计陡坡渠道断面的形状。实践表明，弓形和三角形断面不易发生滚波。（叶镇国）

滚动铰支座

见活动铰支座（147 页）。

滚动接触 rolling contact

两物体在接触点处存在相对旋转的接触。这种接触有时伴有滑动与自旋。根据在接触面处是否存在切向力可分为自由滚动接触与牵引滚动接触。由法向荷载产生的接触区尺寸根据赫兹理论决定。当接触面需要传递切向力时，或相接触的两物体具有不同的弹性常数时，在接触面处由于两物体的切向应变不同，会产生局部打滑。（罗学富）

滚动摩阻 rolling resistance

又称滚动摩擦（rolling friction）、第二类摩擦。物体在支承面上有相对滚动趋势或已发生相对滚动时，所受到的对滚动的阻碍。克服滚动摩擦比克服滑动摩擦容易，如搬运重物时在底下垫上滚子比推它在地面上滑行省力得多。机械中用滚珠或滚子轴承代替滑动轴承也是这个道理。（彭绍佩）

滚动摩阻定律 law of rolling resistance

简称滚阻定律。最大滚动摩阻力偶矩 (m_f)max 与物体所受的法向反力 N 成正比，即

$$(m_f)_{\max} = \delta N$$

式中比例常数 δ 称为滚动摩阻系数，其单位为长度单位，其值与材料的硬度、湿度等物理因素有关。材料硬度大、变形小，δ 就小，滚动起来就省力。轮胎要打足气，火车轮及轨道要用钢做，都是例子。δ 值应由实验测定，也可参考工程手册。近代研究表明，δ 值也与滚子半径有关，但一般的工程问题里都不考虑这种影响。（彭绍佩）

滚动摩阻力偶 couple of rolling resistance

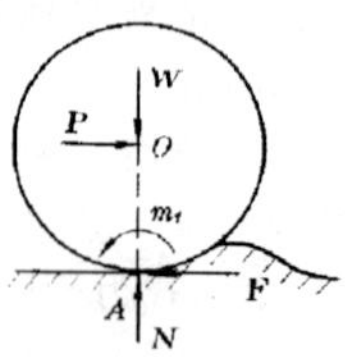

又称滚动摩擦力偶。物体有滚动趋势或已发生滚动时所受到的阻碍滚动的力偶。其力偶矩 m_f 称为滚动摩阻力偶矩，转向与物体相对滚动趋势或相对滚动的转向相反。当物体滚动或有滚动趋势时，支承面在物体前进方向处对物体的约束反力是分布力。将这力系向 A 点简化时，其主矩即为 m_f。（彭绍佩）

滚动摩阻系数 coefficient of rolling resistance

见滚动摩阻定律。

滚轴支座

见活动铰支座（147 页）。

棍栅法

在试验段入口处垂直于来流方向、水平安装相互平行但变间距的棍（棍断面为圆形或方形），在试验段下游形成模拟的中性大气边界层的方法。D.J.Cockrell 在 1966 年导出了圆形棍栅形成指数律速度剖面的棍径 d 和棍距 l 的关系式。可根据目标边界层厚度和指数 n，求出采用棍径 d 时的 $y \sim l$ 曲线，以指导棍栅的设计。（施宗城）

guo

过度曝光法 heavy exposure method

把曝光量选在照相底片特性曲线的非线性段过度曝光区，以提高干涉条纹对比度的一种照相术。在双光束散斑干涉法中，把变形前后的散斑场曝光在同一张底片上，曝光量选择在底片特性曲线的非线性段过渡曝光区。在相关部分中，黑斑的概率高；不相关部分则黑斑很少。在处理好的负片上，光线相互干涉部分形成亮条纹，它们代表位移为半波长整数倍的等位移线。此法条纹明暗对比度好。

（钟国成）

过渡元 transition element

在两种不同类型单元之间起连结作用的单元。过渡单元必须与他所连结的单元相匹配，即在相邻的边界上，结点分布相同，位移（或应力）连续；因此，

过渡元的结点与场函数的插值关系是由被他所连结的两种不同类型的单元决定的。

（包世华）

过水断面 cross section

正交于所有元流（或流线）的横断面。其面积常用 ω 表示。当为均匀流或渐变流时，过水断面为平面或接近于平面；当为急变流时，流线弯曲，过水断面为一曲面。对于元流，其过水断面积为无穷小，因此过水断面上各点的运动要素（如压强、流速等）同一时刻可以认为是相同的。对于总流，其过水断面积等于所有元流过水断面积之和，其上的运动要素一般不相同；当其过水断面为平面时，断面上的动水压强分布规律与静水压强分布规律相同。

（叶镇国）

过协调元 over-conforming element

又称过分协调元。位移函数除满足变分原理所规定的连续性要求外，还具有更高阶的连续性的单元。（支秉琛）

过应力模型理论 theory of overstress modes

塑性动力学中的一种本构关系，认为塑性应变率只是过应力的函数，与应变大小无关。过应力是材料在动力作用下引起的瞬时应力与对应于同一应变时静态应力之差。在不同的恒应变率下的动态应力－应变曲线在塑性阶段是相互平行的。

（徐秉业）

过载 excess load

又称超重。物体加速运动时对支承物的压力超过静止时所产生的静压力的现象。动压力的最大值与静压力的比值称为动荷系数或过载系数。例如用绳索吊着重 P 的重物的行车以匀速 v_0 沿水平桥架移动时，若突然刹车，则吊索中的最大张力将为 $P\left(1+\frac{v_0^2}{gl}\right)$，动荷系数即为 $1+\frac{v_0^2}{gl}$，式中 l 为吊索长度，g 为重力加速度。（宋福磐）

过阻尼 heavy damping

见阻尼比（476 页）。

H

ha

哈密顿原理 Hamilton's principle

完整的保守系统在某段时间内的真实运动与在同样时间内并有同样始末位置的可能运动的区别是：真实运动的哈密顿作用量具有极值，即该作用量的变分等于零：

$$\delta\int_{t_1}^{t_2} L\mathrm{d}t = 0$$

其中 L 是系统的拉格朗日函数。如系统不是保守的，则本原理为

$$\int_{t_1}^{t_2}(\delta T + \delta W)\mathrm{d}t = 0$$

式中 δT 是系统动能的变分；δW 是作用在系统上所有主动力的虚功之和。这是分析力学几个积分形式的变分原理中最重要的一个。由本原理用变分运算可导出完整系统的运动微分方程，解决动力学问题；它还应用于其他的力学分支学科，并在经典力学发展到量子力学、相对论力学中起到桥梁作用。

在计算力学中，习惯用以下形式表述本原理，即在所有满足边界位移已知条件和时间边值条件的可能运动形态中，真实解使泛函 $A=\int_{t_1}^{t_2} L\mathrm{d}t$ 有驻值。式中 L 为拉格朗日函数，它等于弹性体动能与势能之差（$L=T-\Pi_p$）。由泛函驻值条件 $\delta A=0$ 可导出体系的运动方程。

（黎邦隆　支秉琛）

哈密顿作用量 Hamilton's action

哈密顿原理中的积分 $\int_{t_1}^{t_2} L\mathrm{d}t$，即拉格朗日函数的时间积分。其单位为能量单位×时间单位。它是一个泛函。

（黎邦隆）

hai

海漫 riprap

紧接护坦的下游河床的护砌工程。其材料可用混凝土砌块、混凝土板、填石框笼、石笼、抛石、干砌块石等。（叶镇国）

海姆理论 Heim theory

岩体深部的初始垂直应力与其上覆岩体的厚度成正比，而水平应力大约等于垂直应力的假说。用于确定深部岩石的自重应力。由瑞士地质学家海姆（Heim）于 1878 年提出，他认为深部岩石在长期高地应力作用下产生显著蠕变，导致岩石处于近似的静水应力状态。（周德培）

亥姆霍兹速度分解定理 Helmholtz velocity decomposing theorem

流体运动学中有关流体微团运动分析的定理。它指出,流体微团的运动可以分解为平动、转动和变形三部分之和。描述平均的特征量是平动速度 $\vec{v}_0$;描述转动的特征量是 $\Delta\times\vec{v}$,其方向和大小分别表征流体微团的瞬时转动轴线和两倍的角速度;描述变形的特征量是变形速率张量 $s_{ij}=\frac{1}{2}\left(\frac{\partial v_i}{\partial x_j}+\frac{\partial v_j}{\partial x_i}\right)$ 其对角线分量和非对角线分量的物理意义分别是三个坐标轴线上线段元的相对伸缩速率和两两坐标轴之间夹角的三个剪切速率的负值的一半。这一速度分解定理与刚体速度分解定理之间存在以下两个重要区别:①流体微团运动比刚体多了变形速度部分;②刚体速度分解定理对整个刚体成立,是整体性定理,而流体速度分解定理只是在流体微团内成立,因此,它是局部性定理。

(叶镇国)

亥姆霍兹涡定理 Helmholtz's theorem

论证涡线及涡管运动学和动力学性质的定理。它证明,在无粘性正压流体中,若外力有势,则在某一时刻组成的涡面、涡线、涡管的流体质点在以前或以后任一时刻也组成涡面、涡线及涡管,且涡管强度在运动过程中恒不变。它和开尔文定理结合,全面地描述了上述无粘性、正压及外力有势这三个条件下流体涡旋的随体保持性规律。破坏涡旋保持性,使旋涡产生和消失的三个主要因素是:流体粘性、斜压性和外力无势。涡旋随体变化的最主要性质是保持性或称冻结性。对于重力作用下的理想不可压缩流体,若为均匀来流的定常绕流,显然满足上述三条件,在不脱体绕流且流场中任一点的流体质点均来自无穷远处的无旋情况,整个流场必是无旋的;同样,对于理想不可压缩流体在重力作用下从静止状态开始的任何流动,必为无旋流动。

(叶镇国)

han

含奇异积分的直接法 direct method with singular integrals

以原物理问题的边界未知量为基本未知量建立含奇异积分的边界积分方程并求解的方法。以三维弹性静力学问题为例,直接法边界积分方程为

$$c_{ij}(p)u_j(p)=\int_s u_{ij}^s(p;q)t_j(q)\mathrm{d}S(q)-\int_s t_{ij}^s(p;q)u_j(q)\mathrm{d}S(q)+\int_v u_{ij}^s(p;Q)f_j(Q)\mathrm{d}V(Q)$$

式中 u_{ij}^s、t_{ij}^s 分别为基本解即开尔文解的位移及相应的面力;p 为基本解的奇异点;q、Q 分别为任意的边界点与域内点,当 p、q 趋于重合时 t_{ij}^s、u_{ij}^s 均趋于无穷。对于三维问题 t_{ij}^s、u_{ij}^s 分别为 $\frac{1}{r^2}$ 及 $\frac{1}{r}$ 奇异性的奇异积分,$\int_s t_{ij}^s(p;q)u_j(q)\mathrm{d}S(q)$ 为该奇异积分的柯西主值,$c_{ij}(p)$ 则是由奇异性带来的与 P 点处边界几何特征有关的系数,对边界光滑点 $c_{ij}(p)=\frac{1}{2}\delta_{ij}$,$\delta_{ij}$ 为克罗内克 δ。

(姚振汉)

含沙量 sediment concentration

又称含沙浓度。单位体积浑水中所含泥沙重量。常用单位为 N/m^3,它是挟沙水流中的一个最基本概念,其表示方法有三种:①含沙体积比浓度,②含沙重量比浓度,③单位浑水中所含泥沙重量。

(叶镇国)

含沙体积比浓度 volumetric sediment concentration in percent

每立方米浑水中所含泥沙的体积。它和含沙量之间的关系可用下式表示:

$$S_v(\%)=\frac{S}{\gamma_s}\times 100$$

式中 S_v 为含沙体积比浓度;S 为含沙量;γ_s 为泥沙重度。对于二维平衡输沙过程,其垂线分布如下式:

$$\frac{S_v}{S_{va}}=\left[\left(\frac{h-z}{z}\right)\left(\frac{a}{h-a}\right)\right]^{\frac{\omega}{\beta K v_*}},$$

$$v_*=\sqrt{\frac{\tau_0}{\rho}}$$

式中 S_{va} 为 $z=a$ 处的含沙体积比浓度;z 为从床面算起的垂线距离;a 为任一垂线坐标值;K 为卡门常数;v_* 为动力流速或阻力流速;τ_0 为床面($z=0$)切应力;ρ 为水的密度;h 为水深;β 为悬移质扩散系数与动量扩散系数的比例系数;ω 为沉速。上式适用于含沙量不高的情况。当浓度较高时,水的粘滞系数加大,甚至水沙成为一相的浑水体,改变了挟沙水流的根本性质,上式失效。浓度较高时,含沙浓度的分布趋于均匀。 (叶镇国)

含沙重量比浓度 sediment concentration as percentage by weight

泥沙重量与浑水重量比。它与含沙量的关系可用下式表示:

$$S_G(\%)=\frac{S}{\left(\gamma-\frac{\gamma S}{\gamma_s}\right)+S}\times 100$$

式中 S_G 为含沙重量比浓度;S 为含沙量;γ 为水的重度;γ_s 为泥沙重度。 (叶镇国)

函数的变分　variation of function

自变量不变的情况下，函数 y 和与它接近的另一函数 y_1 之差，记作 δy。δy 仍是自变量的函数，为一阶小量。一个函数的变分运算与微、积分运算的顺序可以交换。例如 $(\delta y)' = \delta(y')$，$\delta(\int y\mathrm{d}x) = \int(\delta y)\mathrm{d}x$。　（支秉琛）

函数误差　function error

函数量测量值的误差。在生产和实验中，对一些不能直接测量的物理量常采用间接测量方法获得。设某物理量 y 与变量 $x_1, x_2, \cdots\cdots, x_n$ 存在函数关系，即 $y = f(x_1, x_2 \cdots\cdots x_n)$，则 y 值可以由测出的 $x_i(i = 1\cdots\cdots n)$ 量值求得。由此所得的函数量 y 的误差即为函数误差。它可以由各变量 x_i 测值的误差根据数学公式求出。　（李纪臣）

函数误差分配　distribution for function error

合理分配与已定函数误差有关各项测量值的误差值。这是间接测量常遇到的课题。若某函数量的允许误差已定，为了保证该量测值的误差不超过规定值，测量前必须根据精度要求和仪器条件选定适当的测量方案，对有关测量值的误差作合理分配。　（李纪臣）

涵洞水流　flow through culvert

流经涵管或隧洞的水力现象。涵洞和隧洞的特点是断面具有封闭的周界，且多为圆形或门洞形。其水力特征是可为有压流、无压流或半压流。无压涵洞水流的进出口段多为急变流，中间段水流则为渐变流段，急变流段的长度可用经验公式求得，渐变流段可利用明渠渐变流微分方程及水面曲线分段求和法作定性和定量分析。无压涵洞的泄水能力与涵洞长及涵洞底坡有关。由于局部阻力影响，涵洞首端附近断面将发生收缩，该处水深 h_c 小于临界水深 h_k，即 $h_c < h_k$。当为陡坡或临界坡涵洞时，洞内无水跃衔接，泄水能力受末端正常水深控制，且有 $h_0 \leqslant h_k$，又 $h_c < h_k$，全涵为急流状态，洞长对涵洞的泄水能力无影响，其过流特性与宽顶堰自由出流相似，泄水流量按宽顶自由出流计算；当为缓坡、平坡及逆坡涵洞时，洞长增加，阻力随之增大，水面曲线将随之升高并出现水跃，若洞长过大，水跃向上游移动并可发展为淹没式水跃，使全涵呈缓流状态，出口断面处均为临界水深，洞长对过水能力有影响，其过流特性与明渠相同，长洞泄水流量可按宽顶堰淹没出流计算。无压涵洞的流量系数 $m = 0.32 \sim 0.36$。涵洞水流的水力计算任务主要是①确定涵洞水流状态即判明有压流、半压流或无压流；②当洞身断面形状和尺寸选定后在一定的上下游水位下计算涵洞的泄水流量；③按需要泄放的流量设计涵洞断面尺寸（或涵洞直径）及计算涵前（进口处上游）水深；④确定洞内压强沿程变化及出口的消能计算。⑤对于无压涵洞，还需要计算涵洞内的水面曲线。涵洞水流现象与很多因素有关，主要是洞身横断面的形状尺寸，涵洞进口的几何形状及是否被水流淹没，洞身长度、洞身表面的粗糙程度及通过涵洞的流量等。　（叶镇国）

焓　enthalpy

又称热函。热力学中表征物质系统能量状态的状态参数。对于一定量物质，其值按下式计算：

$$H = U + pV$$

式中 H 为物质系统的焓；U 为物质系统的内能；p 为压强；V 为体积。物质系统在等压过程中所吸收的热量等于其焓的增量。它在描述流动物质的能量关系时特别有用。　（叶镇国）

汉森极限承载力公式　Hansen's ultimate bearing capacity formula

由 J·B·汉森考虑倾斜荷载等因素于 60 年代提出的地基极限承载力公式。在前人研究的基础上，汉森考虑了倾斜荷载、基础形状、基础埋深、地面倾斜和基底倾斜等因素的影响，对于均质地基、基础底面完全光滑的情况，提出在中心倾斜荷载作用下垂直向的地基极限承载力公式

$$q_f = cN_c s_c d_c i_c g_c b_c + qN_q s_q d_q i_q g_q b_q + \frac{1}{2}\gamma B N_\gamma s_\gamma d_\gamma i_\gamma g_\gamma b_\gamma$$

其中

$$N_c = (N_q - 1)\mathrm{ctg}\varphi$$

$$N_q = e^{\pi \mathrm{tg}\varphi}\mathrm{tg}^2\left(45° + \frac{\varphi}{2}\right)$$

$$N_\gamma = 1.8(N_q - 1)\mathrm{tg}\varphi$$

上列各式中 q_f 为地基极限承载力；N_c、N_q、N_γ 为承载力系数；c、φ 分别为土的粘聚力和内摩擦角；$q = \gamma D$ 为基础两侧土的超载；γ 为土的重度；D 为基础的埋置深度；B 为基础宽度；s_c、s_q、s_γ、为基础的形状系数；d_c、d_q、d_γ 为基础埋深系数；i_c、i_q、i_γ 为荷载倾斜系数；g_c、g_q、g_γ 为地面倾斜系数；b_c、b_q、b_γ 为基底倾斜系数。　（张季容）

汉森模型　Hansen's model

表达混凝土徐变的流变模型之一。其中弹性元件 1 表示未水化水泥和水化结晶产物，粘性元件 2 表示水泥凝胶，粘性元件 3 表示游离水与孔隙，弹性元件 4 表示混凝土骨料。使硬化混凝土的结构组分都在模型中得到体现。此模型提供的是混凝土反应的现象学解释，并未揭示出徐变的实际机理。

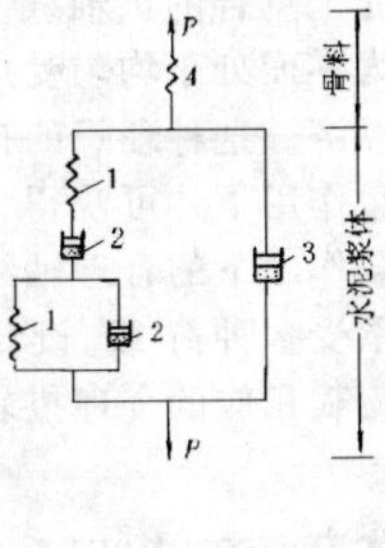

（胡春芝）

焊接式电阻应变计 weld resistance strain gauge

基底为金属薄片,使用时可用焊接方法安装在试件上的电阻应变计。 (王娴明)

hao

豪包特法 Houbolt method

动力方程组的直接积分法之一,它假设

$$\ddot{a}_{t+\Delta t}=\frac{1}{\Delta t^2}[2a_{t+\Delta t}-5a_t+4a_{t-\Delta t}-a_{t-2\Delta t}]$$

$$\dot{a}_{t+\Delta t}=\frac{1}{6\Delta t}[11a_{t+\Delta t}-18a_t+9a_{t-\Delta t}-2a_{t-2\Delta t}]$$

这是误差为$(\Delta t)^2$量级的两步后差分公式。为求$t+\Delta t$时刻的解要求解$t+\Delta t$时刻的动力方程,是一种无条件稳定的隐式算法。计算步骤参考动力方程组的直接积分法。它需用专门的起步算法(如中心差分法)计算$a_{\Delta t}$和$a_{2\Delta t}$,等效刚度矩阵为$\hat{K}=K+c_0M+c_1C$,$t+\Delta t$时刻等效荷载为

$$\hat{P}_{t+\Delta t}=P_{t+\Delta t}+M(c_2a_t+c_4a_{t-\Delta t}+c_6a_{t-2\Delta t})+C(c_3a_t+c_5a_{t-\Delta t}+c_7a_{t-2\Delta t})$$

$t+\Delta t$时刻动力方程为$LDL^{T}a_{t+\Delta t}=\hat{P}_{t+\Delta t}$。

其中出现的系数为$c_0=\frac{2}{\Delta t^2}$,$c_1=\frac{11}{6\Delta t}$,$c_2=\frac{5}{\Delta t^2}$,$c_3=\frac{3}{\Delta t}$,$c_4=-2c_0$,$c_5=-\frac{c_3}{2}$,$c_6=\frac{c_0}{2}$,$c_7=\frac{c_3}{9}$。

(姚振汉)

耗散力 dissipating force

作用在系统的某些点上,沿坐标轴方向的分量始终与各该点速度的对应分量方向相反,因而使系统的机械能不断耗散的线性阻力。粘滞阻尼、库伦阻尼等都是。受耗散力作用的振动系统称为耗散系统。 (宋福磐)

he

合理拱轴

又称拱的合理轴线。与压力多边形(压力曲线)完全重合的拱轴线。此时,拱上各截面的弯矩全部为零而处于均匀受压状态,材料得以充分利用,最为经济。这种理想的拱轴线,一般只能在某一特定荷载作用下才可获得,如三铰平拱在全跨竖向均布荷载作用下的合理轴线为二次抛物线。实际结构常要承受多种荷 载,设计时选用的拱轴线应尽量与主要荷载相应的合理拱轴接近,以减少拱上各截面的弯矩。 (何放龙)

合力 resultant

与一已知力系等效的单个力。原力系中的各力则称为该力的分力。例如在力的分解附图中,力$\boldsymbol{F}$为汇交于O点的三力$\boldsymbol{F}_x$、$\boldsymbol{F}_y$、$\boldsymbol{F}_z$的合力,$\boldsymbol{F}_x$、$\boldsymbol{F}_y$、$\boldsymbol{F}_z$则为力$\boldsymbol{F}$的三个分力。 (彭绍佩)

合力的功 work done by the resultant

多个汇交力的合力的功,等于各分力在同一路程上的功的代数和。 (黎邦隆)

合力矩定理 theorem of the moment of a resultant

又称伐里农定理(Varignon′s theorem)。力系的合力对任一点(或任一轴)之矩,等于各分力对同一点(或同一轴)之矩的矢量和(或代数和)。即

$$m_0(\boldsymbol{R})=\Sigma m_0(\boldsymbol{F})$$

或

$$m_z(\boldsymbol{R})=\Sigma m_z(\boldsymbol{F})$$

式中$\boldsymbol{R}$为合力,O为任一点,z为任一轴。应用本定理常可方便地通过计算各分力力矩来求得合力力矩;还可求合力作用线的位置,如求重心的位置坐标等。 (彭绍佩)

合力投影定理 theorem of thc projection of a resultant

合力在任一轴上的投影,等于各分力在同一轴上投影的代数和。即

$$R_x=X_1+X_2+\cdots\cdots+X_n=\Sigma X$$

式中R_x 表示合力$\boldsymbol{R}$在x轴上的投影,X_1、X_2……X_n分别表示各分力在该轴上的投影。本定理实际上就是合矢量投影定理,即合矢量在任一轴上的投影,等于各分矢量在同一轴上投影的代数和。

(彭绍佩)

和风 moderate breeze

蒲福风级中的四级风。其风速为5.5~7.9m/s。 (石 沅)

河槽形态阻力 resistance for forms of river course

河槽走向、宽度和断面形状变化引起的水流阻力。河槽形态变化可加剧水流的非均匀度并产生水流的迁移加速度,因而可增大水流阻力。一般说,形态渐变时阻力小,形态突变时阻力大。

(叶镇国)

河渠自由渗流 free seepage-flow for river and channels

埋藏较深的地下水,其水位变化不影响河渠向周围土壤渗透时的渗流现象。它具有自由表面,是一种无压渗流。 (叶镇国)

荷载 load

主动作用于结构上的外力。它将使结构产生内力、变形和位移。荷载是结构受到的主要外界作用,它的确定是进行结构分析和设计的基本前提。确定时要考虑多方面因素,主要以《荷载规范》为依据。

按照不同特征,可以对它进行不同的分类。例如,按作用时间的久暂,可分为恒荷载(永久荷载)、活荷载(可变荷载)和偶然荷载;按作用的性质,可分为静力荷载和动力荷载等。此外,在结构分析中,有时也将能使结构产生内力、变形和位移的其他外因(例如温度改变、支座位移、材料收缩和制造误差等)视为广义荷载。 (洪范文)

荷载势能 potential energy of loads

体系总势能的一个组成部分。它可看成是弹性体系(线性或非线性的弹性结构)由变形后的位置运动到未变形位置时荷载所作的功。通常以 V 表示。只与体系的初始位置和最终位置有关,而与运动的路径无关。当荷载为集中力 $P_i(i=1,2,\cdots n)$时,有

$$V=-\sum_{i=1}^{n}P_i\Delta_i$$

式中,Δ_i 为沿 P_i 的作用点和方向的位移,负号是因为在上述作功的过程中,P_i 作用点的位移在数值上等于 Δ_i,但方向与 Δ_i 相反。当荷载为分布荷载时,有

$$V=-\int_{AB}q(x)v(x)\mathrm{d}x$$

式中 $q(x)$为分布荷载沿杆轴线的集度;$v(x)$为弹性曲线的位移表达式;AB 为荷载分布区段的长度。 (罗汉泉)

荷载系数 load coefficient

按比例变化的荷载系的增长参数。设荷载系 $P_i(i=1,2,\cdots,n)$,可表示为 $P_i=\overline{\lambda P_i}$,$\overline{P}_i$,为给定的,称为基准荷载,$P_i$ 则称为比例荷载,λ 称为荷载系数,恒为正值。这意味着将一个荷载系简化为一个荷载系数。在结构塑性分析中求塑性极限荷载实际上是求极限荷载系数。 (熊祝华)

赫尔米特插值函数 Hermitian interpolation function

在相互独立的 $n+1$ 个给定点 x_i 上取指定函数值 y_i 和导数值 y'_i 的 $2n+1$ 次多项式函数 $H_{2n+1}(x)$。其一般形式为:$H_{2n+1}(x)=b_0+b_1x+b_2x^2+\cdots\cdots+b_{2n+1}x^{2n+1}$。它的构成规则是:$H_{2n+1}(x)=\sum\limits_{i=0}^{n}[y_id_i(x)+y'_i\beta_i(x)]$,其中 $d_i(x)=\left[1-2(x-x_i)\sum\limits_{\substack{j=0\\j\neq i}}^{n}\frac{1}{x_i-x_j}\right]l_i^2(x)$,$\beta_i(x)=(x-x_i)l_i^2(x)$,$l_i(x)$为基函数(参见拉格朗日插值函数中 $l_i(x)$)。$H_{2n+1}(x)$主要用于带有一阶导数的插值问题。例如用来构造梁元、板元、壳元等的位移函数。 (杜守军)

赫林格一瑞斯纳变分原理 Hellinger-Reissner variational principle

又称二类变量广义变分原理或瑞斯纳变分原理。在弹性力学问题中,将位移和应力都看作独立自变函数的无条件变分原理。由 E. 赫林格(1914)和 E. 瑞斯纳(1950)分别独立提出。是经典的单类变量变分原理的推广。三类变量广义变分原理的一种特殊形式。用拉格朗日乘子法将最小余能原理变换为无条件变分原理,构成的新泛函 Π_{HR}便是此原理中的对应泛函。泛函 Π_{HR}定义为

$$\Pi_{HR}=\int_v[\frac{1}{2}(u_{i,j}+u_{j,i})\sigma_{ij}-B(\sigma_{ij})-f_iu_i]\mathrm{d}v-\int_{s_u}(u_i-\bar{u}_i)p_i\mathrm{d}s-\int_{s_\sigma}\bar{p}_iu_i\mathrm{d}s$$

式中 v 为弹性体所占空间;$u_{i,j}$为位移 u_i 对 x_j 的偏导数;$B(\sigma_{ij})$ 为应变余能密度;f_i 为体积力;S_u 和 S_σ 分别为给定位移和面力的边界;$\bar{u}_i$ 和 $\bar{p}_i$ 分别为给定的位移与面力。原理可叙述为:由泛函 Π_{HR}的驻值条件 $\delta\Pi_{HR}=0$ 确定的自变函数(位移与应力)必满足应力平衡条件、应力-位移关系和有关的边界条件,是问题的真实解。原理通常分为两种形式。由最小余能原理用拉氏乘子法导出的,常称为原理的余能形式或二类变量广义余能原理;若其中所取的应力场满足平衡条件和给定的静力边界条件,则泛函 n_{HR}退化为总势能 n_p(参见最小势能原理,479 页)。对原理的泛函作分部积分变换,便得到原理的势能形式泛函或二类变量广义势能原理的泛函。 (支秉琛 熊祝华)

赫兹 Hertz

振动频率的单位,简称赫。中文符号为赫,单位符号为 Hz。Hz=1/s。 (宋福磐)

赫兹接触 Hertz contact

具有光滑连续椭球状表面的两物体之间的无摩擦法向接触。H. 赫兹,最早研究了这一问题。他假定:①接触区发生小变形;②接触区的形状是椭圆;③相接触的物体可以看作弹性半空间,在其边界平面的椭圆接触区内受载。这些假定被以后的研究者广泛采用。当接触区尺寸远比物体尺寸及物体表面的相对曲率半径小时,这一理论可得到合理的结果。 (罗学富)

heng

亨奇定理 Hencky's theorem

见滑移线的性质(142 页)。

亨奇应力方程 Hencky's stress equations

反映应力沿滑移线变化规律的数学表达式。设 θ 为α 滑移线与x坐标轴的夹角(逆时针量为

正），平均正应力 $\sigma = \frac{1}{2}(\sigma_x + \sigma_y)$；在塑性区内 $\tau_{max} = k$，k 为常数，等于剪切屈服极限。亨奇应力方程为

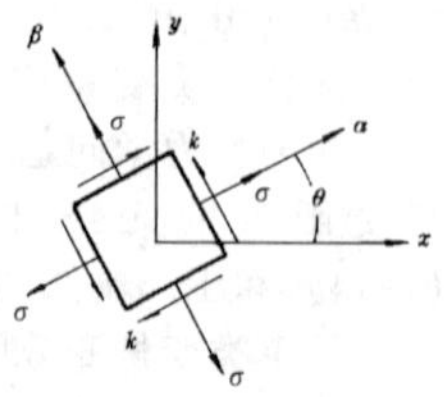

沿 α 线 $\qquad \sigma - 2k\theta = C_\alpha, \frac{dy}{dx} = tg\theta$

沿 β 线 $\qquad \sigma + 2k\theta = C_\beta, \frac{dy}{dx} = -ctg\theta$

在同一根滑移线上，C_α 或 C_β 为常数，在不同滑移线上，C_α、C_β 一般不相等，上式是 H·亨奇(1923)导出的。求出了 θ 和 σ，则可按下式求 σ_x、σ_y、τ_{xy}（见图）

$$\sigma_x = \sigma - k\sin 2\theta$$

$$\sigma_y = \sigma + k\sin 2\theta$$

$$\tau_{xy} = K\cos 2\theta$$

（熊祝华）

恒定流动 steady flow

见定常流动（71 页）。

恒定流动量方程 momentum equation for stead-flow of liquid

描述水流动量变化与作用力关系的表达式。对于元流与总流分别有

$$\rho dQ(\vec{u}_2 - \vec{u}_1) = \vec{F} \qquad (元流)$$

$$\rho Q(\alpha_{02}\vec{v}_2 - \alpha_{01}\vec{v}_1) = \Sigma\vec{F} \qquad (总流)$$

式中 α_{01}，α_{02} 分别为前后过水断面的动量修正系数；$\vec{u}_1$、$\vec{u}_2$ 为元流前后两点的流速；$\vec{v}_1$、$\vec{v}_2$ 为总流前后两过水断面的断面平均流速；ρ 为流体密度；Q 为流量；$\vec{F}$ 及 $\Sigma\vec{F}$ 为元流和总流控制体（隔离体）上的外合力。上述方程表明：恒定总流单位时间中控制断面内其动量的变化，等于作用在该控制面内所有液体质点的质量力的合力与作用在该控制面上的表面力的合力之和。此方程既适用于理想液体，也适用于实际液体；若控制面内的动量不随时间改变（如泵与风机中的流动），则在非恒定流时此方程式也可适用。用动量方程解题，关键在于选取控制面。一般应将控制面的一部分取在运动液体与固体边壁接触的面上，另一部分即流入与流出两断面应取在渐变流过水断面上，并使控制面封闭。动量方程因是个矢量方程，故在实用上一般是利用它在某坐标系上的投影式进行计算。

（叶镇国）

恒定流动量矩方程 equation of moment-of-momentum for steady-flow of liquid

表征液流隔离体内动量矩变化和作用于它的外力矩间的关系式。其表达式为

$$\rho Q(\vec{u}_2 \times \vec{r}_2 - \vec{v}_1 \times \vec{r}_1) = \Sigma\vec{F} \times \vec{r}$$

式中 $\vec{r}_1$、$\vec{r}_2$ 为从固定点到流速矢量 $\vec{v}_1$、$\vec{v}_2$ 的作用点的矢径；$\vec{F}$ 为外力矢量；$\vec{r}$ 为从同一固定点到外力矢量 $\vec{F}$ 的作用点的矢径；ρ 为流体密度；Q 为流经控制体的流量，其值沿程不变。动量方程可确定水流与边界之间总作用力的大小，而动量矩定理则可确定水流与边界之间总作用力的位置。

（叶镇国）

恒定流连续性方程 continuity equation of liquid for steady-flow

流速与过水断面面积之间的关系式。它是液流质量守恒定律的一个特殊形式。对于不可压缩流体恒定元流及总流，其连续性方程如下：

$$u_1 d\omega_1 = u_2 d\omega_2 = dQ = const \quad (元流)$$

$$v_1\omega_1 = v_2\omega_2 = Q \qquad (总流)$$

式中 u_i 为点流速；v_i 为断面平均流速；ω_i 为过水断面面积；Q 为流量。对于恒定流，$Q = const$。下标 $i = 1.2$，为前后断面序号。上式表明流速与过水断面面积成反比。这一方程不涉及任何作用力，是个运动学方程，对于理想液体或实际液体都适用。

（叶镇国）

恒定流能量方程 energy equation liquid for steady-flow

见伯努利方程（27 页）。

恒荷载 dead load

又称永久荷载。在结构使用期间，其值不随时间而变化，或其变化与平均值相比可以忽略不计的荷载。例如，结构的自重，安置在结构上的固定设备的重量，结构所受的土压力等。这类荷载的大小和作用位置都是固定不变的。（洪范文）

桁架 truss

由若干直杆用铰联结而成的以承受轴力为主的杆件结构。若所有杆件均在同一平面内，则称为平面桁架；否则为空间桁架。桁架结构具有能充分利用材料强度、自重轻、外形可灵活变化等优点，适用于房屋建筑和桥梁中较大跨度的承重结构及高耸结构。它是土木工程中最古老而应用最广泛的承重结构之一。早在公元前就已开始应用木桁架。到 19 世纪中叶，欧洲开始大规模建造铁路桁架桥，且已达到了较高的理论分析水平。其计算简图通常取为理想桁架，即认为各杆两端都用理想铰相联结，在结点荷载作用下，各杆只承受轴力。分析桁架，一般要借助几何组成分析，确定它是静定桁架还是超静定桁架。对于静定桁架仅需通过结点处或截面上力的平衡条件即可求解，常用方法为结点法和截面法；对于超静定桁架则须首先用力法或位移法求出其基本未知量，进而计算各杆的轴力。目前

已编制有多种桁架通用计算程序，供设计人员使用。（何放龙）

桁架设计两相优化法 two phase method for truss optimization

将原属非线性规划的桁架优化设计问题，分解成在性态（位移）空间寻求最优位移状态和在设计空间寻求最轻设计的两个线性规划问题的优化设计方法。前者称为性态相优化，它以位移状态为未知量，在满足应力约束、位移约束条件下寻求使总应变能极大的解；后者称为结构相优化，仍以原设计变量（构件截面）为未知量，在满足平衡条件与尺寸界限约束条件下寻求最轻结构。由于仅求解两个线性规划问题，不必进行结构重分析和迭代，计算方便。但目前仅能处理单工况问题，且约束条件严格时可能失败。（汪树玉）

横波 transverse wave

介质中质点的振动方向与波的传播方向互相垂直的波场。横波只能在可以抵抗剪切变形的介质中传播，故仅存在于高粘滞液体和固体中。在弹性体中，横波所形成的应力场处于纯剪切应力状态，是等容波。（郭　平）

横风向风力 cross wind force

大气风场沿风流垂直方向作用在结构上的力。风流经结构时会产生旋涡。当雷诺数不大于 3×10^5 时，旋涡以一个相当明确的频率作周期性的脱落。随着雷诺数的增大，这种周期性脱落变为随机无规则状况。当雷诺数增大到 3.5×10^6 以上时旋涡脱落频率又变为有规则。故而，在横风向可能是周期荷载，也可能是随机荷载，这要根据雷诺数值而定。（石　沅）

横观各向同性体 lateral isotropy

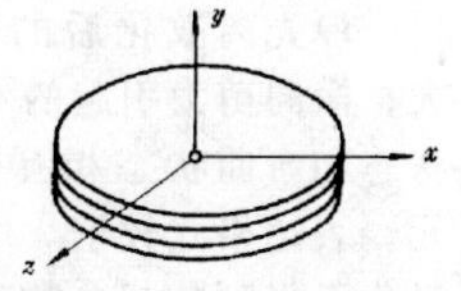

平行于某一平面的所有各个方向（即横向）都具有相同的弹性，而在垂直于该平面方向上的弹性性质不同的弹性体。许多层状岩体属于这类弹性体。对于这类岩体，平行于层面的各个方向（$x.z$）是横向，垂直于层面的方向（y）是纵向。其独立的弹性常数为 5 个，即 E_1、E_2、μ_1、μ_2 和 G_2。其中 E_1、μ_1 为横向弹性模量和泊桑比；E_2、μ_2 为纵向弹性模量和泊桑比；G_2 为纵向剪切弹性模量。（屠树根　龚晓南）

横流驰振 cross flow galloping

稳定流动的流体中的驰振不稳定结构在振动时从垂直于来流方向的驰振力中不断吸取能量而发生的垂直于来流方向的驰振。当结构具有驰振不稳定性的横截面时，在流体临界流速的作用下，结构开始出现横流驰振。它主要以横流向弯曲单自由度振动形式出现。临界流速以后，结构振动增强，导致相对攻角增加，驰振力出现非线性特性。非线性驰振力的作用结果是结构稳定在某个大振幅下振动。结构处于风场中时发生的横流驰振称为横风向驰振。（顾　明）

横弯曲 bending for transversely loaded beams

杆件在正交于轴线的外力作用下所引起的弯曲。外力必须位于过剪心（弯心）的平面内。此时梁的横截面上不仅有弯矩，而且有剪力，弯矩是随横截面位置而变化的。对于细长梁，剪力的存在对横截面上正应力分布的影响可以忽略，仍可近似地用纯弯曲的有关公式计算正应力和变形。

（熊祝华）

横向荷载 transverse load

垂直于杆件轴线方向施加的荷载。（吴明德）

横向加速度 transverse acceleration

见点的运动的极坐标法（65页）。

横向速度 transverse velocity

见点的运动的极坐标法（65页）。

横向效应 transverse sensitivity

因电阻应变计中敏感栅的横向部分对横向应变（与电阻应变计轴线方向垂直的应变）的敏感，使电阻应变计的指示应变中包含有横向应变的影响的现象。以横向效应系数 H 表示这种影响的大小

$$H=\frac{\text{横向灵敏系数}}{\text{轴向灵敏系数}}\%$$

式中横向灵敏系数为单位横向应变引起的电阻变化率；轴向灵敏系数为单位轴向应变引起的电阻变化率。其值主要与敏感栅的几何形状有关。在专用设备上由实验确定。（王娴明）

横向效应系数 coefficient of transverse sensitivity

见横向效应（139页）。

横向振动散斑干涉测量术 lateral vibration measurement using speckle interferometry

单光束散焦散斑干涉法与时间平均法相结合，以测量振动物体转角的一种光测力学方法。激光束均匀地照射在作横向（离面）正弦振动的物体表面，照相机聚焦于散焦距离为 A 的 $S-S$ 平面上。采用时间平均法拍摄散斑图。将此散斑图用全场分析法处理，即可得到表征振动物体表面等斜度线的条纹图。（钟国成）

hong

红宝石激光器 ruby laser

一种以圆形红宝石棒为工作介质，用氙闪光灯的光能进行光泵时能输出脉冲激光能量的器件。是常用的固体激光器，其波长为694.3nm（深红色），脉冲宽度大约0.25ms。有单脉冲、双脉冲和序列脉冲等不同种类。用于全息照相时需经选模，以提高激光的相干性。常用法布里－珀罗标准距作为纵模选择器。用小孔（其直径2～3mm）放在谐振腔内作横模选择器。用于力学动态测量时，需在谐振腔内放置光电调制器（Q开关），以窄化脉冲宽度（可压缩至几十纳秒），并可通过控制加于Q开关晶体上的电压脉冲间隔，使光脉冲与被测事件在时间上同步。（钟国成）

红黏土　red clay

热带、亚热带温湿地区碳酸盐岩系经红土化作用形成，含有大量氧化铁的棕红、褐黄色的高塑性黏土。残积和坡积的，其液限一般大于50%，上硬下软，具有明显的收缩性，裂隙发育。经再搬运后仍保留其基本特性，液限大于45%的称为次生红黏土。红黏土的矿物骨架活动性差，由铁铝氧化物胶结成团粒，虽密度较小，含水量高，但力学性质仍较良好。主要分布在我国长江以南地区。

（朱向荣）

虹吸管　siphon

利用上下游水池水位高差和管中所形成的真空，使上水池的水越过高出该水池自由表面的地段引向下水池的有压引水管道。它的工作条件是保证管中有一定的真空度和一定的上下游水位差。虹吸管顶部的真空度一般限制在7～8m以下。其水力计算主要是确定输水流量和顶部的允许安装高程两个问题。其工程应用较广。例如黄河下游的虹吸管引黄灌溉。给水处理厂的虹吸滤池，水工建筑物中的虹吸式溢洪道等都是虹吸管原理的应用。

（叶镇国）

hou

后差分　backward difference

又称向后差分。函数 $y=f(x)$ 在等距结点 $x_i=x_0+ih$ $(i=0, 1, \cdots, n)$ 上的值 $y_i=f(x_i)$ 为已知，函数在每个小区间 $[x_{i-1}, x_i]$ 上的变化值 y_i-y_{i-1} 叫 $y=f(x)$ 在点 x_i 上以 h 为步长的一阶向后差分，记作 $\Delta y_i=y_i-y_{i-1}$。对一阶差分再作一次差分是二阶差分，记为 $\Delta^2 y_i=\Delta y_i-\Delta y_{i-1}$。依次可得 n 阶差分 $\Delta^n y_i=\Delta^{n-1}y_i-\Delta^{n-1}y_{i-1}$。用它们可组成用差分表示的插值多项式和差分方程式。（包世华）

后处理法　post-treatment method

在集成结构的整体刚度矩阵和结点力向量的过程中，先不考虑结构的支承条件，待其得出后再经处理以形成结构刚度矩阵和自由结点荷载向量的直接刚度法。它实施的方式是“子块搬家，对号入座”，即把各单元的单元刚度矩阵和由非结点荷载变换得到的等效荷载向量中的所有子块根据该单元两端的结点号，分别叠加到整体刚度矩阵和结点力向量按结点编号分块的相应位置上。再从中去掉与支座零位移对应的行和列，缩并后即得结构刚度矩阵和自由结点荷载向量。在程序编制时，形式上的“子块搬家”仍需采用元素逐个换码集成的作法，而支承条件的处理也以划零置一法和乘大数法为多。后处理法简明易懂，但占用计算机内存比先处理法多，使用也不如后者灵活。（洪范文）

后方气压　back pressure

风流向前运动遇到障碍物时，在障碍物背面上的气压。（石　沅）

后屈曲平衡状态　post-buckling equilibrium state

承受荷载的体系在超过临界状态之后的平衡状态。以理想轴压杆为例，当采用线性小挠度稳定理论时，认为轴压力达到临界荷载，压杆即进入随遇平衡状态（即中性平衡状态），它即为体系从稳定平衡过渡到不稳定平衡的分支点。其后轴压力不可能再增加，故此时后屈曲平衡状态无实际意义；而若采用非线性大挠度稳定理论，则认为轴压力达到临界荷载时，压杆由直线稳定平衡转入曲线形式的稳定平衡。此后，体系处于后屈曲平衡状态，荷载与挠度仍存在着一一对应的关系。荷载继续增加，挠度将迅速增长。（罗汉泉）

厚壳元　thick shell element

厚壳离散化后的单元。特点有二：①厚度较大，横向剪力引起的变形不可忽略；②曲面，薄膜状态和弯曲状态相互耦合。可按厚壳理论建立单元，表达格式较繁。用得更多的是按三维实体单元蜕化而得到的超参数壳体单元，它是由上、下两个曲面以及沿周边以壳体厚度方向的直线为母线而形成的曲面所围成，但结点只取在上、下曲面的边界上。仍采用以下假定：中面法线在变形后仍保持直线，忽略壳层之间的正应力；但考虑横向剪切的影响，即中面法线变形后不再和中面垂直。

（包世华）

hu

弧长法　arc length method

非线性方程组解法之一，是跟踪解曲线通过极值点的有效方法，在正则点也有很好的收敛性。在求解非线性方程组 $\boldsymbol{\Psi}(\boldsymbol{a})=0$ 时，如果已求得其解曲线上的一个点 $\boldsymbol{a}_i$，在求解

$$\boldsymbol{\Psi}(\boldsymbol{a}_i+\Delta\boldsymbol{a}_i)\equiv\boldsymbol{\Psi}(\boldsymbol{a}_{i+1})=0$$

时，采用一个合理的曲线参数 η，在原方程中补充一个关于 η 的方程，然后一起迭代求解，这个方程是 $(\Delta\boldsymbol{a}_i^{(m)})^{\mathrm{T}}\Delta\boldsymbol{a}_i^{(m)}-\eta^2=0$，它是以 $\boldsymbol{a}_i$ 点为中心，η 为半径的超球面方程。迭代过程 $m=1,2,\cdots$，将从预估点沿着上述超球面趋于曲线上的点 $\boldsymbol{a}_{i+1}$。 （姚振汉）

胡海昌－鹫津变分原理 Hu-Washizu variational principle

又称三类变量广义变分原理。在弹性力学问题中，将位移 u_i、应变 ε_{ij} 和应力 σ_{ij} 都看作独立自变函数的无条件变分原理。由胡海昌（1954）和鹫津久一郎（1955）分别独立提出。是弹性力学中最一般的变分原理，其他变分原理都可看作是其特殊情况。用拉格朗日乘子法将应变－位移几何关系和给定的位移边界条件纳入势能泛函 Π_{p}，可由最小势能原理推广导出，得到此原理中的对应泛函 $\Pi_{3\mathrm{p}}$。

$$\begin{aligned}\Pi_{3\mathrm{p}}=&\int_{\mathrm{v}}[A(\varepsilon_{ij})-f_iu_i]\mathrm{d}v\\&-\int_{\mathrm{v}}[\varepsilon_{ij}-\frac{1}{2}(u_{i,j}+u_{j,i})]\sigma_{ij}\mathrm{d}v\\&-\int_{s_{\mathrm{u}}}(u_i-\bar{u}_i)p_{\mathrm{u}}\mathrm{d}s-\int_{s_\sigma}\bar{p}_iu_i\mathrm{d}s\end{aligned}$$

式中 v 为弹性体所占空间；$A(\varepsilon_{ij})$ 为应变能密度；$u_{i,j}$ 为位移 u_i 对 x_j 的偏导数；s_{u} 和 s_σ 分别为给定位移和面力的边界；f_i 为体积力；$\bar{u}_i$ 和 $\bar{p}_i$ 分别是给定的位移和面力；p_i 为从属于应力 σ_{ij} 的应力。原理可阐述为：当泛函 $\Pi_{3\mathrm{p}}$ 有驻值（$\delta\Pi_{3\mathrm{p}}=0$）时，位移 u_i、应变 ε_{ij} 和应力 σ_{ij} 的解是问题的真实解。原理可分为两种形式，即以 $\Pi_{3\mathrm{p}}$ 为泛函的广义势能形式和对 $\Pi_{3\mathrm{p}}$ 作变换后，以与 $\Pi_{3\mathrm{p}}$ 等效的 $\Pi_{3\mathrm{c}}$ 为泛函的广义全能形式

$$\begin{aligned}\Pi_{3\mathrm{c}}=&\int_{\mathrm{v}}[\sigma_{ij}\varepsilon_{ij}-A(\varepsilon_{ij})+\sigma_{ij,j}+f_i]u_i\mathrm{d}v\\&-\int_{s_{\mathrm{u}}}p_i\bar{u}_i\mathrm{d}s-\int_{s_\sigma}(\sigma_{ij}n_j-\bar{p}_i)u_i\mathrm{d}s\end{aligned}$$

式中 $\sigma_{ij,j}$ 为应力 σ_{ij} 对 x_j 的偏导数；n_j 为 s_σ 边界外法线的方向余弦。可以证明 $\Pi_{3\mathrm{p}}=-\Pi_{3\mathrm{c}}$。由于用拉氏乘子法放松了对所有约束条件的要求，由此原理求近似解时，弹性力学中所有的条件都只能近似地得到满足。 （支秉琛、熊祝华）

胡克定律 Hooke's law

固体在弹性小变形的条件下，其受力大小与相应的变形成正比关系的定律。为英国物理学家 R. 胡克首先提出的实验规律，并于 1678 年正式公布的。定律通常表示为应力与应变的形式，即固体变形在弹性范围以内，应力值低于比例极限时，正应力 σ 与线应变 ε 成正比关系，

$$\frac{\sigma}{\varepsilon}=E$$

式中 E 为弹性模量或杨氏模量。对于剪切或扭转问题，胡克定律则表示为剪应力 τ 与剪应变 γ 成正比关系，即

$$\frac{\tau}{\gamma}=G$$

式中 G 为剪切弹性模量。对于空间应力状态，还有广义胡克定律。 （吴明德）

互补松弛条件 complementary slackness condition

约束最优化问题中，最优点 $\boldsymbol{x}^*$ 上各不等式约束值 $g_j(\boldsymbol{x}^*)$ 与相应的拉氏乘子值 μ_j^* 应满足的互补关系，即

$$\mu_j^*g_j(\boldsymbol{x}^*)=0,j=1,2,\cdots,m$$

由于非线性规划对偶问题中的约束条件是 $\mu_j\geqslant0$，$j=1,2,\cdots,m$，因此上式表明如果原问题中第 j 个约束为非作用约束（称松约束），即 $g_j(\boldsymbol{x}^*)>0$，那么对偶问题中对应约束必为作用约束（称紧约束），即 $\mu_j^*=0$，反之也一样，故有此名。由于存在这一关系，使得 $\sum\limits_{j\in J}\mu_j^*g_j(\boldsymbol{x}^*)$ 与 $\sum\limits_{j=1}^{m}\mu_j^*g_j(\boldsymbol{x}^*)$ 完全等价，式中 J 为作用约束下标集合，$j\in J$ 表示所有属于作用约束的不等式约束下标。这样就可不必事先区分作用约束与非作用约束，于是库－塔克条件可改为

$$f(\boldsymbol{x}^*)-\sum_{j=1}^{m}\mu_j^*g_j(\boldsymbol{x}^*)-\sum_{k=1}^{l}\nu_k^*h_k(\boldsymbol{x}^*)=0$$
$$\mu_j^*g_j(\boldsymbol{x}^*)=0,j=1,2,\cdots,m$$
$$\mu_j^*\geqslant0,j=1,2,\cdots,m$$

式中符号参见库－塔克条件（197 页）。由于线性规划是约束非线性规划的特例，这一条件对线性规划同样适用（参见拉格朗日函数和对偶理论，201、82 页）。 （汪树玉）

护坦 apron

受重点保护的水跃区河段的护砌工程。其护砌材料一般为混凝土或钢筋混凝土，当流速过大时，还可采用铸铁板。 （叶镇国）

hua

滑动接触 sliding contact

两物体的接触点处存在表面相对滑动（或相对滑动趋势）的接触。若接触面间无摩擦，则接触应

力及接触面尺寸与赫兹接触的情况相同。在有摩擦的情况中，在两物体的接触面处会产生等值反向的切向摩擦力。若两接触物体有相同的弹性常数，则接触区的大小形状及法向应力分布不受切向力的影响。若摩擦系数远小于1，可以认为法向压力与切向摩擦相互独立，而采用叠加原理求合成应力。

（罗学富）

滑动摩擦 sliding friction

又称第一类摩擦，见摩擦（244页）。

滑动摩擦系数 coefficient of sliding friction

见库仑摩擦定律（197页）。

滑动支座 guided support

又称定向支座。杆件端部不能发生转动和沿某一方向（例如杆轴方向）的移动，而允许沿另一垂直方向作微小移动的平面杆件结构的支座。通常以两根相互平行的支座链杆表示。其反力为一个垂直于移动方向的集中反力和一个反力矩。

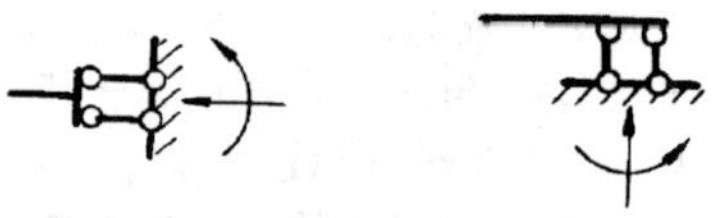

（洪范文）

滑动轴承 sliding bearing

用轴瓦直接支承轴颈，二者之间可作相对滑动的轴承。示意图如（*a*）。不计摩擦时，轴瓦与轴颈间的接触面是光滑圆柱面，如轴颈长度不大，轴承对轴的约束反力可分为与轴垂直的两正交分力 ***X*** 与 ***Y***。滚珠轴承（ball bearing）的反力性质也一样。为了使轴在受到轴向荷载时不致移动，可用止推轴承（thrust bearing）。其示意图如（*b*）。此时除了分反力 ***X*** 与 ***Y*** 之外，还有轴向分反力 ***Z***。

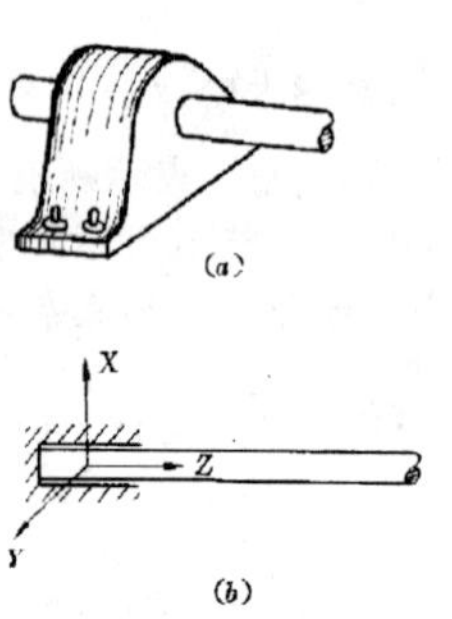

（黎邦隆）

滑开型（Ⅱ型）裂纹 sliding mode (mode-Ⅱ) crack

两表面（上、下唇）沿裂纹面表面相对移动而彼此滑移的裂纹。其荷载可简化为在裂纹平面内而且平行于弹性平面物体中面的剪力。相应的应力强度因子为 K_{II}。

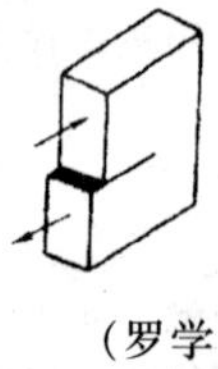

（罗学富）

滑面爆破加固 blast reinforcement with slide plane

用爆破扰动滑动面加固岩体的方法。是岩坡加固方法的一种。主要用于顺层滑坡。基本原理是用人工方式扰动滑动面岩体，增加滑面的强度，使边坡保持稳定状态。该方法应该比较准确地确定滑动面位置，提出合适的钻孔和爆破的参数，且钻孔必须超过滑面的一定深度，以便能同时扰动滑面上下一定深度范围的岩层。

（屠树根）

滑线电阻式位移传感器 linear resistance potentiometers

利用滑线电阻的触点随试件的位移而移动从而使电阻变化这一原理来量测位移的传感器。构造简单、量程大，但易磨损而影响准确度，需经常进行率定。

（王娴明）

滑线电阻式位移传感器

滑移线 slip lines

又称为吕德斯线或切尔诺夫线。拉伸试件进入屈服阶段后在试件表面可观察到与试件轴线大致呈45°的螺旋线。它们最早分别由德国的X·吕德斯和俄国的X·切尔诺夫发现。

（郑照北）

滑移线的性质 properties of slip lines

由亨奇应力方程导出的滑移线的重要性质：①沿同一根滑移线平均正应力的变化 $\Delta\sigma$ 与滑移线倾角的变化 $\Delta\theta$ 成正比例；②在两根 α（或 β）线间所有 β（或 α）线段的角度变化相等，平均正应力的变化相等（亨奇第一定理）；③如果沿某一滑移线移动，则另族滑移线在交点（节点）处的曲率半径变化等于沿该滑移线通过的距离；（亨奇第二定理）；④位在两条同族滑移线间的另族直线滑移线段的长度相等。

（熊祝华）

滑移线法 method of slip line

利用材料在塑性变形过程中最大剪应力迹线的性质求解塑性力学边值问题的一种方法。主要用于求解刚性理想塑性金属材料的塑性平面应变问题。由于最大剪应力迹线与引起金属材料塑性变形的相对滑移方向一致，因此最大剪应力迹线又称为滑移线。在塑性平面变形问题中，塑性区内的滑移线场是两族正交的曲线，一族称为 α 线，另一族称为 β 线；最大主应力迹线 s_1 平分 α 线和 β 线的夹角（见图）。所谓滑移线法就是不直接求解非线性方程，而引用滑移线的特性及应力沿滑移线

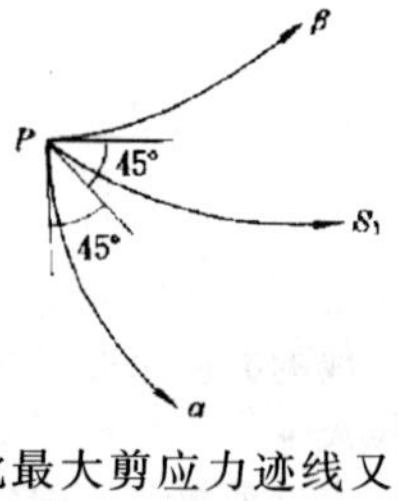

的变化规律，将问题转化为作滑移线场，并求出塑性区内的应力分布和速度分布。（熊祝华）

化学键合力 chemical bonds

简称化学键，又称主价键。分子或晶体中两个或多个原子或离子间存在的强相互吸引力。分为四类：离子键、金属键、共价键和配价键。它们的键能很大，一般为 200～800KJ/mol。是范德华力的 20～50 倍，氢键的 10～20 倍。离子键是晶体中正负离子间的静电吸引力；金属键是自由电子和金属原子（或正离子）组成的晶格点阵之间的强相互作用力；共价键是两个或两个以上原子通过共有若干个电子而产生的强相互吸引力；配价键是中心离子与配位体（离子或偶极分子）间的静电吸引力或中心离子或原子的空价电子轨道与含孤对电子的分子或离子配位体的孤对电子形成的强相互吸引力。

（周　啸）

划零置一法 zero-one method

用后处理法编制程序时，为使结构支承条件得以满足而对整体刚度方程进行修改的程序处理方法，它可保持方程的阶数不变，同时使支座结点的某些结点位移等于零。

其步骤是：在整体刚度矩阵中与该零位移对应的行和列中，把主对角线上的元素改为 1，而把其他元素均改为零，同时把结点力向量中的相应分量也改为零，从而达到使该位移为零而不改变方程阶数的目的。（洪范文）

huan

环境空气动力学 environmental aerodynamics

研究近地面大气中风的各种空气动力学特性和各类粒子在其中迁移扩散规律的学科。它是在解决环境问题的社会需要推动下形成和发展起来的一门空气动力学的新分支，具有很强的边缘性和应用性。20 世纪初德国 L. 普朗特和稍后英国的 G. I. 泰勒等人为这方面的研究做了奠基工作，到 70 年代后期学术界开始采用这一名词，1978 年起有专著出版。其研究内容可归纳为两大类：①风环境问题。如雪、沙迁移堆积的疏导，防风林布置，城市建筑规划，飞机场建设等；②风扩散问题。如固态、液态、气态粒子在大气中的扩散规律等。

（叶镇国）

环球软化点 softening point of asphalt with circle-ball method (bitumen)

反映沥青对温度敏感性的重要指标。由于沥青材料从固态至液态有一定的变态间隔，故规定其中某一状态作为从塑性态转到塑流态的起点，相应的温度称为沥青软化点。测定方法较多，我国大多采用环球法（仪器见图），故称环球软化点。以甘油或水作传热介质，使在规定铜环中成形的固体沥青，在标准钢球的重力作用下，能连同钢球降落一定距离时的温度，定为其软化点，用℃表示。

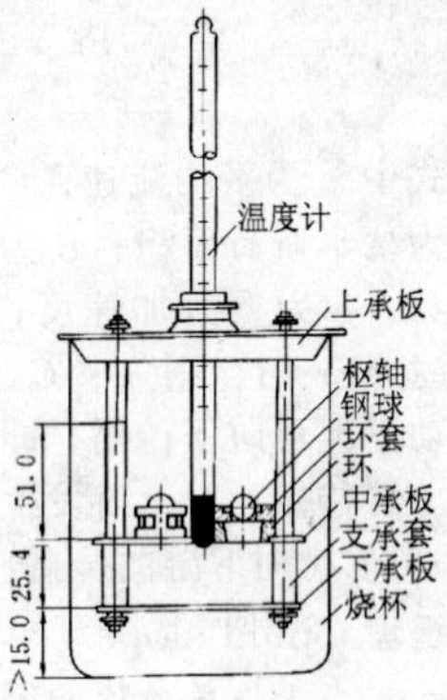

（胡春芝）

环状管网 looping pipes

由若干闭合环状管路组成的管网。其水力计算通常是在管网的管线布置和管段的长度已确定，且管网各节点的流量为已知的条件下，求解各管段的通过流量、直径，以及相应的水头损失。环状管网管段数 n_g，环数 n_k 及节点数 n_p 三者存在下列关系

$$n_g = n_k + n_p - 1$$

每一管段均有两个未知数：流量和管径。因此，未知数的总和有 $2n_g = 2(n_k + n_p - 1)$ 个。水力计算必须满足两个条件：①连续性条件，即流向节点的流量应等于由此节点流出的流量。②任一闭合的环路，从一个节点到另一个节点间沿不同管线计算的水头损失应相等。以上两点均按代数法则计算。由条件①可列出 $(n_p - 1)$ 个方程式，由条件②可列出 n_k 个方程式。总计可列出方程式数为 $(n_k + n_p - 1)$ 个，占未知数的一半，因而将有任意解。实际计算时常用经济流速确定各管段直径，因而使问题有确定解（未知数可减半）。由此可知，环形管网水力计算只能求数值解。工程中多用逐步逼近法，即先按各节点的供水情况初拟各管段水流方向，并作第一次分配流量，用经济流速确定管径。然后计算管段的水头损失，按条件②加以验算。如不能满足，则调整所分配的流量再作上述计算，逐次逼近，使水头损失的闭合误差小于规定值。若应用计算机技术，则可以迅速准确地得出结果。

（叶镇国）

缓流 tranquil flow

明渠水流中断面平均流速小于临界流速的流动状态。这种流动状态的水力特征是：渠中水深 h 大于临界水深 h_k，即 $h > h_k$，佛汝德数 $Fr < 1$，断面比能与水深的关系是 $\frac{dE_s}{dh} > 0$。根据微波波速计算公式有：

$$C = \sqrt{\frac{g}{\alpha} \cdot \frac{\omega}{B}}$$

$$\mathrm{Fr}=\frac{v^2}{C^2}=\frac{\alpha v^2}{g\frac{\omega}{B}}$$

式中 v 为平均流速，C 为干扰微波的传播速度；ω 为过水断面面积；B 为水面宽度，α 为动能修正系数；g 为重力加速度；Fr 为佛汝德数。当为缓流时，Fr<1，则 $v<C$。局部干扰所引起的水面波动不但可向下传播，即对下游有影响，而且可以向上游传播，对上游发生影响，向上游的传播速度为 $v-C$，向下游的传播速度为 $v+C$。（叶镇国）

缓坡 mild slope

小于临界底坡的渠底坡度，若为均匀流动，由谢才公式有

$$K_0(h_0)=\frac{Q}{\sqrt{i}}$$

$$K_k(h_k)=\frac{Q}{\sqrt{i_k}}$$

式中 Q 为流量；i 为渠底坡度；i_k 为临界底坡；K_0 为对应于正常水深 h_0 时的流量模数；K_k 为渠中以临界水深 h_k 作均匀流动时的流量模数。当为缓坡时，$i<i_k$，有 $K_0>K_k$，$h_0>h_k$。这表明缓坡渠道中的均匀流动，其正常水深必大于临界水深，全渠处于缓流状态，佛汝德数 Fr<1。但临界坡度可随流量、断面形状、断面尺寸及粗糙系数而变，对于某一特定渠道，其底坡 i 及断面形状大小及粗糙系数虽已确定，但流量变化也会引起临界坡度变化，原来是缓坡的渠道，也可能变为陡坡渠道。所以，对于某一特定渠道，底坡的缓、陡只是对某一流量相应的临界坡度比较而言。（叶镇国）

换码 change of code

在直接刚度法的刚度集成过程中，将单元刚度矩阵中某元素对应的局部码转换为相应的整体码的步骤。（洪范文）

换热系数 coefficient of heat transfer

表征固体与流体之间热量交换能力的参数。当固体与流体相接触，固体表面温度与流体内部温度有温差时，会有热量交换。取固体表面与远离固体表面的流体内部的温度差，换热系数表示该单位温差下、单位时间内、单位表面面积上交换的热量。法定计量单位为 kJ/（$\mathrm{m^2\cdot h\cdot ℃}$）。流体内部温度可能因所选的参考点位置而异，因此该系数与参考位置的选取有关。另外，它与流体的流动状态、热传导特性等多种现象有关，是一个综合参数。

（王志刚）

换算荷载 equivalent load

又称等代荷载。与给定的移动活荷载所算得的某量值最大值 $S_{\max}$ 相等的等效均布荷载。换算目的是为了简化移动活荷载的最不利荷载位置的确定，主要用于桥梁结构设计中。以 K 表示换算荷载的集度，则它可表示为 $K=\frac{S_{\max}}{\omega}$，式中 ω 为相应量值 S 影响线的面积。K 与移动活荷载的形式及影响线形状有关，当两个影响线图形的长度相同、顶点位置也相同时，二者的 K 值相同。中国现行的铁路和公路标准荷载的换算荷载集度 K 都已制成表格，可直接查用。（何放龙）

换算截面法 transformed section method

计算组合梁的应力与变形时一种简化方法。要点是将几种不同材料组合而成的截面按其不同的弹性模量比例改变截面的尺寸及形状而转换为同一种材料，使几何参数的计算十分方便。（吴明德）

huang

黄金分割法 golden section method

见 0.618 法（486 页）。

黄土 loess

第四纪时期形成的黄色或褐黄色、以粉粒为主、具有肉眼可见的大孔隙、垂直节理发育、能保持很高直立陡壁的土。由风力搬运形成的称为原生黄土；原生黄土经过流水冲刷、搬运和重新沉积而形成的称次生黄土或称黄土状土。据形成年代可分为老黄土和新黄土。老黄土一般无湿陷性，新黄土有湿陷性。在我国这种土主要分布在西北和华北地区。（朱向荣）

黄土湿陷试验 loess collapsibility test

测定黄土类土的湿陷系数、自重湿陷系数和溶滤变形系数的试验。仪器同常规固结仪，用环刀切取原状试样数个，逐级加压至根据工程需要及土的沉积条件确定的浸水压力，试样变形稳定后，浸水，记下浸水前后试样变形稳定高度，两者之差与原始高度之比即为湿陷系数。需测溶滤变形时，将测定湿陷系数后的试样继续用水渗透，直到长期渗透而引起的溶滤变形稳定为止，溶滤变形前后的试样高度差与原始高度之比即为溶滤变形系数。测定自重湿陷系数时，加压至试样上覆土的饱和自重应力，变形稳定后浸水，计算浸水前后高度差与原始高度之比即得。（李明逵）

黄土湿陷性 collapsibility of loess

天然黄土在上覆土的自重应力作用下，或在上覆土自重应力和附加应力共同作用下，受水浸湿后土的结构迅速破坏而发生显著附加下沉的现象。其大小由湿陷系数所表征。（谢康和）

hui

恢复力 restoring force

当振动系统离开其稳定平衡位置时，使系统回到平衡位置的力。在振动系统中，这种力通常是由系统内的弹性元件或物体的重力提供，它是系统能作振动的两大要素之一，是系统广义坐标的函数。在线性振动中，它是坐标的线性函数。（宋福磐）

恢复系数 coefficient of restitution

反映两个碰撞物体在碰撞后变形恢复程度的系数，它等于两物体在碰撞结束及开始时沿接触面法向的相对速度之比，即

$$e=\frac{u_{2n}-u_{1n}}{v_{1n}-v_{2n}}$$

式中 u_{2n} 与 u_{1n} 分别为两物体碰撞结束时的速度在接触面法向的投影；v_{2n} 与 v_{1n} 分别为碰撞开始时的速度在该方向的投影。e 的值与碰撞物体的材料种类、物体的形状及尺寸等有关，其取值范围是 $0\leqslant e\leqslant 1$，具体数值要由实验测定。（宋福磐）

恢复性徐变 reversible creep

又称一次徐变或可逆徐变。某些物体在持续应力作用下变形缓慢发展，除去应力后变形又缓慢消失的迟缓弹性变形（又称弹性后效或弹性滞后）。与弹性变形的根本区别在于变形发展和消失的速率。弹性变形以声波的速度传递，恢复性徐变则很慢。在硬化混凝土中，持荷时间无限期延长，恢复性徐变速率变小。可用开尔文模型来表达（参见广义开尔文模型，130 页）。玻璃、陶瓷等许多硅酸盐材料都具有这种性质。（胡春芝）

回归方程 regression equation

又称经验公式。对实验数据进行回归分析得到的数学表达式。其中可有线性回归方程和非线性回归方程两种，每种又可分为一元和多元的。在实际应用中，为简化起见，通常尽可能将非线性回归问题化为线性回归关系。建立回归方程的主要步骤为：①确定回归方程的函数类型；②确定回归方程的待定系数；③对回归方程的可靠程度进行分析和评定。（李纪臣）

回归分析 regression analysis

实验数据相关关系的分析方法。生产和科学研究中，有些问题，其变量间没有或尚未揭示出固定的关系，但这些问题通过实验观测得到了大量的实验数据，若应用数理统计方法，对其进行分析处理，可找出比较符合变化规律的数学表达式，这便是回归分析。它在生产和科学研究中主要有四方面的应用：①从一组数据出发确定变量间的数学表达式；②根据一个或几个变量的取值，预测或控制另一个变量的取值并确定其精度；③进行因素分析，找出重要因素和次要因素；④根据试验要求进行回归设计。在流体力学中，主要是应用其建立变量间的回归方程。（李纪臣）

回缩力 retractive force

处于高弹态和高聚物在外力作用下产生高弹形变时，材料内部产生的与外力抗衡，并能在外力去掉后使形变自发恢复的一种力。它由在外力场中取向的高分子链段的消向化热运动产生，所以其值很小，并使高弹性杨氏模量的值很低。（周　啸）

回弹曲线 rebound curve

土的固结试验压力加到某值后逐级卸压、土体发生回弹的过程中孔隙比 e 与压力 p 的关系曲线。常绘制在 $e-p$ 或 $e-\log p$ 平面上。（谢康和）

回弹系数 coefficient of resilience

由土的固结试验得到的 $e-p$ 回弹曲线或再压缩曲线的平均斜率。（谢康和）

回弹指数 swelling index

由土的固结试验得到的 $e-\log p$ 回弹曲线或再压缩曲线的平均斜率。（谢康和）

回转半径 radius of gyration

又称惯性半径或惯量半径。刚体的转动惯量与其质量之比的平方根。是一长度。例如刚体对 z 轴的回转半径 $\rho_z=\sqrt{J_z/M}$（J_z 是刚体对 z 轴的转动惯量，M 为其质量）。它表示如将刚体的质量集中于一点而对 z 轴仍具有与原来相同的转动惯量时，该点到 z 轴应有的距离。形状复杂或不均质的物体，其转动惯量多用实测法求得，并用回转半径来表出。（黎邦隆）

汇 sink

流速方向与源相反向一点集中的流动。汇的径向速度与源的径向速度大小相等方向相反，某原点（集合点）也是一个“奇点”。如地下水向圆柱形水井的流动可作为近似的汇。汇的流速势 φ 及流函数 ψ 与源的形式相同，但符号相反，用下式表达

$$\varphi=-\frac{Q}{2\pi}\ln r$$

$$\psi=-\frac{Q}{2\pi}\theta$$

式中 Q 为汇的强度；r 为半径；θ 为流线与水平线的夹角；π 为圆周率。（叶镇国）

汇交力系的合成 composition of concurrent forces

将汇交于同一点的诸力合成为过该点的一个合力。两个汇交力可用力的平行四边形法则或力三角形法则确定其合力矢量。对图中不在同一平面内

的三个汇交力 $\boldsymbol{F}_1$、$\boldsymbol{F}_2$、$\boldsymbol{F}_3$，可先将 $\boldsymbol{F}_1$ 与 $\boldsymbol{F}_2$ 合成为力 $\boldsymbol{R}_1$，再将 $\boldsymbol{R}_1$ 与 $\boldsymbol{F}_3$ 合成为原来三力的合力 $\boldsymbol{R}$。这是平行六面体法则，合力矢量由其对角线 $\overline{OA}$ 确定。对于同一平面内的多个汇交力，其合力矢量可在作出该力系的力多边形后由其封闭边确定。用多边形法将力矢相加，称为矢量加法，可表为

$$\boldsymbol{R} = \boldsymbol{F}_1 + \boldsymbol{F}_2 + \cdots\cdots + \boldsymbol{F}_n = \Sigma \boldsymbol{F}$$

此法也可用于求任何其他同类矢量的和。例如在运动学中求各加速度的矢量和。

汇交力系的合力矢量也可用计算法（解析法）求得：以 X_1、$X_2 \cdots\cdots X_n$，Y_1、$Y_2 \cdots\cdots Y_n$，Z_1、$Z_2 \cdots\cdots Z_n$ 及 R_x、R_y、R_z 分别表示各分力及合力在任选的直角坐标系三轴上的投影，$\boldsymbol{i}$、$\boldsymbol{j}$、$\boldsymbol{k}$ 表示三轴的单位矢，应用合力投影定理得

$$R_x = X_1 + X_2 \cdots\cdots + X_n = \Sigma X$$

$$R_y = Y_1 + Y_2 \cdots\cdots + Y_n = \Sigma Y$$

$$R_z = Z_1 + Z_2 \cdots\cdots + Z_n = \Sigma Z$$

合力的大小及其方向余弦为

$$R = \sqrt{(\Sigma X)^2 + (\Sigma Y)^2 + (\Sigma Z)^2}$$

$$\cos(\boldsymbol{R}, \boldsymbol{i}) = \Sigma X / R$$

$$\cos(\boldsymbol{R}, \boldsymbol{j}) = \Sigma Y / R$$

$$\cos(\boldsymbol{R}, \boldsymbol{k}) = \Sigma Z / R$$

对于平面汇交力系，取 z 轴与力系作用平面垂直时，上述各式中 ΣZ 均为零。求空间汇交力系的合力时，由于作图困难，一般都不用作图法而用计算法解决。（彭绍佩）

hun

混合边界条件 mixed boundary condition

又称第三类边界条件。以函数形式和导数形式两者的线性组合所给出的边界条件。它是本质边界条件和自然边界条件的线性组合。（王 烽）

混合法 mixed method

在结构力学中，混合应用力法和位移法来解算某一超静定结构的一种方法。例如，图示刚架无论用力法或位移法计算，都有较多的基本未知量（力法有 7 个，位移法有 6 个）。若 $ABCD$ 部分采用力法（基本未知量为 1 个），$EDFGK$ 部分用位移法（基本未知量为 2 个），则计算将大为简化。

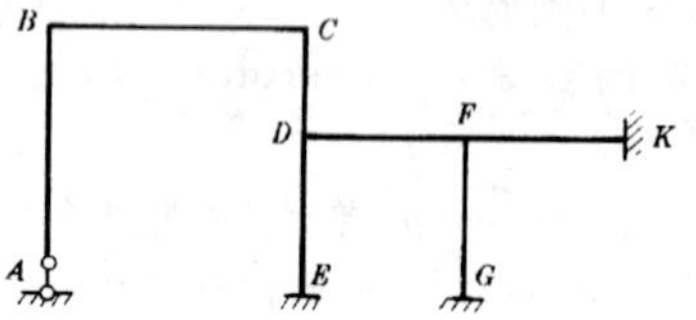

这一概念也可推广于力法与力矩分配法，或力法与无剪力分配法等某两种方法的混合应用。

在有限元中，又称有限元混合法。以一部分应力分量和一部分结点位移分量为基本未知量的连续体数值解法。它是刚度法和柔度法的混合应用。在单元分析时须分别假定位移场和应力场，以建立单元混合矩阵；然后利用单元混合矩阵集成结构的整体混合矩阵。混合法对应于混合能量原理。其优点是选用插值函数比较简单，应力的计算精度较高，缺点是整体混合矩阵不是一个正定矩阵，求解联立方程时必须注意。（罗汉泉 夏亨熹）

混合强化 mixed hardening

描述材料塑性强化性质的一种组合模型，认为在塑性变形过程中，屈服曲面又均匀扩大，又移动。其数学表达式为

$$f(\sigma_{ij}, \hat{\sigma}_{ij}, q) = f^*(\sigma_{ij} - \hat{\sigma}_{ij}) - \varphi(q) = 0$$

式中 σ_{ij}（i，$j=1$，2，3）是应力分量；$\hat{\sigma}_{ij}$ 为屈服曲面中心在应力空间的坐标；φ（q）为强化参数 q 的单调增函数（参见等向强化和随动强化，60、335 页）。这个模型可满意地描述相当广泛的加载方式下材料的强化性质。（熊祝华）

混合元 mixed element

场函数中同时有力参数和位移参数两类变量的单元。通过混合能量原理，建立混合型的单元特性矩阵，其一部分与力参数有关，另一部分与位移参数有关。用混合元求出的应力与位移，在精度上属同一量级。常用于薄板的弯曲。（包世华）

混凝土的徐变 creep of concrete

又称蠕变。混凝土在持续荷载作用下，随时间而增长的变形。包括基本徐变和干燥徐变。按受力状态又分为压缩徐变、拉伸徐变、扭转和弯曲徐变。常用的徐变值测定仪有杠杆式、液压持荷式和弹簧持荷式等。可用徐变变形值、比徐变和徐变系数来表达徐变量。影响徐变量的因素很多，如水泥品种和水灰比、骨料品种和掺量、加荷龄期和环境温湿度及构件尺寸等。在预应力钢筋混凝土设计中，须考虑因混凝土徐变而产生的预应力损失；在水工建筑等大体积混凝土中，徐变可降低温差应力，减少裂缝。（胡春芝）

混凝土工作度 workability of concrete

目前尚无统一的定义，大致有如下三种意见：①混合物易于运输、浇注和密实成型而不发生分层离析的性能；②混合物达到完全密实时，反映克服内摩擦力难易的性能；③流动性、可塑性、稳定性和易密性四者的总称。测定混凝土工作度的方法有：坍落度法、维勃仪法、捣实因素和流动桌等。（胡春芝）

混凝土裂缝模型 crack model of concrete

又称混凝土裂纹模型。在混凝土开裂后处理带裂缝混凝土单元时使用的模型。反映钢筋混凝土有限元分析中的一个重要概念。常用的裂缝模型有：①单元边界分离式裂缝模型；②单元分布裂缝模型；③单元内断裂力学裂缝模型。不同模型各有优缺点，需根据问题特点合理选择。（江见鲸）

混凝土三轴破坏准则 failure criteria of concrete under multiaxial stress

三向应力状态下，混凝土发生破坏的条件。是三维钢筋混凝土有限元分析的基础。在主应力空间中，破坏面呈一开口锥面。一般用主应力或主应力的不变量来表达，并常用偏平面和子午线来描述其几何特征。其特点是：①偏平面上为一外凸、连续、光滑曲线、拉极半径小于压极半径；②子午线只在拉区与静水压力轴相交，由拉区到压区，曲率越来越小；③随着静水压力的增加，偏平面形状由接近三角形渐变为接近圆形。按照模型中参数个数分为单参数、双参数、三参数、四参数和五参数准则。（江见鲸）

混凝土双轴破坏准则 failure criteria of concrete under biaxial stress

双向应力状态下，混凝土发生破坏的条件。它是钢筋混凝土结构学平面问题研究的基础。一般用主应力状态将破坏条件分为双向受拉、双向受压和一拉一压三个区域描述。与单轴强度比较，主要特点是：①双向受拉时，抗拉强度与单轴抗拉强度很接近；②一向受拉一向受压时，破坏条件几乎呈一直线，即抗拉（或抗压）强度随另一方向应力（绝对值）的增加而减小；③双向受压时，一个方向的抗压强度随另一个方向压应力增加而有不同程度的提高。（江见鲸）

混凝土徐变估计 creep predication of concrete

由混凝土配合比、加荷龄期、持荷时间、环境相对湿度、构件尺寸等参数，对混凝土徐变进行估算。国内外都提出了一些估算公式，其中欧洲混凝土委员会和国际预应力联合会（CEB/F1P）（1970年及1978年）、美国ACI（1978年）及英国混凝土学会（CS）提出的四种估算方法比较有代表性。我国朱伯芳和李承木分别提出的两种估算方法，只适用于大体积水工混凝土。具体估算方法，可参看《混凝土的徐变》一书。（胡春芝）

混凝土徐变破坏 creep failure of concrete

当加荷徐变应力与混凝土轴心抗压强度之比超过比例极限值（一般为0.8～0.9）时，混凝土徐变随时间不断增长而导致的混凝土破坏。

（胡春芝）

混凝土应力应变矩阵 stress-strain matrix of concrete

在钢筋混凝土有限元分析中，混凝土的应变向量与应力向量之间的转换矩阵。它与所采用的理论、混凝土的材料以及应力状态有关，特别是在混凝土开裂前后有很大的不同。参见非开裂混凝土材料矩阵（92页）和开裂混凝土材料矩阵（189页）。

（江见鲸）

混凝土真弹性变形 true elastic deformation of concrete

又称实际弹性变形。随龄期的增加，混凝土弹性模量有所增大，因而实际上有所减小的弹性变形。一般小于实测的名义弹性变形。不同龄期混凝土的弹性模量一般不测定，故它的确切值不易得到。（胡春芝）

huo

活动度 activity index

塑性指数 I_p 与细粘粒（粒径＜0.002mm 的颗粒）含量百分数 m 之比。记为 A，即 $A = I_p/m$。反映了粘土矿物的活动程度。根据其值大小粘土可分为不活动粘土（$A < 0.75$）、正常粘土（$A = 0.75 \sim 1.25$）和活动粘土（$A > 1.25$）。

（朱向荣）

活动铰支座 movable-pin pedestal

又称滚动铰支座、可动铰支座、辊轴支座、滚轴支座。将固定铰支座的下均衡托的底板搁在几个滚子上并将滚子置于固定垫板上所构成的支承装置，见图（*a*）。图（*b*）为其简图。在垂直于铰轴的平面力系作用下，构件只是沿垂直于支承平面且向该面运动时受到它的限制，故它对构件的约束反力 **N** 垂直于支承面且指向构件。由于实际构造中有螺栓将下均衡托底板与固定垫板联结（图中未画出），故反力 **N** 也可指向支承面。这种支座可用垂直于支承面的一根链杆表示，见图（*c*）。支承构件的滚轮对构件的约束也与此相似，见图（*d*），其反力也垂直于固定支承面而指向构件。工程上常在

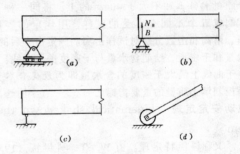

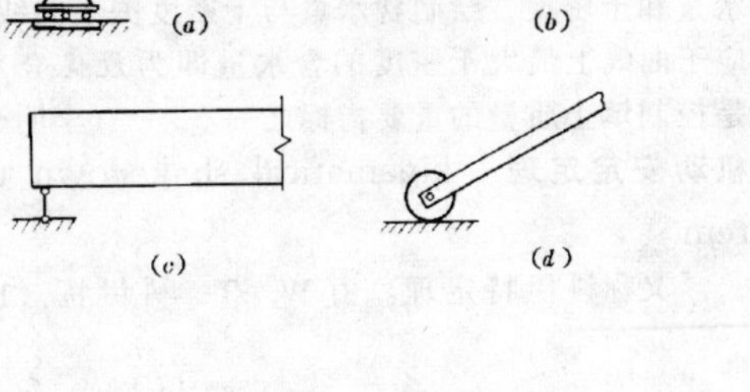

一端用活动铰支座而另一端用固定铰支座作为梁的支承，此即为简支梁。

（黎邦隆）

活荷载 live load

又称可变荷载。在设计基准期内量值随时间变化且其变化与平均值相比不可以忽略的荷载。这类荷载在结构上的作用是暂时的，其作用位置是可变的。它又可划分为可动活荷载和移动活荷载两类，其中如风荷载、雪荷载、楼面活荷载或临时设备的重量等，能在结构上占有任意位置，称为可动活荷载，它们由《荷载规范》确定；而车辆荷载、吊车荷载等，则属于一系列互相平行、间距不变，且能在结构上移动的活荷载，称为移动活荷载，可根据产品目录和有关规定确定。

（洪范文）

火箭的特征速度 characteristic velocity of a rocket

在不受任何外力作用的情况下，火箭由静止发射所能达到的最大速度。它决定于火箭的质量比和喷射燃气的相对速度（参看齐奥尔可夫斯基公式，276 页）。

（宋福磐）

火箭的运动微分方程 differential equations of motion of a rocket

计及所有实际作用的外力时，描述铅垂上升的火箭运动规律的微分方程。设任一瞬时火箭的总质量为 $m(t)$，燃料消耗率为 $\dot{m}_f = -\frac{dm(t)}{dt}$；喷出燃气的相对速度为 v_r；空气阻力为 $\boldsymbol{R}$；尾管喷口处的喷气静压力为 pA（p 为平均压强，A 为喷口截面积），则由变质量质点的运动微分方程得

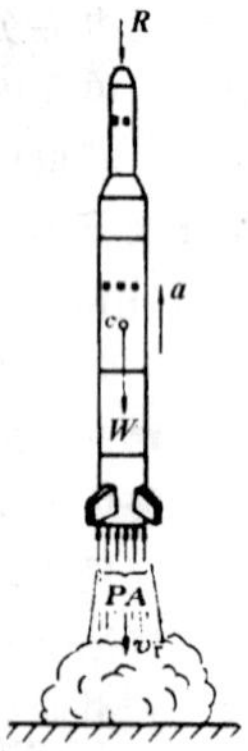

$$m\frac{dv}{dt} = \boldsymbol{W} + \boldsymbol{R} + pA + \boldsymbol{\Phi}$$

式中 $\boldsymbol{\Phi} = \frac{dm}{dt}v_r$ 为火箭所受的反推力（其中$\frac{dm}{dt}$取负值）。它是火箭上升的主要动力，只有加大反推力，才能增大火箭的加速度，为此需提高 $\dot{m}_f$ 和 v_r 的值。

（宋福磐）

火箭的质量比 mass ratio of a rocket

火箭开始发射时其燃料的质量 M_f 与火箭总质量 M_0 的比值，即 M_f/M_0。此值与火箭的特征速度有关。

（宋福磐）

或然误差（γ） probability error

在一组测定值中对应于置信度为 0.5 时的误差。亦即在一组测定值中，随机误差大于它和小于它的测量次数各占一半的误差值。

（王娴明）

J

ji

击实试验 compaction test

用规定的单位体积击实功测定土的最大干密度与相应的最优含水量的试验。按单位体积击实功不同，分轻型和重型两种试验，分别适用于粒径小于 5mm 的粘性土和不大于 40mm 的土。将同一种土，配制成五个不同含水量的试样，用规定的容器、锤、落高和击数分别对试样击实。测定击实后的含水量和干密度，绘制含水量与干密度关系曲线。相应于曲线上最大干密度的含水量即为最优含水量。是控制填土质量的重要指标之一。

（李明逵）

机动安定定理 kinematical shakedown theorem

又称科伊特定理。由 W. T. 科伊特（1956）提出的判断理想弹塑性体安定性的定理。它指出，在给定的变值荷载作用下，如果对所有运动许可的塑性应变率循环都满足外功率不大于塑性耗散功率的条件，则物体是安定的。反之，若能找到一个塑性应变率循环使得外功率大于塑性耗散功率，则物体不安定。将安定定理中的变值加载换成比例加载，安定定理就成为塑性极限分析的上限定理和下限定理；所以安定定理是极限分析定理的更一般的概括。应用安定定理求解具体问题比较困难，一般只限于比较简单的情况。在工程设计中常将塑性极限荷载乘以适当的安定系数作为安定荷载。

（熊祝华）

机动法 kinematic method

应用虚位移原理，藉助于虚位移图绘制结构内力和反力影响线的方法。由德国学者莫尔于 1874 年首创。用该法作某量值（内力或反力）影响线时，去掉与该量值相应的约束，并使所得体系（对于静定结构，则变成具有一个自由度的机构）沿该

量值的正方向发生单位位移，由此所获得的虚位移图即为所求量值的影响线。基线以上的影响线竖标为正，反之为负。其中，对于静定结构的反力和内力影响线，可用机动法直接绘得，故可用来校核用静力法所作的影响线；对于超静定结构的内力和反力影响线则只能作出其轮廓。由于用机动法不必经过具体计算便能迅速绘出影响线轮廓，它为确定承受可动活荷载作用的连续梁的最不利荷载位置带来很大方便。参见机构法。 （何放龙）

机构 mechanism

结构在去掉某些约束后所得到的几何可变体系。用机动法作静定结构的内力和反力影响线时，即是利用去掉一个约束后得到的机构所发生的虚位移图来绘制影响线；此外，用机构法求梁和刚架的极限荷载时，结构出现若干塑性铰后得到的几何可变体系也称为机构。 （何放龙）

机构法 mechanism method

又称机动法。以上限定理为依据，从平衡条件与破坏机构条件出发，运用虚位移原理确定极限荷载的方法。其分析步骤为：①确定可能形成塑性铰的截面；②选择各种可能的破坏机构；③运用虚功方程逐一计算各种机构的可破坏荷载。若能完备地列出结构的各种可能的破坏机构，则这些机构的可破坏荷载中之最小者是极限荷载的精确解。而一般只能求得极限荷载的最小上限值。机构法所用到的破坏机构有基本机构和组合机构两类。（王晚姬）

机械导纳

见机械阻抗（149页）。

机械能守恒定律 law of conservation of mechanical energy

又称能量守恒原理（principle of conservation of energy）。质点或质点系在势力场中运动且只有有势力对它作功时，它在各个位置的动能与势能之和保持不变。动能与势能之和称为机械能。本定律是研究物体在势力场中运动的动力学问题的重要定律之一，是能量守恒及转化定律的特殊情况。

（黎邦隆）

机械式天平 mechanical balance

应用静力学平衡原理测量气动力和力矩的装置。主要用于低速风洞。机械式天平一般由四部分组成即模型支架和角度机构、气动力和力矩的分解系统、力和力矩的传递系统以及相应的测量元件。

（施宗城）

机械运动 mechanical motion

物体在空间的相对位置随时间的变化。在力学中简称运动。例如机器的运转，车辆的行驶，空气、河水的流动，天体的运行等。它是物质运动不同形式中最简单、最基本的一种，其他较复杂的物质运动形式，都包含有机械运动。 （彭绍佩）

机械滞后 mechanical hysteresis

在增加或减少机械应变的过程中，对于同一机械应变量，电阻应变计的指示应变产生差值的现象。以温度恒定时增加和减少相同的机械应变时相应的应变计示值差 $\Delta\varepsilon_i$ 表示。产生的原因是制作贴片用的粘结剂和基底的材料性能不严格服从虎克定律或固化不完全，敏感栅的性能不稳定或贴片时丝栅受到不适当的变形等。第一次承受变形时常常产生较大的机械滞后，经历几次加卸载循环后，可明显减小。 （王娴明）

机械阻抗 mechanical impedance

在定常线性机械系统中，简谐激振力与简谐运动响应的复数式之比。根据所选取的运动量可分为位移阻抗（又称动刚度）、速度阻抗和加速度阻抗（又称有效质量）。同一点的力与响应求得之阻抗称为原点阻抗，不同点的力与响应求得之阻抗称为跨点阻抗。机械阻抗的倒数称为机械导纳。

（陈树年 戴诗亮）

积分型本构关系 integral form of constitutive relation

又称遗传积分或继承积分（hereditary integral）。考虑材料记忆性能、引用材料函数作核函数的积分形式的本构表达。有蠕变型和松弛型两类，它们的一维形式分别为

$$\varepsilon(t)=\int_{0^-}^{t}J(t-\zeta)\dot{\sigma}(\zeta)\mathrm{d}\zeta,$$

$$\varepsilon(t)=\int_{-\infty}^{\infty}J(t-\zeta)\dot{\sigma}(\zeta)\mathrm{d}\zeta$$

和

$$\sigma(t)=\int_{0^-}^{t}Y(t-\zeta)\dot{\varepsilon}(\zeta)\mathrm{d}\zeta,$$

$$\sigma(t)=\int_{-\infty}^{\infty}Y(t-\zeta)\dot{\varepsilon}(\zeta)\mathrm{d}\zeta$$

式中 $J(t)$ 和 $Y(t)$ 分别为蠕变柔量和松弛模量。

各向同性线粘弹体三维本构方程写作

$$S_{ij}(t)=\int_{-\infty}^{t}2G(t-\zeta)\dot{e}_{ij}(\zeta)\mathrm{d}\zeta,$$

$$\sigma_{ij}(t)=\int_{-\infty}^{t}3K(t-\zeta)\dot{\varepsilon}_{kk}(\zeta)\mathrm{d}\zeta$$

式中 $2G(t)$ 为剪切松弛函数，$3K(t)$ 为体积模量函数。S_{ij} 和 e_{ij} 分别为应力偏量和应变偏量，σ_{ii} 和 ε_{kk} 分别表示体积应力和体积应变。积分型本构方程可用粘弹性斯蒂尔吉斯卷积的缩写形式表达。

（杨挺青）

基本边界条件 essential boundary condition

又称强加边界条件。泛函条件极值问题中的附加条件。是用泛函极值条件求解自变函数时，自变函数必须事先满足的边界条件。例如，用最小势能原理求解弹性体的位移时，给定位移边界上的几何边界条件即为基本边界条件。

（支秉琛　王　烽）

基本风速 basic wind speed

某一规定高度处按一定要求确定的平均风速。风力中的平均风可表示为平均风速或平均风压，它的数值各处均不相同。高度愈高，它的数值也愈大；地表愈粗糙，风的能量消耗也愈厉害，因而它的数值也就愈低；平均风速的平均时距取得愈短，它的数值也就愈大，等等。在结构设计中，采用基本风压来分析结构受力情况较为直接，因而基本风压比基本风速用得普遍。基本风速或基本风压数值常决定于标准高度、地貌、平均风速时距、最大风速样本、线型和重现期六个因素。（张相庭）

基本风速换算系数 conversion factor of basic wind speed

基本风速（或风压）不符合规定条件时的换算系数。基本风速（或风压）是根据10m标准高度、空旷平坦地貌、10min平均风速时距、年最大风速样本、30年重现期和极值Ⅰ型为线型六个因素而求得的，如果某一条件不符合，则必须加以修正而换算求得所需的值。换算系数常根据数学运算或统计资料而求得。（张相庭）

基本风压 basic wind pressure

在某一规定高度处按一定要求确定的平均风压。它可由基本风速通过风速风压关系式换算得到。（张相庭）

基本机构 basic mechanism

基本破坏机构的简称。对应于给定结构的完全独立的破坏机构。它不可能由别的机构组合而得，但却可利用它与其他机构组成新的组合机构。在刚架塑性分析中，常用的基本机构有梁式机构、侧移机构、山墙机构和结点机构四种。（王晚姬）

基本解 basic solutions

见基变量。

基本可行解 basic feasible solutions

线性规划中满足非负性条件的基本解。与可行域中的极点相对应，为有限个。若存在有界最优解，则至少有一个基本可行解为最优解。（刘国华）

基本量纲 fundamental dimension

具有独立性的量纲。它不能从其他基本量纲导出。在各种力学问题中，任何一个力学量的量纲都可以由长度量纲［L］、时间量纲［T］和质量量纲［M］导出，故［L］、［T］、［M］为力学通常采用的基本量纲。但基本量纲并不是理论上规定只取三个，也可以采用四个或少于三个。一般说，引入一个额外的物理系数，就可增加一个互相独立的基本量纲。如把牛顿第二定律写成 $F=cma$，则基本量纲可以取四个，即除［L］、［T］、［M］外，增加了一个力的量纲［F］。在应用中也有取［L］、［T］、［F］为基本量纲的，视需要而定。

（李纪臣）

基本频率 fundamental frequency

见自振频率（474页）。

基本未知量 basic unknowns

又称为基本未知数。用力法或位移法等方法解算超静定结构时，在它们的典型方程中所含的未知量。只要求出了这些未知量，即可据以算出原结构的全部反力、内力和任何截面的位移。其中，力法是以多余未知力为基本未知量；位移法是以结点独立位移（结点独立角位移和结点独立线位移）为基本未知量；混合法则是以原结构的部分多余未知力和部分结点独立位移为基本未知量。（罗汉泉）

基本物理量 fundamental physical quantity

具有独立量纲的物理量。在力学中可以在几何学量、运动学量和动力学量中各选一个物理量为基本量。这三个量的量纲是彼此独立的，即它们中的任一个量的量纲不能由其他两个量的量纲导出。例如可以取长度 L、时间 T、质量 M 为基本量，也可以选取长度 L、加速度 a 和力 F 为基本量。基本物理量与基本量纲是有区别的，不同力学问题的基本物理量在量纲分析中，根据需要可以有不同的选择，而基本量纲则比较固定。（李纪臣）

基本徐变 basic creep

试件含湿量恒定时所产生的徐变。即试验时试件不向周围介质散失水份，也不吸收周围介质的水分。（胡春芝）

基本振型 fundamental mode

见振型（453页）。

基变量 basic variables

从线性规划标准式的 n 个设计变量中划分出来的，已经或试图通过 m 个等式约束用其余变量线性表示的 m 个设计变量。常记为 $\boldsymbol{x}_B$。其余的 $n-m$ 个设计变量称为非基变量，常记为 $\boldsymbol{x}_N$。令 $\boldsymbol{x}_N=0$，若能由 m 个等式约束解得 $\boldsymbol{x}_B$，则称 $(\boldsymbol{x}_B^T, \boldsymbol{x}_N^T)^T$ 为问题的一个基本解。相应于设计变量的划分，等式约束系数矩阵也划分为 $\boldsymbol{B}$ 和 $\boldsymbol{N}$ 两部分（$\boldsymbol{B}$ 为可逆矩阵），分别称为基矩阵和非基矩阵。$\boldsymbol{B}$ 和 $\boldsymbol{N}$ 中的列向量又分别称为基向量和非基向量。

（刘国华）

基底附加应力 net foundation pressure

建筑物建造后，基底接触压力与基底处土自重应力之差。一般将其作为作用于弹性半空间表面上的局部荷载，并根据弹性理论来求算地基中的附加应力。（谢康和）

基底接触压力 contact pressure

作用在建筑物基础和地基土之间接触面上的单位压力。其真实分布很难推求，通常假定为呈线性分布。（谢康和）

基点 base point

将平面图形的运动分解为平动和转动两种分运动的基准点。如以该点为原点建立对定坐标系作平动的动坐标系，则图形的平面运动（绝对运动）就可看成是图形随动坐标系的平动（牵连运动）和绕动坐标系原点的转动（相对运动）两者的合成运动。基点可在图形上任意选择，平动与其选择有关，转动与其选择无关。（何祥铁）

基函数 basic function，eigenfunction

在结构和条元分析中，用来表征位移函数沿长方向变化规律的函数。它们应满足长方向两端的边界条件。常采用等截面梁自由振动的振型作基函数。（包世华）

基函数的正交性 orthogonal properties of the basic functions

表征有限条位移函数沿条长方向变化规律的基函数 $Y_m(g)$具备的一种数值特性。可表示为

$$\int_0^a Y_m Y_n \mathrm{d}y = 0,$$

$$\int_0^a Y''_m Y''_n \mathrm{d}y = 0 \qquad (m \neq n)$$

式中 a 为条长；y 为沿条长方向坐标；撇‘′’表对 y 的导数。正交性质使计算工作得以简化。（包世华）

基于可靠度的优化设计 reliability-based optimum design

把可靠度和破坏概率引入结构设计过程的优化设计。目标函数为总费用，包括初始费用和损失期望值，后者由破坏概率乘以破坏损失构成，目标是寻求总费用最小时的最优破坏概率及其相关的安全系数和结构尺寸。优化过程中用可靠度理论对结构作整体分析，并全面地研究在工作期间所表现的随机性，此外还常需对结果进行优化后分析，从而确定输入的统计参数对设计变量和目标函数的影响。（杨德铨）

畸变波 distortion wave

见等容波（59页）。

激波 shock wave

又称冲击波。气体、液体和固体介质中应力（或压强）、密度和温度在波阵面上发生突跃变化的压缩波。在超声速流动、爆炸、压力水管中阀门突然关闭，明渠急流受到局部干扰以及固体介质强烈的冲击作用时都会形成激波。它可视为由无穷多的微弱压缩波叠加而成。在超声速流动中，一般总会产生激波。对于作超声速运动的飞行器，它会引起很大阻力，对于超声速风洞、进气道和压气机等内流设备，它会降低风洞和发动机的效率。减弱激波强度以减小其造成的损失是实际工作中的一项重要课题。激波可使气体压强和温度突然升高，在气体物理学中常用以产生高温高压条件以研究气体特性；利用固体中的激波，可使固体压强达到几百万大气压，以研究固体在超高压下的状态，这对解决地球物理学、天体物理学和其他科学领域内的问题都有重要意义。（叶镇国）

激波捕捉 shock capture

确定可压缩流体激波强度与位置的数值计算方法。通常采用的有人工粘性法和随机选取法。（郑邦民）

激波层 shock layer

高超声速流动中物体头部附近的激波和物面之间的区域。由于激波很靠近物面，因此它是很薄的。利用这一特点，可对钝头物体的高超声速无粘性绕流问题，从理论上进行简化处理。无粘性激波层中气体的运动，可用完全气体和具有化学反映的混合气体的欧拉方程描述，粘性激波层内的运动可用相应的纳维－斯托克斯方程描述，至于粘性－无粘性激波层，则需联合求解欧拉方程和高阶边界层方程，或者直接求解简化的纳维－斯托克斯方程。（叶镇国）

激波管 shock tube

产生激波的管形实验装置。用一薄膜将其分隔成高压室和低压室两部分。调节高压室和低压室的压力比使薄膜破裂，高压气体向低压室流动，形成激波，用来进行压力传感器的标定和各种模型试验。19世纪末，法国化学家P. 维埃耶为研究矿井中的爆炸，制成第一根激波管，并成功地做了试验；1946年，美国W. 布利克尼在研究报告中首先使用了这一名词。这种装置早期主要应用于燃烧、爆炸和非定常波运动的研究以及压力传感器的标定等，1950年以来，由于研制洲际导弹和核武器的需要，这种装置又得到了蓬勃发展。在空气动力学、气体物理学、化学动力学和航空声学的研究中都广泛地使用了激波管，近年来，它又开始在气体激光、环境科学和能源科学的研究中发挥作用。为满足导弹、核武器等的发展，还研制出了多种多样的激波管，并产生了诸如激波风洞等多种新型实

验装置。　　　　　　　　　（叶镇国）

激光测位移　photovoltaic displacement sensor

以激光为光源，将位移的变化通过光—电转换板转换为电信号的变化后进行量测的装置。一般以He-Ne激光为光源。转换板又称接收靶，固定在被测目标上。灵敏度高，主要的测试仪表可不和试件接触。适用于高耸结构物顶端位移的量测。

（王娴明）

激光多普勒流速仪　laser-Doppler current meter

利用激光技术测量流体速度的仪器。其原理为用一束激光照射到流体中随流体一起运动的微粒上，采用光外差技术测出其散射光的多普勒频移，然后换算成流体的速度。应用激光测量流体运动速度是近年来发展的测试技术，由于它具有许多独特优点，发展十分迅速。现代航空、水利、化工等很多部门得到广泛应用。其主要优点是对流场没有干扰、响应快、空间分辨率高、测量范围大、精度高、与流体特性（如温度、压强、密度、粘度）无关。配合信号处理仪器，可进行实地瞬时流速测量和脉动频谱分析。其光路系统可分为双散射光束型（干涉条纹型）和单光束型（对称外差型）等几种，前者如图所示，用于一维分速测量，后者可用于同时对两维、三维的速度分量测量。对干涉条纹型激光在测点 P 附近可形成与流速垂直的明暗交替的干涉条纹，当流体带有微粒通过条纹时即发出间歇的散射闪光，每秒钟闪光的次数 f_D 称为多谱勒频率，它和流速 u 成正比，按光学原理计算可得

$$u = \frac{\lambda}{2\sin\varphi} \cdot f_D = K \cdot f_D$$

式中 $K = \lambda/2\sin\varphi$ 为比例系数；λ 为激光波长；2φ 为两光束的会聚角；u 为 P 点流速。

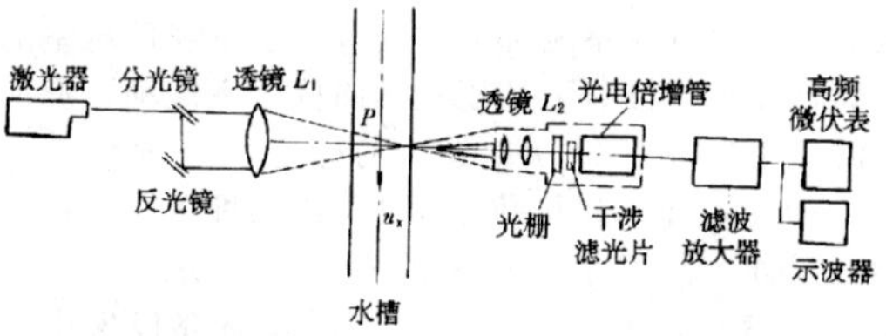

（彭剑辉）

激光器　laser

利用受激辐射放大电磁波的原理，在可见光、红外及紫外区产生激光辐射的器件。是一种亮度极高，单色性和方向性很好的光源。可用于全息照相、打孔、焊接、切割高熔点材料，也可用于医疗、测距、通讯等。通常可分为固体激光器（红宝石、钕玻璃、钇铝石榴石等），气体激光器（氦氖、氩、二氧化碳等），半导体激光器和液体激光器等。

（钟国成）

激励　excitation

使系统发生振动的外来扰动。诸如直接作用的干扰力、支座激扰（由于支座运动而使系统产生振动）、偏心转子的离心惯性力、给予系统以初始位移与初始速度以及随机激扰等。给予初始位移与初始速度将使系统发生自由振动；持续作用的干扰力、支座激扰以及偏心转子的离心惯性力都使系统发生受迫振动。

（宋福磐）

吉文斯·豪斯豪尔德法　Givens-Householder method

用一系列正交变换将实对称矩阵化为三对角矩阵特征值问题，解实对称矩阵标准特征值问题的方法之一。对特征值问题 $K\Phi = \lambda \Phi$，首先对 K 作 $n-2$ 次正交变换，记 $K^{(1)} = K$，令

$$K^{(m+1)} = P^{(m)T} K^{(m)} P^{(m)} \quad (m = 1, 2, \cdots, n-2)$$

式中　　$P^{(m)} = I - \theta W^{(m)} W^{(m)T}$

$$\theta = \frac{2}{W^{(m)T} W^{(m)}}$$

$$W^{(m)T} = [K^{(m)}_{l1}, K^{(m)}_{l2}, \cdots, K^{(m)}_{l,l-1}, K^{(m)}_{l,l-1} + \sigma^{(m)}, 0, \cdots, 0]$$

$$\sigma^{(m)} = \pm [(K^{(m)}_{l1})^2 + (K^{(m)}_{l2})^2 + \cdots + (K^{(m)}_{l,l-1})^2]^{1/2}$$

$l = n - m + 1$，$\sigma^{(m)}$ 的符号取得与 $K^{(m)}_{l,l-1}$ 一致。变换后原问题化为三对角矩阵 $K^{(n-1)}$ 的特征值问题 $K^{(n-1)}$

$[CX3]\ x\ [CX] = \lambda\ [CX3]\ x\ [CX]$，一般可用 QR 迭代法求解。所得 λ 也就是原问题的特征值，而原问题的特征向量是 $\Phi = P^{(1)} P^{(2)} \cdots P^{(n-1)} x$。

（姚振汉）

极点　extreme points

闭凸集中不能表示为其中任意两不同点的凸组合的点。对多面集来说就是集的顶点。线性规划可行域中的一个极点对应于一个基本可行解，为有限多个。若存在有界最优解，则至少有一个极点为最优点。

（刘国华）

极方向　extreme directions

闭凸集中不能表示为其中任意两不同方向的凸组合的方向。其中的方向是这样一种矢量，它使得以闭凸集中的任一点为起点，该矢量正方向上的点均属于该闭凸集。线性规划可行域（为多面集）中的极方向就是其中无界棱线所指的方向，为有限多个。

（刘国华）

极限比徐变　ultimate specific creep

又称极限徐变度。单位加荷应力下的极限徐变。根据在标准条件下测得的短期徐变值，再由有

关公式推算出在无限长时间的徐变值称为极限徐变。徐变可以持续很长时间，甚至30年后仍有小量增加。（胡春芝）

极限分析定理 plastic collapse-basic theorem

又称塑性分析定理。结构极限分析的基本定理。包括：上限定理、下限定理和单值定理。极限荷载必须同时满足力的平衡条件，破坏机构条件和塑性弯矩条件。在对承受给定荷载作用的某个结构进行具体分析时，一般难于通过一次运算即求得满足上述三条件的结果。为了有效地对结构进行极限分析，较简捷地求出极限荷载，应掌握与运用极限分析定理。它们不仅适用于杆件结构、也适用于板、壳等结构。（王晚姬）

极限风荷载 limit wind loading

结构处于极限状态时的相应风荷载。在风荷载作用下，结构内部各截面产生内力，结构也产生变形。当风荷载数值到达某一数值时，将使结构某处或若干处的内力到达极限从而产生整体或局部的破坏，或者结构变形过大以致于结构整体或局部失去了正常工作的功能。上述两种状态分别称为强度极限状态和刚度极限状态，相应的风荷载分别称为强度极限风荷载和刚度极限风荷载。由于风荷载沿高度各处各不相同，结构体型不同亦有所差异，故常用基本风压来表示风荷载的最基本的部分，此时的基本风压，常称为极限基本风压，或简称为极限风压。（张相庭）

极限荷载 ultimate load

结构在极限状态时的荷载值。它可按两种不同的方法进行计算。一是从弹性阶段开始，经历弹塑性阶段，最后到达极限状态。按这种方法计算非常麻烦；另一种是结构塑性分析的方法，即忽略中间弹塑性阶段的过程，只考虑结构的极限状态。其计算比前一方法简捷得多。两种方法所求得的极限荷载完全相同。（王晚姬）

极限平衡状态 state of limit equilibrium

研究对象将要失去而尚未失去平衡的状态。在土力学中指单元土体剪切破坏时的应力状态。如果极限应力圆与土的抗剪强度包线相切，表示已有一对平面上的剪应力达到土的抗剪强度，该单元土体就处于极限平衡状态，其应力满足莫尔—库伦理论的剪切破坏条件。（张季容）

极限曲面 limit surface

极限条件在应力空间中的几何表示。理想塑性材料没有强化性质，其初始屈服面和相继屈服面重合。该材料的屈服条件即为极限条件，故称该面为极限曲面。在应力空间中极限曲面是固定不变的，应力点（见应力空间）只能在极限曲面之内或其上，不能在极限曲面之外。（熊祝华）

极限速度 limiting velocity

物体在重力和介质阻力作用下铅直下降时所能达到的最大速度。通常指物体自高空无初速地降落时，在重力和空气阻力作用下所能达到的最大速度；或物料在液体介质中沉降时的最大速度。空气等介质的阻力大小 R 可认为与速度平方成正比，即 $R=\gamma v^2$，式中 γ 为阻力系数，它与物体的形状、水平投影面积和空气密度等因素有关。不同的物体在同一介质中运动时所受的阻力也不同。在此阻力和重力作用下，物体在下降过程中速度随时间变化的规律为

$$v = \mathrm{cth}\,\frac{g}{c}t$$

式中 $c=\sqrt{mg/\gamma}$，m 为物体的质量，g 为重力加速度。下落速度随时间逐渐增大，因而阻力也随之增大。当阻力大到与重力相等时，速度不再增加，物体开始作匀速下降运动，此时的速度即为极限速度。由上式知，它等于 $c=\sqrt{mg/\gamma}$，理论上达到此值的时间为∞，实际上当 $t=\frac{4c}{g}$ 时，速度已十分接近极限值。附图为无量纲形式的速度图。

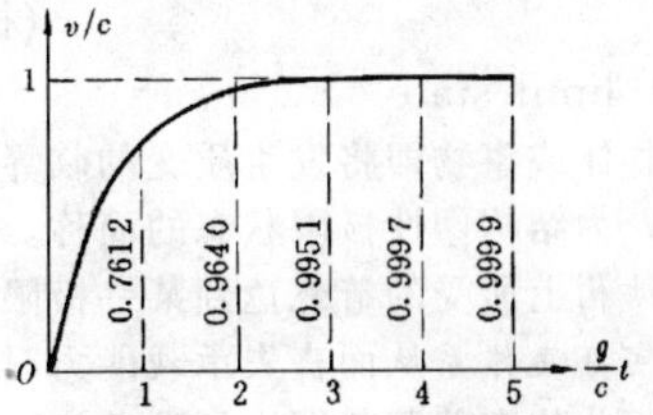

（宋福磐）

极限条件 limit condition

理想塑性材料的屈服条件。理想塑性材料没有强化性质，其初始屈服条件和相继屈服条件重合；为区别计，常将这类材料的屈服条件称为极限条件。在应力空间中极限条件的几何表示称为极限曲面。应力点（见应力空间）只能位在极限曲面之内或其上，不能在极限曲面之外。极限条件与应力和应变历史无关。（熊祝华）

极限误差 limit error

又称最大误差。测量列中随机误差不可能超过的极限值。分有单次测量极限误差 $\delta_{\lim x}$ 和算术平均值极限误差 $\delta_{\lim\bar{x}}$。其大小分别为

$$\delta_{\lim x} = \pm\, t\sigma$$

$$\delta_{\lim\bar{x}} = \pm\, t\sigma_{\bar{x}}$$

式中 t 为置信系数（通常取 $t=3$）；σ 为单次测量标准误差；$\sigma_{\bar{x}}$ 为算术平均值标准误差。在不含有系统误差的测量中，极限误差表示测量中可能出现的最大偏差限度。（李纪臣）

极限应力 limiting stress

表征材料强度指标的应力值。对于塑性材料，极限应力指屈服极限（或名义屈服极限）或强度极限；对于脆性材料，极限应力是指强度极限。

（郑照北）

极限应力比 critical stress ratio

又称比强度。轴向应力达到破坏的极限强度 R_c 与侧向应力 σ_3 的比值。它表示岩体在单位侧向应力条件下的强度。用 n 表示为

$$n=\frac{R_c}{\sigma_3}$$

（屠树根）

极限优化设计 optimal limit design

在结构布局拓扑和荷载已定的条件下，以优化截面极限弯矩来表征构件截面尺寸的优化，使荷载在该种截面下成为极限荷载，从而使结构达到最轻的优化设计。由于以极限弯矩作为设计变量，又假定了构件单位长度重量与极限弯矩成线性关系，使这种优化设计成为线性规划问题，易于求解。在求得最优极限弯矩后即可给出最优设计相应的截面尺寸。常用于刚架和连续梁等结构的塑性设计。

（杨德铨）

极限状态 limit state

泛指物体或事物即将发生质变的临界点。在杆系结构中，为结构塑性极限状态的简称。当理想塑性材料的结构上所受的荷载达到某一极限值，使结构成为几何可变体系从而丧失承载能力时所处的状态。对应于此状态的荷载即为极限荷载。

（王晚姬）

极小点 minimal points

又称极小解。使目标函数值取极小的设计点，亦即是求目标函数极小问题的最优点。一般优化设计问题大都表达成求目标函数极小的问题，故大多数情况下的最优点即指极小点。 （杨德铨）

极值点失稳 limiting point instability

又称第二类失稳，变形体在外力作用下不存在模态（平衡形式）的变化的失稳问题。其特征是平衡路径图上没有明显的分支点，荷载未达到峰值（极值点）时，平衡是稳定的，而达到峰值则将失稳。对应于峰值的荷载值称为临界荷载。（参见压杆稳定性，402页） （吴明德）

极转动惯量 polar moment of inertia

刚体在某一点的惯性椭球为旋转型时，它对椭球旋转轴的转动惯量。该轴通过该点（椭球中心）且垂直于赤道平面，为刚体在该点的惯性主轴之一。 （黎邦隆）

即时全息干涉法 real-time holography

又称实时法。用再现物光波与直接通过全息图的物光波之间的干涉形成的干涉条纹图，即时地观测物体变化过程的一种全息干涉法。把全息照相获得的物体某一状态的全息图，放回原来曝光时的位置，并精确复位。用拍摄时的参考光照明它时，能再现原物光的波前。此时，若物体仍处于原来位置，并用激光照明，则由全息图再现的光波波前将与物体的散射光的波前完全重叠。当物体发生微小变形时，其波前随之变化，就会与再现的波前相互干涉而产生一组干涉条纹图。物体表面位移每有变化，干涉条纹随之变化。因此，通过观察表征物体变形或位移的干涉条纹图形的变化，可即时观察到物体出现的任何微小变化。 （钟国成）

即时时间平均法 real-time time-average holography

即时全息干涉法与时间平均法相结合，以测量物体振动特性参量的一种技术。用全息照相法对静止物体拍摄全息图，经显、定影处理后精确放回原处，使再现象与物体重合。然后使物体振动，即可观察到平均的振动物体光波和再现象光波相互干涉形成的干涉条纹图。物体振动状态每有变化，干涉条纹图随之变化，因此特别适用于探测共振频率和发现异常振型，强迫振动等现象。 （钟国成）

急变流 rapidly varied flow

流线间夹角较大、曲率大且不成平行直线的流动。在急变流中，过水断面不为平面，其中的动水压强分布亦不与静水压强的分布规律相同。水跃、水跌、堰的进口部份以及急弯、断面突变等处的水流均属此类。 （叶镇国）

急流 rapid flow

明渠水流中断面平均流速大于临界流速的流动状态。这种流动状态的水力特征是：渠中水深 h 小于临界水深 h_k，即 $h<h_k$，佛汝德数 $\mathrm{Fr}>1$，断面比能与水深的关系是 $\frac{dE_s}{dh}<0$。根据微波波速计算公式有

$$C=\sqrt{\frac{g}{\alpha}\cdot\frac{\omega}{B}}$$

$$\mathrm{Fr}=\frac{v^2}{C^2}=\frac{\alpha v^2}{g\frac{\omega}{B}}$$

式中 v 为平均流速；C 为干扰微波的传播速度；ω 为过水断面面积；B 为水面宽度；α 为动能修正系数；g 为重力加速度；Fr 为佛汝德数。当为急流时，$\mathrm{Fr}>1$，则 $v>C$，局部干扰所引起的水面波动将不能向上游传播，即对上游无影响，而只会以 $C+v$ 的速度向下游传播，对下游发生影响。

（叶镇国）

疾风 near gale

蒲福风级中的七级风。其风速为 13.9～17.1m/s。（石 沅）

集体分配单元 distributed unit of total out-of-balance moment of joint

又称集体分配单位。力矩集体分配法的计算单元。用集体分配法进行计算时，总是以它为单位来作分配、传递运算。这种分配单元包含有一个主结点和若干个次结点（主次结点均为刚结点），且汇交于每个次结点的杆件除与主结点相联的杆件（称为传递杆件）外，其余各杆的远端均为支座或用附加刚臂加以固定的结点。如图所示为一集体分配单元，其中 O 为主结点，A、B、C、D 为次结点，OA、OB、OC、OD 为传递杆件。由于这种分配单元比普通力矩分配法的分配单元包含的范围大得多，它使得具有多个刚结点的无侧移刚架的分配传递运算更为简捷。

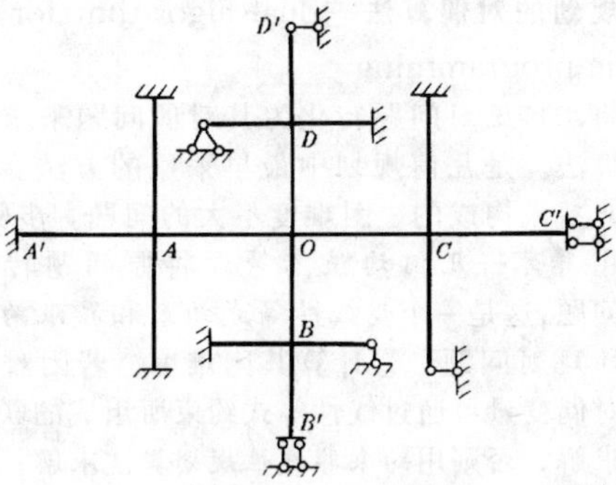

（罗汉泉）

集体分配系数 distribution factor of total out-of-balance moment of joint

用力矩集体分配法计算刚架时，反映集体分配单元中的主结点 O 与次结点之间的分配、传递对主结点的不平衡力矩的影响的增大系数。以 μ_O^g 表示，按下式计算

$$\mu_O^g = \frac{1}{1 - \Sigma(\mu C)_{Ok}(\mu C)_{kO}}$$

式中，$(\mu C)_{Ok}$和 $(\mu C)_{kO}$分别表示汇交于主结点 O 的任一杆件 Ok 在 O 端和 k 端的力矩分配系数与传递系数的乘积；Σ 表示对汇交于结点 O 的全部杆件求和。对于由等截面杆件组成的刚架，因 $C_{Ok} = C_{kO} = \frac{1}{2}$，故有

$$\mu_O^g = \frac{1}{1 - \frac{1}{4}\Sigma\mu_{Ok}\mu_{kO}}$$

计算时，将主结点的不平衡力矩乘以 μ_O^g，得到结点的不平衡总力矩，再依次在主结点和各个次结点进行一次普通力矩分配传递，所求得的各杆端弯矩，即已考虑了主、次结点之间的历次分配传递的影响。（罗汉泉）

集中参数优化设计 optimum design of concentrated parameter structure

设计变量为有限维向量的结构优化设计。该有限维向量的元素可以是结构的截面尺寸、结点坐标、形状函数参数等，也可以是非几何量，如材料参数等。大多数结构优化设计属于这一类。

（杨德铨）

集中荷载 concentrated load

作用于构件极小局部处的荷载。在计算简图上局部区域可视为一点。（吴明德）

集中力 concentrated force

作用范围远小于受力物体的整体尺寸，可认为它是集中作用于一点上的力。例如钢轨对车轮的约束反力。（彭绍佩）

集中质量法 concentrated mass method

见等效质量法（61 页）。

集中质量矩阵 lumped mass matrix

又称团聚质量矩阵。假定质量集中在结点上形成的质量矩阵，是对角线矩阵。采用集中质量矩阵时，计算工作较为简单；如果阻尼矩阵也采用对角线矩阵，更可简化计算。这点在非线性分析中有重要意义。对高次单元，恰当的分配质量是比较麻烦的。（包世华）

几何不变体系 geometrically stable system

当不考虑构成体系的各杆件因材料应变而产生的变形时，受任意荷载作用仍能保持几何形状不变的杆件体系。这类体系的自由度等于零，而计算自由度则小于或等于零。根据几何不变体系组成规则，凡组成体系的各刚片之间用足够数量的约束并按照一定条件联接，则将构成几何不变体系。根据约束的多少和性质，它又可分为无多余约束和有多余约束两类。结构都必须为几何不变体系，其中无多余约束的几何不变体系即是静定结构。而有多余约束的几何不变体系则为超静定结构。在进行内力分析时，根据结构内各部分的几何组成特征，有时可将其划分为基本部分和附属部分。（洪范文）

几何不变体系组成规则

在常见的平面体系的几何组成分析中，用以分析体系的几何组成特征，判断其是否属于几何不变体系所依据的规则。它主要包括①两刚片规则：两个刚片用不全交于一点也不全平行的三根链杆相联；②三刚片规则：三个刚片用不在一条直线上的三个单铰两两相联；③二元体规则：在一个刚片上用不共线的两根链杆联成一个新的结点，则所组成的体系均为无多余约束的几何不变体系。这些规则指出了不同情况下组成几何不变体系所需约束的最少数目和联接方式必须满足的条件。当约束数量不够或联接条件不满足时，则所成体系为几何可变体系或瞬变体系。（洪范文）

几何方程 geometrical equations

又称柯西方程。应变分量与位移分量之间的关系。在线性变形理论中，在笛卡尔坐标系内，可写成

$$\varepsilon_x = \frac{\partial u}{\partial x} \qquad \gamma_{xy} = \frac{\partial v}{\partial x} + \frac{\partial u}{\partial y} = 2\varepsilon_{xy}$$

$$\varepsilon_y = \frac{\partial v}{\partial y} \qquad \gamma_{yz} = \frac{\partial w}{\partial y} + \frac{\partial v}{\partial z} = 2\varepsilon_{yz}$$

$$\varepsilon_z = \frac{\partial w}{\partial z} \qquad \gamma_{zx} = \frac{\partial u}{\partial z} + \frac{\partial w}{\partial x} = 2\varepsilon_{zx}$$

其中 u，v，w 分别为 x，y，z 方向的位移分量。利用张量符号，则可以写成

$$\varepsilon_{ij} = \frac{1}{2}(u_{i,j} + u_{j,i}),$$

下标中的“,”表示对其后面一个下标所对应的坐标变量求偏导数。如果已知位移分量则可由上式求得应变分量；如果给出应变分量，为求位移分量，还应使应变分量满足应变协调方程。（刘信声）

几何非线性问题 geometrically non-linear problem

应变和位移间的几何关系是非线性的问题。有两大类：① 大挠度问题，如板、壳的大挠度问题，尽管应变很小，甚至未超过弹性极限，但位移很大，需采用非线性的应变和位移关系，平衡方程也必须建立在变形后的状态，以考虑变形对平衡的影响；② 大应变问题，如金属的成型、橡皮类材料等，需引入特殊的应力应变关系。很多大应变问题是和材料非线性联系在一起的。几何非线性分析中，可用两种不同的坐标系描述：固定坐标系和拖带坐标系；相应的分析有两种格式：全拉格朗日格式和修正的拉格朗日格式。通用的有限元法程序中通常同时包括这两种格式，可根据问题的特点进行选择。（包世华）

几何刚度矩阵 geometric stiffness matrix

又称初应力刚度矩阵。有限元法解几何非线性问题时，由于考虑几何非线性而引起的那一部分刚度矩阵。几何非线性问题的单元分析中，应变转换矩阵 $\overline{\boldsymbol{B}}$ 可写为

$$\overline{\boldsymbol{B}} = \boldsymbol{B}_0 + \boldsymbol{B}_{\mathrm{L}}$$

式中 $\boldsymbol{B}_0$ 为线性应变转换矩阵；$\boldsymbol{B}_{\mathrm{L}}$ 为非线性应变转换矩阵。据此推得的刚度矩阵分为三部分，可写为

$$\boldsymbol{K}_{\mathrm{T}} = \boldsymbol{K}_0 + \boldsymbol{K}_{\mathrm{L}} + \boldsymbol{K}_\sigma$$

式中 $\boldsymbol{K}_{\mathrm{T}}$ 为总切线刚度矩阵；$\boldsymbol{K}_0$ 为线性或小变形刚度矩阵；$\boldsymbol{K}_{\mathrm{L}}$ 为大变形刚度矩阵；$\boldsymbol{K}_\sigma$ 为初应力刚度矩阵或几何刚度矩阵。在小变形稳定问题中 $\boldsymbol{K}_{\mathrm{L}}=\boldsymbol{0}$，总刚度矩阵只有小变形刚度矩阵 $\boldsymbol{K}_0$ 和几何刚度矩阵 $\boldsymbol{K}_\sigma$ 两部分。（包世华）

几何规划 geometric programming

研究正项式最优化问题并在此基础上进行扩大与引伸而构成的一个非线性规划分支。应用范围比较广泛。1961 年由 C. 齐纳（Zener）和 R. 达芬（Duffin）提出。它提供了一种用可分离的形式陈述和研究很多重要的但通常是不可分离的非线性规划的技巧（所谓函数是可分离的，是指该函数由若干项的和组成，其中的每一项只依赖于一个设计变量）。由于它最初是基于算术—几何均值不等式而建立的，故称为几何规划。对于由正项式构成的问题，可采用它的对偶算法或线性化算法求解；对于非正项式问题，也可通过用正项式逐步逼近等手段而获得有效的数值求解方法。（刘国华）

几何规划的对偶算法 dual algorithm for geometric programming

将几何规划问题转化为其对偶问题来求解的一类算法。是几何规划中最早采用的方法。适用于由正项式构成的、困难度不大的问题。步骤为：①利用算术—几何均值不等式将原问题转化为对偶问题,这是一个受线性等式约束和界限约束的非线性规划问题；②计算其困难度，若困难度为零，对偶变量可通过线性等式约束所组成的联立方程组求解，否则用约束非线性规划算法求解；③由对偶问题的最优解推求原问题的最优解。

（刘国华）

几何规划的困难度 degree of difficulty for geometric programming

由正项式构成的几何规划问题转化为对偶问题求解的困难程度。以对偶问题的设计变量数减去等式约束的个数来表示。是大于或等于零的整数。

（刘国华）

几何规划的线性化算法 linearlizing algorithm for geometric programming

用线性规划问题逐次逼近经适当变换后的原问题的一类几何规划算法。在 1970 年之后发展起来，适用于由正项式构成的问题。它有别于序列线性规划法，能保证迭代收敛于最优解。（刘国华）

几何静力学 geometric statics

又称刚体静力学。静力学中以静力学公理为基础,用矢量代数与几何方法研究力系的简化与平衡问题的部分。所得结论只适用于刚体。

（彭绍佩）

几何可变体系 geometrically unstable system

当不考虑因材料应变而产生的变形时，受任意微小荷载作用后其几何形状将发生变化的杆件体系。自由度大于零的体系均属此类。在利用几何不变体系组成规则分析时，若组成体系的各刚片之间在联接时缺乏足够数量的约束或者不满足规则所要求的组成方式，则体系一般是几何可变的。它不能作为结构使用，其静力学解答不存在或为无穷大、不定值。（洪范文）

几何可能位移场 kinematically possible displacement field

满足几何连续条件及位移边界条件的位移场，与之对应的应变构成运动可能应变场。（熊祝华）

几何相似 geometric similarity

表征两现象几何形状的相似。它要求两现象的任何一个相应的线性长度的比例关系为固定比值，即几何长度比尺 $c_l=l_p/l_m$ 为常数。由此可知其面积比尺 $c_w=w_p/w_m=c_l^2$ 和体积比尺 $C_V=V_p/V_m=C_l^3$ 也都是常数（上式中的脚标 p 和 m 分别表示原型和模型）。几何相似是力学相似的前提。

（李纪臣）

几何约束 geometric constraint

又称位置约束。只限制质点或质点系各质点的位置的约束。约束方程中不含有坐标对时间的导数。（黎邦隆）

几何阻尼 geometric damping

振动向外扩散时波阵面增大致使介质质点振幅发生的衰减。瑞利波振幅沿地表按 $r^{-\frac{1}{2}}$ 衰减，体波（压缩波和剪切波）振幅沿地表和土层内部分别按 r^{-2} 和 r^{-1} 衰减。r 是质点与振源的距离。

（吴世明　陈龙珠）

几何组成分析 analysis of geometrical stability

又称机动分析。对体系的几何组成特征所进行的分析。利用它可以判断某一体系是否属于几何不变体系，从而确定该体系是否可作为结构使用，以保证各类结构都能承受荷载并维持平衡。它还可以从几何组成的角度说明体系的静力学解答特性，提供静力求解的途径，并对静定结构和超静定结构加以区分。分析时主要采用两类方法，一类是利用几何不变体系组成规则，直接从几何组成进行分析的几何法，另一类是以静力分析为基础间接进行研究的静力法（例如零载法）。（洪范文）

挤压强度条件 conditions of extrusion strength

保证连接件不因挤压强度不足而破坏的条件，其表达式为 $\sigma_{cmax}\leqslant[\sigma_c]$。$\sigma_{cmax}$ 为挤压应力中的最大者，$[\sigma_c]$ 为材料的许用挤压应力。当连接件与被连接件的材料不同时，取其许用挤压应力较低者，进行强度计算。（郑照北）

挤压应力 extrusion stress

又称名义挤压应力。连接件与被连接件在局部承压面上的压力（称为挤压力）除以承压面积得到的应力。连接件的挤压应力视连接件的连接方式而定。对于圆柱体的连接件，挤压应力沿接触的圆孔壁是变化的，最大挤压应力在接触孔壁的中点（见图）。如以受挤压圆柱面的投影面积作为计算挤压面，以其除挤压力所得结果与理论分析所得最大挤压应力值相近似。

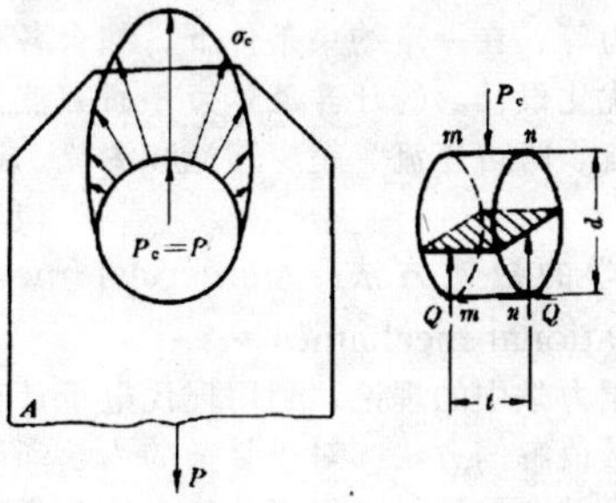

（郑照北）

计算简图 simplified sketch

又称结构的力学模型。在结构的力学分析中，用来代替实际结构的简化图形。其选取的原则是：既要尽可能正确地反映结构的实际受力和变形情况，以保证计算结果的可靠与精确；又要分清主次，忽略某些次要因素，以便于进行计算。除此之外，结构的重要性、设计的阶段、计算问题的性质和所采用的计算工具等也会影响到计算简图的选取。一般通过对实际结构的体系、支座、结点和杆件等方面进行简化即可得到。对于常见的工程结构，可以借鉴前人经验直接引用，但对于新型结构，则需通过反复试验和实践，才能得到较合理的计算简图。此外，在其选定之后进行结构设计时，还应采取相应的构造措施，以保证设计的结构体现计算简图的要求，并考虑在选取过程中被忽略的某些次要因素的影响。（洪范文）

计算力学 computational mechanics

根据力学的理论，用电子计算机和各种数值方法，解决力学中的实际问题的一门新兴学科。

电子计算机的出现为计算力学的形成提供了物质基础；有限元法和有限差分方法等数值方法的出现、完善及其在各领域的广泛应用，促成了计算力学的形成。计算力学求解问题的步骤一般为：①用工程和力学的概念和理论建立计算模型；②用数学知识寻求最恰当的数值计算方法；③编制计算程序，由计算机进行数值计算；④用工程和力学的概念判断和解释所得结果和意义，作出科学结论。计算力学求解时能详细给出各种数值结果；通过图象显示描述力学过程；多次重复进行数值模拟，比实验省时省钱。其弱点是，不能给出函数形式的解析表达式，因此难以显示数值解的规律性。计算力学应用范围广，已在固体力学、岩土力学、水力学、流体力学、生物力学中获得广泛应用。目前比较活跃的研究领域有以下几个方面：①计算力学的数值方法对一些常用方法，如有限差分方法、有限元法作进一步深入研究；对一些新的计算方法及计算理论问题进行探索。②计算结构力学研究在一定外界因素作用下结构的反应，包括应力、变形、频率、极限承载能力等；在一定约束条件下，综合各种因素进行结构优化设计。③计算流体力学研究流体力学中的低速流、跨声速流、超声速流和湍流、边界层流动等。（包世华）

计算力学的数值方法 numerical methods in computational mechanics

根据力学中的理论，利用现代电子计算机求力学问题数值解的方法。对于复杂的力学问题，往往难于求得其解析解，只好用数值方法分析求解。主要的数值方法有：有限差分方法、有限元法、变分法、加权余量法、半解析法和边界元法等。主要的古典数值方法有：瑞利－里兹法、布勃诺夫－迦辽金法、坎托罗维奇法等。现代的数值方法多数是将偏微分方程问题化成代数问题，再用电子计算机求未知函数的近似解（数值解）。在流体力学问题中，有限差分方法有广泛的应用，在处理低速流体问题中，有限元法的应用也日益广泛；此外，常用的还有以差分和迭代为基础的时间相关法、有限基本解法等。自20世纪50年代以来，随着配有现代程序语言的通用数字计算机的出现和改进，数值方法得到广泛的应用和很大的发展，越来越受到人们的重视。（支秉琛）

计算流体力学 computational fluid mechanics

流体运动的数值模拟、数值计算和计算机实验的学科。随着电子计算机的出现和现代计算技术的飞速发展而形成的一个新的流体力学分支。它用电子计算机作为模拟、计算或实验的手段，求解各种各样的流体力学问题的数值解。它形成的过程中有各种名称：计算流体力学（computational fluid mechanics）、数值流体力学（numerical fluid mechanics）、流体力学的计算机实验（computer experiment）、数值模拟（numerical simulatiou）、计算机模拟（computer simulation）等。当侧重不可压缩流体问题时有：计算水动力学（computational hydrodynamics）、计算水力学（computational hydraulics）等。目前它的基本方法有：有限差分法、有限元法和边界元法。当前它的主要方向是求解非线性方程中，多个自变量、复杂几何形状和复杂边界条件的流体流动问题。它使用起来较理论流体力学适应性强、应用面广，较为省时、经济，还可以处理物理模型实验难于测定的敏感地区。但它仍然需要理论流体力学建立起来的基本方程，也需要流体力学实验的验证和提供物理性质的参数。它虽与理论流体力学和流体力学实验之间有密切联系，但又有它自身的特点、方法和功能。（郑邦民）

计算自由度

由体系各刚片的自由度总数减去全部约束数得到的几何参数。对于由若干刚片加上某些约束组成的一般体系，其计算公式为

$$w = 3m - (3g + 2h + b)$$

对于若干链杆用铰结点联接而成的铰接链杆体系，其计算公式为

$$w = 2j - b$$

式中 w 为计算自由度数；m 和 j 分别为刚片和铰结点个数；g、h 和 b 分别为刚结点、单铰和链杆（包括支座链杆）的数目。若不计支承只考虑体系本身，还可将体系在平面内整体运动的3个自由度去掉，从而得到只考虑体系内各部分作相对运动的计算自由度，称为内部可变度。体系的自由度 s 与计算自由度 w 的关系为 $s = w + n$，式中 n 为多余约束个数。计算自由度与体系几何组成特征的关系是：$w>0$，体系是几何可变的；$w\leqslant 0$ 是体系为几何不变的必要（但非充分）条件。（洪范文）

迹线 path-line

流体质点在流动空间中的运动轨迹。采用拉格朗日描述法可直接得到迹线方程，用欧拉描述法描述流体运动情况，则不能直接得出流体质点的迹线。拉格朗日法中迹线的参数方程为

$$x = x(a,b,c,t)$$
$$y = y(a,b,c,t)$$
$$z = z(a,b,c,t)$$

消去 t 并给定（a，b，c）值，即可得到以 x，y，z 表示的某流体质点（a，b，c）的迹线。若采用欧拉描述流体运动的方法，则需积分下列微分方程组

$$\frac{dx}{dt} = u_x(x,y,z,t)$$
$$\frac{dy}{dt} = u_y(x,y,z,t)$$
$$\frac{dz}{dt} = u_z(x,y,z,t)$$

上式对时间积分后再将所得表达式中的 t 消去，亦可得迹线方程。迹线和流线是两个具有不同内容和意义的曲线，它和拉格朗日描述法相联系，流线则

是同一时刻不同流体质点流速矢量所组成的曲线，它和欧拉描述法相联系。（叶镇国）

jia

加工硬化　work hardening

又称冷作强化或加工强化。材料在应变过程中产生塑性功从而提高后继屈服极限的现象。如果用塑性应变量值表征强化程度，则称为应变强化。它使金属构件具有一定的抗偶然过载能力，保证构件安全；也可使金属塑性变形均匀，保证冷变形工艺实现。（郑照北）

加劲板　stiffened plate

用肋条加强的板。其中的肋条称为加劲杆。加劲杆通过机械或化学的方法与板连结成一体。与无肋条的板相比，加劲板具有较高的强度与刚度。由于存在肋条而使板呈各向异性。如果把加劲杆的抗弯刚度折算成在两个正交方向均匀连续分布，则可按正交各向异性板处理。（罗学富）

加劲梁

在梁的一侧（下方或上方）添加若干链杆而构成的组合结构见图（a）、（b）。其中的链杆又称为加劲杆。梁多由钢筋混凝土制成，因其刚度比加劲杆大得多，故常称为刚性梁。加劲杆中的拉杆一般用型钢或圆钢制作，压杆则可用钢筋混凝土或钢材制作。它们的作用相当于在梁中增加一些支承以提高梁的刚度和承载能力。此外，调整加劲杆的轴力可使刚性梁的内力分布按需要变化。进行力学分析时通常是先求出各加劲杆的轴力，然后将它们与荷载一起视为作用于梁上的外力，按一般分析方法绘制梁的内力图。加劲梁常用于吊车梁，在桥梁中则常采用外形与一般桁架相似的加劲梁，又称为桁梁结构（图 b）。有时，为了修复原有的梁式结构或提高其承载能力，工程中也常采用加劲杆作为加固措施。（何放龙）

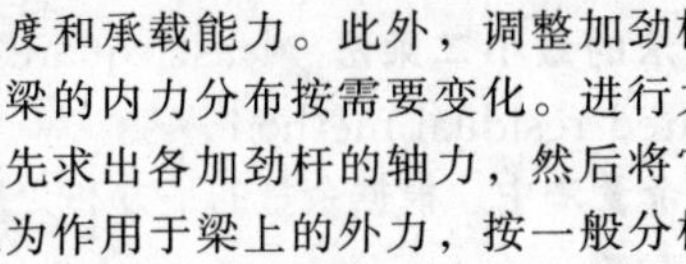

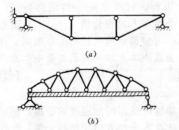

(a)

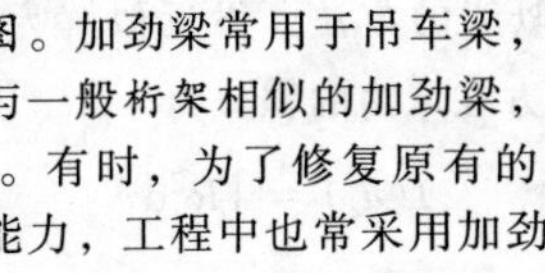

(b)

加权平均值　weighted average

又称加权算术平均值。反映权影响的算术平均值。它表示不等精度测量系列的最佳估值。在不等精度测量中，因各组测量的可靠程度不同，不能简单地采用各组测量结果的算术平均值作为最终测量结果，而应取含有权影响的加权平均值。其大小为

$$\bar{x} = \frac{n_1\bar{x}_1 + n_2\bar{x}_2 + \cdots\cdots + n_m\bar{x}_m}{n_1 + n_2 + \cdots\cdots + n_m}$$

$$= \sum_1^m n_i\bar{x}_i/\Sigma n_i = \sum_1^m p_i\bar{x}_i/\Sigma p_i$$

式中 $\bar{x}_i$ 为 m 组不等精度测量中任一组的算术平均值；p_i 为对应 $\bar{x}_i$ 的权数（n_i 为其对应的测量次数）。对等精度测量，其 $p_i = 1$，或 $p_1 = p_2 = \cdots\cdots = p_n = 1$，加权平均值 $\bar{x}$ 即为算术平均值。可见等精度测量是不等精度测量的特殊情况。（李纪臣）

加权余量法　weighted residual method

一种使方程余量（即误差）为最小以求解微分（或积分）方程组的数值方法。基本做法是：设场函数 u 应满足下列微分方程（或边界条件）：$L(u) - f = 0$；这里 $L(\ )$ 为微分算子，f 为已知函数；假设一个近似场函数 $\bar{u}$，代入上式，得到余量 $R = L(\bar{u}) - f$；令余量的加权积分等于零，即 $\int wR\mathrm{d}v = 0$（w 为权函数），求出近似场函数 $\bar{u}$ 中的待定参数，从而求得近似解。依据权函数的不同取法有：配点法、子域法、最小二乘法、矩法和伽辽金法等。依据试函数的不同取法有：内部法、边界法和混合法等，它们在固体力学、流体力学、热传导和核工程等方面得到广泛应用。用加权余量法可以建立有限元法基本方程。凡是用微分方程表述的问题，均可用此法求数值解；变分法则与此法不同，必须首先能将问题表述成泛函驻值问题，然后才能求解。（包世华　郑邦民）

加权余量法的边界法　boundary method in weighted residual method

加权余量法中，试函数满足域内微分方程，但不满足边界条件时，在边界上平均消除加权余量，从而求得近似解的方法。其中用配点方式消除余量的方法叫边界配点法（boundary collocation）。（包世华）

加权余量法的伽辽金法　Galerkin method in weighted residual method

加权余量法中，以试函数作为权函数的一种近似解法。设近似解为 $\bar{u} = \sum_{i=1}^n a_i\bar{u}_i$，式中 a_i 是待定参数；$\bar{u}_i$ 为试函数，是一完全的函数序列，再以 $\bar{u}_i$ 作为权函数，余量 R 的加权平均等于零的条件为

$$\int R\bar{u}_i\mathrm{d}v = 0 \quad (i = 1,2,\cdots,n)$$

由以上 n 个方程，可求出 n 个待定参数 a_i，从而得到近似解。如果问题可以表述为泛函驻值，则本

法与变分法往往导致同样的结果，本方法计算精度较高，应用较广。（包世华　王　烽）

加权余量法的混合法　mixed method in weighted residual method

加权余量法中，试函数既不满足域内微分方程，又不满足边界条件时，同时在域内部和边界上平均消除加权余量，从而求得近似解的方法。其中用配点方式消除余量的方法叫混合配点法。

（包世华）

加权余量法的矩法　method of moments in weighted residual method

加权余量法中，取权函数为各次幂函数的方法。对一维问题，余量的加权平均等于零的条件为

$$\int R x^i \mathrm{d}v = 0 (i = 0,1,\cdots,n-1)$$

式左端分别代表余量 R 的零次矩、一次矩、…。由以上 n 个方程，求出 n 个待定参数，从而得到近似解。（包世华）

加权余量法的离散型最小二乘法　discrete least square method in weighted residual method

又称最小二乘配点法（least square collocation）。加权余量法中以离散形式表示的最小二乘法。在域内及边界上选择有限个点，根据这些点的余量平方和为最小的条件，得出确定待定参数的方程，从而求得近似解。与连续型最小二乘法相比，没有微分和积分运算，计算机程序简单，适用于复杂形状的区域及边界，与其他常用数值方法相比，具有通用性强、方便、误差可知等优点。

（包世华）

加权余量法的连续型最小二乘法　continuous least square method in weighted residual method

加权余量法中以连续函数形式表示的最小二乘法，将连续函数形式的余量 R 的平方值在域内及边界上积分，然后求最小值，得出确定待定参数 a_i 的方程组为

$$\int_{\mathrm{v}} R \frac{\partial R}{\partial a_i} \mathrm{d}v + w^2 \int_{\mathrm{s}} R \frac{\partial R}{\partial a_i} \mathrm{d}s = 0$$

式中第一项表示域 v 内的积分值；第二项表示边界 s 上的积分值；w 是边界余量的权数相对于内部余量的权数的比例。应用此法时需作微分和积分运算。（包世华）

加权余量法的内部法　interior method in weighted residual method

加权余量法中，试函数满足边界条件但不满足域内微分方程时，在域内部平均消除加权余量，从而求得近似解的方法。是加权余量法中用得最多的方法。其中用配点方式消除余量的方法，叫内部配点法。

（包世华）

加权余量法的配点法　collocation method in weighted residual method

加权余量法中，只要求近似解在 n 个配点上满足微分方程的一种近似解法。权函数按以下要求选择：在 n 个分散的点上，权函数 $w_i = 1$；在域 v 的其余部分，权函数 $w_i = 0$。加权余量为零的表达式为

$$R_i = 0 \quad (i = 1,2,\cdots,n)$$

由以上 n 个方程，求得 n 个待定参数，从而得到近似解。依据配点的位置还可分类为：边界配点法、内部配点法和混合配点法。和最小二乘法相结合有最小二乘配点法，参见加权余量法的离散型最小二乘法。（包世华）

加权余量法的子域法　subdomain method in weighted residual method

又称积分关系法（method of integral relations）。加权余量法中，把域 v 分为 n 个子域 v_i 令余量在每个子域内积分为零的近似解法。其加权余量为零的表达式为

$$\int_{\mathrm{v}_i} R \mathrm{d}v_i = 0 \quad (i = 1,2,\cdots,n)$$

上式相当于权函数如此选择：在 v_i 中，$w_i = 1$；不在 v_i 中，$w_i = 0$。

（包世华）

加权余量法的最小二乘法　least square method in weighted residual method

加权余量法中，根据余量的平方和为最小的条件来确定近似解的方法。设近似解为 $\bar{u} = \sum_{i=1}^{n} a_i \bar{u}_i$，余量 R 的平方在域内的积分为

$$I(a_i) = \int R^2 \mathrm{d}v$$

由 $\frac{\partial I}{\partial a_i} = 0$，有 $\int R \frac{\partial R}{\partial a_i} \mathrm{d}v = 0 \quad (i = 1,2,\cdots n)$

由这 n 个方程，可求出 n 个待定参数 a_i，从而得近似解。余量平方的积分值 I（a_i）与误差估计有一定联系，可望得到精度较高的近似解。计算时可采用连续型最小二乘法和离散型最小二乘法两种不同的形式。（包世华）

加速度　acceleration

瞬时加速度或即时加速度的简称。描述点在某一瞬时的速度大小和方向变化的矢量。设在从瞬时 t 算起的时间间隔 Δt 内，点的速度改变量为 $\Delta \boldsymbol{v} = \boldsymbol{v}(t+\Delta t) - \boldsymbol{v}(t)$，则比值 $\boldsymbol{a}^* = \Delta \boldsymbol{v} / \Delta t$ 表示该点速度在这段时间的平均变化率，称为在此时间内的平均加速度。当 $\Delta t \to 0$ 时，$\boldsymbol{a}^*$ 的极限即为点在

瞬时 t 的加速度，记为

$$\boldsymbol{a}=\lim_{\Delta t\to 0}\frac{\Delta \boldsymbol{v}}{\Delta t}=\frac{\mathrm{d}\boldsymbol{v}}{\mathrm{d}t}=\dot{\boldsymbol{v}}=\frac{\mathrm{d}^2\boldsymbol{r}}{\mathrm{d}t^2}=\ddot{\boldsymbol{r}}$$

即点的加速度等于其速度对时间的一阶导数，或等于其位置矢对时间的二阶导数。$\boldsymbol{a}$ 的方向沿速度端图的切线，偏于动点轨迹的凹侧。$\boldsymbol{a}$ 恒等于零时，点作匀速直线运动；等于常矢量时，点作匀变速直线运动；等于变矢量时，点作曲线运动。在点的直线运动中，a 可用代数量表示。它的表达形式因参考坐标系不同而异。在法定计量单位中，其单位为米/秒^2 (m/s^2)。

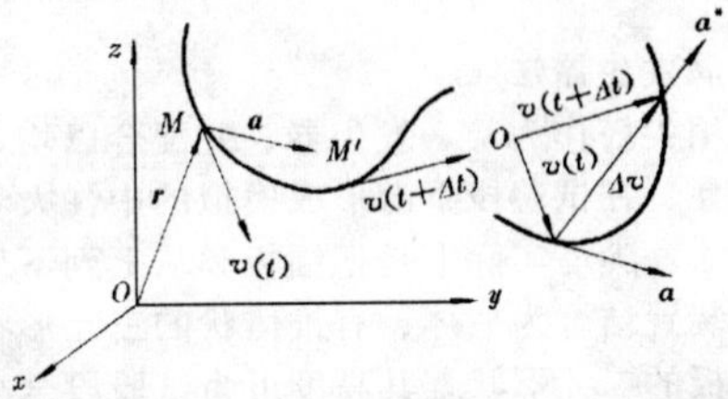

(何祥铁)

加速度冲量外推法 extrapolation of acceleration impulse

利用加速度冲量的概念，对多自由度体系的受迫振动作时程分析的数值方法。其基本思路是将时间划分为若干小的时段 Δt（称为时间步长），然后利用图示位移的二次抛物线插值代替实际位移

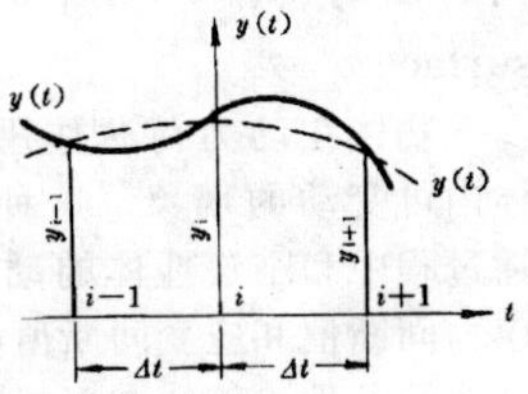

$$\boldsymbol{Y}(t)\approx\frac{t^2}{2(\Delta t)^2}(\boldsymbol{Y}^{(i+1)}-2\boldsymbol{Y}^{(i)}+\boldsymbol{Y}^{(i-1)})+\frac{t}{2\Delta t}(\boldsymbol{Y}^{(i+1)}-\boldsymbol{Y}^{(i-1)})+\boldsymbol{Y}^{(i)}$$

式中 $\boldsymbol{Y}(t)$ 为实际位移向量，$\boldsymbol{Y}^{(i)}$ 为插值后第 i 个时段分点的位移向量。导出关于各时段分点的位移和加速度的递推公式

$$\boldsymbol{Y}^{(i+1)}=-\boldsymbol{Y}^{(i-1)}+2\boldsymbol{Y}^{(i)}+\ddot{\boldsymbol{Y}}^{(i)}(\Delta t)^2$$

和

$$\ddot{\boldsymbol{Y}}^{(i)}=\boldsymbol{M}^{-1}(\boldsymbol{P}^{(i)}-\boldsymbol{K}\boldsymbol{Y}^{(i)})$$

式中 $\ddot{\boldsymbol{Y}}^{(i)}$ 和 $\boldsymbol{P}^{(i)}$ 分别为第 i 个时段分点的加速度向量和干扰力向量；$\boldsymbol{M}$ 为质量矩阵；$\boldsymbol{K}$ 为刚度矩阵。再根据问题的初始条件，从时间起点开始逐个分点进行递推。最终求出各分点的位移。递推式中包含加速度与时段的乘积项。加速度冲量即由此得名。为了保证计算的精度，通常要求时段不大于自振周期的1/10。 (洪范文)

加速度瞬心 instantaneous center of acceleration

瞬时加速度中心的简称。平面图形内或其延伸部分上绝对加速度等于零的一点。它在图形上的几何位置随时间而改变，速度一般不等于零，即它与速度瞬心不重合。若取它(用 C 表示）为基点，则图形上任一点 M 的加速度可写成 $\boldsymbol{a}_M=\boldsymbol{a}_C+\boldsymbol{a}_{MC}=\boldsymbol{a}^{\tau}_{MC}+\boldsymbol{a}^{n}_{MC}$，即任一点的加速度等于该点随图形绕加速度瞬心转动的加速度，可按定轴转动刚体上点的加速度的求法求得。由于平面图形的实际运动是绕其速度瞬心 P 的瞬时转动，故上式中的 $\boldsymbol{a}^{\tau}_{MC}$ 与 $\boldsymbol{a}^{n}_{MC}$ 并非是 M 点的切向加速度 $\boldsymbol{a}^{\tau}_{M}$ 与法向加速度 $\boldsymbol{a}^{n}_{M}$，而 $\boldsymbol{a}^{\tau}_{M}$ 与 $\boldsymbol{a}^{n}_{M}$ 也并非是 M 点绕 P 点转动的相对切向加速度 $\boldsymbol{a}^{\tau}_{MP}$ 与相对法向加速度 $\boldsymbol{a}^{n}_{MP}$。

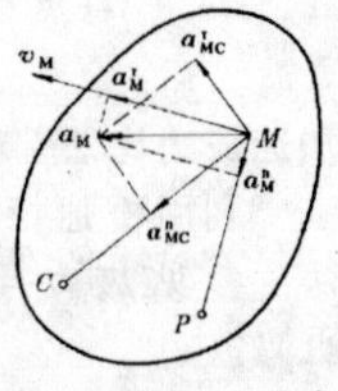

(何祥铁)

加速度图 acceleration graph

表示点的加速度随时间而变化的图像。以加速度投影－时间曲线形式表出，能代替点的加速度方程确定它在每一瞬时的加速度。如已知动点在初瞬时的速度。则由此可作出其速度图。 (何祥铁)

加速度图解 acceleration diagram

又称加速度图。用作图法求解平面运动刚体或平面机构上有关各点的加速度时，从任一固定点作出这些加速度矢而得到的图形。设已知某一瞬时平面图形上 A 点的加速度 $\boldsymbol{a}_A$、B 点加速度 $\boldsymbol{a}_B$ 的方位及速度图解 $oabc$，由任选的极点 o_1 作有向线段 $\overrightarrow{o_1a_1}=\boldsymbol{a}_A$，从 a_1 点作平行于图形上 BA 线的线段 $\overline{a_1n_1}=\overline{ab}^2/\overline{AB}$，过 n_1 点作 BA 线的垂线与过 o_1 点所作 $\boldsymbol{a}_B$ 的平行线交于 b_1 点，即得 $\overrightarrow{a_1n_1}=\boldsymbol{a}^{n}_{BA}$，$\overrightarrow{n_1b_1}=\boldsymbol{a}^{\tau}_{BA}$，$\overrightarrow{a_1b_1}=\boldsymbol{a}_{BA}$，$\overrightarrow{o_1b_1}=\boldsymbol{a}_B$，并且 $\mathrm{tg}\alpha=\varepsilon/\omega^2$，$\omega$ 与 ε 为图形在该瞬时的角速度与角加速度（图中均为顺时针方向）。由此还可求平面图形上任一点 C 的加速度：因为图形上各点绕基点转动的相对加速度同各该点的转动半径夹角相同，并且 a_1n_1 线是按逆钟向转过 α 角到达 a_1b_1 线的，故从 a_1 点作直线 a_1c_1 平行于将图形上 CA 线绕 C 点按逆钟向转过 α 角所得的方向，从 b_1 点作直线 b_1c_1 平行于将图形上 CB 线绕 C 点按逆钟向转过 α 角所得的方向，得交点 c_1，有向线段 $\overrightarrow{o_1c_1}$ 就等于图形上 C 点的加速度 $\boldsymbol{a}_C$。多边形 $o_1a_1b_1c_1$ 就是平面图形

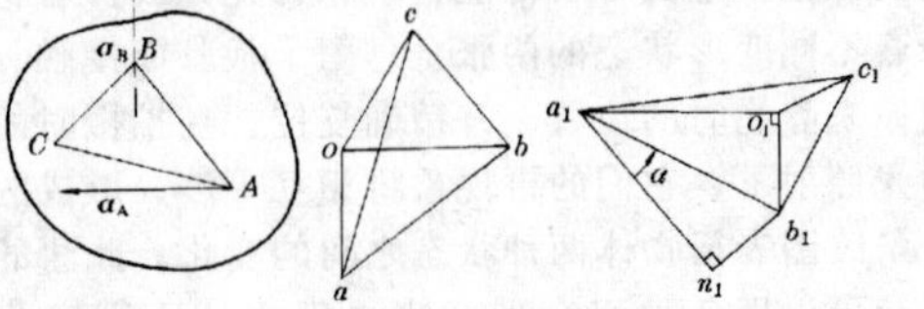

A、B、C 各点在该瞬时的加速度图解。 (何祥铁)

加速应力比法 accelerating stress-ratio method

利用松弛指数加速满应力设计收敛的应力比法。参见应力比法（428 页）和松弛指数（329 页）。 (汪树玉)

加载路径 loading path

在多轴应力试验中，各个方向荷载施加的顺序和方式。在常规三轴试验中，可采用以下不同的加载方式：（1）先将围压 σ_3 加至预定值，再逐渐增加轴压 σ_1；（2）σ_1 和 σ_3 按一定的比例同时施加；（3）先将 σ_3 加至预定值，然后将 σ_1 加至试件材料强度值的 80%～90%，固定 σ_1 后逐渐降低 σ_3；（4）保持（$\sigma_1+\sigma_2+\sigma_3$）在加载过程中不变等。 (袁文忠)

加载卸载规律 rule of loading-unloading

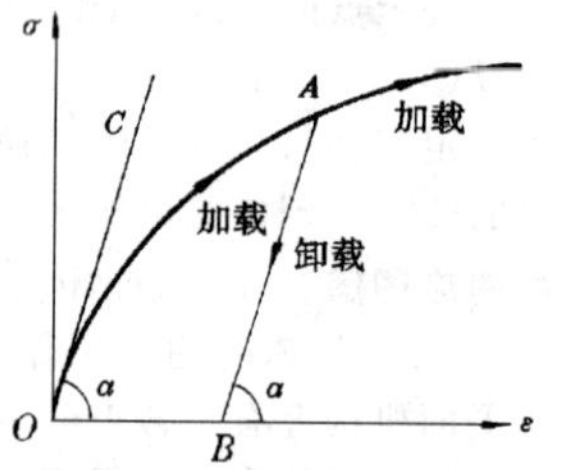

材料在加载和卸载过程中的本构关系。例如，在拉伸 $\sigma-\varepsilon$ 曲线中，当应力在 A 点时（见图），如应力增加，称为加载，应力和应变沿 $\sigma-\varepsilon$ 曲线变化，其关系式为 $d\sigma=E_t d\varepsilon$，E_t 为切线模量；卸载时应力减少，应力和应变沿直线 AB 变化，直线的斜率假定与 $\sigma-\varepsilon$ 曲线的初始斜率相等，其关系式为 $d\sigma=Ed\varepsilon$，E 为弹性模量。 (郑照北)

夹层板 sandwich plate

由两块较高强度的薄表层和充填于其间的夹心材料所构成的板。表层与夹心牢固结合，共同受载。夹层板通常具有重量轻、强度高、刚度好的优点。适当选择表层和夹心材料，还可使其获得良好的抗振、隔热、隔声等性能。在引用了折算抗弯刚度与折算抗拉刚度之后，对夹层板的分析可简化为相应的均质板问题。 (罗学富)

夹层全息干涉法 sandwich holography

利用叠合两张记录着物体不同变形状态的单次曝光全息图获得的干涉条纹图，以分析物体变形的一种全息干涉术。用二张乳胶面相互接触的全息干板对物体的某一状态进行单次曝光的全息照相，得到的二张全息图各自都能再现原物光光波。若将记录着不同变形状态的两张全息图干板胶面接触，放回原来曝光时的位置，并精确复位，在拍摄时的参考光照射下，它们的再现象将相互干涉，形成的干涉条纹图表征物体两种状态之间的变化。此法的优点是可以用各种组合形式来再现物体不同变化状态，且能消除刚体位移的影响。 (钟国成)

夹层散斑法 sandwich speckle method

利用夹入薄层的反射光形成的散斑场，测量透明物体内部的位移和变形的一种干涉计量术。在透明模型内部待测的部位夹入一反光漫射层，当激光照射时，反射光形成空间散斑场。照相机聚焦于反射面，记录模型变形前后的双曝光散斑图。用逐点分析法或全场分析法测取夹层部位的位移分布。 (钟国成)

jian

尖塔旋涡发生器法

采用尖塔作为旋涡发生器，并配合以均匀分布的粗糙元，在试验段下游形成模拟的中性大气边界层的方法。尖塔实际上是把档板和从上到下变阻塞的掺混装置结合为一体，有锥体状的三元形状和三角形平板的二元形状，其高度可为试验段全高或半高以上的高度。加拿大 NAE 广泛采用这种方法。H.P.A.H.Irwin 针对三角形平板的二元尖塔给出了设计公式。 (施宗城)

间断面的传播 propagation of discontinuous surface

物体在动力荷载作用下，力学量间断面在物体内可变动的现象。这种现象出现在应力波的传播过程中和刚塑性体的动力响应中，在间断面上，应力间断值和应变间断值应满足动力连续条件和运动连续条件。例如在理想刚塑性的动力分析中，梁内将出现移动塑性铰，移动塑性铰就属于可动间断面（参见动力和运动连续条件，73 页）。 (徐秉业)

间接测量 indirect measurement

利用实测数据由函数关系式计算求出某物理量的测算方法。例如利用毕托管测量流速时，先用压差计测出压差 Δh（毕托管静压与全压之差），然后按公式 $u=\mu\sqrt{2g\Delta h}$ 求得速度 u（式中 μ 为修正系数）。间接测量比直接测量麻烦，但在生产和科学实验中总会遇到不能或不便于直接测量的量，因此间接测量是不可缺少的一种测量方法。 (李纪臣)

间接法边界积分方程 boundary integral equation of indirect method

以某种沿边界分布的虚设量为基本未知量建立的边界积分方程。原物理量在域内及边界任意点的值均可由此基本未知量沿边界的某种积分来确定。通常可由原物理问题的边界条件来建立边界积分方程。位势问题中利用单层势或双层势建立的边界积

分方程，弹性力学虚应力法、位移间断法的边界积分方程，以及域外回线虚荷载法的边界积分方程等都是实例。 （姚振汉）

间接水击 water-hammer for slow closure

阀门关闭时间大于水击相长时引起的水击现象。在此情况下，水击波的反射波在阀门尚未完全关闭前已达到阀门断面，随即变为负的水击波向进口传播，由于负水击压强和阀门关闭产生的正水击压强相叠加，因此间接水击在阀门处最大水击压强小于按直接水击计算的数值。一般情况下，间接水击压强和相应的水头增值可近似按下式计算

$$\Delta p = \rho C v_0 \frac{T}{T_z}$$

$$\Delta h = \frac{\Delta p}{\gamma} = \frac{v_0}{g} \cdot \frac{2l}{T_z}$$

式中 T 为水击相长；T_z 为阀门关闭时间；l 为管道长度；v_0 为水击前管中平均流速；ρ 为水的密度；g 为重力加速度。上式表明，阀门关闭的时间愈长，水击压强和相应的水头增值愈小。

（叶镇国）

减幅系数 decrement

见单自由度系统的衰减振动（56页）。

减水剂效应 effect of water-reducing admixture

拌合物中掺入适量减水剂，在保持工作性相同的情况下可显著地降低水灰比，即减少拌合水用量的效应。减水剂分子被吸附在水泥胶粒上，并改变胶粒的动电性能，降低水泥胶粒间的内聚力，起到吸附分散作用、润湿作用和润滑作用等，是减水剂发生减水效应的一般机理。普通减水剂减水率为10%～15%，高效减水剂可达20%～30%。由于减少用水量，对混凝土的强度、抗冻性、抗渗性等许多物理力学性能都产生良好的影响。

（胡春芝）

减振 vibration reduction

为减轻振动对结构物或机器、仪表等的危害而采取的措施。通常有以下三条途径：① 消除振源，即消除或减小激振力。② 采取隔振措施。③ 使系统的固有频率远离激振频率，或增加系统的阻尼，以降低系统的响应。 （宋福磐）

剪力 shearing force

杆件截面上内力之一，对于横弯曲杆件其剪力值为分布于截面上剪应力之和。为表示剪力沿杆轴变化规律而绘制成的图形谓之剪力图。

（吴明德）

剪力分配法 method of shear force distribution

适用于解算等高铰接排架和多层刚接排架的一种计算方法。它避免了解算联立方程，为工程界广泛采用。用它计算等高铰接排架（图 a）的要点如下：①设想在横梁端部加入控制结点独立线位移的附加链杆，得到位移法基本体系；②求出该基本体系在荷载作用下的附加链杆反力 R_{1P}（即不平衡剪力）；③ 在横梁端部作用一与 R_{1P} 反向的力（$-R_{1P}$），以消除不平衡剪力（它相当于取消了附加链杆而使横梁的各柱端剪力趋于平衡）。此时，各柱顶将产生分配剪力 $Q_i^\mu = -\mu_i^Q R_{1P}$（$\mu_i^Q$ 为第 i 根柱的剪力分配系数）；柱的另一端将产生传递剪力；④将各柱顶的固端剪力和分配剪力相加（代数和），即得各柱顶的实际剪力，据此便可作出排架各柱的最后弯矩图。以上所述实为一个剪力分配单元的计算要点，只需分配传递一次即得精确结果。当用剪力分配法计算图（b）所示的多层刚接排架（横梁抗弯刚度 EI 为无穷大的刚架）时，可将每一根横梁及与其相联的竖柱视为一个剪力分配单元，依次消除各横梁的不平衡剪力（交互进行剪力分配传递）直至各层的不平衡剪力均趋于零为止。此时它是渐近法。

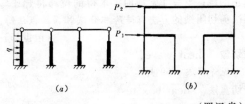

(a) (b)

（罗汉泉）

剪力分配系数 distribution factor of shear force

在与排架横梁相联的各竖柱中，某柱端的侧移刚度 J_i 与联接该横梁的所有竖柱的侧移刚度之和 ΣJ 的比值。通常以 μ_i^Q 表示。即

$$\mu_i^Q = \frac{J_i}{\Sigma J}$$

它是剪力分配法的基本系数之一。当排架的横梁端部作用一个沿横梁轴线方向的集中力时，与该横梁相联的各柱端将按一定的比例产生杆端剪力（即分配剪力），这一比例系数即为剪力分配系数，它与荷载无关。与同一横梁相联的各柱端的剪力分配系数之和等于1，即 $\Sigma\mu_i^Q = 1$。 （罗汉泉）

剪力静定柱 column with statically determinate shear force

又称剪力静定杆。在超静定刚架中，其剪力只凭静力平衡条件即可直接求出的竖柱。从承受反对称荷载作用的单跨对称刚架所取出的半刚架中的竖柱（如图中的 AB、BC、CD）即属于这种杆件。应用无剪力分配法计算时，利用这种柱的剪力为已

知的条件，可在其转角位移方程中消去柱两端相对水平位移这一未知量，故各层横梁端部毋须加入附加链杆。这种柱的转动刚度、传递系数和固端弯矩可按一端固定、另一端为滑动支座的杆件求得。对于等截面的剪力静定柱，其转动刚度 $S_{ik}=i$，传递系数 $C_{ik}=-1$。其中，i 为该柱的线刚度。

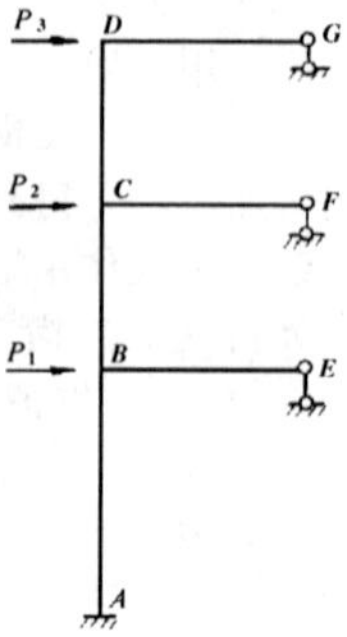

（罗汉泉）

剪力图 shearing force diagram

简称 Q 图，剪力沿梁轴变化规律的图示。以横坐标表示梁的横截面的位置，以纵坐标表示对应横截面上的剪力。（熊祝华）

剪切闭锁 shear locking

用厚板理论分析薄板时解答的一种失真现象。用中厚板单元分析薄板，当板变薄时，单元刚度矩阵中的剪切项会变得很大，使所求得的解答远小于真正的解；当板非常薄时，求得的位移将趋于零。解决剪切闭锁的方法有降阶积分法和罚函数法等。

（包世华）

剪切波 shear wave

见等容波（59页）。

剪切盒法 shear box test

又称直剪试验。可以测量新拌混凝土的抗剪强度 τ、内摩擦角 φ 和内聚力 C 的试验。由库伦公式 $\tau=\sigma\mathrm{tg}\varphi+C$ 可算出 φ、C，式中 σ 为垂直压应力。试验时用图示装置，通过活塞使试样受到垂直压应力 σ 的作用。上半部在水平应力 τ 的作用下，达到强度极限时沿 $A-B$ 平面产生位移，试样出现破损。对应不同的 σ 值，得不同的 τ 值。绘制 $\tau-\sigma$ 关系图，τ 为纵坐标，σ 为横坐标，其斜率为 φ，与 τ 轴截距即为 C。（胡春芝）

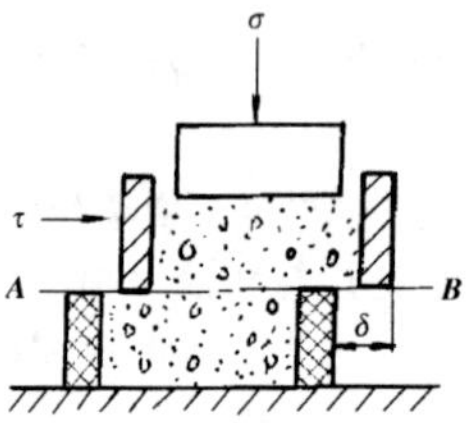

剪切胡克定律 Hooke's law for shear

描述剪应力 τ 和剪应变 γ 线弹性关系的定律。其表达式为

$$\tau = G\gamma$$

比例常数 G 称为剪切弹性模量，通常由薄壁圆筒扭转试验测定。剪应力不超过材料的剪切比例极限 τ_p 时，剪切胡克定律才能成立。对于各向同性材料，弹性常数间关系式为

$$G = \frac{E}{2(1+\nu)}$$

其中 E 为弹性模量，ν 为泊松比。（郑照北）

剪切流 shear flow

气流中各层之间存在有剪切应力的流动。它是由于气流各层之间的流速和流向有变化、存在着速度梯度而引起的。（刘尚培）

剪切强度条件 conditions of shear strength

保证连接件不因剪切强度不足而破坏的条件，其表达式为 $\tau_{max}\leqslant[\tau]$。$\tau_{max}$ 为各受剪面上的平均剪应力中的最大者，$[\tau]$ 为材料的许用剪应力（参阅受剪面和名义剪应力，315、240页）。

（郑照北）

剪切弹性模量 shear modulus

又称为剪切模量。材料在弹性阶段剪应力与剪应变的比值，用 G 表示。（郑照北）

剪切应变速率 shear strain rate

在应变控制式三轴压缩仪中以等应变方式对土试样施加轴向压力的速度。它不仅仅关系到试验历时，也影响强度大小。应根据不同土类和排水条件，采用不同的速率。（李明逵）

剪心 shear center

又称弯心。梁在横向荷载作用下横截面上弯曲剪应力的合力通过点。为横截面的几何参数之一。当横向荷载通过剪心时，梁不会发生扭转变形。横截面具有一根对称轴时，其剪心位在对称轴上；若横截面有两根对称轴，则剪心与截面形心重合。由于薄壁截面的抗扭刚度小，剪心对薄壁截面杆更为重要。（吴明德）

剪应变 shearing strain

见应变（424页）。

剪应力 shearing stress

截面上任一点处与截面平行的应力分量。通常又可沿选取的正交坐标轴方向再分解为两个剪应力分量，参见应力（427页）。（吴明德）

剪应力差法 shear stress difference method

由光弹性实验直接获得的主应力差和主应力方向，并利用弹性理论的平衡方程分离出一点应力状态的各个分量的一种方法。对于平面问题，剪应力差法分离正应力 σ_{x_i} 的计算式为

$$\sigma_{x_i} = \sigma_{x_0} - \sum_{i=0}^{n}\frac{\Delta\tau_{xy_i}}{\Delta y}\Delta x$$

对于三维问题有

$$\sigma_{x_i} = \sigma_{x_0} - \sum_{i=0}^{n}\frac{\Delta\tau_{xy_i}}{\Delta y}\Delta x - \sum_{i=0}^{n}\frac{\Delta\tau_{xz_i}}{\Delta z}\Delta x$$

式中 σ_{x_i} 为计算第 i 点的 σ_x 值；σ_{x_0} 为边界上起始点

的 x 方向的正应力；$\Delta\tau_{xy_i}$，$\Delta\tau_{xz_i}$ 为第 i 点辅助截面上的剪应力差值；Δx，Δy，Δz 为有限单元间距（如图所示）。

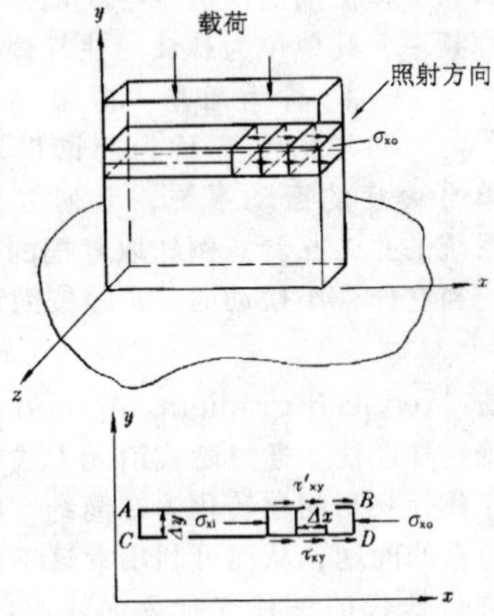

（傅承诵）

剪应力环量定理 theorem on the circulation of shearing stress

在扭转问题中，剪应力沿其迹线 S 的回路积分值等于该迹线所包围的面积 A 与常数 $2G\theta$ 的乘积。即

$$\oint_s \tau_s \mathrm{d}S = 2G\theta A$$

其中 G 为剪切模量；θ 为单位长度的扭转角。在薄膜比拟中，剪应力的迹线相应于薄膜上的等高线；在薄壁杆件的扭转中，该迹线为壁厚的中心线。

（刘信声）

剪胀 dilatancy

在法向应力作用下沿着具有一定粗糙度的裂面剪切时所产生的膨胀。这是由于结构面或软弱层两壁不可能十分光滑，剪切面也不可能很平整而产生的膨胀现象。对于破碎结构物充填的裂面和夹层，在剪切过程中，由于破碎颗粒受剪发生转动也可引起剪胀现象。此外，在完整岩石进行三轴试验，当应力超过大约 1/4 试件强度时，随应力的增长，试件开始减少体积压缩变形，并趋向大于前一加载时的体积，即随应力的增大产生负的体积应变。这一现象亦称为剪胀。它是在进行岩体弹塑性力学分析时应加以考虑的问题。（屠树根）

简单管路 simple pipes

没有分支的等直径管道。这类管道的流速及流量可按下式计算

$$v = \frac{1}{\sqrt{\alpha + \lambda \dfrac{l}{d} + \Sigma\zeta}}\sqrt{2gH}$$

$$Q = \omega v$$

式中 α 为动能修正系数，λ 为沿程阻力系数，l 为计算管路的长度，d 为管路直径，ζ 为局部阻力系数，g 为重力加速度，H 为管路作用水头。

（叶镇国）

简单桁架 simple truss

从地基或从一个平面基本铰结三角形开始，依次增加二元体或依次用不在同一平面内的三根杆件联接新结点所构成的桁架（前者为简单平面桁架，后者为简单空间桁架）。这类桁架必为静定桁架，而且可以逐个结点地应用结点法求出全部杆件内力。（何放龙）

简单加载 simple loading

一种特殊的应力历史，在应力空间中为直射线路径。它可表示为 $\sigma_{ij} = t\sigma_{ij}^0$，$\sigma_{ij}^0$ 为给定的基准应力状态，$t \geqslant 0$，$\mathrm{d}t \geqslant 0$。由于屈服与平均正应力无关，因此简单加载的准则可写成更弱的形式：$S_{ij} = tS_{ij}^0$，$t > 0$，$\mathrm{d}t > 0$；即在简单加载下，应力偏量的分量正比于一个正的单调增长的参数 t，因而 μ_σ（参见洛德参数，233 页）为常数；而平均正应力则可任意变化。（熊祝华）

简单加载定理 theorem of simple loading

保证物体内各点处实现简单加载的条件。A·A·伊柳辛提出了四个条件：①小变形；②荷载按一个参数单调比例增长，没有位移边界条件或只有零位移边界条件；③σ_e 和 ε_e 具有幂函数关系 $\sigma_e = c\varepsilon_e^n$（参见幂强化，239 页）；④材料不可压缩。这是实现简单加载的充分条件，不是必要条件。

（熊祝华）

简化的应力-应变曲线 idealized stress-strain curves

为了简化计算而提出的材料力学性质的简化

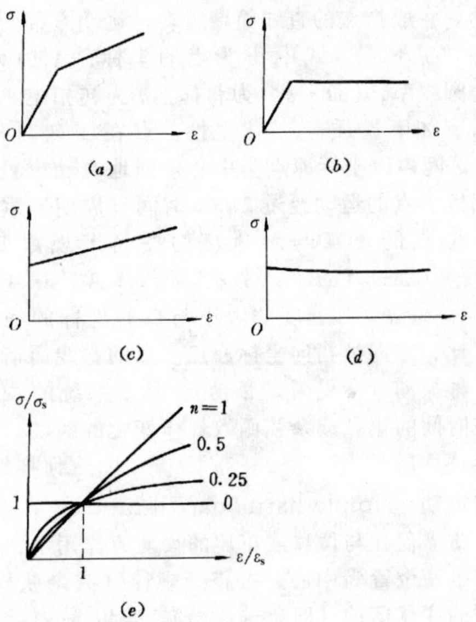

模型。通常包括：①弹性线性强化，见图（a）；②弹性理想塑性，见图（b）；③刚性线性强化，见图（c）；④刚性理想塑性，见图（d）；⑤幂强化，见图（e）；其表达式为 $\sigma=\sigma_s(\varepsilon/\varepsilon_s)^n$。$\sigma_s$ 为屈服极限；$\varepsilon_s=\sigma_s/E$；E 为弹性模量；n 为材料常数（$0\leqslant n\leqslant1$）。（熊祝华）

简化中心 center of reduction

将任意力系简化时，任选的、把力系中每个力平移到该处的一点（参看任意力系的简化）。力系的主矢量与该点的位置无关，是常矢量；而力系对该中心的主矩则一般随该点位置的不同而改变。但主矩 $\boldsymbol{M}_0$ 与主矢量 $\boldsymbol{R}'$ 的数量积却与该点的位置无关，即 $\boldsymbol{M}_A\cdot\boldsymbol{R}'=\boldsymbol{M}_B\cdot\boldsymbol{R}'$（$A$、$B$ 为两个不同的简化中心），是原力系的静力不变量。（彭绍佩）

简谐波 simple harmonic wave

关于时间和空间均按正弦或余弦形式变化的一维波场。可以表示为 $u(x,t)=A\sin(\kappa x\pm\omega t)$ 或 $u(x,t)=A\cos(\kappa x\pm\omega t)$，或用复数形式表示为 $u(x,t)=Ae^{i(\kappa x\pm\omega t)}$。其中 A 为振幅；ω 为圆频率；κ 为波数。如果 u 描述的是 x 轴上点的运动，则各点以相同的振幅、不同的相位作简谐振动；简谐波的传播则可视为某种确定的相位分布，以确定的速度——相速度，沿 x 轴移动的结果。采用傅里叶分析，一般的波场通常可以分解为一系列频率不同的简谐波。（郭 平）

简谐荷载 simple harmonic load

见周期荷载（463 页）。

简谐运动 simple harmonic motion, harmonic motion

点的坐标按时间的正弦或余弦函数规律变化的运动。一般指点的直线简谐运动，运动方程为 $x=A\sin(\omega t+\alpha)$。式中 x 为点的坐标，A 为振幅，ω 为圆频率，$(\omega t+\alpha)$ 为相位，α 为初相位。这种运动有如下性质：① 往复性。点在 x 轴 $[-A, A]$ 区间内以坐标原点为中心来回地变动位置。② 周期性。点的运动经过 $2\pi/\omega$ 时间（周期）重复一次。③ 点的速度与加速度均按简谐规律变化：$v=\dot{x}=A\omega\cos(\omega t+\alpha)$；$a=\ddot{x}=-A\omega^2\sin(\omega t+\alpha)=-\omega^2x$，加速度的大小与点的坐标的绝对值成正比，方向恒指向坐标原点。点的直线简谐运动是一种振动（参见简谐振动）。凡是系统的广义坐标按时间的正弦或余弦函数规律变化的振动，都具有上述性质。（何祥铁）

简谐振动 simple harmonic vibration

质点仅在与位移成正比的恢复力作用下，以其稳定平衡位置为中心，按正弦规律（或余弦规律）所作的往复运动（即简谐运动）。若以 x 表示位置坐标，t 表示时间，则这种振动的运动方程为

$$x=A\sin(\omega_n t+\varphi)$$

式中 A 为 x 的最大值，即振幅；ω_n 为角频率或圆频率，它的物理意义是 2π 秒时间内振动的次数；φ 为初相位。每秒振动的次数 $f=\omega_n/2\pi$ 称为振动频率，也称频率，其单位为赫兹。往复振动一次所需的时间 $T=2\pi/\omega_n$ 称为周期。振幅 A、频率 f（或角频率 ω_n）和初相位 φ 称为简谐振动的三要素。对于单自由度的振动系统，上列方程中的 x 应理解为系统的广义坐标。例如取复摆的转角 θ 为广义坐标，当它作微小摆动时，θ 即按简谐规律变化。（宋福磐）

简约梯度法 reduced gradient method

又称既约梯度法。通过隐式消元方式将原受线性约束的非线性规划问题转化为在简约空间中仅受变量界限约束的问题，从而可利用最速下降法或共轭方向法进行迭代的一种可行方向法。1963 年由 P. 沃尔夫（Wolfe）提出，是线性规划单纯形法在非线性规划中的推广。该法首先利用松弛变量或剩余变量将原线性约束转化为由线性等式约束和变量上下界限约束所组成的统一的约束形式，并将设计变量划分为基变量和非基变量；通过线性等式约束将基变量表示为非基变量的函数，代入目标函数，则原问题转化为在由非基变量所张成的简约空间中仅受界限约束的问题，可利用无约束问题的有效算法求解。迭代过程中当基变量达到界限时应作换基运算。目标函数在简约空间中的梯度称为简约梯度，故称为简约梯度法。是求解受线性约束的非线性规划问题的有效方法。（刘国华）

简支等曲率扁壳 simply supported shallow shell with equal curvatures

周边简支两个方向曲率均为常量且相等（$\kappa_x=\kappa_y=\dfrac{1}{R}=\text{const.}$）的扁壳。它是建筑工程中常用的壳体结构。此时壳体的两个微分方程（见扁壳）简化为

$$\nabla^2\varphi-\frac{Et}{R}w=0$$

$$D\nabla^4w+\frac{Et}{R^2}w=p_\gamma$$

这两个方程可逐个求解，即先解出 w 后再求解 φ。上列方程组总阶数由原来的八阶降为六阶，相应地简支齐次边界条件简化为 $(w)_s=0$，$(\nabla^2w)_s=0$。我国力学家早在 50 年代末就曾提出这种壳体的简化计算法，其基本思想是根据壳体各个区域（中央区、边缘区、角隅区）的内力分布规律，分别采用各自的计算方法，从而使整个计算得到简化。

（杨德品）

简支梁 simply supported beam

一端为固定铰支座，另一端为活动铰支座的梁，属静定梁。 （庞大中）

建筑空气动力学 architectural aerodynamics

研究建筑内、外围空气的特性和空气对建筑物的影响的学科。通常研究不同平面形状、高度、外形的单体建筑或建筑群的风压分布、风振等问题。常通过现场实测、风洞试验与理论分析数值计算等手段进行。 （石 沅）

剑桥模型 Cambridge model

英国剑桥大学罗斯科（Roscoe）等人于1958～1963年为正常固结粘土和弱超固结粘土建立的一个弹塑性模型。假定土体为加工硬化材料，服从相关联流动规则，屈服面方程为

$$q=\frac{Mp'}{\lambda-\kappa}(N-V-\lambda\ln p')$$

式中 p'为平均有效法向应力，q 为主应力差；M 为 p'：q 平面上临界状态线斜率；V 为比容，$V=1+e$，e 为孔隙比；N 为当 $p'=1.0$ 时的比容；λ 为 V：$\ln p'$平面上临界状态线斜率；k 为回弹曲线斜率。在主应力空间，屈服面形状为弹头形。屈服面像一顶帽子，又称这类模型为帽子模型。

（龚晓南）

渐变流 gradually varied flow

流线间夹角很小，曲率小且接近于平行直线的流动。渐变流的过水断面具有两个水力特性：①过水断面近似为平面，②动水压强分布与静水压强分布规律相同。管径沿程变化不大且曲率很小的管道中的水流及棱柱形渠道中水深沿程变化缓慢的水流均属此类。 （叶镇国）

jiang

降阶积分 reduced integration

又称减缩积分。有限元法数值积分中一种通过降低积分阶（点）数以改善计算精度的方法。等参元计算中，对8结点平面曲边单元和20结点三维曲面单元分别采用2×2和2×2×2高斯积分，可以显著地改进单元的特性，又可节省计算量。厚板（壳）用位移和转动分别独立插值的单元，当板（壳）较薄时，降低积分点数，也给出更好的计算结果。这是因为降低积分点后，滤掉了某些虚假的应变值，得到一个更柔软、有效的单元。

（包世华）

降水水面曲线 falling curve

明渠水流中水深沿程减小的水面曲线。它属于加速流动。水跌处的水面曲线形状属此类。

（叶镇国）

降维法 reduced basis method

通过数目较少的已知向量的组合来近似表达待求的未知高维向量，以降低求解问题维数的方法。所选的已知向量称为基向量，设为 r 个，常可用它们的线性组合来表示待求的 n 维未知向量（$n\gg r$），从而只需求解维数远小于 n 的 r 阶方程组，获得 r 个组合系数，即可近似地确定 n 维未知向量。应用此法，可使优化过程中寻求新设计点上结构性态的计算工作量减少。降维法的精度很大程度上取决于基向量选择是否恰当。 （汪树玉）

jiao

交变荷载 alternating load

周期性循环变化的荷载。构件在交变荷载作用下的强度与静载作用下的强度相比较要降低很多，诸如机械中齿轮轴，厂房结构中吊车梁等，这类问题的力学分析属于疲劳强度理论。 （吴明德）

交变塑性破坏 alternating plasticity failure

又称交变塑流破坏、塑性循环破坏。弹塑性体在变值荷载作用下产生的低周疲劳破坏。如果物体在每一个荷载循环中，其内局部材料交替经历一次变号塑性变形（例如拉伸和压缩），则经过一定次数循环后，物体内将出现局部断裂（低周疲劳），并导致整体破坏。其破坏形式与弹性体的疲劳破坏相同，但前者破坏前经历的循环次数比后者要小好几个量级。

（熊祝华）

交叉梁系 grid

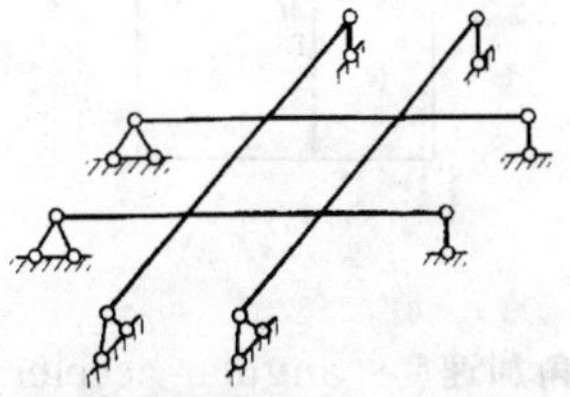

又称为格栅。由两组梁相互交叉联结而成的结构（见附图）。其工作特点在于两组梁之间相互承托，在其交叉点上互为弹性支座，具有相同的位移。它在桥梁工程和钢筋混凝土井式楼盖中应用很广。计算时，通常忽略两组梁之间扭矩的影响，在交叉点处用一根竖向链杆代替它们之间的相互承托作用，采用力法来解算。 （罗汉泉）

交错网格法 staggered grid method

对速度分量及压力分别在不同网格结点上取值以求解纳维埃－斯托克斯方程的数值计算法。此法可保证压力计算不发生跳动。虽然计算程序复杂一些，但可使计算的收敛性、稳定性得到保证。交错网格最早由哈诺使用过，近期帕坦卡在其 SIMPLE 算法中多用。 （郑邦民）

交替方向迭代法 method of alternating direction iteration

在一个时间步内，将空间多维问题分别按小步时间逐维轮流进行的一种迭代解法。一个二维或三维空间的方程，在时间上的一步，分别分为 1/2 或 1/3 步，一维一维地进行。例如，先作 x 方向的 1/3 步，再作 y 方向的 1/3 步，再作 z 方向的 1/3 步，从而使高维问题简化为一维问题。已有理论证明，这样分三步走的一维问题与原方程解三维问题是等价的。迭代格式可以是显式的，也可以是隐式的。（王　烽）

焦耳　Joule

法定计量单位制中功的单位名称。其中文符号为焦，单位符号为 J，$1J = 1N \cdot m = 1m^2 \cdot kg/s^2$。

（黎邦隆）

角点法　cornerpoints method

基于迭加原理，用来计算矩形基础任意点下附加应力的一种常用方法。用角点法求作用着竖向均布荷载的矩形基础 $abcd$ 基底内或外 M 点下任意深度处的竖向附加应力 σ_{zm} 的方法为：若 M 点在基底以内，将基底分为以 M 点为公共角点的四个新矩形Ⅰ、Ⅱ、Ⅲ、Ⅳ，见（a）图，σ_{zm} 即为这四个新矩形荷载对 M 点所产生的附加应力之和，即

$$\sigma_{zm} = (\sigma_z)_{\text{Ⅰ}} + (\sigma_z)_{\text{Ⅱ}} + (\sigma_z)_{\text{Ⅲ}} + (\sigma_z)_{\text{Ⅳ}}$$

若 M 点在基底以外，将原基底扩大，使 M 点为虚拟基底的一个角点，见（b）图，则 σ_{zm} 为

$$\sigma_{zm} = (\sigma_z)_{Mebh} - (\sigma_z)_{Mfch} - (\sigma_z)_{Meag} + (\sigma_z)_{Mfdg}$$

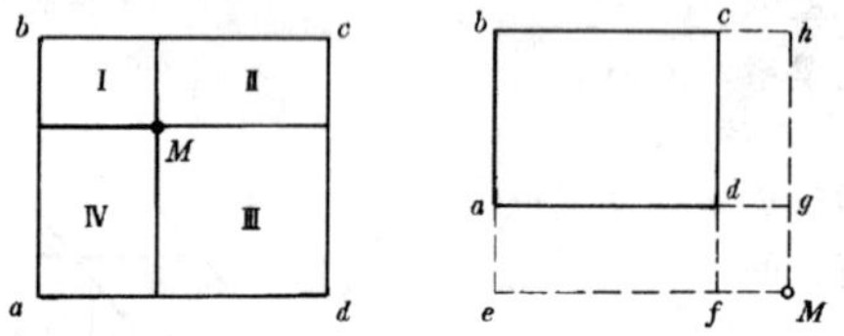

(a)　　　　(b)

（谢康和）

角加速度　angular acceleration

瞬时角加速度或即时角加速度的简称。描述刚体的角速度大小和方向变化的物理量。刚体作定轴转动时，设在瞬时 t 后极短时间 Δt 的角速度变化为 $\Delta\omega$，比值 $\varepsilon^* = \Delta\omega/\Delta t$ 称为刚体在时间 Δt 内的平均角加速度。当 $\Delta t \to 0$ 时，$\Delta\omega/\Delta t$ 的极限即为刚体在瞬时 t 的角加速度，记为

$$\varepsilon = \lim_{\Delta t \to 0} \frac{\Delta\omega}{\mathrm{d}t} = \frac{\mathrm{d}\omega}{\mathrm{d}t} = \frac{\mathrm{d}^2\varphi}{\mathrm{d}t^2}$$

即定轴转动刚体的角加速度等于其角速度对时间的一阶导数，或等于其转角对时间的二阶导数。它是代数量，在法定计量单位中的单位为弧度/秒^2（rad/s^2）。它也可表示成轴矢量 $\boldsymbol{\varepsilon}$，定义为角速度矢 $\boldsymbol{\omega}$ 对时间 t 的导数，即 $\boldsymbol{\varepsilon} = \frac{\mathrm{d}\boldsymbol{\omega}}{\mathrm{d}t} = \frac{\mathrm{d}}{\mathrm{d}t}(\omega\boldsymbol{k}) = \frac{\mathrm{d}\omega}{\mathrm{d}t}\boldsymbol{k} = \varepsilon\boldsymbol{k}$。$\boldsymbol{\varepsilon}$ 是滑动矢量，沿刚体的转轴画出，其长度等于 $\left|\frac{\mathrm{d}\omega}{\mathrm{d}t}\right|$ 或 $|\varepsilon|$，指向与 $\boldsymbol{\omega}$ 相同（加速转动）或相反（减速转动）。在刚体的定点转动问题中，角加速度矢 $\boldsymbol{\varepsilon}$ 亦定义为角速度矢 $\boldsymbol{\omega}$ 对时间 t 的导数，即 $\boldsymbol{\varepsilon} = \frac{\mathrm{d}\boldsymbol{\omega}}{\mathrm{d}t}$。$\boldsymbol{\varepsilon}$ 与 $\boldsymbol{\omega}$ 皆为变矢量，在一般情形下两者不重合。（何祥铁）

角砾　angular gravel

粒径大于 20mm 的颗粒含量不超过全重 50%、粒径大于 2mm 的颗粒含量超过全重 50%、以棱角形颗粒为主的土。（朱向荣）

角速度　angular velocity

瞬时角速度或即时角速度的简称。描述刚体转动快慢和方向的物理量。设刚体作定轴转动，在瞬时 t 后一段时间 Δt 的角位移为 $\Delta\varphi$，比值 $\omega^* = \Delta\varphi/\Delta t$ 称为刚体在时间 Δt 内的平均角速度。当 $\Delta t \to 0$ 时，$\Delta\varphi/\Delta t$ 的极限就是刚体在瞬时 t 的角速度，记为

$$\omega = \lim_{\Delta t \to 0} \frac{\Delta\varphi}{\Delta t} = \frac{\mathrm{d}\varphi}{\mathrm{d}t}$$

即定轴转动刚体的角速度等于其转角对时间的一阶导数。它是代数量，在法定计量单位中的单位为弧度/秒（rad/s）。工程上常用转速即 n 转/分（rpm 或 r/min）表示刚体转动的快慢。角速度与转速的关系是 $\omega = \pi n/30$。定轴转动刚体的角速度也可表示成为轴矢量 $\boldsymbol{\omega}$，它从转轴上任一点沿转轴画出，其长度等于 $\left|\frac{\mathrm{d}\varphi}{\mathrm{d}t}\right|$，指向按刚体的转向由右手规则确定。如以 $\boldsymbol{k}$ 表示转轴的单位矢量，则 $\boldsymbol{\omega} = \omega\boldsymbol{k}$。式中 ω 为角速度的代数值。在刚体的定点转动问题中，角速度是矢量，$\boldsymbol{\omega} = \lim_{\Delta t \to 0} \frac{\Delta\boldsymbol{\theta}}{\Delta t} = \frac{\mathrm{d}\boldsymbol{\theta}}{\mathrm{d}t}$。式中 $\Delta\boldsymbol{\theta}$ 为刚体在极短时间 Δt 内的微小角位移。角速度矢 $\boldsymbol{\omega}$ 沿刚体的瞬时转动轴画出。（何祥铁）

角速度合成定理　theorem of composition of angular velocities

表示刚体的合成转动角速度与分转动角速度之间关系的定理。①当刚体绕两平行轴转动时，合成角速度等于两分角速度的代数和，刚体的瞬时转动轴在这两平行轴之间或外侧，与两轴平行、共面，且到两轴的距离与两分角速度大小成反比。②当刚体绕两相交轴转动时，合成角速度等于两分角速度的矢量和，瞬轴沿合成角速度矢。这一结论也适用于刚体绕两个以上相交轴转动的合成情况。例如在三自由度陀螺中，以 $\dot{\boldsymbol{\psi}}$、$\dot{\boldsymbol{\theta}}$、$\dot{\boldsymbol{\varphi}}$ 分别表示其进动、章动、自转角速度矢，则陀螺转子绕通过这三轴交

点的瞬轴转动的角速度 $\boldsymbol{\omega}=\dot{\boldsymbol{\psi}}+\dot{\boldsymbol{\theta}}+\dot{\boldsymbol{\varphi}}$。

（何祥铁）

角位移 angular displacement

见位移（370页）。

铰接排架 hinged bent frame

由梁（或桁架）和柱铰接而成的单层工业厂房的承重结构。例如图（*a*）所示单跨单层厂房，其横向骨架由屋架（或屋面梁）、柱和基础所组成。计算时，通常将柱与屋架的联接视为铰结，而柱与基础视为刚结，且将屋架简化成一根拉伸刚度 EA 为无穷大的横梁（在该计算简图中即为链杆），如图（*b*）所示。多跨铰接排架有等高和不等高两种。其中，各跨横梁在同一水平线上的称为等高铰接排架。不等高排架常用力法分析，而等高排架则用位移法或剪力分配法更为简捷。目前排架计算已逐渐采用矩阵位移法通过电子计算机来完成。

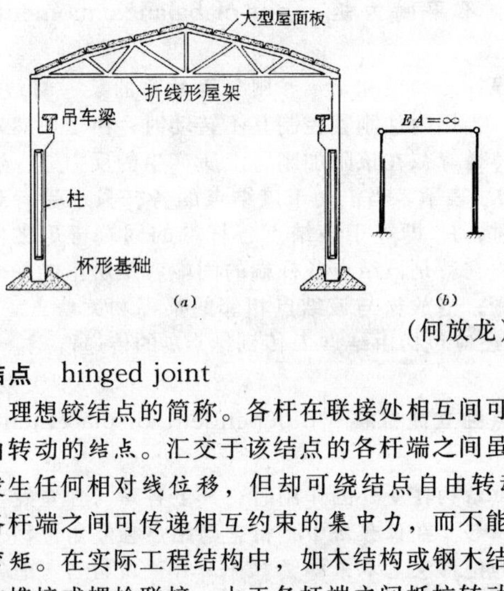

（何放龙）

铰结点 hinged joint

理想铰结点的简称。各杆在联接处相互间可以自由转动的结点。汇交于该结点的各杆端之间虽不能发生任何相对线位移，但却可绕结点自由转动，故各杆端之间可传递相互约束的集中力，而不能传递弯矩。在实际工程结构中，如木结构或钢木结构中的榫接或螺栓联接，由于各杆端之间抵抗转动的约束较弱，因此可将其视为铰结点；在跨度较小的钢桁架或钢筋混凝土桁架中，尽管由铆接、焊接或整体浇注的结点具有一定的刚性，但由于各杆的内力仍以轴力为主，结点处的杆端弯矩较小可以忽略，且桁架的几何不变性依赖于杆件的布置而不是结点的刚性，故可近似地也将其简化为铰结点。

（洪范文）

jie

阶段效应 stage returns

又称阶段效益。多阶段决策过程的任一阶段中由于状态在决策变量作用下发生变化而获得的效应。是该阶段的决策变量与输入状态的函数。多阶段过程的总收益（目标函数）常可表征为各阶段效应之和（当目标函数是相加型可分函数）或各阶段效应之积（相乘型可分函数）。

（刘国华）

接触问题 contact problem

两物体在局部区域因受压相接触而引起的局部应力与变形问题。这类问题的研究始于1881年，H·赫兹研究透镜因受接触力作用而发生的变形对干涉条纹图的影响。到本世纪初，由于计算轴承、齿轮等强度的需要，使其得到较快发展。根据接触面的几何尺寸可以分为点接触、线接触与面接触；根据接触表面间的相对运动趋势可分为滑动接触与滚动接触；根据物体的变形阶段又可分为弹性接触与非弹性接触。弹性接触应力与外加接触力呈非线性关系，并与材料的弹性模量和泊松比有关。接触应力具有明显的局部性质，随离接触点的距离增加而迅速衰减，且不大受远离接触面的物体形状的影响。接触区的材料因变形受约束而处于三向受力状态。在一定的变形假定下，可求得接触区尺寸、接触面压力分布与接触体相对位移等。

（罗学富）

节段模型 section model

用四对弹簧悬挂的桥梁二元刚体模型。通过它的风洞试验可直接推断出实桥的抗风稳定性。该模型要求具有与实桥气动外形相似，断面惯量分布相似；而对刚度和弯扭二自由度的频率比等参数；则可通过选择悬挂装置中的弹簧刚度、调整弹簧悬挂位置间的距离以及配重等来达到相似。在设计弹簧悬挂装置时，应考虑以下两个因素来选择弹簧刚度：①使模型的颤振临界风速应落在风洞的风速范围内；②使模型系统的固有频率要远低于模型本身作为弹性体时的固有频率，以保证满足二元假定。

（施宗城）

节理 joint

没有经过错动或很少错动的岩体断裂。按其成因可分为构造形成的、冷却收缩的、卸荷开裂的、风化形成的；按其力学属性可有剪性的、张性的、压扭综合作用形成的；按其形态可分为平直的、弯曲的、锯齿状的；按其空间分布有棋盘格式、平面X型、剖面X型、柱状等；按其充填情况则分为有充填物和无充填物。它的存在使岩体丧失连续性，强度低，变形增大，具有强烈的各向异性。

（屠树根）

节理单元 joint element

又称界面单元。用以模拟岩体中节理或界面的作用。最早由古德曼（R.Goodman）等所提出的是一种无厚度的四节点单元，假定两侧边完全重合，

单元长度为 L，节理或界面在长度 L 内沿 L 方向的相对位移 Δu 定义为节理单元的切向应变 ε_s，垂直于 L 方向的平均相对位移 Δv 为法向应变 ε_n，单元内的正应力 σ_n 与剪应力 τ_s 分别与 ε_n 及 ε_s 成正比，并用法向刚度 Kn 和切向刚度 K_s 表示单元刚度的特性。随后晋基维茨（O.C.Zienkiewicz）、威尔逊（E.L.Wilson）等人又加以发展和改进，使得节理单元的力学性质更加完善合理。

（徐文焕）

节理块体 joint block

完全由节理面而无自由面所确定的岩块。它位于岩体内部，位于开挖面之后，如图中的 JB，它是与开挖表面不相接触的岩块，它比表面块体多。一般具有近似平行的面，而无平行面的节理块体较罕见。

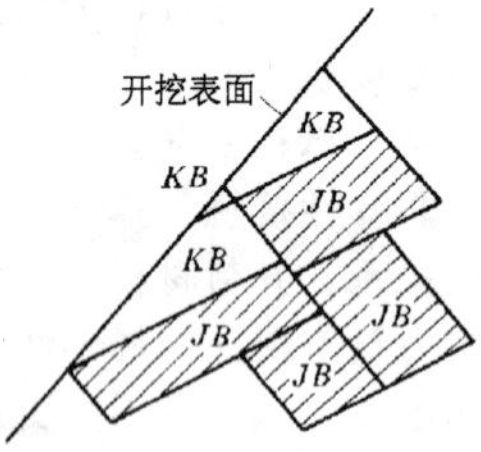

（徐文焕）

节理锥 joint pyramid

由半空间的节理面子集所确定的块体锥。用JP表示。图（a）中的块体 A 系由节理面 1、2、4 和自由面 5 切割而成。按上半平面为 U，下半平面为 L，则块体 A 由 $U_1U_2U_4L_5$ 组成。只考虑节理面，把它们（1，2，4 面）平移到原点 O，则得到图（b）所示的节理锥。

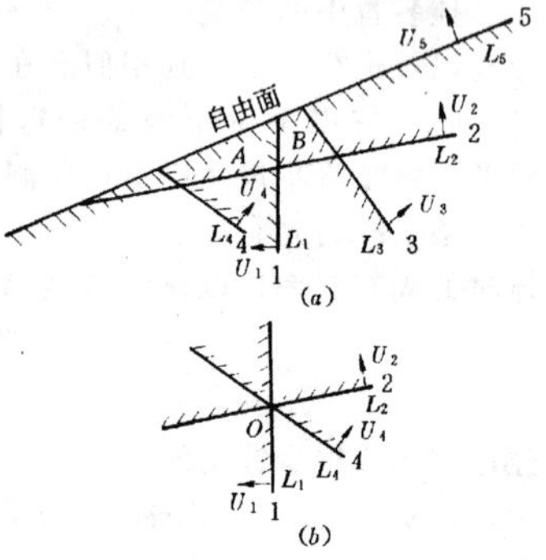

（徐文焕）

节理组数 joint set number

组成交叉节理系统的节理组数目。根据结构面分布规律，可分为系统的和随机的两大类型。原生结构面和构造结构面属于前者。隧道坍落总量与它有关。

（屠树根）

节流式流量计 throttle meter

节制、调整流速和压强的装置。由节流件和压差计组成，如标准孔板、标准喷嘴、标准文丘里管等。它是工程中使用最多的一类流量计，其主要优点是结构简单，安装容易，使用方便可靠，技术成熟。缺点是压力损失较大，杂质容易被截留。使用此类流量计注意点是：要满足所要求的安装与结构的尺寸及加工精度，流体本身的物理方面和热力学方面均必须是均匀单相流体，流动状态必须是恒定的。

（彭剑辉）

节线 line of nodes

见欧拉角（261 页）。

结点 node

又称节点。结构中两根或两根以上杆件的联接处。工程中实际结点的构造方式是多种多样的，但根据杆件在联接处相互约束的性质及这些杆件的主要受力和变形特性，在计算简图中通常将其简化为铰结点、刚结点和组合结点这三种类型。在结构矩阵分析中，表示结构中各单元之间的联接点或单元与基础的联接处。前者称为自由结点（一般是结构的刚结点和铰结点，也可以是杆件上的某个截面），后者称为支座结点。

（洪范文）

结点不平衡力矩 out-of-balance moment of joint

在连续梁和无侧移刚架等结构的某一刚结点 i 上，当用附加刚臂控制其不转动时，由于固端弯矩和传递弯矩在该附加刚臂上所产生的反力矩。通常以 R_{ip}表示。当汇交于该结点的各杆只承受荷载作用时，R_{ip}即等于该结点各杆端的固端弯矩之代数和，它就是该结点各杆端的固端弯矩所不能平衡的差额；当放松与该结点相邻的某一相关结点 k 时，R_{ip}还应包括由结点 k 传到结点 i 的传递弯矩。

（罗汉泉）

结点独立线位移 independent displacement of joint

结构在受外因作用时，其上各结点独立发生的线位移。在位移法中，将它与结点独立角位移一起作为位移法基本未知量。平面杆件结构当考虑各杆的轴向变形时，每一个结点（包括刚结点和铰结点）将有沿水平和竖直方向的两个独立线位移；当忽略杆件的轴向变形时，则该杆两端结点沿杆轴方向的线位移中只有一个是独立的。

（罗汉泉）

结点法 method of joint

又称节点法。每次取一个结点为隔离体，利用结点的平衡条件计算桁架杆件内力和反力的方法。是计算桁架杆件内力的基本方法之一。因静定桁架的未知力数目总是与各结点所能列出的独立平衡方程的个数相等，故从理论上说，任何静定桁架的全部杆件内力和反力都可由结点法解出。但实际应用中，只有当各结点列出的平衡方程能独立求解时，才是方便的。简单桁架常采用此法求解。

（何放龙）

结点荷载向量 nodal load vector

又称自由结点荷载向量、等效结点荷载向量。由结点荷载分量组成的列向量。如果有非结点荷载作用，则应按照静力等效原则，将单元的非结点荷载转化为结点荷载。所谓静力等效，是指原荷载与等效结点荷载在单元位移模式中的任意虚位移上的虚功相等。结点荷载向量与结点位移向量的元素必须一一对应，组成方法相同，坐标转换的性质也相同。（夏亨熹 洪范文）

结点机构 joint mechanism

由于汇交于某刚结点的各杆端均出现塑性铰而形成的局部破坏形式（见附图）。用机构法确定多跨刚架极限荷载时的基本机构之一。当该结点上无外力矩作用时，结点机构本身无意义（不可能单独存在），但它可与梁式机构、侧移机构等合成组合机构，以求得相应的可破坏荷载。（王晚姬）

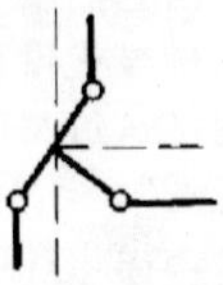

结点力向量 nodal force vector

由结点力分量按结点自由度顺序组成的列向量。结点力是结点施加给单元的力。该向量中的元素与结点位移向量中的元素存在一一对应关系，二者的组成方法相同，坐标转换性质也相同。对于整个结构来说，结点力是有关单元结点力的代数和。取结点平衡时，结点力应与结点荷载相等。

（夏亨熹 洪范文）

结点位移向量 nodal displacement vector

又称自由结点位移向量。由结点位移分量按结点自由度顺序组成的列向量。结点位移分量是指根据计算要求选定的独立结点线位移、角位移等。单元的结点位移向量按照单元结点的局部编码依次排列而成；可对应于局部坐标系，也可对应于整体坐标系。结构的结点位移向量按照全部主结点的整体编码依次排列而成，对应于整体坐标系。

（夏亨熹 洪范文）

结点自由度 nodal degrees of freedom

结点独立位移的数目。它包括主结点自由度和从结点自由度。主结点自由度又是单元出口自由度，决定单元刚度矩阵的大小。（杜守军）

结构 structure

工程结构之简称。土木工程中，由建筑材料所组成并能承受荷载而起骨架作用的部分。按其几何特征，可分为杆件结构、薄壁结构和实体结构三类。杆件结构可分为平面杆件结构和空间杆件结构，而薄壁结构和实体结构则都属空间结构。实际工程结构十分复杂，且是多种多样的。它可分别用钢筋混凝土、钢材、砖、石料和其他材料制作，也可由其中某几种材料共同制成；既可以是单个构件，也可由多种构件联合组成。进行力学分析时，需根据其主要的受力和变形特征，引入某些简化假定，用计算简图代替实际结构进行计算。所以，力学分析中的结构，实际上是指其计算简图而言。结构力学、材料力学和弹性力学都是研究各种结构的力学分析的学科，它们的研究对象有一定的分工。

（罗汉泉）

结构动力分析 dynamic analysis of structure

见结构动力学。

结构动力学 dynamics of structures

又称结构动力分析。研究结构在动力荷载作用下的计算原理和计算方法的学科。是结构力学的一个分支。由于动力荷载的大小、方向和作用位置均可能随时间而变化，结构上的内力和位移也随时间而变化，这使得动力分析与结构在静力荷载作用下的计算有很大的区别，并且要困难和复杂得多。应用达朗伯原理后，尽管可以把动力计算从形式上化为静力问题进行计算（动静法），但这并不能改变动力问题的特性。动力分析的目的，主要是确定在动力荷载作用下结构可能产生的动力反应（动内力、动位移、速度和加速度等）的最大值，以作为结构设计的依据和参考，但因结构作受迫振动时的动力反应不仅取决于动力荷载，而且还与结构本身的动力特性（结构作自由振动时的自振频率、振型等）有关，故在研究结构的受迫振动之前，一般还须先研究结构的自由振动问题。为了适应工程结构的发展和满足抗震设防的要求，结构动力学在结构计算中显得更为重要。（洪范文）

结构刚度矩阵 stiffness matrix of structure

在矩阵位移法基本方程中，反映结构的自由结点荷载向量与自由结点位移向量之间关系的转换矩阵。是一对称方阵，具有非奇异性（其逆矩阵存在）。在单元较多时，还表现出稀疏性和非零元素带状分布的特点（只有少量非零元素且分布在主对角线两侧的带状区域内，而其余大量的都为零元素）。在先处理法中，它由结构各单元的单元刚度矩阵用直接刚度法集成而得，而在后处理法中，则通过修改整体刚度矩阵得到。（洪范文）

结构（或连续体）的离散化 discretization of structure (or continuum)

将结构（或连续体）人为地划分成有限多个单元的步骤。经过离散化后，结构（或连续体）分析问题首先归结为对每个单元的分析，然后，利用单元结点处的变形协调和应力平衡条件把所有单元连结成整体，对原结构（或连续体）进行整体分析。这种“化整为零”和“积零为整”的方法是结构

（或连续体）分析的常用方法。

（夏亨熹）

结构极限分析 limit analysis of structure

见结构塑性分析（173 页）。

结构静定化

在优化过程的每轮迭代内，将超静定结构暂时按静定结构来处理的一种策略。例如假定超静定结构各构件间的内力分配不因构件截面的改变而改变，使构件应力仅取决于该构件本身截面的变化，而忽略其他构件截面变化的影响。这种策略有时又称冻结内力法。满应力设计便是使用这一策略进行截面优化的例子。（汪树玉）

结构矩阵分析 matrix structural analysis

又称杆件结构有限元法。以结构力学中的力法或位移法为基础，应用矩阵代数作为运算工具的一种结构分析方法。其基本思想是把杆件结构视为由若干个独立的杆件或构件（称为单元），在结点处相互联接而成的集合体，先对单根杆件的单元作单元分析，以得到单元力学特性的一般表达式，再将单元重新集合后作整体分析，根据平衡条件和杆件变形协调条件得到结构计算的基本方程组，进而求出相应的内力和位移。由于其理论推导采用矩阵作为工具，不仅使公式的形式简明统一，而且也符合编制电算程序的要求。依照不同的计算原理，可分为矩阵力法和矩阵位移法，后者更便于在电算中实现计算的自动化，故应用特别普遍。（洪范文）

结构力学 structural mechanics

研究工程结构受力后的内力、变形、稳定性、动力反应及其计算理论的学科。是工程力学的一个重要分支。广义结构力学包括材料力学、杆件结构力学和弹性力学等学科分支。通常所说的结构力学是指以杆件结构为研究对象的杆件结构力学。本学科需要用到数学、物理、理论力学和材料力学的理论知识，又为建筑结构、桥梁和水工结构等学科奠定必要的理论基础。其基本任务主要是：①研究结构的组成规律和合理形式，以及结构计算简图的选取；②研究结构在静力荷载和动力荷载以及温度改变、支座位移等外因作用下的强度、刚度和稳定性的计算原理及计算方法；③促进新型结构的研究和发展。主要分析方法有：①解析法。对于静定结构，利用静力平衡条件求其反力和内力，应用单位荷载法及其他方法计算其位移；对于超静定结构，主要用力法、位移法、混合法和渐近法求解；②能量法。主要利用虚功原理、势能原理和余能原理以及由它们导出的各种方法求解；③图解法。运用作图方法求解静定结构的反力和内力；④有限元法和有限差分法等数值分析方法。根据本学科涉及的问题和研究范围，大致可归纳为如下十三个方面的内容：结构、荷载，计算简图，体系的几何组成分析，静定结构的受力分析，结构分析原理，结构的位移计算，超静定结构 的分析方法，结构矩阵分析，影响线，结构动力分析，结构稳定理论以及结构塑性分析。本学科随着有限元法的问世和电子计算机的广泛应用，进入了崭新的发展阶段。许多大型结构的复杂计算问题得以解决，结构的非线性分析，抗震分析以及复合材料结构的分析等也先后进入结构力学的研究领域并取得了较大的进展。结构力学的研究对象已扩展到板、壳、连续体以及由杆件与它们联合构成的各种组合结构。而且已应用于结构最优设计的新领域，它在工程设计中所起的作用已从过去的“分析和校核”逐步发展为“综合和优选”。（刘光栋、罗汉泉）

结构面 structure plane

岩体内开裂的和易开裂的地质界面。它是由一定的物质组成的。在横向延展上具有面的几何特征，而在垂直向上则与几何学中的面不同，它常充填有一定物质、具有一定的厚度。在变形上，其机理是两盘闭合，张开或滑动；在破坏上，或者沿着它滑动，或者追踪它开裂。它是将地质信息抽象为地质模型和力学模型的要素之一。按其成因可分为：原生结构面、次生结构面和构造结构面。根据开裂结构面内的充填状况可分为软弱（充填）结构面和硬性结构面。（屠树根）

结构面闭合模量 modulus of deformation of structural plane

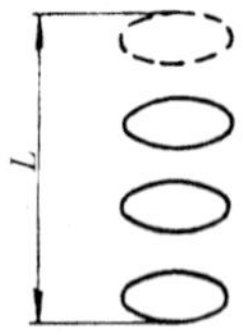

表征结构面闭合变形特征的参数。当岩体内含有多条坚硬结构面时，结构面当量闭合刚度 K_j 与结构面最大闭合应变 ε_{jo} 之比，用 E_j 表示为

$$E_j = \frac{K_j}{\varepsilon_{jo}} = \frac{\sigma}{\varepsilon_{jo}\ln\dfrac{\varepsilon_{jo}}{\varepsilon_{jo}-\varepsilon_j}}$$

式中 $\varepsilon_{jo}=\dfrac{nU_{jo}}{L}$，$n$ 为结构面条数；U_{jo} 为单个结构面最大闭合变形量；L 为多个结构面之间的总距离；σ 为闭合应力。可以用闭合变形曲线求得。亦可用上面公式求得。（屠树根）

结构面当量闭合刚度

在较高环境应力作用下，单个坚硬结构面的剩余闭合变形量与闭合变形增量之比。用 K_j 表示为

$$K_j = \frac{u_{jo}-u_j}{\dfrac{\partial u_j}{\partial \sigma}}$$

其中 u_{jo} 为最大闭合变形量；u_j 为在闭合应力 σ 作用下结构面闭合变形量。（屠树根）

结构面的法向变形 normal deformation of structural plane

在岩体结构面上的法向压应力与其法向相对变形的关系。理论结构面是没有厚度的，既然形成不连续面，实际上存在面间空隙，而软弱结构面因存在软弱夹层，故有厚度。可以用应力变形参数，即刚度表征其变形特征。软弱结构面与硬性结构面变形大致相同，图中 a 曲线为软弱结构面变形，b 曲线为硬性结构面变形。它们的变形曲线均呈指数曲线特征，即：

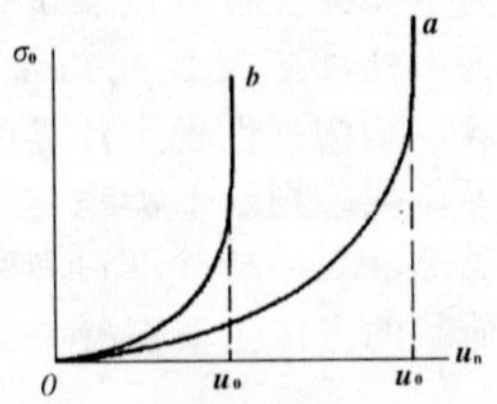

$$u_n = u_o(1 - e^{-\frac{\sigma}{K_{jn}}})$$

式中 u_o 为软弱结构面最大压缩量；K_{jn} 为软弱结构面法向压缩刚度。 （屠树根）

结构面的剪切变形 shear deformation of structural plane

在一定的法向压力作用下，岩体结构面在剪力作用下产生的变形。有两种基本形态，即塑性变形（a 曲线）和脆性变形（b 曲线）。因为结构面变形主要表现为块裂岩体沿结构面滑移，不能用应力——应变关系表示其变形规律，而只能用应力变形（或位移）关系表示，即用剪切刚度 K_s 表征其变形特征。 （屠树根）

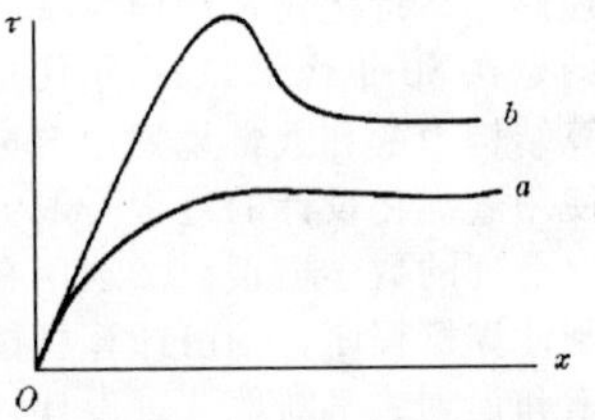

结构面间距 spacing between structural planes

相邻结构面之间的垂直距离。反映岩体完整程度和块体大小的重要指标。通常是指一个节理组的平均的或最常见的间距。 （屠树根）

结构面抗剪强度 shear strength of structural plane

岩体结构面在剪力作用下，变形达到破坏阶段时的剪应力。根据结构面的充填程度可分为无充填和有充填结构面的抗剪强度。前者主要取决于结构面两壁的起伏形态、粗糙度和凸起体的强度，巴顿(N·Barton) 提出的一般公式为

$$\tau = \sigma_n \mathrm{tg}\left[JRC \cdot \log_{10}\left(\frac{JCS}{\sigma_n}\right) + \varphi_b\right]$$

σ_n 为压应力；φ_b 为岩石的基本摩擦角（25°～35°）；JRC 为裂隙粗糙系数；JCS 为裂隙抗压强度。后者主要决定于充填物的成分和厚度，波状或锯齿状结构面受充填度控制。此强度指标可在现场或实验室内用试验测定。 （屠树根）

结构面力学效应 mechanical effect of structural plane

结构面对岩体力学性质的影响。取决于结构面的自然特征，如充填物、形态、粗糙度、延续性、间距、产状等。 （屠树根）

结构面摩擦强度 friction strength of structural plane

又称残余抗剪强度。岩体结构面承受剪切荷载，在超过峰值强度后继续有位移产生，强度下降，直到有位移继续，而抗剪能力不再明显变化时的强度。该强度指标一般是由抗剪断破坏后的试件上进行的拉剪试验测定。由于试样已经剪断而失去粘聚力，得到的抗剪强度 $\tau = \sigma \mathrm{tg}\varphi$，仅仅是由于内摩擦力所造成的。 （屠树根）

结构面弱面系数 coefficient of weak plane

沿自然裂隙接触面的粘结力（粘聚力）与整体岩石中粘结力之比。这个系数对许多岩体是相当稳定的，其值约为 0.01～0.02。它可说明岩体结构的非均质性—自然裂隙系对岩体强度特征的影响。

（屠树根）

结构面形态 pattern of structural plane

结构面表面的几何形状和接触状况。接触状况可分为上、下盘吻合接触，见图（a）和不吻合接触，见图（b）。几何形状可分为平直，见图（c）；台阶，见图（d）；锯齿，见图（e）和波浪状，见图（f）四种。后两种形态有爬坡作用，尤其在坚硬岩体中更为显著。

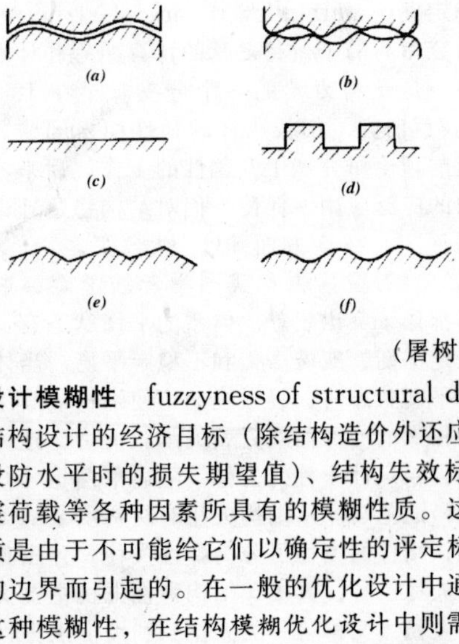

（屠树根）

结构设计模糊性 fuzzyness of structural design

结构设计的经济目标（除结构造价外还应包括不同设防水平时的损失期望值）、结构失效标准以及地震荷载等各种因素所具有的模糊性质。这种模糊性质是由于不可能给它们以确定性的评定标准和严格的边界而引起的。在一般的优化设计中通常不考虑这种模糊性，在结构模糊优化设计中则需考虑它们（或其中之一）。 （杨德铨）

结构塑性分析 plastic analysis of structures

又称结构破损分析，或结构极限分析。研究结构在塑性极限状态下的特性，以确定结构的塑性极限荷载和破坏形式的计算理论。它是塑性力学的一个主要分支，也是结构力学的研究内容之一。当荷载到达一定值时，结构在荷载不变的情况下可“无限”塑性变形，成为机构，称为塑性机构或破坏机构。对应于塑性极限状态的荷载值称为结构的塑性极限荷载。结构塑性分析直接计算结构在极限状态到达瞬时的应力场、速度场和塑性极限荷载，从而避开了极限状态到达前的弹塑性变形过程。通常假定：①结构是理想塑性的；②在塑性极限状态到达瞬时结构的变形很小，固而可采用“刚化原理”或采用理想刚塑性变形模型；③结构不丧失平衡稳定性；④外加荷载按同一比例增长，且加载过程缓慢，可不计惯性力。在一般情况下，不计结构的体积力。凡应力满足平衡方程、力的边界条件和不破坏屈服条件，应变率（塑性应变率）场满足几何方程和速率边界条件（通常假定速率为零）以及应力和塑性应变率满足塑性本构关系的解答称为结构塑性分析的完全解。通常完全解难于得到，转而求近似解。 （熊祝华 王晚姬）

结构体 structural body

岩体被结构面切割成的分离块体或岩块。其特征可以用它的形状、产状及块度来描述。它的形状取决于结构面空间分布特点及结构面组数，并与所承受的构造运动强度和岩石类型有关。其块度大小取决于结构面密度（间距）。按其力学作用可分为块状结构体和板（柱）状结构体两大类。

（屠树根）

结构稳定理论 stability theory of structure

研究结构的平衡稳定性的计算原理和计算方法的学科。是结构力学的一个分支。早在18世纪，L. 欧拉就研究了细长压杆的弹性稳定问题，为结构稳定的理论研究做了开创性的工作。后来，随着钢结构的广泛应用，促使人们对结构稳定理论的研究不断深入。在这方面，F. 恩格塞，T. Von 卡门，B. З. 符拉索夫和我国学者钱学森、李国豪教授等都作了突出贡献。体系的平衡状态有三种形式：稳定平衡，随遇平衡和不稳定平衡。当体系为不稳定平衡状态时，轻微扰动将使结构或其组成构件产生很大的变形而最后丧失承载能力，这种现象称为失去稳定性或称为失稳。随遇平衡也可归入不稳定平衡的范畴。从结构失稳时材料所处的工作阶段来说，结构的失稳可分为弹性失稳，弹塑性失稳和塑性失稳三种。其中，结构弹性失稳主要类型有分支点失稳（又称第一类失稳）和极值点失稳（也称为第二类失稳）两种。此外，有些结构（如承受均匀分布荷载作用的扁平拱等）还可能发生更复杂的跳跃形式的失稳（称为第三类失稳）。分支点失稳（参见线性小挠度稳定理论，385页）的荷载称为平衡分支荷载或屈曲荷载，极值点失稳的荷载称为失稳极限荷载或压溃荷载，它们统称为临界荷载。结构弹性稳定计算的中心任务，就是要确定临界荷载。判断平衡稳定性的主要准则有静力准则，能量准则，动作准则和初始缺陷准则等。计算临界荷载的方法主要有静力法、能量法和动力法等。

（罗汉泉）

结构相优化 optimum in structural phase

见桁架设计两相优化法（139页）。

结构优化设计 optimum structural design

致力于研究如何高效率地使结构设计在规定条件下成为最优设计的一门技术学科，是计算力学的一个分支，也是现代设计理论和方法的重要组成部分。寻求最优结构设计的科学构思可以追溯到1638年G. L. 伽利略的等强度梁、1854年C. 马克思韦尔和1904年G. M. 米切尔的桁架布局理论，以及20世纪40年代的“同时破坏模式”设计理论。结构优化设计作为一门现代的技术学科出现则是在50年代末和60年代初，它的形成依赖于计算结构力学和数学规划论的成熟以及电子计算机的使用。优化设计的过程一般可分为四个阶段：①建立合理的数学模型；②选用有效的优化方法；③编制计算机程序；④由计算机按照规定的程序进行搜索和识别，不断地改进设计，最终既使其满足规定的各种条件，又使其所追求的目标达到最优，从而求得最优设计。这是个对结构进行综合和优选的过程，它使结构设计不再限于分析、校核和凭经验进行修改的传统方法，因而有可能大大提高设计效率和质量。优化设计方法分为数学规划法和准则法两大类，它们各有优缺点，目前正被结合使用并相互渗透而使优化设计的方法日趋完善。在我国，结构优化设计迟至70年代后期才开始受到重视，发展至今已初具规模，各种文献与专著已相当丰富，各种优化算法的计算机软件亦已相当成熟，尽管发展还不平衡，实际应用还不多，但是，为了设计出更好、更新、更有效和费用更省的结构，优化设计技术将逐步得到广泛应用。 （杨德铨）

结合水 bound water

受电分子吸引力吸附于土粒表面的水。水分子成定向排列，且离土表面越近排列得越紧密与整齐，活动也越小。其含量与土的颗粒组成、土粒的矿物成分以及土中水的离子成分和浓度等有关。根据活动程度可分为强结合水和弱结合水。紧靠土粒表面的为强结合水，其性质接近于固体，对土的工程性质影响小。紧靠于强结合水外围的结合水膜为弱结合水，它不能传递静水压力，但能向邻近较薄的水膜缓慢移动，对土的工程性质影响较大。

（朱向荣）

结晶高聚物 crystalline polymer

分子排列既是短程有序又是长程有序的固态高聚物。这两种有序性均能贯穿整块晶体的属于高聚物单晶，有许多个位向不同的晶粒组成的高聚物晶体属于多晶。就结晶形态而言，有片晶、球晶、树枝晶和纤维晶等之分。就分子在晶体中的排列方式而言，有伸展链晶体、折迭链晶体的和插线板式排列的晶体之别。实际的结晶高聚物要比实际的结晶低分子物的有序性差。通常，它们不但存在大量的晶体缺陷，而且还是晶相和非晶相两相共存的半晶聚合物。（周　啸）

结晶态高聚物应力－应变曲线 stress-strain curve of crystalline polymer

结晶高聚物在张应力作用下典型的应力－应变曲线如图所示。图中 Y 为屈服点，B 为断裂点。σ_y 为屈服强度，σ_B 为抗张强度，ε_y 为屈服伸长率，ε_B 为断裂伸长率。屈服点以前表现出相当好的线弹性行为。屈服点时试样上突然出现细颈。在屈服点以后的很大一段应变范围内，随着应变的增大应力基本不变，与之对应的是细颈和非细颈部位的截面积维持不变，只是细颈随应变的加大而不断扩展，直到试样的工作部分完全变细为止。此后，随应变的加大，应力又开始增大，试样各部分均匀拉伸、均匀变细，直到断裂为止。结晶高聚物应力－应变曲线上的转折比玻璃态高聚物应力－应变曲线上的转折更加明显。（周　啸）

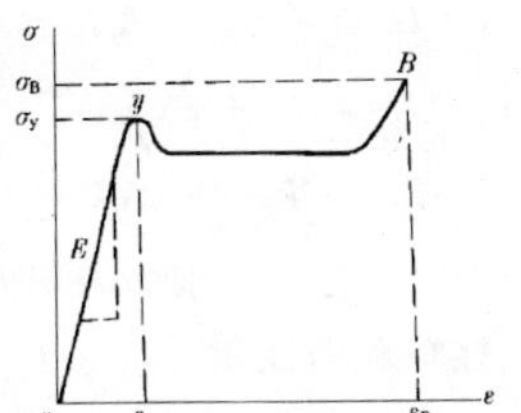

截断误差 truncation error

在数值计算中由于截取无穷级数的有限项忽略后续的级数项造成的误差。（姚振汉）

截面 section

将杆件截开后的剖面图形。如果截面与杆轴正交则称为横截面；如果不为正交则称为斜截面。

（吴明德）

截面尺寸变量 sectional sizing variables

反映结构或构件截面尺寸变化的设计变量。如截面尺寸、面积、惯性矩等，其中的截面尺寸是最常用的设计变量。仅有这类设计变量的问题是最低层次的结构优化设计问题。（杨德铨）

截面法 method of section

在材料力学中，利用假想截面截开构件来显示内力（或应力）的方法。内力决定于在假想截面两侧物体各质点之间的相互作用。根据作用与反作用原理，内力永远是互等的，即截面左右两部分的作用力大小相等而符号相反。对于静定结构内力可利用平衡条件确定；而超静定结构的内力则需要增加变形几何条件才能确定。

在桁架计算中，从桁架中截取某一部分为隔离体，由平衡条件解算桁架内力的方法。它是计算桁架内力的基本方法之一。又可分为力矩法和投影法两类，前者采用力矩方程求未知力，后者采用投影方程求未知力。按此法求解平面桁架时，所取隔离体上的力系属平面一般力系，只能列出三个独立的平衡方程，故最多只能由此求出三个未知力，求解时，应尽量使所列的每一方程只包含一个未知力，以避免解联立方程。另外，在解算联合桁架和某些复杂桁架时，常需将本方法与结点法联合应用求解。（吴明德　何放龙）

截面惯性半径 radius of gyration of cross-section

截面的几何参数，惯性矩除以面积后再开方求出的量，即

$$i_y = \left(\frac{I_y}{A}\right)^{\frac{1}{2}} \qquad i_z = \left(\frac{I_z}{A}\right)^{\frac{1}{2}}$$

量纲为［L］。（庞大中）

截面惯性积 product of inertia of cross-section

截面的几何参数，若 $yz\mathrm{d}A$ 为微面积 $\mathrm{d}A$ 对 y、z 两轴的惯性积，则整个图形的惯性积为

$$I_{yz} = \int_A yz\mathrm{d}A$$

量纲为［L］^{4}，其值可能为正也可能为负。

（庞大中）

截面惯性矩 moment of inertia of cross-section

截面的几何参数，若 $z^2\mathrm{d}A$ 和 $y^2\mathrm{d}A$ 分别为微面积 $\mathrm{d}A$ 对 y 轴和 z 轴的惯性矩，则整个图形对 y 轴和 z 轴的惯性矩为

$$I_y = \int_A z^2\mathrm{d}A; \quad I_z = \int_A y^2\mathrm{d}A$$

量纲为［L］^{4}。其值为正。（庞大中）

截面核心 core of section

偏心拉（压）力作用点位在其内时截面上不引起异号应力的区域。这个区域在截面形心的附近。例如当偏心压力作用在截面核心之内时，截面上不会产生拉应力。（庞大中）

截面极惯性矩 polar moment of inertia of area

截面微元面积对选定极点二次矩的积分。截面几何性质的一个特征值。对于圆截面其表达式为 $I_p = \int_0^R 2\pi\rho^3\mathrm{d}\rho$，它是微圆环面积对圆心（极坐标原点）二次矩的积分和。实心圆轴的极惯性矩为

$$I_p = \frac{\pi R^4}{2} = \frac{\pi D^4}{32}$$

R 和 D 分别为圆截面的半径和直径。空心圆轴的极惯性矩为

$$I_p = \frac{\pi}{2}(R^4 - r^4) = \frac{\pi}{32}(D^4 - d^4)$$

r 和 d 为空心圆轴的内半径和内直径。薄壁圆筒的极惯性矩为

$$I_p = 2\pi r^3 t$$

r 为薄壁圆筒的平均半径，t 为薄壁厚度。

（郑照北）

截面几何参数 geometric properties of cross-section

旧称截面几何性质。与截面形状、尺寸有关的几何量，这些量是在构件的强度、刚度分析中引入的，如截面面积、形心、面积矩、惯性矩、惯性积、抗弯截面模量、惯性半径、主惯性轴、形心主惯性轴等。（庞大中）

截面翘曲 warping of cross section

非圆截面杆在扭转变形时，其横截面在变形后不再保持平面，变形为凹凸不平的翘曲面的现象。这时平面假设不再适用，以矩形截面杆为例，横截面杆周线翘曲变形如图示。非圆截面杆扭转问题需用弹性力学方法求解。

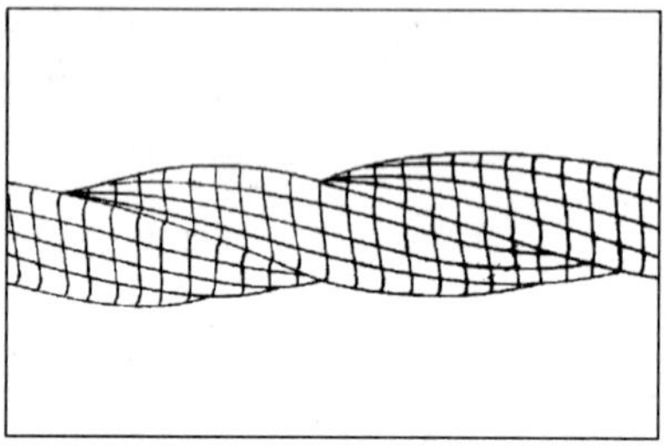

（郑照北）

截面塑性模量 plastic modulus for the cross section

又称塑性抵抗矩。理想弹塑性受弯构件的截面进入塑性工作阶段时，截面的受拉区与受压面积对中性轴的面积矩之和，以 W_p 表示。它与截面几何性质有关，例如矩形截面，$W_p = \frac{bh^2}{4}$；工字形截面 $W_p = bt\ (h-t) + \frac{1}{4}\delta\ (h-2t)^2$，式中 b 为翼缘宽度，h 为截面的高度，t 为翼缘厚度，δ 为腹板厚度。由它可直接计算塑性极限弯矩。

（王晚姬）

截面形心主轴 principal centroid axes of cross section

又称中心主惯性轴、中心主轴。使平面图形的惯性积为零，且其交点为形心的一对互相垂直的轴。（庞大中）

截面形状系数 shape factor for sections

塑性极限弯矩与弹性极限弯矩之比。是一个与截面形状相关的参数，可作为衡量塑性设计相对于弹性设计的经济效益的指标。例如矩形截面的形状系数为 1.5，圆截面为 $16/3\pi$，等腰三角形截面为 $4\ (2-\sqrt{2})$，标准工字截面为 1.15～1.17 等。

（熊祝华　王晚姬）

截面性质的平行移轴定理 parallel axis formulae (area properties)

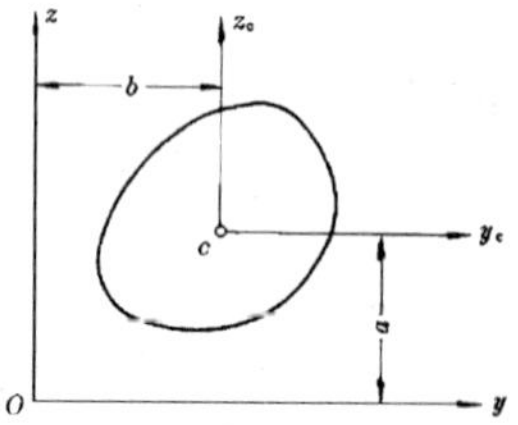

坐标轴平移时，平面图形的惯性矩和惯性积的变换公式。其表达式为

$$I_y = I_{y_c} + a^2 A;$$

$$I_z = I_{z_c} + b^2 A;$$

$$I_{yz} = I_{y_c z_c} + abA$$

I_y、I_z、I_{yz} 分别为图形对任一对坐标轴 y、z 的惯性矩和惯性积；I_{y_c}、I_{z_c}、$I_{y_c z_c}$ 分别为图形对与上述坐标轴平行的形心轴的惯性矩和惯性积；a、b 为形心对 y、z 坐标系的位置坐标，即坐标轴平移的距离，A 为图形面积。（庞大中）

截面性质的转轴定理 formulae for rotation of axes (area properties)

坐标轴转动时平面图形的惯性矩和惯性积的变换公式。其表达式为

$$I_{y'} = I_y \cos^2\alpha + I_z \sin^2\alpha - 2I_{yz}\sin\alpha \cdot \cos\alpha$$

$$I_{z'} = I_y \sin^2\alpha + I_z \cos^2\alpha + 2I_{yz}\sin\alpha \cdot \cos\alpha$$

$$I_{y'z'} = (I_y - I_z)\sin\alpha \cdot \cos\alpha + I_{yz}(\cos^2\alpha - \sin^2\alpha)$$

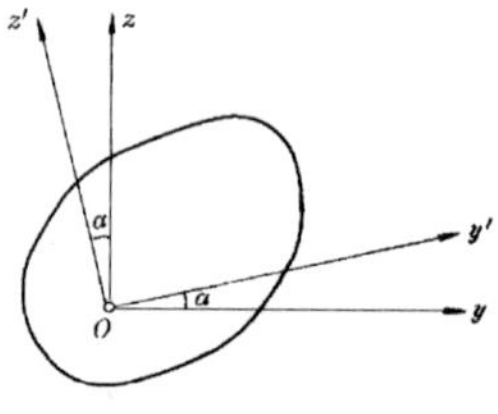

$I_{y'}$、$I_{z'}$、$I_{y'z'}$ 分别为图形对旋转后坐标轴的惯性矩及惯性积；I_y、I_z、I_{yz} 分别为图形对旋转前坐标轴的惯性矩及惯性积；α 为坐标轴旋转角度，逆时针方向为正。（庞大中）

截面优化设计 optimum design of sectional sizing

仅限于对结构或其组成构件的截面尺寸进行优选的优化设计。优化时所取的设计变量只限于与截面有关的尺寸，而结构的类型、材料和布局拓扑在优化过程中都不改变，因而是较简单的、层次最低的结构优化设计。（杨德铨）

截面主惯性轴 inertia principal axes of area

截面的几何参数中，使平面图形惯性积为零的一对互相垂直的轴。对此轴的惯性矩为主惯性矩。（庞大中）

解除约束原理 principle of removal of constraint

将约束用它们的反力代替，即可把任何非自由体的约束解除而将它看作自由体。必须根据本原理将非自由体的各个约束解除，代以它们的约束反力，才能画出该物体的受力图。（黎邦隆）

解答的唯一性 uniqueness of solution

在给定的荷载作用下，处于平衡状态的弹性体，其应力与应变的解是唯一的，若物体的刚体运动受到约束，则位移解也是唯一的。在第二类与第三类边值问题中，由于物体表面上的全部或一部分位移是给定的，此时位移分量必然是唯一的；而在第一类边值问题中，对于完全确定的应变分量，由几何方程积分时，在位移的表达式中出现了代表物体刚体运动的函数项，使位移变为非单值的。为保证位移的单值性，必须使其刚体运动受到约束。另外，若物体存在初应力，则总应力将随初应力的大小而不同，其结果将是多值的；对于某些受力情况的薄壁构件，或非线性问题也可能得出几个解。所以为保证解答的唯一性，弹性体必须处于自然（无应力）稳定平衡状态，且是线性问题。解答的唯一性为逆解法和半逆解法提供了理论基础，也是各种不同解法相互校对的依据。（刘信声、罗汉泉）

解凝泥浆 deflocculated slurry

泥浆中加入一定量的解凝剂，使粘度急剧下降而变成稳定的泥浆悬浮体。注浆成型时，有利于形成高质量的坯体。水玻璃、碳酸钠、焦磷酸钠和腐植酸钠等发生碱性反应并生成一价阳离子的电解质，可作为解凝剂，掺量不适当时会发生絮凝作用。沉淀状态和沉淀物的体积是表明悬浮液解凝和絮凝的标志，前者混浊沉淀，只有很少量致密沉淀物。（胡春芝）

介电松弛 dielectric relaxation

电介质在某一频率的交变电场作用下于某些温度区间，或在恒定温度下于交变电场的某些频率范围表现出极化跟不上电场变化的现象。在复数介电常数的虚部 ε'' 或介电损耗角正切 $\tan\delta$ 对温度（频率固定）或对频率（温度恒定）作图时会出现

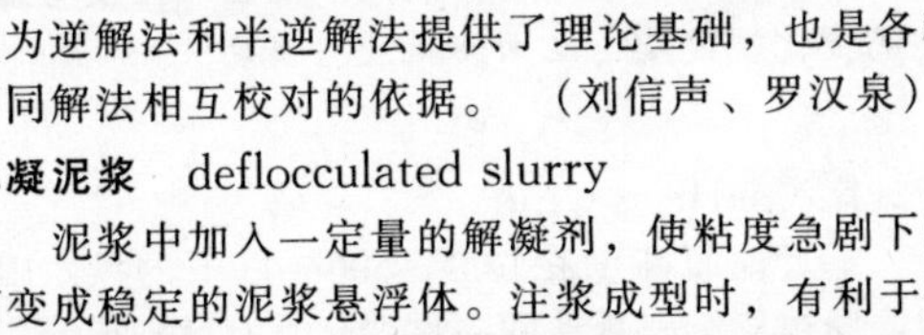

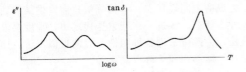

几个损耗峰，形成介电松弛谱。各损耗峰分别对应不同的松弛机制。由此可研究高分子运动。（周　啸）

界面波 interface wave

沿着固体与液体或材质不同的固体之间的界面传播，仅使界面层受到扰动的弹性波。（郭　平）

界限定理的推论 corollaries on bound theorems

由上限定理和下限定理引出的关于极限荷载的推论。①塑性极限荷载系数是唯一的（参见单值定理，55 页），当静力许可系数 λ° 等于运动许可系数 λ^{*} 时，它们就是极限荷载系数 λ^{p}。②在物体的某些部分提高（或降低）材料的屈服极限不会减小（或增大）其极限荷载。③在物体的自由边界上增加（或移去）材料（不计自重）不会减小（或增大）其极限荷载。④在两个运动许可解（参见完全解，364 页）中对应于较小的荷载系数者是更为可取的。⑤在两个静力许可解（参见完全解，364 页）中对应于较大的荷载系数者是更为可取的。后两条又称为选择准则。（熊祝华）

界限含水量试验

测定粘性土由一种状态转到另一种状态时的分界含水量试验。例如测定液限、塑限和缩限试验等。（李明逵）

界限约束 side constraints

又称几何约束。在优化设计中对设计变量的取值范围所施加的直接限制。是一种最简单的约束条件，一般为设计变量的显式线性的函数。（杨德铨）

jin

金属薄膜应变计 membrane strain gauge

用真空蒸镀、沉积或溅射的方法将金属材料聚积在绝缘基底上，形成薄膜敏感栅的电阻应变计。膜厚为十分之几纳米到几百纳米。厚度小的薄膜不连续，借电子隧道效应进行电传导，其灵敏系数为丝式或箔式电阻应变计的几十倍以上。厚度较大的薄膜，灵敏系数与箔式应变计相近。机械滞后和蠕变很小，多用作传感器的转换元件。（王娴明）

金属材料的冲击试验 impact testing of metal

利用摆锤打断试件来测定材料抗冲击能力的试验。材料承受冲击荷载作用的能力决定于应力状态、加载速度和材料的微观结构、内部缺陷以及试验温度等因素，理论计算和试验测定都较困难。从工程实用出发，通常用冲击试验来鉴别、比较和评

定材料，并以冲击吸收功作为比较的依据。

（郑照北）

金属测压计 metal pressure gauge

又称金属压力表，简称压力表。其中应用较广的一种是利用金属弹簧铜管受流体压力伸曲变化测量压强。它常用于测量较大压强或较大真空值。其测量范围可从几个大气压强到上百个大气压强。主要构造为一个横断面为椭圆形的一端封闭的弧形空心弹簧铜管，可以自由伸缩，当被测流体进入铜管时，由于流体压力的作用使铜管曲伸，通过末端连杆与齿轮带动表面指针转动，在表面的刻度盘上，指示出相应的压强值。当大气进入铜管时指针指示为零，所以压力表测出的压强为相对压强。（彭剑辉）

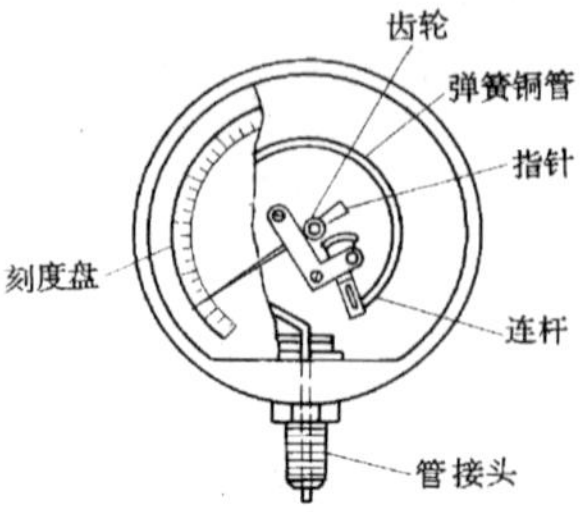

金属成形力学 mechanics of metal forming

研究金属成形时外力、内力和变形之间关系的学科。金属材料在塑性变形后，其屈服强度和疲劳强度都将提高。在成形过程中，要考虑温度、应变率效应、材料与模具之间的摩擦以及材料本身的可成形性。金属成形可分为块体成形和板料成形。前者包括镦粗、拉拔、挤压、锻造等过程；后者包括弯曲、翻边、深冲、扩口、缩口等过程。常采用的分析方法有：滑移线法、界限法、主应力法、刚塑性有限元法、上限元法和视塑性法等。通过分析可找出成形过程所需要的外力以及应变分布规律等。

（徐秉业）

金属的徐变 creep of metal

在高温下，或一些低熔点金属在室温下，当低于正常屈服应力的持续应力作用时，会出现变形随时间而增大的现象。徐变大致分三个阶段（见图）：第一阶段应变速率较快；第二阶段应变以较慢而均匀的速率发生；第三阶段应变加速并导致徐变断裂。每一阶段的徐变速率，随温度的提高或加荷应力的增大而增大。使用中可能会出现徐变的地方，设计时应考虑徐变的影响。（胡春芝）

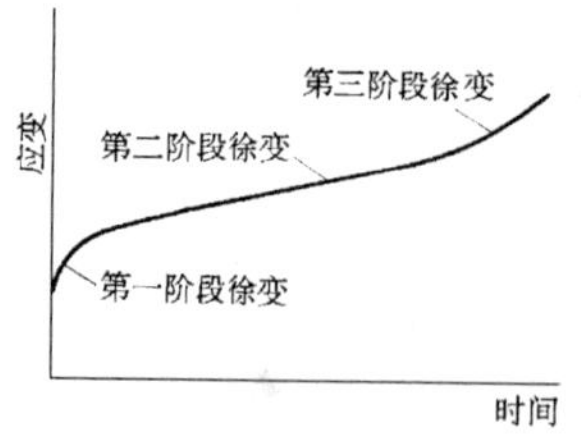

在常值荷载下，表示应变与时间关系的徐变曲线

紧凑拉伸试件 compact tension specimen

断裂韧性试验中最常用的一类结构紧凑的试件。其几何构形及受载方式见图示。对于相同的测试要求，它比三点弯曲试件可节省试件材料，因此称为紧凑（或精巧）型试件。但对试件加工和夹具的要求较高。它被广泛地用于测定断裂韧性 K_{Ic}、K_c、J_{Ic}及裂纹扩展速率 $\mathrm{d}a/\mathrm{d}N$ 等断裂参数。

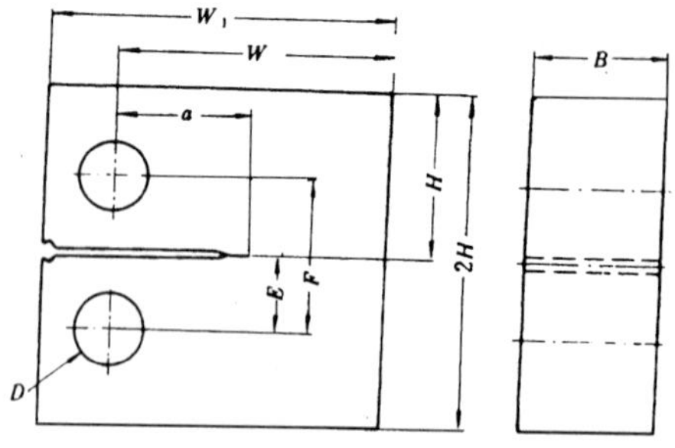

$B=0.5W$　$H=0.6W$

$W_1=1.25W$　$F=2E=0.55W$

$D=0.25W$　$a=0.45\sim0.55W$

（孙学伟）

近地层 surface layer

大气边界层的最下部分。上界面高度约为100m，受地球表面人类活动、建筑、结构物的影响最强烈，地面向大气输送的动量、热量、水汽和其他物质，均要通过此层。故其空气运动呈强烈的湍流状态。此层中风速、风向、温度、湿度等沿高度的变化规律均与地面粗糙度有密切关系。

（石　沅）

近地风 surface wind

靠近地面高度在300～500m以下的风。因受地表摩擦影响，风速随高度变化具有脉动成分。由于大部分建筑物都在此范围内，因而对近地风的研究有着十分重要的意义。（石　沅）

近端弯矩 moment at the near end

当杆件某一端发生转动时，在转动端（称为近端）产生的弯矩。若转动的角度为单位角度时，其近端弯矩即为该端的转动刚度。故当 ik 杆的 i 端转动的角度为 φ_i 时，其近端弯矩为 $M_{ik}=S_{ik}\varphi_i$，其中 S_{ik}为 ik 杆在 i 端的转动刚度。（罗汉泉）

近似重分析 approximate reanalysis technique

对优化设计过程中生成的设计点，使用近似方法所进行的结构分析。由于精确的结构分析，特别是基于有限元的方法，计算量巨大，而对优化过程中生成的中间设计点，结构分析只需提供结构的基本性态特征，供进一步搜索迭代之用，精度要求可放松，为此可采用各种简便省时的近似方法，如摄动法、降维法和等效荷载法等。（汪树玉）

近似相似模型　approximate similarity model

忽略次要因素只保证主要方面相似的模型。例如两个同时受重力、粘性力、表面张力作用的明渠水流，要它们达成完全的动力相似，就必须同时满足佛汝德相似准则，雷诺相似准则和韦伯相似准则。这在实际中是无法实现的。而深入分析这些作用力对水流的影响后，发现粘性力和表面张力影响很小，起主要作用的力是重力，因此采用只满足重力相似的佛汝德准则去设计模型。这种模型虽然只是近似（或说非完全相似）的，但实践证明它是能够满足解决实际问题所需要的精度的。除忽略次要作用力的近似相似模型外，在水工模型中，线性长度比尺不一致的变态模型也是一种近似相似模型。（李纪臣）

近似作用约束　approximate active constraints

见作用约束（481页）。

进退法　forward and backward search for the initial bounded interval

又称倍增半减法。在一维搜索中为确定搜索区间所采用的一种试探方法。从初始点出发，沿指定方向先以一个初选的步长因子向前试探，若试探结果表明应当继续向前，则使步长因子放大一倍再向前试探；若试探结果表明应当后退，则使步长因子减半倒退试探，……直到试探终点与初始点所构成的区间（或某三个中间试探点所构成的区间）具有搜索区间应具备的性质。（杨德铨）

浸润面　soaking surface

无压渗流中重力水的自由表面。它是区别土是否受水饱和及浸没的界面。（叶镇国）

浸润线　soaking line

无压渗流中重力水的自由表面线。它属于平面问题。在明渠非均匀渐变流中，三类底坡（顺坡、平坡、逆坡）可有12种水面曲线。但在渗流中，流速很小，流速水头和水深相比可以忽略不计，断面比能实际上等于水深，断面比能曲线变成了一条直线，临界水深失去意义，缓坡、陡坡、急流、缓流、临界流等概念均不存在。三类底坡实际渗流的水深变化也只能和均匀流正常水深作比较，其分区比明渠水面曲线变化分区少，只有四种浸润曲线。对于棱柱形地下河槽中恒定渐变渗流，三类底坡浸润线方程为

$$i > 0,\quad \frac{\mathrm{d}h}{\mathrm{d}s} = i\left(1 - \frac{\omega_0}{\omega}\right)$$

$$i = 0,\quad \frac{\mathrm{d}h}{\mathrm{d}s} = -\frac{Q}{k\omega}$$

$$i < 0,\quad \frac{\mathrm{d}h}{\mathrm{d}s} = -i'\left(1 + \frac{\omega'_0}{\omega}\right)$$

$$i' = |i|,\quad Q = ki'\omega'$$

式中 ω 为相应于水深为 h 的过水断面面积；ω_0 及 ω'_0 为相应于正常水深 h_0 时的过水断面面积；k 为渗透系数。（叶镇国）

浸渍法　immersion method

用折射液代替无应力模型，与双曝光全息光弹性法相结合，以获得等和线或等程线干涉条纹图的一种光测力学方法。在物光光路中放入一浸渍槽，槽内盛有液体，其折射率与无应力模型材料的折射率相同。在仅有浸渍槽的情况下作第一次曝光，然后将冻结应力切片放入槽中作第二次曝光，两次曝光的次序也可颠倒。这时，全息底片实际上记录着无应力和有应力切片两者光强及位相的重叠。因此，可获得切片中的等和线或等程线条纹图。（钟国成）

· jing

经典力学　classical mechanics

又称古典力学。涵义不一：① 指牛顿力学。② 指狭义相对论产生以前的力学，包括牛顿力学与分析力学。工程技术中多采用此定义。③ 指量子力学产生以前的力学，包括牛顿力学、分析力学与狭义相对论。作为理论物理学一个分科的现代经典力学多采用此定义。按第二种定义，本学科研究的是宏观、低速（相对于光速来说）物体的力学问题。目前工程技术中所涉及的、各个力学分支所研究的，绝大多数是这种问题（即使达到第三宇宙速度，也只是光速的十万分之5.57），故在目前和可以预见的将来，本学科仍有重要的应用。

（黎邦隆　宋福磐）

经典力学的相对性原理　principle of relativity of classical mechanics

任何物体在所有惯性参考系中的力学规律都完全相同的关于惯性参考系的性质的原理。在惯性参考系中，不可能通过任何力学试验来确定该系统是静止还是作匀速直线运动。（宋福磐）

经济流速　economy velocity

供水总成本（包括铺设给水管道的工程费，泵站工程费，水塔建筑物及水泵经常运营费之总和）最低的流速。它是保证管网计算合理的一项技术指标。确定这一流速的因素很多，且因地因时而异。一般对管径 $d=100\sim200\text{mm}$ 的小型自来水管，经济流速 $v_e=0.6\sim1.0\text{m/s}$，$d=200\sim400\text{mm}$ 时，$v_e=1.0\sim1.4\text{m/s}$，详见《给水排水设计手册4》。在技术上，管中流速不宜大于2.5～3.0m/s，以防止阀门过快关闭或水泵突然停车等引起的水击压强破坏管件。但管中流速又不宜过小，否则会造成水

中挟带的泥沙沉积。 （叶镇国）

经时性 time-dependent property

混凝土成型后随时间而发生的性能变化。混凝土结构不断从弹－粘－塑性体向弹－粘性体演变，达到凝固硬化。前期演变快，后期演变慢，其演变速度与水泥品种、温湿度及受力状态有关。演变的宏观规律是强度和弹性模量增加，徐变速率减小。 （胡春芝）

精度 accuracy (precision)

又称精确度。准确度与精密度的综合。可用均方根偏差的方法合成。 （王婀明）

精密度 fineness

测定值重复一致的程度。反映测定值随机误差的大小。一般用标准误差表示。可藉增加量测次数，取其平均值来提高观测的精密度。（王婀明）

井群 multiple-well

又称井组。间距不大且渗流互有影响的一组井的统称。其作用是增大抽水量或有效地降低地下水位。由于渗流互有影响，井群的浸润面远比一口井情况复杂。对于 n 个完全潜水井组成的井群，按流体力学的势流叠加原理，某点水位 z 按下式计算

$$z^2 = \sum h_{0i}^2 + \frac{0.732}{k}\sum Q_i \lg\frac{r_i0}{r_{0i}}$$

$$(i = 1 - n)$$

式中 h_{0i} 为第 i 个井的井中水位；Q_i 为第 i 个井的抽水流量；r_{0i} 为第 i 个井的半径；k 为渗透系数；r_i 为第 i 个井中心至计算点的距离。当各井的抽水量相同时，即 $Q_1 = Q_2 = Q_3 = \cdots = Q_n = \frac{Q_0}{n}$，则该点水位为

$$z^2 = H^2 - 0.732\frac{Q_0}{k}\left[\lg R - \frac{1}{n}\lg(r_1 \cdot r_2 \cdot r_3 \cdots r_n)\right]$$

式中 H 为渗流水头；R 为井群的影响半径，可采用单井的影响半径；Q_0 为总抽水量。上式中 k 以 m/s 计，H、r、R 以 m 计。当已测得 H，Q_0 时，z 可直接求得，当已知 H，z 时，即可求得 Q_0。

（叶镇国）

颈缩现象 necking process

又称拉伸失稳。试件在外力作用下塑性变形开始在局部发展，导致局部横截面明显缩减的现象。颈缩处的真应力比名义应力大，且处于三向应力状态。修正的等效应力计算公式为

$$\sigma_t = \left(\frac{P}{A}\right) \Big/ \left[\left(1 + \frac{2R}{a}\right)\ln\left(1 + \frac{a}{2R}\right)\right]$$

式中 A 为瞬时横截面积；R 为颈部外形的曲率半径；a 为颈部最小截面的直径（见图）。

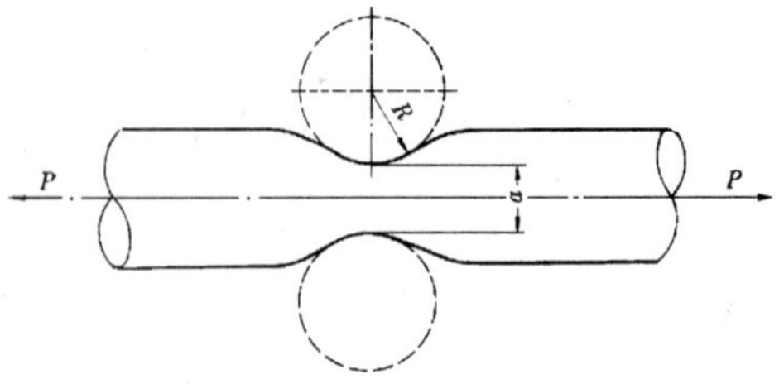

（郑照北）

劲度系数 stiffness coefficient

见转动刚度（467 页）。

劲风 fresh breeze

又称清劲风。蒲福风级中的五级风。其风速为 8.0～10.7m/s。 （石 沅）

径向加速度 radial acceleration

见点的运动的极坐标法（65 页）。

径向速度 radial velocity

见点的运动的极坐标法（65 页）。

净波压强 net wave pressure

简称净波压。波压强与静止时的静水压强的差值。它可用波动时的压强分布线和静止时压强分布线之间的水平差值表示。 （叶镇国）

静定结构 statically determinate structure

仅凭静力平衡条件即可确定其全部反力和内力的结构。其几何组成特征是无多余约束的几何不变体系。这种结构的反力和内力的计算与材料性质及变形特性无关，属刚体力学的范畴，可应用叠加原理；而其位移的计算则与材料性质和变形特性有关，只有同时满足线性变形体系的假定时，才能应用叠加原理 。 （罗汉泉）

静风 calm

又称无风。蒲福风级中的零级风。其风速为 0～0.2m/s。 （石 沅）

静荷常温试验 static test at normal temperature

在室温及低应变速率条件下，测定固体材料主要机械性质（力学性质）的常用试验。固体材料的微观构造错综复杂。它的机械性质不仅与物质结构有关，还受加载速度、温度、绝对尺寸等多种外界因素的影响。因此，材料的机械性质需通过试验加以测定。应变速率小于 $10^{-2}s^{-1}$ 的加载可视为静荷，而平常的室温视为常温。材料试验机 按施加力的形式分类有拉力试验机、压力试验机和扭转试验机。做拉力、压力、扭转和弯曲等多种形式试验者称为万能试验机。试验机类型繁多。基本组成部分有加载部分和测力部分。 （郑照北）

静荷载试验 plate loading test

在现场模拟建筑物基础工作条件的一种原位载荷试验。在现场试坑底放一刚性承压板（底面积一般采用 $0.25\mathrm{m}^2$ 或 $0.50\mathrm{m}^2$），在承压板上逐级施加垂直荷载，直到预估的地基极限荷载，同时观测各级荷载下承压板的稳定沉降值，即可采用适当比例尺绘制荷载与稳定沉降关系曲线，从曲线可求得地基土的变形模量、评定地基承载力及预估单独基础沉降。（李明逵）

静力安定定理 statical shake-down theorem

又称梅兰定理。首先由H·布莱希（1932）对弹塑性桁架提出，后由E·梅兰（1938）推广到一般的弹塑性体，判断理想弹塑性体安定性的一个定理。他指出：如果能找到一个不随时间变化的残余应力场 $\overline{\rho}_j$（s），使得它与由外荷载引起的弹性应力场 Q_j^e（s，t）叠加形成一个不破坏极限条件的应力场 ψ（$Q_j^e+\overline{\rho}_j$）$\leqslant 0$，则物体是安定的（充分条件），$\psi=0$ 为材料的极限条件；如果不存在任何与时间无关的残余应力场 $\overline{\rho}_j$，使得 $Q_j^e+\overline{\rho}_j$ 不破坏极限条件，则物体不安定（必要条件）。参见机动安定定理（148页）。（熊祝华）

静力触探试验 static cone penetration test

在现场借静压力，将锥形探头按一定速率压入土中，量测其贯入阻力（锥尖阻力、侧壁阻力），来判定土的力学性质的试验。它能快速、连续地探测土层及其性质变化。近来又发展用于解决桩基勘测问题。不足之处是对难于贯入的坚硬土层不适用，且方法本身及其应用还在继续研究改进。（李明逵）

静力法 static method

①按平衡条件和塑性弯矩条件用下限定理确定极限荷载的方法。对于受弯杆件结构，其基本思路是：先作出结构在给定荷载作用下满足塑性弯矩条件且静力可能的内力分布状态，然后由平衡条件求出相应于这些内力分布状态的可接受荷载。若在上述可能的状态中包含着极限状态，则所求的所有可接受荷载中之最大者即是极限荷载的精确解。一般只能求得极限荷载的最大下限值。由于作各种可能的内力分布图时计算工作繁重，故在计算高次超静定结构或弯矩图图形较复杂的结构时，通常不采用这一方法。

②根据静力准则确定临界荷载的方法。其要点为：先假定体系受某一微小干扰偏离原来的平衡位置而处于变形后的随遇平衡位置，由静力平衡条件建立其中性平衡微分方程，然后利用边界条件导出稳定方程，进而可求出临界荷载。

③应用静力平衡条件建立影响线方程和绘制影响线的方法。用该法作影响线时，以横坐标 x 表示移动的单位集中力（$P=1$）作用点的位置，由静力平衡条件（当为超静定结构时还应同时考虑变形协调条件和物理条件）列出所求量值 S 与 x 之间的关系式，即影响线方程，据此即可绘出该量值的影响线。（王晚姬 罗汉泉 何放龙）

静力荷载 static load

不随时间变化的荷载。施加静力荷载时要求由零开始逐渐缓慢地增至规定值。（吴明德）

静力可能应力场 statically possible stress field

满足平衡条件及力的边界条件的应力场。对于超静定结构，静力可能应力场不唯一。（熊祝华）

静力水头 statics head

又称单位重量液体的全势能。以绝对压强计算的压强水头与位置水头之和。它与测管水头相差一个大气压强水头。可用下式表示

$$H_{\mathrm{abs}} = z + \frac{p_{\mathrm{abs}}}{\gamma}$$

式中 z 为位置水头；p_{abs} 为绝对压强；γ 为液体重度。（叶镇国）

静力缩聚 static condensation

又称静力凝聚，简称缩（凝）聚。通过消元去掉方程中部分未知量的计算过程。子结构法中，子结构间的未知量为主未知量，子结构内部的未知量为从未知量。整（或总）体分析时，先通过缩聚把从未知量消去，剩下只含主未知量的方程，从而降低方程的数目。结构分析和有限元法中常用此法以减少计算量。（包世华、洪范文）

静力许可系数 statically admissible coefficient

简称静力系数。与静力许可应力场平衡的荷载系数，记为 λ^0。静力许可应力 σ_{ij}^0 与荷载 $\lambda^0\overline{P}_i$ 满足力的边界条件。参见静力许可应力场、荷载系数。（熊祝华）

静力许可应力场 statically admissible stress field

满足平衡条件及力的边界条件，且不破坏极限条件（应力点不在极限曲面之外）的应力场，记为 σ_{ij}^0。对于超静定结构，静力许可应力场不唯一。（熊祝华）

静力学 statics

理论力学中，主要研究物体平衡规律的一个组成部分。分为几何静力学与分析静力学。前者以几个静力学公理为基础，通常是用几何方法研究作用在刚体上的力系使刚体保持平衡的必要与充分条件，并研究各种力系的简化方法；后者用数学分析的方法研究质点系平衡的必要与充分条件。平衡虽只是运动的特殊情况，但工程上需要解决大量的平

衡问题。例如房屋、桥梁、堤坝、水塔等的设计都要进行大量静力计算；低速或速度变化缓慢的机械零、部件，通常也按静力情况进行设计计算。即使是动力学问题，在一定条件下也可用静力平衡规律来解决（参看动静法，72 页）。材料力学、结构力学、弹性力学……等学科研究和解决的主要也是平衡问题，虽然研究的是变形体，但也要用到刚体静力学的结果，因为刚体平衡的必要与充分条件也是变形体平衡的必要条件。分析静力学在这些学科中也经常用到。研究力系简化的理论一方面是为了了解力系作用的总效果，更重要的是据此导出力系的平衡条件。此外在动力学及其他学科中也要用到这些理论。（黎邦隆）

静力学公理 axioms of statics

已被长期、大量的实践检验过而无需再加证明的、关于力的基本性质的静力学基本原理。是静力学的理论基础，是力系的简化与平衡的基本规律。通常包括二力平衡公理、增减平衡力系公理、力的平行四边形法则、作用与反作用定律、刚化原理。其中有的结论也可由牛顿运动定律得出。

（彭绍佩）

静力学普遍方程 general equation of statics

虚位移原理的数学表达式

$$\Sigma(\boldsymbol{F}_i \cdot \delta \boldsymbol{r}_i) = 0$$

或 $$\Sigma(X_i \cdot \delta x_i + Y_i \cdot \delta y_i + Z_i \cdot \delta z_i) = 0$$

因它表达的是平衡的最普遍规律，故名。

（黎邦隆）

静力准则 static criterion of stability

又称微扰动准则。根据平衡形式二重性的特点研究稳定问题的准则。设所讨论的体系处于某一平衡位置，若与其无限接近的相邻位置也是平衡的，则所讨论的平衡位置是随遇的。它是判别体系平衡稳定性的基本准则之一。只能用来确定体系的临界荷载而不能研究体系在后屈曲平衡状态下的性能。根据这一准则求临界荷载的方法称为静力法。

（罗汉泉）

静平衡 static balance

定轴转动刚体的转动轴通过刚体的质心时，无论转动轴安装在什么方向，刚体处在什么位置，重力对转动轴之矩都等于零，因而刚体都能处于静止平衡状态的情况。静平衡只保证 $x_c = y_c = 0$，故还不能保证不产生轴承动反力（参见定轴转动刚体的轴承动反力，72 页）。（黎邦隆）

静水应力状态 hydrostatic stress state

深部岩体在自重作用下水平应力与垂直应力相等，并等于与该处上覆岩体厚度相应的压应力的应力状态。（袁文忠）

静水总压力 hydrostatic resultant force

静水中受压面上各点压强的总和。其量纲为力，单位为 N。可用下式表示：

$$P = \int_{\omega} p \mathrm{d}\omega$$

式中 p 为压强；ω 为受压面积。其方向恒与受压面正交并指向作用面。（叶镇国）

静态电阻应变仪 static resistance strain tester

测量不随时间变化或变化极缓的应变而用的一种电阻应变仪。现有刻度读数和数字显示两种型式，并附有多点预调平衡箱可进行多点应变测量。

（张如一）

静压 static pressure

运动流体中流体质点实际具有的压强。即流场中的当地压强。理论上只有当压力传感器随流体质点一起运动且对运动无任何扰动时，才能测出流体质点的静压。飞行器在大气中飞行时，所在高度的大气压强即自由流的静压。（叶镇国）

静止土压力 earth pressure at rest

当挡土结构物静止不动，土体处于弹性平衡状态时的土压力。其值介于主动土压力与被动土压力之间，可按下式计算：

$$\sigma_0 = K_0 \gamma z$$

式中 σ_0 为静止土压力强度；K_0 为静止土压力系数；γ 为填土的重度；z 为计算点离填土面的深度。（张季容）

静止土压力系数 coefficient of earth pressure at rest

又称静止侧压力系数。单元土体不发生任何侧向变形时，小主应力与大主应力之比。一般以 K_0 表示。对于无粘性土和正常固结粘性土可近似按 $K_0 = 1 - \sin\varphi'$ 估算，式中 φ' 为土的有效内摩擦角。砂土的 K_0 约为 0.4，粘土 $K_0 = 0.4 \sim 0.8$，超固结土的 K_0 可能大于 1，甚至达到 2 以上。

（张季容）

ju

局部变形阶段 localized deformation stage

试件出现颈缩现象后直到破坏的变形阶段。由于颈缩，试件的变形集中在颈缩邻近的局部，承载面积明显减少，真应力增加，导致试件迅速破坏。在名义应力－应变曲线上表现为曲线下降，切线模量为负值。（郑照北）

局部剪切破坏 local shear failure

在基础荷载作用下，地基某一范围内发生剪切破坏区的一种地基破坏形式。破坏的特征是，剪切滑动面先从基础边缘出现，并随荷载的增加而发展，但终止于地基中某一深处，基础两侧的地面有隆起现象，地基会发生较大变形，但不会有灾难性的倒坍或倾斜。是介于整体剪切破坏和冲剪破坏之间的地基破坏形式。

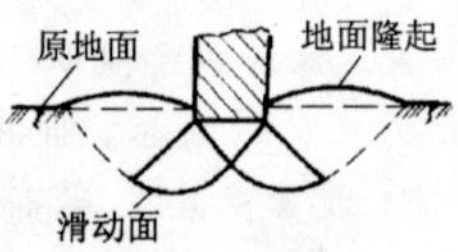

（张季容）

局部落石破坏 local fall-stone failure

围岩中出现局部的落石。这种破坏主要是由于地质和施工原因造成的。如岩体结构面和临空面的不利组合、结构面间软弱夹层的风化潮解、施工中的爆破松动作用等。就其受力原因而言，它主要是由于围岩块体自重所造成的。主要位于洞顶，其次位于两侧。其破坏形式表现为岩块沿结构面拉断或滑移，落石坍落或滑落，如无后续的坍落发生，这种破坏一般不失围岩的整体稳定性。（屠树根）

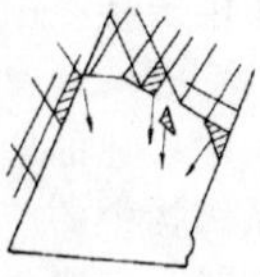

局部码 local code

在直接刚度法中，对某单元的单元刚度矩阵中的元素，按其所在的行数和列数表示的序号。如某元素 k_{ij}^{e} 其局部码分别为行码 i 和列码 j。

（洪范文）

局部水头损失 minor head-loss

因水流边界形状急剧改变造成能量消耗所损失的水头。其外因是局部阻力作用，内因是流体的粘性所致。例如管道或明渠水流过水断面突然放大或缩小，流动方向急剧改变等都会在该处产生这类水头损失。目前除突然放大局部水头损失外，其他各类局部水头损失尚无理论分析结果，均由实验确定。其一般计算公式如下

$$h_j = \zeta \frac{v^2}{2g}$$

式中 ζ 为局部阻力系数，由实验测定；v 为断面平均流速；g 为重力加速度。（叶镇国）

局部性约束 structural local behaviour constraints

结构的局部性态所受到的约束条件。如对强度、局部屈曲、杆件压曲、裂缝等性态所施加的约束。优化设计过程中，各个构件的这类约束可分别地处理。（杨德铨）

局部阻力 minor resistance

固体边界急剧改变（如断面突然扩大，流道急弯等）对流体运动所产生的阻力。它是边界急剧变化引起流体流速分布沿程变化以及出现旋涡所造成流体运动机械能损失的结果。（叶镇国）

局部阻力系数 minor head-loss coefficient

局部水头损失与流速水头之比。常以符号 ζ 表示。它主要决定于有关局部边界的形状，也与流态有关；对于体形较长的局部阻碍（夹角较小的渐缩管或渐扩管，半径大的弯管等），雷诺数对紊流局部阻力系数也有一定影响。除极少数局部阻力外，ζ 值一般由实验确定。当由管道流入大水库呈淹没出流时，$\zeta=1$；当由水库流入管道的进口时，$\zeta=0.5$。（叶镇国）

局部最优点 local optima

又称局部最优解。可行域（对于约束最优化问题）或设计空间（对于无约束最优化问题）某个局部范围内的最优点。对于非凸的数学规划问题，一般的优化方法只能求得这种最优点，对于凸规划问题，局部最优点即为全局最优点。（杨德铨）

局部坐标系 local coordinate system

又称单元坐标系。单元分析时所用的坐标系。采用这种坐标系可以简化单元分析的推导过程，并使单元分析规格化。根据它和整体坐标系之间的坐标转换关系，结点力向量和结点位移向量可通过坐标转换矩阵由局部坐标系转换到整体坐标系，反之亦然。

对杆系而言，在矩阵位移法中，为对任一单元进行单元分析时所选定的直角坐标系。它规定以单元的起点（单元的某一端点）为坐标原点，以直杆单元的杆轴线为 $\bar{x}$ 轴。在平面体系中，以垂直于 $\bar{x}$ 轴的方向为 $\bar{y}$ 轴；在空间体系中，以单元截面的主轴方向为 $\bar{y}$ 轴和 $\bar{z}$ 轴，且使 $\bar{x}$、$\bar{y}$ 和 $\bar{z}$ 轴的正向符合右手法则。

（洪范文　夏亨熹）

矩形板的伽辽金解法 Galerkin method for solving rectangular plate

B. G. 伽辽金提出的一种矩形板近似解法。与里兹解法不同的是，位移函数 φ_i（x，y）须同时满足矩形板的全部位移边界条件与力边界条件。令板挠曲平衡方程的残差以 φ_i（x，y）为权的加权积分为零，由此得出关于 a_i 的一组代数方程。解之可得近似挠曲函数 w。（罗学富）

矩形板的里兹解法 Ritz's method for solving rectangular plate

W. 里兹根据最小势能原理导出的一种近似解法。以齐次位移边界条件问题为例，取挠曲函数 w 为具有几个自由度的几何可能位移

$$w(x,y) = \sum_{i=1}^{n} a_i \varphi_i(x,y)$$

其中 φ_i（x，y）为选定的位移函数，它满足矩形板全部位移边界条件。a_i 为待定系数，由板弯曲

总势能 Π 取极值的条件 $\frac{\partial \Pi}{\partial a_i}=0$，得出关于 a_i 的一组代数方程，求解后可得近似的挠曲函数 w。

（罗学富）

矩形板的列维解 Lévy solution for rectangular plate

对于对边简支的矩形板，将挠曲函数 w 展开为单三角级数的求解方法，由M.列维于1899年提出。对在 $x=0$ 和 $x=a$ 处简支的矩形板，取挠曲函数 w 为

$$w(x,y)=\sum_{m=1}^{\infty}Y_m(y)\sin\frac{m\pi x}{a}$$

上述解满足 $x=0$ 和 $x=a$ 处的简支边界条件。函数 Y_m（y）由挠曲微分方程与另一对边处的边界条件确定。与纳维叶解相比，列维解有较好的收敛性，且适用性较广。（罗学富）

矩形板的纳维叶解 Navier solution for rectangular plate

对四边简支矩形板，将挠曲函数 w 与荷载 p 展开为双三角级数进行求解的方法。w 级数中的每一项已满足四边简支的边界条件，系数由满足挠曲微分方程的要求确定。该法由C. L. 纳维叶于1820年提出，它只适用于四边简支矩形板，且级数解的收敛速度一般不理想。但根据此法编制程序上机计算较方便。（罗学富）

矩形板元 rectangular plate element

边界为矩形的板单元。常用的为矩形的位移型薄板单元，挠度场以矩形4个角点的挠度及其对 x 和 y 的一阶导数为自变量，有12个自由度，单元间挠度的法向导数不协调，收敛性好。

（包世华）

矩阵 matrix

由若干符号或数按一定行列次序排成的矩形阵列。例如由 $m\times n$ 个数 a_{ij}（$i=1, 2, \cdots, m$；$j=1, 2, \cdots, n$）排成的阵列

$$\begin{bmatrix} a_{11} & a_{12} & \cdots\cdots & a_{1n} \\ a_{21} & a_{22} & \cdots\cdots & a_{2n} \\ \cdots & & \ddots & \cdots \\ & & \ddots & \\ a_{m1} & a_{m2} & \cdots\cdots & a_{mn} \end{bmatrix}$$

称为 $m\times n$ 阶矩阵 $\mathbf{A}$，它共有 m 行 n 列，其中任一个数 a_{ij} 称为矩阵第 i 行第 j 列的元素。当 $m=1$ 时，$1\times n$ 阶矩阵又称为行向量；当 $n=1$ 时，$m\times 1$ 阶矩阵则称为列向量，两者统称为向量。向量中的元素又称为向量的分量。行数与列数相同（$m=n$）的矩阵称为方阵，此时若有 $a_{ij}=a_{ji}$，则称为对称方阵；若 $a_{ij}=0$（$i\neq j$），则称为对角矩阵；若 $a_{ij}=0$（$i\neq j$）且 $a_{ij}=1$，则称为单位矩阵，记作 $\boldsymbol{E}$。对于两个方阵 $\boldsymbol{A}$ 和 $\boldsymbol{B}$，若其中所有元素满足 $a_{ij}=b_{ji}$ 的关系，则两者互为转置矩阵，记作 $\boldsymbol{A}=\boldsymbol{B}^{\mathrm{T}}$ 或 $\boldsymbol{B}=\boldsymbol{A}^{\mathrm{T}}$；若有 $\boldsymbol{AB}=\boldsymbol{E}$，则两者互为逆矩阵，记作 $\boldsymbol{A}=\boldsymbol{B}^{-1}$ 或 $\boldsymbol{B}=\boldsymbol{A}^{-1}$。矩阵是线性代数中的一个重要内容，将矩阵方法应用于结构分析，使公式的表述更为系统简炼和有条理，便于计算过程的程序化，为在结构分析中应用电子计算机提供了极为有利的条件。（洪范文）

矩阵力法 matrix force method

在结构矩阵分析中，根据力法的基本原理采用矩阵表述的解算超静定结构的方法。是柔度法在杆系结构中的应用。它以结构的多余未知力为基本未知量，选取力法基本体系进行计算。先根据单元分析中所得的单元柔度矩阵，再从结构整体建立体现变形协调条件的矩阵力法方程，求出多余未知力后，计算出单元的杆端力。按本方法编制的程序自动化和通用性稍差，因此在工程上应用远不如矩阵位移法普遍。矩阵力法在选择多余未知力时有两种方式：人工确定或在计算过程中自动分离出来，后者又称为秩力法。（洪范文）

矩阵位移法 matrix displacement method

在结构矩阵分析中，根据位移法的基本原理采用矩阵表述的解算方法。是刚度法在杆件结构中的应用。它以结点位移为基本未知量，在单元分析中推导出反映单元杆端力向量和杆端位移向量之间关系的单元刚度方程，再利用变形协调条件，在整体分析中建立起结构刚度方程。从方程中解出结点位移后，找出各单元的杆端位移回代单元刚度方程，即可求出单元杆端力。本方法具有较强的通用性，同时适用于静定结构和超静定结构，便于编制计算机程序，因此目前工程界多采用此法编制各种结构分析程序。（洪范文）

矩阵位移法基本方程 fundamental equation of matrix displacement method

在矩阵位移法中，反映自由结点荷载向量 $\boldsymbol{P}$ 与自由结点位移向量 $\boldsymbol{D}$ 之间关系的表达式 $\boldsymbol{KD}=\boldsymbol{P}$。式中 $\boldsymbol{K}$ 即为结构刚度矩阵。解算这一线性代数方程组，便可求得结点位移的唯一解答。（洪范文）

举力 lift

又称升力。空气动力在垂直于自由流方向的分力。当举力和飞行器的重量相等时，飞行器可保持在一定的大气高度上飞行；当举力大于飞行器的重量时，飞行器得以爬升。机翼是产生举力的主要部件，机翼所受的举力与绕翼型的速度环量成正比，按儒科夫斯基定理有

$$Y=\rho v_{\infty}\Gamma$$

式中 Y 为举力；ρ 为自由流密度；v_∞为自由流速度；Γ 为翼面气流的速度环量。在满足相似准则的条件下，模型和实物的举力系数相等，所以可按模型试验获得实物的举力特性。举力与举力系数关系如下

$$Y = C_y \frac{1}{2}\rho v_\infty^2 S$$

式中 C_y 为举力系数；S 为物体特征面积（如机翼面积）。在一定的攻角和飞行高度下，C_y 和 ρ 值是确定的，而 Y 与 v_∞^2和 S 成正比。在飞机起飞和着陆时，v_∞低，要保持举力同飞机重量平衡，就需要用增升装置提高机翼的举力系数值。

（叶镇国）

举力面理论 lifting surface theory

用一张附着涡面和若干尾涡面（即自由涡面）来模拟机翼作用的一种有限翼展机翼理论。它由布伦克（H.Blenk）于 1925 年提出，用来处理小展弦比或大后掠角机翼空气动力特性计算。这种理论机翼近似位于顺来流的平面内，从而附着涡面和尾涡面都位于同一平面内，尾涡都由后缘拖出，所以这一理论只适用于小攻角情形。由此理论得出，举力与攻角成正比，即呈线性关系。当攻角较大或展弦比很小时，还可以进一步推广这一理论，并求出举力与攻角的非线性关系，这种推广了的理论称为非线性理论，不属于通常所说的举力面理论。

（叶镇国）

举力系数 lift coefficient

又称升力系数。相应于举力的空气动力系数。其定义式为

$$C_y = \frac{Y}{\frac{1}{2}\rho v_\infty^2 S}$$

式中 Y 为举力；ρ 为自由流密度；v_∞为自由流速度；S 为物体特征面积（如机翼面积）。在飞机起飞和着陆时，v_∞低，要保持举力同飞机重量平衡，就要用增升装置提高机翼的举力系数。

（叶镇国）

举力线理论 lifting line theory

用一条附着在机翼上的直涡线和由此形成沿自由流方向延伸到无穷远的自由涡面来代替机翼作用的一种有限翼展机翼理论。此涡线位于$\frac{1}{4}$弦线处，沿展向与自由流速 v_∞相垂直。这一理论为普朗特（L.Prandtl 1875～1953）于 1918 年提出，适用于大展弦比（3.5）和小后掠角（<10°）的机翼。它可解决两类问题：①给定沿展向的举力分布或环量分布，求解下洗流场和维持这样的举力分布所需的能量。②给定机翼的几何形状，求举力或环量沿展向的分布。后一类问题与工程实用关系较大，它归结为求解一个积分方程，其计算结果可以显示出机翼的几何参数（如展弦比、弦长、扭转角的分布等）以及副翼、襟翼动作所产生的影响。分析结果表明：有限翼展机翼的举力系数与展弦比成正比；它随攻角的变化率要比无限翼展机翼小，但随展弦比的增大而增大；诱导阻力系数与举力系数平方成正比，与展弦比成反比。这一理论不能用于小展弦比及大后掠角机翼，也不能应用于大展弦比机翼的大攻角工作状态。

（叶镇国）

飓风 hurricane

热带气旋中心附近的平均最大风力为蒲福风级十二级或十二级以上的风。其风速大于 32.7m/s，主要发生在西印度群岛和大西洋一带。（石 沅）

锯齿形现象 zigzag

约束最优化迭代过程所生成的设计点在几个约束界面间来回振荡，使搜索途径呈锯齿形前进，以致收敛十分缓慢的现象。原因是由于可行域形态不好，优化方法处理不够完善等。例如，在构造下降可行方向时，仅考虑当前设计点上的作用约束，从而可能很快碰上附近的非作用约束界面，使搜索步长很小且接下去的搜索方向将转折而形成拉锯。反锯齿形策略主要是规定合适的约束容差值（记为 ε），将落在容差范围内的约束（$-\varepsilon \leqslant g_j(\boldsymbol{x}) \leqslant \varepsilon$）近似地作为作用约束，在形成可行方向时均予以考虑，从而使搜索不会很快碰上约束边界，然后逐步缩小约束容差值，最终求得落在约束界面上的最优点。

（汪树玉）

聚合物 polymer

由一种或几种组成单元多次重复以主价键键合而成的化合物。分子量低于 10^4 的称为低聚物，分子量在 $10^4 \sim 10^6$ 的称为高聚物，分子量为 10^6 或更高的称为超高分子量聚合物。由于无论从产量多少还是从应用领域来看，高聚物远比其他两类聚合物重要，因而也常用聚合物一词来称呼高聚物，而对于另外两类则明确地称为低聚物和超高分子量聚合物。构成聚合物的起始原料称为单体。聚合物分子中所含重复单元的数目称为“聚合度”。

（周 啸）

聚合物的力学性质 mechanical properties of polymer

聚合物材料在外力作用下的形变行为及破坏强度。聚合物材料在所有已知材料中可变范围最宽，可以从液体、橡胶弹性体到刚性固体，即对同一种聚合物在不同的温度下可以具有三种力学状态——粘流态、高弹态及玻璃态。其固态材料的性能特点是弹性形变率比一般金属、木材、陶瓷等材料要大

得多，而弹性模量相对较低。其另一特点是对温度和时间的依赖性很强，表现为同时具有粘性液体和弹性固体的行为，即具有粘弹性的特点。这些力学性质是因为聚合物由长链分子组成，分子运动具有明显的松弛特性之故。而各种聚合物力学性质的差异，除化学组成外，还直接与各种结构因素有关。（冯乃谦）

jue

决策变量 decision variables

又称控制变量。作用于多阶段决策过程上的一组描述决策的独立自变量。这些变量的全体称为决策或问题的一个策略。各分阶段上的决策称为阶段决策。有时也将线性规划中的非基变量称为决策变量。（刘国华）

绝壁物体 bluff body

垂直于来流方向的薄板。其特点是分离点固定在上下两个边缘上；其阻力系数在相当宽的雷诺数范围内均为常数，即绕流阻力与 U_∞ 的平方成正比（U_∞ 为无穷远处的来流速度）。（叶镇国）

绝对粗糙度 absolute roughness

管壁粗糙高度。常用 Δ 表示。尼古拉兹试验中采用的 Δ 值为砂粒的筛孔粒径，对于工业用管道，Δ 为当量粗糙度。（叶镇国）

绝对加速度 absolute acceleration

在运动学中，指动点对定参考系运动的加速度；在动力学中，指质点对惯性参考系运动的加速度。（何祥铁）

绝对速度 absolute velocity

在运动学中，指动点对定参考系运动的速度；在动力学中，指质点对惯性参考系运动的速度。（何祥铁）

绝对误差 absolute error

某量测得的量值与真值之差。若用 $x_{测}$ 和 $x_{真}$ 分别表示测量值和真值，则得到绝对误差为 $\Delta x = x_{测} - x_{真}$。为了获得该误差，必须知道真值。通常真值是无法确知的，在实际应用中，常采用相应高一级精度的标准量值（或称约定真值）代表真值。例如某点压强若用精度较差的压力计测得其值为 98.5N/cm^2，而用二等精度压力计测得的值为 98.7N/cm^2，可把后者视为真值，便得到其相应的绝对误差为 $\Delta x = 98.5 - 98.7 = -0.2$（N/cm^2）。在误差理论和实际应用中，也常采用多次测量某量得到的量值系列的算术平均值或加权平均值作为约定真值。（李纪臣）

绝对压强 absolute pressure

以不存在任何气体的"绝对真空"作零点起算的压强。常以 p_{abs} 表示。（叶镇国）

绝对运动 absolute motion

在运动学中，指物体对定参考系的运动；在动力学中，指物体在"绝对空间"中的运动。牛顿提出与物质运动无关的绝对静止的空间概念，近代科学业已证明是不存在的。在工程技术中，可根据问题的性质选择近似的惯性参考系，应用牛顿运动定律来解决动力学问题，能得到足够准确的结果。（何祥铁）

绝对最大弯矩 absolute maximum moment

结构在移动活荷载作用下，所有截面最大弯矩值中的最大者。通常只在绘制简支梁的弯矩包络图时才需用到。它的确定与截面位置和相应的最不利荷载位置这两个因素有关。但经验表明，简支梁的绝对最大弯矩总是发生在跨中附近并位于某个集中力作用的截面，故实际计算时，常利用使跨中产生最大弯矩的最不利荷载位置进行计算，据以求得其绝对最大弯矩。（何放龙）

绝热流动 adiabatic flow

整个流体介质没有热量进出且流体内部各部分间无热传导的流动。由于有粘性作用或有激波出现，流体介质会有机械能损耗并转变为热，使整个流体介质的热量增加，但这种热量不是来自流体的外部，绝热流动可以允许这种现象存在。对没有这种机械能损耗的绝热流动，通常称为可逆绝热流动。尽管实际的流体介质在温度分布不均匀时总会或多或少要传热，但只要热传导现象的影响不大，就可把流动看成是绝热的。因此，研究这种流动有其实际意义。声波和边界层外的气体动力学问题常可看作绝热流动。（叶镇国）

绝热弹性系数 adiabatic elastic constants

在绝热状态下测量物体变形所得到的弹性系数。工程上可采用变形速度非常快、热量来不及传递从而可近似看成是绝热状态的实验方法测量。对于固体，与等温弹性系数相差不大，通常不加区别。（王志刚）

绝缘电阻 insulation resistance

电阻应变计的敏感栅、引出线与试件之间的电阻值。绝缘电阻偏低将使量测灵敏度下降并在量测过程中引起应变指示值的飘移。（王娴明）

jun

均布荷载 uniformly distributed load

均匀分布于构件上的荷载。荷载集度为常数。（吴明德）

均匀变形 homogeneous deformation

位移分量 u，v，w 是坐标 x，y，z 的线性函数时所对应的变形。在小变形情况下，对应的应变分量 ε_x，ε_y，ε_z，γ_{xy}，γ_{yz}，γ_{zx}以及转动分量 ω_x，ω_y，ω_z 都是常数。在均匀变形物体中，平行的平面（或直线）变形后仍将平行；圆球面变形后成为椭球面。物体中两个方向相同的几何相似图形，均匀变形后仍保持几何相似。 （刘信声）

均匀流 uniform flow

流线呈平行直线的流动。如液体在等截面长直管道中的流动或液体在断面形状与大小沿程不变的长直渠道中的流动均属此类。在均匀流中，过水断面上的压强分布规律与静水相同；同一流线上各液体质点流速的大小和方向均相同。均匀流与定常流动（恒定流动）是两种不同的概念。定常流的当地加速度等于零，而均匀流中迁移加速度等于零。

（叶镇国）

均匀流基本方程 basic equation of uniform flow

沿程水头损失与液体内摩擦剪切应力的关系式。它是研究沿程水头损失的基本公式。对于恒定流动，其公式如下

$$h_f = \frac{z_0}{\gamma} \cdot \frac{l}{R}$$

或

$$\tau_0 = \gamma RJ, (J = \frac{h_f}{l})$$

式中 τ_0 为液流与固体边壁接触面上的平均剪切应力；l 为流段长度；γ 为液体重度；R 为水力半径；J 为水力坡度；R_f 为沿程水头损失。对于圆管均匀流，设圆管半径为 r_0，则 $R = \frac{r_0}{2}$。作用在任意半径为 r 圆柱表面上的剪切应力为τ，则有

$$\tau = \gamma \frac{r}{2} J$$

又

$$\tau_0 = \gamma \frac{r_0}{2} J$$

$$\frac{\tau}{\tau_0} = \frac{r}{r_0}$$

上式表明，在圆管均匀流的过水断面上，切应力呈直线分布，管壁处切应力最大，其值为 τ_0，管轴处切应力最小，其值为零。 （叶镇国）

均匀泄流管路 pipe with uniform discharge along the line

沿程均匀泄出流量的管路。这种管路常见于灌溉，卫生以及其他工程方面，一般亦按长管计算。设沿途每单位长度上的泄流量为 q，称为途泄流量。总的途泄流量 $Q_u = ql$，其中 l 为均匀泄流管路长度。流经全管段的流量 Q_t 称为贯通流量（亦名通过流量或转输流量）。这种管路因为流量沿程减小，而管道断面保持不变，则断面平均流速将沿程下降，故管路沿程水力坡度 J 为变量，总水头线和测管水头线都是曲线。当管段的直径和粗糙情况不变，且流动处于阻力平方区时

$$h_f = \frac{l}{K^2}\left(Q_t^2 + Q_t \cdot Q_u + \frac{1}{3} Q_u^2\right)$$

$$H = h_f$$

式中 H 为作用水头；h_f 为管段内沿程水头损失；K 为流量模数。若只有沿程泄流量而没有贯通流量时，即 $Q_t = 0$，则有

$$H = \frac{1}{3}\left(\frac{Q_u^2}{K^2} l\right)$$

这表明此时的水头损失只等于全部流量集中在末端泄出时水头损失的三分之一。 （叶镇国）

均质连续性假定 assumption of homogeneity and continuity

视材料为无结构组织且均匀连续地分布于介质整体的假定。为材料力学及固体力学的基本假定之一。其中均质性是指介质的力学性能与由物体中所切取微元的位置及体积大小无关；而连续性则是指介质为连续无空隙地充满着它所占有的体积。以金属材料而论，它原为多晶体的组织，显然是非均质连续的，但由于我们所研究的构件尺寸比晶粒的尺寸大到不可估量的程度，因此可将其微观特性舍去，而将材料视作均匀连续介质。据此简化假定建立材料力学及固体力学的基本理论，实践证明在很多情况下所得结论是适用的。但必须注意不能无条件地不加限制地应用此假定，例如某些破坏理论等。 （吴明德）

龟裂系数 fissuration coefficient

又称完整系数。弹性波在岩体中和岩石试件中传播速度之比来判断岩体中裂隙发育程度的指标。弹性波在岩体中传播速度低，而在岩石试件中传播速度高。以 K 表示为

$$K = \left(\frac{V_p}{v_p}\right)^2$$

其中，V_p 为岩体中弹性纵波传播速度；v_p 为岩石试件中弹性纵波传播速度。通常当 $K > 0.75$ 时，为完整岩体；$K = 0.45 \sim 0.75$ 时为块状岩体；当 $K < 0.45$ 时为碎裂岩体。 （屠树根）

K

ka

卡尔逊应变计 Carlson strain gauge

又称差动电阻式应变计。其两端随着试件变形，使交叉张拉的金属电阻丝 R_1，R_2 分别伸长和缩短，因而电阻值变化。体积较大，用于埋入混凝土内部或两端与钢筋焊接，量测内部或钢筋的应变。(王娴明)

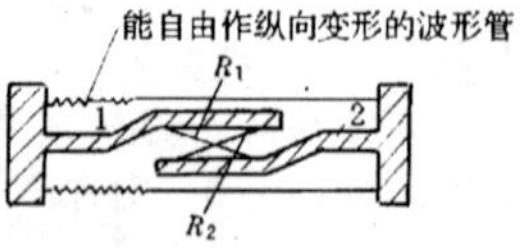

卡门定律 von Kármán's law

用混合长度新关系描述紊流附加剪切应力与时均流速关系的定律。美籍匈牙利力学家，近代力学奠基人之一卡门考察紊流脉动结构在统计意义上的局部相似性时得出下列关系

① $$l = \frac{\frac{d\bar{u}_x}{dy}}{\frac{d^2\bar{u}_x}{dy^2}}$$

② $$\tau' \propto \rho\left(l\,\frac{d\bar{u}_x}{dy}\right)^2$$

式中 ρ 为流体密度，$\bar{u}_x$ 为与边界平行的时均流速，y 为沿边界外法线方向的距离，l 为混合长度。与普朗特假设 $l = Ky$ 相比（K 为卡门常数），可得 $K \approx 0.4$，且有

$$\tau' = \rho k^2\left(\frac{\frac{d\bar{u}_x}{dy}}{\frac{d^2\bar{u}_x}{dy^2}}\right)^2\left|\frac{d\bar{u}_x}{dy}\right|\frac{d\bar{u}_x}{dy}$$

(叶镇国)

卡门-钱学森公式 Kármán-Tsien formula

二维无粘性定常亚声速流动中估算压缩性对物体表面压力系数影响的公式。由 T. Von 卡门和钱学森于 1939 年推出。故名。这一公式的表达式为

$$C_p = \frac{C'_p}{\sqrt{1-\mathrm{Ma}_\infty^2}+\left(\frac{\mathrm{Ma}_\infty^2}{1+\sqrt{1-\mathrm{Ma}_\infty^2}}\right)\frac{C'_p}{2}}$$

式中 C_p 为亚声速流动中二维物体表面某点压力系数；C'_p 为不可压缩流体流动中类似物体对应点处的压力系数；Ma_∞ 为来流的马赫数。C_p 的定义为 $C_p = \frac{p - p_\infty}{\frac{1}{2}\rho_\infty v_\infty^2}$，其中 p_∞、ρ_∞、v_∞ 为物体远前方自由流的压强、密度和速度。对于物体较厚或马赫数更接近于 1 的情况，上式比普朗特-格劳厄脱法则更准确，用此公式还可从物体在低速流中的压力系数求出亚声速流的压力系数。(叶镇国)

卡尼迭代法 Kani iteration method

简称为迭代法。将求解线性代数方程组的迭代法应用于解算超静定刚架的一种渐近法。为德国学者 G·卡尼所创。它将任一杆件 ik 的杆端弯矩 M_{ik} 表为转角弯矩（包括近端转角弯矩 M'_{ik} 和远端转角弯矩 M'_{ki}）、侧移弯矩 M''_{ik} 和固端弯矩 M^g_{ik} 之和，即

$$M_{ik} = M^g_{ik} + 2M'_{ik} + M'_{ki} + M''_{ik}$$

分别导出 M'_{ik} 和 M''_{ik} 的迭代公式，利用这两个迭代公式逐次交替进行迭代运算，每一轮计算均可求出各杆端的转角弯矩和侧移弯矩的近似值，直到相邻两轮之值相差很小时便可终止迭代，将最后一轮的结果代入上式即可求出各杆最后杆端弯矩。此法既可计算无侧移刚架，也可计算有侧移刚架，把求解高次超静定刚架的计算问题转化为机械的迭代运算，避免了解算联立方程，而且迭代运算中的差错可以自动消除。故在工程结构设计中得到普遍应用。(罗汉泉)

卡诺定理 Carnot's theorem

见碰撞中动能的损失（265 页）。

卡萨格兰德法 Casagrande's method

确定前期固结压力的经验作图法。由卡萨格兰德于 1936 年提出。作图步骤为（参见右图）：1. 从 $e-\log p$ 曲线上找出曲率半径最小的一点 A，过 A 点作水平线 $A1$ 和切线 $A2$；2. 作∠$1A2$ 的平分线 $A3$，与 $e-\log p$ 曲线中直线段的延长线相交于 B 点；3. B 点所对应的有效应力就是前期固结压力 p_c。(谢康和)

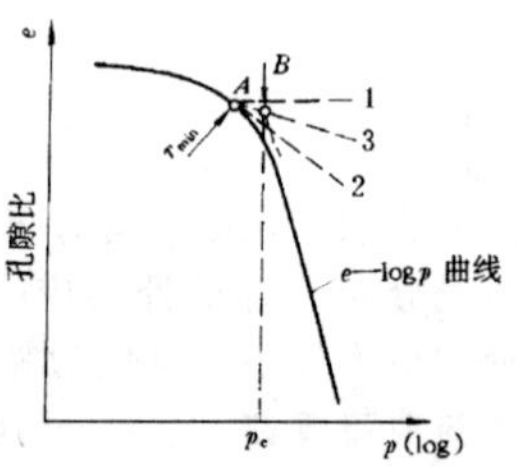

卡氏第二定理 Castigliano's second theorem

卡斯提里阿诺第二定理的简称。对于没有支座位移的线性弹性结构，若将结构的应变能 U 表为

荷载的函数，则 U 对荷载 P_i 的偏导数即等于与该荷载相应的位移 Δ_i，即有

$$\frac{\partial U}{\partial P_i}=\Delta_i$$

本定理为克罗第-恩格塞定理应用于线弹性结构时的特殊情况（此时，结构的应变余能 U^* 等于应变能 U）。由它可导出求线弹性结构位移的单位荷载法。（罗汉泉）

卡氏第一定理 Castigliano's first theorem

卡斯提里阿诺第一定理的简称。设弹性体系承受 n 个广义力 P_1、P_2、$\cdots P_n$ 作用，相应的广义位移为 Δ_1、$\Delta_2\cdots\Delta_n$，若将该体系的应变能 U 表为这些位移的函数，则应变能对任一位移 Δ_i 的偏导数等于其相应的力 P_i，即

$$P_{\mathrm{i}}=\frac{\partial U}{\partial \Delta_{\mathrm{i}}}(i=1,2,\cdots n)$$

它由意大利工程师卡斯提里阿诺于 1873 年提出。本定理可由势能驻值原理导出，上式实际上就是势能驻值原理的一种表示形式，并且它实质上即是位移法的基本方程。（罗汉泉）

kai

开尔文定理 Kelvin's theorem

论证理想正压流体且外力有势时，速度环量和涡强的涡旋动力学性质的定理。它证实了理想正压流体且外力有势时，相同流体质点组成的任一封闭曲线的速度环量和通过任一曲面的涡强在运动中守恒。（叶镇国）

开尔文固体 Kelvin solid

又称开尔文模型、开尔文-佛克脱固体（Kelvin-Voigt solid）。表述线性粘弹行为两基本模型之一。由弹性元件和粘性元件并联而成，如图所示，其中 E 和 η 分别表示弹性元件的弹性模量和粘性元件的粘性系数。本构方程为 $\sigma=E\varepsilon+\eta\dot{\varepsilon}$；松弛模量 $Y(t)=E+\eta\delta(t)$，式中 $\delta(t)$ 为狄拉克函数；蠕变柔量 $J(t)=(1-e^{-t/\tau_{\mathrm{d}}})/E$，$\tau_{\mathrm{d}}=\eta/E$ 为延滞时间。受突加应力 σ_0 作用时，应变无瞬态响应，逐渐趋于渐近值 σ_0/E，卸除外力后呈滞弹性回复。此模型不能体现应力松弛过程。（杨挺青）

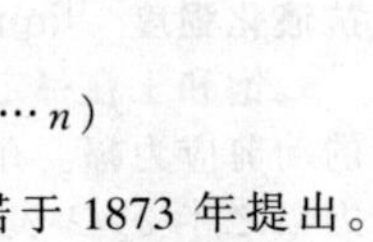

开裂混凝土的材料矩阵 material matrix of cracked concrete

分布式裂缝模型单元中混凝土材料的应力应变转换矩阵。认为裂缝均匀分布于整个单元，单元为连续正交异性体。由实验确定的裂缝面性能（抗拉性能、抗剪性能和泊松比），按广义胡克定律写出。（江见鲸）

开普勒定律 Kepler's laws of planetary motion

德国天文学家 J. 开普勒在前人及自己进行长期天文观测的基础上先后在 1609 及 1619 年提出的关于行星运动的三个定律。第一定律（椭圆定律）：所有行星分别在不同的椭圆轨道上绕太阳运行，太阳是这些椭圆的一个共同焦点。第二定律（面积定律）：每个行星从太阳中心作出的矢径在相等的时间内扫过相等的面积。第三定律（周期定律）：行星绕太阳公转的周期的平方与其椭圆轨道长半轴的立方成正比。（黎邦隆）

开挖面的空间效应 space effect of excavating face

洞室掘进过程中，由于受开挖面的约束，开挖面附近的洞室围岩不能立即释放全部瞬时弹性变形的现象。与距离开挖面的长度有关，此长度超过 1～1.5 倍洞径时，一般认为围岩的全部弹性变形释放完毕，即围岩弹性位移达到最大值。（周德培）

开挖锥 excavation cone

开挖半空间集。把图 a 的开挖自由面 $L_1U_2L_3$ 平移到原点 O 得到图 b 的开挖锥。

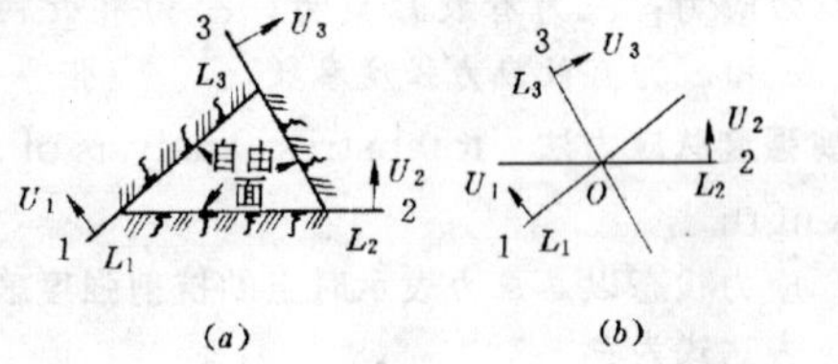

（徐文焕）

kan

坎托罗维奇法 Kantorovich method

求解弹性力学问题的一种近似方法，是里兹法的推广。由Л. В. 坎托罗维奇（1933）提出，用以处理多变量函数的泛函变分问题。与里兹法不同，本法所取近似函数为

$$\begin{aligned}f(\underset{\sim}{x})&=f(x_1,x_2,\cdots,x_n)\\&=\sum_{\mathrm{k}=1}^{m}\alpha_{\mathrm{k}}(x_n)f_{\mathrm{k}}(x_1,x_2,\cdots,x_{n-1})\end{aligned}$$

f_{k} 只需满足 x_1，$x_2\cdots$，x_{n-1} 有关的边界条件，$\alpha_{\mathrm{k}}(x_n)$ 则是 x_n 的待定函数。将 $f(\underset{\sim}{x})$ 代入泛函 $\Phi[f(\underset{\sim}{x})]$ 得到以 $\alpha_{\mathrm{k}}(x_n)$ 为泛函变量的新泛函 $\Phi^*[\alpha_{\mathrm{k}}(x_n)]$。$\Phi^*$ 取驻值的条件 $\delta\Phi^*=0$ 将导致关于 $\alpha_{\mathrm{k}}(x_n)$ 的微分方程和相应的边界条件。用本法求得的解比里兹法要精确些。一般是将 $f(\underset{\sim}{x})$

中变化较复杂的那个变量取作 x_n；例如在矩形板的弯曲问题中以长边方向的坐标作为 x_n。为了提高本法的计算精度，可增加近似函数的项数，但这样计算上的困难也相应地增加。另外，还可乘用所谓变量转换法。例如，对于二维问题，取一级近似函数

$$f(x_1,x_2) = \psi(x_1)\varphi(x_2)$$

其中 $\varphi(x_2)$ 是选定的、满足关于 x_2 的边界条件的函数；由泛函驻值条件及求解欧拉方程得出 $\psi(x_1)$ 后，再以 $\psi(x_1)$ 为选定函数，取

$$f(x_1,x_2) = \varphi^*(x_2)\psi(x_1)$$

类似地求出 $\varphi^*(x_2)$。如此反复迭代，可以得到较好的结果。（熊祝华）

kang

抗剪强度有效应力法 effective stress analysis of shear strength

应力状态以有效应力表示时土的抗剪强度表达方法。表达式为：

$$\tau_f = c' + \sigma' \mathrm{tg}\varphi'$$

式中 τ_f 为土的抗剪强度；σ' 为剪切破坏面上的法向有效应力；c' 为有效黏聚力；φ' 为有效内摩擦角。c' 和 φ' 为有效应力强度参数。（张季容）

抗剪强度总应力法 total stress analysis of shear strength

应力状态以总应力表示时土的抗剪强度表达方法。表达式为：

$$\tau_f = c + \sigma \mathrm{tg}\varphi$$

式中 τ_f 为土的抗剪强度；σ 为剪切破坏面上以总应力表示的法向压应力；c 为土的黏聚力；φ 为土的内摩擦角；c、φ 为总应力强度参数。

（张季容）

抗拉刚度 tensional rigidity

表征受拉杆件抗拉伸变形能力的物理量。其表达式为材料的弹性模量 E 与横截面积 A 的乘积 EA。由胡克定律可知刚度与变形量成反比。

（郑照北）

抗扭刚度 torsional rigidity

表征抗扭转变形能力的物理量。对于圆截面轴其表达式为 GI_p，G 为材料的剪切模量，I_p 为圆截面积的极惯性矩。在给定扭矩作用下圆轴的抗扭刚度愈大，则单位长度的扭转角愈小。（郑照北）

抗扭截面模量 polar section modulus

圆截面杆扭转中，截面极惯性矩除以半径取得的几何量，记为 W_p。其表达式为

$$W_p = \frac{\pi D^3}{16}(\text{实心}),\quad W_p = \frac{\pi(D^4 - d^4)}{16D}(\text{空心})$$

D 和 d 分别为空心圆轴的外直径和内直径。圆轴横截面上的最大剪应力为

$$\tau_{\max} = M_t / W_p$$

M_t 为扭矩。（郑照北）

抗弯截面模量 section modulus for a beam

表征截面抗弯强度的几何量，记为 W，其表达式为：

$$W = \frac{I_Z}{y_{\max}}$$

式中 I_Z 为截面对中性轴 Z 的惯性矩；$y_{\max}$ 为中性轴到截面边缘的最大距离（绝对值）。（庞大中）

抗液化强度 liquefaction strength

饱和土在一定振次作用下产生液化破坏所要求的动剪应力幅。在振动三轴试验中用破坏轴向动应力幅之半 $\sigma_d/2$ 表示，在振动单剪试验中用动剪应力幅 τ_d 表示。土的抗液化强度与土的组成、密度、结构、振前应力状态以及应力历史等有关。

（吴世明　陈龙珠）

抗震优化设计 optimum design of aseismatic structure

考虑地震荷载特性和结构动力反应的优化设计，是动力优化设计的一种。当需考虑地震荷载以及结构参数和构件抗力的随机性时，可采用基于可靠度的优化设计，有时还需考虑它们的模糊性而采用模糊优化设计。（杨德铨）

ke

柯埃梯流动 Couette flow

流体在几何形状相同的平行壁面间的剪切流动。它最早由柯埃梯（1890 年）提出，故名。最简单的柯埃梯流动是两平行壁面中上壁面作匀速运动引起壁面间液体的流动。这种流动沿 y 轴的流速分布关系可用下式表示

$$u_x = \frac{y}{h}U - \frac{h^2}{2\mu}\cdot\frac{\mathrm{d}p}{\mathrm{d}x}\cdot\frac{y}{h}\left(1 - \frac{y}{h}\right),$$

式中 h 为壁面之间的距离，U 为上壁面的运动速度（下壁面固定不动）；μ 为动力粘度；p 为压强。当 $\frac{\mathrm{d}p}{\mathrm{d}x}=0$ 时，$u_x = \frac{y}{h}U$，u_x 沿 y 轴呈直线分布，这种特殊情况称为简单柯埃梯流动。它和平行板间的泊肃叶流动叠加可得柯埃梯流动的更一般情况，其流速分布图型依下述无量纲压力梯度的数值而定，即

$$C_p = \frac{h^2}{2\mu U}\left(-\frac{\mathrm{d}p}{\mathrm{d}x}\right)$$

式中 C_p 为无量纲压力梯度；当 $C_p>0$ 时，$\frac{\mathrm{d}p}{\mathrm{d}x}<0$，

压强沿程下降，流速在整个断面上的分布均为正，当 $C_p < -1$ 时，$\frac{dp}{dx} > 0$，压强沿程增加，断面上一部分流速为负值，在固定的壁面附近可能产生回流。（叶镇国）

柯兰克－尼克尔逊格式 Crank-Nicolson scheme

在扩散方程中，时间采用向后差分，二阶导数的扩散项采用同一时刻和后一时刻的平均值来构造的差分格式。它是无条件稳定的。（王 烽）

柯朗条件 Courant condition

又称 C－F－L 条件。一维波动方程差分数值解稳定性的必要条件。考虑波动方程

$$u_t + au_x = 0$$

式中 u_t、u_x 及 a 分别为速度对时间与空间的偏导数及波速，则其稳定性必要条件为

$$\lambda = \frac{a\Delta t}{\Delta x} < 1$$

此时差分方程定解区域覆盖原微分方程的定解区域。（郑邦民）

柯尼希定理 Koenig's theorem

用点的速度合成定理推得的关于计算质点系动能的一个定理。质点系的动能等于它随同质心平动的动能和它相对于以质心为原点的平动坐标系运动的动能之和，即

$$T = \frac{1}{2}Mv_c^2 + \Sigma\left(\frac{1}{2}m_i v_i'^2\right)$$

式中 M 为质点系的质量，v_c 是其质心速度的大小，v'_i 是任意质点 i 相对于上述动坐标系的速度大小。任何质点系的动能均可据本定理求得，例如平面运动刚体的动能表达式即可由上式直接写出。（黎邦隆）

柯西－黎曼方程 Cauchy-Riemann equation

又称柯西－黎曼条件。联系流速势与流函数的一对重要关系式。它对于平面流动的计算具有极其重要的意义。在恒定平面势流中，由流速势与流速的关系及流函数与流速的关系有

$$u_x = \frac{\partial \varphi}{\partial x}, \quad u_y = \frac{\partial \varphi}{\partial y},$$

$$u_x = \frac{\partial \psi}{\partial y}, \quad u_y = -\frac{\partial \psi}{\partial x}$$

式中 φ 为流速势，ψ 为流函数；u_x，u_y 为笛卡尔坐标中的两个速度分量，比较上式即得柯西－黎曼微分方程，满足这一方程的两个函数称为共轭函数

$$\frac{\partial \varphi}{\partial x} = \frac{\partial \psi}{\partial y}$$

$$\frac{\partial \varphi}{\partial y} = -\frac{\partial \psi}{\partial x}$$

利用上式即可由 u_x，u_y 推求 φ 及 ψ，或知道其中一个函数就可以推求另一函数。（叶镇国）

柯西相似准则 Cauchy similarity criterion

又称弹性力相似准则。两流动的弹性力相似所必须遵循的准则。几何相似的两流动要达成弹性力相似其柯西数 Ca（参见相似准数，388 页）必须相等，即 $Ca_p = Ca_m$ 或 $\rho_p v_p^2/k_p = \rho v_m^2/k_m$（式中 ρ、v、k 分别为密度、速度和弹性系数，下标 p 和 m 分别表示原型和模型量）。反之，若两流动的柯西数相等，则它们的弹性力必定相似。因声音在流体中的传播速度 $C = \sqrt{k/\rho}$，所以空气动力学中常用马赫数 $Ma = v/c$ 表述弹性力相似准则，即若两流动弹性力相似，其马赫数 Ma 必须相等（$Ma_p = Ma_m$），反之亦然。（李纪臣）

科达齐－高斯条件 Codazzi－Gauss conditions

为保证给定曲面的连续性和光滑性，几何参数所应满足的条件。它们是

$$\frac{\partial}{\partial \beta}\left(\frac{A_\alpha}{R_\alpha}\right) = \frac{1}{R_\beta}\frac{\partial A_\alpha}{\partial \beta},$$

$$\frac{\partial}{\partial \alpha}\left(\frac{A_\beta}{R_\beta}\right) = \frac{1}{R_\alpha}\frac{\partial A_\beta}{\partial \alpha}\text{（科达齐方程）；}$$

$$\frac{\partial}{\partial \alpha}\left(\frac{1}{A_\alpha}\frac{\partial A_\beta}{\partial \alpha}\right) + \frac{\partial}{\partial \beta}\left(\frac{1}{A_\beta}\frac{\partial A_\alpha}{\partial \beta}\right) = -\frac{A_\alpha A_\beta}{R_\alpha R_\beta}\text{（高斯方程）}$$

上列方程是曲面连续光滑的充要条件，利用它还可以简化壳体基本方程的推导和运算。式中 α、β 为主曲率线坐标，其余符号的含义见中面的几何性质。（杨德品）

科里奥利斯加速度 Coriolis acceleration

简称科氏加速度，又称补充加速度（supplementary acceleration）。科里奥利斯定理（参见点的加速度合成定理，64 页）中的一个分加速度，因法国人 G. G. 科里奥利斯首先提出而得名。它等于动参考系的角速度与动点相对速度的矢量积之两倍，即 $\boldsymbol{a}_c = 2\boldsymbol{\omega} \times \boldsymbol{v}_r$。科氏加速度的产生，是由于动参考系的转动影响相对速度方向的改变，同时相对运动又影响牵连速度大小和方向改变的缘故。在特殊情形下，当 $\omega = 0$（动参考系作平动）或 $v_r = 0$（动点处于相对静止）或 $\boldsymbol{v}_r \parallel \boldsymbol{\omega}$（相对速度平行于动参考系的转轴）时，科氏加速度等于零。

（何祥铁）

科氏惯性力 Coriolis inertial force

见质点相对运动动力学基本方程（459 页）。

颗粒分析试验 grain size analysis test

测定土中各粒组占土粒总质量百分数的试验。当大于 0.074mm 颗粒超过试样总质量 15% 时，先用筛析法；对于粒径小于 0.074mm 无法筛分的颗粒用密度计法或移液管法测定各粒组的相对含量。

最后绘制颗粒粒径的分布曲线供土分类使用。

（李明逵）

可泵性 pumpability

混凝土拌合物能顺利通过泵送管道，并且具有摩擦阻力小、不离析、不阻塞的性能。泵送混凝土，可以看成是在推力作用下将一宾厄姆体送过管道，管道中的流量与泵送料的塑性粘度成反比，而屈服应力的影响不大。塑性粘度主要由水泥浆的数量和厚度控制。用泵送法施工时要求拌合物具有良好的可泵性，通过原材料选择和配合比设计来满足要求。掺入助泵剂和粉煤灰等可改善拌合物的可泵性。（胡春芝）

可变域变分法 variation of variable domain

解区域可变（如自由面）问题的一种变分方法。泛函变分中应包括未知函数变分与求解区域变分两部分的影响。一般可将区域分为内部（固定）区域与可变边界区域。对内部区域的函数值与可变边界的几何坐标同时求其变分，形成函数值及边界几何坐标值同时为未知量的离散化代数方程组来求解。通常是非线性方程组，需迭代求解。

（郑邦民）

可动边界 moving boundary

流动区域不定的边界。有时其位置未知，需要在满足一定的运动学条件或动力学条件下，通过计算来确定。例如在波动水面、自由面，分层流扰动面、冰盖问题等。由于边界位置是待求的，它的计算较区域固定的固定边界问题来得困难。

（郑邦民）

可动活荷载 movable load

见活荷载（148 页）。

可动球形支座 spherical movable support

又称面支座。使结构除能绕球心转动外，还能在支承面内移动的空间结构支座。相应的支座反力为过球心且与支承面垂直的一个集中力。该支座可用过球心且垂直于支承面的一根链杆表示。

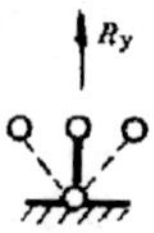

（洪范文）

可动圆柱形支座 spherical roller support

又称线支座。使结构除能绕球心转动外，还能沿支承面内的某一方向移动的空间结构支座。相应的支座反力为过球心且与该方向垂直的两个集中力。这种支座可用交于球心而位于反力所在平面内的两根链杆表示。（洪范文）

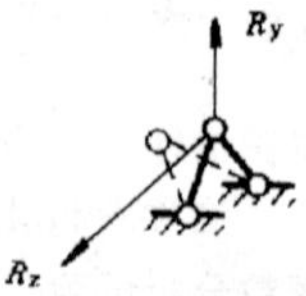

可分规划 separable programming

研究约束函数和目标函数均为非线性可分函数的一类极值问题的数学规划分支。其中的可分函数是指能以

$$f(x_1,x_2,\cdots,x_n)=\sum_{i=1}^{n}f_i(x_i)$$

形式表示的函数。可分函数可用网格上的点作逐段线性近似而转化为带整数约束的线性函数，从而转化为线性整数规划问题，可用分枝定界法求解。

（刘国华）

可接受荷载 statically admissible load

对于比例加载的给定结构，按其各种能同时满足平衡条件和屈服条件的内力分布状态所求得的荷载。它总是小于或等于极限荷载。或者说，极限荷载是可接受荷载中的极大者。（王晚姬）

可控应变试验法 strain-controlled testing method

用应变速率控制加载过程的一种岩石力学试验方法。（袁文忠）

可控应力试验法 stress-controlled testing method

用应力速率控制加载过程的一种岩石力学试验方法。如在岩石单轴压缩试验中，要求加载速率控制在 0.5～1.0MPa/s 之内。（袁文忠）

可破坏荷载 possible collapse load

对于比例加载的给定结构，按其各种可能的破坏机构所求得的荷载。它必大于或等于极限荷载。或者说，极限荷载是可破坏荷载的极小者。

（王晚姬）

可塑性泥团 plastic slurry paste

当受到高于某一数值的剪应力作用后，可塑造成任何形状而不出现裂缝；而当除去应力后能保持其形状的泥团。瓷器、陶器、泥塑和砖坯等的成型，都需要用可塑性泥团。粘土矿物的结构，固相颗粒的细度和形状，阳离子吸附，分散介质的数量和性状等，都对泥团的可塑性有较大影响。泥料陈化，掺塑化剂及泥料的真空处理等，都是改善泥料可塑性的有效工艺措施。（胡春芝）

可塑性泥团的流变性 rheological behavior of plastic slurry paste

可塑性泥团随时间和受力状态而发生弹塑性变化的性能。施加的应力小于屈服应力时，泥团显示弹性变形；施加的应力大于屈服应力时，泥团发生塑性变形。属于宾厄姆体。（胡春芝）

可行点 feasible points

又称内点。满足全部约束条件的设计点。由于这种设计点在可行域之内（包括边界），故有时又称之为“内点”，若有约束容差，则在约束容差内的设计点也属可行点。（杨德铨）

可行方向 feasible directions

从优化问题的可行点出发，至少有一小段整个地包含于可行域内的方向。沿该方向搜索可得到新的可行点。当它与目标函数的负梯度方向成锐角时，沿该方向搜索必可获得目标函数下降的点，故称为下降可行方向或可用可行方向。 （刘国华）

可行方向法 feasible direction methods

从可行点出发，沿下降可行方向进行一维搜索获得一新的目标函数下降的可行点，如此反复以逐步寻求约束非线性规划问题最优解的一类下降算法。包含卓坦狄克（Zoutendijk）可行方向法、梯度投影法、简约梯度法和广义简约梯度法等，常特指卓坦狄克可行方向法。 （刘国华）

可行域 feasible region

设计空间中满足全部约束条件的设计点的集合。域中（包括边界）的设计点称为可行点，或可行设计。优化设计的目的就是在可行域中寻求最优设计（即最优点）。 （杨德铨）

可压缩流体 compressible fluid

密度变化不能忽略的流体。如气体，在外力作用下，其体积可有较大的改变。在空气动力学中，气体密度变化是否加以考虑，常按气体流动的马赫数 Ma 确定。当 $Ma<0.3$ 时，可把气体看成是不可压缩流体；当 $Ma>0.3$ 时，则可把气体看成是可压缩流体。近三十年来，随着高速飞行、喷气发动机、火箭、弹道学、燃烧学、燃气涡轮、传热学等技术的发展，这类流体的流动理论研究已取得了巨大进展，并成了一个重要的科学领域。

（叶镇国）

可移动性定理 removable theorem

块体理论中判断有界块体是否移动的定理。如果一个凸体棱边外是空的，而它的节理棱边外是非空的，那么该凸体是可移动的；如果一个凸体棱边外是空的，且其节理棱边外也是空的，那么该凸块是不可移动的。也就是说，当 $BP=\varphi$，而 $JP\neq\varphi$，则是可移动的；而当 $BP=\varphi$ 时，则为不可移动的。

（徐文焕）

克劳德分解 Crout factorization

若 n 阶方阵 $\boldsymbol{A}$ 的所有主子式均不为零，则一定可分解为下三角阵 $\boldsymbol{L}$ 和上三角阵 $\boldsymbol{S}$ 的乘积，即 $\boldsymbol{A}=\boldsymbol{LS}$。当 $\boldsymbol{L}$ 或 $\boldsymbol{S}$ 为单位三角阵时，这种分解是唯一的，称为 Crout 分解。 （姚振汉）

克罗第－恩格塞定理 Crotti-Engesser theorem

当弹性结构（线性与非线性结构）无支座位移时，若将结构的应变余能 U^* 表为荷载的函数，则 U^* 对任一荷载 P_i 的偏导数等于与该荷载相应的位移 Δ_i，即有

$$\frac{\partial U^*}{\partial P_i}=\Delta_i$$

它是总余能偏导数公式的特殊情况。本定理由意大利工程师法兰西斯柯·克罗第于 1878 年首先导出，德国工程师弗瑞德瑞·恩格塞也于 1889 年导得。由它可导出计算位移的单位荷载法，还可直接导出力法基本方程。 （罗汉泉）

客观散斑 objective speckle

分布在空间的散斑。记录方式如图所示。散斑尺寸可描述为

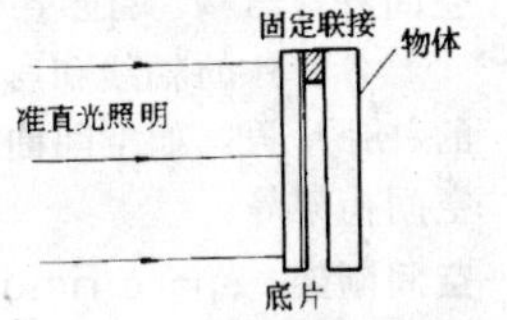

$$\sigma=\lambda\frac{A_0}{D_0}$$

式中 σ 为散斑横向尺寸，A_0 为物体与底片间的距离，λ 为照明光波长，D_0 为被测物体可记录的尺寸。 （钟国成）

kong

空腹桁架 open-web truss

由上、下（或两侧）弦杆与若干平行腹杆组成的刚架。这类结构形如桁架，但节间不设置斜杆，所有结点均为刚接，实为高次超静定刚架。广泛用于桥梁、塔架和房屋构架。此外还常作为起重机、车厢的骨架。 （罗汉泉）

空化现象 cavitation phenomenon

又称气穴现象、空穴现象或空泡现象。液流局部压强降低到一定程度时造成内部析出气体（或蒸汽）空泡或空穴的现象。它的出现，破坏了液流的连续性，空化区的压强变化不再服从一般的能量定律，它可产生附加的能量损失，促使水力机械的效率降低，并引起固体边出现空蚀（气蚀）。空化现象的发生条件为

$$p_{abs}\leqslant p_v$$

式中 p_{abs} 为某点的绝对压强；p_v 为蒸汽压强，即一定温度下液体气化时的压强。在天然的水体中含有大量肉眼难见的极微小气核（气泡），其直径约为 $10^{-3}\sim10^{-4}$mm，当外部压力降低到蒸汽压强时即膨胀到肉眼能见的气泡，当外部压力升高时，发生这一现象的条件消失，气泡会破裂溃灭，在极短的时间（约 10^{-3}秒）内，周围水体迅猛充填其空间并产生极高的冲击压强，其值可达 $10^4\sim10^5$kN/m^2，频率可达 100～1 000Hz，超过一般材料的强度，极易使边壁材料破损剥蚀，因此，它是水力机械和高水头泄水建筑物的重要研究课题。1873 年 O. 雷诺从理论上对空化现象曾作过预言，1897 年 S. W. 巴纳比和 C. A. 帕森斯在“果敢号”鱼雷

艇及几艘蒸汽机船相继发生推进器效率严重下降以后最早提出了"空化"的概念。船用螺旋桨、舵、水翼、水中兵器、水泵、水轮机、高速涵洞、闸门槽、液体火箭泵、柴油机气缸等都会遇到空化问题，造成效率下降，材料剥蚀，并产生振动和噪声。但它在水力钻孔和工业清洗作业以及化学工程、医药工程、空间工程和核工程中不完全是有害的，仍有应用价值。 （叶镇国）

空间杆件结构 space framed structure

各杆件的轴线和所受的荷载不全在同一平面内的杆件结构。如空间曲梁、交叉梁系、空间刚架和空间桁架等。 （罗汉泉）

空间刚架 space rigid frame

由不在同一平面内的多根杆件相互刚结而成的复杂空间结构。房屋建筑中的框架结构，大多是由纵向刚架和横向刚架所组成的空间结构。在一般情况下，可忽略它们之间的空间联系，将纵向刚架和横向刚架分别按平面刚架进行计算。但对于较重要的刚架结构，或刚架内部的空间联系较强以及对于杆轴线在同一平面的刚架承受平面外荷载作用的情况，则应按空间刚架进行分析。此时，刚架各杆除受有弯矩、剪力和轴力外，还将受到扭矩的作用。 （罗汉泉）

空间桁架 space truss

由不在同一平面内的多根杆件相互铰结而成的空间结构。工程中大多数空间桁架可简化为平面桁架来分析，但有一些桁架则因其具有明显的空间特征，不能化为平面桁架，而必须按照空间结构来进行分析。例如铰结网架结构，贮水塔架、输电塔架等等。计算时，通常将其上各结点简化为理想球形铰，它允许杆件绕铰心在空间作任意方向的转动，每个结点在空间有三个自由度。若利用空间一般力系的静力平衡方程

$$\Sigma X = 0, \Sigma Y = 0, \Sigma Z = 0$$

$$\Sigma M_x = 0, \Sigma M_y = 0, \Sigma M_z = 0$$

能将桁架的支座反力和杆件内力全部求出时，这种桁架称为静定空间桁架；否则，为超静定空间桁架。 （何放龙）

空间结构支座 support of space structure

空间杆件结构与地基相联的基础或与其它支承物联接的装置。根据约束性质的不同，它可以分为三类：固定球形铰支座、可动圆柱形支座和可动球形支座。 （洪范文）

空间相干性 spatial coherence

光源上不同点发出的光之间的相位相关性。由于激光（单模）有单一波形（近似点光源发出的理想球面波），光束上点点相位相关，所以，激光的空间相干性极好。 （钟国成）

空间相关性折算系数 conversion coefficient of spatial correlation

根据风速空间相关的实验公式，并考虑不同结构的特点，导出的考虑空间相关性的参数。对高耸结构和高层建筑进行随机风振计算时，由于各点风力不可能都同时到达最大值，故应考虑脉动风的空间相关性影响，各国研究者根据测风结果，提出了竖向相关，侧向相关等经验公式，根据这些公式，考虑高耸结构与高层建筑不同的特点，即可得出空间相关性的折算系数，此折算系数乘以未考虑空间相关性的计算结果，即为考虑空间相关性的风振计算结果。 （田　浦）

空气动力 aerodynamic force

简称气动力。物体与空气作相对运动时作用在物体上的力。它由两个分力系组成：一是沿物体表面之法线方向的法向分布力系，另一是在物体表面之切平面内的切向分布力系。空气动力通常就是指这两个力系的合力。飞行器所受的空气动力与它的飞行速度、高度和飞行姿态有关。空气动力的分布和大小是飞行器结构和强度设计的依据，而且关系到飞行器的飞行性能、操纵性能和稳定性。空气动力学的一个主要任务就是确定飞行器的空气动力。确定空气动力需要知道空气的性质和运动规律。相应于低速流动、亚声速流动、跨声速流动、超声速流动、高超声速流动，稀薄气体流动和高温气体流动等不同情况，空气动力的分析有不同的理论和实验方法。 （叶镇国）

空气动力系数 aerodynamic coefficient

空气动力与自由流动压和物体特征面积乘积的比值。即

$$C_R = \frac{R}{\frac{1}{2}\rho_\infty v_\infty^2 S}$$

式中 C_R 为空气动力系数；R 为空气动力；ρ_∞ 为自由流的密度；v_∞ 为自由流速度，S 为物体特征面积。C_R 的大小与物体几何形状，物体相对于气流的姿态、气流的雷诺数、马赫数等有关。C_R 的概念来源于相似理论，根据这一理论，在满足相似准则的前提下，模型与实物的空气动力系数相等，所以由 C_R 即可算出实物受到的空气动力。

（叶镇国）

空气动力学 aerodynamics

研究飞行器或其他物体在同空气或其他气体作相对运动情况下的受力特性、气体的流动规律和伴随发生的物理化学变化规律的学科。它是在流体力学基础上随着航空工业和喷气推进技术的发展而成长起来的一门学科。这门学科的发展已有较悠久的

历史。早期人类对鸟或弹丸飞行时的受力和力的作用方式就有种种猜测，17 世纪后期，荷兰物理学家 C. 惠更斯首先估算出了物体在空气中运动的阻力，19 世纪末则形成了经典流体力学的基础，20 世纪以来，随着航空事业的发展，这一学科便从流体力学中分离出来并形成了力学的一个新的分支。在这一过程中，T. Von 卡门对这门科学的发展起了重要作用。它的研究内容是飞机、导弹等飞行器在各种飞行条件下流场中气体的速度、压力和密度等参量的变化规律；飞行器所受的举力和阻力等空气动力及其变化规律；气体介质或气体与飞行器之间所发生的物理化学变化以及传热传质规律等。70 年代以来，其发展较活跃的领域是湍流、边界层过渡、激波与边界层相互干扰、跨声速流动、涡旋和分离流动，多相流、数值计算和实验测试技术等。此外，工业空气动力学、环境空气动力学以及考虑有物理化学变化的气体动力学也有很大发展。

（叶镇国）

空气动力学小扰动理论 small-perturbation theory of aerodynamics

表征一类小攻角可压缩流动主要运动特征的一种近似理论。当无穷远处匀直气流以小攻角流过扁平或细长物体时，物体对该气流的扰动一般较小。如原匀直气流的速度为 v_∞，扰动速度为 v'，此时一般有 $\frac{v'}{v_\infty} \ll 1$。分析这种小扰动流动，可将扰动的高阶项 $\left[如\left(\frac{v'}{v_\infty}\right)^2\right]$ 略去，当可使流动的方程式大为简化。应用这一理论，在亚声速流动或超声速流动问题中，基本微分方程可简化为线性方程；而跨声速流动和高超声速流动问题中，尚不能使基本微分方程线性化，求解还有困难。但从数学上看，在小扰动条件下，一个三维定常流动通过变量变换可转化为二维非定常流动，相应地，可将物体的三维绕流运动比拟成二维非定常活塞运动。按小扰动理论，可得小扰动方程如下：

$$
\begin{aligned}
&(1-\mathrm{Ma}_\infty^2)\frac{\partial v'_x}{\partial x}+\frac{\partial v'_y}{\partial y}+\frac{\partial v'_z}{\partial z}\\
&=\mathrm{Ma}_\infty^2(r+1)\frac{v'_x}{v_\infty}\cdot\frac{\partial v'_x}{\partial x}\\
&\quad+\mathrm{Ma}_\infty^2(\gamma-1)\frac{v'_x}{v_\infty}\left(\frac{\partial v'_y}{\partial y}+\frac{\partial v'_z}{\partial z}\right)\\
&\quad+\mathrm{Ma}_\infty^2\frac{v'_y}{v_\infty}\left(\frac{\partial v'_x}{\partial y}+\frac{\partial v'_y}{\partial x}\right)\\
&\quad+\mathrm{Ma}_\infty^2\frac{v'_z}{v_\infty}\left(\frac{\partial v'_x}{\partial z}+\frac{\partial v'_z}{\partial x}\right)
\end{aligned}
$$

式中 v'_x、v'_y、v'_z 分别为扰动速度在三坐标轴方向的分量；Ma_∞ 为匀直流的马赫数；γ 为比热比。求出 v'_x、v'_y、v'_z，流动问题就解决了。对于亚声速和超声速流动，上式右边诸项可以忽略不计，均取零；对于跨声速流动，上式右边第一项不等于零，其余二、三、四项均可忽略不计。

（叶镇国）

孔板流量计 orifice meter

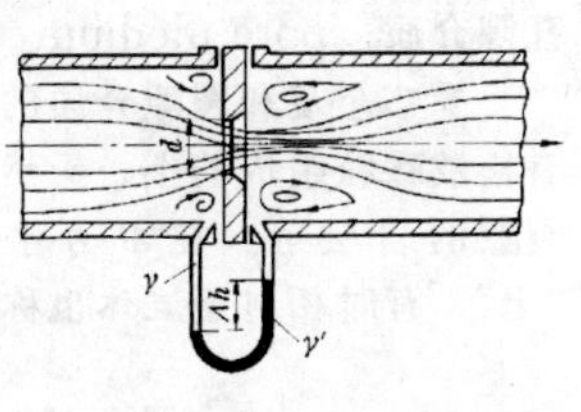

利用同心孔板测量管路流量的装置。在管道中装入中间开有圆孔的圆形孔板，其中心与管道中心线相重合，流体流至孔板附近时，断面发生收缩，并在孔板后不远处断面收缩到最小值，以后又逐渐扩大充满管道流动。由连续性方程及伯诺里方程可知，断面缩小，速度增大而压强降低，利用压差计测定孔板前后压强水头的变化，即可计算通过的流量。

$$Q = \mu\omega\sqrt{2g\left(\frac{\gamma'-\gamma}{\gamma}\right)\Delta h}$$

式中 μ 为流量系数；ω 为管路截面积；Δh 为比压计读数；γ' 为比压计中液体重度；γ 为管中流体的重度。孔板的构造简单，流量系数由实验率定已积累了丰富的实验数据。在材料和制造上已实现了标准化，但经孔板的水头损失较大。（彭剑辉）

孔板速度车法

通过调节装置中各层均匀开孔板的开闭比，造成分层不同的阻滞在试验段下游形成模拟的中性大气边界层的方法。这种装置由日本东京大学佐藤浩研制而成，共分廿层，在靠近底层处还可加细铜丝网插片来改善下部速度剖面的形状。该装置的调节动作可在洞体外不停车的状况下进行。其形成的边界层厚度可达风洞高度的 80%。（施宗城）

孔口出流 orifice discharge

水经容器壁孔口流出的水力现象。孔口是一个形状一定且周界闭合的泄流口。实验得出，$\frac{d}{H} \leqslant \frac{1}{10}$ 时可作为小孔口，$\frac{d}{H} > \frac{1}{10}$ 时则视为大孔口。其水力计算公式为：

$$v = \varphi\sqrt{2gH_0}$$

$$Q = \mu\omega\sqrt{2gH_0}$$

式中 v、Q 分别为孔口出流的流速和流量；φ 为流速系数；μ 为流量系数，它等于流速系数与收缩系数的乘积；ω 为孔口面积；H_0 为作用水头。给水处理构筑物的输水，配水、排泥管排泥、车间降温喷雾设备以及厕所中的冲洗设备多属小孔口出流。

水利工程中的各种水闸泄流则属于大孔口出流。（叶镇国）

孔隙比 void ratio

土中孔隙体积与固体颗粒体积之比。由土的含水量、密度和土粒比重换算得到。是土的重要的物理性指标之一。（朱向荣）

孔隙介质 pore medium

多孔介质和裂隙介质的总称。这类介质中包括有松散颗粒组成的土、天然及人工堆石、具有较多裂隙的岩层等。在水力学中的多孔介质简称为“土”，有时相对于流体也称为“骨架”。（叶镇国）

孔隙率 porosity

又称孔隙度。岩石或土体内孔隙的体积 V_v 占其总体积 V 的百分比。以 n 表示

$$n=\frac{V_v}{V}\times 100 \quad (\%)$$

是表征岩石或土体内孔隙数量的指标，对岩石或土体的压缩量、变形模量等力学参数有明显影响。对于岩石，按照其孔隙特征，分为岩石的表观孔隙度和岩石的全孔隙度。（周德培）

孔隙气压力 pore air pressure

非饱和土中孔隙内气体所承受或传递的压（或应）力。（谢康和）

孔隙水压力 pore water pressure

又称中性应力、孔隙压力。土体或岩石中孔隙内的水所承受或传递的压（或应）力。一般对土体和岩体的稳定有不利影响。常又分为静水压力和超静孔隙水压力。静水压力为静止水位以下单位面积上水柱重量所产生的压力。（谢康和 袁文忠）

孔隙压力系数 A pore pressure parameter A

偏应力（即大主应力与小主应力之差）作用下，饱和土体中孔隙水压力增量与偏应力增量之比值。由三轴不排水试验测定。常用于估算地基中的超静孔隙水压力。高压缩性粘土的 A 值较大；超固结粘土的 A 值为负。与应变大小、土的起始状态、应力历史等有关。（谢康和）

孔隙压力系数 B pore pressure parameter B

等向应力作用下，土体中孔隙水压力增量与等向应力增量之比值。可由三轴不排水试验测得。常用于估算土体的饱和度或地基中的超静孔隙水压力。对饱和土，$B=1$；对干土，$B=0$；对一般土，$0\leqslant B\leqslant 1$。饱和度越大，B 越接近 1。（谢康和）

孔隙压力消散试验 pore pressure dissipation test

将三轴压缩仪压力室中的试样在各向等压或在不容许试样侧向变形条件下各向等压，测定试样孔隙水压力的产生和消散过程，以求得孔隙压力系数及消散系数的试验。适用于饱和度大于 85% 及含水量等于或大于最优含水量的非饱和土。（李明逵）

控制断面 control section

明渠水流中位置确定且水深可求出的过水断面。该处水深称为控制水深。桥、涵、堰、坝、水闸前断面，缓坡渠道与陡坡渠道相连接的转折处，跌坎及陡坡渠道出口等处，其水深一般均可事先确定，均可作控制断面。这种断面处的水深是确定水面曲线类型的依据。按明渠水流的性质可知，所有急流的控制断面均在上游，所有缓流的控制断面均在下游；远离干扰端应为均匀流，其水深为正常水深，缓流向急流过渡时渠道转折处的水深及跌坎处的水深均可近似取为临界水深。（叶镇国）

控制水深 control depth

见控制断面。

ku

库尔曼法 Culmann method

库尔曼提出的一种土坡稳定分析方法，属于土坡稳定极限平衡法。它只考虑整个隔离土体（如下图所示）的静力平衡。通过作用在楔体上的力的静力平衡分析确定土坡稳定性。（龚晓南）

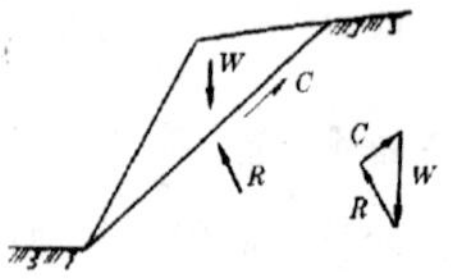

库尔曼图解法 Coulmann construction

库伦土压力理论的一种图解方法。基本原理如图所示，图中 BC_1、BC_2 为任意选择的滑动面，Bn_1、Bn_2 为按一定比例代表相应土楔 ABC_1、ABC_2 的土重，m_1n_1、m_2n_2 与基线 BL 平行，φ

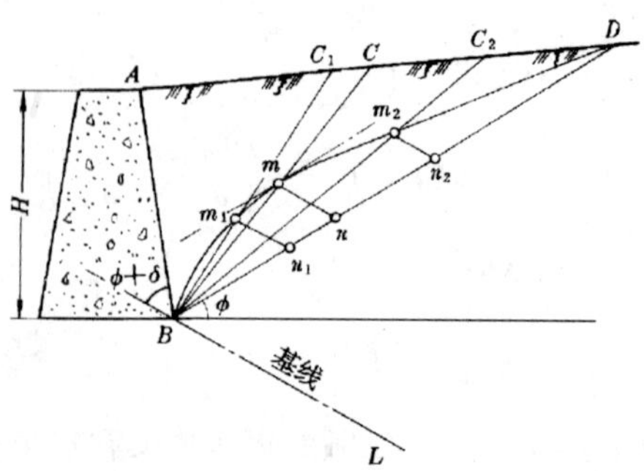

为土的内摩擦角，δ 为墙背与土的摩擦角。可以证明三角形 Bm_1n_1、Bm_2n_2 与相应土楔的力三角形相似，因而 m_1n_1、m_2n_2 表示作用于 BC_1、BC_2 面上相应的土压力，选择若干滑动面，连接 m_1、$m_2 \cdots m_n$ 的曲线称为库尔曼线，最大值 mn 即为主动土压力。 （张季容）

库伦方程 Coulomb's equation

又称库伦定律或库伦公式。表示土的抗剪强度与剪切破坏面上法向压应力之间关系的直线方程。由 C. A. 库伦于 1776 年提出，根据无粘性土直接剪切试验的结果（图 a），得出土的抗剪强度 τ_f 近似符合以下直线方程：

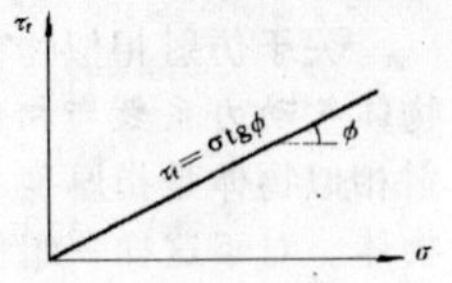

(a)无粘性土

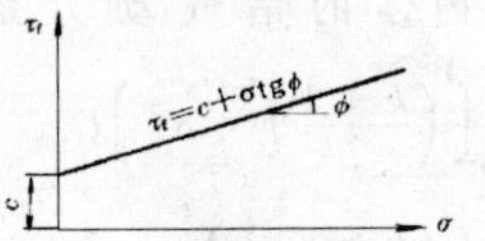

(b)粘性土

$$\tau_f = \sigma \operatorname{tg} \varphi$$

对粘性土（图 b）为：

$$\tau_f = c + \sigma \operatorname{tg} \varphi$$

式中 σ 为剪切破坏面上的法向压应力；c 为土的粘聚力；φ 为土的内摩擦角。c、φ 称为土的抗剪强度参数。长期的试验研究证明，土的抗剪强度是剪切破坏面上法向有效应力 σ' 的函数。由于库伦方程在应用上比较方便，故仍沿用至今。

（张季容）

库伦摩擦定律 Coulomb's laws of sliding friction

C. A. de 库仑通过大量实验而建立的关于滑动摩擦的定律：

① 最大静摩擦力 $\boldsymbol{F}_{\max}$ 的大小与物体所受的法向反力 $\boldsymbol{N}$ 成正比，即

$$F_{\max} = fN$$

式中 f 为一无量纲的比例系数，称为静摩擦系数 (coefficient of static friction)，它的值与两物体的材料种类及接触面的状况（粗糙程度、湿度、温度等）有关，可由实验测定。

② 两物体已发生相对滑动时，动摩擦力 $\boldsymbol{F}'$ 的大小也与法向反力 $\boldsymbol{N}$ 成正比，即

$$F' = f'N$$

式中无量纲的比例系数 f' 称为动摩擦系数（coefficient of kinetic friction），它比静摩擦系数略小，其大小不只与两物体的材料种类及接触面的状况有关，还随相对滑动速度的大小而改变。但在通常速度范围内可不考虑这种改变。f' 的值也要由实验测定。库仑定律属古典摩擦理论，只是近似规律，但目前在工程上仍被广泛采用。

（彭绍佩）

库伦土压力理论 Coulomb's earth pressure theory

由 C. A. 库伦于 1776 年根据挡土结构物后滑动土楔所受力的平衡条件得出的经典土压力公式。该理论假设挡土墙后土体处于极限平衡状态时形成一滑动土楔，滑动面是一平面，墙后填土是理想散体。对于任意一滑动面 BC，与水平面的倾角为 θ（图 a），作用在滑动土楔 ABC 上的力有：土楔自重 W、BC 面上的土反力 R、墙背对土楔的反力 E，根据静力平衡条件求得 E（图 b）并求其极值，得如下土压力公式：

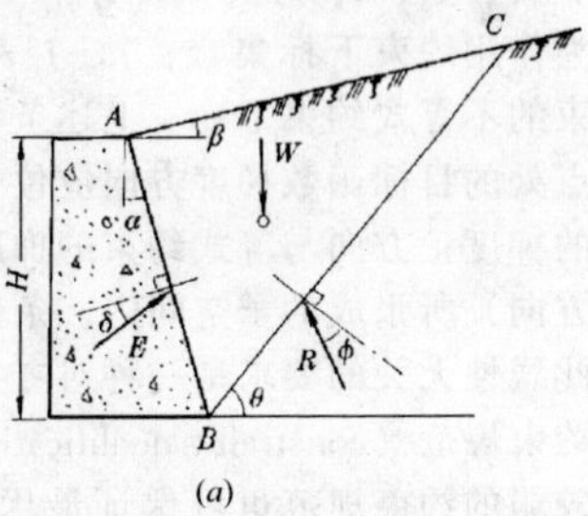

(a)

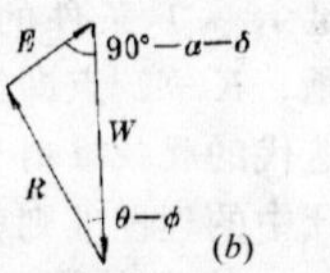

(b)

$$E_a = \frac{1}{2}\gamma H^2 K_a$$

$$E_p = \frac{1}{2}\gamma H^2 K_p$$

式中 E_a、E_p 分别为主动土压力和被动土压力；γ 为土的重度；H 为挡土墙高度；K_a、K_p 分别为库伦主动土压力系数和被动土压力系数，与土的内摩擦角 φ、填土面与水平面的倾角 β、挡土墙背的倾角 α 以及墙背材料与填土之间的摩擦角 δ 有关，可按有关公式计算或图表查得。对于无粘性填土用该理论计算主动土压力较符合实际，但计算被动土压力误差较大，以后推广到应用于粘性填土。

（张季容）

库－塔克条件 Kuhn-Tucker condition

又称 K－T 条件。H. W. 库（Kuhn）与 A. W. 塔克（Tucker）在 1951 年建立的关于约束最优化问题最优点的必要条件。对于受有等式约束 $h_k(\boldsymbol{x}) = 0$，$k = 1, 2, \cdots, l$ 和不等式约束 $g_j(\boldsymbol{x}) \geqslant 0$，$j = 1, 2, \cdots, m$，寻求目标函数 $f(\boldsymbol{x})$ 极小的问题，如果某一可行点（记为 $\boldsymbol{x}^*$）上各函数是可微的，且该点上所有等式约束梯度 $\nabla h(\boldsymbol{x}^*)$ 和不等式的约束中的作用约束梯度 $\nabla g(\boldsymbol{x}^*)$ 为线性无关向量，那么可行点 $\boldsymbol{x}^*$ 成为极小点的必要条件是

$$\nabla f(\boldsymbol{x}^*) - \sum_{j \in J} \mu_j^* g_j(\boldsymbol{x}^*)$$

$$-\sum_{k=1}^{l}\nu_k^* h_k(\boldsymbol{x}^*)=0$$

式中$\nabla f(\boldsymbol{x}^*)$为$\boldsymbol{x}$点上的目标函数梯度；$\nu_j^*$为非负实数；$\nu_k$为实数；$\nu_j$和$\nu_k$统称拉氏乘子；$J$为作用约束下标集合；$j\in J$表示所有属于作用约束的不等式约束下标。上述条件的几何意义是极小点处的目标函数梯度方向应位于该点上不等式约束的梯度正方向与等式约束的梯度方向（包括正、负方向）所张成的子空间内。条件中关于约束梯度彼此线性无关的要求是一种对可行域形态施加限制的约束规范（constraint qualification）。还有其他一些较弱的约束规范也可保证最优点上的$K-T$条件成立。满足$K-T$条件的点称为$K-T$点。对于凸规划问题，$K-T$点即为最优点。$K-T$条件可用于形成迭代的收敛准则与构造优化算法。例如结构优化设计中的理性准则就是针对不同的性态约束条件应用$K-T$条件推得的。参见最优性准则和互补松弛条件。 （汪树玉）

kua

跨变结构

含有跨变杆件的结构，如连拱和山尖形刚架等。所谓跨变杆件，是指结构在受外因作用发生变形时，虽已忽略杆件长度的改变，其立柱两端之间的距离仍将发生改变的杆件，例如拱形杆件和人字形杆件等。其立柱两端点连线方向的线位移是彼此独立的。这类结构可采用广义转角位移法进行计算。 （罗汉泉）

跨度 span

梁的计算简图中两支座的铅直反力间的水平距离。 （吴明德）

跨孔试验 cross-hole test

一种现场测定土层压缩波和剪切波速度的试验。先在地层中相距一定距离L垂直钻两孔，将振源和检波器放在两孔内同一深度；测定波从振源孔传至检波器孔的历时t，则波速为L/t。有时也采用一孔激振和另两孔接收的方案，以消除时间滞后所引起的误差。 （吴世明　陈龙珠）

跨声速流动 transonic flow

流体在流场中速度接近声速的流动 。其马赫数一般为Ma=0.8～1.3。各类飞行器（如大型客机、运输机、战斗机、巡航导弹和战术导弹的飞行）、航天飞机返回地面时的飞行、火箭发动机喷管的喉部流动以及各种气流流量计和截流阀中的流动均属跨声速流动，因此对它的研究有广泛的应用价值。自从19世纪80年代拉瓦尔管问世和雷诺给出一维管流分析解以来，对这种流动的研究已有一百多年历史。在这种流动的研究中，反映流场特性的参数主要有两个：①临界马赫数。②流量系数。即总流量与ρ^*C^*S的比值。其中C^*为临界声速（Ma=1时的声速），ρ^*为流速等于当地声速时的气体密度；S为拉瓦尔管喷管喉部截面面积。 （叶镇国）

跨声速相似律 similitude of transonic flow

关于仿射相似物体跨声速绕流的相似准则以及物体气动力系数与相似准数间关系的规律。所谓仿射相似物体是指厚度不同，但厚度分布规律相同的物体。对于这样一组仿射相似二维薄物体的跨声速绕流，当跨声速相似准数K相等时，流动相似，物体的诸气动力系数的无量纲组合量：$\left[\left(\frac{k+1}{2}\right)^{\frac{1}{3}}\Big/\delta^{\frac{2}{3}}\right]C_p$，$\left[\left(\frac{k+1}{2\delta^2}\right)^{\frac{1}{3}}\right]C_L$，$\left[\left(\frac{k+1}{2\delta^5}\right)^{\frac{1}{3}}\right]C_D$也对应相等，$K$按下式计算

$$K=(1-Ma_\infty^2)\Big/\left[2\left(\frac{k+1}{2}\delta\right)^{\frac{2}{3}}\right]$$

式中K为跨声速相似准数；Ma_∞为来流马赫数；δ为物体相对厚度；k为气体比热比，C_p为物体上各点的压力系数；C_L为物体上各点的举力系数；C_D为物体上各点的阻力系数。上述规律是指导模型试验的理论依据，可将一组试验结果推广用于同一组仿射相似物体。 （叶镇国）

kuai

块裂介质岩体 block-rent medium rock mass

软弱结构面切割下形成的块裂结构岩体。其基本破坏方式为块裂结构岩体沿软弱结构面滑移。它的力学作用主要受贯通的软弱结构面控制。在围岩应力作用下，它很难转化为连续介质岩体。软弱结构面和贯通性结构面的地质和力学性质是研究这类岩体力学的物理基础，块体运动的力学分析是它的力学工具。 （屠树根）

块石 block stone

粒径大于200mm的颗粒含量超过全重50%、以棱角形颗粒为主的土。 （朱向荣）

块体共振试验 block resonant test

现场测定土层动模量和阻尼的试验。试验时在地表或试坑内浇筑块体，沿垂直或水平方向激振，测量该系统的振幅与频率关系曲线，由此计算土层的动模量和阻尼系数。 （吴世明　陈龙珠）

块体理论 block theory

把裂隙岩体抽象成相互分离的刚性或变形体的

块体，以进行岩体或岩石工程稳定性分析的计算理论。首先系统介绍块体理论的是 D. H. 特罗洛普 (D. H. Trollope)，1985 年石根华和 R. 古德曼 (R.Goodman) 在他们合写的《块体理论及其在岩石工程中的应用》一书中，提出了关键块体理论，该理论在拓朴集合理论的基础上，通过赤平投影方法，确定块体的几何构形与分类，判别出有运动几何条件的块体，然后只对此种块体进行力学稳定性分析。 （徐文焕）

块体锥 block pyramid

通过半空间互换，令一个由 n 个不平行面所组成的块体表面均通过原点，由此所形成的以原点为顶点的锥体。块体锥 BP 是节理锥 JP 和开挖锥 EP 的交集，即

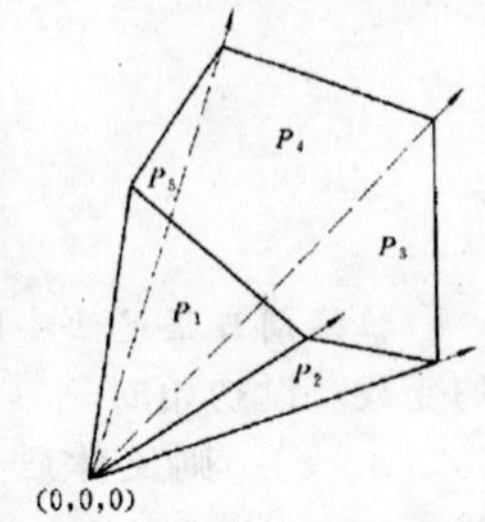

$$BP = JP \cap EP$$

（徐文焕）

块状结构体 block structure body

泛指三维尺度相近的结构体。在岩石力学中指各面尺寸接近相等或相若的结构体。包括玄武岩体柱状节理切割面的柱状结构体和多组节理切割成的楔锥状结构体等。其力学作用以压碎、滚动、滑动为主。 （屠树根）

快剪试验 quick direct shear test

对应变控制式直接剪切仪中的粘性土试样，施加垂直压力后随即施加水平剪力，使试样在 3 至 5min 内近似不排水条件下迅速剪损的试验。国家土工试验方法标准 GBJ123 规定剪切速度为 0.8mm/min。测得的抗剪强度参数用于在土体上施加荷重和剪切过程中都不发生固结和排水的情况，如土层较厚，渗透性较小，施工速度较快，基本上来不及固结就迅速加载而剪损的情况。本法适用于渗透系数小于 10^{-6}cm/s 的粘土。

（李明逵）

快速固结试验 fast consolidation test

又称快速压缩试验。快速测定土的压缩性指标的一种固结试验。仪器、操作方法与常规固结试验同，只是每级压力下固结 1h（有的 2h），仅在最后一级压力下，除测记 1h 试样变形量外，还应测读固结 24h 的变形量，以两者变形之比作为校正系数校正变形量，对 扰动粘土可不校正。此法对渗透性较大的粘性土，如计算沉降要求不高且不需求固结系数时可用。由于本法试验理论依据不足，未列入国家土工试验方法标准中。

（李明逵）

kuan

宽带随机过程 broad-band random process

频率成分分布在某一宽频带内的随机过程。其功率谱密度函数在相当宽（带宽至少与其中心频率有相同的数量级）的频带上取有意义的量级，带宽与研究的问题有关，通常等于或大于一个倍频程。

（陈树年）

宽顶堰 broad-crested weir

堰壁厚度大于堰顶水头 2.5 倍但小于 10 倍堰顶水头的堰。这种堰的堰壁厚度对水流有明显的顶托作用。进入堰顶的水流因受堰在垂直方向的约束及进口局部水头损失的影响，形成进口处第一次水面降落；之后由于堰顶对水流的顶托作用，有一段水面与堰顶几乎平行，此堰顶平段水深 h 一般是未知的。实验得出，h 小于堰顶处临界水深。宽顶堰流的水头损失仍以局部水头损失为主，沿程水头损失可以忽略不计。此外，水流经桥墩之间、施工围堰及无压隧洞或涵洞时，也会形成宽顶堰流现象,并称之为无坎宽顶堰流。水流进入桥孔、涵洞及围堰时，进口附近一般发生纵向收缩，此收缩断面水深 h_c 小于临界水深，即 $h_c < h_k$，呈急流状态，一般取 $h_c = \psi h_k$，当为非平滑进口时，$\psi = 0.75 \sim 0.80$，平滑进口时，$\psi = 0.80 \sim 0.85$。小桥涵的淹没条件为 $h_t > 0.8H_0 \approx 1.3h_k$。此处 h_k 为桥涵中的临界水深。设允许冲刷流速为 v'，则按防冲刷条件要求，桥孔中的临界水深可按下式计算

$$h_k = \frac{\alpha\varphi^2 v'^2}{g}$$

式中 α 为动能修正系数；φ 为进口形状系数；g 为重力加速度。 （叶镇国）

kuang

狂风 storm，whole gale

蒲福风级中的十级风。其风速为 24.5～28.4m/s。 （石 沅）

kui

溃坝波 dam-break wave

挡水坝溃决时，形成上游水位陡落、下游水位陡涨、流态变化剧烈的一种特有的波动现象。它属于明渠急变流范畴。这种波在坝体溃决瞬间，波面陡立，随即在溃口附近分为逆水负波和顺水正波分别向上、下游传播，在传播过程中，波面逐渐平坦

化。向下游推行的顺水正波称为溃坝洪水波、波前常以断波的形式出现，造成巨大灾害。溃坝事件常在猝不及防的情况下发生，很难从容地获得既完全又可靠的原型体实测资料，因此其主要研究途径是模型试验和数值计算，并结合溃坝后的实地考察进行验证。通过其模型试验或数值计算，可以确定其沿程传播的水位和流量等水力要素，确定波体面到达下游各断面的时间，从而为大坝的规划设计以及溃坝时采取的应急措施提供依据。 （叶镇国）

kuo

扩散质 diffusion matter

异质和流体本身的属性统称。其中异质如污染物、细粒泥砂等；流体本身的属性如热量、动能、动量等。 （叶镇国）

L

la

拉断破坏 tension failure

围岩由于受拉而出现的破坏。在抗拉强度极低的土体、破碎岩石和软弱面结构中易发生这种破坏。它一般可分为拉断破坏（图 *a*）和折断破坏（图 *b*）两种形式。当地应力侧压系数<1 时，顶部易出现拉应力，并在围岩自重作用下因径向受拉出现冒顶塌落。冒落形状为不规则和不光滑的。折断破坏主要出现在层状岩体中。当顶部和低部有水平成层岩体时，则往往出现向下或向上的挠曲折断破坏。

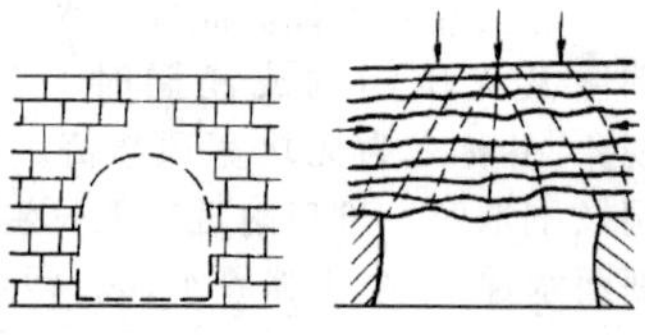

(*a*) (*b*)

（屠树根）

拉杆拱 tied arch

又称系杆拱。在拱的两支座铰之间设置拉杆的拱（见图）。其主要特点是以拉杆的拉力代替了支座推力的作用，使得在竖向荷载作用下，支座只产生竖向反力，消除了推力对支座的不利影响。其缺点是拉杆的存在减少了构筑物的有效使用空间。这种结构内部的受力性能与拱并无区别，计算时先求出拉杆的轴力并将其视为拱的推力，其余计算与两铰拱或三铰拱相同。

（何放龙）

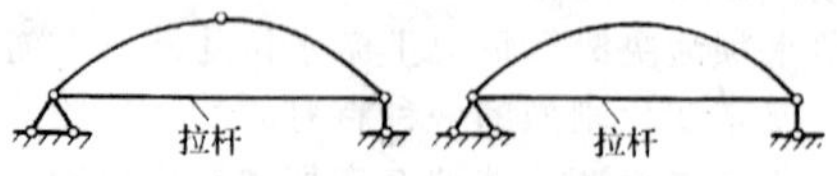

(*a*) (*b*)

拉格朗日变数 Lagrange variable

拉格朗日描述法中用以标志流体质点起始位置的变数。设初始时刻（$t=t_0$）流体质点的坐标是（a，b，c），则流体质点的运动规律可用下式描述

$$x = x(a,b,c,t)$$
$$y = y(a,b,c,t)$$
$$z = z(a,b,c,t)$$
$$u_x = \frac{\partial x}{\partial t}$$
$$u_y = \frac{\partial y}{\partial t}$$
$$u_z = \frac{\partial z}{\partial t}$$
$$a_x = \frac{\partial^2 x(a,b,c,t)}{\partial t^2}$$
$$a_y = \frac{\partial^2 y(a,b,c,t)}{\partial t^2}$$
$$a_z = \frac{\partial^2 z(a,b,c,t)}{\partial t^2}$$

式中 a，b，c，t 统称为拉格朗日变数，x，y，z 为流体质点坐标值；u_x，u_y，u_z 为流体质点流速沿三坐标轴的分量；a_x，a_y，a_z 为流体质点加速度沿三坐标轴的分量；t 为时间。同一时刻但 a，b，c 不同则表示不同流体质点不同的起始位置坐标；如果固定时间 t 而令 a，b，c 改变，则可得同一时刻不同流体质点的位置、流速、加速度等运动要素的分布。

（叶镇国）

拉格朗日插值函数 Lagrangian interpolation function

又称拉氏多项式或配点多项式。在相互独立的 $n+1$ 个给定点 x_i 上取指定函数值 y_i 的 n 次多项式函数 $L_n(x)$。其一般形式为：

$$L_n(x) = a_0 + a_1 x + a_2 x^2 + \cdots\cdots + a_n x^n$$

它的构成规则是：$L_n(x)=\sum_{i=0}^{n}y_i l_i(x)$；其中 $l_i(x)$ 为在 x_i 点取 1、在 x_j ($j\neq i$) 点取 0 的 n 次多项式基函数，$l_i(x)=\omega(x)/[(x-x_i)\omega'(x_i)]$，$\omega(x)=(x-x_0)(x-x_1)\cdots\cdots(x-x_n)$。$L_n(x)$ 构造简单，常用于函数插值。在有限元法中用它作为形函数来构造 C^0 连续性问题中的位移函数。 （杜守军）

拉格朗日乘子 Lagrange's multiplier la

数学分析的拉格朗日乘子法中引进的不定乘子 λ。是一个或一些待定的常数因子。在分析力学中，它把含有多余坐标的动力学普遍方程与约束方程结合在一起，导出第一类拉格朗日方程，或结合第二类拉格朗日方程导出具有多余坐标的系统的运动微分方程。此外，不定乘子法还用于分析力学的其他问题及其他的力学分支。

（黎邦隆）

拉格朗日乘子法 Lagrange multiplier method

简称拉氏乘子法。将一个泛函 Π 的条件变分问题转变为另一泛函 Π^* 无条件变分问题的方法。用拉格朗日乘子 λ 乘上泛函 Π 的强加约束条件式，并将此乘积与原泛函相加便构成新泛函 Π^*。由新泛函 Π^* 驻值条件 $\delta\Pi^*=0$ 确定的解答必满足原泛函 Π 的极值条件。原问题中强加的约束条件（基本边界条件）化为新问题中的自然边界条件而自然得到满足。新泛函 Π^* 中的自变函数与拉格朗日乘子都是独立的变分量。拉格朗日乘子的解可由新泛函的驻值条件确定。由新泛函的驻值条件求近似解时，得到的代数方程一般是半正定的，新泛函只取驻值不取极值，原问题中的约束条件只得到近似满足。实际上是放松了约束条件的要求，放宽了选择近似解的条件。 （支秉琛）

拉格朗日方程 Lagrange's equation

第一类拉格朗日方程及第二类拉格朗日方程的总称。也常是第二类拉格朗日方程的简称。

（黎邦隆）

拉格朗日函数 Lagrange's function

①又称动势（kinetic potential）。保守系统的动能与势能之差。以 L 表之，$L=T-V$。是表征保守系统的运动的重要物理量。

②在约束最优化问题中，由目标函数 $f(\boldsymbol{x})$、全部等式约束函数 $h_k(\boldsymbol{x})$，$k=1,2,\cdots,l$ 和起作用的不等式约束函数 $g_j(\boldsymbol{x})$，$j\in J$ 组成的一种增广函数 $L(\boldsymbol{x},\boldsymbol{\mu},\boldsymbol{\nu})$。即

$$L(\boldsymbol{x},\boldsymbol{\mu},\boldsymbol{\nu})=f(x)+\sum_{j\in J}\mu_j g_j(\boldsymbol{x})+\sum_{k=1}^{l}\nu_k h_k(\boldsymbol{x})$$

式中 $\boldsymbol{\mu}$ 为非负实数，$\boldsymbol{\nu}$ 为实数，统称拉氏乘子；J 为作用约束下标集合。如果引入互补松弛条件，则上式可写成包含所有不等式约束函数 $g_j(\boldsymbol{x})$，$j=1,2,\cdots,m$ 的增广函数形式

$$L(\boldsymbol{x},\boldsymbol{\mu},\boldsymbol{\nu})=f(\boldsymbol{x})+\sum_{j=1}^{m}\mu_j g_j(\boldsymbol{x})+\sum_{k=1}^{l}\nu_k h_k(\boldsymbol{x})$$

当没有等式约束或没有不等式约束时，式中相应项可不出现。参见优化设计数学模型，互补松弛条件，435、141 页。

（黎邦隆 汪树玉）

拉格朗日描述法 Lagrange's method

通过对各个流体质点运动过程的描述来获得整个流体运动规律的方法。此法着眼于流体质点，其运动几何特性用迹线表示，流体质点位置随时间变化用下式表示

$$x=x(a,b,c,t),u_x=\frac{\partial x(a,b,c,t)}{\partial t}$$

$$y=y(a,b,c,t),u_y=\frac{\partial y(a,b,c,t)}{\partial t}$$

$$z=z(a,b,c,t),u_z=\frac{\partial z(a,b,c,t)}{\partial t}$$

式中 a，b，c，t 为初始时刻流体质点的坐标及时间，统称为拉格朗日变数。此法适用于研究液体质点作某些有规则的运动（如波浪运动），对于其他形式的流体运动，往往在数学上处理困难，一般少用。 （叶镇国）

拉格朗日元族 elements of Lagrange family

用沿几个坐标方向拉格朗日插值多项式的乘积为形函数的单元。其形函数构成比较方便，但在完备次数不高的形函数中往往会含有某些高阶的项。由于插值多项式的阶与该方向的结点数有关，这类单元常具有内结点。例如，弹性力学二维问题中，由四个角点为结点的线性矩形元没有内结点，其形函数与揣测族线性矩形元的完全相同；3×3 结点的二次矩形元除四个角点和四个边中点外有一个内结点；4×4 结点的三次矩形元除角点和边界三分点的十二个结点外还有四个内结点。

（支秉琛）

拉力 tension

杆件轴向拉伸时横截面上的内力。它使杆单元发生伸长变形，规定为正。 （郑照北）

拉力试验机 tension tester

用于拉力、压力或剪切试验的力学试验机。由摇柄或电动机带动蜗杆及蜗轮转动进行加载，螺柱下移，装在夹头内的试件受拉力，螺柱上移试件受压力。测力部分是由杠杆驱使摆锤抬起以传递测力的量值，摆锤抬起推动水平齿杆使指针转动。指针转动的量值与施加荷载成正比。在测力度盘上标定荷载的大小和范围。

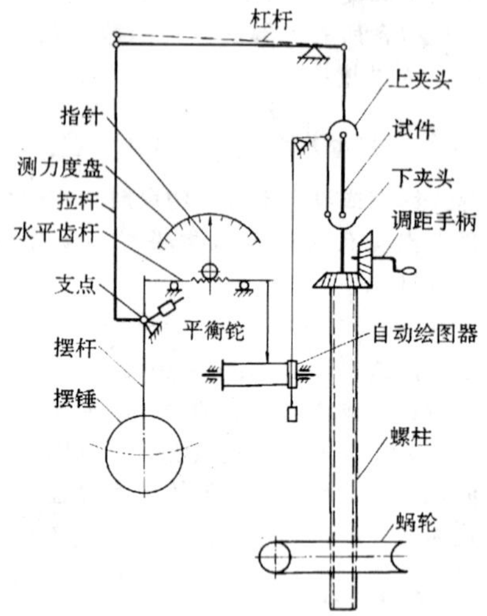

（郑照北）

拉梅势函 Lame's potential

用于求解弹性体运动方程的一对标量函数 $\varphi(\boldsymbol{x}, t)$ 和矢量函数 $\boldsymbol{\psi}(\boldsymbol{x}, t)$。它们分别满足以下波动方程

$$\nabla^2\varphi - \frac{1}{c_d^2}\ddot{\varphi} = 0$$

$$\nabla^2\psi - \frac{1}{c_s^2}\ddot{\boldsymbol{\psi}} = 0$$

（其中 c_d 和 c_s 分别为无旋波和等容波的波速），和规范条件：$\nabla\psi = 0$。用它们依照以下方式所构成的位移场 $\boldsymbol{u} = \nabla\varphi + \nabla x\boldsymbol{\psi}$ 满足纳维方程（参见弹性动力学）。引用拉梅势函可将求解纳维方程转化为求解波动方程，同时实现将弹性波分解成无旋波和等容波两部分。（郭　平）

拉普拉斯变换 Laplace transformation

简称拉氏变换。函数 $f(t)$ 的拉普拉斯变换一般记作 $\pounds[f(t)]$ 或 $\bar{f}(s)$，定义为

$$\bar{f}(s) = \pounds[f(t)] = \int_0^{\infty} f(t)e^{-st}\mathrm{d}t$$

其中 $f(t)$ 为定义在区间 $(0, +\infty)$ 的实函数，变换参量 $s = \gamma + i\omega$，$\bar{f}$ 又称为函数 $f(t)$ 的象函数，$f(t)$ 称为象原函数。拉氏变换可将函数的求导求积分运算变为关于象函数的乘除运算，能使微分方程或微分积分方程问题化为代数方程求解，经逆变换后得到原问题的解答，对求解初值问题特别方便，在力学中尤其是在动力学和粘弹性力学中有广泛的应用。拉氏变换与逆变换有其一系列性质，恰当利用它们能使计算更加简便。实用中作变换与逆变换，往往查照已有的象原函数与象函数对照表。（杨挺青）

拉伸放热 exotherm in stretch

把橡胶和处于高弹态的高聚物拉伸时要放出热量，且随伸长率增大放热量要增加的现象。其热量的放出与橡胶状高聚物被拉伸时内部的高分子链取向使熵值减小，内部的链段运动时产生的内摩擦以及应变诱导高分子结晶等因素有关。（周　啸）

拉伸失稳 instability in tension

构件在承受拉伸变形时，荷载与位移（变形）特征曲线上存在局部最大荷载的现象（过此荷载最高点后，变形增加，荷载反而减小）。最大荷载值称为该构件的最大承载能力。例如直杆在轴向拉力作用下，一方面实际承载横截面面积随荷载增加而减小（称为几何弱化），另方面材料将由于塑性变形而呈现强化效应，这两种效应互相消长。当前一效应大于后一效应时，在试件的薄弱部位（例如由于不均匀性）首先出现失稳现象并将发展为颈缩、沟痕或滑移带，这时试件将通过耗散其内部能量而继续变形。材料失稳瞬间的应变称极限应变。对以拉伸为主的变形方式，可在大量实验的基础上作出极限应变图。图中可明确标出安全区、临界区和破裂区。影响拉伸失稳的因素有：初始非均匀性、正交各向异性、应变率效应以及摩擦等。在板料成形问题中经常要考虑拉伸失稳问题。

（徐秉业）

拉氏域 domain of Laplace

描述时间函数的拉普拉斯变换的直角坐标系。其横坐标是拉普拉斯算子的实部，纵坐标是拉普拉斯算子的虚部。用振动时间历程的拉普拉斯变换来描述振动规律称为振动的拉氏域表示。

（戴诗亮）

拉特－邓肯模型 Lade-Duncan model

拉特－邓肯（Lade－Duncan）于 1975 年建立的弹塑性模型。屈服面由拉特屈服准则确定，假设土体为加工硬化材料，服从不相关联的流动规则。Lade－Duncan 的 1975 模型建立在砂土真三轴试验基础上，在主应力空间，屈服面形状为锥体。Lade 于 1977 年对模型提出改进，建议在锥形屈服面上再加一个球形屈服面，与球形屈服面对应的流动准则为相关联的流动准则。这样，Lade－Duncan 模型既适用于砂土也适用于粘土。

（龚晓南）

拉特屈服准则 Lade yield criterion

拉特（Lade）（1972）根据对砂土进行的大量真三轴试验资料提出的土的一种屈服准则。表达式为

$$\frac{I_1^3}{I_3} = k$$

式中 I_1 和 I_3 分别为应力张量第一、第三不变量，

k 为硬化参数，是应力水平的函数。土体破坏时，$k=k_f$，k_f 为材料常数。（龚晓南）

拉条模型 taut strip model

用水平张紧的两根平行的钢丝或钢条来悬挂的桥梁二元刚体节段模型。通过它来进行桥梁抗风稳定性试验。其气动外形和断面惯量分布与实桥相似，同时对刚度和弯扭频率比参数，则是通过选择钢丝的刚度及其张力、调整钢丝间距等来达到相似。（施宗城）

拉瓦尔管 Laval nozzle

简称缩放管。用以产生超声速而形状呈先收缩后扩张的管道。其截面可为圆形或矩形。它由瑞典工程师 C. G. P. de 拉瓦尔于 1883 年首次应用于他发明的汽轮机中，故名。其后又被广泛应用于超声速风洞、喷气发动机、汽轮机、火箭推进器等超声速气流的设备中。由一维定常等熵流动理论分析表明，亚声速气流在收缩管中加速，在扩张管中减速；超声速气流则相反，在收缩管中减速，在扩张管中加速。它在正常工作状态下，亚声速气流在收缩段加速，至喉道（即管中截面最小处）达到声速，进入扩张段成超声速流，然后继续加速，直到管的出口为止。它的壁面形状通常按二维等熵流动或轴对称流理论计算。（叶镇国）

lai

来流紊流 incident turbulence

作用到结构物上的一种脉动风来流。这种脉动风是由于大气边界层中的空气流过起伏不平的地表、树木、结构物等障碍物后，使风速随时间和空间发生变化而形成的。来流紊流一般是一种宽带的随机过程，但如果紊流的成分主要是由邻近的结构物的尾流所造成的，则可表现为包含卓越周期成份的一种窄带过程。（项海帆）

莱维-米泽斯理论 Levy-Mises theory of plasticity

塑性增量理论的一种具体形式，其表达式为 $\dot{\varepsilon}^p_{ij}=\dot{\lambda} S_{ij}$，$S_{ij}$ 为应力偏量，$\dot{\varepsilon}^p_{ij}$ 为塑性应变率，$\dot{\lambda}$ 为非负乘子。它由 M. 莱维和 R. Von 米泽斯分别于 1871 年和 1913 年提出。对于理想塑性材料，设屈服函数为 $f=0$，则当 $f=0$，且 $\frac{\partial f}{\partial \sigma_{ij}}\dot{\sigma}_{ij}=0$ 时，$\dot{\lambda}=\frac{D}{2\tau_s^2}=\frac{H}{2\tau_s}$，$D=\sigma_{ij}\dot{\varepsilon}^p_{ij}$ 为比耗散功率，恒为正，H 为塑性剪应变率强度

$$H=\left(\frac{2}{3}\right)^{\frac{1}{2}}\left[(\dot{\varepsilon}^p_x-\dot{\varepsilon}^p_y)^2+(\dot{\varepsilon}^p_y-\dot{\varepsilon}^p_z)^2+(\dot{\varepsilon}^p_z-\dot{\varepsilon}^p_x)^2+\frac{3}{2}(\dot{\gamma}^{p2}_{xy}+\dot{\gamma}^{p2}_{yz}+\dot{\gamma}^{p2}_{zx})\right]^{\frac{1}{2}}$$

$$=\left(\frac{2}{3}\right)^{\frac{1}{2}}\left[(\dot{\varepsilon}^p_1-\dot{\varepsilon}^p_2)^2+(\dot{\varepsilon}^p_2-\dot{\varepsilon}^p_3)^2+(\dot{\varepsilon}^p_3-\dot{\varepsilon}^p_1)^2\right]^{\frac{1}{2}}$$

对于强化材料，$\dot{\lambda}=h<\dot{f}>$，$\dot{f}=\frac{\partial f}{\partial \sigma_{ij}}\dot{\sigma}_{ij}$，$h=h(\sigma_{ij},H_\alpha)$ 为强化函数，恒为正；H_α 为内变量（参见强化条件）；另外

$$<\dot{f}>=\begin{cases}\dot{f} & 当\ \dot{f}\geqslant 0\\ 0 & 当\ \dot{f}<0\end{cases}$$

$$及\quad f=0,且\ \dot{f}=\frac{\partial f}{\partial \sigma_{ij}}\dot{\sigma}_{ij}\begin{cases}>0\ 时,加载\\ =0\ 时,中性变载\\ <0\ 时,卸载\end{cases}$$

强化材料的非负乘子 $\dot{\lambda}$ 的表达式是 W. 普拉格和 D. G. 德鲁克给出的。莱维-米泽斯理论等价于与米泽斯屈服条件相关连的塑性流动法则。这个理论原来是针对刚塑性材料提出的，因此有 $\dot{\varepsilon}^p_{ij}=\dot{\varepsilon}_{ij}$。（熊祝华）

赖柴耳定理 Resal's theorem

质点系对任一固定点的动量矩矢端的速度，等于作用在该系统上的外力对该点之矩的矢量和。是质点系动量矩定理的另一种表述形式，通常用于研究刚体的定点转动的动力学问题。（黎邦隆）

赖斯纳理论 Reissner theory

考虑剪切变形影响的中厚板弯曲理论。由 E·赖斯纳于 1943 年提出。该理论假定：①应力 σ_x、σ_y、与 τ_{xy} 沿板厚为线性分布；②横剪力 Q_x、Q_y 引起的变形不能略去。其基本方程为关于挠度 w 与横剪力 Q_x、Q_y 的联立偏微分方程，可用数值方法求解。（罗学富）

lan

兰啸斯法 Lanczos method

大型特征值问题的有效算法之一，主要思想是用 Lanczos 算法将特征值问题的矩阵 $\boldsymbol{K}$ 三对角化，再用一般的 QR 迭代法求解。Lanczos 算法通过一个迭代过程求得 j 个（$j<n$）正交规一化的 Lanczos 向量，作为 j 维子空间的基，而 $\boldsymbol{K}$ 在此子空间的投影 $\boldsymbol{T}_j=\boldsymbol{Q}_j^{\mathrm{T}}\boldsymbol{K}\boldsymbol{Q}_j$ 即对称三对角阵，其主对角元素为 α_m，副对角元素为 β_m。具体步骤是：先设一非零向量 $\boldsymbol{r}_o$，并设 $\boldsymbol{q}_o=\boldsymbol{o}$ 为起始向量，迭代过程中（$m=1,2,\cdots,j$）每次计算 $\boldsymbol{r}_{m-1}$ 的长度 β_{m-1}，得 Lanczos 向量 $\boldsymbol{q}_m=\boldsymbol{r}_{m-1}/\beta_{m-1}$，再计算

$$\boldsymbol{u}_m=\boldsymbol{K}\boldsymbol{q}_m-\boldsymbol{q}_{m-1}\beta_{m-1},\quad \alpha_m=\boldsymbol{q}_m^{\mathrm{T}}\boldsymbol{u}_m$$

然后确定下次迭代的向量

$$\boldsymbol{r}_m = \boldsymbol{u}_m - \alpha_m \boldsymbol{q}_m$$

（姚振汉）

蓝脆现象 blue shortness

普通低碳钢在 200～300℃ 附近出现拉伸强度的极大值及引伸率、面缩率的极小值的现象。出现极值的温度点与含碳量有关，含碳量越高极值点温度也越高。关于蓝脆的原因尚无定论，一般认为是析出硬化所致。造成蓝脆的元素有 C、N、O 等，N 的影响较大。（王志刚）

lang

朗肯土压力理论 Rankine's earth pressure theory

由 W. J. M. 朗肯于 1857 年根据土的极限平衡理论提出的经典土压力理论。该理论假设，当弹性半无限体由于在水平方向伸长或压缩并达到极限平衡状态时，设想用一垂直光滑的挡土墙面代替弹性半无限体一侧的土体而不改变原来的应力状态，根据土的极限平衡理论，得出无粘性土的主动和被动土压力强度分别为：

$$\sigma_a = \gamma z K_a$$

$$\sigma_p = \gamma z K_p$$

主动和被动土压力分别为：

$$E_a = \frac{1}{2}\gamma H^2 K_a$$

$$E_p = \frac{1}{2}\gamma H^2 K_p$$

上列各式中 $K_a = \mathrm{tg}^2\left(45° - \frac{\varphi}{2}\right)$为主动土压力系数；$K_p = \mathrm{tg}^2\left(45° + \frac{\varphi}{2}\right)$为被动土压力系数；$\varphi$ 为土的内摩擦角；γ 为土的重度；z 为计算点离地面的深度；H 为挡土墙的高度。该公式可用于墙背垂直、光滑、填土面水平的情况，以后推广到用于粘性填土。该理论概念明确，方法简单，广泛应用于实际工程。（张季容）

朗肯状态 Rankine state

半无限土体由于水平方向拉伸或压缩使土体达到极限平衡的应力状态。由于拉伸而产生的为主动朗肯状态，由于压缩而引起的为被动朗肯状态。

（张季容）

le

乐甫波 Love wave

在具有覆盖层的弹性半空间中，使质点沿着与界面平行的方向而运动的表面波。因 A. E. H. 乐甫在 1911 年对它在理论上作出解释而得名。它存在的条件是下层介质 S 波的波速大于表层介质 S 波的波速。它的生成是因为来自上方的 SH 波在下层界面形成全反射，致使能量被限制在层内传播。乐甫波是频散波，在波面上振幅的分布具有多种模式，由层状介质的材料性状和几何构成确定。在只具有一个薄层的弹性半空间中，乐甫波的相速度 c 与波数 κ 的关系为

$$\mathrm{tg}\left\{\kappa h\sqrt{\left(\frac{c}{C'_s}\right)^2 - 1}\right\} - \frac{G}{G'}\frac{\sqrt{1-\left(\frac{c}{C_s}\right)^2}}{\sqrt{\left(\frac{c}{C'_s}\right)^2 - 1}} = 0$$

式中 h 为层厚；G 为半空间中介质的剪切弹性模量，C_s 为 S 波的波速；G' 为薄层中介质的剪切弹性模量；C'_s 为 S 波的波速。

（郭　平）

乐甫－基尔霍夫假设 Love－Kirchhoff hypotheses

弹性薄壳理论采用的简化假设。包括两个内容：①中面法线方向的正应力远小于垂直法线方向的正应力，因此在应力－应变关系中可略去不计；②变形前中面的法线变形后仍为法线，且在变形过程中，壳体厚度不变。于是可用中面（参见弹性薄壳理论，341 页）的变形表征壳体的变形，薄壳的响应分析最终归结为对中面变形和内力的分析。严格地说，以上两点假设是不相容的，不过由此引起的误差在 t/R 量级以内，这对薄壳工程计算来说是允许的。（杨德品）

lei

雷暴风 thunderstorm wind

由于雷电产生的伴有暴雨的大风。这是一种中小尺度天气系统，我国南方省市出现较多。

（石　沅）

雷诺方程 Reynolds equation

湍流时均运动的运动方程。湍流瞬时流动可用 N－S 方程描述，由于运动复杂，不能直接求解。1895 年雷诺把湍流瞬时运动分解为时均流和脉动流两部分，建立了湍流时均运动方程，形式如下

$$\rho\left(\frac{\partial \bar{u}_x}{\partial t} + \bar{u}_x\frac{\partial \bar{u}_x}{\partial x} + \bar{u}_y\frac{\partial \bar{u}_x}{\partial y} + \bar{u}_z\frac{\partial \bar{u}_x}{\partial z}\right)$$

$$= \rho\bar{X} - \frac{\partial \bar{p}}{\partial x} + \upsilon\nabla^2\bar{u}_x + \frac{\partial(-\rho\overline{u'^2_x})}{\partial x} + \frac{\partial(-\rho\overline{u'_x u'_y})}{\partial y} + \frac{\partial(-\rho\overline{u'_x u'_z})}{\partial z},$$

$$\rho\left(\frac{\partial \bar{u}_y}{\partial t}+\bar{u}_x\frac{\partial \bar{u}_y}{\partial x}+\bar{u}_y\frac{\partial \bar{u}_y}{\partial y}+\bar{u}_z\frac{\partial \bar{u}_y}{\partial z}\right)$$
$$=\rho\bar{Y}-\frac{\partial \bar{p}}{\partial y}+\upsilon\nabla^2\bar{u}_y+\frac{\partial(-p\overline{u'_x u'_y})}{\partial x}$$
$$+\frac{\partial(-\rho\overline{u'^2_y})}{\partial_y}+\frac{\partial(-\rho\overline{u'_y u'_z})}{\partial z},$$
$$\rho\left(\frac{\partial \bar{u}_z}{\partial t}+\bar{u}_x\frac{\partial \bar{u}_z}{\partial x}+\bar{u}_y\frac{\partial \bar{u}_z}{\partial y}+\bar{u}_z\frac{\partial \bar{u}_z}{\partial z}\right)$$
$$=\rho\bar{Z}-\frac{\partial \bar{p}}{\partial z}+\upsilon\nabla^2\bar{u}_z+\frac{\partial(-\rho\overline{u'_x u'_z})}{\partial x}$$
$$+\frac{\partial(-\rho\overline{u'_y u'_z})}{\partial y}+\frac{\partial(-\rho\overline{u'^2_z})}{\partial z},$$
$$-\frac{\partial \bar{u}_x}{\partial x}+\frac{\partial \bar{u}_y}{\partial y}+\frac{\partial \bar{u}_z}{\partial z}=0$$

式中 $\bar{u}_x$、$\bar{u}_y$、$\bar{u}_z$ 为坐标轴中时均流速的三个分量：$\bar{p}$ 为时均压强；υ 为动力粘度 $\bar{X}$、$\bar{Y}$，$\bar{Z}$ 为时均质量力；ρ 为流体密度；∇ 为哈米顿算子；u'_x、u'_y、u'_z 为脉动流速的三个分量。此式比纳维一斯托克斯方程多了 $\rho\overline{u'^2_x}$、$\rho\overline{u'^2_y}$、$\rho\overline{u'^2_z}$、$\rho\overline{u'_x u'_y}$、$\rho\overline{u'_y u'_z}$、$\rho\overline{u'_z u'_x}$ 六项，均由脉动所引起。前三项为脉动附加法向应力，后三项为附加切向应力。此方程仍应满足无滑动边界条件，在边界上所有雷诺应力均为零，只有层流的剪应力。由于方程式的个数只有四个，而未知数增加了六个附加雷诺应力项，共有十个。因此方程组是不封闭的，但它为进一步探讨湍流运动打下了理论基础。解决湍流运动问题还需要建立补充关系式。为此，形成了湍流模化理论。目前在工程技术中应用较广的有普朗特（L.Prandtl），卡门（Von Kármán）和泰勒（G.I.TayLor）等假说。另外，也有学者试图用统计数学的方法及概念来描绘流场，探讨脉动分量与时均值的变化规律。至今，对最简单的湍流及各向同性均匀湍流理论方面虽然获得一些较满意的结果，但距离实际应用还相差甚远。（叶镇国）

雷诺数 Reynolds number

表征流体惯性力和粘性力相对大小的一个无量纲参数，记为 Re。它可按下式求得

$$\mathrm{Re}=\frac{\rho v L}{\mu}=\frac{vL}{\upsilon}$$

式中 ρ 为流体密度；μ 为动力粘度；υ 为运动粘度；v 为断面平均流速；L 为物体的特征长度，对于圆管，$L=d$。它为纪念英国物理学家雷诺（Osborne Reynolds，1882）而命名。Re 越小，粘性力影响越显著；反之，Re 越大，则表示惯性力影响越显著。为了实现模型试验的动力相似，除了要求模型和实物几何相似外，还必须保证攻角和雷诺数相似。否则就需要大大地改变模型中流体绕流速度、密度和粘度，这在实际中往往难以满足。此外，粘性流体的求解不仅和边界条件有关，而且也和 Re 有关。若 Re 很小，则粘性力是主要因素，压力项主要和粘性力项平衡；若 Re 很大，粘性力成为次要因素，压力项主要和惯性力项平衡。在分析流体流动时，雷诺数还是判别层流与湍流状态的依据。例如，对于圆管，Re＜2000 为层流，Re＞2000 为湍流。（叶镇国　刘尚培）

雷诺数影响修正 correction for Reynolds number effect

由雷诺数差异而对风洞模型实验数据进行的修正。目前一般风洞的实验雷诺数只有 $10^5\sim10^6$，它远远低于自然风绕实际结构物流动的雷诺数 $10^7\sim10^8$，必然使风洞实验数据与实际情况不一致，即实验数据的准确度受到影响。这种影响称之为尺度效应。对于有平滑流动的模型，雷诺数会影响模型上边界层的状态、影响边界层转换、分离的位置、影响与粘性有关的气动力特性。对于有棱有角结构物钝体外形的模型，其边界层转换、分离位置往往会固定在某处棱角上，从而在一定范围内会使雷诺数的影响变得不甚明显。

（施宗城）

雷诺相似准则 Reynolds similarity criterion

又称粘性阻力相似准则。两流动达成粘性阻力相似必须遵循的准则。它表述作用于原型和模型相应流体质点上的粘性力与惯性力的比值相等。几何相似的两流动要实现粘滞力相似，其雷诺数 Re 必须相等，即 $\mathrm{Re}_p=\mathrm{Re}_m$ 或 $v_p l_p/\nu_p=v_m l_m/\nu_m$（式中 v、l、ν 分别为速度、线性长度和运动粘性系数；下标 p 和 m 分别表示原型和模型量）。反之，若几何相似的两流动的雷诺数相等，则它们的粘性阻力必定相似。在粘性力起主要作用的有压流和物体绕流阻力问题的模型试验中，雷诺准则是一个重要的相似准则。（李纪臣）

雷诺应力 Reynolds stress

又称湍流应力。雷诺方程中脉动动量交换所引起的附加应力。它包括附加法向应力 $\rho\overline{u'^2_x}$，$\rho\overline{u'^2_y}$，$\rho\overline{u'^2_z}$，附加剪应力 $\rho\overline{u'_x u'_y}$，$\rho\overline{u'_y u'_z}$，$\rho\overline{u'_z u'_x}$。其中 u'_x、u'_y、u'_z、为脉动流速沿坐标的三个分量；ρ 为流体密度。该应力在边界上为零（边界无滑动条件），在粘性底层之外的紊流区，雷诺应力占主要地位。（叶镇国）

雷诺应力模型 Reynolds stresses model

假设三阶脉动速度关联与雷诺应力梯度有关的紊流模型。通过低阶脉动相关的梯度与高阶速度关联联系起来的一组微分方程，进行紊流时均流动计算。它比 $k-\varepsilon$ 模型考虑的影响因素更多，但也较为复杂。（郑邦民）

leng

棱柱形渠道 prismatic channel

断面形状及尺寸沿程不变的长直渠道。这种渠道的过水断面面积仅随水深而变。轴线顺直，断面规则的人工渠道、涵管及隧洞均属此类。由上述定义，有

$$\omega = \omega(h)$$

式中 ω 为渠道过水断面面积；h 为水深。

（叶镇国）

冷脆性 cooling-brittle toughness

金属材料由于温度下降冲击韧性也显著下降的性质。具有体心立方或密排六方的金属及其合金，尤其是工程上常用的结构钢，在某一定低温下将由韧性状态转变为脆性状态，冲击韧性显著下降。金属材料的屈服强度 σ_s 随温度降低而激剧增高，正断强度 S_n 却改变甚少；当处于某一温度时，σ_s 和 S_n 的温度曲线相交，温度低于此温度时，$S_n < \sigma_s$，材料未发生塑性变形就已断裂，即材料脆化。冷脆现象与材料的迟屈服有关。低温下迟屈服时间较长，滑移带高度局部集中，位错运动的障碍物（如晶界、析出物）前位错塞积造成高度应力集中，障碍物附近的位错源来不及运动而应力得不到松弛，造成裂纹的产生和扩展，使材料发生脆化。冷脆可造成船舶、桥梁、储存容器以及运输管道结构发生冷脆性断裂事故。

（郑照北）

li

离差 deviation

又称残差。某次测定值与平均值之差。

（王娴明）

离面位移场双光束散斑分析法 off-plane displacement analysis using dual beam speckle interferometry

用图示光路的双光束散斑干涉法对物体进行全场离面位移分析的一种干涉计量术。相干光同时照明待测表面和另一个固定不变形的表面（如图），记录物体变形前后的散斑图。

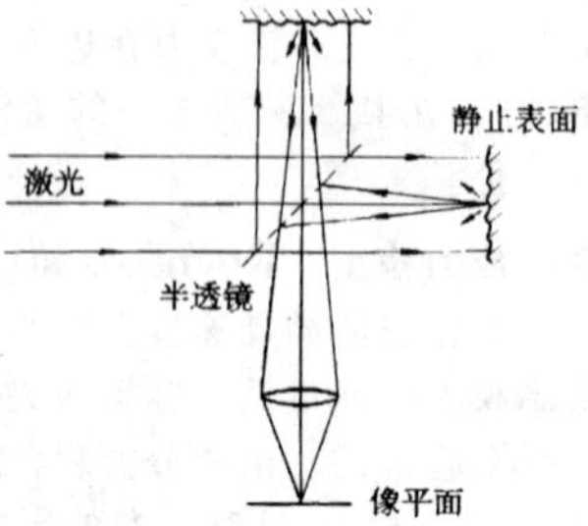

对此散斑图进行光学信息处理，获得表征等离面位移的干涉条纹图。凡满足条件

$$w = \frac{n\lambda}{2} \qquad n = 1,2,3\cdots$$

的点，呈现出相关条纹。式中 w 为离面位移分量，λ 为照明光波长，n 为条纹级数。

（钟国成）

离面云纹法 out of plane moiré method

测量离面位移的云纹法。若云纹图提供的信息是有关物体的外形，板、壳等薄物体受力后沿 Z 方向（表面法线方向）的位移 W（离面位移），以及相应的斜率、曲率等，这类云纹法称为离面云纹法。

（崔玉玺）

离散变量 discrete variables

优化设计过程中只能跳跃式地取值的设计变量。如钢材规格参数，材料的标号等。在优化设计过程中处理这类变量在数学上比较困难，因而常先把它作连续变量处理，再换成邻近的离散值。若一定要直接取离散值，则其所构成的优化设计问题需借助专门的优化算法，如分枝定界法、动态规划等。

（杨德铨）

离散单元法 discrete element method

分析具有节理裂隙岩体稳定性的一种数值方法。1971 年首先由康德尔（P.A.Cundall）提出。该法假设由节理切割成块的岩石为刚体，同时假设块体表面有一定的弹性，两块体的接触面可以重叠，相互之间的作用力与重叠的大小成比例。块体相互镶嵌排列处于平衡状态，当约束条件变化时，块体在重力及外力的作用下发生位移，研究各块体的位移情况，可以确定整个体系的稳定性。刚体弹簧模型法是这一方法的发展。随后康德尔又把它发展成可以计算变形块体或颗粒的包括渗流在内的三维通用方法。

（徐文焕）

离散误差 discretization error

采用一定的离散模型近似一个连续系统时离散模型的解与原问题精确解的差别。

（姚振汉）

离心力 centrifugal force

质点的法向惯性力。因它与质点的法向加速度方向相反，总是背离质点运动轨迹的曲率中心，故名。

（黎邦隆）

离心模型试验 centrifugal model test

用实际土料制作的小比尺土工建筑物或地基模型，装在离心机上旋转，用增大离心力的办法定量地测定原型的性状的试验。按相似定律，若重力加速度增大 F 倍，则模型尺寸可缩小为实物的 $1/F$，固结时间可缩短为实际固结时间的 $1/F^2$。F 通常为 50～200。这种试验不仅能满足模型相似律的绝大部分要求，而且有与原型相同的应力～应变～强度关系和破坏机理。可用于预测原型性状、验证土

工理论和计算方法。是土工设计中很受重视的新的研究途径。（李明逵）

李萨如图 Lissajous figures

质点沿两个互相垂直的方向同时作简谐运动时所描出的轨迹曲线。即由下列直角坐标形式的运动方程所确定的轨迹曲线：

$$\left.\begin{aligned} x &= A\sin\omega_1 t \\ y &= B\sin(\omega_2 t + \psi) \end{aligned}\right\}$$

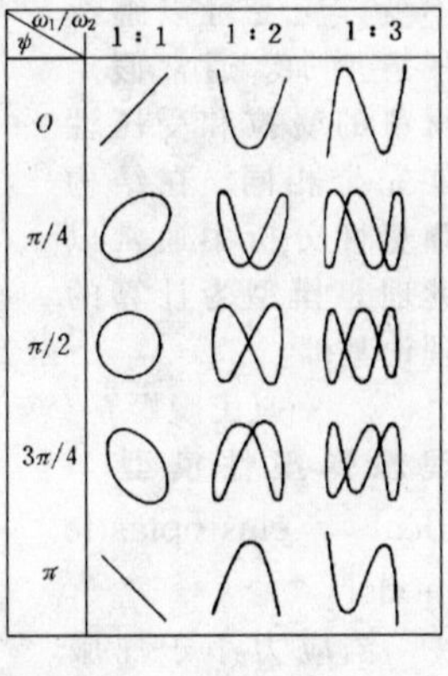

其中 A、B、ω_1、ω_2 与 ψ 均为常数。当 ω_1 与 ω_2 可通约（即二者之比为有理数）时，曲线是封闭的，点作周期运动；反之则曲线不封闭，点的运动不是周期的。当 $\omega_1 = \omega_2 = \omega$ 时，轨迹是直线或椭圆。图中给出了频率比成几种整数及不同相位差 ψ 情况下的曲线形状。（宋福磐）

里查森外推法 Richardson′s extrapolation scheme

提高有限差分法求解精度的一个简便方法。此法根据“差分法所得近似解的误差与杆件分段长度 a 的平方大致成正比”的规律，由相邻两轮差分的近似解 β_1 和 β_2，导出更精确解 β 的公式为

$$\beta = \frac{n_1^2\beta_1 - n_2^2\beta_2}{n_1^2 - n_2^2}$$

式中，$n_1 = \dfrac{l}{a_1}$，$n_2 = \dfrac{l}{a_2}$ 分别表示先后两轮计算的分段数目；l 为杆长。应用这一方法可避免取更多的差分结点所带来的求解众多联立方程的冗繁计算。（罗汉泉）

里瓦斯公式 Rivals formula

定点转动刚体内任一点的加速度的矢积表达式。

$$\boldsymbol{a} = \boldsymbol{\varepsilon} \times \boldsymbol{r} + \boldsymbol{\omega} \times \boldsymbol{v}$$

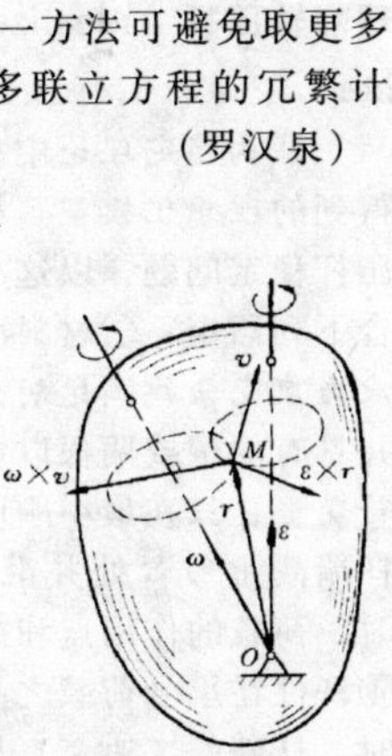

该式表明，刚体作定点转动时，其任一点 M 的加速度 $\boldsymbol{a}$ 等于该点绕角加速度矢的转动加速度 $\boldsymbol{\varepsilon} \times \boldsymbol{r}$ 与绕角速度矢的向轴加速度 $\boldsymbol{\omega} \times \boldsymbol{v}$ 的几何和。式中 $\boldsymbol{\omega}$、$\boldsymbol{\varepsilon}$ 分别为该瞬时刚体的角速度、角加速度，$\boldsymbol{r}$ 为 M 点对定点 O 的位置矢，$\boldsymbol{v}$ 为 M 点此时的速度。本公式与定轴转动刚体任一点加速度的矢积表达式（参见刚体的定轴转动，109 页）虽有相同的形式，但这里 $\boldsymbol{\omega}$ 与 $\boldsymbol{\varepsilon}$ 一般不重合，转动加速度并非沿 $\boldsymbol{M}$ 点运动轨迹的切线方向，不能视为切向加速度，同时轴向加速度并非沿 $\boldsymbol{M}$ 点运动轨迹的主法线方向，不能视为法向加速度。（何祥铁）

里兹向量法 Ritz vector method

利用里兹向量概念将广义特征值问题化为标准特征值问题求解。大型特征值问题的有效解法之一。对广义特征值问题 $\boldsymbol{K\Phi} = \lambda\boldsymbol{M\Phi}$，首先设一荷载向量 $\boldsymbol{P}$，解静力问题 $\boldsymbol{K}\bar{\boldsymbol{x}}^{(1)} = \boldsymbol{P}$，对 $\bar{\boldsymbol{x}}$ 作规一化得第一个 Ritz 向量 $\boldsymbol{x}^{(1)}$，然后继续解静力问题

$$\boldsymbol{K}\bar{\boldsymbol{x}}^{(m+1)} = \boldsymbol{M}\boldsymbol{x}^{(m)} \quad (m = 1,2,\cdots,r-1)$$

对 $\bar{\boldsymbol{x}}^{(m+1)}$ 作 Gram－Schmidt 正交化，使其与 $\boldsymbol{x}^{(1)}$，$\boldsymbol{x}^{(2)}$，…，$\boldsymbol{x}^{(m)}$ 正交，并对其模作规一化。于是得 r 个 Ritz 向量，构成矩阵 $\boldsymbol{\Psi}$。令 $\boldsymbol{\Phi} = \boldsymbol{\Psi z}$，则原特征值问题化为一个标准特征值问题

$$\boldsymbol{\Psi}^{\mathrm{T}}\boldsymbol{K\Psi z} = \lambda\boldsymbol{\Psi}^{\mathrm{T}}\boldsymbol{M\Psi z} = \lambda\boldsymbol{z}$$

可用解小型标准特征值问题的方法，如 QR 法求解。原问题的前 s 个特征值（$s<r$）即 λ，特征向量 $\boldsymbol{\Phi} = \boldsymbol{\Psi z}$。此法比子空间迭代法平均快四倍。（姚振汉）

理论断裂强度 theoretical cohesive strength

根据理想结晶固体的晶格性质估算得到的拉伸强度。以 E 表示弹性模量（$\mathrm{N/m^2}$），b 表示原子等效间距，γ 表示晶体表面能（$\mathrm{N\cdot m/m^2}$），由固体物理理论其值为

$$\sigma_{\mathrm{th}} = \left(\frac{E\gamma}{b}\right)^{1/2}$$

实际材料由于存在有类似裂纹的缺陷，实际断裂强度远小于该值。（罗学富）

理论力学 theoretical mechanics

研究物体机械运动（简称运动）基本规律的学科。是一般力学的基本部分。我国高等学校的本课程大体包含牛顿力学与分析力学的基本内容。这些内容多是力学初期发展取得的成就。是力学其他各门分支学科的基础，在工程技术中有广泛的应用。通常分为静力学、运动学与动力学三部分，或将运动学与动力学合并为运动力学。静力学主要研究物体平衡的规律；运动学研究物体运动的几何性质，不涉及运动发生与变化的原因；动力学研究物体的运动变化与作用力之间的一般关系。本学科只考虑作用力的外效应，即力使物体的运动状态发生变化的效应，不涉及其内效应即变形效应的问题；研究的对象是质点、质点系和刚体，主要是研究刚体的平衡、运动及动力学问题。

本学科比其他力学分支带有较多的基础学科的性质。与生产实践、科学实验结合紧密，许多概念的形成，研究方法与理论发展过程，都比较典型、全面地反映自然科学的方法与方法论。是一门具有严密、完整的理论体系且早已成熟的学科，因而可

从少数基本规律出发，由数学推导得到各个公式、定理，建立整个理论体系。　（黎邦隆）

理想刚塑性变形模型　model of idealized rigid-plastic deformation

又称刚性完全塑性模型。反映理想塑性材料主要变形性质的模型。按此模型，在应力未达到屈服极限 σ_S 前，不出现任何变形；应力一旦达到屈服极限 σ_S，材料即转入理想塑性阶段，应变可以继续任意增加（见附图）。虽然它不能真实地描述材料的全部工作过程，但能反映材料塑性变形过程中最本质的特点，且使计算大为简化。进行结构塑性分析时，通常以这种模型作为计算基础。

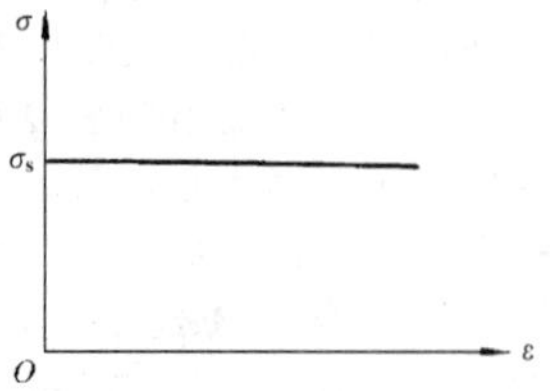

（王晚姬）

理想高弹体　ideal elastomer

在等温等容的形变过程中内能保持不变的弹性体。也就是说内能对它的弹性没有贡献，只有熵变对它的弹性有贡献。所以它是一种只有熵弹性的高弹体。　（周　啸）

理想流体　ideal fluid

可忽略粘性效应的流体。如水和空气均属此类。这种流体一般也不存在热传导和扩散效应。实际上，理想流体在自然界中是不存在的，它只是实际流体的近似模型。采用这一物理模型能使流动问题大为简化，所以有其重要意义。　（叶镇国）

理想气体　ideal gas

无粘性不传热的一种气体模型。其概念来自流体。但也有人把完全气体，尤其是热完全气体叫做理想气体。　（叶镇国）

理想塑性　perfect plasticity

当应力状态满足屈服条件时，材料可在应力不变情况下“无限”塑性变形。它是材料塑性性质的一种简化模型。对于具有明显屈服台阶或是强化性质不明显的材料，在实际应变不大的情况下可以简化为理想塑性模型。又分为弹性理想塑性和刚性理想塑性（参见简化的应力－应变曲线，165页），后者广泛用于结构塑性分析和金属成型力学等方面。　（熊祝华　王晚姬）

理想弹塑性变形模型　model of idealized elastic-plastic deformation

根据实际弹塑性材料的应力应变曲线（见图 *a*，它经历弹性阶段、屈服阶段和强化阶段）经简化后而得到的一种理想模型，如图 *b* 所示。按此模型，直到屈服极限 σ_S 为止，材料为理想弹性，应力应变呈线性关系；随后，材料转入理想塑性阶段，应力保持不变，应变可以继续任意增加。通常假定材料的受拉和受压性能完全相同。在结构弹塑性分析中通常以此理想模型为计算的理论基础。

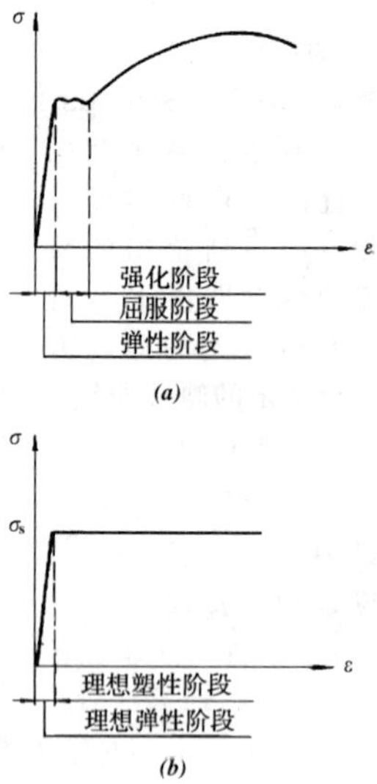

理想弹塑性变形模型

（王晚姬）

理想弹塑性模型　ideal elastoplastic model

当应力小于屈服应力时，土体只产生弹性变形。当应力达到屈服应力时，弹性变形稳定，塑性变形不断增加，直至破坏。在应力空间中屈服面是固定不变的，破坏面与屈服面是同一个面。　（龚晓南）

理想液体　ideal liquid

见理想流体。

理想约束　ideal constraints

在非自由质点或非自由质点系的任何虚位移中，约束反力的元功之和等于零的约束。是从实用的各种约束抽象得到的一个力学模型。不计摩擦及绳索等的伸长时，各种常用的约束都可视为理想约束。　（黎邦隆）

理想轴压杆　idealized axial compression member

结构稳定理论中对实际压杆引入若干假定后而得到的理想化模型。材料力学和结构力学所研究的压杆稳定问题，以这类压杆为主要对象。它必须符合下列假定：①材料满足物理线性假定，即材料的应力应变曲线满足胡克定律；②杆件为等截面直杆并具有两根或两根以上的对称轴，失稳时不发生扭转变形，只在最小刚度平面内弯曲；③压力作用于杆端截面形心处并沿杆轴方向。当发生弯曲失稳时，荷载的作用点和方向保持不变（即为保向力）；④杆件在承受荷载之前无初弯曲和初应力；⑤失稳时，杆件的弯曲变形是微小的。实际结构的压杆一般都不能完全满足上述假定。　（罗汉泉）

力　force

物体相互间的机械作用，它使物体获得加速度或产生变形。前一种效应称为运动效应或外效应；后一种称为变形效应或内效应。理论力学中只研究其外效应；材料力学、结构力学、弹性力学等变形体力学中则主要研究其内效应。力的作用效应决定于其三要素：大小、方向和作用点。它可用一有向线段表示，又适用矢量加法，故它是矢量，在研究其内效应时是定位矢量（bound vector），在研究其外效应时则是滑动矢量（sliding vector）（见力的可传性）。不受力作用的物体将保持惯性运动；力与物体所获加速度的关系由牛顿运动定律及动力学的其他定律表述。力总是成对存在的，对于任一作用力，必同时存在一等值、反向、共线的反作用力，它们同时存在，同时消失。按力的作用方式不同，它可分为两大类．一类是场力，如万有引力、重力、电磁力等；另一类是两物体在接触处相互作用的力，如压力、摩擦力、碰撞力、各种约束反力等。法定计量单位为牛顿。（彭绍佩）

力场 force field

质点或质点系的每个质点处在其中的任何位置时，都受到大小与方向完全确定的力作用的那一部分空间。例如地面附近的空间是重力场，宇宙空间是万有引力场。（黎邦隆）

力的独立作用原理 principle of independent action of forces

质点同时受几个力作用时获得的加速度，等于其中各力单独作用时所产生的加速度的矢量和。此原理表明，力系中任何一力的作用都与其他力的作用无关，力系的总效应等于各个力单独作用时的效应的叠加。（宋福磐）

力的分解 resolution of a force

用两个或多个力等效代换一已知力。分解结果可有无数种，只有附加一定的条件，才能得到确定的解。例如欲将一力按力的平行四边形法则分解为两分力时，在两分力的大小、方向共四个要素中，必须已知两个，才可能有确定的解答。但有时（例如已知一分力的方位及另一分力的大小）也仍可能有两解或无解。又如图示将一力 $\boldsymbol{F}$ 沿直角坐标轴分解，可得到三个分力 $\boldsymbol{F}_x$、$\boldsymbol{F}_y$、$\boldsymbol{F}_z$，它们的大小分别等于力 $\boldsymbol{F}$ 在 x、y、z 轴上投影的绝对值。（彭绍佩）

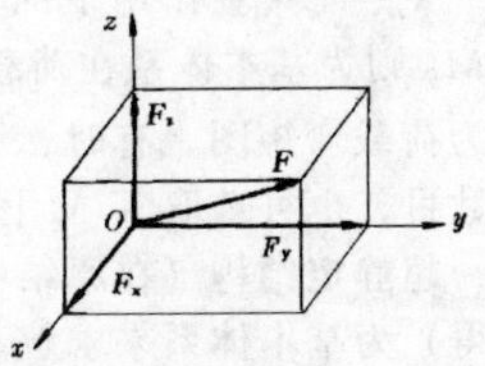

力的可传性 transmissibility of a force

作用在刚体上的力沿其作用线任意移动时，它对此刚体的外效应不变的性质。由此可见，作用于刚体上的力是滑动矢量，此时力的三要素是：力的大小、方向和作用线。力的可传性只适用于刚体。对于变形体，当力沿其作用线移动时会改变它对物体的内效应。（彭绍佩）

力的平行四边形法则 parallelogram law of forces

作用在物体上同一点的两个力可合成为作用在该点的一个力（合力），合力矢量由以这两力为邻边所作的平行四边形的对角线确定。图（a）中四边形 $ABCD$ 称为力平行四边形，力 $\boldsymbol{R}$ 是 $\boldsymbol{F}_1$ 与 $\boldsymbol{F}_2$ 二力的合力，它等于此二力的矢量和（或几何和），表为

$$\boldsymbol{R} = \boldsymbol{F}_1 + \boldsymbol{F}_2$$

合力矢量也可由以两分力的矢量为边的力三角形的封闭边确定（图 b）。是静力学公理之一，是研究力系简化问题的基础。

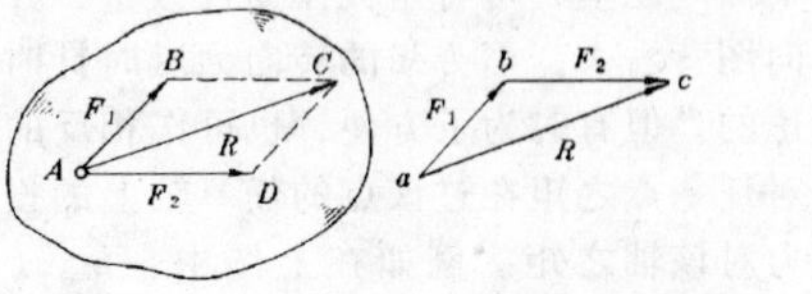

(a) (b)

（彭绍佩）

力的平移定理 theorem of translation of a force

作用在刚体上的一力可以平行地移至该刚体上的任一点，但必须同时附加一力偶（其力偶矩等于原力对该点之矩），方能与原力等效。图中平移前作用于 A 点的力 $\boldsymbol{F}$ 与平移后作用于 B 点的力 $\boldsymbol{F}'$ 及附加力偶（$\boldsymbol{F}$、$\boldsymbol{F}''$）等效，其力偶矩 $\boldsymbol{m} = \boldsymbol{m}_B(\boldsymbol{F})$，且 $F' = F$。据本定理，可将一个力分解为作用在另一点的一个力和一个力偶；反之，也可将同平面内作用于同一刚体上的一个力和一力偶合成为一个力。本定理是任意力系简化的理论基础，在其他力学学科里也有应用。

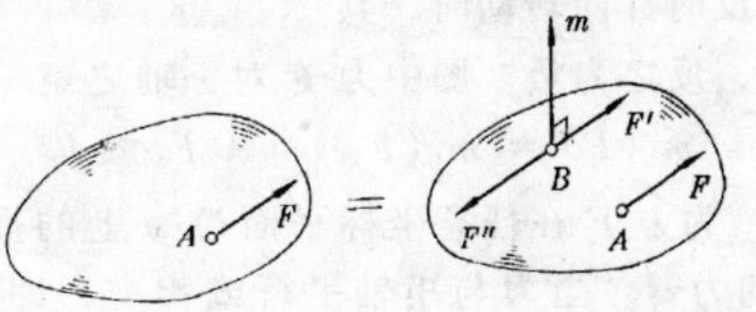

（彭绍佩）

力对点之矩 moment of a force with respect to a point

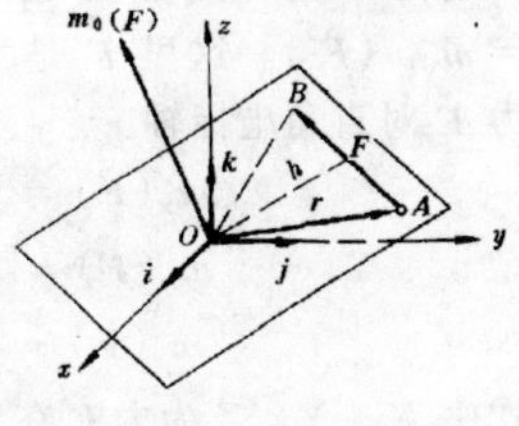

量度力使物体绕一点转动的效果的物理量。该点称为矩心。在空间问题里需用矢量表示。力 $\boldsymbol{F}$ 对 O 点的矩矢 $\boldsymbol{m}_0$（$\boldsymbol{F}$）垂直于由该

力与 **O** 点决定的平面，指向由右手规则决定，大小等于 F 与力臂 h（O 点到该力作用线的垂直距离）的乘积，也等于△AOB 面积的两倍。如从矩心 O 作出力 **F** 作用点的位置矢 **r**，并以 O 为原点任取 $Oxyz$ 直角坐标系，以 i、j、k 表其三轴的单位矢，则矩矢 m_0（F）可表为

$$\boldsymbol{m}_0(\boldsymbol{F}) = \boldsymbol{r} \times \boldsymbol{F} = \begin{vmatrix} \boldsymbol{i} & \boldsymbol{j} & \boldsymbol{k} \\ x & y & z \\ X & Y & Z \end{vmatrix}$$

$$= (yZ - zY)\boldsymbol{i} + (zX - xZ)\boldsymbol{j} + (xY - yX)\boldsymbol{k}$$

式中 x、y、z 是力 **F** 的作用点 A 的坐标，X、Y、Z 分别是力 **F** 在 x、y、z 轴上的投影。$\boldsymbol{m}_0$（**F**）的方向也可按矢量积 $\boldsymbol{r}\times\boldsymbol{F}$ 的方向规定来确定。在平面问题里，可将矩矢作为代数量，并规定从图面向图背看去，当力矩的转向为反时针时，该力矩是正的。但有时为了方便，也可作相反的规定。一力对任一点之矩在过该点的任一轴上的投影，等于此力对该轴之矩。例如在上图中，$\boldsymbol{m}_0$（**F**）在 z 轴上的投影 $\boldsymbol{m}_0$（**F**）$\cdot\boldsymbol{k} = m_z$（**F**）。这个关系使力对点之矩的矢量运算可用力对轴之矩的代数量运算来解决。在动力学中可用于动量矩的计算。在国际单位制中，力矩的单位是牛顿·米，其中文代号为牛·米，国际代号为 N·m。（黎邦隆　彭绍佩）

力对轴之矩　moment of a force with respect to an axis

量度力使物体绕一轴转动的效果的物理量，等于此力在垂直于该轴的任意平面上的投影对该轴与此平面的交点之矩。它是代数量。其符号规定为：从矩轴的正向观察，当力使物体绕该轴沿反时针向转动时，其矩为正，反之为负。图中力 **F** 对 z 轴之矩

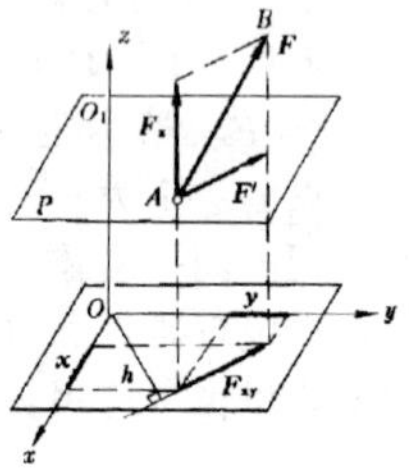

$$m_z(\boldsymbol{F}) = m_0(\boldsymbol{F}_{xy}) = + F_{xy} \cdot h$$

式中 $\boldsymbol{F}_{xy}$ 为力 **F** 在任意坐标平面 Oxy 上的投影，h 为 $\boldsymbol{F}_{xy}$ 的力臂。当力与矩轴平行或相交，即二者在同一平面内时，该力对该轴之矩等于零。当取平面 P 过力 **F** 的作用点 A 且与 z 轴垂直时，m_z（**F**）$= m_{01}$（**F′**）。这里 **F′** 是力 **F** 在平面 P 上的分力。力 **F** 对直角坐标轴 x、y、z 之矩可表为

$$m_x(\boldsymbol{F}) = yZ - zY,$$

$$m_y(\boldsymbol{F}) = zX - xZ,$$

$$m_z(\boldsymbol{F}) = xY - yX$$

式中 X、Y、Z 为力 **F** 在此三轴上的投影，x、y、z 为该力作用点 A 的坐标。（彭绍佩）

力多边形　force polygon

用作图法求力系合力的矢量时，按同一比例尺及任选的次序首尾相接地作出的各力矢量与表示合力矢量的封闭边所围成的多边形。例如图中由力矢 $\boldsymbol{F}_1$、$\boldsymbol{F}_2$、$\boldsymbol{F}_3$、$\boldsymbol{F}_4$ 及合力矢量 **R** 所围成的多边形 $ABCDE$。若力多边形自行封闭，即第一个力矢量的始端与最后一个力矢量的末端重合，则力系的合力等于零。此时① 原汇交力系平衡；② 原平面任意力系或空间任意力系最后简化为一力偶或平衡。（彭绍佩）

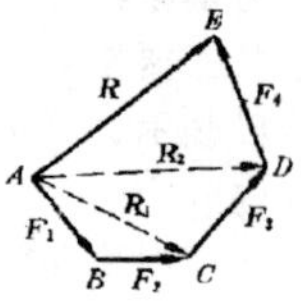

力法　force method

在结构分析中，以多余未知力为基本未知量，以去掉多余约束后得到的静定结构作为基本体系解算超静定结构的一种基本方法。它利用力法基本体系在原有荷载和全部多余未知力（简称为多余力）共同作用下，沿多余力方向的位移应与原结构在该处的相应位移一致的条件，建立力法典型方程，求解多余力。随后，便可按静定结构作出原结构的内力图。力法不仅要应用静力平衡条件，还同时需用到物理条件和变形协调条件来求解。对于同一原结构，可选取多种基本体系，但最终所得内力图必定相同。对于受荷载作用的具有 n 个多余约束的超静定梁或刚架，其最后弯矩图可按下式作出

$$M = X_1\overline{M}_1 + X_2\overline{M}_2 + \cdots + X_n\overline{M}_n + M_P$$

式中 X_1，$X_2\cdots X_n$ 为多余力；$\overline{M}_1$，$\overline{M}_2\cdots\overline{M}_n$ 依次表示基本体系分别在单位多余力 $X_1 = 1$，$X_2 = 1$，$\cdots X_n = 1$ 单独作用下的弯矩图，称为单位弯矩图；M_P 则为基本体系在荷载单独作用下的弯矩图，称为荷载弯矩图。有时，为了减少力法基本未知量的数目，也可选取其 $\overline{M}$ 图和 M_P 图能简捷绘出的某一超静定结构（在原结构上只去掉部分多余约束而得）为基本体系来求解。（罗汉泉）

力法典型方程　canonical equation of force method

用力法计算超静定结构时，用以求解多余未知力（简称多余力）X_1，X_2，……X_n 的基本方程。它是根据力法基本体系在原有荷载和全部多余力共同作用下，沿多余力的位移应与原结构一致的条件而建立的。是变形协调方程，即几何方程。对于荷载作用下具有 n 个多余约束的超静定结构，其形式为

$$\left.\begin{aligned} \delta_{11}X_1 + \delta_{12}X_2 + \cdots + \delta_{1n}X_n + \Delta_{1P} &= \Delta_1 \\ \delta_{21}X_1 + \delta_{22}X_2 + \cdots + \delta_{2n}X_n + \Delta_{2P} &= \Delta_2 \\ \cdots\cdots\cdots\cdots\cdots\cdots\cdots\cdots & \\ \delta_{n1}X_1 + \delta_{n2}X_2 + \cdots + \delta_{nn}X_n + \Delta_{nP} &= \Delta_n \end{aligned}\right\}$$

式中，δ_{ii}称为主系数，表示当单位多余力 $x_i=1$ 单独作用于基本体系时，沿其自身方向所引起的位移；δ_{ij}（$i\neq j$）称为副系数，表示基本体系在单位多余力 $X_j=1$单独作用下，沿 x_i 方向所产生的位移。由位移互等定理，有 $\delta_{ij}=\delta_{ji}$；Δ_{iP}称为自由项，表示基本体系在荷载单独作用下，沿 X_i 方向所产生的位移。方程右边的 Δ_i 则表示原结构在 x_i 方向的已知位移。当与 X_i 相应的多余约束没有位移时，有 $\Delta_i=0$。除与 x_i 相应的约束为弹性支座等特殊情况外，通常 Δ_i 都等于零。（罗汉泉）

力法基本体系　primary structure of force method

又称为力法基本结构。用力法计算时，将原超静定结构（原结构）中的多余约束去掉后所得到的静定结构。力法的计算都是以它为对象来进行。对于同一原结构，可选取多种不同的基本体系（以不同方式去掉多余约束），但按它们计算所得的最后内力图必定相同。其中，使计算最为简便，即能使力法典型方程有尽可能多的副系数和自由项等于零的基本体系，才是最合理的。有时为了减少力法的基本未知量数目，也可选取某一超静定结构作为基本体系（参见力法，210 页）。（罗汉泉）

力函数　force function

又称势函数。在势力场中运动的质点的坐标或质点系各质点的坐标的单值连续函数，其全微分等于此势力场的有势力的元功或元功之和。质点或质点系在势力场中从位置Ⅰ运动到位置Ⅱ时，有势力的功等于此函数在后一位置之值 $U_{Ⅱ}$与前一位置之值 $U_{Ⅰ}$的差。（黎邦隆）

力矩　moment of force

量度力对物体的转动效果的物理量。分为力对点之矩与力对轴之矩两种。在平面力系的问题中，也常把力对点之矩简称为力矩。（黎邦隆）

力矩分配单元　unit of moment distribution

又称力矩分配单位。在用力矩分配法计算连续梁和无侧移刚架等结构时，进行分配运算的基本单元。该单元中只有一个无线位移的刚结点。而汇交于该刚结点的所有杆件的另一端均为支座或用附加刚臂予以固定的结点。图 *a* 所示为具有一个刚结点的无侧移刚架，是较典型的分配单元。当结点 1 作用一集中力矩 M 时，结点将发生转动，汇交于结点 1 的各杆端（近端）将产生分配弯矩；$M^{\mu}_{12}=\mu_{12}M$，$M^{\mu}_{13}=\mu_{13}M$，$M^{\mu}_{14}=\mu_{14}M$，$M^{\mu}_{15}=\mu_{15}M$。式中 μ_{1k}为力矩分配系数。各杆的另一端（远端）将产生传递弯矩 $M^{C}_{21}=C_{12}M^{\mu}_{12}=C_{12}\mu_{12}M$，$M^{C}_{31}=C_{13}M^{\mu}_{13}=C_{13}\mu_{13}M$，$M^{C}_{41}=C_{14}M^{\mu}_{14}=C_{14}\mu_{14}M$，$M^{C}_{51}=C_{15}M^{\mu}_{15}=C_{15}\mu_{15}M$。其中 C_{1k}为传递系数。图中，因 $\mu_{15}=0$ 及 $C_{13}=0$，故有 $M^{\mu}_{15}=M^{C}_{51}=0$ 及 $M^{C}_{31}=0$。据此即可作出分配单元中各杆的弯矩图。两跨连续梁是最简单的力矩分配单元（见图 *b*）。此外，符合上述规定的曲杆结构等也可作为力矩分配单元。（罗汉泉）

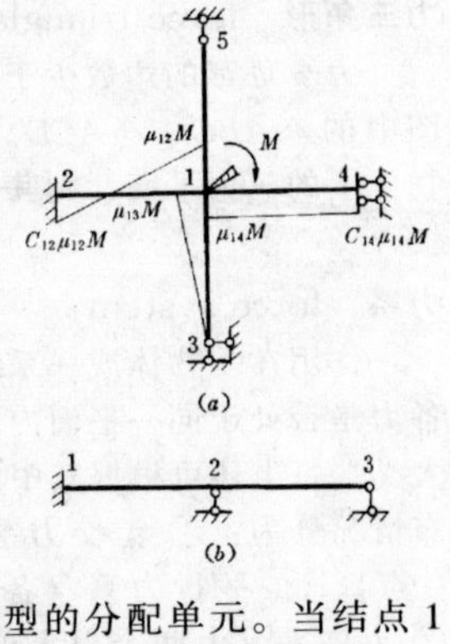

力矩分配法　method of moment distribution

又称弯矩分配法。用于计算连续梁和无侧移刚架等结构的一种渐近法。为美国 H·克劳斯教授 1930 年提出。其要点为：①先设想在所有刚结点均加入附加刚臂，以控制结点不发生转动，再承受原有荷载。这样，各杆端将产生固端弯矩，因而各附加刚臂上将产生约束力矩，即结点不平衡力矩 R_{ip}；②依次逐个放松诸结点（在放松某结点 i 时，其余刚结点仍用附加刚臂予以固定）。为此，在所考虑的结点 i 加入一个与R_{ip}反向的力矩 $-R_{ip}$，它相当于取消了结点 i 的附加刚臂使该结点单独趋于平衡。此时，在该结点的各杆端（近端）将产生分配弯矩，而在杆件的另一端（远端）将得到传递弯矩。随后，放松下一个结点 k（此时又把已处于平衡的结点 i 在新的位置上重新固定），消除结点 k 的不平衡力矩（包括结点 k 各杆端的固端弯矩和放松结点 i 时在 ik 杆的 k 端产生的传递弯矩）。如此循环进行，直至各结点的不平衡力矩都趋于零为止；③将各杆端的固端弯矩、历次的分配弯矩和传递弯矩相加（取代数和），即得各杆的最后杆端弯矩。据此可作出结构的最后弯矩图。（罗汉泉）

力矩分配系数　distribution factor of moment

在连续梁或刚架的刚结点 i 中，某一杆端的转动刚度 S_{ik}与汇交于该结点的所有杆端转动刚度之和$\sum\limits_{(i)} S_{ik}$的比值。通常以 μ_{ik}表示

$$\mu_{ik}=\frac{S_{ik}}{\sum\limits_{(i)} S_{ik}}$$

是力矩分配法的基本系数之一。当力矩分配单元的刚结点上作用有一集中力偶矩 M 时，汇交于该结点的各杆端将按一定的比例得到杆端弯矩（即分配弯矩），这一比例系数即为力矩分配系数，它与外力矩 M 的大小无关。汇交于任一结点 i 各杆端的力矩分配系数之和等于1，即$\sum\limits_{(i)}\mu_{ik}=1$。（罗汉泉）

力矩集体分配法 distribution method of total out-of-balance moment of joint

简称集体分配法。在普通力矩分配法的基础上，为改善其收敛性而导出的简捷计算方法。为中国学者俞忽教授于1954年所创。此法采用比普通力矩分配法的力矩分配单元更为扩大的集体分配单元，把分配单元所含的刚结点区分为主结点和次结点，将主、次结点之间历次分配和传递过程中所产生的杆端弯矩利用集体分配系数和隔点传递系数一次性地求出，其后只需在各个次结点分配、传递一次即可求得各杆的最后杆端弯矩。此方法的计算原理也可推广应用于解算只有结点线位移而无结点角位移的结构，这时称为剪力集体分配法。

（罗汉泉）

力螺旋 wrench or force screw

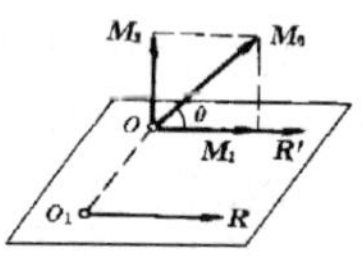

由一力和在垂直于它的平面内的一力偶所组成的力系。因为这种力系与拧紧或拧松螺钉所用的力系相同，故名。当该力与力偶矩矢同向时，称为右转力螺旋；反向时，称为左转力螺旋。简化空间任意力系时，若作用在简化中心的力 $\boldsymbol{R}'$ 与力偶矩矢 $\boldsymbol{M}_0$ 平行且同向，则力系最后简化为一右转力螺旋；反向时，简化为一左转力螺旋。若 $\boldsymbol{R}'$ 与 $\boldsymbol{M}_0$ 相交成任意角度 θ，则可将 $\boldsymbol{M}_0$ 分解为沿 $\boldsymbol{R}'$ 及垂直于 $\boldsymbol{R}'$ 的分力偶矩矢 $\boldsymbol{M}_1$ 及 $\boldsymbol{M}_2$，其中后一力偶与力 $\boldsymbol{R}'$ 可合成为作用于 O_1 点的力 $\boldsymbol{R}$，它与 $\boldsymbol{M}_1$ 所代表的力偶组成一力螺旋，且当 $\theta<90°$ 时，是右转的；$\theta>90°$ 时，是左转的。构成力螺旋的力矢与力偶矩矢都与简化中心的位置无关。如将 $\boldsymbol{M}_1$ 所代表的力偶在过 O_1 点且与 $\boldsymbol{R}$ 垂直的平面内移转，使其一力作用在 O_1 点，然后将它与力 $\boldsymbol{R}$ 合成，则原来的力螺旋又可化为空间的两个力，但可得到无数种结果。

（彭绍佩）

力偶 couple

大小相等，方向相反而不共线的两个平行力。记为（$\boldsymbol{F}$，$\boldsymbol{F}'$）。如司机用双手转动汽车的方向盘、用两手指拧动水龙头等所用的力。其效应是使物体转动，获得角加速度，但不能使物体移动。力偶无合力，故不能与一个力等效，也不能与一个力平衡；它的两个力在任一轴上投影的代数和恒为零；对任一点之矩的矢量和恒等于力偶矩矢而与矩心的位置无关，它使物体转动的效果完全决定于其力偶矩。

（彭绍佩）

力偶矩 moment of a couple

量度力偶对物体的转动效果的物理量。是矢量，常用 $\boldsymbol{m}$ 表示。它与力偶的作用平面垂直，指向由右手规则确定：从矢量 $\boldsymbol{m}$ 的末端观察，力偶的转向是反时针的；其大小等于力偶中任一力的大小与两力作用线间的垂直距离 h 的乘积，即

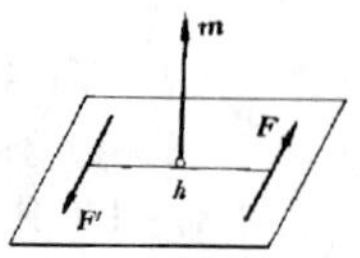

$$m = Fh = F'h$$

h 称为力偶臂。力偶矩的单位与力对点之矩的单位相同。在平面问题里，力偶矩可看作代数量，其正负号的规定与力对点之矩的规定相同。由力偶的等效条件知（参见等效力偶，60页），力偶矩矢是自由矢量（free vector）。

（彭绍佩）

力偶系的合成 composition of couples

将由诸力偶组成的力偶系合成为一合力偶。空间力偶系的合力偶矩矢等于各分力偶矩矢的矢量和，即

$$\boldsymbol{M} = \boldsymbol{m}_1 + \boldsymbol{m}_2 + \cdots\cdots \boldsymbol{m}_n = \Sigma \boldsymbol{m}_i$$

求矢量 M 通常采用解析法。任取直角坐标系 $Oxyz$，由合矢量投影定理知

$$M_x = \Sigma m_x, M_y = \Sigma m_y, M_z = \Sigma m_z$$

即合力偶矩矢在任一坐标轴上的投影，等于各分力偶矩矢在同一轴上投影的代数和。由此可求得合力偶矩矢的大小与方向余弦为

$$M = \sqrt{(\Sigma m_x)^2 + (\Sigma m_y)^2 + (\Sigma m_z)^2}$$

$$\cos(\boldsymbol{M}, \boldsymbol{i}) = \frac{\Sigma m_x}{M},$$

$$\cos(\boldsymbol{M}, \boldsymbol{j}) = \frac{\Sigma m_y}{M},$$

$$\cos(\boldsymbol{M}, \boldsymbol{k}) = \frac{\Sigma m_z}{M}$$

式中 $\boldsymbol{i}$、$\boldsymbol{j}$、$\boldsymbol{k}$ 为 x、y、z 轴的单位矢量。对于平面力偶系，合力偶矩等于各分力偶矩的代数和，即

$$M = \Sigma m$$

由此可确定合力偶矩的大小及转向。如合力偶矩等于零，则该力偶系平衡。

（彭绍佩）

力三角形 force triangle

力多边形的边数少于四边的特例（力多边形附图中的 $\triangle ABC$、$\triangle ACD$、$\triangle ADE$ 等）。若作用于物体上的三力平衡，则其力三角形自行封闭。

（彭绍佩）

力系 force system

作用在一物体或一系统上的一组力。力系可按各力是否处于同一平面内而分为平面的和空间的两大类，每类还可根据其中各力的作用线在空间的分布情况分为：① 汇交力系（各力的作用线汇交于一点）。② 平行力系（各力的作用线彼此平行）。③ 力偶系（由两个以上的力偶构成）。④ 任意力系（各力的作用线既不全部彼此平行，又不都汇交

于同一点，而是任意分布的）。例如平面任意力系、空间汇交力系、平面力偶系等。（彭绍佩）

力系的等效代换 equivalent substitution for a force system

将一已知力系变换为与之等效（即对刚体的作用效果相同）的另一力系。例如用合力来代替一汇交力系；用一力偶系及作用在简化中心的一汇交力系代换一平面任意力系或空间任意力系，进而再用一力偶及作用在简化中心的一力来代换这个力偶系及汇交力系等。对力系进行简化时，必需依照等效代换原则。（彭绍佩）

力系的平衡方程 equations of equilibrium of a force system

以代数方程的形式表达的力系的平衡条件。空间任意力系平衡的必要与充分条件是：力系的主矢量和对任一点 O 的主矩都等于零，其平衡方程为

$$\Sigma X = 0, \Sigma Y = 0, \Sigma Z = 0,$$

$$\Sigma m_x(\boldsymbol{F}) = 0, \Sigma m_y(\boldsymbol{F}) = 0, \Sigma m_z(\boldsymbol{F}) = 0$$

式中 ΣX、ΣY、ΣZ 分别为力系中各力在 x、y、z 轴上投影的代数和；$\Sigma m_x(\boldsymbol{F})$、$\Sigma m_y(\boldsymbol{F})$、$\Sigma m_z(\boldsymbol{F})$ 分别为各力对通过 O 点的 x、y、z 轴之矩的代数和。应用这组平衡方程，可求解空间任意力系平衡问题的六个未知量。其他力系均可看成是空间任意力系的特殊情况而得出其平衡方程。空间汇交力系的平衡方程为

$$\Sigma X = 0, \Sigma Y = 0, \Sigma Z = 0$$

取 z 轴与各力平行时，空间平行力系的平衡方程为

$$\Sigma Z = 0, \Sigma m_x(\boldsymbol{F}) = 0, \Sigma m_y(\boldsymbol{F}) = 0$$

对平面任意力系，取其作用平面为坐标平面 Oxy 时，其平衡方程为

$$\Sigma X = 0, \Sigma Y = 0, \Sigma m_0(\boldsymbol{F}) = 0$$

其中 $\Sigma m_0(\boldsymbol{F})=0$ 即 $\Sigma m_z(\boldsymbol{F})=0$。在以上各组平衡方程中，各个方程都是彼此独立的。无论是哪种力系的平衡问题，都只能求得等于该种力系的独立平衡方程个数的未知量。当后者个数多于前者时，这种问题称为超静定问题或静不定问题。解决变形体的平衡问题也可应用上述平衡方程，但这些条件只是必要的而不是充分的（参见刚化原理，108 页）。（彭绍佩）

力系的中心轴 central axis of a force system

具有这样性质的点的轨迹：当取它们为简化中心时，力系都直接简化为同样的力螺旋。这轨迹是一条直线，就是力螺旋中的力 **R** 的作用线（见力螺旋附图，212 页）。力系对该轴上任一点的主矩都是力螺旋中的力偶矩。力系对该轴以外的任一点的主矩的模都比对该轴上任一点主矩的模大，故中心轴也称为最小力矩轴。（彭绍佩）

力系的主矩 principal moment of a force system

力系中各力对同一点（或同一轴）之矩的矢量和（或代数和）。力系对 o 点的主矩 $\boldsymbol{M}_0=\Sigma \boldsymbol{m}_0(\boldsymbol{F})$，其大小及方向余弦为

$$M_0=\sqrt{[\Sigma m_x(\boldsymbol{F})]^2+[\Sigma m_y(\boldsymbol{F})]^2+[\Sigma m_z(\boldsymbol{F})]^2}$$

$$\cos(\boldsymbol{M}_0,\boldsymbol{i})=\frac{\Sigma m_x(\boldsymbol{F})}{M_0},$$

$$\cos(\boldsymbol{M}_0,\boldsymbol{j})=\frac{\Sigma m_y(\boldsymbol{F})}{M_0},$$

$$\cos(\boldsymbol{M}_0,\boldsymbol{k})=\frac{\Sigma m_z(\boldsymbol{F})}{M_0}$$

式中 $\boldsymbol{i}$、$\boldsymbol{j}$、$\boldsymbol{k}$ 分别为正交轴 x、y、z 的单位矢；$\Sigma m_x(\boldsymbol{F})$、$\Sigma m_y(\boldsymbol{F})$、$\Sigma m_z(\boldsymbol{F})$ 分别为力系对以 O 为原点的 x、y、z 轴的主矩。如力系为平面力系，则它对力系作用面内任一点 O 的主矩等于各力对该点之矩的代数和，即 $M_0=\Sigma m_0(F)$。

（彭绍佩）

力系的主矢量 principal vector of a force system

力系中各力的矢量和，即 $\boldsymbol{R}'=\Sigma \boldsymbol{F}$。其大小和方向可由下式确定

$$R'=\sqrt{(\Sigma X)^2+(\Sigma Y)^2+(\Sigma Z)^2}$$

$$\cos(\boldsymbol{R}',\boldsymbol{i})=\frac{\Sigma X}{R'},$$

$$\cos(\boldsymbol{R}',\boldsymbol{j})=\frac{\Sigma Y}{R'},$$

$$\cos(\boldsymbol{R}',\boldsymbol{k})=\frac{\Sigma Z}{R'}$$

式中 ΣX、ΣY、ΣZ 分别为力系中各力在直角坐标轴 x、y、z 上投影的代数和；$\boldsymbol{i}$，$\boldsymbol{j}$，$\boldsymbol{k}$ 分别为 x、y、z 轴的单位矢。主矢量也可由原力系的力多边形的封闭边确定。（彭绍佩）

力学单位制 mechanical system of units

在力学中，为了表示各个导出物理量的单位而选定的基本物理量的单位所组成的系统。我国推行法定计量单位，其中力学量的基本单位为① 长度单位：米，符号为 m；② 质量单位：千克（公斤），符号为 kg；③ 时间单位：秒，符号为 s。在法定计量单位中，长度、质量、时间为基本单位，其他各力学量都是导出量，其单位都用这三个基本单位表示。例如力的单位为 $kg \cdot m/s^2$（千克·米/秒^2），称为 N（牛顿）。1 牛顿是使 1 千克（公斤）质量的物体产生 1 米/秒^2 加速度的力。此外，还有一种工程单位制，其基本量为长度、力、时间，基本单位为米（m）、千克力或公斤力（kgf）、秒

(s)，质量则为导出量，其单位为公斤力·秒^2/米(kgf·s^2/m)，称为“工程单位质量”或“工程质量单位”，国际代号为EUM。1工程单位质量是物体(或质点)在1kg力作用下获得1m/s^{2}加速度时所具有的质量。这种单位制在某些旧的技术资料中尚可见到，但目前工程上已逐步废止，很少再用。

(黎邦隆　宋福磬)

力学模型　model of mechanics

在分析和解决力学问题时，用科学抽象的方法，抓住对象的本质，忽略次要因素而简化成的理想模型。各门力学学科都有各自的理想模型，例如理论力学里的刚体、质点、质点系、理想约束等。

(彭绍佩)

力学损耗　mechanical loss

在交变应力作用下，由于交变应变滞后于应力的变化，体系在每一个拉伸－回缩循环中消耗于克服内摩擦所作的功，也称内耗。在数值上等于拉伸、回缩两条曲线闭合而成的滞后圈面积。即 $\Delta\overline{W}=\oint\sigma(t)\mathrm{d}\varepsilon(t)$，在正弦交变应力作用下，可求得 $\Delta\overline{W}=\pi\sigma_0\varepsilon_0\sin\delta$，式中 σ_0 为交变应力的幅值，ε_0 为交变应变的幅值，δ 是应变落后于应力的相位差，称为力学损耗角。常用力学损耗角正切 $\tan\delta$ 来表示内耗的大小。

(周　啸)

力学相似　mechanical similarity

两物理现象在力学范畴的相似。它要求两力学现象的一切对应物理量维持固定的比例关系。运动物体如液流在外力作用下，其运动规律取决于几何形状、运动状况和受力情况，因此两液流的力学相似要求满足几何相似、运动相似和动力相似。反之若两个初始条件、边界条件相同的力学现象，满足几何相似、运动相似和动力相似的条件，则它们是力学相似的。

(李纪臣)

力学相似准则　mechanical similarity criterion

两流动力学相似必须遵守的法则。它由动力相似条件和运动基本规律(牛顿第二定律)推导得到。对应不同的作用力有不同的相似准则。如对应合力、重力、粘性阻力、压力分别有牛顿相似准则、佛汝德相似准则(又称弗劳德相似准则)、雷诺相似准则、欧拉相似准则等。相似准则是模型设计和模型试验的理论依据。在模型试验中，原型流动和模型流动各对应物理量的比尺必须根据相似准则去确定。

(李纪臣)

力在平面上的投影　projection of a force on a plane

以力矢量的始、末端在该平面上的垂足为始、末端的矢量。例如图中矢量 $\boldsymbol{F}'$ 是力 $\boldsymbol{F}$ 在平面Ⅰ上的投影。如过力 $\boldsymbol{F}$ 的始端 O 作平面Ⅱ平行于平面Ⅰ，则 $\boldsymbol{F}$ 在平面Ⅱ上的投影 $\boldsymbol{F}_{xy}=\boldsymbol{F}'$。$\boldsymbol{F}_{xy}$ 也是力 $\boldsymbol{F}$ 的一个分力。取平面Ⅱ为 xy 坐标面，如已知 $\boldsymbol{F}$ 与 z 轴正向间的夹角 θ，则 $F_{xy}=F\cdot\sin\theta$。如再已知 $\boldsymbol{F}_{xy}$ 与 x 轴正向间的夹角 φ，则 $\boldsymbol{F}$ 在 x、y 轴上的投影 $X=F_{xy}\cos\varphi=F\sin\theta\cos\varphi$，$Y=F_{xy}\sin\varphi=F\sin\theta\sin\varphi$。这种求力在坐标轴上投影的方法称为二次投影法。

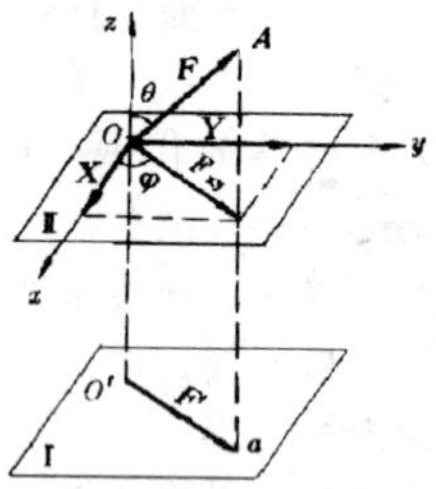

(彭绍佩)

力在轴上的投影　projection of a force on an axis

力矢的始端和末端在轴上的两垂足之间的线段之长并冠以正负号而成的代数量。例如图中 ab 之长(正值)为力 $\boldsymbol{F}$ 在 x 轴上的投影。当从垂足 a 到 b 的指向与投影轴的正向相同时，投影为正值；相反时为负值。如过 A 点作 x_1 轴与 x 轴平行且同向，则力 $\boldsymbol{F}$ 在 x 与 x_1 轴上的投影相等，即 $ab=AB_1$，且二者符号相同。若已知力 $\boldsymbol{F}$ 与 x 轴正向间的夹角 α，则 $\boldsymbol{F}$ 在 x 轴上的投影为 $X=ab=F\cos\alpha$。当 $\alpha=90°$ 时，$X=0$。

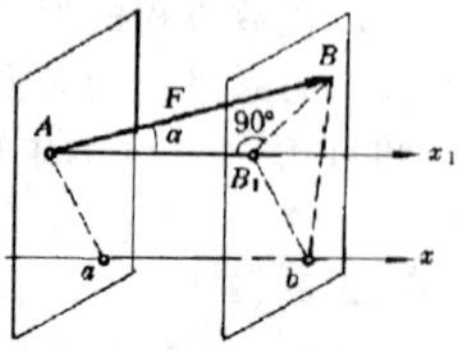

(彭绍佩)

沥青　bitumen

主要由不同分子量的碳氢化合物及其非金属衍生物所组成的黑色或褐色物质。分为天然沥青、石油沥青和焦油沥青三大类。在常温下呈固态、半固态或液态，有光泽，能溶解于二硫化碳、苯、汽油等有机溶剂中。粘结性、抗水性和防腐性良好。在屋面和地下防水工程、路面工程及木材防腐等方面广泛应用；还可用于橡胶工业及制造碳素材料。针入度、延伸度和环球软化点，是固体、半固体沥青的三大性能指标；用途不同对性能指标的要求也有区别。可采用氧化、乳化等工艺措施对沥青进行改性；也可掺配某些高分子有机化合物进行改性。

(胡春芝)

沥青的劲度　stiffness of bitumen

又称沥青的变形模量或沥青的刚度。沥青混合料在一定温度、一定持荷时间条件下的应力和应变的比值。以N/m^{2}表示。在普费对针入度指数研究以后，万·德·玻尔用针入度指数，荷重作时间和温度三个参数来计算沥青的劲度，并绘制成可以应用于实际工程的劲度诺模图。

(胡春芝)

沥青的流变性　rheological behavior of bitumen

沥青随温度、时间和受力状态而发生粘弹塑性演变的性能。沥青在高温时接近牛顿液体，在一般使用状态下表现为粘弹性体。其粘度与剪应力、剪变率的关系，用下式表示

$$\eta^{*}=\frac{\tau^{c}}{\dot{r}}$$

式中：η^{*}为沥青的视粘度；τ为剪应力（N/m^2）；c为沥青的塑性流动常数；$\dot{r}$为剪变率（S^{-1}）。沥青的绝对粘度不易测定，常用粘滞度（液态沥青）和针入度两类技术粘度来评定其性质。用不同温度、不同速度下沥青的延伸度及环球软化点表示其流变性。由针入度与环球软化点可进一步求得针入度指数和劲度。（胡春芝）

沥青的热应力破坏

沥青材料高温软化和低温脆裂而产生的应力破坏。较高塑性的沥青混凝土铺筑的路面，夏季高温时易软化而发生车辙、纵向波浪、横向推移等现象；而低塑性沥青混凝土混合料铺筑的路面，冬季低温时变得硬而脆，在车辆冲击与重复载荷作用下易发生裂缝。在用作屋面防水材料时则表现为高温流淌和低温脆裂。提高沥青材料的高温强度、温度稳定性及低温抗裂性，是需要进一步研究解决的课题。（胡春芝）

砾砂 gravelly sand

粒径大于 2mm 的颗粒含量占全重 25%～50% 的土。（朱向荣）

粒度 granularity

对形状不规则的土固体颗粒大小的定性描述。据此将土体划分成若干粒组。（朱向荣）

粒组 fraction

按土的粒径划分的大小相近的组。目前，国内外尚无统一的划分方法，附表为常用的一种。

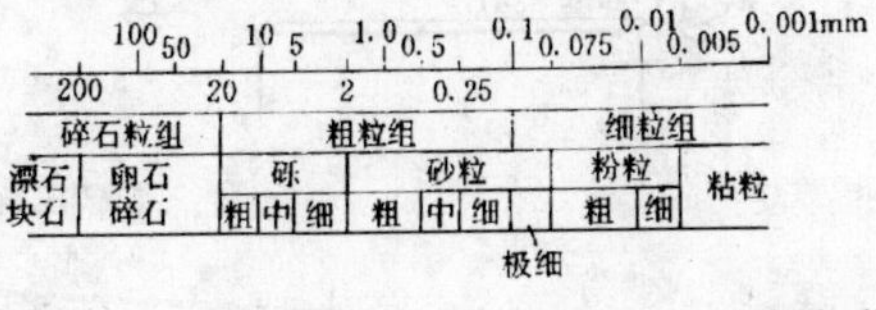
100
50
10
5
1.0
0.5
0.1
0.075
0.01
0.005
0.001mm
200
20
2
0.25
碎石粒组
粗粒组
细粒组
漂石 块石
卵石 碎石
砾
砂粒
粉粒
粘粒
粗
中
细
粗
中
细
粗
细
极细

（朱向荣）

lian

连拱 continuous arch

由桥台、桥墩和拱圈所组成的多跨拱结构（见图）。其特点是，当一跨受有荷载作用时，由于结点位移的影响，整个结构都将产生内力和变形。这种现象称为连拱作用。当桥墩的刚度较大时，为简化计算，通常把拱圈按无铰拱或两铰拱计算而不考虑连拱作用；当桥墩的刚度较小时（特别是柔性墩的情况），则必须考虑连拱作用，方能使计算结果比较符合结构的实际受力和变形状态。

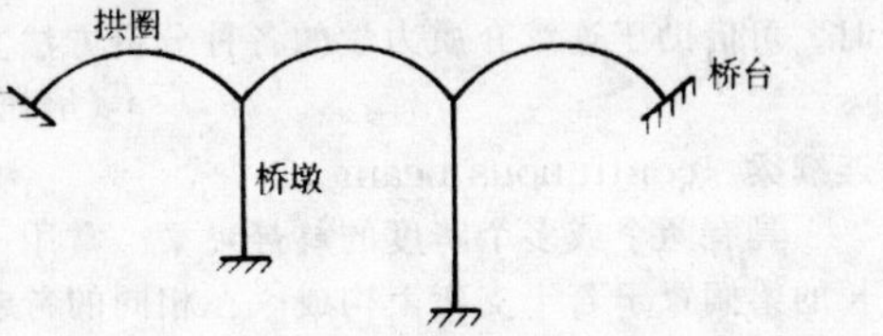

（何放龙）

连续变量 continuous variables

优化设计过程中可以在给定范围内连续取值的设计变量。优化设计过程中处理这类变量比较方便。（杨德铨）

连续波 continuous wave

没有陡峻的波峰，波动瞬时水面坡度缓变的波。属位移波类。这种波其发生过程比较缓慢，其波长常为波高的几百倍、几千倍甚至上万倍，可将其看作为非恒定渐变流动。（叶镇国）

连续加荷固结试验 continual loading consolidation test

对饱和土试样连续加荷，能快速测定试样一维压缩特性的固结试验。在试样连续加荷过程中，随时测定试样的变形量与试样底部孔隙水压力。按照控制条件可分为等应变速率固结试验、等梯度固结试验及等速加荷固结试验等。（李明逵）

连续介质假设 continuous medium hypothesis

介质所占空间可近似看作连续无间隙地充满“质点”的假设。它是宏观力学对流体和固体的物理特性的一种假定，此处所指的介质指真实流体或固体，是欧拉（L.Euler 1707～1783）于 1753 年提出的一种理想物质结构模型，据此可把一个本来是大量的离散分子或原子的运动问题近似作为连续充满整个空间的质点运动问题，而且每个空间点和每个时刻都有确定的物理量，它们都是空间坐标和时间的连续函数，从而可以利用数学分析工具。因此，它是流体力学和固体力学中一个带根本性的假设，一般情形下是成立的，例如在冰点温度和一个大气压下，$10^{-9}cm^3$ 体积中含气体分子数达 2.7×10^{10}；$1cm^3$ 水中含水分子数约为 3.34×10^{22}。但在某些特殊问题中，这一假设也可以不成立，例如在稀薄气体动力学中，分子间的距离很大，它可和物体特征尺度比拟，虽然也存在稳定平均值的分子团，但却不能将它看作质点，因而不能作连续介质处理。（叶镇国）

连续介质岩体 continuous medium rock mass

具有连续介质力学特性的岩体。对于厚度较

大、变化不显著的岩层，结构面不发育、延展性差，不能切割成分离的结构体的整体结构，以及在较高地应力下的散体结构和碎裂结构的岩体，均可视为连续介质岩体。在研究这类岩体的力学问题时，可借助于连续介质力学的各种分析方法。

（屠树根）

连续梁 continuous beam

具有两个或多个跨度的超静定梁。常用一根通长的梁搁置于若干支座上构成。在相同的荷载作用下，其跨中挠度和最大弯矩比跨数相同的多跨简支梁要小，在桥梁和房屋建筑的整体式楼盖等结构中广泛应用。可采用力法、位移法或力矩分配法进行计算，其中以力矩分配法最为简便。对于五跨以内的等跨连续梁，在各种荷载作用下的支座截面和跨中截面的弯矩系数，有现成表格可直接查用。

（罗汉泉）

连续损伤力学 continuum damage mechanics

用连续介质力学的唯象方法研究损伤的理论。它引入损伤参量作为本构关系中的内变量。一般将损伤过程与材料的应力应变行为考虑为耦合的。基于不可逆过程热力学框架，引入合理的损伤参量，导出考虑损伤的材料本构关系和损伤演化方程，得到描述损伤场和应力应变场的控制方程和初边值条件。求解上述问题，可深入认识损伤的萌生、演化、形成裂纹缺陷直至破坏的过程，并改进寿命预计的方法。它在连续介质力学适用的尺度范围内，补充了断裂力学所不能描述的宏观裂纹萌生前的力学理论，它在结构承载能力预计，构件寿命估算等方面有着重要的应用。（余寿文）

连续性微分方程 differential equation of continuity

反映物质连续性的微分关系式，在流体力学中为反映流体流动时质量守恒的微分关系式。对于确定的流体，它的质量在运动过程中不生不灭。在笛卡尔坐标系中，其形式如下

$$\frac{\partial\rho}{\partial t}+\frac{\partial(\rho u_x)}{\partial x}+\frac{\partial(\rho u_y)}{\partial y}+\frac{\partial(\rho u_z)}{\partial z}=0$$

式中 ρ 为流体密度；u_x、u_y、u_z 为流速 u 在三坐标轴中的分量；t 为时间。当为定常流动时，$\frac{\partial\rho}{\partial t}=0$；当为不可压缩流体时，有

$$\frac{\partial u_x}{\partial x}+\frac{\partial u_y}{\partial y}+\frac{\partial u_z}{\partial z}=0$$

（叶镇国）

涟波 ripple wave

又称表面张力波。风力较小时初期所引起的波长、波速均比较小的波浪。这种波的主要恢复力是表面张力，其波长一般小于 3cm，波周期小于 0.1s。实际资料证明，一旦波动形成，水面上气流的压强变化就犹如无旋运动的压强分布，波峰处压强减小，波谷处则增加，从而使波动加强。风力加大，或较大风力持续作用时，处于波速很低的涟波从气流中获得能量的同时，将转化为重力波，直到其波速与风速相近时为止。（叶镇国）

联合桁架 compound truss

由几个简单桁架按几何不变体系组成规则所构成的桁架。进行内力计算时，通常先用截面法将联结简单桁架的链杆或铰截开，求出联结链杆的内力或铰的约束力，然后再求简单桁架各杆的内力。

（何放龙）

联结单元 link element，bond element

分离式模型中插在钢筋单元和混凝土单元之间的一种特殊单元。是不占几何空间，模拟钢筋与混凝土之间相互作用的虚设单元。其刚度决定于钢筋和混凝土的粘结滑移性能。单元刚度矩阵的推导与一般的位移元相同。在平面问题中，常用的有双弹簧联结单元和四边形滑移单元。（江见鲸）

链段位移 segment translation

高分子链上能像小分子那样作独立运动的单元——链段，在外力作用下以足够的热运动能克服内旋转位垒和由周围链段的相互作用造成的位垒，沿外场方向朝邻近孔穴择优跃迁所导致的链段质心的移动。

（周　啸）

链杆 hinged bar

两端用光滑铰各与一构件联接，或其中一端联结到固定支承物上，重量不计且中间不受任何力作用的直杆。例如图中 1、2、3、4 四杆。它是二力杆，对构件的约束反力沿杆轴，指向则一般不能预先确定。

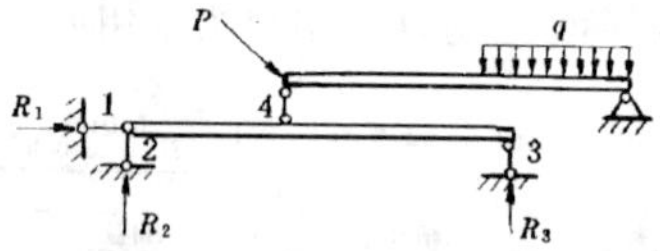

（黎邦隆）

liang

梁 beam

在横向荷载作用下的受弯杆件。横截面上的内力有剪力及弯矩。如果横截面上剪力恒为零，则为纯弯梁。梁的轴线为直线者称为直梁，为曲线者称为曲梁。由于支座情况不同，梁又可分为悬臂梁、简支梁、外伸梁、连续梁以及弹性基础梁等。其支座反力可由静力平衡条件确定的称为静定梁；不能仅由平衡条件确定者称为超静定梁，如连续梁，弹

性基础梁等。梁的弯曲变形有平面弯曲及斜弯曲两种类型。（吴明德）

梁的边界条件 boundary conditions of beams

用以确定求积挠曲线微分方程中出现的积分常数的已知条件。对于二阶微分方程，是指梁支承处的线位移和角位移的已知条件，即支承处的几何约束条件。对于四阶微分方程，除去位移边界条件之处，还有力的边界条件，即边界处的剪力与弯矩值。（熊祝华）

梁的侧向屈曲 lateral buckling of beam

梁在横向荷载作用下产生弯扭组合变形的失稳现象。对于狭高截面的细长梁，在横向荷载作用下当荷载较小时，只发生弯曲变形，但当荷载增至临界值时，梁将丧失稳定性而转变为弯曲与扭转组合形式的变形。梁的侧向稳定的临界荷载不仅与梁的长度和支承条件有关，而且与弯曲刚度和扭转刚度有关。（吴明德）

梁的连续条件 conditions of continuity of beams

分段求积挠曲线微分方程时，保证挠曲线连续、光滑的条件。它要求在荷载和截面突变处，相邻两段的挠度 w 及转角 θ（挠度的导数）应相等：$w_1=w_2$；$\theta_1=\theta_2$（或 $w'_1=w'_2$）。（熊祝华）

梁的主应力迹线 trajectories of principal stresses of beam

梁内各点主方向(参见应力主方向,434页)所连成的曲线。以直梁为例,任一点均有两个主应力,一为拉应力、一为压应力,两者方向相互垂直,因此可作出两组正交曲线,即为主应力迹线,图中实线为主拉应力迹线,虚线为主压应力迹线。在工程设计中可根据主应力迹线的原理配置弯起钢筋。

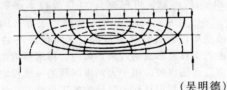

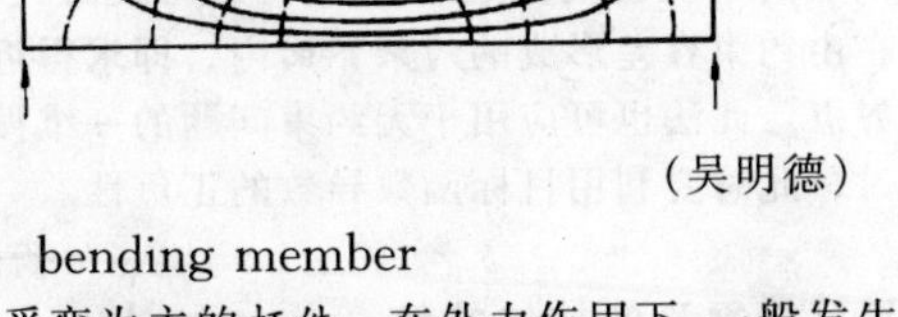

（吴明德）

梁式杆 bending member

以受弯为主的杆件。在外力作用下,一般发生弯曲变形、剪切变形和轴向变形,并相应产生弯矩、剪力和轴力。按照是否伴有扭转变形和扭矩产生,可分为空间梁式杆和平面梁式杆两大类。（洪范文）

梁式桁架 bridge truss

又称无推力桁架。在竖向荷载作用下不产生水平推力的桁架。与实体梁相比具有自重轻、节省材料、跨越空间大等许多优点，被广泛应用于各工程领域。梁式桁架依荷载作用位置的不同，常分为上承式（上弦结点承载）和下承式（下弦结点承载）两种。简支梁式桁架在重力等外荷载作用下，各上弦杆均承受压力，而下弦杆则承受拉力。（何放龙）

梁式机构 beam mechanism

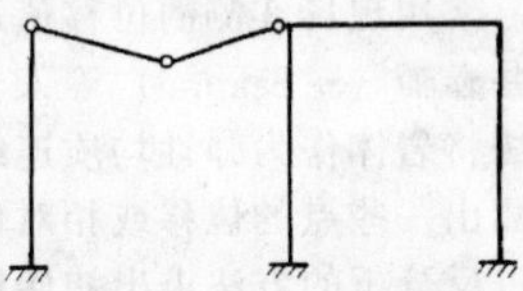

在梁或刚架的某一杆件上出现塑性铰后所形成的局部破坏形式。如同梁的破坏形式（见图，图中圆圈点表示塑性铰）。是用机构法确定极限荷载时最常用到的一种基本机构。它既可以作为一种独立的破坏机构，也可与侧移机构或结点机构等基本机构合成组合机构以寻求可破坏荷载。（王晚姬）

梁柱单元刚度矩阵 element stiffness matrix for beam-column

用有限元法计算刚架等结构的稳定问题时，其中压弯杆件（又称为梁柱）单元的单元刚度矩阵。它包括两部分，一是普通梁式杆忽略轴向变形的单元刚度矩阵（下式中右边第一项），二是梁柱单元几何刚度矩阵（下式中右边第二项）。以 $\boldsymbol{K}^{e}$ 表示这种单元的单元刚度矩阵，则它可表为

$$\boldsymbol{K}^{e}=EI\begin{bmatrix}12/l^3 & 6/l^2 & -12/l^3 & 6/l^2\\ 6/l^2 & 4/l & -6/l^2 & 2/l\\ -12/l^3 & 6/l^2 & 12/l^3 & -6/l^2\\ 6/l^2 & 2/l & -6/l^2 & 4/l\end{bmatrix}-P\begin{bmatrix}6/5l & 1/10 & -6/5l & 1/10\\ 1/10 & 2l/15 & -1/10 & -l/30\\ -6/5l & -1/10 & 6/5l & -1/10\\ 1/10 & -l/30 & -1/10 & 2l/15\end{bmatrix}$$

式中对单元坐标系的规定，各单元刚度系数（矩阵中的元素）的物理意义分别参见单元刚度矩阵（54页）和梁柱单元几何刚度矩阵。（罗汉泉）

梁柱单元几何刚度矩阵 geometric stiffness matrix for beam-column element

又称初应力矩阵。在梁柱单元刚度矩阵中，反映轴向压力 P 对单元弯曲刚度的影响矩阵。以 $\boldsymbol{K}_{g}^{e}$ 表示，其形式为

$$\boldsymbol{K}_{g}^{e}=-P\begin{bmatrix}6/5l & 1/10 & -6/5l & 1/10\\ 1/10 & 2l/15 & -1/10 & -l/30\\ -6/5l & -1/10 & 6/5l & -1/10\\ 1/10 & -l/30 & -1/10 & 2l/15\end{bmatrix}$$

式中，P 为作用于单元杆端的轴向压力；l 为单元杆长。矩阵中的元素表示当轴压力 $P=1$ 时，在某一杆端位移方向所引起的附加杆端力（杆端弯矩以逆时针为正，杆端剪力以与局部坐标系的 y 轴方向一致时为正）。上式与普通梁式杆的单元刚度矩阵一起组成梁柱单元刚度矩阵。将上式右边的负号

改为正号，即为受拉力作用时的单元几何刚度矩阵。（罗汉泉）

量测位移反分析 back analysis of measured displacements

用现场实测的位移值进行反分析的方法。由樱井春辅（S. Sakurai）等人于 1979 年首先提出，该法将岩体作为弹性均质连续体，在施工过程中，量测出一些点的位移或相对位移，利用这些资料，通过反分析的方法求出初始地应力及材料参数，这些结果从总体上反映出了岩体的力学性质。此法在工程界应用较广。（徐文焕）

量测误差 errors from measure

测定值与真值之差。由于真值几乎无法测得，所以误差也不可知，仅能由统计推断估计出在一定置信水平的误差范围。（王娴明）

量纲 dimension

又称因次。物理量性质类别的标志。用方括号加英文字母表示。例如用 $[L]$、$[T]$、$[F]$、$[M]$、$[v]$ 分别表示长度、时间、力、质量、速度的量纲。有基本量纲和导出量纲两种。它与表征物理量大小的单位不一样，同一物理量的单位根据使用习惯不同，可以有多种表示，而量纲在基本量纲确定后，只有一种。（李纪臣）

量纲分析法 method for dimensional analysis

又称因次分析法。应用物理方程量纲齐次性原理分析某物理现象各量之间的函数关系的方法。有瑞利法（瑞利定理）和布金汉分析法（π 定理）。前者用于分析物理量个数少于 4 个的问题，后者用于分析物理量多于 4 个的复杂问题。量纲分析可以帮助合理组织试验从而大大减少试验工作量。（李纪臣）

量纲公式 dimension formula

又称量纲方程。物理量量纲与基本量纲的关系式。任何一个物理量的量纲均可写成基本量纲的指数积形式。例如在力学系统中，任何一个力学量 X 均可由三个基本量纲，即长度量纲 $[L]$、时间量纲 $[T]$、质量量纲 $[M]$ 的指数积表示，即

$$[X] = [L^{\alpha}T^{\beta}M^{\gamma}]$$

指数 α、β、γ 反映物理量 X 的性质，不同的物理量的 α、β、γ 值必定不同。α、β、γ 中只要有一个不等于零，则 X 必为有量纲的量；若 α、β、γ 均等于零，X 则为无量纲量（如雷诺数 Re，佛汝德数 Fr 等相似准数）；若 $\beta=\gamma=0$，而 $\alpha\neq0$，则 X 为几何量；若 $\alpha\neq0$，$\beta\neq0$，$\gamma=0$，则 X 为运动学量；若 α、β、γ 均不等于零，则 X 为动力学量。量纲公式是求导出量纲和量纲分析的重要理论依据之一。（李纪臣）

量纲齐次性原理 principle of dimensional homogeneity

又称量纲和谐原理。正确反映客观规律的物理方程各项量纲必定一致的法则。不同的物理量的量纲不同，因此不能相加或相减，但可以相乘或相除。由不同物理量组成的物理方程，其两边的量纲必须相同。量纲这一重要特性是量纲分析建立物理方程的理论依据之一。（李纪臣　王娴明）

量热式测速法 calorітype method of velocity measurement

利用热的传递、输移测定流速的方法。流体的流动和热量的输移，或流体流动与固体间的热交换，相互间有着密切的关系。这类型式的流速计中最为人们所熟悉的是热线风速计和热敏电阻风速计。（彭剑辉）

量水槽 water trough for measuring flowrate

在明渠中利用束狭断面形成水位差的测量流量设备。它适用于在河渠上测量大流量。这种量水设备构造简单，使用方便，测量范围大。（彭剑辉）

量水堰 weir for measuring flowrate

测量较大流量时的量水设备。它是模型试验或实验室的基本量水设备之一，多为薄壁堰。可装设在水道的前端或末端。当堰板宽度与渠道同宽时称为全宽堰。按溢流堰口形状的不同，有矩形堰、三角堰、梯形堰、圆形堰、比例堰等。关于堰的流量计算公式有堰流通用公式。（彭剑辉）

两分法 bisection method

泛指用对立统一规律观察事物的方法。在结构优化的一维搜索中，指利用搜索区间中点 $\boldsymbol{x}$ 约束函数值的正负性使搜索区间一次缩小一半，从而求得近似边界点的一维搜索方法。对于具有约束容差 ε_1 和 ε_2 的问题，可根据 $\boldsymbol{x}$ 点作用约束函数值 $g_j(\boldsymbol{x})$ 是 $\leqslant(-\varepsilon_1)$ 或是 $\geqslant\varepsilon_2$ 来决定丢弃区间后半段或前半段。重复这个过程，必将使最终的 $\boldsymbol{x}$ 落在由约束容差形成的约束界面内，即求得近似的边界点。此法也可应用于无约束问题的一维搜索，不过，此时要利用目标函数导数的正负性。（杨德铨）

两互相垂直的柱体接触 contact between two cylinders with orthogonal axes

初始时为点接触且轴线相互正交的两圆柱体受压接触。接触面为椭圆，其主轴与两柱体的轴线平行。以 R_1、R_2、E_1、E_2、ν_1 与 ν_2 表示两圆柱的半径、弹性模量与泊松比，P 表示外荷载，则接触椭圆的长短半径为

$$a = C_a\sqrt[3]{2P\frac{R_1R_2}{R_1+R_2}\left(\frac{1-\nu_1^2}{E_1}+\frac{1-\nu^2}{E^2}\right)}$$

$$b = a\frac{c_b}{c_a}$$

式中 c_a、c_b 是与两圆柱体半径之比有关的常数，可查表得到。接触面上的压力分布为

$$q = \frac{3P}{2\pi ab}\sqrt{1-\frac{x^2}{a^2}-\frac{y^2}{b^2}}$$

（罗学富）

两互相平行的柱体接触 contact between two cylinders with parallel axes

初始时为线接触的两轴线平行的圆柱体受压接触。接触面为沿圆柱轴线方向的狭长矩形。以 R_1、R_2、E_1、E_2、ν_1 和 ν_2 分别表示两圆柱的半径、弹性模量与泊松比，P 表示柱体单位长度轴线上的压力，接触面宽度为 $2b$。则

$$b = \sqrt{\frac{4D}{\pi}\frac{R_1R_2}{R_1+R_2}\left(\frac{1-\nu_1^2}{E_1}+\frac{1-\nu_2^2}{E_2}\right)}$$

接触面上压力分布为

$$q = \frac{2P}{\pi b}\sqrt{\frac{1-y^2}{b^2}}$$

令 $R_2\rightarrow\infty$，即得圆柱与平面接触的情况。

（罗学富）

两铰拱 two-hinged arch

具有连续拱圈且在两端采用固定铰支座的拱。为一次超静定结构。这种拱沿拱轴的弯矩分布不均匀且不合理（拱顶大，靠支座处逐渐减小至零）。其优点是当支座发生不均匀沉降（支座竖向位移）时不产生附加内力。常用于较大跨度或支座可能发生沉降的桥梁和房屋建筑中。有时为了免除对支座的抗推力要求，在两拱趾之间设置拉杆，称其为拉杆拱。

（何放龙）

两球体接触 contact between two spheres

初始时为点接触的两球体在对心力作用下受压接触。接触面为圆。以 R_1、R_2 表示两球体半径，E_1、E_2、ν_1、ν_2 为两球体的弹性模量与泊松比，P 表示外荷载，则接触面的半径为

$$a = \sqrt[3]{\frac{3P}{4}\frac{R_1R_2}{R_1+R_2}\left(\frac{1-\nu_1^2}{E_1}+\frac{1-\nu_2^2}{E_2}\right)}$$

接触面上的压力分布为

$$q = \frac{3P}{2\pi a^2}\sqrt{1-\frac{1}{a^2}(x^2+y^2)}$$

令 $R^2\rightarrow\infty$，即得圆球与平面接触的情况。

（罗学富）

两相法 two-phase simplex method

针对具有人工变量的线性规划问题，分两阶段（相）利用单纯形法求解的一种方法。相Ⅰ：为形成初始基本可行解，在线性规划标准式的等式约束中引入人工变量，并以人工变量的代数和作为目标函数，用单纯形法求解，若所得最优解中的人工变量全为零，则可获得原问题的初始基本可行解，否则原问题无解；在求解过程中，当人工变量退出基变量时可将其删除。相Ⅱ：用相Ⅰ中所得的原问题初始基本可行解作为出发点，用单纯形法寻求原问题的最优解。

（刘国华）

lie

烈风 strong gale

蒲福风级中的九级风。其风速为 20.8～24.4m/s。

（石　沅）

裂纹 crack

又称裂缝。存在于结构物中引起位移间断的一类缺陷。其尖端处具有非常小的曲率半径。是断裂力学研究的重要对象。常因加工制造不良，或长期工作的疲劳、蠕变破坏引起。按其在结构物内的位置可分为：贯穿裂纹，表面裂纹，近表面裂纹（浅埋裂纹）和内部裂纹（深埋裂纹）。按裂纹表面上质点的相对位移又可分为张开型（Ⅰ型）裂纹，滑开型（Ⅱ型）裂纹与撕开型（Ⅲ型）裂纹。如果两种以上的位移形式同时存在，则称之为复合型裂纹。结构物中的任一裂纹，均可看作上述三种基本类型的组合。

（罗学富）

裂纹表面能 crack surface energy

当固体中裂纹扩展时，形成新的自由表面所消耗的能量。通常在固体中要形成新的表面必须克服裂纹前缘附近的吸附力而作功。某种固体材料形成单位面积新表面所需的能量称为比表面能，常以 γ 表示。设表面积为 S，则总表面能为 $S\gamma$。

（孙学伟）

裂纹的动态扩展 dynamic propagation of crack

考虑惯性效应的裂纹扩展。当裂纹的扩展速率 da/dt 很高时，扩展裂纹的力学变形状态，与不扩展裂纹在动载作用下的动态响应是很不相同的。迄今为止，已建立了多种裂纹动态扩展的分析模型。裂纹动态扩展的理论，对于确定动态断裂韧性 K_{ID}，止裂韧性 K_{Ia}，以及结构物的动态荷载作用下的安全评定有重要意义。

（余寿文）

裂纹的动态响应 dynamicaly response of crack

在突加载荷下，考虑惯性效应的含裂纹结构的应力波的动态过程。在动态脆性断裂问题中，着重考察描述裂纹尖端主导参数的动态应力强度因子。弹塑性材料中的动态响应分析，尚待进一步研究发展。

（余寿文）

裂纹的分叉 crack branching

由原先的一条裂纹分叉成两条或三条甚至更多条的裂纹向前扩展的现象。在压力容器的爆裂中，常常可以看到裂纹的分叉扩展现象，玻璃破碎时的分叉现象更是人们所常见的。（余寿文）

裂纹的声发射检测 acoustic emission detection for crack

利用声发射技术间接检测裂纹扩展性能的方法。当试件材料中发生滑移、塑性变形及裂纹扩展时都伴随有以声波形式传播出的能量释放，通过声发射探头即可接收这样的声波信号，能够检测这些过程的发生和进行。经过标定即可用于检测裂纹起动和扩展。目前已有商品化的声发射检测仪可供选用。这些仪器有单通道和多通道的，其中高级产品配备有微型计算机，能直接显示缺陷及起裂的位置等。声发射技术的困难在于信号识别复杂和易受干扰。它不仅可用于检测裂纹，还可用于其他许多方面，是无损检测的重要手段之一。（孙学伟）

裂纹的涡流检测 eddy current detection for crack

利用涡流效应检测裂纹的手段。它的原理是在裂纹尖端附近会形成涡流，通过检测放大和显示便可检测裂纹尖端的所在位置和跟踪它的运动，达到检测裂纹的目的。通常适用于板型含穿透裂纹的试件。目前已有商品化的涡流跟踪仪出售。（孙学伟）

裂纹几何 crack geometry

对裂纹体几何特性描述的简称。指裂纹分布、裂纹形状、裂纹长度、裂纹方向等。（罗学富）

裂纹尖端场角分布函数 angular function of near tip fields

近裂纹尖端应力场沿幅角 θ 分布的特征。对于变数可分离型的裂纹尖端应力状态，一般可表达为 $\sigma_{ij}(r,\theta)\sim \Lambda r^{-\lambda}\tilde{\sigma}(\theta)$。$\Lambda$ 为裂纹尖端场主导参数，λ 为应力场奇异性指数，$\tilde{\sigma}(\theta)$ 称为角分布函数。（余寿文）

裂纹检测的交流电位法 alternating current electrical potential method for detecting crack

利用交流电位差间接检测裂纹扩展性能的方法。其具体原理为，在待测试件中通以交流电流，形成交流电位场，在试件裂纹两侧引出待测电位，观测记录荷载 P 和交流电位差 ΔU 的关系曲线，通过事先已进行的物理标定，即可间接检测裂纹起始扩展和长度的改变。目前已有商品化的交流电位仪可供选用。该方法通常只对某些材料比较有效，可作为裂纹长度检测的辅助手段。（孙学伟）

裂纹检测的金相剖面法 metallographic profile method for detecting crack

利用金相学形貌观察检测裂纹特性的一种方法。通常把已做过断裂韧性试验的试件剖开，制做成金相试片，在显微镜下观察断口上裂纹前缘形貌，从而可以测得裂纹扩展量。这种方法比较复杂，而且不能在加载时进行，但所得结果直观、准确、可靠。（孙学伟）

裂纹检测的直流电位法 direct current potential method for detecting crack

利用直流电位差间接检测试件和结构中裂纹扩展性能的方法。其具体原理为，在试件的两端通以直流电流，试件中形成直流电位场，在裂纹两侧的适当部位引出待测电位，观测记录荷载 P 和直流电位差 ΔU 的关系曲线，经过事先已进行的物理标定，即可检测裂纹起始扩展及其长度变化。通常在试验中 ΔU 变化值甚小，因此需加以放大，技术上实现起来有一定困难。该方法也只对某些材料比较有效，可作为辅助手段检测裂纹。（孙学伟）

裂纹扩展 crack growth

裂纹体在外载或环境作用下，其长度不断增加的过程。根据裂纹扩展时的状态不同可分为起始扩展、稳定扩展与失稳扩展。裂纹扩展在满足一定条件时才会发生，控制裂纹扩展的条件称为断裂准则。裂纹扩展在工程上具有重要意义，常是引起破坏事故的原因。（罗学富）

裂纹扩展极限速率 limit-velocity for crack propagation

裂纹扩展速率 $\dot{a}$ 的极限值。例如均匀外应力场下，无限大板中裂纹扩展速率，在近似假设前提下，近似表示为 $\dot{a}\approx\eta v_s(1-a_c/a)$。其中 η 为系数，$v_s=\sqrt{E/\rho}$ 为材料纵波波速，a_c 为开始失稳扩展时的裂纹长度，ρ、E 分别为材料质量密度和弹性模量。实测的 $\dot{a}$ 比上式计算的极限值要低得多。（余寿文）

裂纹扩展计 crack propagation gauge

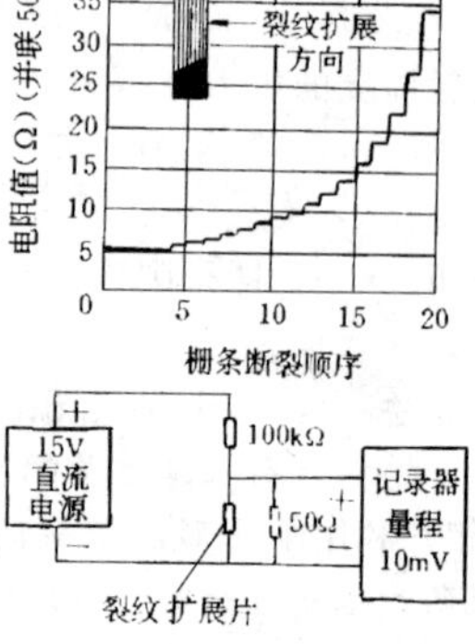

探测构件裂纹扩展情况和扩展速率的敏感元件。由栅体及基底组成。使用时粘贴在试件的待测部位，当出现裂纹并扩展时，栅线依次断开、阻值增大，根据电阻值的变化由标定曲线查出裂缝扩展情况。可用毫欧级电阻表或如图所示的量测线路量测电阻值的变

化。是研究断裂力学和检查构件工作状况的有效工具。 （王娴明）

裂纹起始扩展 initial crack growth

裂纹由静止进入扩展的过程。对于线弹性断裂力学问题，常采用应力强度因子断裂准则，或格里菲斯断裂准则判断裂纹是否发生起始扩展。 （罗学富）

裂纹失稳扩展 unstable crack growth

裂纹稳定扩展的临界点。在这一点上，即使不再增大荷载，裂纹也会继续扩展下去直至整个构件断裂。失稳扩展发生的条件是：裂纹扩展推动力大于裂纹扩展阻力，而且推动力对裂纹长度的变化率大于裂纹扩展阻力对裂纹长度的变化率。 （罗学富）

裂纹稳定扩展 stable crack growth

又称亚临界裂纹扩展。裂纹在起始扩展后，直至破坏前的一段扩展过程。常发生于平面应力裂纹，或中低强金属材料的平面应变裂纹。在这一扩展阶段，材料表现出抵抗裂纹扩展的能力（裂纹扩展阻力），要使裂纹继续扩展，必须不断增加外荷载，即不断增加裂纹扩展推动力。推动力与阻力随裂纹扩展而同步增长，二者始终保持相等。 （罗学富）

裂纹元 crack element

一种含裂纹的单元，裂纹尖端点具有应力奇异性，按断裂构件的不同有：平面、空间和板、壳裂纹单元；按裂纹体受载类型有；张开型、剪切型和撕开型等。 （包世华）

裂纹张开位移 crack opening displacement

简称 COD。裂纹体在拉伸荷载作用下，裂纹上、下表面出现的张开型相对位移。与之相应的有原裂纹顶端的张开位移 CTOD。此外还有对应于Ⅱ型与Ⅲ型裂纹的滑开位移与撕开位移。COD 可用以表征含裂纹平面物体的裂纹顶端的弹塑性力学状态，它是弹塑性断裂力学中的一个断裂参量。 （余寿文）

裂隙粗糙系数 joint roughness coefficient

表示岩体结构面粗糙程度的系数。巴顿（N. Barton）提出的不规则齿状节理面抗剪强度参数之一。用 *JRC* 表示为

$$JRC=\frac{\mathrm{tg}^{-1}\left(\frac{\tau_{o}}{\sigma_{no}}\right)-\varphi_{b}}{\log_{10}\left(\frac{JCS}{\sigma_{no}}\right)}$$

τ_o 和 σ_{no} 分别是在极低应力等级下发生滑动时作用在结构面上的剪应力和正应力。其值可采用倾斜或推拉试验测量开始滑动时的倾斜角 $\alpha=\mathrm{tg}^{-1}\left(\frac{\tau_o}{\sigma_{no}}\right)$ 代入上式求得，也可以将结构面的粗糙度剖面与巴顿提出的标准剖面对比求得。巴顿将粗糙程度分为 10 级，其值为 0～20。 （屠树根）

裂隙抗压强度 joint compressive strength

裂隙表面的单轴抗压强度。由于风化作用，裂隙面上及其附近的强度比岩体其他部位的强度低，巴顿（Barton，N.）用 *JCS* 代替结构面二壁锯齿状凸起体本身强度，可用米勒的经验关系式求得

$$\log_{10}(\sigma_c)=0.00088\gamma R+1.01$$

σ_c 为裂隙表面的单轴抗压强度（MN/m^2）；R 为回弹仪试验求得的回弹值平均值；γ 为岩石的干表观密度（kN/m^3）。当裂隙两壁岩石风化轻微的情况下，亦可用常规的单轴拉压试验或点荷载试验换算抗压强度。 （屠树根）

裂隙频率 fissure frequency

又称线密度。沿测线方向单位长度上结构面或裂隙的条数。若结构面的平均间距为 s（m），则

$$K_s=\frac{1}{s}\quad(\text{条}/\text{m})$$

（屠树根）

lin

临界标准贯入击数 critical number of blows of standard penetration test

判断地基中饱和土体在某一地震烈度下是否发生液化用的标准贯入试验界限击数。它一般用 N_{cr} 表示。当实际标准贯入击数大于 N_{cr} 时为不液化土体，小于 N_{cr} 时为可能液化土体。N_{cr} 值由抗震规范给定的经验公式估算，主要受土体埋深、地下水位深度以及地震烈度等因素的影响。

（吴世明 陈龙珠）

临界荷载 critical load

保证杆件或结构平衡稳定性的极限荷载值，是工程设计中一个重要参数（参见压杆稳定性，402 页）。临界荷载值不仅与材料有关，而且与杆件或结构的几何尺寸、形状及约束条件有关，它是反映杆件或结构总体性能的一个参数（参见欧拉公式，261 页）。 （吴明德）

临界雷诺数 critical Reynolds number

判别层流与湍流的雷诺数标准值。对于圆管有

$$\mathrm{Re}_c'=\frac{v'_c d}{\upsilon}$$

$$\mathrm{Re}_c=\frac{u_c d}{\upsilon}$$

式中 Re_c' 为上临界雷诺数；v'_c 为上临界流速，即由层流向湍流转化时的临界流速；Re_c 为下临界雷

诺数；v_c 为下临界流速，即由湍流向层流转化时的临界流速；υ 为流体运动粘度；d 为圆管直径。实验得出 $v'_c > v_c$。雷诺得出：$Re_c' \approx 12000$，$Re_c = 2320$，且 Re_c' 数值不稳定，主要与进入管道前液体的平静程度及外界干扰情况有关。实际工程中往往存在扰动，Re_c' 对于判别流态无实际意义，因此采用 Re_c 作临界流雷诺数的标准值，对于圆管，有

$$Re > Re_c = 2000(\text{湍流})$$

$$Re < Re_c = 2000(\text{层流})$$

对于明渠，$Re = \frac{vR}{\upsilon}$，$Re_c = 575$。其中 R 为水力半径。 （叶镇国）

临界裂纹尺寸 critical crack size

给定结构部件外荷载和材料断裂韧性的条件下，利用断裂准则所确定的裂纹大小。（余寿文）

临界裂纹张开位移 critical crack opening displacement

裂纹开始扩展时顶端的张开位移，常记为 δ_c。是弹塑性条件下，材料对裂纹扩展的阻力，也是裂纹扩展时裂纹尖端附近塑性变形的一种度量。该值可用小型三点弯曲试件在全面屈服下通过间接方法测出，中国已制定 δ_c 测试标准。 （罗学富）

临界流 critical flow

明渠水流中断面平均流速等于临界流速的流动状态。由微波波速计算公式有

$$C = \sqrt{\frac{g}{\alpha} \cdot \frac{\omega}{B}}$$

$$Fr = \frac{v^2}{C^2} = \frac{\alpha v^2}{g \frac{\omega}{B}}$$

式中 v 为平均流速；C 为微波波速；ω 为过水断面面积；B 为水面宽度；α 为动能修正系数；g 为重力加速度；Fr 为佛汝德数。当为临界流时，$Fr = 1$，$v = C$，干扰微波不会向上游传播，只会对下游有影响。向下游传播速度为 $v + C = 2C$。

（叶镇国）

临界马赫数 critical Mach number

绕物体的流动中，紧靠物体表面某一点最大流速达到当地声速时所对应的来流马赫数。常用符号 Ma_{cr} 表示。若来流马赫数小于 Ma_{cr}，则全流场无超声速区，称为亚临界流动；若来流马赫数大于 Ma_{cr}，则流场中必有局部超声速区，称为超临界流动。Ma_{cr} 随物体形状和攻角而改变，物体（如机翼）越薄或越细长，攻角越小，Ma_{cr} 越高。局部超声速区后部有激波，引起波阻，并可能导致边界层分离，甚至发生抖振。因此一般飞行器设计都尽量提高 Ma_{cr}，避免超临界飞行。但自 20 世纪 60 年代以来，发展出超临界翼型和机翼，使超临界飞行成为可能。 （叶镇国）

临界坡度 critical slope

明渠中的正常水深 h_0 恰等于临界水深 h_k 时相应的渠道底坡。常用符号 i_k 表示。它是渠道底坡缓急的一个判别标准。按 i_k 定义，渠中既是以水深为 h_0 的明渠均匀流，又符合临界流条件，所以由均匀流基本公式 $Q = \omega_k C_k \sqrt{R_k i_k}$ 及临界水深的普遍公式 $\frac{\alpha Q^2}{g} = \frac{\omega_k^3}{B_k}$ 二者联立可解得

$$i_k = \frac{Q^2}{\omega_k^2 C_k^2 R_k} = \frac{g}{\alpha C_k^2} \cdot \frac{x_k}{B_k}$$

式中带足标“k”表示各水力要素均按临界水深计算；ω_k 为过水断面面积；C_k 为谢才系数；R_k 为水力半径；B_k 为水面宽度；x_k 为湿周，α 为动能修正系数；g 为重力加速度；Q 为流量。由上可知，i_k 并不是一个固定值，它随流量、断面形状、断面尺寸及粗糙系数而变化。对于除流量外其他水力要素一定的渠道，i_k 随流量而变化。以宽浅式渠道为例，若 $x_k \approx B_k$，因而有 $i_k = \frac{g}{\alpha c_k^2}$。当 Q 增大时，h_k 增大，C_k 增大，则 i_k 值减小。可见，对于底坡为 i 的明渠均匀流，原为缓坡渠道时，即 $i < i_k$，$h_0 > h_k$，当流量增大时，有可能转变为急坡渠道，即出现 $i > i_k$，$h_0 < h_k$ 情况。但流量减小时，h_k 减小，C_k 减小，i_k 值变大。因此在原为缓坡渠道时，即 $i < i_k$，当流量减少时，则仍可保持缓坡情况。对于某一特定流量，将有一定的 i_k 与之相对应。 （叶镇国）

临界气穴指数 index number of critical cavitation

又称初生气穴数或临界气穴数。初生气穴时（临界状态）的气穴指数。常用 σ_c 表示。气穴发生的条件是 $\sigma < \sigma_c$，其中 σ 为气穴指数，由实验测定。σ_c 愈大，气穴愈易发生，其值愈小，气穴愈不易发生。由于高速水流紊动与边界层分离现象的影响，边界形状改变处的局部低压不仅和水流平均压强有关，而且随该处的流速增大而减小，并首先在这些低压区产生气穴，因此临界气穴指数恒大于零。显然，σ_c 随边界情况而异。当边界平顺，水流脉动与分离现象不明显，水流中最低压强与局部低压接近时，则 σ_c 值小，不易发生气穴和气蚀；反之，则 σ_c 大，易于发生气穴和气蚀。例如，溢流坝面处 $\sigma_c = 0.3 \sim 0.5$，很平顺的边界（螺旋桨或水轮机叶片）$\sigma_c < 0.2$；对于不平顺边界，如闸门槽或消力墩，σ 一般大于 0.6。因此，改善边界轮廓线使尽可能接近于流线型体，并使壁面尽可能平直光滑或对低压区进行人工通气改善水流流态以

降低负压值，均可减免或削弱气蚀的破坏作用。

（叶镇国）

临界水力坡度 critical hydraulic gradient

又称临界水力梯度、临界渗透坡降、临界坡降。由于渗流使得土中土颗粒间压力减少到零、发生渗透破坏时的水力坡度。表征土体抵抗渗透破坏能力的重要指标。其值越大，土抵抗渗透破坏的能力越强。管涌土的临界水力坡度与土的不均匀系数、细粒含量、渗透系数等有关。流土的临界水力坡度一般在 0.8～1.2 之间，计算式为 $i_{cr}=(G_s-1)(1-n)$。i_{cr}为临界水力坡度；G_s为土的比重；n 为孔隙率。

（谢康和）

临界水深 critical depth

明渠中，在断面形式和流量给定的条件下，相应于断面比能最小时的水深。常用符号 h_k 表示。对断面比能求最小值，即使 $\frac{dE_s}{dh}=0$，可得解算临界水深的普遍公式

$$\frac{\alpha Q^2}{g}=\frac{\omega_k^3}{B_k}=f(h_k)$$

式中 Q 为流量；α 为动能修正系数；g 为重力加速度；ω_k、B_k 为与临界水深 h_k 相应的过水断面面积和水面宽度。对于矩形断面，$\omega_k=B_kh_k$ 其临界水深计算公式为

$$\begin{cases} h_k=3\sqrt{\dfrac{\alpha q^2}{g}} \\ q=\dfrac{Q}{B_k}=v_kh_k \end{cases}$$

式中 q 为单宽流量；v_k 为临界流条件下的断面平均流速。由矩形断面的临界水深可知，$h_k=\frac{\alpha v_k^2}{g}=2\cdot\frac{\alpha v_k^2}{2g}$，它表明 h_k 为临界流流速水头的 2 倍，同时有 $E_{smin}=h_k+\frac{\alpha v_k^2}{2g}=\frac{3}{2}h_k$。这表明临界水深为相应最小断面比能的$\frac{2}{3}$。$h_k$ 是判别明渠水流态的一个水深标准。h_k 只与断面形状尺寸及流量有关，与渠道底坡及粗糙系数无关。

（叶镇国）

临界水跃 critical hydraulic jump

跃前断面位于闸孔或溢流坝下游收缩断面处的水跃。发生这种水跃衔接形式的水力条件是与收缩断面水深对应的跃后共轭水深 h''_c 等于下游尾水的实际水深 h_t，即 $h''_c=h_t$。这种水跃衔接形式消能效率比较高，需要保护的渠段短，但其位置难稳定，因此在工程实际中常采用稍有淹没的水跃衔接。

（叶镇国）

临界位置判别式 discriminant for critical position of load

判别移动活荷载在结构上的某一位置是否使所求量值产生极值的不等式。利用它可进一步确定最不利荷载位置。当结构的影响线为多边形时（图 a），使量值 S 产生极大值的判别式为

$$\left.\begin{array}{ll} P_K\text{过影响线顶点之前} & \sum_{i=1}^{n}R_i\text{tg}\alpha_i\geqslant 0 \\ P_K\text{过影响线顶点以后} & \sum_{i=1}^{n}R_i\text{tg}\alpha_i\leqslant 0 \end{array}\right\}。$$

使 S 产生极小值的判别式为

$$\left.\begin{array}{ll} P_K\text{过影响线顶点之前} & \sum_{i=1}^{n}R_i\text{tg}\alpha_i\leqslant 0 \\ P_K\text{过影响线顶点以后} & \sum_{i=1}^{n}R_i\text{tg}\alpha_i\geqslant 0 \end{array}\right\}。$$

三角形影响线（图 b）使 S 产生极大值的判别式为

$$\left.\begin{array}{l} \dfrac{\Sigma P_l+P_K}{a}\geqslant\dfrac{\Sigma P_r}{b} \\ \dfrac{\Sigma P_l}{a}\leqslant\dfrac{P_K+\Sigma P_r}{b} \end{array}\right\}$$

式中 P_K 为移动活荷载组中的某一个荷载；ΣP_l 和 ΣP_r 分别代表 P_K 以左和以右的荷载总和，其他符号见附图 a、b。由以上判别式可知，对于多边形（包括三角形）影响线，能使量值 S 取极值的移动活荷载组中必有一个集中力 P_K 位于影响线的某个顶点上，且当 P_K 向顶点的左、右两侧移动时，将使判别式的不等式符号发生变化。符合上述判别式的荷载 P_K 称为临界荷载，其相应的荷载位置则称为临界位置。移动均布活荷载下的临界位置可按一般求极值的方法，用$\frac{dS}{dx}=0$ 的条件来确定。

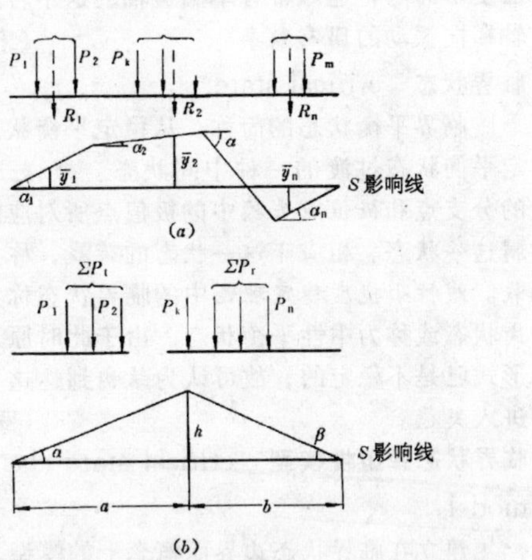

（何放龙）

临界应力 critical stress

杆件或结构所承受荷载达到临界值时横截面上应力值。此时标志着杆件将开始失稳。（参见 压杆稳定性，402 页）

（吴明德）

临界应力曲线 curve of critical stress

又称临界应力总图。压杆稳定中临界应力和长细比的关系曲线。以建筑钢为例（见图），当长细比之值 $\lambda>\lambda_c=\sqrt{\dfrac{\pi^2E}{\sigma_p}}$（式中 σ_p 为钢材的比例极限，E 为弹性模量）时，曲线的函数为欧拉公式 $\sigma_{cr}=\dfrac{\pi^2E}{\lambda^2}$；当 $\lambda<\lambda_c$时，压杆为弹塑性失稳（非弹性屈曲），除去理论曲线外，也常采用经验公式，有直线公式 $\sigma_{cr}=a-b\lambda$ 及抛物线公式 $\sigma_{cr}=a_1-b_1\lambda^2$ 等不同类型。在压杆的稳定计算中，可根据工作应力不超过临界应力再除以稳定安全系数来建立稳定条件，写成

$$\sigma=\frac{N}{A}\leqslant[\sigma_{cr}]=\varphi[\sigma]$$

式中 φ 为折减系数，其值取决于材料性能及压杆的长细比。

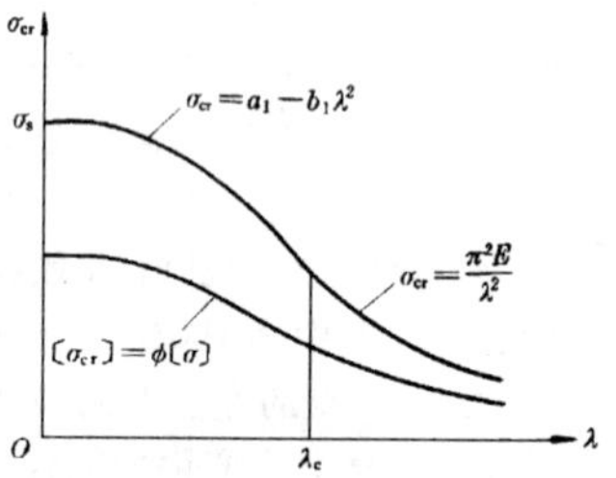

（吴明德）

临界转速 critical speed of rotation

带有偏心圆盘的转轴由于横向振动产生最大弯曲变形时的转速。带有单圆盘轴的这个转速就等于轴横向振动的固有频率。（宋福磐）

临界状态 critical state

临界平衡状态的简称。从稳定平衡状态向不稳定平衡状态过渡的一种中间状态。分 支点失稳中的分支点和极值点失稳中的极值点所对应的状态即属这一状态。相应于这一状态的荷载，称为临界荷载。线性小挠度稳定理论中的临界状态称为随遇平衡状态或称为中性平衡状态。由于此时原来的平衡形式已是不稳定的，故可认为结构到达这一状态已进入失稳。（罗汉泉）

临界状态弹塑性模型 critical state elastoplastic model

建立在临界状态边界面概念上的模型。英国剑桥大学罗斯科（Roscoe）等于 1958～1963 年在正常固结土和弱超固结土的三轴剪切试验的基础上，发展了伦杜列克（Rendulic）在 1937 年提出的饱和粘土有效应力和孔隙比成唯一关系的概念，提出了在应力空间存在一完全状态边界面。土的应力状态不可能超越这个面。该边界面又称为临界状态边界面。完全状态边界面主要由罗斯科面和伏尔斯莱夫面组成。剑桥模型，修正剑桥模型，以及在剑桥模型基础上发展起来的其他模型均属于临界状态弹塑性模型。（龚晓南）

临界状态线 critical state line

在 $p'-q-V$ 空间，正常固结土和超固结土三轴剪切试验破坏点的集合，罗斯科面 和伏尔斯莱夫面的交界线。土体剪切过程中，有效应力路径到达临界状态线意味着土体处于临界状态。在 p'：q 平面上的投影的表达式为

$$q=Mp'$$

式中 q 为主应力差，$q=\sigma_1-\sigma_3$；p'为平均有效应力，M 为斜率。（龚晓南）

临界阻尼 critical damping

见阻尼比（476 页）。

临界 J 积分 critical J integral

裂纹开始扩展时的 J 积分值，常记为 J_{1c}。是弹塑性条件下材料对裂纹扩展的阻力。在小范围屈服与大范围屈服时均可应用。可采用实验方法测试。（罗学富）

临塑荷载 critical edge pressure

相应于基础的压力～沉降曲线从弹性变形阶段转为弹塑性变形阶段的临界荷载。通常以 p_{cr}表示，当基底压力等于该荷载时，基础边缘的土体开始剪切破坏，但塑性破坏区尚未发展，由理论推导可得出

$$p_{cr}=\frac{\pi(\gamma D+c\,\mathrm{ctg}\varphi)}{\mathrm{ctg}\varphi+\varphi-\dfrac{\pi}{2}}+\gamma D$$

式中 γ 为土的重度，地下水位以下用有效重度；D 为基础的埋置深度；c 为土的粘聚力；φ 为土的内摩擦角。（张季容）

ling

灵敏度分析 sensitivity analysis

有关目标函数、约束函数对设计变量（或设计参数）导数的计算。用以反映设计变量变动时结构性态和目标函数值的变化情况，它在优化设计中起着承上启下的作用，能将结构分析与数学规划中梯度型算法有机结合起来。灵敏度分析的结果可以用来构造搜索方向、确定步长，并可作为迭代过程的终止准则。常用的分析方法有差分法、半解析法、解析法以及近似方法。当性态约束是应力（或位移、动力特性等等）时，则相应的分析称应力（或位移、动力）灵敏度分析。静力灵敏度分析可用拟载法、虚载法和性态空间法，它们均不须进行结构重分析。（汪树玉）

灵敏系数（K） gauge factor

将电阻应变计安装在试件表面，在电阻应变计轴线方向的单向应力作用下，试件的单位应变引起的电阻应变计电阻值的变化率。常以 K 表示：$K=\frac{\Delta R/R}{\epsilon}$（式中 ΔR 为因应变引起的电阻值变化；R 为电阻应变计的电阻值；ϵ 为试件在单向力作用下的应变值）。是电阻应变计的主要特性参数。在一定的范围内是常数。其数值主要取决于敏感栅的材料，但受到敏感栅的几何形状及基底和粘结剂的种类、厚度、固化程度和制作工艺等多种因素的影响并随温度改变而变化。按一定的抽样率，按上述标准由实验确定。常用的电阻应变计的 K 值为 2～4。（王娴明）

零杆 zero-force member

理想桁架在某一特定荷载作用下轴力为零的杆件。从保证结构的几何不变性及减小某些杆件的长度等方面说，零杆是不可少的。分析桁架时，先判定其上的零杆，常能使计算简便。（何放龙）

零级条纹法 zero-order fringe technique

又称 ZF 法。用多张全息图求解物体表面二维或三维位移分量的全息干涉法。用不共面的三张全息干板，对构件表面同一点进行加载前、后的双曝光全息照相。从再现象的三组全息干涉条纹图中，分别测定被测点的条纹级数。由位移向量 $\boldsymbol{d}$ 和相位差 δ_i 的关系式

$$\delta_i=(K_i-K_0)\cdot\boldsymbol{d}=kN_i\lambda \quad i=1,2,3$$

及三张全息图所在的空间几何关系，建立联立方程组解出被测点的三维位移的三个坐标分量。上式中 K_i 为从测点至第 i 观察方向的单位向量；K_0 为照明光入射方向单位向量；$k=\frac{2\pi}{\lambda}$ 为波数；N_i 为各张全息图上读出的被测点至零级条纹点之间的条纹级数。此法测量面内位移灵敏度高。（钟国成）

零飘 zero shift

粘贴在试件上的电阻应变计不承受荷载时，在恒温条件下应变示值随时间的增长而变化的现象。敏感栅在工作电流作用下的温度效应，粘结剂固化不充分，制造安装时造成的内应力等是产生零飘的原因。（王娴明）

零位置 zero configuration

势力场中势能值选定为零，以它作为计算质点或质点系在其他位置时的势能的基准位置。质点或质点系在其他位置时的势能，等于它从该位置运动到此基准位置的过程中，有势力所做的功。零势面（见等势面）上的任一点均可选为零位置，它们又称为零势点（point of zero potential energy）。（黎邦隆）

零载法 zero load method

根据静定结构解答的唯一性原理，对体系进行几何组成分析的方法。它适用于计算自由度 w 为零的复杂体系（特别是铰结链杆体系）的分析。其要点为：对于 $w=0$ 的体系，设作用其上的荷载为零（零载），若根据平衡条件求得体系各组成部分的反力和内力全部为零，则体系是几何不变的；若假定某一部分的反力或内力不等于零，却仍能满足静力平衡条件，则体系是瞬变的。在直接求内力不方便时，也可先假定体系中某个反力或某杆件的内力为待定的常数，再以它为参数，逐个结点应用平衡条件，推求其他杆件的内力，最后判断该常数是否为零，即可确定此体系的几何组成特征。（洪范文）

liu

流变学 rheology

力学的一个分支，研究材料（物体）在外部因素作用下随时间变化的应力、变形与流动的规律。在许多情况下，胡克定律、牛顿粘性定律或圣维南理想塑性定律不能说明工程材料同时具有弹性、粘性和塑性的复杂特性。因而，需从力学一般原理出发，通过材料力学行为的试验研究，建立更一般的本构关系（又称流变状态方程）。材料的流变行为主要表现为蠕变和应力松弛，其中含瞬时响应和稳态响应，通过材料函数来描述。材料函数和本构关系随温度、压力、湿度、幅射、电磁场等物理条件的不同而不同。材料的流变行为、流变模型和流变状态方程是流变学的基本内容。随着工业和技术的发展，流变学的研究与应用越来越显得重要，它已与许多学科相互渗透而形成相应的学科分支，例如粘弹塑性理论（固体流变学）、混凝土蠕变理论、土流变学、岩石流变学、金属高温蠕变理论、聚合物流变学、生物流变学、工业流变学、蠕变断裂力学等。（杨挺青）

流场 flow field

各处都对应着某个流动物理量确定值的空间。它是流体力学中的一个重要概念，可用以揭示和探索流动物理量的空间分布和变化规律。（叶镇国）

流动单元 flow unit

流动温度以上，在外力作用下导致液体、熔体、溶液流动的结构单元。对于低分子液体或低分子溶剂，流动单元是低分子本身。但对于高聚物和粘性流动，它并不是高分子链本身，而是高分子上的链段。高聚物的粘性流动不是通过切力作用下高

分子整链的跃迁来完成的，而是由一系列链段位移叠加而成的。（周　啸）

流动活化能　activation energy of flow

液体或熔体中流动单元向孔穴跃迁时为克服由其周围的分子间相互作用造成的位垒所需具备的热运动能。对于低分子，此能量即为分子热运动能。但对于高聚物的粘性运动，此能量为链段的热运动能，其值约为 25～130kJ/mol。（周　啸）

流动显示　flow visualization

借助于各种手段使流体绕经模型的流动或不同气流相互作用的流动图案显示出来的实验方法。它使人们能比较深入地了解流动现象的本质。在风洞和水洞的低速流动中一般采用外加材料显示法，通过在流场中加入可见的微粒的运动来显示流动。最常用的有烟流法、丝线法、电解沉淀法和电解氢气泡法等等。（施宗城）

流动形态　type of flow

运动液流内部结构的型式。19 世纪初，科学工作者们就已发现圆管中液体流动时水头损失与流速有不同的关系。在流速很小的情况，水头损失和流速的一次方成正比；在流速较大的情况下，水头损失则和流速的 1.75～2.0 次方成正比。直到 1883 年，由于英国物理学家雷诺的试验研究，才使人们认识到水头损失与流速间的关系之所以不同，是因为实际液体存在粘滞性而具有两种不同的流动形态：层流与紊流。（叶镇国）

流动性　fluidity

固、液体混合物，即分散体系中克服内摩擦阻力而产生变形的性能。它决定于固、液相的比例，液相增多，体系中固体粒子间的平均间距增大，可提高流动性。（胡春芝）

流动桌　flow table

又称扩散度试验。用流动桌测量混凝土拌合物稠度的一种方法。设备见图。将坍落度筒置于桌中央，分两个相等的层装满混凝土，每层用捣棒轻击 10 下，刮去多余的混凝土，清理桌面；30 秒钟后将筒平缓地移开。然后将桌的自由边提起 40mm，并使其自由降落，以每 2s 一次的速度把桌面板提起并放下，共提落 15 次。按纵横两边方向量测混凝土流展后的直径（允许误差 10mm），其平均值作为扩展度值。（胡春芝）

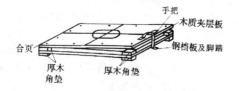

流管　stream tube

在流场中流线所构成的管状曲面。它是欧拉描述法中的重要概念。根据流线的定义，各时刻流体质点只能在流管内部或沿流管表面流动而不能穿过流管。恒定流动时，流管的形状与位置不随时间改变。（叶镇国）

流函数　stream function

在二维及轴对称流动中与流线流量有关（或与连续性方程相联系）的一个标量函数。常以 ψ 表示。在笛卡尔坐标系中，速度与 ψ 的关系有

$$u_x = \frac{\partial \Psi}{\partial y}, u_y = -\frac{\partial \Psi}{\partial x},$$

$$\psi = \int (u_x dy - u_y dx)$$

式中 u_x、u_y 为沿 x、y 轴方向的流速分量。当 $\psi = \text{const}$ 时，即为流线方程，它的切线方向与流速矢量方向相重合，并与等势线正交。不同的常数对应于不同的流线。任何两条流线的流函数值之差等于其间的单宽流量。流函数在一维、二维流动及轴对称流动中有重要应用。当为单连通区域且不存在源汇时，ψ 是单值函数；若在多连通区域内，ψ 可以是多值函数。（叶镇国　郝中堂　屠大燕）

流函数法　stream function method

将流函数－涡量方程中的流函数代入涡量方程中，获得四阶导数的流函数方程以求解的方法。此法只有流函数为未知量是其优点，但需解高阶方程，而差分法中在边界上的高阶导数则难于处理。（郑邦民）

流函数－涡量法　stream function-and vorticity method

采用流函数与涡量代替原来的速度和压力等参数，将纳维埃－斯托克斯方程化成流函数－涡量方程形式来求解的方法。在求得流函数和涡量解后，再计算流速和压力参数。它适合于二维问题，只有流函数与涡量两个变量，但涡量方程求解时，涡量的边界条件难于精确确定。（郑邦民）

流滑　flow slide

海河岸及堤坝上的饱和松散土体在单程剪切或往复剪切作用下因液化而发生的流动性滑坡。松疏而不稳定的土骨架在剪切作用下即发生不可逆的体积压缩，同时孔隙水压力上升、有效应力下降，直至转化为液态。（吴世明　陈龙珠）

流量　flow rate

又称体积流量。单位时间内流经某过水断面的液体体积。常用符号 Q 表示，单位为 m^3/s 或 L/s。设过水断面为 $d\omega$，其上各点流速为 u，方向与过水断面垂直。则 dt 时间内通过此过水断面的液体体积为 $udtd\omega$，因此，元流流量为

$$dQ = \frac{u dt d\omega}{dt} = u d\omega$$

由此可得总流的流量定义式

$$Q = \int dQ = \int_{\omega} u d\omega$$

（叶镇国）

流量测定速度面积法 velocity-area method for measuring flow

利用测量平均流速和过流断面面积确定流量的方法。其装置应用毕托管或流速仪测出液流或气流过流断面上一系列的点速度，再由它们算出断面平均流速，然后乘以过流断面面积，便可得到流量。或者将过流断面 ω 总分成若干个相等的分面积 ω_i，然后分别测出各分面积中心点速度 u_{oi}，再按下式计算

$$Q = \sum u_{oi} \cdot \omega_i$$

此法只要有精度较高的毕托管或流速仪，便可有效地进行测量。其特点是不受被测介质的影响，可测各种是液体和气体的瞬时流量，测量范围大，安装方便，测量系统造价低，精度高。但一般只能在均匀流段施测流量，流速仪对流场有一定的干扰。

（彭剑辉）

流量测定体积法 volume method for measuring flow

根据流量定义进行直接测量流量的方法。此法简单易行。若在时段 t 内，测得流入标定容器中的流体体积为 V（如图示可在标尺上读出）。可得其平均流量 $Q_{\bar{V}}$ 为

$$Q_{\bar{V}} = \frac{V}{t}$$

平均流量 $Q_{\bar{V}}$ 的单位为 m^3/s。

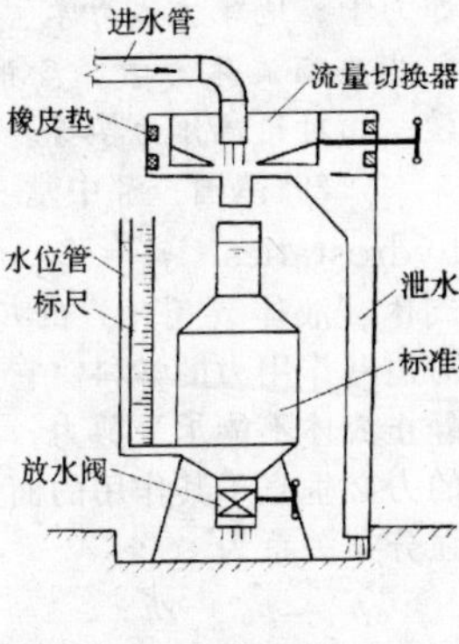

（彭剑辉）

流量测定重量法 gravity method for measuring flow

根据重量流量定义直接测量流量的方法。设 t 秒内测得流入容器内的流体重量为 G，则可得其平均流量为

$$Q_G = \frac{G}{t}$$

单位为 kN/s，此法在小流量时简单易行，准确度高，但大流量时，因难以测量，故一般少用。

（彭剑辉）

流量测量 flowrate measurement

单位时间内通过某断面流体体积（或质量）的测量。随着科学技术的发展，不但测量流量的精度要求更高，而且测量的流体也愈加多样化。其中有气体、液体、混合流体等。其测量条件有从高温到低温、从高压到低压、有低粘度的液体也有高粘度的液体。要能从微小流量到大流量范围内进行测量。甚至需要测量层流、紊流、脉动流和多相流等各种流动状态下的流量。用一种测量方法是不可能完成的，为此要根据测量目的，被测流体的性质和流态，测量场所及测量条件，研究相应的测量方法。（彭剑辉）

流量模数 modulus of discharge

表征过水断面形状、大小和粗糙特性对输水能力（泄流量）影响的综合参数。其数学表达式为

$$K = wC\sqrt{R}$$

式中 K 为流量模数；w 为过水断面面积；C 为谢才系数；R 为水力半径。K 的单位与流量相同（m^3/s），故有此名。在明渠均匀流中，渠道的断面形状和尺寸以及粗糙系数沿流程不变，K 值大小只与渠中正常水深有关，即 $K = f(h_0)$，其中 h_0 为正常水深，因此当已知流量、水力坡度（或渠底坡度）时，通过 K 值计算即可求得明渠均匀流的正常水深。

（叶镇国）

流量系数 discharge coefficient

实际流体流量与理想流体流量的比值。它是一种泄流能力下降的折减系数，其值小于 1，由实验方法测定。对于孔口出流、管嘴出流、管系及堰等泄流，其流量系数常用符号为 μ，μ_c 及 m，定义式如下

①孔口出流 $\mu = \varepsilon\varphi$

②管系 $\mu_c = \dfrac{1}{\sqrt{\lambda \dfrac{l}{d} + \Sigma\delta + \alpha}}$（自由出流）

③堰流 $m = k\varphi\sqrt{1 - \zeta}$

④管嘴 $\mu = \varphi_n$

式中 ε 为孔口收缩系数；φ 为孔口流速系数；λ 为沿程阻力系数；$\Sigma\zeta$ 为管系各局部阻力系数之和；l 为管路长度；d 为管径；φ_n 为管嘴流速系数（因管嘴出口无收缩，$\varepsilon = 1$，故 $\mu = \varphi_n$）k 及 ζ 为计算堰流出口断面面积及压强项的折算系数。对于薄壁小孔口，$\mu = 0.60 \sim 0.62$；大孔口，$\mu = 0.70 \sim 0.90$；管嘴，$\mu = 0.82$；堰流，与堰的类型有关，

有经验公式可供查算。薄壁堰自由出流，$m=0.406\sim0.410$；宽顶堰自由出流，$m=0.3\sim0.385$；实用堰，$m=0.40\sim0.45$。当为淹没出流时，流量系数小于自由出流条件时的流量系数。它是孔口、管嘴、管系及堰的泄水能力计算的重要参数。（叶镇国）

流速测量 velocity measurement

确定流体实际运动速度的措施和方法。目的为了解流体运动状态及其时空分布情况，它是实际工程和科学实验中常遇到的问题（如速度场情况、流速系数、动能修正系数以及动量修正系数等的测定，都需要通过流速测量来解决）。流速的测量可分为两类，其一为点流速的测量，它可得出流速分布情况。另一为平均流速的测量，它可确定泄水流量的大小和有关系数。（彭剑辉）

流速势 velocity potential

又称速度势。表征无旋流动特性的一个标量函数。设 $\vec{u}$ 为速度矢量，则满足 $\vec{u}=\Delta\varphi$ 的函数 φ 称为流速势（其中 Δ 为哈米顿算子）。存在 φ 的流体运动一定是无旋的，它具有下述性质：①φ 可加上任一常数而不影响对流动性质的描述；②满足 φ 为常数的曲面为等势面，速度矢量与等势面垂直；③在单连通区域中，φ 为单值函数，在多连通区域中，φ 一般为多值函数。在笛卡尔坐标中，流速的三个分量与 φ 有下述关系

$$u_x=\frac{\partial\varphi}{\partial x},u_y=\frac{\partial\varphi}{\partial y},u_z=\frac{\partial\varphi}{\partial z}$$

可以证明，对于不可压缩流体，φ 满足势流拉普拉斯方程，根据调和函数的性质，φ 在流体内部不能达到极大值和极小值。φ 只在无粘性的无旋流动中采用，使数学处理简化，粘性流体运动除极个别情况外都是有旋的，因此不存在流速势。

（叶镇国）

流速水头 velocity head

又称单位动能。液体流速所转化的液柱高度。可用皮托测速管测得。设质点流速为 u，则流速水头为$\frac{u^2}{2g}$，其量纲为长度（即高度），当用断面平均流速计算时，则为单位重量液体在该断面处所具有的平均动能。（叶镇国）

流速系数 coefficient of velocity

实际流体流速与理想流体流速的比值。它是一个小于 1 的无量纲数，由实验方法确定。对于孔口出流，流速系数的定义式如下

$$\varphi=\frac{1}{\sqrt{\alpha_c+\delta_0}}$$

式中 φ 为流速系数；α_c 为孔口收缩断面的动能修正系数；δ_0 为孔口出流的局部阻力系数。实验得出，对于孔口出流，$\varphi=0.97\sim0.98$；管咀出流，$\varphi=0.82$。（叶镇国）

流速压力的原参数法 primitive variable method

直接解纳维埃－斯托克斯方程中，以原参数（速度、压力）为未知函数的解法。此法的边界条件较易给出。它不仅适合于二维问题，更适合于三维问题。对于需要直接求出压力的问题，甚为有效。对于不可压缩流体流动，由于连续性方程中不存在压力，在求解时带来困难。（郑邦民）

流体 fluid

液体和气体的统称。液体、气体和固体三者的主要区别是：液体具有一定大小的体积，并能形成自由表面；气体没有固定的体积，能充满任何容器，没有固定形状；固体不但具有一定的体积，并且保持一定的形状。液体和气体都具有易流动性，几乎不能承受拉力及抵抗拉伸变形，在微小剪应力作用下，很容易发生变形或流动；液体与固体都能承受压力，且不易被压缩，而气体的物理特征是很容易被压缩。（叶镇国）

流体动力学 fluid dynamics

研究流体在力的作用下的运动规律及其与边界相互作用的学科。它是流体力学的一个分支。广义地说，其研究内容还包括流体和其他运动形态的相互作用。它和流体静力学的差别在于所研究的是运动中的流体；与流体运动学的差别在于所考虑的是作用在流体上的力。它包括液体动力学和气体动力学两大部分。研究方法也和流体力学一样有理论、计算和实验三种。近年来，由于科学技术的飞速发展，形成了一系列流体力学的新分支学科，如物理－化学流体力学、电流体力学、磁流体力学、生物流体力学、爆炸力学、地球流体力学、旋转流体和分层流体流动、非牛顿流体力学、多相流体力学、宇宙气体动力学、相对论流体力学等。

（叶镇国　郝中堂　屠大燕）

流体静力学 hydrostatics

研究静止流体（液体或气体）的压强、密度、温度分布及其对边壁作用力的学科。它是流体力学的一个分支。静止流体不能承受剪力，因而流体作用于边界之上的力必垂直于其作用的面元。对于静止液体，其压强分布关系为

$$p=p_0+\gamma h$$

p_0 为自由表面处压强；h 为计算点距自由表面的铅垂深度；γ 为流体重度。对于气体，在对流层中任意高度 z 处的压强 p 和密度 ρ 有下列关系

$$\frac{p}{p_0}=\left(1-\frac{\beta z}{T_0}\right)^{\frac{g}{R\beta}}$$

$$\frac{\rho}{\rho_0}=\left(1-\frac{\beta z}{T_0}\right)^{\frac{g}{R\beta}-1}$$

p_0、ρ_0 为 $z=0$ 处的压强和密度；β 为比例常数；R 为气体常数，$R=287.14\text{m}^2/\text{s}^2\cdot\text{K}$；$T_0$ 为地球表面（$z=0$）处的热力学温度；g 为重力加速度。在同温层中，压强、密度随高度的变化为

$$\frac{p}{p_0}=\frac{\rho}{\rho_0}=\exp\left[-\frac{\gamma_0(z-z_0)}{p_0}\right]$$

p_0、γ_0 为高度 z_0 处的压强与流体重度。从广义上说，流体静力学还包括流体处于相对静止时的平衡规律。人们在航空飞行、水工结构设计、液压驱动装置和高压容器设计等方面，都需要应用这一学科知识。（叶镇国）

流体力学 fluid mechanics

研究流体平衡和运动规律的学科。它是力学的一个重要分支，其基本任务在于建立描述流体运动的基本方程，确定流体沿程的速度、压强分布规律，探求流体能量转换与阻力损失的计算方法，分析流体与固体边壁间的相互作用问题等；其研究对象包括液体和气体，所研究的是流体中大量分子的宏观平均运动规律。按其研究方法区分，可有理论流体力学与工程流体力学两大类，前者侧重于严密的数学推理，后者侧重于工程应用，但两者均需借助于实验研究，并利用半经验或经验公式。这门学科的发展历史比较悠久。早在公元之前 2000 年埃及、罗马、希腊等地就有了水利工程，造船和航海事业也比较普遍，公元前 2286～2278 年我国的大禹治水以及公元前 300 年成都的都江堰灌渠工程至今驰名中外。最早从事流体力学研究的学者有希腊哲学家阿基米德（Archimede 公元前 287～212），于公元前 250 年写成的《浮体论》，是人类历史上最早的水力学著作，16、17 世纪对流体力学基础理论作出显著贡献的学者主要有牛顿（Newton1642～1727 年）、伯努利（Bernoulli 1700～1782 年）、欧拉（Euler 1707～1783 年）等。20 世纪上半叶，流体力学的发展主要在空气动力学方面，如普朗特（1918）的有限翼展机翼理论，J·阿克莱特（1925）的二元线性化机翼的超声速举力和阻力理论等。20 世纪 40 年代实现了跨声速飞行，20 世纪 50 年代，又成功地解决了洲际导弹，航天技术中飞行器再入大气时的摩擦生热问题，产生了当前通用的烧蚀防热法。从 20 世纪 50 年代起，电子计算机不断完善，使原来用分析方法难以进行研究的课题可以用数值计算方法来进行，出现了计算流体力学这一新的分支学科。从 60 年代起，流体力学发展的特点是它和其他学科互相交叉渗透形成了新的交叉学科或边缘学科，如物理－化学流体力学、磁流体力学等，原来基本上只是定性地描述的问题逐步得到定量的研究。（叶镇国）

流体力学控制方程 controlling equations of fluid mechanics

又称流体力学基本方程。由连续性微分方程、运动微分方程、能量微分方程、状态方程和本构微分方程构成的封闭方程组。前三者反映了流体运动过程中遵循机械运动普遍适用的守恒律（质量守恒、动量守恒、能量守恒）；状态方程反映了流体与热力状态参数的关系；本构方程反映了应力张量与速度变形张量之间的关系。结合定解条件，原则上可以求解。但要直接求解这一封闭方程组，在数学上，包括采用数值方法都是极其困难的。因此一般根据流体流动的特点，提出若干假设，使方程得以简化，然后进行求解或数值计算。

（王　烽）

流体力学实验 experiment of fluid mechanics

流体力学的经验认识方法。它为阐明流体力学现象而创造特定条件，是以观察其变化过程来验证理论，修正理论计算结果的一个实践过程，是研究流体力学问题的基本手段之一。它的中心问题是：①研究流动流体中速度分布、压力分布及其变化规律的测量技术。②研究流体对物体的作用力、力矩及其变化规律的实验技术。流体力学实验研究的理论基础是力学相似理论，它可以为论证理论分析结果提供必要的定量数据，为工程流体力学计算提供可用的经验或半经验公式，对尚未了解的流动现象进行系统研究，从而揭示其规律，为理论分析提供基础；也可以对具体工程设计进行检验，以便发现问题和寻求解决措施及最优设计方案。18 世纪以来实验技术已取得了显著发展，它在江河整治、农田水利、水资源及水电开发、环境保护、给水排水、液压传动、化学工程、生理学研究等方面都得到广泛应用。相似水工模型试验可重演和预演复杂的三元水流运动现象。近一百年来已成为工程设计、施工、运行、监测的有力手段。

（彭剑辉）

流体流动的有限元法 finite element method in fluid flow

在能量极值原理的基础上，运用分割近似手段形成的系统化数值解题方法。它在西方创始于 1956 年。我国著名计算数学家冯康在 60 年代初，独立于西方创立了该方法，不仅适用性强，而且也从理论上进行了论证。它的应用在流体力学中较固体力学晚。用该方法解题的一般步骤为：①写出积分表达式；②区域剖分；③确定单元基函数；④单元分析；⑤总体合成；⑥处理边界条件；⑦解有限元方程并计算有关物理量。该方法的解题能力强，

可以适应复杂的几何形状，统一处理各种边界条件，便于编制通用的计算机程序且内存需要量小。为了使该方法能适应流体力学的特点，又发展了迎风有限元、罚函数方法和集中质量矩阵等技术。与有限差分法比较则各有千秋。（王　烽）

流体密度　density for fluid

单位体积流体的质量。常用 ρ 表示，其单位为 kg/m^3。它和流体重度的关系为

$$\gamma = \rho g$$

式中 γ 为流体重度；g 为重力加速度。ρ 还与表面压强及温度有关，纯水在一个标准大气压下，当水温为4℃时密度最大；温度升高密度变小。当水从液态变为固态（结冰）时，其密度减小，而体积增大约10%。（叶镇国）

流体运动学　hydrokinematics

研究流体运动几何性质的学科。它不涉及力的具体作用，是流体力学的一个分支。描述运动的方法有两种，即拉格朗日描述法和欧拉描述法，前者以迹线表示流体质点运动的几何特性，后者以流线表示流体质点运动的几何特性。在非定常流动中，流线和迹线一般不重合；而在定常流动中，流线和迹线重合。欧拉描述法可以引用研究很充分的场论知识，此法的加速度为一阶导数，所以运动方程为一阶微分方程组，它比拉格朗日描述法中的二阶偏微分方程组更易于处理，因此，在流体力学中，欧拉描述法得到较广泛的应用。流体运动除平动和转动外，还要发生变形，因而远比刚体运动复杂。流体微团运动分析的主要内容包括在亥姆霍兹速度分解定理中，流体运动的类型有多种。以运动形式为标准，有无旋流动和有旋流动；以时间为标准，有定常流动和非定常流动；以空间为标准，有一维流动，二维流动和三维流动等。（叶镇国）

流体质点　particle of fluid

微观上充分大，宏观上充分小的流体分子团。一方面，分子团的尺度和分子运动的尺度相比有足够大，使得其中包含大量的分子，对分子团进行统计平均后各物理量（如质量、速度、加速度、压强及温度等）能得到稳定的数值，少数分子出入分子团不影响稳定的平均值；另一方面又要求分子团的尺度与所研究的问题的特征尺度相比有充分的小，使得分子团内平均物理量可看成是均匀不变的，因而可以把它近似地看成是几何上没有维度的一个点。（叶镇国）

流体重度　specific weight for fluid

又称流体重率，旧称流体容重。单位体积流体所受的重力。常用符号 γ 表示。根据连续介质假设有

$$\gamma = \lim_{\Delta\sigma\to 0}\frac{\Delta G}{\Delta V} = \frac{dG}{dV}\text{（非均质流体）}$$

$$\gamma = \rho g \qquad \text{（均质流体）}$$

式中 G 为重量；V 为体积；ρ 为流体密度；g 为重力加速度。γ 随压强和温度而变化；在一个工程大气压下，常见流体重度如下表：

流体名称	清水	海水	汞
γ（kN/m^3）	9.8	10～10.1	133

流体名称	四氯化碳	汽油	酒精
γ（kN/m^3）	15.6	6.6	7.76

流体名称	原油	甘油	煤油	空气
γ（kN/m^3）	8.6	12.3	7.9	0.0118

在工程计算中，水的重度常取 $\gamma = 9.8kN/m^3$，按工程单位制，水的重度常取 $\gamma = 1t/m^3$。（叶镇国）

流体阻力　fluid drag

物体与流体作相对运动时所受到的阻力。其方向与物体运动方向相反或与来流速度方向相同。它可分为摩擦阻力，压强阻力、绕流阻力、诱导阻力、兴波阻力等类型。其中摩擦阻力并不是水流与固体边界之间产生的，而是粘附于固体边界上的水流质点与其相邻的且具有一定流速的水流质点之间产生的一种内摩擦力；兴波阻力为船舶航行产生的水波所造成。此外，作加速运动的物体因带动周围流体也会产生附加的阻力。在跨声速或超声速气流中的激波会导致机械能损失，由此亦会产生阻力，称之为波阻，这是另一种形式的阻力。（叶镇国）

流土　flowing soil

在向上渗流作用下，表面土体局部隆起，或土颗粒群同时起动而流失的现象。其发生处土体的有效应力为零。判别其发生的指标为流土的临界水力坡度。它的一种常见形式为砂沸。（谢康和）

流网　flow net

等势线族与流线族组成的网状图形。它是势流拉普拉斯方程在一定边界条件下的图解，可以解答平面势流问题，给出平面势流的流场情况。它有两个特性：①组成流网的流线与等势线正交，②流网中每一网格的边长之比等于流速势 φ 与流函数 ψ 的增值之比。由此有

$$\frac{\delta\varphi}{\delta\psi} = \frac{\delta s}{\delta n},\delta\varphi = u\delta s,\delta\psi = u\delta n$$

$$u = \frac{\delta q}{\delta n}, (\delta q = \text{const})$$

$$\frac{u_1}{u_2} = \frac{\delta n_2}{\delta n_1}$$

式中 $\delta\varphi$，$\delta\psi$ 为流速势增值与流函数增值；δn 为相邻流线间的间距；δs 为相邻等势线间的间距；δq 为两流线间的单宽流量；δn_1，δn_2 为网格前后两点流网中的流线间距；u 为点流速；u_1，u_2 为任一网格沿流动方向前后两点的流速。δn_1，δn_2 可在流网中直接量得，若知某点流速 u_1（或 u_2）已知，则另一点流速 u_2（或 u_1）即可利用流网求得；若取 $\delta\varphi = \delta\psi$，则流网成正方形；若两点流速已知，则利用伯努利方程即可求得两点压强差

$$\frac{p_1 - p_2}{r} = z_2 - z_1 + \frac{u_2^2 - u_1^2}{2g}$$

式中 p_1，p_2 为沿流动方向前后两点的压强；z_1，z_2 为前后两点的位置高度；γ 为流体重度；g 为重力加速度。流网法常用以图解势流拉普拉斯方程。绘制流网时，首先要确定边界条件。对于固体边界，其本身是流线之一；对于自由表面，也是流线之一，垂直于水面的分速应等于零，此处表面压强等于大气压强，但因其位置和形状未知，需要按自由表面的运动条件加以确定，常先假定一个自由表面再绘流网，并用下式逐步检验修正

$$z + \frac{p}{r} + \frac{u^2}{2g} = H$$

式中 H 为总水头；p 为自由表面处相对压强（$p = 0$）；u 为流速；余与前同。u 可从初步绘出的流网求得。据此逐步修改所绘流网，直至符合流网及自由表面应具备的条件为止。（叶镇国）

流线　streamlines

与流场中每一点速度矢量相切的曲线。它是同一时刻不同流体质点速度矢量所组成的曲线，同时给出了该时刻不同流体质点的运动趋势。也是欧拉描述法中的重要概念。流线上各点的流速都与该曲线相切，因此不存在法向分速，流体只沿流线流动，不会穿越流线，根据流线的定义，流线的微分方程为

$$\mathrm{d}\vec{r} \times \vec{u}(\vec{r}, t) = 0$$

式中 $\vec{u}$（$\vec{r}$，t）为流速矢量；$\mathrm{d}\vec{r}$ 为弧元素矢量；t 为时间，积分时当作常数。上述方程在笛卡尔坐标系中的表达式为

$$\frac{\mathrm{d}x}{u_x(x,y,z,t)} = \frac{\mathrm{d}y}{u_y(x,y,z,t)} = \frac{\mathrm{d}z}{u_z(x,y,z,t)}$$

流线也可以采用几何直观的方法作出。知道每一时刻的流线族后，速度的方向可由流线的切线方向给出。流线密处速度大，流线稀处速度小，所以每一时刻的流线族可给出该时刻流体运动的性质。

（叶镇国　刘尚培）

流线型化　streamlining

保持物体外形成流线型的设计技术。所谓流线型，即可使流体平滑流过而不会与物体表面分离的物体外形，它可以大大减小运动物体所受的压差阻力。例如，当空气速度为 338km/h 时，流线型机翼所受的阻力只有圆柱体所受阻力的 $\frac{1}{9.3}$。因此，这种技术在高速运输工具和武器设计中得到了广泛的应用。当物体在流体中作亚声速运动时，流线型体的主要阻力是摩擦阻力。物体外形的设计原则是：头部钝圆，中部缓慢弯曲，尾部收拢成尖角，而且相对厚度（即垂直于来流方向的最大厚度与沿来流方向的物体特征长度之比）不宜太大；当物体在流体中作超声速运动时，物体所受到的是离体激波所产生的阻力，称为波阻，降低这种波阻的物体外形要尽量细长，翼型的相对厚度要尽量小。

（叶镇国）

流线型体　streamline body

外形可使流体平滑流过而不从表面分离的物体。它可大大缩小尾流区，降低物体所受的压强阻力。如飞机的机翼属此类。（叶镇国）

硫化橡胶应力－应变曲线　stress-strain curve of vulcanized rubber

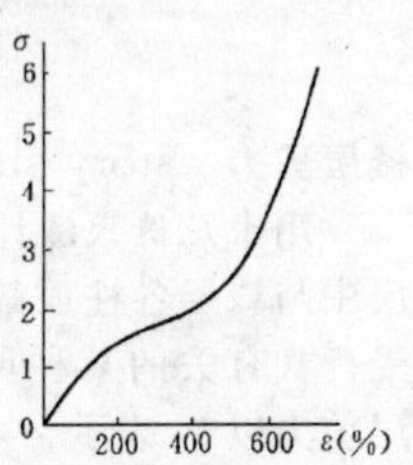

硫化橡胶在单向拉伸时的表观应力对表观应变的作图。曲线呈反 S 型。起始部分的斜率较大，这与链段间存在机械纠缠（并非稳定的链缠结）有关。随应变的加大，这种机械纠缠逐渐解脱，相当于交联度减小，所以应力的增加随应变的增大逐渐减慢。在应变约为 250% 时曲线出现拐点。此后，随应变的增大应力增加很快。这与链段的平行取向有关。随取向度的增大，相当于物理交联点不断增多，使曲线的斜率加大。应变再增加，高聚物易产生结晶，使分子间相互作用力增大，导致应力急剧增大，直至试样断裂。当然上述这些效应都是叠加在数量不变的化学交联点产生的效应的基础上的。（周　啸）

六结点二次三角形元　quadratic triangular element with six nodes

又称线性应变三角形元。弹性力学二维问题中以三角形顶点和边中点为六个结点的单元。其应变为线性分布，共有十二个结点位移参数，以二次完备多项式为位移函数。其精度比常应变三角形元提高一阶。

（支秉琛）

long

龙格－库塔法 Runge-Kutta method

求解一阶常微分方程组 $\dot{\boldsymbol{y}}=\boldsymbol{f}(\boldsymbol{y},t)$ 的数值方法。通常采用的是如下四阶方案：

$$\boldsymbol{y}_{m+1}=\boldsymbol{y}_m+\frac{1}{6}(\boldsymbol{k}_1+2\boldsymbol{k}_2+2\boldsymbol{k}_3+\boldsymbol{k}_4)$$

其中 $\boldsymbol{k}_1=h\boldsymbol{f}(\boldsymbol{y}_m,t_m)$

$$\boldsymbol{k}_2=h\boldsymbol{f}\left(\boldsymbol{y}_m+\frac{1}{2}\boldsymbol{k}_1,\quad t_m+\frac{1}{2}h\right)$$

$$\boldsymbol{k}_3=h\boldsymbol{f}\left(\boldsymbol{y}_m+\frac{1}{2}\boldsymbol{k}_2,\quad t_m+\frac{1}{2}h\right)$$

$$\boldsymbol{k}_4=h\boldsymbol{f}(\boldsymbol{y}_m+\boldsymbol{k}_3,\quad t_m+h)$$

式中 h 为积分步长，$\boldsymbol{y}_m=\boldsymbol{y}(t_m)$。此积分公式的误差为 h^5 量级。（姚振汉）

龙卷风 tornado

具有竖向轴的小范围强烈气旋。其特点为形成迅速，持续时间短，通常在几分到几十分，风速小，其路径宽约几米到几百米不等，行径几千米；风速高，最大可达 100～200m/s。龙卷风的破坏力强是由于①高风速。②旋转中心低气压，可导致密闭建筑物爆炸。③被卷起的飞掷物有极大的动能。（石　沅）

lou

楼层剪力 story shear force

用卡尼迭代法计算多层有侧移刚架时，对各楼层中与该层各柱顶截面固端剪力及该层以上部分所受荷载有关的某种剪力所用的术语。第 r 层的楼层剪力以 P_r 表示，可按下式计算

$$P_r=\Sigma P-\sum_{(r)}Q_{ik}^{g}$$

式中 ΣP 表示第 r 层柱顶以上全部水平荷载之和；$\sum\limits_{(r)}Q_{ik}^{g}$ 则表示第 r 层所有竖柱柱顶的固端剪力之和。（罗汉泉）

楼层力矩 story moment

用卡尼迭代法计算多层有侧移刚架时，对各楼层中与楼层剪力有关的某种力矩值所用的术语。对于第 r 层，以 M_r 表示，它可表为 $M_r=\dfrac{1}{3}P_rh_r$。其中 P_r 为第 r 层的楼层剪力；h_r 为第 r 层的层高。（罗汉泉）

lu

路程 journey

点在轨迹曲线上走过的长度。它与位移是两个不同的概念。如已知点在某一瞬时的位置及在此后一段时间内的路程和位移，则该点在这段时间末的位置，须用其位移而不能用其路程来确定。当点运动的时间间隔趋近于零或点作单向直线运动时，其路程与位移的绝对值相等。（何祥铁）

lü

滤频 filtration of frequency

在迭代法（结构动力学）中，为计算高阶振型，利用振型正交性从振型向量中清除低阶振型分量的计算步骤。在清除了前 n 个振型的分量后，继续迭代即可求得第 $n+1$ 个振型和频率。（洪范文）

luan

卵石 cobble

粒径大于 200mm 的颗粒含量不超过全重 50%、粒径大于 20mm 的颗粒含量超过全重 50%、以圆形及亚圆形颗粒为主的土。（朱向荣）

luo

罗斯贝数 Rossby number

表征旋转流体的惯性力与科氏惯性力的量级之比的无量纲参数，常记作 R_0，即

$$R_0=U/(\Omega L)$$

式中 U 为流体流动特征速度；Ω 为旋转系统角速度；L 为特征长度。在反映地球自转引起的科氏力对近地风作用时，Ω 取地球自转的角速度。（刘尚培）

罗斯公式 Ross equation

推算长期徐变的数学公式之一

$$C=\frac{t}{a+bt}$$

式中：C 为徐变量；t 为持荷时间；a、b 是由试验结果确定的常数。当 $t=\infty$，则 $C=\dfrac{1}{b}$，即极限徐变值。（胡春芝）

罗斯科面 Roscoe surface

完全状态边界面的一部分。固结压力不同的正常固结粘土三轴剪切试验有效应力路径族在 p'：q：V 空间形成的一个曲面。p' 为平均有效应力，q 为主应力差，V 为比容，$V=1+e$，e 为孔隙比。根据饱和粘土有效应力与孔隙比之间存在唯一关系的原理可以证明由排水和不排水条件下三轴剪

切试验的有效应力路径族形成的曲面是一样的。

（龚晓南）

螺旋测微计 micrometer screw gauge

带有螺旋杆式游标的，可精密到0.01mm的量测物体长度的工具。可估计到千分之几 mm。它由一螺距为0.5mm的精密螺旋杆穿过螺母管与大套管同轴相连，螺母管上刻有0～20mm标尺，大套管周界上刻有50个等分刻度（见图）。大套管转动一周，螺旋杆前进或后退0.5mm；大套管每转一刻度，螺旋杆前进或后退0.5/50=0.01mm。从螺母管上读出毫米的整数部分和半个毫米值，从大套管上读出毫米的小数部分，可估计到一个刻度的十分之几，即千分之几 mm。

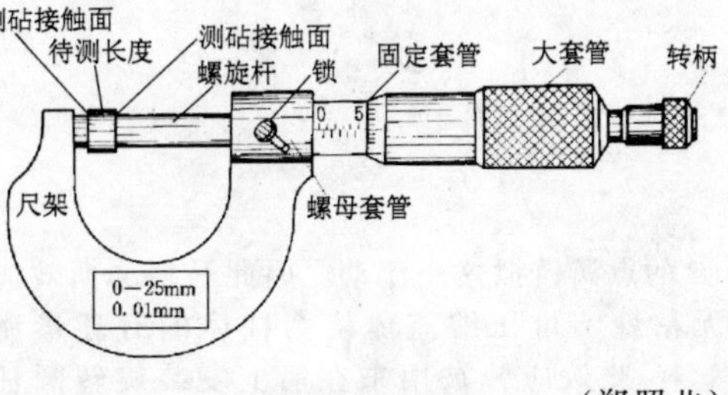

（郑照北）

洛德参数 Lode parameter

表示应力状态、应变状态、应变增量或应变率状态特征的参数，其记号及表达式分别为

应力洛德参数

$$\mu_\sigma = 2\frac{\sigma_2 - \sigma_3}{\sigma_1 - \sigma_3} - 1, \sigma_1 \geqslant \sigma_2 \geqslant \sigma_3$$

应变洛德参数

$$\mu_\sigma = 2\frac{\varepsilon_2 - \varepsilon_3}{\varepsilon_1 - \varepsilon_3} - 1, \varepsilon_1 \geqslant \varepsilon_2 \geqslant \varepsilon_3$$

应变增量洛德参数

$$\mu_{d\varepsilon} = 2\frac{d\varepsilon_2 - d\varepsilon_1}{d\varepsilon_1 - d\varepsilon_3} - 1, d\varepsilon_1 \geqslant d\varepsilon_2 \geqslant d\varepsilon_3$$

应变率洛德参数

$$\mu_{\dot{\varepsilon}} = 2\frac{\dot{\varepsilon}_2 - \dot{\varepsilon}_3}{\dot{\varepsilon}_1 - \dot{\varepsilon}_3} - 1 \quad \dot{\varepsilon}_1 \geqslant \dot{\varepsilon}_2 \geqslant \dot{\varepsilon}_3$$

洛德参数相同时，应力、应变、应变增量（或应变率）的莫尔圆几何相似。洛德参数的绝对值不大于1。对于应力洛德参数有：单向拉伸时，$\mu_\sigma = -1$；纯剪时，$\mu_\sigma = 0$；单向压缩时，$\mu_\sigma = 1$。式中 σ_1、σ_2、σ_3，ε_1、ε_2、ε_3，$d\varepsilon_1$、$d\varepsilon_2$、$d\varepsilon_3$ 及 $\dot{\varepsilon}_1$、$\dot{\varepsilon}_2$、$\dot{\varepsilon}_3$ 分别是主应力、主应变、主应变增量及主应变率。

（熊祝华）

洛氏硬度 Rockwell hardness

以压痕深度来标定的一种硬度标准。记作HR，是由美国S. P. 洛克韦尔于1919年提出，故名。为了克服布氏硬度测定法的不足，采用锥角为120°的金刚石圆锥（其顶部曲率半径为0.200mm）或直径为1.588 mm的钢球为压头，作用的总负荷分为初负荷 P_0 和主负荷 P_1 两次加载，初负荷选用10kgf或98.1N。在初负荷下的压痕深度为 h_0，在主负荷下的压痕深度增量为 h_1，卸除主负荷后，在初负荷下的压痕深度残余增量 $e = h_1 - h_0$（e 用0.002 mm为单位表示）。用测量的 e 值计算洛氏硬度。

洛氏硬度常用 A、B、C 三种标尺，分别记作HRA、HRB、HRC；A 标尺硬度值 $= 100 - e$，B 标尺硬度值 $= 130 - e$，C 标尺硬度值 $= 100 - e$。它们的应用范围见下表

标尺	测量范围	初负荷 kgf（N）	主负荷 kgf（N）	压头类型
HRA	60～85	10（98.1）	50（490.3）	金刚石圆锥体
HRC	20～67	10（98.1）	140（1373）	金钢石圆锥体
HRB	25～100	10（98.1）	90（882.6）	钢球

硬度计上装有百分表头，由表头可直接读出材料的硬度值，如HRC50表示 C 标尺测量的洛氏硬度值为50。由于洛氏硬度法压痕小，可用于成品件的硬度测定，其测定方法简便迅速。洛氏硬度试验方法详见中华人民共和国国家标准GB230。

（郑照北）

落水波 negative wave

又称负波。引起明渠水位降低的波。当此波的传播方向与水流方向相反时称为逆行落水波。如闸门突然开大，因流量突增引起上游水位急剧下降形成的波。当闸门突然关闭闸孔出流流量突减，下游水位降低所形成顺流传播的波称为顺行落水波，而上游所形成逆流传播且水位上涨的波称为逆行涨水波。

（叶镇国）

落体对铅垂线的偏离 deviation of a falling body from the vertical

地面附近的自由落体在下落过程中，由于地球自转的影响，不断偏离铅垂线的现象。落体相对于地球运动的动力学基本方程为 $m\boldsymbol{a}_r = \boldsymbol{P} + \boldsymbol{F}_c$，其中 $\boldsymbol{a}_r$ 表示落体的相对加速度，$\boldsymbol{P}$ 为地球引力与牵连惯性力的合力，$\boldsymbol{F}_c$ 为科氏惯性力。力 $\boldsymbol{P}$ 的大小和方向均可认为不变，恒沿铅垂线；$\boldsymbol{F}_c$ 与相对速度 $\boldsymbol{v}_r$ 垂直，在北半球它向东，使落体在下落过程中

不断朝东偏离，偏移的规律近似为 $\delta = \frac{1}{3}\omega g t^3 \cos\varphi$，其中 ω 为地球自转的角速度，φ 与 g 分别为当地的纬度和重力加速度。下落的高度越大，经历的时间就越长，偏离也越大。下落高度为 H 时，落地点的偏离为 $\delta = \frac{2\omega}{3}\sqrt{\frac{2H^3}{g}}\cos\varphi$。例如北京地区可取 $\varphi = 40°$，$g = 980\text{cm/s}^2$，当 $H = 100\text{m}$ 时，由此式求得 δ 值为 1.67cm。当高度很大时，偏东距离将相当显著，因而远程射击等必须考虑这种影响。更准确的计算表明，除了偏东之外，落体还有向南的偏离，但数值更小。

（宋福磐）

落体偏东 east deviation of a freely falling body

见落体对铅垂线的偏离（233 页）。

落体运动 motion of a falling body

物体在重力和介质阻力作用下无初速地沿铅垂线降落的运动。介质阻力通常指的是空气或液体阻力，这种阻力与物体的运动速度大小以及物体的形状、在水平面上的投影面积和介质的性质有关，速度越大，阻力也越大，对于低速运动，可认为阻力大小与速度一次方成正比；当速度较高但不超过声速时，在很大范围内，都可认为阻力与速度的平方成正比。（宋福磐）

M

ma

马丁耐热试验法 Martins test

在 50℃/h 的等速升温条件下，于空气介质中测定被垂直夹持在施力杠杆一端下方的标准试样（120mm × 15mm × 10mm）在 50kg/cm^2 的弯曲负荷作用下弯曲变形导致位于杠杆另一端上方的指示杆指针离开起始位置 6mm 时温度的一种标准测试方法。所测得的温度称为马丁耐热温度，可用来衡量塑料的耐热性。以此来帮助确定其最高使用温度。在橡胶工业中也用这种方法来测定硬质胶的耐热性，但不使用这一名称。（周　啸）

马格努斯力 Magnus force

在粘性剪切流动中，因剪切力矩作用而急速旋转的颗粒挟带流体在速度较快的一边加速，在速度较慢的一边减速所产生的力。其方向指向高速度一侧。加速一侧压强降低，减速一侧压强增大。它为纪念马格努斯（H. G. Magnus）而命名。这力使颗粒有向管道中心移动的趋势。实验表明，颗粒大都聚集在离管道中心 0.6 倍管道半径附近。

（叶镇国）

马格努斯效应 Magnus effect

旋转圆柱体在粘性不可压缩流体中运动时受到举力作用的现象。它由马格努斯（H. G. Magnus 1802～1870）于 1852 年发现而得名。一个圆柱体在静止粘性流体中作等速旋转时，通过粘性力作用，会带动周围流体作圆周运动，离柱体愈远，流体速度愈小，并可用一个位于圆心，强度为 Γ 的点涡模拟这一流动。因此马格努斯效应可用无粘性不可压缩流体绕圆柱体的有环量流动来解释。此效应曾被用来在船上安装旋转圆柱体以代替风帆，但由于经济效益差而未实用化。球类运动中应用这一效应可使网球、垒球、高尔夫球、乒乓球、排球等以大弧度轨迹旋转前进。

（叶镇国）

马赫角 Mach angle

在大气中以超声速运动的微弱点扰源（如尖头弹丸的顶尖）所形成锥形扰动区的半顶角。其角顶在点扰源处，锥面之外则为未扰动区。它是奥地利物理学家 E. 马赫于 1887 年在分析弹丸扰动传播图形时首先提出的，因而得名。把空间分成扰动区和未扰动区这一锥面亦称为马赫锥。马赫角可由下式决定

$$\sin\alpha = \frac{C}{u},(u > C)$$

式中 α 为马赫角；C 为声速；u 为点扰源的运动速度。（叶镇国）

马赫数 Mach number

流场中某点速度 v 与该点当地声速 C 的比值。常用符号 Ma 表示，有

$$\text{Ma} = \frac{v}{C}$$

Ma 为表征流体可压缩程度的无量纲数，也是讨论可压缩气体运动的一个重要的相似准数。它由奥地利科学家 E. 马赫于 1887 年提出，故名。在密度不变的不可压缩流体中，$C = \infty$，$\text{Ma} = 0$；在可压缩流体中，流速相对变化 $\mathrm{d}v/v$ 与密度相对变化

$d\rho/\rho$ 之间的关系是

$$d\rho/\rho = -\mathrm{Ma}^2 dv/v$$

上式表明，在流动过程中，Ma 愈大，气体可压缩性愈大；另外，当 Ma>1 或 Ma<1 时，扰动在空气中的传播情况也大不相同。因此，它比流速更能表示流动的特点，按 Ma 的大小，气体流动可分为低速流动、亚声速流动、跨声速流动、超声速流动及高超声速流动等类型。（叶镇国 刘尚培）

马赫数无关原理 Mach number independence principle

分析高超声速流动中物体附近流动特性与马赫数关系的结论。这一原理指出，在强激波和物面之间的流动特性与来流马赫数几乎无关，即当来流密度和速度固定不变而马赫数趋于无穷时，在确定的区域内，流动的解趋于一个极限解。但在不同物形或复杂物形的不同部位附近的流场出现这种极限情况所对应的来流马赫数不同，因而使这一原理的实际应用受到限制。（叶镇国）

马赫锥 Mach cone

见马赫角（234 页）。

马力 horse-power

见功率（121 页）。

马利科夫准则 Marykoff criterion

又称马利科夫判据。判别测量中是否存在线性系统误差的准则。该准则指出：在对某量进行 n 次测量得到的 n 个值中，将其对应的残差 v_1、v_2、……v_n 分成前后两半，若这两半残差之和的差值接近于零，则表明测量中不含有线性系统误差。反之，则有线性系统误差。（李纪臣）

mai

麦克亨利叠加原理 McHeney's principle of superposition

麦克亨利对徐变恢复进行解释而表述的叠加原理。即任意时刻 t_0 施加的应力增量在任意时刻 t 时混凝土中产生的应变，不受在任意时刻 t_0 之前或之后所施加应力的影响。这应力增量可以是压应力，也可以是拉应力，或者是一种卸荷。于是可以推论，试件上的压应力在龄期 t_1 时卸掉所引起的徐变恢复，将与在龄期 t_1 时对类似试件施加相同压应力所产生的徐变相同。由此原理估算的残留应变小于实际值，亦即实际的徐变恢复比预期的要小一些。（胡春芝）

麦克斯韦－克利莫那图解法 Maxwell-Cremona's graphic method

又称桁架图解法。根据图解静力学原理通过几何作图求解静定平面桁架内力的方法。由英国物理学家麦克斯韦于 1864 年和意大利数学家克利莫那于 1872 年分别独立提出。作图时，通常采用区域字母标记法（即将桁架杆件之间的内区域和由荷载与支座反力分隔的外区域分别用数字和字母进行编号），使得同一杆件内力的矢量在图中只出现一次，且可按一定规则由区域编号确定各杆轴力的性质。这种方法可减少作图的误差，同时容易判断内力的方向，最适合于求解几何形状不规则的简单桁架。（何放龙）

麦克斯韦流体 Maxwell fluid

又称麦克斯韦模型。由弹性元件和粘性元件串联而成，如图所示，其中

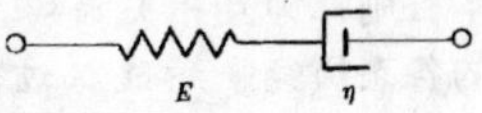

E 和 η 分别表示弹性元件的弹性模量和粘性元件的粘性系数。表述线性粘弹行为的两基本模型之一。本构方程为 $\sigma+\tau\dot{\sigma}=\eta\dot{\varepsilon}$，蠕变柔量 $\tau(t)=(1/E)+(t/\eta)$，松弛模量 $Y(t)=Ee^{-t/\tau}$，$\tau=\eta/E$ 为松弛时间。受突加应力时有瞬态应变响应，在恒应力作用下呈等应变率的流动。（杨挺青）

脉冲全息干涉术 pulse holographic interferometry

用脉冲选模激光器作相干光源进行全息照相，以研究物体在动态载荷作用下瞬态特性的干涉计量术。对于一个能重复的被测现象，常用单脉冲或双脉冲的红宝石激光器作光源，经多次泵浦产生多个脉冲，得到一系列随时间变化的干涉条纹图。对于不能重复的被测事件，可用序列脉冲激光器作光源，并与分幅技术（如声光偏转器）相结合，则一次泵浦就可获得多幅随时间变化的干涉条纹图。再根据条纹解释理论得到动态位移场或应力场分布及其传播规律等。（钟国成）

脉动分析法 pulsatile analysis method

为获得建筑物或某些振动系统的动特性参数而利用大地的脉动或风载等作为振源对测得的响应进行模态参数或其他动特性参数的分析方法。（戴诗亮）

脉动风 fluctuating wind

风速时程曲线中的短周期部分。脉动风是由于气体的湍流而引起的，其强度随时间按随机规律变化。由于它的周期较短，因而其作用性质是动力的，能导致结构振动。（石 沅）

脉动风的概率分布 probability distribution of fluctuating wind

表示脉动风速出现频率的规律。根据对强风时的风速样本分析表明，脉动风速可近似地作为各态历经的平稳随机过程，它的每一个足够长的风速样

本的概率分布都近似相等，其概率密度曲线对称分布，大体上符合正态分布规律，即

$$P(v)=\frac{1}{\sqrt{2\pi}\sigma_{vf}}\int_{-\infty}^{v}\exp[-\frac{(v-\bar{v})^2}{2\sigma_{vf}^2}]dv$$

式中 σ_{vf}为脉动风速均方根。 (田 浦)

脉动风的相关函数 correlation function of fluctuating wind

脉动风速任意二变量乘积的数学期望。它是在时域内表示脉动风相关性的重要参数。如果这两变量取自于同一点的脉动风速样本，即称为自相关函数，反之，二变量取自于不同点的脉动风速样本，则称为互相关函数。由于脉动风作为均值为零的各态历经平稳随机过程，故它的相关函数可表为

$$R_{xy}(\tau)=E(xy)=\lim_{T_0\to\infty}\frac{1}{T_0}\int_{-T_{0/2}}^{T_{0/2}}x(t)y(t+\tau)dt$$

$$R_x(\tau)=E(x^2)=\lim_{T_0\to\infty}\frac{1}{T_0}\int_{-T_{0/2}}^{T_{0/2}}x(t)x(t+\tau)dt$$

(田 浦)

脉动风速 fluctuating wind speed

相对于平均风速波动的变化部分。风是大范围内的空气运动形成的，而近地层风由于受到地表各种障碍物的影响，其本身的结构具有明显的随机性与紊乱性，但均值为零。即

$$V=\bar{V}+V_f(t)$$

脉动风速随时间按随机规律变化，由于它的周期较短，故作用性质是动力的。当风向前运动遇到阻塞时，即产生压力。由平均风速产生的风压称为稳定风压，其性质是静力的；而由脉动风速引起的风压，其性质是动力的。 (田 浦)

脉动风压 fluctuating wind pressure

相对于平均风压波动的变化部分。参见脉动风速。 (田 浦)

脉动棍栅法

J.E.Cermak 和 R.H.Scanlan 等在 1983 年提出的一种产生模拟的中性大气边界层的方法。脉动棍栅由两个相同的棍栅组成，它们在各自平面内以 180°相位差振动，由电子液压控制的驱动系统带动。该装置形成的湍流强度与尺度是均方根实度 σ_s 和平均实度 $\bar{s}$ 的函数，由此设计输入的驱动讯号。它所形成的湍流尺度比相应的固定棍栅要大一个数量级，最大湍流尺度可超过风洞试验段的宽度。 (施宗城)

脉动流速 fluctuating velocity

以湍流时均流速为基准作上下随机变化的流体质点流速。它和时均流速组成质点瞬时流速，即有

$$u_x=\bar{u}_x+u'_x$$

$$u_y=\bar{u}_y+u'_y$$

$$u_z=\bar{u}_z+u'_z$$

且有

$$\bar{u}'_x=\frac{1}{T}\int_0^T u'_x dt=0$$

$$\bar{u}'_y=\frac{1}{T}\int_0^T u'_y dt=0$$

$$\bar{u}'_z=\frac{1}{T}\int_0^T u'_z dt=0$$

式中 u'_x、u'_y、u'_z 为脉动流速在笛卡尔坐标中的三个分量；$\bar{u}'_x$、$\bar{u}'_y$、$\bar{u}'_z$ 为时均脉动流速的三个分量；T 为足够长的时段；t 为时间；u_x、u_y、u_z 为流体质点流速。由此可得单位质量流体的紊动平均动能为 $\frac{1}{2}(\bar{u}'^2_x+\bar{u}'^2_y+\bar{u}'^2_z)$。 (叶镇国)

脉动系数 fluctuating coefficient

脉动风压均方根乘以峰因子后与平均风压的比值，即

$$\mu_f(z)=\frac{\mu\sigma_{wf}(z)}{w(z)}$$

式中 μ 为峰因子或保证率系数。脉动系数反映了脉动风压均方根或脉动风速均方根的变化规律，是表示近地层风随机性与紊乱性的一个重要参数，一般通过实验的方法来确定，研究结果表明，它随高度的增加而减小；随平均风速的增大而减小；随地面粗糙度的增加而增加。 (田 浦)

脉动压强 fluctuating pressure

以湍流时均压强为基准作上下随机变化的流体点压强。它和时均压强组成了湍流压强的瞬时值，即

$$p=\bar{p}+p'$$

且有

$$\bar{p}'=\frac{1}{T}\int_0^T p' dt=0$$

式中 p' 为脉动压强；$\bar{p}'$ 为脉动压强的时均值；p 为点压强瞬时值；T 为足够长的时段；t 为时间。脉动现象的物理效应可使运动平均化（速度平均化、产生动量转移、导致湍流附加应力）、浓度平均化（质量转移）、温度平均化（热转移），还可产生往复荷载作用。 (叶镇国)

脉动增大系数 fluctuating amplification factor

风的脉动部份作用在结构上的动力系数。由于脉动风荷载是随机的，因而脉动增大系数需根据随机振动理论而求出。其式可表示为

$$\xi_j=\omega_j^2\sqrt{\int_{-\infty}^{\infty}|H_j(i\omega)|^2S_f(\omega)d\omega}$$

式中 j 为振型序号：ω_j 为第 j 振型圆频率，$H_j(i\omega)$ 为第 j 振型传递函数，$S_f(\omega)$ 为脉动风谱密度。工程结构的脉动增大系数最小值为 1，可变化到 4 或 5 以上。 (张相庭)

man

满应力设计 fully-stressed design

按满应力准则进行迭代的结构优化设计。它运用冻结内力法，根据应力比修改构件的截面，逐步使各构件至少在一组荷载作用时的工作应力达到容许应力，实现满应力准则，以求间接地达到用料最省的目标。适用于结构布局、材料已定，承受多组荷载作用且只有应力约束的截面优化设计问题。对于静定的杆系结构，满应力设计就是结构最轻设计，而超静定杆系结构则要视具体情况而定。当结构还有限定截面不得小于某个最小尺寸的界限约束（又称几何约束）时，则要求每一构件在应力约束和界限约束中至少使其中一个达到临界，称广义满应力设计。满应力设计可分为应力比法和齿行法，以后者为优。（汪树玉）

满应力准则 fully-stressed criteria

为使结构用料最省，要求结构中每一构件至少在一组荷载下，工作应力达到容许应力（称满应力）的设计准则。它是同步失效准则在结构受多组荷载作用（多工况）时的推广。也是结构仅受应力约束时的一种满约束准则。（汪树玉）

满约束准则 fully-constrained criterion

为使结构设计最优而要求结构所承受的各种不等式约束应同时达到临界状态（成立或接近成立等式）的设计准则。认为满足此一准则的设计可使结构材料潜能充分发挥，相应的结构便是最优的。由于在一般情况下，不可能使所有不等式约束都达到临界，因而在实际应用时，变通为使尽可能多的不等式约束达到临界状态。同步失效准则是这一准则在单组荷载作用下构件有多种破坏模式时的体现形式。就非线性约束来说，满约束准则实际上缩小了设计可行域，从而所得的最优解一般劣于原问题的最优解。（汪树玉）

曼代尔-克雷尔效应 Mandel-Cryer effect

由曼代尔（1953）和克雷尔（1963）相继发现的用比奥固结理论分析土体固结过程初期超静孔隙水压力不是消散，而是上升且超过初始超静孔隙水压力的现象。此现象已经室内试验所证实。而同样的边界条件，用扩散理论（参见太沙基—伦杜立克扩散方程，339 页）分析则无此现象发生。

（谢康和）

曼宁公式 Manning formula

见谢才系数（393 页）。

慢剪试验 consolidated drained direct shear test

在应变控制式直接剪切仪中，对粘性土试样施加垂直压力后让试样排水固结，然后以缓慢的剪切速度施加水平剪力，使试样在剪切过程中有足够时间排水，直至剪损的试验。国家土工试验方法标准 GBJ123 规定剪切速度小于 0.02mm/min。每次剪切历时一般约在 1 至 4 小时左右。用于土体在荷重作用下已排水固结，而在后来加荷剪切过程中孔隙水压力和含水量的变化能与土体剪应力的变化相适应的情况。一般工程的正常施工速度不符合这样情况，实践中较少直接采用，但其测得强度指标可用于有效应力分析。

（李明逵）

mao

毛细管黏度计 capillary viscometer

测量牛顿流体运动黏度的仪器。它具有构造简单、测量精确、便于应用的特点，并可用于非牛顿流体的流变测量。常见的毛细管黏度计有乌(Ubbelohet)氏和奥(Ostwald)氏两种，乌氏多作为标准黏度计使用，奥氏是常用的工作毛细管黏度计。现以奥氏黏度计为例，说明其构造及使用方法。它是由一个放置在铅直平面内的U型弯管和镶在其一边的毛细管 1 所组成。把所测液体倒入粗弯管 2 至毛细管高度一半处。通过微真空作用把毛细管中的液面抽吸到 $a-a$ 断面以上，然后中断吸力，让液体在重力作用下由毛细管流下。测读出液面由 $a-a$ 降到 $b-b$ 的时间 T。运动黏滞性系数由下式确定

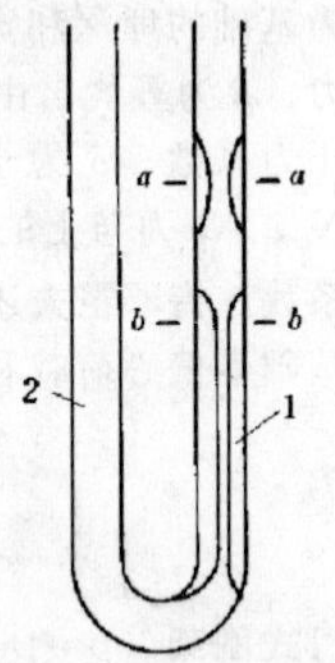

$$\upsilon = \frac{T}{T_0}\upsilon_0$$

式中 υ_0、T_0 是标准液体的运动黏度和液面下降时间。（彭剑辉）

毛细管上升高度试验 capillary lift test

测定土孔隙中的水因毛细管作用而上升的最大高度试验。根据土类不同，分为直接观测法和土样管法。前者适用粗砂、中砂，后者为粉砂和粘性土。（李明逵）

毛细水 capillary water

存在于潜水水位以上透水土层中的自由水。受到水与空气交界面处表面张力作用，使土粒间具有微弱内聚力。对建筑物的防潮、地基土的浸湿、冻胀和盐渍有重要影响。（朱向荣）

mei

梅耶霍夫极限承载力公式 Meyerhof's ultimate bearing capacity formula

由G. G.梅耶霍夫推导的地基极限承载力公式。1951年梅耶霍夫将太沙基承载力理论加以发展，认为应考虑基础两侧土体的抗剪强度，并使地基土的塑性平衡区扩展到基础埋置深度以上的土中。对于均质地基，用简化方法导得条形基础在中心荷载作用下的地基极限承载力公式

$$q_f = cN_c + \sigma_0 N_q + \frac{1}{2}\gamma B N_\gamma$$

其中

$$\sigma_0 = \frac{1}{2}\gamma D\left(K_0\sin^2\beta + \frac{K_0}{2}\mathrm{tg}\delta\sin2\beta + \cos^2\beta\right)$$

式中 c 为土的粘聚力；γ 为土的重度；D、B 分别为基础的埋深和宽度；σ_0 为等代自由面上的法向应力；β 为等代自由面与水平面的倾角；K_0 为静止土压力系数；δ 为土与基础侧面之间的摩擦角；N_c、N_q、N_γ 为与土的内摩擦角 φ 和 β 角有关的承载力系数。梅耶霍夫还研究了深基础的极限承载力以及基础受偏心荷载和倾斜荷载的承载力。（张季容）

men

门式刚架 portal rigid frame

见平面刚架（269页）。

meng

蒙特卡洛法 Monte-Carlo method

又称统计试验法。是用随机性方法解确定性微分方程或粒子运动的一种方法。当它解微分方程时，先构造一个与之等价的随机模型，产生一定分布状态的随机数，并在一定的转移概率情况下进行随机游动，最后按大数定律，根据初、边值条件下的时空区域上的已知值，通过达到边界的频率值，加权所得的数学期望，作为方程解的近似值。这一解法内存少，程序简单，但解的结果及误差均带有随机性质。（郑邦民）

蒙脱石 montmorillonite

由火山灰转变，或由富含 Fe 和 Mg 的火山岩风化形成的粘土矿物。其结构单元是两层硅氧晶片之间夹一层铝氢氧晶片组成的晶胞。晶胞之间有数层水分子。其特点是晶胞之间的联结力很弱，晶体格架有很大的活动性，遇水很不稳定，具有较大的膨胀性和收缩性。

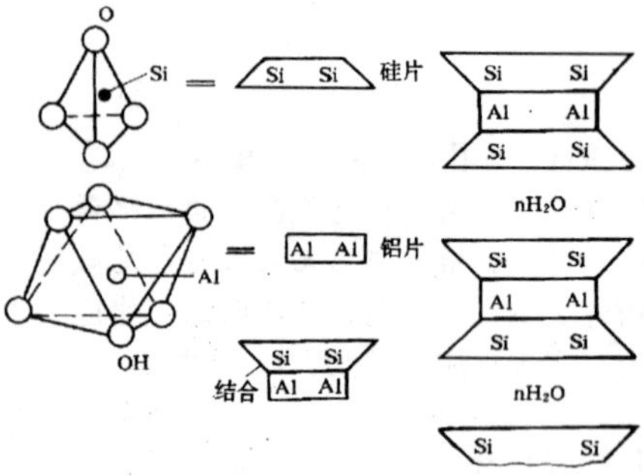

（朱向荣）

mi

米切尔准则 Michell's criteria

A. G. M. 米切尔（Michell）于1904年提出的关于最小体积桁架应满足的布局准则。准则包括静力条件和机动条件。前者要求在给定外力作用下桁架杆件的应力应达到材料的容许应力。后者要求在结构可布置的区域内建立一个满足运动协调的虚应变场，最优桁架各杆件应沿拉、压的主应变方向布置，主应变限值为相应许用应力的应变，任何方向虚应变都不超过该限值。在20世纪50年代，W. 海姆扑（Hemp）和W. 扑莱格尔（Prager）解决了二维空间的虚应变场的计算问题，实现了按准则布置的平面桁架，称为米切尔桁架。它的实用价值不大，但它揭示了结构最优布局应具有最直接传力路径的实质，而且开创了通过某种准则来进行结构优化的途径。（汪树玉）

米泽斯屈服条件 Mises yield condition

又称畸变能屈服条件。认为当畸变比能达到某一极限值时，材料便进入屈服状态。是常用屈服条件的一种，由R·von 米泽斯于1913年提出。其表达式为 $(\sigma_1-\sigma_2)^2+(\sigma_2-\sigma_3)^2+(\sigma_3-\sigma_1)^2=2\sigma_s^2=6\tau_s^2$ 或 $(\sigma_x-\sigma_y)^2+(\sigma_y-\sigma_z)^2+(\sigma_z-\sigma_x)^2+6(\tau_{xy}^2+\tau_{yz}^2+\tau_{zx}^2)=2\sigma_s^2=6\tau_s^2$，$\sigma_s$ 是屈服极限，τ_s 是剪切屈服极限。在主应力空间中（参见应力空间，430页），米泽斯屈服曲面是外接于特雷斯卡六角柱面的圆柱面（参见特雷斯卡屈服条件，347页）。（熊祝华）

密切面 osculating plane

又称曲率平面。过曲线上一点的切线且平行于一邻近点的切线的平面，当邻近点无限趋近该点时的极限位置，为曲线在该点的密切面。

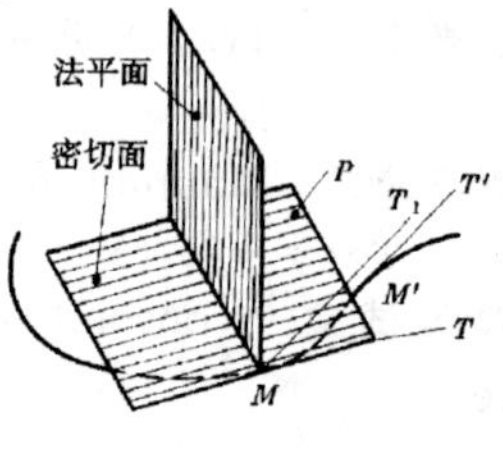

表征空间曲线几何性质的一个概念。图中过 M 点的切线 MT 及与邻近点 M' 的切线 $M'T'$ 平行的直线 MT_1 的平面，当 M' 点无限趋近于 M 点时，绕 MT 线连续转动达到的极限位置，即平面 P，就是曲线在 M 点的密切面。亦称为曲线在该点的曲率平面。当曲线为平面曲线时，它所在的平面就是这一曲线上各点的密切面。过 M 点且垂直于切线 MT 的平面，称为曲线在 M 点的**法平面**。它也是表征空间曲线几何性质的一个概念。（何祥铁）

幂法 power method

对于广义特征值问题 $\boldsymbol{K\Phi}=\lambda\boldsymbol{M\Phi}$，若其中 $\boldsymbol{M}$ 正定，用迭代法求系统的最大特征值 λ_n 及相应的特征向量 $\boldsymbol{\Phi}_n$ 的方法。为矩阵特征值问题的计算方法之一。首先设起始矢量 $\boldsymbol{x}^{(1)}$，计算 $\boldsymbol{y}^{(1)}=\boldsymbol{Kx}^{(1)}$，然后即可按如下公式迭代（$m=1,2,\cdots$）

$$\boldsymbol{M}\bar{\boldsymbol{x}}^{(m+1)}=\boldsymbol{y}^{(m)},\quad \bar{\boldsymbol{y}}^{(m+1)}=\boldsymbol{K}\bar{\boldsymbol{x}}^{(m+1)}$$

$$\rho(\bar{\boldsymbol{x}}^{(m+1)})=\frac{(\bar{\boldsymbol{x}}^{(m+1)})^{\mathrm{T}}\bar{\boldsymbol{y}}^{(m+1)}}{(\bar{\boldsymbol{x}}^{(m+1)})^{\mathrm{T}}\boldsymbol{y}^{(m)}}$$

$$\boldsymbol{y}^{(m+1)}=\bar{\boldsymbol{y}}^{(m+1)}/((\bar{\boldsymbol{x}}^{(m+1)})^{\mathrm{T}}\bar{\boldsymbol{y}}^{(m)})^{1/2}$$

只要 $\boldsymbol{\Phi}_n^{\mathrm{T}}\boldsymbol{y}^{(1)}\neq 0$，即可证当 $m\rightarrow\infty$ 时

$$\boldsymbol{y}^{(m+1)}\rightarrow\boldsymbol{K\Phi}_n,\qquad \rho(\bar{\boldsymbol{x}}^{(m+1)})\rightarrow\lambda_n$$

迭代到 $\dfrac{|\lambda_n^{(l+1)}-\lambda_n^{(l)}|}{\lambda_n^{(l+1)}}\leqslant\varepsilon$，即可停止迭代，得

$$\lambda_n\approx\rho(\bar{\boldsymbol{x}}^{(l+1)})$$

$$\boldsymbol{\Phi}_n\approx\bar{\boldsymbol{x}}^{(l+1)}/((\bar{\boldsymbol{x}}^{(l+1)})^{\mathrm{T}}\boldsymbol{y}^{(l)})^{1/2}$$

（姚振汉）

幂律关系 power law relations

一种以幂函数形式表述的非线性粘弹性本构关系。通常见到的是，应力可表示为应变或应变率的幂函数；在蠕变方程中表示为时间的幂函数，且与应力呈非线性关系。（杨挺青）

幂强化 power hardening

等向强化模型的进一步简化，其表达式为 $\sigma=c\epsilon^n$（一维应力状态），$f^*(\sigma_{ij})=cq^n$ 或 $\sigma_e=c\epsilon_e^n$（复杂应力状态），c，n（$0\leqslant n\leqslant 1$）为材料常数；q 为强化参数（参见等向强化，60 页）；σ_e，ε_e 分别称为应力和应变强度

$$\sigma_e=2^{-\frac{1}{2}}[(\sigma_x-\sigma_y)^2+(\sigma_y-\sigma_z)^2+(\sigma_z-\sigma_x)^2+6(\tau_{xy}^2+\tau_{yz}^2+\tau_{zx}^2)]^{\frac{1}{2}}$$

$$=2^{-\frac{1}{2}}[(\sigma_1-\sigma_2)^2+(\sigma_2-\sigma_3)^2+(\sigma_3-\sigma_1)^2]^{\frac{1}{2}}$$

$$\varepsilon_e=\left(\frac{2}{9}\right)^{\frac{1}{2}}\left[(\varepsilon_x-\varepsilon_y)^2+(\varepsilon_y-\varepsilon_z)^2+(\varepsilon_z-\varepsilon_x)^2+\frac{3}{2}(\gamma_{xy}^2+\gamma_{yz}^2+\gamma_{zx}^2)\right]^{\frac{1}{2}}$$

$$=\left(\frac{2}{9}\right)^{\frac{1}{2}}[(\varepsilon_1-\varepsilon_2)^2+(\varepsilon_2-\varepsilon_3)^2+(\varepsilon_3-\varepsilon_1)^2]^{\frac{1}{2}}$$

其中 σ_x，τ_{xy} 等是应力分量；ε_x，γ_{xy} 是应变分量；σ_1，σ_2，σ_3 是主应力；ε_1，ε_2，ε_3 是主应变。（熊祝华）

mian

面积矩 first moment of area

又称静面矩、一次矩。图形面积与其形心到某轴之距离的乘积。是截面的几何参数，表达式为

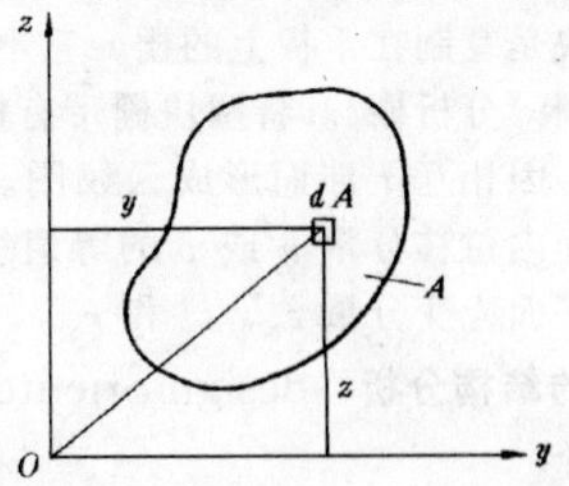

$$S_y=\int_A z\mathrm{d}A;\quad S_z=\int_A y\mathrm{d}A$$

S_y 为图形对 y 轴的面积矩，S_z 为图形对 z 轴的面积矩，z，y 为图形微面积的坐标。（庞大中）

面积收缩率 percentage reduction of area

材料拉断时横截面相对的塑性缩小，衡量材料可塑性大小的一个参数。记为 ψ，其计算公式为

$$\psi=\frac{A-A_1}{A}\times 100\%$$

A 为试件横截面的原面积；A_1 为试件断口的面积。（郑照北）

面积速度 areal velocity

在**中心力**作用下运动的**质点**，从力心作出的**矢径**在单位时间内扫过的面积。由质点此时对力心的**动量矩**守恒知，质点的轨迹是平面曲线，且其面积速度在质点的运动过程中保持不变。**开普勒定律**中的第二定律说明的就是在牛顿引力作用下，行星的面积速度守恒。（黎邦隆）

面内位移场双光束散斑分析法 in-plane displacement analysis using dual beam speckle interferometry

用两束平行光对称照明（图示）的双光束散斑干涉术对物体进行全场面内位移分析的一种干涉计量术。把物体表面变形前后的散斑图记录在同一张底片上。用空间滤波

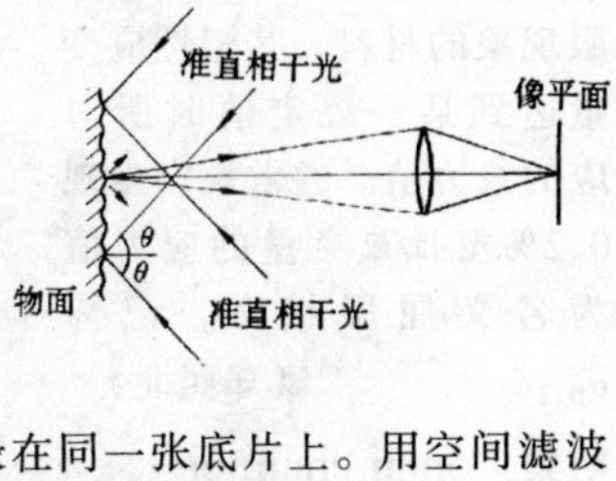

技术分析散斑图。凡满足条件

$$u = \frac{n\lambda}{2\sin\theta} \qquad n = 0,1,2,3\cdots$$

的点呈现相关条纹。式中 u 为 x 方向的位移分量，λ 为照明光波长，n 是条纹级数，θ 为入射光与物面法线的夹角。（钟国成）

面内云纹法 in-plane moiré method

一种利用云纹测量面内位移的实验方法。用它测量试件变形时需要两块栅：一块是将栅线复制在试件表面所得的栅，它随试件一起变形，称为试件栅；另一块是复制在干板上的栅，它不随试件变形，称为参考栅（分析栅）。将两块栅带有栅线的一面叠合在一起，因相互干涉而形成云纹图。这种云纹图给出的是面内位移分量 u 或 v 的等值线。进而可获得相应的平面应变分量 ε_x、ε_y 和 r_{xy}。（崔玉玺）

面向设计的结构分析 design oriented structural analysis

一种专供优化设计使用的简化、近似、高效且具有灵活调整性能的结构分析方法。它的应用可使优化过程中采用有限元模型的重分析工作量大为减少。和通常的结构分析不同，它的作用是估计使约束条件处于临界或接近临界时设计变量应有的扰动量，用以指导设计点的移动。为此需进行结构的性态灵敏度分析，选择性能良好且数目较少的基向量以构造近似解，以及采用具有网格再分功能的灵活的有限元分析程序。（汪树玉）

ming

名义剪应力 apparent shearing stress mian

连接件受剪面上的平均剪应力。在工程应用中，常假定受剪面上各点处的剪应力均匀分布，并以此假定计算得到平均剪应力。同样，材料的剪切极限应力也是按假定计算直接由连接件试验所得的破坏荷载计算得到。这样可使近似计算产生的误差得到一定的补偿。由剪切极限应力除以安全系数得到材料的许用剪应力。（郑照北）

名义屈服极限 apparent yield limit

又称条件屈服极限或屈服强度。对于无明显屈服现象的材料，其塑性应变量达到某一规定值时所对应的应力值。通常规定出现0.2%塑性应变量的应力值为名义屈服极限，记为 $\sigma_{0.2}$。（郑照北）

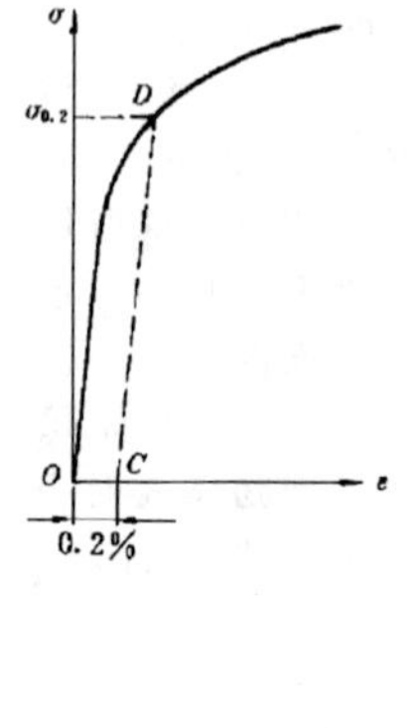

明渠 open channel

输送具有自由表面水流的渠道。它可分为人工渠道和天然河道两类。各种灌溉排水渠道、航运渠道、水电站的引水渠道、无压输水隧洞、溢洪道下游的泄水渠、城镇给水的引水渠道和排污的下水渠道等都是人工渠道；江、河、溪、沟都属天然渠道。明渠大多是开敞式的，但也有封闭式的，封闭式渠道常用于城镇的排污下水道。人工渠道的断面形式有梯形、矩形、圆形、椭圆形、马蹄形及单式断面渠道和复式断面渠道等；按其纵向情况还可有棱柱形渠道、非棱柱形渠道、顺坡渠道、平坡渠道及逆坡渠道等。它是水利工程中最常见的输水构筑物。（叶镇国）

明渠冲击波 shock wave in open channel

明渠急流中局部受阻造成的扰动波。如陡槽边墙偏折或弯曲、非棱柱形渠道的渠身等在急流中造成的扰动波，水流各自斜向冲击对岸，并不断折射向下游传播，在平面上则呈一系列菱形的波浪。它对于工程会产生不利影响，在边墙附近常可造成水面局部壅高，而下游出口处则会使水流局部集中，增加消能困难，带来边墙增高问题，因此，在工程中应尽量防止它的出现。冲击波中的壅波可以是急流到急流，也可以在壅高大时变为缓流，即发生水跃，其产生的外因是局部干扰，而其内因则是急流的巨大惯性。关于冲击波的减免措施一般有以下几种：①减小边墙偏折角（即减小边墙线与水流方向的夹角），②选择适当的边墙偏折角或收缩段长度，使冲击波的正负扰动互相干扰抵消；对于弯道，可在弯曲段前后各接一段曲线，其半径约为原曲线的两倍，使其扰动恰好与弯段扰动抵消，③局部抬高渠底，使增加的动水压力与扰动波引起的冲击力相平衡，可以有效地减免收缩段与扩散段的冲击波，④抬高弯段凹岸渠底造成一横向坡度，或将较宽弯段分隔成较窄弯道，也可有效地减免冲击波。

（叶镇国）

明渠非恒定渐变流动量方程 momentum equation of unsteady gradually-varied flow in open channels

见明渠非恒定渐变流运动方程（241页）。

明渠非恒定渐变流连续性方程 continuity equation of gradually-varied unsteady flow in open channels

又称明渠非恒定渐变流水量平衡方程。明渠非恒定渐变流质量守恒关系。当有旁侧入流时，对于微小流段这一方程形式如下

$$\frac{\partial \omega}{\partial t} + \frac{\partial Q}{\partial s} = q$$

式中 ω 为过水断面面积；Q 为流量；t 为时间；s

为流程坐标，q 为旁侧流量。上式表明：在明渠非恒定流中，单位长度上、单位时间内过水断面面积随时间的变化率与流量沿程的变化率之和等于旁侧入流量。如无旁侧入流，即 $q=0$，则得

$$\frac{\partial \omega}{\partial t}+\frac{\partial Q}{\partial s}=0$$

上式表明，单位流段中流量的变化与单位时间内水量的变化有相互消长的关系，若 $\frac{\partial Q}{\partial s}<0$，则 $\frac{\partial \omega}{\partial t}>0$，明渠中将发生涨水波，若 $\frac{\partial Q}{\partial s}>0$，则 $\frac{\partial \omega}{\partial t}<0$，明渠中将发生落水波，当 $\frac{\partial Q}{\partial s}=0$，则 $\frac{\partial \omega}{\partial t}=0$，$Q=$ 常数，水流为恒定流。对于矩形断面明渠，由 $\frac{\partial Q}{\partial s}=\omega\frac{\partial v}{\partial s}+v\frac{\partial \omega}{\partial s}$，连续性方程有如下形式

$$\frac{\partial h}{\partial t}+h\frac{\partial v}{\partial s}+v\frac{\partial h}{\partial s}=q$$

式中 h 为水深，v 为断面平均流速，其余符号意义与前述相同。

（叶镇国）

明渠非恒定渐变流圣维南方程组 set of Saint-Venant equations for unsteady gradually-varied flow in open channels

又称明渠非恒定渐变流基本微分方程组。明渠非恒定渐变流连续性方程与明渠非恒定渐变流运动方程二者的联立方程组。它表征明渠水流水力要素与流程坐标 s 和时间 t 之间的函数关系。此方程组为法国科学家圣维南（Barre' de Saint－Venant）于1871年建立，故名。对于一维流动，这一方程组只能确定两个未知量。其自变量为 s 和 t 因变量为两个水力要素，如水位 z 及流量 Q；水深 h 及流量 Q；水位 z 及流速 v；水深 h 及流速 v 等。在水利工程中，水力计算问题多为非棱柱形渠道，且无旁侧入流，其常见形式有四种，如以 z、Q 作因变量时，有

$$\begin{cases} B\dfrac{\partial z}{\partial t}+\dfrac{\partial Q}{\partial s}=0 \\ \dfrac{\partial Q}{\partial t}+\dfrac{2Q}{\omega}\cdot\dfrac{\partial Q}{\partial s}+\left[g\omega-B\left(\dfrac{Q}{\omega}\right)^2\right]\dfrac{\partial z}{\partial s} \\ \quad =B\left(\dfrac{Q}{\omega}\right)^2(i+M)-g\dfrac{Q^2}{\omega C^2 R} \end{cases}$$

式中B为水面宽度；ω为过水断面面积；g为重力水力半径；C为谢才系数；M为明渠单宽定深的断面沿程放宽率，$M=\frac{1}{B}\cdot\frac{\partial \omega}{\partial s}\Big|_h$；i为渠底坡度。上式可求解z、Q关系。圣维南方方程组常用于计算天然河道的非恒定流问题，它属一阶拟线性双曲型偏微分方程组，目前尚无普遍的积分解答。其近似的解算方法有：特征线法，直接差分法及瞬态法三种。按瞬态法，此方程组可简化为

$$\left\{\frac{\partial z}{\partial s}+\frac{Q^2}{K^2}=0,\frac{\partial \omega}{\partial t}+\frac{\partial Q}{\partial s}=0\right.$$

（叶镇国）

明渠非恒定渐变流水量平衡方程 equilibrium equation of water quantity for gradually-varied unsteady flow in open channels

见明渠非恒定渐变流连续性方程（240页）。

明渠非恒定渐变流运动方程 motion equation of gradually-varied unsteady flow in open channels

又称明渠非恒定渐变流动量方程或动力平衡方程。表征明渠非恒定渐变流总流微小流段 ds 上重力，阻力及惯性力三者的平衡关系式。对于一维流动，根据水利工程的水力计算要求，运动方程可有下述四种形式。

①以 z、Q 作因变量，有

$$\frac{1}{g\omega}\cdot\frac{\partial Q}{\partial t}+\frac{2Q}{g\omega^2}\cdot\frac{\partial Q}{\partial s}+\left(1-\frac{BQ^2}{g\omega^3}\right)\frac{\partial z}{\partial s}$$
$$=\frac{q}{g\omega}(v_{qt}-v)+\frac{BQ^2}{g\omega^3}(i+M)-\frac{Q^2}{\omega^2C^2R}$$

②以 h，Q 作因变量，有

$$\frac{1}{g\omega}\cdot\frac{\partial Q}{\partial t}+\frac{2Q}{g\omega^2}\cdot\frac{\partial Q}{\partial s}+\left(1-\frac{BQ^2}{g\omega^3}\right)\frac{\partial h}{\partial s}$$
$$=\frac{q(v_{qt}-v)}{g\omega}+i+\frac{Q^2}{g\omega^3}\cdot\frac{\partial \omega}{\partial s}\Big|_h\frac{Q^2}{\omega^2C^2R}$$

③以 Z、v 作因变量，有

$$\frac{\partial v}{\partial t}+v\frac{\partial v}{\partial s}+g\frac{\partial z}{\partial s}=\frac{q(v_{qt}-2v)}{\omega}-g\frac{v^2}{C^2R}$$

④以 h，v 作因变量，有

$$\frac{\partial v}{\partial t}+v\frac{\partial v}{\partial s}+g\frac{\partial h}{\partial s}=\frac{q(v_{qt}-2v)}{\omega}+g\left(i-\frac{v^2}{C^2R}\right)$$

式中 Q 为流量；z 为水位；q 为旁侧入流流量；v 为断面平均流速；ω 为过水断面面积；v_{qt} 为旁侧入流平均流速沿水流方向的分量；g 为重力加速度；t 为时间；C 为谢才系数；R 为水力半径；s 为流程坐标；h 为水深；M 为明渠单宽定深的断面沿程放宽率，$M=\frac{1}{B}\cdot\frac{\partial \omega}{\partial s}\Big|_h$；$B$ 为水面宽度。

（叶镇国）

明渠非恒定流动 unsteady flow in open channels

又称波动流。过水断面上的运动要素随时间变化的明渠水流。对于一维明渠非恒定流动可表示为

$$Q=Q(s,t),$$
$$v=v(s,t),$$

$$\omega = \omega(s,t),$$
$$z = z(s,t),$$

式中 s 为距起始断面的距离；t 为时间；Q 为流量；v 为断面平均流速；ω 为过水断面面积；z 为水位。这种流动是局部干扰（如闸门启闭）引起的自由水面波动现象。它是一种浅水波。常见的这种流动有河流中洪水波的运行；渠道闸门开启和关闭过程中的流动；水电站运转过程中由于流量调节引起上、下游水位的波动；溃坝后水体的突然泄放；船闸的冲水和放水；暴雨期城市排水系统中的流动以及滨海地区的河流及灌溉排水渠道，由于潮汐影响所发生的水位变动等。研究河渠中非恒定流规律及其计算方法对于洪水演进计算、溃坝波演进计算及潮汐水力计算等都有重要意义。随着我国水利建设事业的不断发展，明渠非恒定流理论已在水利工程中得到广泛的应用。 （叶镇国）

明渠恒定非均匀渐变流动 steady nonuniform gradually varied flow in open channel

流线间夹角很小，曲率半径很大，流线为接近平行直线的明渠恒定流动。其水力特征是水流重力在流动方向上的分力与阻力不平衡，流速和水深沿程变化，但相当缓慢。水面线一般为曲线（习惯称为水面曲线），其水力坡度 J，水面坡度（测管坡度）J_p 及底坡 i 三者不等，即

$$J \neq J_p \neq i$$
$$h = h(s)$$

式中 s 为沿流动方向的流程（水深 h 的位置）。其主要水力计算问题为分析水深等水力要素沿程变化规律、水面曲线形状及其坐标计算，以便确定渠道边墙高度及回水淹没范围。在工程应用中有十分重要的意义。 （叶镇国）

明渠恒定急变流 steady rapidly-varied flow in open channels

较短渠段中，流线曲率很大或流速分布有急剧变化的一种恒定明渠水流。其水力特征是惯性力不可忽略。过水断面上的压强分布不符合静水压强分布规律。其形成的原因为边界条件急剧变化，常发生于较短的距离内。近年来，随着计算技术的发展，已有可能按紊流理论用数值分析方法得出其流场的流速分布，压强分布、水头损失规律及旋涡运动特性等，并可通过现代量测技术量测其水力要素的变化。明渠水流中的水跃、水跌、堰流及闸下出流等水力现象均为工程中常见的急变流。

（叶镇国）

明渠恒定渐变流基本微分方程 basic differential equation for steady nonuniform gradually varied flow in open channel

明渠恒定渐变流沿程能量守恒的微分关系式。形式如下

$$dz + d(h\cos\theta) + d\left(\frac{\alpha v^2}{2g}\right) + dh_f + dh_j = 0$$

式中 dz 为微小流段前后断面的渠底高程差；h 为垂直于流线的断面水深；v 为断面平均流速；θ 为渠底线与水平线的夹角；h_f 为沿程水头损失；h_j 为局部水头损失；g 为重力加速度。它是分析水面曲线的基本方程。例如，对于顺坡渠道，其明渠渐变流水面曲线微分方程由上式可求得

$$\frac{dh}{ds} = \frac{i - \frac{Q^2}{K^2}\left(1 - \frac{\alpha C^2 R}{g\omega} \cdot \frac{\partial \omega}{\partial s}\right)}{1 - \mathrm{Fr}}$$
$$\omega = \omega(h_1 s)$$

对于棱柱形顺坡、平坡及逆坡等三类渠道有 $\frac{\partial \omega}{\partial s} = 0$，由上式又可得

$i > 0$ 时，

$$\frac{dh}{ds} = \frac{i - \frac{Q^2}{K^2}}{1 - \mathrm{Fr}} = i\,\frac{1 - \left(\frac{K_0}{K}\right)^2}{1 - \mathrm{Fr}}$$

$i = 0$ 时，

$$\frac{dh}{ds} = -i_k \frac{\left(\frac{K_k}{K}\right)^2}{1 - \mathrm{Fr}}$$

$i < 0$ 时，

$$\frac{dh}{ds} = -i' \frac{1 + \left(\frac{K'_0}{K}\right)^2}{1 - \mathrm{Fr}},$$
$$i' = |i|, K'_0 = \frac{Q}{\sqrt{i'}}$$

式中 Fr 为佛汝德数；Q 为流量；K 为相应于水深为 h 的流量模数；K_0 为相应于正常水深 h_0 时的流量模数；s 为流程；C 为谢才系数；R 为水力半径；ω 为过水断面面积；i 为渠底坡度；i_k 为临界坡度；K_k 为相应于临界水深 h_k 时的流量模数。三类底坡（$i>0$，$i=0$，$i<0$）的水面曲线共 12 种。

（叶镇国）

明渠恒定流动 steady flow in open channels

又称无压恒定流动。运动要素不随时间变化的明渠水流。 （叶镇国）

明渠均匀流动 uniform flow in open channel

运动要素沿程不变的明渠水流。其发生的水力条件是渠道底坡、粗糙系数、断面形状及流量均沿程保持不变，且为长而直的棱柱形顺坡渠道；其发生的物理原因是重力沿流向的分力与水流摩擦阻力相平衡；其水力特征是流线是一簇平行于渠底的直线，水力坡度、测管坡度及渠底坡度三者相等，是一种等深等速流动。其有关理论，对

于分析明渠水流现象、研究明渠非均匀流动、明渠水流运动要素及明渠断面形状的设计计算等都具有重要的意义。其流速及流量计算由谢才公式确定

$$v = C\sqrt{Ri}$$

$$Q = \omega v = \omega C\sqrt{Ri} = K\sqrt{i}$$

式中 v 为断面平均流速；Q 为流量；ω 为过水断面面积；R 为水力半径；i 为渠道底坡；C 为谢才系数；K 为流量模数。

（叶镇国）

明渠水流 open-channel flow

又称明渠流、无压流。具有自由表面的渠中水流。这类水流的特点是具有自由表面，表面上各点均受大气压作用，其相对压强为零。它因水面不受固体边界的约束，当渠道几何条件（如底坡、断面形状及尺寸、粗糙系数等）变化及上下游控制条件不同时，自由水面的位置都会随之升降，尽管渠中流量一定，却可形成不同型式的水面线。它和有压管流一样，也可分为恒定流与非恒定流，均匀流与非均匀流、渐变流与急变流等类型。在封闭式的洞、涵、管、渠中的水流、若具有自由水面、仍属明渠水流而不属有压管流。这类水流的水力计算问题主要是确定渠道输水能力（流量）、渠道底坡、渠中水深变化、渠道断面尺寸等。

（叶镇国）

mo

模糊优化设计 fuzzy optimum design

考虑结构设计模糊性的优化设计。其数学模型中的目标函数和约束条件全部或部分（至少有一个）具有模糊性，优化过程是在模糊可行域内寻求一个最优解集合，其中包括相应于各种设防水平的优化设计。这不仅使设计更加合理，并可供进一步从中选择而获得相应于最优设防水平的最优设计，可以避免漏掉真正的最优方案。参见最优设防水平(480页)。（杨德铨）

模量比 modulus ratio

又称强度模量比。静弹性模量与单轴抗压强度的比值。在进行完整岩块的工程分类时，根据模量比而分为三个等级，即 $n>500$ 的为等级高的；$n=200\sim500$ 为中等的，$n<200$ 为等级低的。

（屠树根）

模拟式记录仪 analogical recorder

将被测的连续模拟量以连续的时间历程方式记录下来的仪器。如笔录仪、光线示波器、$X-Y$ 函数记录仪及磁带记录仪等。

（王娴明）

模式搜索法 pattern search method

利用沿不同方向进行探测所得的目标函数值信息来构造使目标函数改善的搜索规则或方向，用以寻求无约束非线性规划问题最优点的一类直接法。包含步长加速法、转轴法、鲍威尔（Powell）法与单纯形法。约束非线性规划中的复形法也属这一类,但此时还需考虑约束函数值信息。

（刘国华）

模态参数 modal parameter

振动模态的特性参数。包含固有频率、模态振型、模态质量、模态刚度和模态阻尼比等。

（戴诗亮 陈树年）

模态分析 modal analysis

建立用模态参数表示的振动系统的运动方程，确定其模态参数的过程及有关分析。按模态参数的获取方法可分为理论模态分析和试验模态分析。在多自由度系统中，结构的运动微分方程通常可用模态坐标（主坐标）解耦，使原来在物理坐标系中互相耦合的运动方程组，在新的模态坐标系中变为一组相互独立的运动方程，从而可将一个复杂的多自由度系统简化为一组单自由度系统来处理，原系统对于任意激励的响应可由各阶振型按一定比例叠加得到。这就是模态分析的理论基础，即模态叠加原理。模态分析的方法可分为①频域法：利用频响函数（或传递函数）进行模态分析。又称机械阻抗方法。此法具有直观、准确的优点。发展也较成熟，是目前应用较多的方法。②时域法：直接利用输入输出的时间历程（或仅用响应数据）进行模态参数识别。也可不要求输入数据而直接采用系统运行测试数据，或环境激振响应数据进行识别。近期发展较快，在故障预报，实时控制等方面将有较大的发展前途。但不完整的数据不能进行完整的识别。③混合法：是频域法与时域法的结合。正在发展之中。今天，模态分析法已迅速发展成一种分析处理大型复杂结构动力学问题的有效手段。

（陈树年）

模态综合法 mode synthesis method

在动力分析中，利用子结构和模态坐标（正则坐标）以减缩自由度的方法。基本作法是：①将结构分割为子结构；②对子结构进行模态（振型）分析，将结点自由度分为界面和内部两部分，分别求出固定界面的模态和依次释放界面上每个自由度的约束模态。转换为以上述模态为基向量的空间，略去高阶模态而只保留低阶模态；③综合各子结构导出整个结构动力方程并进行求解。因为在各子结构模态分析中已对自由度进行了大量减缩，结构动力

方程的阶数大大减缩。 （包世华）

模型 model

有物理模型及数学模型两类。物理模型为与原型相似，具有原型的全部或部分特征的原型代表物，用作试验及观测，通过对它的试验量测及分析，运用相似理论可预测原型的性质；数学模型为描述物理现象的特性和各参数间相互关系的数学表达式或对数学表达式进行变换后可进行数值计算的计算模式，多用于用计算机进行的分析研究。

（袁文忠）

模型律 model law

两相似流动中，模型流动与原型流动各物理量比尺之间的关系律。在模型设计和试验中，几何比尺选定后，其他物理量的相似比尺必须根据有关力学相似准则去确定。例如对于明渠水流的模型，需要按佛汝德相似准则去确定几何比尺以外的其他物理量比尺。重力相似要求佛汝德数相等，即 $Fr_p = Fr_m$ 或 $v_p^2/g_p l_p = v_m^2/g_m l_m$，（见佛汝德相似准则）上式可以改写成比尺关系式：$C_v^2 = C_l C_g$。当重力加速度比尺 $C_g = 1$（即 $g_p = g_m$）时，便得到速度比尺与长度比尺的关系式为：$C_v = \sqrt{C_l}$，进而可以导出力、流量比尺的关系式：$C_F = C_\rho C_v^2 C_l^2 = C_\rho C_l^3$；$C_Q = C_w \cdot C_v = C_l^2 \cdot C_l^{\frac{1}{2}} = C_l^{2.5}$（上式中 C_v、C_l、C_ρ、C_g、C_F、C_Q 分别为速度比尺、线性长度比尺、密度比尺、重力加速度比尺、力比尺和流量比尺）。这些比尺关系式便是明渠相似水流的模型律。 （李纪臣）

模型试验 model test，model experiment

①用与原型相似的模型进行试验研究，并将研究结果应用于原型的一种重要的试验研究方法。广泛应用于各学科领域。其关键是要根据相似理论进行模型设计。主要的优点是：可以控制主要试验参数而不受环境条件的限制与影响；便于改变试验参数进行对比试验；经济性好。主要的不足是：相似指标难以完全满足，常常只能考虑某些主要因素而忽略其次要因素。

②利用模型流动模拟原型流动的试验研究。它的任务包括：根据试验要求和试验条件合理选定几何比尺设计模型尺寸；正确运用相似准则确定原型与模型流各物理量的比尺；将模型流动观测得到的结果换算为原型流动的情况。相似模型的类型主要分为：完全相似模型，近似相似模型，正态模型和变态模型，在实际工程应用中一般是采用正态相似模型。流体力学的模型中的流体通常是采用水或空气，即同种流体模拟或水气模拟，在平面势流的模拟试验中也常采用水电模拟。

（李纪臣 袁文忠）

摩擦 friction

一般是指滑动摩擦。相互接触的两物体相对滑动或有这种运动趋势时，在接触处沿公切面受到的阻碍。滑动摩擦又称第一类摩擦。在滑动发生以前的称为静滑动摩擦，简称静摩擦；滑动发生以后的称为动滑动摩擦，简称动摩擦。两物体间无润滑剂或其他液体的，称为干摩擦，反之称为湿摩擦。理论力学里只考虑干摩擦。滑动摩擦力的方向与物体相对滑动或相对滑动趋势的方向相反。摩擦对人类的生产与生活关系极大。它有消耗动力，降低机械效率，使运动部件发热与磨损加快、强度降低、寿命减短等害处；但另一方面，摩擦传动或掣动，摩擦传送，车辆驱动或刹停，夹紧工件，紧固螺母，挡土墙与桥台、水坝防滑等都要利用它。此外还有滚动摩擦，见滚动摩阻（132 页）。

（黎邦隆 彭绍佩）

摩擦角 angle of friction

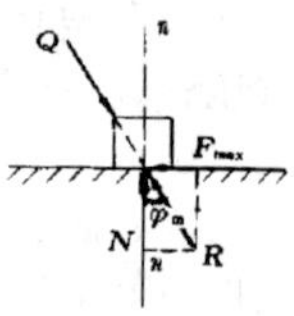

最大静摩擦力和法向反力的合力与物体支承面的法线间的夹角。即图中的 φ_m（图中 $\boldsymbol{Q}$ 为主动力的合力），它与静摩擦系数（见库仑摩擦定律，197 页）的关系为 $\mathrm{tg}\varphi_m = f$。堆放砂子、泥土、煤、谷物等颗粒物料时，能够堆起的最大坡角，即自然休止角（angle of repose），就等于这些物料的摩擦角。为了保证铁路路堤的稳定，其边坡的坡角均应小于土壤的自然休止角。在考虑摩擦的平衡问题中，当物体只受两个力或三个力作用时，利用摩擦角求解往往比较简捷。 （彭绍佩）

摩擦锥 cone of friction

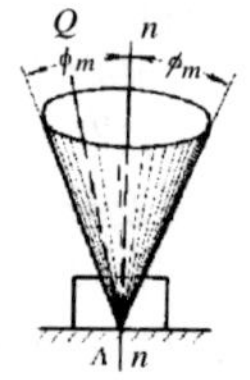

围绕物体支承面的法线 $n-n$ 在不同方向作出物体在临界平衡情况下的全反力 $\boldsymbol{R}$（$\boldsymbol{R} = \boldsymbol{F}_{max} + \boldsymbol{N}$）的作用线所形成的锥面。如沿接触面的各个方向的摩擦系数都相同，则它是一个顶点为 A、顶角为 $2\varphi_m$ 的正圆锥（φ_m 为摩擦角）。作用于物体的主动力的合力 $\boldsymbol{Q}$ 的作用线若在该锥面内，不论该力多大，物体都不会滑动；若在该锥面上，则物体处于即将滑动的临界平衡状态；若在该锥面之外，则无论该力多小，物体亦会滑动。 （彭绍佩）

摩擦锥法 friction pyramid method

在块体稳定分析中，为了确定受外力作用下岩体沿某结构面滑动的稳定条件，用摩擦锥表示岩块抗滑力的方法。摩擦锥是以岩块重心为顶点，抗滑力为半径，围绕法向力旋转得到的圆锥体。当重量为 W 的岩块在倾角为 α 的斜面 P 上时，其下滑

力 $S = W\sin\alpha$，法向力 $N = W\cos\alpha$，则抗滑力 $R_f = N\mathrm{tg}\varphi$，其中 φ 为摩擦角。由物理概念知，摩擦系数 $\mathrm{tg}\varphi$ 与方位无关，即 R_f 在各方向上相等，则可得到一个绕 N 旋转的摩擦锥，若需要考虑粘聚力 R_c 或抗剪强度 R_τ 时，则半径应加大为 $R_f + R_c$ 或 $R_f + R_c + R_\tau$

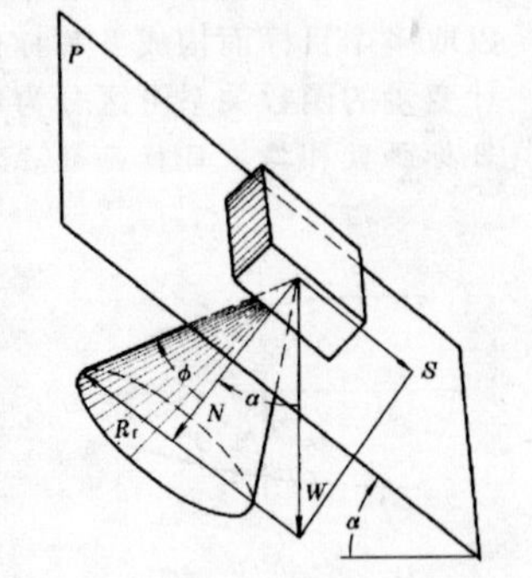

（屠树根）

摩根斯坦－普赖斯法　Morgenstern-Price method

摩根斯坦和普赖斯（Morgenstern－& Price）提出的一种土坡稳定分析条分法。此法可适用于任意形状的滑动面，满足各土条力的主向量为零和主矩为零的静力平衡条件。在求解安全系数时，假定各土条的切向条间力为 X 与法向条间力 E 之比为水平方向坐标 x 的函数，即 $\frac{X}{E} = \lambda f(x)$，式中 λ 为常数，选定 $f(x)$ 后，即可根据整个滑动土体的边界条件求出问题的解答。

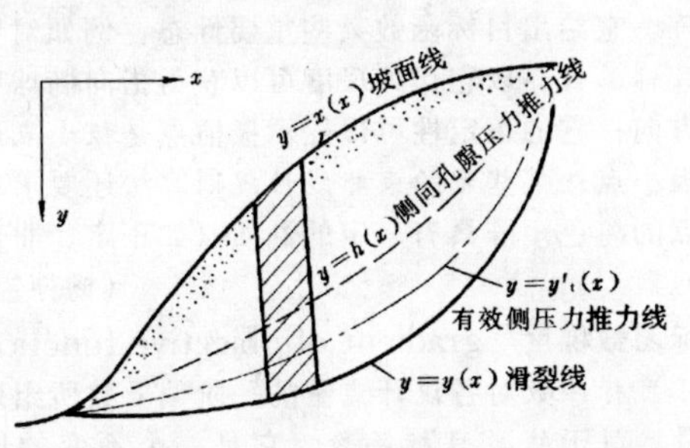

(a)

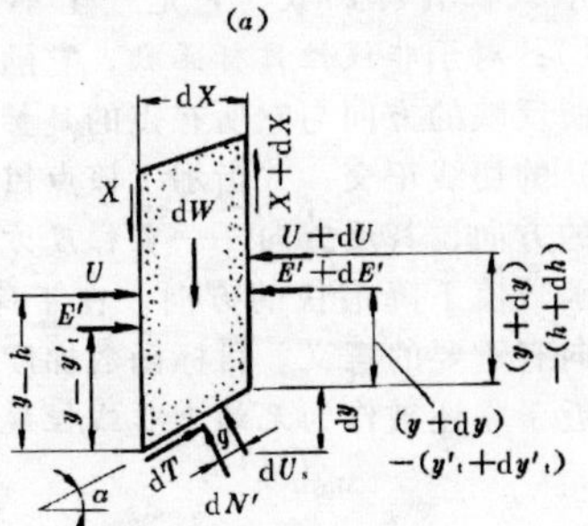

(b)

（龚晓南）

莫尔包线　Mohr's envelope

又称破坏包线或土的抗剪强度包线。表示土体受到不同的主应力作用达到极限状态时由破裂面上法向应力与剪应力确定的点的轨迹。1910 年莫尔提出破裂面上的法向应力 σ 与剪应力 τ_f 之间有一曲线函数关系，即 $\tau_f = f(\sigma)$，实用上取与试验的极限应力圆相切的包线，在某一限定的应力范围内可以用一直线近似地代替相应的曲线（如图），该直线方程就是库伦公式。

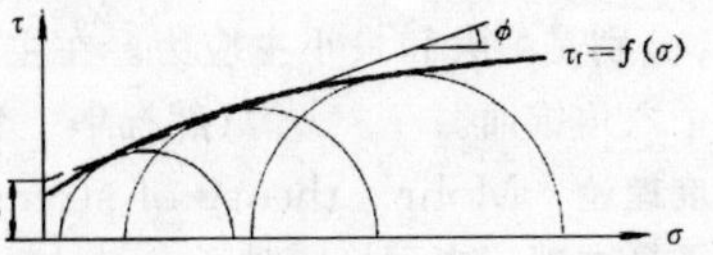

（张季容）

莫尔－库伦理论　Mohr-Coulomb theory

用库伦方程表示莫尔包线研究土的强度的理论。该理论用库伦方程 $\tau_f = c + \sigma\mathrm{tg}\varphi$ 表示的直线代替莫尔包线 $\tau_f = f(\sigma)$，

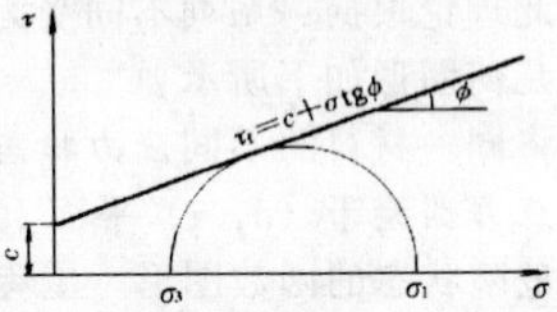

当单元土体受到最大主应力 σ_1 和最小主应力 σ_3 作用，在某一平面上的剪应力等于土的抗剪强度时，就发生剪切破坏，其极限应力圆与库伦方程所确定的直线相切（如图），由此得出单元土体的剪切破坏条件：

$$\frac{1}{2}(\sigma_1 - \sigma_3) = c\cos\varphi + \frac{1}{2}(\sigma_1 + \sigma_3)\sin\varphi$$

式中 σ_1、σ_3 分别为最大、最小主应力；c 为土的粘聚力；φ 为土的内摩擦角。值得注意的是该理论没有考虑中主应力的影响。（张季容　周德培）

莫尔－库伦屈服条件　Mohr Coulomb yield condition

静水压力对屈服有影响及拉、压屈服极限不相等的材料（如岩、土）的屈服条件或破坏准则。通常可做单向拉伸、单向压缩和纯剪三个实验，画出在此三种应力状态下材料开始屈服的应力圆，这些圆的包络线称为莫尔－库伦屈服曲线（图 a）。为简化计算，可用图 b 的两条直线（线性比）代替图 a 中的曲线，其表达式为

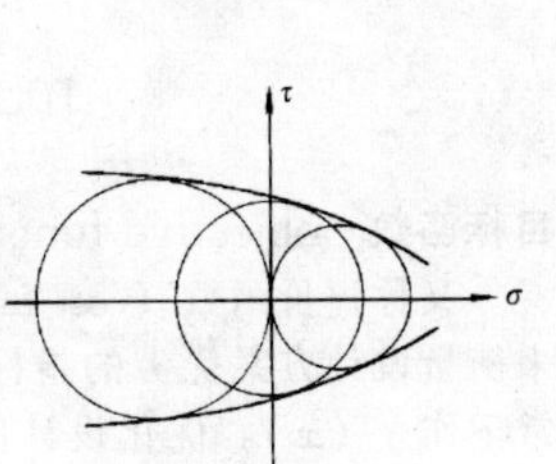

(a)

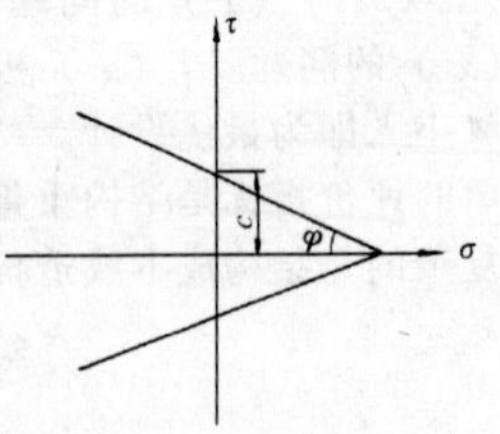

(b)

$$\tau_n = c - \sigma_n\mathrm{tg}\varphi$$

式中 c 为材料的粘聚力；φ 为材料的内摩擦角，都是材料常数；τ_n、σ_n 分别是滑移面（破裂面）上的剪应力和正应力，σ_n 以拉伸为正。上式又称为莫尔屈服（破坏）准则。这个屈服条件还可表示为

$$\frac{1}{2}(\sigma_1 - \sigma_3) = c\cos\varphi + \frac{1}{2}(\sigma_1 + \sigma_3)\sin\varphi$$

σ_1 和 σ_3 分别是最大和最小主应力。在主应力空间内是一个六角锥面。 （熊祝华　龚晓南）

莫尔强度理论　Mohr's theory of strength

基于最大剪应力理论同时考虑到材料的拉伸与压缩强度不同的特性而建立的强度准则。首先由O. 莫尔（1835—1918）于1900年提出，故名。此理论根据一系列不同受力的破坏试验绘制而成的几何图形如下所示：

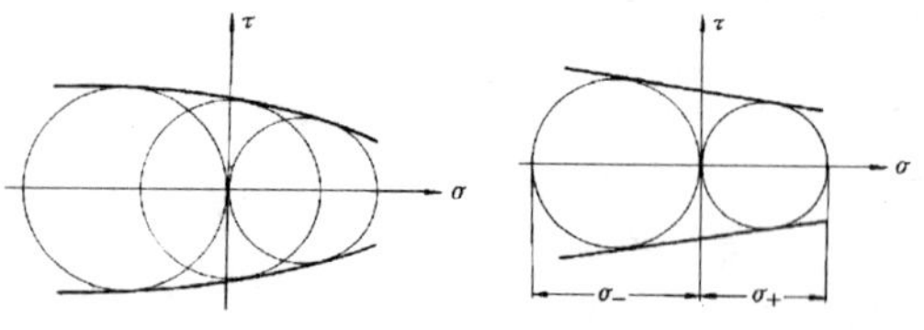

(a)　(b)

将同一材料的不同应力状态下达到危险状态的极限应力圆绘于（σ，τ）平面上，则其包络线即为材料危险状态的函数图形。工程中常用直线近似代替包络线以便应用。由以下图示可得准则表达式

$$\sigma_1 - \frac{\sigma_+}{\sigma_-} \cdot \sigma_3 = \sigma_+$$

式中 σ_1、σ_3 分别为最大及最小主应力；σ_+ 为材料单向拉伸时的极限强度；σ_- 为材料单向压缩时的极限强度。此理论多用于材料的拉伸强度与压缩强度不同的强度计算中。对拉伸强度与压缩强度相同的材料，例如碳钢，则此理论即最大剪应力理论。 （吴明德）

（杨德铨）

莫尔圆　Mohr's circle

见应力莫尔圆（430页）及应变莫尔圆（424页）。

mu

目标函数　objective function

又称评价函数（cost function）。优化设计时用来衡量设计方案优劣的指标，是设计变量的函数。常记作 $f(\boldsymbol{x})$。优化设计问题常被表达为极小化（min.）$f(\boldsymbol{x})$ 的问题，即使原来是极大化（max.）$f(\boldsymbol{x})$ 的问题，也常被转化为极小化 $f(\boldsymbol{x})$ 的问题。$f(\boldsymbol{x})$ 极小值所对应的设计点——极小点即为最优设计。结构优化设计最常用、最简单的评价指标是结构重量或体积，较全面因而也较复杂的是结构成本或造价。除经济性指标外，还可取一些技术性指标，如可靠度、安全度等，甚至可以取多个目标而构成多目标优化设计问题。按与设计变量的函数关系可区分为线性目标函数、非线性目标函数和二次目标函数。

目标函数等值线（或面）　contours of objective function

设计空间中目标函数取值相同的点所形成的集合。对于连续变量，它是连续的几何图形，相应于设计空间的维数为2、3和>3，该几何图形分别为线、面和超面，相应于线性目标函数，则该图形分别为直线、平面和超平面。在设计空间内，对应于不同的目标函数值，等值线（或面）有无穷多条（或个）。 （杨德铨）

目标函数海色矩阵　Hessian matrix of objective function

目标函数对各设计变量的二阶偏导数所组成的矩阵。它给出目标函数某些重要性态，例如对于二次目标函数，以它作为尺度可以获得指向椭球中心的方向；它的正定性可以提示极值点是极小点还是非极小点；某些无约束非线性规划算法还要求各迭代点的海色矩阵具有一定的性质（如正定、非奇异等）。 （杨德铨）

目标函数梯度　gradient of objective function

目标函数对各设计变量的一阶偏导数所组成的向量。对于线性目标函数，它是一个不变的向量（常数向量）；对于非线性目标函数，它随设计点而改变。它所反映的方向与它所在点的目标函数等值线（或面）的切线正交，并指示了该点目标函数值上升最快的方向，其反方向——负梯度方向指示了该点目标函数值下降最快的方向。在下降算法中，负梯度方向有重要的意义。目标函数梯度的欧氏长度是否趋近于零还被作为无约束非线性规划的迭代终止准则。

（杨德铨）

N

na

纳维－斯托克斯方程 Navier-Stokes equation

又称 $N-S$ 方程。描述粘性流体动量守恒关系的运动方程。此方程是法国科学家C. L. M. H. 纳维（1821）和英国物理学家G. G. 斯托克斯（1845）分别建立，故名。在笛卡尔坐标系中，其方程的标量形式为

$$\rho\frac{\mathrm{d}u_x}{\mathrm{d}t}=\rho g_x-\frac{\partial p}{\partial x}+\frac{\partial}{\partial x}\left(2\mu\frac{\partial u_x}{\partial x}+\lambda\mathrm{div}\vec{u}\right)+\frac{\partial}{\partial y}\left[\mu\left(\frac{\partial u_x}{\partial y}+\frac{\partial u_y}{\partial x}\right)\right]+\frac{\partial}{\partial z}\left[u\left(\frac{\partial u_z}{\partial x}+\frac{\partial u_x}{\partial z}\right)\right]$$

$$\rho\frac{\mathrm{d}u_y}{\mathrm{d}t}=\rho g_y-\frac{\partial p}{\partial y}+\frac{\partial}{\partial x}\left[\mu\left(\frac{\partial u_y}{\partial x}+\frac{\partial u_x}{\partial y}\right)\right]+\frac{\partial}{\partial y}\left(2\mu\frac{\partial u_y}{\partial y}+\lambda\mathrm{div}\vec{u}\right)+\frac{\partial}{\partial z}\left[\mu\left(\frac{\partial u_y}{\partial z}+\frac{\partial u_z}{\partial y}\right)\right]$$

$$\rho\frac{\mathrm{d}u_z}{\mathrm{d}t}=\rho g_z-\frac{\partial p}{\partial z}+\frac{\partial}{\partial x}\left[\mu\left(\frac{\partial u_z}{\partial x}+\frac{\partial u_x}{\partial z}\right)\right]+\frac{\partial}{\partial y}\left[\mu\left(\frac{\partial u_y}{\partial z}+\frac{\partial u_z}{\partial y}\right)\right]+\frac{\partial}{\partial z}\left(2\mu\frac{\partial u_z}{\partial z}+\lambda\mathrm{div}\vec{u}\right)$$

式中 p 为压强；$\vec{u}$ 为流速矢量；u_x，u_y，u_z 为 $\vec{u}$ 在三坐标轴上的分量；μ 为动力粘度（亦称第二粘滞系数）；λ 为体积粘滞系数（亦称第一粘滞系数）；ρ 为密度；g_x，g_y，g_z 分别为重力加速度在三坐标轴上的分量；t 为时间；$\mathrm{div}\vec{u}$ 为速度 $\vec{u}$ 的散度。对于不可压缩流体，有 $\mathrm{div}\vec{u}=0$；若假定 $\mu=$ 常数，则上式许多项都可为零，$N-S$ 方程将大为简化。但对非等温流动，这样的假设将影响精度，特别是对于液体，其粘度常常与温度有很大关系；对于气体，其粘性与温度的关系不太大，此假定有良好的近似性。不可压缩流体的 $N-S$ 方程除在一些特殊条件下（如哈根-泊肃叶流动或库埃特流动等）难得精确解。对于雷诺数 $\mathrm{Re}\ll1$ 时，方程式左端的加速度项可以忽略，由此可求得 $N-S$ 方程的近似解；当 $\mathrm{Re}\gg1$ 时，粘性项与加速度项相比可以忽略，这时粘性效应仅局限于物体表面附近的边界层内，在边界层外，流体的行为实质上同无粘性流体一样，其流场可用欧拉运动微分方程求解；对 $N-S$ 方程沿流线积分，即可得粘性流体的伯努利方程。

（叶镇国）

nai

奈奎斯特图 Nyquist plot

以频响函数的实部为横坐标、虚部为纵坐标得到的向量随频率变化的向量端点轨迹。

（戴诗亮）

nao

挠度 deflection

梁横截面形心的横向位移（与梁轴相垂直）。在小变形情况下，梁轴线上任意点沿轴向的位移可以忽略。挠度方程对截面位置坐标 x 的一阶导数即为该截面的转角。（庞大中）

挠曲线 deflection curve

又称弹性曲线。变形后梁的轴线所弯成的曲线。（庞大中）

挠曲线微分方程 differential equation of deflection curve

描述挠曲线的微分方程，常指在小挠度情况下的近似微分方程。直梁在小变形及平截面假定的条件下，略去剪切对变形的影响，则挠曲线的近似微分方程为

$$\frac{\mathrm{d}^2w}{\mathrm{d}x^2}=\pm\frac{M(x)}{EI}\quad 或\quad \frac{\mathrm{d}^4w}{\mathrm{d}x^4}=\pm\frac{q(x)}{EI}$$

w 为挠度；EI 为弯曲刚度；$M(x)$ 为梁的弯矩方程；$q(x)$ 为横向荷载集度；右侧的 ± 号根据 M 和 w 的符号规定而确定。对于不同边界条件的梁可通过积分法或初参数法求解。（吴明德）

nei

内变量与黏弹性 intrinsic variables and viscoelasticity

以不可逆热力学为基础研究本构理论时引入内部状态变量来刻划有耗散机制的材料行为。内变量可以是标量，如晶粒缺陷程度、晶粒大小变化参量、某种损伤积累、可动位错百分比等；也可以是张量，如非弹性应变、位错环密度等。这些都是在宏观上不可能明显观测到的量，它们的变化反映材

料内部状态的变化，对材料的形变与热力过程产生重要的影响。引入内变量，应用热力学定律，通过演变方程求解，可导出粘弹性本构关系的一般表达。（杨挺青）

内波 inside wave

水中密度分层界面上产生的波。波动不只限于空气和水的自由表面，在河口和海洋深处，有时表面上风平浪静，但水下却可能是汹涌澎湃，这对行船和潜艇都不利。（叶镇国）

内部结点自由度 internal nodal degrees of freedom

单元内部结点的独立位移数目。单元内部结点的个数及其自由度由对称性和插值函数的完备性决定。适当地利用它可以提高精度。（杜守军）

内部可变度

见计算自由度（158页）。

内耗 internal friction

见力学损耗（214页）。

内耗峰 internal friction peak

在内耗与温度关系曲线和内耗与频率关系曲线中出现的力学损耗峰。通常认为α峰峰顶所对应的位置是玻璃化转变温度或玻璃化转变频率。（周　啸）

内耗与频率关系曲线 internal friction versus circular frequency

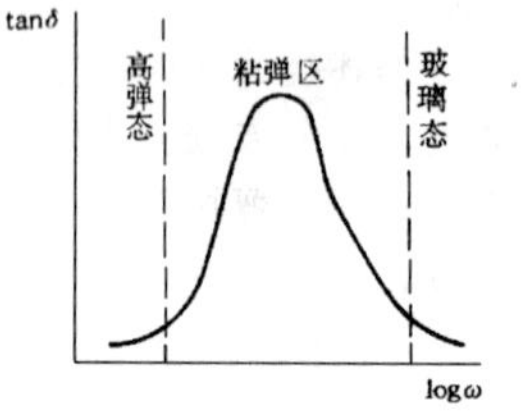

通过力学损耗角正切与对数圆频率的作图来描述内耗对频率的依赖性。当温度比玻璃转变温度高很多时，在交变应力作用下，如果频率很低，链段位移能够跟上应力的变化，高弹形变可以充分展开，内耗很小；如果频率很高，高到链段位移跟不上应力的变化时，形变很小，进入玻璃态，这时内耗也很小；在交变应力的频率不太高也不太低的情况下，链段虽能位移，但又不能及时跟上应力的变化，这时内耗很大，并出现内耗峰。（周　啸）

内聚力 cohesion

物体中相同组成的各部分，由于分子引力的作用，聚合在一起的一种力。（冯乃谦）

内力 internal force

所取的研究对象内部各部分或各质点之间相互作用的力。它们成对存在，其中每一对都服从作用与反作用定律。物体或系统的内力的主矢量为零。随着所取的研究对象不同，原来的内力可成为外力，或者相反。

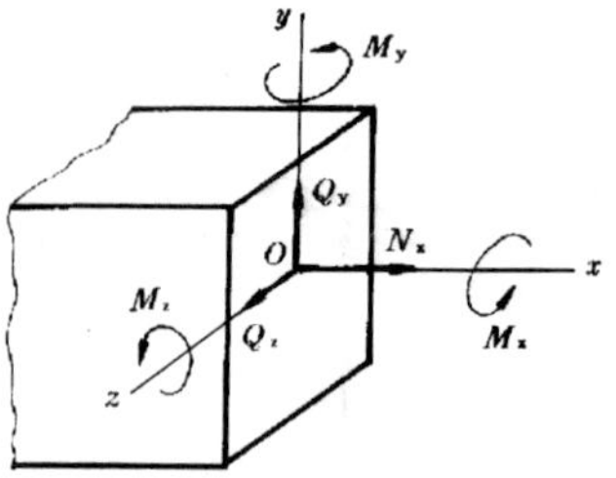

在材料力学中，内力是由外力引起的物体内各部分之间相互作用的力。显示内力采用截面法。设想一平面将物体截开为两部分，则截面上将显示出两部分相互作用的力，即为内力。取物体的任一部分为平衡对象，由静力平衡条件可确定内力的数值。对于杆件，横截面上内力可向形心 O 简化（图示），其主向量及主矩对选定坐标系可分解为六个分量：轴力 N_x——沿横截面法向 x 的内力分量，对应于轴向伸缩变形；剪力 Q_y、Q_z——分别为 y 向及 z 向剪力，对应于剪切变形；扭矩 M_x——对法向 x 轴之矩，对应于扭转变形；弯矩 M_y、M_z——分别为对 y 及 z 轴之矩，对应于弯曲变形。上述内力分量又称为内力素。

（彭绍佩　吴明德）

内力包络图 envelope of moment and shear diagram

又称内力范围图。结构在各种可能的荷载作用下，各截面上的最大内力（包括它们的最大正值和最大负值）竖标所连成的曲线。常包括弯矩包络图和剪力包络图两种。是结构设计和截面验算的主要依据。绘制简支吊车梁的内力包络图时，通常不包括梁的自重，将梁等分成若干分段，利用求最不利荷载位置的方法，算出各等分点的最大内力（作弯矩包络图时还需求出梁的绝对最大弯矩），进而作出其相应包络图；绘制连续梁的内力包络图则包括活荷载和恒荷载的共同影响，且多采用分跨布载的方式获得。由于计算工具的发展，绘制较复杂结构的内力包络图已多由电子计算机完成。

（何放龙）

内力系数法

利用内力系数求解桁架各杆轴力的方法。是用结点法解算桁架内力时所用的一种计算技巧。将空间桁架杆件的轴力 N 分解为沿直角坐标轴 x、y、z 三个方向的分力 N_x、N_y、N_z，则由比例关系有：

$$\frac{N_x}{l_x}=\frac{N_y}{l_y}=\frac{N_z}{l_z}=\frac{N}{l}=t$$

式中 l_x、l_y、l_z 分别表示该杆长度 l 在三个坐标轴上的投影，t 称为杆件的内力系数（又称拉力系数）。使用内力系数作未知数建立平衡方程求解，常可使计算简便。（何放龙）

内摩擦角 angle of internal friction

在以土的抗剪强度为纵坐标、剪切破坏面上的法向应力为横坐标的坐标系中，土的抗剪强度包线对横坐标轴的倾角。通常以 φ 表示，是土的抗剪强度参数之一，其值与土的初始孔隙比、土粒形状、土的颗粒级配和土粒表面的粗糙度等因素有关。可由土的直接剪切试验或三轴压缩试验测定，根据不同的试验方法和分析方法可得出总应力内摩擦角和有效应力内摩擦角。 (张季容)

内在渗透系数 intrinsic permeability coefficient

又称内禀渗透系数或渗透率。只与介质本身的性质有关而与渗透流体性质无关的一种渗透系数。通过量纲分析可得

$$k_0 = k\frac{\mu}{\gamma}$$

式中 k_0 为内在渗透系数；k 为渗透系数；μ 为动力粘度；γ 为流体重度。在研究石油、盐水及天然气渗流运动时，流体的重度和粘滞系数（即粘度）受温度变化的影响比较大，所以对同一种孔隙介质，渗透系数 k 也不能看作常数，它还和流体的性质有关。k_0 的量纲为长度的平方，可以把它理解为反映介质中孔隙流通面积和几何特性的尺度。这样，可以更明确地区分影响透水性能的因素，但目前在地下水的渗流中应用还不广泛。(叶镇国)

neng

能量法 energy method

①在结构动力分析中，利用能量守恒和转化定律，计算多自由度体系和无限自由度体系的自振频率的近似方法。当利用它求体系的基本频率时，又称为瑞利法。其原理为：作无阻尼自由振动的体系，在任一时刻的动能和应变能之和保持不变，故体系的最大动能（此时应变能为零）应等于其最大应变能（此时动能为零）。据此可导出基本频率的计算公式

$$\omega^2 = \frac{\int_0^l EI[y''(x)]^2 dx}{\int_0^l m(x)y^2(x)dx + \sum_{i=1}^n m_i y_i^2}$$

式中 ω 为基本频率；EI 为杆件的抗弯刚度；l 为杆长；$m(x)$ 和 m_i 分别为杆件的分布质量和集中质量（集中质量的总个数为 n）；$y(x)$ 则为预先设定能满足位移边界条件的弹性曲线，它与实际振幅曲线的差异决定了所求基本频率的近似程度。通常将某静力荷载（例如自重）作用下的弹性曲线取作近似振幅曲线，可得到较为满意的结果，所求得的频率值一般为实际值的上限。用能量法求体系较低的几个频率时，称为瑞利-里兹法，是瑞利法的推广。它将位移用有限个形状函数的广义坐标表示，并引入瑞利商的概念，再利用其驻值条件得到一组关于广义坐标的齐次线性方程，便可导出频率方程据以求得几个较低频率的近似解答，其中基本频率的精度较瑞利法高。

②根据能量准则确定临界荷载的方法。其解题要点为：先设体系偏离原平衡位置处于变形状态；写出体系在变形状态下的总势能 Π 的表达式 $\Pi = U + V = U - \sum_{i=1}^n P_i\Delta_i$。式中，应变能 U 和荷载势能 V 中与外荷载 P_i 相应的位移 Δ_i 均应表为挠度 $v(x)$ 的函数；由总势能的一阶变分 $\delta\Pi = 0$ 的条件，导出中性平衡微分方程；利用边界条件导出稳定方程；解稳定方程，即可求出临界荷载。用能量法求解时，需用到挠度曲线 $v(x)$ 的表达式，而它是未知的，应用时须先行设定。所设的挠度曲线形状应当合理且须满足全部位移边界条件，并尽可能满足静力边界条件。由于一般设定的挠度曲线与屈曲时的实际变形曲线不可能完全相符，故由此求出的临界荷载都为近似解（通常都大于精确解），因而能量法属于近似法。常用于求解稳定问题的能量法有：势能驻值原理，铁摩辛柯法，瑞利－里兹法，布勃诺夫－伽辽金法等。 (洪范文 罗汉泉)

能量积分 energy integral

指完整、定常的保守系统的机械能守恒，即 $T + V =$ 常量 E。它是第二类拉格朗日方程的第一积分（又称首次积分或初积分）。如系统虽为非定常的完整保守系统，但拉格朗日函数中不显含时间，则有 $T_2 - T_0 + V = E^*$，E^* 是常量。这也是第二类拉格朗日方程的一个第一积分，称为广义能量积分或雅可比积分（Jacobi's integral）。式中 T_2 与 T_0 分别是系统的动能表达式中广义速度的二次与零次函数。 (黎邦隆)

能量释放率 energy release rate

又称裂纹扩展力、裂纹驱动力。给定位移或荷载时，裂纹体的应变能或总势能随着裂纹扩展的减小率。常用 G 表示，其量纲为裂纹扩展单位长度的力。在线弹性断裂力学中，能量释放率 G 与应力强度因子 K 间存在等价关系。 (罗学富)

能量损失厚度 energy loss thickness

计算边界层内流速降低造成能量减小时的化引厚度。其关系式如下

$$\delta_3 = \int_0^\infty \frac{u_x}{u_0}\left(1 - \frac{u_x^2}{u_0^2}\right)dy$$

式中 δ_3 为能量损失厚度；u_0 为未受阻滞时的理想流体的流速；y 为沿边界外法线方向的距离；u_x 为边界层内 y 处的流速。若边界层内流速呈线性

分布时，这一厚度约为边界层厚度的1/4。

(叶镇国)

能量微分方程 differential equation of energy

流体运动能量守恒关系的微分表达式。此式表明，确定的流体，其总能量（包括动能和内能）变化率等于外力（包括质量力和表面力）单位时间所做的功与单位时间自外部给予流体的热量之和。在笛卡尔坐标系中，其形式为

$$\rho\frac{\mathrm{d}U}{\mathrm{d}t}=\rho q+\frac{\partial}{\partial x}\left(k\frac{\partial T}{\partial x}\right)+\frac{\partial}{\partial y}\left(k\frac{\partial T}{\partial y}\right)+\frac{\partial}{\partial z}\left(k\frac{\partial T}{\partial z}\right)-p\nabla\cdot\vec{u}+\Phi$$

$$\nabla\cdot\vec{u}=\frac{\partial u_x}{\partial x}+\frac{\partial u_y}{\partial y}+\frac{\partial u_z}{\partial z}$$

$$\Phi=\lambda(\nabla\cdot\vec{u})^2+2\mu\left[\left(\frac{\partial u_x}{\partial x}\right)^2+\left(\frac{\partial u_y}{\partial y}\right)^2+\left(\frac{\partial u_z}{\partial z}\right)^2\right]+\mu\left[\left(\frac{\partial u_x}{\partial y}+\frac{\partial u_y}{\partial x}\right)^2+\left(\frac{\partial u_x}{\partial z}+\frac{\partial u_z}{\partial x}\right)^2+\left(\frac{\partial u_y}{\partial z}+\frac{\partial u_z}{\partial y}\right)^2\right]$$

$$\nabla=\frac{\partial}{\partial x}+\frac{\partial}{\partial y}+\frac{\partial}{\partial z}$$

$$\lambda=\frac{3\mu'-2\mu}{3}$$

式中▽为哈米顿算子；U为单位质量的流体内能；u_x，u_y，u_z分别为速度u在三坐标轴的分量；Φ为能量耗散函数；μ为动力粘度；u为体积粘滞系数；λ为综合系数；k为热导率；T为热力学温度；q为单位质量流量的流体单位时间内由热源处获得的热量；ρ为流体密度。上述方程式中，未知量共七个（u_x，u_y，u_z，ρ，p，T，U）。利用流体力学基本微分方程组中七个方程即可求解。

(叶镇国)

能量准则 energy criterion of stability，energy criteria

在弹性体系和外荷载所组成的保守系统中，判断结构体系平衡稳定性的基本准则。当体系处于平衡状态时，其总势能Π（包括体系的应变能U和荷载势能V）的一阶变分应等于零，即$\delta\Pi=\delta(U+V)=0$。或者说，体系的平衡状态由$\delta\Pi=0$的条件确定（见势能驻值原理）；若$\delta\Pi=0$且$\delta^2\Pi>0$，则体系的平衡状态是稳定的（最小势能原理）；若$\delta\Pi=0$且$\delta^2\Pi<0$，则该平衡状态是不稳定的；若$\delta\Pi=0$且$\delta^2\Pi=0$，则该平衡状态是随遇的，此时其平衡状态的稳定性尚须根据$\delta^3\Pi$或总势能Π的更高阶变分的正、负号来确定。能量准则是判断体系平衡稳定性的基本准则之一，据此准则确定临界荷载的方法称为能量法。

在结构优化中，一类以充分发挥结构材料的贮能能力为出发点的设计准则。认为在荷载、结构布局和材料已定的情况下，如果一个设计使结构材料的贮能能力得以充分发挥，那么材料用量将最省，从而是结构最轻设计。目前应用的有三种能量准则：①满应变能准则。认为最优结构的构件在各工况时所接受的最大应变能等于或接近于该构件所允许承受的应变能。桁架结构的杆件贮能能力与其容许应力平方成正比，故该准则在桁架中等价于满应力准则。②比应变能（应变能密度）准则。认为在单工况时，最优结构的各构件的比应变能相同，等于结构的总比应变能。③最大总应变能准则。认为使结构贮存的总应变能最大的设计方案是最优方案。

(罗汉泉　汪树玉)

ni

尼古拉兹试验 Nikuradse's experiment

用人工砂粒加糙的办法研究圆管沿程阻力系数λ与雷诺数Re和相对粗糙度$\frac{\Delta}{d}$三者关系的试验。其结果得出了著名的尼古拉兹曲线，并由尼古拉兹于1933年发表这一结果，故名。该曲线共分五个区：①层流区，Re=2320，$\lambda=\frac{64}{\mathrm{Re}}$；②层流变紊流的过渡区，$\lambda=\lambda(\mathrm{Re})$；③水力光滑区，Re>3000，$\frac{1}{\sqrt{\lambda}}=2\lg(\mathrm{Re}\sqrt{\lambda})-0.8$；④水力光滑区向水力粗糙区转变的过渡区，$\frac{1}{\sqrt{\lambda}}=1.74-2\lg\left(\frac{\Delta}{r_0}+\frac{18.7}{\mathrm{Re}\sqrt{\lambda}}\right)$；⑤水力粗糙区或阻力平方区，$\lambda=\frac{1}{\left(2\lg\frac{r_0}{\Delta}+1.74\right)^2}$。以上各式中，$r_0$为圆管半径；$\Delta$为经筛分的均匀砂粒粒径。人工加糙与工业用管道或明渠的自然粗糙情况差别较大，因此，这一成果不能直接应用于实际，但它全面揭示了λ、Re、$\frac{\Delta}{d}$三者的关系，阐明了λ的各种经验公式和半经验公式有一定的适用范围，为补充普朗特混合长度理论和推导λ的半理论半经验公式提供了必要的试验数据。

(叶镇国)

泥浆稠化系数 coefficient of slurry consistency

俗称泥浆厚化系数。注浆用泥浆静置一定时间自然稠化后的粘度值与原始粘度值之比，用π表示为

$$\pi=P_{30\min}/P_{30\mathrm{s}}$$

式中$P_{30\mathrm{s}}$和$P_{30\min}$，为100mL泥浆分别放置30s和30min后，由恩氏粘度计测定分别流出的时间

(秒)。π值的大小取决于坯料配方中粘土的性质和含量。普通瓷土泥浆的π值接近1.2，空心注浆的为1.1～1.4，实心注浆的为1.5～2.2。

（胡春芝）

泥浆的流变性　rheological behavior of slurry

泥浆随浓度、温度、性状等而发生粘度变化的性能及触变性。在理想情况（球形颗粒）下，泥浆粘度可用爱因斯坦公式表示

$$\eta = \eta_0(1 + 2.5C)$$

η_0为纯水的粘度；C为固体物质的体积浓度。高岭土泥浆不服从这个规律，因为颗粒不是球形的。有人认为，含20%以下高岭土的悬浮液表现出牛顿型流动。高浓度泥浆的粘度主要决定于固相颗粒移动时的碰撞力；低浓度泥浆的粘度则主要由液相本身的粘度决定。固相的细度、形状，泥浆温度，粘土及泥浆的处理方法，泥浆的pH值及稀释剂的品种、掺量等，都是影响泥浆流变性的因素。

（胡春芝）

泥浆的棚架结构　framed structure of slurry

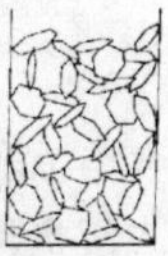

解释泥浆触变现象时提出如图所示的泥浆结构。将凝胶体冻结在高真空中除去水分可以获得这种结构。片状粘土颗粒面上带正电，边上带负电，正负电相吸面形成边面相结合的空间棚架结构。在结构空隙中包藏大量的水，因而泥浆被冻住而失去流动性。搅动时，棚架结构被破坏，于是流动性增大；再静置时，泥浆又形成棚架结构而被冻住。

（胡春芝）

泥浆黏度测定　viscosimetry of slurry

采用流出型黏度计和回转型黏度计等方法对泥浆黏度进行测定，为注浆成型提供重要参数。前者如我国常用的恩氏黏度计法。（胡春芝）

泥沙　sediment

河渠中的石、沙、泥、土等的统称。其来源于雨水对地表及河段的冲刷，主要特性有：颗粒重度、泥沙粒径及泥沙沉速等。（叶镇国）

泥沙沉降粒径　fall diameter of sediment

按与泥沙颗粒相对密度及在静水中沉降速度均相同的圆球直径所确定的泥沙粒径。它用以表征粒径小于0.05mm的泥沙几何特性。（叶镇国）

泥沙沉速测量　measurement for sedimental velocity of silt

泥沙颗粒在水中均匀下沉速度的测量。沉速是颗粒与水的综合特性参数，其测量方法一般采用直径约为5cm的竖直玻璃管，管内静水柱高约为50～100cm，在时间$t=0$时，从水面放入沙样，经时间t后，沙样沉底。由此即得出泥沙沉速W_i为

$$W_i = \frac{H}{t}$$

式中H为沉降水深。（彭剑辉）

泥沙等容粒径　equi-volume size of sediment

体积与泥沙颗粒相同的球体直径。用以表征泥沙的几何特性。（叶镇国）

泥沙干表观密度　dry unit weight of sediment

又称泥沙干容重、泥沙干重度、泥沙干重率。沙样在100℃～105℃温度下烘干的重量与沙粒及其孔隙体积之和的比值。由于孔隙随泥沙的级配及淤积久暂而变化，其值变幅较大，范围在3 000～17 000N/m^{3}之间。淤泥的干表观密度决定于它的中值粒径d_{50}、不均匀系数、淤积厚度及淤积时间等，其值γ'可有下述数种情况：$d_{50}\leqslant0.04$mm时，$\gamma'=550\sim12500$N/m^3；$d_{50}\leqslant0.2$mm时，$\gamma'=1\,400\sim17\,000$N/m^3；$0.04<d_{50}<0.2$mm时，$\gamma'=12\,500\sim15\,600$N/m^3。（叶镇国）

泥沙粒径　diameter of sediment gain

表征泥沙颗粒大小的几何量度。其大小和形状是影响泥沙在水流中运动的最重要几何特性。由于泥沙颗粒并非圆形，且形状多样，这给研究水流中的泥沙运动带来困难。因此，在理论分析时多不考虑泥沙的形状，而以泥沙粒径来表征其几何特性。但泥沙粒径又和测量粒径的方法有关。常用方法有：①筛分法。这是测定泥沙粒径的最简单方法。此法以沙样恰好能通过某号标准筛的孔径作泥沙粒径。常用以测定粒径在0.05mm以上的泥沙，②沉降法。即测定泥沙在静水中自由沉降速度，如此速度与某已知直径的小圆球在同样静水中的沉降速度相等，则以此球径作为所测定的泥沙粒径。此法用于测定粒径小于0.05mm的泥沙。此外，还可用算术平径粒径、中值粒径作理论研究的模拟泥沙粒径。（叶镇国）

泥沙临界推移力　critical tractive force of sediment

河床表面泥沙颗粒起动时的床面切应力。这是床面泥沙颗粒起动条件的床面切应力标准。1936年，西尔兹（Shield）从泥沙颗粒平衡条件中得出了颗粒均匀的非粘性泥沙颗粒床面推移力基本关系式为

$$\begin{cases} \dfrac{\tau_c}{(\gamma_s - \gamma)d} = \varphi\left(\dfrac{v_* d}{\nu}\right) = \varphi(\mathrm{Re}_*) \\ v_* = \sqrt{\dfrac{\tau_0}{\rho}} \end{cases}$$

式中τ_c为临界推移力；d为泥沙粒径；γ为水的重度；γ_s为泥沙颗粒重度；v_*为动力流速度；ν为水的运动粘度；ρ为水的密度；Re_*为床面流动

边界雷诺数。φ 为某一函数，由实验资料确定，西尔兹已作出了 φ 值关系的实验曲线，是目前最通用的起动关系。（叶镇国）

泥沙起动流速 threshold velocity of sediment

床面静止泥沙颗粒普遍开始移动时的河渠断面平均流速。它是除临界推移力外研究床面泥沙起动条件的另一指标，其值易于测量且很直观，但平均流速不能直接反映起动条件，需要引入水深因素。这两种指标（另一为临界推移力）因各有不足，故至今仍通用并存。起动流速的公式有多种，多运用一定的理论分析，再通过实验资料加以确定，经验性较强。这类公式大体上可以分为三类：①非粘性颗粒的起动流速公式，②按雷诺数分区的起动流速公式，③考虑了颗粒间粘结力（分子力）的起动流速公式。1960 年窦国仁提出的第三类公式如下

$$\frac{v_0^2}{g}=\frac{\gamma_s-\gamma}{\gamma}d\left(6.25+41.6\frac{h}{h_a}\right)+\left(111+740\frac{h}{h_a}\right)\frac{h_a\delta}{d}$$

式中 v_0 为起动流速；h_a 为以水柱表示的大气压强；h 为水深；δ 为一个水分子厚度，$\delta=3\times10^{-8}$cm；γ_s 为泥沙重度；γ 为水的重度；d 为泥沙粒径；g 为重力加速度。上式中右边第一项代表重力作用，第二项代表分子力作用，颗粒较粗时，第二项相对于第一项可以忽略，颗粒较细时，第一项可以忽略。此式限于均匀沙粒情况。关于粘结力的表示式并不是从微观分子理论中推演来的，仍然是经验性的，这类公式对于水深较大的天然情况是否适用，尚待论证。关于非均匀沙以及粘性泥沙的起动问题尚属有待研究的课题。（叶镇国）

泥沙筛孔粒径 sieve-aperture size for sediment

按泥沙颗粒可以通过的筛孔边长（直径）所确定的粒径。常用以表征粒径在 0.05mm 以上的泥沙几何特征。（叶镇国）

泥沙水力粗度 hydraulic size of sediment

又称泥沙沉降速度或沉速。泥沙在静水中等速下沉的速度。常以符号 ω 表示，单位为 cm/s。它是泥沙运动的重要参数，也是泥沙颗粒特性与水流性质的综合参数。泥沙在静水中受重力作用沉降，它既受重力作用，还受到浮力及水流阻力作用，随着泥沙下沉速度的加大，泥沙颗粒受到的阻力也增加，致使其加速度逐渐减小，最后等于泥沙所受的重力并以匀速下沉。实验表明，小颗粒泥沙在静水中以很小速度匀速铅直下沉时，其周围水紧贴沙粒不发生分离现象，理论分析和试验证实，泥沙颗粒所受阻力与沉速一次方成比例，相当于层流区，对大颗粒泥沙，因沉速大，颗粒后部有明显的分离现象，阻力与沉速的二次方成比例，相当于紊流阻力平方区。上述情况还可用雷诺数 $\mathrm{Re}_d=\frac{\omega d}{\nu}$ 判别（ω 为沉速；d 为泥沙颗粒直径；ν 为运动粘度），有

$\mathrm{Re}_d<0.1$　层流

$\mathrm{Re}_d>500$　紊流阻力平方区

$0.1<\mathrm{Re}_d<500$　紊流过渡区

常用的沉速公式有

① 球体

层流区　$$\omega=\frac{\gamma_s-\gamma}{18\mu}d^2$$

紊流阶段　$$\omega=1.72\sqrt{\frac{\gamma_s-\gamma}{\gamma}gd}$$

②自然沙颗粒（张瑞瑾公式）

层流区（$\mathrm{Re}_d<0.5$）

$$\omega=\frac{1}{25.6}\frac{\gamma_s-\gamma}{\gamma}\frac{d^2}{\mu}$$

过渡区（$0.5<\mathrm{Re}_d<1\,000$）

$$\omega=\sqrt{\left(13.95\frac{\nu}{d}\right)^2+1.09\frac{\gamma_s-\gamma}{\gamma}gd}-13.95\frac{\nu}{d}$$

紊流区（$\mathrm{Re}_d>1\,000$）

$$\omega=1.044\sqrt{\frac{\gamma_s-\gamma}{\gamma}gd}$$

式中 ω 为沉速；d 为泥沙粒径；γ_s 为泥沙重度；γ 为清水重度；ν 为运动粘度；μ 为动力粘度；g 为重力加速度。上述公式是单个泥沙在清水中的沉速，它与水温有关；实践表明，影响泥沙沉速的因素除泥沙的形状、大小外，还要受水质（如含钙、镁、钾、钠等复杂的化学成分）和含沙量的制约。（叶镇国）

泥沙算术平均粒径 mean diameter of sediments

不同泥沙粒径的算术平均值。按下式计算

$$d_m=\sum_{i=1}^{n}\frac{\Delta p_i d_i}{100}$$

式中 n 为按泥沙粒径大小所分的组数；d_i 为任一组的粒径；Δp_i 为 i 组颗粒重量占总重量的百分比。（叶镇国）

泥沙中值粒径 medium diameter of sediments

简称中径。泥沙级配曲线上对应于总沙样重量 50％时的粒径。常用符号 d_{50} 表示。意为按重量有一半泥沙颗粒的粒径大于 d_{50}，而另一半则小于 d_{50}。此法比算术平均法简单。此外，利用泥沙颗粒级配曲线，还可以了解不同粒径泥沙颗粒的份量及所占比例。为此，可将取自河中的沙样烘干，按筛分法将沙样颗粒的大小和重量划分成若干组，以泥沙粒径小于某规定筛径的泥沙作为一组，计算出这一组泥沙重量占总重量的百分比，按小于某规定筛孔直径的泥沙筛孔粒径与其所占总重量百分比即

可在半对数纸上绘成泥沙颗粒级配曲线，从中可得 d_{50}。（叶镇国）

泥炭 peat

在潮湿和缺氧环境中由未充分分解的植物遗体堆积而形成的粘性土。其有机质含量超过25%。一般以夹层构造存在于粘性土层中。呈深褐色-黑色。其含水量极高，压缩性很大且很不均匀，并具腐蚀性，对工程十分不利，一般不宜作为建筑物的地基。（朱向荣）

拟定常理论 quasi-steady theory

又称准定常理论。在实际中往往有许多流动在特征时间内其流动参数变化相当缓慢，以至于在逐段的时间间隔内可以近似作为定常流动来处理的理论。它采用相应的定常流理论的气动系数来计算物体的受力特性。（施宗城）

拟静力法 quasi-static method

忽略惯性力及阻尼力的作用，解系统在随时间变化的荷载作用下的响应的方法。只要在一些动力方程组的直接积分法（例如 Houbolt 法）的计算公式中令 $\boldsymbol{M}=0$，$\boldsymbol{C}=0$，即可得到拟静力法的计算公式。（姚振汉）

拟线性本构方程 quasilinear constitutive equation

考虑应变率历史效应和材料瞬时塑性性质的动力本构关系，由N.科利斯特斯库提出。不同的材料和不同的动力条件，有不同的应变率效应。每种材料都具有固定的动力特性。拟线性方程可同时描述材料的这两种性质，因而这种本构方程能更准确地描述材料的动力特性。（徐秉业）

拟协调元 quasi-conforming element

以拟（加权平均）协调条件代替单元间公共边界上协调条件的单元。构造这类单元时，从假设的单元应变场直接建立应变的离散表达式，并由此推导单元刚度矩阵。因此，能通过小片检验，保证单元的收敛性。对于板、壳类要求 C_1 连续性的问题是简单、有效的单元。（支秉琛）

逆步变换 contragradient transformation

在结构矩阵分析中，广义力向量之间和广义位移向量之间存在的重要而普遍的变换关系。对于直角坐标系下的广义力向量 $\boldsymbol{F}$、$\tilde{\boldsymbol{F}}$和相应的广义位移向量 $\boldsymbol{D}$、$\tilde{\boldsymbol{D}}$，若$\tilde{\boldsymbol{D}}$可用 $\boldsymbol{D}$ 表为线性关系$\tilde{\boldsymbol{D}}=\boldsymbol{TD}$，根据虚功的不变性 $\boldsymbol{D}^{\mathrm{T}}\boldsymbol{F}=\tilde{\boldsymbol{D}}^{\mathrm{T}}\tilde{\boldsymbol{F}}$可得

$$D^{\mathrm{T}}\boldsymbol{F}=\tilde{\boldsymbol{D}}^{\mathrm{T}}\tilde{\boldsymbol{F}}=(\boldsymbol{TD})^{\mathrm{T}}\tilde{\boldsymbol{F}}=\boldsymbol{D}^{\mathrm{T}}\boldsymbol{T}^{\mathrm{T}}\tilde{\boldsymbol{F}}=\boldsymbol{D}^{\mathrm{T}}(\boldsymbol{T}^{\mathrm{T}}\tilde{\boldsymbol{F}})$$

故 $\boldsymbol{F}$ 可用$\tilde{\boldsymbol{F}}$表为线性关系 $\boldsymbol{F}=\boldsymbol{T}^{\mathrm{T}}\tilde{\boldsymbol{F}}$；同理，若有$\bar{\boldsymbol{F}}=\boldsymbol{TF}$ 则$\boldsymbol{D}=\boldsymbol{T}^{\mathrm{T}}\tilde{\boldsymbol{D}}$，式中 $\boldsymbol{T}$ 即为变换矩阵。在单元分析中，若$\boldsymbol{F}^{\mathrm{e}}$、$\boldsymbol{d}^{\mathrm{e}}$ 和 $\boldsymbol{K}^{\mathrm{e}}$ 分别为整体坐标系下的杆端力向量、杆端位移向量和单元刚度矩阵、$\tilde{\boldsymbol{F}}^{\mathrm{e}}$、$\tilde{\boldsymbol{d}}^{\mathrm{e}}$ 和 $\tilde{\boldsymbol{k}}^{\mathrm{e}}$ 分别为局部坐标系下的杆端力向量、杆端位移向量和单元刚度矩阵，T 为坐标变换矩阵，利用逆步变换规律并引入单元刚度方程，便有

$$\boldsymbol{K}^{\mathrm{e}}\boldsymbol{d}^{\mathrm{e}}=\boldsymbol{F}^{\mathrm{e}}=\boldsymbol{T}^{\mathrm{T}}\tilde{\boldsymbol{F}}^{\mathrm{e}}=\boldsymbol{T}^{\mathrm{T}}\tilde{\boldsymbol{K}}^{\mathrm{e}}\tilde{\boldsymbol{d}}^{\mathrm{e}}$$
$$=\boldsymbol{T}^{\mathrm{T}}\tilde{\boldsymbol{K}}^{\mathrm{e}}\boldsymbol{T}\boldsymbol{d}^{\mathrm{e}}=(\boldsymbol{T}^{\mathrm{T}}\tilde{\boldsymbol{K}}^{\mathrm{e}}\boldsymbol{T})\boldsymbol{d}^{\mathrm{e}}$$

则单元刚度矩阵在不同坐标系间的变换关系 $\boldsymbol{K}^{\mathrm{e}}=\boldsymbol{T}^{\mathrm{T}}\tilde{\boldsymbol{K}}^{\mathrm{e}}\boldsymbol{T}$ 即可由此得到。若将 $\boldsymbol{F}$、$\tilde{\boldsymbol{F}}$和 $\boldsymbol{D}$、$\tilde{\boldsymbol{D}}$视为同一坐标系下不同的广义力和广义位移，在作整体分析时，杆端力向量、杆端位移向量与结点力向量、结点位移向量间的关系，非结点荷载的处理都可利用逆步变换的规律。此外，它还可以用来建立子结构法中缩聚的概念或构造联接非相似单元的新单元。（洪范文）

逆解法 inverse method

在弹性力学问题中，先选择某些已知函数表示待求的未知量，再由基本方程和边界条件反过来确定该组解答在给定的物体上所对应的外界作用的求解方法。在实际应用中，通常给出一组满足全部基本方程的应力分量或位移分量，然后考察对于给定形状和尺寸的物体表面上受什么样的面力或位移才具有这组解答。这是避开对微分方程直接积分的一种求解方法，该方法的依据是弹性力学解答的唯一性定理。（刘信声）

逆坡渠道 adverse slope channel

又称反坡渠道或负坡渠道。底部高程沿流动方向增高的渠道。设渠道的底坡为 i，则有 $i=\sin\theta<0$，其中 θ 为渠底与水平线的夹角。（叶镇国）

逆算反分析法 inverse back analysis method

与正算法相反的分析方法。以正算法中的未知数作为反分析中的已知数，建立与正算法相反的解算公式，从而求解出待定的参数。这个方法理论简单，计算工作量少，在岩土工程中应用较广。（徐文焕）

逆行波 upstream wave

又称逆波。传播方向与渠中水流方向相反的位移波。如闸门突然开大引起向上游传播的波。（叶镇国）

逆序递推法 backward recurrence method

从多阶段决策过程的末端开始按逆序递推的一种动态规划算法。适用于初值（初始状态）是已知的问题。其理论依据是贝尔曼（Bellman）最优性原理。它从过程的末端开始，逐步地向上一阶段递推。若将当前阶段以下的各个阶段（不含当前阶段）视为一个子过程（由于递推的关系，不妨设这一子过程在各种可能初始状态下的最优策略和效益均为

已知)，则对应于当前阶段的各种可能的输入状态，综合考虑阶段效应和子过程的效应，可获得与输入状态相对应的最优阶段决策。依此一直递推到第一阶段为止。由于第一阶段的初始状态是给定的，所以整个过程的最优策略就得到确定。 (刘国华)

nian

黏度 viscosity

又称黏性系数或黏滞系数。流体黏性的量度。流体的黏性是相邻两层流体作相对运动时具有阻止它们相对滑动或产生剪切变形、并在层间产生内摩擦力的一种宏观特性。由于黏性的耗能作用，在无外界能量补充的情况下，运动的流体将逐渐停止下来。黏性对物体表面附近的流体运动可产生重要作用，使流速逐层减小并在物面上为零，在一定条件下也可使流体脱离物体表面（参见黏性底层，255页）。流体黏度随流体种类而异，并随压强和温度而变化，其值愈大，黏性作用愈强。对于常见的流体，压强对黏性的影响不大，一般可以忽略不计，温度则是其主要的影响因素。温度升高时液体的黏度下降，但气体则相反。原因是液体的分子间距较小，相互吸引力起主要作用，当温度升高时，间距增大，吸引力减小，因而使同样剪切变形速度所发生的剪应力也随之减小，使黏度下降；气体的分子间距较大，吸引力影响很小，根据分子运动理论，分子的动量变换率因温度升高而加剧，因而使剪应力也随之增加。相对地说，温度对液体较对气体的影响明显。 (叶镇国)

黏度测量 viscosity measurement

又称黏滞性测量。流体阻抗剪切变形速率能力的量度。 (彭剑辉)

黏结单元 coherent element

描述锚杆与岩体结合状态的特殊单元。是一种抽象的单元。其单刚反映的是锚杆与岩体的黏结状态，在黏结完好的状态下，黏结刚度取无穷大值，当黏结破坏锚杆发生滑动时，黏结刚度为零。它是在用有限单元法分析锚喷支护结构体系时的一种有用的单元。 (徐文焕)

黏聚力 cohesion

又称内聚力或凝聚力。物质（体）分子或颗粒间黏结凝聚之力，在土力学中指：在以土的抗剪强度为纵坐标、以剪切破坏面上的法向应力为横坐标的坐标系中，土的抗剪强度包线与纵坐标的截距。通常用 c 表示，其值为黏性土抗剪强度的一部分，是土的抗剪强度参数之一，可由土的直接剪切试验或三轴压缩试验测定，根据不同试验方法和分析方法可得出总应力黏聚力和有效应力黏聚力。 (张季容)

黏流态 viscous flow state

高聚物在高于某一温度以上，于很小的剪切力作用下，其整个分子链的质心可以产生相对滑移的一种黏滞流动（或谓黏性流动）状态。该温度称为黏流温度，记作 T_f。因为高分子间的相互作用很强，所以高聚物流动时的黏度要比低分子物的大得多。线型和支化的高聚物可以有黏流态，而对于交联高聚物，无论其温度多高都不存在黏流态。 (周 啸)

黏流温度 viscous flow temperature

在很小的剪切力作用下便可使高聚物中的链段和整链这两种独立运动单元都发生相对滑移从而导致不可逆形变所需的最低温度。 (周 啸)

黏弹行为 viscoelastic behavior

又称黏弹性性能，简称黏弹性。材料兼具弹性和黏性的性质。依赖于温度和时间，也与加载速率和应变幅值等条件有关。土壤、岩石、沥青、木材、塑料、橡胶、混凝土、金属、生物活组织等材料，常体现黏性流体和弹性固体二者混合的力学性能，用相应的材料函数来表述。有线性黏弹行为和非线性黏弹行为两种。 (杨挺青)

黏弹性边值问题 viscoelastic boundary value problem

提法与弹性力学边值问题相仿，基本方程中仅本构关系不同，有相应的边界条件和初始条件。从原则上说，也有位移解法、应力解法、半逆解法等。利用黏弹性斯蒂尔吉斯卷积及其性质，考虑平衡方程和几何条件，可导出以位移为未知量或以应力为未知量求解问题的基本方程。线黏弹性准静态问题，往往可用弹性-黏弹性相应原理求解。对于非变换型问题，需依具体情况寻求解答。非线性黏弹性问题的求解比较复杂，本构关系的多样性致使求解方法颇不相同，除极少数的简单问题外，一般只能作数值解。 (杨挺青)

黏弹性波 viscoelastic wave

黏弹体中应力和应变扰动的传播形式。一种速率相关材料中的应力波，与弹性波有类似的描述方式。但由于黏性效应，黏弹性波的波速依赖于频率，波幅随传播距离增加而衰减。 (杨挺青)

黏弹性测试 viscoelasticity test

用剪切徐变测试仪、拉伸徐变试验机、高温徐变仪、杠杆式应力松弛仪、扭摆式应力松弛仪、应力松弛仪、旋梁动态试验机、黏弹谱仪、动态扭摆仪及振簧仪等实验方法来进行高聚物黏弹性行为的测试。 (周 啸)

黏弹性互易定理 viscoelastic reciprocal theorem

又称黏弹性功的互等定理。与弹性力学中互易定理相似，只是此时元功量用黏弹性斯蒂尔吉斯卷积形式，对于各向同性黏弹体两种平衡状态相应的体力、面力与位移分量各分别为 f_i、T_i、u_i 和 f'_i、T'_i、u'_i，则有

$$\int_B (T_i \cdot du'_i) dA + \int_V (f_i \cdot du'_i) dV$$
$$= \int_B (T'_i \cdot du_i) dA + \int_V (f'_i \cdot du_i) dV$$

（杨挺青）

黏弹性基础梁 beam on viscoelastic foundation

黏弹性基础上的弹性梁和黏弹性梁。线性黏弹性材料和准静态条件下可根据弹性－黏弹性相应原理求解。对于较一般的情况，考虑适当的基础模型建立算子形式的微分方程，根据具体问题及条件采用半逆解或作数值解。（杨挺青）

黏弹性基支黏弹板 viscoelastic plate on viscoelastic foundation

置于黏弹性地基上的黏弹性板。分析计算主要取决于地基模型、板与地基接触力的模型、地基与薄板之一为弹性材料且黏弹模型比较简单的情况，计算比较方便。黏弹性的文克勒地基或半空间基础上的黏弹性薄板，有时可用弹性－黏弹性相应原理求解。动态响应问题往往只能求数值解。

（杨挺青）

黏弹性斯蒂尔吉斯卷积 viscoelastic Stieltjes convolution

积分型本构关系的一种简写形式。表达两个函数 $\varphi(t)$ 和 $\psi(t)$ 的一种卷积为

$$\varphi \cdot d\psi = \int_{-\infty}^{t} \varphi(t-\zeta) d\psi(\zeta)$$
$$= \int_{-\infty}^{t} \varphi(t-\zeta) \dot{\psi}(\zeta) d\zeta$$

其中当 $t \to -\infty$ 时，$\psi(t) \to 0$，且，$0 \leqslant t < \infty$ 时 $\varphi(t)$ 连续。因此，线黏弹性一维本构关系写作 $\varepsilon(t) = J \cdot d\sigma$，$\sigma(t) = Y \cdot d\varepsilon$；三维情况下为 $S_{ij} = 2G \cdot de_{ij}$ 和 $\sigma_{kk} = 3K \cdot d\varepsilon_{kk}$。斯蒂尔吉斯卷积满足交换律、结合律和分配律。依照它的定义与性质，容易导出以位移为未知量或以应力为未知量求解线性黏弹性边值问题的基本方程。（杨挺青）

黏弹性体的振动 vibration of viscoelastic bodies

描述方法与弹性体振动相似。由于黏滞效应而有能量耗散，自由振动因内阻尼而产生逐渐的衰减，材料的黏弹行为与频率相关。常用振动试验决定材料的动态性能，即复模量和复柔量。（杨挺青）

黏弹性问题解的唯一性 uniqueness of solution in viscoelasticity

与弹性力学中解的唯一性定理相似。对于各向同性的线性黏弹体，等温和准静态条件下满足全部方程和条件的解是唯一的，其基本证明方法比较简单。关于动力学问题和非等温问题，解的唯一性定理有许多论证，一般均比较复杂，往往对一些条件和材料函数加以各种限制。（杨挺青）

黏土 clay

在一定含水量范围内具有塑性和晾干时具有相当大强度的细粒土。按《建筑地基基础设计规范(GBJ7)》，指塑性指数大于 17 的土。（朱向荣）

黏土的塑性指数 plastic index of clay

反映黏土可塑性的指标。常用的有阿脱伯格(A. Atterberg) 和普菲费尔科恩（K. Pfeffer Korn）两种塑性指数。前者是 1911 年由阿脱伯格提出，以黏土呈塑性状态时的含水率范围来表示，其值等于流限与塑限之差。流限又称液限，是黏土刚开始进入流动状态时的含水率。塑限是黏土刚能滚搓成直径为 3mm 细泥条时的含水率。由此可将黏土分为三级：高可塑性黏土，塑限＞15，中可塑性黏土，塑限＝7～15，低可塑性黏土，塑限＜7。后者是 1920 年普菲费尔科恩提出的，直径 33mm、高 40mm 的圆柱形黏土试件，受到重 1192g 的圆盘从 14.6cm 高处垂直自由下落冲击，发生标准变形(试件原高度与变形后高度之比等于 3.3)时试件的含水率。（胡春芝）

黏性底层 viscous sublayer

又称层流底层。紊流近壁处黏性起主要作用的薄流层。此层中的流速极小，虽有脉动，但很微弱，黏性力占主要地位，惯性力居次要地位，壁面的黏滞剪应力由这一流层所决定，对研究流动时具有重要意义；在黏性底层之外统称为紊流区。对于圆管紊流，此层厚度可按下式计算

$$\delta_1 = \frac{32.8d}{Re\sqrt{\lambda}}$$

式中 Re 为雷诺数；λ 为沿程阻力系数；d 为管径。显然，当 d 相同时，Re 越大则黏性底层厚度越薄，一般只有十分之几毫米。但对流体阻力与流动机械能损失却有重大影响。（叶镇国）

黏性流动 viscous flow

高聚物熔体、浓溶液和分散体系（如胶乳、油漆颜料体系、高聚物熔体－填料体系）在剪切力作用下产生不可逆形变的过程。为强调上述体系流动时的高黏度，特称为黏性流动。它们的高黏度是由大的分子尺寸带来的强的分子间相互作用和分子间缠结造成的。高聚物黏性流动不是整个高分子链简

单的定向跃迁，而是链段位移的叠加效应，且伴随有高弹形变，并不完全是不可逆形变，属非牛顿流动。可分为塑性流动、假塑性流动和切力增稠的膨胀流动三类。塑性流动的特点是切应力小于临界值时不流动，大于屈服应力后产生似牛顿流动。假塑性流动没有临界切应力，其切黏度随切变速率的增大而降低，绝大多数高聚物熔体和浓溶液的流动属于这一类。切力增稠的膨胀流动也没有临界切应力，其切黏度随切应力的增大而增大，高聚物分散体系的流动属于这一类型。（周　啸）

黏性流体　viscous fluid

又称实际流体或真实流体。黏性效应不可忽略的流体。相邻两层流体作相对滑动或剪切变形时，由于流体分子间的相互作用，会在相反方向上产生阻止流体作相对运动的剪应力，称为黏性应力。实验证明，黏性应力与黏度和速度梯度有关。由于流体中存在黏性，其机械能将不可逆地转化为热能，并使流动出现许多复杂现象，如边界层效应，摩阻效应、非牛顿流体效应等。自然界中的各种流体都是黏性流体，不过，黏性有大有小，例如水和空气的黏性很小；原油、油漆、蜂蜜等的黏性很大。（叶镇国）

黏性流有限元方程　finite element equation in viscous flow

黏性流基本方程有限元离散化的表达式。由于黏性耗散作用，难于找到黏性流基本方程的泛函变分形式。因此，对黏性流基本方程通常用加权余量法建立基本有限元离散化方程组，权函数的选取使其形成流体力学中的不变量。所建立的有限元方程组，定常流为非线性代数方程组，非定常流为非线性常微分方程组。（郑邦民）

黏性流中奇异子分布法　method of singularity distribution in viscous flow

利用黏性流中基本流子（如斯托克斯奇异子、奥金奇异子等），在流场中不同强度分布所起的作用，代替真实流体或边界对流动影响求数值的方法。物体对流体流动的影响，可用这类基本流子分布作用来代替。此法要求解边界积分方程，此时可以用有限元法或边界元法求得数值解。（王　烽）

黏性泥沙　cohesive sediment

颗粒间分子引力起主要作用或不容忽视的泥沙。如淤泥、黏土等颗粒较细的泥沙。随着表面化学、胶体化学等的发展，颗粒间分子引力理论已有了基础，不但对它有定性认识，而且在定量上也有了基本关系式。但是，目前这些理论还没有在动床水力学中得到应用，这类泥沙的研究也还没有纳入力学体系。因此，黏性颗粒的起动问题，至今还没找到一个正确的研究途径。（叶镇国）

黏性土　cohesive soil

经空气干燥后有相当大强度和浸在水中时有明显黏结力的土。按《建筑地基基础设计规范(GBJ7)》，指塑性指数大于 10 的土。根据塑性指数可分为黏土和粉质黏土。其稠度根据液性指数分为坚硬、硬塑、可塑、软塑和流塑状态。（朱向荣）

黏性元件　viscous element

又称牛顿元件，俗称阻尼器(dashpot) 或黏壶。表示理想黏性流体的模型，用以组合线性黏弹性模型的两基本元件之一，如图。本构方程为应力与应变率成正比，例如

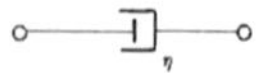

$$\tau_{xy} = \eta\dot{\gamma}_{xy}$$

η 为黏性系数。蠕变柔量为 t/η；松弛模量为 $\eta\delta(t)$，其中 $\delta(t)$ 为狄拉克函数。（杨挺青）

黏滞变形　viscous deformation

随持荷时间大致成比例地增长，卸荷后不能恢复的变形。混凝土不可逆徐变（二次徐变）值中，包括塑性变形和黏滞变形两部分。持荷瞬时产生的不可逆变形称为塑性变形。不可逆变形可以用麦克斯韦模型来表示。（胡春芝）

黏滞系数　coefficient of viscosity

见黏度（254 页）。

黏滞阻尼　viscous damping

又称黏性阻尼、线性阻尼。物体沿润滑表面滑动或在流体中低速运动时所遇到的，其大小可近似地认为与相对速度的一次方成正比的阻力。其比例系数决定于流体的黏性。这种阻尼与速度的关系是线性的。（宋福磐）

niu

牛顿法　Newton's method

在结构优化中指利用目标函数海色（Hesse）矩阵和梯度来构造搜索方向，用于求解无约束非线性规划问题的一种下降算法，要求目标函数二阶连续可微且海色矩阵正定。其基本思想是：在迭代点 $\boldsymbol{x}^k$ 上将目标函数作二次展开，并以这一略去高阶余项的近似式的极小点作为新的迭代点 $\boldsymbol{x}^{k+1}$，反复进行以获得点列 $\{\boldsymbol{x}^k\}$ 来逼近原问题的最优点。等价于求解一个令梯度等于零而构成的非线性方程组的牛顿迭代法。牛顿法在极小点附近具有二阶收敛速度，但当初始点离极小点较远时，常因二次展开的余项较大而不能保证新迭代点的目标函数值下降，不具备全局收敛的性质，为此提出了阻尼牛顿法，此法在迭代过程中需进行一维搜索来确定适当的步长。牛顿法的缺点是需要计算海色矩阵及其逆

矩阵。一维搜索中的牛顿法是当函数变量个数为1时的一种特例。（刘国华）

牛顿－科特斯积分 Newton-Cotes quadrature (integration)

一种等间距内插的数值积分。基本做法是：包括积分域端点在内的积分点按等间距分布；对 n 个积分点，构造一个 $n-1$ 次多项式来近似原被积函数，使多项式在积分点上等于被积函数。积分值可写为

$$\int_a^b f(x)\mathrm{d}x = (b-a)\sum_{i=1}^{n} C_i^{n-1} f(x_i)$$

$$x_i = a + ih(i = 0,1,2,\cdots,n-1)$$

$$h = (b-a)/(n-1)$$

式中 h 为积分点间距；x_i 为积分点坐标；C_i^{n-1} 为牛顿－科特斯积分常数。当 $n=2$ 和 $n=3$ 时，就是梯形公式和辛普森公式。当被积函数 $f(x)$ 是 $n-1$ 次多项式时，上式给出积分的精确值。（包世华）

牛顿－雷扶生法 Newton-Raphson method

用逐次形成和求逆一个新的切线矩阵，从而求得新的近似解的非线性方程组解法。对于非线性方程组 $\boldsymbol{\Psi}(\boldsymbol{a}) \equiv \boldsymbol{P}(\boldsymbol{a}) + \boldsymbol{f} = 0$，如果已经得到第 m 次近似解 $\boldsymbol{a}^{(m)}$，通常 $\boldsymbol{\Psi}(\boldsymbol{a}^{(m)}) \neq 0$，为得进一步的近似解 $\boldsymbol{a}^{m+1}$，可将 $\boldsymbol{\Psi}(\boldsymbol{a}^{m+1})$ 表示成在 $\boldsymbol{a}^{(m)}$ 附近仅保留线性项的泰勒展开式

$$\boldsymbol{\Psi}(\boldsymbol{a}^{(m+1)}) \equiv \boldsymbol{\Psi}(\boldsymbol{a}^{(m)}) + (\frac{\mathrm{d}\boldsymbol{\Psi}}{\mathrm{d}\boldsymbol{a}})^{(m)}\Delta\boldsymbol{a}^{(m)} = 0$$

式中 $\boldsymbol{a}^{(m+1)} = \boldsymbol{a}^{(m)} + \Delta\boldsymbol{a}^{(m)}$，而 $\frac{\mathrm{d}\boldsymbol{\Psi}}{\mathrm{d}\boldsymbol{a}} \equiv \frac{\mathrm{d}\boldsymbol{P}}{\mathrm{d}\boldsymbol{a}} \equiv \boldsymbol{K}_{\mathrm{T}}(\boldsymbol{a})$，是切线矩阵。由此可得

$$\Delta\boldsymbol{a}^{(m)} = -(\boldsymbol{K}_{\mathrm{T}}^{(m)})^{-1}(\boldsymbol{P}^{(m)} + \boldsymbol{f})$$

从而求得 $\boldsymbol{a}^{(m+1)}$。此法每次迭代需重新形成和求逆一个新的切线矩阵，一般情况下有良好的收敛性。（姚振汉）

牛顿力学 Newtonian mechanics

在分析力学产生之前，经典力学的内容的总称。它以牛顿运动定律及万有引力定律为核心，以矢量分析方法为其主要的数学工具。不但是经典力学的基础，也是各个力学分支的基础。在现代自然科学发展的初期，曾在自然科学中占居中心地位。它的完整、严密的体系，它的研究方法，即观察、实验、建立数学模型、用数学工具进行分析推理、最后对结果进行实践验证的方法，对自然科学中的很多学科都发生过巨大影响。（黎邦隆）

牛顿流体 Newtonian fluid

任一点上的剪应力都同剪切变形率呈线性函数关系的流体。在两无限接近的平板间以相对速度 U 相互平行运动时，两板间粘性流体的低速定常剪切运动是最简单的流体流动（如库埃特流动）。1687年，I·牛顿通过最简单的剪切流动试验得出了下述液体作相对运动时的著名牛顿内摩擦定律，即流体内部必然产生下述剪应力：

$$\tau = \mu\frac{\mathrm{d}u}{\mathrm{d}y}$$

式中 τ 为相邻液层间的剪应力；$\frac{\mathrm{d}u}{\mathrm{d}y}$ 为剪切变形率或流速梯度；μ 为流体的动力粘度。凡是符合此定律的流体称为牛顿流体；否则称非牛顿流体。上述剪应力公式是确定流体流动必不可少的本构方程。自然界中的牛顿流体有水、空气、汽油、甲苯、乙醇等。（叶镇国）

牛顿内摩擦定律 Newton's law of viscosity

描述作相对运动的液体内部剪切应力与流速梯度关系的定律。它由牛顿于1687年提出，并经实验证实，其表达式为

$$\tau = \frac{F}{A} = \mu\frac{\mathrm{d}u}{\mathrm{d}y}$$

式中 τ 为液体的内摩擦剪切应力；μ 为动力粘度；F 为剪力；A 为受剪力面积；$\frac{\mathrm{d}u}{\mathrm{d}y}$ 为流速梯度。F、τ 两者在相邻层间均成对出现，其值均大小相等方向相反。对于理想流体及静止液体，$\tau=0$，$\frac{\mathrm{d}u}{\mathrm{d}y}=0$，无剪切应力效应。（叶镇国）

牛顿相似准则 Newtonian similarity criterion

又称合力相似准则。两流动现象的合力或任何一个作用力相似必须遵守的法则。它表述作用于模型和原型相应流体质点上的合力与惯性力的比值相等。要使几何相似的两个流动实现动力相似，其牛顿相似准数 Ne（参见相似准数，388页）必须相等，即 $\mathrm{Ne_p} = \mathrm{Ne_m}$ 或 $F_p/\rho_p l_p^2 v_p^2 = F_m/\rho_m l_m^2 v_m^2$（式中 F、ρ、l、v 分别为合力、密度、线性长度和速度；下标 p 和 m 分别表示原型和模型量）。反之若几何相似的两流动的牛顿数 Ne 相等，则它们是动力相似的。牛顿数表达式 $\mathrm{Ne} = F/\rho l v^2$ 中的 F 是合力也可以是任何一个作用力，将某个作用力代替 F，便可以得到相应的相似准则。（李纪臣）

牛顿引力的功 work done by Newton's gravitation

质量为 M、位于力心的物体对质量为 m 的物体作用的牛顿引力（万有引力）的功

$$W = GMm\left(\frac{1}{r_2} - \frac{1}{r_1}\right)$$

式中 G 为万有引力常数；r_1 与 r_2 分别为后一物体在运动的始、末位置到力心的距离。（黎邦隆）

牛顿运动定律 Newton's laws of motion

又称牛顿三定律。是关于机械运动的基本规

律，由英国科学家I. 牛顿在意大利科学家伽利略等从事观察、实验和研究的基础上，于17世纪在《自然哲学的数学原理》一书中提出。这三个定律为：

第一定律　又称惯性定律。任何物体都将保持静止或匀速直线运动的状态，除非有施加于它的力迫使它改变这种状态。

第二定律　物体运动量的改变与所受的力成正比，并且发生在该力作用线的方向上。运动量的改变，是指质点的动量的变化率，即$\frac{d}{dt}(mv)$；在适当选定各有关物理量的单位之后，可使比例系数等于1，故此定律的矢量表达式可写为$\frac{d}{dt}(m\boldsymbol{v})=\boldsymbol{F}$。其中$m$为物体的质量，$\boldsymbol{v}$为其速度矢量，$\boldsymbol{F}$为作用于物体上的力。当$m$为常量时，本定律可写成$m\boldsymbol{a}=\boldsymbol{F}$，其中$\boldsymbol{a}$为物体的加速度。

第三定律　又称作用和反作用定律。对于每一个作用力，必有一个大小相等、方向相反且沿同一直线的反作用力。（宋福磐）

牛顿撞击理论　Newtonian impact theory

计算物体相对于流体运动时所受流体阻力的近似理论。它由牛顿（I.Newton 1642～1727）提出，故名。这一理论假定流体是由无数彼此无关的质点组成，质点撞击物面时，其沿物面法向的动量全部丧失并产生作用于物体上的压强。据此即可导出平板迎风表面上的压强与自由流压强之间的关系式：

$$p-p_{\infty}=\rho_{\infty}v_{\infty}^{2}\sin^{2}\alpha$$

式中p为平板迎风面上的压强；p_{∞}为自由流压强；ρ_{∞}为自由流密度；v_{∞}为自由流速度；α为攻角（平板相对于来流的倾角）。平板背风面的压强差为零，由此可导出阻力。理论分析和实验得出，对于中等超声速以下的流动，牛顿撞击理论是不正确的，但对高超声速流动却比较接近于实际情况；在来流马赫数趋于无穷大，激波层厚度趋于零，气体比热比等于1时，牛顿理论的结果是正确的。用曲面物体面元相对于来流的倾角代替平板攻角，上述关系式在工程上可用来近似地计算高超声速绕流对物面的压强分布。为使这一理论更符合实际，后人又对它做了一些修正。（叶镇国）

扭剪仪　torsion shear apparatus

又称环剪仪。将较薄的圆形或环形试样置于侧限或无侧限的容器中，施加轴向荷载后，可在试样的上下端面施加扭转力矩作扭转剪切试验的装置。试样的剪切变形可达数十厘米，从而可测定土的残余强度，用于研究土的蠕变及大应变条件下的强度试验。还有一种将三轴压缩仪压力室改装的扭剪仪，施加周围压力及轴向压力后，可对试样施加扭矩作扭转剪切。为了改善圆柱试样试验中的剪应变不均匀，改用空心圆柱试样，内外用橡皮膜包着构成两个压力室，可独立施加侧压力。由于该仪器构造、试样制备和操作都较复杂，且计算结果与 实际可能有较大差别，迄今未见推广。（李明逵）

扭矩　twisting moment

杆件截面上内力之一，其值等于分布于截面上剪应力对杆件形心轴线的矩之和。可用矢量表示，按右手法则规定扭矩矢量的指向。（吴明德）

扭矩图　twisting moment diagram

表示扭矩沿杆轴线变化规律的图形。图形的横坐标表示杆的横截面的位置，纵坐标表示对应横截面上的扭矩。（郑照北）

扭弯频率比　torsional-bending frequency ratio

二自由度系统的扭转频率与弯曲频率之比。在影响古典二自由度弯扭耦合颤振的临界风速的诸因素中，扭弯频率比是最重要的。这是因为颤振频率总是在扭转和弯曲两个自振频率之间，当弯曲频率一定时，随着扭弯频率比的增大，其临界风速也相应增大。相反，对于分离流颤振的情况，由于颤振形态是以扭转为主的，其颤振频率也十分接近于无风时的扭转频率，因而扭弯频率比对临界风速的影响就很小。（项海帆）

扭转变形　torsional deformation

杆件受扭矩作用时横截面产生绕杆轴的角度改变。通常采用扭角φ来表示。（吴明德）

扭转刚度条件　conditions of torsional rigidity

保证转轴扭转变形符合工程规定要求的条件。传动轴的扭转变形过大，运转时将产生较大的扭转振动，并影响精密机床的加工精度。因此，对传动轴的扭转变形应加以限制，使单位长度轴的最大扭转角θ_{max}不超过规定值〔θ〕（参见单位长度的允许扭转角，53页），则扭转刚度条件为

$$\theta_{max}=\frac{M_{cmax}}{GI_{p}}\leqslant[\theta]$$

在工程实用中，扭转刚度条件换算为度/m

$$\frac{M_{cmax}}{GI_{p}}\times\frac{180}{\pi}\leqslant[\theta]$$

（郑照北）

扭转试验机　torsional tester

专供扭转试验用的力学试验机。它的类型较多。构造形式各异，但都是由加载和测力两个基本部分组成。两种常用类型为：

K—50型扭转试验机采用机械传动加载，摆锤式机构测力。有手摇加载和电动加载两部分，由变

速箱变换调节传动系统，驱动传动主轴和活动夹头使试件发生扭转。试件的另一端与摆锤相联。摆锤抬起，试件承受扭矩作用，摆锤力矩与试件承受扭矩相平衡。摆锤抬起推动齿轮。齿轮带动测力度盘指针转动以显示扭矩大小。同时试验机还备有扭转角量测盘和自动绘图装置（见图 a）。

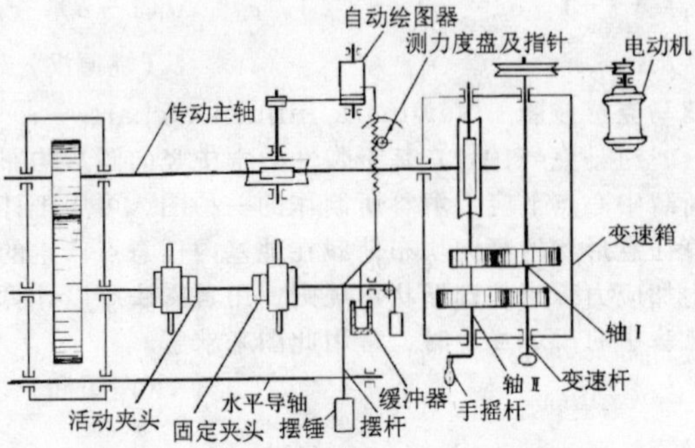

(a)

NJ—100 B 型扭转试验机采用直流电动机无级调速传动加载，从正负两个方向施加扭矩进行扭转试验，用电子自动平衡随动系统量测扭矩。加载机构由六个滚珠轴承支持在机座的导轨上可左右自由滑动。操纵直流电机转动，经减速箱减速，使夹头转动对试件施加扭矩。测力采用杠杆测力系统传递信息，经放大器使伺服电机转动拉动游铊水平移动，并带动滑轮和指针转动。扭矩量值大小与游铊移动距离成正比，在测力盘上标定大小和范围（见图 b）。试验机还装置有自动绘图器。

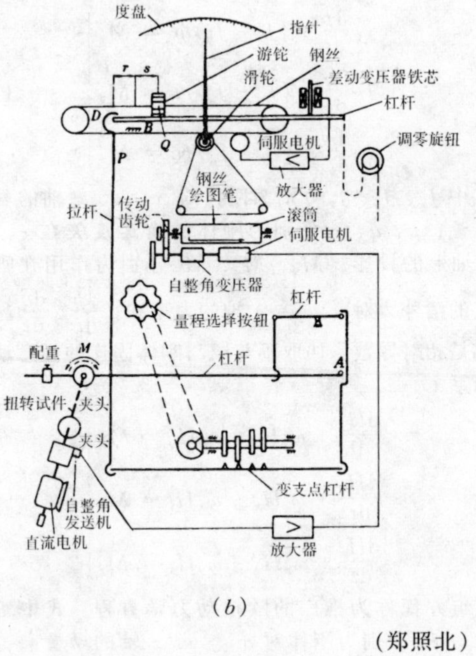

(b)

（郑照北）

扭转位移函数 displacement function of torsion

又称圣维南函数或翘曲函数。以位移为基本未知量求解扭转问题时表示位移分量的函数。利用半逆解法时，在小变形情况下，可以认为 x 和 y 方向的位移 u 和 v 是由截面作整体转动引起的，因此有 $u=-\theta zy$，$v=\theta zx$，并假设 $w=\theta\psi(x,\ y)$，其中 θ 为单位长度的扭转角；$\psi(x,\ y)$为扭转位移函数，由拉梅－纳维方程和侧面边界条件可推知它应满足

$$\frac{\partial^2\psi}{\partial x^2}+\frac{\partial^2\psi}{\partial y^2}=0$$

$$\left(\frac{\partial\psi}{\partial x}-y\right)\frac{dy}{ds}-\left(\frac{\partial\psi}{\partial y}+x\right)\frac{dx}{ds}=0$$

其中 s 为边界的周向长度。求得$\psi(x,\ y)$后可以求得位移分量，而应力分量为

$$\tau_{zx}=G\theta\left(\frac{\partial\psi}{\partial x}-y\right)\qquad\tau_{zy}=G\theta\left(\frac{\partial\psi}{\partial y}+x\right)$$

其中 G 为剪切模量；θ 由区域为 A 的端面上的边界条件求得，即

$$G\theta\iint_A\left(x^2+y^2+x\frac{\partial\psi}{\partial y}-y\frac{\partial\psi}{\partial x}\right)dA=M$$

（刘信声）

扭转应力函数 stress function of torsion

又称普朗特应力函数。以应力为基本未知量求解扭转问题时表示应力分量的函数。采用半逆解法，假设应力分量（坐标见图）$\sigma_x=\sigma_y=\sigma_z=\tau_{xy}=0$，而 τ_{zx} 和 τ_{zy} 用函数 $\varphi(x,\ y)$ 表示成

$$\tau_{zx}=\frac{\partial\varphi}{\partial y}\qquad\tau_{zy}=-\frac{\partial\varphi}{\partial x}$$

其中$\varphi(x,\ y)$为扭转应力函数，它应满足

$$\frac{\partial^2\varphi}{\partial x^2}+\frac{\partial^2\varphi}{\partial y^2}=-2G\theta\qquad\varphi_s=0\qquad 2\iint\varphi dxdy=M$$

第一式由应变协调方程所得，其中 G 为剪切模量；θ 为单位长度的扭转角，第二、三式由静力边界条件，且截面为单连通时所得，其中 φ_s 为 φ 在横截面周界 S 上的值。当求得 φ 后便可求得应力分量，对于外凸状的截面，最大剪应力出现在离截面中心最近的边界上。

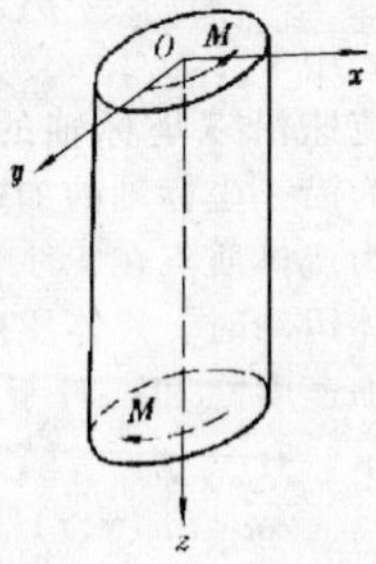

（刘信声）

扭转中心 center of twist

薄壁杆件扭转分析中所定义的横截面刚体转动的瞬时中心，为薄壁截面的几何性质。扭转中心的

位置与截面的剪心（弯曲中心）相重合。

（吴明德）

纽马克法 Newmark method

动力方程组的直接积分法之一，它假设

$$\dot{\boldsymbol{a}}_{t+\Delta t}=\dot{\boldsymbol{a}}_t+[(1-\delta)\ddot{\boldsymbol{a}}_t+\delta\ddot{\boldsymbol{a}}_{t+\Delta t}]\Delta t$$

$$\boldsymbol{a}_{t+\Delta t}=\boldsymbol{a}_t+\dot{\boldsymbol{a}}_{t+\Delta t}\Delta t+\left[\left(\frac{1}{2}-\alpha\right)\ddot{\boldsymbol{a}}_t+\alpha\boldsymbol{a}_{t+\Delta t}\right]\Delta t^2$$

式中 α 和 δ 是按积分精度和稳定性决定的参数，$t+\Delta t$ 时刻的解由求解 $t+\Delta t$ 时刻动力方程得到，是一种无条件稳定的隐式算法，可用较大步长，计算步骤参考动力方程组直接积分法。参数 α、δ 的取值范围是 $\delta\geqslant0.50$，$\alpha\geqslant0.25(0.5+\delta)^2$。等效刚度阵是 $\hat{\boldsymbol{K}}=\boldsymbol{K}+c_2\boldsymbol{M}+c_1\boldsymbol{C}$，$t+\Delta t$ 时刻等效荷载是 $\hat{\boldsymbol{P}}_{t+\Delta t}=\boldsymbol{P}_{t+\Delta t}+\boldsymbol{M}(c_0\boldsymbol{a}_t+c_2\dot{\boldsymbol{a}}_t+c_3\ddot{\boldsymbol{a}}_t)+\boldsymbol{C}(c_1\boldsymbol{a}_t+c_4\dot{\boldsymbol{a}}_t+c_5\ddot{\boldsymbol{a}}_t)$ 求解 $t+\Delta t$ 时刻位移的方程为 $\boldsymbol{LDL}^{\mathrm{T}}\boldsymbol{a}_{t+\Delta t}=\hat{\boldsymbol{P}}_{t+\Delta t}$。$t+\Delta t$ 时刻的加速度和速度为

$$\ddot{\boldsymbol{a}}_{t+\Delta t}=c_0(\boldsymbol{a}_{t+\Delta t}-\boldsymbol{a}_t)-c_2\dot{\boldsymbol{a}}_t-c_3\ddot{\boldsymbol{a}}_t$$

$$\dot{\boldsymbol{a}}_{t+\Delta t}=\dot{\boldsymbol{a}}_t+c_6\ddot{\boldsymbol{a}}_t+c_7\ddot{\boldsymbol{a}}_{t+\Delta t}$$

式中 $c_0=\dfrac{1}{\alpha\Delta t^2}$，$c_1=\dfrac{\delta}{\alpha\Delta t}$，$c_2=\dfrac{1}{\alpha\Delta t}$，$c_3=\dfrac{1}{2\alpha}-1$，$c_4=\dfrac{\delta}{\alpha}-1$，$c_5=\dfrac{\Delta t}{2}\left(\dfrac{\delta}{\alpha}-2\right)$，$c_6=\Delta t(1-\delta)$，$c_7=\delta\Delta t$

（姚振汉）

纽马克感应图 Newmark influence chart

纽马克（1942）基于弹性力学中竖向圆形均布荷载中心点下应力解答所制作的一种图，可用于计算任意形状的竖向均布荷载在地基内任意点产生的附加应力。当基础形状不规则，用角点法难以计算地基中的附加应力时，常用此图来求解。

（谢康和）

O

ou

欧拉变数 Eulerian variable

欧拉描述法中空间点坐标和时间变数的统称。由此变数，各空间点的流速和压强所组成的流速场与压强场可表示为

$$u_x=u_x(x,y,z,t),a_x=\frac{\mathrm{d}u_x}{\mathrm{d}t}$$

$$u_y=u_y(x,y,z,t),a_y=\frac{\mathrm{d}u_y}{\mathrm{d}t}$$

$$u_z=u_z(x,y,z,t),a_z=\frac{\mathrm{d}u_z}{\mathrm{d}t}$$

$$p=p(x,y,z,t)$$

式中 u_x，u_y，u_z，t 分别表示空间点处流体质点的流速沿三坐标轴的分量及时间变量；a_x，a_y，a_z 为沿三坐标轴的加速度分量，p 为压强，x，y，z 为流体质点在 t 时刻的运动坐标。用欧拉法描述流体运动时，流体质点的加速度为当地加速度与迁移加速度之和。对于一维流动，如以自然坐标系表示，有

$$u=u(s,t)$$

$$a_s=\frac{\mathrm{d}u}{\mathrm{d}t}=\frac{\partial u}{\partial t}+u\frac{\partial u}{\partial s}=\frac{\partial u}{\partial t}+\frac{\partial}{\partial s}\left(\frac{u^2}{2}\right)$$

式中 u 为流速，a_s 为加速度；s 为自然坐标；$\dfrac{\partial u}{\partial t}$ 为当地加速度；$u\dfrac{\partial u}{\partial s}$ 为迁移加速度。其中当地加速度即因时变产生的速度变化；迁移加速度即因空间点位变引起的加速度。

（叶镇国）

欧拉动力学方程 Euler's dynamical equations

刚体绕定点转动的运动微分方程组，其中刚体的运动用欧拉角描述。当取刚体对固定点 O 的三根惯性主轴（与刚体固连）为 x、y、z 坐标轴时，此方程组为

$$\left.\begin{aligned}J_x\frac{\mathrm{d}p}{\mathrm{d}t}+(J_z-J_y)qr&=M_x\\J_y\frac{\mathrm{d}q}{\mathrm{d}t}+(J_x-J_z)rp&=M_y\\J_z\frac{\mathrm{d}r}{\mathrm{d}t}+(J_y-J_x)pq&=M_z\end{aligned}\right\}\quad(\mathrm{I})$$

式中 J_x、J_y、J_z 分别为刚体对 x、y、z 轴的转动惯量；p、q、r 分别为刚体的角速度矢在 x、y、z 轴上的投影；M_x、M_y、M_z 分别为作用在刚体上的诸外力对 x、y、z 轴的力矩和；$\dfrac{\mathrm{d}p}{\mathrm{d}t}$、$\dfrac{\mathrm{d}q}{\mathrm{d}t}$、$\dfrac{\mathrm{d}r}{\mathrm{d}t}$ 都是相对导数。如取不与或与刚体固连的任意动坐标系 $Oxyz$，则有

$$\left.\begin{aligned}\frac{\mathrm{d}H_x}{\mathrm{d}t}+\omega_yH_z-\omega_zH_y&=M_x\\\frac{\mathrm{d}H_x}{\mathrm{d}t}+\omega_zH_x-\omega_xH_z&=M_y\\\frac{\mathrm{d}H_z}{\mathrm{d}t}+\omega_xH_y-\omega_yH_x&=M_z\end{aligned}\right\}\quad(\mathrm{II})$$

这组方程称为推广的欧拉动力学方程。式中 H_x、H_y、H_z 分别为刚体对 x、y、z 轴的动量矩，它

们对时间 t 的导数也是相对导数；ω_x、ω_y、ω_z 分别为动坐标系的角速度矢在 x、y、z 轴上的投影。当动坐标系与刚 体固连且 x、y、z 三轴为刚体对 O 点的三根惯性主轴时，（Ⅱ）式即成为（Ⅰ）式。当已知刚体的运动需求外力矩时，可任意应用方程组（Ⅰ）或（Ⅱ）；在已知作用的外力矩求刚体的运动时，如能将方程组（Ⅰ）连同欧拉运动学方程积分，根据刚体运动初始条件，可求得 p、q、r、φ、ψ、θ 六个量，表为时间的函数。但这六个常微分方程都是非线性的，只在几种特殊情况下，才能积分求解。（黎邦隆）

欧拉方程 Euler equations

由泛函的极值条件导出的微分方程。由泛函一阶变分等于零的极值条件可导出相应的欧拉方程。当泛函极值问题涉及几个自变函数和它们的高阶导数时，通过极值条件求得的欧拉方程是一组联立的微分方程。常称欧拉－泊桑（Euler－Poisson）方程。由欧拉方程求解和根据极值条件求解，其结果是相同的。（支秉琛　罗汉泉）

欧拉公式 Euler's formula

压杆在弹性失稳时临界荷载 P_{cr} 或临界应力 σ_{cr} 的计算公式。是 L. 欧拉于 1744 年提出的，其表达式为

$$P_{cr}=\frac{\pi^2EI}{(\mu l)^2}$$

或

$$\sigma_{cr}=\frac{P_{cr}}{A}=\frac{\pi^2E}{\lambda^2}$$

式中 μ 为长度系数，其值取决于压杆两端的约束情况，如为两端铰支 $\mu=1$；μl 为相当长度；E 为材料的弹性模量；I 为横截面的形心主惯性矩；A 为横截面面积；$\lambda=\frac{\mu l}{i}$ 为压杆的长细比或柔度；$i=\sqrt{\frac{I}{A}}$ 为横截面的惯性半径。（吴明德）

欧拉角 Eulerian angles

由进动角、章动角和自转角组成的，用来确定定点转动刚体位置的一组广义坐标，因 L. 欧拉首先提出而得名。从刚体的固定点 O 作出定坐标系 $Oxyz$ 和固连于刚体的动坐标系 $Ox'y'z'$，刚体在空间的位置就可由动坐标系对定坐标系的三个独立角坐标来确定。定坐标面 Oxy 与动坐标面 $Ox'y'$ 的交线 ON，称为节线。由轴 Ox 量到节线 ON 的角度 ψ 为进动角，由轴 Oz 量到轴 Oz' 的角度 θ 为章动角（又称方位角、偏差角），由节线 ON 量到轴 Ox' 的角度 φ 为自转角。ψ、θ 和 φ 分别是绕 Oz、ON 和 Oz' 三轴的转角，按右手规则决定正负。确定定点转动刚体位置的参数有多种取法，上述的欧拉角（称为古典欧拉角）是其中常用的一种。（何祥铁）

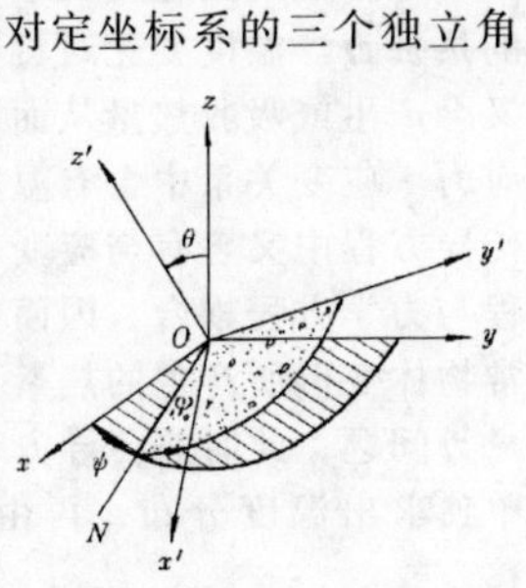

欧拉－拉格朗日法 Euler-Lagrange method

采用混合的欧拉（L.Euler）和拉格朗日（J.L.Lagrange）网格求解问题的方法。这种网格是运动的，但却不必跟流体一起运动，从而避免由于流体的形变大而产生畸变。在使用这种网格时通常要注意：①选择随速度运动的坐标（ζ，η）代替固定的欧拉坐标（x，y）；②在（ζ，η）坐标中写出描述运动的基本方程；③在计算时给出任何时刻 t 的坐标（x，y）和（ζ，η）的精确关系；④解必须在运动坐标和固定坐标之间随时反复插值，以保持精度。（王　烽）

欧拉描述法 Eulerian method

着眼于分析空间点处流体运动随时间变化状况的描述方法。此法用流线表示流体运动的几何特征，它可利用场论作强有力的理论工具，求解运动方程也比拉格朗日描述法简易，但它不能直接得到流体质点的运动规律。此法以流场为研究对象，并从速度场入手研究流体的流动，由此有

$$u_x=u_x(x,y,z,t)$$
$$u_y=u_y(x,y,z,t)$$
$$u_z=u_z(x,y,z,t)$$
$$p=p(x,y,z,t)$$

式中 x，y，z，t 为空间点的坐标及时间，统称欧拉变数。此法加速度是一阶导数，运动方程是一阶偏微分方程组，它比拉格朗日描述法中的二阶偏微分方程组更易于处理；对于河渠水流及管道中的水流，往往不需研究各液体质点的运动过程，只需确定各空间点处运动要素的分布规律，因此，欧拉描述法在流体力学中得到广泛的应用。

（叶镇国）

欧拉平衡微分方程 differential equilibrium equation of Euler

表征流体处于平衡状态时压强的变化率和单位质量力之间的关系式。此式由欧拉于 1775 年导出，故名。对于笛卡尔坐标系，其三轴分量关系式为

$$\frac{1}{\rho}\cdot\frac{\partial p}{\partial x}-X=0$$
$$\frac{1}{\rho}\cdot\frac{\partial p}{\partial y}-Y=0$$
$$\frac{1}{\rho}\cdot\frac{\partial p}{\partial z}-Z=0$$

式中 X，Y，Z 为单位质量力的三轴分量；p 为压

强；ρ 为密度。此式表明，在平衡的流体中，对于单位质量的流体，质量力（X，Y，Z）和表面力$\left(\frac{1}{\rho}\cdot\frac{\partial p}{\partial x},\ \frac{1}{\rho}\cdot\frac{\partial p}{\partial y},\ \frac{1}{\rho}\cdot\frac{\partial p}{\partial z}\right)$对应相等。

（叶镇国）

欧拉涡轮方程 Euler's equation for turbomachines

计算流体定常地流经涡轮时作用在轮上的、对涡轮转动轴力矩的公式。设单位时间的总流量为Q，流体密度为ρ，流体进出口处的涡轮半径分别为R_1与R_2，对应的绝对流速分别为$\boldsymbol{v}_1$与$\boldsymbol{v}_2$，它们与该处轮缘切线的夹角分别为α_1与α_2，则上述力矩

$$M_z = \rho Q(R_1 v_1 \cos\alpha_1 - R_2 v_2 \cos\alpha_2)$$

式中z是涡轮的转动轴。由此式可得到适用于各种叶片式流体机械的，作为分析其机械性能的理论基础的基本方程——欧拉方程。（黎邦隆）

欧拉相似准则 Euler similarity criterion

又称动水压力相似准则。是两流动压力相似必须遵循的准则。几何相似的两流动要达成压力相似，其欧拉数 Eu（见相似准数，388 页）必须相等。即 $Eu_p = Eu_m$ 或 $p_p/\rho_p v_p^2 = p_m/\rho_m v_m^2$。（式中$p$、$\rho$、$v$分别为压强，密度和速度，下标$p$和$m$分别表示原型和模型量）反之，若几何相似的两流动的欧拉数相等，则它们的压力必定相似。在应用中，欧拉数 $Eu = p/\rho v^2$ 的压强p也可用压强差代替。在只有重力、粘性力、水压力同时作用的恒定流动中，只要保证重力、粘性力相似，压力就自动相似，换言之只要保证佛汝德相似准则和雷诺相似准则得到满足，欧拉相似准则必定得到满足，因此在模型试验中，欧拉相似准则被视作非独立的相似准则（诱导准则）。（李纪臣）

欧拉型紊流扩散基本方程 Euler fundamental equation of turbulent diffusion

按欧拉描述法导出的表征扩散物质浓度变化规律的微分方程。形式如下

$$\frac{\partial \bar{C}}{\partial t} + \bar{u}_x \frac{\partial \bar{C}}{\partial x} + \bar{u}_y \frac{\partial \bar{C}}{\partial y} + \bar{u}_z \frac{\partial \bar{C}}{\partial z} = \frac{\partial}{\partial x}\left(D_x \frac{\partial \bar{C}}{\partial x}\right) + \frac{\partial}{\partial y}\left(D_y \frac{\partial \bar{C}}{\partial y}\right) + \frac{\partial}{\partial z}\left(D_z \frac{\partial \bar{C}}{\partial z}\right) + F_c$$

式中$\bar{C}$为浓度时均值；$\bar{u}_x$，$\bar{u}_y$，$\bar{u}_z$为时均流速的三个坐标分量；D_x，D_y，D_z为紊动扩散系数的三个坐标方向的分量，可随空间坐标变化；F_c为微元体内扩散物质的发生率（单位时间单位体积流体内的发生量）；$D_x \frac{\partial \bar{C}}{\partial x}$，$D_y \frac{\partial \bar{C}}{\partial y}$，$D_z \frac{\partial \bar{C}}{\partial z}$为三个坐标方向紊流扩散的输送率或通量（单位面积在单位时间输送的紊流扩散量）；t为时间。当只有x方向的一维均匀紊流情况下，且扩散情况各向同性时，有$\bar{u}_x = v$，$\bar{u}_y = \bar{u}_z = 0$，$D_x = D_y = D_z = D_T$。利用上述基本方程可解得一维流动中瞬时源产生的浓度分布关系

$$C(x,t) = \frac{C_0}{2\sqrt{\pi D_T t}} \exp\left[-\frac{(x - vt)^2}{4D_T t}\right]$$

式中C_0为$x=0$断面处$t=0$时扩散物质的初始浓度；π为圆周率。

（叶镇国）

欧拉运动微分方程 differential motion equation of Euler

见运动微分方程（446 页）。

欧拉运动学方程 Euler's kinematic equations

表示定点转动刚体的瞬时角速度与欧拉角及其一阶导数关系的方程组。即

$$\omega_{x'} = \dot{\psi}\sin\theta\sin\varphi + \dot{\theta}\cos\varphi$$
$$\omega_{y'} = \dot{\psi}\sin\theta\cos\varphi - \dot{\theta}\sin\varphi$$
$$\omega_{z'} = \dot{\psi}\cos\theta + \dot{\varphi}$$

式中$\omega_{x'}$、$\omega_{y'}$、$\omega_{z'}$为刚体的角速度矢$\boldsymbol{\omega}$在固连于刚体的动坐标系$Ox'y'z'$三轴上的投影，ψ、θ、φ及$\dot{\psi}$、$\dot{\theta}$、$\dot{\varphi}$为欧拉角及其一阶导数。它是应用解析法研究刚体的定点转动的运动学问题的基本公式之一。该方程组与欧拉动力学方程结合起来，对解决刚体定点转动的动力学问题具有重要意义。

（何祥铁）

偶然荷载 occasional load

在设计基准期内不一定出现而一旦出现其量值很大且持续时间较短的荷载。例如爆炸荷载和冲击荷载。这类荷载多属动力荷载。（洪范文）

耦合热弹性理论 coupled thermal elastic theory

研究物体在温度与变形相互耦合情况下的热弹性应力的理论。（参见耦合热应力，262 页）

（王志刚）

耦合热应力 coupled thermal stress

考虑温度变化与变形的相互影响情况下物体中的热应力。温度变化时将引起物体变形，物体变形又会产生或吸收热量从而影响温度变化。这样，在应力－应变关系中含有温度变化引起的应变项，热传导方程中又含有与应变有关的附加项，热传导方程与力学方程耦合，因而在求解时需联立求解。通常物体变形所产生的热量可以忽略，称为非耦合热应力问题，此时热传导方程中不含力学量，可以先单独求出温度分布，再由力学方程求出应力、位移。

（王志刚）

P

pa

爬坡效应 effect of wind flow over ramps and escarpments

风吹经山坡和悬崖时所产生的增大效应。此时，如在山坡和山顶一段距离内建造结构，在一定高度范围内风力将有所增大。坡度愈大，则爬坡效应也愈大，但在到达一定坡度例如 $tg\alpha \geqslant 0.33$ 以后（α 为坡度角），将趋于定值。

（张相庭）

帕斯卡定律 Pascal law

流体静力学中有关压强传递规律的定律。它为法国物理学家帕斯卡（B.Pascal 1623～1662）于1653提出，故名。这一定律指出：不可压缩静止流体中任一点受外力作用所产生的压强增值瞬间即可传至流体各点。人们利用这一定律设计制成了水压机、液压驱动装置等流体机械，它们可把较小的输入力转换成较大的输出力。

（叶镇国）

帕斯卡三角形 Pascal triangle

又称杨辉三角形。在二维坐标中表示某次完备多项式所含各项的图形。由此图形所示的规律可知一次完备多项式应有三项，二次的有六项，三次的有十项；m 次完备多项式应有 $n=\frac{1}{2}(m+1)(m+2)$独立项。

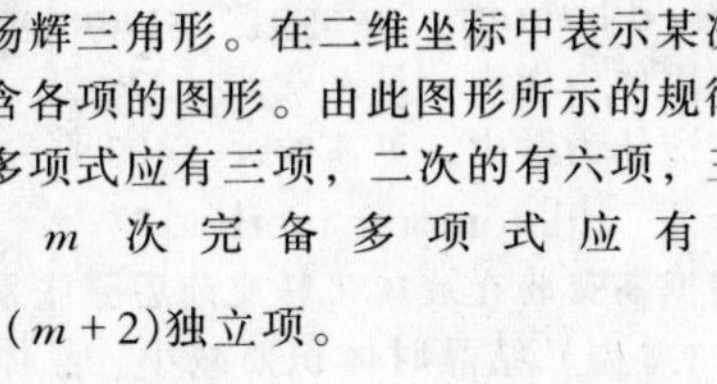

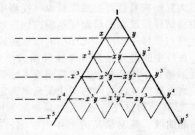

（支秉琛）

帕斯卡四面体 Pascal tetrahedron

在三维坐标中表示某次完备多项式所含各项的图形。由图可知，一次完备多项式应有四项，二次有十项，三次有二十项，等等。

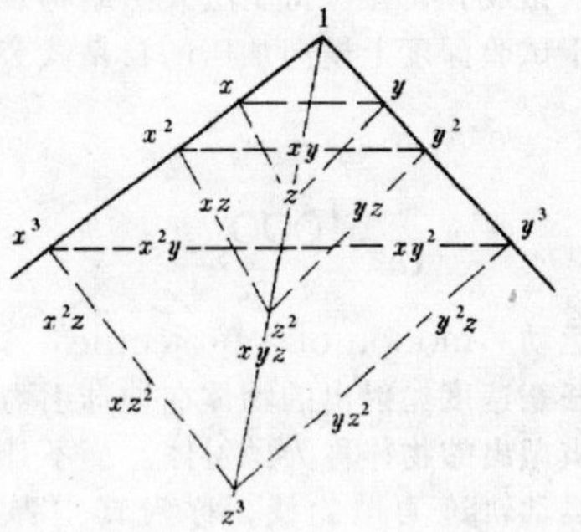

（支秉琛）

帕歇尔水槽 Parshall trough

由进口渐变段、中部束狭段及出口断面扩大段组成的量水槽。帕歇尔于1922年提出，故名。这种量水槽的底部有局部凸起部分，它是文丘里水槽的一种改进。槽侧壁面全部与水平面垂直安装，进口渐变收缩段底部与喉管底部会交处称堰口，以弧形光滑曲线连结（或用45°折线连结），水槽各部分尺寸须按手册尺寸制造。该水槽流量公式基本上与文丘里水槽相同。由于形状复杂，造价比堰贵，各部位尺寸要求准确。但水头损失小，行进流速小，且不易沉积，可用于农业用水和工业用水的测流。

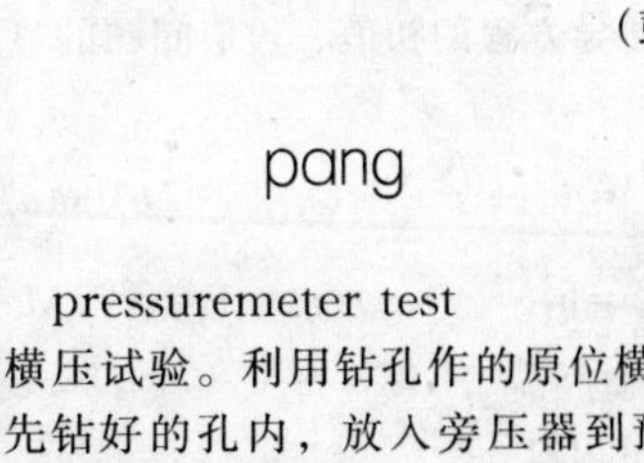

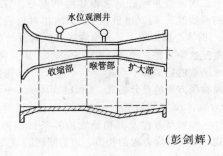

（彭剑辉）

pang

旁压试验 pressuremeter test

又称横压试验。利用钻孔作的原位横向载荷试验。在预先钻好的孔内，放入旁压器到预定深度，然后对孔壁施加均匀的径向压力，测定孔壁径向变形，根据弹性理论，可计算出径向土的变形模量。最早是1933年德国 Kögler 研制的钻孔横向载荷装置，用以测定地基土层在水平方向上的强度与变形特性，当时向旁压器通压缩空气施加径向压力，1954年南斯拉夫的Kujundzic发展了类似试验装置，改用手动油压加压，目前广泛采用的是1956年Ménard发展的“三腔式梅纳旁压仪”，它是由旁压器、控制加压系统和变形量测系统三部分组成。现在发展了一种在旁压器下端装有特殊的水冲钻头，可自钻成孔，在保持土层天然结构及应力状态下就位于试验深度上横向加压的自钻式旁压仪。

（李明逵）

pao

抛射体运动 motion of a projectile

以任意速度抛射出的物体在地球引力作用下的运动。被抛出的物体称为抛射体。当不计空气阻力时，其运动轨迹为抛物线，称为真空弹道；考虑空气阻力时的轨迹，称为实际弹道，它与真空弹道相差很大，射程相差很远。当被抛物体不能看作质点时，以上的说明适用于其质心的运动。

（宋福磐）

抛物线法 parabolic approximate method

又称二次插值法。用二次插值函数逼近未知函数而求解问题的方法。在结构优化方面系利用搜索区间内三个点的坐标和函数值构造二次函数来逐步逼近原一元函数，使搜索区间逐步缩小并进而找到近似极小点的一维搜索方法。也是一种常用的方法。设搜索区间两端点为 a 和 b，其间有一点 c，相应的函数值分别为 φ_d、φ_b 和 φ_c，用它们构造一个二次函数并解析地求得其极小点 d，算得 d 点的函数值 φ_d 后，可根据 c、d 的相对位置和 φ_c 与 φ_d 的大小确定留下具有搜索区间应有性质的区间，重复这个过程，使所留区间充分小，从而求得原一元函数的近似极小点。（杨德铨）

抛物型方程的差分格式 finite difference formulations of parabolic equation

抛物型方程及其初始或边界条件的差分表示式。如热传导方程的初值、边值问题的显式差分格式为

$$u_j^{n+1}=u_j^n+a\frac{\Delta t}{\Delta x^2}(u_{j+1}^n-2u_j^n+u_{j-1}^n)$$

$$u_j^0=f_i=f(x_j),j=1,2,\cdots,M-1$$

$$u_0^{n+1}=u_M^{n+1}=0,n=0,1,\cdots,N-1$$

隐式差分格式为

$$u_j^{n+1}=u_j^n+a\frac{\Delta t}{\Delta x^2}(u_{j+1}^{n+1}-2u_j^{n+1}+u_{j-1}^{n+1})$$

$$u_j^0=f(x_i),\quad j=1,2,\cdots,M-1$$

$$u_0^{n+1}=u_M^{n+1}=0,n=0,1,\cdots,N-1$$

式中 u 为待求解；f 为已知值；下标为 x 方向的格点值；上标为时间 t 的格点值；a 为常数。

（包世华）

泡状函数 bubble function

在一维或二维区域边界及边界以外取零值的凸函数。它包含一类函数，如半波余弦函数，一次和二次多项式函数以及它们的线性组合等。可作为基函数用以构造某些特殊单元的形函数。

（杜守军）

pen

喷嘴流量计 flow nozzle

利用喷嘴节流测量管道流量的装置。它是一个渐缩喷管，其进口为一弧线型，出口为圆柱形。出流断面为突然扩大，流体出流后形成涡流，但由于喷嘴有流线型导流面，其水头损失要比孔板小。另外由于喷嘴的导流作用，喷嘴出口断面可作最小断面。当测得压差计读数时，即可按下式计算流量：

$$Q=\mu\omega\sqrt{2g\left(\frac{\gamma'-\gamma}{\gamma}\right)\Delta h}$$

式中 μ 为流量系数；ω 为管道截面积；γ' 为压差计中液体重度；γ 为管中流体的重度；Δh 为压差计读数。（彭剑辉）

peng

膨胀波 dilatational wave, expansion wave

在固体力学中，见无旋波（379页）。

在流体力学中，见压缩波（403页）。

膨胀计法 dilatometer method

根据高聚物在玻璃化转变前后膨胀系数要发生突变、（等温）结晶时体积要减小、晶体熔化时体积要增大且膨胀系数要突变等特点，在膨胀计的试样瓶中将试样浸没在测量温度范围内膨胀系数不发生变化且与试样不相溶和无作用的惰性跟踪指示液体中，在特定的温度条件（等速升温或恒定温度）下通过测量置于样品瓶上口的带刻度毛细管中指示液面的高度随温度或时间的变化关系来测定玻璃化转变温度 T_g、熔点 T_m、最大结晶速率温度 T_{max}、等温结晶曲线、等温结晶的半体积收缩时间 $t_{1/2}$ 和结晶速率 $\frac{1}{t_{1/2}}$ 等的实验方法。（周　啸）

膨胀土 expansive soil

具有较大的吸水膨胀和失水收缩变形特征的高塑性粘性土。粘粒的主要成分为强亲水性矿物。在我国分布范围很广，其粘粒含量很高，液限大于40%，塑性指数大于17，天然含水量接近或略小

于塑限，液性指数常小于零。土的压缩性小，但自由膨胀率一般超过 40%，对建筑物具有危害性，应给予足够的重视。（朱向荣）

碰撞 impact

两个或两个以上相对运动的物体相遇时，在极短的时间内（例如千分之几秒）以巨大的力互相作用，使其速度突然发生有限大的变化的现象。通常分以下三种情形：①两自由物体相撞。②运动物体与障碍物相撞。③施力物体对其他物体的撞击。（宋福磐）

碰撞冲量 impulse of a impulsive force

见碰撞力。

碰撞力 impulsive force

又称瞬时力（instantaneous force）。在碰撞的极短时间内，两碰撞物体之间相互作用的力。它是变力 $\boldsymbol{F}(t)$，从零很快增加到最大值，在碰撞终了时又变为零。其平均值可比平常的非碰撞力大几百甚至几千倍，所以在研究碰撞问题时，所有非碰撞力都可略去不计。又因其作用时间极短，不可能也无必要测得其瞬时值，故在研究碰撞问题时，通常只考虑它在碰撞时间 τ 内的累积效应，即其碰撞冲量 $\boldsymbol{S}=\int_0^{\tau}\boldsymbol{F}(t)dt$，而将 $\boldsymbol{F}^*=\boldsymbol{S}/\tau$ 称为平均碰撞力，它可作为碰撞力的近似估计。（宋福磐）

碰撞情况下的拉格朗日方程 Lagrange's equation of impulsive motion

将第二类拉格朗日方程对碰撞过程积分而得的方程

$$\Delta\left(\frac{\partial T}{\partial\dot{q}_j}\right)=\int_0^{\tau}Q_j\mathrm{d}t$$

式中左端是对应于广义坐标 q_j 的广义动量 $\frac{\partial T}{\partial\dot{q}_j}$ 在碰撞过程中的改变；右端中 Q_j 是对应于 q_j 的广义力；τ 是碰撞经历的时间，此积分为广义力在时间 τ 内的冲量，或称为对应于广义坐标 q_j 的广义冲量。但只需用碰撞冲量代替主动力，即可用求广义力的方法求得广义冲量，而不需按上式用积分来计算。（黎邦隆）

碰撞时的动力学普遍定理 general theorems of dynamics for impact

质点系动力学普遍定理用于碰撞问题时的具体表述形式。由于在碰撞问题中只能考虑碰撞力的累积效应，此时相应地只应用这些定理的积分形式。① 冲量定理：$\Sigma(m_i\boldsymbol{u}_i)-\Sigma(m_i\boldsymbol{v}_i)=\Sigma\boldsymbol{S}_i^{e}$ 或 $M\boldsymbol{u}_c-M\boldsymbol{v}_c=\Sigma\boldsymbol{S}_i^{e}$，式中 $\boldsymbol{S}_i^{e}$ 是作用在任意质点 i 上的外碰撞冲量，m_i 为该质点的质量，$\boldsymbol{u}_i$、$\boldsymbol{v}_i$ 分别是它在碰撞末了及开始时的速度，M 是质点系的总质量，$\boldsymbol{u}_c$ 与 $\boldsymbol{v}_c$ 分别是质心在碰撞末了及开始时的速度。② 冲量矩定理：$\Sigma\boldsymbol{m}_0(m_i\boldsymbol{u}_i)-\Sigma\boldsymbol{m}_0(m_i\boldsymbol{v}_i)=\Sigma\boldsymbol{m}_0(\boldsymbol{S}^{e})$，如受碰的是绕定轴转动或作平面运动的刚体，则有 $J_z\omega_2-J_z\omega_1=\Sigma m_z(\boldsymbol{S}_i^{e})$ 或 $J_c\omega_2-J_c\omega_1=\Sigma m_c(\boldsymbol{S}_i^{e})$。式中 J_z 与 J_c 分别为刚体对转轴 z 与对质心轴的转动惯量，ω_2 与 ω_1 分别为刚体在碰撞末了与开始时的角速度。③ 动能定理：$T-T_0=\Sigma\boldsymbol{S}_i\cdot\left(\frac{\boldsymbol{u}_i+\boldsymbol{v}_i}{2}\right)$，式中左边为碰撞的始末两瞬时系统动能的改变，右边为作用于系统的每个外力或内力碰撞冲量与其作用点在碰撞始末两瞬时平均速度的数量积的总和。（宋福磐）

碰撞中动能的损失 loss of kinetic energy in impact

两物体碰撞时，由于发生永久变形、发热、发光、发声等原因而引起的系统动能的损失。在对心正碰撞过程中，损失的动能为

$$\Delta T=\frac{m_1m_2}{2(m_1+m_2)}(1-e^2)(v_1-v_2)^2$$

式中 m_1、m_2 分别为两物体的质量；v_1、v_2 分别为它们碰撞前的速度；e 为恢复系数。若用碰撞前后的速度来表示动能的损失，则上式又可写成

$$\Delta T=\frac{1-e}{1+e}\left[\frac{1}{2}m_1(v_1-u_1)^2+\frac{1}{2}m_2(v_2-u_2)^2\right]$$

式中 u_1、u_2 分别为两物体碰撞后的速度。只在完全弹性碰撞的情况下，动能才无损失，此时 $e=1$，$\Delta T=0$。如为塑性碰撞，则 $e=0$，以 u 表示两物体在碰撞后的公共速度，有

$$\Delta T=\frac{m_1}{2}(v_1-u)^2+\frac{m_2}{2}(v_2-u)^2$$

即此时动能的损失等于按速度损失而计算的动能。这结论称为卡诺定理。（宋福磐）

pi

坯体干燥过程的流变性 rheological behavior in drying process for green body

坯体在干燥过程中随时间、温度、湿度等而发生弹塑性变化的性能。坯体不断失去自由水和吸附水，由塑性状态逐渐演变到具有弹性和强度，产生体积收缩变形，有时会由于温差应力而出现裂纹。塑性坯体在干燥过程中有恢复最后一次成形之前形状的趋势，称为泥料“复原”现象，包括塑性变形和弹性变形两部分，是释放内应力的表现。复原会引起坯体不大的变形，掺少量瘠性物料可减小这种变形。（胡春芝）

疲劳寿命（N） fatigue life

电阻应变计在恒定幅值的交变应力作用下可以

承受的最大应变循环次数。此时应变示值和试件的真实应变之差不应超过规定的数值（一般规定为10%）并且应变计没有机械或电气的损坏。影响疲劳寿命的主要因素为引出线与敏感栅之间的联接方式、焊点质量和粘结剂的质量。（王娴明）

疲劳寿命计 fatigue life gauge

监测试件疲劳寿命的片式敏感元件。外形和箔式电阻应变计相似。敏感栅为经特殊热处理的康铜箔，使用时粘贴在试件上，敏感栅的电阻随试件交变应变循环次数的增大而增大。载荷卸除后，电阻的变化不再消失，由电阻变化 ΔR 按标定曲线或下式求得试件的疲劳寿命

$$\Delta R = C(\varepsilon_{\max} - \varepsilon_0)^{n^k}$$

式中 $\varepsilon_{\max}$ 为交变应变的峰值；ε_0 为使疲劳寿命计的电阻保持不变的最大应变值；n 为经受交变应变的循环次数；K、C 为常数。（王娴明）

疲劳损伤 fatigue damage

交变荷载作用下，引起穿晶或细观表面裂纹形式的损伤。它引起材料在交变荷载作用下寿命的降低。（余寿文）

pian

偏心拉伸（压缩） eccentric tension (compression)

外力作用线与杆轴平行但不重合的受力情况。如图 a 所示，外力 P 作用于 A (e_y, e_z)，y、z 为形心主轴，可向形心 c 进行简化，如图 b 所示，主向量产生轴向拉伸（压缩），对主轴之矩 $M_y = Pe_z$ 及 $M_z = Pe_y$ 产生两平面弯曲。当分析应力时，可分别计算再进行叠加。对于薄壁截面杆件的偏心受力问题，还应考虑约束扭转。（吴明德）

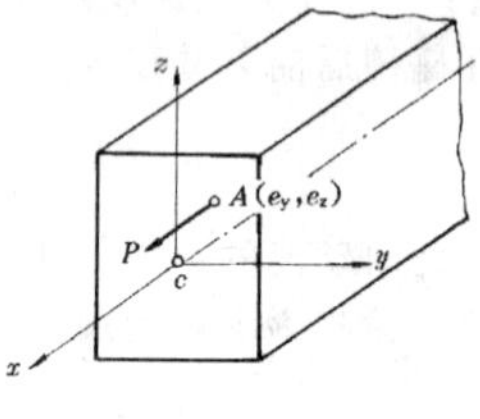

(a)

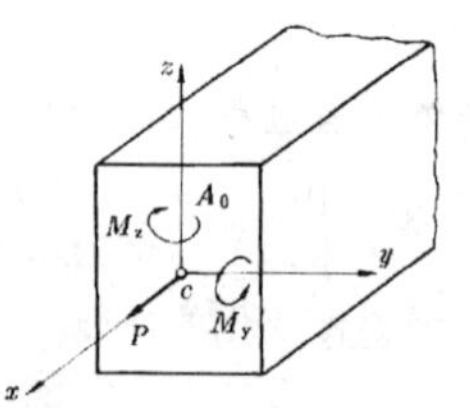

(b)

偏振光 polarized light

一束作横向振动的光矢量在传播方向上作有规则变化的光波。它分为平面偏振光、圆偏振光、椭圆偏振光。它们都是由偏振片和四分之一波片的不同组合产生的。（傅承诵）

偏振片 polarbid

一种能使自然光变为平面偏振光的透明薄膜。通常用具强烈二向色性碘溶液处理的聚乙烯醇塑料透明薄膜，经拉伸制成。所谓二向色性是指某些晶体在不同主平面内有不同吸光能力的特性。（傅承诵）

片条理论 strip theory

工程上计算三维翼气动特性的一种初步近似的处理方法。它将一个大展弦比的三维翼面沿展向切成许多片条翼，每个片条翼的气动系数均取为对应二维翼型的气动系数。并认为：作为初步近似，该三维翼的气动特性便是所有片条翼气动特性的总和。（施宗城）

piao

漂石 boulder

粒径大于200mm的颗粒含量超过全重50%、以圆形及亚圆形颗粒为主的土。（朱向荣）

pin

频率方程 frequency equation

由多自由度体系自由振动的运动方程导出，用以确定体系自振频率的代数方程。它是利用体系中各质点均作简谐振动的假设，由柔度法或刚度法所得的运动方程分别推出形式为

$$\left(\boldsymbol{FM} - \frac{1}{\omega^2}\boldsymbol{E}\right)\boldsymbol{A} = \boldsymbol{0}$$

或

$$(\boldsymbol{K} - \omega^2\boldsymbol{M})\boldsymbol{A} = \boldsymbol{0}$$

的齐次线性代数方程组。式中 $\boldsymbol{F}$ 为柔度矩阵；$\boldsymbol{K}$ 为刚度矩阵；$\boldsymbol{M}$ 为质量矩阵；$\boldsymbol{E}$ 为单位矩阵；$\boldsymbol{A}$ 为振幅向量；ω 为自振频率。欲使方程有非零解，则必有

$$\left|\boldsymbol{FM} - \frac{1}{\omega^2}\boldsymbol{E}\right| = 0$$

或

$$|\boldsymbol{K} - \omega^2\boldsymbol{M}| = 0$$

此即为该体系的频率方程。对于 n 个自由度的体系，等式左边为一 n 阶行列式，展开后成为以 $\frac{1}{\omega^2}$ 或 ω^2 为未知量的 n 次方程，从中即可求出全部（n 个）频率。将某个频率代回上述齐次方程组，即可解得相应的振型。由于上述问题亦可用特征值理论求解，故频率方程亦称为特征方程。对于无限自由度体系，其频率方程较为复杂，所求出的频率 ω 将有无限多个。对应于每一个频率，均有一个相应的振型。（洪范文）

频率禁区 forbidden zone of structural natural frequency

见频率约束（267页）。

频率谱　frequency spectrum

恒定温度下，高聚物的对数实数模量 $\log E'$、对数虚数模量 $\log E''$以及力学损耗角正切 $\tan\delta$ 随交变应力的对数圆频率的变化图谱。实数模量又称贮能模量，虚数模量又称损耗模量，它们分别是复数模量的实部与虚部。力学损耗角 δ 是应变比应力变化落后的相位角。复数模量 E^* 是交变应力和交变应变的比值，即

$$E^* = \sigma(t)/\varepsilon(t) = (\sigma_0/\varepsilon_0)\exp(i\delta)$$
$$= (\sigma_0/\varepsilon_0)\cos\delta + i(\sigma_0/\varepsilon_0)\sin\delta = E' + iE''$$

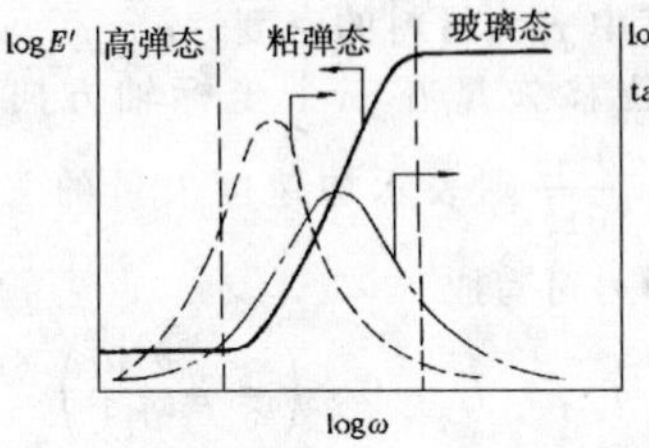

（周　啸）

频率约束　frequency constraints

优化设计中对结构自振频率所施加的限制。是结构动力性态约束的一种，目的在于防止与激振频率耦合。为此常把激振频率的附近频带作为自振频率的频率禁区，用以构成频率约束。（杨德铨）

频谱面　spectrum plane

见光学傅里叶变换（129页）。

频散　dispersion

构成波场的各频率成分因相速度不同，在传播过程中互相离散，致使波形不断改变的现象。发生频散的波称为频散波，其波数对于频率为非线性函数。此函数决定频散的性状，称为频散关系。介质的性状和边界条件均可能是造成频散的原因。例如：粘弹性介质就是频散的；理想弹性介质本身是非频散的，但是弹性波在弹性体的表面或内部界面作用下可能发生频散。不发生频散的波称为非频散波。非频散波的相速度不随频率的变化而改变，其频散关系为线性函数。（郭　平）

频散波　dispersive wave

见频散。

频闪法　stroboscopic vibration technique

用频闪光源进行全息干涉振动测量的一种技术。采用与振动物体同步的闪光相干光源照明，用全息照相法记录振动物体一个周期内的两个瞬间的两种振动状态，如振幅的正负最大值位置，或一个零位，一个振幅最大值位置。再现时将呈现出表征两种状态变形差的干涉条纹图，它们代表振幅等高线。具有干涉条纹反差大，条纹亮，振幅大时也能正确判断，且能测量非正弦振动等优点，但节线不明显。（钟国成）

频响函数　frequency response function

在定常线性振动系统中，当初始条件为零时，系统响应的傅里叶变换与激励的傅里叶变换之比。它是振动系统动特性的频域描述。

（戴诗亮　陈树年）

频响特性　frequency response characteristic

测试系统输出信号的幅值和相位随输入量的频率而变化的特性。（张如一）

频域　domain of frequency

描述动态信号频谱的频率坐标。用振动的频谱来描述振动规律称为振动的频域表示。

（戴诗亮）

品质因子　quality factor

又称品质因数。共振时的放大系数值，用 Q 表示。由于在大多数实际问题中，阻尼都很小，阻尼比 $\zeta^2 \ll 1$，因而通常以 $\gamma=\omega/\omega_n=1$ 作为共振条件，并以该处的 β 值作为最大值 $\beta_{\max}$，从而 $Q=\beta_{\max}=\dfrac{1}{2\zeta}$。它能反映系统的幅频特性曲线在共振点附近的陡峭程度和系统阻尼的强弱（参见半功率点，3页）。（宋福磐）

ping

平板内的弯曲波　flexural wave in plate

使平板内各点沿着板的法线作横向运动的波场。根据平板弯曲的经典理论所建立起来的弯曲波理论，适用于波长远大于板厚的情况。弯曲波是横波，以板的中性面的挠度为场量，沿着平板传播。它的相速度随着频率的变化而改变，是频散波。频散关系为

$$\omega = \kappa^2 h\sqrt{\frac{E}{3\rho(1-\nu^2)}}$$

式中 ω 为圆频率；κ 为波数；ρ 为材料的密度；E 为弹性模量；ν 为泊松比；h 为板厚。（郭　平）

平板壳元　flat shell element

将壳体离散为有限个折板进行分析时所采用的单元，是平面应力单元和平板弯曲单元的组合。平面应力表示壳元的薄膜受力状态，平板弯曲表示壳元的弯曲受力状态，两种状态不耦合，因而表达格式简单。以折面代替曲面的近似，只要网格合理地加密，计算精度可满足实际要求。常用的有矩形平板壳元，用于单曲率柱面壳；三角形平板壳元，用于任意形状的双曲率壳。（包世华）

平衡 equilibrium

物体相对于定参考系处于静止或作匀速直线运动的状态。是机械运动的一种特殊情况，是相对的、暂时的、有条件的。通常把地球作为定参考系。房屋在地面上静止，重物被等速地吊起，都是处于平衡状态。但房屋只是相对于地球处于静止，因地球在自转，并绕太阳公转，太阳本身也在运动着。研究作用在物体上的力系的平衡条件，是静力学的主要问题。（彭绍佩）

平衡分支荷载 bifurcation load

又称屈曲荷载。理想杆件和结构（如理想轴压杆，承受静水压力的圆弧拱，在结点处承受集中力的刚架以及承受面内荷载的理想平直梁等）发生第一类失稳时，由原来的平衡形式转入新的变形状态的平衡形式时所承受的荷载（即临界荷载 P_{cr}）。此时，原来的平衡形式成为不稳定的，而出现了新的有质的区别的平衡形式，平衡状态呈现分支现象。确定屈曲荷载只需采用线性小挠度稳定理论，把这类问题归结为求解线性微分方程的特征值问题。通常用静力法或能量法求解。（罗汉泉）

平衡力系 balanced force system

能使刚体保持原有的运动状态不变的力系。例如满足二力平衡公理的两个力。这种力系的主矢量与对任一点的主矩都等于零。刚体只受它作用时其质心的加速度等于零，绕质心转动的角加速度也等于零。（彭绍佩）

平衡输沙过程 equilibrium transport-process of sediment

挟沙水流中泥沙颗粒悬浮数量与沉降数量相等的过程。这表明悬浮的沙粒在运动中，一部分颗粒可下沉到河床成为床沙，但同时又会有一部分的床沙悬浮起来成为悬移质泥沙。如下沉多于悬浮的泥沙则是淤积过程，反之，若悬浮泥沙多于下沉的，则河床处于冲刷过程。当为平衡输沙过程时，河床处于不冲不淤情况。（叶镇国）

平衡微分方程 differential equation of equilibrium

又称纳维方程。处于平衡状态的物体，在内部任意一点附近微体积上的应力与该点处的体力之间所必须满足的条件。设采用笛卡尔坐标系，取单元体如图所示，由于应力是点的空间位置的连续函数，因此平行微分面上的应力分量如图所示。单位体积的体力分量为 f_x、f_y、f_z，由作用于该平行六面体上力的平衡条件得

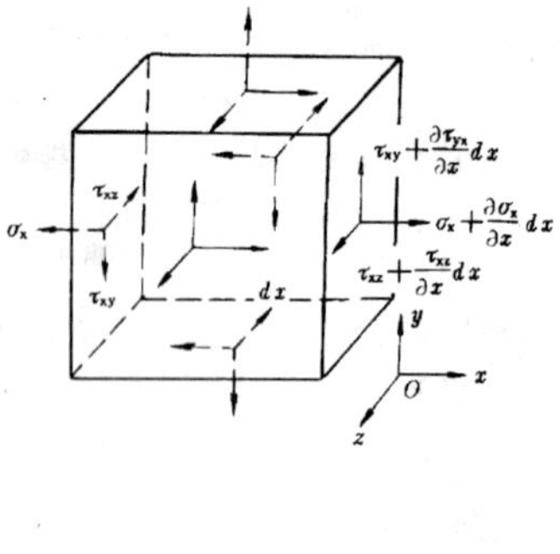

$$\frac{\partial\sigma_x}{\partial x}+\frac{\partial\tau_{yx}}{\partial y}+\frac{\partial\tau_{zx}}{\partial z}+f_x=0 \quad \left(=\rho\frac{\partial^2 u}{\partial t^2}\right)$$

$$\frac{\partial\sigma_{xy}}{\partial x}+\frac{\partial\sigma_y}{\partial y}+\frac{\partial\tau_{zy}}{\partial z}+f_y=0 \quad \left(=\rho\frac{\partial^2 v}{\partial t_2}\right)$$

$$\frac{\partial\tau_{xz}}{\partial x}+\frac{\partial\tau_{yz}}{\partial y}+\frac{\partial\sigma_z}{\partial z}+f_z=0 \quad \left(=\rho\frac{\partial^2 w}{\partial t^2}\right)$$

若物体内质点处于运动状态，则上式右端应取括号内的项，其中 ρ 为材料的密度，u、v、w 为物体内一点的位移矢量在三个坐标轴方向的分量，$\frac{\partial^2 u}{\partial t^2}$、$\frac{\partial^2 v}{\partial t^2}$、$\frac{\partial^2 w}{\partial t^2}$则表示加速度矢量的三个分量。利用张量符号可写成

$$\sigma_{ij,j}+f_i=0 \quad \left(=\rho\frac{\partial^2 u_i}{\partial t^2}\right)$$

其中 $\sigma_{ij,j}$表示应力分量对坐标的偏导数，例如 $\sigma_{yx,x}=\frac{\partial\sigma_{yx}}{\partial x}$等。若物体处于平衡状态，则在静力学上必须同时满足平衡微分方程与应力边界条件。

（刘信声）

平衡稳定性 stability of equilibrium

静止在平衡位置的系统受到微小扰动（给予微小的初位移或初速度，或二者兼有）后，若系统内每一质点都只在平衡位置附近运动，且只要扰动足够小，总可使系统在平衡破坏以后对平衡位置的偏离不越出预先给定的任意微小邻域，则该平衡状态称为稳定的；反之，只要有一个质点在平衡破坏以后将越来越大地偏离平衡位置，该平衡状态就称为不稳定的。对于保守系统，如它在平衡位置的势能是极小值，则此平衡状态是稳定的。当系统在平衡位置的势能不是极小值时，该平衡状态稳定与否可根据以下两条准则判定：① 将系统的势能按广义坐标（从平衡位置量起）展成依升幂排列的级数，如由此展式中的二次项（无需考虑高次项）即可断定势能在平衡位置不是极小值，则此平衡状态是不稳定的。② 如由势能展式中幂次最低的项（不考虑常数项）即可断定势能在平衡位置有极大值，则此平衡状态是不稳定的。这两条准则称为李亚普诺夫定理。

由稳定平衡过渡到不稳定平衡的临界状态，常称为随遇平衡（中性平衡），即受干扰时能在邻近任意新的位置平衡。（宋福磐 吴明德）

平衡元 equilibrium element

又称应力元。基于最小余能原理，以应力或应

力函数为基本变量的单元。选取单元内的近似应力场时，应使其满足平衡条件。平衡元的性质用单元柔度矩阵表示。由于构成满足平衡条件的近似应力函数比较困难，平衡元的应用不广。

（支秉琛　夏亨熹）

平截面假定　assumption of plane cross-section

杆件横截面在变形前后始终保持平面而且与轴线成正交的假定。是材料力学中重要假定之一。此假定使杆件的应力和应变分析大为简化，所获得简单的计算公式对于一般的线弹性杆件而言，与实验结果十分符合。但对于非圆截面杆的扭转以及薄壁杆件的约束扭转等则不适用此假定。（吴明德）

平均风　mean wind

又称稳定风。在给定的时间间隔内，把风的速度、方向以及其他物理量都看作不随时间而改变的量。在风速时程曲线中，包括长周期、短周期两种成分。其值分别为 10min 以上和几 s 左右。由于长周期大大地超过一般结构的自振周期，因而其对结构的作用相当于静力作用。（石　沅）

平均风速　mean wind speed

在给定的时间间隔内风速的平均值。由于把平均风速对结构的作用力看成数值、方向及其他物理量不随时间改变而平稳作用的量，因而其作用性质相当于静力，结构计算可按结构静力学计算方法进行。（张相庭）

平均风速时距　averaging time of mean wind speed

计算平均风速的时间间隔。是确定平均风压的六个因素之一。时距愈长，风速小的成份进入的就愈多，因而平均风速也就愈小，反之则愈大。通常认为，在 10min 至 1h 内的平均风速基本上是一稳定值，较少受到起始不平稳风速的影响。我国荷载规范 GBJ9 取 10min 为平均风速时距。（张相庭）

平均风压　mean wind pressure

在给定的时间间隔内风压的平均值。它可由平均风速通过风速风压关系式换算得到。

（张相庭）

平均粒径　mean diameter

相应于土的颗粒级配曲线上土粒相对含量为 50%的粒径。（朱向荣）

平均气流偏角修正　correction for mean stream angle

由风洞中流场各点气流流向的差异而对模型实验数据进行相应修正的做法。风洞总有一定缺陷，其试验段各处的气流流向不会完全相同。从测力实验的角度来看，平均气流方向相对于试验段轴线有一偏角，通常称之为平均气流偏角。它致使相应的攻角机构或偏航角机构所指示的气流与模型的名义姿态角不代表真实的角度。因此必须进行平均气流偏角修正。例如对于攻角 α 而言，若平均气流偏角 $|\Delta\alpha| \leqslant 0.1°$ 时，可不作修正；若 $|\Delta\alpha|$ 在 $0.1°\sim0.5°$ 之间，则要作修正；若 $|\Delta\alpha| > 0.5°$ 时，必须对风洞进行调整。（施宗城）

平均误差 η　average error

离差的绝对值的算术平均值

$$\eta = \frac{\sum_{i=1}^{n} |v_i|}{n}$$

式中 v_i，n 分别为离差和测定次数。对应的置信度为 0.575。不能显示出各次测定值间的符合程度，仅当 n 很大时才可靠。（王娴明）

平面波　plane wave

波前或波面为平面的波场。最简单的平面波沿传播方向为一维波场，可以表示为 $u(\boldsymbol{x}, t) = f(\boldsymbol{n}\cdot\boldsymbol{x} - ct)$，式中 $\boldsymbol{x}$ 为空间点的矢径；$\boldsymbol{n}$ 为沿传播方向的单位矢；c 为波速；t 为时间。在传播过程中，它的波形和波幅均保持不变。波前或波面不为平面的波场（例如球面波），在距离波源相当远的区域中，在局部可以近似视为平面波。在弹性体内可以产生两种平面波：具有纵波形式的无旋平面波和具有横波形式的等容平面波。（郭　平）

平面杆件结构　plane framed structure

所有杆件的轴线都位于同一平面内，且荷载也作用于该平面内的杆件结构。如平面刚架、平面桁架等。（罗汉泉）

平面刚架　plane rigid frame

各杆件的轴线都位于同一平面内，且作用于其上的荷载和支座反力也位于该平面内的刚架。按静力特征，可分为静定平面刚架和超静定平面刚架，解算方法参见刚架。平面刚架的种类繁多。按其外形来分，有①单跨单层刚架。其中最常见的为门式刚架（图 a），还有斜柱刚架（图 b）或斜梁刚架（图 c）；②多跨单层刚架（图 d）和单跨多层刚架（图 e）；③多跨多层刚架（图 f）。其中，当多层刚架具有闭合回路且四角均为刚结时，称为闭合刚架（如图 e、f），而单层或不具有闭合回路的刚架（如图 a、b、d），称为敞口刚架。当所有横梁和竖柱均按直角相联时，称为矩形刚架（图 a、d、e、f）。再从刚架各层横梁是否贯通全部竖柱来看，又可分为简式刚架（例如图 e、f）和复式刚架（图 g）两种。对于上述刚架当采用手算进行内力分析时，宜根据它们各自的特点选用适宜的有效方法，而当采用电子计算机计算时，则都可用统一的通用程序，它们之间在计算上并无差别。

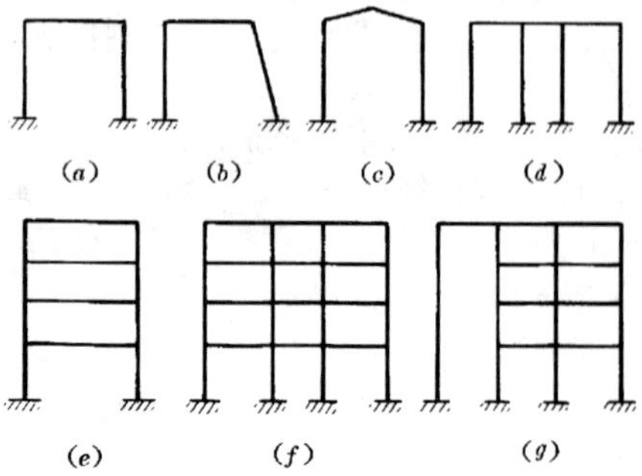

（罗汉泉）

平面桁架 plane truss

各杆件的轴线以及所承受的荷载均在同一平面内的桁架。通常取理想桁架为其计算简图。按其外形，可分为三角形桁架、平行弦桁架、折弦桁架和抛物线形桁架等；按支座反力的特点，可分为梁式桁架和拱式桁架；按几何组成的特点，可分为简单桁架、联合桁架和复杂桁架；还可分为静定桁架和超静定桁架等。对于静定桁架，其计算方法有图解法和数解法两类，其中数解法又包括结点法、截面法及这两种方法的联合应用。解算超静定桁架，多采用力法。用矩阵位移法编制的桁架通用分析程序，则可同时适用于静定和超静定桁架计算。桁架各部位的名称见附图。图中 l 为桁架的跨度，H 为桁架高度，d 为节间长度。

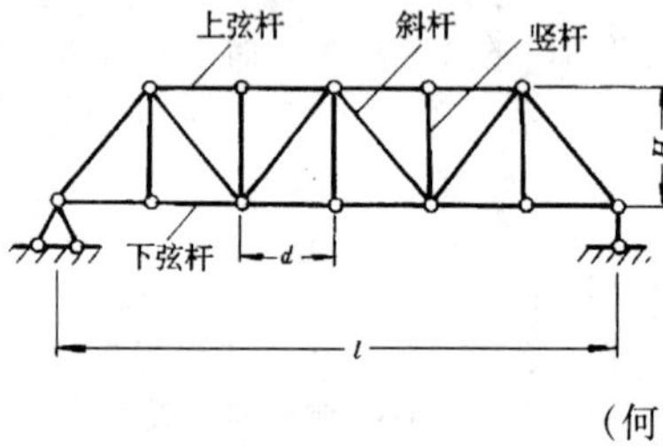

（何放龙）

平面简谐波 plane harmonic wave

沿空间任意轴线均表现为简谐波的平面波场。根据振幅在波面上的分布是否均匀可分为均匀平面简谐波和非均匀平面简谐波。如未加限定，一般指均匀平面简谐波，可表示为

$$\varphi(\boldsymbol{x}_1 t) = Ae^{i(\boldsymbol{\kappa}\cdot x \pm \omega t)}$$

式中 $\boldsymbol{x}$ 为空间点的矢径；t 为时间；A 为振幅；ω 为圆频率；$\boldsymbol{\kappa}$ 为波数矢量。它的相速度 c 等于沿传播方向所形成的简谐波的相速度，即 $c=\frac{\omega}{|\boldsymbol{\kappa}|}$。

（郭　平）

平面力系的图解法 graphic method of a coplanar force system

用力多边形与索多边形求解平面力系的简化与平衡问题的作图法。图示单位长的水坝坝体，以作用在其上的水压力 $\boldsymbol{F}_1$、坝体重力 $\boldsymbol{F}_2$ 与 $\boldsymbol{F}_3$ 组成的力系的简化为例。先按任选的次序与比例尺作出此力系的力多边形 $ABCD$。因它不封闭（最后一力矢的末端与最初一力矢的始端不重合），故原力系简化为一合力，其矢量 $\boldsymbol{R}$ 由力多边形的封闭边确定。为了确定此合力作用线的位置，需任选长度比例尺，作出位置图（space diagram），在其上表出各已知力作用线的位置，并据以确定合力作用线的位置；在力多边形旁任选极点 O，作连线 OA、OB、OC 、OD 等，称为射线（rays），其中 OB 连接极点与力 $\boldsymbol{F}_1$ 末端及 $\boldsymbol{F}_2$ 的始端，记为 1—2；OC 记为 2—3，等等；射线 OA 与 OD 则记为 α 与 ω。在位置图上从任一点 M 作直线 Ma 平行于射线 α，交力 $\boldsymbol{F}_1$ 作用线于点 a；从 a 作 ab 平行于射线 1—2，交力 $\boldsymbol{F}_2$ 作用线于点 b；依此作 bc 平行于射线 2—3，等等。最后作 CN 平行于射线 ω。折线 $MabcN$ 称为索多边形，Ma、ab 、…、cN 等称为索边或索线（strings）。各索边通常不如此标记而按它们所对应的射线记为 α、1—2、…、ω 等。延长最初与最后两索边 α 与 ω 交于点 P，合力 R 的作用线即过该点。如力系的力多边形封闭，则当① 索多边形不封闭（α 与 ω 两索边不重合）时，原力系简化为一力偶，其每一力的大小可由 α 或 ω 射线之长按力的比例尺量出，指向可由力三角形法则确定，力偶臂长则可在位置图按长度比例尺量出（等于 α 与 ω 两索边间的距离）；② 索多边形也封闭时，原力系平衡。

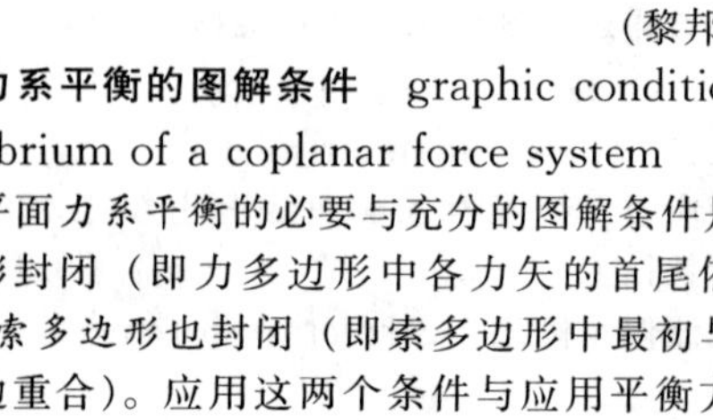

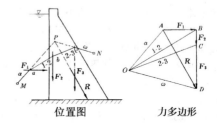

位置图　　　　力多边形

（黎邦隆）

平面力系平衡的图解条件 graphic conditions of equilibrium of a coplanar force system

平面力系平衡的必要与充分的图解条件是：力多边形封闭（即力多边形中各力矢的首尾依次相接），索多边形也封闭（即索多边形中最初与最后两索边重合）。应用这两个条件与应用平衡方程一样，可求得平面任意力系平衡问题中的 3 个未知量，或平面平行力系平衡问题中的 2 个未知量。

（黎邦隆）

平面偏振光 plane polarized light

在传播过程中其光矢量作横向振动且均在同一

平面内的偏振光。　　　　　　　　　(傅承诵)

平面破坏　plane failure

又称平移滑动。部分岩体沿结构面的滑动。岩坡中如有一组结构面与岩坡倾角相近，且其倾角小于边坡角而大于其摩擦角时，地质软弱面以上的部分岩体沿此平面而下滑，造成了边坡破坏。

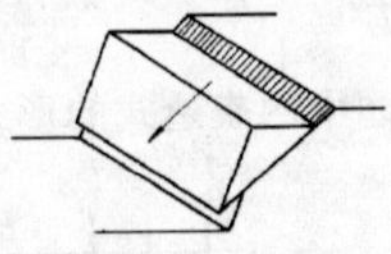

(屠树根)

平面全息图　plane hologram

记录介质的厚度小于所记录的干涉条纹间距的全息图。　　　　　　　　　(钟国成)

平面射流源　source of plane jets

淹没自由紊动射流的极点。此种射流其流股断面沿程增大，其主体段的射流边界向上游方向延伸的交点称为极点。主体段的流动就像是位于极点处的无限小狭隙发射出来的一样。　　　(叶镇国)

平面图形　plane figure

见刚体的平面运动（109页）。

平面图形上任意点加速度的合成法　composite method of acceleration for an arbitrary point of a plane figure

又称基点法。应用点的复合运动理论分析平面图形各点的加速度的方法。平面图形上任一点 M 的加速度等于基点 o' 的加速度与 M 点随图形绕 o' 点转动的相对切向加速度及相对法向加速度的矢量和，即

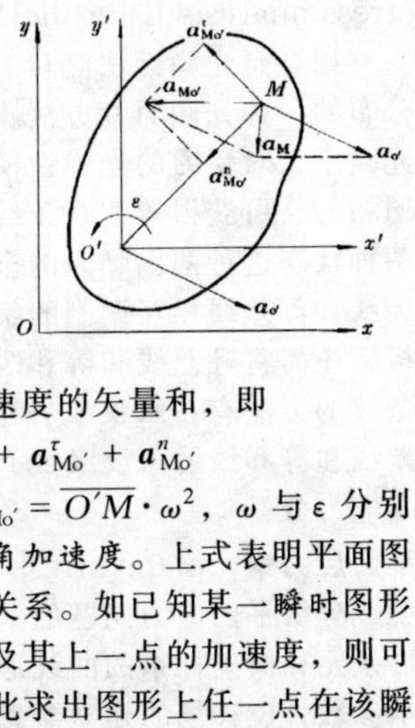

$$a_M = a_{o'} + a^{\tau}_{Mo'} + a^n_{Mo'}$$

其中 $a^{\tau}_{Mo'} = \overline{O'M}\cdot\varepsilon$，$a^n_{Mo'} = \overline{O'M}\cdot\omega^2$，$\omega$ 与 ε 分别为平面图形的角速度与角加速度。上式表明平面图形上任意两点加速度的关系。如已知某一瞬时图形的角速度、角加速度以及其上一点的加速度，则可采用几何法或解析法由此求出图形上任一点在该瞬时的加速度。如已知图形的加速度瞬心，以它为基点，就可简易地确定图形上任一点在该瞬时的加速度。　　　　　　　　　(何祥铁)

平面图形上任意点速度的合成法　composite method of velocity for an arbitrary point of a plane figure

又称基点法。应用点的复合运动理论分析平面图形上点的速度的方法。平面图形上任一点 M 的速度等于基点 o' 的速度和 M 点相对于以 o' 为原点的平动坐标系 $o'x'y'$ 的速度的矢量和，即

$$v_M = v_{o'} + v_{Mo'}$$

式中 $v_{Mo'} = \overline{O'M}\cdot\omega$，$\omega$ 为图形的角速度。该公式给出了图形上任意两点速度的关系。如已知某一瞬时图形上一点的速度和图形的角速度，就可求出图形上另一点的速度。又如已知某一瞬时图形上一点的速度和另一点速度的方向（方位），便能求出该另一点速度的大小和图形的角速度。　　　(何祥铁)

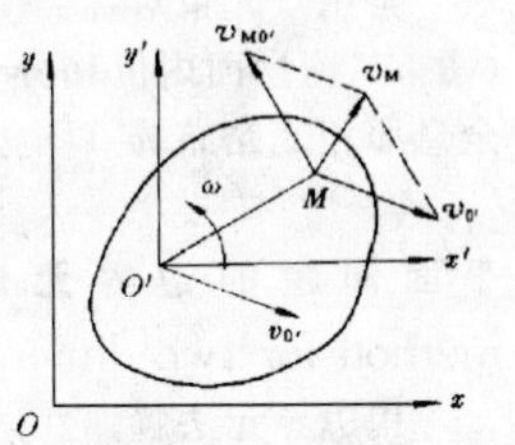

平面图形上任意点速度的瞬心法　instantaneous-center method for velocity of an arbitrary point of a plane figure

利用速度瞬心分析平面图形各点的速度的方法。图形的瞬时运动是它以角速度 ω 绕瞬心 P 的瞬时转动，任一点 M 的速度大小等于该点随图形绕瞬心转动的速度，即

$$v_M = \overline{PM}\cdot\omega$$

速度的方位与转动半径 $\overline{PM}$ 相垂直，指向图形转动的一方。在任一瞬时，图形内任一点的速度大小与该点到瞬心的距离成正比，各点瞬时速度的分布与刚体定轴转动的情形相似。若已知图形在某一瞬时的瞬心位置与角速度（或某一点的速度），则可简易地求得该瞬时图形上任一点的速度。　　　　　　　　　(何祥铁)

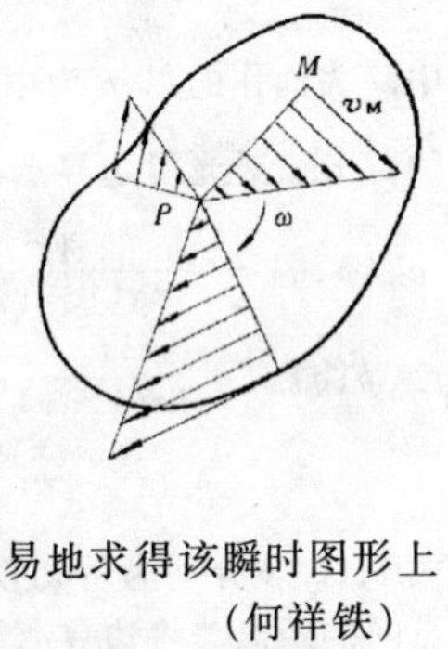

平面弯曲　plane bending

梁的挠曲线位于力作用平面内的弯曲。对于横截面具有一对称轴的梁，当荷载作用于该对称面内时，梁将发生平面弯曲。对于截面无对称轴的梁，则当荷载通过截面剪心（弯心）且平行于形心主轴时，将发生平面弯曲。　　　　　　　(吴明德)

平面位移场全息干涉测量术　plane displacement measurement using holographic interferometry

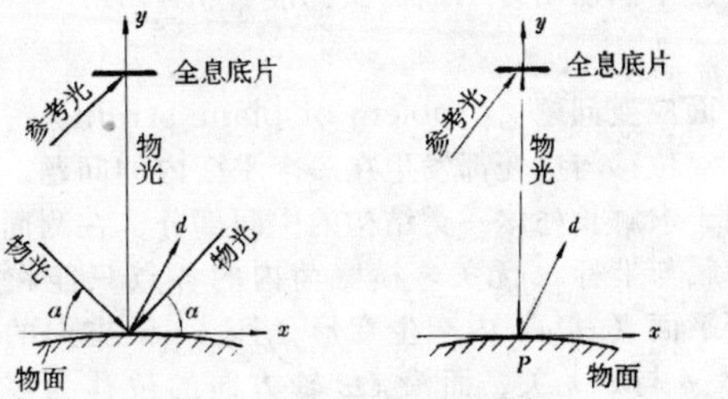

(a)　　　　　　(b)

用全息干涉法求解物体表面二维位移场的方法。常用双光束对称照明物面的全息照相光路布局（图 a）测量面内位移分量 d_x；用垂直物面照明的全息照相光路布局（图 b）测量离面位移分量 d_y。

（钟国成）

平面问题的边界元法 boundary element method for two dimensional elasticity problem

用边界元法解弹性力学平面问题。弹性力学平面问题的直接法边界积分方程为

$$c_{\alpha\beta}(p)u_\beta(p)=\int_\Gamma u^s_{\alpha\beta}(p;q)t_\beta(q)\mathrm{d}\Gamma(q)-\int_\Gamma t^s_{\alpha\beta}(p;q)u_\beta(q)\mathrm{d}\Gamma(q)+\int_\Omega u^s_{\alpha\beta}(p;Q)f_\beta(Q)\mathrm{d}\Omega(Q)$$

式中 u_β、t_β、f_β 分别为待解的位移分量及相应的面力和给定体力分量；$u^s_{\alpha\beta}$、$t^s_{\alpha\beta}$ 为基本解即开尔文解的量；Γ^δ 是为把不满足奥高公式条件的奇异点从积分域

$$c_{\alpha\beta}(p)=\lim_{\delta\to0}\int_{\Gamma^\delta}t^s_{\alpha\beta}(p;q)\mathrm{d}\Gamma(q)$$

中除去而作的以 p 为中心，δ 为半径的圆弧在域内的部分，对光滑边界点 $c_{\alpha\beta}(p)=\frac{1}{2}\delta_{\alpha\beta}$。式中

$$u^s_{\alpha\beta}(p;q)=-\frac{1}{8\pi(1-\nu)G}\{(3-4\nu)\ln r\delta_{\alpha\beta}-r_{,\alpha}r_{,\beta}\}$$

$$t^s_{\alpha\beta}(p;q)=-\frac{1}{4\pi(1-\nu)}r\left\{[(1-2\nu)\delta_{\alpha\beta}+2r_{,\alpha}r_{,\beta}]\frac{\partial r}{\partial n}-(1-2\nu)(r_{,\alpha}n_\beta-r_{,\beta}n_\alpha)\right\}$$

式中 G、ν 分别为剪切模量和泊松比；r 为 p、q 两点间的距离。将边界离散为边界线元，即可将上述方程离散化为线性代数方程组求解。

（姚振汉）

平面应变断裂韧性 plane strain fracture toughness

平面应变Ⅰ型裂纹在静载作用下，裂纹起始扩展的临界应力强度因子。记为 $K_{\mathrm{I}c}$，是线弹性断裂力学中材料断裂韧性的重要指标。是材料在三向拉伸状态下的裂纹扩展阻力。可通过实验方法测定。中国已制订 $K_{\mathrm{I}c}$测试标准（GB4161）。

（罗学富）

平面应变问题 problem of plane strain

位移与应变都发生在一个平面内的问题。它适用于求解长柱体一类结构的中间部分，在测面上的荷载与坐标 z 无关。横截面内的各点只能在其自身平面（xOy）内产生变形，且 x、y 方向的位移 u，v 与 z 无关，而沿 Oz 轴方向的位移为零，即 $w=0$。对于各向同性材料，当无体力或常体力时，其 σ_x，σ_y，τ_{xy}可用与平面应力问题相同的双调和函数（艾里应力函数）φ（x，y）来表示，若取 $E'=\frac{E}{1-\nu^2}$，$\nu'=\frac{\nu}{1-\nu}$，则其表达式与平面应力问题中的表达式的形式相同。

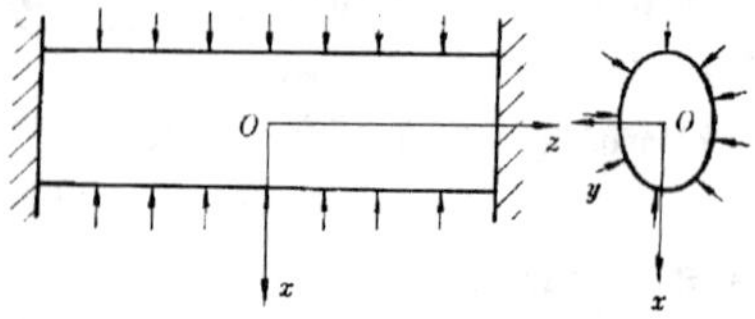

（刘信声）

平面应变仪 plane strain apparatus

测定土试样在平面应变受力条件下强度和变形特性的仪器。在长方体试样的两个方向施加主应力，第三个方向（一般为试样长度两端）用固定的刚性板限制该方向变形，刚性板中间可镶压力盒，以测量该方向压力变化。为了模拟原位应力状态，试样先 K_0 固结，再按常规三轴压缩试验步骤进行试验，试验中需测定中主应力。用该仪器可以进行两个压缩应力路径和两个伸长应力路径的试验。

（李明逵）

平面应力全息光弹性分析法 two dimensional stress analysis using holo-photoelastic method

用全息光弹性法测量二维光弹性模型内部应力分布的一种光测力学方法。把模型置于全息光弹性光路中，对受力的光弹性模型进行单次曝光的全息照相时，可获得等差线条纹图；而对模型加载前后两种状态进行两次曝光的全息照相时，通常得到等和线和等差线相互调制的组合条纹图。为作定量分析，还需将等差线和等和线分离开来。常用的分离条纹的方法有：双模型法和旋光法。根据测得的等差线和等和线的条纹级数，便可计算出模型内部的主应力分量。（钟国成）

平面应力条 plane stress strip

分析平面应力问题的条元。有直角坐标系的矩形条元和极坐标系的曲线形条元。以结线位移为基本参数，位移场的建立参见有限条的位移函数。建立条元刚度矩阵的方法与平面应力问题有限元类似。（包世华）

平面应力问题 problem of plane stress

应力发生在一个平面内的问题。它适用于求解薄板一类结构，并且承受平行于板平面而沿厚度方向不变的外力，板的两个表面上无外力，对于薄板有 $\sigma_z=\sigma_{zx}=\tau_{zx}=0$，而且 σ_x，σ_y，τ_{xy}以及 x、y 方向的位移 u，v 均与坐标 z 无关（见图）。对于各向同性材料，当无体力或常体力时，应力分量可用艾里应力函数 φ（x，y）（参见应力函数，429 页）

表示，即

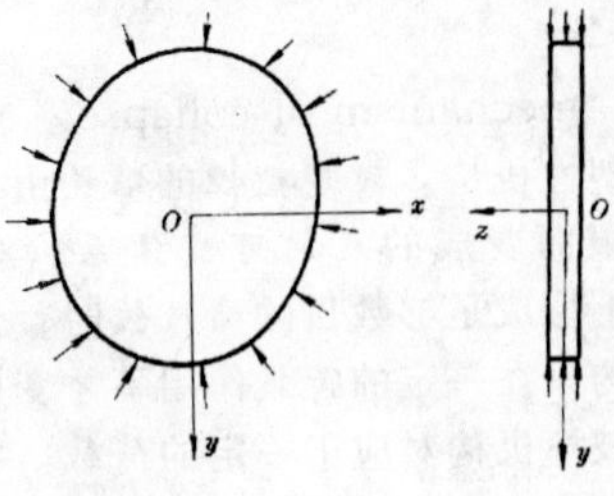

$$\sigma_x=\frac{\partial^2\varphi}{\partial y^2},\sigma_y=\frac{\partial^2\varphi}{\partial x^2},\tau_{xy}=-\frac{\partial^2\varphi}{\partial x\partial y}$$

其中 φ 应满足平面双调和方程，即

$$\Delta\Delta\varphi=0$$

上式代表了协调条件。当给定应力边界条件后可以求得 $\varphi(x,y)$，由此可以求得应力分量、应变分量与位移分量。如果将该问题所得解中的弹性模量 E，泊松比 ν 换成 $\frac{E}{1-\nu^2}$，$\frac{\nu}{1-\nu}$，则得到相应的平面应变问题的解。（刘信声）

平面有势流动 two-dimensional potential flow

又称二维势流。无旋平面流动或存在流速势的二维流动。其流动平面是个铅垂面，所有的运动要素均可表示为

$$u_x=u_x(x,y,t),u_y=u_y(x,y,t),u_z=0$$
$$a_z=0$$
$$p=p(x,y,t)$$

式中 u_x，u_y，u_z 为流体质点流速在三坐标轴方向的分量；a_z 为 z 轴方向的加速度分量；p 为压强；x，y，z 为三坐标变量；t 为时间。

（叶镇国）

平坡渠道 horizontal channel

渠底高程沿程不变的渠道。设渠道底与水平线夹角为 θ，则平坡渠道的底坡 $i=\sin\theta=0$。

（叶镇国）

平稳随机过程 stationary random process

统计特性不随时间变化的随机过程。若其概率密度函数不随时间平移变化称为强平稳，或称严平稳、狭义平稳。如果过程的均值为常量（与时间选取无关），且其自相关函数（即随机过程 $X(t)$ 在时间 t 的值与时间（$t+\tau$）的值的乘积的平均值，它表征了随机过程在两个不同状态的相关程度。）仅与时间差值 τ 有关，而与时间 t 和（$t+\tau$）无关，则称为弱平稳，或称宽平稳、广义平稳。通常所说的平稳随机过程是指弱平稳。对于正态随机过程，弱平稳必定也是强平稳。

（陈树年）

平行板压缩仪法 parallel-plate compressometer method

由土力学测试方法中无侧限压缩试验派生而来，用于测定新拌混凝土塑性流动阻滞系数 K 的一种方法。仪器如图，试样在缓慢的变形速度下，假设体积无压缩性而粘度可忽略不计，则应力－应变关系可用下式表示：

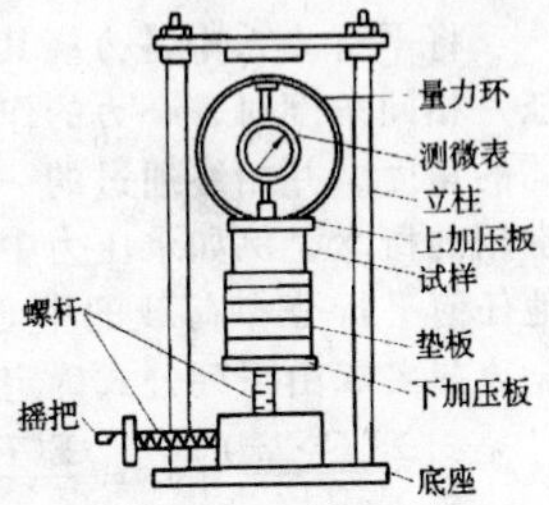

$$\frac{\mathrm{d}P}{P}=K\frac{\mathrm{d}V}{V}$$

式中：V 为试样体积；$\mathrm{d}V$ 为轴向压力下体积形状的微变；P 为轴向压应力；$\mathrm{d}P$ 为产生体积微变时的微增应力；K 为塑性流动的阻滞系数。

罗勒从上式导出试体压缩变形与轴向压力的关系：

$$K+1=\ln\frac{g}{g_0}\Big/\ln\frac{h_0}{h}$$

式中：g_0 是相当于屈服应力 P_0 时的外加荷载；g 为轴向压力；h_0 为圆柱形试体初始高度。

环刀试模，直径 32.17mm、高 20mm；平行垫板是画有圆圈的有机玻璃板。每个试样成型 6 块，每隔 30min 取出一块脱模试验。手轮每分钟转 4 转，记录变形读数，直至破坏。计算并绘制出 $\ln g$ 及 $\ln h$ 关系曲线。从直线斜率的绝对值减去 1 即得 K 值。从其延长线与 $\ln h_0$ 相交可计算出 P_0。同时绘制 K 与试样放置时间的关系曲线。

（胡春芝）

平行力系的合成 composition of parallel forces

将相互平行的各力组成的力系合成为一个合力。此时力系中各力及其合力都可看成代数量，取定各力的正向后，合力等于各力的代数和，即 $R=\Sigma F$。当 R 为正值时，合力沿所取的正向；为负值时，沿反向。

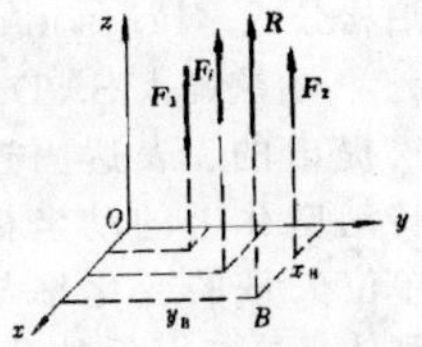

合力作用线的位置由合力矩定理确定。对于空间平行力系，取 z 轴与各力平行，则合力作用线与 Oxy 坐标平面交点 B 的 x、y 坐标可由式 $x_B=\Sigma(F\cdot x)/\Sigma F$ 及 $y_B=\Sigma(F\cdot y)/\Sigma F$ 确定。对于平面平行力系，在力系作用面内任取坐标系 Oxy，其中 y 轴与各力平行，即可由式 $x_A=\Sigma(F\cdot x)/\Sigma F$ 确定合力作用线与 x 轴交点 A 的横坐标 x_A。当 $\Sigma F=0$、$\Sigma(F\cdot x)$ 与 $\Sigma(F\cdot y)$ 也都等于零，即原力系的主矢量和对 O 点的主矩都等于零时，原

力系平衡；若只有 $\Sigma F=0$，则原力系最后简化为一力偶。 （彭绍佩）

平行力系中心 center of a parallel force system

将平行力系中各力绕其作用点沿相同方向转过任一相同角度时，合力的作用线也沿该方向转过相同的角度，并始终通过的一个确定的点。它是一个常用的概念，例如水压力中心、风压力中心以及其他任何平行分布荷载的中心。该点 C 的坐标可据合力矩定理由下列公式确定

$$x_c=\frac{\Sigma(F\cdot x)}{\Sigma F},\ y_c=\frac{\Sigma(F\cdot y)}{\Sigma F},\ z_c=\frac{\Sigma(F\cdot z)}{\Sigma F}$$

式中 $\Sigma(F\cdot x)$、$\Sigma(F\cdot y)$、$\Sigma(F\cdot z)$ 分别为力系中各力与其作用点的 x、y、z 坐标的乘积的代数和。ΣF 为各力的代数和。 （彭绍佩）

平行轴定理 parallel-axis theorem

刚体对任一轴 z 的转动惯量，等于它对过其质心且与该轴平行的轴 Cz_1 的转动惯量加上它的质量 M 与这两轴间距离 d 的平方的乘积。即 $J_z=J_{Cz_1}+Md^2$。只要知道了刚体对一轴的转动惯量及其质心的位置，即可求得它对与该轴平行的任一轴的转动惯量，故在具体计算中应用甚广。

（黎邦隆）

po

泊松比 Poisson's ratio

表征材料横向变形特性的参数，常用 ν 表示，其表达式为 $\nu=-\varepsilon'/\varepsilon$，$\varepsilon$ 为加载方向的正应变，ε'为正交于加载方向的横向应变。在弹性阶段，ν 为一常数。对各向同性材料，弹性模量 E、剪切模量 G 和泊松比 ν 之间的关系为

$$G=E/2(1+\nu)$$

泊松公式 Poisson's formula

由法国人 S. D. 泊松提出的、表达固连于转动刚体上的动坐标系单位矢量的变化率与该刚体角速度关系的公式，即

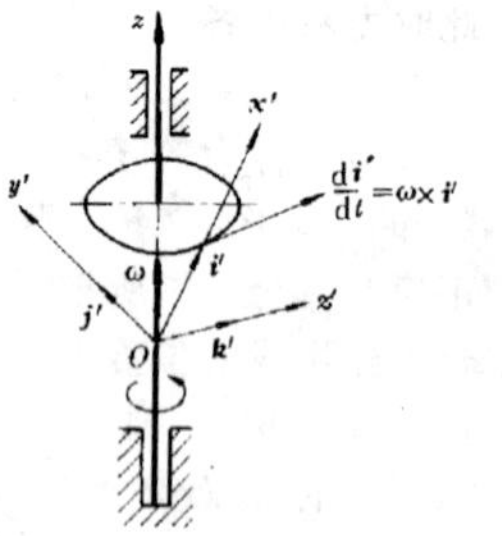

$$\frac{d\boldsymbol{i}'}{dt}=\boldsymbol{\omega}\times\boldsymbol{i}'$$

$$\frac{d\boldsymbol{j}'}{dt}=\boldsymbol{\omega}\times\boldsymbol{j}'$$

$$\frac{d\boldsymbol{k}'}{dt}=\boldsymbol{\omega}\times\boldsymbol{k}'$$

式中 $\boldsymbol{i}'$、$\boldsymbol{j}'$、$\boldsymbol{k}'$为动坐标系三轴的单位矢量，$\boldsymbol{\omega}$ 为刚体的角速度矢。 （何祥铁）

泊松效应 Poisson's effect

纵向应力产生横向变形的效应。如圆柱体试件受到轴向压应力作用时，会产生径向膨胀和径向拉应力。间接拉伸试验中的巴西试验，就是该效应的应用实例之一。 （袁文忠）

破坏机构 mechanism of collapse

又称塑性机构。理想塑性的结构由于部分或全部材料屈服而变成的几何可变体系。对于梁和刚架，当其上形成足够数目的塑性铰时，便成为破坏机构。结构只在一定的荷载作用下才变成机构，因此一定的破坏机构对应于一定的荷载。

（熊祝华　王晚姬）

破坏机构条件 collapse mechanism condition

又称单向机构条件。结构必须变成破坏机构后才进入塑性极限状态。对于梁和刚架，必有若干截面的弯矩值达到塑性极限弯矩而出现足够数目的塑性铰后才进入极限状态。它是在结构塑性分析中，极限荷载应满足的三个条件之一。

（王晚姬）

破坏机制 failure mechanism

又称破坏机理。破坏的力学过程。如当岩体中的剪应力超过岩体抗剪强度时，产生剪切破坏，其裂缝开展如“×”型，又称为“×”型破坏；又如当岩体中的拉应力超过岩体的抗拉强度时，产生拉裂破坏，其破坏面往往与拉力方向垂直。

（屠树根　龚晓南）

破坏模型试验 failure-model test

研究结构极限承载能力或安全度的一种模型试验。试验时将荷载逐渐加至模型破坏或丧失承载能力。在加载过程中量测模型的应力、变形并观察记录其破坏过程、破坏部位和破坏形态以及最小破坏荷载。 （袁文忠）

破裂角 angle of rupture

剪切破坏面与最大主应力作用面的夹角。根据莫尔-库伦理论破裂角 $\alpha_f=45°+\frac{\varphi}{2}$，$\varphi$ 为土的内摩擦角。 （张季容）

破裂前泄漏准则 leak before break criterion

保证压力容器在破裂前先泄漏的压力容器安全评定准则。压力容器通常出现两种不同的失效方式——泄漏或破裂。泄漏指表面裂纹扩展到穿透容器壁之后引起迅速减压，从而阻止裂纹沿容器纵向进一步扩展。 （余寿文）

pu

蒲福风级 Beaufort scale

蒲福根据风速的大小制定的风力等级。见下表。

名称	风力等级	陆地地面物征象	距地10m高处的相当风速	
			km/h	m/s
静风	0	静，烟直上	小于1	0～0.2
软风	1	烟能表示风向，但风向标不能转动	1～5	0.3～1.5
轻风	2	人面感觉有风，树叶微响，风向标能转动	6～11	1.6～3.3
微风	3	树叶及微枝摇动不息，旌旗展开	12～19	3.4～5.4
和风	4	能吹起地面灰尘和纸张，树的小枝摇动	20～28	5.5～7.9
劲风	5	有叶的小树摇摆，内陆的水面有小波	29～38	8.0～10.7
强风	6	大树枝摇动，电线呼呼有声，举伞困难	39～49	10.8～13.8
疾风	7	全树摇动，迎风步行感觉不便	50～61	13.9～17.1
大风	8	微枝折毁，人向前行，感觉阻力甚大	62～74	17.2～20.7
烈风	9	建筑物有小损（烟囱顶部及平屋摇动）	75～88	20.8～24.4
狂风	10	陆上少见，见时可使树木拔起或将建筑物损坏较重	89～102	24.5～28.4
暴风	11	陆上很少见，有则必有广泛损坏	103～117	28.5～32.6
飓风	12	陆上绝少见，摧毁力极大	118～133	32.7～36.9

（石　沅）

普朗特承载力理论　Prandtl bearing capacity theory

由L. 普朗特根据塑性平衡理论导出条形刚性冲模压入半无限刚塑性介质的极限承载力理论。于1920年提出，该理论假设刚塑性介质是无重量的，条形刚性冲模底面光滑，置于介质表面，当介质达到塑性破坏时的滑动面形状如图所示，ΔABC 为朗肯主动破坏区，土楔 ADF 和 BEG 为朗肯被动破坏区，ACD 和 BCE 为辐射向剪切区，$\overset{\frown}{CD}$ 和 $\overset{\frown}{CE}$ 为对数螺线。由塑性平衡理论导得如下极限压应力公式

$$q_f = c\operatorname{ctg}\varphi\left[e^{\pi\operatorname{tg}\varphi}\operatorname{tg}^2\left(45^\circ + \frac{\varphi}{2}\right) - 1\right]$$

式中 q_f 为材料的极限压应力；c 为材料的粘聚力；φ 为材料的内摩擦角。以后人们把该理论应用到研究地基承载力的课题。

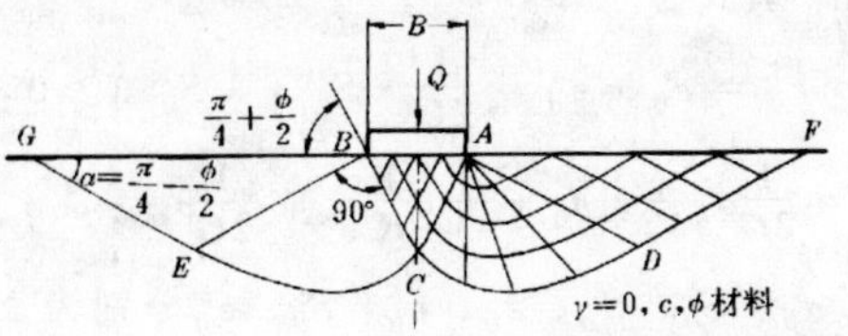

（张季容）

普朗特－格劳厄脱法则　Prandtl-Glauert rule

关于亚声速流中流体的压缩性对物面压强分布影响的法则。它为普朗特－格劳厄脱先后提出，故名。压强分布常以物面各点的压力系数表示。对于二维无粘性定常亚声速流动，按此法则，压力系数可从低速流中对应点的压力系数求出，关系式如下

$$C_p = \frac{C_p'}{\sqrt{1 - Ma_\infty^2}}$$

式中 C_p 为压力系数；Ma_∞ 为物体远前方的气流马赫数；C_p' 为低速流对应点的压力系数；其定义为 $C_p' = \dfrac{p - p_\infty}{\frac{1}{2}\rho_\infty v_\infty^2}$，其中 p、p_∞、ρ_∞、v_∞ 分别为任一点的当地压强，物体远前方自由来流的压强、密度和速度。在超声速流动中，只要把上式 $\sqrt{1 - Ma_\infty^2}$ 改写为 $\sqrt{Ma^2 - 1}$，即为阿克莱特法则。

（叶镇国）

普朗特混合长度理论　Prandtl mixing length theory

描述紊流附加剪切应力与时均流速关系的半经验理论。1925年普朗特通过混合长度假说得出了紊流附加剪切应力的关系式如下：

$$\tau' = \rho l^2 \left|\frac{d\bar{u}_x}{dy}\right| \cdot \frac{d\bar{u}_x}{dy}$$

式中 ρ 为流体密度；l 为混合长度；$\dfrac{d\bar{u}_x}{dy}$ 为时均流速梯度；y 为沿边界外法线方向的距离。根据试验结果，对于固体边界附近的流动有

$$l = Ky$$

式中 K 为卡门常数。暂不计粘性项应力可得紊流区断面流速分布

$$\bar{u}_x = \frac{1}{K}v_* \cdot \ln y + C$$

式中 v_* 为动力流速；C 为常数。此式表明紊流流速呈对数分布，并具有普遍意义，可应用于各种壁面紊流流动。常数 C 由实验确定。　（叶镇国）

普朗特－罗伊斯理论　Prandtl-Reuss theory of plasticity

在莱维－米泽斯理论中计入了弹性应变部分的弹塑性本构关系，由L. 普朗特（1924年，二维应力状态）和A. 罗伊斯（1930年，三维应力状态）提出。其式为

$$\dot{e}_{ij} = \dot{e}^{e}_{ij} + \dot{\varepsilon}^{p}_{ij} = \frac{1}{2G} \cdot \dot{S}_{ij} + \dot{\lambda} S_{ij}, \dot{\lambda} \geqslant 0$$

$$\dot{\varepsilon}_{ij} = \frac{1}{2G}\dot{\sigma}_{ij} + \dot{\lambda} \sigma_{ij} + \frac{1}{3}\left(\frac{1}{K}\dot{\sigma}_m - \frac{1}{2G}\dot{\sigma}_m - \dot{\lambda} \sigma_m\right)\delta_{ij}$$

σ_{ij}、$\dot{\sigma}_{ij}$、S_{ij}、$\dot{S}_{ij}$、$\dot{\varepsilon}_{ij}$、$\dot{e}_{ij}$、$\dot{e}^{e}_{ij}$、$\dot{\varepsilon}^{p}_{ij}$分别为应力、应力率、应力偏量、应力率偏量、应变率、应变率偏量、弹性应变率偏量及塑性应变率；σ_m、$\dot{\sigma}_m$分别为平均正应力和平均正应力率；G为弹性剪切模量；K为体积弹性模量；$\dot{\lambda} = \frac{D}{2\tau_s^2} = \frac{H}{2\tau_s}$（理想塑性材料、屈服状态），$\dot{\lambda} = h \langle \dot{f} \rangle$，$\dot{f} = \frac{\partial f}{\partial \sigma_{ij}}\dot{\sigma}_{ij}$（强化材料）。参见莱维－米泽斯理论，203页。

（熊祝华）

普朗特数 Prandtl number

表征流体在紊动扩散过程中动量交换与热交换相对重要性的一个参数。其定义式可有如下三种形式

$$\mathrm{Pr}_1 = \frac{\mu C_p}{K}$$

$$\mathrm{Pr}_2 = \frac{\nu}{K}$$

$$\mathrm{Pr}_3 = \frac{\varepsilon}{K}$$

式中Pr_1、Pr_2、Pr_3为普朗特数；μ为动力粘度；ν为运动粘度；ε为涡粘性系数（在浓度扩散计算中ε可作为浓度紊动扩散系数）；C_p为定压比热；K为热导率（或导热系数）。它为纪念德国力学家L. 普朗特的贡献而命名。大多数气体的Pr数均小于1，但接近于1；对于液体，Pr数的变化较大，常温下水的Pr数可达100以上，标准温度下水的Pr≈8.0。在平板边界层中，当取Pr＝1时，动量方程和能量方程的形式相似，它们的解呈线性关系，即克罗科关系。由此关系即可求得温度分布。

（叶镇国　刘尚培）

普氏压力拱理论 Protodyakonov's theory

简称普氏理论。该理论视围岩为均质松散结构，洞室开挖后顶部岩体塌落成一抛物线状的天然拱，作用在支护结构上的垂直压力就是天然拱以内岩体的重量，侧向压力按土力学原理计算。由普罗托奇耶柯诺夫（M. M. Протодьяконов）于1908年提出。用于计算围岩松动压力。一般适用于松散、碎裂围岩中的小跨度洞室且顶部岩体能形成天然拱的情况。

（周德培）

Q

qi

齐奥尔可夫斯基公式 Tsiolkovsky's formula

火箭的初始质量M_0与燃料耗尽时的质量M_s（外壳连同固定设备、有效荷载的质量）之比N与其特征速度之间关系的公式，即

$$N = \frac{M_0}{M_s} = \frac{e v_m}{v_r}$$

其中v_m为火箭的特征速度；v_r为燃气喷出的相对速度。如燃料品种已定，v_r即随之确定，由此式即可根据所要求的特征速度值求得所需的N值。

（宋福磐）

奇异矩阵 singular matrix

逆矩阵不存在的矩阵。其相应的行列式等于零。未进行约束处理的整体刚度矩阵是奇异矩阵。这就是说，给定结点位移时，结点力可由刚度方程唯一确定；但由于其逆矩阵不存在，给定结点力时，结点位移不能由刚度方程唯一确定。这是由于缺少必要的约束，结构除产生变形外，还可产生不引起结点力的任意刚体位移，根据给定的结点力不可能唯一地确定这部分刚体位移。刚度矩阵的这一性质也可用来判断杆系结构是否几何可变。

（夏亨熹）

奇异元 singular element

应力场在某些点具有奇异性的单元。用于结构的孔洞和角隅区、裂纹的尖端等有应力奇异性之处。可用复变函数方法，William应力函数方法，取满足自由面边界条件的自应力状态构造奇异元，也可用畸形等参元构造奇异元。

（包世华）

起伏差 undulate difference

波状起伏结构面的波峰与波谷之间的距离。用h表示，其单位为cm。

（屠树根）

起伏度 undulate degree

与工程岩体规模相当的结构面的起伏不平状况。它可用起伏差和起伏角（按力学作用而言，称

为爬坡角）来描述。起伏度的力学效应主要由爬坡角来反映。当结构面充填的软弱物质厚度小于起伏差时，爬坡角起作用，当厚度大于起伏差时，爬坡角的力效应便逐渐消失。（屠树根）

气动导纳 aerodynamic admittance

与机械导纳相类似的，反映空气动力传递的一种导纳函数。按照 Wiener－Khintchine 公式，脉动风速的功率谱密度通过结构物的传递转化为空气作用力的功率谱密度。空气动力传递函数的倒数就称为气动导纳。在单自由度系统中，与传递函数相对应的复频响应函数的模反映出振动响应在接近共振区的放大效应，故又称为动力放大系数。相应地，气动导纳函数也称为空气动力放大系数。桥梁截面的气动导纳函数可以通过在边界层风洞中的节段模型试验来识别，并可表达为时域函数或频域函数。

（项海帆）

气动加热 aerodynamic heating

全称空气动力加热。物体与气体作高速相对运动所产生的高温气体对物体的加热现象。高速气流流过物体时，由于气流与物面的强烈摩擦，在边界层内，气流损失的动能转化为热能，可使边界层内气流温度上升，并对物体加热。在高超声速飞行中，飞行器周围的空气因受剧烈压缩而出现高温，是气动加热的主要热源。来流的马赫数愈大或物体头部曲率半径愈大，则温升愈高。例如，在再入大气的飞行器钝头和离体激波之间，气体温度可达 11 000K。气动加热会使飞行器结构的刚度下降，强度减弱，并产生热应力、热应变和材料烧蚀等现象，同时引起飞行器内部温度升高，使舱内工作环境恶化。这种因气动加热造成飞行器结构在设计和材料制造工艺上的困难，称为“热障”。因此，气动加热是超声速流动和高超声速流动研究和飞行器防热设计中必须考虑的问题。对于高马赫数（如大于 2.2）的超声速飞机和各种航天器的设计，必须考虑气动加热问题并采取各种热防护措施。其理论主要包括高速边界层传热理论和驻点区的热能和辐射传热理论。（叶镇国）

气动噪声 aerodynamic noise

由气流直接产生的振幅和频率杂乱，统计上无规则的声音。喷气发动机喷出的气流产生的声音就是一例。高速飞机表面湍流边界层所发出的噪声及由此出现的脉动声压，不但使乘客感到不舒服，还可使飞机出现疲劳破坏。因此，控制这种噪声已成为设计现代高速飞机和高速气流设备必须考虑的问题。按照 M. J. 莱特希尔的理论，对亚声速射流，声功率与喷管出口处的平均速度的八次方成正比，而推力只与出口平均速度的平方成正比，因此，如能略微减小出口处平均速度，就可显著地降低这种噪声。

（叶镇国）

气动阻尼 aerodynamic damping

当处于气流中的结构物受到某种激励发生位移和扭转振动时，所导致的附加脉动气动力和力矩。这种脉动气动力和力矩一般是阻碍着物体的位移和扭转振动的，会促使振动衰减、影响衰减过程的品质，即显著地影响着物体的动态特性。通常称这些脉动气动力和力矩为气动阻尼。然而，在某些情况下该脉动气动力和力矩反而要增大结构物的振动，则称之为负气动阻尼。（施宗城）

气流紊流度影响修正 correction for stream turbulence effect

由气流紊流度等差异而对风洞模型实验数据进行的修正。在风洞试验段中气流具有一定的紊流度，其特性与自然界大气流中紊流度的特性有明显差别，由此引起实验所得到的气动数据会偏离实际情况，因此必须予以修正。在一般风洞中，对于有曲面外形的模型来说，紊流度也会影响模型边界层的流动性质，会影响边界层转换和分离的位置，从而影响与空气粘性有关的气动力特性。对于带棱带角结构物钝体外形的模型而言，尽管其边界层分离位置往往会固定在某个棱角处，但紊流度对钝体绕流流动特性仍有较大影响的。这类影响须进行专题研究。（施宗城）

气蚀 cavitation

又称空蚀。高速水流中气穴现象造成边界壁面材料的损坏剥蚀现象。它是本世纪初在船舶螺旋桨中发现的特殊破坏现象；20 年代在水利工程中也发现了类似现象。近 50 年来，国内外大量工程实例说明，在高、中水头泄水建筑物中的某些部位（例如落差大于 40m 左右的溢流坝面；水头高于 20m 左右的消力墩，水头高于 10m 左右的闸门槽、抽水机轮叶等），当设计不周或施工不当时，常常会发生壁面材料剥蚀现象，轻则造成斑点麻面，重则形成蜂窝甚至大洞，并可直接影响建筑物的正常运转，甚至造成整个建筑物的失事。此外，在高速水流区，边壁残留突起物等，也会导致水流流线与表面分离而造成气蚀。因此，这一现象对水利工程是至关重要的问题。（叶镇国）

气弹模型 aeroelastic model

为进行气动弹性风洞试验所采用的模拟实物的刚度特性、惯量特性以及空气动力外形的模型。因此它是最为复杂的一种风洞试验模型。

（施宗城）

气体 gas

具有明显可压缩性、流动性、在常温常压下分子处于无规则热运动中，且分子间距远大于其本身

尺度的一种物质状态。它是一种流体，其粘性效应与液体不同，粘度随温度升高而增大。(叶镇国)

气体动力学 gas dynamics

以连续介质假设为前提研究气体介质运动规律的学科。它是在经典流体力学基础上结合热力学和化学发展起来的。通常，气体动力学假定气体无粘性、不传热，根据运动速度，流动可分为亚声速流动、跨声速流动、超声速流动和高超声速流动等，此外，按处理问题的流场是否有界及运动要素的变化还可分为外流与内流、连续变化与突跃变化、定常流动与非定常流动等。例如，高速飞行器（飞机、导弹、航天器等）的绕流属外流问题，喷气发动机、风洞、燃气轮机等设备中的流动属于内流问题，而激波、爆轰、爆燃现象等则属于突跃变化。本学科的基本内容是建立气体力学基本方程，即气体流速、压强、密度、温度等物理量的基本关系式。这门学科的发展始于19世纪80年代。英国的W. J. M. 兰金和法国的P. H. 许贡纽等提出了强扰动波（如激波）前后的压强比和密度比以及其他参量比的关系式；1887年奥地利物理学家E. 马赫得出了马赫数，发现超声速流动的特征取决于流速对当地声速的比值，即马赫数；瑞典工程师C. G. P. de拉瓦尔发明了拉瓦尔管，终于获得了超声速气流。1902年俄国学者C. A. 恰普雷金用速度图法研究了气体射流，但当时由于生产上尚无迫切需要，气体动力学还只处于萌芽阶段。它的蓬勃发展是在第二次世界大战期间，特别是喷气发动机问世的第二次世界大战末期。随着科学技术的发展，这一学科还产生了不少分支。如高温气体动力学、稀薄气体动力学、电磁气体动力学和宇宙气体动力学等。这些分支学科近年来也发展很快并逐渐形成了独立的学科。(叶镇国)

气体引射器 jet exhauster for gas

使两股压强不同的气流混合形成具有中间压强混合气流的一种装置。其构造通常可分为四个部分：①前端高压气流（引射气流或称主动流）的工作喷管，其位置在进口段的中央；②低压气流（被引射气流）的喷管，其位置斜置于高压气流喷管的两侧；③混合室，其位置在紧接进口段后部的初始段；④扩压器，其位置紧接混合室。其工作原理是：主动气流与被引射气流在混合室进口截面相遇，在混合室混合后经过扩压器排出大气。混合气流的总压将小于主动流的总压而大于被引射气流的总压。这种装置在许多方面均获得应用。如空气喷气发动机引射喷口、空气喷气发动机高空试车台排气扩压器、诱导式风洞引射器、低压燃烧试验设备引射器等。(叶镇国)

气穴现象 cavitation phenomenon

见空化现象（193页）。

气穴指数 index number of cavitation

简称气穴数。判别气穴发生的无量纲数。水利工程中常用下式计算：

$$\sigma = \frac{\dfrac{p - p_v}{\gamma}}{\dfrac{v^2}{2g}}$$

式中 p 为绝对压强；p_v 为蒸汽压强；v 为断面平均流速；γ 为水的重度；g 为重力加速度。气穴发生的条件是

$$\sigma \leqslant \sigma_c$$

式中 σ_c 为临界气穴指数；σ 为气穴指数。

(叶镇国)

气压表 barometer

实验室中测量大气压强的仪器。常见的有水银气压表和空盒气压表两种。(施宗城)

汽车风洞 automobile wind tunnel

模拟汽车行驶时的工作环境，进而研究汽车气动特性等的低速风洞。除了模拟气流速度外，还需模拟活动地面及地面不平度的效应、雨雪、尘埃和太阳辐射等的环境。以确定汽车节能的最佳外形、结构的动力特性以及车箱内环境舒适程度等等。

(施宗城)

qian

千分卡尺 vernier calliper

又称游标卡尺。带有滑动游标尺的较精密的测量长度的工具。其精密度至少可达0.1mm。它由主尺和沿主尺滑动的游标尺组成。主尺是按mm分度的尺，游标尺有10分度、20分度、50分度等，其精密度分别为1/10mm、1/20mm、1/50mm等。主尺有钳口和刀口，其上套一滑框，也有钳口、刀口和尺舌。滑框上刻有游标尺，量测物体外部尺寸用钳口，测量内径用刀口，量测孔径深度用尺舌。小轮用来推动游标尺，小螺钉用来固定游标位置。

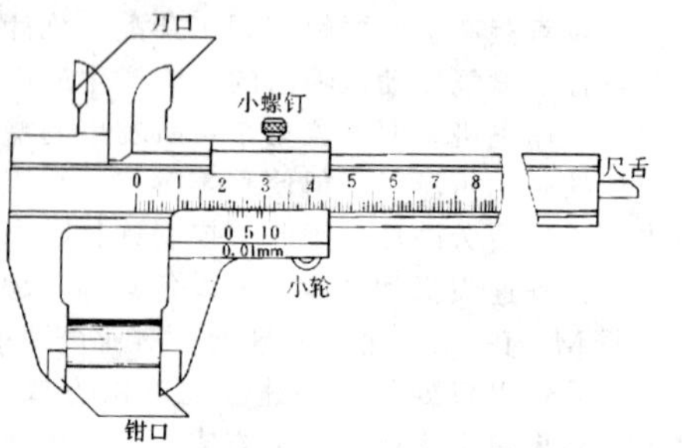

(郑照北)

牵连惯性力 transport inertial force

见质点相对运动动力学基本方程（459页）。

牵连加速度 transport acceleration qian

动点因牵连运动而获得的加速度，它等于所论瞬时动参考系上和动点重合的那一点对定参考系运动的加速度。由于动点对动参考系还有相对运动，故在不同的瞬时，动点与动参考系上不同的点重合，其牵连加速度随之发生变化。但这种变化与上述在所论瞬时的重合点加速度的变化不同，因为这个重合点对动参考系是没有运动的。

（何祥铁）

牵连速度 transport velocity

动点因牵连运动而获得的速度。它等于所论瞬时动参考系上和动点重合的那一点对定参考系运动的速度。由于动点对动参考系还有相对运动，它在不同的瞬时与动参考系中不同的点重合，故牵连速度的改变与重合点的速度改变不同。

（何祥铁）

牵连运动 transport motion

动参考系对定参考系的运动。它可为平动、定轴转动、平面运动或其他较复杂的运动。在点的复合运动中，动点在相对于动参考系运动的同时，还受到动参考系对定参考系运动的牵连，从而获得和动参考系上在该瞬时与动点相重合的那一点对定参考系的运动相同的运动。（何祥铁）

铅垂线的偏斜 deviation of the vertical

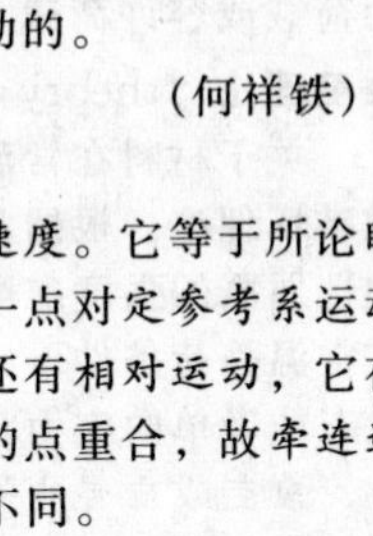

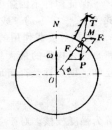

地面上悬挂物体的铅垂线由于地球自转的影响而产生的对地心的偏斜。图中物体 M 受到的地球引力 $\boldsymbol{F}$ 及悬线拉力 $\boldsymbol{T}$ 与物体的牵连惯性力 $\boldsymbol{F}_e$ 组成一平衡力系，力 $\boldsymbol{F}$ 与 $\boldsymbol{F}_e$ 的合力 $\boldsymbol{P}$ 沿悬线的方向，与悬线拉力 $\boldsymbol{T}$ 等值反向，通常认为这就是铅垂线的方向，它与地心引力方向偏离一 α 角。偏离角 α 和重力 $\boldsymbol{P}$ 均随纬度的不同而改变，角 α 与纬度 φ 的关系为 $\sin\alpha = \omega^2 R\sin 2\varphi/2g$。其中 $\omega = 7.27\times10^{-5}$ rad/s 为地球自转的角速度；$R = 6370$km 为地球半径；g 为重力加速度。当 $\varphi = 45°$时，角 α 最大，此时 $g = 980.62$ cm/s^2，$\alpha = 0°6'$。（宋福磐）

前差分 forward difference

又称向前差分。函数 $y = f(x)$ 在等距结点 $x_i = x_0 + ih$（$i = 0, 1, \cdots, m$）上的值 $y_i = f(x_i)$为已知，函数在每个小区间〔x_i，x_{i+1}〕上的变化值 $y_{i+1} - y_i$ 叫 $y = f(x)$ 在点 x_i 上以 h 为步长的一阶向前差分，记作 $\Delta y_i = y_{i+1} - y_i$。对一阶差分再作一次差分是二阶差分，记为 $\Delta^2 y_i = \Delta y_{i+1} - \Delta y_i$（$i = 0, 1, \cdots, n-2$）。依次可得 n 阶差分 $\Delta^n y_i = \Delta^{n-1} y_{i+1} - \Delta^{n-1} y_i$。用它们可组成用差分表示的插值多项式和差分方程式。

（包世华）

前方气压 Frontal pressure

风流向前运动遇到障碍物时，在障碍物迎风面上所产生的压力。（石 沅）

前期固结压力 preconsolidation pressure

又称先期固结压力。天然土层在历史上所经受过的最大竖向有效固结压力。一般根据 $e-\lg p$ 曲线（参见土的压缩曲线，356页）用卡萨格兰德法确定。根据土的前期固结压力和现行自重应力，可将土分为超固结土、正常固结土和欠固结土。

（谢康和）

前屈曲平衡状态 pre-buckling equilibrium state

承受荷载的体系在到达临界状态之前的平衡状态。例如，理想轴压杆的前屈曲平衡状态为：其直线平衡状态是稳定的；当有任何微小扰动使压杆产生微小弯曲时，此弯曲形式则是不稳定的。

（罗汉泉）

潜水井 latent-water well

又称无压井。在具有自由表面的地下水层中修建的井。它用来吸取无压地下水，故名。这种井的断面通常为圆形，水由透水的井壁进入井中，凡井底深达不透水层时称为完全井，井底未达不透水层时称为不完全井。不完全井的产水量一般按经验公式计算，对于完全潜水井的产水量及浸润线按下式计算

$$Q = 1.366\frac{k(H^2 - h^2)}{\lg\dfrac{R}{r_0}}$$

$$z^2 - h^2 = \frac{0.732Q}{k}\lg\frac{r}{r_0}$$

式中 Q 为产水量；z 为距井中心 r 处的浸润线高出不透水层的高度（设不透水层为水平面）；H 为含水层厚度；h 为井中水深；r_0 为井的半径；R 为影响半径；k 为渗透系数。R 最好由抽水试验测定，也可用经验公式估算

$$R = 3\,000(H - h)\sqrt{k}$$

式中 R，H，h 以 m 计，一般经验：中砂 $R = 250 \sim 500$m，粗砂 $R = 700 \sim 1\,000$m。（叶镇国）

潜体 submerged body

潜没于水中且重力等于浮力的物体。它的重心和浮心同在一条垂线上，可在液体中任何深度处维持平衡。当潜体重心位于浮心下方时，它具有抗平

衡干扰的能力，称为稳定平衡；当重心位于浮心之上时，如有倾斜，则不具抗平衡干扰的能力，称为不稳定平衡；当重心与浮心重合时，潜体处于任何状态均可保持平衡，称为随遇平衡。由此可见，保持潜体的稳定，其浮心必须位于重心的上方。

（叶镇国）

浅水推进波 progressive wave in shallow water

浅水区内运动受海底影响的波浪。其水力特性是水质点运动轨迹趋于椭圆，近海底水质点只做前后摆动。这种波发生于水深小于半波长的浅水区，因其波能集中于较小的水深内，虽然海底摩阻力要消耗部分波能，但一般说，波高有所增加，波陡总比深水推进波大，且波峰趋于尖突。

（叶镇国）

浅水有限元方程 finite element equation for shallow water flow

对水深相对水面区域尺度而言是小量的水体的流动进行有限元分析所得出的方程。描述浅水环流问题的物理模型是连续性方程和纳维-斯托克斯方程。由于该流动的复杂性，通常是先做一定的假设再进行数值计算。（王　烽）

欠固结土 underconsolidated soil

历史上所经受的前期固结压力小于现行自重应力的土。其超固结比小于1。也即在土自重应力作用下，尚未完全固结的土。（谢康和）

欠阻尼 light damping

见阻尼比（476页）。

qiang

强度 strength

杆件或结构抵抗外力不致破坏或失效的能力。按照外力作用形式可分为静荷强度、冲击强度及疲劳强度等。按照温度环境又可分为常温（室温）强度、高温强度及低温强度等。可以通过试验测定材料的强度指标（参数），如钢材的屈服极限和强度极限等，这些都是杆件或结构的强度计算中极为重要的数据。（吴明德）

强度各向异性指标 strength anisotropy index

描述岩石强度各向异性，用于岩石分类的指标。它等于垂直和平行于弱面量测的点荷载强度指标的平均值之比，或在试件上所能量测到的最大和最小点荷载强度之比。用 I_a 或 $I_{a(50)}$ 表示，后者表示是 $I_{s(50)}$ 之比。该指标越大，表示岩石强度的各向异性越显著。对于页状、层状、片状和其他明显各向异性的岩石，它是一个十分重要的力学指标。

（袁文忠）

强度极限 ultimate strength

拉伸试验中荷载达到最高点的名义应力，用 σ_b 表示。（郑照北）

强度计算 calculation of strength

从强度方面保证工程结构能安全使用，并具有一定安全度的设计计算。在材料力学中常采用安全系数和许用应力法。使构件的实际计算应力小于或等于许用应力的要求称为强度条件，从而可进行①强度校核，②杆件横截面大小的选择，③计算许用荷载或容许荷载。（郑照北）

强度理论 theory of strength

关于材料在常温静荷以及复杂应力状态条件下的破坏理论。根据此理论可建立材料的脆性断裂或塑性屈服的强度准则。经典强度理论的基本观点是在常温静荷条件下，同一种材料无论处在复杂应力状态或者单向应力状态，都是由于同一因素（如应力、应变或应变能等）达到同一极限值时即到达危险状态。常用的强度理论有最大拉应力理论（又称第一强度理论）、最大伸长应变理论（又称第二强度理论）、最大剪应力理论（又称第三强度理论）、歪形能理论（又称第四强度理论）以及莫尔强度理论等。其中第一及第二强度理论为判断脆性断裂的准则，第三及第四强度理论为判断塑性屈服的准则。根据强度理论建立的强度条件可用于构件的强度计算。（吴明德）

强度条件 conditions of strength calculus

保证构件不因强度不足而破坏的条件，其表达式为 $\sigma_{max} \leqslant [\sigma]$，或 $\tau_{max} \leqslant [\tau]$。以拉伸为例，$\sigma_{max}$ 为构件受载作用的最大应力，$[\sigma]$ 为材料的许用应力，构件的最大轴力 N_{max} 及其横截面面积 A 已知，则验算是否满足下式

$$\sigma_{max} = \frac{N_{max}}{A} \leqslant [\sigma]$$

称为强度校核。对于变截面构件，应利用轴力图检查构件各段是否满足强度条件。如材料的许用应力和最大轴力 N_{max} 已知，则可由强度条件决定构件的横截面面积，称为截面选择。如材料的许用应力 $[\sigma]$ 及构件的横截面 A 已知，可由强度条件计算许用荷载。（郑照北）

强度指标 index of strength

表征材料强度特性的应力值，例如，塑性材料的屈服极限 σ_s 或名义屈服极限 $\sigma_{0.2}$；脆性材料的强度极限 σ_b。（郑照北）

强风 strong breeze

蒲福风级中的六级风。其风速为 10.8～13.8m/s。（石　沅）

强化规律 hardening rules

塑性变形过程中屈服曲面在应力空间中的变化规律。塑性变形将引起材料组织结构的变化（例如产生新的位错等），增加材料对变形的内阻力，在宏观上表现为材料的强化，在塑性力学中则表现为屈服曲面的变化。强化规律很复杂，一般表达式可写成 $f(\sigma_{ij},\varepsilon_{ij}^{p}, q)=0$（亦即强化条件的表达式），其中 ε_{ij}^{p} 为塑性应变，反映塑性变形引起的各向异性；q 是标量性强化参数，反映各向同性强化性质。通常采用简化模型来近似。目前应用较为广泛的强化模型有等向强化和随动强化。

（熊祝华）

强化阶段 strengthened stage

材料经历屈服阶段后，由于塑性变形沿晶粒错动面产生新的阻力使材料具有抵抗继续变形能力的阶段。这时应力－应变曲线呈现上升，但斜率远比弹性阶段为小。材料在强化阶段的特性是塑性理论研究的重要课题。（郑照北）

强化条件 condition of hardening

又称加载条件或相继屈服条件。强化材料经历塑性变形后卸载，重新进入塑性状态时应力分量应满足的条件。强化条件不仅与瞬时应力状态有关，而且与应力、应变历史有关；其数学表达式称为加载函数，一般可写成 $f(\sigma_{ij}H_{\alpha})=0$，$H_{\alpha}(\alpha=1, 2, \cdots, n)$ 为表征材料因塑性变形而引起的组织结构变化的内变量，它们可以是塑性应变 $\varepsilon_{ij}^{\varphi}$、塑性功 ω^{φ} 等。在应力空间中强化条件的几何表示称为加载曲面，它以 H_{α} 为参数，随塑性变形过程而变化。（熊祝华）

强迫波 forced wave

波浪产生后继续受外力作用的波。如造波机产生的波，风区形成的波。（叶镇国）

强迫高弹形变 forced rubberlike elastic deformation

高聚物处于玻璃化转变温度以下和脆化温度之上时，在大载荷作用下，被迫产生的可逆大形变。它实质上是玻璃化转变多维性的一种表现形式。大载荷的作用是使阻碍链段跃迁的势垒沿外力场方向有所降低，从而使得在玻璃化转变温度以下本来已经冻结的链段可以产生沿外力场方向的择优跃迁，导致高弹形变的发生。但这时在外力去掉以后形变并不恢复，只有在升温到玻璃化转变温度以上时，大形变才可恢复。这也是它与正常高弹形变的不同之处。（周　啸）

强迫高弹性 forced rubberlike elasticity

高聚物在大载荷作用下，即使处于通常的玻璃态，只要其温度高于脆化温度仍然可以产生可逆大形变的特性。这种大形变的可逆性不能在卸载以后立即表现出来，只能在升温到玻璃化转变温度以上时才能实现。而且只有刚性较大的高分子化合物才具有强迫高弹性，柔性链高聚物和刚性太大的高分子化合物都没有强迫高弹性。（周　啸）

强迫涡 forced vortex

在某种扰动力不断作用下推动流体旋转而形成的旋涡。这种旋涡，其流体质点的角速度 $\omega=$ const，流速与涡心距成正比，它属于有旋流动。例如，旋转圆桶带动桶内液体旋转所形成的流动以及转轮内的流动均属此类。（叶镇国）

qiao

壳体的应变和应力 strain and stress in shell

外力作用引起的壳体局部的相对变形及壳体内部单位面积上的内力。薄壳受力分析的任务在于求出中面的变形和内力，进而根据下列表达式求出壳体的应变和应力：

$$\varepsilon_{\alpha}(r)=\varepsilon_{\alpha}+r\kappa_{\alpha}$$
$$\varepsilon_{\beta}(r)=\varepsilon_{\beta}+r\kappa_{\beta}$$
$$r_{\alpha\beta}(r)=\gamma_{\alpha\beta}+2r\kappa_{\alpha\beta}$$
$$\sigma_{\alpha}(r)=N_{\alpha}/t+12M_{\alpha}r/t^{3}$$
$$\sigma_{\beta}(r)=N_{\beta}/t+12M_{\beta}r/t^{3}$$
$$\tau_{\alpha\beta}(r)=N_{\alpha\beta}/t+12M_{\alpha\beta}r/t^{3}$$

式中 r 为所考虑的点到中面的距离；t 为厚度；其他符号的说明参见壳体中面的变形和内力（281页）。上列诸式中等号右边的第一项为沿厚度均匀分布的薄膜应变和应力，第二项为线性分布的弯曲或扭转应变和应力。（杨德品）

壳体中面的变形和内力 deformation and internal force of middle surface of shell

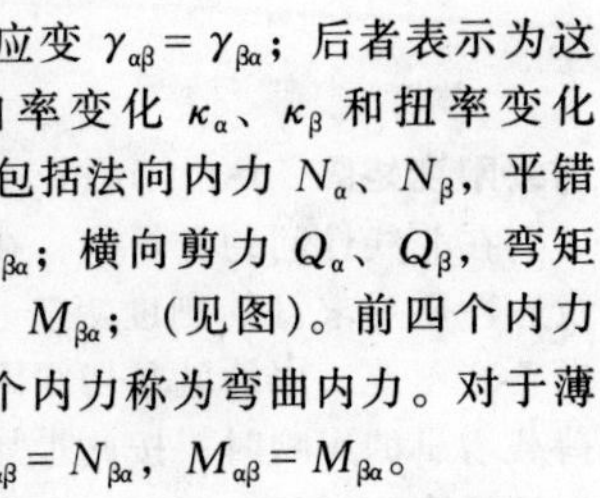

薄壳在外力作用下所引起的中面的力学响应。薄壳中面的变形包括面内变形和弯曲变形两个部分，前者表示为两个正交方向（α、β 方向）的正应变 ε_{α}、ε_{β} 及剪应变 $\gamma_{\alpha\beta}=\gamma_{\beta\alpha}$；后者表示为这两个方向的中面的曲率变化 κ_{α}、κ_{β} 和扭率变化 $\kappa_{\alpha\beta}$。薄壳的中面内力包括法向内力 N_{α}、N_{β}，平错力（顺剪力）$N_{\alpha\beta}$、$N_{\beta\alpha}$；横向剪力 Q_{α}、Q_{β}，弯矩 M_{α}、M_{β} 和扭矩 $M_{\alpha\beta}$、$M_{\beta\alpha}$；（见图）。前四个内力称为薄膜内力，后六个内力称为弯曲内力。对于薄壳，可近似地认为 $N_{\alpha\beta}=N_{\beta\alpha}$，$M_{\alpha\beta}=M_{\beta\alpha}$。

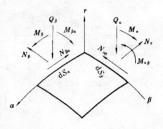

（杨德品）

qie

切口试件 notched specimen

又称缺口试件。用于进行单梁式摆锤冲击试验的带切口试件，分别称为夏比（Charpy）U 型缺口（图 a）和夏比 V 型缺口（图 b）。切口试件使试件

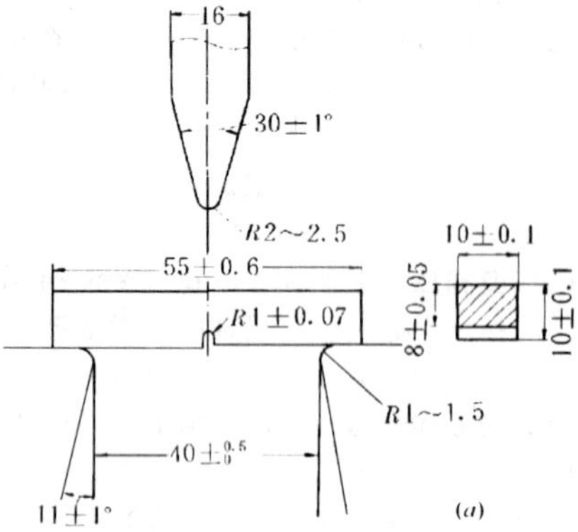

在切口处折断。切口根部处于三向拉应力状态，增强脆性拉断破坏的趋势，如塑性材料的切口试件受冲击时也呈现出脆性折断破坏。试验表明，切口处产生塑性变形的金属体积与切口的形状、试件的绝对尺寸和材料性质等因素有关。因此，冲击试验必须在规定标准下进行，切口的加工应用成型铣和磨削，并保证尺寸准确和表面光洁度。详见中华人民共和国国家标准 GB 229，GB 2106。

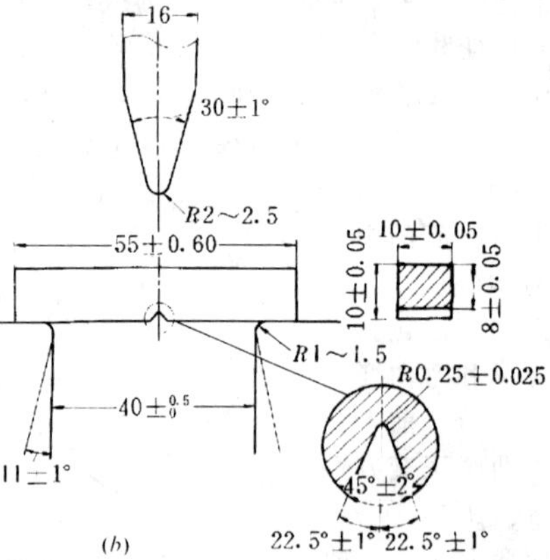

（郑照北）

切线刚度矩阵 tangential stiffness matrix

在非线性问题分析中，在某一加载时刻考虑非线性性质后求得的刚度矩阵。参见几何刚度矩阵。增量变刚度法用的就是切线刚度矩阵。在计算每步荷载增量的影响时，按此步加载前的应力和应变状态计算刚度矩阵，因而，它在不同的加载阶段是不同的。

（包世华）

切线模量 tangent modulus

应力超过弹性极限后，应力-应变曲线的斜率。用 E_t 表示，其表达式为 $E_t = d\sigma/d\varepsilon$。一般地 E_t 不是常数。

（郑照北）

切线模量理论 tangent modulus theory

考虑到压杆的弹塑性失稳时整个横截面上压应变都按照切线模量规律增加的特性而建立的屈曲理论。对于长细比较小的压杆，失稳时横截面上的应力值超过了比例极限或弹性极限，其临界荷载公式也有与弹性失稳时相类似的欧拉公式，只是将式中的弹性模量 E 代之以切线模量 E_t，切线模量理论公式为

$$P_{cr} = \frac{\pi^2 E_t I}{(\mu l)^2}$$

式中 E_t 为材料的切线模量；I 为横截面形心主惯性矩；μ 为长度系数，其值取决于压杆的约束条件，如两端铰支，则 $\mu = 1$；μl 为相当长度。

（吴明德）

切向刚度 K_s

剪力与切向位移关系曲线的斜率。节理单元的一个重要力学参数，其物理意义是指使结构面发生单位切向相对位移时的剪应力值。当结构面比较坚硬时，剪切变形曲线常呈常刚度型，松软时往往呈变刚度型，且与法向应力的大小有关。

（徐文焕）

切向加速度 tangential acceleration

点的加速度沿轨迹切线方向的分量。用 a_τ 表示。与之对应，点的加速度沿轨迹主法线方向的分量称为法向加速度，用 a_n 表示。点作曲线运动时，加速度 a 恒位于密切面内，且 $a = a_\tau + a_n$。式中，$a_\tau = \frac{dv}{dt}\tau = \ddot{s}\tau$，它引起速度大小的改变。$\ddot{s}$ 与 $\dot{s}$ 同号时为加速运动，异号时为减速运动。$a_n = \frac{v^2}{\rho}n = \frac{\dot{s}^2}{\rho}n$，它引起速度方向的改变。$a_n$ 恒指向轨迹的曲率中心，故又称向心加速度。若已知 a 在切线上的投影 a_τ 随时间变化的规律及运动初始条件，则可得到如下的点的速度方程与运动方程：

$$v = v_0 + \int_0^t a_\tau dt$$

$$s = s_0 + v_0 t + \int_0^t \int_0^t a_\tau dt dt$$

点作匀速率曲线运动时，a_τ 等于零；点作直线运动时，a_n 等于零。

（何祥铁）

qing

轻风 light breeze

蒲福风级中的二级风。其风速为 1.6～3.3 m/s。 （石 沅）

氢脆 hydrogen embrittlement

氢进入材料使金属材料韧性下降，在低工作应力下发生脆性断裂的现象。氢可以原子间隙固溶的形式、或在微空洞以分子状态形式，或形成稳定氢化物形式而存在于材料内部。 （余寿文）

氢键 hydrogen bond

介于两个电负性很强的原子 X、Y 之间的氢使强偶极子 $X-H$ 和带有部分负电荷的 Y 原子间产生的相当强的静电吸引力，记作 $X-H\cdots\cdots Y$。这种吸引作用的能量一般为 20～40 千焦/摩尔键，约为化学键键能的 1/10～1/20，范德华相互作用能的 2～4 倍。氢键有方向性和饱和性。一个分子中的 $X-H$ 键和处于其延长线上的另一个分子的 Y 原子结合而成的氢键称为分子间氢键，或外氢键；在某些分子内的 $X-H$ 键和 Y 原子间结合而成的氢键称为分子内氢键，或内氢键，其中的三个原子可以不处于同一直线上。 （周 啸）

倾倒破坏 toppling failure

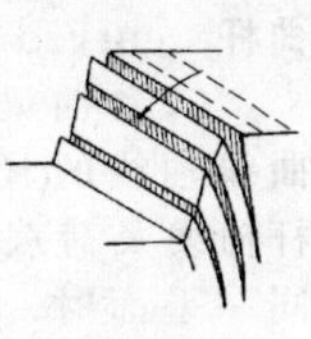

结构面或层面的倾向与边坡相反的破坏。当岩体中结构面或层面倾角较陡时，边坡出现此种破坏形式。在边坡表面有明显的张裂倾倒现象，但找不到滑动面。它是在重力作用下岩块向外向下弯曲塌落，主要不是剪切破坏。 （屠树根）

倾斜压模剪切试验

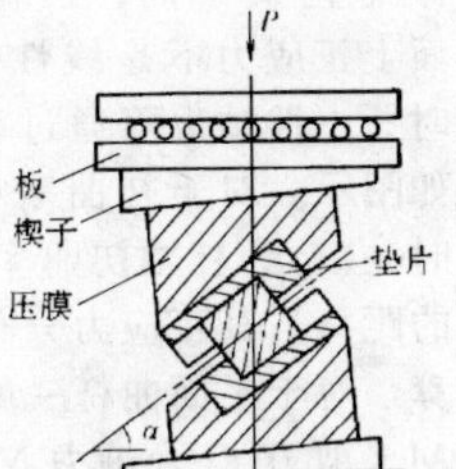

又称楔形剪切试验。一种可在普通压力机上进行的直接剪切试验。试件一般为立方体或正方体。试验时将试件置于倾斜压模剪切仪上，再将剪切仪放在压力机上加压至试件被剪断。如图所示，图中 P 为剪断试件时的压力，A 为剪切面面积，α 为剪切面与水平面的夹角，f 为压力机垫板下面滚珠的摩擦系数，则

$$\sigma = \frac{P}{A}(\cos\alpha + f\sin\alpha)$$

$$\tau = \frac{P}{A}(\sin\alpha - f\cos\alpha)$$

式中，σ 和 τ 分别是剪切面上的法向应力和剪切应力。适当选择 α，可得到在不同倾角下的 σ 和 τ，并画出剪切曲线。延长剪切曲线与 τ 轴相交，交点即为材料的剪切强度。 （袁文忠）

清华弹塑性模型 Tsinghua elastoplastic model

清华大学黄文熙等建立的弹塑性模型。屈服面方程为

$$\left(\frac{p-H}{AH}\right)^2 + \left(\frac{q}{BH}\right)^2 - 1 = 0$$

式中 p 为八面体法向应力，q 为八面体剪应力，A 和 B 为材料常数；H 为硬化参数。黄文熙于 1979 年建议直接从试验资料确定塑性势面，通过选取合适的硬化参数，使屈服面与塑性势面相同，这样就无需其他附加假定直接从试验资料确定了屈服面，从而保证了解的唯一性，并与试验结果一致。 （龚晓南）

qiu

求应力集中系数的诺埃伯法 Neuber method for solving stress concentration factor

用以计算具有不同凹口形状的板和棒（轴）在多种形式荷载作用下的应力集中系数的近似方法，由 H·诺埃伯提出。该法归纳为容易应用于实际结构的 15 个图表，对工程设计具有重要意义。 （罗学富）

球面波 spherical wave

波前或波面为球面的波场。最简单的球面波是球对称的波场，可以表示为 $u(r, t) = \frac{1}{r}f(r-ct)$，式中 c 为波速；t 为时间；r 为至球心的距离在传播过程中，它的波形保持不变，波幅与到球心的距离成反比而衰减。对弹性体内球腔的内壁施力可以产生球面波。当所施之力使球腔沿径向均匀伸缩时，所生成的是具有纵波形式的无旋球面波；当所施之力使球腔绕轴作刚性转动时，所生成的是具有横波形式的等容球面波。 （郭 平）

球壳均匀受压的屈曲 buckling of spherical shell under uniform pressure

球壳在均匀法向外压力 p 作用下的屈曲。此时 $N_\alpha^* = N_\beta^* = N^* = -\frac{pR}{2}$，$N_{\alpha\beta}^* = N_{\beta\alpha}^* = 0$，稳定近似基本微分方程为

$$D\nabla^8 w - N^*\nabla^4 w + \frac{Et}{R^2}\nabla^2 w = 0$$

式中微分算子 $\nabla^8 \equiv (\nabla^4)^2$；$\nabla^4 \equiv \left(\frac{1}{R^2}\frac{\partial^2}{\partial\varphi^2} + \frac{\mathrm{ctg}\varphi}{R^2}\frac{\partial}{\partial\varphi} + \frac{1}{R^2\sin^2\varphi}\frac{\partial^2}{\partial\theta^2}\right)^2$，$\varphi$ 和 θ 为球壳

中面的正交曲线坐标。D 见薄壳理论的基本方程（9 页），R 为球壳的曲率半径。由上式可求得临界荷载为 $p = p_{cr} = \frac{2E}{\sqrt{3(1-\mu^2)}}\left(\frac{t}{R}\right)^2$。

（杨德品）

球形铰链 ball-and-socket

将构件上做成的球形突出部分嵌入一球窝内所构成的约束。若球窝在另一构件上，整个构造即成为联接这两构件的球窝节；若将球窝固定，则成为固定球形铰支座。由于球铰只能绕球心转动或作相对转动，故约束反力通过球心，方向不能预先确定，可分解为 3 个互相垂直的分力 $\boldsymbol{X}$、$\boldsymbol{Y}$、$\boldsymbol{Z}$。

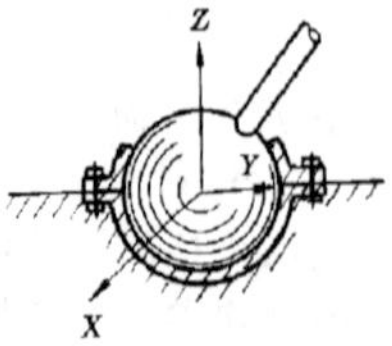

（黎邦隆）

球与圆柱的接触 contact between sphere and cylinder

初始时为点接触的球与圆柱受压接触。接触面为椭圆，其长轴与圆柱的轴线平行。以 R_1、R_2、E_1、E_2、ν_1 和 ν_2 分别表示球与圆柱的半径弹性模量与泊松比，P 为外荷载，则接触椭圆的长短半径为

$$a = c_a\sqrt[3]{ZP\frac{R_1R_2}{zR_2+R_1}\frac{1-\nu_1^2}{E_1}+\frac{1-\nu_2^2}{E_2}}$$

$$b = a\frac{c_b}{c_a}$$

式中 c_a、c_b 是与球和圆柱半径之比有关的常数，可查表得到。接触面上的压力分布为

$$q = \frac{3P}{2\pi ab}\sqrt{1-\frac{x^2}{a^2}-\frac{y^2}{b^2}}$$

（罗学富）

裘布衣公式 Dupuit formula

渐变渗流的渗流流速公式。按渗流达西定律对渐变渗流有

$$J = -\frac{dH}{dL}$$

$$u = v = -k\frac{dH}{dL}$$

式中 u 为点流速；v 为断面平均流速；k 为渗透系数，L 为渗透路径长度。上式表明：①对于渐变渗流，过水断面上各点的渗流流速相等，并等于断面平均渗流流速 v，断面流速分布图为矩形；不同过水断面上的流速不等；②均匀渗流是渐变渗流的特例，其流线族为相互平行的直线，断面流速分布图沿程不变，全渗流区各点的渗流流速相等；③对于急变渗流，上式不适用。（叶镇国）

qu

区段叠加法

绘制梁和刚架中受荷载作用杆件的某一区段弯矩图的一种简便方法。其要点是：先求出该杆段（区段）两端的弯矩，以同一比例将弯矩竖标绘于相应的杆端，并以虚直线联结两竖标顶点，然后以此虚线为新的基线叠加上由该荷载产生的相应简支梁的弯矩图，最后所得图线与原杆段基线所围成的图形即为该区段的实际弯矩图。（何放龙）

区域稳定性 local stability

工程建设地区，在内、外动力（内动力为主）的综合作用下，现今地壳及其表层的相对稳定程度。主要是研究区域范围内的新构造运动特征与地震活动性问题。以区域构造分析为基础，从地壳形变和构造应力场的演化过程，探讨断裂构造的活动性，研究历史地震和地震地质资料，进而探讨工程岩体的地震效应及地震动力学问题，进行地壳稳定性分区。研究的目的在于探讨现今地壳的活动性及其对工程建筑和地质环境的作用和影响，从而使工程建在相对稳定地区或地带，为保护和合理利用地质环境和防止地质灾害提供科学依据。

（屠树根）

曲杆 curved bar

又称曲梁。具有曲线轴线的杆件。当杆轴线及荷载均位于同一平面时，称为平面曲杆（平面曲梁）。其弯曲正应力分布规律与直梁不同，横截面上正应力不是线性分布而是双曲线型分布。同时，中性轴也不通过截面形心，而移向曲杆凹侧，如图示。对于初曲率小的曲杆，一般当 $R/C>10$ 时，（R 为杆轴初曲率半径，C 为形心至截面外缘的距离）其正应力分布接近直线，可用直梁理论计算。对于平面曲杆一般受力情况，横截面上有弯矩 M，剪力 Q 及轴力 N，与法向分布荷载 q_r 之间存在如下的微分关系：

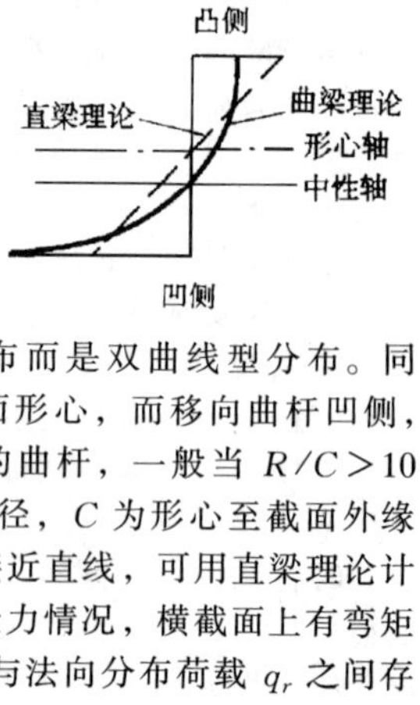

$$\left.\begin{aligned}\frac{dN}{dS}-\frac{Q}{R}&=0\\ \frac{dQ}{dS}+\frac{N}{R}+q_r&=0\\ \frac{dM}{dS}-Q&=0\end{aligned}\right\}$$

式中 dS 为沿杆轴方向的微段长度。对于空间的受力情况，还将有扭矩产生。（吴明德　罗汉泉）

曲梁 curved beam

见曲杆（284页）。

曲梁纯弯曲 pure bending of curved beam

圆弧形曲梁在两端受一对力偶作用时的弯曲变形。采用极坐标（r，θ），由于在所有径向截面上受到相同的弯矩 M，应力分布是相同的，即与极角 θ 无关。其边界条件为

$$(\sigma_r)_{r=a}=0,\quad (\sigma_r)_{r=b}=0$$

$$\int_a^b\sigma_\theta dr=0,\quad \int_a^b\sigma_\theta r dr=M$$

由此可以确定轴对称平面问题应力函数中的四个常数，从而求得应力分量为

$$\sigma_r=-\frac{4M}{N}\left(\frac{a^2b^2}{r^2}\ln\frac{b}{a}-b^2\ln\frac{r}{b}+a^2\ln\frac{a}{r}\right)$$

$$\sigma_\theta=-\frac{4M}{N}\left(\frac{-a^2b^2}{r^2}\ln\frac{b}{a}+b^2\ln\frac{r}{b}+a^2\ln\frac{a}{r}+b^2-a^2\right)$$

其中 $N=(b^2-a^2)^2-4a^2b^2\left(\ln\frac{b}{a}\right)^2$。所得 σ_θ 和材料力学中根据平截面假设而得到的曲梁结果差别很小，而 σ_r 在材料力学的解答中被忽略了。

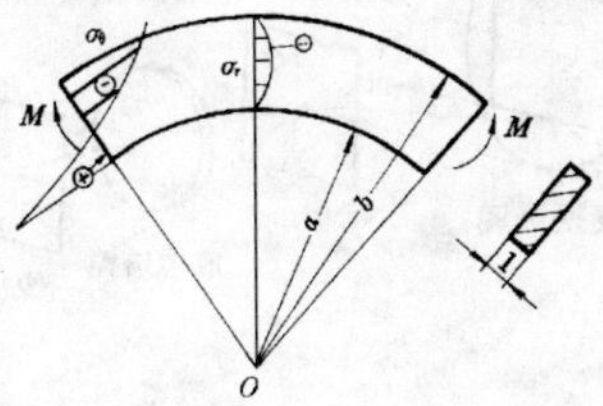

（刘信声）

曲率系数 coefficient of curvature

粒径 d_{30} 的平方与有效粒径 d_{10} 和限定粒径 d_{60} 乘积之比值。记为 C_c，即：$C_c=d_{30}^2/(d_{10}\times d_{60})$。$d_{30}$ 为相应于土的颗粒级配曲线上土粒相对含量为30%的粒径。C_c 反映了土的颗粒级配曲线的形状。（朱向荣）

曲面壳元 curved shell element

在壳体分析中几何形状保持为曲面的单元。其薄膜受力状态和弯曲受力状态相互耦合，须按壳体理论分析单元的特性。按所依据的壳体理论，有扁壳元、深壳元和厚壳元等，几何上能较好地模拟实际壳体，克服了平板壳元切线不连续的缺点，精度一般比平板壳元好。表达格式较复杂，位移模式中应包含刚体位移项这一收敛条件通常不易满足。

（包世华）

曲网法

利用弯曲纱网安装在试验段上游，起变阻塞作用，在试验段下游形成模拟的中性大气边界层的方法。J.W.Eder 在1959年从理论上解决了任意形状纱网所形成速度剖面的问题，1963年英国国家物理实验室（NPL）给出了产生任意速度剖面所需曲网形状的计算程序，以后美国科罗拉多大学改进了曲网装置，它由一对相互平行而不均匀开孔网组成。（施宗城）

曲线切面蜂窝器法

在试验段入口处安置曲线切面蜂窝器，使试验段下游形成模拟的中性大气边界层的一种方法。由英国国家物理实验室的 W. D. Baines 首创。蜂窝器格眼长度随其位置高度的增加而减小，引起对气流的变阻塞。也可用塞子堵住一些格眼，进行试凑或调整。（施宗城）

曲线坐标 curvilinear coordinates

笛卡儿直角坐标或斜交直线坐标以外的坐标。常见的有极坐标、柱坐标和球坐标。曲线坐标中的坐标线不全是直线。当物体的边界不是平面或直线时，采用曲线坐标进行求解较为方便。（罗学富）

屈服极限 yield strength

又称流动极限。屈服阶段最低的应力值。常用 σ_s 表示。有时材料呈现两个屈服极限值，从上极限值开始，材料发生塑性变形，然后变形增加应力反而下降，最后应力到达下极限值而趋向稳定，屈服阶段亦终止。这时常取下极限值为屈服极限。

（郑照北）

屈服阶段 plastic stage

又称为流动阶段。材料在应力不变或增加甚微的情况下，应变可显著增加的阶段。在此阶段应变几乎都是不可恢复的塑性应变。从晶体结构讲，产生塑性变形的主要原因是晶格滑移。（郑照北）

屈服曲面 yield surface

应力空间中弹性区和塑性区的分界面。对于各向同性、拉压屈服极限相同、平均正应力不影响屈服的材料，其初始屈服曲面为正交于 π 平面的棱柱面，它与 π 平面的截线称为屈服曲线；这条曲线对称于主应力空间坐标轴在 π 平面上的投影 01′、02′、03′，及其垂线（见图）。根据德鲁克公设屈服曲面是外凸的，因此如果根据实验已确定屈服曲线上的一点，如A点，则所有可能的屈服曲线必须在图示两个六边形所界的范围之内。在塑性变形过程中初始屈服曲面转为相继屈服面的变化规律称为强化条件（熊祝华）

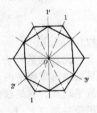

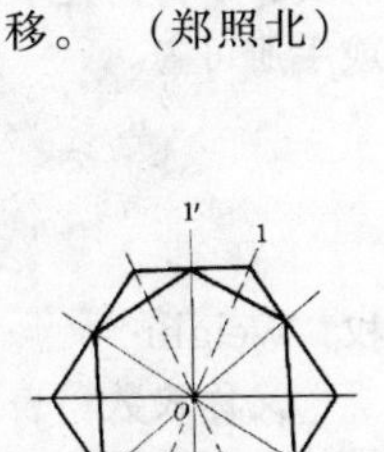

屈服条件 yield condition

又称屈服准则。复杂应力状态下材料由弹性状态进入塑性状态时应力分量应满足的条件。这个条件的数学表达式称为屈服函数；屈服函数在应力空间中的几何表示称为屈服曲面。材料从自然状态开始进入塑性状态的条件称为初始屈服条件，简称屈服条件；经历塑性变形后材料的屈服极限提高的现象称为强化；强化材料经历塑性变形后的屈服条件称为相继（或后继）屈服条件或强化条件；其数学表达式称为加载函数。（熊祝华）

屈曲 buckling

见压杆稳定性（402 页）。

屈曲荷载 buckling load

见平衡分支荷载（268 页）。

屈曲模态 buckling mode shape

用线性小挠度稳定理论研究第一类失稳问题时，体系在临界状态下的变形形式。例如，两端铰支的理想轴压杆的屈曲模态为半个正弦波；对称刚架在对称竖向结点集中力作用下，其屈曲模态为反对称或正对称变形形式。因采用小变形假定，故只能确定屈曲模态的形状，而不能确定其位移曲线的幅值。（罗汉泉）

渠道允许流速 permissible velocity for channel

保证渠道正常工作，不发生冲刷或淤积现象的限值流速。为控制渠中流速，保证渠道不受冲刷的允许流速上限值称不冲流速；为保证含沙水流的挟沙不在渠中淤积的允许流速下限值称为不淤流速。设计渠道时，应使渠道流速满足下列关系

$$v'' < v < v'$$

式中 v' 为不冲流速；v'' 为不淤流速。v' 与河床质有关；v'' 与河渠水流的挟沙能力有关，有专门文献或手册可查。（叶镇国）

quan

权 weight

又称权数。表述 m 组不等精度测量中某组测量结果可靠程度的参数。在计算不等精度测量实测值平均数，它是权衡各值精度影响大小的数值。常用符号 p_i（$i=1, \cdots, m$）表示。例如对某量进行 m 组不等精度测量，各组测量结果的精度是不同的，在计算被测量值的最终结果（最佳值）时，不应简单地选取各组测量结果的算术平均值；而应让精度高的测量结果在最终测量结果中占更大的比重，即对精度高的测量结果予以更大的重视。权数 p 的大小，便表示其被重视的程度，而 $p_i \cdot \bar{x}_i$ 称为加权（$\bar{x}_i$ 为某组测量值的算术平均值，p_i 为该组的权数）。考虑加权后的平均法称为加权平均法。根据权的定义，其大小与影响测量精度的各种因素（测量仪器、人员和重复次数等）有关，在实际应用中为简化起见，常假设测量条件相同，取重复次数为权的大小，即认为 $p_i = n_i$。n_i 为一组的测量次数。（李纪臣）

权函数 weighting function

又称加权函数。加权余量法中对余量分布起加权作用的函数。依据权函数的不同取法，加权余量法有各种表现形式，参见加权余量法（159 页）。（包世华）

全场分析法 whole-field analysis

对散斑图进行光学傅里叶变换，获得物体表面全场位移分布的一种实验技术。把双曝光散斑图置于傅里叶变换的滤波光路中，在频谱面上，用位置向量 r_0 端点的小孔滤波，则所成的像上将出现干涉条纹图。条纹是等位移线，同一条条纹表示物体表面的位移向量沿 r_0 方向分量相等。若 r_0 取 x（或 y）方向，就得到 x（或 y）方向的位移分量的等位移线。

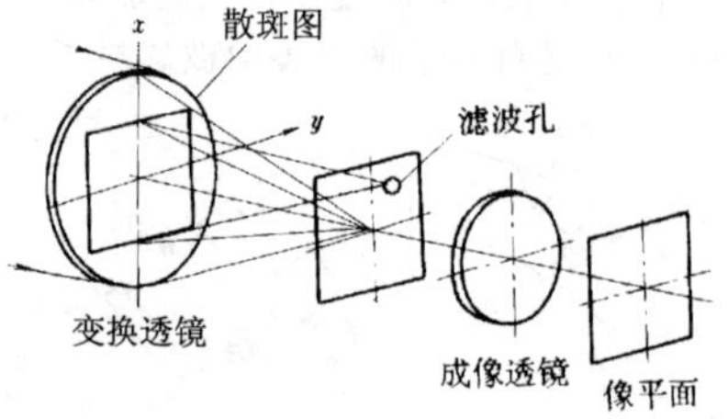

（钟国成）

全局最优点 global optima

又称整体最优解。整个可行域（对于约束最优化问题）或设计空间（对于无约束最优化问题）中的最优点。除凸规划问题外，一般无法求得这种最优点。进行结构优化设计时，有时先寻求多个局部最优点，然后从中选取其中最优者作为近似全局最优点，但它不一定是真正的全局最优点。（杨德铨）

全拉格朗日格式 total Lagrangian method

几何非线性分析中对小应变问题所采用的一种分析方法。以问题的初始位形（configuration）为基准（参考），在整个分析过程中，参考位形保持不变，基本方程中变量始终以初始位形为基准位形。（包世华）

全模型 whole model

模拟整个实物而不是模拟实物的局部的模型。它除了要与整个实物严格几何相似之外，还要根据不同的试验目的来满足另外一些相似的要求，如刚度分布、质量分布等。（施宗城）

全塑性解 full plastic method quan

弹塑性断裂力学中计算参量 J 积分的工程计算方法。假设含裂纹构件的 J 积分可由其弹性部分 J_e 和全塑性解部分 J_p 内插叠加求得。即有 $J=J_e+J_p$。$J_e=K_I^2/E'K_I$ 为应力强度因子，可利用应力强度因子手册考虑及小范围屈服修正后求得；J_p 由全塑性有限元法计算得到的手册——塑性断裂手册查得。后者乃是根据伊留申的单调加载的塑性理论，忽略弹性变形，经由有限元计算后，制成不同荷载工况与裂纹几何的图表，供计算 J_p 时查阅。这样求得的 J_p 称为全塑性 J 积分。（余寿文）

全息干涉法 holographic interferometry

利用全息照相术对物体变化作定量分析的一种光学干涉计量术。在同一张底片上记录两个或两个以上的物光波的全息图，它们的再现像是相干的，且有确定的振幅和位相分布，能产生稳定的干涉条纹，这些条纹表征物体变化状况。常用双曝光法、即时法、夹层法和时间平均法等进行全息干涉测量。具有非接触、全场性和测量灵敏度高、精度高等优点。在实验力学中已得到广泛应用，如物体三维位移场和应力场的测定；复杂结构的振型，振幅分析；固体中应力波的传播及裂缝扩展过程；风洞实验中研究飞行器的空气动力特性等；是无损检测的有效手段。（钟国成）

全息干涉位移场测量术 surface displacement measurement using holographic interferometry

利用全息干涉法（双曝光法、即时法、夹层法等）对物体表面位移作定量分析的一种干涉计量术。当承载前后拍摄的全息图再现时，由于两个波面的相互干涉，形成一组干涉条纹图，它表征构件受载所产生的变化。对这些条纹按一定程序进行定量分析，可得到构件表面由于载荷作用而产生的整个位移场和应变场，因此能解决复杂情况下，工程构件的刚度和强度问题。常用的条纹定量分析技术有零级条纹法、条纹计数法及其综合方法。（钟国成）

全息干涉振动测量术 mechanical vibration analysis using holographic interferometry

用全息干涉法测量振动物体表面的振型、振幅分布、相位分布等特性的干涉计量术。是振动测量的一种较理想的方法。具有非接触（避免附加质量对运动物体的影响）；不受频率范围的限制；振幅量测范围大和对被测物表面质量无特殊要求等优点。常用的方法有时间平均法，即时时间平均法，频闪法，参考光调制法和光消转器法等。（钟国成）

全息光弹性法 holo-photoelasticity

全息照相和光弹性法相结合的实验应力分析方法。在全息照相光路中布置偏振元件，使其能获得具有偏振特性的物光和参考光，构成全息光弹性光路。用单曝光时，它能给出反映主应力差的等差线；用双曝光法时，它则给出反映主应力和的等和线。根据测得的等差线及等和线的条纹级数，便可计算出模型内部的主应力分量。已广泛用于平面应力分析问题。在解决三维应力分析方面也取得一些进展。用于动态应力测量时，采用脉冲激光器作光源进行全息光弹性实施，可同时记录动态载荷作用下瞬态的等和线及等差线，为分离动态主应力分量提供了新的途径。还可用于热应力测量等。（钟国成）

全息无损检测术 holographic non-destructive testing

利用双曝光全息干涉术探测被测物体内部损伤和缺陷的一种新技术。在全息照相光路中，对被测物品进行第一次曝光。然后改变被测物品所处的外界环境条件（如改变温度、湿度、压力或其他外界作用等），再进行第二次曝光。两种状态的物光的波前相互重叠记录在同一张全息图中，用参考光照明该全息图时，再现的两个空间物像相互干涉形成干涉条纹图。物体有损伤和缺陷处，条纹发生畸变，通过对畸变条纹的分析研究，就可判断被测物品内部的损伤和缺陷的位置，以及它们的严重程度或性质等。（钟国成）

全息衍射光栅 holographic diffraction grating

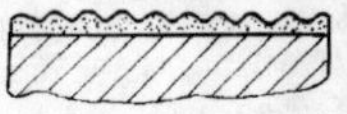

其表面沟槽形状为正弦形的一种位相型衍射光栅（如图所示）。它是由全息干涉法制备的。如果光栅是透明的，称为透射式全息衍射光栅；在光栅表面上镀有一层金属反射膜，则称为反射式全息衍射光栅。该光栅的密度一般有 600～2 000线/mm；如果采用氩离子激光的紫光制备，则光栅的密度可达 10 000 线/mm。这种光栅只存在 0 级和 ±1 级衍射光谱，且以 0 级衍射光的光强最强（约占入射光的 50%～60%），其 ±1 级衍射光的光强分别约占入射光的 20%～30%。（傅承诵）

全息照相 holography

又称全息术。记录物体光波波前的振幅和相位分布以及随后使之重现的一种技术。全息照相分两步：波前记录和波前重现。在光学成像中：由激光器发出的光束被分光镜 B 分成两束光（图 a）。一束经反射镜 M 反射直接投入于全息底片，称为参考光；另一束照射物体，从物体反射（或透射）的光称为物光。物光和参考光在全息底片上叠加产生干涉条纹。这些条纹以其反差和位置的变化，记录了物光的振幅和相位的信息。全息底片经显影、定影处理后就成为全息图。全息图的作用如同一个衍射光栅（图 b）。若用拍摄时的参考光照射此全息图，它将产生衍射光波，发散的衍射光波重现物体的虚像，而会聚的衍射光波重现物体的实像。全息术已广泛地用作三维光学成像和各种干涉计量。也可用于超声波和射频波，形成声全息和微波全息等，在图像识别和无损检验等领域开辟新的应用前景。

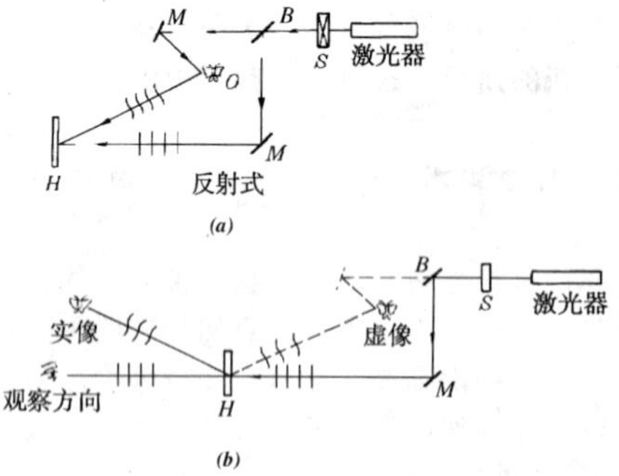

（钟国成）

全息照相的记录材料 recording materials of hologram

又称全息底片。记录全息图用的介质。要求分辨率高，衍射效率大，光谱灵敏度应与记录时所用激光波长相匹配。常用的记录材料有：卤化银乳剂，光导热塑，重铬酸明胶以及硫砷玻璃，光色材料，铌酸锂等。

（钟国成）

que

缺陷评定 defect assessment

含缺陷，特别是裂纹型缺陷结构的安全性评定的方法。一般的缺陷容限的分析均包括如下的内容：在结构物或构件承受外载作用下的应力、应变分析；缺陷的当量处理；应用构件材料的断裂韧性值计算临界的裂纹尺寸。一个合用的缺陷评定的规范或指导文件，还可用于进行结构选材，工艺评定，检修周期确定，事故分析，临界应力的计算等。迄今为止，许多国家都已制订出缺陷评定的规范或指导性文件。例如美国的 ASME 方法，中国的 CVDA 方法，英国的 CEGB－R6 方法，国际焊接协会的 IIW 方法等。

（余寿文）

R

rao

绕流阻力 drag due to flow around a body

又称潜体阻力。物体相对流体运动时所受绕流流体的作用力。其方向与物体运动方向相反或与来流方向相同，它是摩擦阻力与压强阻力的合成，可表示为

$$\begin{cases} F_D = F_f + f_p \\ F_f = \int_s \tau_0 \sin\theta \mathrm{d}S \\ F_p = -\int_s p\cos\theta \mathrm{d}S \end{cases}$$

式中 F_D，F_f，F_p 分别为绕流阻力、摩擦阻力和压强阻力；S 为固体壁面的总表面积；θ 为固体壁面上微元面积的外法线与流速方向的夹角；τ_0 为壁面上的剪应力；p 为微元面积处的压强。F_f 是流体粘性所决定的，而压强阻力则取决于物体的形状，视物体表面的压强分布情况而定，亦称形状阻力。对于细长物体，例如顺流向放置的平板或翼型，摩擦阻力占主导地位；对钝形物体的绕流，如圆球、桥墩等，则主要是压强阻力。其原因是物体背水流面（或下游）出现的旋涡区，造成物体上下游压差形成了作用于物体上的这一阻力。迎流面积相同的物体，若把尾部做得平顺细长以减小边界面上的顺流压力梯度，使边界层分离点尽量移向尾部以减小尾流区，则可大大降低压强阻力。一般来说，在雷诺数较高时，摩擦阻力远小于压强阻力。因此，降低压强阻力即可大大降低绕流阻力。能起这一作用的物体就是流线型体。

（叶镇国）

re

热变形温度测定法 determination of thermal deformation temperature

在 2℃/min 的等速升温条件下，于油浴中测定水平放置在两个跨度为 100mm 支棱上的长度不小于 110mm、宽度为 3.0～4.2mm，高度为 9.8～12.8mm 的长条状试样在 18.5kg/cm^2 或 4.6kg/cm^2

的弯曲负荷作用下，发生三点弯曲变形导致试样中点弯曲挠度达0.33～0.25mm时温度的一种标准测试方法（测试时的标准挠度由试样高度确定，可由对照表查得）。所测得的温度称为热变形温度，可用来衡量塑料的耐热性。以此来帮助确定其最高使用温度。对于板材，制样时将其厚度作为试样的宽度，此时宽度范围允许为3～13mm。（周　啸）

热冲击　thermal shock

物体内热应力在短时间内大幅度变化的现象。由温度的急剧变化引起。能在物体中产生应力波，因而有时导致物体的破坏。在骤冷时物体表面将产生很大的拉应力，同时由于变形急剧，即使是塑性材料也有可能脆化而发生断裂。（王志刚）

热传导　heat conduction

又称导热。热量传递的一种基本方式。热传导是由于分子、原子或电子的互相撞击，使能量从物体的温度较高部分传向温度较低部分的过程。在固体中热传导是热传递的主要方式。在液体或气体中,往往热传导传热与对流传热同时存在。描述热传导过程的数学方程称为热传导方程。

（王志刚）

热传导方程　equation of heat conduction

描述热传导过程的数学物理方程。当采用傅里叶定律、且热导率在物体内处处相同时，热传导方程的形式为

$$\rho c\frac{\partial T}{\partial t}-k\left(\frac{\partial^2 T}{\partial x^2}+\frac{\partial^2 T}{\partial y^2}+\frac{\partial^2 T}{\partial z^2}\right)=\gamma$$

其中 T 为温度；t 为时间；ρ 为密度；c 为比热；k 为热导率；γ 为热源。热传导方程在数学物理方程上的分类属于抛物线型。求解时需要给定初始温度分布（初始条件）及边界条件。边界条件一般有温度给定边界条件（第一类边界条件）和自由冷却边界条件（第三类边界条件）。（王志刚）

热带气旋　tropical cyclone

在热带或副热带海洋上所发生的风流旋涡。按其最大风力等级可分为四类：①6～7级：热带气压，②8～9级：热带风暴，③10～11级：强热带风暴，④12级或大于12级：台风。（石　沅）

热导率　coefficient of thermal conductivity

表征物质热传导性能的物理量，在物体内垂直于导热方向取两个单位面积、相距单位距离的平面，其间存在温度差，热导率表示单位温度差、单位时间内从一个平面传导至另一个平面的热量。法定计量单位是kJ/（m·h·℃），J表示焦，m表示米，h表示小时。（王志刚）

热光弹性法　photothermoelasticity

根据光弹性原理，通过透明双折射模型中的干涉条纹图分析构件中热应力的一种实验方法。它能直接获得热应力的分布，确定热应力的大小和应力集中区的状况，还能获取热应力随温度变化的动态过程，如热冲击和断裂过程等。（傅承诵）

热棘变形　thermal ratchet

温度交替变化时产生的在某一方向上的非弹性变形累积现象。温度的交替变化引起交替变化的应力，这时如果物体还受到恒定的外部荷载作用，则由外荷载引起的应力相当于平均应力，叠加后形成非对称循环的交变应力，于是当材料产生塑性或蠕变变形时，则在平均应力方向上产生非弹性变形累积。（王志刚）

热流变简单行为　thermorheologically simple behavior

又称热流变简单性能。聚合物粘弹行为随温度而变化的一种简单特性，可用材料函数曲线沿时间对数坐标方向移动的结果来表示，如图。温度 T 情况下的松弛模量 $Y(t)$，相当于某基准温度 T_0（$<T$）的模量函数曲线沿时间对数减小的方向移动 $\lg a_T$，a_T 称为移位因子，由WLF方程决定。在一定的温度和时间范围内，某些聚合物呈现这种简单性能，存在与之相应的时温等效原理。

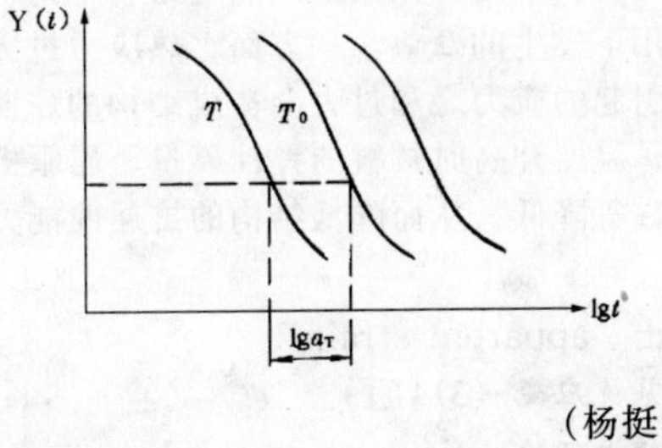

（杨挺青）

热敏电阻风速计　thermosistor type blast velocimeter

利用热敏元件做为测温电阻的测量风向的特殊风速计。把热线张成V字型，当两根热线与风的角度相同时，冷却率相同，两热线电阻相等，这两根热线间的角度二等分的方向就是风的方向。另外，还有X型的接收器如图示。（彭剑辉）

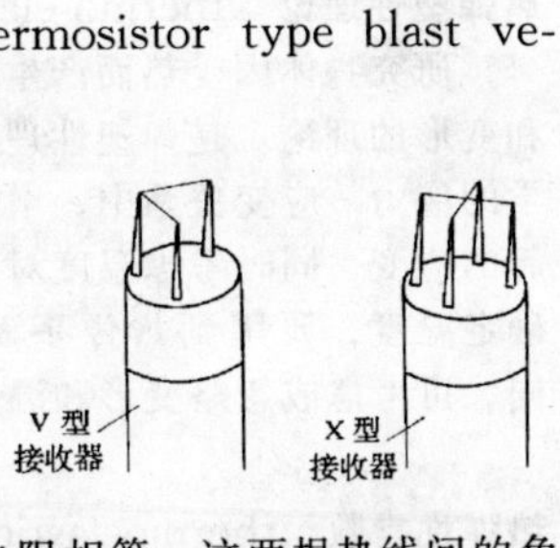

热黏弹性理论　theory of thermoviscoelasticity

简称热黏弹性（thermoviscoelasticity）。非等温条件下的黏弹性理论，讨论材料受力和热作用时的耦合效应，探求以不可逆热力学为基础的黏弹性本构关系，研究物体在热与力同时作用下所需满足的

普遍规律。

温度的变化影响材料黏弹行为，且引起物体应力应变场发生变化，而这些变化又影响热场，形成一个与时间相关的热力耦合的复杂过程。需从能量守恒和熵不等式出发导出有关的方程，从非负功不等式或耗散不等式得出关于材料函数的若干限制。热黏弹性边值问题有其相应的基本方程、边界条件和初始条件。对于线性准静态情况，经作拉普拉斯变换后，可用处理热弹性问题的类似方法，求出在象空间中的解，作逆变换即得热黏弹性问题的解答。 （杨挺青）

热膨胀 thermal expansion

温度变化时物体发生膨胀或收缩的现象。多数物质在温度升高时膨胀，但也有少数物质在一定温度范围内（例如水在0～4℃之间）温度上升反而收缩。 （王志刚）

热疲劳 thermal fatigue

温度交替变化或温度与荷载都交替变化所引起的材料的疲劳。通常温度交替变化会在物体内部引起交替变化的热应力，从而导致疲劳。如果物体还承受恒定荷载或交变荷载，则热应力与荷载应力的叠加会加速结构的疲劳。 （王志刚）

热屈曲 thermal buckling

结构在热应力作用下或热应力与外部荷载的共同作用下发生的屈曲。一方面，热应力过大或与外荷载引起的应力之和过大会造成结构的屈曲。另一方面，温度升高时材料的弹性模量、屈服极限、硬化系数等降低，从而降低结构的抗屈曲能力。

（王志刚）

热输出 apparent strain

见视应变（314 页）。

热弹塑性理论 thermo-elasto-plasticity theory

研究物体因受热而产生的弹塑性范围内的应力和变形的理论。是弹塑性理论的推广。在弹塑性力学的应力-应变关系中，增加一项由于温度变化引起的应变，同时考虑温度对屈服应力等的影响。为确定温度，要用到热传导方程。与热弹性理论相同，可考虑或忽略变形和温度的耦合作用。

（王志刚）

热弹性常数 thermoelastic constant

变形完全受约束、单位温升下在材料内部产生的压应力。材料的物理参数。若记为 β，它与线膨胀系数 α、弹性模量 E、泊松比 ν 的关系为

$$\beta = \alpha E/(1-2\nu)$$

（王志刚）

热弹性理论 thermoelasticity

研究物体因受热而产生的弹性范围内的应力和变形的理论。是弹性理论的推广。在弹性力学的应力-应变关系中，增加一项由于温度变化引起的应变。同时为确定温度分布，一般要用到热传导方程。在热传导方程中考虑变形产生的热量时称为耦合热弹性理论，略去变形产生的热量时称为非耦合热弹性理论。进一步，略去力学方程中的惯性力项时，称为非耦合准静热弹性理论。

（王志刚）

热线风速计 hot-wire anemometer

利用电阻传感器（直径为 0.0038～0.005mm，长度为 1.0～2.0mm）受电流加热时的热量损失进行风速测量的仪器。测量时把传感器置于待测流场中，并被流动介质所冷却，其冷却速率的改变引起热电丝的电阻及电压改变，由于二者与流动速度及密度变化有关，因此可利用热电丝传感器的瞬时热量损失来度量流场的瞬时速度。它可测流速和旋涡等多项流动参数。由于热电丝很细对流场影响很小，可测高频的气流脉动及很低的风速。

（彭剑辉 施宗城）

热-相变弹塑性理论 thermal-phase transformation elastoplastic theory

研究物体因温度变化和相变引起的弹塑性变形范围内的应力和应变的理论。是热弹塑性理论的推广。在热弹塑性理论基础上进一步考虑相变的影响，在应力-应变关系中增加相变引起的应变，并考虑相变对屈服应力的影响。同时增加相变与温度（及应力）之间关系的方程。因方程组复杂且相互耦合，多用数值方法求解。 （王志刚）

热-相变弹性理论 thermal-phase transformation elastic theory

研究物体因温度变化和相变所引起的弹性范围内的应力和变形的理论。是热弹性理论的推广。在热弹性理论基础上考虑相变的影响，在应力-应变关系中增加由于相变引起的应变项，同时增加相变与温度（以及应力）的关系的方程。因方程组比较复杂，多用数值法求解。 （王志刚）

热-相变应力 thermal-phase transformation stress

物体由于温度变化和相变而引起的应力。温度变化除引起热应力外，当温度变化范围覆盖相应变温度区域时，还会引起相变，例如金相组织变化、水与冰的相互变化等。相变时通常引起物体的变形，当这种变形受到约束时便产生相变应力。在外力作用下也可能引起相变。热-相变应力在金属热处理等问题中很重要，是引起裂纹和工件变形的原因。由此引起的残余应力会降低疲劳寿命，但有时也会增加疲劳寿命。 （王志刚）

热应力 thermal stress

温度变化在物体内引起的应力。温度变化时将引起物体的变形，当这种变形受到约束或物体内部温度变化不均匀或物体非均质时便产生热应力。例如固定的钢轨在气温变化时、车轮受摩擦制动时、热机零部件在工作中、钢材在制造过程中被加热或冷却时、复合材料在温度变化时都将引起热应力。热应力单独作用或与外力引起的应力共同作用，可造成零、部件的破坏，降低其使用寿命。

（王志刚）

热障 heat barrier

见气动加热（277页）。

热振动 thermal vibration

结构在热冲击作用下由于惯性而产生的振动。温度对结构的刚度、阻尼都有影响，因而也影响振幅和振动频率。（王志刚）

热滞后 thermal delay

电阻应变计因室温及极限工作温度之间的升、降温循环而在同一温度下的应变示值之差。粘结剂和基底体积变化留下的残余变形及敏感栅合金成份挥发引起的电阻不可逆变化是造成热滞后的主要原因。由安装在可自由变形且不受外力的试件上的应变计在升、降温循环下的实验，得出热滞后值。

（王娴明）

热阻 thermal resistance

亚声速或超声速气流加热时气流总压强降低使气流相对做功能力下降的热力学现象。这是因为加热使马赫数 Ma 上升，压强下降，因而使“热力循环”的热效率下降。此外，由换热对气流参数影响分析得出，加热量越大，则总压损失越大；Ma 越大，总压损失也越大。因此，喷气发动机燃烧室的进口气流欲减小加热时的总压损失，应使马赫数尽量地小。（叶镇国）

ren

人工变量 artificial variables

线性规划中为形成初始基本可行解而引入的附加非负变量。在线性规划标准式中引入 m 维的人工变量 $\boldsymbol{z}$，使原等式约束变为

$$\boldsymbol{Ax} + \boldsymbol{Iz} = \boldsymbol{b}$$

其中 $\boldsymbol{I}$ 为单位阵。相应地使问题的维数变成 $n+m$ 维。令 $\boldsymbol{x}=0$ 为非基变量，则基变量为 $\boldsymbol{z}=\mathbf{b}\geqslant\mathbf{0}$，$(\boldsymbol{z}^{\mathrm{T}},\ \boldsymbol{x}^{\mathrm{T}})^{\mathrm{T}}$ 构成了一个基本可行解，但它并非原问题的基本可行解，称为人工解。从人工解出发获得原问题的基本可行解，进而得到原问题最优解的方法有大 M 法和两相法。若某一等式约束已包含有像松弛变量等仅仅在这一约束中出现且系数为 1 变量时，则该变量可直接作为基变量而不必在相应的约束行中引入人工变量。（刘国华）

人工建筑物阻力 resistance for artificial structures

河段内人工建筑物引起的局部水流阻力。例如挑流建筑物、护岸建筑物、引水设施及桥渡等建筑物对水流都会增大阻力。这种阻力的大小因建筑物的外形、尺寸、位置等因素而异。（叶镇国）

人工黏性法 method of artificial viscosity

为抑制数值计算的数值振荡，而人为添加一黏性项的办法。如果加上的人工黏性不适当，会造成虚假的扩散现象，使原来的物理方程失真。

（王　烽）

人工填土 fill

由于人类活动堆积而成的土。根据其组成和成因可分为素填土、杂填土和冲填土。其物质成分复杂，具有不均匀性，故工程性质较差。

（朱向荣）

人工形成法

在大气边界层风洞中控制电热棒温度用来形成温度分层的方法之一。一般是在试验段入口处安装有间隔不等的水平电加热棒，控制各层电热棒的电压即温度，来实现下游气流温度的分层。这种装置可放到孔板速度车各层的上游，形成温度车。也有采用底壁冷却的方法。（施宗城）

任意力系的简化 reduction of an arbitrary force system

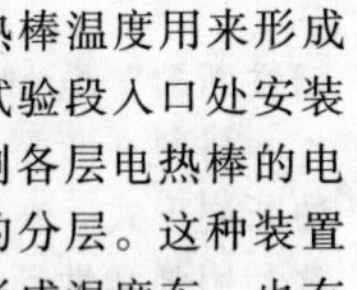

用一简单的力系等效地代换原来的任意力系。应用力的平移定理将空间任意力系 $\boldsymbol{F}_1$、$\boldsymbol{F}_2$、…、$\boldsymbol{F}_n$ 中的各力向任选的一点 O（简化中心）平移，同时各附加一个相应的力偶，可得一空间汇交力系和一附加的空间力偶系。前者可合成为作用于简化中心的一个力 $\boldsymbol{R}'$，其矢量等于原力系的主矢量；后者可合成为一力偶，其力偶矩 $\boldsymbol{M}_0$ 等于原力系对简化中心的主矩（见力系的主矩）。根据 R' 与 M_0 的情况，原力系最后的简化结果为：

（1）$R'=0$ 而 $M_0\neq0$ 时，原力系简化为一力偶，其力偶矩等于 $\boldsymbol{M}_0$，与简化中心的位置无关。

（2）$R'\neq0$ 而 $M_0=0$ 时，作用在简化中心的力 $\boldsymbol{R}'$ 即为原力系的合力。

（3）$R'\neq0$ 且 $M_0\neq0$，但 $\boldsymbol{R}'\perp\boldsymbol{M}_0$ 时，$\boldsymbol{M}_0$ 所代表的力偶（$\boldsymbol{R}$，$\boldsymbol{R}''$）可与力 $\boldsymbol{R}'$ 合成为力 $\boldsymbol{R}$，它就是原力系的合力。$\boldsymbol{R}=\boldsymbol{R}'$，合力 $\boldsymbol{R}$ 在过 O 点且垂直于 $\boldsymbol{M}_0$ 的平面内，其作用线的位置由距离 $h=$

M_0/R 及 $\boldsymbol{M}_0$ 的转向决定。如原力系为一平面任意力系，则在 $\boldsymbol{R}'$ 与 $\boldsymbol{M}_0$ 均不等于零时，二者必互相垂直，故原力系此时简化为一合力。

（4）$\boldsymbol{R}'$ 与 $\boldsymbol{M}_0$ 均不等于零，且二者平行或不相互垂直时，原力系简化为一力螺旋。

（5）$R'=0$，且 $M_0=0$ 时，原力系平衡。

（彭绍佩）

韧脆性转变温度 ductile-brittle transition temperature

又称冷脆转化温度。材料由韧性状态转变为脆性状态的临界温度值，用 T_k（℃）表示。它是材料的冲击韧性随温度降低而下降到某一特定值时的温度。将试件冷却到不同温度下进行一系列冲击试验，并整理冲击值、断口特征或变形特征与温度的关系曲线，借以确定此温度 T_k。常用的方法有能量准则、断口特征准则和变形特征准则。不同的准则，包含的物理意义不同，在评定材料 T_k 时要注意它的评定方法。对于大型金属结构应对材料的韧脆性转变温度、最低使用温度以及最低韧性值作出明确规定，否则，会导致灾难性事故。

（郑照北）

韧性断裂 ductile fracture

材料在断裂后，存在不可恢复的塑性变形的一种断裂形式。在断裂时存在大量塑性变形的情况，常利用弹塑性断裂力学的方法进行断裂分析。

（余寿文）

rong

熔融黏度 melting viscosity

高于黏流温度的熔融高聚物的本体黏度，记作 η。通常称为熔体黏度（melt viscocity）。其值随温度的升高以指数律减小，即 $\eta = A\exp(\Delta E_\eta/RT)$。式中 η 为表观粘度，A 为常数，ΔE_η 为表观流动活化能，R 为普适气体常数，T 为绝对温度。其值对分子量的依赖性有两种情形：当重均分子量 $\overline{M}_W$ 大于缠结分子量 Mc（发生分子链缠结的最低分子量）时，零切变速率粘度 $\eta_0 \propto \overline{M}_W^{3.4}$，而与高聚物的化学结构、分子量分布及温度无关；当 $\overline{M}_W$ 小于 Mc 时，$\eta_0 \propto \overline{M}_W^{1.0\sim1.6}$，对聚合物的化学结构和温度有一定的依赖性。

（周 啸）

熔融指数 melt index

热塑性树脂或热塑性塑料在一定温度和规定负荷下，在10分钟内从一定直径和长度的标准毛细管中挤出的聚合物熔体的重量克数。记作 MI 或 RZ，前者是英文缩写，后者是中文拼音缩写。单位是 g/10min。熔融指数测定仪的料筒内径规定为 9.550mm，出料模孔分大孔、小孔两种。前者的直径为 2.095mm，高度为 8.00mm；后者为 1.180mm，高度为 8.00mm。熔融指数是衡量高聚物流动性好坏的一个重要指标，其值越大表示流动性越好，分子量越小。工业部门也常常用熔融指数来作为衡量高聚物分子量大小的一种相对指标。特别适用于像聚乙烯那样的粘流温度不很高、且用粘度法测分子量较麻烦的聚合物。但由于它对结构的变化相当敏感，所以只适用于结构相似仅分子量不同的同系聚合物。

（周 啸）

rou

柔度标定 compliance calibration

利用试件柔度改变，测量应力强度因子（SIF）及当量裂纹长度等参数的一种断裂力学试验方法。选择一组材料及外形几何尺寸相同，而相对裂纹尺寸 a/W（a 为裂纹长度，W 为试件宽度）不同的试件，在弹性范围内进行试验，测得不同 a/W 试件的 $P-\Delta$ 曲线（P 为所施加的荷载，Δ 为施力点位移），换算得到对应每一裂纹长度试件的柔度 $C_i = \Delta_i/P_i$，无量纲化后得到柔度标定曲线，进而可利用该曲线求当量裂纹长度及试件裂尖的应力强度因子。

（孙学伟）

柔度法 flexibility method

在有限元中又称有限元力法。以力或力的参数为基本未知量的连续体数值解法。其计算过程是：①离散化，将连续体离散为有限个平衡元；②单元分析，建立单元柔度方程；③整体分析，利用单元柔度方程集成连续体的整体柔度方程；解方程求应力，再由应力－应变和应变－位移关系求位移。柔度方程也可根据余能泛函的驻值条件推导。与刚度法相比，二者的计算过程类似，但计算思路正好相反。柔度法一般具有较高的精度，但计算头绪多，不便于实现计算机自动化。在结构动力学中的含义，参见位移方程（371页）。

（夏亨熹）

柔度矩阵 flexibility matrix

结构动力分析中，由体系对应于振动自由度的全部柔度系数所组成的矩阵。形式为

$$F = \begin{bmatrix} f_{11} & f_{12} & \cdots\cdots & f_{1n} \\ f_{21} & f_{22} & \cdots\cdots & f_{2n} \\ \cdots & \cdots & \ddots & \cdots \\ \cdots & \cdots & \ddots & \cdots \\ f_{n1} & f_{n2} & \cdots & f_{nn} \end{bmatrix}$$

它是一对称方阵，主要用于柔度法所建立的位移方程，其逆矩阵即为刚度矩阵。矩阵中的元素 f_{ij} 称为柔度系数，代表体系在沿第 j 个自由度方向受一

单位力作用时，在沿第 i 个自由度方向产生的位移，可用求位移的方法计算。（洪范文）

柔度系数 flexibility coefficient

见柔度矩阵（292 页）。

柔性加载法 flexible loading method

用厚度较小、弹性模量与岩体相近或小于岩体（如环氧树脂等工程塑料）的承压板对岩体加载，量测岩体变形的一种现场试验类型。其特点为：通过承压板传递给岩体的荷载与其底部所受的反力基本相同、均匀分布；但承压板下岩体变形不均匀，一般为中间大，向周边逐渐变小。（袁文忠）

柔性体约束 flexible constraint

用作约束的绳缆、皮带、链条等柔性体。它们只能承受拉力，故其约束反力沿其本身且背离被约束物体。（黎邦隆）

ru

儒科夫斯基定理 Joukowsky theorem

阐明机翼举力发生机制的定理。由俄国力学家儒科夫斯基（Н.Е.ЖуковскиЙ 1847～1921）于1906年提出，故名。其内容为：单位展长机翼在无粘性流中的举力可按下式计算：

$$Y = \rho v_{\infty} \Gamma$$

式中 Y 为举力；ρ 为气流密度；v_{∞} 为自由流速度；Γ 为翼面气流的速度环量。Y 的方向应为矢量 v_{∞} 逆 Γ 转向旋转 90°。如果是任意形状的物体，Y 的表达式和确定其方向的原则仍然成立。

（叶镇国）

儒科夫斯基黏度计 Joukowsky-type viscometer

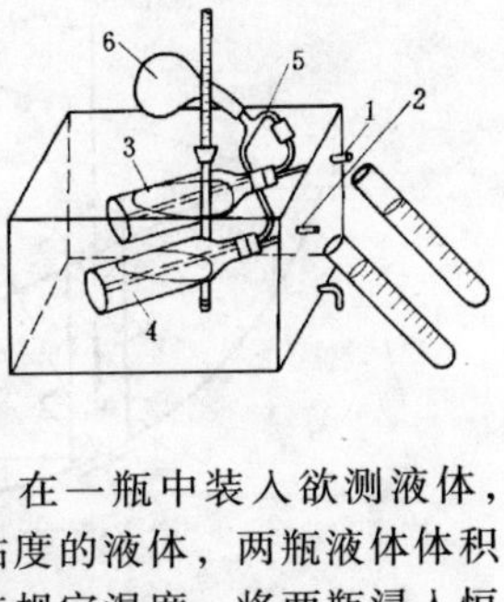

测量液体动力黏度的仪器。该仪器由两个同一直径、同一长度的毛细管 1 和 2，分置于瓶 3 和瓶 4 中，并使两瓶与水平面的微小倾角相等，两瓶用三通 5 与橡皮球 6 相连通以造成同一压力。在一瓶中装入欲测液体，另一瓶中装入已知动力粘度的液体，两瓶液体体积相等。为使两瓶液体维持规定温度，将两瓶浸入恒温器或水浴室中，压缩橡皮球使二瓶产生不太大的压力，测出同一时间内流出的欲测液体体积 V_1 和已知动力粘度（μ_2）液体体积 V_2，因黏度计两毛细管直径、长度相等，且两端的瞬时压差相等，利用层流流量公式 $Q = \frac{\Delta p}{128 l \mu} \pi d^4$，可得儒科夫斯基黏度计计算公式

$$\mu_1 = \frac{V_2}{V_1} \mu_2$$

式中 μ_1 为待求液体动力黏度。（彭剑辉）

蠕变 creep

又称徐变。在恒载作用下，变形随时间不断增加的现象。铅、锌、沥青等在常温下就有蠕变变形。钢铁材料在常温下蠕变不明显，高温时则加剧。一般温度越高蠕变越显著。温度不变时，则应力越大蠕变越显著。从加载到材料破坏，整个蠕变过程一般可分为三个阶段：加载后应变速度逐渐减小阶段，称为第Ⅰ阶段；应变速度基本保持不变阶段，称为第Ⅱ阶段；应变速度逐渐增加直至破坏阶段，称为第Ⅲ阶段。广义地，蠕变泛指包括应力松弛等与时间有关的非弹性变形现象。

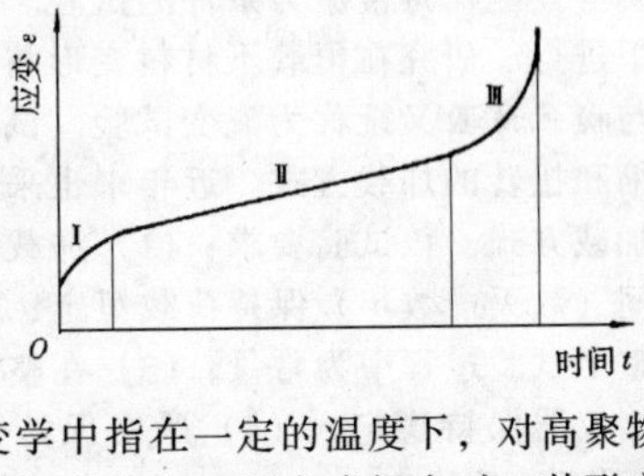

流变学中指在一定的温度下，对高聚物突然施以较小的恒定拉力、压力或扭力时，其形变不能突跃，只能随时间的推移发生缓慢改变的现象。对于交联网状高聚物，最终可达到与所施外力相适应的弹性形变状态；而对于线型高聚物，形变将一直持续下去，而且除了弹性形变成份外还有塑性形变产生。徐变严重的高聚物不能作承载部件使用。

实验应力分析中指电阻应变计在恒温的工作条件下，在承受恒定的机械应变时应变示值随时间的增长而变化的现象。或指传感器在满量程（$F.S.$）负载下，持续 30min 的前后输出值变化与满量程输出值之比。以%F.S./30min 表示。

岩石力学中指在一定温度下受固定外力长期作用时，岩石或土体的变形随时间缓慢增加的现象。变形量和变形速率与外力施加方式和大小、岩石或土体性质、含水量、温度等因素有关。对于软岩和粘性土即使在常温低应力下也具有显著的蠕变特性。（王志刚　周　啸　王娴明　周德培）

蠕变持久强度 creep rupture strength

又称蠕变持久极限。材料抗蠕变断裂的能力。表示为在给定温度下和给定持续时间内拉断试件的应力。在给定温度和给定应力下拉断试件的时间称为持久寿命。持久强度或持久寿命由持久试验测定。在设计寿命不太长时（如飞机发动机材料等，一般为数百至数千小时），可以直接用试验确定。

设计寿命较长时（如锅炉、燃气轮机材料等，一般为数万小时以上），可由短时间试验数据直线外推。（王志刚）

蠕变函数 creep function

见材料函数（30页）。

蠕变柔量 creep compliance

又称徐变柔量。一维情况下线性粘弹材料的蠕变函数，表示单位应力作用下随时间变化的应变响应。拉压和剪切的蠕变柔量分别用$J(t)$和$F(t)$表示，受应力$\sigma_0 H(t)$作用时的应变$\varepsilon(t)=J(t)\sigma_0$，$H(t)$为单位阶跃函数。各种线性粘弹性模型有其相应的蠕变柔量表达式。（杨挺青）

蠕变试验 creep test

在不同应力状态下（弯曲、扭转、压缩、拉伸、剪切等）能保持常应力条件的试验。一般在恒定荷载下进行。研究在恒载下材料变形与时间的关系。它与松弛试验又统称为流变试验。试验多采用单向压缩和扭转的加载方式，近年来也采用了三轴压缩的加载方式。该试验要求：(1) 加载设备能在较长时间（数天～数年）保持荷载恒定；(2) 保证应力在整个试验过程中为常量；(3) 在整个试验过程中量测仪器保持稳定；(4) 严格保持试验环境（温度、湿度）的稳定。（袁文忠）

蠕变损伤 creep damage

在材料蠕变变形中，伴随细观尺度上的晶界空洞形核扩展，由晶界的滑移、扩散机制形成的损伤。（余寿文）

蠕动 creep motion

当雷诺数很低时（如圆柱绕流 $Re<0.5$ 时），阻力系数与雷诺数成反比情况下的流动。在此情况下，惯性力与粘性力相比可以忽略，当雷诺数 $Re\to 0$ 时，摩擦阻力可占总阻力的2/3。（叶镇国）

ruan

软板 flexible plate

又称柔韧板或大挠度板。沿中面法向的位移（挠度）w与板厚h同量级$\left(\text{如 } 0.2\leqslant\dfrac{w}{h}\leqslant 5\right)$的薄板。这时板中弯曲应力与中面应力相互影响，应按薄板的大挠度方程组和软板的边界条件求解。（熊祝华）

软板的边界条件 boundary conditions for flexible plate

软板边缘处的静力平衡关系或位移连续关系。设采用笛卡尔坐标(x, y, z)，z轴正交于中面。以$x=x_0$的边界为例，常见的边界条件有七种，即硬板和薄膜常见边界条件的全体（参见硬板的边界条件和薄膜的边界条件，434、8页）。（熊祝华）

软风 light air

蒲福风级中的一级风。风速为0.3～1.5m/s。（石　沅）

软黏土 soft clay

简称软土。天然含水量高、孔隙比大的软弱黏性土。主要包括淤泥、淤泥质土与泥炭等。其抗剪强度低、压缩性高、透水性低，工程性质差。在我国这种土主要分布在东南沿海。（朱向荣）

软弱结构面 weak structure plane

夹有一定厚度的软弱物质的结构面。如断层破碎带、层间错动面等。结构面内夹有软弱物质时，其强度随着夹有的物质厚度增加而降低。（屠树根）

rui

瑞典圆弧滑动法 Swedish method

又称费莱纽斯（Fellenius）法。是条分法中最古老而又最简单的方法。该法假定土体滑动面呈圆弧形，并不考虑条块间有力的作用。由平衡条件可得安全系数F为

$$F_s=\frac{\Sigma[c'_i l_i+(W_i\cos\alpha_i-u_i l_i)\mathrm{tg}\varphi'_i]}{\Sigma W_i\sin\alpha_i}$$

式中c'_i和φ'_i为第i条底部土的有效强度指标；u_i为第i条底部土中孔隙水压力；W_i为土条自重；l_i为土条在圆弧面上的长度；α_i为土条底面对水平面的倾角。

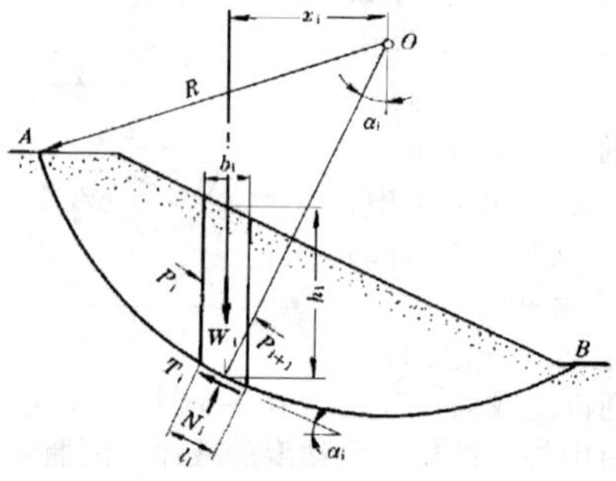

（龚晓南）

瑞利波 Rayleigh wave

沿固体自由表面传播，使固体的表层质点沿着波的传播方向在原地作椭圆运动的表面波。因G.瑞利于1887年首先指出这种波可能存在，并从理论上说明它可以视为一对无旋面波和等容面波叠加的结果而得名。瑞利波的波速是材料常数，小于同

种介质中等容波的波速。在弹性体内部爆轰或锤击弹性体表面均可以产生瑞利波。由于它所携带的能量仅在表层中扩散，未进入体内散失；与同一波源所产生的体波相比，它的影响区域要大得多。

（郭 平）

瑞利法 Rayleigh's method

又称瑞利定理或雷列法。是学者瑞利（L.Rayleigh）根据量纲齐次性原理提出的一种量纲分析法。若已知 x_1，x_2，…，x_n 等物理量为物理量 y 的影响参数，则 y 与 x_i 各物理量的关系式可以用 x_i（n 个）变量幂乘积的方程表示。即

$$y = kx_1^{a_1}x_2^{a_2}\cdots x_n^{a_n}$$

式中 k 为无量纲数，a_1、a_2、…、a_n 为待定指数。各待定指数可由量纲齐次性原理建立量纲方程求得。但在力学系统中，基本量纲一般只有三个，只能建立三个独立的量纲方程，当影响参数只有三个时（$n=3$），待定指数也只有三个，可以求解。而当影响参数多于 3 个时，量纲方程少于待定指数个数，问题就难求解，因此此法只适用于变量较少的简单问题。对于变量 x_i 多于 3 个的问题，只能用 π 定理进行量纲分析。

（李纪臣）

瑞利耗散函数 Rayleigh's dissipation function

以系统的广义速度为变量，表征线性阻尼系统机械能耗散率的二次型函数。其表达式为

$$\Phi = \frac{1}{2}\sum_{i=1}^{k}\sum_{j=1}^{k} c_{ij}\dot{q}_i\dot{q}_j$$

式中 c_{ij} 是常数；k 为系统的自由度；$\dot{q}_i$（$i=1$，2，…，k）是广义速度。函数 Φ 对广义速度 $\dot{q}_i$ 的偏导数冠以负号，等于对应于广义坐标 q_i 的广义耗散力，即

$$R_i = -\frac{\partial\Phi}{\partial\dot{q}_j}\quad(i = 1,2,\cdots,k)$$

系统机械能 $E = T + V$（T 为动能，V 为势能）的耗散率 $\left|\frac{dE}{dt}\right|$ 等于耗散函数 Φ 的两倍，即 $\left|\frac{dE}{dt}\right| = 2\Phi$。

（宋福磐）

瑞利-里兹法 Rayleigh-Ritz method

简称里兹法。利用泛函驻值条件求未知函数的一种近似方法。它首先由瑞利（1877）在声学中采用，尔后由 W. 里兹（1908）作为一种有效方法提出。此法取待求函数 $f(\underset{\sim}{x})$ 为 n 个线性独立的已知连续函数 $f_i(\underset{\sim}{x})$ 的线性组合：$f(\underset{\sim}{x}) = \sum\limits_{i=1}^{n}\alpha_i f_i(\underset{\sim}{x})$，$\alpha_i$ 为待定系数。代入泛函 $\Phi[f(\underset{\sim}{x})]$，再通过泛函驻值条件 $\partial\Phi/\partial\alpha_i = 0$，$i=1$，2，…，$n$，得到以 α_i 为未知数的 n 个方程。解此方程组即得到函数 $f(\underset{\sim}{x})$ 的近似式。在弹性力学中，用最小势能原理求弹性体的位移 $u_i(\underset{\sim}{x})$ 时，可取

$$u_i(\underset{\sim}{x}) = \sum_{i=1}^{m} A_j^{(i)}u_j^{(i)}(\underset{\sim}{x}),\quad i = 1,2,3$$

$u_j^{(i)}(\underset{\sim}{x})$ 为 $3n$ 个使 u_i 满足位移边界条件的选定连续函数；$A_j^{(i)}$ 为 $3n$ 个待定系数。将 $u_i(\underset{\sim}{x})$ 的近似式代入总势能 $\boldsymbol{\Pi}_p(u_i)$（参见弹性力学最小势能原理），由泛函极值条件

$$\frac{\partial\boldsymbol{\Pi}_p}{\partial A_j^{(i)}} = 0,\quad i = 1,2,3,\quad j = 1,2,\cdots,n$$

得到 $3n$ 个关于 $A_j^{(i)}$ 的代数方程式。解此方程组得到全部位移 u_i 的近似式。由位移可求出应变，进而可求出应力。一般地说，这样求出的应力精度较低（与位移相比）。里兹法也可用于求物体弹性振动的固有频率的近似值。

在杆系结构分析中，以势能驻值原理为依据，把体系的总势能 Π 表为位移 $v(x)$ 的函数，并通过把 $v(x)$ 近似地用 n 个函数的线性组合来表示的办法，将无限自由度体系转化为有限自由度体系来计算的一种近似解法。由英国科学家瑞利于 1877 年，瑞士物理学家里兹于 1908 年提出。以直梁的线弹性问题为例，本方法的主要步骤为：①将梁的总势能 Π 表为位移 $v(x)$ 的函数，即

$$\Pi = \int_0^l \frac{EI}{2}[v''(x)]^2 dx - \sum_{i=1}^{n} P_i\Delta_i。$$

式中，P_i、Δ_i 分别为作用于梁上的外荷载及相应的位移，EI 为梁的抗弯刚度；②将梁的位移 $v(x)$ 取为 n 个函数的线性组合，即 $v(x) = \sum\limits_{i=1}^{n} a_i\varphi_i(x)$。式中 $\varphi_i(x)$ 为满足位移边界条件的位移函数，a_i 为任意常数参数。这样就把梁当作具有 n 个自由度的体系来看待；③将 $v(x)$ 代入 Π 的表达式，由势能驻值条件，可建立含 n 个方程的线性代数方程组 $\frac{\partial\Pi}{\partial a_i}=0$（$i=1$，2，…，$n$）。据此可解出 n 个参数 a_i。④将求得的 a_i 代回 $v(x)$ 的表达式，即可求得位移 $v(x)$ 的近似解，进而可求得梁的内力。此方法不仅可用于结构静力分析，而且广泛地用于结构动力分析、结构稳定理论、有限元法以及板壳的分析等等。对于不能进行精确分析或求解非常困难的结构，采用这一方法是很有效的。瑞利-里兹法也可在余能驻值原理中加以应用。

在杆件结构稳定中，建立在势能驻值原理基础上用以求解临界荷载的一个近似方法。它采用具有 n 个广义坐标的位移函数近似代替真实的位移曲线，将具有无限多个变量的泛函变分问题转化为有

限多个变量的多元函数求极值的问题来处理，从而把求解微分方程的问题化为解线性代数方程组的问题。属于求解变分问题的直接法。用它求解稳定问题的要点为：先写出压杆在中性平衡状态下的总势能 Π 的表达式；设压杆的位移曲线为 $v(x)=\sum_{i=1}^{n}a_i\varphi_i(x)$，其中 $\varphi_i(x)$ 为满足几何边界条件的已知函数，a_i 为常数参数；将 $v(x)$ 代入 Π 的表达式，并由 $\delta\Pi=0$ 的条件，可得到 n 元齐次线性代数方程组

$$\frac{\partial\,\Pi}{\partial\,a_i}=0(i=1,2,\cdots,n)$$

据此，可导出压杆的稳定方程，进而可确定临界荷载的近似解（大于精确解）。（熊祝华　罗汉泉）

瑞利散射　Rayleigh scattering

波在传播过程中遇到大量尺寸比波长小得多的微孔或微粒时而向四面发散的现象。因 G. 瑞利于1871 年首先从理论上对其进行研究而得名。发生散射时，入射波的部分能量穿过微孔或微粒群成为透射波，部分能量改变传播方向成为散射波。对于光波来说，散射波的强度与波长的四次方成反比。这个规律基本上也适用于弹性体内的纵波。

（郭　平）

瑞利商　Rayleigh quotient

又称瑞利比。根据瑞利法（见能量法）的概念，对带广义坐标的形状函数组合成的振幅曲线 $y(x)$所定义的下述比值。

$$R(y)=\frac{\int_0^l EI[y''(x)]^2\mathrm{d}x}{\int_0^l m(x)y^2(x)\mathrm{d}x}=\omega^2$$

式中 EI 为杆件的抗弯刚度；l 为杆长；$m(x)$ 为杆件的分布质量；$y(x)$ 则为预先设定的振幅曲线的方程。显然这一比值完全由 $y(x)$ 确定。设 $y(x)$在第 i 振型附近变化，当 $y(x)$ 与该振型相同时，瑞利商取得驻值，且其值等于第 i 频率 ω_i 的平方。利用这一驻值条件求频率的近似方法，即为瑞利－里兹法。

（洪范文）

瑞利阻尼　Rayleigh damping

见阻尼矩阵(476 页)。

ruo

弱可压缩流方程解　solution of weakly compressible flow

利用可压缩连续性方程并考虑流体微压缩性求解不可压缩流体流速和压力的方法。由于不可压缩流解流速、压力时，连续性方程不存在压力所带来的困难，因此，有人用可压缩流体连续性方程代之如下：

$$\frac{\partial\,p}{\partial\,t}+\vec{u}\cdot\nabla p+\rho c^2\cdot\nabla\vec{u}=0$$

其中 c 为波速。对于不可压缩流体，c 值很大，因此上式可写为

$$\nabla\vec{u}=-\frac{1}{\rho c^2}\left[(\vec{u}\cdot\nabla p)+\frac{\partial\,p}{\partial\,t}\right]\approx 0$$

式中 u 为流速；p 为压力；ρ 为密度；t 为时间；∇ 为哈密尔顿算子。

（郑邦民）

S

san

三参量固体　three-parameter solid

又称标准线性固体（standard linear solid）。由弹性元件与开尔文固体模型串联而成的一种线性粘弹性模型，如图所示。亦可由弹性元件与麦克斯韦模型并联而成。本构方程为

$$\sigma+p_1\dot{\sigma}=q_0\varepsilon+q_1\dot{\varepsilon}$$

式中 $p_1=\eta/(E_1+E_2)$，$q_0=E_1E_2/(E_1+E_2)$，$q_1=E_2\eta/(E_1+E_2)$。蠕变柔量 $J(t)=\frac{1}{q_0}+\left(\frac{p_1}{q_1}-\frac{1}{q_0}\right)e^{-\alpha t}$，$\alpha=q_0/q_1$；松弛模量 $Y(t)=q_0+\left(\frac{q_1}{p_1}-q_0\right)e^{-t/p_1}$。受力后有瞬态响应，体现蠕变过程，卸除外力有瞬时回复，继而呈现开尔文固体的回复过程。

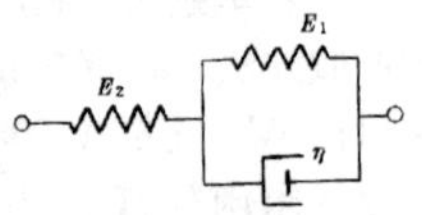

受应变 $\varepsilon_0H(t)$ 作用，有瞬态应力 $\sigma(0)$ 和稳态应力 $\sigma(\infty)$，呈固体特征。

（杨挺青）

三参量流体 three-parameter fluid

由粘性元件与开尔文模型串联或由粘性元件与麦克斯韦模型并联而成的一种线性粘弹性模型。体现粘性流动与延滞弹性的特征。本构方程为 $\sigma + p_1\dot{\sigma} = q_1\dot{\varepsilon} + q_2\ddot{\varepsilon}$；蠕变柔量 $J(t) = (t/q_1) + (p_1q_1 - q_2)(1-e^{-\alpha t})/q_1^2$，$\alpha = q_1/q_2$；松弛模量 $Y(t) = (q_2\delta(t)/p_1) + (p_1q_1 - q_2)e^{-t/p_1}/p_1^2$。 （杨挺青）

三次插值函数 cubic interpolation function

在给定的四点上取指定函数值的三次多项式函数。表示为：$f(x) = \sum_{i=0}^{3} a_i x^i$，其中的系数 a_i 用结点的插值条件 $f(x_i) = y_i$ 确定。可用于构造形函数。 （杜守军）

三点弯曲试件 single edge notched bend specimen or three point bend specimen

又称单边缺口弯曲试件（SENB）。测量材料断裂韧性最常用的一种直三点弯曲梁试件。其几何构形、受载形式以及比例试件的尺寸规定见图示。它对于支承和夹具的要求不高，试样也便于加工，因此在国内断裂试验中被广泛采用。可用于测定材料的断裂韧性 K_{Ic}、K_c、临界裂纹张开位移 δ_c 以及临界 J 积分 J_c 等材料参数。当测定 K_{Ic} 和 δ_c 时，测试记录所加荷载 P 和裂纹嘴张开位移 V。按照裂纹两侧的试件绕某一点做刚性转动的假定，间接测量原始裂尖处的张开位移，该点即为此时试件的转动中心。实际上该转动中心在裂纹张开过程中是移动的。按规定的方法进行处理可得到待测值。当测定 J_c 值时，记录所施加荷载 P 和加载点的位移 Δ，按规定的处理方法得到待测值。

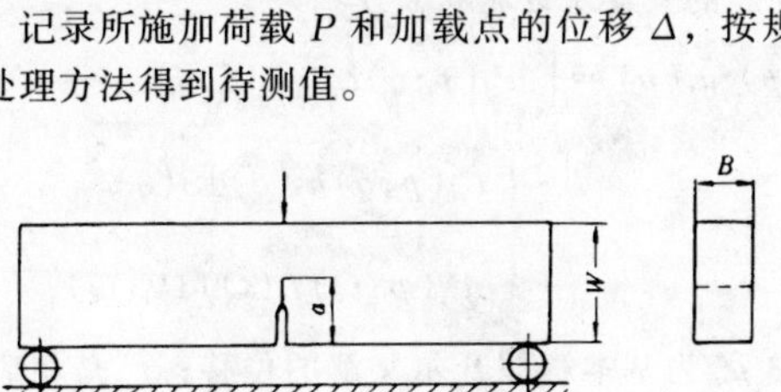

$B = 0.5W, S = 4W$
$a = 0.45 \sim 0.55W$

（孙学伟）

三角棱柱体元族 triangular prism element family

弹性力学空间问题中常用的几何形状为三角棱柱体的单元系列。根据形函数的构成方法可分为揣测元族和拉格朗日元族两类。常用的揣测元族有六结点线性元、十五结点二次元和二十六结点三次元。 （支秉琛）

三角形薄壁堰 triangular sharp-crested weir

溢流口形状为三角形的薄壁堰。一般均为等腰三角形薄壁堰，它常用来测量较小的流量。过堰流量按下式计算：

$$Q = \frac{8}{15}\mu\sqrt{2g}\tan\frac{\theta}{2}\cdot H^{\frac{5}{2}}$$

式中 μ 为流量系数，由实验确定；θ 为堰口夹角；H 为堰顶水头，由实验测读。当 $H = 0.05 \sim 0.25\text{m}$，$\theta = 90°$时，自由出流的三角堰 $\mu = 0.593$，计算公式为 $Q = 1.4H^{\frac{5}{2}}$。当 $H = 0.06 \sim 0.65\text{m}$ 时，流量经验公式为 $Q = 1.343H^{2.47}$。当 $H = 0.05 \sim 0.25\text{m}$ 时，$\theta = 60°$，且自由出流时，$\mu = 0.596$。$\theta = 45°$时，$\mu = 0.598$。以上各式 H 均以 m 计，θ 以 m^3/s 计。其中 $\theta = 90°$的三角堰最为常用。 （彭剑辉）

三角形单元的面积坐标 area coordinates of triangular element

用面积的相对比值表示的坐标。设三角形单元的顶点编号为 $i = 1, 2, 3$，面积为 Δ。从三角形内任一点 p 向三个顶点作连线形成三个子三角形 Δ_i（$i = 1, 2, 3$），Δ_1 由 $p23$ 构成，其余类推。则 p 点的位置可由该点的面积坐标 $L_i = \Delta_i/\Delta$ 唯一确定。L_i 在 i 点为 1，在 i 的对边为 0，并且 $\sum_{i=1}^{3} L_i = 1$。用面积坐标构造三角形单元的形函数极为方便。

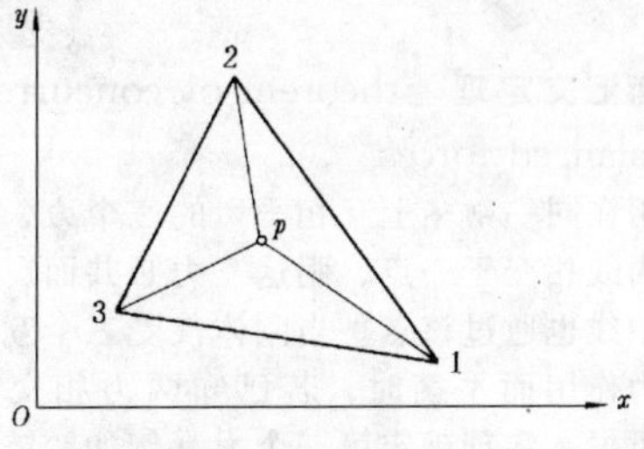

（杜守军）

三角形截面轴对称元 axisymmetric element with triangular cross-section

轴对称问题中以平面三角形绕旋转轴旋转一周形成的环状元。其单元刚度矩阵的列式过程与平面三角形元相类似。以三角形截面三个顶点为结点的三结点三角形截面环状元是最简单的轴对称元。增加结点数以提高单元精度，可构造新的单元。例如六结点三角形截面的环状元等。 （支秉琛）

三角形元族 triangular element family

弹性力学二维问题中几何形状为三角形的单元系列。它便于构成任意形状的边界，应用很广。按其结点数和自由度分为不同的单元。其中最初等的是常应变三角形元，常用的还有六结点二次三角形元、十结点三次三角形元和三结点十八自由度三角形元等。 （支秉琛）

三铰拱 three-hinged arch

两端采用固定铰支座，跨中用铰联结所构成的拱。属静定结构。中间铰通常设置于拱轴线的最高点。可用数解法或图解法计算。在给定竖向荷载作用下，其支座反力只与三个铰的相对位置有关而与拱轴形状无关。有时为了免除对支座的抗推力要求，常在两拱趾之间设置拉杆，称其为拉杆拱。

（何放龙）

三结点三角形板元 three-node triangular plate element

挠度场以三角形3个角点的挠度及其对 x 和 y 的一阶导数为自变量的9个自由度的薄板单元。单元间挠度的法向导数不协调，用面积坐标构造单元的位移场较方便。能适应复杂的边界形状，应用较多。

（包世华）

三结点十八自由度三角形元 three-node-triangular element 18 degrees of freedom

以三角形的三个顶点为结点、在结点上取位移 u、v 及一阶导数 $\frac{\partial u}{\partial x}$、$\frac{\partial u}{\partial y}$、$\frac{\partial v}{\partial x}$、$\frac{\partial v}{\partial y}$ 为参数的单元。是过协调元。构造时除三个顶点结点外还取三角形的形心为内部结点，以位移 u、v 为内部结点位移参数；用三次完备多项式为单元位移函数，然后再用静力缩聚法消除内部结点的两个自由度。

（支秉琛）

三力平衡汇交定理 theorem of concurrence of three balanced forces

作用在同一刚体上互相平衡的三个力，如有两力的作用线相交于一点，则这三力必共面，且第三力的作用线也通过该点。当刚体仅受三个互不平行的共面力作用而平衡时，若已知两力相交及其方向，即可据本定理确定第三个力（例如铰链的约束反力）的方位，进而应用汇交力系的平衡条件求出该力的大小及指向。

（彭绍佩）

三弯矩方程 three-moment equation

用力法计算连续梁时，取支座弯矩为基本未知量而建立的力法典型方程。该方程组中的每一个方程最多只包含三个未知的支座弯矩。其第 n 跨与第 $n+1$ 跨之间的支座 n 处的三弯矩方程可表为

$$M_{n-1}l'_n + 2M_n(l'_n + l'_{n+1}) + M_{n+1}l'_{n+1}$$
$$= -6B_n^{\varphi}\frac{I_0}{I_n} - 6A_{n+1}^{\varphi}\frac{I_0}{I_{n+1}}$$

式中，M_{n-1}，M_n，M_{n+1} 分别表示支座 $n-1$，n 和 $n+1$ 处截面的弯矩；l'_n，l'_{n+1} 为连续梁第 n 跨和第 $n+1$ 跨的换算跨度（$l'_n = \frac{I_0}{I_n}l_n$，$l_n$ 为连续梁第 n 跨的实际跨度）；I_n、I_{n+1} 为第 n 跨和 $n+1$ 跨的截面惯性矩，I_0 为任意选定的某跨惯性矩；B_n^{φ} 为将力法基本体系（n 个简支跨的静定梁）第 n 跨的荷载弯矩图（M_p 图）面积当作简支梁的假想荷载时，在该跨右端所产生的虚反力；A_{n+1}^{φ} 则为把第 $n+1$ 跨的 M_P 图面积当作假想荷载时在该跨左端产生的虚反力。

（罗汉泉）

三维流动 three-dimensional flow

又称三元流动。运动要素是三个空间坐标的函数。三度空间有三个量，加上时间一个量，一共是四个量。从数学上说，这四个量都是自变量，但在物理量意义上说，空间变量和时间变量是不一样的，前者的通用术语叫维，也称元。天然河道中的水流运动、水对船体的绕流等均属此类流动。

（叶镇国）

三维问题的边界面元 boundary surface element of three dimensional problem

边界元法对三维问题划分的边界元。从形状可分为平面四边形（或三角形）单元，圆柱面（或圆锥面、球面）四边形（或三角形）单元，还有一般曲面的四边形或三角形单元。从插值规律来看，以四边形单元为例，可分为常值单元、四结点双线性元、八结点二次元、十二结点三次元。三角形单元可看成是退化的四边形元。除此之外还有含内部结点的九结点二次元、十六结点三次元，以及单有内部结点的单元。

（姚振汉）

三维问题的边界元法 boundary element method for three dimensional elasticity problem

用边界元法解弹性力学三维问题。弹性力学三维问题的直接法边界积分方程为

$$c_{ij}(p)\ u_j(p) = \int_S u_{ij}^s(p;q)t_j(q)\mathrm{d}S(q)$$
$$-\int_S t_{ij}^s(p;q)u_j(q)\mathrm{d}S(q)$$
$$+\int_V u_{ij}^s(p;Q)f_j(Q)\mathrm{d}V(Q)$$

式中 u_{ij}^s 为基本解即开尔文解的位移；t_{ij}^s 是相应的面力；边界点 p 为基本解的源点；q、Q 分别为边界及域内任意点；u_j、t_j、f_j 分别是待解的位移分量及相应的面力与体力分量。

$$c_{ij}(p) = \lim_{\delta\to 0}\int_{S^\delta} t_{ij}^s(p;q)\mathrm{d}s(q)$$

S^δ 是为把不满足奥高公式条件的奇异点从积分域中除去而作的以 p 为中心、δ 为半径的球面在域内的部分。对光滑边界点 $c_{ij}(p) = \frac{1}{2}\delta_{ij}$。

$$u_{ij}^s(p;q) = \frac{1}{16\pi G(1-\nu)r}[(3-4\nu)\delta_{ij} + r_{,i}r_{,j}]$$

$$t_{ij}^s(p;q) = -\frac{1}{8\pi(1-\nu)r^2}\{[(1-2\nu)\delta_{ij} + 3r_{,i}r_{,j}]\frac{\partial r}{\partial n}$$

$+ (1-2\nu)(n_i r_{,j} - n_j r_{,i})\}$

r为p、q两点的距离；G、ν为材料的剪切模量和泊松比。将边界离散为边界面元，即可将上述方程离散化为线性代数方程组求解。除直接法外还有边界元的间接法。（姚振汉）

三维应力全息光弹性分析法 three dimensional stress analysis using holo-photoelastic method

用全息光弹性法测量三维模型内部应力分布的一种光测力学方法。采用半固化光弹性材料中温冻结工艺，对三维模型进行应力冻结，在待测截面切片。把切片置于全息光弹性光路中，用单次曝光法得到反映次主应力差的等差线；用双曝光法得到反映次主应力和的等和线，两次曝光通过浸渍法实现。根据测得的等差线和等和线的条纹级数，便可计算出切片上的次主应力分量。此法可获得三维模型内部任一点的六个应力分量的实验值。

（钟国成）

三向变形法

考虑侧向变形的地基沉降计算方法。如黄文熙法、贝仑（Bjerrum）－斯开普顿（Skempton）法、弹性力学法等。其中贝仑－斯开普顿法应用较多，其表达式为

$$S'_{ct} = C_p \cdot S_{ct}$$

式中 S'_{ct}为考虑侧向变形条件的固结沉降；S_{ct}为不考虑侧向变形的固结沉降；$C_p = A + (1-A)\alpha$；A为孔隙压力系数；α为与基础形状等有关的系数。贝仑和斯开普顿已对不同土建议了A值，并制备了可供查用的α值表。（谢康和）

三相土 tri-phase soil

由土固体颗粒（固相）、土中水（液相）和土中气（气相）三相组成的土。各相的性质、相对含量及相互作用是决定土体物理力学性质的主要因素。（朱向荣）

三轴伸长试验 triaxial extension test

在三轴压缩仪压力室中，土试样K_0固结后，保持侧压力不变，逐步减小轴向压力或保持轴向压力一定，增加侧压力使试样伸长的三轴压缩试验。前者用来模拟基坑开挖中心线处土体受力状态，后者模拟地基被动应力状态。这种试验主应力方向发生转动，可研究在主应力轴转动条件下的强度、应力－应变关系及孔隙水压力变化等。

（李明逵）

三轴压缩试验 triaxial compression test

又称三轴剪切试验。以不透水薄膜密封圆柱体土试样，承受恒定周围压力，然后施加轴向压力直到试样破坏的试验。通常用3～4个试样，分别承受不同的恒定的周围压力，增加轴向压力直至试样破坏。作各试样破坏时极限应力圆，并作公切线，即可得该土的抗剪强度参数。试验时控制试样不同排水条件，可测得固结排水、固结不排水及不固结不排水条件下的强度参数及有效应力强度参数，还可测定土的应力与应变关系。（李明逵）

散斑 speckle

漫反射表面被激光照明时，由于激光干涉形成的空间随机分布的亮点和暗点。其尺寸和形状与照明光的波长、被照明物体表面结构及观察位置等有关。记录方式分为：客观散斑记录和主观散斑记录。（钟国成）

散斑错位干涉法 speckle-shearing interferometry

利用光楔错位的散斑照相术对物体进行全场位移导数分析的一种干涉计量术。相干光照明物体的被测表面，在记录透镜前放置一光楔错位器，在像面上将是两个错开的清晰像的重叠。以x方向错位量δ_x为例，在像面上的每一点都是物表面上相距为δ_x的两个点的像相干叠加。采用物体变形前后的双曝光法记录散斑图。当两次曝光之间，物体变形所引起的散斑移动小于一个散斑直径时，可用空间滤波技术从散斑图上得到表征面内位移导数场和离面位移导数场的干涉条纹图。改变照明光入射方向和光楔的楔角方位，可测得不同方向的位移导数场组合条纹图。由此可解出各位移导数分量。

（钟国成）

散斑干涉法 speckle interferometry

通过测量散斑的运动分析物体的位移和变形的一种光学干涉计量术。当漫射面被激光照明时，其反射光波相互干涉，在空间形成随机分布的散斑。散斑随物体的变形或运动而变化。采用适当的方法，对比变形前和变形后的散斑图的变化，就能精确地检测出物体表面各点的位移。常用单光束散斑干涉法、双光束散斑干涉法和散斑错位干涉法等进行散斑干涉测量。此法具有非接触、全场性、测量灵敏度高等优点。是测量工程构件的位移、应变和振动分析的有效手段，也广泛用于无损检测。

（钟国成）

散斑干涉振动测量术 mechanical vibration analysis using speckle interferometry

用单光束散斑干涉法测量振动物体表面振型、振幅分布、相位分布等特性的一种测量技术。具有非接触（避免附加质量对运动物体的影响）；不受频率范围限制；振幅测量范围大；以及对被测物表面质量无特殊要求等优点。常用时间平均法，即时时间平均法和频闪法等进行散斑照相振动测量。

（钟国成）

散斑光弹性干涉法 speckle-photoelastic interferometry

散斑干涉法和光弹性法相结合，测量等和线条纹的一种技术。光弹性模型 M 置于物光 O 光路中，R 为参考光（图示）。两束光到达具有消偏振

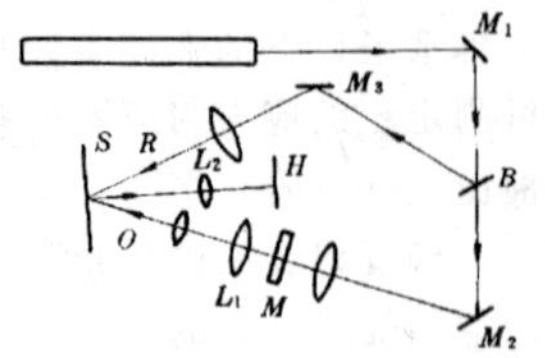

特性的漫射面 S 后相干并形成散斑场，S 面上的散斑场经透镜成像并记录在底片 H 上。进行模型加载前后的两次曝光记录散斑图。S 面消偏振而使散斑图中不包含有等差线成分，而只包含等和线信息。对此散斑图经光学傅里叶变换处理，或白光衍射，便可得到清晰的等和线条纹图。

（钟国成）

散度 divergence

矢量场中发散量的度量。常以 $\mathrm{div}\vec{a}$ 表示。速度 $\vec{v}$ 的散度可以下式表示

$$\mathrm{div}\vec{v} = \frac{\partial u_x}{\partial x} + \frac{\partial u_y}{\partial y} + \frac{\partial u_z}{\partial z}$$

式中 u_x、u_y、u_z 分别为沿坐标轴的三个速度分量。速度散度在流动问题中是流体微团在运动中的体积胀缩率。不可压缩流体微团在运动中不论其形状怎样变，由于密度不变，它的质量总是不变的。因此，在密度不变的不可压缩流体流动中，其速度的散度必为零，即 $\mathrm{div}\vec{v}=0$。但在密度可变的可压缩流体流动中，速度的散度一般不等于零，即 $\mathrm{div}\vec{v} \neq 0$。

（叶镇国　郝中堂　屠大燕）

散光光弹性仪 scattered-light polariscope

用来进行散光光弹性实验的装置。图示为采用激光光源的散光光弹性实验装置。将准直的点光源通过柱面镜而变成片光，再经过准直窄化，射入浸没液缸中的模型，浸没液应和模型具有相同的折射率，以避免入射光进入模型时引起漫射和光路变化。补偿器是用于测量分数级条纹的。

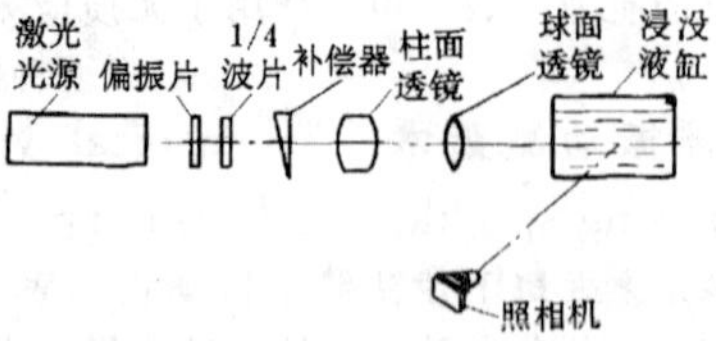

（傅承诵）

散光散斑干涉法 scattered-light speckle interferometry

利用侧向散射光形成的散斑场，测量透明物体内部任一截面上的位移和变形的一种干涉计量术。当激光束照射透明物体内部时，其散射光相互干涉形成空间散斑场。照相机聚焦于被测截面，拍摄物体变形前后的双曝光散斑图。用逐点分析法或全场分析法进行分析，获得散射面内的位移分布。此法可测量模型内部任一点的三个方向的位移分量，不必破坏模型，但散射光强较弱。

（钟国成）

散焦散斑错位干涉法 off-focus speckle-shearing interferometry

用双孔径光阑的单光束散焦散斑法对物体进行位移导数全场分析的一种干涉计量术。激光照射被测物体表面，照相机聚焦于离待测面距离为 A 的 $S-S$ 平面上。相机镜头前放置一个二孔径光阑，孔距为 D。拍摄物体变形前后的双曝光散斑图。当物体变形所引起的散斑场移动小于一个散斑直径时，可用空间滤波技术从散斑图上获得表征位移和位移导数场的组合条纹图。改变照明光的入射方向和双孔的方位，分别拍摄双曝光散斑图，经滤波处理得到对应的组合条纹图。由此解出位移及位移导数分量。

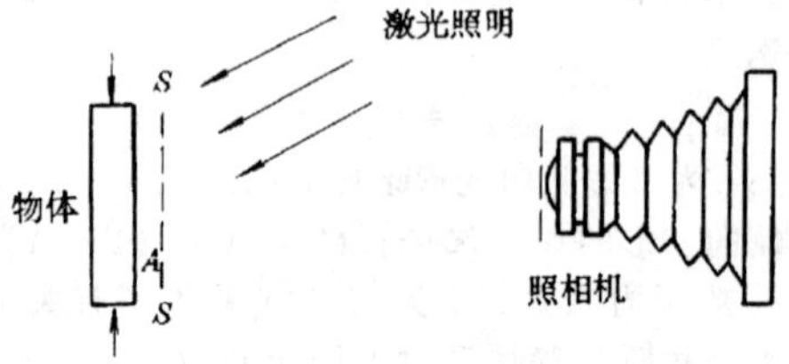

（钟国成）

散体地压 earth pressure of loose ground

围岩破碎严重而呈散体结构时作用在支护结构上的压力。是一种松动压力。主要出现在松散、破碎围岩中。围岩粘聚力小，强度低，开挖时呈规则或不规则坍塌，应及时支护。一般按土力学原理计算，如泰沙基理论、普氏理论等。

（周德培）

se

色散波 dispersive wave

波速并非常数而与波长有关的波。如表面波。由于这类波具有散色性质，原来一起生成的不同波长的波，由于传播速度不同，过了一段时间之后就互相分开了，这就是色散。色散是借用波动光学的术语，不同颜色（即不同波长）的混合光波（如白光），在通过不同密度的介质时，由于传播速度不同产生不同方向的折射，因而可显示出各种不同颜色分开来的色散现象。

（叶镇国）

sha

沙波运动 motion of sand wave

又称床面形态。动床在水流作用下床面几何形态的变化。按水流强度的大小（以佛汝德数为标志）床面形态可有五种，即沙纹形态，沙垄形态，过渡形态，平整床面形态与沙浪形态等。它起着粗糙度作用，也是推移质运动的一种主要形态。其平整床面形态的水流阻力最小，沙垄形态阻力最大。（叶镇国）

沙尔定理 Шаля theorem

关于平面图形位移的一个定理。表述为：平面图形由任一位置到另一位置的非平动性位移，总可借助绕某一点的单纯转动来实现。设平面图形 S 从位置Ⅰ经过时间 Δt 运动到位置Ⅱ，作连线 AA' 与 BB' 的中垂线，得其交点 C，则这一位移只要将 S 绕 C 点转过 $\angle ACA'$ 即可达成。如 $\angle ACA'$ 为有限转角，这种设想的转动一般不是平面图形的实际运动。但 $\angle ACA'$ 越小，该转动就越接近于 S 的真实运动。当 $\Delta t \to 0$ 时，C 点趋近于某一极限位置，称为平面图形的瞬时转动中心。图形的瞬时运动，就是它在该瞬时绕此中心的无限小转动。一般而言，平面图形在每一瞬时都存在相应的瞬时转动中心，平面图形的运动可以看作是它绕这些中心的一连串无限小转动。（何祥铁）

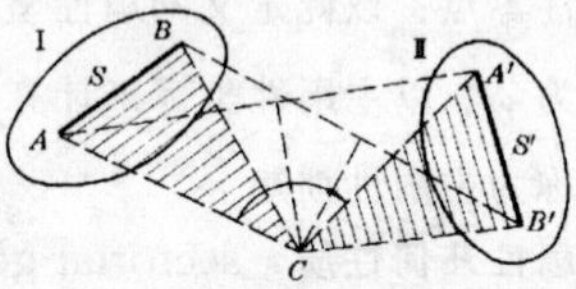

沙浪 sand-wave

水流强度增大时平整床面上出现的一种波状起伏形态。实验发现，此阶段的水流强度大，佛汝德数 Fr≥1，水流处于急流状态。其剖面呈对称的三角形。它与沙垄的区别是：①水面有同步的波浪；②水流在其峰顶处不分离，在其背水面也无旋涡；③其形成的前提是要有自由表面，没有自由表面的管流不会产生沙浪。沙浪的阻力大于平整床面，但因水流不分离，没有旋涡，所以其阻力小于沙垄。（叶镇国）

沙粒阻力 grain resistance

又称肤面阻力或表面阻力。河床上移动着的沙粒对水流产生的阻力。由于动床沙粒在水流作用下是可动的，沙粒起动和跃移等都会消耗水流能量。因此，一般说，动床沙粒阻力较定床不动的沙粒阻力大，但通常均未加区别。这种阻力实际上是由沙粒组成的床面对水流的摩擦阻力，床面的粗糙高度可用粒径表示，如床面泥沙系大小不等的非均匀沙粒，则粗糙高度可用某一代表性粒径表示，其粗糙系数常按经验关系决定。（叶镇国）

沙垄 dune

几何尺寸远大于沙纹的床面波状起伏形态。其剖面形状与纱纹相似，在平面上的分布排列不规则。沙垄尺度大，波谷处的旋涡也大，开始影响水面，使水面有微弱的波状，但水面波形与沙垄的波形不同步，即两个波的波峰或波谷不同在一处，有时在水面上还可引起微弱的“翻花”现象。沙垄和沙纹一样，迎水面受冲刷，背水面淤积，且缓慢向下游推移。但沙垄的波谷处旋涡强度较大，较细颗粒有可能被水扬起，所以在沙垄阶段，除了推移质运动外，还可以有悬移质运动，在一定的水力条件下，沙垄的迎水面还可以形成沙纹并与沙垄二者并存，这一阶段，佛汝德数 Fr≪1，对水流引起的阻力与沙纹相差不大。（叶镇国）

沙纹 ripple

河床表面泥沙刚起动时细沙（泥沙粒径 $d<0.6$mm）床面所出现的波状起伏形态。它是一种初始阶段的沙波，其剖面呈三角形，高约 3～4cm，长约 30～40cm，其几何形态及尺寸与河流大小无关，与沙粒直径关系明显；其迎水面坡度平缓，背水面坡度较陡，约为泥沙在水下的休止角。在平面上，沙纹的波峰常呈圆弧形，有的呈鱼鳞状，且排列整齐有序，它在河滩上常可见到，在底部有沙的管流里也可见到，其形成对自由表面没有影响，但与粘滞性作用有关。出现沙纹时，水流强度较小，佛汝德数 Fr≪1，在此阶段，只有推移质运动。（叶镇国）

砂的相对密实度试验 relative density test

测定砂处于最松状态与天然状态的孔隙比之差和最松状态与最紧密状态的孔隙比之差的比值的试验。在室内分别测出砂在最松状态和最紧密状态下的最小和最大干密度，以求得砂的最大与最小孔隙比，用于计算相对密度。测定砂的最小干密度试验用漏斗法或量筒法，适用于粒径不大于 5mm 的土，且粒径 2～5mm 的试样质量不大于试样总质量的 15%。砂的最大干密度试验以振动锤击法为标准方法，适用于粒径小于 5mm 的土。（李明逵）

砂堆比拟 sand heap analogy

计算塑性极限扭矩的一种比拟或实验方法。塑性应力曲面 $Z=\varphi^{p}(x, y)$（参见塑性极限扭矩，332 页）是等倾面，干砂堆的表面也是等倾面。将干砂堆放在与截面（单连通）大小、形状相同的底板上，且令砂堆表面的坡度等于剪切屈服极限 τ_s，则砂堆的体积的两倍等于该截面的塑性极限扭矩。砂堆表面的等高线即为剪应力迹线。

（熊祝华）

砂沸 boiling

自下而上的水流通过砂土，当水力坡度等于或大于流土的临界水力坡度时，土粒之间的压力消失，在水流逸出时，土颗粒随水流发生明显可见的跳跃、浮动的现象。（谢康和）

砂土 sand

粒径大于 2mm 的颗粒含量不超过全重 50%、粒径大于 0.075mm 的颗粒含量超过全重 50% 的土。根据粒组含量可分为砾砂、粗砂、中砂、细砂和粉砂。其密实度根据标准贯入试验或土的相对密实度试验确定，按前者可分为松散、稍密、中密和密实。

（朱向荣）

shan

山墙机构 gable mechanism

又称双坡刚架机构。在双坡刚架的斜梁两端均形成塑性铰，且有一竖柱能发生侧移（柱底和柱顶均形成塑性铰）而形成的破坏形式（见附图，图中圆圈点表示塑性铰）。是用机构法确定双坡刚架的极限荷载时的基本机构之一。它既可作为一种独立的破坏机构，也可与梁式机构或侧移机构等合成组合机构，以求得相应的可破坏荷载。

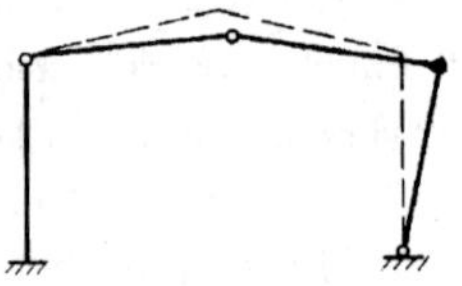

（王晚姬）

闪耀衍射光栅 blazed diffraction grating

表面沟槽形状为等腰三角形（或对称锯齿形）的一种位相型衍射光栅（如图（a）和（b）所示）。根据需要可选择不同等腰三角形的斜面倾角 β 和光栅节距 p，使其同时满足 $\varphi=\sin^{-1}\frac{m\lambda}{p}$ 和 $\beta=\frac{\varphi}{2}$，则可使对称入射的两相干准直光在所需要的 $\pm m$ 衍射级上进行闪耀，即使在该衍射级上获得最大光强，且光强比接近于 1，以获得高灵敏度、高反差的云纹干涉条纹图。有透射式和反射式闪耀衍射光栅；其栅线密度有 50～1 200线/mm；其灵敏度可达 4000 线/mm。

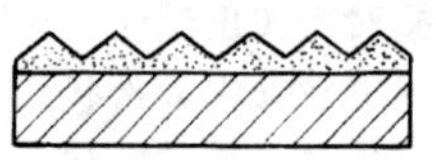

(a)

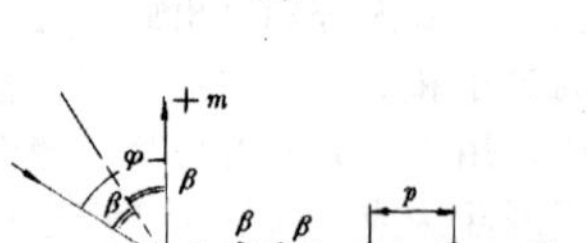

(b)

（傅承诵）

扇性惯矩 sectorial moment of inertia

开口薄壁截面的几何性质中微元面积对选定的扇性坐标的二次矩的积分，记为 I_ω。如所选定的扇性坐标为 ω_1，则扇性惯性矩可写成

$$I_{\omega_1}=\int_A \omega_1^2 \mathrm{d}A$$

式中 A 为薄壁截面面积；I_{ω_1} 的量纲为 $[L]^4$。如果选择扇性坐标满足如下条件：扇性惯积及扇性静矩均为零，即 $I_{\omega y}=\int_A \omega_1 z \mathrm{d}A=0;I_{\omega z}=\int_A \omega_1 y \mathrm{d}A=0;S_\omega=\int_A \omega_1 \mathrm{d}A=0$，式中 y、z 为截面形心主轴，则所选极点及零点分别称为主扇性极点及主扇性零点；以此定义的扇性坐标称为主扇性坐标，记为 ω。以主扇性坐标来计算的 $I_\omega=\omega\int_A \omega^2 \mathrm{d}A$，则称为主扇性惯矩。（吴明德）

扇性几何性质 sectorial geometric property

开口薄壁截面的几何特性。应用于开口薄壁杆件约束扭转的分析中，它包括有扇性坐标（面积）、扇性静矩、扇性惯积及扇性惯矩等。其定义与弯曲理论中几何性质十分类似。若扇性坐标记为 ω（参见扇性坐标，303 页），则扇性静矩 $S_\omega=\int_A \omega \mathrm{d}A$；扇性惯积 $I_{\omega y}=\int_A \omega z \mathrm{d}A, I_{\omega z}=\int_A \omega y \mathrm{d}A$，式中 y，z 为截面形心主轴；扇性惯矩为 $I_\omega=\int_A \omega^2 \mathrm{d}A$。

（吴明德）

扇性剪应力 sectorial shear stress

开口薄壁杆件横截面上由于约束扭转而产生的剪应力，记为 τ_ω。它是自由扭转剪应力之外由于截面翘曲不均匀而引起的附加剪应力，假定沿壁厚均布，其计算公式为

$$\tau_\omega=\frac{M_\omega S_\omega^{A1}}{I_\omega \delta}$$

其中

$$M_\omega=\int_A \tau_\omega r \mathrm{d}A$$

式中 S_ω^{A1}为所求点到截面周线边界一端的部分面积 A_1 的扇性静矩，其值为 $S_\omega^{A1}=\int_{A1} \omega \mathrm{d}A$；$\delta$ 为所求点处的壁厚；M_ω 称为弯扭力矩，它与自由扭转的扭矩部分合成为截面总扭矩。（吴明德）

扇性正应力 sectorial normal stress

开口薄壁杆件的横截面上由于约束扭转而产生的正应力，记为 σ_ω（参见薄壁杆件，6 页）。由于各个横截面的非均匀翘曲，杆件产生轴向伸缩应变以及相应的扇性正应力，此应力在整个截面上形成自身平衡体系，它所组成的内力素称为双力矩，记

为 B_ω（参见双力矩，317 页）。扇性正应力的计算公式为

$$\sigma_\omega = \frac{B_\omega}{I_\omega}\omega$$

式中 I_ω 为开口薄壁截面的主扇性惯矩；ω 为主扇性坐标。（吴明德）

扇性坐标 sectorial coordinate

又称扇性面积。开口薄壁截面几何性质中的广义坐标。应用于薄壁杆件约束扭转的分析中。图示曲线为薄壁截面的中线，c 为截面形心；y、z 为形心主轴；O 为选定极点；A 为中线弧长 s 的计算起点（零点），则扇性坐标 ω 定义为

$$\omega = \int_s r\mathrm{d}s = \int_s \mathrm{d}\omega$$

式中 r 为极点 O 至中线上 M 点切线的距离，扇性坐标的几何意义为自零点 A 沿中线移动 s，向径 OA 所扫过面积的两倍，其量纲为 $[L]^2$。

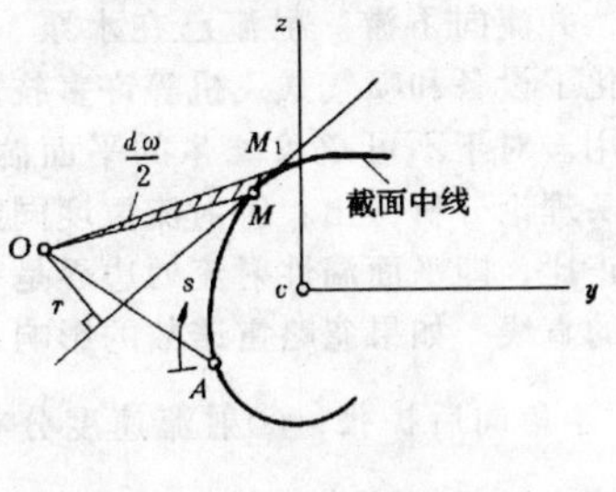

（吴明德）

扇性坐标极点 pole of sectorial coordinate

薄壁截面的几何性质中，计算扇性坐标（面积）时所选取的参考点（参见扇性坐标）。当极点选在截面的剪心时，则称为主极点。（吴明德）

shang

熵 entropy

单位热力学温度下加入物质的热量与耗散热量的总和。按热力学定义，当体系的状态作无穷小变化时，体系的熵的变化由下式确定

$$\mathrm{d}S = \frac{\delta Q}{T} + \frac{\delta W_\mathrm{f}}{T}$$

式中 S 为熵；d_S 为熵的全微分；δQ 为无穷小过程中系统从热源获得的热量；T 为系统的热力学温度；δW_f 为无穷小过程中由摩擦等不可逆因素产生的耗散功；它永远为正。上式即热力学第二定律的熵方程。若体系中没有不可逆因素，则 $\delta W_\mathrm{f}=0$；对于绝热体，$\delta Q=0$；对于可逆的绝热过程有 $\mathrm{d}S=0$。可以证明，它是物质系统的状态参数，即状态一定时，物质的熵值一定。从分子运动的观点来看，由于分子热运动，物质系统的分子要从有序趋向混乱，熵变大表示分子运动混乱程度增加，因此，熵趋于最大的特性是一切物理和化学变化过程能否实现的判据。它在热力学、化学、冶金学等学科中都有广泛的应用。（叶镇国）

熵弹性 entropy elasticity

外力作用下使橡胶或处于高弹态的高聚物形变时，由体系的熵变贡献的回缩力及卸载后形变自发恢复的特性。对于理想高弹体只有熵变对弹性有贡献，但对于实际高弹体，特别是在它发生大形变时，内能对弹性的贡献不能忽略。

（周　啸）

上风 upwind

在障碍物的来流方向一边、未受扰动的风流，风场特性仍保持不变。（石　沅）

上临界雷诺数 upper critical Reynolds number

见临界雷诺数（221 页）。

上临界流速 upper critical velocity

见临界雷诺数（221 页）。

上升气流 anaflow

又称上曳气流。向上运动的小尺度气流。由于气流受山脉或建筑物的动力抬升作用而产生。

（石　沅）

上限定理 upper bound theorem

又称机动定理、极小定理。是计算塑性极限荷载上限的依据。它指出：对于给定的破坏机构或运动许可速度场，用功能等式求出的运动许可系数 λ^* 不小于塑性极限荷载系数 λ^p，即 $\lambda^* \geqslant \lambda^\mathrm{p}$。用上限定理计算极限荷载系数上限的方法称为机动法。对于给定的结构，如能找到所有可能的破坏机构，则对应于这些机构的运动许可系数中的最小者就是塑性极限荷载系数。

（熊祝华　王晚姬）

上限元技术 upper bound element technique

在上限法的基础上发展起来的计算塑性成形过程中所需外力的简便的近似方法。这种方法分基元矩形技术和基元圆环技术，前者适用于平面应变问题，后者适用于轴对称问题。将塑性变形区分为若干基本单元，每个基本单元按边界条件和摩擦条件对应一定的流动模式及对应于该单元的耗散功率。在求解具体问题时，将各单元的耗散功率叠加而获得整个变形体的耗散功率，从而可以确定外力的值。对所用基本单元的划分和基本单元尺寸应进行优化处理。上限元法适于用计算机计算，便于将各变形瞬间连接起来对整个过程进行模拟仿真。

（徐秉业）

shao

烧蚀 ablation

速度极高的物体在炽热气体作用下，表面材料变形、熔解和消失的现象。这一名词来源于对流星体在大气层中陨落现象的研究。再入大气层的弹头、卫星、飞船和航天飞机，在通过稠密大气层时，由于气动加热，表面温度急剧升高，表面材料会发生熔化、蒸发、升华、材料与周围炽热气体的化学反应、材料各成分之间的化学反应、材料的流失和剥蚀等一系列复杂的物理化学变化。烧蚀以损耗一定质量的材料来耗散外界的气动热，从而可以减少外界对物体体内的传热，使物体内部保持正常温度，因此它可作为航天飞行器的一种热保护手段。20世纪50年代开始研究洲际导弹再入大气层的热防护问题以来，烧蚀机理和烧蚀材料的研究发展较快。早期洲际导弹的防护材料为硅基复合材料，主要成分为二氧化硅，吸热机理主要为二氧化硅蒸发吸热。随着弹头的小型化和机动化，硅基材料因难以适应更苛刻的热环境，被碳基材料取代，碳基材料的主要成分为碳（包括石墨和各种工艺的碳-碳基复合材料）吸热机理为碳的升华。在烧蚀后的物体表面上常出现各种规则图案，称为烧蚀图象，如流向沟槽、楔形流向沟槽、菱形花纹和鱼鳞坑等。 （叶镇国）

she

舍入误差 round-off errors

在数值计算中取有限位计算时最后一位数四舍五入带来的误 差。每计算一次进行一次舍入，引进新的误差。在大量运算之后由于误差积累舍入误差可能相当可观。 （姚振汉）

设计变量 design variables

优化设计过程中可以进行调整并导致设计方案改善的独立自变量。优化设计过程就是对它们进行不断修改的过程。它们的一种组合给出一种设计方案，即在设计空间中给出一个设计点，优化设计的目的是寻求它们的最优组合，即最优点。对于有约束问题，它们的取值受约束条件的限制。随优化层次的深入，设计变量可以包括：①结构或构件的截面尺寸；②结构形状参数（或函数）；③ 结构布局和拓扑；④结构材料参数。设计变量的个数代表优化设计问题的维数。参见优化设计数学模型（435页）。 （杨德铨）

设计点 design points

设计空间中的一个点，也是该空间中的一个向量。常用的表示符号是 $\boldsymbol{x}=(x_1, x_2, \cdots, x_n)^{\mathrm{T}}$，代表了设计变量的一种组合，即给出一种设计方案。设计点包括可行点和非可行点。 （杨德铨）

设计空间 design space

以设计变量为坐标轴所形成的空间。当设计变量为实数连续变量时，由于这种空间是完备的，且有内积定义，故又称欧氏空间，记为 E^n。在结构优化设计中它是所有设计方案的集合，空间中的一个点代表一个设计方案，称为设计点，也是该 n 维空间中的一个向量。设计空间被各个约束界面的集合划分为可行域和非可行域。 （杨德铨）

射流 jet

从管口、孔口、狭缝射出或靠机械推动并同周围流体掺混的成股流体的流动。常见的大雷诺数射流一般是无固体壁约束的自由湍流，这种湍性射流通过边界上活跃的湍流混合将周围流体卷吸进来而不断扩大，并流向下游。射流已在水泵、蒸汽泵、通风机、化工设备和喷气式飞机等许多技术领域得到广泛应用。对于不可压缩流体的平面湍性射流，根据边界层理论分析得出：①射流宽度同到射流源的距离成正比，即平面湍性射流的边界是一条从射流源发出的直线。如果忽略雷诺数的影响，此射流大约以13°半角向后扩张；②射流速度分布为 $\frac{\bar{u}}{\bar{u}_{\max}}=\operatorname{sech}^2\left(\frac{y}{b}\right)$，其中 $\bar{u}$ 为距平面射流源某断面上某点的时间平均流速，$\bar{u}_{\max}$为该断面上位于射流轴线处的流速，即该断面上的最大流速，b 为该断面处射流宽度的一半，y 为以射流源为原点的纵坐标；③射流中心线上最大速度 $\bar{u}_{\max}$与射流源的距离的平方根成反比。因此，随着此距离增大，射流最大速度越来越小。在工程技术中遇到的射流则比上述射流更为复杂，根据具体情况，还应考虑射流的旋转效应和三维效应，有压力梯度的约束射流、超声速射流、温度分布以及燃烧和相变等。此外，高速气体射流会伴生相当强的气动噪声，也必须加以考虑。有固壁约束的射流具有附壁效应，可用以制造各种用于自动控制的射流元件。 （叶镇国）

射线步 scaling step

又称比例步。用同一比例系数去乘各设计变量，使设计点沿着它与设计空间原点的连线（称射线）移动以进行可行性调整的步骤。由于桁架结构的刚度矩阵是设计变量的线性齐次函数，若荷载不随设计变量的变化而改变，那么如果上述比例系数是结构各构件的应力比的最大值（应力约束时）或位移比的最大值（位移约束时），就可使设计点移到可行域边界上，使相应最严的应力约束或位移约

束成为作用约束。射线步还可应用于满足类似条件的其他结构。 （汪树玉）

射线探测 radiographic inspection

物质吸收射线的程度随其密实程度而异，当试件内部有裂缝、空洞等缺陷时，吸收能力弱。利用这一原理，根据透过试件的射线强弱来判断试件缺陷的方法。目前常用于探测的射线有 X 射线和 γ 射线。能直观地提供缺陷的形态及位置，但设备体积大，需采用一定的防护措施以避免对人体的危害。 （王娴明）

摄动法 perturbation method

将待求的结构性态在已知点上作泰勒（Taylor）级数展开并截断至线性项的一种近似取值法。在结构优化中应用此法可不经结构重分析，只需利用已知设计点的结构性态加上经摄动后的变化量来作近似计算。以位移 $\boldsymbol{u}$ 为例有

$$\boldsymbol{u} = \boldsymbol{u}^0 + \sum_{i=1}^{n}\left(\frac{\partial \boldsymbol{u}}{\partial x_i}\right)^0 (x_i - x_i^0)$$

式中 $\boldsymbol{u}$ 为待求设计新点 $\boldsymbol{x}$ 上的位移近似值；$\boldsymbol{u}^0$ 与 $\left(\frac{\partial \boldsymbol{u}}{\partial x_i}\right)^0$ 为已知设计点 $\boldsymbol{x}^0$ 上求得的位移与位移偏导数；$(x_i - x_i^0)$ 代表第 i 个设计变量的摄动量。当设计变量的摄动量较小时，此法具有较好的精度。 （汪树玉）

shen

深壳元 deep shell element

又称一般壳元。按一般壳体理论建立的曲面壳元。参见曲面壳元（285 页）。 （包世华）

深水推进波 progressive wave in deep water

水深大于半波长的深水区内运动不受水底地形影响的波浪。其水力特性是水质点运动轨迹接近于圆形，且半径随水深而迅速减小，波动达不到海底，因此，波动时水底水质点几乎不动。这种波浪常见于深海区。 （叶镇国）

沈珠江三重屈服面模型 Shen Zhujiang three yield surface model

沈珠江于 1984 年根据多重屈服面的概念提出的具有三重屈服面的土的本构模型。应力空间中的一点，存在三个屈服面，分别为压缩屈服面，剪切屈服面和剪胀压硬屈服面。土体屈服时，塑性应变增量由三个屈服面对应的三部分塑性应变增量组成。 （龚晓南）

渗出假说 hypothesis of permeability

又称渗出理论。用凝胶水的流动解释混凝土徐变本质的假说之一。利奈姆（C. G. Lynam）于 1934 年首先提出，得到雷尔密特、格卢凯里什等学者的支持与验证，认为混凝土徐变是由于凝胶粒子表面吸附水和这些粒子之间的层间水在外压荷作用下的流动引起的，即徐变是在凝胶与周围介质达到新的湿度平衡时的一种现象。渗出的是凝胶水（吸附水和层间水），而不是毛细水和化学结合水，渗出的速度取决于压应力和毛细管通道阻力的大小。混凝土的徐变与收缩具有相同的物理本质，而与收缩的差别在于：收缩是水从混凝土中蒸发引起的；而受外压荷时，又有凝胶水开始蒸发，承受的压荷加剧了混凝土试件的水分蒸发。

（胡春芝）

渗流 seepage flow

流体在孔隙介质中的运动。渗流流体可以是天然气、石油或水等。在土建工程中，渗流主要指水在土或岩层中的运动，这种渗流亦称地下水运动。研究地下水流动规律的学科称为地下水动力学。所谓多孔介质，即内部包含许多连通孔隙或裂隙的物质，它由颗粒材料或碎块状固体材料组成。渗流是工程中常遇到的问题。例如，水工建筑物在透水地基中的渗透压力、渗透流速及渗透流量计算；土坝中的浸润线计算；地下水资源的合理开发与利用；土地盐碱化的防治等。此外，在石油、采矿、化工及生物动力学中渗流理论也有广泛的应用，而且也是水文地质学的重要理论基础之一。

（叶镇国）

渗流基本方程 basic equation for seepage flow

渗流运动方程和连续性方程的统称。其前提是利用渗流模型及达西定律。关系式如下

$$\frac{\partial u_x}{\partial x} + \frac{\partial u_y}{\partial y} + \frac{\partial u_z}{\partial z} = 0 \text{（连续性方程）}$$

$$\left.\begin{aligned}\frac{1}{g}\frac{\partial u_x}{\partial t} + \frac{\partial H}{\partial x} + \frac{u_x}{k} = 0\\ \frac{1}{g}\frac{\partial u_y}{\partial t} + \frac{\partial H}{\partial y} + \frac{u_y}{k} = 0\\ \frac{1}{g}\frac{\partial u_z}{\partial t} + \frac{\partial H}{\partial z} + \frac{u_z}{k} = 0\end{aligned}\right\}\text{（运动方程）}$$

式中 u_x，u_y，u_z 为点流速沿三坐标轴的分量；H 为渗透水头；t 为时间；g 为重力加速度；k 为渗透系数。当为恒定流时，$\frac{\partial u_x}{\partial t} = \frac{\partial u_y}{\partial t} = \frac{\partial u_z}{\partial t} = 0$。以上方程式中未知数共四个：$u_x$，$u_y$，$u_z$，$H$，方程封闭，结合边界条件即可求得渗流的流速场和水头场（或压力场）。 （叶镇国）

渗流量 seepage discharge

单位时间内通过土中与渗透水流方向垂直的横断面的水量。计算式为 $q = vA$。q 为渗流量；v 为渗透速度；A 为断面面积。 （谢康和）

渗流流速 seepage velocity

在孔隙介质中重力水流量与包括空隙和土的骨架在内的过流断面面积之比。其定义式为

$$u = \frac{\Delta Q}{\Delta\omega}$$

式中 $\Delta\omega$ 为包括空隙和土壤骨架在内的过流断面面积；ΔQ 为流量；u 为 $\Delta\omega$ 上的断面平均流速。它是一种虚拟的流速，若以 n 为土骨架的孔隙率，则 $n=\frac{\Delta\omega'}{\Delta\omega}$，其中 $\Delta\omega'$为孔隙面积，可知 $n<1$。在孔隙介质中真正的流速应为

$$u' = \frac{\Delta Q}{\Delta\omega'} = \frac{\Delta Q}{n\Delta\omega}$$

式中 u'为介质中真正的流速。因 $n=\frac{\Delta\omega'}{\Delta\omega}<1$，故知 $u'>u$，即真正的流速大于渗流流速。

（叶镇国）

渗流模型 seepage-flow model

代替实际渗流运动的一种假想。它把实际上并非流体完全充满的渗流空间场看作为流体完全充满，并将渗流运动要素作为空间场的连续函数，即看成整个介质区域中充满了连续水流，似乎无土粒存在一样。它要求符合以下几点：①同一过水断面处，假想渗流的流量等于真实渗流的流量；②作用于任意面积上的假想渗流的压力等于实际渗流的压力；③假想渗流在其任意体积内所受的阻力和同体积真实渗流所受的阻力相等。这一假想为应用分析数学研究渗流问题开辟了广阔的前途，对渗流力学是一个重大发展。按此假想，渗流模型流速与实际渗流流速有如下关系

$$v = \frac{\Delta\omega'}{\Delta\omega}v' = nv'$$

$$\Delta\omega' = n\Delta\omega$$

式中 v 为渗流模型流速；v'为实际渗流流速；$\Delta\omega$ 为模型中过水断面面积；$\Delta\omega'$为 $\Delta\omega$ 中所含孔隙面积；n 为土的孔隙率，即土中孔隙体积与整个土体积之比。因 $n<1$，故 $v<v'$，即渗流模型流速小于实际流速，而一般所研究的渗流流速即指渗流模型的流速。（叶镇国）

渗流有限元 finite element of seepage flow

渗流问题的一种解法。对渗流方程可以进行有限元离散，然后解各单元结点上的流函数或势函数值。所用单元可以是三角元也可以是等参元，当流函数或势函数求出之后，可以求得各点的流速，再由能量方程求得压强。对于有自由面的无压渗流问题，需要自由面上压强为零的条件，计算可调整自由面（浸润线）的位置。对于服从达西定律的渗流问题为势流流动。对于非线性关系的紊流渗流，亦可以用有限元法进行迭代，以求其非线性项的数值解。（郑邦民）

渗透力 seepage force

渗透水流作用于单位体积土内土粒上的拖曳力，其作用方向与渗流方向一致，系体积力。计算式为 $j=\gamma_w i$。j 为渗透力；γ_w 为水密度；i 为水力坡度。（谢康和）

渗透试验 permeability test

测定土的渗透系数的试验。分现场与室内试验两大类。室内试验按原理分常水头和变水头渗透试验，前者适用于砂性土，后者适用于粘性土。一般现场试验比室内试验结果准确可靠，对于重要工程常需进行现场试验。（李明逵）

渗透速度 seepage velocity

单位时间内通过土中与渗透水流方向垂直的单位面积的水量。系假想的土中的平均流速，并非孔隙中渗流的真实速度。其大小一般与土的渗透系数和水力坡度成正比。（谢康和）

渗透系数 coefficient of permeability

又称导水率。单位水力坡度下的渗流流速。也可理解为单位水力坡度下的渗流通量（即单位面积上的渗流流量）。其量纲为 $[LT^{-1}]$，常用单位为 cm/s 或 m/d。常用符号为 k。它综合反映孔隙介质和流体相互作用对透水性的影响，其数值一方面取决于孔隙介质的特性，同时也和流体的物性（如粘度和流体重度）等有关。因此 k 值将随孔隙介质的不同而异；对于同一介质，也因流体的不同而有差异，即使同一流体，当温度变化时，重度和粘度有所变化，k 也会有所变化。在水利工程中，所讨论的渗流问题主要以水为对象，温度对水的物性影响可以忽略不计，因而 k 值只随孔隙介质而异，因此可把 k 理解为单纯反映孔隙介质特性对透水性影响的一个衡量参数。k 值可通过经验公式估算、实验室测定、现场测定等方法确定。其中现场测定方法较可靠，可以取得大面积的平均渗透系数值，但所需经费大。（叶镇国 谢康和）

sheng

声测法 sound exploration method

利用声学原理测定岩石或岩体的力学性质、应力状态以及判断岩体稳定性和破坏程度等的方法。包括声探测法和声监测法。声探测法通过人为发出的声波或超声波，并测试它们在岩体或岩石试件中的传播速度、频率等的变化，确定岩体和岩石的力学性质。声监测法是通过对接收到的岩体中的声振动记录、处理、分析，判断岩体应力状态，预测与岩石突然冒落、冲击地压、岩石突出等有关的危

害。一般，声监测法对坚硬脆性岩石效果较好。
（袁文忠）

声发射法　acoustic emission method

利用材料在受力变形产生裂缝时释放出的应变能对试验对象进行无损检测的方法。以弹性波形式释放出应变能的现象称为声发射。由拾振器将声发射的机械振动转换为电信号，经前置放大、滤波后进行放大、计数。在断裂试验的裂纹检测、腐蚀断裂过程的研究；工程结构的疲劳断裂监视、危险程度的判断以及构件的完整性评价等方面已成为有力的实验工具。
（王娴明）

声光偏转器　acoustic-optic deflector

调制光偏转角的声光器件。当光束通过透明媒质并与在同一媒质中传播的高频声场垂直时，就会产生光被衍射和折射的效应。当满足条件 $\sin\theta_B = \lambda/z\lambda_s$ 时，全部入射光被衍射。式中 θ_B 为光束的入射角，称为布喇格角；λ 为光波长；λ_s 为声波长。声波由压电换能器产生。通常 θ_B 很小，因此 $\theta_B \approx \lambda/2\lambda_s$。光线的偏转角 $\alpha_B = 2\theta_B = \frac{\lambda}{V_S} f_s$。$V_s$ 为声光媒介中的声速，f_s 为超声频率。可用作序列脉冲全息照相中的分幅器等。
（钟国成）

声全息法　acoustical holography

利用声波的干涉原理记录物波的振幅和相位，并利用衍射原理再现物体的像。成像分辨率高，可显示试件内部缺陷的形状和大小。用于无损检测。
（王娴明）

声速　speed of sound

又称音速。声波在介质中的传播速度。常以 C 表示。计算公式如下

$$C = \sqrt{\frac{K}{\rho}}, K = \frac{\mathrm{d}p}{(\mathrm{d}\rho/\rho)}$$

式中 ρ 为介质密度；K 为体积弹性模量；p 为压强；$\mathrm{d}p$、$\mathrm{d}\rho$ 分别为压强和密度的微小变化。对于液体和固体，K 和 ρ 随介质而异，故在同一介质中，C 基本上为常数。对于气体，K 和 ρ 随压强及温度的变化很大，按体积弹性模量定义，C 的计算公式如下

$$C = \sqrt{\left(\frac{\partial p}{\partial \rho}\right)_s}$$

式中下标 s 表示过程是等熵的。对于完全气体的等熵过程的声速可表示为

$$C = \sqrt{C_p RT}$$

式中 T 为热力学温度；R 为普适气体常数；C_p 为比热。在流动的气体中，相对于气流而言，微弱扰动的传播速度也是声速。在温度 T 不为常数的流场中，各点声速不同，与某点温度相当的声速称为该点的“当地声速”。当气体温度很高或有外部激励源时，声速公式为

$$C_t = \sqrt{\left(\frac{\partial p}{\partial \rho}\right)_{s\cdot q}}$$

式中 C_t 为冻结声速；下标 q 表示振动能和离解能等保持原值不变。常见介质中的声速有：空气（0℃），$C = 313.3$m/s，水（15℃），$C = 1\ 450$m/s，铁（20℃），$C = 6\ 000$m/s。
（叶镇国）

声弹性法　acoustoelasticity method

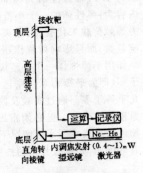

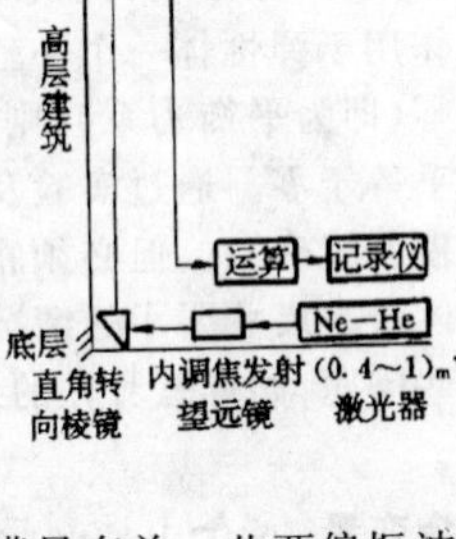

利用超声剪切波的双折射效应量测试件应力的实验方法。超声波在有应力的介质中传播时，其剪切波沿两个主应力方向发生偏振，这两种偏振波以不同的速度传播，其速度差和两个主应力之差成正比，两者之比例系数称声弹性系数，和材料的弹性模量有关。此两偏振波的相位差很微小，因此通常采用示波记录。主要优点是可量测非透明材料，特别是金属材料的内部应力。各向同性的材料有应力时呈现声学的各向异性这一现像50年代刚被发现，因此声弹性法目前尚处于实验研究阶段。
（王娴明）

声障　sonic barrier

又称音障。大展弦比直机翼飞机速度不能逾越声速的现象。当这种飞机的飞行速度接近声速时会出现阻力剧增，操纵性能变坏和自发栽头的现象，飞行速度再也不能提高。这一名词最早发现于20世纪40年代初期。自发栽头是由于翼面附近出现相当大的超声速区及翼面上吸力区大大向后扩展所产生的低头力矩造成。而翼面上的局部超声速区是以激波为后界的，激波引起的翼面上边界层分离流很不稳定，不但会引起尾翼抖振，而且还会使飞机所受阻力随马赫数的微小上升而急剧增大，因而人们一度认为声速是飞行速度进一步提高的不可逾越的障碍，故有此名。随着飞机外形设计的不断改进（如改用展弦比较小和翼剖面更薄的后掠机翼）。推力更大的喷气发动机的制成，它亦就成了一个历史名词。
（叶镇国）

绳套曲线　loop-rating curve

明渠非恒定流水位与流量关系曲线形状。在明渠非恒定流动中水位流量常呈多值关系。形成绳套状曲线的原因比较复杂，主要有水力学因素和河床变形因素。如果河床冲淤变形强度不大，其产生主

要由水力学条件决定。洪水期上涨上游领先，水力坡度大；落水时上游先退水，水力坡度变缓。前者的流量大，后者的流量小，形成反钟向的绳套状曲线。有冲淤变形的河道（如黄河下游河段）涨水期比落水期的冲刷严重，往往呈顺钟向绳套状曲线。（叶镇国）

圣维南原理 Saint-Venant's principle

弹性力学中关于局部效应的原理。是由 A.J.C.B. de 圣维南(1797～1886)于 1855 年首先提出，后为 J.V. 布森涅斯克(1885)加以推广和证明。其内容为:弹性体的一个小范围内作用的荷载,可用静力等效荷载来代替,对远离荷载作用区的应力场影响甚微,而只影响荷载作用区附近的应力分布。如果作用于弹性体一个小范围内的合力和合力矩都等于零(即为平衡力系),则远离荷载作用区处应力也几乎等于零。通过实验及数值分析结果均已证实此原理的正确性。但必须指出,只有当荷载作用区比物体最小尺寸要小的情况下,该原理才可应用,对于有些问题,如薄壁杆件的约束扭转则不能适用。（刘信声 吴明德）

剩余变量 surplus variables

优化设计数学模型中带“≥”号的不等式约束转化为等式约束时所引入的非负设计变量。在某不等式约束左端减去一个剩余变量，并将“≥”号改为“=”号，得到一个与之等价的等式约束。为构成线性规划标准式常需作这样的处理。(刘国华)

剩余误差 residual error

又称残差。某被测物理量测量列中任一量值 x_i 与平均值 $\bar{x}$ 之差。在等精度测量中，$\bar{x}$ 为算术平均值；在不等精度测量中，$\bar{x}$ 为加权平均值。用 v_i 表示残差，则有 $v_i = x_i - \bar{x}$。可以证明残差的代数和等于零（即 $\sum_{i=1}^{n} v_i = 0$）和残差的平方和为最小值（即 $\sum v_i^2$ 为最小）。这两点特性是检验算术平均值是否正确的依据，也是建立最小二乘法的理论依据。残差在误差理论中是一个经常遇到的重要参数。（李纪臣）

shi

失速 stall

机翼在攻角超过某个临界值后，机翼的举力系数随攻角增大而急剧下降的现象。失速时，飞机举力突减，阻力剧增，产生颠簸和振动，使飞行员感到操纵异常，常常导致飞机失事。延缓失速的常用措施有：采用前后缘襟翼、前缘缝翼和边界层吹吸装置等。（叶镇国）

失速颤振 stall flutter

流线形机翼或薄板在大攻角的稳定气流作用下，由于丧失升力或在临近失速的条件下因升力的非线性性质所引起的一种横风向的，扭转型的单自由度发散振动。因最初是指飞机在俯冲时造成的大攻角使飞机失速而发生的一种颤振现象，故名。具有较大迎风面的结构也可能发生这种失速颤振，如杆柱抗扭刚度较弱的交通标志牌在大风中所发生的强烈扭转振动就是一例。对于流线形截面的结构，大攻角时失速颤振临界风速将远低于零攻角时的古典颤振临界风速。失速颤振的流态呈分离流形式，其机理与分离流扭转颤振相似。（项海帆）

失稳 instability

见结构稳定理论（174 页）。

失稳极限荷载 limit-load of instability

又称压溃荷载。结构或构件发生第二类失稳（极值点失稳）时，在其变形过程中所能承受的最大荷载值 P_{max}。当荷载达到 P_{max} 后，变形 δ 迅速增长，荷载反而下降（见图），致使结构丧失承载能力。实际的非理想轴压杆和偏心压杆以及承受非结点荷载的刚架发生失稳时，都无分支现象，其失稳时的临界荷载即为失稳极限荷载。（罗汉泉）

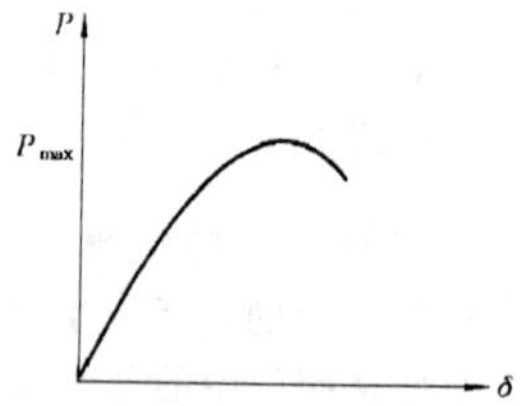

湿化试验 slaking test

测定具有结构性的粘质土体在水中崩解速度的试验。将边长为 5cm 的立方体试样置于浮筒下的网板上，迅速浸入水槽中，测记不同时刻浮筒齐水面处读数，直到试样完全崩成细块通过网格落下后试验即告结束，按公式计算某时刻的崩解量。作为湿法筑坝选择土料的标准之一。（李明逵）

湿陷性黄土 collapsible loess

在土自重压力，或土自重压力和附加压力作用下，受水浸湿后结构迅速破坏而发生显著附加下沉的黄土。在我国这种土主要分布在黄河流域及其以北各省，以黄河中游地区的黄土最为发育。它对工程十分不利，一般应事先消除其湿陷性。在该地区建设时，工程应按《湿陷性黄土地区建筑规范(TJ25)》进行设计与施工。（朱向荣）

湿周 wetted perimeter

液体与固体接触的周边长度。它是造成水头损失的一项边界特征值，其值愈大，沿程水头损失亦愈大。常用符号 x 表示。对于直径为 d 的圆管有压流动，$x = \pi d$。（叶镇国）

十结点三次三角形元 cubic triangular element

with ten nodes

弹性力学二维问题中以三次完备多项式为位移函数的三角形元。其精度比六结点二次三角形元提高一阶。为使单元结点位移参数的数目与三次完备多项式项数相等，以三角形顶点、边的两个三分点和三角形的形心为单元的十个结点。（支秉琛）

十结点四面体元 tetrahedron element with ten nodes

又称二次四面体元（quadratic tetrahedron element）。弹性力学三维问题中以四面体的四个顶点和六个棱边中点为结点的单元。其位移函数用二次完备多项式表示，单元内应变为线性分布。

（支秉琛）

十字板剪切试验 vane shear test

用十字板仪在现场测定土的不排水抗剪强度的试验。常用于软粘土中，在钻孔内插入规定形状和尺寸的十字板头到欲测定的深度，施加扭矩，使十字板头等速扭转，直至在土体中形成圆柱破坏面，测定此时最大扭矩，即可算出该深度处土的不排水抗剪强度。也可测定土的残余强度。最早是 1928 年瑞士的 John Olsson 首先提出，中国自 1954 年开始使用，在沿海软土地区已广泛使用。目前认为是一种有效的可靠的现场测试手段。（李明逵）

十字板抗剪强度 vane strength

由十字板剪切试验测定的地基原位土的抗剪强度。其值接近于土的不排水抗剪强度，与土层深度近似成以下线性关系

$$\tau_f = c_o + \lambda z$$

式中 τ_f 为土的十字板抗剪强度；c_o 为直线段与表示 τ_f 的水平轴的截距；λ 为直线段斜率；z 为土层深度。（张季容）

时程分析 time-procedure analysis

在结构动力分析中，直接对动力反应的全部时间历程进行的分析。它主要采用从运动方程直接求解、逐步积分的数值方法（统称直接积分法，例如加速度冲量外推法、线加速度法和威尔逊 $-\theta$ 法等）。由于考虑了动力反应随时程变化的全过程，因而突破了以往只能求出反应最大值的局限性。该方法计算工作量大，限制了它的普遍应用。但因其不依赖于叠加原理，故可适用于非线性体系。在中国抗震设计规范中，已要求对某些重要结构进行时程分析。（洪范文）

时间边缘效应 time-edge effect

光弹性模型如长期闲置不用，在其边缘出现初应力并呈现应力光图的光弹性效应。它能使受载模型边缘的等差线和等倾线发生畸变，从而降低实验的精度。因此，光弹性材料应具有较小的时间边缘效应。（傅承诵）

时间对数拟合法 logarithm of time fitting method

又称 $\log t$ 法。将土的固结试验某级压力下的垂直变形与时间关系整理成垂直变形与时间对数的关系曲线，并由此确定土的固结系数的一种常用方法。（谢康和）

时间分裂法 time-division method

将一个方程按时间推进分裂成两个方程再联立求解，以处理二维对流扩散问题的方法。此法将时间推进分两步进行，第一步只考虑一个函数的变化，另一函数的有关导数均按零处理；第二步则只考虑在第一步未考虑的函数的变化，然后联立求解这两个方程。它的计算工作量较小，尤其适用于多维空间问题。（王 烽）

时间间隔 time interval

见瞬时（325 页）。

时间平方根拟合法 square root of time fitting method

又称$\sqrt{t}$法。将土的固结试验某级压力下的垂直变形与时间关系整理成垂直变形与时间平方根的关系曲线，并用以确定土的固结系数的另一种常用方法。（谢康和）

时间平均法 time-average holography

用全息照相法对周期变化的物体表面作长时间曝光，以获得全息记录的一种干涉计量术。对于定常振动体，此法能记录振动体两个极限位置之间全部连续过程的表面信息。再现时，所有这些再现物光相互干涉形成干涉条纹图。振动体上振幅为零处的“波节点”，显现出清晰明亮的节线，其余各点则随振幅和相位的不同，形成和等幅线极其相似的条纹分布。此法可用于测量节线、振型、振幅分布和振幅值。（钟国成）

时间－温度等效原理 time-temperature equivalent principle

高聚物的同一个力学松弛现象可以在较高的温度、较短的时间内（或较高的频率下）发生，也可在较低的温度、较长的时间内（或较低的频率下）发生，或者说对于高聚物的粘弹行为升高温度与延长时间或降低温度与缩短时间等效。利用这一原理可以对不同温度或不同频率下测得的高聚物力学性能进行换算，以得到一些很难，甚至无法由实验直接测得的高聚物力学性能。（周 啸）

时间相干性 temporal coherence

实际单色光的波列的相干长度。光源的单色性好者（相干长度长），时间相干性好。

$$l = C\Delta t = \frac{C}{\Delta f}$$

式中 l 为相干长度（一个单色波列的长度）；C 为光速；Δt 为相干时间（光源连续发射的时间）；Δf 为频带宽度。相干长度是干涉条纹可见度等于零的最大光程差。在全息照相中，相干长度为物光束和参考光束之间的允许光程差的上限，其作用是限制物体的深度。（钟国成）

时间相关法 time-dependent method

采用时间相关方程将定常流动问题的解看成是时间趋于无穷时的非定常流动，以处理定常流动的方法。这一方法在流体流动问题的数值计算中广为应用，因为非定常流动所满足的方程是抛物型的初值问题，在计算方法上处理起来比边值问题优越。（王　烽）

时间因子 T_v time factor T_v

又称时间因素或竖向固结时间因子。固结理论中的无量纲因数。用下式表示

$$T_v = \frac{c_v t}{H^2}$$

式中 c_v 为竖向固结系数；t 为固结历时；H 为土层的竖向排水距离。T_v 越大，地基的平均固结度越大。（谢康和）

时均法 time-mean method

全称时间平均法。按运动要素时间平均值分析湍流运动规律的方法。它是一种以时间为权数的加权统计平均法，湍流运动要素均用时间平均量和脉动量表达

$$u_x = \bar{u}_x + u'_x, \bar{u}_x = \frac{1}{T}\int_0^T u_x \mathrm{d}t$$

$$u_y = \bar{u}_y + u'_y, u_y = \frac{1}{T}\int_0^T u_y \mathrm{d}t$$

$$u_z = \bar{u}_z + u'_z, u_z = \frac{1}{T}\int_0^T u_z \mathrm{d}t$$

式中 u_x、u_y、u_z 为流体质点流速在笛卡尔坐标中的三个分量；$\bar{u}_x$、$\bar{u}_y$、$\bar{u}_z$ 为时均流速分量；u'_x、u'_y、u'_z 为脉动流速分量；t 为时间；T 为统计平均时段值。实验证明，当 T 足够长时，$\bar{u}_x$、$\bar{u}_y$、$\bar{u}_z$ 趋稳定值（可视为常数）。因此，对于时间平均值，湍流可分为恒定流与非恒定流两大类。湍流属于非恒定流，但对时均值的恒定湍流，仍可用一般的恒定流理论，对于非恒定湍流，也可采用逐段时均法分析。此法大大简化了对湍流的分析，故广为流行，但采用时均值只能描述流体的总体运动，不能反映流体的脉动影响。（叶镇国）

时均流速 time-mean velocity

湍流随机性流速按时间所取的平均值。可用下式表达

$$\bar{u}_x = \frac{1}{T}\int_0^T u_x(t)\mathrm{d}t$$

$$\bar{u}_y = \frac{1}{T}\int_0^T u_y(t)\mathrm{d}t$$

$$\bar{u}_z = \frac{1}{T}\int_0^T u_z(t)\mathrm{d}t$$

式中 $\bar{u}_x$、$\bar{u}_y$、$\bar{u}_z$ 为时均流速在笛卡尔坐标中的三个分量；$u_x(t)$、$u_y(t)$、$u_z(t)$ 为流体质点流速的三个分量；T 为计算时均值所取的时段；t 为时间。实验证明：湍流中尽管瞬时流速具有随机性，从表面上看没有确定的规律性，但在足够长的时间过程中，其时均值十分稳定，并可作常数处理。因此，它大大简化了对湍流的研究过程。（叶镇国）

时均压强 time-mean pressure

湍流瞬时变化的压强按时间所取的平均值。其表达式为

$$\bar{p} = \frac{1}{T}\int_0^T p(t)\mathrm{d}t$$

且有 $$p = \bar{p} + p'$$

式中 $\bar{p}$ 为时均压强；p 为瞬时压强；p' 为脉动压强；T 为计算时均压强所取的时段；t 为时间。（叶镇国）

时温等效原理 time-temperature equivalent principle

又称时间－温度叠加原理（time－temperature superposition principle），或时温等效性。温度升高会加快蠕变或应力松弛的进程，在较低温度下较长时间的蠕变或应力松弛情况，相当于较高温度下较短时间的结果，因而升高温度和延长观测时间是等效的。在某一时间－温度范围内有热流变简单行为。按照这一原理，可用提高温度的办法在较短时间内得到材料的长期效应，绘制出应力松弛的叠合曲线。（杨挺青）

时域 domain of time

描述动态信号变化规律的时间坐标。以时间为自变量来描述振动的运动规律称为振动的时域表示。（戴诗亮）

时域相关系数 correlation coefficient in time domain

在时域上描述二变量之间关系密切程度的系数。对于均值为零的各态历经平稳随机过程，其互相关系数和自相关系数分别定义为

$$\rho_{xy}(t_a, t_b) = \frac{E(xy)}{\sigma_x \sigma_y}$$

$$\rho(t_a, t_b) = \frac{E(x_a x_b)}{\sigma_{xa}\sigma_{xb}}$$

自相关系数表示同一函数中的二变量之间的相关程

度，而互相关系数表示不同函数中的二变量之间的相关程度。它的绝对值越大，则说明实际值与回归曲线（或直线）的关系越密切。当为±1时，则表示完全相关；若为零，则表示互不相关。

（田　浦）

实功原理　principle of actual work

结构上的外力实功 W 等于结构在变形过程中储存的应变能（又称为内能）U，即 $W=U$。对于荷载作用下的线性弹性结构，可表为

$$\frac{1}{2}(P_1\Delta_1 + P_2\Delta_2 + \cdots\cdots + P_n\Delta_n)$$

$$= \frac{1}{2}\Sigma\left(\int_0^l \frac{M^2\mathrm{d}x}{EI} + \int_0^l \frac{kQ^2\mathrm{d}x}{GA} + \int_0^l \frac{N^2\mathrm{d}x}{EA}\right)$$

式中，P_1、P_2、……P_n 和 Δ_1、Δ_2、…Δ_n 分别表示作用于结构上的 n 个外力和与这些力相应的位移；M、Q、N 为结构上某一截面的弯矩、剪力和轴力；k 为截面剪应力分布不均匀系数；EI、GA、EA 分别为截面的抗弯刚度，抗剪刚度和拉伸刚度。当结构上只有一个外力作用时，利用实功原理可以而且只能求出结构沿该外力作用点和方向上的位移，而不能像虚功原理那样计算任意荷载作用下所产生的任意截面的位移。故就计算位移而言，此原理的应用远不如虚功原理有效和普遍。

（罗汉泉）

实际气体　real gas

又称真实气体。其成分、平均摩尔质量和比热都有显著变化、且都是温度和压力的函数的气体。处于低温、高压下的气体，其分子间的平均距离变得很小，分子间的相互作用不能忽略，也是一种实际气体。对于这种气体，即使在平衡状态下，状态参量也不再满足克拉珀龙方程（参见完全气体，364页）。对于不同温度和压力范围，描述实际气体可有不同形式的近似状态方程。

（叶镇国）

实际气体效应　real gas effect

在高温和超声速流动中，气体性质偏离完全气体特性的现象。它在理论计算和模拟试验中均需加以考虑。

（叶镇国）

实时分析　synchronized-analysis

在实验同时，对测试信号自动进行分析处理，并将处理后的结果以数字或图表形式显示或打印出来的一种实验方法。实时分析方法一般由信号处理仪来实现，可及时了解实验情况，为工业监测及预报构件疲劳寿命等的一种有效方法。

（张如一）

实体结构　solid structure

三个方向的尺度大约为同一数量级的结构。常见的有重力坝、挡土墙和块式基础等。对于这类结构，须按弹性力学的理论进行分析。

（何放龙）

实验测量误差　error for experiment measurement

实验测量值与真值的偏差。误差的种类根据其性质不同分为：系统误差、随机误差和粗大误差；根据表述意义不同分为：绝对误差、相对误差、标准误差、平均误差和极限误差等；根据误差来源不同分为：测量装置误差、环境误差、方法误差和人员误差等。正确估计误差的影响是实验数据处理的一项重要内容。

（李纪臣）

实验力学　experimental mechanics

用实验方法分析确定物体（如工程构件或构筑物，机械零部件等）在受力情况下的应力状态，在复杂条件下的荷载情况及检测物体的内部缺陷等的学科。在工程领域内，常用以提供设计计算假定从而拟定计算模型或用以检验理论分析的正确与否。往往利用小比例的模型进行实验。实验力学学科的发展与量测技术的发展密切相关，目前的实验方法有电测方法、光测方法、声学方法、比拟法及脆性涂层法、光－电法等等。随着电子计算机及有限元分析和其它数值分析方法的发展与应用，实验力学将与计算力学紧密结合，使应力分析成为一种实验－数值计算的综合方法。

（王娴明）

实验数据处理　dispose of experiment data

对实验数据进行模数转换、误差分析和数学处理的方法。分为静态数据处理和动态数据处理。前者包括：①判别和求出测量中可能存在的各项误差并剔除含有粗大误差的坏值；②确定测量结果及其准确度；③对测量数据进行回归分析寻求测量值的规律和数学表达式。后者包括：①对原始数据进行取舍、转换、采样和量化等预处理；②对数据的平稳性、周期性、正态性等基本特性进行检验；③对可能平稳和随机的数据进行频谱分析，对明显非平稳或非随机的数据进行特殊的数据分析。

（李纪臣）

实验－数值计算综合分析法　hybrid experimental-numerical stress analysis

综合应用物理模型和数学模型进行应力分析的方法。既改进了单纯用数学模型进行分析时因材料本构关系、边界条件及初始条件等方面所作假定的不确切性对分析结果的不利影响，又弥补了单纯用物理模型进行试验分析时所得结果的不通用性的不足。是由于计算机的广泛应用从而为数值计算提供了快速、精确的计算手段后发展起来的一种应力分

析方法，其工作流程的示意框图为

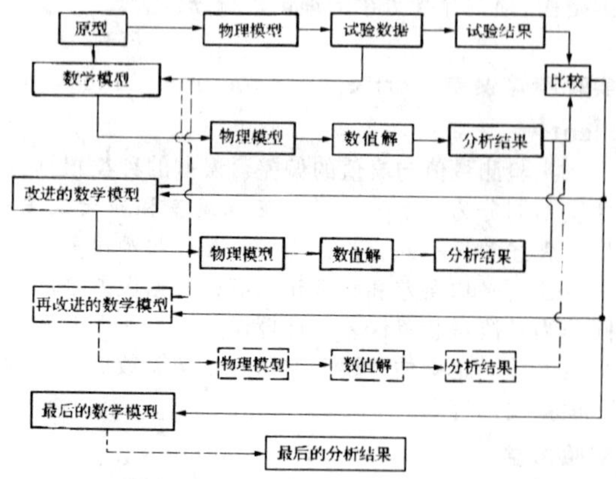

（王娴明）

实用堰 practical weir

堰顶厚度 δ 大于 0.67 倍堰顶水头但小于 2.5 倍堰顶水头的堰。这种堰的堰顶厚度对水流有影响，其断面形状有折线型和曲线型两种。曲线型实用堰又可分为真空堰和非真空堰两大类。堰面曲线基本上与薄壁堰水舌下缘外形相符时称为非真空堰；堰面曲线低于薄壁水舌下缘、溢流水舌脱离堰面并使该处空气被带走而形成真空区时称为真空堰。真空堰因存在负压，可加大流量系数，即加大堰的泄水能力，但易发生空蚀现象使堰面过早破损。真空堰和非真空堰都是相对于某种设计水头设计的，若水头变化，非真空堰也有可能成为真空堰。在水利工程中，实用堰是常用的堰型之一，多用作挡水和泄水建筑物的溢流坝。30 年代苏联奥弗采洛夫（A. C. Офицеров）对美国工程师克里格（W. P. Creager）的堰面曲线形式作了局部修正，提出了克里格－奥弗采洛夫曲线形剖面堰，克－奥曲线共有五种型式，其中克－奥（Ⅰ）型为非真空剖面堰，是苏联采用最多的堰型。40 年代以来美国及其他一些国家在高坝和低坝建设中则常用美国陆军工程兵团研究成功的 WES 剖面堰，WES 为美国陆军工程兵团水道试验站的简称（Waterways Experiment Station）。50 年代起，我国曾广泛采用克－奥（Ⅰ）型剖面堰，其流量系数约为 0.49，略低于 WES 堰。WES 堰流量系数大，工程量省，而且有很丰富而系统的实验、设计和运行资料。70 年代以来我国开始引进，并在混凝土重力坝设计规范中参照引用，提出了我国溢流坝面曲线的设计方程。实用堰的淹没条件为：①下游水位超出堰顶；②上下游水位差与下游堰高之比小于 0.7；③下游水位超出堰顶高度与堰顶水头之比大于 0.4。对于 WES 堰，其淹没条件为下游水位超出堰顶高度与含行近流速水头的堰顶水头之比大于 0.15。（叶镇国）

史密特数 Schmidt number

运动粘度与分子扩散系数的比值。为一无量纲数，常用 S_c 表示。即

$$S_c = \frac{\upsilon}{D_m}$$

式中 υ 为运动粘度；D_m 为分子扩散系数，即扩散物质沿某方向法向平面单位面积的输送率与沿该方向的浓度梯度的比值。S_c 和扩散物质的分子量成正比，气体的 S_c 量级为 1，则液体 $S_c \approx 1\,000$。在紊流情况下，S_c 也可定义为

$$S'_c = \frac{\varepsilon_z}{D_m}$$

式中 ε 为涡粘性系数

$$\varepsilon = -\frac{\overline{u'_x u'_y}}{\dfrac{\partial \bar{u}}{\partial y}}$$

式中 u'_x，u'_y 为脉动流速在坐标 x，y 方向的分量；$\overline{u'_x u'_y}$ 为时均值；$\bar{u}$ 为时均流速；$\dfrac{\partial \bar{u}}{\partial y}$ 为 y 方向的时均流速梯度。对于气体和液体在紊流情况下，$S'_c \approx 0.7$。（叶镇国）

矢径 radius vector

见位置矢（374 页）。

矢跨比 rise-span ratio

拱的矢高 f 与跨度 l 之比，表为 f/l。其中矢高 f 为拱顶到两拱趾连线的竖向距离，跨度 l 为两拱趾连线的水平距离。矢跨比是拱的重要几何参数，对拱的水平推力和内力均有很大影响。其变化范围一般在 0.1～1 之间。（何放龙）

矢量场 vector field

各处都对应着某种物理量的矢量的空间。如力场、速度场等均属此类。（叶镇国）

矢量代数法 vector algebra method

用矢量代数解决岩体空间稳定分析中的合力、滑移类型及安全系数的方法。具体步骤是根据已知条件，求出各矢量的方向数，再根据初始力及上述结果求出的合力 R 的坐标和大小，确定滑移体的滑移类型，最后由滑移类型，选择适当方法计算稳定安全系数。（屠树根）

势函数 potential function

见力函数（211 页）。

势力场 potential force field

又称保守力场。作用于质点或质点系的力是有势力（保守力）的力场。（黎邦隆）

势流 potential flow

见无旋流动（379 页）。

势流叠加原理 superposition principle of potential flow

几个势流叠加以后可组成新有势流动的原理。这是势流的一个重要特性。它意味着流速场的几何相加，也就是叠加所得势流任一点的流速矢量等于被叠加的势流在该点的流速矢量之和，叠加所得的势流在任一点的流函数值等于被叠加的势流在该点的流函数值之和，即

$$\vec{u} = \vec{u}_1 + \vec{u}_2 + \cdots + \vec{u}_i,$$
$$\varphi = \varphi_1 + \varphi_2 + \cdots + \varphi_i,$$
$$\psi = \psi_1 + \psi_2 + \cdots + \psi_i,$$

式中各量的下标 $i=1$、2、3、……；n 表示不同被叠加势流的编号；$\vec{u}$ 为流速；φ 及 ψ 为流速势及流函数。φ 及 ψ 都满足势流拉普拉斯方程，由于拉普拉斯方程是线性方程，所以叠加以后的 φ 和 ψ 也一定满足拉普拉斯方程。这一原理是求解势流问题的有效手段。（叶镇国）

势流解法 solution of potential flow

不可压缩无粘性流体的无旋运动的解。它可以通过复变函数或格林函数法求出解析解，也可用有限差分法或有限元法或边界元法求其数值解。有限元法对不规则区域的势流流动更为有效。（王 烽）

势流拉普拉斯方程 Laplace equation in potential flow

无旋流动的连续性方程。对于密度不变的不可压缩流体，其速度散度必为零，即

$$\mathrm{div}v = \frac{\partial u_x}{\partial x} + \frac{\partial u_y}{\partial y} + \frac{\partial u_z}{\partial z} = 0$$

式中 v 为流速；u_x，u_y，u_z 为 v 沿三坐标轴的流速分量。此式即不可压缩流体的连续性方程。若将流速与流速势关系代入，可得

$$\frac{\partial^2 \varphi}{\partial x^2} + \frac{\partial^2 \varphi}{\partial y^2} + \frac{\partial^2 \varphi}{\partial z^2} = 0$$

式中 φ 为流速势。此即拉普拉斯方程。它是无旋流动中的一个重要关系式。此外，在平面有势流动中，流函数和流速势也必须满足这一关系式。它表明，势流的流速场完全可由流速势 φ 来确定。因此势流问题可归结为在特定边界条件下解拉普拉斯方程，这样就使解三个未知变量（u_x，u_y，u_z）的问题变为解一个未知函数 φ 的问题。由流速势 φ 求出流速 $\vec{u}$ 后，利用伯努利方程即可求得压强 p。（叶镇国）

势能 potential energy

量度在势力场内的物体由于它所处的位置而具有的做功能力的物理量。其值等于质点或质点系从该位置沿任意路径运动到零位置时，有势力对它所做的功。例如，若取任意水平面为 Oxy 坐标平面，z 轴铅垂向上，并选该平面上任一点为零位置，则质量为 m 的质点在点（x，y，z）时的重力势能 $V=mgz$，质量为 M 的质点系的重力势能则为 $V=Mgz_c$（z_c 为系统质心的 z 坐标，$z_c=0$ 的任一位置为零位置）；若取弹簧未变形时的端点为零位置，则当它的变形为 λ 时，弹性力势能 $V=\frac{1}{2}k\lambda^2$（k 为弹簧常数）。势能是质点或质点系中各质点的坐标的函数，即 $V=V(x, y, z)$ 或 $V=V(x_1, y_1, z_1, \cdots, x_n, y_n, z_n)$。在广义坐标情况下，$V=V(q_1, q_2, \cdots, q_s)$。作用在质点上的有势力在 x、y、z 轴上的投影 $X=-\frac{\partial V}{\partial x}$，$Y=-\frac{\partial V}{\partial y}$，$Z=-\frac{\partial V}{\partial z}$；作用在质点系内任意质点 i 的有势力的投影则为 $X_i=-\frac{\partial V}{\partial x_i}$，$Y_i=-\frac{\partial V}{\partial y_i}$，$Z_i=-\frac{\partial V}{\partial z_i}$。（黎邦隆）

势能驻值原理 principle of stationary potential energy

在所有几何可能的位移形式（满足变形连续条件和边界已知位移条件）中，满足平衡条件的真实解使弹性体总势能 Π_p 为驻值。体系总势能 Π_p 定义为体系应变能 U 与外力势能 U_p 之和，$\Pi_p=U+U_p$。可用于线性或非线性分析。势能泛函的驻值条件为 $\delta\Pi_p=0$，是以能量形式表示的平衡条件。对于稳定平衡问题，泛函的二次变分 $\delta^2\Pi_p>0$，相应的原理称为最小势能原理。当 $\delta^2\Pi_p=0$ 时，弹性体处于中性平衡状态，其对应的问题是特征值问题。这时，该原理常用于求有限自由度屈曲问题的临界荷载和动力问题的自振频率。对于无限自由度问题，则可应用此原理求近似解。利用此原理可导出位移法基本方程、卡氏第一定理等。（支秉琛 罗汉泉）

视塑性法 method of vision plasticity

理论与实验相结合以确定应力、应变和应变率变化及分布规律的一种方法。在通过实验确定变形体内质点的位移场和位移速度场后可算出应变和应变率以及各点的应力。这一方法适用于稳态流动过程。其具体作法是：在试件的剖分面上刻印坐标网格，再将剖分的试样合拢，放入模具中成形。应将变形过程分成若干阶段，并将各阶段变形后的网格拍摄下来，从而得到每一质点在整个变形过程中的流动轨迹。若每个阶段变形时间为 Δt，质点相邻位置为 Δs，则质点流动速度为 $\frac{\Delta s}{\Delta t}$。找出变形体内各点应变率的大小和分布后，便可用塑性本构关系和数值积分法求出各应力分量并画出应力轨迹和滑移线图。视塑性法可用来检验其他理论分析的准确

程度。但这一方法工作量大而且测试误差对计算结果的精度影响颇大。 （徐秉业）

视应变 apparent strain

又称热输出。安装在试件上的电阻应变计因温度的变化而产生的应变示值。以平均热输出系数 m 表示

$$m=\frac{\varepsilon_{t\max}-\varepsilon_{t\min}}{t_{\max}-to}(\mu\varepsilon/℃)$$

由实验 ε_t-t 曲线得出。敏感栅的电阻温度效应及敏感栅与被测试件材料线膨胀系数的差异是产生热输出的主要原因。由于热输出引起较大的量测误差，须在量测线路中接入温度补尝片或采用温度自补尝应变片来消除其影响。

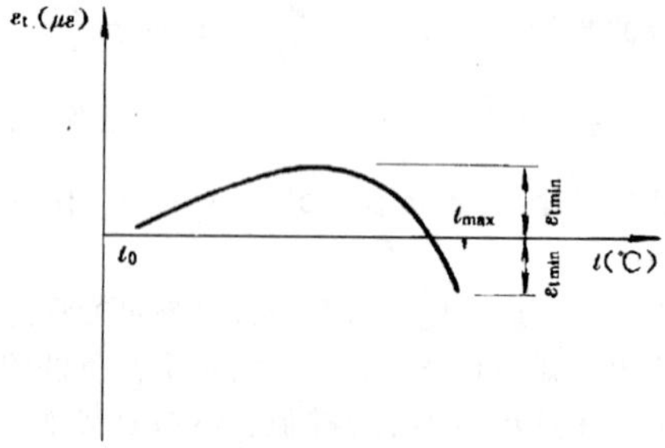

（王娴明）

试函数 trial function

又称试探函数。加权余量法中用以表示近似解的由一族带有待定参数的已知函数构成的函数。一般形式是

$$\bar{u}=\sum_{i=1}^{n}a_i\bar{u}_i$$

式中 a_i 是待定参数；$\bar{u}_i$ 是线性独立的已知函数，取自完全的函数序列（即任一函数都可用此序列表示），通常使之满足强制边界条件和连续条件的要求。近似函数所取试探函数的次数越多，近似解的精度越高，当项数 n 趋于无穷时，近似解将收敛于精确解。 （包世华）

试算法 trail and error method

在结构塑性分析中，以单值定理为依据确定结构极限荷载的方法。根据单值定理，若某一荷载既是可破坏荷载，同时又是可接受荷载，则此荷载即为极限荷载。对于受弯杆件结构，可先按某一破坏机构，用机构法求出其可破坏荷载，然后验算与其相应的弯矩分布状态是否满足塑性弯矩条件。若满足，它即为极限荷载；若不满足，则应再选取其它机构（基本机构或组合机构）按同样的方法进行验算，直至所求得的可破坏荷载对应的弯矩分布状态满足塑性弯矩条件为止。在确定刚架的极限荷载时，常采用这一方法。

（王晚姬）

适体坐标 body-fitted coordinates

以计算问题几何边界为坐标线所组成的坐标系。坐标线的疏密适应物体的形状，某些坐标曲线就是物体的固体边界曲线，从而克服应用差分法时，网格结点不位于边界上的缺点。 （郑邦民）

shou

收敛曲线 convergence curve

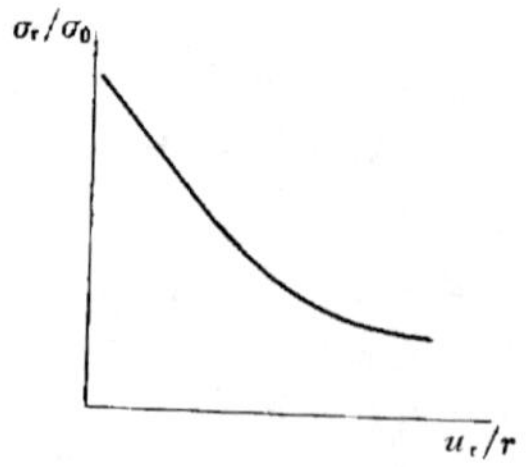

表征围岩性态的曲线。如果围岩性态是弹性，则曲线为线性的，当隧道周围出现塑性带（松弛带）时，则曲线的直线部分即告终止，确定这条曲线应充分了解围岩性态的变化规律。对均质连续的围岩，其参数可分为弹性特征、最大强度特征（粘聚力，内摩擦角及伴生膨胀）和达到最大强度后的性态参数，即强度降低并伴生膨胀和残余强度特征。对圆型隧道而言，能用分析法确定这条曲线。 （屠树根）

收敛速度 speed of convergence

收敛点列 $\{\boldsymbol{x}^k\}$ 趋近其极值点 $\boldsymbol{x}^*$ 的快慢程度。常以收敛的阶来表示，用于衡量优化算法的效率。收敛的阶定义为满足

$$\lim_{k\to\infty}\frac{\|\boldsymbol{x}^{k+1}-\boldsymbol{x}^*\|}{\|\boldsymbol{x}^k-\boldsymbol{x}^*\|^{\alpha}}=\beta \quad 且 \quad 0<\beta<\infty$$

的非负数 α 的上确界。当 $\alpha=2$ 时称为二阶收敛；$1<\alpha<2$ 时称为超线性收敛；$\alpha=1$ 且 $\beta\in(0,1)$ 时称为线性收敛。收敛的阶数越高说明点列的收敛速度越快。 （刘国华）

收敛－约束法 convergence-confinement method

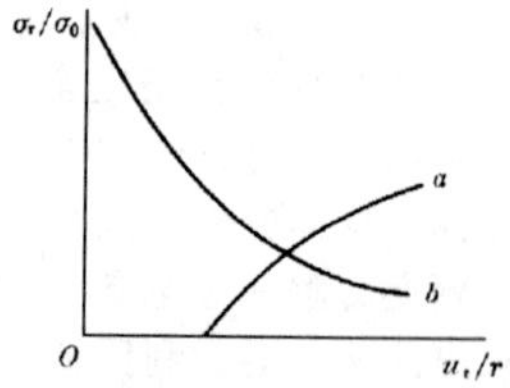

又称特性曲线法（characteristic method)。用隧道的径向变形函数的两条径向应力特性曲线交会的方法计算支护所受压力的方法。其最简单的形式是画两条特性曲线，即收敛曲线 b 和约束曲线 a，求出它们的交点，以决定支护压力的最终平衡。横座标表示相对径向位移 u_r/r，纵座标表示隧道衬砌的径向压力 σ_r 与假设隧道开挖前已存在的静水压力 σ_o 之比。它研究在支护环的均匀反力系统作用下的围岩性态。可以用一个间接方法把三维状态和时间因素考虑进去。有利于解释量测的

结果，特别是对使用锚杆喷混凝土的即时支护法。

（屠树根）

收敛准则 convergence criteria

判别解的精度是否满足要求的表达式。非线性方程组迭代收敛的准则主要有如下三种：

①由解向量控制

$$\frac{\| \Delta \boldsymbol{a}^{(m)} \|}{\| \boldsymbol{a} \|} \leqslant \varepsilon_D$$

即迭代增量 $\Delta\boldsymbol{\alpha}^{(m)}$ 的模与精确的模之比小于允许相对误差 ε_D。实际上精确解通常是不知道的，常用 $\| \boldsymbol{a}^{(m)} \|$ 来代替 $\| \boldsymbol{a} \|$。

②由荷载控制

$$\| \boldsymbol{P}^{(m)} + \boldsymbol{f} \| \leqslant \varepsilon_F \| \boldsymbol{P}^{(0)} + \boldsymbol{f} \|$$

③由每次迭代的某种功来控制

$$\Delta \boldsymbol{a}^{(m)\mathrm{T}} (\boldsymbol{P}^{(m-1)} + \boldsymbol{f}) \leqslant \varepsilon_E (\Delta \boldsymbol{a}^{(1)\mathrm{T}} (\boldsymbol{P}^{(0)} + \boldsymbol{f}))$$

以上各式中“‖ ‖”号表示其中向量的模。

优化设计中指用以检验迭代算法是否获得最优解或达到预定目标所规定的标准。一般由相应的最优性条件确定。例如，在无约束极小化问题中用于下降算法的收敛准则为目标函数梯度的欧氏长度 $\| \nabla f(\boldsymbol{x}) \| = 0$；又如，在结构优化设计中用于满应力设计的收敛准则为任一结构构件在某一工况下的截面应力比 $\beta = 1.0$。参见终止准则。

（姚振汉 杨德铨）

收缩断面水深 contractional depth

见衔接水深（383页）。

收缩系数 coefficient of contraction

边界条件及流线特性造成流束收缩的最小泄流面积与原泄流断面面积之比。这种现象常见于孔口出流、闸下出流及堰下游。其类型有一般的孔口收缩系数；侧收缩系数及纵向收缩系数等。定义式为

$$\varepsilon = \frac{\omega_c}{\omega} < 1$$

式中 ε 为收缩系数；ω_c 为收缩断面面积；ω 为泄水孔口的断面面积。其值由实验方法测定。对于薄壁小孔口，$\varepsilon = 0.64$，堰流进口的侧收缩系数及下游断面的纵向收缩系数可按经验公式计算。ε 值反映因收缩影响所造成的泄水能力下降，因此，有收缩情况下的泄水能力将小于无收缩情况下的泄水能力。（叶镇国）

受剪面 area of resisting shear

连接件（如螺栓、铆钉、侧焊缝等）发生剪切错动的面。连接件可以有单受剪面、双受剪面和多受剪面，视连接件的连接方式而定。（郑照北）

受力分析 force analysis

解决力学问题时，对研究对象的受力情况所进行的分析。主要是考虑所取对象上作用有哪些力（包括主动力与约束反力），其中哪些是已知的，哪些是未知的，并把每一外力画在受力图上。进行这种分析是解决力学问题的第一步，是进行下一步解答或计算的基础。所作分析正确与否，直接关系到整个解答的正误。（彭绍佩）

受力图 isolated-body diagram

又称示力图、隔离体图、分离体图、脱离体图、自由体图（free - body diagram）。在隔离体（可为单个物体或物体系统）上画出它所受的全部外力（包括主动力与约束反力）以显示其受力情况的简图。（彭绍佩）

受迫振动 forced vibration

又称强迫振动。体系在动力荷载作用下产生的振动。其运动方程分别为非齐次常微分方程（单自由度体系）、非齐次常微分方程组（多自由度体系）和非齐次偏微分方程（无限自由度体系）。根据荷载的不同性质，振动的形式也不相同，但其解答都由两部分构成：一部分是齐次微分方程的通解，它对应于体系的自由振动，称为伴生自由振动，在有阻尼的情况下将会很快衰减；另一部分是非齐次微分方程的特解，称为稳态受迫振动或纯受迫振动。在振动开始的过渡阶段，这两部分同时并存，但在随后的平稳阶段，只剩下稳态受迫振动，因此它是受迫振动的主要研究对象。对于简谐荷载作用下的无阻尼受迫振动，各质点均作同步的简谐振动，可将其微分方程化为代数方程（称为幅值方程）求解。而其他动力荷载引起的受迫振动或有阻尼的受迫振动、则需采用振型分解法或其他方法（例如加速度冲量外推法等数值解法）计算。

（洪范文）

shu

舒适度 comfort degree

人们在建筑物中活动时感觉舒适的程度。研究表明，位移大小并不足以反映人们感觉的舒适程度，通常以位移和频率二因素或加速度作为度量的标准。当结构加速度超过某一限值后，人们即感觉不舒适，影响着工作和休息。所以各国规范对结构上可作为人们经常活动的场所的地方，如高层建筑，高耸结构上的游览塔等地方，都需验算加速度值以保证人们的舒适度。（张相庭）

输出温度影响

温度每变化1℃，传感器满量程（F.S）的输出变化值与满量程输出值之比。以%F.S.表示。

（王娴明）

输出状态 output state

见状态变量（470 页）。

输入状态 input state

见状态变量（470 页）。

输沙率 transport rate

单位时间内通过某断面的泥沙重量。常用单位为 N/m^3。对于悬移质的输沙率，可用平均含沙量与流量的乘积表示；推移质的输沙率，计算公式很多，常用的有梅叶－彼德（Meyer－Peter.E.）公式（1948）

$$q_s = \frac{\left[\left(\frac{n_f}{n}\right)^{3/2} \gamma hJ - 0.047(\gamma_s - \gamma)d\right]^{3/2}}{0.25(\gamma/g)^{1/2}\left(\frac{\gamma_s - \gamma}{\gamma_s}\right)}$$

式中 q_s 为推移质输沙率；γ_s 为泥沙重度；γ 为水的重度；d 为泥沙粒径；J 为水力坡度；h 为水深；n 为曼宁糙率；n_f 为河床平整情况下的沙粒糙率，$n_f = \frac{1}{26} d_{90}^{\frac{1}{8}}$。本式单位制为 kgf·m·s。此式适用于较粗的推移质。平原河道、悬移质常为输沙的主体，山区清水河道，推移质常占重要地位。悬移质输沙率与推移质输沙率之和称为全输沙率。

（叶镇国）

竖向风速谱 vertical wind-speed spectrum

脉动风速的竖向分量按频率的分布。各国学者对竖向风速谱提出了各种不同形式的经验表达式，其形式与水平风速谱相似，一般它多比水平风谱小得多。（田 浦）

数学规划 mathematical programming

应用上常称为最优化。研究在给定区域内求解多元函数极值问题的数学分支学科。在 20 世纪 40 年代后期开始逐步形成，是运筹学的重要组成部分。常用于寻求费用或损失最小、效益最大的设计方案和生产决策等问题，应用领域非常广泛。按目标函数和约束条件的性质、解法的特点、设计变量的连续性或目标的多寡，可分为线性规划、非线性规划、凸规划、几何规划、动态规划、整数规划、0—1 规划和多目标规划等分支。其主要理论是凸性分析、最优性条件和对偶性理论，中心议题是最优化算法。是结构优化设计的数学基础和主要方法。问题的数学表达参见优化设计数学模型。

（刘国华）

数学规划法 mathematical programming method

构成数学规划问题并用数学规划算法求解的一类处理优化问题的方法。具有广泛的适应性，可用于构成并求解各类结构优化设计问题。其缺点是迭代次数较多，且随问题规模（以设计变量和约束条件数目的多少来衡量）的增大而急剧增加。对于较大型的结构优化设计问题，结构重分析计算量十分浩大。这一缺点在一定程度上影响了它的实际应用，但由于结构优化设计的另一方法——准则法虽然迭代次数少但适用面较窄，因此数学规划法仍是结构优化设计的主要方法。随着数学规划算法的改进，结构近似重分析、灵敏度分析尤其是与准则法的结合使用，以及相应计算机软、硬件的成熟与发展，这一类优化方法的效率将不断提高。

（刘国华）

数值积分 numerical integration

采用数值方法进行积分计算。求积分 $I = \int_a^b f(x)\mathrm{d}x$ 的基本做法是：构造一个多项式 $\varphi(x)$，使在 x_i（$i=1, 2, \cdots n$）上有 $\varphi(x_i) = f(x_i)$，然后用近似函数 $\varphi(x)$ 的积分来近似原被积函数的积分。x_i 称为积分点或取样点坐标。多项式 $\varphi(x)$ 的形式、积分点的数目和位置决定 $\varphi(x)$ 近似 $f(x)$ 的程度，因而也决定数值积分的精度。高斯积分和牛顿－科特斯积分均是常用的数值积分方法。当被积函数是 2（3）维并沿 2（3）方向积分时，为 2（3）维数值积分，基本做法同上。（包世华）

数值扩散 numerical diffusion

又称数值耗散。当方程解表示为谐波分量形式时，差分方程解的振幅较精确解振幅随时间的增加而衰减的数值特征。这是微分方程离散化成数值计算格式带来的影响。从能量观点看，扩散存在时总动能是不断减少的。若数值扩散大于物理扩散，计算将失去物理意义。所以，有时希望数值扩散不太大，以防掩盖物理扩散；又不为零，从而也能抑制住数值振荡。（王 烽）

数值弥散 numerical dispersion

差分方程解与微分方程精确解之间的相位差。它常引起计算时的数值振荡。扩散多出现在偶次导数项中，而弥散多出现在奇次导数项中。有弥散项存在时，总动量和总动能都是守恒的。

（王 烽）

数值奇异性 numerical singularity

边界上存在奇异点时，边界积分所存在的特性。对于这类问题，通常先经过处理，去掉奇异点，然后用边界元法计算。

（王 烽）

数字式记录仪 digital recorder

将被测模拟电信号经模－数转换器转换为数字量并以二进制数码方式进行记录的仪器。便于直接和计算机配用。（王娴明）

shuang

双边裂纹试件 double edge crack specimen

具有双边裂纹的平板型试件。承受拉伸荷载时属于对称结构对称受载，是断裂力学试验中常用的一类试件。（孙学伟）

双参数地基模型 two-parameter foundation model

在文克尔地基模型基础上发展起来的，用两个独立的弹性参数确定的使竖向布置的弹簧间能传递剪力的几种地基模型的总称。Filonenko－Borodich双参数模型是在文克尔模型中的弹簧上加一具有拉力 T 的弹性薄膜；Hetenyi双参数模型是在各独立弹簧上加一弹性板；而Pasternak双参数模型是假设在弹簧单元上存在一剪切层，这剪切层只能产生剪切变形而不可压缩。（龚晓南）

双层电阻应变计 double-deck resistance strain gauge

由上、下两个敏感栅组成的电阻应变计。用于量测壳体或薄板的弯曲应变及轴向应变。可不必在容器等结构的内部或底部等不易操作处贴片，应变值可由下式得出

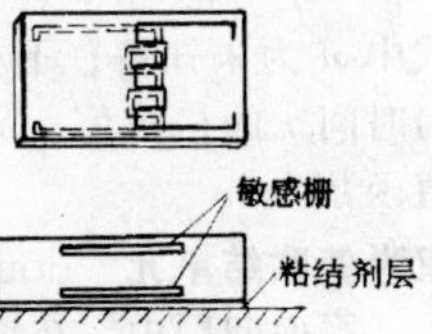

$$\varepsilon_b = \frac{t}{2h}(\varepsilon_1 - \varepsilon_2)$$

$$\varepsilon_a = \varepsilon_2 - \frac{1}{2h}(\varepsilon_1 - \varepsilon_2)$$

式中 ε_b，ε_a 分别为弯曲及轴向力引起的应变；t 为壳体或薄板的厚度；h 为上、下层敏感栅的间距；ε_1，ε_2 分别为上、下层敏感栅的应变示值。（王娴明）

双层势 double layer potential

无限空间中沿某一面元分布的面密度为 μ 的偶极子源所产生的势。调和函数 u 可表示为沿边界分布偶极子源的双层势

$$u(Q) = \int_s \frac{\partial u^s(p;Q)}{\partial n(p)}\mu(p)\mathrm{d}S(p)$$

式中 p 为源点；Q 为空间的场点；n 为边界面 S 的外法线方向；u^s（p；Q）与单层势公式中的相同，即点源的势。利用双层势可建立狄里克雷问题的边界积分方程

$$-\alpha(q)\mu(q) + \int_s \frac{\partial u^s(p;q)}{\partial n(p)}\mu(p)\mathrm{d}S(p) = \bar{u}(q)$$

式中 $\bar{u}$ 为调和函数在边界点 q 的给定值；α（q）为与 q 点处边界面几何特征有关的系数，对光滑边界点 α（q）$=\frac{1}{2}$。（姚振汉）

双光束散斑干涉法 dual beam speckle interferometry

通过测量双光束照明形成的散斑图的变化，分析物体全场位移的一种干涉计量术。不同方向照射在物体表面的两束激光，各自形成空间散斑场，它们相互叠加形成一个新的散斑场。在待测表面发生变形过程中，这个叠加的散斑场将发生相关或不相关的变化。常用相关法、过度曝光法或空间滤波法把相关条纹显示出来，即可了解物体表面全场位移状况。通常用特殊光路分别测面内位移和离面位移。也可用于测量透明物体内部的位移场。

（钟国成）

双剪应力屈服条件 twin shear stress yield condition

认为在三个主剪应力中两个较大者之和到达某极限值时，材料便屈服。在主应力空间中对应于这个屈服条件的屈服曲面是外切于米泽斯屈服曲面的正六角柱面，其表达式为

$$\sigma_1 - \frac{1}{2}(\sigma_2 + \sigma_3) = \sigma_3 \qquad 当\ \sigma_2 \leqslant \frac{1}{2}(\sigma_1 + \sigma_3)$$

$$\frac{1}{2}(\sigma_1 + \sigma_2) - \sigma_3 = \sigma_2 \qquad 当\ \sigma_2 \geqslant \frac{1}{2}(\sigma_1 + \sigma_3)$$

式中 σ_1、σ_2、σ_3 为主应力 $\sigma_1 \geqslant \sigma_2 \geqslant \sigma_3$，$\sigma_2$ 是屈服极限。中国的俞茂鋐对这个屈服条件和强度理论进行了长期的研究。

（熊祝华）

双力矩 bimoment

开口薄壁杆件约束扭转中横截面上由于扇性正应力所组成的一种内力素，记为 B_ω。其表达式为

$$B_\omega = \int_A \sigma_\omega \omega \mathrm{d}A$$

其量纲为［F］［L］^{2}，式中 ω 为主扇性坐标。扇性正应力 σ_ω 的计算式为

$$\sigma_\omega = \frac{B_\omega}{I_\omega}\omega$$

式中 I_ω 为主扇性惯矩。最大扇性正应力为

$$(\sigma_\omega)_{\max} = \frac{B_{\omega\max}}{W_\omega}$$

式中 $W_\omega = \dfrac{I_\omega}{\omega_{\max}}$ 称为扇性截面模量，量纲为［L］^{4}。

（吴明德）

双面剪切试验 double-shear test

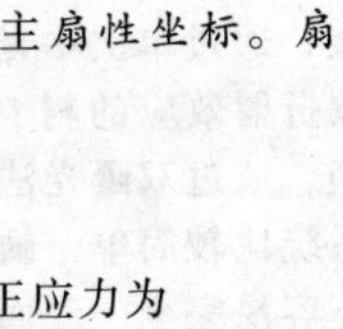

形成两个人为剪切面的直接剪切试验。可在剪切面上法向应力为零或不为零的条件下进行。

试验设备如图。剪切强度 τ 为

$$\tau=\frac{2Q}{\pi D^2}\quad(\text{MPa})$$

式中，Q 为切向荷载（N）；D 为圆柱形试件的直径（mm）。资料表明，该试验所得的值普遍偏高。（袁文忠）

双面约束 bilateral constraint

又称双向约束、固执约束。既能限制质点向某个方向运动，又能限制它向相反方向运动的约束。约束方程为等式。（黎邦隆）

双模量理论 double modulus theory

又称卡门（Von Kármá）理论或折算模量理论。考虑到压杆的非弹性失稳时横截面上一部分的压应变按切线模量规律增加另一部分按弹性模量规律减少的特性而建立的失稳理论。对于长细比较小的压杆，失稳时横截面上压应力超过材料的弹性极限，由于微弯变形，凹侧压应变增加，其应力对应变的变化率为切线模量；而凸侧压应变减少，其应力对应变的变化率为弹性模量。由此理论所获得的临界荷载公式为

$$P_{cr}=\frac{\pi^2E_rI}{(\mu l)^2}。$$

式中 E_r 称为折算模量，其值取决于切线模量 E_t 及弹性模量 E，对于矩形截面

$$E_r=\frac{4EE_t}{(\sqrt{E}+\sqrt{E_t})^2}$$

I 为横截面的形心主惯性矩；μl 为相当长度，其中 μ 为长度系数，此值取决于两端的约束条件，如为两端铰支，则 $\mu=1$。（吴明德）

双模型法 two models method

全息光弹性实验中常用于分离等差线和等和线条纹的方法。用暂时双折射效应灵敏材料制作的模型，通过单次曝光法获得等差线；再用不具有暂时双折射效应的材料（如有机玻璃）制成同样的模型，通过双曝光法获得等和线。此法的优点是光路系统比较简单，缺点是两个模型的尺寸和加载条件不容易完全一致而产生误差。（钟国成）

双曝光全息干涉法 double-exposure holography

又称二次曝光法。利用记录着物体二种不同状态的全息图获得的干涉条纹图，以分析物体变形或位移的一种光测力学方法。用一张全息底片分别对变形前后的物体进行两次全息照相，两个物光的波前相互重叠记录在同一张全息图中。如用拍摄时的参考光照明该全息图，再现时的干涉条纹图即表征物体在两次曝光之间的变形或位移。此法比较简单容易实现，可获得高反差干涉条纹图，是全息干涉计量中最常用的方法。（钟国成）

双千斤顶法 double-jack method

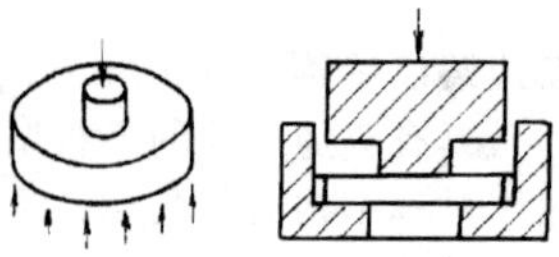

一种用两个千斤顶分别从垂直方向和侧向向岩样施加压力的现场岩体直接剪切试验法。岩样尺寸一般为 50cm×50cm、70cm×70cm 和 100cm×100cm 三种。横向推力与剪切面的夹角常取 15°，有时也取 0°。试验时先加垂直荷载，待岩体变形稳定后再逐渐施加剪力至岩样破坏。该试验主要用于测定岩体抗剪断强度或倾角较小的软弱面抗剪强度。（袁文忠）

双曲型方程的差分格式 finite difference formulations of hyperbolic equation

双曲型方程及其初始条件的差分表示式。如对流方程初值问题的差分格式为

$$\frac{1}{\Delta t}(u_j^{n+1}-u_j^n)+\frac{a}{\Delta x}(u_j^n-u_{j-1}^n)=0$$

$$u_j^0=\varphi(x_j),\qquad j=0,\pm1,\pm2,\cdots,$$

式中 u 为未知解；下标为 x 方向的格点值；上标为时间 t 的格点值；a 为常数；$\varphi(x_j)$ 为已知初值函数。（包世华）

双弹簧联结单元 double spring link element

平面问题中，在钢筋和混凝土结点之间，用两个互相垂直的弹簧构成的联结单元。一个弹簧垂直于钢筋表面，直接与结点联结，模拟钢筋与混凝土间的分合作用；另一个弹簧平行于钢筋表面，通过刚臂与结点连接，模拟钢筋与混凝土间的滑移作用。可以灵活地在结点之间任意设置。弹簧的刚度由粘结、滑移实验确定。（江见鲸）

双调和函数 biharmonic function

满足双调和方程 $\Delta\Delta F=0$ 的函数。对于三维问题 $F=F(x,y,z)$，拉普拉斯算符为

$$\Delta=\frac{\partial^2}{\partial x^2}+\frac{\partial^2}{\partial y^2}+\frac{\partial^2}{\partial z^2},$$

$$\text{而}\ \Delta\Delta=\left(\frac{\partial^2}{\partial x^2}+\frac{\partial^2}{\partial y^2}+\frac{\partial^2}{\partial z^2}\right)\left(\frac{\partial^2}{\partial x^2}+\frac{\partial^2}{\partial y^2}+\frac{\partial^2}{\partial z^2}\right)。$$

当体力为常量时，应力分量、应变分量与位移分量均为双调和函数。在弹性力学平面问题中，艾里应力函数 $\varphi(x,y)$ 为平面双调和函数。若采用圆柱坐标，则拉普拉斯算符为

$$\Delta=\frac{\partial^2}{\partial r^2}+\frac{1}{r}\frac{\partial}{\partial r}+\frac{1}{r^2}\frac{\partial^2}{\partial\theta^2}+\frac{\partial^2}{\partial z^2},$$

对于平面问题，圆柱坐标退化为极坐标，此时有

$$\Delta=\frac{\partial^2}{\partial r^2}+\frac{1}{r}\frac{\partial}{\partial r}+\frac{1}{r^2}\frac{\partial^2}{\partial\theta^2}。$$

（刘信声）

双线性矩形元 bilinear rectangular element

弹性力学平面问题中，以四个顶点为结点、以沿两个坐标方向线性插值函数的乘积为形函数的矩形元。其形函数多项式为一次完备，但含有二次项，是最简单的矩形元。 （支秉琛）

双悬臂梁试件 double cantilever beam specimen

断裂力学试验常用的形状和受力如双悬臂梁那样的一种试件。其构形和承受荷载的方式见图示。该类试件常用于测试 J 积分。

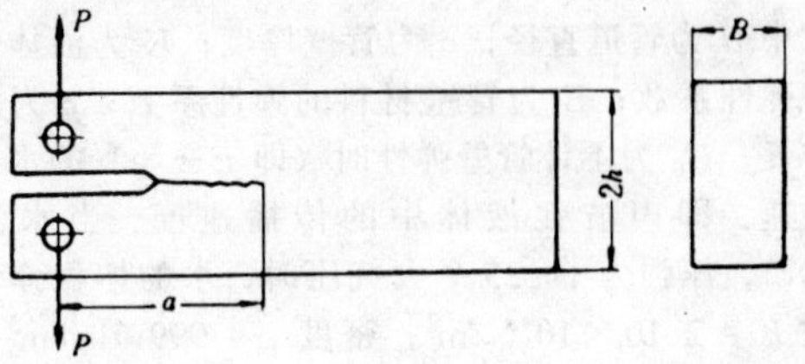

（孙学伟）

双圆筒黏度计法 two-cylindrical viscosimeter method

又称同轴回转圆筒黏度计法。测定混凝土拌合物流变参数的常用方法。有外圆筒旋转和内圆筒旋转（如图）两种，内、外圆筒共轴。将受试物料置于两圆柱体之间，其中一个在不同转速下旋转，测量在旋转过程中对另一个圆柱体所施加的扭矩，处理扭矩随转速变化的数据，可以得到剪应力与剪切速率之间的关系。如图，扭矩为 M，A 点与转轴的距离为 r，则剪力 $\tau=\dfrac{M}{2\pi r^2 h}$。内筒角速度为 Ω。对宾厄姆体来说：$\dfrac{M}{2\pi r^2 h}=\tau_t+\eta_{pl}\, r\dfrac{d\Omega}{dr}$，积分后可得

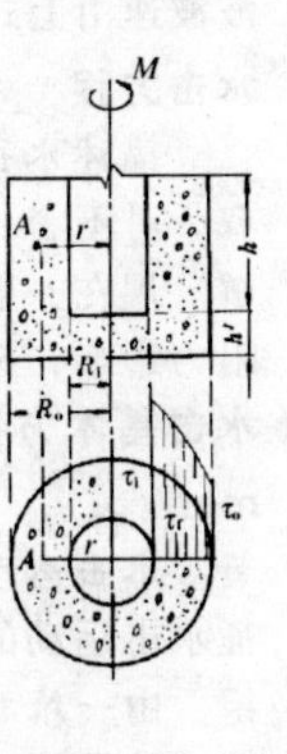

$$\Omega=\frac{M}{4\pi\eta_{pl}h}\left(\frac{1}{R_0^2}-\frac{1}{R_i^2}\right)-\frac{\tau_t}{\eta_{pl}}\ln\frac{R_i}{R_0}$$

由此式可计算宾厄姆体的屈服应力 τ_t 和塑性黏度 η_{pl}。当 $\tau_t=0$，则为牛顿液体方程。

测试时应注意校正末端效应，选择合理的仪器尺寸及施加的转矩和转速。η_{pl} 和 τ_t 均受温度影响，对富混凝土拌合物来说影响更大，测试过程中必须注意控制温度在一定范围内。 （胡春芝）

双折射效应 birefringent effect

当光线射入某些晶体时，在入射点将分解为沿光轴和垂直于光轴平面振动的两束平面偏振光，它们在晶体内的折射率和传播速度都不相同，这种现象称为双折射效应。具有该效应的光束，当入射角变化时，其折射率的大小，可用折射率椭球表示。折射率椭球体具有三个主半轴，其相应的折射率表示三个主折射率。 （傅承诵）

双轴光弹性应变计 biaxial photoelastic strain gage

具有中心开有小孔的圆形光弹性材料薄片的光弹性应变计，如图所示。将它固定在构件上，当它随受力构件变形后，薄片中等差线条纹的对称轴方向，标志着主应力或主应变的方向。根据孔附近的条纹级数进行计算，可以确定两个主应力的大小。

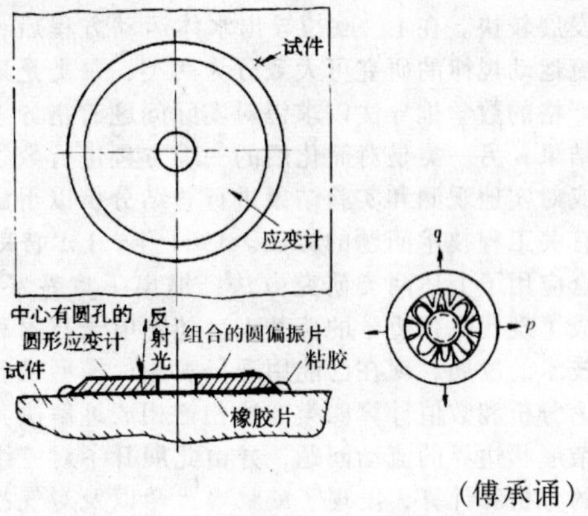

（傅承诵）

shui

水泵扬程 head of pump

水泵供给单位质量液体的总能量。常用单位为“米·水柱”。其值 H 按下式计算

$$H=Z+h_\omega=\frac{N_e}{\gamma Q}$$

式中 Z 为提水高度或净扬程，其值为水泵的吸水高度与压水高度之和；h_ω 为水头损失；N_e 为水泵有效功率；γ 为水的重度；Q 为抽水流量。它包括吸水扬程和压水扬程两部分，若已知 H、Q，则可用上式计算出水泵的功率。 （叶镇国）

水电模拟 hydro-electrical analogy

利用电流场模拟流体流场的试验。它是根据流体势流运动与电流流动服从同一数学方程而建立的一种模拟方法，对研究边界条件较复杂的流体平面势流运动有重要的实用意义。水电模拟的实验装置和测量工作比流体的模型简单，实验数据也具有较高的精度，在求解机翼气动特征，渗流等问题中，均可以考虑采用。 （李纪臣）

水跌 hydraulic drop

由缓流向急流过渡时在短距离内水面发生骤降的明渠水力现象。它通常发生在渠道底坡突变（如跌坎）处。按明渠渐变流水面曲线基本微分方程分

析，水跌在跌坎处的水深为临界水深 h_k，但跌坎处实际上为急流，流线曲率大，水深 h_d 小于 h_k，实验得出 $h_k = 1.4h_d$，而 h_k 则发生在跌坎上游，距跌坎约（3～4）h_k 处。（叶镇国）

水动力学 hydrodynamics

又称液体动力学。研究水和其它液体运动规律及其与边界相互作用的学科。它和气体动力学组成流体动力学。在发展过程中与之有关的名称有水力学、液体动力学、流体力学等，因著者不同，同一名称的著作，其内容重点不尽相同。液体运动规律也可用于低速运动的空气。18 世纪后，这门学科发展较快。在 L. 欧拉导出水体运动方程后，对水流运动规律的研究可大致分为两类：一类是采用较严格的数学推导法以求得对实际问题有指导意义的结果；另一类是对简化后的一维方程进行数学分析或对实地观测和实验结果进行总结分析以得出解决有关工程技术问题的方法。1904 年，L. 普朗特综合应用了上述两类研究方法，提出了边界层理论，成了现代流体力学的奠基人。随着电子技术和计算技术的发展，现在已能用现场观测、模型试验、理论分析和数值计算四类方法相辅相成地解决具有复杂形状边界的流动问题，并由此展开了对三维流动的分析和计算，出现了随机水力学以及对气沙二相流，高含沙量的非牛顿流体、水弹性问题以及高亚声速和超声速流动等问题的研究。本学科主要应用领域有：水利工程、造船工程、兵器工程（潜艇、鱼雷、反潜导弹等）、机械工程以及核电站工程海岸工程、海上采油工程等方面。（叶镇国）

水洞 water tunnel

研究水体动力特性或显示流动图案的水动力学实验设备。其结构形式与低速风洞有相当的类似之处，只是工作介质是水。（施宗城）

水击 water-hammer

又称水锤。有压管路中因流速突变引起压强急剧交替升降的水力现象。这种现象的物理原因主要是水的惯性和压缩性。压力管路上的阀门突然关闭，水泵机组突然停车都会引起水击。它引起的管中压强升高可达管道正常工作压强的几十倍甚至几百倍，可引起管道强烈振动，阀门破坏，管道接头断开，甚至造成管道爆裂等重大事故。在水击发生过程中，由于液体受到数值很大的压力作用，因此，在分析研究水击时，必须考虑液体的压缩性和管壁的弹性变形。迫使水流流速发生突然变化的外界因素（如阀门突然变小或关闭等）称为扰动，由于水和管壁都是弹性体，其中扰动的传播是通过弹性波传播的，任何扰动均不可能立刻传播到各处，只有弹性波所及之处才会感到扰动的影响。在水击传播过程中，管道中的流速和压强皆随时间作周期性升降，所以水击过程是非恒定过程。（叶镇国）

水击波 water-hammer wave

水击产生的弹性波。对于均质材料（如钢管、铸铁管、混凝土及木管等），水击波传播速度 C 按下式计算

$$C = \frac{C_0}{\sqrt{1 + \left(\frac{d}{\delta}\right)\left(\frac{K}{E}\right)}}$$

$$C_0 = \sqrt{\frac{K}{\rho}}$$

式中 d 为管道直径；δ 为管壁厚度；K 为液体的体积弹性系数；E 为管壁材料的弹性系数；ρ 为流体密度；C_0 为不计管壁弹性时（即 $E \to \infty$）的水击波波速，即声波在液体中的传播速度。当水温为 10℃，压强为 1～25 个大气压时，水的体积弹性系数 $K = 2.10 \times 10^9 \text{N/m}^2$，密度 $\rho = 999.7 \text{kg/m}^3$，则 $C_0 = 1\,449 \text{m/s}$。水电站引水钢管 $\frac{d}{\delta}$ 的平均值一般约为 100，钢管弹性系数 $E = 196 \times 10^9 \text{N/m}^2$，则水击波波速由上式可得 $C = 1\,007 \text{m/s}$。（叶镇国）

水击方程 water-hammer equations

描述水击现象的运动微分方程和连续性微分方程，对不考虑阻力的简单管道，可以求得其解析解。现在一般采用特征线法，其优点在于既可考虑阻力影响，又可以处理复杂管道系统。（王 烽）

水击基本方程 basic equation for water-hammer

水击运动方程和水击连续性方程的统称。是表征水击运动的质量守恒关系与动力平衡关系的方程组。由一维非恒定渐变总流运动方程与考虑了液体压缩性及管壁弹性的一维非恒定流动连续性方程出发并加以简化而得

$$\begin{cases} \dfrac{\partial h}{\partial s} = -\dfrac{1}{g}\dfrac{\partial v}{\partial t} \\ \dfrac{\partial h}{\partial t} = -\dfrac{C^2}{g}\dfrac{\partial v}{\partial s} \end{cases}$$

式中 h 为测压管水头；v 为断面平均流速；C 为水击波波速；s 为流程；g 为重力加速度；t 为时间。（叶镇国）

水击联锁方程 interlocking equation of water-hammer

因扰动发生水击后，管道中任意两断面 A、B 间在所需逆行水击波传播时间与顺行水击波传播时间内水击水头和流速应满足的关系式。设 A、B 断面距扰动处（如阀门）的管路长度为 l_1、l_2，其中 $l_1 < l_2$，即 A 为下游断面，B 为上游断面，当为逆行水击波时，其传播时间为 $t_2 - t_1 = \frac{l_2 - l_1}{C}$；

当为顺行水击波时，其传播时间为 $t_4-t_3=\frac{l_4-l_3}{C}$，则此两种情况下，其相应水头和流速分别应满足下述关系

$$\begin{cases} h_{t_1}^{A}-h_{t_2}^{B}=\frac{C}{g}(v_{t_1}^{A}-v_{t_2}^{B}) & \text{(水击投射波方程)} \\ h_{t_4}^{A}-h_{t_3}^{B}=-\frac{C}{g}\left(v_{t_4}^{A}-v_{t_3}^{B}\right) & \text{(水击反射波方程)} \end{cases}$$

式中 $h_{t_1}^{A}$，$v_{t_1}^{A}$分别为 A 断面 t_1 时刻的水头和流速；$h_{t_2}^{B}$，$v_{t_2}^{B}$分别为 B 断面 t_2 时刻的水头和流速；$h_{t_4}^{A}$，$v_{t_4}^{A}$分别为 A 断面 t_4 时刻的水头和流速；$h_{t_3}^{B}$、$v_{t_3}^{B}$分别为 B 断面 t_3 时刻的水头和流速；C 为水击波传播速度；g 为重力加速度。利用上述水击联锁方程即可从已知某断面在给定瞬时的水头和流速，求解不计阻力的简单管路条件下另一断面相应时刻的水击水头和流速。可逐个断面，逐个瞬时连续地进行计算。（叶镇国）

水击相长 phase for water hammer

简称水击的相。阀门突然关闭在压力管道中产生的增压弹性波向上游传播到进口处后又呈减压波反射回阀门处所需的时间。它是判别直接水击现象和间接水击现象的时间标准。按下式计算

$$T=\frac{2l}{C}$$

式中 l 为压力管道进口至阀门处的长度；C 为水击波波速。（叶镇国）

水击压强 water-hammer pressure

水击在管道中产生超出正常压强的升高值。常用 Δp 表示。儒可夫斯基（Н.Е.жуковский）于 1898 年得出其计算公式为

$$\Delta p=\rho C(v_0-v)$$

式中 ρ 为流体密度；C 为水击波波速；v_0 为恒定流管道中的原正常流速；v 为阀门突然关闭过程中引起变化时的流速。当阀门完全关闭时，$v=0$，此时可得水击压强最大值 $\Delta p_{\max}$及相应的水头增值 $\Delta h_{\max}$如下

$$\Delta p_{\max}=\rho C v_0$$

$$\Delta h_{\max}=\frac{C v_0}{g}$$

式中 g 为流体重力加速度，设 $C=1\,000\text{m/s}$（钢管），$v_0=1\text{m/s}$，按上式计算得

$$\Delta h_{\max}\approx 100\text{m}\quad\text{(水柱)}$$

可见水击压强之大，常常可以导致管道破裂，造成工程事故。（叶镇国）

水静力学 hydrostatica

研究液体静止状态下平衡规律及其应用的学科。常以水为研究对象，故名。所谓“静止”，是一个相对的概念，它指液体质点间不存在相对运动，而处于相对静止或相对平衡状态。静止液体不会呈现剪切应力，又因液体几乎不能承受拉应力，所以静止液体质点间的相互作用仅通过压应力（称静水压强）呈现出来。水静力学的核心问题是求解压强分布，确定静水总压力的大小，方向和作用点。（叶镇国）

水静力学基本方程 basic equation of hydrostatics

又称静止液体基本方程。表达静止液体中各点压强分布的关系式。由欧拉平衡微分方程可得液体平衡微分方程的综合式为

$$dp=\rho(Xdx+Ydy+Zdz)$$

式中 X、Y、Z 为三个坐标轴方向单位质量力的分量；ρ 为流体密度。在质量力只有重力作用下，$X=Y=0$，$Z=-g$ 水静力学基本方程基本形式有三种

$$z+\frac{p}{\gamma}=\text{const}(\text{常量})$$

$$p=p_0+\gamma h$$

$$\Delta p=p_2-p_1=\gamma\Delta h\qquad(p_2>p_1)$$

式中 z 为计算点的位高（即纵坐标）；γ 为液体重度；p_0 为表面压强；h 为计算点在自由表面以下的垂直深度；Δh 为 1，2 点的高差。对于自由表面，$p_0=\text{Pa}$（大气压强）。上式表明，p 与坐标 x、y 无关，只与 z 及 h 有关。（叶镇国）

水力半径 hydraulic radius

过水断面面积 ω 与湿周 χ 的比值。常用符号 R 表示，即

$$R=\frac{\omega}{\chi}$$

它是反映过水断面形状对沿程水头损失的一个特征长度。湿周越大，沿程水头损失愈大；过水面积愈大，沿程水头损失愈小，而水力半径则是二者对水头损失影响的综合水力要素。（叶镇国）

水力粗糙面 hydraulically rough wall of turbulent flow

当量粗糙度 Δ 比粘性底层厚度 δ 大得多的流动条件。在管道中称为水力粗糙管。在此情况下，当量粗糙度伸入紊流区内，加强了涡旋产生，加剧了紊流脉动作用，增大了沿程水头损失。尼古拉兹试验得出这一流动情况的水力条件有

$$\Delta>6\delta\quad\text{或}\quad \text{R}_{e*}=\frac{\Delta v_*}{v}>70$$

断面流速分布关系为

$$\frac{u_x}{v_*}=\frac{2.3}{\text{K}}\lg\frac{y}{\Delta}+8.5\quad(y>0)$$

式中 Δ 为当量粗糙度；δ 为粘性底层厚度；v_* 为

动力流速；v 为运动粘度；Re_* 为粗糙雷诺数；K 为卡门常数（$K=0.4$）；y 为沿边界外法线方向的距离；u_x 为 y 处的点流速。（叶镇国）

水力光滑面 hydraulically smooth wall of turbulent flow

又称水力光滑管。壁面当量粗糙高度 Δ 比粘性底层厚度小得多的流动条件。在管道中称为水力光滑管。此时，紊流区与管壁之间被粘性底层隔开，Δ 对紊流结构基本上无影响，紊流部分象在完全光滑的壁面上流动一样，故名。尼古拉兹试验得出，这一流动情况的水力条件为

$$\Delta < 0.4\delta \text{ 或 } Re_* = \frac{\Delta v_*}{\nu} < 5$$

流速分布关系为

$$\frac{U_x}{v_x} = \frac{2.3}{K}\lg\left(\frac{v_* y}{\nu}\right) + C_2 \quad (y > 0)$$

式中 δ 为粘性底层厚度；v_* 为动力流速；ν 为运动粘度；Re_* 为粗糙雷诺数；K 为卡门常数（$K=0.4$）；y 为沿边界外法线方向的距离；u_x 为 y 处的点流速；C_2 为常数。尼古拉兹试验得出这一流动情况 $C_2=5.5$。（叶镇国）

水力坡度 energy gradient

又称能坡。总水头线的坡度。它表示沿程单位长度上的水头损失值。按下式计算

$$J = \frac{dh_\omega}{ds} = -\frac{dH}{ds}$$

式中 h_ω 为水头损失；H 为断面处总水头；s 为流程。因定义总水头线沿程下降的坡度为正，故式中加一负号，由于 h_ω 恒大于零，故 $J>0$。

（叶镇国）

水力学 hydraulics

用实验和理论分析相结合的方法研究液体平衡、机械运动规律及其实际应用的一门科学。因以水的力学性质为主要研究对象，故名。在发展过程中与本学科有关的学科有液体动力学、水动力学、流体力学等。人们认为水力学的萌芽始于阿基米德的《浮体论》（约在公元前 250 年），15 世纪中叶至 18 世纪下半叶，解决水力学问题主要用实验方法或直觉。1738 年瑞士数学家伯诺里提出了液体运动的能量估算；1769 年欧拉提出了液体运动的解析法，为研究液体运动规律奠定了理论基础，并形成了古典“水动力学”或古典“流体力学”。1904 年德国工程师普朗特提出了边界层理论，使纯理论的古典流体力学开始与工程实际相结合，形成一门理论与实验并重的现代流体力学。同时，水力学的理论基础亦更加完善、系统起来，在实验方面，量纲分析、相似原理和模型试验也有较大的进展，亦使水力学的面貌大为改观。20 世纪 60 年代以来，新型电子计算机不断涌现，数值模拟方法时有创新，现代量测技术（如激光、同位素和电子仪器等）的应用与发展，使之派生了许多分支学科，如计算水力学、环境水力学、随机水力学等，为水力学展示了新的前景。它在水利工程、给排水工程、造船工程、近代武器（潜艇、鱼雷、反潜导弹等）及机械工程等方面都有着广泛的应用。

（叶镇国）

水力要素 hydraulic essentials

流速、流量、压强、过水断面，水力半径及湿周等的统称。（叶镇国）

水力指数 hydraulic exponent

流量模数的平方与水深成某种指数关系的指数。即

$$K^2 = \beta h^x$$

式中 K 为流量模数；β 为常数；h 为水深；x 为水力指数。它的数值与明渠断面形式、尺寸和水深有关，它是水利工程中长期实际计算和观测总结的结果。（叶镇国）

水力指数积分法 method of direct integration through hydraulic exponent

棱柱形渠道明渠恒定渐变流基本微分方程的一种近似积分法。当 $i>0$ 时，利用水力指数关系可得积分结果

$$\frac{i}{h_0}s_{1-2} = (\eta_2 - \eta_1) - (1-\bar{j})[\varphi(\eta_2) - \varphi(\eta_1)]$$

$$\bar{j} = \frac{\alpha i \bar{C}^2 \bar{B}}{g\chi}$$

式中 $\eta = \frac{h}{h_0}$ 为相对水深；h 为水深；h_0 为正常水深；i 为渠道底坡；$\bar{j}$ 为断面 1－1，2－2 间的平均动能变化系数；η_1，η_2 为前后两断面处的相对水深；α 为动能修正系数；$\bar{C}$ 为两断面间平均谢才系数；$\bar{B}$ 为两断面间平均水面宽度；$\bar{\chi}$ 为两断面间平均湿周；g 为重力加速度；s_{1-2} 为流程。对于 $i=0$ 及 $i<0$，也可以用类似的方法对基本微分方程进行积分。其积分结果为

$i = 0$ 时，

$$\frac{i_k}{h_k}s_{1-2} = \bar{j}_k(\zeta_2 - \zeta_1) - [\varphi(\zeta_2) - \varphi(\zeta_1)]$$

$i < 0$ 时，

$$\frac{i'}{h'_0}s_{1-2} = -(\zeta_2 - \zeta_1) + (1 + \bar{j}')[\varphi(\zeta_2) - \varphi(\zeta_1)]$$

式中 i_k 为临界底坡；h_k 为临界水深；$\bar{j}_k = \frac{\alpha i_k \bar{C}^2 \bar{B}}{g\chi}$；$\zeta = \frac{h}{h_k}$；$i' = |i|$；$h'_0$ 为相应于流量模数；$K'_0 = \frac{Q}{\sqrt{i'}}$ 时的水深；$\zeta = \frac{h}{h'_0}$；$\bar{j}' = \frac{\alpha i' \bar{C}^2 \bar{B}}{g\chi}$。

（叶镇国）

水力最佳断面 best hydraulic cross section

又称水力最优断面。给定渠道过水断面面积、粗糙系数和渠底纵坡时过水能力最大或给定流量时过水断面面积最小的渠道断面形状。从谢才公式可以看出，欲使过水能力最大，必须使水力半径最大，即使湿周最小。在各种几何形状中，同样的面积下从圆形断面或半圆形断面两者的湿周最小；因此这两种断面形状属于最佳断面。此外，对于常见的梯形断面渠道，边坡系数由边坡稳定要求和施工条件决定，其水力最佳断面形状的宽深比由下式决定

$$\beta_0 = \frac{b}{h_0} = 2\left(\sqrt{1+m^2}-m\right)$$

式中 b 为梯形渠道底宽；h_0 为渠中正常水深；m 为边坡系数。由此可知，矩形断面的水力最佳形状是底宽为水深的二倍。不少山区石渠、渡槽、涵洞或山高坡陡处修盘山渠等多按矩形水力最佳断面设计。水力最佳断面形状的水力半径 $R_0=\frac{h_0}{2}$。但当 $m>1$ 时，对于较大型渠道，由于需要深挖高填，劳动效率低，养护也困难，往往不经济，所以一般不用上述水力最佳条件。 （叶镇国）

水面曲线分段求和法 standard step sum method for analysis of flow profile

明渠恒定渐变流水面曲线定量计算的近似方法。此法将明渠渐变流微小流段能量方程写成有限差方程作计算公式

$$\Delta s = \frac{\left(h_2+\frac{\alpha_2 v_2^2}{2g}\right)-\left(h_1+\frac{\alpha_1 v_1^2}{2g}\right)}{i-\bar{J}}$$

$$\bar{J} = \frac{1}{2}\left(\frac{v_1^2}{C_1^2 R_1}+\frac{v_2^2}{C_2^2 R_2}\right)$$

式中 h_1、h_2 为前后两断面的水深；v_1、v_2 为前后两断面的断面平均流速；C_1，C_2 为前后两断面的谢才系数；R_1，R_2 为前后两断面的水力半径，$\bar{J}$ 为前后两断面的平均水力坡度；Δs 为前后两断面的流程（水由前断面流向后断面）；α_1，α_2 为前后两断面的动能修正系数。当已知任一断面的水深及流速或已知渠道断面形状、流量及任一断面水深时，可假定另一水深求小流段长 Δs_1，再以 Δs_1 末端水深作起始值，假定另一水深求 Δs_2，……，如此类推至渠道末端，由 $\Delta s \sim h$ 关系即可确定所求水面曲线。此法比较简单，且便于电算，对于棱柱形渠道及非棱柱形渠道均适用。为合理假定计算水深，需先作水面曲线定性分析。对于非棱柱形渠道，须用试算法。 （叶镇国）

水面曲线数值积分法 numerical-integration method for analysis of flow profile

求解棱柱形渠道明渠恒定渐变流基本微分方程积分的数值计算近似方法。由基本微分方程分离变量有

$$\mathrm{d}s = \frac{1-\frac{\alpha Q^2}{g}\cdot\frac{B}{\omega^3}}{i-\frac{Q^2}{K^2}}\mathrm{d}h$$

式中 Q 为流量；s 为水深 h_1 和 h_2 的两断面间的流程；B 为水面宽度；ω 为过水面积；K 为流量模数；i 为渠道底坡；g 为重力加速度；α 为动能修正系数。对于某一给定的棱柱形渠道中的水流，α、Q、g、i 均为常量，B、ω 和 K 则仅为水深 h 的函数，因此上式可表示为

$$\mathrm{d}s = \varphi(h)\mathrm{d}h$$

$$s = s_2 - s_1 = \int_{h_1}^{h_2}\varphi(h)\mathrm{d}h$$

利用辛浦生法（Simpson method）可得近似值计算公式

$$s = \sum_{1}^{m}\frac{\varphi(h_n)+\varphi(h_{n+1})}{2}(h_{n+1}-h_n)$$

$$\varphi(h) = \frac{1-\frac{\alpha Q^2}{g}\cdot\frac{B}{\omega^3}}{i-\frac{Q^2}{K^2}} = \frac{\varphi(h_n)+\varphi(h_{n+1})}{2}$$

若已知渠道断面形状、尺寸、总长、粗糙系数及 Q，i 时，可先判定水面曲线类型，由已知水深 h_n 再假定 h_{n+1}，按上式即可求得水面曲线。

（叶镇国）

水泥混凝土的流变性 rheological behavior of cement concrete

水泥混凝土随时间、温度、湿度及受力状态而发生弹性、塑性、粘性和强度变化的性能。它是一种固、液、气多相混合物，内部结构和性能不断变化。新拌混凝土可以看作是宾厄姆体，用塑性粘度、屈服应力等参数来表征流变性；硬化混凝土由于固相比例增大，液相和凝胶比例下降，主要流变特征演变为弹粘性。 （胡春芝）

水泥浆的流变性 rheological behavior of cement paste

水泥与水（外加剂）按比例配合经搅拌均匀后的浆体，随时间、温度、湿度、受力状态而发生弹粘塑性及强度变化的性能。具有宾厄姆体的特征，用屈服应力 θ_t 和塑性粘度 η_{pl} 两个流变参数来表达，用双圆筒粘度计等方法来测量流变参数。水灰比、水泥细度和化学组成、搅拌强度和时间、料浆温度、外加剂品种和掺量等，都影响流变参数值及演变进程。水灰比增大，θ_t 和 η_{pl} 都明显减小。随着水化过程的进行，θ_t 和 η_{pl} 都不断增大。在某些

条件下，水泥浆会发生触变或反触变现象。

（胡春芝）

水泥砂浆的流变性 rheological behavior of mortar

水泥、砂、水（外加剂、掺合料）按比例配合经搅拌均匀后的混合物，随时间、温度、湿度、受力状态而发生弹粘塑性及强度变化的性能。一种观点认为，水泥砂浆主要流变性表现为塑性；另一种观点认为，水泥砂浆与水泥浆一样，可以看成是宾厄姆体。并用双圆筒粘度计测定了不同温度和不同持续时间下的流变参数（塑性粘度 η_{pl} 和屈服应力 θ_t）。砂浆温度对测得的流变参数值影响很大。持续时间在一定范围内 η_{pl} 几乎不变，θ_t 则随时间延长而变大。除影响水泥浆流变参数值及演变速度的因素外，灰砂比是影响水泥砂浆流变性的重要因素。（胡春芝）

水平风速谱 horizontal wind-speed spectrum

脉动风速的水平分量按频率的分布。Davenpovt 提出的水平风速谱的经验公式为

$$S_v(n) = 4Kv_{10}^{-2}\frac{x^2}{n(1+x^2)4/3}$$

$$x = \frac{1200n}{v_{10}}$$

式中 K 为粗糙度系数；n 为频率。风速谱沿高度是不变的。但是新的研究成果认为它随着离地高度的增加而减小，中国和日本、美国都得出了沿高度变化的风速谱表达式。（田 浦）

水头 head

水力学中对“高度”的习称，即单位重量液体所具有的机械能。又可分为位置水头、压强水头、流速水头、损失水头、作用水头等。位置水头、压强水头及流速水头三者之和称为总水头。在运动水流中，由于有能量损失（水头损失），因此总水头值沿程下降；对于理想液体，总水头值沿程不变。

（叶镇国）

水头损失 head loss

又称单位能量损失。流体阻力引起的单位重量液体机械能损失。其量纲为长度，单位用 m 表示。在水力学中，对于水头损失的研究主要靠实验。

（叶镇国）

水头线 head line

运动液体各点水头的连线。它是能量方程的几何图示，可形象地表示沿程水头损失的变化及压强、流速的相互转化关系。其中有总水头线与测管水头线两类。（叶镇国）

水压破裂法 hydraulic fracturing testing method

通过向一段封闭钻孔施加液压至孔壁破裂而测定原岩应力的方法。使用该法时假定：(1) 岩体是均匀各向同性的弹性体；(2) 水压钻孔的方向为主应力作用方向。向预定深度上一段封隔的钻孔施加液压，直至孔壁破裂。由测得的使孔壁产生初始破裂的破裂压力和使孔壁裂缝保持张开的闭锁压力，可以直接计算原岩应力值，参考张裂缝的方向，可确定原岩应力的方向。该法适用于直径大于 5cm 的钻孔，最大量测深度达 5000m 以上。

（袁文忠）

水跃 hydraulic jump

明渠水流中从急流状态过渡到缓流状态时水面突然跃起的局部水力现象。水跃区的水流可分为两部分：一部分是急流冲入缓流时所激起的表面旋滚，其中翻腾滚动，饱掺空气，亦称为“表面水滚”；另一部分是水滚下面的主流，其中水深渐增，流速由快变慢，在与水滚的交界面处流速梯度很大，紊乱混掺极为强烈。因此，水跃具有很高的消能效率，其消能率一般可达 45%～70%，常被用作泄水建筑物下游的一种有效的消能方式。水跃表面水滚的前端称为跃前断面，该处水深称为跃前水深，常用符号 h' 表示；表面水滚的末端称为跃后断面，该处的水深称为跃后水深，常用符号 h'' 表示。h'、h'' 称为水跃共轭水深。

（叶镇国）

水跃长度 length of hydraulic jump

水跃前后断面间的距离。它与建筑物下游加固保护段有密切关系，是消能建筑物尺寸设计的主要依据之一。水跃长度的计算多用经验公式，由于水跃位置不易测准，各家对水跃前后断面位置的选定标准也不统一，因此，经验公式的结果相差较大。对于平底矩形明渠的完整水跃长度常用经验公式有

波西公式 $l = 5h''\left(1+\sqrt{\frac{B_2-B_1}{B_1}}\right)$

吴持恭公式 $l = 10\ (h''-h')\ \mathrm{Fr}^{-0.16}$

巴甫洛夫斯基公式 $l = 2.5\ (1.9h''-h')$

式中 l 为水跃长度；h' 为跃前水深；h'' 为跃后水深；Fr 为佛汝德数；B_1，B_2 为水跃前后断面的水面宽度；对于平底矩形棱柱形渠道，$B_1=B_2=b$，$l=5h''$。（叶镇国）

水跃高度 height of hydraulic jump

简称跃高。水跃的跃后水深与跃前水深之差。

（叶镇国）

水跃共轭水深 conjugate depths of hydraulic jump

同一水跃函数值所对应的水跃前后断面处成对出现的两个水深。常用 h'，h'' 表示。其中 h' 为跃

前断面水深，h''为跃后断面水深。若已知渠道断面形状尺寸、流量及任一共轭水深 h'（或 h''），即可利用水跃函数关系求得另一共轭水深；若为矩形断面渠道，其共轭水深计算公式如下

$$h' = \frac{h''}{2}\left[\sqrt{1+8\mathrm{Fr}_2}-1\right],$$

$$h'' = \frac{h'}{2}\left[\sqrt{1+8\mathrm{Fr}_1}-1\right],$$

$$\mathrm{Fr} = \frac{\alpha v^2}{g\dfrac{\omega}{B}}$$

式中 Fr 为佛汝德数；Fr_1 为跃前断面的佛汝德数；Fr_2 为跃后断面的佛汝德数；α 为动能修正系数；v 为断面平均流速；g 为重力加速度；ω 为过水断面积；B 为水面宽度。（叶镇国）

水跃函数 function of hydraulic jump

水跃共轭水深所确定的函数。对于棱柱形平坡渠道中的完整水跃，水跃函数与共轭水深及水跃前后断面间的水跃函数存在下述关系

$$\theta(h) = y_c\omega + \frac{\alpha' Q^2}{g\omega}$$

$$\theta(h') = \theta(h'')$$

式中 h 为水深；ω 为过水断面面积；y_c 为过水断面形心在水面以下的深度；α'为动量修正系数；g 为重力加速度；Q 为流量；h'为跃前断面水深；h''为跃后断面水深；$\theta(h)$ 为水跃函数。$\theta(h)$ 的数学性质是：$h\to 0$，$\theta\to\infty$；$h\to\infty$，$\theta\to\infty$，有一最小值 $\theta(h_x)_{\min}$。可以证明，$\theta(h)_{\min}$对应的水深 h_x 与临界水深相等，任一水跃函数 $\theta(h)$ 可有两个水深 h'及 h''相对应。（叶镇国）

水跃消能率 efficiency of energy dissipation of hydraulic jump

水跃前后断面单位能量损失与跃前断面单位能量的比值。对于棱柱形平坡矩形渠道中的水跃，其消能率按下式计算

$$\frac{\Delta E_j}{E_1} = \frac{\left(\sqrt{1+8\mathrm{Fr}_1}-3\right)^3}{8\left(\sqrt{1+8\mathrm{Fr}_1}-1\right)\left(2+\mathrm{Fr}_1\right)},$$

$$\mathrm{Fr}_1 = \frac{\alpha v_1^2}{g\dfrac{\omega_1}{B_1}}$$

式中 ΔE_j 为水跃前后单位能量损失；E_1 为跃前断面单位能量；Fr_1 为佛汝德数；α 为动能修正系数；v_1 为跃前断面平均流速；ω_1 为跃前过水断面面积；B_1 为跃前过水断面水面宽度。由上式可知，水跃消能效果与来流佛汝德数 Fr_1 有关，来流越急则消能率越高。（叶镇国）

shun

顺坡渠道 downstream-slope channel

又称正坡渠道。渠底高程沿水流方向下降的渠道。设纵向渠底线与水平线夹角为 θ，则渠道底坡 i 可定义为

$$i = \frac{\Delta z}{l} = \sin\theta$$

式中 l 为渠段长度；Δz 为渠段上下游高程差。对于顺坡渠道，$i>0$。通常土渠的底坡很小（$i\leqslant 0.01$），即 θ 角很小。渠道底线沿水流方向的长度 l，在实用上可认为和它的水平长度相等，即 $i=\mathrm{tg}\theta$。另外，在渠道底坡很小的情况下，水流的过水断面与在水流中所取的铅垂断面，实用上也可认为没有差异。因此，过水断面可取铅垂断面，并用铅垂深度代替垂直于流线的过水断面水深。

（叶镇国）

顺行波 downstream wave

又称顺波。传播方向与渠中水流方向一致的位移波。如闸门突然开大，向下游传播的波。

（叶镇国）

顺序递推法 forward recurrence method

从多阶段决策过程的首端开始按顺序递推的一种动态规划算法。是逆序递推法的扩展。若将过程的阶段序号颠倒过来，按新序号用逆序递推法求解，则对原问题来说就是顺序递推法。适用于终值（最终状态）已知的问题。（刘国华）

瞬变体系 instantaneously unstable system

在某一瞬时可以产生微小运动，因而其几何形状将发生改变，但在发生微小改变后即不再继续运动并成为几何不变的体系。其计算自由度为零，而自由度大于零。在利用几何不变体系组成规则分析时，若体系具备组成几何不变体系必须的约束数量，但其组成方式不符合规则要求，则一般构成瞬变体系。在荷载作用下，该体系的反力和内力为无穷大或不定值，因此它绝不能作为结构使用，就是接近于瞬变体系的情况也应避免采用。它实际是几何可变体系的一种特殊情况。（洪范文）

瞬时 instant

俗称时刻。时间流逝过程中的一个瞬间。选定为计算时间起点的那个时刻，称为初瞬时。两个瞬时的间距，称为时间间隔。经典力学把时间当作连续均匀变化的自变量。在运动图的横坐标轴上，每一点表示一个时刻，它对应于物体运动中的一个位置。每一个区间表示一个时间间隔，它对应于物体运动过程中的一个子过程。（何祥铁）

瞬时沉降 immediate settlement

又称初始沉降。荷载施加初期、渗流固结尚未发生、土体所产生的竖向位移。主要系土体的侧向变形所致。对饱和土，发生瞬时沉降时土的体积不变。其值通常按弹性理论解计算，参见地基沉降的弹性力学公式，62 页。（谢康和）

瞬时风速 instantaneous wind speed

某一瞬时的实际风速。由于各瞬时的风速均不相同，因而引起了风对平均风速的脉动。它的强度随时间而变化，且周期较短，因而其作用性质是动力的，结构计算应按结构动力学计算方法进行。由于风的脉动也是随机的，因而计算应用的原理应采用结构动力学中的随机振动理论。（张相庭）

瞬时恢复 instantaneous recovery

持荷一定时间后，当对加荷试件卸荷时，在卸荷瞬间的变形恢复值。（胡春芝）

瞬时平动 instantaneous translation

平面运动刚体在其各点速度都相等时的瞬时运动。它是平面运动的一种特殊情形。此时刚体的角速度等于零，但角加速度不等于零，且各点的加速度不相等。（何祥铁）

瞬时贮存器 short-access storage

记录和贮存超过 20kHz 以上瞬变和高频信号的仪器。主要由模－数转换器及数字存储器组成。具有下列功能：①能记录触发前的信号；②可将记录和回放速度在较宽范围内调节；③自动调整采样速度；④能将模拟信号以数字信号型式存储下来，并可与计算机连接进行实时处理。瞬时贮存器的最高工作频率可达 200MHz，为研究冲击、爆炸等现象的测量仪器。（张如一）

瞬时转动中心 instantaneous centre of rotation

见沙尔定理（301 页）。

瞬时转动轴 instantaneous axis of rotation

简称瞬轴。运动的刚体上瞬时速度等于零的各点连成的直线。① 刚体作平面运动时，指通过平面图形的速度瞬心并垂直于图形的运动平面的直线。② 刚体作定点转动时，指刚体的固定点和瞬时速度等于零的点连成的直线。由于刚体内瞬时速度为零的点不断变化，因而瞬轴在刚体内的位置跟随变化。刚体的瞬时运动，就是它绕瞬轴的瞬时转动。刚体的运动过程，即是它绕一系列瞬轴的连续转动。（何祥铁）

瞬态模量 instantaneous modulus

又称冲击模量（impact modulus）。松弛模量 $Y(t)$ 的瞬态值 $Y(0)$，材料受突加单位应变作用的瞬时应力响应。拉压松弛模量、剪切松弛模量和体积模量均有相应的瞬态值，但不是每一种线性粘弹性模型都有瞬态模量。（杨挺青）

Si

丝绕式电阻应变计 wire resistance strain gauge

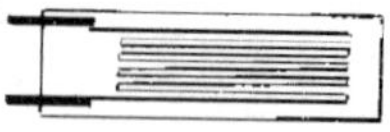

敏感栅由 $d=0.015\sim0.05$mm 左右的金属细丝连续绕制而成的电阻应变计。敏感栅端部呈半圆形，横向效应较其他型式的电阻应变计大，是较早期的型式。在常温应变计中已逐步被箔式电阻应变计取代。（王娴明）

斯宾塞法 Spencer method

土坡稳定分析条分法中的一种，由斯宾塞（Spencer）建立。与其他条分法的主要区别为：该法假定相邻土条之间的法向条间力 E 与切向条间力之间有一个固定的常数关系，即摩根斯坦法中 $f(x)=$ 常数，表示为

$$\frac{X_i}{E_i}=\frac{X_{i+1}}{E_{i+1}}=\mathrm{tg}\theta$$

上式表明各条间力的合力的方向是相互平行的。

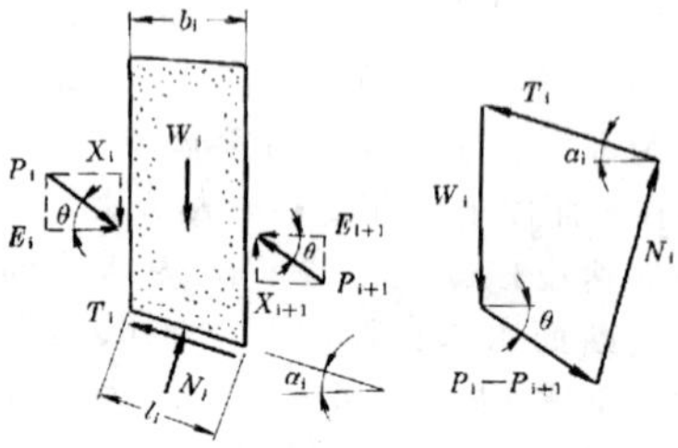

（龚晓南）

斯克拉顿数 Scruton number

无量纲的质量阻尼参数。它反映高层建筑、高耸烟囱、塔架、及其他柔性结构物风致振动的气动弹性稳定性，记作 S_C，定义为

$$S_C=2M\delta/\rho D^2$$

其中 M 为单位长度结构质量；δ 为结构风致振动阻尼的对数衰减率；ρ 为空气密度；D 为特征尺寸。（刘尚培）

斯肯普顿极限承载力公式 Skempton's ultimate bearing capacity formula

由A.W.斯肯普顿提出的地基极限承载力公式。对于不排水条件下的饱和粘性土，内摩擦角 $\varphi_u=0$，根据理论推导，条形荷载下的地基极限承载力 $q_f=5.14c_u$，式中 c_u 为地基土的不排水抗剪强度，考虑到基础形状和基础埋深的影响，对于基础埋深小于和等于 2.5 倍基础宽度的浅基础，建议按下式估算地基极限承载力

$$q_f = 5c_u\left(1 + 0.2\frac{B}{L}\right)\left(1 + 0.2\frac{D}{B}\right) + \gamma D$$

式中 L、B 分别为基础的长边和短边；D 为基础的埋置深度；γ 为土的重度。（张季容）

斯耐尔定律 Snell's law Si

波的反射方向、折射方向与入射方向之间的关系。是 W. 斯耐尔首先（1621 年）对光波而建立的，也普遍适用于其他波动现象。可表述如下：平面简谐波在平面界面上发生反射及折射时，各出射波（反射波或折射波）的出射角与入射角的正弦之比，等于各波的波速之比。图示为 P 波在界面上所发生的反射和折射。由斯耐尔定律可以得出：P 波的反射角 β 等于入射角 α，其余各反射角和折射角满足以下关系式

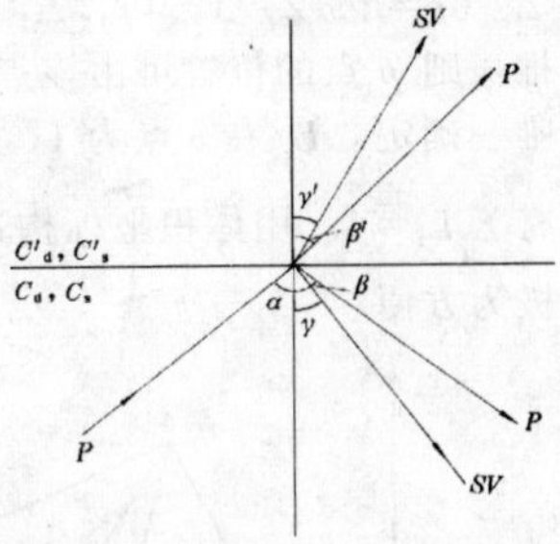

$$\frac{\sin\gamma}{C_s} = \frac{\sin\gamma'}{C'_d} = \frac{\sin\gamma'}{C'_s} = \frac{\sin\alpha}{C_d}$$

式中 C_d 和 C_s 为下方介质中 P 波和 S 波的波速；C'_d 和 C'_s 为上方介质中 P 波和 S 波的波速。

（郭　平）

斯特罗哈相似准则 Strouhal similarity criterion

又称惯性力相似准则。两流动当地加速度（时变加速度）惯性力相似必须遵循的准则。几何相似的两流动要达成时变加速度惯性力相似，其斯特罗哈数（参见相似准数，388 页）St 必须相等，即 $St_p = St_m$ 或 $v_p t_p / l_p = v_m t_m / l_m$（式中 v、t、l 分别为流体的速度、运动时间、线性长度；下标 p 和 m 分别表示原型和模型量）。反之，若几何相似的两流动的斯特罗哈数相等，则它们的时变加速度惯性力必定相似。显然只有当流动是非恒定流动时，才存在时变加速度惯性力，在恒定流动和接近恒定流动的工程实际流动中，可以不考虑这个准则。

（李纪臣）

斯通利波 Stoneley wave

在两种固体的分界面上，使质点在沿波传播方向与界面垂直的平面内振动的界面波。因 R. 斯通利在 1924 年首先加以研究而得名。它存在的条件是两侧介质中的 S 波具有相近的波速。在理论上可以视为在界面两侧的介质中各有一对无旋面波和等容面波共同作用的结果。它的波速是材料常数，小于低速介质中等容波的波速，但大于瑞利波的波速。（郭　平）

斯托克布里奇阻尼器 Stockbridge damper

由斯托克布里奇设计的用以减小输电线风振的一种阻尼器。它包括一个形如哑铃状的弹簧——质量系统，具有很宽的可调频率范围。质量块的作用是大幅度地抑制由于索振动产生的靠近支撑装置的最后半个波，以达到提高拉索根部疲劳寿命的目的。和其他 TMD 一样，斯托克希里奇阻尼器并不能对任何频率范围里的振动能量有耗散作用，而是一种反共振的装置。（顾　明）

斯托克斯流动 Stokes' flow

又称蠕动流。不可压缩流体的低雷诺数流动。它由英国科学家 G·G·斯托克斯（1845）首先从理论上进行研究并给出解析解，故得名。在这类流动中，雷诺数很小，粘性力起主导作用，惯性力可以忽略。此时，流体力学基本方程组取下列形式

$$\begin{cases} \nabla p = \mu \nabla^2 \vec{v} \\ \nabla \vec{v} = 0 \end{cases}$$

式中 $\vec{v}$ 和 p 为流体的速度矢量和压强；μ 为动力粘度。对于平面和轴对称流动，存在流函数 φ，它满足下列方程

$$\nabla^2\nabla^2\varphi = 0 \quad （平面运动）$$

$$D^2D^2\varphi = 0 \quad （平面运动）$$

式中 ∇^2（也记为 ∇）为拉普拉斯算符，D^2 为广义的斯托克斯算符。其中

笛卡尔坐标 (x, y, z)：

$$\nabla^2 = \frac{\partial^2}{\partial x^2} + \frac{\partial^2}{\partial y^2} + \frac{\partial^2}{\partial z^2}$$

柱坐标（r，φ，z）：

$$D^2 = \frac{\partial^2}{\partial r^2} - \frac{1}{r}\frac{\partial}{\partial r} + \frac{\partial^2}{\partial z^2}$$

球坐标（γ，φ，θ）：

$$D^2 = \frac{\partial^2}{\partial r^2} + \frac{\sin\theta}{r^2}\frac{\partial}{\partial\theta}\left(\frac{1}{\sin\theta}\right)$$

按上式解出流函数后，便可解出速度和压强。斯托克斯流动在化学工程、土木工程、采矿工程、生物工程等领域内有着广泛的应用，近年来它的研究发展迅速。（叶镇国）

斯脱罗哈数 Strouhal number

又称谐时数或时间准数。表征流动非恒定性的无量纲参数。它是流场中非恒定性的相似准数，其定义式为

$$St = \frac{l}{vt}$$

如果非恒定流是一种波动或振动，则其定义式为

$$St = \frac{lf}{v}$$

式中 St 为斯脱罗哈数；l 为物体的几何长度；v 为流体断面平均流速；f 为振动频率；t 为时间。在非恒定流动中，当边界条件随时间变化时（如管道

阀门开启过程中的非恒定流动），St 数是条件准数之一；当非恒定性属于流动结果时（如闸墩后面的旋涡运动），有时表现为旋涡的产生、发展和消失的过程，St 数表征的非恒定性只是相似的结果，不是条件准数。（叶镇国 刘尚培）

撕开型（Ⅲ型）裂纹 tearing mode (mode-Ⅲ) crack

又称反平面裂纹。裂纹表面的位移平行于其所在平面而且垂直于弹性平面物体中面（见图），裂纹上下表面位移方向相反，变形结果使裂纹上下表面发生离面错动（撕开）。其荷载为平行于裂纹所在平面且垂直于弹性平面物体中面的剪切力。相应的应力强度因子为 K_{III}。

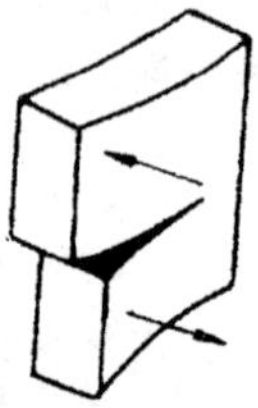

（罗学富）

撕裂模量 tearing modulus

J 控制扩展条件下表征裂纹扩展稳定性的无量纲参数，定义为 $T=\frac{E}{\sigma_0^2}\left(\frac{\partial J}{\partial a}\right)$。$a$ 表示裂纹长度扩展裂纹的稳定性条件为 $T\leqslant T_R$。取等号时，扩展裂纹失去稳定。σ_0 为材料的拉伸屈服极限。E 为弹性模量。T_R 可由材料的 J_R 阻力曲线计算得到。对通常用的钢材，T_R 值的范围约为 0.1～500。

（余寿文）

四边形滑移单元 four-node bond element

平面问题中，沿纵向设置在钢筋与混凝土结点间、宽度为零的退化四边形联结单元。单元结点数和位移场的选取应与钢筋单元和混凝土单元相匹配。其纵向刚度模拟钢筋与混凝土之间的滑移作用，横向刚度模拟二者之间的分合作用。刚度系数由粘结、滑移实验确定，单元刚度矩阵的推导与等参元相同。与双弹簧联结单元相比，具有更好的协调性和更灵活的适用性。在有限元分析中，也可用作不同材料接触面上的一般联结单元和不连续体界面上的界面单元。（江见鲸）

四分之一波片 quarter-wave plate

能将平面偏振光转化成圆偏振光，或反之将圆偏振光转化成平面偏振光的一种各向异性的晶体薄片。该晶体薄片的光轴与其平面平行。当法向入射的平面偏振光的偏振面与该晶体片的光轴呈 45°时，将分解成两束沿光轴和垂直于光轴的传播速度不同的平面偏振光。它们通过适当厚度的薄片之后，其光程差等于入射光波长的四分之一，合成圆偏振光。四分之一波片可用玻璃纸、有机玻璃、或聚乙烯醇薄膜经过一定的加工处理制成。

（傅承诵）

四面体单元的体积坐标 volume coordinates of tetrahedron element

用体积的相对比值表示的坐标。设四面体单元的 4 个顶点编号为 $i=1, 2, 3, 4$，体积为 Δ，从单元内任一点 p 向 4 个顶点作连线构成 4 个子四面体 Δ_i（$i=1, 2, 3, 4$），Δ_1 由 $p234$ 构成，其余类推。则 p 点的位置可由该点的体积坐标 $L_i=\Delta_i/\Delta$ 唯一确定。L_i 在 i 点为 1，在 i 点对面为 0，并且有 $\sum_{i=1}^{4}L_i=1$。用体积坐标构造四面体单元的形函数极为方便。

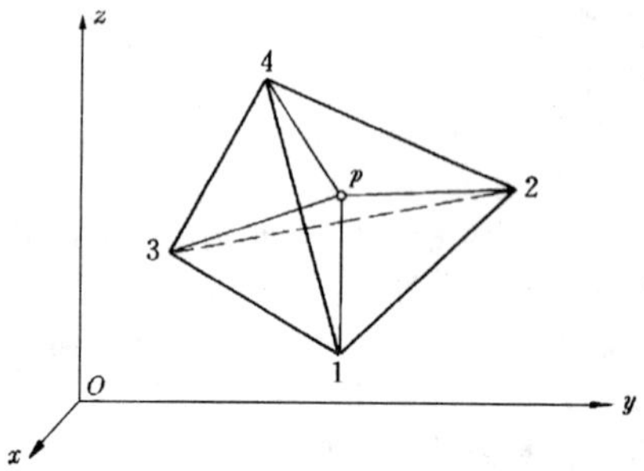

（杜守军）

四面体元族 tetrahedron element family

弹性力学三维问题中几何形状为四面体的单元系列。其四个面都是三角形。单元位移场有三个位移分量，每个结点有 u、v、w 三个自由度。常用的有常应变四面体元，十结点四面体元和二十结点四面体元。（支秉琛）

伺服控制试验机 servo-controlled testing machine

一种压板的位移和速率，荷载或加载速率受反馈信号控制的试验机。该机具有由传感器、伺服控制器、电液伺服阀、试件和试验机组成闭环的电动液压伺服控制系统，其中电液伺服阀是可根据预定信号进行精确灵敏调节的阀门。当液压系统的活塞按预定指令推进，使试件变形时，它承受的压力和产生的位移值经传感器放大为反馈信号，与指令信号同时送入伺服控制器，反馈信号与指令信号进行比较后的偏差值即为控制信号，它再反馈到电液伺服阀并自动调整，使整个试验过程按预定指令进行控制加载。

（袁文忠）

song

松弛变量 slack variables

优化设计数学模型中带"≤"号的不等式约束转化为等式约束时所引入的非负设计变量。在某不等式约束左端加上一个松弛变量，并将"≤"号改为"="号，得到一个与之等价的等式约束。为构

成线性规划标准式常需作这样的处理。（刘国华）

松弛函数 relaxation function

见材料函数（30页）。

松弛模量 relaxation modulus

一维情况下粘弹性材料的松弛函数，单位应变作用下的应力响应，常记作 $Y(t)$。一般用 $E(t)$ 和 $G(t)$ 分别表示拉压松弛模量和剪切松弛模量。受突加应变 $\varepsilon_0 H(t)$ 作用时的应力响应为 $\sigma(t)=E(t)\varepsilon_0$，$H(t)$ 为单位阶跃函数。各种线性粘弹性模型有其相应的松弛模量表达式。

（杨挺青）

松弛时间 relaxation time

粘弹性材料函数中表征应力松弛过程快慢的重要参数。例如，麦克斯韦流体在 $\varepsilon_0 H(t)$ 作用下的应力响应为 $\sigma(t)=E\varepsilon_0 e^{-t/\tau}$，其中 $\tau=\eta/E$ 为松弛时间，τ 愈大则应力松弛过程愈慢，当突加应变 ε_0 的作用时间 $t=\tau$ 时应力减小至 $\sigma(0)/e$。弹性固体没有应力松弛，可说是松弛时间为无穷。广义麦克斯韦模型的松弛模量中含多个松弛时间。

（杨挺青）

松弛时间谱 relaxation spectrum

表述松弛模量的松弛时间分布函数，常记作 $H(\tau)$。n 个麦克斯韦单元并联的模型，松弛模量 $E(t)=E_e+\sum_{i=1}^{n}E_i e^{-t/\tau_i}$，$E_e$ 为稳态模量，E_i 和 τ_i 分别表示第 i 个麦克斯韦单元的瞬态模量和松弛时间，当 n 趋于无穷，离散模型的 τ_i 变为连续谱，$E(t)=E_e+\int_{-\infty}^{\infty}H(\tau)e^{-t/\tau}\mathrm{d}\ln\tau$。（杨挺青）

松弛试验 relaxation test

研究在常应变条件下材料中应力随时间变化规律的试验。试验可在伺服控制试验机上进行。对量测设备和试验环境的要求参见蠕变试验。

（袁文忠）

松弛指数 relaxation factor

满应力设计时，在应力比上加乘的指数。大于1的指数可称为超松弛指数，使用它可以加速迭代过程的收敛。这是由于超静定结构中构件承担的内力将随构件刚度增大而增加，修改截面时应使该加大的截面略为多增加一些，该减小的截面略为多减小一些。小于1的指数可称为低松弛指数，用于受压构件，也是为了加快迭代的收敛，因受压构件的容许应力值随构件细长比加大而降低。

（汪树玉）

松软岩体 soft rock mass

具有大量夹泥，岩块呈棱面接触的岩体。岩块形式为鳞片状、碎屑状、颗粒状及碎块状。它的力学性质常表现为弹塑性、塑性或流变性。这类围岩极易变形，它的变形破坏可用松散介质极限平衡理论配合流变理论进行分析。（屠树根）

松散岩体 loose rock mass

完全没有粘聚力的岩体。如砂之类。松散岩体本身毫无自稳能力，在开挖地下洞室时，若不进行超前支护，会立即坍落。（屠树根）

SOU

搜索区间 region of search

供一维搜索用且含有一维问题极小点（或边界点）的一个闭区间。对于无约束极小化问题，要求该区间具有“两头大，中间小”的性质，即区间两端点的目标函数值大于区间内部某点的目标函数值，这里假定沿一维搜索方向上存在极小点。对于约束最优化问题中寻求边界点的一维搜索，要求该区间两端点的作用约束函数值变号。为求得这种区间常用“进退法”。（杨德铨）

SU

苏米格梁纳等式 Somigliana identity

弹性力学问题中域内任意点的位移通过边界变量来确定的积分式

$$u_i(p)=\int_s u_{ij}^s(p;q)t_j(q)\mathrm{d}S(q)-\int_s t_{ij}^s(p;q)u_j(q)\mathrm{d}S(q)+\int_v u_{ij}^s(p;Q)f_j(Q)\mathrm{d}V(Q)$$

式中 $u_{ij}^s(P;Q)$ 是微分算子的基本解，即开尔文解；$t_{ij}^s(p;q)$ 是相应的边界面力；t_j、f_j 分别为与位移场 u_j 相应面力和体力分量。（姚振汉）

素填土 plain fill

由碎石土、砂土、粉土、粘性土等组成的人工填土。（朱向荣）

速度 velocity

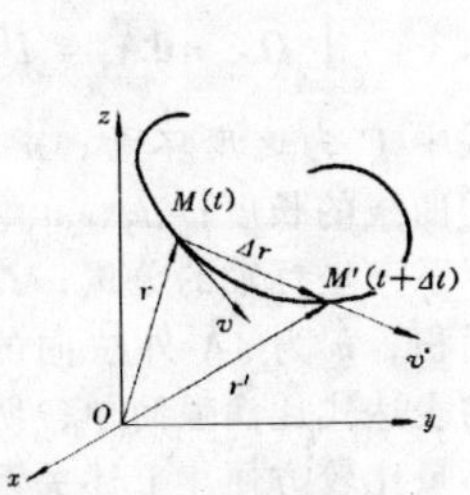

瞬时速度、即时速度的简称。描述动点在某一瞬时的位置变化快慢和方向的矢量。设在瞬时 t 后的一段时间 Δt 内，动点的位移为 $\Delta \boldsymbol{r}$。比值 $\boldsymbol{v}^*=\Delta\boldsymbol{r}/\Delta t$ 称为点在时间 Δt 内的平均速度，表示该点在这一时间运动的平均快慢和方向。当 $\Delta t\to 0$ 时，平均速度的极限即为点在瞬时 t 的速度，记为

$$\boldsymbol{v} = \lim_{\Delta t \to 0} \frac{\Delta \boldsymbol{r}}{\Delta t} = \frac{\mathrm{d}\boldsymbol{r}}{\mathrm{d}t}$$

点的速度等于其位置矢对时间的一阶导数。$\boldsymbol{v}$ 的方向沿轨迹在位置 M 的切线，指向运动的一方。$\boldsymbol{v}$ 的大小称为速率，表示动点在该瞬时运动的快慢程度。在直线运动中，$\boldsymbol{v}$ 可用代数量表示，而在不同的参考坐标系中，其表达形式各不相同。在法定计量单位中，其单位为米/秒（m/s）。（何祥铁）

速度端图 hodograph

又称速度矢端曲线或速端曲线。从任一固定点 O 作出动点在各连续瞬时的速度矢量后各矢端的连线。动点在任意瞬时的加速度，沿该连线（图中 CED 曲线）对应点处的切线，并等于速度矢端沿速度端图运动的速度。例如，某瞬时动点在轨迹上运动的速度为 $\boldsymbol{v}_3$，该瞬时的加速度 $\boldsymbol{a}_3$ 沿曲线 CED 上 E 点的切线，并等于 $\boldsymbol{v}_3$ 的末端 E 在 CED 上运动的速度。

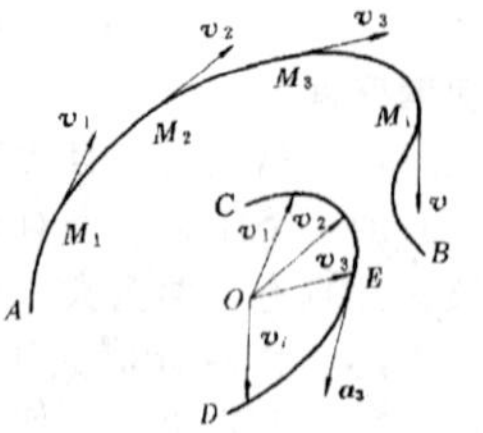

在塑性力学中指表示物体内各质点位移速度的图形。将塑性流动区内各质点的位移速度矢从同一始点画出，连接速度矢端的图形。它应满足矢量多边形法则。作图时可取某一特征质点的位移速度为1。在塑性平面应变问题中，滑移线方向的正应变率为零（$\dot{\varepsilon}_\alpha = \dot{\varepsilon}_\beta = 0$），这表明滑移线上任意两邻点的相对速度与相应滑移线线元正交，亦即某滑移线上各质点的速度端图与该滑移线正交。利用这一性质，设已作出塑性流动区的滑移线场，则可作出该区域内的速度端图，从而确定该区域内的速度场。

（何祥铁　熊祝华）

速度环量 velocity circulation

流场中速度矢量沿任一封闭曲线的线积分。它用以表征流场涡旋强度大小，按定义有

$$\Gamma = \oint_L \vec{u} \cdot d\vec{L} = \oint_L (u_x \mathrm{d}x + u_y \mathrm{d}y + u_z \mathrm{d}z)$$
$$= \int_A \vec{\Omega} \cdot \vec{n} \mathrm{d}A = I$$

式中 Γ 为速度环量；$\vec{u}$ 为速度矢量；L 为任一封闭曲线的长度；u_x，u_y，u_z 分别为 $\vec{u}$ 沿笛卡尔坐标系三坐标轴的分量；Ω 为涡量；$\mathrm{d}A$ 为元涡横断面积；$\vec{n}$ 为 $\mathrm{d}A$ 外法向的单位矢量；I 为涡强。Γ 的表达式比涡强简单，所以在某种情况下利用速度环量比较方便。上述关系称为斯托克斯定理。对于无旋流，$\Gamma = 0$。Γ 的符号与流场的速度方向和线积分所取绕行方向有关，贯例规定线积分绕行方向为逆时针方向，并以此作为正方向。当周线 L 上的切向速度 u_L 与绕行方向相同时，Γ 为正，否则 Γ 为负。（叶镇国）

速度间断面 surface of discontinuity in velocity

物体内沿其上速度不连续的面。例如刚性理想塑性体内刚性区和塑性流动区的分界面。根据物质的连续性条件，只容许间断面的切向速度间断，即 $[v_t] = v_t^+ - v_t^- \neq 0$；$v_n^+ = v_n^-$；$[\cdots]$ 表示间断值，n、t 分别表示间断面的法线和切线方向，“+”和“−”表示间断面两侧的量。在塑性平面应变问题中，应变被限制在一个平面之内，间断面与此平面的交线称为间断线。在塑性平面应力问题中，由于截面厚度可局部变化，速度间断就不限于间断面的切线方向。（熊祝华）

速度瞬心 instantaneous center of velocity

瞬时速度中心的简称。又称瞬心。平面图形上绝对速度等于零的一点。例如，车轮在直线轨道上作纯滚时，它与轨道接触的那一点速度等于零。瞬心的位置可由图形上任意两点速度之垂线的交点来确定。除瞬时平动情形外，图形在每一瞬时都存在唯一的速度等于零的点。该点在图形上的位置随时间而变化，其加速度不等于零。（何祥铁）

速度梯度 velocity gradient

速度标量场不均匀性的量度。常用 $\frac{\mathrm{d}u}{\mathrm{d}n}$ 表示，其中 u 为流体质点速度，n 为 u 的法线方向上的长度。它所量度的不均匀性表示在各点速度矢量相互平行的流场中，沿垂直于速度 u 方向移动单位长度引起的速度变化。（叶镇国）

速度投影定理 theorem of projection of velocities of two particles

揭示平面图形上任意两点速度的投影关系的定理。平面图形上任意两点的速度在该两点连线上的投影相等，即

$$(\boldsymbol{v}_A)_{AB} = (\boldsymbol{v}_B)_{AB}$$

若已知任一点的速度和另一点速度的方位，即可求得该另一点速度的大小与指向。这种分析平面图形上点的速度的方法，称为速度投影法。本定理反映刚体上任意两点之间距离保持不变的几何特征，对刚体任何形式的运动都适用。此外，平面图形上任意两点的速度在该两点连线的垂线上的投影之差的绝对值，等于图形的角速度与此两点连线之长的乘积，即

$$|(\boldsymbol{v}_A)_{\perp AB} - (\boldsymbol{v}_B)_{\perp AB}| = \omega \cdot \overline{AB}$$

速度图 velocity graph

表示点的速度随时间而变化的图像。以速度投影－时间曲线形式表出，能代替点的速度方程确定

它在每一瞬时的速度。该曲线上任一点处的斜率，等于动点在对应瞬时的加速度在该坐标轴上的投影，由此可作出相应的加速度图。当动点在初瞬时的坐标为已知时，还可由此作出其运动图。（何祥铁）

速度图解　velocity diagram

又称速度图。用作图法求解平面运动刚体或平面机构上有关各点的速度时，从任一固定点作出这些速度矢而得到的图形。设已知某一瞬时平面图形上 A 点的速度 $\boldsymbol{v}_{\mathrm{A}}$ 及 B 点速度 $\boldsymbol{v}_{\mathrm{B}}$ 的方位。由任选的极点 o 作有向线段 $\overrightarrow{oa}=\boldsymbol{v}_{\mathrm{A}}$，又从 o、a 两点分别作 $\boldsymbol{v}_{\mathrm{B}}$ 的平行线和图形上 AB 线的垂线而得交点 b，则 $\overrightarrow{ob}=\boldsymbol{v}_{\mathrm{B}}$，$\overrightarrow{ab}=\boldsymbol{v}_{\mathrm{BA}}$。由此还可求出图形上任一点 C 的速度：从 a、b 点分别作图形上 AC 与 BC 线的垂线得交点 c，即得 $\overrightarrow{ac}=\boldsymbol{v}_{\mathrm{CA}}$，$\overrightarrow{bc}=\boldsymbol{v}_{\mathrm{CB}}$，$\overrightarrow{oc}=\boldsymbol{v}_{\mathrm{C}}$。多边形 $oabc$ 就是平面图形 A、B、C 各点在该瞬时的速度图解。它把同一瞬时平面图形上各点的速度直观地表示在一个图上，广泛应用于单自由度的平面机构的运动分析。（何祥铁）

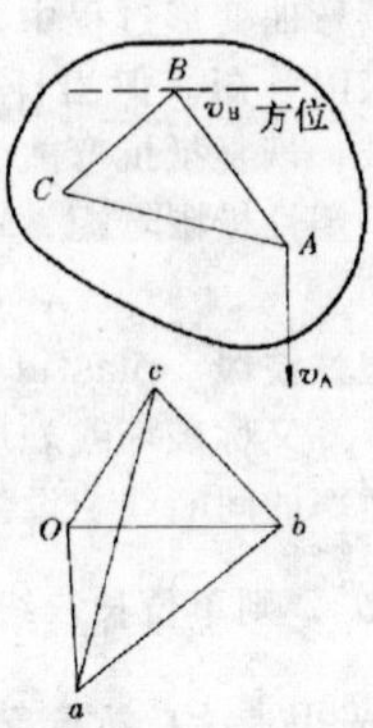

速率　speed

见速度（329页）。

塑限　plastic limit

土由半固态过渡到可塑状态的界限含水量。以百分数表示，可用液、塑限联合测定法或塑限试验（滚搓法）测定。（朱向荣）

塑限试验　plastic limit test

测定粒径小于 0.5mm 的细粒土由半固体状态转到可塑状态时的界限含水量试验。一般用“滚搓”法测定。将接近塑限含水量的试样 8～10g，用手搓 成椭圆形，放在毛玻璃板上用手掌搓成直径 3mm 土条时出现裂缝，并开始断裂，此时断裂土条的含水量即为塑限。（李明逵）

塑性　plasticity

物体变形不可恢复的性质。为材料的一种基本特性。当荷载完全卸去后，变形不可恢复的部分称为塑性变形，变形过程是不可逆的，且伴有能量耗散。瞬时应力与应变之间不存在一一对应关系，本构方程与变形历史有关，但与时间效应无关。利用材料的塑性可以吸收突加荷载的能量（消振、抗冲击等），可以进行金属成型工艺等。（吴明德）

塑性本构关系　plastic constitutive relations

描述材料塑性行为的关系式，它建立塑性应变或塑性应变增量与应力之间的关系。一般应以应变增量（或应变率）的形式给出，且与反映变形历史的内变量有关。用增量形式给出塑性本构关系的理论称为塑性增量理论，用全量形式表示塑性本构关系的理论称为塑性全量理论。全量理论一般适用于简单加载情况。由于求解全量理论的边值问题比求解增量理论的边值问题简单，因此，尽管全量理论不能全面描述材料的塑性行为，仍被应用于求解实际问题。（熊祝华）

塑性材料　plastic material

破坏前出现较大塑性变形的材料。通常将延伸率 δ 大于 5% 的材料称为塑性材料，如低碳钢、16锰钢、高强度低合金钢等。（郑照北）

塑性动力学　dynamics of plasticity

研究弹塑性物体在动力荷载作用下，特别是在短时强荷载作用下发生塑性变形时，应力和应变随时间的变化规律的学科，其主要研究内容有：①塑性波的传播，包括应力波在弹塑性介质中的传播、反射及其相互作用等；②塑性动力响应，研究弹塑性体的整体运动规律，包括物体内弹塑性区交界面和塑性变形随时间而发展和运动的规律等；③塑性动态本构关系与弹性动力学不同，塑性动力学不仅要考虑惯性效应，而且本构方程也与应变率有关，即塑性动态本构关系与静态本构关系不同，它要考虑屈服滞后、应变强化和应变率效应等对本构关系的影响。另外塑性动态本构关系的建立要依赖于动力试验研究，而整理动力试验数据又要用到塑性动态本构关系，因而问题是复杂的。塑性动力学在防护工程、穿甲和侵彻、高速成形和爆炸工程等领域都具有重要应用。（徐秉业）

塑性极限荷载　plastic limit load

又称塑性承载能力，简称极限荷载。物体到达塑性极限状态时的荷载值。通常物体在到达塑性极限状态前，变形属于弹性变形量级，由此引起的物体形状和尺寸的变化可以略去不计，因而可以假定在极限状态到达之前是刚性的；极限状态一到达物体则可“无限”塑性变形。但一经开始塑性变形之后，物体的几何变化便不可忽略。在分析极限状态到达后的物体力学状态时，应计及塑性变形的这种影响。（熊祝华）

塑性极限荷载系数　plastic limit load coefficient

简称极限荷载系数。结构到达塑性极限状态瞬时的荷载系数，记为 λ^{p}。它满足结构塑性分析的全部基本方程。设结构的基准荷载（见荷载系数，137页）为 $\overline{P}_i$，则当荷载系 $P_i=\lambda^{\mathrm{p}}\overline{P}_i$（$i=1,2,\cdots,n$）时，结构变为破坏机构，而且应力场是静力许可的，应力与应变率满足塑性本构关系。另方面，不管加载次序如何，只要荷载系最后到达$\lambda^{p}\overline{P}_i$，结构即到达塑性极限状态，即塑性极限荷载系数$\lambda^{p}$与荷载系中几个力的施加次序无关，只与基准荷载$\overline{P}_i$有关。塑性极限荷载系数也与结构在加载前所经历的变形历史无关。（熊祝华）

塑性极限扭矩 plastic limit twisting moment

杆截面完全屈服时的扭矩值，记为M_{tp}。设φ^{p}为塑性应力函数：$\tau_{xz}=\partial\varphi^{p}/\partial y$，$\tau_{yz}=-\partial\varphi^{p}/\partial x$，坐标轴$Z$与杆中心轴线重合，则$\varphi^{p}$的梯度的模等于剪切屈服极限$\tau_s$。因此，截面完全屈服时塑性应力曲面$Z=\varphi^{p}(x,y)$是等倾面（"屋顶"）。对于连通截面，$M_{tp}=2\iint\varphi^{p}\mathrm{d}x\mathrm{d}y$。

（熊祝华）

塑性极限弯矩 plastic limit bending moment

简称极限弯矩。梁式杆的截面完全屈服时所对应的弯矩值，也是截面所能承受的最大弯矩值，以M_p表示。它与截面塑性模量W_P有关，可表为$M_p=\sigma_S W_P$。式中σ_S为屈服极限。这时截面丧失抵抗弯曲变形的能力，形成塑性铰。截面屈服时的中性轴是截面面积的平分线。（王晚姬　熊祝华）

塑性极限转速 plastic limit angular speed

理想塑性旋转体由于离心惯性力作用到达塑性极限状态瞬时的转速，在此转速下旋转体可"无限"塑性变形。等厚旋转圆盘的塑性极限转速为

$$\omega_p=\frac{1.73}{b}\sqrt{\frac{\sigma_s}{\rho}}\text{（实心）}$$

$$\omega_p=\frac{1.73}{b}\sqrt{\frac{\sigma_s}{\rho}\left(\frac{1-\alpha}{1-\alpha^3}\right)}\text{（中心有孔）}$$

式中ρ为材料的质量密度；$\alpha=a/b$，a、b分别为圆盘的内、外半径；σ_s为屈服极限。此处假定材料服从特雷斯卡屈服条件。（熊祝华）

塑性极限状态 plastic limit state

物体在外荷载不变情况下可"无限"塑性变形的状态。这种状态之所以可能出现是由于材料的理想塑性模型及不计物体因变形而引起的几何变化。根据这种模型，只要应力满足屈服条件材料就可"无限"塑性变形。当荷载超过弹性极限荷载时，物体内出现塑性区，并随荷载的增加而扩大；当荷载足够大时致使物体内有足够充分的塑性区，使得物体在该荷载下可"无限"变形时，就称物体处于塑性极限状态。（熊祝华）

塑性铰 plastic hinge

受弯杆件的截面到达极限状态的一种理想化模型。当某截面的弯矩值超过该截面的弹性极限弯矩后，随着弯矩值的增长，截面的屈服区向中性轴扩大，弹性核不断缩小；在极限情况下，弹性核趋于零。全截面都处于屈服状态，完全丧失抵抗弯曲变形的能力，该截面两侧的部分可绕它发生有限的相对转动，这相当于在该截面设置了一个铰，即塑性铰。此时，截面的弯矩值等于塑性极限弯矩。在继续弯曲变形过程中，塑性铰处的弯矩值恒等于塑性极限弯矩。但当杆件的弯曲方向改变时，截面卸载，恢复抵抗弯曲变形的能力，直到反向弯矩值等于塑性极限弯矩，重新出现塑性铰为止。

（熊祝华　王晚姬）

塑性铰线 plastic hinge line

又称破坏线。理想塑性薄板（壳）中面上转角速率的间断线。设沿塑性铰线转角速率的间断值为$[\dot{\theta}]$，则单位长铰线上的塑性功率为$\frac{2}{\sqrt{3}}M_p|[\dot{\theta}]|$（采用米泽斯屈服条件）或$M_p|[\dot{\theta}]|$（采用特雷斯卡屈服条件），对于均匀板，$M_p=\frac{1}{4}\sigma_s h^2$，$\sigma_s$为屈服极限，$h$为板厚，$M_p$为板的极限弯矩。在薄板的塑性极限分析中，为了求板的极限荷载的上限（见上限定理，303页），往往可将板用塑性铰线分为若干刚性块，使之成为机构。根据功能等式（见运动许可系数，447页）

$$\sum_{l_i}\int_{l_i}\frac{2}{\sqrt{3}}M_p|[\dot{\theta}]|\mathrm{d}l_i=\lambda^*\int_A\overline{q}\dot{w}\,\mathrm{d}A$$

可求板的极限荷载系数的上限。式中l_i为第i根塑性铰线的长度；$\dot{w}$为板的挠度速率；$\overline{q}$为基准横向荷载集度；A为板中面的面积。（熊祝华）

塑性力学 plasticity

固体力学的一个分支，研究超过弹性极限后材料的力学行为和物体内的应力、应变分布。为了简化计算，塑性力学根据实验结果建立以下假设：①材料是连续的、各向同性的、韧性的，不会发生断裂；②平均正应力不影响材料的屈服，体积应变是弹性的；③材料的弹性性质不受塑性变形的影响；④材料是稳定的。此外，在塑性静力学中还假设材料的力学行为与时间因素无关，应变增量和应变率可以互换。这些假设一般只适用于工程金属材料，不适用于岩土等非金属材料。通常，塑性力学还对应力－应变曲线提出简化模型。

塑性力学问题的主要特点有二：①应力－应变关系是非线性的；②变形过程不可逆，应力和应变间不存在一一对应关系，而与变形历史有关。因此求解塑性力学问题应从已知的初始条件出发，相继求解对应于荷载增量的应力和应变增量，按加载过程累加，得到指定荷载下的应力、应变分布。塑性

力学的研究内容有两大方面：①研究屈服条件和塑性本构关系等基本理论；②研究具体问题的分析、求解方法。

一般认为，塑性力学的研究始于1864年H·特雷斯卡，提出最大剪应力屈服条件；此后经历了60～70年初步形成了经典塑性力学。从20世纪50年代开始，塑性力学有一个较大的发展，提出了材料的塑性强化模型，讨论了塑性势、正交性法则等概念，发展了结构的极限分析方法。70年代以来，人们又注意于塑性本构理论的研究，特别是大变形条件下塑性本构的理论研究；同时，还提出了一种“内蕴时间塑性理论”。近年来又发展了细观塑性力学。

在工程中塑性力学理论有广泛的应用。例如用于结构设计以充分发挥材料强度的潜力和合理选材；用于制定加工成型工艺，以及计算结构的残余应力等。（熊祝华）

塑性力学平面问题 plane problem of plasticity

待求的某类变量都发生在同一平面内的塑性力学问题。分为平面应变问题和平面应力问题。平面应变问题的特点是，应变被限制在一个平面之内。金属压力加工中的薄板轧制、拉拔、挤压等问题都属于塑性平面应变问题。在这类问题中塑性变形比弹性变形大得多，故可采用刚性理想塑性模型。塑性平面应变问题的两个平衡方程和一个极限条件，在适当的力的边界条件下可确定塑性区的应力场。如果刚性区内的应力点（参见应力空间，430页）都在极限曲面之内或其上，则得到了静力许可解（见完全解，364页）。如果同时又能找到与应力场对应的运动许可速度场，则得到完全解。这类问题可用滑移线法求解。塑性平面应力问题主要出现在薄板中，包括有孔薄板面内受力时的应力集中问题和圆孔扩张问题，以及薄板弯曲问题。一般地求解塑性平面应力问题要比求解平面应变问题更为复杂。（熊祝华）

塑性流动法则 plastic flow law

又称与屈服条件相关联的流动法则。根据正交性法则（见德鲁克公设，57页）建立的一种塑性本构关系。在应力空间与应变增量空间坐标轴重合的前提下，塑性应变增量矢正交于屈服曲面；设屈服函数为 $f=0$，且有 $f\ (0)\ <0$，则塑性应变增量矢与屈服函数的梯度同方向，即

$$d\varepsilon_{ij}^{p} = d\lambda\frac{\partial f}{\partial \sigma_{ij}} \text{或} \dot{\varepsilon}_{ij}^{p} = \dot{\lambda}\frac{\partial f}{\partial \sigma_{ij}}, d\lambda \geqslant 0, \lambda' \geqslant 0$$

上式为塑性流动法则，式中 $\dot{\lambda}$或 $d\lambda$ 为非负参变量；σ_{ij}，$d\varepsilon_{ij}^{p}$，$\dot{\varepsilon}_{ij}^{p}$分别为应力分量，塑性应变增量，塑性应变率分量。（熊祝华）

塑性碰撞 plastic impact

又称非弹性碰撞（perfectly inelastic impact）。被撞物体只产生塑性变形的碰撞。这种变形在撞后完全不能恢复，此时恢复系数 $e=0$，撞后两物体粘合在一起运动而不再分开。（宋福磐）

塑性区半径 radius of plastic zone

对平面或反平面裂纹问题，裂纹顶端可能出现的类圆形塑性区的特征尺寸。在小范围屈服条件下，常取裂纹延长线上塑性区尺寸的一半。

（罗学富）

塑性区尺寸 plastic zone size

裂纹顶端塑性变形区域的几何尺寸。在线弹性断裂力学中，塑性区尺寸比裂纹长度或其他特征几何尺寸小得多，即所谓小范围屈服。（罗学富）

塑性全量理论 total theory of plasticity

又称塑性形变理论。塑性力学中用全量应力和全量应变表示弹塑性本构关系的理论。它最初由H. 亨奇于1924年提出，其后，前苏联的A. A. 伊柳辛将它完善；其表达式可写成

$$S_{ij} = 2G_s e_{ij}, \sigma_m = K\theta, G_s = \sigma_e/(3\varepsilon_e)$$

S_{ij}，e_{ij}分别是应力偏量和应变偏量的分量；σ_e 和 ε_e 分别是应力强度和应变强度（参见幂强化，239页）；G_s 是剪切割线模量；σ_m 为平均正应力；θ 为小变形条件下的体积应变；K 是体积弹性模量。全量理论假定，在简单加载条件下，$\sigma_e-\varepsilon_e$ 曲线是单一的，与简单拉伸时的应力-应变曲线相同。因此，当 $d\sigma_e/d\varepsilon_e\neq0$，全量理论的应力应变关系是一一对应的；这一般地同塑性变形的不可逆性相矛盾。但在简单加载和稍微偏离简单加载的情况下，计算表明全量理论都适用。至于加载路径究竟偏离简单加载多远仍可采用全量理论的问题，尚未得到解答。（熊祝华）

塑性失稳 plastic instability

专指由理想塑性材料制成的含裂纹缺陷的结构，在超过其塑性极限荷载的外载作用下，产生无限制的塑性流动而丧失承载能力的情形。结构破坏的一种重要形式，含缺陷结构安全评定中所必需考虑的一种重要情形。（余寿文）

塑性图 plasticity chart

由塑性指数和液限确定的细粒土分类图。由卡萨格兰德（Casagrande）于1948年提出。以塑性指数I_p 为纵坐标、液限 w_L 为横座标，由斜线 A 和竖线 B、C 分割为六个区，每个土样按其 I_p 和 w_L 可在图中找到一个坐标点，该点子所在区域的名称即为土的定名。是一种比较完善的方法。目前世界上一些国家已将细粒土按塑性图分类法列入国家规范。结合我国情况的该种分类法已列入水利电

力部土工试验规程（SD128）。

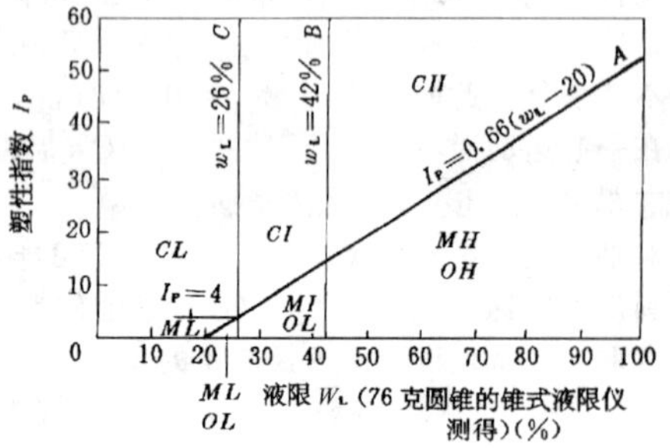

（朱向荣）

塑性弯矩条件 plastic moment condition

又称屈服条件。当结构处于极限状态时，任一截面的弯矩绝对值都不超过其塑性极限弯矩 M_P。即有

$$|M| \leqslant M_P$$

它是结构塑性分析中，受弯杆件结构的极限荷载应满足的三个条件之一。（王晚姬）

塑性位势 plastic potential

类似于弹性应变势能的塑性材料的势函数；设此势函数用 φ（σ_{ij}）表示，其中 σ_{ij} 为应力分量，则塑性应变增量可表示成 $d\varepsilon_{ij}^{p} = d\lambda \partial \varphi / \partial \sigma_{ij}$，$d\lambda \geqslant 0$。用塑性位势表示塑性本构关系的理论叫作塑性位势理论。对于满足德鲁克公设的材料，屈服函数 f 起着塑性位势的作用，因而塑性流动法则又称为与屈服条件相关联的塑性流动法则。反之，如果塑性位势函数与屈服函数不同，则称为与屈服条件不相关联的塑性流动法则。式中 $d\lambda$ 为非负的参变量。（熊祝华）

塑性应变 plastic strain

又称永久应变。应力全部消失后材料单元体仍保留的应变。在小变形情况下，总应变 ε 可分为弹性应变 ε^e 和塑性应变 ε^p：$\varepsilon = \varepsilon^e + \varepsilon^p$，$\varepsilon^e$ 是随应力消失而消失的部分。（熊祝华）

塑性元件 plastic element

又称圣维南（St.Venant）体。表示理想塑性体的模型，如图。重物在 P 的作用下作等速运动，则为理想的塑性元件。流变方程为 $\tau = \sigma t$；式中 τ—剪切力；σ_t—屈服应力。当剪切力（图中作用力 P）增加超过屈服应力（图中摩擦力）后产生塑性流动。如做软钢拉力试验时，当拉力达到钢的屈服点后，就出现一段塑性流动范围。

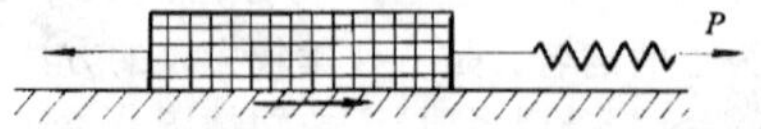

（冯乃谦）

塑性增量理论 incremental theory of plasticity

又称塑性流动理论。塑性力学中用增量形式表示塑性本构关系的理论。根据基本假设（参见塑性力学，332 页），增量理论也可写成速率形式。由于塑性本构关系与应力历史、应变历史有关，应力全量与应变全量之间一般地不存在一一对应关系，因此塑性本构关系应以增量形式给出，以反映变形历史。（熊祝华）

塑性指标 index of plasticity

衡量材料可塑性大小的参数，包括延伸率 δ 和截面收缩率 ψ。一般将 δ 和 ψ 数值较高的材料称为塑性材料。（郑照北）

塑性指数 plasticity index

液限 w_L 和塑限 w_p 的差值。记为 I_p，习惯上略去%号，即：$I_p = w_L - w_p$。表示土处在可塑状态的含水量变化范围，数值主要决定于土颗粒吸附结合水的能力。是粘性土的重要的物理性指标之一，根据其值可划分为粘土和粉质粘土。（朱向荣）

suan

算术-几何均值不等式 arithmetic-geometric mean inequality

正实数的算术与几何均值之间的关系式。对于正实数 u_i，$i=1, 2, \cdots, n$，恒有

$$\sum_{i=1}^{n} u_i / n \geqslant \left(\prod_{i=1}^{n} u_i \right)^{\frac{1}{n}}$$

即算术均值恒大于或等于几何均值。等号成立的充分必要条件是 $u_1 = u_2 = \cdots = u_n$。几何规划法在初期是根据上述关系而建立的。（刘国华）

算术平均值 arithmetic mean

某量 n 次测量值的平均值。其数学表达式为

$$\bar{x} = \frac{\sum_{1}^{n} x_i}{n}$$

式中 x_i 为任一次测量值。在等精度测量中，算术平均值 $\bar{x}$ 可作为测量结果。因为由概率论的大数定律可知，当测量次数无限增多时，$\bar{x}$ 趋近真值。算术平均值在数据处理中是计算误差的一个重要参数。（李纪臣）

sui

随动力 follower force

作用力的方向随结构的变形而改变的力。例如压杆屈曲时，作用于其上的轴向荷载随着结构

的变形增长始终沿着杆轴的切线方向（称为保切向力），这种荷载即为随动力。属非保守力。

（罗汉泉）

随动强化 kinematic hardening

认为强化效应是各向异性的；在塑性变形过程中，屈服曲面移动但大小形状不变。其数学表达式可写为 $f(\sigma_{ij}\hat{\sigma}_{ij})=f^{*}(\sigma_{ij}-\hat{\sigma}_{ij})-k=0$；$k$ 为材料常数，$\hat{\sigma}_{ij}$为屈服曲面中心在应力空间的坐标，它随塑性变形 ϵ_{ij}^{p}而变化。若 $\hat{\sigma}_{ij}=c\epsilon_{ij}^{p}$，$c$ 为常数，称为线性随动强化 。这个模型将包辛格效应绝对化了，有人称之为理想各向异性强化模型。当 $\hat{\sigma}_{ij}=0$，则转变为初始屈服条件。式中 σ_{ij}（i，$j=1$，2，3）是应力分量。 （熊祝华）

随机变量 random variable

表示随机试验结果的变量。如一批产品中的次品数，射击时击中点与靶心的偏差，加工零件尺寸与规定尺寸的偏差等等。它是随机事件的数量描述，提供了用数学分析方法来研究随机事件的可能性 。随机试验的一种结果称为它的一个可能值。设 X 表示随机变量，x_i 表示它的可能值，则 $X=\{x_i\}$；$i=1$，2，……。由于随机试验的各个结果的出现有一定的概率，因之研究一个随机变量，不但要知道它取那些值，重要的还需知道它取这些值的概率。取有限个值的称为离散型随机变量，能取某个区间内一切值的称为连续型随机变量。按描述随机试验结果的物理量或事件的多少，又可分为一维随机变量和多维随机变量。 （陈树年）

随机规划 stochastic programming

研究全部或部分参数为随机量的条件极值问题的数学规划分支。诸如工程结构中材料的强度、构件的实际尺寸以及使用期间所承受的荷载等因素，均属于预先无法完全确定的随机量，因此严格地说，包含上述因素的数学规划问题均应归结为随机规划问题。解决这一问题的基本思路是先将包含随机量的问题转化为相应等价的不含随机量的确定性问题，再利用（确定性问题的）线性规划、非线性规划或动态规划等算法来求解。 （刘国华）

随机过程 random process

在一定条件下可能发生的所有时间函数的集合。它在任意时刻的状态都是随机变量 ，其统计特性可用概率论的方法来描述。统计特性可分为集合平均和时间平均，前者是对整个集合求平均，后者是对单个时间函数（样本函数）求平均。按统计特性是否随采样时间原点的选取而变化，可分为平稳随机过程和非平稳随机过程；按集合平均特性是否等同于时间平均特性，可分为各态历经随机过程和非各态历经随机过程；按概率密度函数是否服从正态分布（高斯分布）可分为正态随机过程和非正态随机过程；按功率谱密度的谱形还可分为窄带随机过程，宽带随机过程和白噪声随机过程。工程计算过程常被假定是平稳、各态历经和正态型的。

（陈树年）

随机荷载 random load

大小和方向均随时间作随机变化，其未来任一时刻的数值无法预测的动力荷载。与其他可以确定荷载值的动力荷载不同，它属于非确定性荷载。其值随时间变化的规律不仅十分复杂，而且在相同的条件下，各次荷载不能再现同一波形。由于无法对荷载与时间的关系作出精确的数学描述，因此在进行结构动力分析时，必须借助于概率论和数理统计的方法。工程中的地震荷载和风荷载都属于典型的随机荷载。 （洪范文）

随机水力学 stochastic hydraulics

研究水力学中随机现象的分支学科。它从 20 世纪 60 年代起逐渐形成。水力学中有很多问题，如脉动压强、泥沙运动、紊动扩散等的一些变量带有随机性，它们随时间和空间的变化很难确定，但具有一定的平均值和各阶相关矩，可用统计理论描述和分析。为解决工程中的迫切问题，常采用一定的简化办法，因此，也可以说，这一学科是利用概率论方法研究流体力学问题的一个分支学科。目前，随机分析方法已在泥沙运动、水流压力脉动、水力系统的风险和可靠性分析中得到应用。用统计理论研究紊流问题开始于 20 世纪 30 年代，虽然取得了一定进展，但还难以用于实际问题。

（叶镇国）

随机误差 random error

又称偶然误差。具有随机性变化的误差。即误差的大小和符号变化是无规律的。它由各种随机因素造成。在任何一次测量中均不可避免产生这种误差。在误差理论中常用精密度来表述随机误差的弥散程度。在同一条件下重复进行的各次测量中，随机误差出现的大小、正负均有特性，但就其总体而言，它是一个服从统计规律的随机变量。

（李纪臣）

随机有限元 random finite element

将随机概念与有限元结合处理问题的一种方法。在有限元法中，引入随机方法以处理工程问题。在刚度矩阵和外力作用中引入随机因素，对有限元计算结果所得到的应力、变位或流速、压力等进行可靠度分析。 （郑邦民）

随机振动 random vibration

不能用确定性函数来描述但又有一定统计规律的振动。一般不是单个现象，而是大量现象的集合。这些现象似乎是杂乱的，但总体上仍有一定的统计规律，虽不能用确定性函数描述，却能用统计特性进行描述。这是它与确定性振动的本质区别。如车辆行驶中的颠簸，建筑物在阵风或地震激励下的响应，飞行器由湍流和喷气噪声引起的颤动，波浪冲击导致桥梁、海洋平台的振动，等等，都属于这类振动。研究这类振动，可以从幅域、时域和频域等方面进行描述。幅域描述主要揭示其概率特征，关心的是数学期望、均方值及方差等统计量。时域描述主要是描绘过程在两个不同时刻 t_1，t_2 取值的相关程度，用相关函数表示，也称相关分析。频域描述主要是了解过程的频率结构，用功率谱密度函数表示，又称功率谱分析，简称谱分析。20 世纪 60 年代以来，振动测试技术和计算技术飞速发展，为解决这类振动问题提供了强有力的手段。随机振动理论日益广泛应用在航空、土木、机械、交通运输等工程领域。（陈树年）

随遇平衡 neutral equilibrium

又称中性平衡。物体、潜体、浮体受干扰后偏离原来位置，但仍保持平衡状态的一种平衡特性。此时也即物体由稳定平衡过渡到不稳定平衡的临界状态。以中心压杆为例，当压力达到临界值时，杆件可以是偏离直线形式的任意微小弯曲形式的平衡。相应于此时的荷载称为临界荷载。

（叶镇国 吴明德）

碎裂介质岩体 fragment-rent medium rock-mass

硬性结构面切割下形成的分离的结构体组成的岩体。这类岩体的力学性质既受结构面控制，又受结构体控制，其应力传播特点具有强烈的岩体结构效应，应力传播和变形发展具有明显的不连续性，但随围压的增高，可以转化为连续介质岩体。在变形和破坏过程中，岩体内部常产生空化现象，故其侧胀系数常大于 0.5，且不存在变形相容条件。其岩体力学分析理论，需运用碎裂介质力学。

（屠树根）

碎石 crushed stone

粒径大于 200mm 的颗粒含量不超过全重 50%、粒径大于 20mm 的颗粒含量超过全重 50%、以棱角形颗粒为主的土。（朱向荣）

碎石土 stone

粒径大于 2mm 的颗粒含量超过全重 50% 的土。根据粒组含量及颗粒形状可分为漂石、块石、卵石、碎石、圆砾和角砾。（朱向荣）

sun

损耗角 loss angle

材料阻尼的一种量度。损耗角 δ_L 按下式确定 $\mathrm{tg}\delta_L = G_2/G_1$，$G_1$ 和 G_2 是复剪切模量的实部和虚部。对数递减率 δ 与 δ_L 关系为 $\delta = \pi \mathrm{tg}\delta_L$。

（吴世明 陈龙珠）

损耗模量 loss modulus

见复模量（104 页）。

损耗柔量 loss compliance

见复柔量（104 页）。

损耗因子 loss factor

又称损耗正切（loss tangent）。表征粘弹性材料动态性能的一个参数，损耗模量 Y_2（ω）与储能模量 Y_1（ω）之比，也是损耗柔量 J_2（ω）与储能柔量 J_1（ω）之比，记作 $\mathrm{tg}\delta$，即 $\mathrm{tg}\delta Y_2(\omega)/Y_1(\omega) = J_2(\omega)/J_1(\omega)$，其中 δ 表示谐振动时应变滞后的相位角，数值的大小说明材料的粘滞程度。（杨挺青）

损伤力学 damage mechanics

研究在各种外载条件下，物体中的损伤随着变形而发展并最终导致破坏的过程和规律的学科。损伤一词意味着材料出现性质劣化时所伴随发生的细观结构的不可逆的变化。分布在材料中的微裂纹或者微空洞由萌生、扩展、汇合形成宏观裂纹导致材料断裂，而且也是强度、刚度、韧性下降，或者剩余寿命减少，材料性能劣化的原因。损伤力学将这种微裂纹或微空洞的力学作用理解为连续变量场——损伤场。它是研究材料中微细孔隙扩展和含有微细孔隙材料性质的一门新学科。它是将材料强度学、连续介质力学统一起来进行研究的。在用唯象的损伤场这个力学变量描述材料的损伤状态时，往往称损伤力学为连续损伤力学。损伤力学首先要定义与量测损伤，因宏观的方法或细观力学的方法建立考虑损伤的本构方程与演化方程；给出损伤力学的初、边值问题的提法并用于损伤与破坏分析。它在脆性损伤、塑性损伤、疲劳损伤、蠕变损伤等分析中有重要的应用。（余寿文）

suo

缩限 shrinkage limit

土在进一步干燥时其体积不再收缩的界限含水量。用百分数表示。是土由固态过渡到半固态的分界含水量，可用缩限试验（收缩皿法）测定。

（朱向荣）

缩限试验 shrinkage limit test

测定粒径小于 0.5mm 的细粒土由半固体状态继续蒸发水份过渡到固体状态体积不再收缩时的界限含水量试验。一般用“收缩皿”法。取代表性土样制备成含水量等于、大于液限的试样，盛满在收缩皿中，测定试样质量，然后放在通风处晾干后，在烘箱中烘至恒量，测定试样干质量，用蜡封法测定干试样体积，求得干缩含水量，并与试验前试样的含水量相减即得缩限。（李明逵）

索多边形 funicular polygon，string polygon

用图解法解决平面力系的简化与平衡问题时，为了确定合力作用线的位置，或确定力系最后简化为力偶时的力偶臂，或求得平衡问题的未知量，而在位置图上作出的折线或多边形（参看平面力系的图解法，270页）。它有下列性质：① 索边数与力多边形的射线数相等；② 每一索边均与对应的一射线平行，且都联系相同的两个力；③ 各顶点必须在有关的力作用线上。（黎邦隆）

索网 network cable

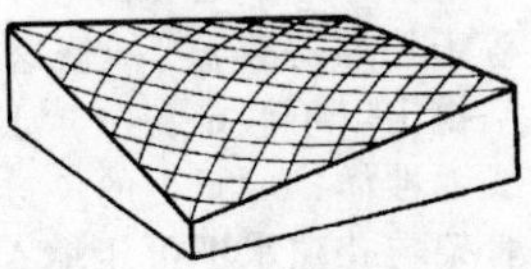

由相互正交的两组悬索组成的一种空间悬索结构（如图示）。主要用于屋盖结构。常采用马鞍形索网。其平面可为矩形、椭圆、菱形等多种形状。两组悬索中，下凹的一组为承重索，上凸的一组为稳定索，通过施加预应力，可使两组悬索在屋面荷载作用下始终贴紧而获得良好的刚度。索网的计算除采用结构矩阵分析方法外，还可用薄膜比拟法等。（何放龙）

锁定现象 lock-on phenomenon

涡频受结构频率影响而被控制的现象。当风速较低时，旋涡脱落频率受物体振动的影响较小，即涡频随风速按线性关系增加。当涡频接近结构固有频率时，出现共振状态使振幅变得较大。与此同时，结构的振动又反过来影响了旋涡的脱落，使得在接近共振的一段范围内尽管风速有变化，而旋涡脱落频率却保持为常数，且等于结构的固有频率，这一涡频不随风速变化而被结构频率控制的现象称为“锁定现象”。涡频不变的风速范围为“锁定区”。锁定现象扩大了涡激共振的形成范围，使整个锁定区的振幅都接近共振条件下的量大振幅。（项海帆）

T

ta

塔科马峡谷桥 Tacoma Narrows Bridge

美国华盛顿州塔科马市郊主跨853m（2 800英尺）的悬索桥。原桥的加劲梁采用两片间距为11.9m（39英尺），梁高仅2.44m（8英尺）的钣梁所组成的开口H型断面。由于气动性能差，抗弯和抗扭刚度都很小，该桥在安装桥面时就观察到强烈的振动。在该桥建成仅四个月后的1940年11月7日上午，一场8级大风首先引起振幅约30cm的竖向振动，并导致跨中主索与桥面连接件的松脱。接着，就出现了反对称的扭转振动，在约19m/s（42mph）的风速作用下扭转振幅逐渐增大到使桥面倾斜达45°，并由此造成吊杆的破坏，最后导致加劲梁的断裂和坠落（图）。塔科马悬索桥的风毁事故使工程师们认识到桥梁的风致振动比静风压作用具有更大的破坏性，推动了风对结构动力作用研究的发展，并以此为起点，逐渐形成了风工程这门新兴边缘学科。该桥破坏后，改用桁架式加劲梁，并采用透风的桥面。新塔科马桥提高了抗风稳定性，使用至今。

（项海帆）

tai

台风 typhoon

在热带气旋中心附近最大风力为十二级或十二级以上的风。它是形成在北太平洋西部和南海等热带海面上的风暴。在北半球绕台风中心呈一逆时针方向的气旋。台风范围一般为直径 600～1 000km。台风中心称为风眼，直径约 15～40km，风眼区风速很小。我国在每年 5～10 月常受台风袭击。受袭击区常有狂风、暴雨，并造成灾害。北美和附近大洋上的飓风、印度洋上和邻近大陆上的热带气旋、澳洲附近的“畏来风”亦为台风的广义概念。

（石　沅）

太沙基承载力理论　Terzaghi's bearing capacity theory

K·太沙基假设基底粗糙并考虑土自重影响导出的地基极限承载力理论。于 1943 年提出，1967 年作了局部修改，该理论将普朗德尔承载力理论应用到地基极限承载力课题，用叠加的方法导出了如下条形基础的地基极限承载力公式

$$q_f = cN_c + \gamma DN_q + \frac{1}{2}\gamma BN_\gamma$$

式中 q_f 为地基极限承载力；N_c、N_q、N_γ 为地基承载力系数，由土的内摩擦角 φ 查附图确定；c 为土的黏聚力；γ 为土的重度；D 为基础的埋置深度；B 为条形基础的宽度。上式只适用于地基发生整体剪切破坏的情况，当发生局部剪切破坏时，改为下式

$$q'_f = \frac{2}{3}cN'_c + \gamma DN'_q + \frac{1}{2}\gamma BN'_\gamma$$

式中 N'_c、N'_q、N'_γ、为地基发生局部剪切破坏时的地基承载力系数，由附图虚线查得。考虑到基础形状的影响，对方形和圆形基础采用半经验公式，对边长为 B 的方形基础为

$$q_f = 1.2cN_c + \gamma DN_q + 0.4\gamma BN_\gamma$$

对半径为 R 的圆形基础为

$$q_f = 1.2cN_c + \gamma DN_q + 0.6\gamma RN_\gamma$$

以上两式同样只适用于整体剪切破坏的情况，当发生局部剪切破坏时，与条形基础作同样处理。

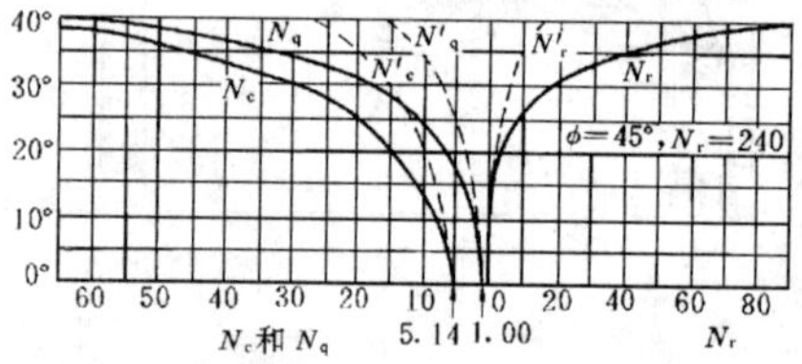

（引自 Terzaghi 1967）

（张季容）

太沙基固结理论　Terzaghi's consolidation theory

太沙基创立的用以定量分析饱和粘性土主固结过程的理论。主要针对一维固结问题。其固结模型如下图示。图中弹簧代表土颗粒骨架，容器中水代表土中的孔隙水，活塞上小孔的大小则象征土渗透性的高低。当外加荷载 p 未施加时，土中只有静水压力；当 p 刚施加时，水来不及从小孔中排出，弹簧未压缩，p 全部由水承担，超静孔隙水压力 $u = p$；随着时间的推移，水逐渐向外排出，各弹簧受到不同程度的压缩，超静孔隙水压力逐渐转移到土骨架上，有效应力 σ' 逐步增长；最后弹簧压缩趋于稳定，超静孔隙水压力消散至零，p 全部由弹簧承担，$\sigma' = p$，固结过程结束。任何时刻，σ' 与 u 之和恒等于该点的总应力 σ，而 σ 恒等于外加荷载 p。根据这一固结模型，1925 年太沙基提出以下假定：(1) 土体是匀质的、完全饱和的线弹性体；(2) 土的渗透系数为常量；(3) 土颗粒骨架与孔隙水不可压缩；(4) 荷载一次瞬时施加，并在固结过程中不变；(5) 土中渗流服从达西定律；(6) 土体变形完全是由孔隙水排出和超静孔隙水压力消散所引起的，然后建立了一维固结微分方程

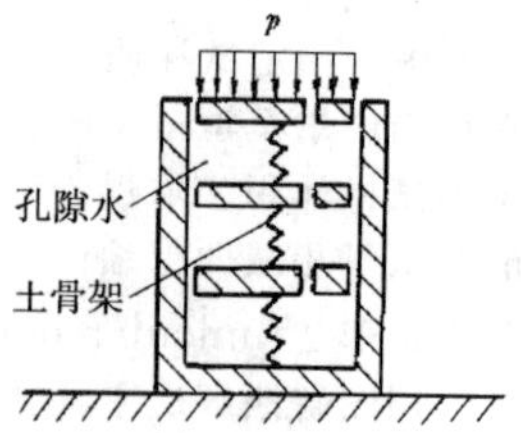

$$\frac{\partial u}{\partial t} = c_v \frac{\partial^2 u}{\partial z^2}$$

其中 u 为超静孔隙水压力；c_v 为竖向固结系数；z 为竖向坐标。根据问题的初始和边界条件，太沙基给出了解答。这是迄今应用最为广泛的固结理论。

（谢康和）

太沙基理论　Terzaghi theory

由太沙基提出的确定散体地压的一种理论。开挖洞室后，上部围岩将沿滑动面 db_1e 下沉，作用在支护结构上的垂直压力 p 等于滑动体 $b_1b_1e_1e_1$ 的重量减去滑动面上摩擦力和黏结力 c 的垂直分量，侧向压力则按土力学挡土墙理论计算。由泰沙基（K. Terzaghi）于 1942 年提出。计算 p 时把滑动面简化为 b_1e_1，滑动体中任意水平面上的垂直压力 σ_v 则视为均布。对于浅埋洞室

$$p = \frac{\gamma B_1 - c}{k\,\mathrm{tg}\varphi}\left(1 - e^{-\frac{kD\mathrm{tg}\varphi}{B_1}}\right)$$

对于深埋洞室，滑动体仅出现在上部 D_1 高度内

$$p = \frac{\gamma B_1 - c}{k\,\mathrm{tg}\varphi}\left(1 - e^{-\frac{kD_1\mathrm{tg}\varphi}{B_1}}\right) + \gamma D_2 e^{-\frac{kD_1\mathrm{tg}\varphi}{B_1}}$$

D_1 与围岩结构和力学性质、地下水等因素有关。φ 和 γ 为围岩内摩擦角和重度，k 为侧压系数。

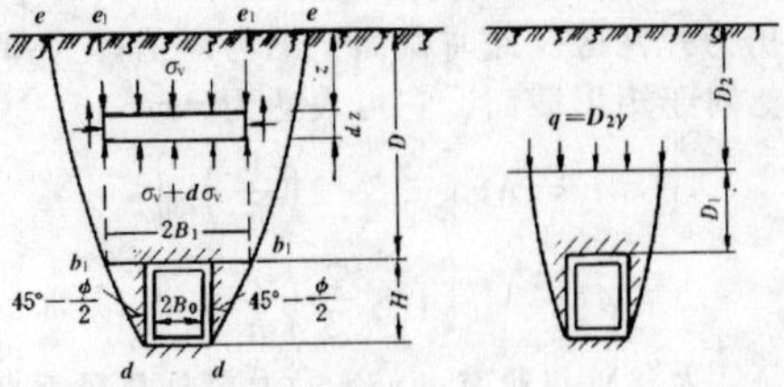

（周德培）

太沙基-伦杜立克扩散方程 Terzaghi-Rendulic diffusion equation

由太沙基和伦杜立克在一维固结理论基础上发展而成的分析多维固结问题的微分方程，即

$$\frac{\partial u}{\partial t} = c_x \frac{\partial^2 u}{\partial x^2} + c_y \frac{\partial^2 u}{\partial y^2} + c_z \frac{\partial^2 u}{\partial z^2}$$

式中 c_x、c_y、c_z 分别为 X、Y、Z 方向的固结系数。以此方程为基础分析土的固结问题及其得到的解答，称为扩散理论。其主要不足之处在于假定土体中任一点的总应力之和在固结过程中不变化，因而常称为拟（或准）固结理论。（谢康和）

泰勒法 Taylor method

又称稳定数法，是泰勒（Taylor，1939）在摩擦圆法基础上提出的土坡稳定分析法。他根据理论计算制成图示的稳定数表，应用这图表可以很简便地分析简单土坡的稳定。图中纵坐标表示稳定数 N_s，其表达式为

$$N_s = \frac{\gamma H}{c}$$

式中 c 为粘聚力，H 为土坡高度，γ 为土的重度。稳定数表中横座标表示坡角，图中 φ 为土的内摩擦角。

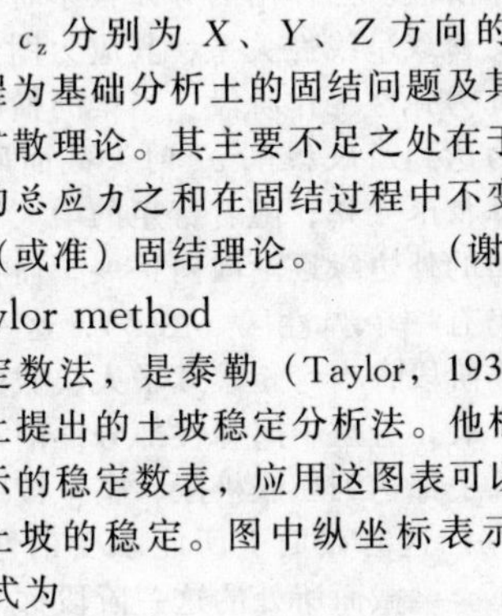

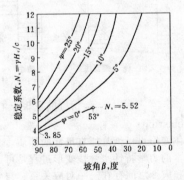

（龚晓南）

tan

坍落度法 slump test

测定混凝土混合物稠度的一种方法，用来表示拌合物浇注时的流动性。本方法适合于坍落度值为 1～15cm 的塑性混凝土。坍落度筒为截头圆锥形，上口直径 100mm，下口直径 200mm，高 300mm；捣棒直径 16mm，长 650mm。拌合均匀的混凝土拌合物分三层装满坍落度筒，每装一层用捣棒垂直插捣 25 次，将上部刮平，然后将坍落度筒小心地垂直提起，测量混凝土锥体的坍落值，称为坍落度。以两次试验的算术平均值表示。每次试验需换用新的拌合物。（胡春芝）

滩面阻力 sands resistance

滩面上植被所引起的水流阻力。滩面上的泥沙颗粒一般较细，但多杂草灌木和农作物，河岸也有植物覆盖，这些都会加大水流阻力。过去常以植被情况来确定粗糙系数，但这种粗糙系数不但随草木种类、生长密度、草茎树干的长度而异，也与生长季节有关，而且和水深流速都有关系。在水浅流缓时，草木对水流的阻力最大；流速水深增加到一定程度后，草茎树干受力弯倒，水流受阻面积减小，阻力则会相应降低，最后草木倾伏卧倒，粗糙系数亦降到最小。关于植被的粗糙系数，近年来虽有新的研究成果，但也还没有提出有效的估算办法，所以尚待研究解决。（叶镇国）

弹簧常数 spring constant

又称弹簧刚度、弹簧刚性系数。在弹性范围内，使弹簧产生单位变形所需施加的力（若为扭簧，则为力矩）。（宋福磐）

弹塑性材料矩阵 elasto-plastic matrix of material

根据弹塑性理论建立的材料应变向量与应力向量之间的转换矩阵。按理论不同分为：①形变理论或全量理论的材料矩阵；②增量理论的材料 矩阵。形变理论较简单，实质上是广义胡克定律的推广，它仅适用于简单加载条件。增量理论较复杂，可适用于各种复杂的加载条件。（江见鲸）

弹塑性断裂力学 elastic-plastic fracture mechanics

用弹塑性理论研究变形体中裂纹扩展的规律。断裂力学的一个重要分支。60 年代初，G. R. 欧文提出小范围屈服塑性区修正，用以分析准脆性断裂。A. A. 威尔斯，提出裂纹张开位移（COD）理论，用它作为断裂参量以描述延性断裂过程。1968 年，J. R. 赖斯，提出了 J 积分。J. W. 哈钦松，J. R. 赖斯和 G. F. 罗森格林提出了表征裂纹尖端弹塑性应力应变场的 HRR 奇异场理论，说明 J 积分是裂纹尖端场的一个主导参量。近年来，以全塑性解为基础的计算 J 积分的方法得到了发展。至今，弹塑性断裂力学尚未臻成熟，但它已

在结构缺陷评定及材料与结构的疲劳与蠕变寿命分析中得到重要应用。（余寿文）

弹－塑性分界面 elastic-plastic interface

截面处于弹塑性工作阶段时，其上的塑性区与弹性区的分界。参见弹性核，342页。（王晚姬）

弹塑性模量矩阵〔D〕$_{ep}$ elastoplastic modulus matrix〔D〕$_{ep}$

根据土的弹塑性模型理论可以建立一个普遍的应力应变增量关系式 $\delta\sigma_{ij}=[D]_{ep}\delta\epsilon_{ij}$，式中 $[D]_{ep}$ 称为弹塑性模量矩阵。其表达式为

$$[D]_{ep}=[D]-\frac{[D]\left\{\frac{\partial g}{\partial\sigma}\right\}\left\{\frac{\partial f}{\partial\sigma}\right\}[D]}{A+\left\{\frac{\partial f}{\partial\sigma}\right\}^{T}[D]\left\{\frac{\partial g}{\partial\sigma}\right\}}$$

式中：g 为塑性势函数；f 为屈服函数；〔D〕为弹性模量矩阵；A 为硬化参数的函数。

（龚晓南）

弹塑性扭转 elastic-plastic torsion

杆内同时存在弹性区和塑性区的扭转变形。求非圆截面杆的弹塑性扭转的解析解非常困难，A. L. 纳戴给出了一个形象的比拟法。引入扭转应力函数 φ，则在弹性区应力函数曲面可用受均匀压力作用的薄膜来比拟（见薄膜比拟法，7页），对理想塑性杆，塑性区的应力函数曲面为等倾面（见塑性极限扭矩，332页）。沿大小、形状与截面（单连通）相同的边线构造一坡度为 τ_s（剪切屈服极限）的刚性“屋顶”，在屋顶底部张一薄膜，并承受均匀压力作用。当压力逐渐增大时，薄膜弯曲，开始时薄膜与屋面不接触（对应于纯弹性状态）；在某一时刻薄膜有部分点开始与屋面相贴（对应于截面开始屈服），尔后相贴部分越来越大，其在底板上的投影对应于截面的塑性区，其余部分对应于弹性核心；扭矩等于薄膜下体积的两倍（需有一个乘子）。在极限情况下，薄膜与屋面全部相贴，弹性核心蜕化为破坏线（应力间断线）。（熊祝华）

弹塑性失稳 elasto-plastic instability

见非弹性屈曲（92页）。

弹塑性损伤 elastic plastic damage

又称韧性－塑性损伤。材料在受力变形过程中，出现伴有塑性变形的微细结构变化而引起材料性质的劣化和寿命的缩短。它大致分为空洞型损伤、剪切带型损伤和混合型损伤。它发生在金属、聚合物和复合材料的损伤中。（余寿文）

弹塑性弯矩 elastic-plastic moment

受弯杆件的截面处于弹塑性工作阶段时的弯矩值。对于具有理想弹塑性材料的截面，当其处于弹塑性工作阶段时，靠截面边缘的一部分纤维应力达到屈服极限 σ_S（形成塑性区），而在截面的中心部分则仍为弹性区。此时截面上的弯矩值即为弹塑性弯矩。对于矩形截面，它可表达为

$$M=M_s\left[\frac{3}{2}-2\left(\frac{e}{h}\right)^2\right]$$

或

$$M=M_p\left[1-\frac{2}{3}\left(\frac{e}{h}\right)^2\right]$$

式中 M_s 为弹性极限弯矩；M_p 为塑性极限弯矩；e 表示截面的弹性核高度；h 为矩形截面高度。

（王晚姬）

弹塑性弯曲 elastic-plastic flexure

对由弹塑性材料制成的结构的受弯构件在加载过程中所产生的弹性和塑性变形的描述。例如，理想弹塑性梁在受力过程中，其横截面将经历三个不同的工作阶段。当作用的弯矩很小时，各个截面的应力应变曲线呈线性关系，其应力图形如图 a，这一阶段称为弹性工作阶段。当梁的横截面最外边纤维的应力达到屈服极限 σ_S 时，截面所承受的弯矩即为弹性极限弯矩；随着弯矩的增大，塑性变形范围由截面的外边缘逐渐向内扩展，而在梁截面的中心部分仍有一个弹性区（图 b），这一阶段称为弹塑性工作阶段；当弯矩继续增大，截面塑性部分不断向内扩展，直至中间弹性部分逐渐消失，全部纤维应力几乎都达到屈服极限，整个截面进入塑性阶段（图 c）。这时截面上所能承受的弯矩即为塑性极限弯矩。梁截面所处的这一阶段称为塑性工作阶段。梁的弹性分析、弹塑性分析和塑性分析即是相应地分别依据附图 a、b、c 所示的三个工作阶段来进行的。

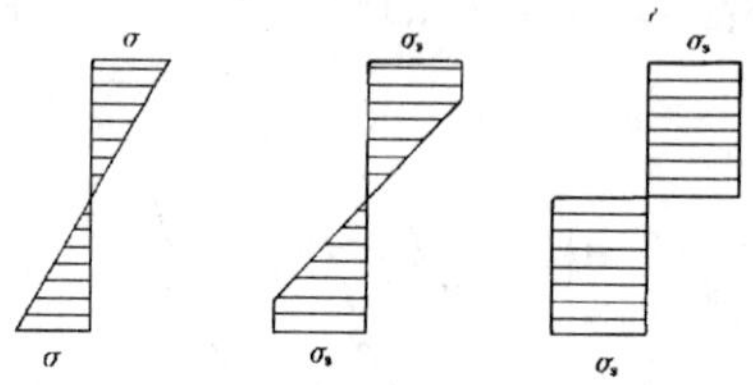

弹性 弹塑性 塑性

(a) (b) (c)

（熊祝华 王晚姬）

弹性 elasticity

物体变形可以恢复原有尺寸的性质。为材料的一种基本的力学特性。弹性变形过程是可逆的，瞬时应力和应变之间存在一一对应关系，与变形历史无关。变形可以完全恢复的物体又称为完全弹性体，简称弹性体。其中应力与应变为线性关系的称为线性弹性体；否则称为非线性弹性体。

（吴明德）

弹性半空间地基模型 elastic half-space foundation model

把地基视为连续、均匀、各向同性的半无限空间的弹性连续体的地基模型。半无限空间表面上在竖向集中力作用下，地基中应力分布和位移可由布辛奈斯克（Boussinesq）解得到。（龚晓南）

弹性薄板 elastic thin plate

由两个平行平面（称为表面）和垂直于表面的柱面围成的片状弹性结构。两表面间的距离（称为厚度）远小于表面本身的最小特征尺寸（长度、宽度或直径）。与两表面等距离的平面称为中面。薄板主要在垂直于中面的侧向荷载作用下发生弯曲。根据弯曲挠度 w 与板厚 h 之比，板可分为三类，即硬板或小挠度板，软板或大挠度板和薄膜。如果板受到面内压缩荷载，则可能发生弹性屈曲（参见薄板的弹性屈曲，6页）（罗学富）

弹性薄壳理论 theory of elastic thin shell

研究弹性薄壳在各种荷载作用下的变形情况、内力分布规律等力学响应，为应用弹性力学的一个部分。壳体是由内、外两个曲面（有时加上边界面）围成的物体。两个曲面称为壳体的表面。与两个表面等距离的点所形成的曲面称为壳体的中面；两个表面之间的中面法线长度称为壳体的厚度。一般壳体可用中面的几何形状和厚度来描述。中面封闭的壳体称为闭合壳体，否则称为开敞壳体。开敞壳体除了内外表面外，还有与中面正交的周围边界面。厚度 t 远小于中面最小曲率半径 R 的壳体称为薄壳，通常认为比值 $t/R\leqslant\frac{1}{20}$ 的壳体为薄壳，反之为厚壳。工程中常用的壳体一般在 $\frac{1}{1000}\leqslant\frac{t}{R}\leqslant\frac{1}{50}$ 范围内，故属于薄壳。薄壳主要以沿厚度均匀分布的薄膜应力而不是以沿厚度变化的弯曲应力来承受荷载，因而具有自重轻、强度高、刚度大、材料省等优点，在建筑、水利、造船、航天航空、化工、机械等工程中得到广泛应用。薄壳的几何形状和变形情况都很复杂，通常要引入一系列简化假设以便进行研究。薄壳理论就是在乐甫—基尔霍夫假设的基础上建立起来的。根据这一假设可建立薄壳的微分方程组，在给定的边界条件下求解这些微分方程组，可得到壳体中的位移和应力。

（杨德品）

弹性波 elastic wave

由于外力作用所引起的扰动在弹性介质（一般指固体）中传播的过程。当弹性介质在一局部区域受到扰动后，使其恢复原状的力是由扰动区周围的介质提供的。在扰动区恢复原状的过程中，周围的介质受到反作用，成为新的扰动区。新的扰动区又和更外围的介质相互作用，致使扰动不断向外扩展，形成弹性波。由于介质具有密度，弹性波的波速是有限值，是材料常数。当弹性波经过时，介质的质点在原地振动，质点运动的速度远小于波速。根据弹性波所形成的位移场的性状，可将其区分为无旋波或等容波，这两类波具有不同的波速，在传播过程中互不耦合。根据弹性波的能量在固体中分布的状态，可将其区分为体波、表面波、界面波或导波。当弹性波与固体内外各种界面相遇时，可发生反射、折射、衍射或绕射等现象。（郭 平）

弹性波的反射 reflection of elastic wave

弹性波入射到弹性介质的表面，或从一种弹性介质入射到材质不同的另一种弹性介质上，全部或部分能量返回入射一侧介质的现象。当平面波与平面界面相遇时，如入射波为 SH 波，反射波亦为 SH 波；如入射波为 P 波或 SV 波，反射场一般由两种波——P 波和 SV 波构成。反射波的传播方向遵循斯耐尔定律、反射波与入射波的振幅比（反射系数）由材料的弹性常数和入射角的角度确定。

（郭 平）

弹性波的绕射 diffraction of elastic wave

见弹性波的衍射。

弹性波的衍射 diffraction of elastic wave

又称弹性波的绕射。弹性波在传播过程中遇到介质中的孔洞、裂纹或嵌入物，传播方向发生改变的现象。分两种情况：①入射波遇到裂纹尖端或界面上的尖点、棱线。这些点或线受到激励成为衍生的点源或线源，向四周发射球面或柱面衍射波。②入射波遇到表面光滑的孔洞。如果波长接近孔洞的尺寸，面对入射波的孔壁在入射波作用下所产生的运动，可以围绕壁表传递到孔洞后侧，形成绕射波；如果波长远小于孔洞尺寸，绕射现象不明显，仅存在由孔洞前壁所形成的反射波，孔洞后侧出现“影区”。A. C. 爱林根建议区分上述两种情况，为此，可将第一种情况称为衍射、而将第二种情况称为绕射。（郭 平）

弹性波的折射 refraction of elastic wave

弹性波从一种弹性介质入射到材质不同的另一种弹性介质上，部分或全部能量穿过界面进入另一侧介质的现象 。在发生折射的同时，一般也发生反射。当平面波与平面界面相遇时，如入射波为 SH 波，折射波亦为 SH 波；如入射波为 P 波或 SV 波，折射波一般由两种波——P 波和 SV 波构成。折射波传播的方向遵循斯耐尔定律，折射波与入射波的振幅比（折射系数）由材料的弹性常数和入射角的角度确定。（郭 平）

弹性波法 elastic wave testing method

通过在岩体中激发弹性波，并记录其传播速度、振幅和波形等，以确定岩体弹性常数、完整性程度和破坏范围的一种地球物理勘探方法。该法可分为声波法和地震波法。声波法一般采用压电晶体换能器在岩体中激发频率为几千 Hz 到几万 Hz 的弹性波，适用于对局部岩体的探测。地震法通常用人工爆破或锤击的方法在岩体中激发弹性波，并在不同的地点用拾震器进行量测，适用于测定较大范围岩体的平均物性。（袁文忠）

弹性常数矩阵 elastic matrix

弹性体中以单元的应变向量表示应力向量的转换矩阵。它表征单元的弹性性质，可从物理方程（即本构关系）的矩阵表达式中直接得到。它是一个对称的常量矩阵；对各向异性材料，在三维问题中包含有 21 个独立的弹性常数；在二维问题中包含有 6 个独立的弹性常数；对各向同性材料，则决定于两个弹性常数，即弹性模量 E 和泊松（Poisson）比 μ。（夏亨熹）

弹性地基梁 beam on elastic foundation

又称弹性基础梁。设置于弹性地基上的梁。置放在土体上的条形基础，或置放于碎石路基上的铁路轨枕，即属这类结构。可分为三种类型：无限长梁、半无限长梁和短梁。弹性地基梁所受到的反力与地基梁的变形（也就是梁下面地基的变形）有关。计算的首要问题是如何选取反映地基反力与地基沉降之间关系的地基模型。通常采用下面三种地基模型（假设）之一进行计算：地基反力为直线分布的假设，温克尔假设（称为局部弹性地基模型）和半无限体弹性地基模型。（罗汉泉）

弹性动力学 elastodynamics

又称弹性波理论。采用波动观点研究扰动或动荷载在弹性体内所生成的动态位移场和应力场。固体力学的一个分支。以理想弹性体作为数学模型，一般假设材料是均匀的、各向同性的、并且服从胡克定律。通过在各种条件下求解纳维方程来研究弹性波的激发、传播，以及与弹性体内外各种界面相遇时所发生的反射、折射和衍射等现象。该方程为

$$\mu\nabla^2\boldsymbol{u}+(\lambda+\mu)\nabla\nabla\cdot\boldsymbol{u}+\rho\boldsymbol{f}=\rho\frac{\partial^2\boldsymbol{u}}{\partial t^2}$$

式中 ρ 为材料的密度；λ 和 μ 为拉梅系数；$\boldsymbol{f}$ 为体积力；u 为位移；t 为时间。弹性动力学的基本方程是由 C.L.M.H. 纳维和 A. L. 柯西等人于 19 世纪 20 年代建立的，目前其线性理论已发展成熟，可用于计算结构动力学瞬态问题的前期解，以及对裂纹进行动态分析；另外，还广泛应用于地震、地质勘探、无损检测、核侦察和声学显微镜等方面。（郭　平）

弹性动力学的互易定理 elastodynamic reciprocal theorem

有限弹性体中两种运动状态之间的对称关系。可表述为：在同一个弹性体中，由体积力 $\boldsymbol{f}$ 和表面力 $\boldsymbol{t}$ 所生成的位移场 $\boldsymbol{u}$ 和速度场 $\boldsymbol{v}$，与由体积力 $\boldsymbol{f}'$ 和表面力 $\boldsymbol{t}'$ 所生成的位移场 $\boldsymbol{u}'$ 和速度场 $\boldsymbol{v}'$ 之间存在下列关系

$$\int_S \boldsymbol{t}*\boldsymbol{u}'\mathrm{d}s+\rho\int_V\{\boldsymbol{f}*\boldsymbol{u}'+\dot{\boldsymbol{u}}'+\boldsymbol{u}_0+\boldsymbol{u}'\cdot\boldsymbol{v}_0\}\mathrm{d}v=$$

$$\int_S \boldsymbol{t}'*\boldsymbol{u}\mathrm{d}s+\rho\int_V\{\boldsymbol{f}'*\boldsymbol{u}+\dot{\boldsymbol{u}}\cdot\boldsymbol{u}'_0+\boldsymbol{u}\cdot\boldsymbol{v}'_0\}\mathrm{d}v$$

式中 S 为弹性体的表面积；V 为体积；ρ 为材料密度；下标“0”表示位移场或速度场的初始值；“$*$”表示卷积。可用于推导弹性动力学的积分表达式及建立边界单元法的边界积分方程。

（郭　平）

弹性动力学的基本奇异解 basic singular solution of elastodynamics

单位集中冲击力在无界弹性体内所生成的位移场。由三个波场组成：前方和后方分别是振幅为非均匀分布的球面纵波和球面横波，在这二者之间是一个波速、质点位移的大小和方向均逐渐发生变化的无旋波。（郭　平）

弹性动力学的射线理论 elastodynamic ray theory

基于波动方程的渐近级数解，对高频波场进行近似分析的理论。其要点如下：高频波沿着与波面正交的直线（即射线）传播，振幅的变化由下式确定

$$A(\boldsymbol{x})=A(\boldsymbol{x}_0)\sqrt{\frac{\rho_1\rho_2}{(\rho_1+s)(\rho_2+s)}},(\boldsymbol{x}_0\in\pi)$$

式中 π 为波面；ρ_1 和 ρ_2 为波面在 $\boldsymbol{x}_0$ 点的两个主曲率半径；s 为从 $\boldsymbol{x}_0$ 沿射线到 $\boldsymbol{x}$ 点的波程高频波在曲率半径远大于波长的界面上的反射和折射，遵循平面界面对平面波的反射和折射定律。射线理论把对于高频波反射和折射的计算转化为对于波面的几何分析。（郭　平）

弹性核 elastic core

受弯构件的截面上在弹塑性工作阶段时仍处于弹性阶段的那一部分截面。对于矩形截面，设以 $\frac{e}{2}$ 表示弹－塑性分界面（塑性区与弹性区交界面）至中性轴的距离，则有

$$\frac{e}{2}=\frac{\sigma_S}{E\kappa}$$

式中 σ_S 表示材料的屈服极限；E 表示弹性模量；κ 表示杆轴线的曲率；e 表示截面弹性核的高度。若 e 值小，说明截面弹性区小，塑性区大；而当 $e=0$ 时，截面进入完全塑性状态。（王晚姬）

弹性荷载 elastic load

用弹性荷载法作结构位移图时作用于相应虚梁并与结构弹性性质有关的集中荷载。n 点的弹性荷载通常以 W_n 表示，其一般公式为

$$W_n = \Sigma\int \frac{\bar{M}\ M_P}{EI}ds + \Sigma\int \frac{\bar{N}\ N_P}{EA}ds + \Sigma\int k\frac{\bar{Q}\ Q_P}{GA}ds$$

式中 $\bar{M}$、$\bar{N}$、$\bar{Q}$ 为虚梁上分别由 $\frac{1}{\lambda_n}$ 和 $\frac{1}{\lambda_{n+1}}$ 构成的两个方向相反的一对虚单位力偶所引起的虚拟内力(见图)；M_P、N_P、Q_P 为结构由于实际荷载所引起的内力。为了简化计算，通常引入“每区段内均为等截面直杆，且内力图由直线段组成”的假定，以便使上述积分式能用图乘法运算。据此可得实心结构弹性荷载的实用公式为

$$W_n = \left[\frac{S_n}{6EI_n}(M_{n-1}+2M_n) + \frac{S_{n+1}}{6EI_{n+1}}(2M_n+M_{n+1})\right] + \left[\frac{N_{n+1}\operatorname{tg}\varphi_{n+1}}{EA_{n+1}} - \frac{N_n\operatorname{tg}\varphi_n}{EA_n}\right] + \left[\frac{kQ_n}{GA_n} - \frac{kQ_{n+1}}{GA_{n+1}}\right]$$

对于拱、梁等结构，通常只需考虑弯曲变形的影响，可进一步简化为

$$W_n = \frac{S_n}{6EI_n}(M_{n-1}+2M_n) + \frac{S_{n+1}}{6EI_{n+1}}(2M_n+M_{n+1})。$$

式中符号含意见图。

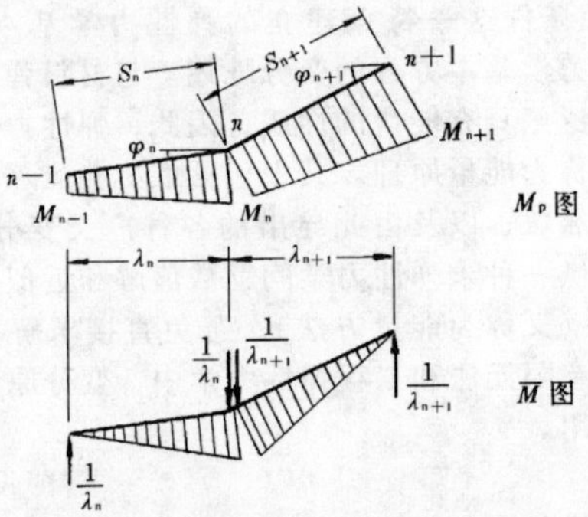

（何放龙）

弹性荷载法 method of elastic load

用比拟法，通过作虚拟弹性荷载作用下相应虚梁弯矩图来求实际结构位移图的方法。能一次求出由若干点组成的位移图，可弥补单位荷载法每次只能求一个位移之不足。如图（a）示简支梁在均布荷载作用下的竖向位移图如图中虚线所示，其中 A、B、C 三点的竖向位移分别为 y_A、y_B、和 y_C。欲求此位移图，可取图 b 所示相应虚梁，并计算出各点的弹性荷载 W_A、W_B、W_C，此弹性荷载作用下的弯矩图（图 b 中阴影线部分）即为图 a 所示结构的竖向位移图，图 b 中的 M_A、M_B、M_C 分别等于图 a 中的 y_A、y_B、y_C。对于承受结点荷载的桁架，按此方法绘得的位移图即为准确的位移图；而对于梁、刚架和拱等实心结构，只在弹性荷载作用点上的位移才是准确的，其它点的位移则是近似的。也可利用虚梁在弹性荷载作用下的剪力图绘出原结构的角位移图。

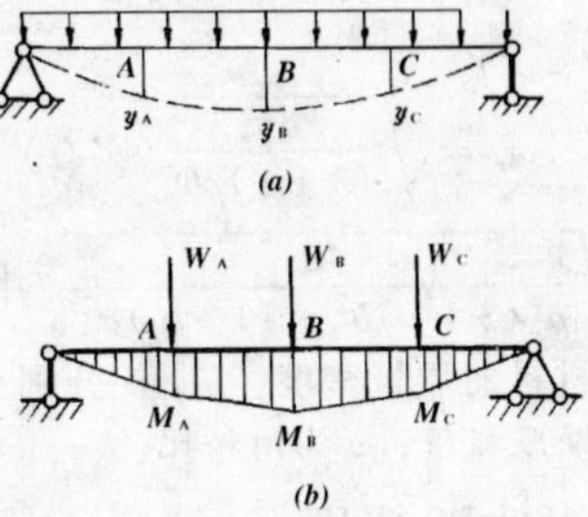

（何放龙）

弹性后效 elastic lagging effect

见恢复性徐变（145页）。

弹性回弹 elastic springback

物体卸载后的弹性恢复变形。影响弹性回弹的因素有：材料的力学性质，构件的曲率半径，构件和模具的几何形状。在板料成形过程中，可根据变形构件的回弹趋势和回弹量的大小而改变模具的几何形状和尺寸，或通过加拉力使应变均匀以减少弹性回弹。（徐秉业）

弹性极限 elastic limit

弹性阶段的应力极限值，用 σ_e 表示。应力低于弹性极限时材料的变形是弹性的；应力超过此值时材料将出现残余变形，即进入塑性状态。

（郑照北）

弹性极限荷载 elastic limit load

物体内一点或一些点处的材料进入初始屈服状态时的荷载值。荷载不大于此值，物体全部处于弹性状态；荷载大于此值，物体内有一部分已进入屈服状态或塑性状态。对于刚性理想塑性体没有弹性极限荷载。（熊祝华）

弹性极限扭矩 elastic limit twisting moment

杆截面上最大扭转剪应力值等于剪切屈服极限 τ_s 时的扭矩值，记为 M_{te}。实际扭矩值不大于此值时，全截面处于弹性状态；超过此值时，截面部分已屈服。（熊祝华）

弹性极限弯矩 elastic limit bending moment

又称屈服弯矩。理想弹塑性材料制成的受弯构件，当其横截面上的最大正应力值达到屈服极限 σ_S 时，该截面所能承担的弯矩值，以 M_s 表示。例如矩形截面，$M_s=\frac{bh^2}{6}\sigma_S$。式中 b、h 分别为截面宽度和高度。当实际弯矩值小于此值时，整个截面

处于弹性工作阶段；实际弯矩值大于此值时，截面外侧部分进入弹塑性工作阶段。

（熊祝华　王晚姬）

弹性极限转速　elastic limit angular speed

旋转体内由于离心惯性力作用开始屈服时的转速。等厚旋转圆盘的弹性极限转速为（按特雷斯卡屈服条件）

$$\omega_e = \sqrt{\frac{8\sigma_s}{(3+\nu)\rho b^2}}\text{（实心）}$$

$$\omega_e = \sqrt{\frac{4\sigma_s}{\rho[(3+\nu)b^2+(1-\nu)a^2]}}\text{（中心有孔）}$$

式中 ρ 为材料的质量密度，a、b 分别为内、外半径；σ_s 为屈服极限；ν 为泊松比。　（熊祝华）

弹性阶段　elastic stage

拉伸曲线中变形可完全恢复的部分。荷载卸除后可完全恢复的变形称为弹性变形。反映材料弹性阶段的参量有比例极限、弹性极限、弹性模量、剪切弹性模量和泊松比等。　（郑照北）

弹性抗力　elastic resistance

又称围岩反力。围岩支护物向围岩方向变形时围岩对支护物产生的反作用力。它的大小和分布与支护物变形的性质、围岩性质、支护物与围岩接触的紧密程度等有关，并随支护物变形和围岩强度的增加而增加。它的增加可降低支护物的弯矩，有利于支护物的稳定和工作。　（袁文忠）

弹性抗力系数　coefficient of elastic resistance

围岩抵抗支护物向围岩方向变形的能力指标，用 K_f 表示为

$$K_f = \frac{P_f}{u}$$

式中，P_f 为弹性抗力，u 为围岩向外的位移。可在现场用洞室水压法、扁千斤顶法等进行测试。由于现场测试费工费时，一般根据下式推求

$$K_f = \frac{E}{(1+\mu)r}$$

式中，E 为岩体弹性模量或变形模量；μ 为岩体泊松比；r 为洞室半径。该值越大，围岩承受支护物内压的能力就越大。　（袁文忠）

弹性力的功　work done by an elastic force

在弹性范围内，弹性体的弹性力对物体所作的功。计算式为 $W_{1,2} = \frac{1}{2}k\ (\lambda_1^2 - \lambda_2^2)$，式中 k 是弹簧常数；λ_1、λ_2 分别是弹性力作用点在始末位置时弹性体的变形量。　（黎邦隆）

弹性力学　elasticity

又称弹性理论。研究弹性体在外力和其他外部因素作用下所产生的变形、内力、稳定性以及各种动力持性的固体力学的重要分支。是材料力学、结构力学、塑性力学和某些交叉学科的基础。所谓弹性是指当外力或外部因素完全卸去后变形能完全消失的材料性质。弹性力学研究的基本内容是在介质为均匀、连续和弹性等假设下，通过变形的几何分析、应力－应变关系和平衡（或运动）规律建立弹性力学基本方程组（共三类），有时称为弹性力学三大基本规律；结合边界条件和初始条件，求解基本方程组，就可获得弹性体在外力和外部因素作用下的响应。

弹性力学的系统研究是从 17 世纪开始的；英国的 R. 胡克（1678）和法国的 E. 马略特（1680）分别独立地提出了弹性体的变形正比于所受外力的定律，后来被称为胡克定律。尔后经过几个时期的发展，建立了完善的经典理论，广泛地探讨了许多复杂的问题，出现了许多边缘分支。例如各向异性和非均匀体的理论，非线性板壳理论和非线性弹性理论，热弹性力学，气动弹性力学和水弹性力学，以及粘弹性理论等。已广泛应用于建筑、机械、航空航天、交通运输、兵器、化学等工程部门，以及地球物理、生物、医学等领域。

（熊祝华）

弹性力学变分原理　variational principles in theory of elasticity

利用弹性力学基本方程是某种变分问题的驻（极）值条件这一特点建立的弹性力学基本原理。是弹性力学基本方程的变分陈述。与材料弹性行为相关的泛函具有能量的性质，因此，弹性力学变分原理又称为能量原理。其中包括最小势能原理、最小余能原理、以及由此导出的各种广义变分原理，它们提供一种求弹性力学问题数值解和近似解的变分方法（又称为能量方法），避免直接求解基本方程。在有限元法和工程弹性力学中，变分原理有广泛的应用。

（熊祝华）

弹性力学复变函数法　complex variable method in theory of elasticity

用复变函数求解弹性力学问题的方法。是 20 世纪以来经典弹性理论获得进展的一个重要方面。该法将在给定边界条件下求解平面弹性问题的双调和方程，转化为在一定的边界条件下，寻求两个复变解析函数的问题。该法可以处理复杂边界及复连通域的弹性力学平面问题，并且使弹性力学平面问题的应力、位移和混合边值问题的提法具有统一的形式。特别是保角变换法的应用，使一批复杂几何形状的弹性力学问题的解析求解成为可能。此外，在应力集中、柱体的扭转、接触问题、以及线弹性断裂力学等问题中已得到了广泛的应用。

（罗学富）

弹性力学广义变分原理 generalized variational principles in theory of elasticity

弹性力学最小势能原理和弹性力学最小余能原理的推广，是没有变分约束条件的弹性力学变分原理；泛函中的全部变量都可独立变分，没有预加的限制条件。根据泛函中所含变量的范围可分为一类变量广义变分原理、二类变量广义变分原理和三类变量广义变分原理。在弹性力学空间问题中，最一般的广义变分原理应该包括三类变量（位移 u_i、应变 ε_{ij}、应力 σ_{ij}），它可陈述为：弹性力学空间问题的解必须使弹性体的某一含三类变量的泛函取驻值。广义变分原理广泛用于推导工程弹性力学中的各种近似理论；在弹性振动和稳定理论中，用于求固有频率和临界荷载常可获得较好的结果。

（熊祝华）

弹性力学平面问题 plane problem in elasticity

在弹性力学问题中，待求的某类变量均发生在一个平面内。它包括平面应力问题和平面应变问题，两者应用于不同的工程对象，但可归结为相同的数学问题。例如在应力函数解法中，只需求解一个四阶偏微分方程，当无体力或常体力时，该方程为双调和方程。（刘信声）

弹性力学平面问题的多项式解 solution of plane problems in elasticity by polynomials

在弹性力学平面问题中，将艾里应力函数 $\varphi(x, y)$ 用多项式的形式进行求解的一种方法。在半逆解法中，可以选定应力函数为多项式的可能形式，并使其中包含某些待定的函数或常数，然后由双调和方程和边界条件决定这些函数或常数，从而得到问题的解答。例如不同支承条件下的梁以及三角形水坝等，只要物体的主要边界上的荷载是连续的，而且能够表示成代数多项式的形式，则利用这种方法进行求解是方便的。（刘信声）

弹性力学平面问题的三角级数解 solution of plane problems in elasticity by trigonometric series

在弹性力学平面问题中，利用三角级数形式的应力函数进行求解的一种方法。当物体表面的荷载分布不连续，而且分布规律不能用代数多项式表示时，可将荷载展开为三角级数，应力函数也用包含某些特定函数或常数的三角级数表示，而由双调和方程与边界条件决定这些函数或常数，从而得到问题的解答。（刘信声）

弹性力学问题的边界元法 boundary element method for elasticity problem

用边界元法解弹性力学问题。其直接法见平面问题的边界元法、半平面问题的边界元法、三维问题的边界元法、及无限域问题的边界元法。弹性力学问题的直接法边界积分方程均可通过贝蒂功互等定理建立、也可由苏米格梁纳等式将奇点趋于边界导出。间接法则主要有虚应力法和位移间断法。

（姚振汉）

弹性模量 modulus of elasticity

又称杨氏弹性模量、杨氏模量。材料在弹性阶段应力与应变的比值（常数），用 E 表示。它是英国 T. 杨于 1807 年首先定义的，故又习称杨氏模量。（郑照北）

弹性－粘弹性相应原理 elastic-viscoelastic correspondence principle

简称相应原理或对应原理。线粘弹性边值问题准静态情况的基本方程和定解条件，作拉氏变换后与相应的弹性力学边值问题有同样的表达形式，因而可用弹性力学的方法或直接利用弹性解，求出粘弹性问题在象空间中的解答，经逆变换即得粘弹性边值问题解。对于不能或难于作变换的情况，基本方程和定解条件变换到象空间中与对应弹性问题不同，或相应于无法求解的弹性力学问题，则不能直接用相应原理求解，这些是非变换型问题。

（杨挺青）

弹性碰撞 elastic impact

物体在碰撞过程所产生的变形能够全部或部分恢复的碰撞。实际的碰撞一般都属此类。这种情况下的恢复系数 $0<e\leqslant1$。变形能够完全恢复的碰撞称为完全弹性碰撞（perfectly elastic impact），此时 $e=1$。（宋福磐）

弹性平衡状态 state of elastic equilibrium

土的抗剪强度未完全发挥时土体内的应力状态。处于这种状态时，土体中的剪应力小于土的抗剪强度，极限应力圆不与莫尔包线相切。

（张季容）

弹性释放 elasticity release

在流体力学中指承压含水层的承压水头降低时可造成含水层压缩、孔隙度减小、以及产生水的弹性膨胀并由此释放出一部分水量的现象。研究发现，从承压含水层抽出的水，除一部分来自边界补给外，大部分因弹性释放而来自含水层本身所贮存的水。当含水层的水头增加时，则发生相反的过程，含水层膨胀，水被压缩，含水层亦可贮存一部分水量，此称为弹性贮存。弹性释放一般认为是瞬时完成的，因此在非恒定渗流中，有时必须考虑土的骨架及流体的弹性。（叶镇国）

弹性系数 coefficients of elasticity

又称弹性常数。描述应力与应变关系的广义胡克定律中的系数。在最一般的各向异性体中有二十一个弹性常数。对于正交各向异性弹性体，具有三个相互垂直的弹性对称面，独立的弹性常数为九个。在各向同性弹性体中，独立的弹性常数只有两个。这时表征材料特性的弹性常数 E、G、ν、λ 之间存在一定关系（参见广义胡克定律，129 页）。

（刘信声）

弹性元件 elastic element

又称胡克元件，俗称弹簧（spring），示意如图。用以组成线性粘弹性模型的两基本元件之一。表示胡克弹性体，应力与应变成正比；松弛模量为 E 或 G，分别为拉压和剪切的弹性模量；蠕变柔量为 $1/E$ 或 $1/G$。

（杨挺青）

弹性支承刚度系数 stiffness coefficient of the elastic support

使压杆的弹性支承产生单位位移（单位线位移或单位角位移）所需施加之力（集中力或力偶矩）。它可利用原来的结构取出压杆后的剩余部分在与压杆连接处发生单位位移时的刚度系数求得。见弹性支承压杆。

（罗汉泉）

弹性支承压杆 compression member with elastic support

对结构中的压杆以相应的弹性支座代替其杆端约束作用而截取出的单根压杆。弹性支承的类型及弹性支承刚度系数由结构上与该压杆相连的其他杆件对该杆的约束作用而定。例如，图 a 所示刚架中的压杆 AB 可化为图 b 所示的弹性支承压杆。其中弹性支承 A 处的刚度系数 k_1 由图 a 中链杆 AF 的轴向刚度求得，B 处的刚度系数 k_2 由图 a 中的连续梁 CBD 在结点 B 的转动刚度求得。弹性支座的主要类型有：弹性链杆支座（又称为抗移弹性支座，如图 b 中的支座 A）和弹性固定支座（又称为抗转弹性支座，如图 b 中的支座 B）等。

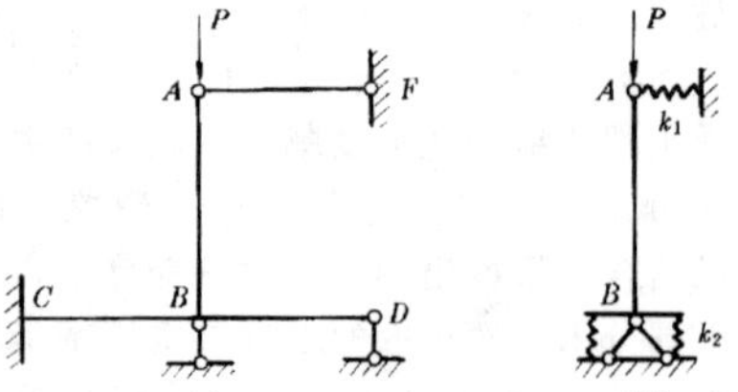

(a) (b)

（罗汉泉）

弹性支座 elastic support

在某个约束方向允许产生有限弹性位移的支座。根据约束的不同性质，又可分为抗移弹性支座和抗转弹性支座（见图）。其约束反力的大小与支座的弹性位移成正比而方向相反，两者的比例系数即为表示该支座弹性性能的刚度系数 k（使弹性支座发生单位位移所需施加的力）。在静定结构中，由于支座位移不产生内力，故弹性支座的的反力仍可象刚性支座一样由平衡条件求得；但对于超静定结构，则需将弹性支座的位移和相应的反力引入计算中一并考虑，增加了问题的复杂性。工程上当地基软弱而变形显著时，可将此支座简化为弹性支座，其计算简图取为能在某个方向发生有限位移的弹簧支座，并以刚度系数 k 作为弹簧刚度。当弹簧刚度为无限大时，弹性支座转化为相应的刚性支座，而当弹簧刚度等于零时，该支座在弹性支承方向相当于无约束，这是它的两种极端情况。弹性支座的概念还可推广到结构两部分之间连接的相互作用。例如可将结构中任一部分单独取出，而把相邻部分看作它的弹性支座。在两部分刚度相差很大时，可对这两部分按上述极端情况分别简化处理。

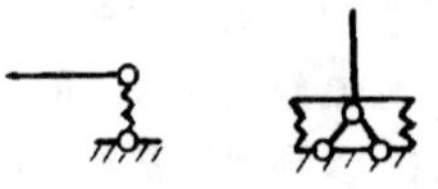

（洪范文）

弹性中心 elastic center

结构的弹性面积的形心。弹性面积是指沿结构的轴线作宽度等于 $\frac{1}{EI}$ 的窄条所构成的虚拟图形的面积。它因与结构的弹性性质 EI（截面抗弯刚度）有关而得名。

（罗汉泉）

弹性中心法 elastic centre method

用力法计算无铰拱和三次超静定封闭刚架时的一种简化计算方法。其要点是：将原结构的多余约束去掉后（去掉一个固定端支座或将某一截面切开），设想接入一根抗弯刚度为无穷大的杆件（称为刚臂）引到其弹性中心上，并将多余未知力作用于过该弹性中心的惯性主轴方向。此时，力法典型方程中的全部副系数都将等于零，力法方程简化为

$$\left.\begin{aligned}\delta_{11}X_1+\Delta_{1P}&=0\\ \delta_{22}X_2+\Delta_{2P}&=0\\ \delta_{33}X_3+\Delta_{3P}&=0\end{aligned}\right\}$$

式中 δ_{ii} 称为主系数，表示基本体系在单位多余未知力 $X_i=1$ 单独作用下，沿其自身方向的位移；Δ_{iP} 称为自由项，表示基本体系在荷载单独作用下，沿 X_i 方向所产生的位移。由于确定一般非对称结构的惯性主轴的计算甚为冗繁，故此法主要用于计算封闭的对称结构，特别是无铰拱和圆环结构。

（罗汉泉）

弹性贮存 elastic storage

见弹性释放（345 页）。

tao

陶瓷材料的流变性 rheological behavior of ceramic material

陶瓷泥团的可塑性，泥浆的粘度和触变性，坯体在干燥过程中的“复原”现象以及陶瓷的高温徐变等。（胡春芝）

陶瓷的高温徐变 high-temperature creep of ceramics

陶瓷材料在高温下长时间受小的持续应力作用，会出现变形随时间而增大的现象。拉伸高温徐变分三个阶段进行：初级徐变是可逆滞弹性形变，若温度不太高，则不进一步发展；若温度足够高，则使晶体的位错发生攀移。第二阶段徐变速度可用纳巴罗－赫林公式表示。第三阶段徐变速率增加，直至徐变断裂。截面减小导致应力增大及裂缝出现等，是徐变速率增加的大致原因。（胡春芝）

陶瓷泥浆 slurry of ceramic

陶瓷泥料和水组成的悬浮液。泥浆在陶瓷生产过程中有许多用途，有时也给以一定的名称。如供注浆成形用的泥浆称为注浆料。涂在生坯表面以覆盖坯面缺陷的泥浆称为装饰土或化装土。作为施釉用的泥浆称为釉浆。用途不同，对泥浆的要求也不同。普通陶瓷坯料用的泥浆细度，要求 10 000 孔/cm^2 筛的筛余不大于 1%；釉料则要求 10 000 孔/cm^2 筛的筛余，应控制在 0.2%以下。

（胡春芝）

te

特雷夫茨法 Trefftz method

求解弹性力学问题近似解的一种方法，首先由 E. 特雷夫茨（1926）用于求解弹性扭转问题的近似解。用此法求出的近似扭转刚度不小于实际扭转刚度，故又称为特雷夫茨上限法。与里兹法的不同点在于，本法要求近似函数 $f(\underset{\sim}{x})$ 预先满足泛函的欧拉方程，但边界条件不能精确满足。设欧拉方程为 $\underset{\sim}{A}f(\underset{\sim}{x})-g(\underset{\sim}{x})=0$，$\underset{\sim}{A}$ 为线性算子，$g(\underset{\sim}{x})$ 为已知函数。本法的近似函数可取为

$$f(\underset{\sim}{x})=f_0(\underset{\sim}{x})+\beta_k f_k(\underset{\sim}{x})+\beta_0, k=1,2,\cdots,n,$$

$f_0(\underset{\sim}{x})$、$f_k(\underset{\sim}{x})$为选定函数，它们满足条件$\underset{\sim}{A}f_i(\underset{\sim}{x})=0, i=1,2,\cdots,n$；$\underset{\sim}{A}f_0(\underset{\sim}{x})=g(\underset{\sim}{x})$；$\beta_0,\beta_k(k=1,2,\cdots,n)$为待定系数，它们由近似函数应近似满足边界条件来确定。类似于伽辽金法，在求解弹性力学问题的位移近似解时，设位移试函数为

$$u_i(\underset{\sim}{x})=\sum_{k=1}^{n}A_k^{(i)}u_k^{(i)}(\underset{\sim}{x}), i=1,2,3$$

根据弹性力学最小势能原理可推出确定待定系数 $A_k^{(i)}$ 的 $3n$ 个代数方程

$$\int_{s_t}(\hat{P}_i+\sigma_{ij}n_j)u_k^{(i)}ds=0, i=1,2,3. k=1,2,\cdots,n$$

式中：S_t 为弹性体给定面力的表面；$\hat{P}_i$ 为给定的面力；σ_{ij}为应力分量；n_j 为表面外法线的方向余弦。上式表示，特雷夫茨法也可看作加权余量法的一种，不必定与弹性力学变分原理相联系。

（熊祝华）

特雷斯卡屈服条件 Tresca yield condition

又称最大剪应力屈服条件。认为最大剪应力到达某极限值 τ_s（剪切屈服极限）时材料便进入屈服状态；是常用屈服条件的一种。H. 特雷斯卡于1864年提出这个屈服条件。其数学表达式为

$$\max(|\sigma_1-\sigma_2|, |\sigma_2-\sigma_3|, |\sigma_3-\sigma_1|)=2\tau_s=\sigma_s$$

在主应力空间中（参见应力空间，430页）特雷斯卡屈服曲面是一个正交于 π 平面的正六角柱面。式中 σ_1、σ_2、σ_3 为主应力。（熊祝华）

特征紊流 signature turbulence

由气流绕过结构物自身后所形成的一种脉动风。它主要由旋涡的脱落所造成，因而由特征紊流引起的结构振动可近似地作为涡致振动来处理。

（项海帆）

特征线法 method of characteristics

从双曲线型偏微分方程的特征方程出发，沿特征线划分网格进行求解的一种数值方法。具体做法是通过变换得到沿特征线的常微分方程组，从而将求解双曲型偏微分方程的问题化为求解简单的常微分方程组的问题。根据问题的初始值和边界值可以用差分法近似地作出特征线网，从而获得问题的解。例如塑性波的传播运动方程是一个非线性的双曲型方程，不易求得解析解。这时特征线法有其特殊的优越性；因为特征线就是波前前进的路线。找到特征线就等于得出问题的解，而且可以获得清晰的图像。在流体力学中，它已成功地用于计算管路水击、明渠非恒定流及气体动力学（如超音速无粘性流）的某些问题。（徐秉业 王 烽）

特征向量 eigenvector

见特征值（347页）。

特征值 eigenvalue

对一 n 阶方阵$\boldsymbol{K}$，如果成立

$$\boldsymbol{K\Phi}=\lambda\boldsymbol{\Phi}$$

式中 λ 是一个数，$\boldsymbol{\Phi}$ 是n 维的非零列向量，则称 λ 为矩阵 $\boldsymbol{K}$ 的特征值，$\boldsymbol{\Phi}$ 是相应的特征向量。求满足上述条件的 λ 与 $\boldsymbol{\Phi}$ 的问题称为标准特征值问题。对两个 n 阶方阵$\boldsymbol{K}$、$\boldsymbol{M}$，如果成立

$$\boldsymbol{K\Phi}=\lambda\boldsymbol{M\Phi}$$

则是一个广义特征值问题，λ 是广义特征值，$\boldsymbol{\Phi}$ 是相应的广义特征向量。（姚振汉）

ti

梯度 gradient

标量场不均匀性的度量。标量函数 φ 在任一点邻域内的变化状况，常以矢量表示

$$\mathrm{grad}\varphi = \frac{\partial \varphi}{\partial n}\vec{n}$$

式中$\frac{\partial \varphi}{\partial n}$为矢量的大小；$\vec{n}$ 为 φ 等值面法线方向的单位矢量，指向 φ 增长的方向。$\mathrm{grad}\varphi$ 在笛卡尔坐标系中的表达式是

$$\mathrm{grad}\varphi = \frac{\partial \varphi}{\partial x}\vec{i} + \frac{\partial \varphi}{\partial y}\vec{j} + \frac{\partial \varphi}{\partial z}\vec{k}$$

式中$\frac{\partial \varphi}{\partial x}$，$\frac{\partial \varphi}{\partial y}$，$\frac{\partial \varphi}{\partial z}$分别为三坐标轴方向矢量分量的大小；$\vec{i}$，$\vec{j}$，$\vec{r}$分别为三坐标轴方向的单位矢量。可以证明，梯度具有以下两种性质：①梯度满足关系式 $\mathrm{d}\varphi = \mathrm{d}\vec{r} \cdot \mathrm{grad}\varphi$，反之，若 $\mathrm{d}\varphi = \mathrm{d}\vec{i} \cdot \vec{a}$，则矢量 $\vec{a}$ 必为 $\mathrm{grad}\varphi$；② 若矢量 $\vec{a} = \mathrm{grad}\varphi$，且 φ 是矢径 r 的单值函数，则沿任一封闭曲线 L 的积分等于零，即$\int_L \vec{a} \cdot d\vec{r} = 0$，反之，若矢量 $\vec{a}$ 沿任一闭曲线 L 的线积分等于零，则矢量 $\vec{a}$ 必为某一标量函数 φ 的梯度，即 $\vec{a} = \mathrm{grad}\varphi$。（叶镇国）

梯度风 gradient wind

不受地表摩擦的影响，仅在气压梯度的作用下自由流动的风。此时的风速称为梯度风速度，达到这种速度的高度叫梯度风高度。在近地面层中，风速由于受地表摩擦的影响，沿高度是逐渐变化的，当到达一定的高度时（一般离地 300～500m），地表摩擦对风速的影响才可略去不计。地面粗糙度不同的地区，风速廓线不同，梯度风高度亦不同，地面越粗糙，梯度风高度越高。我国规范规定的三类地面粗糙度地区，梯度风高度分别为 300m、350m 及 400m。正在修订中的规范将改为四类，第四类梯度风高度为 450m。（田　浦）

梯度投影法 gradient projection method

以目标函数负梯度方向在作用约束的约束界面交集上的投影作为下降可行方向的可行方向法。1960 年由 J.B.Rosen 提出。对于约束函数为非线性的问题，在一维搜索过程中迭代点会偏离约束界面而进入非可行域，因此要有使其返回可行域的措施。收敛速度与最速下降法类似，较适用于规模较小的线性约束问题。（刘国华）

梯度型算法 gradient based method

基于目标函数梯度而构造的一类无约束非线性规划算法，亦指约束非线性规划中利用目标函数梯度和约束函数梯度而构造的算法。要求问题的目标函数和约束函数连续可微。由于利用了函数的梯度信息，算法的效率一般较高。对于无约束问题，它包含最速下降法、牛顿法、共轭梯度法和变尺度法，是非线性规划算法的重要基础；对于有约束问题，它包含序列线性规划法、可行方向法（含卓坦狄克可行方向法、梯度投影法、简约梯度法和广义简约梯度法等）、序列二次规划法，以及采用梯度型算法求解其中序列无约束问题的罚函数法和乘子法。（刘国华）

梯形公式 trapezoidal formula

二积分点间被积函数用一次函数近似的数值积分公式，其数值等于梯形的面积。当积分区间〔a，b〕较大时，把〔a，b〕n 等分，对其中各个等份用梯形面积计算。公式为

$$\int_a^b f(x)\mathrm{d}x = h\left\{\frac{1}{2}[f(a) + f(b)] + \sum_{i=1}^{n-1} f(x_i)\right\}$$

$$x_i = a + ih(i = 1,2,\cdots,n-1),$$

$$h = (b-a)/n$$

（包世华）

梯形堰 trapezoidal weir

溢流口形状为梯形的堰。该堰的流量可看作是矩形堰与三角堰的流量之和，按下式计算

$$Q = m_t b\sqrt{2g}H^{1.5}$$

式中 m_t 为梯形堰流量系数；b 为堰口底部宽度以 m 计；H 为堰顶水头以 m 计。1897 年意大利人西波利地（Cipoletti）研究得出。当堰口两侧边与垂线的夹角 $\theta_1 = 14°$，且 $b \geqslant 3H$ 时，$m_t = 0.42$。（彭剑辉）

提升球黏度计法 lifting ball viscosimeter method

是大致确定拌合物结构黏度的一种方法。当球体在拌合物中上浮或沉入时，其结构黏度为

$$\eta = k(\gamma_1 - \gamma_2)t$$

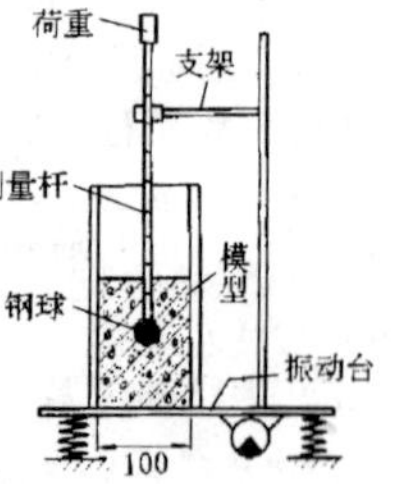

式中：k 为仪器常数。一般应在已知粘度的拌合物或液体中来标定其刻度，或根据采用该仪器所得的黏度与专用黏度计测定的黏度相比较的方法来标定其黏度；γ_1 为混凝土拌合物的表观密度；γ_2 为球体的表观密度；t 为球体上浮或沉入到一定深度的时间。苏联学者 A. E. 杰索夫（Десов）建议用最大、最小两个极限或接近极限的黏度值，来表征拌合物黏度 η 与振动速度 v 关系的流变曲线，从而可

大致确定在任意振动速度时拌合物的黏度。 (胡春芝)

体变柔量 bulk compliance

又称体积变化柔量。单位体积应力作用下的体积应变，常记作 $B(t)$。三维积分型本构关系用粘弹性斯蒂尔吉斯卷积写作

$$\varepsilon_{kk} = B(t)\cdot d\sigma_{kk}, e_{ij} = F(t)\cdot dS_{ij}$$

其中 $F(t)$ 为剪切蠕变柔量；ε_{kk}和 σ_{kk}分别为体积应变和体积应力；e_{ij}和 S_{ij}分别为应变偏量和应力偏量。 (杨挺青)

体波 body wave

可以在固体内部传播的弹性波。区别于局限在固体表层中传播的表面波。常见的体波有（均匀）平面波、球面波和圆柱面波。 (郭 平)

体积力 volume force

作用于物体内部每一点处的力。如物体的重力、惯性力。 (彭绍佩)

体积裂隙数 volumetric joint count

又称体积节理模数。岩体单位体积内通过的总裂隙数。定量表示结构体（块体）大小的指标。同帕尔姆斯特拉姆（Palmstram，A.）建议的 J_v 来表示。即沿各组结构面（裂隙）倾向设测线（长度为 5～10m），在单位长度上所切过的结构面平均数之和。

$$J_v = \sum_{i=1}^{n} \frac{1}{s_i}$$

式中 s_i 为某组结构面的间距；$\frac{1}{s_i}$为某组结构面的裂隙频率（裂隙数/m）。 (屠树根)

体积模量 bulk modulus

又称体积松弛模量。单位体积应变作用下的体积应力响应，常记作 $3K(t)$，用它和剪切松弛模量 $G(t)$ 表述三维积分型本构关系。(杨挺青)

体积全息图 volume hologram

记录介质的厚度大于所记录的干涉条纹间距而形成的全息图。分为透射体积全息图和反射体积全息图。透射体积全息图记录时，物光和参考光方向之间的角度接近 90°，条纹的峰值平面几乎垂直于乳胶面。其特点是对照明光波的方向最为敏感，一张厚的全息照片再现时，只要转过几度，就能使象的亮度降为零。因此，可以在一张底片上记录很多个全息图，可用于信息储存。反射体积全息图记录时，物光和参考光从两侧投射到记录介质上，峰值强度面几乎与表面平行，条纹面之间的间距接近 $\frac{\lambda}{2}$。这类全息图的特点是对波长敏感，所以能用白光再现出单色象。 (钟国成)

体积松弛 volume relaxation

当聚合物所处的温度从一个值突然改变为另一个值时，其体积的热胀冷缩不能发生突跃，只能出现随时间的推移而缓慢改变并趋于和新的温度相适应的体积值的现象。聚合物的热胀冷缩包括两部分：一部分是占有体积产生的，通过改变分子振动幅度来实现，可及时完成；另一部分则是自由体积产生的，通过高分子的热运动对其构象进行调整从而导致自由体积的增减来实现，这显然要有一个过程。体积松弛实质上就是这种自由体积随时间而改变并趋于所处温度下的平衡值的过程。

(周 啸)

体积弹性模量 volumetric modulus of elasticity

描述体积应变和体积应力关系的胡克定律中的系数。在小变形情况下体积应变为 $\theta = \varepsilon_x + \varepsilon_y + \varepsilon_z$，记体积应力为 $\Theta = \sigma_x + \sigma_y + \sigma_z$，对于各向同性材料，则有 $\theta = \frac{1}{3K}\Theta$，系数 K 称为体积弹性模量，且

$$K = \frac{E}{3(1-2\nu)}$$

式中 E 为材料的弹性模量；ν 为泊松比。该模量表征材料的体积膨胀或压缩的性能。当 $\nu = 1/2$ 时，$K \to \infty$，这种材料是不可压缩的。 (刘信声)

体积压缩系数 coefficient of volume compressibility for fluid

流体体积相对压缩值与流体压强增值之比。常用 β 表示，有

$$\beta = -\frac{\frac{dV}{V}}{dp} = \frac{1}{E}$$

式中 V 为流体体积；p 为压强；E 为体积弹性系数。因流体体积随压强增大而减小，为使 β 保持正数，故等式右边加一负号。β 的单位为 m^2/N，E 的单位为 N/m^2。β 和 E 随流体种类而异，对于水，$E = 2.10\times10^5 N/m^2$；当 dp 为一个大气压时，$\frac{dV}{V} \approx \frac{1}{207\,000}$，这表明水可认为不可压缩。但在压强变化非常迅速的运动现象中（如水击现象），需要考虑水的压缩性；对于气体，当流动速度不高时，也可看成不可压缩流体。 (叶镇国)

体积应变 volume strain

物体变形后单位体积的变化。在小变形的情况下，略去高阶小量，则有

$$\theta = \frac{dv' - dv}{dv} = \varepsilon_x + \varepsilon_y + \varepsilon_z$$

其中 dv 为微分单元体变形前的体积；dv' 为变形后的体积。在数值上 θ 等于应变张量的第一不变量，并且当材料为各向同性时，与平均应力之间的关系服从弹性规律。 (刘信声)

体积应力 volume stress

三个互相垂直的方向上的正应力之和。在坐标旋转时它是个不变量，即为应力张量的第一不变量 I_1，可写成

$$\Theta = I_1 = \sigma_x + \sigma_y + \sigma_z = \sigma_1 + \sigma_2 + \sigma_3$$

对于各向同性材料，在 Θ 的作用下，微分单元体所产生的体积应变服从弹性规律。式中 σ_1，σ_2，σ_3 是主应力。（刘信声）

替代刚架法 substitute-frame method

将无剪力分配法推广应用于几何形状对称但各柱抗弯刚度不对称的单跨多层刚架承受结点水平集中力时的一种近似分析方法。其要点是用一个替代刚架（半刚架，见图 *b*）代替图 *a* 所示的原刚架，其中替代刚架的竖柱抗弯刚度等于原刚架两柱抗弯刚度之和，梁的线刚度则等于原刚架梁的两倍；先用无剪力分配法算出替代刚架各杆端的弯矩，然后按两柱的刚度比将柱端弯矩分配给原刚架各柱，将替代刚架各梁端弯矩减半地分摊给原刚架相应的梁端；这时原刚架各结点的杆端弯矩不能相互平衡，故须再将原刚架视为无侧移刚架用力矩分配法进行分配、传递计算以消除各结点的不平衡力矩，求得各杆端的最后弯矩。对于大多数结构（各柱的线刚度之比不超过 6 时），用此法可得到较满意的结果。

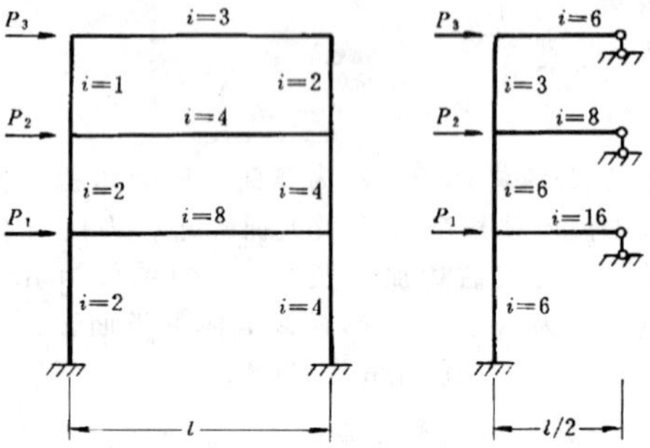

(a) (b)

（罗汉泉）

tiao

条分法 slice method

土坡稳定分析方法中应用最普遍的一类方法。在条分法中，首先假定可能的滑动面，然后将滑动面以上的土体分成若干垂直土条，再对作用在土条上的力进行平衡分析，建立平衡方程。一般情况下，未知量数大于可建立的方程数，属超静定问题。为了使问题有解，在条分法中采用了各种简化假定以减少未知量数或增加方程数。通过平衡分析求出极限平衡状态下土体稳定的安全系数，并通过试算找出最危险的滑动面及相应的安全系数。根据不同的简化假定，条分法可分为瑞典圆弧滑动法，毕肖普法，摩根斯坦法，杨布普遍条分法，斯宾塞法，不平衡推力传递法等。（龚晓南）

条件变分问题

见泛函的条件极值问题（89 页）。

条件荷载 conditional load

平面应变断裂韧度测试方法中所规定的某一确定荷载值，它的物理意义是在此荷载下试件已发生或将立即发生一定量的裂纹扩展。因此标准试验方法规定按此荷载计算条件应力强度因子。该值的具体确定方法详见有关标准，例如 GB 4161、ASTM E399 等。（孙学伟）

条件应力强度因子 conditional stress intensity factor

根据条件荷载，用相应的应力强度因子标定公式所计算出的应力强度因子值 K_Q。当按照标准进行了有效性检验之后，则可确定 K_Q 是否即有效的 K_{Ic}值。（孙学伟）

条纹计数法 fringe counting technique

又称 FC 法。用单张全息图，从不同方向观测获得干涉条纹偏移值，以求解物体表面位移场的方法。利用全息照相能得到完整的立体象的效应。从三个以上不共面方向观测双曝光全息图时，可分别得到相应的条纹偏移值 N_{i1}。由位移向量 $\boldsymbol{d}$ 和相位差 δ_{i1}的关系式

$$\delta_{i1} = (K_i - K_0)\boldsymbol{d} = k\lambda N_{i1} \qquad i = 2,3,4\cdots$$

（见零级条纹法，225 页）建立线性方程组，利用最小二乘法原理得到位移分量最佳值。（钟国成）

调和函数 harmonic function

满足拉普拉斯方程 $\Delta F = 0$ 的函数。对于三维问题，$F = F(x, y, z)$，算符 $\Delta = \frac{\partial^2}{\partial x^2} + \frac{\partial^2}{\partial y^2} + \frac{\partial^2}{\partial z^2}$。当体力为常量时，体积应力 $\Theta = \sigma_x + \sigma_y + \sigma_z$ 以及体积应变 $\theta = \varepsilon_x + \varepsilon_y + \varepsilon_z$ 均为调和函数。在弹性柱体的扭转问题中，扭转位移函数 $\psi(x, y)$ 为调和函数。（刘信声）

调和与双调和方程的差分格式 finite difference formulations of harmonic and biharmonic equations

调和与双调和方程的差分表示式。调和方程的差分格式为

$$u_{i,j+1} + u_{i,j-1} + u_{i+1,j} + u_{i-1,j} - 4u_{ij} = 0$$

双调和方程的差分格式为

$$20u_{ij}-8(u_{i+1,j}+u_{i,j+1}+u_{i-1,j}+u_{i,j-1})$$
$$+2(u_{i+1,j+1}+u_{i-1,j+1}+u_{i-1,j-1}+u_{i+1,j-1})$$
$$+u_{i+2,j}+u_{i,j+2}+u_{i-2,j}+u_{i,j-2}=0$$

式中 u 为待求值；下标分别表示 x，y 方向的格点值。将以上格式在各格点（i，j）写出，得差分方程组。（包世华）

tie

铁摩辛柯法 Timoshenko′s method

由能量守恒原理，即依据压杆从原有的直线平衡形式过渡到新的变形形式（临界状态）时其应变能增量 ΔU 与外力功的改变量 ΔW 相等而导出，用于计算弹性压杆临界荷载的方法。计算时，将 ΔU 和 ΔW 分别表为变形状态下挠度 v（x）的函数，根据临界荷载 P_{cr}应为所有 P 值中的极小值的条件，即可确定 P_{cr}。其计算公式为

$$P_{cr}=\min\left[\frac{\int_0^l EI(v'')^2\mathrm{d}x}{\int_0^l (v')^2\mathrm{d}x}\right]$$

式中，EI 为杆件的抗弯刚度。因挠度曲线 v（x）事先是未知的，故应用上面公式时须先行设定。因而按此求得的 P_{cr}通常是近似解（大于精确解）。设定的 v（x）越接近于屈曲时实际的变形曲线，其结果将越接近于精确解。为此，所选取的变形曲线应尽可能满足较多的边界条件，最好能同时满足位移边界条件（挠度和转角）和静力边界条件（弯矩和剪力）。（罗汉泉）

tong

通路法

以相邻结点的递推关系求解静定桁架中某一封闭路线（通路）上的杆件内力的方法。为我国学者胡海昌于 1950 年提出。其基本思路是，选定某些能构成封闭多边形的杆件作为通路，并先设定多边形上的某杆内力为 N_1，从该杆所联结点开始，依次取通路上结点为隔离体，分别建立以 N_1 表达的通路上各杆件中未知力的投影方程，直至最后一个结点便可求出 N_1 的实际值，再将其代回到各方程即可求出通路上全部杆件的未知内力。（何放龙）

同步失效准则 simultaneous mode of failure approach

又称同时破坏模式。为使结构设计达到最优而要求构件受荷失效时，各种可能的破坏方式（如强度抵达极限、局部屈曲、整体屈曲等）应恰好同时出现的设计准则。在 20 世纪 40 年代飞机结构设计中广为流行。（汪树玉）

tou

透射式光弹性仪 transmission polariscope

用来进行透射光弹性实验的装置。透射式光弹性仪由灯箱（设有白光灯或汞光灯）、隔热水槽或隔热玻璃、聚光镜、平行透镜、起偏镜、1/4 波片、检偏镜、照像装置或投影屏等部件所组成，如图所示。

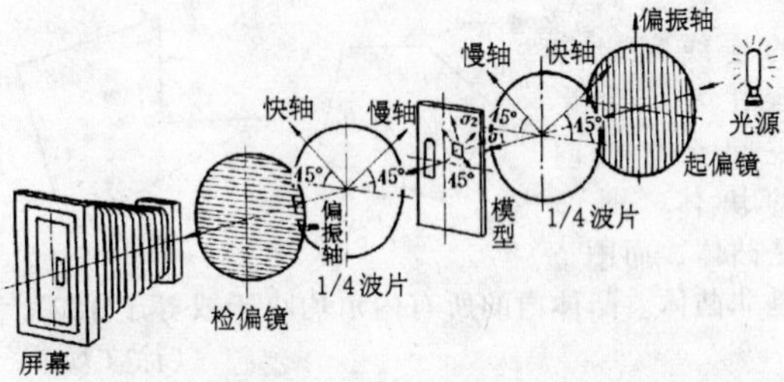

如将一对 1/4 波片取下来，则组成平面偏振光场。当起振镜与检偏镜的两光轴相互正交时，屏幕出现暗场，为正交平面偏振光场。此时屏幕上所呈现的条纹为受力模型的等色（差）线彩色条纹和等倾线黑条纹。图中所示的光路为正交圆偏振光场（暗场）。此时，屏幕上仅呈现出受力模型的彩色等色（差）线条纹图。（傅承诵）

tu

凸规划 convex programming

目标函数与可行域均具有凸性的一种数学规划问题。其条件是等式约束函数为线性函数，不等式约束（表达成 g（$\boldsymbol{x}$）$\geqslant 0$）函数为凹函数，且目标函数为凸函数（对于极小化问题）或凹函数（对于极大化问题）。凸规划有很好的性态，它的可行域为一凸集，最优点的集合为凸集，且任何局部最优点都是全局最优点。（汪树玉）

凸函数 convex function

具有凸性性质的函数。即指具有如下性质的函数 f（$\boldsymbol{x}$），它定义在欧氏空间中凸集 S 上，且对于（0，1）内的任意实数 α，和 S 上的任意二点 $\boldsymbol{x}^1$、$\boldsymbol{x}^2$，恒满足

$$f(\alpha\boldsymbol{x}^1+(1-\alpha)\boldsymbol{x}^2)\leqslant\alpha f(\boldsymbol{x}^1)+(1-\alpha)f(\boldsymbol{x}^2)$$

上式为严格不等式时，称 $f(\boldsymbol{x})$ 为 S 上的严格凸函数。如果 $f(\boldsymbol{x})$ 是 S 上的凸函数，则其负函数 $(-f(\boldsymbol{x}))$是 S 上的凹函数。线性函数既是凸函数又是凹函数，两凸函数之和仍为凸函数，多个凸函

数的正线性组合函数亦为凸函数。（汪树玉）

凸集 convex set

具有凸性的点集。设 S 为欧氏空间中的一个集合，任给其中两点，如果它的任意凸组合仍属于该集合，则 S 为凸集。从几何上看，凸集的内部没有空洞、边界不内凹。平面和半空间都属凸集。凸集的交集是凸集。线性规划问题的约束条件是若干张超平面（线性等式约束）和一些半空间（线性不等式约束），因此它们的交集即线性规划问题的可行域是凸集。（汪树玉）

凸体 convex body

任意两点的连线完全包含在若干个半空间交集域内的块体。图 a 是凸体，而图 b 是非凸体。凸体内的所有内角均小于或等于180°。（徐文焕）

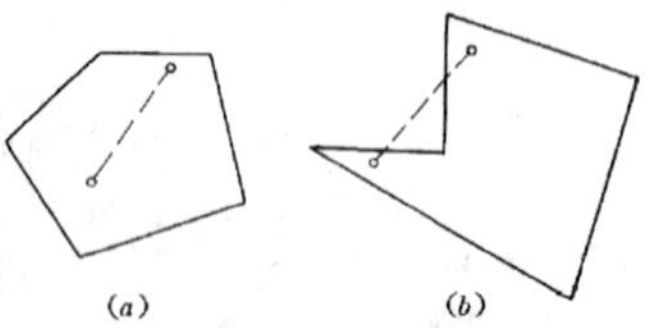

凸组合 convex combination

是线性组合的一种型式。设 $\boldsymbol{x}^1$，$\boldsymbol{x}^2$，…，$\boldsymbol{x}^l$ 为欧氏空间中 l 个已知点，如果对于某个点 $\boldsymbol{x}$ 存在非负的实数 α_1，α_2，…，α_l，且 $\sum_{i=1}^{l}\alpha_i = 1$，使得

$$\boldsymbol{x} = \sum_{i=1}^{l}\alpha_i\boldsymbol{x}^i$$

即一个点 $\boldsymbol{x}$ 可用 l 个已知点的非负线性组合表示，则称 $\boldsymbol{x}$ 为 $\boldsymbol{x}^1$，$\boldsymbol{x}^2$，…，$\boldsymbol{x}^l$ 的凸组合。两点的凸组合是其连线上的一个点，而两点凸组合的全体便是整个连线线段。（汪树玉）

突加荷载 suddenly applied load

在某一时刻突然施加于结构，且在此后持续作用于该结构上一段时间的动力荷载。荷载值 P 与时间 t 的关系为

$$P(t) = \begin{cases} 0 & 当\ t < 0 \\ P & 当\ t > 0 \end{cases}$$

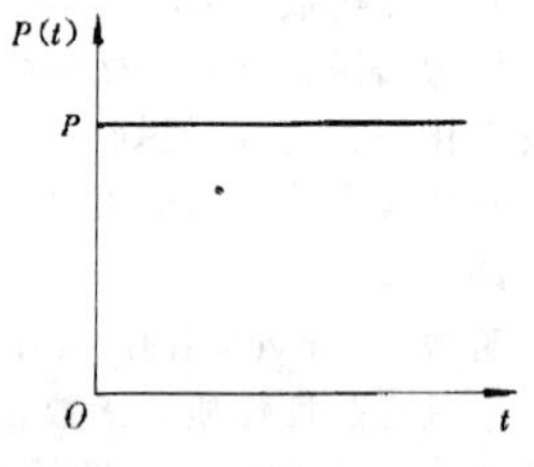

其相应的 $P-t$ 曲线如图所示。（洪范文）

突进现象 pop-in phenomenon

断裂韧性试验进行时，试件中裂纹突然发生扩展—止裂的过程，在记录的 $P-V$ 曲线上呈现出突进“平台”或“驼峰”的现象。如果试件材料组织很不均匀，试验时可多次出现此种现象。（孙学伟）

图乘法 graph multiplication method

又称维列沙金法。在计算由于荷载引起的位移时，将积分 $\int\frac{\overline{M}M_P}{EI}ds$ 转换成两个弯矩图的几何图形之间进行代数运算的方法。由苏联学者维列沙金于1925年提出。广泛用于梁和刚架的位移计算。图乘时必须同时满足如下条件：①杆轴为直线；②杆件的抗弯刚度 EI 等于常数；③$\overline{M}$图（虚单位力作用下的弯矩图）和 M_P 图（实际荷载作用下的弯矩图）中至少有一个为直线图形。当$\overline{M}$图为直线图形时，积分式可表为

$$\int\frac{\overline{M}M_P}{EI}ds = \frac{\omega_P y_c}{EI}$$

即积分式 $\int\frac{\overline{M}M_P}{EI}ds$ 之值等于 M_P 图的面积 ω_P 乘以该面积形心所对应的$\overline{M}$图的竖标 y_c，再除以 EI。当 ω_P 和 y_c 在基线的同一侧时（如图），所得结果取正号，反之取负号。其中 y_c 必须从直线图形上取得。当弯矩图中的面积和形心不便计算时，可将其分解为若干个基本图形（矩形，三角形，标准抛物线图形）分别进行图乘后再求代数和；当$\overline{M}$、M_p 图均为直线图形时，可用任一图形的面积乘以另一图形的相应竖标。图乘法也可适用于计算积分式 $\int\frac{\overline{Q}Q_P}{GA}ds$ 和 $\int\frac{\overline{N}N_p}{EA}ds$。

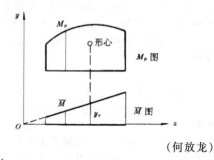

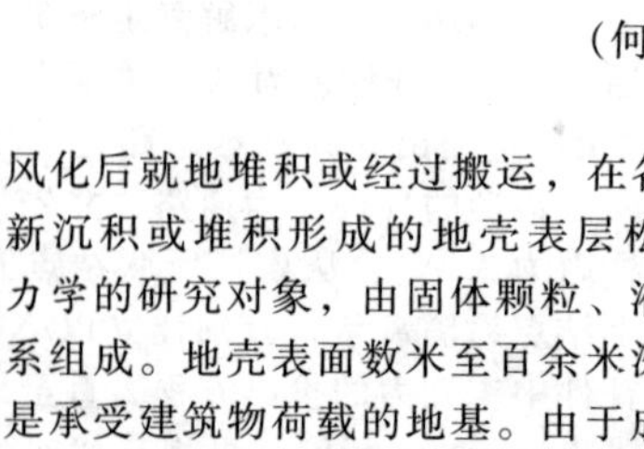

（何放龙）

土 soil

岩石风化后就地堆积或经过搬运，在各种自然环境中重新沉积或堆积形成的地壳表层松散堆积物。是土力学的研究对象，由固体颗粒、液体和气体三相体系组成。地壳表面数米至百余米深度范围内的土层是承受建筑物荷载的地基。由于成因条件不同，其组成、状态、结构以及物理力学性质有较大差异，为了大致评价其工程特性，将土划分成各种类别。（朱向荣　张季容）

土的饱和密度 saturated density of soil

土孔隙中充满水时的单位体积质量。常用 ρ_{sat} 表示，单位为 g/cm^3，其表达式为

$$\rho_{sat}=\frac{m_s+V_v\rho_w}{V}$$

式中 m_s 为固体颗粒质量；V_v 为孔隙体积；ρ_w 为水的密度；V 为土的体积。 （朱向荣）

土的饱和重度 saturated unit weight of soil

旧称土的饱和容重。土孔隙中充满水时的单位体积重量。是土的饱和密度与重力加速度的乘积。单位为 kN/m^3。 （朱向荣）

土的本构模型 constitutive model of soil

又称土的力学本构方程，或土的应力－应变模型。描述土的力学特性（应力－应变－强度－时间关系）的数学表达式。土的应力－应变关系是很复杂的，具有非线性，粘弹塑性，剪胀性，各向异性等，同时应力水平、应力历史以及土的组成、状态、结构等均对其有影响。目前，已建立的本构模型很多，主要可分为下述几类：土的弹性模型；土的超弹性模型；土的次弹性模型；土的粘弹性模型；土的弹塑性模型；土的粘弹塑性模型；土的内蕴时间塑性模型等。 （龚晓南）

土的比重试验 specific gravity test

测定土粒在105～110℃温度下烘至恒量时的质量与同体积4℃时纯水质量的比值的试验。对小于5mm和大于、等于5mm土颗粒组成的土，分别用比重瓶法和浮称法或虹吸筒法测定比重。当试样中粗细颗粒兼有时，工程上采用平均比重，取粗细颗粒比重的加权平均值。 （李明逵）

土的变形模量 modulus of deformation

无侧限条件下，土体发生单位竖向总应变（弹性应变和残余应变）所需的应力。由现场静载荷试验测得，其值与加荷速率等有关。 （谢康和）

土的材料阻尼 material damping of soil

由于土体的粘滞性效应和塑性行为等所产生的内部能量损耗。土的材料阻尼可由实验测定或经验公式估算，它一般随应变幅的增大而增大，并随土的动剪切模量的增大而减小。

（吴世明 陈龙珠）

土的长期强度 long-term strength of soil

超出常规试验时间所测定的土的强度。其值随时间的增长而降低，据报导伦敦一些土工建筑物，在建成后大约50年、100年、甚至200年才开始破坏。许多路堤和土坡的安全系数在1.5～2.5之间，然而在施工完成的6个月至4年之内破坏，其强度降低了约50%。目前对于长期强度的概念还不很统一，一般认为，是由于土的蠕变使粘土中的胶结物破坏和有效应力降低所致。 （张季容）

土的超弹性模型 hyperelastic model of soil

通过应变能函数的微分建立的本构模型

$$\sigma_{ij}=\frac{\partial W}{\partial \varepsilon_{ij}}$$

$$\varepsilon_{ij}=\frac{\partial \Omega}{\partial \sigma_{ij}}$$

式中 $$W=\int_0^{\varepsilon_{ij}}\sigma_{ij}\mathrm{d}\varepsilon_{ij}$$

$$\Omega=\int_0^{\sigma_{ij}}\varepsilon_{ij}\mathrm{d}\sigma_{ij}$$

式中 W 为应变能函数；Ω 为余能函数；σ_{ij} 和 ε_{ij} 分别为应力张量和应变张量。 （龚晓南）

土的稠度 consistency of soil

使粘性土变形的难易程度。工程上按其大小可分为坚硬、硬塑、可塑、软塑及流塑。

（朱向荣）

土的次弹性模型 hypoelastic model of soil

在特路斯代尔（Truesdell）1955年建议的简单比率理论基础上建立应力速率 $\dot{\sigma}_{ij}$ 和应变速率 $\dot{\varepsilon}_{ij}$ 之间关系为基础的一类本构模型。其一般表达式为

$$\dot{\sigma}_{ij}=C_{ijkl}(\sigma_{mn})\dot{\varepsilon}_{kl}$$

$$\dot{\sigma}_{ij}=C_{ijkl}(\varepsilon_{mn})\dot{\varepsilon}_{kl}$$

$$\dot{\varepsilon}_{ij}=D_{ijkl}(\sigma_{mn})\dot{\sigma}_{kl}$$

$$\dot{\varepsilon}_{ij}=D_{ijkl}(\varepsilon_{mn})\dot{\sigma}_{kl}$$

零级次弹性模型为增量胡克定律。 （龚晓南）

土的动剪切模量 dynamic shear modulus of soils

动荷载作用下土的剪切模量。其影响因素有剪应变幅、有效围压、孔隙比、颗粒特征、土的结构、应力历史、饱和度、频率和时间等，小应变幅下常由波速法和共振柱试验测定。

（吴世明 陈龙珠）

土的动力性质 dynamic properties of soils

动荷载作用下土的力学性能。当应变为 10^{-6}～10^{-4} 时，土呈近似粘弹性特性。当应变为 10^{-4}～10^{-2} 时，土具有粘弹塑性特性。人们由此常以 10^{-4} 作为大、小应变的界限值。在小应变情况下主要研究土的动剪切模量和阻尼，而在大应变情况下主要研究土的残余变形、振动压密、动强度、振动液化和应力－应变关系等问题。土的动力性质还受应变速率的影响，在不同应变速率下，同一应变所对应的土的动力性质可以明显不同。

（吴世明 陈龙珠）

土的动强度 dynamic strength of soils

产生某一破坏应变幅时所需的冲击应力或周期应力幅。对于周期荷载，可由振动三轴试验、振动单剪试验等测定。在冲击荷载情况下，其值大于静强度，而且土的含水量愈大，动强度增加愈多。在

周期荷载作用下，饱和土的动强度可能小于或大于其静强度，视土类和荷载特性而定。一般来说，振次愈多则动强度愈小。另外，周期荷载可使饱和松散的无粘性土和少粘性土发生液化破坏现象。可用动粘聚力和动摩擦角来描述土的动强度，但它们的测定方法及其应用尚不广泛。

（吴世明　陈龙珠）

土的干密度　dry density of soil

土的单位体积中固体颗粒的质量。常记为 ρ_d，单位为 g/cm^3。工程上常用来评定土的密实程度。

（朱向荣）

土的干重度　dry unit weight of soil

旧称土的干容重。土的单位体积中固体颗粒的重量。是土的干密度与重力加速度的乘积。单位为 kN/m^3。　（朱向荣）

土的构造　soil texture

土体中各结构单元之间的关系。如层状土体，互层土体，软弱夹层，透水层与不透水层等。其主要特征是土的成层性和孔（裂）隙性，二者都造成了土的不均匀性。

（朱向荣）

土的含水量　water content of soil

土在 100～105℃ 下烘到恒量时所失去的水分质量和达恒量后干土质量的比值。用百分比表示。可在试验室或野外测定。是标志土湿度的重要指标。天然状态下其值与土的种类、埋藏条件及所处的自然地理环境有关。

（朱向荣）

土的含水量试验　water content test

测定土试样在 105～110℃ 温度下烘至恒量时所失去的水质量和干土质量的比值的试验。以烘干法为标准方法。在野外如无烘箱设备或要求快速测定时，可依照不同土类和设备条件采用酒精燃烧法、比重法、红外线照射法、炒干法和微波加热法等。　（李明逵）

土的加工硬化理论　theory of strain hardening law of soil

决定一个给定的应力增量引起的塑性应变增量的一条准则。在土的流动规则理论中，确定塑性应变增量大小的函数 $d\lambda$ 可以表示为

$$d\lambda = \frac{1}{A}\frac{\partial f}{\partial \sigma_{ij}}d\sigma_{ij} = (-1)\frac{1}{A}\frac{\partial f}{\partial H}dH$$

式中 f 为屈服函数；A 为硬化参数 H 的函数；σ_{ij} 为应力张量。常用的确定硬化参数 H 的硬化规律有塑性能硬化规律、ε^p 硬化规律和（ε^p，$\varepsilon^{\ p}$）硬化规律等。　（龚晓南）

土的结构　soil structure

土在沉积过程中所形成的土粒空间排列及其联结形式。与组成土的颗粒大小、颗粒形状、矿物成分和沉积条件有关，一般有单粒结构、蜂窝结构和絮凝结构三种基本类型。天然情况下，任一土类的结构常呈各种结构混合起来的综合型式。它对土的物理性质有较大影响。　（朱向荣）

土的抗剪强度　shear strength of soil

土体抵抗剪切破坏的极限能力。是土的重要力学性质之一。土具有抵抗剪应力和剪切变形的能力，这种能力随剪应力的增加而增大，当达到某一极限值时，就发生剪切破坏。工程中的地基承载力、挡土墙土压力和土坡稳定等土力学问题都与土的抗剪强度直接相关。粘性土的抗剪强度可分为两部分：一部分与土颗粒间的有效法向应力有关，其本质是摩擦力；另一部分是当法向应力为零时抵抗土颗粒间相互滑动的力，通常称为粘聚力。无粘性土的抗剪强度决定于有效法向应力和内摩擦角，其抗剪强度由三种作用组成：剪切时土粒接触面上的滑动摩擦、体积膨胀所产生的阻力以及土粒排列所受到的阻力。测定土抗剪强度的常用方法有室内的直接剪切试验、无侧限抗压强度试验和土的三轴压缩试验以及原位的十字板剪切试验。影响粘性土抗剪强度的因素有：土的组成和结构、应力历史、排水条件和加荷速率等，其中以排水条件最为重要，根据室内试验结果，可以按抗剪强度有效应力法和抗剪强度总应力法进行分析，得出相应的有效应力强度参数和总应力强度参数。　（张季容）

土的抗剪强度参数　shear strength parameter of soil

又称土的抗剪强度指标。库伦方程中的粘聚力 c 和内摩擦角 φ。分总应力强度参数和有效应力强度参数，通常由直接剪切试验或三轴压缩试验确定。　（张季容）

土的颗粒级配　particle-size-distribution of soil

土中各粒组的相对含量。以土中各粒组质量占土粒总质量的百分数表示。可通过土的颗粒分析试验测定。根据试验结果绘制成的颗粒级配曲线描

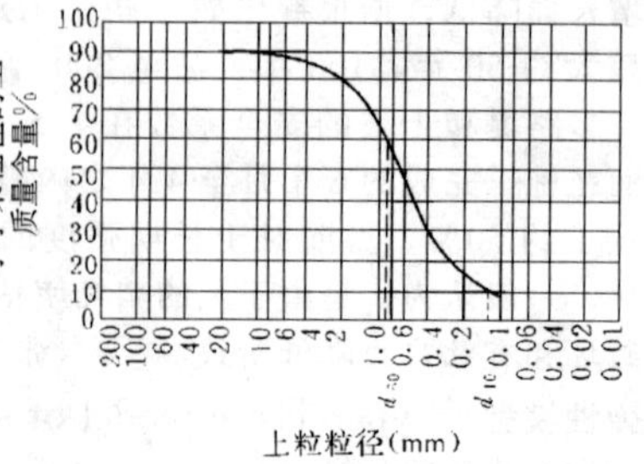

述了土的粒径分布。工程上可根据不均匀系数和曲率系数判别是级配良好或级配不良。当不均匀系数大于或等于5，且曲率系数等于1～3时为级配良好；当不均匀系数小于5或曲率系数不等于1～3时为级配不良。（朱向荣）

土的可塑性 plasticity of soil

在体积不变的情况下，土在外力作用下可塑成任何形状而不发生裂纹，并当外力移去后仍能保持既得形状的性能。土的含水量大于塑限小于液限时表现具有可塑性。塑性指数表示土具有可塑性时，其含水量变化的幅度。（朱向荣）

土的拉伸试验 extension test

对圆柱形土试样逐步增加轴向拉力，直到断裂来测定土的抗拉强度的试验。属直接测定法。另一类是间接测定法，例如土梁弯曲试验，圆柱形试样的径向压裂试验及轴向压裂试验等。本试验适用于粘性土。（李明逵）

土的灵敏度 sensitivity of soil

在密度和含水量不变的条件下，原状土无侧限抗压强度与重塑土无侧限抗压强度的比值。反映由于重塑破坏了土的原始结构而使强度损失的程度。粘性土的灵敏度可分为不灵敏、低灵敏、中等灵敏、灵敏、很灵敏和流敏。（朱向荣）

土的流变学模型 rheological model of soil

建立在流变学理论上的土的模型。从流变学观点看，土是具有弹性、塑性和粘滞性的粘弹塑性体。各种简单和复杂的流变学模型可由一些基本元件组成。基本元件有：欧几里得刚体，帕斯卡液体，胡克弹性体，牛顿粘滞体，以及圣维南刚塑性体。（龚晓南）

土的流动规则理论 theory of flow rule of soil

又称正交定律。确定塑性应变增量方向，亦即塑性应变增量各分量间的相互关系的一条规定。它假定经过应力空间中任何一点 M，其应力状态为 σ_{ij}，存在一塑性势面 $g(\sigma_{ij}, H)=0$，式中 H 为硬化参数。流动规则规定，点 M 处的塑性应变增量 $\delta\varepsilon_{ij}^{p}$ 与该点处的应力存在下述正交关系，即

$$\delta\varepsilon_{ij}^{p} = \mathrm{d}\lambda \frac{\partial g}{\partial \sigma_{ij}}$$

式中 $\mathrm{d}\lambda$ 是一个确定塑性应变增量大小的函数，将由加工硬化规律理论确定。如果塑性势面同屈服面重合，这个流动准则称为相关联的流动规则，否则称为不相关联的流动规则。弹塑性不相耦合的材料应采用相关联的流动规则。（龚晓南）

土的密度 density of soil

土单位体积的质量。常记为 ρ，单位为 g/cm^3。可用环刀法、蜡封法、灌水法或灌砂法测定。天然状态下其值变化范围较大。粘性土 1.8～2.0g/cm^3；砂土 1.6～2.0g/cm^3；腐殖土 1.5～1.7g/cm^3。（朱向荣）

土的密度试验 density test

旧称土的容重试验。测定土的单位体积质量的试验。环刀法是测定粘性土密度的基本方法。对易破裂土和形状不规则的坚硬土可用蜡封法。在现场测定原状砂土和砾质土的密度可用灌水法或灌砂法。（李明逵）

土的密实度 compactness of soil

无粘性土的密实程度。可用相对密实度、标准贯入试验锤击数或现场观测来描述。是无粘性土的一个重要的物理状态指标。（朱向荣）

土的内蕴时间塑性模型 endochronic plasticity model for soil

建立在内蕴时间塑性理论基础上的一类土的本构模型。内蕴时间塑性理论的最基本概念可以叙述为：塑性和粘塑性材料内任一点的现时应力状态，是该点邻域内整个变形和温度历史的泛函，而特别重要的是变形历史是用一个取决于变形中材料特性和变形程度的内蕴时间来量度的。（龚晓南）

土的黏弹性模型 viscoelastic model of soil

建立在黏弹性理论基础上的一类土的本构模型。对线性粘弹性材料，其本构方程的一般表达式为

$$a_0\sigma + a_1\dot{\sigma} + \cdots + a_m \overset{(m)}{\sigma} = b_0\varepsilon + b_1\dot{\varepsilon} + \cdots + b_n \overset{(n)}{\varepsilon}$$

式中 a_i 和 b_i 为与材料性质有关的参数。简单的黏弹性模型有：Maxwell 模型；Kelvin 模型；三元件黏弹性模型。复杂的黏弹性模型可由这些简单模型组合而成。（龚晓南）

土的泊松比 Poisson's ratio of soil

无侧限情况下，土体在竖向应力作用下发生的侧向应变与竖向应变之比的绝对值。（谢康和）

土的破坏准则 failure criterion of soil

判断土体是否达到破坏的标准。基本破坏准则有：莫尔－库伦准则，认为剪应力等于土的抗剪强度时发生破坏；广义的屈雷斯卡（Tresca）准则，认为当最大剪应力达极限值时发生破坏；广义的冯·米赛斯（Von Mises）准则，则认为当应力强度达到极限值时材料达到破坏。试验研究结果表明，莫尔－库伦准则比较符合土的强度性状，故在土力学中广泛采用建立在该破坏准则基础上的莫尔－库伦理论。（张季容）

土的切线模量 tangent modulus of soil

三轴压缩试验测得的同一周应力下土的竖向应力－竖向应变关系曲线上任一点的切线斜率。（谢康和）

土的屈服面理论 theory of yield surface of soil

研究土的屈服面形状、运动和变化的理论。土的弹塑性模型理论的一部分。每一个弹塑性模型都对土的屈服面形状及其运动规律作了具体的规定。较简单的屈服面理论有：广义冯·米赛斯屈服准则，广义特雷斯卡屈服准则，莫尔－库伦屈服准则，拉特屈服准则，Matsuoka－Nakai 屈服准则等。（龚晓南）

土的渗透破坏 seepage failure of soil

土中渗流所引起的土体失稳现象。通常指管涌和流土。工程设计中，常用临界水力坡度来判别土体发生渗透破坏的可能性。为防止发生渗透破坏，应将土体中水力坡度限制在容许水力坡度之内。（谢康和）

土的渗透性 permeability of soil

土允许水透过的性能。其强弱主要取决于土体中土粒和孔隙的大小、形状及分布，定量指标即渗透系数。土中渗流一般服从达西定律。（谢康和）

土的弹塑性模型 elastoplastic model of soil

建立在土的弹塑性模型理论基础上的一类土的本构模型。至今已经建立的弹塑性模型很多，影响较大的有：剑桥模型；修正剑桥模型；拉特－邓肯模型；边界面模型；清华弹塑性模型、沈珠江三重屈服面模型等。（龚晓南）

土的弹塑性模型理论 theory of elastoplastic model of soil

研究如何根据弹塑性理论建立土的本构模型的理论。将土的应变分为可回复的弹性应变和不可回复的塑性应变两部分，分别采用弹性理论和塑性增量理论计算。塑性增量理论包括三个部分：①土的屈服面理论；②土的流动规则理论；③土的加工硬化理论。（龚晓南）

土的弹性模量 elastic modulus of soil

无侧限情况下，土体发生单位弹性竖向应变所需的竖向压应力。一般由土体经过多次加、卸载后得到的应力－应变关系曲线来确定。（谢康和）

土的弹性模型 elastic model of soil

土的应力－应变关系为弹性关系以及建立在弹性理论基础上的土的本构模型。主要有文克尔地基模型，双参数地基模型，弹性半空间地基模型，层向各向同性体模型，以及各种非线性弹性模型。（龚晓南）

土的体积变形模量 volumetric deformation modulus of soil

土体在三向应力作用下的平均应力与体积应变之比。（谢康和）

土的体积压缩系数 coefficient of volume compressibility of soil

侧限条件下，土体体积应变与竖向压应力之比。其值为土的压缩模量的倒数。土的体积压缩系数越大，其压缩性越高。（谢康和）

土的相对密实度 relative density of soil

砂土的最大孔隙比 e_{max} 减天然孔隙比 e 与最大孔隙比 e_{max} 减最小孔隙比 e_{min} 的比值。记为 D_r，即：$D_r=(e_{max}-e)/(e_{max}-e_{min})$。根据其值大小砂土可分为密实、中密和松散。理论上能反映颗粒级配、颗粒形状等因素对密实度的影响。常在无粘性土的填筑中作为密实度的控制标准。（朱向荣）

土的压缩模量 modulus of compressibility of soil

又称侧限压缩模量。土体在无侧向变形情况下的轴向压应力与轴向应变之比。常用于计算一维变形条件下地基的沉降。一般由土的固结试验测定。计算式为

$$E_s=\frac{1+e_o}{a}$$

式中 E_s 为土的压缩模量；e_o 为土的天然孔隙比；a 为土的压缩系数。（谢康和）

土的压缩曲线 compression curve of soil

土的孔隙比 e 与所受压力 p 的关系曲线。用来表达土的固结试验成果。对于室内土的固结试验，压缩曲线常按两种方式绘制。一种采用普通直角座标，称为 $e-p$ 曲线；另一种采用半对数直角座标，称为 $e-\log p$ 曲线。（谢康和）

土的压缩系数 coefficient of compressibility of soil

直角坐标图上土的压力－孔隙比曲线中任一点的切线斜率。实用上按下式计算：$a=(e_1-e_2)/(p_2-p_1)$。a 为压缩系数；p_1 为地基中计算点的竖向自重应力；p_2 为该计算点的竖向附加应力与 p_1 之和；e_1 和 e_2 分别为相应于 p_1 和 p_2 的孔隙比。a 越大，土的压缩性越高。一般由土的固结试验确定。（谢康和）

土的压缩性 compressibility of soil

土体承受荷载时发生体积减小的特性。常用指标为压缩系数、压缩指数、土的体积压缩系数等。（谢康和）

土的液化 soil liquefaction

由砂土和粉土颗粒为主所组成的松散饱和土体在静力、渗流、尤其在动力作用下从固体状态转变为流动状态的现象。土体液化时，有效应力减小至零而失去抵抗剪切变形的能力。根据起因和机理的不同，土体液化主要分砂沸、流滑和往返活动性三种类型。现场土体液化表现为地基喷水冒砂，其上

的建筑物发生严重的沉陷、倾复和开裂，液化土体本身产生流滑等。（吴世明　陈龙珠）

土的有效密度　effective density of soil

土的单位体积中固体颗粒的有效质量。常用 ρ' 表示，单位为 g/cm^3，其表达式为

$$\rho' = \frac{m_s - V_s\rho_w}{V}$$

式中 m_s 为固体颗粒质量；V_s 为固体颗粒体积；ρ_w 为水的密度；V 为土的体积。（朱向荣）

土的有效重度　effective unit weight of soil

旧称土的有效容重、土的浸水容重、土的浮容重。土的单位体积中固体颗粒的有效重量。是土的有效密度与重力加速度的乘积。常用 γ' 表示，单位为 kN/m^3。常用于计算地下水位以下的土自重应力、土压力等。（朱向荣）

土的原始压缩曲线　virgin compression curve of soil

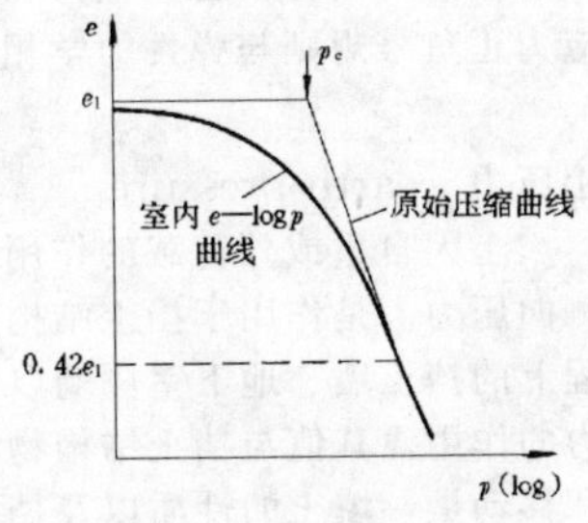

又称现场压缩曲线。原位土的压缩曲线。由于取样时的扰动和应力释放，土的原始压缩曲线在实验室内无法重现，一般由 $e-\log p$ 曲线（参见土的压缩曲线，356页）来推求。对于正常固结土，其推求方法如图示。图中 p_c 为由卡萨格兰德法得到的前期固结应力；e_1 为土的天然孔隙比。（谢康和）

土的振动压密　dynamic densification of soils

土在振动作用下孔隙比减小和密实度增加的过程。无粘性土的振动压密程度取决于固结压力、振动荷载强度和频率、振次及初始孔隙比等。粘粒含量和含水量的变化对无粘性土的振动压密也有一定的影响。在动荷载作用下会导致地基的振陷。

（吴世明　陈龙珠）

土的重力密度　unit weight of soil

旧称土的容重，简称重度。土单位体积的重量。是土的密度与重力加速度的乘积。单位为 kN/m^3。天然状态下其值变化较大。粘性土 18.0～20.0kN/m^3；砂土16.0～20.0kN/m^3；腐殖土 15.0～17.0kN/m^3。（朱向荣）

土的阻尼　soil damping

土中质点振动量随空间和时间而减小的特性。分几何阻尼（又称辐射阻尼）和材料阻尼（又称内阻尼）两部分，前者可用弹性动力学理论来计算，后者常由共振柱试验和振动三轴试验等方法测定。描述内阻尼的常用术语有阻尼比、对数递减率、比阻尼容量等。（吴世明　陈龙珠）

土工模型试验　geotechnical model test

模拟岩土工程实体的物理力学条件的试验。根据实际原型的尺寸和荷载等量纲设计模型，并把模型试验所测得的各项物理量按模型率算出与原型的相同指标。在需要预测土工建筑物和地基的主要物理现象和性状，验证某种新的理论和计算方法时，常进行土工模型试验。它包括常规模型试验和离心模型试验等，前者不能满足模型相似律的基本要求，因而有时不能反映原型发生的物理现象。

（李明逵）

土力学　soil mechanics

研究土的工程性质和在力系作用下土体性状的学科。是工程力学的一个分支。1773～1776 年间法国的 C. A. 库伦首次提出了砂土的抗剪强度公式和挡土墙土压力计算理论，1856 年达西提出渗透定律，1857 年英国的 W. J. M. 朗肯提出在塑性平衡状态下土的应力计算理论，1923～1925 年间 K. 泰沙基提出有效应力概念和一维固结理论，并于 1925 年发表了《土力学》专著，接着于 1942～1948 年又出版了《理论土力学》和《工程实用土力学》，为本学科的发展奠定了基础。20 世纪 30 年代开始，土力学作为一门独立的学科成为大学的必修课。1936 年在美国召开第一届国际土力学与基础工程会议。20 世纪 40～60 年代在土的力学性质方面有很大发展，开始将散体力学和流变学引入本学科的研究。20 世纪 60 年代以后，由于电子计算机和电子量测技术的迅速发展，一方面土工测试仪器能提供较为符合土体性质的各种参数，另一方面以有限单元法为代表的数值分析方法为解复杂的土工问题提供有效的手段，并对土的本构关系提出多种数学模型，使土力学理论在工程中的应用得到显著的进展，至今土力学仍是一门在迅速发展中的学科。本学科的主要内容有：土的物理性质、土的渗透理论、土体中的应力分布理论、土体的变形和固结理论、土的应力－应变性状、土的抗剪强度、地基承载力、土压力与土坡稳定、土的动力特性和土体的动力分析方法、土工试验、土工原位测试技术等。（张季容）

土粒相对密度　specific gravity of solid particles

旧称土粒比重。土粒在温度 105～110℃ 下烘至恒量时的质量与同体积 4℃ 时纯水质量之比。数值取决于土的矿物成分，同一类土相差不大，一般为 2.6～2.8。用比重瓶法测定。（朱向荣）

土坡　soil slope

具有倾斜坡面的土体。可分为二大类，一类为

自然形成的，称为天然土坡，或自然土坡，一类由挖方或填方形成的土坡，称为人工土坡。图中表示一简单土坡及各部位名称。土坡稳定分析是土力学的重要课题之一。

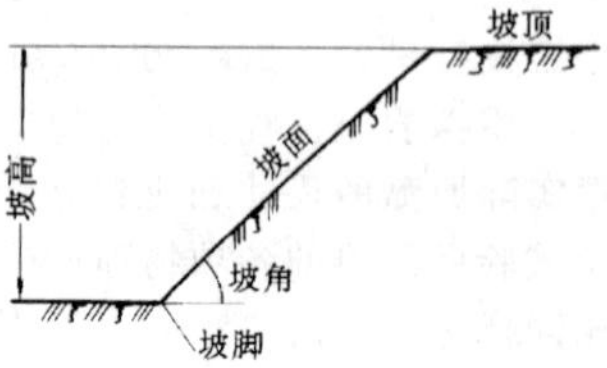

（龚晓南）

土坡稳定分析 stability analysis of slope

研究土坡的稳定性。土坡失稳是指土坡中一定范围内的土体沿某一滑动面向下和向外移动而丧失其稳定性。土坡发生滑动常常是在外界的不利因素影响下触发和加剧的，一般有以下几方面原因：①土坡作用力的变化；②土的抗剪强度降低；③动水力的作用。（龚晓南）

土坡稳定分析方法 stability analysis method of slope

对土坡稳定性进行分析的方法。主要有土坡稳定极限平衡法，土坡稳定极限分析法，近年来有限单元法、概率统计法也被应用于土坡稳定分析中。

（龚晓南）

土坡稳定极限分析法 limit analysis method of soil slope stability

根据极限分析理论进行土坡稳定分析的方法。主要建立在极限分析的下限定理和上限定理基础上。与土坡稳定极限平衡法相比，它是一种比较新的方法。在分析中应用了土的屈服准则和流动规则。（龚晓南）

土坡稳定极限平衡法 limit equilibrium method of slope stability

应用极限平衡法分析土坡稳定的方法。假定一个破坏面（或滑动面），从土坡中分出一隔离土体。破坏面上土体满足莫尔—库伦屈服准则，通过考虑隔离土体的静力平衡来进行土坡稳定分析。

（龚晓南）

土体的变形 deformation of soil mass

土体单元所发生的体积变化和形状变化的统称。外力、温度等均会引起土体的变形。它包括弹性变形与残余变形。研究其规律是土力学的根本任务之一。（谢康和）

土体的残余变形 residual deformation of soil mass

应力解除后，土体中永久剩留的、不可恢复的那一部分变形。若将土体视为弹塑性体，则称该部分变形为土体的塑性变形。在土动力学中，则常指振陷。（谢康和）

土体的触变 thixotropy of soil mass

粘性土在受振动、揉搓等外部因素干扰下，变更其原有的结构状态，强度降低；而当干扰停止，强度又随静置时间而逐渐恢复的现象。主要与土体中吸附水的特性有关。（谢康和）

土体的剪胀 dilatation of soil mass

剪应力作用下土体体积发生变化的现象。这是土体所具有的与一般弹性体完全不同的特性之一。

（谢康和）

土体固结 consolidation of soil mass

土体在荷载作用下，孔隙水和气逐渐排出，应力逐步从孔隙水和气传递到土骨架上，体积逐渐减小直至达到稳定的全过程。土体固结不仅使土体产生变形，也改变了土体的强度，因而研究土体固结是土力学中的一个重要课题。（谢康和）

土体中的应力 stress in soil mass

土体中某单位面积上所受的作用力。按其起因一般可分为两种：自重应力和附加应力。土力学中应力正负号规则与弹性力学相反，压应力取正号。

（谢康和）

土压力 earth pressure

土因自重或外荷载的作用对挡土结构物产生的侧向压力。是作用于挡土结构物上的主要荷载，工程上的挡土墙、地下室侧墙以及桥台等都受到土压力的作用。其值与挡土结构物相对于土的移动方向和移动量、填土的性质以及挡土结构物的型式、刚度等因素有关。根据挡土结构物的偏移方向可分为主动土压力、被动土压力和静止土压力。经典的土压力理论主要有朗肯土压力理论和库伦土压力理论。（张季容）

土中波的弥散特性 dispersion of waves in soils

波速随振动频率和土渗透性变化而变化的特性。对于饱和土，当 $2\pi fk/ng>1$ 时，波的弥散比较明显。式中 f 为频率，k 为土的渗透系数，n 是土的孔隙率，g 是重力加速度。

（吴世明　陈龙珠）

土中骨架波 skeleton waves in soils

其传播特性主要受土骨架控制的波。包括压缩波和剪切波，其中压缩波传播速度往往同时受土骨架和孔隙水特性的影响，而剪切波传播速度基本上只受土骨架特性控制。（吴世明　陈龙珠）

土中孔隙流体波 fluid wave in soil

其传播特性主要受土中孔隙流体控制的压缩波。在水饱和土中，其传播速度与水的体变弹性模量、土骨架的刚度及孔隙率有关，可接近或高于水中波速（常温下约为1450m/s）。

（吴世明　陈龙珠）

土中气 air in soil

土中的气体。如与大气连通对土的工程性质影响不大。与大气隔绝的封闭气泡会使土在外力作用下的弹性变形增加，透水性减小，对土的工程性质有一定影响。 （朱向荣）

土中应力波 stress waves in soils

以土体为传播介质的应力波。土体是比较疏松的多相介质，可传播弹性波、弹塑性波和粘弹塑性波等，视应力幅值和土类型而定，其中以弹性波的理论研究较为成熟。饱和土体内部可存在的弹性波有骨架压缩波、剪切波以及孔隙流体压缩波。沿土层表面传播的有瑞利波（Rayleigh），在成层土层中还可能存在勒夫波（Love）等。

（吴世明 陈龙珠）

tuan

湍流 turbulent flow

又称紊流。局部速度和压强等力学量在时间和空间中存在不规则随机脉动的流体运动。这种流动在大雷诺数下发生，其基本特征是流体质点运动的随机性，并且流动紊乱，质点互相碰撞、混掺。由此引起的动量、热量和质量传递速率比层流高好几个数量级。实验得出，湍流水头损失与断面平均流速的1.75～2.00次方成正比，比层流状态大。这种流动可强化传递和反应过程，但也大大地增加摩擦阻力和能量消耗。它是自然界和技术过程中普遍存在的流动状态。例如风和河中水流，飞行器和船舶表面附近的绕流，流体机械中流体的运动，燃烧室、反应器和换热器中工质的运动，污染物在大气和水体中的扩散等。湍流理论的中心问题是寻求湍流基本方程（N－S方程）的统计解，研究已有一百多年。1895年雷诺导出了湍流平均流场的基本方程（雷诺方程），奠定了湍流的理论基础；20世纪30年代以来，湍流统计理论有长足的进步；20世纪60年代以来，应用数学家分别从统计力学和量子场论等不同角度，探索了湍流理论的新途径；20世纪70年代以来专家们又从湍流相干结构（又称拟序结构）概念探索确定性的湍流理论，但迄今为止还没有成熟的精确理论。（叶镇国 刘尚培）

湍流长度尺度 length scale of turbulence

湍流中某些具有一定特征的代表性的涡尺度。通常认为湍流是由许多尺度大小不同的涡运动叠加而成。湍流中所有可能的尺度的集合构成一个很宽的连续谱范围，不同尺度范围的涡运动具有不同的特性，且在湍流的动力学过程中起不同作用。因此，在湍流中定义了若干具有一定特征的代表性涡尺度：①积分尺度 L_A；②含能涡尺度 L_e；③泰勒微尺度 L_λ；④内尺度 L_d。计算式如下

$$L_A = \int_0^\infty f(r)\mathrm{d}r,$$

$$L_e = \frac{1}{K_e}$$

$$\frac{1}{L_\lambda^2} = -\left(\frac{\partial^2 f}{\partial r^2}\right)_{r=0} = \frac{1}{\overline{u^2}}\overline{\left(\frac{\partial u_1}{\partial x_1}\right)^2}$$

$$L_d = \left(\frac{\upsilon^3}{\varepsilon}\right)^{\frac{1}{4}}$$

式中 r 为两点间的距离；$f(r)$ 为纵向速度相关系数；K_e 为能谱曲线 $E(K)$ 具有最大值处的波数；ε 为湍能耗散率；υ 为运动粘度；$\overline{u^2}$ 及 $\overline{\left(\frac{\partial u_1}{\partial x_1}\right)^2}$ 为脉动速度平方及速度梯度平方的时均值。L_A 为湍流中最大尺度涡的代表；L_e 是湍流动能作主要贡献的涡范围；L_λ 是湍流中引起湍流动能粘性耗散的小涡尺度的代表；L_d 标志着存在强烈粘性作用的小涡尺度，通常比 L_λ 还要小，也称为柯尔莫戈洛夫（A. H. Колмогоров 1903）长度尺度。 （叶镇国）

湍流流速分布定律 velocity distribution law for turbulence

以指数形式表征圆管湍流流速分布的关系式。普朗特－卡门根据实验结果提出圆管湍流流速分布呈下列指数关系，即

$$\frac{u_x}{u_{max}} = \left(\frac{y}{r_0}\right)^n$$

式中 u_{max} 为最大流速；r_0 为管半径；y 为沿管壁外法线方向的距离；u_x 为 y 处流速；n 为指数。对于水力光滑面，n 随雷诺数 Re 变化。当 Re＜10^5 时，$n \approx \frac{1}{7}$，因此又名为湍流流速分布1/7定律。 （叶镇国）

湍流模化理论 modelling theory of turbulence

以雷诺的平均方法为基础，通过建立湍流模型使描写湍流平均量的方程组封闭的各种近似理论的总称。由于N－S方程的非线性，在对方程实行平均运算后，出现了新的未知项，即雷诺应力 $-\rho\overline{u'_iu'_j}$，致使未知量数目多于方程个数。为解决封闭性问题。许多学者在不同的阶段引进了不同的假设，因而存在许多不同的湍流模型。例如在湍流的一阶平均量的输运微分方程（即雷诺平均运动方程）的基础上引进封闭性假设，直接将雷诺应力与平均运动联系起来，称为一阶封闭模型或零方程模型，如涡粘性系数与普朗特混合长度理论等属此范畴；又如在湍流二阶平均量的输运微分方程的基础

上引进封闭性假设，则称为二阶封闭模型，属此范畴的有K方程模型、K－ε模型、代数应力模型与雷诺应力模型等。在各种湍流模型中都存在一些常数系数，必须通过典型算例的计算结果与实验数据的最佳吻合来确定，有很强的经验成分。湍流模型在工程计算中有重要意义。（叶镇国）

湍流强度 strength of turbulent

又称湍流度、紊流度。湍流脉动的相对强度。它是描述湍流特性最重要的特征量，对紊流扩散、从层流到湍流的转捩以及边界层分离现象等都有重要意义，其表达式为

$$I = \frac{\sqrt{\frac{1}{3}(\overline{u'^2_x} + \overline{u'^2_y} + \overline{u'^2_z})}}{\overline{u}_x}$$

式中 I 为湍流强度；$\overline{u}_x$ 为时均流速沿 x 轴方向的分量；u'_x、u'_y、u'_z 为脉动流速沿三坐标轴的分量；$\overline{u'^2_x}$、$\overline{u'^2_y}$、$\overline{u'^2_z}$ 为三坐标轴方向脉动流速平方的时间平均值。（叶镇国　田　浦）

湍流统计理论 statistical theory of turbulence

结合经典流体力学及统计数学方法研究湍流的理论。20世纪20年代初，英国力学家泰勒（G. I. Taylor 1886～1975）开创了湍流统计理论的研究，先后于1921年及1935年用扩散系数 ε_d 和速度分量相关（即欧拉相关）系数 R_{ij} 描述湍流的扩散能力及其脉动流场，有

$$\varepsilon_d = \overline{u'^2}\int_0^t R(\tau)\mathrm{d}\tau, R(\tau) = \frac{\overline{u'(0)u'(\tau)}}{\overline{u'^2}}$$

$$R_{ij} = \frac{\overline{u'_i u'_j}}{\sqrt{\overline{u'^2_i}}\sqrt{\overline{u'^2}}}$$

式中 u' 为脉动流速；$\overline{u'}$ 为脉动流速时均值；t、τ 为时间；$R(\tau)$ 为相关系数；u_i、u_j 为同一时刻不同点上的速度分量；$u'(0)$、$u'(\tau)$ 为同一点处不同时刻的脉动流速。泰勒利用这一类关系研究了理想的各向同性湍流，并导得了湍能衰减律；1938年，卡门（T. von. Kármán 1881－1963）和豪沃思（L. Howarth）从N－S方程出发，导出了二阶纵向速度相关函数 $f(r)$ 的动力学方程

$$\frac{\partial}{\partial t}(\overline{u^2}f) = 2\upsilon\,\overline{u^2}\frac{\partial^2 f}{\partial r^2} + \frac{4}{r}\frac{\partial f}{\partial r} + (\overline{u^2})^{\frac{3}{2}}\left(\frac{\partial K}{\partial r} + 4\frac{K}{r}\right)$$

式中 υ 为运动粘度；r 为两点间距；K 为三阶相关系数。但因 k 未知，因此方程式不封闭。一百多年来，对于这一方程的各种封闭方法和解的形式的研究，只得到极少量的定量预测，虽经许多科学家的努力，但湍流统计理论并未取得预期的进展，湍流的一些根本性问题仍远未得到解决。（叶镇国）

湍能耗散率 dissipation rate of turbulence energy

湍流脉动动能因粘性作用损耗转化为热能的速率。在推导湍流脉动运动的动能方程时，粘性力的作用可分解为两部分：一部分为脉动运动的粘性应力作功，它可以改变湍能的空间分布而不改变流场内的湍能总量；另一部分为脉动运动的粘性应力作的变形功，它总使湍能减少而转化为热能，其绝对值称为湍能耗散率，记为 ε，定义式为

$$\varepsilon = \upsilon\overline{\frac{\partial u'_i}{\partial x_j}\left(\frac{\partial u'_i}{\partial x_j} + \frac{\partial u'_j}{\partial x_i}\right)}$$

或

$$\varepsilon = \upsilon\overline{\frac{\partial u'_i}{\partial x_j}\frac{\partial u'_i}{\partial x_j}}$$

式中 υ 为运动粘度；u'_i、u'_j 为脉动流速；上方的横线表示时间平均值。在通常的湍流中，脉动动能的粘性耗散率要比平均运动的粘性耗散率大很多，它显著增大湍流中的机械能消耗。如要维持统计上定常的湍流运动，必须不断补充与耗散率相当的机械能。从湍流统计理论与湍流模化理论中还可看出，湍能耗散率 ε 是一个在决定湍流的动力学过程中起着重要作用的流动参数。（叶镇国）

团粒 aggregate

有机质、腐植质或铁铝氧化物等胶体将几个或许多个土颗粒联结成的集合体。是土体的基本结构要素。（朱向荣）

tui

推力 thrust

拱式结构支座的水平反力。在竖向荷载下是否产生推力是拱式结构（又称推力结构）区别于梁式结构的重要标志之一。它能较大幅度地降低实体拱一类结构的正弯矩值，有利于减轻结构自重，节省材料，跨越较大空间。但推力的存在却增加了支座处理的困难。为了解决这一问题，工程中有时采用拉杆拱。（何放龙）

推移质 bed load

也称底沙。基本上不离开河床面并沿河床面以滚动、滑动或短距离跳跃三种方式向前运动的泥沙。这种泥沙在跳跃运动中离开河床面的高度约（2～3）d，其中 d 为泥沙粒径。（叶镇国）

推移质测量法 measuring method of bed load

推移质输砂率的测定方法。目前我国使用的推移质采样器有黄河59型采样器，长江大型砂质推移质采样器，网式或软底式卵石推移质采样器等。测定方法是先由点推移质输砂率求得断面中各垂线的基本输砂率，尔后求出断面推移质输砂率，计算

公式如下

$$\begin{cases} Q_s = \dfrac{100G_s}{tb_k} \\ Q_s = KQ'_s \end{cases}$$

式中 Q_s 为单位宽度内推移质输砂率（g/s·m），G_s 为采样器在河底取得的推移质砂样重（g），t 为取样历时（s），b_k 为采样器进口宽度（cm），Q'_s 为断面实测输砂率，Q_s 为断面输砂率，K 为修正系数，依采样器的采样效率确定。（彭剑辉）

退化 degeneracy

用单纯形法求解线性规划问题时出现基本可行解中有一个或多个基变量为零的现象。其相应的解称为退化的基本可行解。当有两个或两个以上基变量为零时，换基过程中离基变量（即将转换为非基变量的基变量）不能唯一确定，可能导致非正常循环（即无穷循环）而找不到最优解。解决的措施是给出唯一确定离基变量的方法，例如规定从左至右或自上而下确定离基变量。（刘国华）

tuo

拖带坐标系 convected（or co-moving）coordinate system

又称共转坐标系。描述物体运动的一种随物体变形而改变的坐标系。坐标系被嵌含在变形物体中随物体变形而改变，而物体在变形过程中各点的坐标值保持不变。大变形问题采用此坐标系较为方便。（包世华）

脱离体

见隔离体（118页）。

陀螺 gyroscope

绕一固定点高速旋转的刚体。玩具陀螺是常见的例子。工程上通常都把它做成均质且具有旋转对称形状的转子，并支承在具有可分别绕相互垂直的的轴转动内环与外环的支架（即万向支架）上，使转子可绕各轴的交点作定点转动，称为陀螺仪或回转仪。这时转子有三个自由度。有时将外环固结在飞机、船舰等载体上，成为两个自由度的陀螺。三自由度陀螺的运动有三个主要特性：定轴性、进动性和章动性，可利用来制造各种陀螺仪表，作为船舰、飞机、导弹、宇宙飞行器等的方位指示器和稳定器或导航系统的主要元件，以测量和控制这些运动物体的方位与轨道。二自由度的陀螺没有定轴性，但在工程上也有重要应用。

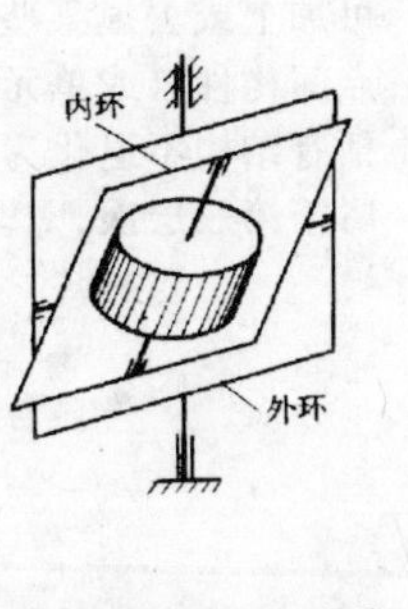

（黎邦隆）

陀螺的定轴性 stability of gyro axis

绕形体轴高速自转的均质旋转型三自由度陀螺受到外力矩的短暂冲击时，具有一种极大的反抗能力的性质。此时其形体轴只发生微小的、朝向冲击力矩矢方向的偏移。自转角速度越大，偏移越小。这种现象可用赖柴耳定理及陀螺的近似理论来简单说明。陀螺的这种特性可据以制造各种指示或保持某个特定方位的仪表，用于航空、航海、航天等工程领域。（黎邦隆）

陀螺的规则进动 regular precession of a gyroscope

又称稳态进动（steady precession）。陀螺保持章动角、进动角速度及自转角速度不变的运动。当均质旋转型的三自由度陀螺所受外力对其固定支点 O 之矩为零时，给予初章动角、初自转角速度及初进动角速度，它即可进行这种运动，称为惯性规则进动。这时没有陀螺力矩。在特殊情况下，当运动初始条件刚好满足某些关系时，受到外力矩作用的均质旋转型三自由度陀螺也可进行规则进动。

（黎邦隆）

陀螺的近似理论 approximate theory of gyroscope

在工程上，陀螺的自转角速度一般都很高，远大于进动角速度及章动角速度，故在实用上可近似地将自转角速度 $\boldsymbol{\omega}_z$ 作为陀螺的角速度，并以 $J_z\boldsymbol{\omega}_z$ 作为陀螺的动量矩 $\boldsymbol{H}_o$。（J_z 是陀螺对自转轴的转动惯量），从而近似由赖柴耳定理知，$\boldsymbol{H}_o$ 的矢端速度等于零，陀螺的自转轴不动；当陀螺在短时间内受到外力矩 $\boldsymbol{M}_o$ 作用时，$\boldsymbol{H}_o$ 的矢端在这时间内获得等于 $\boldsymbol{M}_o$ 的速度，陀螺的自转轴绕 O 点发生转动。但如 $\boldsymbol{M}_o$ 作用的时间很短，则 $\boldsymbol{H}_o$ 的矢端位移不大，ω_z 很大时，自转轴转过的角度更小。这就简单地说明了陀螺的定轴性。当陀螺受外力矩连续作用（例如图示的重力陀螺所受重力对 O 点之矩作用）时，$\boldsymbol{H}_o$ 的端点连续获得垂直于动平面 $O\zeta z$ 的速度，于是 z 轴绕 $O\zeta$ 轴回转，发生陀螺的规则进动。由此理论还可简单地得到确定陀螺力矩的近似公式。（黎邦隆）

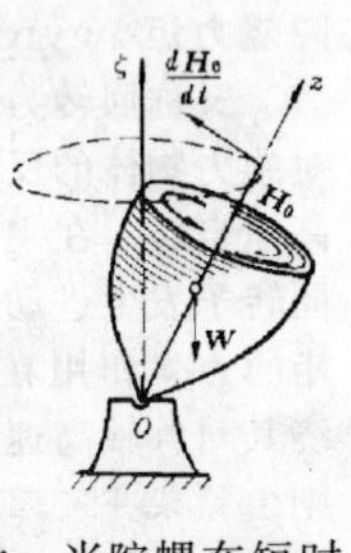

陀螺的进动 precession of a gyroscope

均质旋转型陀螺的对称轴（自转轴）绕进动轴（欧拉角附图中的 Oz 轴）发生使进动角变化的回旋。分为规则进动与赝规则进动两种情况（见陀螺的规则进动及陀螺的赝规则进动，361 页）。

（黎邦隆）

陀螺的赝规则进动 precession with nutation of a gyroscope

又称伪规则进动。在一般情况下，绕对称轴高速自转的均质旋转型三自由度陀螺受常力矩作用或受重力力矩作用时发生的、伴随有章动（见陀螺的章动）的进动。此时章动角发生高频微幅的周期性变化，进动角也伴随有这种变化，但这些变化都不易看出，陀螺的运动还很象是规则进动（见陀螺的规则进动，361 页），故名。

（黎邦隆）

陀螺的章动 nutation of a gyroscope

陀螺绕节线（欧拉角附图中的 ON）发生使章动角变化的转动。在陀螺力学中，还指陀螺自转轴在进动中发生的抖动，此时章动角发生高频的周期性微小变化，进动角的变化也伴随有这种高频微幅振动。（黎邦隆）

陀螺的自转 spin of a gyroscope

陀螺绕自转轴（欧拉角附图中的 Oz' 轴）发生使自转角改变的转动。工程上的陀螺一般都做成均质旋转型的，其对称轴（又称形体轴）取为 Oz' 轴，其自转角速度一般都很高，每分钟有几千转甚至几万转。（黎邦隆）

陀螺力矩 gyroscopic moment

又称回转力矩。陀螺受外力矩作用而运动时，对施力物体的反作用力偶矩。例如飞机的涡轮转子高速自转，在飞机转弯因而转子轴承迫使转子轴连同转子发生进动时，转子轴即有力偶矩等于陀螺力矩的力偶作用在两端轴承上。当陀螺以角速度 $\boldsymbol{\omega}$ 绕其对称轴高速自转时，若同时以角速度 $\boldsymbol{\Omega}$ 进动，则由赖柴耳定理及陀螺的近似理论知，此时作用于陀螺的外力矩 $\boldsymbol{M}_o = \boldsymbol{\Omega} \times J_z \boldsymbol{\omega}$，而陀螺力矩 $\boldsymbol{M}_G = \boldsymbol{M}_o = J_z \boldsymbol{\omega} \times \boldsymbol{\Omega}$。式中 J_z 是陀螺对自转轴 z 的转动惯量。（黎邦隆）

陀螺效应 gyroscopic effect

又称回转效应。陀螺力矩产生的效应。例如机器中高速自转的部件进动时，陀螺力矩产生的轴承巨大动压力及与之相对应的轴承动反力使轴弯曲、轴承损坏；在辗磨机中可利用陀螺力矩来增大辗压力；在振动问题中则影响转子轴的临界转速。

（黎邦隆）

椭圆偏振光 elliptically polarized light

在传播过程中光矢量尖端轨迹为一椭圆螺旋线的偏振光。（傅承诵）

椭圆型方程边值问题的差分格式 finite difference formulations of elliptic equation

椭圆型方程及其边界条件的差分表示式。如泊松（Poisson）方程第一边值问题的差分格式为

$$u_{ij} - \frac{1}{4}(u_{i,j+1} + u_{i,j-1} + u_{i+1,j} + u_{i-1,j})$$
$$= \frac{h^2}{4} f_{ij}, \qquad i,j = 1,2,\cdots,N-1,$$
$$u_{ij} = g_{ij},$$
$$i,j = o,n$$

式中 u 为未知解；f、g 为已知值；下标分别表示 x、y 方向的格点值；h 为等距步长。这种形式的差分方程称为五点格式。将上式在各格点（i，j）写出，得差分方程组。弹性力学中的平衡问题，亚声速流、不可压粘性流及引力场等均可归结为椭圆型方程。（包世华）

拓扑优化设计 optimum design considering topological changes

结构拓扑可以变更的优化设计。优化时所取的设计变量除截面尺寸变量和结点坐标变量外，还有反映结构构件（或单元）联结关系的拓扑变量，即可加上或去掉某些构件（或单元），也可以变动结点间构件（或单元）的联结方式，约束条件中还包括有结构不退化为机构的条件。在结构优化设计中属于第三层次，具有很高难度。（杨德铨）

W

wa

蛙步法 leap frog method

空间用中心差分，时间也用中心差分构造的差分格式。它一般联系着 $n-1$、n，$n+1$ 时间步，空间上分别在奇数结点与偶数结点上交换进行，内存不增加而保持二阶精度。将它用于纯对流方程是条件稳定的。（郑邦民）

瓦 Watt

见功率（121 页）。

wai

歪形能理论 distortion energy theory

又称第四强度理论、米泽斯（Van Mises）屈服准则。根据歪形能而建立的材料的塑性屈服准则。此理论假定材料内某点处歪形能即形状改变比能（其值可由总应变能扣除体积改变比能得到）达到同一材料单向拉伸屈服时歪形能的极限值，则材料在该点处呈现塑性屈服现象。屈服准则可写成

$$\frac{1}{\sqrt{2}}\left[\begin{matrix}(\sigma_1-\sigma_2)^2+(\sigma_2-\sigma_3)^2\\+(\sigma_3-\sigma_1)^2\end{matrix}\right]^{\frac{1}{2}}=\sigma_s$$

式中 σ_1、σ_2、σ_3 为该点处主应力；σ_s 为材料单向拉伸时的屈服极限。根据此理论建立的强度条件为

$$(\sigma_1^2+\sigma_2^2+\sigma_3^2-\sigma_1\sigma_2-\sigma_2\sigma_3-\sigma_3\sigma_1)^{\frac{1}{2}}\leqslant[\sigma]$$

式中 $[\sigma]$ 为材料的许用应力。（吴明德）

外力 external force

研究对象以外的物体作用在该对象上的力。包括主动力和约束反力。（彭绍佩）

外力实功 actual work of external force

结构上的外力在其自身所引起的相应位移上所作的功。对于受 n 个外力 P_1、P_2……P_n（静力荷载）作用的线性弹性结构，其计算公式为

$$W=\frac{1}{2}(P_1\Delta_1+P_2\Delta_2+\cdots\cdots+P_n\Delta_n)$$

$$=\frac{1}{2}\sum_{i=1}^{n}P_i\Delta_i$$

式中，Δ_i 为与外力 P_i 相应的位移（沿 P_i 的作用点和方向的位移）。因外力与位移成正比，故外力实功是外力（或位移）的二次函数。由于它们之间是非线性关系，因而实功的计算不能应用叠加原理。（罗汉泉）

外力虚功 external virtual work

简称为外虚功。力状态中的外力（包括外荷载和支座反力）在位移状态的相应位移上所作的功。它等于力状态中的外力与位移状态中的相应位移乘积的代数和。当外力与相应位移方向一致时，取正号，反之取负号。（罗汉泉）

外伸梁 overhanging beam

由一固定铰支座和一活动铰支座支承，但其一端或两端悬伸于支座外的梁。（庞大中）

wan

弯管内流体的欧拉方程 Euler's equation for the fluid flowing in a bend pipe

计算固定弯管内流体对管壁压力的公式。流体在弯管内作定常流动时，单位时间内从管中流出与流入的流体的动量之差，等于作用在管内流体上的体积力与面积力的矢量和，即

$$\dot{M}\boldsymbol{v}_2-\dot{M}\boldsymbol{v}_1=\boldsymbol{R}_{壁}+\boldsymbol{W}+\boldsymbol{P}_1+\boldsymbol{P}_2$$

式中 $\dot{M}$ 为单位时间内流出与流入的流体质量，称为质量流量；$\boldsymbol{v}_1$ 与 $\boldsymbol{v}_2$ 分别为流入与流出时的速度；$\boldsymbol{R}_{壁}$ 表示管壁对液体反力的主矢量，它与流体对管壁压力的合力等值反向；$\boldsymbol{W}$ 表示管内液体所受体积力的主矢量；$\boldsymbol{P}_1$、$\boldsymbol{P}_2$ 分别为流入、流出两截面处的流体压力。由上式得出 $\boldsymbol{R}_{壁}=\dot{M}(\boldsymbol{v}_2-\boldsymbol{v}_1)-(\boldsymbol{W}+\boldsymbol{P}_1+\boldsymbol{P}_2)$，右端第二项是由于液体重力和进出口截面处液体压力所引起的管壁静反力；第一项则是由于流动时动量变化所引起的管壁附加动反力，用 $\boldsymbol{R}_{动}$ 表示，$\boldsymbol{R}_{动}=\dot{M}(\boldsymbol{v}_2-\boldsymbol{v}_1)$。可见附加动反力的大小与质量流量及 $|\boldsymbol{v}_2-\boldsymbol{v}_1|$ 成正比。对于等截面直管，在定常流动时 $\boldsymbol{v}_2=\boldsymbol{v}_1$，故不产生附加动反力。（宋福磐）

弯矩 bending moment

受弯构件横截面上内力之一，其值等于分布于截面上正应力对形心主轴 y 及 z 的矩之和，分别记为 M_y 及 M_z，总弯矩为矢量，其值 $M=(M_y^2+M_z^2)^{\frac{1}{2}}$。弯矩沿杆轴变化规律绘制成图形谓之弯矩图。（吴明德）

弯矩定点比 ratio of moment-fixed point

见弯矩定点法。

弯矩定点法 method of moment-fixed point

由三弯矩方程导出用于计算连续梁支座弯矩的一种方法。当连续梁上只在某一跨作用有荷载时，该跨以左或以右各跨均存在着一个位置固定不变的弯矩零点（称为弯矩定点），相邻两支座弯矩之比为一定值，该比值称为弯矩定点比。它们只与该定点以左或以右各跨的跨度、惯性矩有关，而与荷载大小无关。只要先求出了荷载跨的支座弯矩，再利用弯矩定点比，即可依次求出其余各支座弯矩值。若梁上有多跨承受荷载时，可先分别求出每一跨单独作用荷载时的各支座截面弯矩，再将它们对应叠加，即可求得各支座截面的最后弯矩值。这一方法也可用来计算超静定刚架。（罗汉泉）

弯矩图 bending moment diagram

简称 M 图。弯矩沿梁轴变化规律的图示。以横坐标表示梁的横截面位置，纵坐标表示对应横截面上的弯矩。（熊祝华）

弯扭失稳 torsional -flexural buckling

又称弯扭屈曲。压杆（尤其是薄壁压杆）当其截面的剪心（即弯曲中心）与形心不重合时，由于

同时发生弯曲变形和扭转变形而丧失稳定。轴心压杆的弯扭失稳属分支点失稳，可建立中性平衡微分方程确定其屈曲荷载；偏心压杆的弯扭失稳本是属于极值点失稳，通常为简化计算也近似地按分支点失稳来分析。压杆弯扭失稳的中性平衡微分方程常应用势能驻值原理或符拉索夫假想荷载法导出。对这类稳定问题，直接求解微分方程较为困难，通常是先设定满足边界条件的位移函数，代入微分方程，根据非零解的条件导出稳定方程，进而求临界荷载。薄壁杆件的截面形状对其临界荷载及屈曲形式有决定性影响。例如，双轴对称和点对称截面的轴压杆，只可能发生绕其主轴的弯曲屈曲或绕剪心的纯扭转屈曲，而不会发生弯扭屈曲；但对于一般非对称截面的压杆，必然为弯扭屈曲。

（罗汉泉）

弯曲变形 bending deformation

受弯构件（如梁或薄板）在外界作用下（如横向荷载）其轴线或中面的曲率改变。梁的弯曲变形通常用横截面形心的横向位移（挠度）以及截面绕中性轴的角位移（转角）来表示。（吴明德）

弯曲刚度 flexural rigidity

表征抵抗弯曲变形能力的物理量。它与材料的弹性模量 E 和横截面的轴惯性矩 I 有关，表达式为 EI。（庞大中）

弯曲剪应力强度条件 condition of shearing strength in bending

保证梁不因剪应力强度不够而破坏的条件。它要求梁内最大弯曲剪应力 τ_{max} 不得超过材料的许用剪应力 $[\tau]$。其表达式为

$$\tau_{max} = \left(\frac{QS_Z}{I_Z b}\right)_{max} \leqslant [\tau]$$

式中 τ_{max} 为梁内最大剪应力；Q 为剪力；S_Z 为中性轴 Z 以上（或以下）截面面积对中性轴 Z 的面积矩（绝对值）；I_Z 为截面对 Z 轴的惯性矩；b 为中性轴处截面的宽度；$[\tau]$ 为许用剪应力。

（庞大中）

弯曲应力函数 stress function of bending

又称铁摩辛柯函数。以应力为基本未知量求解弯曲问题时表示应力分量的函数。按半逆解法，应力分量（见图）设为

$$\sigma_x = \sigma_y = \tau_{xy} = 0, \sigma_z = -\frac{P(l-z)x}{I}$$

式中 I 为截面对 y 轴的惯性矩。若 $\varphi(x, y)$ 为弯曲应力函数，则其余应力分量为

$$\tau_{zy} = -\frac{\partial \varphi}{\partial x}, \tau_{zx} = \frac{\partial \varphi}{\partial y} - \frac{P}{2I}x^2 + f(y)$$

其中 $f(y)$ 是由边界条件确定的函数。显然，上列应力表达式已满足平衡方程，代入协调方程，则得到求解 $\varphi(x, y)$ 的基本方程为

$$\frac{\partial^2 \varphi}{\partial x^2} + \frac{\partial^2 \varphi}{\partial y^2} = \frac{\nu}{1+\nu}\frac{Py}{I} - \frac{df}{dy} + C$$

式中 ν 为泊松比；C 为积分常数，当力 P 沿 x 轴方向，而 x 轴为截面的对称轴时 $C=0$。对于非对称截面，若 P 力通过横截面的弯曲中心，则只有弯曲而不产生扭转，在此情况下 $C=0$。在选取 $f(y)$ 时，应使得函数 φ 的边界条件得以简化。例如对于单连通截面，若在边界上取 $\frac{Px^2}{2I} - f(y) = 0$，则边界条件为 $\varphi_s = 0$，即 φ 在边界上的值为零。在求得 $\varphi(x, y)$ 后便可求出应力分量。对于正方形截面悬臂梁的弯曲，当取 $\nu = 0.3$ 时所得到的剪应力分量的值比按材料力学公式所得到的近似结果约大 15%。

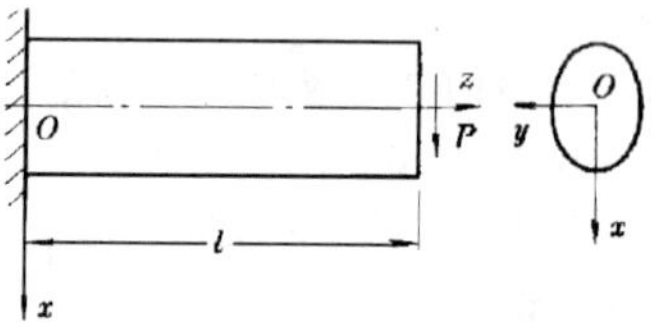

（刘信声）

弯曲正应力强度条件 condition of bending strength for max. normal stress

保证梁不因正应力强度不够而破坏的条件。它要求梁内最大弯曲正应力 σ_{max} 不得超过材料在单向受力时的许用应力 $[\sigma]$。其表达式为

$$\sigma_{max} = \left(\frac{M}{W_z}\right)_{max} \leqslant [\sigma]$$

σ_{max} 为梁内最大正应力；M 为弯矩；W_Z 为抗弯截面模量；$[\sigma]$ 为许用应力。（庞大中）

完全解 complete solution

满足刚塑性分析全部基本方程和边界条件的解答，它包括：①满足平衡条件和力的边界条件，不破坏极限条件（总称为静力条件）的应力场；②满足几何连续条件和速率边界条件，且使外功率为 E（总称为运动条件）的速度场和应变率场；③应力和应变率满足塑性本构关系。完全解既是静力许可的，又是运动许可的。非完全解则只满足静力条件（称为静力许可解）或者只满足运动条件（称为运动许可解）。（熊祝华）

完全井 complete well

见潜水井及自流井（279、472 页）。

完全气体 perfect gas

满足克拉珀龙状态方程且比热为常数的气体。克拉珀龙状态方程为

$$pV = \frac{m}{M}RT$$

式中 m 为气体的质量；M 为摩尔质量；p 为气体压强；V 为气体体积；T 为热力学温度；R 为普适气体常数。严格地说，比热为常数的气体称为量热完全气体；满足克拉珀龙方程的气体称为热完全气体。一种气体可以是热完全而量热不完全的，但不能是热不完全而量热完全的。空气动力学中常把实际气体简化为完全气体来处理。在室温和通常压力范围内，状态参量基本上能满足克拉珀龙方程；在低速空气动力学中，空气被视为比热比（定压比热与定容比热之比）为常数的完全气体；在高速空气动力学中，比热比不再是常数，在1500～2000K的温度范围内，空气可视为变比热比的完全气体，在高超声速流动中，这时的空气与具有常比热比的完全气体有本质上的不同，其成分、平均摩尔质量和比热都有显著变化，而且都是温度和压力的函数，即使在平衡状态下，状态参量也不再满足克拉珀龙方程。（叶镇国）

完全相似模型　entire similarity model

所有相似条件和相似准则都满足的模型。这种模型除要求几何条件完全相似外，对作用在流动流体上的各种力都要求同时满足相应的相似准则。这种完全的动力相似在实际上是不可能办到的。因此在工程应用中，一般是采用只满足对流动起主要作用的力的相似，即采用近似相似的模型。

（李纪臣）

完全状态边界面　complete state boundary surface

由罗斯科面、伏尔斯莱夫面和对 p'/p_e 轴倾斜坡度为3:1的平面构成，如图所示。所有的正常固结土和超固结土的三轴剪切试验的有效应力路径都不能超过完全状态边界面。应力路径遇到对 p' 轴倾斜坡度为3:1的平面时土体发生受拉破坏。完全状态边界面内或在边界面上为土体在剪切过程中可能达到的状态，边界面外为不可能达到的状态。

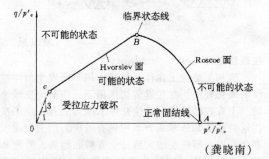

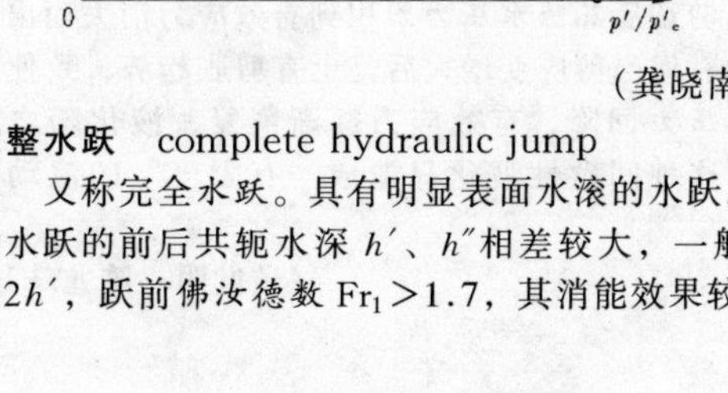

（龚晓南）

完整水跃　complete hydraulic jump

又称完全水跃。具有明显表面水滚的水跃。这种水跃的前后共轭水深 h'、h'' 相差较大，一般 $h''>2h'$，跃前佛汝德数 $Fr_1>1.7$，其消能效果较好，是一种典型水跃。（叶镇国）

完整系统　holonomic system

只受到完整约束的质点系。

（黎邦隆）

完整约束　holonomic constraint

约束方程中不含有坐标对时间的导数的约束。包括几何约束与可积分成几何约束的运动约束。

（黎邦隆）

万能试验机　universal test machine

能进行拉伸、压缩、弯曲以及扭转等多种不同试验的力学试验机。最常见的有杠杆摆式和油压摆式两种。

杠杆摆式万能试验机由机座、两个固定立柱和横头组成一个固定框架。框架中央装有活动台，操纵活动台升降。可进行拉伸、压缩和弯曲试验。加载采用手摇和电动两种方式。并用离合器手柄调节。通过无级变速箱带动蜗杆、蜗轮转动。使活动台升降。测力系统通过两级杠杆系统传递。使摆锤抬起，带动指针转动。指针转动量值与施加荷载成正比。测力盘上标定荷载的大小和范围（见图 a）。

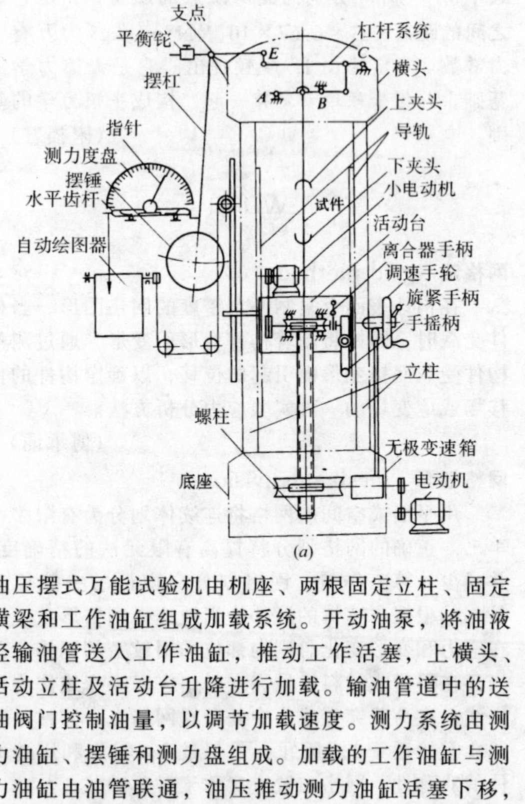

(a)

油压摆式万能试验机由机座、两根固定立柱、固定横梁和工作油缸组成加载系统。开动油泵，将油液经输油管送入工作油缸，推动工作活塞，上横头、活动立柱及活动台升降进行加载。输油管道中的送油阀门控制油量，以调节加载速度。测力系统由测力油缸、摆锤和测力盘组成。加载的工作油缸与测力油缸由油管联通，油压推动测力油缸活塞下移，使拉杆拉动摆锤抬起。摆杆装有推杆推动齿轮杆和指针施转（见图 b）。如将固定框架及活动台加以简化，即成为也可进行多种试验的拉力试验机。

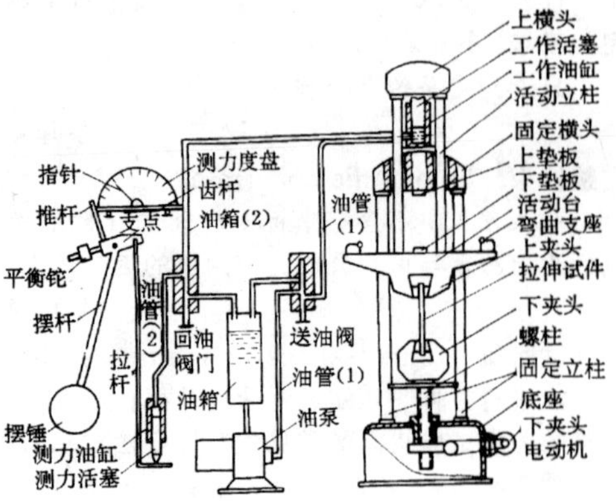

(b)

（郑照北）

万有引力定律 law of universal gravitation

任何两质点都相互吸引，引力的大小与两质量的乘积成正比，与两者之间距离的平方成反比，即

$$F = G\frac{m_1m_2}{r^2}$$

式中 m_1 与 m_2 分别为此两质点的质量，r 是它们之间的距离，$G=6.67\times10^{-11}\mathrm{N\cdot m^2/kg^2}$ 为万有引力常数。本定律由 I. 牛顿提出。它是天体力学的基础，并与牛顿运动定律一起，构成牛顿力学的基础。（宋福磐）

wang

网格法 grid method

在构件表面上复制一定密度的网格图形，当构件受载时，网格将随着构件变形而变形，通过测量构件受载网格变形而引起的位移，以确定构件的位移场或应变场的一种实验应力分析方法。

（傅承诵）

网格划分 mesh subdivision

用平面或空间的网格将连续体划分为有限多个单元。正确的网格划分将提高有限元法的精确度，并减少计算工作量。网格划分应遵循的一般原则是：①根据连续体的形状恰当地选择网格形状；②在应力和变形变化急剧的部位采用较密的网格；③当存在厚度或材料性质突变时，应以突变线作为网格线，在荷载突变或集中处布置网格点；④网格细长比宜接近于1，最好不要超过2；⑤为利用连续体的对称性，网格布置应对称于对称轴。

（夏亨熹）

网格生成 grid generation

用对应于坐标轴的直线或曲线将求解区域划分成网格的过程。它是数值计算时，离散求解区域的一个步骤。最简单的网格是矩形网格系统。为了在某些可能发生急剧变化的区域获得较高的分辨率，或者为了更精确地给出边界值，有时也改变网格的间距。

（王 烽）

网格自动生成 automatic mesh generation

利用计算机自动划分网格。采用这个办法，只须输入少量数据和信息，即可由计算机完成有限元法的大量准备工作。这些工作包括：①划分网格，按一定比例显示所形成的网格图象；②进行结点及单元编号；③计算结点坐标等有关的几何数据；④对输入的数据和信息进行检查和修正等。对于不同类型的计算对象有各种网格自动生成的方法。网格自动生成大大地减轻了计算前的繁琐的数据准备工作，同时避免了人工准备数据容易出错的弊端。

（夏亨熹）

网架结构 spatial grid structure

由多根杆件按一定网格形式组成的空间结构。也可看成是由两组或多组桁架交叉联结而成的空间结构。其空间协同工作性能好，刚度大，重量轻，一般用作体育馆、展览厅、飞机库、车站大厅等大空间建筑的屋盖。按外形分，通常有双层板型网架结构（图 a）、单层壳型网架结构（图 b）和双层壳型网架结构（图 c）三种。它们都是高次超静定结构。其中，板型网架结构和双层壳型网架结构的结点通常为铰结，而单层壳型网架结构的结点一般为刚结。它们多采用有限元法按空间结构进行计算。有时，为简化计算，常近似地将组成网架的每一片桁架用一根相当的梁来代替，从而将网架简化为相应的交叉梁系来计算，然后再由交叉梁系的内力推求桁架的内力。

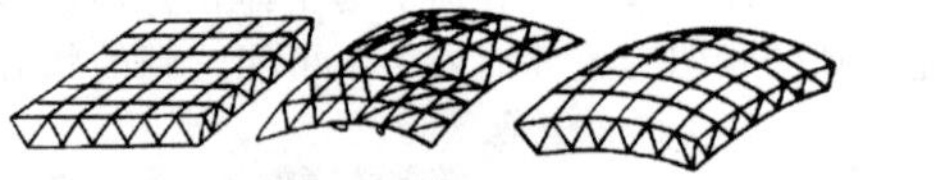

(a) (b) (c)

（罗汉泉）

往返活动性 cyclic mobility

饱和无粘性土在往返剪切作用下所发生的间隙性的液化现象。在往返剪切作用下，当剪应变较小时，土有剪缩趋势，致使孔隙水压力上升，经多次往返剪切后孔隙水压力累积到有效应力消失而出现液化；但当剪应变增大后，土有剪胀趋势，致使孔隙水压力回降，有效应力逐渐恢复，液化随之消失。这种间歇性液化只造成“有限度”的流动变形。

（吴世明 陈龙珠）

wei

威尔逊-θ法　Wilson-θ method

根据加速度在 $\theta\Delta t$ 内（Δt 为计算所取时段）作线性变化的假定，对多自由度体系的受迫振动作时程分析的数值方法。它是求解运动方程的直接积分法之一，该方法是线加速度法的改进形式，它把加速度线性变化的范围从 Δt 延长到 $\theta\Delta t$（$\theta\geqslant 1.37$ 为时段延长的系数，此时本方法是无条件稳定的，通常取 $\theta=1.40$。当 $\theta=1$ 时本方法即退化为线加速度法），从而提高了计算的稳定性。本方法的计算公式和过程与线加速度法类似，但它是先按 $\tau=\theta\Delta t$ 算出延长时段内的增量位移 $\bar{\Delta}\boldsymbol{Y}(t)$，再求延长时段 τ 内的增量加速度 $\bar{\Delta}\ddot{\boldsymbol{Y}}(t)$

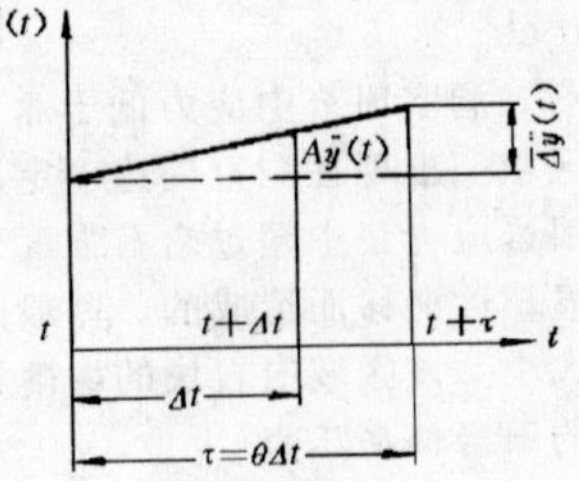

$$\bar{\Delta}\ddot{\boldsymbol{Y}}(t)=\frac{6}{\tau^2}\bar{\Delta}\boldsymbol{Y}(t)-\frac{6}{\tau}\dot{\boldsymbol{Y}}(t)-3\ddot{\boldsymbol{Y}}(t)$$

并将其按线性内插求原时段 Δt 内的增量加速度 $\Delta\ddot{\boldsymbol{Y}}(t)$

$$\Delta\ddot{\boldsymbol{Y}}(t)=\frac{1}{\theta}\bar{\Delta}\ddot{\boldsymbol{Y}}(t)$$

最终计算原时段 Δt 内的增量位移 $\Delta\boldsymbol{Y}(t)$ 和增量速度 $\Delta\dot{\boldsymbol{Y}}(t)$

$$\Delta\boldsymbol{Y}(t)=\dot{\boldsymbol{Y}}(t)\Delta t+\ddot{\boldsymbol{Y}}(t)\frac{(\Delta t)^2}{2}+\Delta\ddot{\boldsymbol{Y}}(t)\frac{(\Delta t)^2}{6}$$

和

$$\Delta\dot{\boldsymbol{Y}}(t)=\ddot{\boldsymbol{Y}}(t)\Delta t+\Delta\ddot{\boldsymbol{Y}}(t)\frac{\Delta t}{2}$$

依次将计算进行下去，便可求得所需解答。由于算法上的优点，本方法能排除高振型分量的不利影响，因而有较好的计算效果。　　（姚振汉　洪范文）

微布朗运动　micro-Brownian motion

见高分子运动（114页）。

微分算子的基本解　fundamental solution of a differential operator

在无限域上微分算子对应的以某点 P 处的狄拉克 δ 函数为非齐次项的微分方程的解。即

$$L[u^s(P;Q)]=\delta(P,Q)$$

式中 u^s（P；Q）即算子 L 的基本解，它是源点 P 与场点 Q 的两点函数。位势问题中调和算子的基本解即无限空间中由 P 点处单位点势源产生的位势场。弹性力学中纳维叶算子的基本解常取开尔文解，即无限弹性空间在 P 点处作用单位集中力产生的位移场。　　（姚振汉）

微分型本构关系　differential form of constitutive relation

又称微分型本构方程。与线性粘弹性模型相连系的一种本构表达。一维微分型本构方程表示为

$$\sigma+p_1\dot{\sigma}+p_2\ddot{\sigma}+\cdots=q_0\varepsilon+q_1\dot{\varepsilon}+q_2\ddot{\varepsilon}+\cdots$$

或

$$P\sigma=Q\varepsilon$$

式中 P 和 Q 为微分算子：$P=\sum_{k=0}^{m}p_k\frac{d^k}{dt^k}$，$Q=\sum_{k=0}^{n}q_k\frac{d^k}{dt^k}$，其中 $m\leqslant n$，通常取 $p_0=1$。弹性元件、粘性元件以及各种简单模型的本构方程都是上述一般微分型本构方程的特例。三维的微分型本构关系用体积应力 σ_{kk} 与体积应变 ε_{kk}、应力偏量 S_{ij} 和应变偏量 e_{ij} 之间的关系表示

$$P'S_{ij}=Q'e_{ij},P''\sigma_{kk}=Q''\varepsilon_{kk}$$

其中 P'、Q'、P'' 和 Q'' 均为微分算子，取决于具体的材料。　　（杨挺青）

微风　gentle breeze

蒲福风级中的三级风。其风速为 3.4～5.4 m/s。　　（石　沅）

微幅波　small-amplitude wave

又称微波。波高和波长比很小的波浪。同时波高和水质点的运动速度也很小。有势的波浪运动只有在此种波浪情况下，才能得出较为简单的解答。在这样条件下所得到的波浪理论称为微幅波（或微波）理论，其所得结果与实际情况很接近，因仅局限于波高很小的情况，故这一理论在工程实用上受到局限，但对微幅波的分析能较清晰地表达出波的特性，故又是研究较复杂的有限振幅波以至不规则波的基础，这一理论得出的结果亦可近似地用于工程设计。　　（叶镇国）

微幅振动　small oscillation

系统内各点的振幅都很微小，可作为一阶微量来看待的振动。在这种振动中，因各点的位移都是一阶微量，故各点的速度和加速度也都是一阶微量。在分析振动问题时，将其视为线性振动。　　（宋福磐）

韦伯相似准则　Weber similarity criterion

又称表面张力相似准则。两流动的表面张力相似必须遵循的准则。两流动要达成表面张力相似，其韦伯数 We（见相似准数，388页）必须相等。即 $We_p=We_m$ 或 $\rho_p l_p v_p^2/\sigma_p=\rho_m l_m v_m^2/\sigma_m$（式中 ρ、l、v、σ 分别为流体密度、线性长度、速度和表面张力系数；下标 p 和 m 分别表示原型和模型量）。反之，若几何相似的两流动的韦伯数 We 相等，则它们的表面张力必定相似。表面张力只在液流几何

尺寸很小时才显著起作用，工程实际中的液流尺寸一般都比较大，因此常可以忽略表面张力的影响。在模型试验中，当模型流的流速 v 大于 0.23m/s，水深大于 1.5cm 时，表面张力可以忽略不计，这时不需要考虑满足表面张力相似。（李纪臣）

韦尔斯公式 Wells formula

A. A. 韦尔斯在 20 世纪 60 年代初提出的计算大范围屈服至全面屈服的裂纹张开位移 δ 的计算公式。它可表示为 $\delta=2\pi ae$，e 为裂纹周围的平均应变。a 为裂纹长度的一半。此式是在大量的宽板试验和收集了许多实验数据的基础上总结出来的。（余寿文）

围岩 surrounding rock

地下洞室周围因受开挖影响而使应力变化大于 5%的那部分岩体。一般取洞室最大直线尺寸的 3～5 倍。（袁文忠）

围岩变形压力 deformational pressure of surrounding rock

洞室围岩的变形受到支护结构的阻碍时产生的压力。与围岩二次应力、岩体力学性质、支护设置时间、支护结构刚度等因素有关。按成因可分为围岩弹性变形压力、围岩塑性变形压力和围岩流变压力。主要出现在层状结构或整体结构较差的岩体中。（周德培）

围岩非弹性变形区 nonelastic deformational zone of surrounding rock

洞室开挖后，周边附近一定范围内出现的非弹性变形（塑性变形、蠕变、膨胀变形等）岩体。洞室开挖后周边的应力集中最严重，此应力若超过岩石强度，周边岩石首先破坏，或出现裂纹，或出现较大变形。这种现象将向围岩深处扩展到一定范围。此区域内岩体的松动和变形造成了支护结构上的围岩松动压力和围岩变形压力。（周德培）

围岩流变压力 rheological pressure of surrounding rock

因围岩流变产生的变形受阻时作用在支护结构上的压力。随时间而变化，能使围岩鼓出、闭合、甚至完全封闭。与原岩应力、岩体流变性质、支护结构刚度、支护时间等因素有关。当围岩变形随时间而趋于稳定时，这种压力也趋于稳定；当围岩的变形速率趋于某一常数或随时间增加时，它也将随时间而增加，甚至导致围岩和支护结构的破坏。（周德培）

围岩膨胀压力 swelling pressure of surrounding rock mass

因围岩膨胀变形受阻而作用在支护结构上的压力。主要出现在膨胀性岩体中。与围岩吸水膨胀性密切相关。由于围岩膨胀变形具有时间效应，从现象上分析，它与围岩流变压力有相似之处，但二者发生的机理完全不同，在工程上采用的处理方法也不相同。（周德培）

围岩松动区 loosening zone of surrounding rock

洞室围岩中应力低于原岩应力且易滑移塌落的区域。出现在洞室周边一定范围内。是爆破施工和围岩应力集中超过岩石强度引起岩石破坏或出现明显塑性滑移而造成的。一般由现场量测确定该区域大小。该区域内岩块的塌落和滑移形成支护结构上的围岩松动压力。（周德培）

围岩松动压力 loose pressure of surrounding rock

洞室周边松动或塌落的岩块以重力形式直接作用在支护结构上的压力。具有洞顶压力大，两侧墙小的特点。主要出现在松散结构、块状结构、碎裂结构的岩体中。与围岩地质条件和破碎程度、开挖方法、爆破作用、支护设置时间、回填密实程度等因素有关。（周德培）

围岩塑性变形压力 plastic deformational pressure of surrounding rock

围岩因塑性变形而挤压支护结构时产生的压力。与塑性区岩体的力学性质、塑性区半径及支护结构刚度有关。通常根据围岩与支护结构共同作用原理，按弹塑性理论计算。（周德培）

围岩弹性变形压力 elastic deformational pressure of surrounding rock

围岩因弹性变形而挤压支护结构时产生的压力。当采用紧跟开挖面设置支护时，由于开挖面的空间效应，支护前围岩的弹性变形不会全部释放。支护后未释放的弹性变形随着掘进而逐渐释放，作用在支护结构上形成此压力。（周德培）

围岩稳定性 stability of surrounding rock

地下洞室在施工和运营过程中，洞室周围岩体的稳定程度。与岩体的岩性、风化程度、地质构造、地下水活动、地应力作用、洞室内有无内水压力、洞室跨度大小、断面形状以及施工方法等因素有关。其实质是研究岩体在洞室开挖后岩石物理力学变化的机理和岩体中应力分布状况。一般情况下，在查明岩体结构特征和地应力条件的基础上，根据岩体的强度和变形特点加以判别。目前研究的方法有数学力学计算方法、围岩的变形和破坏机制分析方法、围岩地质结构分析和围岩稳定性分类法、模拟试验方法等。（屠树根）

围岩压力 pressure of surrounding rock

又称地压或山岩压力。由围岩和洞室支护结构共同承担的地层压力。在各类岩体结构中开挖地下洞室时，都会不同程度地遇到。是开挖洞室的工作破坏了原岩的平衡状态，造成围岩应力重新分布而产生的。有广义和狭义上的含义，前者指作用在围岩边界上的原岩应力；后者指围岩的变形与破坏造成作用在支护结构上的压力。工程上主要研究后者。是确定支护结构上的荷载，合理设计其尺寸和形状的重要依据。通常分为围岩松动压力、围岩变形压力、冲击地压和围岩膨胀压力。（周德培）

围岩应力 stress in the surrounding rock

见二次应力，（86页）。（袁文忠）

维勃仪法 Vebe apparatus method

目前测定干硬性混凝土稠度的一种最主要的方法。由瑞典人维·勃纳（V. Bährner）首先提出。仪器见图。测定时，混凝土拌合物分三层装入，每层插捣25次。捣完后抹平，垂直平稳地提起坍落度筒。把透明圆盘转到混凝土试体上方，并轻轻落下与混凝土圆锥顶面接触。同时开启振动台和秒表，记下透明圆盘的底面被水泥浆布满所需的时间，作为维勃稠度值，以秒为计量单位。此法测定的拌合物骨料最大粒径不得超过40mm；维勃稠度值在5～30s范围内。

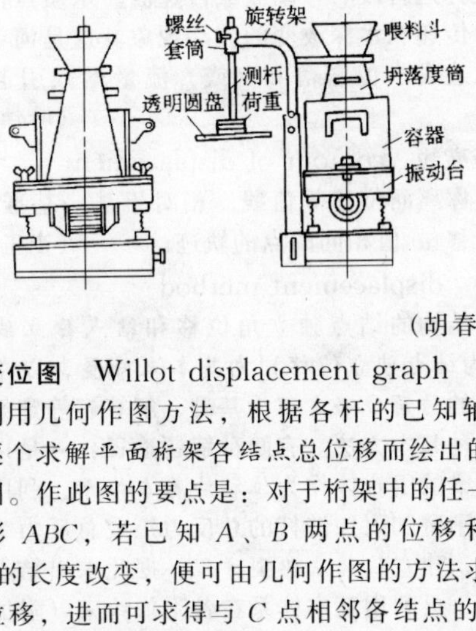

（胡春芝）

维氏变位图 Willot displacement graph

利用几何作图方法，根据各杆的已知轴向变形，逐个求解平面桁架各结点总位移而绘出的桁架变位图。作此图的要点是：对于桁架中的任一基本三角形 ABC，若已知 A、B 两点的位移和 AC、BC 杆的长度改变，便可由几何作图的方法求出 C 点的位移，进而可求得与 C 点相邻各结点的位移。该法为法国人维诺特于1887年提出。由于 A、B 两点的位移是人为设定的，还须经一定转换方可获得桁架全部结点的实际位移图，此一工作由莫尔完成。维氏变位图与弹性荷载法所得位移图的区别在于它所获得的不是结点沿某个方向的位移分量而是各结点的总位移。（何放龙）

维氏硬度 Vickers hardness

以棱柱体压头及量测压痕面积来标定的一种硬度标准。记作HV，是英国R. L. 史密斯和G. E. 桑德兰于1925年提出，由英国维克斯－阿姆斯特朗公司制造，故名。适用于测定从软到硬的各种金属材料，并有连续一致的硬度标准。测量原理与布氏硬度相近似，只是压头为金刚石正四棱锥体，其两对面间夹角为136°（见图）。荷载 P 值从5～100kgf（49.03～980.7N）之间选择，一般应选用表列中规定的荷载力进行。

硬度符号	荷载力 kgf (N)
HV5	5 (49.03)
HV10	10 (98.07)
HV20	20 (196.1)
HV30	30 (294.2)
HV50	50 (490.3)
HV100	100 (980.7)

用荷载力 P 值（kgf 或 N）和压痕面积（mm^2）之比值定义维氏硬度

$$HV = \frac{2P\sin\frac{136°}{2}}{d^2} = 1.854\,4\,\frac{P}{d^2} \quad kgf/mm^2$$

$$HV = 0.102\,\frac{2P\sin\frac{136°}{2}}{d^2} = 0.189\,1\,\frac{P}{d^2} \quad N/mm^2$$

式中 P 为荷载力（kgf 或 N），d 为压痕两对角线的算术平均值（mm）；136°为压头顶端的两相对面夹角。HV前面为硬度值，HV后面为试验条件，如640HV30表示用30kgf（294.2N）荷载力保持10～15s测定的维氏硬度为640（10～15s不标注）；又如640HV30/20表示荷载力保持20s测定的维氏硬度为640。

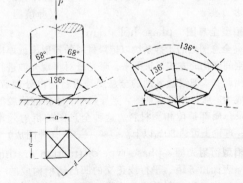

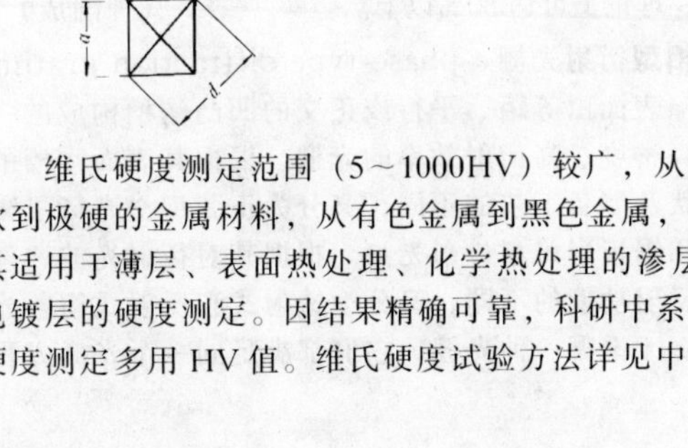

维氏硬度测定范围（5～1000HV）较广，从极软到极硬的金属材料，从有色金属到黑色金属，尤其适用于薄层、表面热处理、化学热处理的渗层、电镀层的硬度测定。因结果精确可靠，科研中系列硬度测定多用HV值。维氏硬度试验方法详见中华

人民共和国国家标准 GB4340。（郑照北）

尾流 wake flow

又称尾迹、尾涡。绕流物体后面涡量集中、紊动强烈的旋涡流。由绕流物体周围边界层内的流体质点汇合而成。绕流物体的外形及其边界层流动的性质对它有直接影响。非流线型物体后面的尾流中会出现不断交替产生并流向下游的两列旋涡，经一段较长的距离后，旋涡分解为随机紊动的流动。尾流和淹没射流都是自由紊流，因而有许多共同的特点，只是流速分布刚好相反，是周围流体带动尾流中质点的运动，所以轴线上速度最小，边界上速度最大。尾流充分发展后，其宽度逐渐增加，紊动强度逐渐衰减，速度分布渐趋均匀，直至下游无穷远处完全恢复为均匀势流。尾流中运动具有相似性，可用边界层方程求解。（叶镇国　刘尚培）

尾流驰振 wake galloping

下游结构受上游结构的尾流作用而产生的驰振。流体流经两斜列结构时，下游结构上便会产生横流力和顺流力。若这两个力对结构的运动产生负阻尼作用，则下游结构便可能发生尾流驰振。圆形断面结构不可能发生横流驰振，但可能发生尾流驰振。尾流驰振力是准静态的。发生尾流驰振的结构的运动轨迹为一椭圆。（顾　明）

尾水 tail water

泄水建筑物下游河段或渠段的泛称。其水位取决之下游河段的水位流量关系；对于渠道，则由下游河段的水面曲线特性决定。泄水建筑物下游水跃的位置与尾水位有密切关系。当跃后共轭水深大于尾水水深时，将出现远离水跃；当跃后共轭水深小于尾水水深时，将出现淹没式水跃；当跃后共轭水深等于尾水水深时，将出现临界水跃。尾水位是各类泄水建筑物下游的水流衔接方式与消能计算的重要水力要素。（叶镇国）

位相型全息图 phase hologram

全息图上的干涉条纹以记录材料的折射率或厚度的空间变化的方式记录下来，曝光量对再现光波进行位相调制。把银盐乳剂的全息照片进行漂白处理后，即成为一张位相型全息图。光导热塑、重铬酸明胶等记录介质都是位相型材料。这种全息图的衍射效率高，理论上可达30%以上。（钟国成）

位相型衍射光栅 phase-type diffraction grating

表面由等距、平行或正交的凹凸沟槽构成的一种高密度、高衍射效率的光栅。根据其表面沟槽的形状及制备工艺的不同，又分为正弦型全息衍射光栅和锯齿形闪耀衍射光栅。根据其对衍射光波透射和反射功能的不同，又分为透射式和反射式衍射光栅。无论哪一种光栅，它们都满足同一个光栅方程式

$$p(\sin\varphi + \sin\theta) = m\lambda$$

式中 p 为光栅的节距，φ、θ 分别为波长为入射光的入射角和第 m 级衍射光的衍射角。由于表面沟槽的形状不同，不同级次的衍射光的光强是不同的。（傅承诵）

位移 displacement

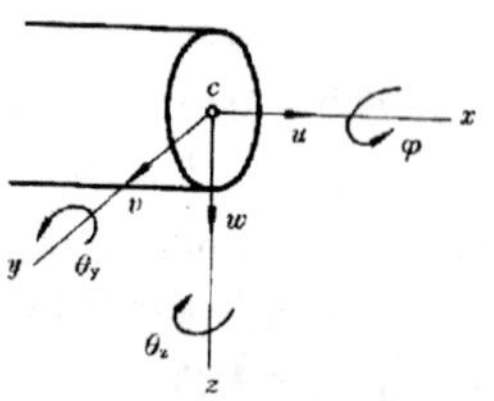

物体内物质点在空间位置的改变，是向量（或矢量）。变形体内物质点因变形而产生的空间位置变化常称为线位移或线位移矢，其沿选定坐标轴的分量称为位移分量。变形体内物质线元由于变形所产生的转角称为角位移，也是矢量，其沿坐标轴的分量称为角位移分量。以杆件为例，其横截面形心的线位移分量以及截面转角分量如图所示：u 为轴向位移分量；v、w 为横向位移分量或称挠度；ψ 为截面绕 x 轴的扭角；θ_y，θ_z分别为绕 y 及 z 轴转角或称挠角。（吴明德）

位移波 translatory wave

又称运行波、移动波或传递波。水质点位移引起流量传递和水深改变的波动现象。这是河渠中局部干扰造成水位涨落和（或）流量增减引起的结果。（叶镇国）

位移等高线 contour of displacement

又称离面位移等值线。相对于某一基准平面，离面位移 w 值相同的点的轨迹。（崔玉玺）

位移法 displacement method

以结构的结点独立角位移和结点独立线位移（统称为结点独立位移）为基本未知量，以单跨超静定梁的转角位移方程为基础，解算超静定梁和刚架的一种基本方法。有两种解题途径：一是以单跨超静定梁的组合体作为位移法基本体系，利用其上各附加刚臂和附加链杆的总反力矩或总反力等于零的条件，建立位移法典型方程，据此求出结点独立位移后，再利用基本体系在各附加约束（附加刚臂和附加链杆）分别发生单位位移时的弯矩图（$\overline{M}_i$ 图）和荷载单独作用下的弯矩图（M_P 图），作出原结构的最后弯矩图；另一种途径是不用基本体系而直接利用各杆件的转角位移方程和原结构的静力平衡条件建立位移法方程求解结点独立位移，这一种算法又称为转角位移法。位移法基本未知量的数目与超静定次数无关。通常仅用它来计算超静定结构（主要是连续梁和超静定刚架），而在结构电算中广泛应用的以位移法为基础的矩阵位移

法，则可同时适用于计算静定结构和超静定结构。

在刚架稳定问题中以刚架的结点独立位移为基本未知量、以考虑轴向力效应的转角位移方程为基础建立稳定方程以确定刚架临界荷载的方法。其要点是：对于受轴力作用的压杆，按考虑轴向力效应的转角位移方程，其余杆件仍按普通受弯杆件（梁式杆）的转角位移方程写出各杆端弯矩的表达式(有时还需用到杆端剪力表达式)，据此建立位移法典型方程。因刚架在竖向结点集中力作用下，位移法方程中的自由项都等于零，故其位称法方程是齐次线性代数方程组。据此，可导得其稳定方程。例如，具有三个结点独立位移的刚架，其在结点集中力作用下的稳定方程为

$$\begin{vmatrix} r_{11} & r_{12} & r_{13} \\ r_{21} & r_{22} & r_{23} \\ r_{31} & r_{32} & r_{33} \end{vmatrix} = 0$$

式中，r_{ii}，r_{ik}为位移法方程的系数，它们包含了轴向压力的影响。解该稳定方程（通常为超越方程)，求得最小根后即可据以求出其临界荷载的精确解。当刚架中有两个以上结点承受集中力，难于转化为单根弹性支承压杆来计算时，常应用这一方法。（罗汉泉）

位移法典型方程 canonical equation of displacement method

用位移法计算时，用以求解基本未知量（结点独立角位移和结点独立线位移）Z_1、$Z_2 \cdots Z_n$ 的基本方程。它是根据位移法基本体系在荷载和全部结点独立位移共同作用下，其上各附加刚臂的总反力矩和附加链杆的总反力均等于零的条件而建立的。它们相应地等价于刚结点的力矩平衡条件和结构某一部分的平衡条件。对于有 n 个基本未知量的结构，其形式为

$$\left.\begin{aligned} r_{11}Z_1 + r_{12}Z_2 + \cdots + r_{1n}Z_n + R_{1\text{p}} &= 0 \\ r_{21}Z_1 + r_{22}Z_2 + \cdots + r_{2n}Z_n + R_{2\text{p}} &= 0 \\ r_{n1}Z_1 + r_{n2}Z_2 + \cdots + r_{nn}Z_n + R_{n\text{p}} &= 0 \end{aligned}\right\}$$

式中，r_{ii}称为主系数，它表示当基本体系的第 i 个附加约束发生单位位移 $Z_i=1$ 时，在该附加约束上产生的反力矩或反力；r_{ij} $(i \neq j)$ 称为副系数，表示基本体系的第 j 个附加约束发生单位位移 $Z_j=1$ 时在第 i 个附加约束上所引起的反力矩或反力。由反力互等定理可知，$r_{ij}=r_{ji}$；$R_{i\text{p}}$则称为方程的自由项，代表基本体系在荷载单独作用下，第 i 个附加约束上所产生的反力矩或反力。它们可分别根据基本体系当 $Z_i=1$ 或 $Z_j=1$ 时所绘出的弯矩图（称为$\overline{M}_i$ 图或$\overline{M}_j$ 图）及荷载作用下的弯矩图（M_p 图)，利用结点的力矩平衡条件或某部分的平衡条件求得。（罗汉泉）

位移法基本体系 primary structure of displacement method

又称位移法基本结构。用加入附加约束的办法使原结构的每一结点都不能移动，每一刚结点都不能转动而得到的新的超静定结构。它是由若干单跨超静定梁所组成的体系（单跨超静定梁的组合体）。用位移法计算连续梁和超静定刚架时，即是利用它将原结构中的所有杆件都转化为单跨超静定梁来计算。其中，用以控制刚结点转动的附加约束（它不能阻止结点移动）称为附加刚臂。应在结构的每一个刚结点上都加入一个附加刚臂；用以控制结点(包括刚结点和铰结点）移动的附加约束称为附加链杆。对于凡能发生独立线位移的结点，均应在发生线位移的方向加入一根附加链杆。一般说来，平面杆件结构的每一个结点都可有水平和竖直方向两个独立线位移，必须相应地加入两根附加链杆。但对于忽略轴向变形的受弯直杆，其两端沿杆轴方向的线位移中只有一个是独立的。故在确定位移法基本体系的附加链杆数目时，必须逐一考察各结点和支座处的位移约束情况，判定所需加入的最少数目。位移法基本体系中所加入的附加刚臂和附加链杆总数，即为位移法基本未知量数目，也就是该结构的动不定次数。（罗汉泉）

位移法基本未知量 basic unknowns in displacement method

用位移法解算结构时，在位移法典型方程中所含的未知量。包括刚结点的角位移和结点独立线位移。位移法基本未知量的数目即是结构发生变形时，结点自由度的数目。有些学者称它为动不定次数。它与结构的超静定次数无关。（罗汉泉）

位移方程 equation of dynamic displacement

在结构动力分析中，根据振动体系中各质点的位移必须满足的变形协调条件建立的方程。它是建立运动方程的途径之一。利用达朗伯原理引入惯性力，将质点在振动过程中任一时刻的位移视为是由动力荷载、惯性力和阻尼力共同作用而产生的。由于建立位移方程的过程中用到体系的柔度系数，因此按位移方程求解的方法又称为柔度法。

（洪范文）

位移函数 displacement functions

表示位移分量的某种特殊类型的函数。在位移解法中，假设位移函数 F 是连续的，代入拉梅-纳维方程，即得到该函数应满足的微分方程。在轴对称问题中，以对称轴为 z 轴，采用圆柱坐标系，则可取

$$u = -\frac{\partial^2 F}{\partial r \partial z} \qquad w = 2(1-\nu)\Delta F - \frac{\partial^2 F}{\partial z^2}$$

其中 Δ 为柱坐标中的位普拉斯算符，即 $\Delta=\frac{\partial^2}{\partial r^2}+\frac{1}{r}\frac{\partial}{\partial r}+\frac{\partial^2}{\partial z^2}$；$F(r, z)$ 称为乐甫位移函数，由拉梅－纳维方程推知，它应满足下列方程

$$\Delta\Delta F=-\frac{f_z}{2(1-\nu)G}$$

其中 f_z 为 z 方向的体力。在柱体的扭转问题中，引入的翘曲函数即为扭转位移函数。

在计算力学中指用于表示单元位移场分布的函数。为了保证单元的收敛性，通常采用具有一定程度完备性和几何各向同性的幂级数多项式作位移函数；多项式的项数应与单元自由度相等；多项式中每一项的待定系数即为单位的广义位移参数。此外，位移函数还应满足单元之间的协调性或广义协调性。在单元分析中，常将广义位移参数变换为结点位移参数，并将位移函数变换为形函数与结点位移参数的乘积。（刘信声　支秉琛）

位移函数的完备性　completeness of the displacement function

单元位移函数中包含完备的刚体位移模式和常应变位移模式的性质。当泛函中所含自变函数的导数最高阶为 m 时，单元试函数至少应是 m 次完备的多项式，这是单元收敛的必要条件。m 次完备多项式中包含 m 次及 m 次以下的所有独立项可分别由帕斯卡三角形和帕斯卡四面体确定。

（支秉琛）

位移厚度　displacement thickness

又称排挤厚度。边界层中摩阻作用使边界层外部的流线沿外法线方向向外推移的距离。其值可用下式表示

$$\delta_1=\int_0^{\infty}\left(1-\frac{u_x}{u_0}\right)\mathrm{d}y$$

式中 u_0 为主流未受干扰的流速；y 为沿边壁外法线方向的距离。当边界层内流速呈线性分布时，这一厚度约为边界层厚度的二分之一。在平板层流边界层中，这一厚度约为边界层厚度的三分之一。

（叶镇国）

位移互等定理　reciprocal theorem of displacements

又称麦克斯韦定理。当线性变形体系所处的第一状态中作用有一个单位力，第二状态中作用有另一个单位力时，则第一个单位力的作用点沿其方向上由于第二个单位力的作用所引起的位移 δ_{12}，等于第二个单位力的作用点沿其方向上由于第一个单位力的作用所引起的位移 δ_{21}，即有 $\delta_{12}=\delta_{21}$。它是功的互等定理应用的特殊情况，当两个状态分别只作用有一个单位力（都可为单位广义力）时，由功的互等定理即可导出本定理。其中 δ_{12} 和 δ_{21} 为与两个单位广义力相应的广义位移。此互等定理在力法、结构矩阵分析以及结构动力分析中都得到应用。（罗汉泉）

位移计算一般公式　general displacement formula

又称麦克斯韦－莫尔公式。应用单位荷载法导出，用以计算结构在各种外因作用下所产生的位移的一般表达式。在杆件结构中可表示为

$$\Delta_{k2}=\Sigma\int\bar{N}_1\mathrm{d}u_2+\Sigma\int\bar{M}_1\mathrm{d}\varphi_2+\Sigma\int\bar{Q}_1\gamma_2\mathrm{d}s-\Sigma\bar{R}_1C_2$$

式中 $\bar{N}_1$、$\bar{M}_1$、$\bar{Q}_1$ 和 $\bar{R}_1$ 分别代表结构在虚单位力单独作用下所产生的轴力、弯矩、剪力和支座反力；$\mathrm{d}u_2$、$\mathrm{d}\varphi_2$、$\gamma_2\mathrm{d}s$、c_2 分别代表实际状态相应微段的轴向变形、弯曲变形，剪切变形和已知的支座位移。当结构仅受一种外因作用时，只需将上式中实际位移状态的微段变形 $\mathrm{d}u_2$、$\mathrm{d}\varphi_2$、$\gamma_2\mathrm{d}s$ 用相应表达式代入即可。例如，当只受荷载作用时，上式成为

$$\Delta_{KP}=\Sigma\int\frac{\bar{N}N_P}{EA}\mathrm{d}s+\Sigma\int\frac{\bar{M}M_P}{EI}\mathrm{d}s+\Sigma\int k\frac{\bar{Q}Q_P}{GA}\mathrm{d}s$$

对于梁和刚架，通常只考虑弯曲变形的影响，可进一步简化为

$$\Delta_{KP}=\Sigma\int\frac{\bar{M}M_P}{EI}\mathrm{d}s$$

对于桁架

$$\Delta_{KP}=\Sigma\int\frac{\bar{N}N_P}{EA}\mathrm{d}x=\Sigma\frac{\bar{N}N_P}{EA}l;$$

当桁架只有温度改变，且杆件截面为矩形时，

$$\Delta_{kt}=\Sigma\alpha t_0\omega_{\bar{N}}+\Sigma\frac{\alpha\Delta t}{h}\omega_{\bar{M}};$$

当桁架只有制造误差引起的位移时，

$$\Delta_{k\Delta}=\Sigma\bar{N}\Delta l。$$

当结构只有支座位移时，

$$\Delta_{KC}=-\Sigma\bar{R}C。$$

上述公式中，N、M、Q 和 N_P、M_P、Q_P 分别为虚单位力和实际荷载所引起的内力；EA、EI、GA 分别为杆件的拉伸刚度、抗弯刚度和抗剪刚度；k 为与截面形状有关的系数；α 为材料的线膨胀系数；$\omega_{\bar{N}}$、$\omega_{\bar{M}}$ 分别为 $\bar{N}$ 图和 $\bar{M}$ 图的面积；t_0 为形心轴处的温度值；Δt 为杆件两侧的温度差；Δl 为杆件的制造误差；h 为截面高度；l 为杆件长度；$\bar{R}$ 为支座反力，C 为与支座反力相应的位移量。

（何放龙）

位移间断法　displacement discontinuity method

边界积分方程间接法的一种。对于弹性静力问题,特别是裂纹问题,假设在假想的无限域中沿 Ω 域的边界 Γ,特别是裂纹边界,在一系列长度为 $2a$ 的直线段处有虚设的位移间断:被拉开 dy,错动 dx,使其产生的位移场和应力场配点满足原问题的边界条件,由此建立边界积分方程。此法对于弹性裂纹问题比较有效。 (姚振汉)

位移解法 displacement method

又称拉梅-纳维方程,以位移分量作为基本未知函数求解弹性力学问题的一种基本方法。利用广义胡克定律和几何方程,得到以位移分量表示的平衡微分方程若采用笛卡尔坐标系为

$$(\lambda+G)\frac{\partial\theta}{\partial x}+G\Delta u+f_x=0 \qquad \left(=\rho\frac{\partial^2 u}{\partial t^2}\right)$$

$$(\lambda+G)\frac{\partial\theta}{\partial y}+G\Delta v+f_y=0 \qquad \left(=\rho\frac{\partial^2 v}{\partial t^2}\right)$$

$$(\lambda+G)\frac{\partial\theta}{\partial z}+G\Delta w+f_z=0 \qquad \left(=\rho\frac{\partial^2 w}{\partial t^2}\right)$$

式中 u、v、w 为位移分量,$\theta=\frac{\partial u}{\partial x}+\frac{\partial v}{\partial y}+\frac{\partial w}{\partial z}$;$\Delta$ 是拉普拉斯算符,即 $\Delta=\frac{\partial^2}{\partial x^2}+\frac{\partial^2}{\partial y^2}+\frac{\partial^2}{\partial z^2}$;$f_x,f_y,f_z$ 是体力分量;λ,G 是拉梅系数。若物体处于运动状态,则上式右边应取括号内的项,其中 p 为材料的密度。若物体表面处给定面力的边界条件,则应将应力边界条件用位移分量表示。在求得满足拉梅-纳维方程及给定边界条件的位移分量后,可由几何方程和广义胡克定律求得应变分量与应力分量。

(刘信声)

位移可行域 feasible region in displacement space

又称位移可用域。位移空间(以结构的结点位移作座标轴所张成的空间)中对结构来说是可以实现的位移状态的全体。该可行域中每一点代表结构的一种可能的位移状态,与它对应的设计方案应满足规定的位移约束、应力约束和截面尺寸的界限约束。 (汪树玉)

位移影响线 influence line of displacement

当一个方向不变的单位集中力($P=1$)沿结构移动时,表示某一截面的位移变化规律的图形。根据位移互等定理,结构上某一截面 K 的位移 δ_K 影响线,与在截面 K 处作用一相应单位荷载时结构的位移图完全相同,而后者可用弹性荷载法或其他方法作出。通常即利用上述办法绘出位移影响线。

(何放龙)

位移元 displacement based element

用假设的位移函数表示位移场,并以结点位移为基本未知参数的单元。为有限元法中应用最广的单元。可以采用卡氏坐标、广义坐标、曲线坐标或自然坐标系,根据单元自由度选取符合收敛准则要求的幂级数多项式作单元位移函数。以单元结点位移为基本参数时,单元的位移场表达为形函数矩阵与结点位移向量乘积的形式。根据相邻单元间公共边界上位移(及其导数)协调的情况,它又可分为协调元、非协调元和过协调元。协调元和过协调元的刚度矩阵可由最小势能原理或虚位移原理推导。

(支秉琛)

位移元的单调收敛性 monotonic convergence of displacement based element

使用协调元分析问题时解的收敛性质。加密计算模型的网格划分,缩小单元尺寸可以使求得的近似解单调地逼近问题的精确解。 (支秉琛)

位移元的广义坐标 generalized coordinates of displacement based element

单元位移插值多项式中的参数。其个数必须与单元自由度相等才能被唯一确定。一般可表示为单元结点位移的线性组合。以广义坐标为基础推导有限元矩阵的方法称为广义坐标的有限元法。

(杜守军)

位移元的收敛准则 convergence criteria of displacement based element

为保证加密网格划分时有限元分析的结果向正确解收敛,单元位移函数应当满足的条件。准则1:位移函数应包含完备的刚体位移模式;准则2:位移函数应包含完备的常应变位移模式;准则3:单元位移函数应使在单元之间界面处的单元应变为有限值,保证单元之间的位移协调性。以上准则是位移元的强收敛准则。位移函数符合上述准则的单元称协调元。使用协调元分析问题时,其解答是单调收敛的。准则3还可换成较弱的形式,如满足小片检验条件和广义协调条件。 (支秉琛)

位移约束 deflective constraints

优化设计中对结构刚度所提出的条件。是性态约束的一种,属于针对结构的整体性约束。一般表达为结构上某点在某个方向的位移不能超过容许位移。 (杨德铨)

位移杂交元 displacement hybrid element

用假设的位移函数表示位移场,用假设的应力函数表示单元边界力的一种双变量单元。有两种表现形式:① 用假设的位移函数和位移参数表示位移场,用边界结点处的应力参数表示单元边界力;② 用假设的位移函数和位移参数表示单元内部位移场,用边界结点处的位移参数表示单元边界位移,用假设的应力函数和应力参数表示单元边界力。

(包世华)

位置矢 position vector

又称矢径。描述动点在空间的位置的矢量。设动点在空间作曲线运动,从任选的固定点 O 向该动点在某一瞬时的位置 M 引一矢量 $\boldsymbol{r}=\overline{\boldsymbol{OM}}$,它就完全确定了动点此时的空间位置。用这种方法表示动点的位置,便于对点的运动进行理论分析,可使其速度、加速度的表达具有简洁形式。 (何祥铁)

位置水头 elevation head

又称单位位能。单位重量液体的位置势能。流体质点相对于某一基准面以上的位置高度。 (叶镇国)

魏锡克极限承载力公式 Vesic's ultimate bearing capacity formula

由 A.S.魏锡克于20世纪70年代提出的地基极限承载力公式。在普朗德尔承载力理论基础上,考虑了土自重,得到条形基础在中心荷载下的基本公式为

$$q_f = cN_c s_c + qN_q s_q + \frac{1}{2}\gamma B N_\gamma s_\gamma$$

其中

$$N_q = e^{\pi \mathrm{tg}\varphi}\mathrm{tg}^2\left(45^\circ + \frac{\varphi}{2}\right)$$

$$N_c = (N_q - 1)\mathrm{ctg}\varphi$$

$$N_\gamma = 2(N_q + 1)\mathrm{tg}\varphi$$

上列各式中 q_f 为地基极限承载力;N_c、N_q、N_γ 为承载力系数;c、φ 分别为土的粘聚力和内摩擦角;$q=\gamma D$ 为基础两侧土的超载;γ 为土的重度;D 为基础的埋置深度;B 为基础的宽度;s_c、s_q、s_γ 为基础形状系数,分别由以下各式确定

矩形基础

$$s_c = 1 + \frac{B}{L}\cdot\frac{N_q}{N_c}$$

$$s_q = 1 + \frac{B}{L}\mathrm{tg}\varphi$$

$$s_\gamma = 1 - 0.4\frac{B}{L}$$

方形和圆形基础

$$s_c = 1 + \frac{N_q}{N_c}$$

$$s_q = 1 + \mathrm{tg}\varphi$$

$$s_\gamma = 0.60$$

上列各式中 L 为基础的长边。并考虑了超载土的抗剪强度、荷载倾斜和偏心、基底倾斜、地面倾斜等因素对地基极限承载力的影响。魏锡克还提出可以判别地基三种剪切破坏型式的刚度指标和临界刚度指标,在地基极限承载力公式中列入压缩影响系数,以考虑局部剪切破坏或冲剪破坏时土压缩变形的影响。 (张季容)

wen

温度边界层的模拟 temperature boundary layer simulation

在大气边界层风洞中用来形成温度分层的方法。某些风工程研究项目中(如大气污染扩散等问题)不仅要求风洞流场能模拟大气边界层内的流动,而且还要求模拟温度层结即大气的温度边界层。目前常用的有自然形成法和人工形成法两种。 (施宗城)

温度补偿片 temperature complement gauge

为消除电阻应变计的热输出对量测结果的影响,接入量测电路中的电阻应变计。用与工作电阻应变计同一型号规格的电阻应变计安装在与试件材料相同,处于同一温度场但不受力的块体上。接入与工作应变计相邻的桥臂上。 (王娴明)

温度扩散率 thermal diffusivity

又称温度传导率。为热导率(λ)与密度(ρ)和比热(c)之比,即 $\lambda/(\rho\cdot c)$。是表征物质热传导性能的物理参数。 (王志刚)

温度漂移 thermal zero drift

温度每变化1℃时,传感器零点输出的变化值。以零点输出的变化值与满量程输出之比的百分率表示:%F.S/10K。 (王娴明)

温度谱 temperature spectrum

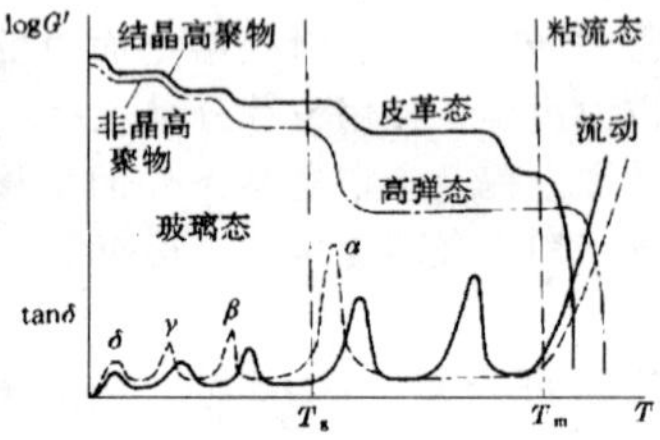

在恒定频率的交变应力作用下,高聚物对数实数模量 $\log E'$ 或对数实数切模量 $\log G'$ 和力学损耗角正切 $\tan\delta$ 随温度的变化图谱。α 内耗峰对应链段位移的冻结或解冻。β、γ、δ 内耗峰对应不同的次级松弛。高于玻璃化转变温度的内耗峰对应于晶体内分子链运动的冻结或解冻。这种温度谱可以帮助解析高分子固体的精细结构。 (周 啸)

温度自补偿式电阻应变计 self-temperature-compensating resistance strain gauge

自身具有温度补偿功能,不需在量测电路中接入温度补偿片的电阻应变计。其敏感栅材料经选择、组合和处理,使其电阻温度系数和线膨胀系数调整到满足

$$\beta_s = \beta_g - \frac{\alpha}{k}$$

式中 β_s、β_g、α、k 分别为试件和敏感栅的膨胀系数、敏感栅材料的电阻温度系数和常温下电阻应变计的灵敏系数。一种温度自补偿电阻应变计仅适用于某一种线膨胀系数的试验材料。其热输出系数一般可

低达(0.5～1)$\mu\varepsilon$/℃。（王娴明）

文克尔地基模型 Winkler foundation model

文克尔（Winkler）于1867年建立的地基模型。假设地基表面任一点的压力强度与该点的沉降成正比，即

$$p = ks$$

式中 p 为地基表面某点单位面积上的压力；s 为相应点的竖向位移；k 为地基反力系数，又称基床系数。实质上是把地基看成许多互不联系竖向布置的弹簧，弹簧的刚度即为基床系数 k。（龚晓南）

文丘里流量计 Venturi flow-meter

利用渐缩管、喉管和渐扩管三部分组成的节流管测量流量的装置。将其连结在主管中，当主管流体通过时，由于喉管断面缩小，流速增加压力降低，利用比压计测定压强水头的变化 Δh，即可算出流量

$$Q = \mu k\sqrt{\Delta h}$$

$$k = \frac{\pi \cdot d_2^2}{4\sqrt{1-\left(\frac{d_2}{d_1}\right)^4}}\sqrt{2g\left(\frac{\gamma' - \gamma}{\gamma}\right)}$$

式中 μ 为流量系数（约为0.98）；γ' 为比压计中液体重度；γ 为管道中流体的重度；d_1 为主管直径；d_2 为喉管直径；Δh 为比压计读数。它是节流式流量计中水头损失最小的一种。

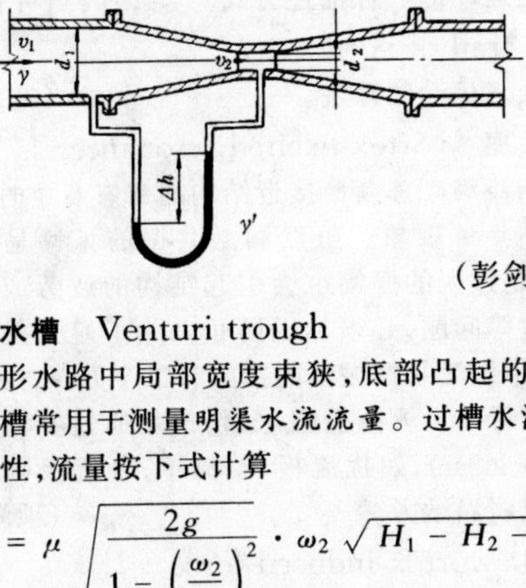

（彭剑辉）

文丘里水槽 Venturi trough

矩形水路中局部宽度束狭，底部凸起的水槽。这种水槽常用于测量明渠水流流量。过槽水流具有堰流特性，流量按下式计算

$$Q = \mu\sqrt{\frac{2g}{1-\left(\frac{\omega_2}{\omega_1}\right)^2}} \cdot \omega_2\sqrt{H_1 - H_2 - t}$$

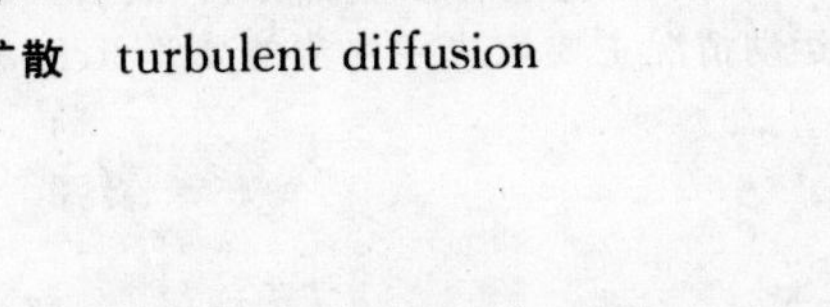

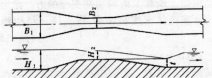

式中 μ 为流量系数，由实验确定；ω_1、ω_2 分别为量水槽前断面和槽中过水断面面积；H_1、H_2 为相应于 ω_1、ω_2 处的水头；t 为凸起处高度。（彭剑辉）

紊动扩散 turbulent diffusion

流体脉动流速产生的扩散现象。这种现象只在紊流中存在。它是流体扩散的物理原因之一。

（叶镇国）

紊动射流 turbulent jets

流体从管嘴或孔口内以一定流速喷射出来的自由紊流。这种流动既不同于管内流动，也不同于绕流，它是与四周速度不同的流体在流动中的混合过程。（叶镇国）

紊流 turbulent flow

见湍流(359页)。

紊流扩散 turbulent diffusion

流体中的物质或其本身属性因流体微团紊动向另一部分流体传递的现象。扩散量可以是标量，如盐分或污染物、泥沙浓度、能量、热量或温度等，也可以是矢量，如动量等。流体中所含物质及其本身的属性（如热量、动量、动能等）统称扩散质。挟沙水流中的悬移质运动，热电站和核电站排出的热水污染河流湖泊，排出的烟尘或废气污染空气等都是环境工程及化学工程中的有关扩散问题的重要课题。就扩散的原因说，有分子扩散，对流扩散和紊动扩散三种。分析扩散问题，一般假定扩散质不影响原来的流动规律，扩散质的扩散主要是由于带有扩散质的流体质点位置变化的结果。在分析方法上，一般采用欧拉（Euler）描述法。（叶镇国）

紊流模型 turbulent model

工程实际中为求解时均紊流，用各种方法封闭雷诺方程所作的假设。有的采用代数关系（如混合长度假设、涡粘性假设）以确定雷诺应力与时均流速的关系；也有的提出微分方程来解决雷诺应力，且随着微分方程个数的多少，分别有一方程、二方程模型，随着引入紊动能 k 与能耗散 ε 的方程，而有 k－ε 模型、雷诺应力模型等。近年来，紊流模型在解实际紊流问题中起了积极作用，但由于紊流现象的复杂性，这些紊流模型尚远未完善。（郑邦民）

稳定方程 stability equation

在第一类失稳问题中，由中性平衡微分方程的一般解并利用体系的边界条件导出的用以确定临界荷载的特征方程。它可用行列式表示，也可为展开形式。有限自由度体系的稳定方程为关于荷载 P 的高次代数方程；而无限自由度体系的稳定方程则一般为以荷载 P 为未知数的超越方程，通常需采用试算法求解。其中的最小根即为所求的临界荷载。

（罗汉泉）

稳定分析的伽辽金法 Galerkin method for stability analysis

应用于结构稳定分析的一种加权余量法。基本作法是：设体系的中性平衡微分方程可表示为 L

$(u)=0$,这里 $L(\ \ )$为微分算子;假设位移函数 $\bar{u}=\sum_{i=1}^{n}a_i\bar{u}_i$,这里 a_i 是待定系数,$\bar{u}_i$ 为同时满足几何边界条件和静力边界条件的已知函数;将 $\bar{u}$ 代入下式

$$\int L(\bar{u})\bar{u}_i \mathrm{d}v=0$$

得到包含 n 个参数 a_i 的齐次代数方程组;由 a_i 不全等于零的条件导得稳定方程;据之可求出临界荷载及相应的失稳形状。此法不用写出总势能表达式,凡是能直接列出中性平衡微分方程的结构稳定问题,均可用此法求解。 (包世华 罗汉泉)

稳定分析的有限元法 finite element method for stability analysis

在结构稳定分析中将结构进行离散化的一种数值解法。基本计算过程与静力分析相似,参见有限元法。不同的是:①在单元分析中,要考虑非线性的应变-位移关系,从而刚度矩阵由两部分组成:一部分是与静力分析相同的刚度矩阵,附加部分叫几何刚度矩阵。②在整(或总)体分析中,求解的是整体方程的失稳临界荷载与失稳形态,即特征值和特征向量问题。复杂结构的稳定问题,常规方法不易求解,用有限元法求数值解能得到满意的结果。

(包世华)

稳定平衡 stable equilibrium

物体、潜体或浮体平衡受干扰后可恢复原有状态的一种特性。以中心压杆为例,其初始的平衡状态为直线形式,当所受压力低于一定数值(临界值)时,直线形式是唯一的平衡形式,即在任意微小干扰下的弯曲形式必能恢复原状,则称压杆的直线形式为稳定平衡。当压力增加超过临界值时,杆件将呈现弯曲形式,而初始的直线形式则为不稳定平衡。

(吴明德 叶镇国)

稳定约束 buckling or stability constraints

优化设计中对结构的欧拉(Euler)屈曲和局部屈曲以及滑动失稳或倾覆失稳等破坏模式所提出的限制。是性态约束的一种。 (杨德铨)

稳定折减系数 reduced factor of buckling

构件的实用计算中考虑压杆(柱)的失稳特性采取对材料强度的折减所引入的系数,记为 φ。其值取决于材料力学性能及压杆的长细比。为了简化稳定计算,稳定条件可写成

$$\sigma=\frac{N}{A}\leqslant\varphi\ [\sigma]。$$

式中 N 为压杆所承受压力;A 为横截面面积;φ 为稳定折减系数;$[\sigma]$为材料的许用应力。

(吴明德)

稳态模量 steady state modulus

又称渐近模量(asymptotic modulus)。或平衡模量。松弛模量 $Y(t)$当时间趋于无穷时的取值 $Y(\infty)$,单位应变作用下的应力稳态值。 (杨挺青)

稳态受迫振动 steady state of forced vibration

见受迫振动(315 页)。

稳态响应 steady-state response

系统在激励的持续作用下所进行的不衰减的等幅振动。在理论力学里,通常是指系统对简谐干扰力和一般周期性干扰力的响应,前者是频率等于干扰力频率的简谐振动;后者是无穷多个不同频率的简谐振动的叠加。 (宋福磐)

wo

涡的诱导流速 induced velocity of vortex

元涡外部的流体因旋涡造成的流速。在元涡外部的流速可用下式表示

$$u=\frac{\Gamma}{2\pi r}$$

式中 Γ 为速度环量;r 为流速对旋转轴线的距离。这表明,在元涡外部,诱导流速与速度环量成正比,与流速对轴线的距离成反比。 (叶镇国)

涡管 vortex tube

同一时刻无数涡线所组成的管状封闭面。它是对涡旋运动的一种描述方式。 (叶镇国)

涡迹 trail of vortex

旋涡运动的踪迹。 (施宗城)

涡激共振 vortex-excited resonance

当旋涡脱落频率接近结构的固有频率时所激起的一种共振现象。虽然涡激共振的振幅是有限度的,但是过大的振幅也会引起结构的疲劳或出现人感不适等问题,必须加以防止。除了避开共振区以外,减小涡激共振振幅的措施有二个方面,一是增加结构阻尼或设置减振阻尼器;二是通过各种消涡器(vortex killer),如扰流板,整流罩,分流板等装置破坏或减弱涡激力。 (项海帆)

涡激力 vortex-induced force

当旋涡交替地从钝体工程结构的每侧脱落时,在该结构物上所激发的周期性变化的力。此力的量值正比于来流的密度和速度,以及绕该结构物上的环量。 (施宗城)

涡街 vortex street

又称卡门涡街。尾流中不断交替产生的两列旋涡。1911~1912 年,美籍匈牙利力学家,近代力学奠基人之一卡门(T. Von Kármán)通过研究后在理论上对这种旋涡运动作了精辟分析,故名。这种旋涡的运动情况主要取决于水流的雷诺数 Re。例如

在无限长圆柱体绕流中，Re＜0.5 时，呈无涡流动，Re＝2～30 时，尾流部形成对称于尾流轴线且方向相反位置固定的两列旋涡，经一定距离后，主流流线又会合二而一，当 Re＞90 时，则成涡街，并可形成对物体的周期性作用，柱体后面需要一相当长的距离，旋涡才会逐渐衰减消失。当 Re＝50～300 时，旋涡呈周期性的从物体上脱落，Re＞300 时，旋涡开始出现随机性脱落，Re≈2 000～5 000 时，即形成湍流。

（叶镇国　刘尚培）

涡量　vorticity

见旋度(400 页)。

涡流探测　eddy-current inspection

利用金属材料的电涡流随材料的内部缺陷发生变化这一原理探测试件内部缺陷的非破损探测方法。电涡流的变化由一与之耦合的感应线圈的输出电压变化加以反映。可检测出小的损伤，特别适用于几何形状复杂的试件。（王娴明）

涡轮流量计　turbine flow-meter

由涡轮流量变送器和显示仪表组成的流量计。涡轮流量变送器由不锈钢制成，安装在需要测量的管道上，当流体经变送器时，它的叶轮随之旋转，并引起变换器中磁路的磁阻变化而产生电脉冲讯号。液流的流量(或流速)愈大，叶轮转动越快，脉冲数或脉冲频率就愈大。在一定范围内，流量和脉冲频率成正比，这个比值就是仪表常数。转换器输出的电脉冲讯号经前置放大器放大后，即可直接以数字显示流速和流量。该流量计结构简单，测量精度高，反应快，耐高压，测量范围大。因输出为电讯号，适宜远距离测量。但测量段流体的能量损失较大。

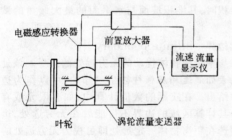

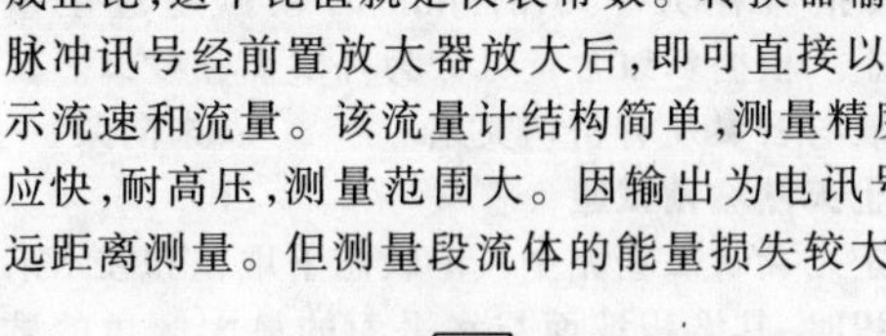

（彭剑辉）

涡黏性系数　eddy viscosity coefficient

又称湍流黏性系数。湍流中雷诺应力与平均运动的变形速率间的比例系数。湍流的雷诺应力在雷诺方程中是新未知项，必须引进关于雷诺应力的湍流模型，才能使方程组封闭。为此，1877 年布森涅斯克(J.V.Boussinesq 1842～1929)假设湍流雷诺应力正比于流动的平均变形速率。在二维纯剪切流情形，有

$$\tau_{xy} = -\rho\overline{u'_x u'_y} = \rho\varepsilon_\tau\frac{\partial\bar{u}}{\partial y}$$

式中 τ_{xy} 为湍流剪切应力；ρ 为流体密度；$\overline{u'_x u'_y}$ 为两个脉动速度分量乘积的时间平均值；$\bar{u}_x$ 为 x 方向的时均流速；ε_τ 为涡黏性系数，具有量纲 $[M][L]^{-1}[T]^{-1}$（$[M]$、$[L]$、$[T]$ 分别为质量、长度和时间量纲），它在数值上比分子黏性系数大好几个量级，不能单由流体物性决定，且随具体的湍流流动和地点而变，一般不能取为常数。作实际计算时，还要对 ε 作进一步假定。若推广到三维情形，上式可写成

$$\tau_{ij} = \varepsilon\left(\frac{\partial\bar{u}_i}{\partial x_j} + \frac{\partial\bar{u}_j}{\partial x_i}\right) - \frac{2}{3}\rho K\delta_{ij}$$

$$K = \frac{1}{2}\overline{u'_i u'_j},\ \delta_{ij} = \begin{cases}1, & i = j\\ 0, & i \neq j\end{cases}$$

（叶镇国）

涡强　vortex intensity

又称涡通量。某横断面积上的总涡量。对于元涡，其值可按下式计算

$$dI = \vec{\Omega}\cdot\vec{n}\,dA = 2\vec{\omega}\cdot\vec{n}\,dA = \Omega\cos(\vec{\Omega},\vec{n})dA$$

$$I = \int_A\vec{\Omega}\cdot\vec{n}\,dA = \int_A\Omega\cos(\vec{\Omega},\vec{n})dA$$

式中 I 为涡强；Ω 为涡量(即旋度)；ω 为流体微团旋转角速度；A 为涡旋横断面积(垂直于 $\vec{\omega}$)；n 为元涡横断面积 dA 的外法向的单位矢量。

（叶镇国　施宗城）

涡线　vortex line

在有旋流动中用以描述瞬时各点角转速方向的曲线。在同一时刻，处在涡线上所有各流体质点的角速度方向都与各该点的切线方向重合。涡线的作法与流线类似，即为各点角速度矢量相切的曲线。与流线类比可得涡线方程为

$$\frac{dx}{\omega_x} = \frac{dy}{\omega_y} = \frac{dz}{\omega_z}$$

式中 ω_x、ω_y、ω_z 为笛卡尔坐标中角速度沿三坐标轴的分量。（叶镇国）

涡致振动　vortex-induced vibration

由旋涡脱落时的周期性空气作用力所引起的结构振动现象。当气流绕过一非流线形截面的钝体时，在截面后部尾流中的流速将出现周期性的交替变化，与此相应，截面上将由于旋涡的交替脱落而受到周期性的空气力——涡激力的作用，并由此引起结构的振动。最典型的涡致振动是圆截面的琴弦在空气绕流时产生的卡门涡街并由此激起的风琴振动。一般的非圆形截面钝体在一定的风速范围内也都存在着规则的周期性旋涡脱落以及由此引起的涡致振动。涡致振动是发生在某个风速范围、且振幅有限度的强迫振动，而不像其他自激振动，如颤振和

驰振那样，是一种发散振动。（项海帆）

wu

无侧限抗压强度 unconfined compression strength

土试样在无侧向压力条件下抵抗轴向压力的极限强度。常用 q_u 表示，由无侧限抗压强度试验测定，对于饱和粘性土，与不排水抗剪强度 c_u 之间关系为 $c_u=\frac{1}{2}q_u$。（张季容）

无侧限抗压强度试验 unconfined compression strength test

将切成圆柱体的饱和粘性土试样，在侧向压力为零条件下，以等轴向变形方式施加轴向压力，直至试样破坏的试验。此时试样的侧向小主应力为零，而垂直向大主应力之极值即为无侧限抗压强度。是周围压力为零的三轴不固结不排水三轴压缩试验的一个特例。还可测定土的灵敏度。（李明逵）

无侧移刚架 rigid frame without sidesway

在荷载作用下，当忽略各杆件的轴向变形时，其上诸结点均无线位移的刚架。多采用力矩分配法进行计算。对于刚结点较多的多跨多层无侧移刚架，则可采用卡尼迭代法或力矩集体分配法。

（罗汉泉）

无滑移边界条件 no-slip boundary condition

当固体壁面不可渗透时，粘性流体质点将粘附于固体壁面，使二者不产生滑移的边界条件。对于静止的固体壁面，显然壁面上的粘性流体质点的法向、切向速度均应为零。这就是所谓的粘性流体在固壁上的速度无滑移条件。理想流体的法向速度为零，固壁上的切向速度可以不为零，流体可以滑移。

（王　烽）

无剪力分配法 zero -shear distribution method

无剪力力矩分配法之简称。适用于解算有侧移的半刚架(由承受反对称荷载作用的单跨对称刚架所取出的半刚架)的一种渐近法。它的计算要点和计算步骤与力矩分配法类似，只是其中剪力静定柱的转动刚度、传递系数和固端弯矩需按相应公式求得。此方法由于在消除结点不平衡力矩、进行力矩分配的过程中，各柱均不产生新的剪力而得名，它特别适宜于分析单跨多层对称刚架受风荷载等水平力作用的情况，也可推广应用于计算符合倍数关系的多跨多层刚架。当将它与力矩分配法联合应用时，也可用于计算不符合倍数关系的一般多跨多层刚架。（罗汉泉）

无铰拱 hingeless arch

具有连续拱圈且两端嵌固的拱。为三次超静定结构。对称无铰拱常采用弹性中心法计算。因其弯矩分布较均匀合理，构造简单，能承受较大荷载和跨越较大空间，在土木工程中得到广泛应用。但当其支座发生位移时，将引起较大的附加内力。

（何放龙）

无结点自由度 nodeless degrees of freedom

具有相同几何形状的单元采用不同方法构造形函数时为使自由度相同而附加的参变量。这种参变量不对应任何结点，其导出量也无具体物理意义。在二次或高次揣测族元中补充不完全展开式所必须的形函数时，引入这种无结点变量最为方便。

（杜守军）

无拉分析法 no tension analysis method

对于抗拉强度极低受拉即发生破坏的岩土类材料的有限单元分析法。在分析中，假定在受拉破坏前属于线弹性分析，当在任一点的任一方向的拉应力超过岩石的抗拉强度时，岩石将被拉裂而在该方向的拉应力转化为零，采用消除应力的方法。在消除拉应力的过程中应力将重新分配，此时属于典型的非线性理论的分析方法。（徐文焕）

无黏性土 cohesionless soil

无侧限时，经空气干燥或浸入水中后几乎无强度、无黏性的土。按《建筑地基基础设计规范》(GBJ7)，指粒径大于 0.075mm 的颗粒超过全重 50%的土。根据粒组含量可分为碎石土和砂土。其工程性质与密实度有密切关系。（朱向荣）

无黏性土天然坡角试验

测定无黏性土在完全风干状态下堆积和在水下状态堆积时，其堆积坡面与水平面的最大倾角的试验。（李明逵）

无穷远边界 infinite boundary

流场中未受物体扰动的无穷远处的边界。该处运动要素如流速和压强往往是已知的，可以作为边界条件给出。在实际的数值计算中，如有限元或有限差分其计算区域的边界不可能取在无穷远处，边界范围选在距离物体一定远处即可视为无穷远处的边界。通常圆柱绕流或波浪力计算，边界范围选在大于 5 倍的直径的上游，即可视为与无穷远的边界条件一致。（郑邦民）

无条件变分问题

见泛函的无条件极值问题(89 页)。

无限小角位移合成定理 theorem of composition of infinitesimal angular displacements

表明无限小角位移合成与分解规律的定理。表述为：刚体绕相交轴的两个无限小转动，可合成为绕通过该两轴交点的另一轴的无限小转动，合转动的角位移矢量等于该两个分转动角位移矢的矢量和。这一结论可推广到两个以上无限小转动的合成。有限角位移不是矢量,不适用本定理。 (何祥铁)

无限域问题的边界元法 boundary element method for infinite domain problem of elasticity

用边界元法解无限域问题。对于边界元法而言,有限域问题和无限域问题没有本质的差别。比如以同一边界线或边界面围成的内部有限域与外部无限域,边界积分方程在形式上是完全相同的,只是外法线单位矢量 $\underline{\boldsymbol{n}}$ 的方向相反:内部域的 $\boldsymbol{n}$ 向外,外部域的 $\underline{\boldsymbol{n}}$ 向内。 (姚振汉)

无限元 infinite element

又称无界元(infinite domain element)。部分边界延伸至无穷远处的单元。特点是,形函数向远方向呈衰减状,无穷远处衰减至零。用于分析无限域问题,能有效地解决边界效应,提高计算精度,节省计算时间。 (包世华、徐文焕)

无限元法 infinite element method

用某种特殊函数(如汉克尔函数)组成无限长子区域的半解析半数值解法。它是解无界区域中有限元法的一种推广,可代替有限元插值。 (郑邦民)

无限自由度体系 infinite degree of freedom system

具有无限多个振动自由度的体系。任何实际结构的质量都是连续分布的,可视为由无限多个位移相互独立的质点组成,严格来说都应属无限自由度体系。其运动方程为偏微分方程,除少数比较简单的情况可以直接从中求出解答外,大部分都难以计算。在实际计算时,根据所要求的计算精度和相应的工作量,一般将这类体系简化为多自由度体系进行分析。 (洪范文)

无旋波 irrotational wave

又称膨胀波、压缩波,旧称集散波,简称 P 波。不引起弹性介质各部分发生刚性转动的波场。弹性波的基本类型之一。它使弹性介质产生体积应变,一般表现为纵波。在弹性体内传播时,它的波速为

$$c_{\mathrm{d}}=\sqrt{\frac{\lambda+2\mu}{\rho}}$$

式中 ρ 为介质的密度;λ 和 μ 为拉梅系数。

(郭 平)

无旋流动 non-rotational flow

又称有势流动、势流、无涡流动。流场不形成微小质团转动的流动。必须满足的条件是其旋转角速度矢量为零,即

$$\vec{\omega}=\omega_x\vec{i}+\omega_y\vec{j}+\omega_z\vec{k}=0$$

或

$$\vec{\omega}=\omega_x=\omega_y=\omega_z=0$$

故有

$$\omega_x=\frac{1}{2}\left(\frac{\partial u_z}{\partial y}-\frac{\partial u_y}{\partial z}\right)=0,\text{即}\frac{\partial u_z}{\partial y}=\frac{\partial u_y}{\partial z},$$

$$\omega_y=\frac{1}{2}\left(\frac{\partial u_x}{\partial z}-\frac{\partial u_z}{\partial x}\right)=0,\text{即}\frac{\partial u_x}{\partial z}=\frac{\partial u_z}{\partial x},$$

$$\omega_z=\frac{1}{2}\left(\frac{\partial u_y}{\partial x}-\frac{\partial u_x}{\partial y}\right)=0,\text{即}\frac{\partial u_y}{\partial x}=\frac{\partial u_x}{\partial y}。$$

必须注意,流体流动是否为有旋流动,取决于流体微团本身是否旋转,若流体微团的轨迹虽为圆周运动,但微团本身并无旋转时,仍属无旋流动。

(叶镇国 郝中堂 屠大燕)

无压涵洞 open flow in culvert

全涵具有明渠水流特性的涵洞。这种涵洞的水面均低于洞顶并有局部水头损失。试验得出,无压涵洞的水力条件是(1)具有各式翼墙的进口:①断面为矩形或接近于矩形(箱涵)$\frac{H}{a}<1.15$;②断面为圆形或接近于圆形(圆涵)$\frac{H}{a}<1.10$。(2)无翼墙的进口:$\frac{H}{a}<1.25$。式中 H 为涵前水深;a 为矩形涵洞断面高度或圆形涵洞直径。一般情况下,进口附近的涵洞前端会出现收缩断面,其水深小于临界水深,呈急流状态,对于缓坡(包括平坡和逆坡)无压涵管,因洞长影响,可由远离水跃转变为淹没水跃并使全涵呈缓流现象,即使涵洞呈淹没泄流情况,泄水能力随之下降;当为陡坡或临界坡涵洞时,全涵均处于急流且无水跃现象,洞长对泄水能力无影响。无压涵洞的水力计算问题主要是:确定涵洞断面尺寸、计算涵洞泄水能力、确定涵前水深以及计算洞内的水面曲线。无压涵洞的出口下游水位应保持低于出口洞顶,否则将成为有压流。 (叶镇国)

无压流 non-pressure flow

具有自由表面,表面各点均为大气压强(相对压强为零)的水流。如明渠水流。无压渐变流的自由水面线即测管水头线。 (叶镇国)

无延性转变温度 nil ductility temperature

又称零塑性温度。试样开裂前没有塑性变形(实际上有少量塑性变形)的最高温度。记为 NDT。常采用落锤试验测得,为材料的冲击韧性指标之一。在设计中作为材料的最低使用温度。 (罗学富)

无源式传感器 nonenergy-transducer

又称参量式传感器。将非电物理量转换为电路参数(如电阻、电容、电感),工作时需接入辅助电源的传感器。如电阻应变式位移传感器,电容式引伸计等。 (王娴明)

无约束非线性规划 unconstrained nonlinear programming

研究不含约束条件的非线性目标函数极值问题

的数学规划分支。是非线性规划中较简单的部分。它不但用于解决无约束最优化问题,而且为求解约束非线性规划提供了必不可少的基础。求解方法可分为两类:一类是梯度型算法,另一类是直接法。对于连续可微问题,算法的效率前者一般优于后者。问题的数学表达参见优化设计数学模型(435 页),此时模型中 $m=0, l=0, f(\boldsymbol{x})$为非线性。

(刘国华)

无约束极小化 unconstrained minimization

见最优化和优化设计数学模型(480 页、435 页)。

无约束最优化 unconstrained optimization

见最优化和优化设计数学模型(480 页、435 页)。

五弯矩方程 five-moment equation

用力法计算弹性支座上的连续梁时,取支座弯矩为基本未知量而建立的力法典型方程,其中每一个方程最多包含五个未知的支座弯矩。对于各跨的长度、截面尺寸和各弹性支座的柔度系数 f 均相同的连续梁,其第 n 跨与第 $n+1$ 跨之间的支座 n 处的五弯矩方程为

$$\begin{aligned}&\beta M_{n-2}+(1-4\beta)M_{n-1}+(4+6\beta)M_n\\&\quad+(1-4\beta)M_{n+1}+\beta M_{n+2}\\&=-\frac{6B_n^{\varphi}}{l}-\frac{6A_{n+1}^{\varphi}}{l}\\&\quad-\beta(R_{n-1}^0-2R_n^0+R_{n+1}^0)l\end{aligned}$$

式中 M_i 表示支座 i 处截面的弯矩;$\beta=\frac{6EIf}{l^3}$,EI 为抗弯刚度,l 为跨度,$R_i{}^0$ 代表力法基本体系(n 个简支跨的静定梁)在荷载作用下支座 i 处的反力;B_n^{φ} 为将力法基本体系第 n 跨的荷载弯矩图面积当作简支梁的假想荷载时,在该跨右端所产生的虚反力,A_{n+1}^{φ}则为把第 $n+1$ 跨的荷载弯矩图面积当作假想荷载时在该跨左端产生的虚反力。当各跨的支座均为刚性支座时($f=0$),上式即成为三弯矩方程。

(罗汉泉)

物光 object beam

见全息照相(287 页)。

物理-化学流体动力学 physico-chemical hydrodynamics

研究流体流动对化学转化或物理转化的影响以及物理化学因素对流体流动的影响等有关问题的学科。这一名称为列维奇(B. G. Levich1917-1987)于 1952 年首先提出,此后 30 余年间,它逐渐发展为一门边缘学科,并与多相流体力学、化学反应工程及传递过程原理等学科有着密切联系并互相交叉。其研究对象一般是在有限空间内除压差外还涉及其他物理推动力(如浓度梯度、温度梯度、表面张力和电场力等)或化学推动力的流动体系,比传统的流体力学更具复杂性和广泛性。其研究内容有:①分散体系的流动(如气泡、液滴在另一连续介质中的运动及其破裂和聚并);②界面和毛细流动(如液体薄膜的流动、表面波、射流和雾化等);③流动体系中的热传递和质传递(如气流输送中的热传递和质传递);④有化学反应的流动(如均相和非均相燃烧、微观混合和宏观混合等);⑤电场中的流体运动(如电极动力学、电化腐蚀等)。本学科的特点是以流体的流动为核心,物理、化学因素的变化为依据,由于它兼具理科和工科的特色,因此成为化工、石油、能源、轻工、冶金、医药、生物化学和环境保护等部门以及研究自然界中许多重要过程的基础之一。

(叶镇国)

物理现象相似 similarity of physical phenomenon

一切对应物理量都维持固定比例关系的物理现象。两物理现象相似时,其各种物理场如运动场、力场、电场、热场(温度场)等各自必定存在固定的比例关系。在流体力学中主要是研究其运动场(流场)相似和力场相似问题即力学相似问题。 (李纪臣)

误差传播 propagation of random errors

确定间接测定值和间接测定值的误差的数学方法。包括两个内容①确定间接测定值:间接测定值的平均值(最可信赖值)为将直接测定值的平均值代入它们之间的函数关系所得之值:若 $y=F(x_1, x_2 \cdots x_n)$,则 $\bar{y}=F(\bar{x}_1, \bar{x}_2, \cdots \bar{x}_n)$式中 $y, x_1, \cdots x_n, \bar{y}, \bar{x}_1, \cdots \bar{y}_n$,分别为间接测定值、直接测定值及其相应的平均值②确定间接测定值的误差:函数的标准误差是其各自独立变数的标准误差与函数对它的偏导数乘积平方和的平方根:

$$\sigma_y=\sqrt{\left(\frac{\partial F}{\partial x_1}\right)^2\sigma_{x_1}^2+\left(\frac{\partial F}{\partial x_l}\right)^2\sigma_{x_2}^2+\cdots\left(\frac{\partial F}{\partial x_n}\right)^2\sigma_{x_n}^2}$$

(李纪臣)

误差合成 error composite

对测量中存在的各类误差的合成计算。测量值可能同时含有多个系统误差和随机误差,为了获得测量值的总误差以便确定测量的准确度,必须对各类误差进行合成计算。不同类型的误差有不同的合成方法,同类误差由于分布规律不同,其合成方法也不同,需要根据误差理论中的有关规则进行正确的合成计算。 (李纪臣)

X

xi

西奥多森函数 Theodorson function

由 T. Theodorson 提出的,确定作用于在直均流中作垂直振动和扭转摆动的二维无限薄平板上气动力的一种方法中的复函数,以 $c(k)$ 表示。其方程是针对同时存在的具有固定振幅的垂直和扭转振动所形成的绕平衡位置的小和谐振摆推导出来的。该方程只适用于由稳定过渡到非稳定运动的狭窄范围。故所导得的气动力表达式可以解决自激振动问题,用来确定临界风速以及在此风速下的运动特性。该气动力和力矩的表达式中第二项均包含有以折算频率 $k=\omega b/v$ 为自变量的复函数 $c(k)$,其中 v 为来流速度、b 为半桥宽、ω 为颤振频率。 (施宗城)

西奥多森数 Theodorson number

判断结构扭转发散振动的无量纲参数。对于采用非流线形截面的大多数桥梁截面,其颤振形态为分离流扭转颤振或以扭转为主的弯扭耦合颤振。造成扭转发散振动的主要原因是随着风速的增加,扭转气动阻尼由正值转变为负值。临界点的折算率就定义为西奥多森数,以 T_h 表示

$$T_h=\frac{n_T\cdot B}{v}$$

式中:n_T 为扭频,B 为桥宽。相应地,扭转颤振的近似临界风速为:

$$v_F=\frac{n_T\cdot B}{T_h}$$

吸力 wind suction

风流受障碍物影响,在背风面和侧面产生的负压。 (石 沅)

吸收边界 absorbed boundary

有物质量流入的边界。当边界有流量流入时,将带来质量、动量或热量的交换。方程中或边界条件中要给出吸入量,或给出透过边界物质量的某种系数,进行计算。 (郑邦民)

吸收系数 absorption coefficient

又称衰减系数。用来描述单位距离内因材料阻尼而使质点振幅衰减的程度。其值与土类型有关,并且随频率的增大而增大,但随质点在土层中深度的增大而减小。对于瑞利波,土的吸收系数约为 $0.04\sim0.12\text{m}^{-1}$。 (吴世明 陈龙珠)

吸水扬程 suction head

水泵的吸水高度与吸水管水头损失之和。其中吸水高度为水泵进口中心线至抽水面的高差,吸水管水力计算一般属于短管类,其允许吸水真空高度一般不超过 6～7m。吸水扬程是水泵扬程的一部分。 (叶镇国)

稀薄气体动力学 rarefied gas dynamics

研究密度很低且气体分子离散结构开始显现的气体流动规律的学科。上述条件下的气体称为稀薄气体,其稀薄程度常用克努曾(knudsen)数表示:

$$K_n=\frac{l}{L}$$

式中 K_n 为克努曾数;l 为气体分子平均自由程;L 为流场的特征长度(如飞船或卫星的线性尺度)。对于一般尺寸的物体和高程不大、在大气中通常碰到的都是 K_n 数极小的情况,对于稀薄气体,K_n 数远大于1。19 世纪末,J.C.麦克斯韦和 L.E.玻耳兹曼等人便已开始了对稀薄气体流动特性的研究;20 世纪中叶,主要的研究内容是稀薄气体对物体的绕流问题,分析流动规律及流动同物体的相互作用,这种研究对卫星、载人飞船或航天飞机的发展起着重要的作用;近年来,在气溶胶性状、近壁面流动、气－面间相互作用、冷凝过程以及高真空下分子碰撞引起的物理化学反应等方面均有较大的发展。 (叶镇国)

稀疏矩阵 sparse matrix

存在大量零元素只有少量非零元素的矩阵。大型结构的整体刚度矩阵一般为带状的稀疏矩阵。非零元素集中在矩阵主对角线附近的区域内,结点数愈多,稀疏性愈突出。这是由整体刚度系数的性质决定的。对于结点 i,只有其本身以及连结在 i 点的各个单元的结点(称为相关结点)发生单位位移时,才在结点 i 产生结点力,相应的刚度系数一般为非零值;而其余结点发生单位位移均不会使结点 i 产生结点力,相应的刚度系数为零。整体刚度矩阵的稀疏性质为节省计算机的存贮容量和简化整体刚度方程的求解提供了方便。 (夏亨熹)

系统误差 systematic error

又称确定性误差。大小和符号按一定规律变化的误差。它由固定或有规律的影响因素造成。具体可以分为不变的、线性变化的、周期性变化和按复杂

规律变化的四类。根据人们对系统误差的各种规律掌握程度不同又可分为已定系统误差(规律掌握得较好)和未定系统误差(规律掌握得不好或尚未掌握)两类。系统误差表征测量结果偏离真值的程度,在误差理论中,用正确度表述这一影响程度。它与正确度成反比关系,即系统误差大,正确度低;反之,正确度高。（李纪臣）

细长体理论 slender-body theory

研究气体流过细长物体的一种近似理论。气体流过任意物体时,线性化的运动方程为

$$(1-\mathrm{Ma}_{\infty}^{2})\frac{\partial^{2}\varphi}{\partial x^{2}}+\frac{\partial^{2}\varphi}{\partial y^{2}}+\frac{\partial^{2}\varphi}{\partial z^{2}}=0,$$

式中 Ma_{∞} 为自由流马赫数,φ 为扰动流速势;x、y、z 为笛卡尔坐标。对于复杂外形的物体绕流,上式仍难求解;但对于细长体,可略去第一项,上式化为

$$\frac{\partial^{2}\varphi}{\partial y^{2}}+\frac{\partial^{2}\varphi}{\partial z^{2}}=0$$

此式可用保角变换法求解。按此理论,细长物体的举力系数取决于横向流而与 Ma_{∞} 无关,由此近似理论可估算出举力。若展弦比愈小,物体愈细长,其结果愈精确。（叶镇国）

细砂 fine sand

粒径大于 0.25mm 的颗粒含量不超过全重 50%、粒径大于 0.075mm 的颗粒含量超过全重 85%的土。饱和、松散的细砂在地震或其他动力荷载作用下易产生液化。（朱向荣）

xia

下风 downwind

流过障碍物后的风流。来流的特性参数会因受到障碍物影响而改变。（石　沅）

下降方向 descent direction

从设计空间内一个点出发并指向使目标函数值下降的方向。是一个向量,它与目标函数梯度的夹角大于90°。每一个点上的下降方向有无数个,下降算法的每一步都要从中选择一个较适当的方向。一般地说,下降方向依附于出发点而具有局部性,优化过程中要不断地更迭。（杨德铨）

下降算法 descent algorithm

求解目标函数极小化问题所采用的逐步寻求目标函数下降点直至极小点的一种迭代算法。它的基本思想是选出极小点的一个近似估计作为初始点,由此沿其下降方向(对于无约束极小化问题)或可行的下降方向(对于约束极小化问题)进行一维搜索求得一个新点,用收敛准则或终止准则检验新点是否为极小点;若否,则由新点出发重复上述步骤,直至极小点。对于约束极小化问题,一般还要求各个新点都具有可行性。下降算法的种类很多,它们之间的差异主要在于选择下降方向的方法不一样。由于目标函数极大化问题可以方便地转化为极小化问题,因而下降算法的思想是各种优化算法的根本思路。（杨德铨）

下孔试验 down-hole test

又称速度检层法试验。一种现场测定土层波速的试验。先在地层中钻一垂直孔,在孔口附近激振,孔内某深度 z 处检波器测得波传播历时为 t,则波速为 $\mathrm{d}z/\mathrm{d}t$。为便于压缩波和剪切波波型识别,可分别用垂直激振和水平激振。（吴世明　陈龙珠）

下临界雷诺数 lower critical Reynolds number

见临界雷诺数(221 页)。

下临界流速 lower critical velocity

见临界雷诺数(221 页)。

下洗 downwash

受机翼尾涡系的影响,自由流向下方偏转的现象。（叶镇国）

下限定理 lower bound theorem

又称静力定理、极大定理。是计算塑性极限荷载下限的依据。它指出:与任何选定的静力许可应力场平衡的静力许可系数 λ° 不大于塑性极限荷载系数 λ^{p},即 $\lambda^{\mathrm{p}}\geqslant\lambda^{\circ}$。用下限定理计算塑性极限荷载系数下限的方法称为静力法。对于给定的结构,如能找到所有可能的静力许可应力场,则与之平衡的静力许可系数中的最大者就是该结构的塑性极限荷载系数。（熊祝华　王晚姬）

xian

先处理法 pre-treatment method

在刚度集成的过程中,同时考虑结构的支承条件,以直接建立结构刚度矩阵和自由结点荷载向量的直接刚度法。它实施的方式是"元素搬家,对号入座",即先对各单元的单元刚度矩阵和由非结点荷载变换得到的等效荷载向量中的元素编写局部码,再根据该单元的定位向量进行换码,即可按照各元素对应的整体码,决定其进入结构刚度矩阵和自由结点荷载向量后的所在位置,而相应于整体码为零的元素则不进入。与后处理法相比本法所占用的计算机内存较少,便于处理结构有铰结点或不计轴向变形等不同情况,但运算中需依靠定位向量的帮助。（洪范文）

弦转角 chord rotation

当杆件两端发生垂直于杆轴方向的相对线位移 Δ_{ik} 时,两杆端连线(弦线)转动的角度。以 β_{ik} 表示,$\beta_{ik}=\dfrac{\Delta_{ik}}{l}$,$l$ 为杆件长度。通常规定 β_{ik} 以顺时针为

正。在转角位移法中,常以它来反映杆端相对线位移对杆端弯矩的影响。 (罗汉泉)

衔接水深 join depth

又称收缩断面水深。泄水建筑物下游收缩断面处的水深。常以 h_c 表示,其值一般小于临界水深,是下泄水流与下游河渠水流衔接初始断面处的特征水深,故名。对于平坡渠道,h_c 按下式解算

$$E_0 = h_c + \frac{Q^2}{2g\varphi^2\omega_c^2}, \varphi = \frac{1}{\sqrt{\alpha_c + \zeta}}$$

式中 E_0 为泄水建筑物上游的总水头;Q 为泄水流量;φ 为流速系数;ζ 为局部阻力系数;ω_c 为收缩断面面积,$\omega_c = \omega_c(h_c)$;g 为重力加速度。当下泄水流呈底流型衔接时,由 h_c 确定的水跃跃后共轭水深是判定水跃位置及消能水力计算的重要依据。 (叶镇国)

显式约束 explicit constraints xian

能表达成设计变量显式函数关系的约束条件。结构优化设计中的界限约束大都属这一类,是优化过程中较易处理的约束条件。 (杨德铨)

显微维氏硬度 Vickers microhardness

用显微镜量测压痕的一种小荷载维氏硬度。主要用于测定细金属丝、仪表零件的硬度,以及合金显微组织中各个颗粒的硬度、加工硬化或热影响而改变的硬度等。记作 HV;其荷载力的范围为0.01~0.2 kgf(98.07×10^{-3}~1.961 N),常用的选择荷载力见下表;压痕对角线以微米(μm)为单位,其特征尺寸需用显微镜测出,故名显微维氏硬度。

荷载力						
荷载力	kgf	0.01	0.02	0.05	0.1	0.2
荷载力	N	98.07×10	0.196	0.4903	0.9807	1.961

计算公式为

$$\mathrm{HV} = \frac{2P\sin\frac{136^\circ}{2}}{d^2} = 1.8544\frac{P}{d^2} \quad \mathrm{kgf/mm^2}$$

$$\mathrm{HV} = 0.102\frac{2P\sin\frac{136^\circ}{2}}{d^2} = 0.1891\frac{P}{d^2} \quad \mathrm{N/mm^2}$$

式中 P 为荷载力;d 为压痕两对角线的算术平均长度,读数由显微镜读出。如 450HV0.1 表示用 0.1kgf(0.980 7N)的荷载力,保持 10~15s 时所测定的显微维氏硬度值为 450。又如 450HV0.1/30 表示 0.1kgf(0.980 7N)的荷载力,保持 30s 时所测定的显微维氏硬度值为 450。显微维氏硬度试验方法详见中国国家标准 GB4342。 (郑照北)

现场土的渗透试验

现场测定土的渗透系数试验。根据土的透水性大小,可采用不同测定方法。对中、高透水性土($k > 10^{-4}$cm/s),可用井点抽水试验,在中心孔抽水,沿正交半径方向设观测孔,观测孔内水位或流量随时间的变化,或利用施工期为开挖基坑降低地下水位的抽水试验来测定。也可向钻孔或试坑注水试验来测定。对透水性较低的土($k < 10^{-5}$cm/s),可用测压计(渗压计)向探头注水或抽水,一般测定在常水头下流量与时间的关系。对坚硬或半坚硬岩层,当地下水位距地表很深时,可用压水试验评价透水性。 (李明逵)

限步法 limited-step method

又称近似规划法。见序列线性规划法(399页)。

限定粒径 constrained diameter

相应于土的颗粒级配曲线上土粒相对含量为60%的粒径。 (朱向荣)

线刚度

杆件的抗弯刚度 EI 与该杆长度 l 之比。通常以 i 表示,即 $i = \frac{EI}{l}$。此术语在位移法和力矩分配法等方法中均要用到。 (罗汉泉)

线加速度法 linear acceleration method

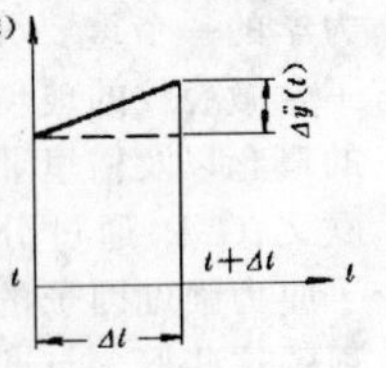

根据加速度在时段内作线性变化的假定,对多自由度体系的受迫振动作时程分析的数值方法。它是求解运动方程的直接积分法之一,其基本思路是对时间进行分段,根据时段始末各量值的变化建立起增量动力平衡方程

$$\boldsymbol{M}\Delta\ddot{\boldsymbol{Y}}(t) + \boldsymbol{K}(t)\Delta\boldsymbol{Y}(t) = \Delta\boldsymbol{P}(t)$$

式中 $\Delta\boldsymbol{Y}(t)$、$\Delta\ddot{\boldsymbol{Y}}(t)$ 和 $\Delta\boldsymbol{P}(t)$ 分别为增量形式的位移、加速度和干扰力向量、$\boldsymbol{M}$ 为质量矩阵,$\boldsymbol{K}(t)$ 为刚度矩阵。假定在时段$(t, t+\Delta t)$内加速度成线性变化

$$\ddot{\boldsymbol{Y}}(t+\tau) = \ddot{\boldsymbol{Y}}(t) + \frac{\tau}{\Delta t}\Delta\ddot{\boldsymbol{Y}}(t) \qquad (0 \leqslant \tau \leqslant \Delta t)$$

据此导出时段内增量位移向量 $\Delta\boldsymbol{Y}(t)$ 和增量速度向量 $\Delta\dot{\boldsymbol{Y}}(t)$ 的计算公式为

$$\Delta\boldsymbol{Y}(t) = \widetilde{\boldsymbol{K}}(t)^{-1}\Delta\widetilde{\boldsymbol{P}}(t)$$

和 $$\Delta\dot{\boldsymbol{Y}}(t) = \frac{3}{\Delta t}\Delta\boldsymbol{Y}(t) - 3\dot{\boldsymbol{Y}}(t) - \frac{\Delta t}{2}\ddot{\boldsymbol{Y}}(t)$$

式中 $\dot{\boldsymbol{Y}}(t)$ 和 $\ddot{\boldsymbol{Y}}(t)$ 分别为 t 时刻的速度和加速度向量,$\widetilde{\boldsymbol{K}}(t)$ 称为等效刚度矩阵,且

$$\widetilde{\boldsymbol{K}}(t) = \boldsymbol{K}(t) + \frac{6}{(\Delta t)^2}\boldsymbol{M}$$

$\Delta\widetilde{\boldsymbol{P}}(t)$ 称为等效增量干扰力向量,且

$$\Delta\widetilde{\boldsymbol{P}}(t) = \Delta\boldsymbol{P}(t) + \boldsymbol{M}\left[\frac{6}{\Delta t}\dot{\boldsymbol{Y}}(t) + 3\ddot{\boldsymbol{Y}}(t)\right]$$

根据时段起点 t 时刻的初始条件 $\boldsymbol{Y}(t)$ 和 $\dot{\boldsymbol{Y}}(t)$，并求出 $\ddot{\boldsymbol{Y}}(t)=\boldsymbol{M}^{-1}[\boldsymbol{P}(t)-\boldsymbol{K}\boldsymbol{Y}(t)]$，则可由上述计算公式得到 $\Delta\boldsymbol{Y}(t)$ 和 $\Delta\dot{\boldsymbol{Y}}(t)$，进而求出时段终点 $t+\Delta t$ 的位移和速度

$$\boldsymbol{Y}(t+\Delta t)=\boldsymbol{Y}(t)+\Delta\boldsymbol{Y}(t)$$

和

$$\dot{\boldsymbol{Y}}(t+\Delta t)=\dot{\boldsymbol{Y}}(t)+\Delta\dot{\boldsymbol{Y}}(t)$$

再以该终端作为下一时段的始端重复上述计算，便可最终确定动力反应的全过程。本方法不是无条件稳定的，时段的选择需考虑荷载变化速度和体系自振周期的影响，否则计算有发散的可能。

（姚振汉　洪范文）

线膨胀系数　coeffi cient of linear expansion

单位温升下单位长度的伸长。表征材料热膨胀特性的物理量。多数材料的线膨胀系数为正值，但也有少数材料在一定温度范围内为负值（参见热膨胀，290 页）。　（王志刚）

线弹性断裂力学　linear elastic fracture mechanics

又称脆性断裂力学。采用线性弹性理论对裂纹体进行力学分析，并用由此得到的应力强度因子或能量释放率作为判断裂纹扩展的主导参量。是断裂力学的一个重要分支：1921 年格里菲斯，A. A. 研究了含微裂纹的玻璃的断裂强度，提出了能量释放率的概念以及格里菲斯裂纹失稳扩展准则。1957 年，欧文，G. R. 通过分析裂纹尖端附近的应力场，提出了应力强度因子的概念，以及应力强度因子断裂准则。这些概念与准则的提出，成为线弹性断裂力学工程应用的基石。　（罗学富）

线弹性裂纹尖端奇异场　linear elastic near-tip singular fields

近裂纹尖端应力应变状态的表征。由线弹性理论得到的裂纹尖端应力、应变场。例如对Ⅰ型裂纹，应力场

$$\sigma_{ij}(r,\theta)=\frac{K_{\mathrm{I}}}{\sqrt{2\pi r}}\tilde{\sigma}_{ij}(\theta)$$

式中 (r,θ) 为原点位于裂纹尖端的极坐标，K_{I} 为应力强度因子，$\tilde{\sigma}_{ij}(\theta)$ 为角分布函数。在无限接近裂纹尖端处 $(r\rightarrow 0)$，应力按 $r^{-\frac{1}{2}}$ 的规律趋向无限大，于是称应力具有 $r^{-\frac{1}{2}}$ 的奇异性。同样，应变也具有 $r^{-\frac{1}{2}}$ 的奇异性。但这一解答只是在线弹性假定下导出的结果。实际上在裂纹尖端附近的很小区域内，由于钝化和塑性屈服等原因，线弹性力学已不适用。但当外加荷载不大时，裂纹尖端附近塑性屈服的范围很小，在采用某些修正假定之后，上式的奇异应力分布仍可用来描述受它控制的广大弹性区内的应力分布。　（罗学富）

线位移　translational displacement

见位移（370 页）。

线型　curve model

根据基本风速的样本所选取的概率分布或概率密度函数曲线。它是确定基本风压六个因素之一。中国荷载规范 GBJ9 根据对中国城市风速记录资料适合度分析，采取线型为极值Ⅰ型曲线，它的概率分布曲线方程为

$$P_I(x)=\exp\{-\exp[-\alpha(x-\mu)]\}$$

式中 x 为随机变量，α 和 μ 为两个参数，根据样本来确定。　（张相庭）

线性变形体系　linear deformation system

又称为线性弹性体系。位移与荷载呈线性关系，且当荷载全部撤除后，位移将完全消失的体系。它满足下面两个假定：①物理线性假定。即应力与应变关系满足胡克定律（应力与应变呈线性关系）；②小变形假定。即认为变形和位移是微小的，体系变形后仍可按其原来的几何尺寸和位置进行计算。当这类体系同时受多种外因作用（例如若干个荷载、温度改变和支座位移等共同作用）时，其内力和位移的计算可应用叠加原理。线性变形体系与非线性变形体系统称为变形体系。　（罗汉泉）

线性插值函数　linear interpolation function

在两端点取已知函数值且中间按线性变化的函数。当已知两端点坐标为 (x_1,y_1) 和 (x_2,y_2) 时，表示为：$f(x)=y_1+\frac{y_2-y_1}{x_2-x_1}\cdot x,(x_1\leqslant x\leqslant x_2)$。在二维表格内插时和构造少结点、低自由度单元的位移函数时经常用到。在多点插值中，当已知函数变化不剧烈时，用分段线性插值常可获得满意的效果。

（杜守军）

线性度（L）　linearity

传感器的输入和输出特性曲线和其拟合工作直线间的最大垂直偏差和满量程（F.S）输出之比值。以 %F.S. 表示。　（王娴明）

线性规划　linear programming

研究在线性约束条件下寻求线性目标函数极值问题的数学规划分支。其研究对象较为简单，理论与算法发展得较早也较成熟。1947 年，G. B. 丹齐格（Dantzig）和 J. V. 纽曼（Neumann）分别提出单纯形法和对偶性概念，标志了该学科的创立，随后它作为运筹学中最先形成的部分得到广泛的研究和应用，并直接推动数学规划其他分支的研究和发展。它的基本概念与方法可应用于自然科学和社会科学的各个方面，在结构优化设计领域里也得到广泛应用。求解的方法比较系统与成熟，常用的有单纯形法、修正单纯形法和对偶单纯形法以及稍后提出的适用于大型复

杂问题的卡马卡(Karmarkar)算法。　(刘国华)

线性规划标准式　standard form of linear programming problem

线性规划数学模型的标准形式。旨在便于算法应用与理论研究。格式并非完全统一,一般可表达如下:

$$\begin{aligned}&\text{极小化}\quad \boldsymbol{c}^{\mathrm{T}}\boldsymbol{x}\\&\text{受约束于}\quad \boldsymbol{Ax}=\boldsymbol{b}\\&\qquad\qquad \boldsymbol{x}\geqslant\boldsymbol{0}\end{aligned}$$

式中 $\boldsymbol{x}$ 为 n 维设计变量;n 称为问题的维数;$\boldsymbol{x}\geqslant 0$ 称为非负性条件;$\boldsymbol{c}$ 为 n 维价值系数向量;$\boldsymbol{A}$ 为 $m\times n$ 的矩阵,称为约束条件的系数矩阵;m 为约束条件个数,称为问题的阶数;$\boldsymbol{b}$ 为 m 维正实数向量,称为右端常数项。为构成标准式可对原问题作适当的变换,如引入松弛变量和剩余变量,对自由变量进行处理。　(刘国华)

线性规划典范式　canonical form of linear programming

线性规划标准式中,约束条件的系数矩阵 $\boldsymbol{A}_{m\times n}$ 中含有一 m 阶单位阵时的形式。此时在约束方程中有 m 个特殊变量,它们每一个在某方程中的系数为 1,而在其他的方程中系数为零,从而可方便地取这 m 个特殊变量为基变量,其余的 $(n-m)$ 个为非基变量,令非基变量为零,立即可得非负的基变量的值,以求得一个基本可行解。一般单纯形法是在典范式下进行运算的。　(汪树玉)

线性目标函数　linear objective function

与设计变量成线性关系的目标函数。　(杨德铨)

线性粘弹行为　linear viscoelastic behavior

又称线性粘弹性能,简称线粘弹性。材料同时具有线弹性和理想粘性的特征,可用线性粘弹性模型表述,有相应的蠕变柔量和松弛模量。　(杨挺青)

线性粘弹性模型　linear viscoelastic model

表征材料线性粘弹行为与本构方程的模型,由弹性元件和粘性元件以不同方式组合而成。基本模型有开尔文固体和麦克斯韦流体;常见模型有三参量固体、三参量流体、伯格斯模型…;一般模型是广义麦克斯韦模型和广义开尔文模型。　(杨挺青)

线性弯矩三角形混合板元　mixed-type plate bending element with linearly varying bending moments

弯矩为线性变化、挠度为二次变化的 6 结点三角形薄板混合单元。以 3 个角点和 3 个边中点的挠度和 3 个角点的弯矩 M_x、M_y、M_{xy} 为自变量,通过混合能量原理建立单元的混合特性矩阵。因为弯矩是线性变化的,精度较高。　(包世华)

线性小挠度稳定理论　linear small deflection theory of stability

又称小变形稳定理论。以小变形假定为前提的稳定计算理论。它所建立的临界状态的平衡方程是线性微分方程(在有限自由度体系中为线性代数方程组)。以理想轴压杆为例,若采用小变形假定,认为压杆在临界状态(微弯状态)时的挠度 $v=v(x)$ 比杆长 l 要小得多,其变形曲线为平缓曲线,即 $\left(\frac{\mathrm{d}v}{\mathrm{d}x}\right)^2 \ll 1$,因而可将曲率近似表为 $\kappa=\frac{\mathrm{d}^2v}{\mathrm{d}x^2}=-\frac{M}{EI}$。据此建立的中性平衡微分方程为线性常微分方程

$$\frac{\mathrm{d}^4v}{\mathrm{d}x^4}+k^2\frac{\mathrm{d}^2v}{\mathrm{d}x^2}=0$$

式中 $K^2=\frac{P}{EI}$,P 为轴向压力,EI 为杆件的抗弯刚度。求得上面微分方程的一般解并利用杆端的边界条件,可导出其稳定方程,进而确定临界荷载 P_{cr}。按此理论,当荷载到达 P_{cr} 时,将同时出现两种可能的平衡形式:直线形式和无限接近于直线的弯曲形式,即发生所谓平衡状态的分支,故该临界荷载又称为平衡分支荷载。这时的挠曲线的幅值具有不定值,即出现随遇平衡状态。这种随遇平衡状态正是由于采用了上述小变形假定作近似数学处理而产生的结果。按照这一理论,只能确定临界荷载,而不能研究体系在后屈曲平衡状态的特性。　(罗汉泉)

线性约束　linear constraints

与设计变量成线性函数关系的约束条件。　(杨德铨)

线性振动　linear vibration

系统中弹性恢复力与位移的一次方成正比,运动的阻力与速度的一次方成正比的振动。是用来研究系统微幅振动的一个力学模型。其基本特征是:可以应用叠加原理,即当同时作用着几个激励时,系统的总响应就是各个激励单独作用时的响应之和;描述这种运动的微分方程是线性的。　(宋福磐)

线应变　linear strain, extension, unit elongation

见应变(424 页)。

xiang

相当极惯性矩

表征非圆截面杆抗扭变形能力的截面几何参数。量纲为 $[L]^4$。非圆截面杆扭转的最大剪应力和变形计算公式,由弹性力学方法求出,但它们常用与圆截面杆相似的形式表示为

$$\tau_{\max}=\frac{M_t}{W_t},\ \theta=\frac{M_t}{GI_t}$$

式中 W_t 在形式上与圆截面抗扭截面模量相当，称相当抗扭截面模量；而 I_t 在形式上则与圆截面的极惯性矩相当。称为相当极惯性矩。W_t 与 I_t 之间没有简单的几何关系。（郑照北）

相当弯矩 equivalent bending moment

弯扭组合变形的强度计算中采用的等价弯矩，它与所采用的强度理论有关。例如按第三强度理论得到的相当弯矩为 $M_{xd}=\sqrt{M_w^2+M_n^2}$；按第四强度理论得到的相当弯矩为 $M_{xd}=\sqrt{M_w^2+0.75M_n^2}$。式中 M_w 为弯矩，M_n 为扭矩。（庞大中）

相当应力 equivalent stress

由不同强度理论建立强度判据及强度条件中的等价应力，记为 σ_r。如最大剪应力理论（第三强度理论）的相当应力为 $\sigma_{r_3}=\sigma_1-\sigma_3$，$\sigma_1$、$\sigma_3$ 分别为最大及最小主应力。（吴明德）

相对波高 relative wave

又称波高比。波高与水深的比值。当水深变浅时，波高的影响会变得重要，这在理论分析上可以通过波高比来反映。（叶镇国）

相对粗糙度 relative roughness

管壁绝对粗糙度与管径的比值。它是著名的尼古拉兹试验中引出的参数之一。这一试验较全面地阐明了圆管沿程阻力系数的变化规律。（叶镇国）

相对光滑度 relative smoothness

水力半径与边壁绝对粗糙度的比值。1938 年蔡克斯达（Зегжда）曾以此为参数对明渠水流沿程阻力系数作试验研究，其结果与人工粗糙管道的居古拉兹试验曲线形状相似。（叶镇国）

相对加速度 relative acceleration

在运动学中，指动点对动参考系运动的加速度；在动力学中，指质点对非惯性参考系运动的加速度（参见质点相对运动动力学基本方程，459 页）。（何祥铁）

相对静止 relative rest

见相对平衡。

相对论流体力学 relativistic fluid mechanics

应用流体力学和相对论的方法研究具有相对论效应的流体运动规律的学科。其中包括狭义相对论流体力学和广义相对论流体力学。它以爱因斯坦场方程、相对论热力学和一些守恒律等为理论基础，并考虑引力场、电磁场等与流体的相互作用来研究流体的运动规律。20 世纪 50 年代初、朗道（Л.Д.Ландау 1908—1968）等首次把“相对论流体力学”作为流体力学的一个独立分支提出来并给予较系统的阐述。当流体速度接近光速或在强引力场作用下，或处于极端高压或高温等特殊条件下，就需用到这门学科，它在天体物理学和宇宙学等领域中有许多应用，例如：超新星的爆炸和随之产生的相对论激波；星体演化到一定阶段时的平衡和稳定性，中子星或黑洞对周围物质（视为流体）的吸积；在宇宙形成机制研究中把星系或星系团视为流体质点而把整个宇宙当作流体等。（叶镇国）

相对平衡 relative equilibrium

质点相对于非惯性参考系静止或作匀速直线运动的状态。此时相对加速度 $\boldsymbol{a}_r=0$，实际作用在质点上的力（包括主动力和约束反力）与牵连惯性力、科氏惯性力组成平衡力系。如相对速度 $v_r=0$，则质点处于相对静止，此时实际作用在质点上的力与牵连惯性力组成平衡力系，质点的绝对加速度就等于牵连加速度，而牵连惯性力也就是质点在绝对运动中的惯性力。（宋福磬）

相对收敛 relative convergence

经向位移 u_r 和隧洞半径 r 的比值 u_r/r。一般为 $10^{-3}\sim4\times10^{-2}$。（屠树根）

相对速度 relative velocity

在运动学中，指动点对动参考系运动的速度；在动力学中，指质点对非惯性参考系运动的速度（参见质点相对运动动力学基本方程，459 页）。（何祥铁）

相对位移 relative displacement

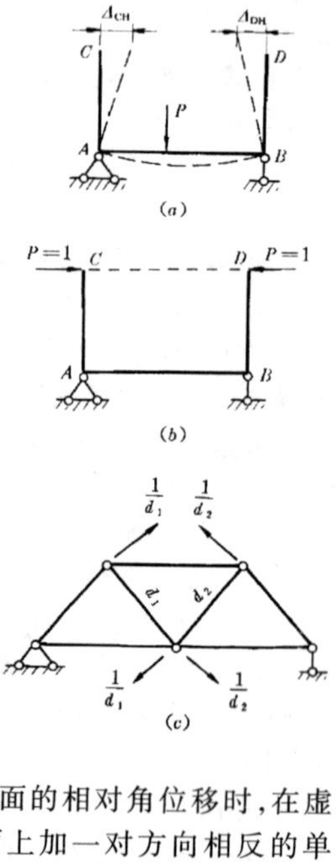

在外因影响下，结构上任意两点、两个截面或两杆之间位置的相对改变值。其中两点沿某方向的距离改变值称为相对线位移；两截面或两杆之间角度的相对改变值称为相对角位移。如图 *a* 所示平面刚架，在外力 *P* 作用下，*C*、*D* 两点沿水平方向的相对线位移为 $\Delta_{C-D}=\Delta_{CH}+\Delta_{DH}$。用单位荷载法求结构上任意两点沿某方向的相对线位移时，在虚拟状态中必须在该两点沿该方向加一对指向相反的单位集中力（图 *b*）；当求某两个截面的相对角位移时，在虚拟状态中，应在这两个截面上加一对方向相反的单位力偶；在求桁架中某两杆件之间的相对角位移时，在虚拟状态中应在这两杆的两端分别加入两组能构成一对反向单位力偶的集中力（图 *c*）。（何放龙）

相对误差 relative error

误差和某一约定值的百分比。约定值可根据需要取为被测真值、仪器示值或仪器的满刻度值等。（李纪臣）

相对压强 relative pressure

又称计示压强或表压强。以当地大气压为零点起算的压强。常以 p_γ 表示。它与绝对压强的关系可用下式表示

$$p_\gamma = p_{abs} - p_a$$

式中 p_{abs}为绝对压强；p_a 为大气压强。绝对压强恒为正值，但相对压强可有正值或负值。当 $p_{abs} < p_a$ 时，$p_\gamma < 0$，相对压强为负值；当 $p_{abs} > p_a$ 时，$p_\gamma > 0$，相对压强为正值。对于只受重力作用的平衡液体，如自由表面的压强 $p_0 = p_a$ 时，则 $p_\gamma = \gamma h$，其中 γ 为液体重度，h 为计算点在自由表面下的垂直深度。此式表明，相对压强与水深的关系呈直线分布，且与水深成正比。（叶镇国）

相对于质心的冲量矩定理 theorem of moment of impulse about the center of mass

相对于质心的动量矩定理的积分形式。质点系相对于质心（或质心轴）的动量矩在某段时间内的改变，等于在该段时间内作用在系统上的诸外力对质心（或质心轴）的冲量矩的矢量和（或代数和）。即

$$\Sigma \boldsymbol{m}_c(m_i \boldsymbol{v}_{i2}') - \Sigma \boldsymbol{m}_c(m_i \boldsymbol{v}_{i1}') = \Sigma \int_{t_1}^{t_2} \boldsymbol{m}_c(\boldsymbol{F}_i^e)\mathrm{d}t$$

$$\Sigma m_{x'}(m_i \boldsymbol{v}_{i2}') - \Sigma m_{x'}(m_i \boldsymbol{v}_{i1}') = \Sigma \int_{t_1}^{t_2} m_{x'}(\boldsymbol{F}_i^e)\mathrm{d}t$$

式中 m_i 是任意质点 i 的质量；$\boldsymbol{v}_{i1}'$与 $\boldsymbol{v}_{i2}'$分别是它在瞬时 t_1 与 t_2 相对于以质心为原点的平动坐标系的速度；$\boldsymbol{F}_i^e$ 是作用在质点 i 上的系统的外力；x'是过质心的任意平动轴。（黎邦隆）

相对于质心的动量矩定理 theorem of moment of momentum about the center of mass

表述质点系相对于其质心的动量矩变化与系统所受诸外力对质心的主矩的关系的定理。质点系相对于其质心（或质心轴）的动量矩对时间的一阶导数，等于系统所受诸外力对质心（或质心轴）之矩的矢量和（或代数和）。即

$$\frac{d}{\mathrm{d}t}\Sigma \boldsymbol{m}_c(m_i \boldsymbol{v}_i') = \Sigma \boldsymbol{m}_c(\boldsymbol{F}_i^e) \quad (1)$$

或

$$\frac{d}{\mathrm{d}t}\Sigma m'_x(m_i \boldsymbol{v}_i') = \Sigma m'_x(\boldsymbol{F}_i^e) \quad (2)$$

其中"质心轴"是过质心 C 的任意平动轴，例如 x'轴；$\boldsymbol{v}_i'$是任意质点 i 对以质心为原点的平动坐标系的相对速度，$\boldsymbol{F}_i^e$ 是作用在该质点上的系统的外力。通常应用式(2)，它是(1)式的投影形式。本定理可用来研究质点系相对于质心的旋转性质的运动。（黎邦隆）

相对运动 relative motion

在运动学中，指动点对动参考系的运动。对点的相对运动的描述，同描述点的绝对运动一样，可采用矢径法、直角坐标法、自然坐标法等，只是所有位置参量（位置矢、坐标等）都是对动参考系而言的；在动力学中，一般指质点对非惯性参考系的运动（参见质点相对运动动力学基本方程，459 页）。（何祥铁）

相干光波 coherent light

能产生干涉现象的光波。光波相干涉的条件是：频率相同、振动方向相同、初位相差恒定。实现的方法有分振幅法和分波前法。由于激光有良好的单色性，表征时间相干性的相干长度很大；又由于激光（单模）有单一波形（近似点光源发射的理想球面波），光束上点点相位相关，因而空间相干性极好。所以，激光是极好的相干光。（钟国成）

相干函数 coherence function

又称频域相关系数。在频率域上描述两变量之间关系密切程度的函数。它定义为

$$Coh(\omega) = \frac{|S_{xy}(\omega)|}{\sqrt{S_x(\omega)S_y(\omega)}}$$

$Coh(\omega)$的变化范围与时域相关系数同在 0～1 之间，二者均表示相关性。（田　浦）

相关单元 correlation element

矩阵位移法中，结构上汇交于所考察结点的全部单元。某结点的相关单元的另一端结点即为其相关结点。（洪范文）

相关法 correlation

实时观测物体表面位移场的散斑干涉法。将拍摄变形前散斑场的照相负片精确复位于曝光时的位置，然后进行实时观察。这时负片上的透光点和散斑场的暗点对应，黑点则和散斑场的亮点对应，负片和散斑场如此重叠，将因正负象相重合而只有微弱的光通过。若物体发生离面变形，测点将有离面位移，凡这种位移为二分之一波长整数倍的地方，散斑仍是原来状态，实在的散斑场和负片重叠的效果，仍只有微弱的光通过，称为相关部分。其他部分则有较多光通过，称为不相关部分。这样，可在负片上看到明暗条纹。暗条纹代表位移为半波长整数倍的等位移线。此法较简便，但条纹的明暗对比不太明显。（钟国成）

相关关系 correlation relation

自然现象或实验数据的某种内在联系。它由统计分析确定。对于静态测试，若以对应数值为相关变量，则相关关系可有三种：①完全相关，即函数关系，它反映现象之间的必然联系。②零相关，即没有关系。③统计相关，即现象间的近似关系，是相关关系的常见情况，一般用回归方程式描述。相关关系常用以表示现象间的变化规律性以及补插或展延系

列。对于动态测试,对应于一个或两个随机过程的样本记录,从时延域上描述相关关系,可分为自相关和互相关,并分别用自相关函数和互相关函数表示。自相关函数主要用来建立任一时间的数据值来对未来数据值的影响,是检测混淆在随机现象中确定性数据的工具;互相关函数主要用于确定某测点信号相对于信号源的时延,确定传输通道,检测淹没于外界噪声中的信号。（李纪臣）

相关结点 correlation node

矩阵位移法中,结构上汇交于所考察结点的所有单元的另一端结点。所考察结点与其相关结点用相关单元联接。（洪范文）

相关系数(γ) correlation coefficient

表示两个随机变量之间线性联系程度大小的量。其绝对值在 0 和 1 之间。线性关系越大相关系数越接近 1,两者的变化为同一方向则相关系数为正,反之为负。若 $(x_1,y_1)\cdots(x_n,y_n)$ 为两个随机变量的一组测定值,则相关系数

$$\gamma = \frac{\sum_{i=1}^{n}(x_i - \bar{x})(y_i - \bar{y})}{\sqrt{\sum_{i=1}^{n}(x_i - \bar{x})^2 \sum_{i=1}^{n}(y_i - \bar{y})^2}}$$

式中 $\bar{x}$,$\bar{y}$ 分别为 $|x|$ 和 $|y|$ 的算术平均值。（王娴明）

相似比尺 similarity scale

两相似现象之间各对应物理量的固定比值。对应不同的物理量有不同的相似比尺。用 C 表示比尺,其下标表示物理量类别,p 表示原型现象,m 表示模型现象,则各种物理量的相似比尺可以用下面数学式表示:几何比尺 $C_l = l_p/l_m$;速度比尺 $C_v = v_p/v_m$;加速度比尺 $C_a = a_p/a_m$;力比尺 $C_F = F_p/F_m$ 等。式中 l、v、a、F 分别为长度、速度、加速度和力。相似比尺是模型设计和模型试验研究的重要参数。（李纪臣）

相似材料 simulating materials

又称模型材料。能满足相似条件要求,进行模型试验的材料。一般是两种以上人工或天然材料的混合物。它应具备的基本条件为:均匀、连续、各向同性;力学性能稳定;制作模型方便;模拟适应性大;取材方便,价格低廉。在地质力学模型试验中,常用的有以石膏为主要粘结剂的脆性材料和以石蜡、油脂类为拌合剂的弹塑性材料。（袁文忠）

相似材料模型试验 model test with simulating materials

按相似理论,用相似材料制作模型,并通过对模型的量测研究,推测原型性质的试验。是研究岩石力学和工程结构的重要手段之一。（袁文忠）

相似函数 similarity function

能够通过相似转换得到相似指标的函数。只有被它描述的现象,才能实现现象之间的相似,而用模型试验进行研究。如

$$y = kx^n \quad (k,n \text{ 为常数})$$

$$y = kxe^{zu} \quad (k,e \text{ 为常数})$$

反之,不能通过相似转换得到相似指标的函数被称为非相似函数。如

$$y = Ax + B \quad (A,B \text{ 为常数})$$

（袁文忠）

相似理论 similarity theory

研究现象相似的充分必要条件的理论。其主要基础是相似三定理。它研究相似现象的相似物理量之间的关系,并确定现象相似的条件。是进行物理实验,特别是模拟试验的理论基础。（袁文忠　李纪臣）

相似三定理 similarity laws

构成相似理论基础的三个定理。它包括:(1)第一定理:相似现象的相似指标为 1 或相似判据在数值上相等;(2)第二定理:如一物理现象包含 n 个物理量,其中有 k 个基本物理量,则这 n 个物理量可表示为$(n-k)$个独立的相似判据之间的函数关系,该定理于 1914 年由 E. 白金汉(E. Buckingham)提出,故又称为白金汉定理或 π 定理;(3)第三定理:同一类物理现象,如果单值量相似,由单值量组成的相似判据在数值上相等,则现象相似。第一定理和第二定理是现象相似的性质,第三定理则是现象相似的充分必要条件。（袁文忠）

相似误差 similitude error

把模型试验的结果换算到原型时,因未能完全满足相似条件而产生的误差。它与量测引起的误差完全不同。（袁文忠）

相似准数 similarity criterion number

运动惯性力与作用力组成的无量纲数。是表征两流动各作用力之间对比关系的标志,因而可作为动力相似的判据。对应不同的作用力得到不同的相似准数。如对应合力、重力、压力分别得到牛顿相似准数 $Ne = F/\rho l^2 v^2$,佛汝德相似准数 $Fr = v^2/gl$,欧拉相似准数 $Eu = p/\rho v^2$;对应水流粘性阻力、表面张力、弹性力分别得到雷诺相似准数 $Re = vl/\nu$,韦伯相似准数 $We = \rho l v^2/\sigma$,柯西相似准数 $Ca = \rho v^2/k$ 等。式中 F、p、g、ρ、v、l、ν、σ、k 分别为合力、压力、重力加速度、密度、速度、线性长度、运动粘性系数、表面张力系数和弹性系数。一般称 Ne 为牛顿数,Fr 为佛汝德数,Eu 为欧拉数,Re 为雷诺数,We 为韦伯数,Ca 为柯西数。对于非恒定流,液流的时变加速度惯性力与运动惯性力之比得到斯特罗哈相似准

数 St $= vt/l$，式中 t 为运动时间。（李纪臣）

相速度 phase velocity

简谐波中与相位相应的状态（例如波峰）向前传播的速度；或在具有固定频率的稳定波场中，波面沿法线向前移动的速度。简谐波的相速度 c 与波数 κ 和圆频率 ω 的关系为

$$c = \frac{\omega}{\kappa}$$

又称位相、位相角、相位角、相角。简谐振动的运动方程 $q = A\sin(\omega_n t + \varphi)$ 中的角度 $\omega_n t + \varphi$。它可用来确定振动质点或系统在任一瞬时的位置。φ 称为初相位或初位相、初相角。某一物理量随时间或空间位置作正弦或余弦变化时，决定该量在任一时刻或位置的状态的一个数值。例如，某物理量为简谐波，形式为 $u(x_1 t) = A\cos(\kappa x - \omega t)$，其中 $\kappa x - \omega t$ 就称为 u 的相位。两个简谐振动的相位的差值。它表示两个简谐振动的时差；在运动图上，则表示两条简谐振动曲线错位的程度。（郭　平　宋福磐）

湘雷屈曲理论 Shanley theory of inelastic buckling

基于双模量理论（卡门理论）及切线模量理论发展形成的新的弹塑性稳定理论。1947 年由 F.R. 湘雷首先提出，故名。鉴于旧理论的矛盾与不足，湘雷改进了简化模型，其要点是：①修正了压杆失稳时临界状态的定义，假定荷载高于切线模量理论临界值 P_t 时，压杆的弯曲变形必然发生，而且是相应地连续变化，荷载与挠度值一一对应，直到荷载值接近双模量理论临界值 P_r 时，弯曲挠度 f 将增至任意值以至无穷；②压杆的简化力学模型为双肢铰接柱，假定荷载的增加使材料超过弹性极限进入弹塑性阶段时，塑性变形集中在压杆中间的局部区域，因此，简化模型可视为压杆由两根绝对刚性的肢杆用一个

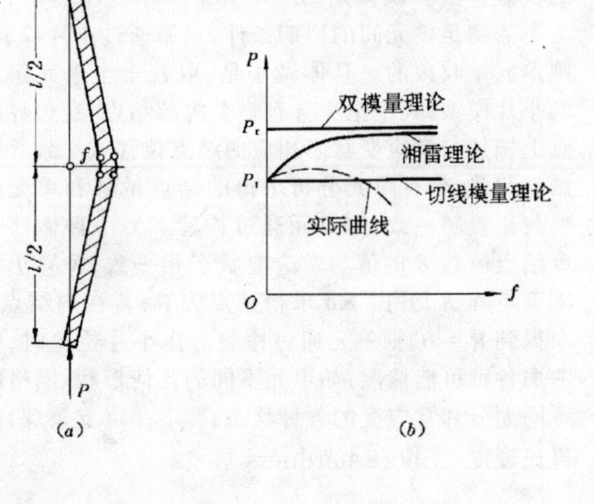

(a)　　(b)

弹塑性铰连接而成（图 a），此铰由两根短杆所组成。根据简化模型的几何关系及平衡关系建立湘雷理论求得荷载与挠度的关系式。③结论如图 b 所示，湘雷理论曲线其下限为切线模量理论，上限为双模量理论，而实际情况最大荷载稍大于切线模量理论值。（吴明德）

响应 response

振动系统由激励作用而产生的运动。它决定于激励和系统的固有参数。工程中常见的是简谐振动、衰减振动以及其他较复杂的周期振动（包括自激振动和参激振动）。（宋福磐）

向轴加速度 acceleration component pointing to axis

见里瓦斯公式（207 页）。

相频特性 phase-frequency characteristic

测试系统输出信号的相位随输入量的频率而变化的特性。（张如一）

相频特性曲线 phase-frequency characteristics curves

以频率比 $\gamma = \omega/\omega_n$（ω 为简谐干扰力的频率，ω_n 为系统的固有频率）为横坐标，以受迫振动的位移与扰力的相位差 ψ 为纵坐标，并以阻尼比 $\zeta = n/\omega_n$ 为参数而画出的曲线族。它反映出：当 $\omega = \omega_n$，即共振时，不论阻尼

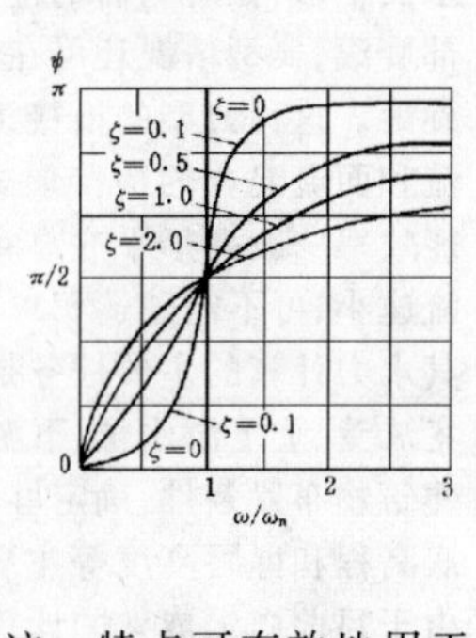

大小如何，相位差都是 $\frac{\pi}{2}$，这一特点可有效地用于共振测量，借以确定共振频率。（宋福磐）

象平面全息术 image holography

通过一光学系统使物体成象在记录介质平面上，与参考光干涉形成象全息图。这种全息图的特点是对再现照明光源的相干性要求很低，如物体的平面象形成在全息图平面上，则可用宽光源和白光照明再现。在全息干涉计量中，为测量方便常用这种形式的全息图。（钟国成）

xiao

消力池 stilling basins

又称消能池、静水池塘。降低护坦局部地段高程的消能池塘。其作用是控制水跃位置，形成淹没水跃，消减下泄水流动能，缩短下游急流段长度，以利河床防冲刷，增加主体建筑物的安全。消力池的水力计算任务是确定满足淹没式水跃条件下的池深

及池长。对于矩形断面平坡渠道,其池深及池长由下式决定

$$\sigma h''_c + \frac{q^2}{2g(\sigma h''_c)^2} - s = h_t + \frac{q^2}{2g\varphi^2 h_t^2}$$

$$l = 1.74\sqrt{H_0(P_0 + s + 0.24H_0)} + \psi l_y$$

式中 σ 为保证淹没式水跃条件的安全系数,$\sigma = 1.05 \sim 1.10$;h''_c 为收缩断面水深 h_c 对应的跃后共轭水深;q 为下泄单宽流量;g 为重力加速度;s 为消力池深度;h_t 为下游水深;φ 为流速系数;l 为消力池长度;H_0 为含流速水头的跌坎处水头;P_0 为跌坎高度;l_y 为水跃长度;ψ 为完整水跃长度的折减系数,约为 0.7~0.8。通过试算可得深 s 值。 (叶镇国)

消力戽 roller bucket

又称消能戽。泄水建筑物(如滚水坝)出口部分具有较大反弧半径和较大挑角的下凹面戽勺。戽勺位置应低于下游的尾水位。从消力戽顶泄出的高速水流因受到下游水体的顶托,可在戽勺内形成表面旋滚,主流则贴戽勺底部射出并形成涌浪,然后沿下游水面扩散,在戽勺后的主流下面则产生一个反向的底部旋滚,典型情况还可在涌浪下游水面出现小的表面旋滚。这种典型的衔接流态称为戽流。它是一种底流和面流混合的衔接形式。这种消能与衔接方式消能效率一般高于平底自由水跃,其主流在表层,底部流速小,可不需建造护坦,较底流消能节省工程费用。其水力计算的主要任务是根据给定的水力要素(如单宽流量、上下游水位、下游水深等)和地形地质及泄水建筑物布置条件,确定戽勺的反弧半径、戽唇挑角、戽底高程和戽唇高度等主要尺寸,力求良好消能效果。由于目前尚无成熟的计算理论,一般根据已建消力戽的经验定出初步尺寸,然后通过水工模型试验来选定合适的形式和尺寸。 (叶镇国)

消力槛 baffle sill

又称消能墙或消力墙;泄水建筑物下游护坦上形成消力池的横墙。其作用是形成淹没式水跃,缩短下游急流段长度、消减下泄动能,控制水跃位置,以利河床防冲刷并增加主体建筑物的安全。其水力计算任务是确定满足淹没式水跃条件下的槛高及池长,有

$$C = \sigma h''_c - \left(\frac{q}{\sigma_s m\sqrt{2g}}\right)^{2/3} + \frac{q^2}{2g(\sigma h''_c)^2}$$

$$l = (0.7 \sim 0.8)l_y$$

式中 C 为槛高;l 为池长;σ 为保证淹没式水跃的安全系数,$\sigma = 1.05 \sim 1.10$;q 为下泄单宽流量;σ_s 为淹没系数;m 为流量系数,$m = 0.4 \sim 0.43$;g 为重力加速度;l_y 为水跃长度。其中槛高 C 可由试算求得,C 与 σ_s 有关。最后,还应核算已定槛高的槛后水流衔接型式,若为远离水跃衔接,则应考虑设二级消力槛或采用综合消力池。 (叶镇国)

消能 energy dissipation of flow through outlet structure

消除或缩短泄水建筑物下游急流段的有关工程措施的简称。堰、水闸、溢流坝、涵洞、渠道跌坎及陡坡渠道等泄水建筑物下游往往流速大、冲刷严重并呈远驱式水跃与下游水面衔接,常常需要采取有关工程措施以消除下泄水流的多余能量或缩短下游急流段。消能的原则是增加局部水流的紊乱,削减下泄速度,消除对下游河床的有害能量,防止下游河床冲淤平衡遭受破坏。 (叶镇国)

小变形假定 assumption of small deformation

固体力学中所采用的与构件最小尺寸相比要小得多的变形假定。由于物体在外力作用下,形状及尺寸发生变化,其受力的作用点及反力方向都将有所改变,这就给问题的求解带来很大的麻烦和困难,但对于工程实际应用上在材料的许用荷载条件下,物体的变形量一般总是非常小的,由变形产生的位移量与构件尺寸相比也都小得多,因此,为了简化计算,常略去变形的影响按照物体未变形的初始状态来建立静力平衡方程,所得近似解与更精确解相比误差或影响极小。此假定应用十分广泛,为固体力学中线性经典理论的基础。应当指出,在求解某些问题时,变形的影响是不能略去的,例如弹性稳定问题中,则需要根据变形之后的失稳状态建立基本方程。此外,随着科学的进展,在飞机制造、建筑结构工程以及仪表设计等方面不断提出许多有关薄板、薄壳、薄壁杆件的大变形问题和稳定问题,都超出了线性经典理论,需要考虑大变形的影响,其中包括大应变问题以及小应变大转动等问题,由此而建立非线性应变公式、协调方程、平衡方程及应力应变关系,然后再采用一系列简化方法去求解问题,就逐步发展成为非线性弹性理论。 (吴明德)

小片检验 patch test

又称分片检验。对非协调元能否向正确解收敛的检验方法。埃盎斯(B. M. Irons)1965 年提出,认为不需满足单元间的协调条件,只需通过小片检验,则单元是收敛的。具体做法是:取若干个单元组成的小片模型,其中至少含有一个内部结点;在边界结点上施加与常应变状态相应的结点位移或一致等效结点荷载,若有限元分析求得的结点位移和单元应变与正确解一致,则单元通过检验。另一种做法是令结点位移 $\boldsymbol{\delta}$ 的值与常应变状态相一致,计算小片刚度矩阵 $\boldsymbol{K}$,并由 $\boldsymbol{K\delta}$ 求得结点力 $\boldsymbol{R}$;若在内结点 i 上得到 $\boldsymbol{R}_i = 0$,则单元通过检验。作小片检验时,应考虑各种可能情况,如单元不同的几何形状、网格的不同划分和常应变的各种状态。 (支秉琛)

肖氏硬度 Shore hardness

利用动荷载测定材料表层弹性应变能的数值来标定的硬度标准。它由A.F.肖尔于1906年研究淬火钢硬度时提出，记作HS。现用于金属、塑料、橡胶材料的硬度测定。测量原理是将规定形状的金钢石冲头从固定的高度 h_0 落在试样的表面上，冲头回跳弹起一定高度 h，用 h 与 h_0 的比值定义肖氏硬度值

$$\mathrm{HS} = K\frac{h}{h_0}$$

式中 K 为肖氏硬度系数。

肖氏硬度计分为C型(目测型)和D型(指示型)硬度计，其主要技术参数见下表

项 目	C 型	D 型
冲头的质量 g	2.5	36.2
冲头的落下高度 mm	254	19
冲头的顶端球面半径 mm	1	1
冲头的反弹比和肖氏硬度值的关系	$\mathrm{HSC}=\frac{10^4}{65}\frac{h}{h_0}$	$\mathrm{HSD}=140\frac{h}{h_0}$

例如，25HSC，为C型硬度计所测肖氏硬度值为25；又如，51HSD，为D型硬度计所测肖氏硬度值为51。肖氏硬度是以金钢石冲头的动能冲击材料表面，动能的一部分转变成材料塑性应变能而被试件吸收，另一部分转变成弹性应变能而被试件储存，当材料弹性应变恢复时释放出弹性应变能，迫使冲头回跳，以回跳高度进行分度来测定硬度值，故又称为回跳硬度。材料的弹性极限越高，弹性应变能越高，回跳高度越高，故可测定材料表层弹性应变能的量值大小。肖氏硬度只能在弹性模量相同的材料之间进行比较，否则不能进行比较。

肖氏硬度计是一种轻便手提式硬度计，使用方便，可用于现场大型构件的表面硬度检验。

金属肖氏硬度试验方法详见中华人民共和国国家标准GB 4341。 (郑照北)

xie

楔体问题 wedge problem

顶角为 2α，厚度为1的楔体，在顶端承受均布线集中力或力偶时的弹性力学问题。由于顶点附近的应力很大而超出弹性范围，因此，通常考察顶点附近以外的区域。采用极坐标系 (r,θ) 进行分析。在集中力的作用下，根据楔体中应力分布的特点可设应力函数为 $\varphi = rf(\theta)$，利用双调和方程以及 mn 以上部分楔体的平衡条件可以求得 φ，由此得应力分量为

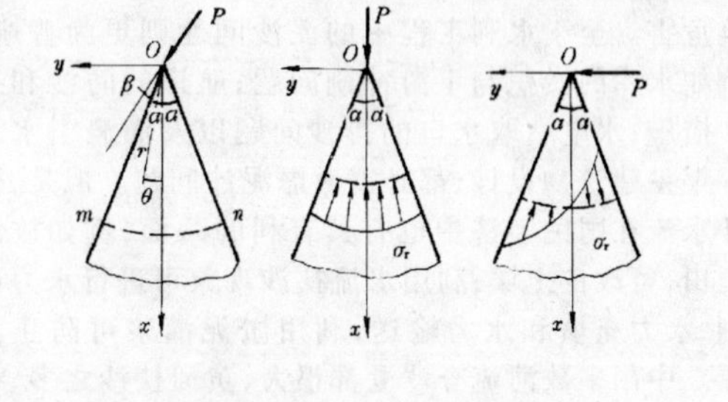

$$\sigma_r = -\frac{2p\cos\beta\cos\theta}{(2\alpha+\sin2\alpha)r} - \frac{2p\sin\beta\sin\theta}{(2\alpha-\sin2\alpha)r} \qquad \sigma_\theta = \tau_{r\theta} = 0$$

当顶端受垂直集中力和水平集中力时，应力分布如图所示。当顶端作用集中力偶 M 时，取应力函数为 $\varphi = f(\theta)$，求得应力分量为

$$\sigma_r = \frac{2M\sin2\theta}{(\sin2\alpha - 2\alpha\cos2\alpha)r^2} \qquad \sigma_\theta = 0$$

$$\tau_{r\theta} = -\frac{M(\cos2\theta - \cos2\alpha)}{(\sin2\alpha - 2\alpha\cos2\alpha)r^2}$$

(刘信声)

楔形破坏 wedge failure

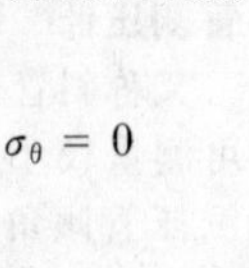

沿两个相交结构面交线下滑的破坏。一般发生在岩坡中有两组结构面与边坡斜交，且相互交成楔形体。当两结构面的组合交线倾向与边坡倾向相近，倾角小于坡面角而大于其摩擦角时，容易发生这类破坏。坚硬岩体中露天矿台阶很多是以这种形式破坏的。 (屠树根)

协调元 conforming element, compatible element

又称保续元。位移函数正好满足变分原理所规定连续性要求的单元。当泛函中所含位移函数导数的最高阶为 m 时，协调元内部位移函数及其直到 m 阶的导数连续，单元之间位移函数及其直到 $m-1$ 阶的导数连续。用协调元求得的解答具有单调收敛性质。 (支秉琛)

挟沙力 carrying capacity

在一定的河床物质组成条件下，一定的水流所能挟带的泥沙数量。其定义式为 $S_m = \frac{G_s}{Q}$，式中 G_s 为输沙率，Q 为流量。如果水流挟带的泥沙量超过了水流的挟沙能力，则发生淤积；若水流挟带的泥沙量低于其挟沙能力，则会发生冲刷，所以挟沙能力是分析河流的冲刷、淤积或平衡问题的前提，是动床水力学的重要问题之一。 (叶镇国)

挟沙水流 sediment-laden flow

挟带悬移质的水流。它是一种水(液相)与泥沙

(固相)相混杂的连续介质的流动,属于二相流动。河流挟带泥沙必然会引起河道的冲淤变形,发生河床演变,任其发展,还会对防洪、航运、取水等造成严重危害。至于水利工程中的泥沙问题则更为普遍。例如水库的淤积与下游冲刷问题;航道的防沙和排沙措施;水电站取水口的排沙问题以及灌溉引水口等渠系建筑物设计,都必需考虑泥沙问题。但是,挟沙水流在国民经济中也有其有利的一面,例如放淤肥田,可改良土壤;利用水流挟沙现象可进行水力冲刷,水力充填和水力输送;利用淤泥灌浆可防止渗漏。中国多数河流含沙量都很大,黄河挟沙之多、举世闻名,泥沙问题的解决,往往成为发展水利事业的关键,因此研究挟沙水流运动规律具有特别重大的意义。 (叶镇国)

斜管测压计 inclined-tube manometer

又称斜管微压计。测压管倾斜放置的测压计。它可测量较小的压强,对测定气体压强尤为适宜。设测压管倾角为 α,沿斜置测压管自测点至液面的距离为 l,则测点处的压强按下式计算

$$p = \gamma l \sin\alpha = \gamma h$$

式中 γ 为管中液体的重度,h 为管中液面至测点的垂直高度,因 $l > h$,故可放大对 h 的测读倍数。α 愈小,放大倍数愈大,测读愈精确。此外,γ 愈小,读数 l 也越大,故工程上常用重度比水更小的液体以提高测量精度。 (彭剑辉)

斜拉桥 cable-stayed bridge

又称斜张桥。以直接锚固在塔上的多根斜拉索作为主梁弹性支承的一种桥梁结构体系。是现代桥梁的主要桥型之一。其优点是内力分布均匀、跨越能力大、建筑高度低、稳定性能好、桥型轻盈美观。其缆索的布置形式很多,且与塔柱类型有关。索面的横向布置形式,常见的有单索面和双索面两种。索型有辐射形、竖琴形和扇形等(图 a、b、c)。与单索面相配合的塔架形式有独柱和倒Y形;与双索面(斜索面)相配合的有门式塔架等。在立面上,斜拉桥可布置成不对称或对称的独塔、双塔以及多塔连续的形式。斜拉桥的力学模型一般为高次超静定的非线性结构体系。其分析多用有限元法。

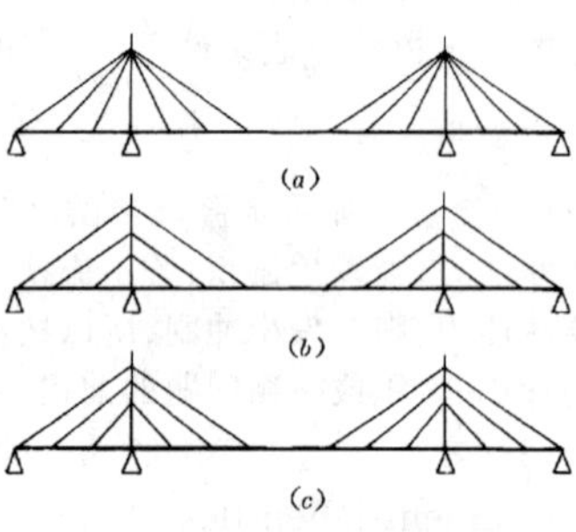

(何放龙)

斜弯曲 skew bending, unsymmetrical bending

梁的挠曲线不位于力作用平面内的弯曲。当荷载不作用在梁的任一主惯性平面内时,变形后梁的轴线不再位于外力所在的纵向平面内。这时可将横向力分解为两个主惯性平面内的分力,分别按平面弯曲理论进行计算,再进行叠加(正应力为代数和,位移为几何和)。 (庞大中)

斜压流体 baroclinic fluid

内部点压强与密度和其他热力学参数(如温度等)有关的流体。 (叶镇国)

谐振法 resonant method

一种在室内进行的、利用波长为150cm至数cm的弹性波测定岩石动弹性参数的方法。试验时,通过激发器产生谐振,并确定其在试件中传播的速度,进而计算出岩石的动弹性参数。按照振荡激发的方式,可分为纵向谐振、横向谐振和扭转谐振。试件为细长的圆柱杆或棱柱杆。对于纵向谐振,动弹性模量 E_d 为

$$E_d = DWf^2$$

式中,D 为形状系数;W 为试件重量;f 为纵向基本频率。对于横向谐振,E_d 为

$$E_d = CWf^2$$

式中,C 为形状系数;W 为试件重量;f 为横向基本频率。对于扭转谐振,动刚度模量 G_d 为

$$G_d = BWf^2$$

式中,B 为系数,与圆柱杆截面积、重力加速度、振型整数、试件长度及极惯性矩有关;W 为试件重量;f 为扭转振动的基本频率。 (袁文忠)

卸载波 unloading wave

塑性波问题中的特有现象,即卸载引起的扰动,将以弹性波波速传播。以弹塑性细杆中波的传播为例,当材料的应力-应变曲线满足 $d^2\sigma/d\varepsilon^2 < 0$ 时,塑性波波速随应力值的增长而降低,且恒小于弹性卸载扰动的传播速度(等于弹性波波速)。这时,这种应力卸载的发生有两种情况:①在杆端外力卸载,由于塑性波速小于弹性波波速,弹性卸载扰动可以赶上塑性波并与之相遇并在相遇的截面处发生卸载,称此种卸载波为追赶卸载波;②在有限长杆中,若从自由端反射回来的卸载扰动与尚未到达自由端的塑性加载波相遇,则在相遇的截面处将卸载,称此卸载波为迎面卸载波。 (徐秉业)

卸载规律 rule of unloading

又称简单卸载定理。材料进入塑性状态后返回弹性状态过程(称为卸载过程)中的本构关系。对于金属材料,在小变形条件下,通常假定弹性和塑性不

耦合,即弹性常数与塑性变形无关;材料在卸载过程中应力增量和应变增量遵循广义胡克定律,直到再次进入塑性状态为止。（熊祝华）

谢才公式 Chézy formula

均匀流流速计算的经验公式。它是谢才于1769年通过总结实践经验提出的一种流速计算方法,故名。公式形式如下

$$v = C\sqrt{RJ}, C = \sqrt{\frac{8g}{\lambda}}$$

式中 C 为谢才系数;R 为水力半径;J 为水力坡度。它是水力学中最古老的公式之一,其实质是达西-魏士巴哈公式的另一种表达形式,它可用于有压流,也可用于明渠水流。对于圆管均匀流,层流和紊流均适用;对于明渠水流,谢才系数所采用的经验公式,其资料来源大都限于紊流水力粗糙区(即阻力平方区),故此公式对明渠的适用条件为阻力平方区。

（叶镇国）

谢才系数 Chézy coefficient

在谢才公式中用以反映沿程阻力影响的系数。它与沿程阻力系数 λ 存在下述关系

$$C = \sqrt{\frac{8g}{\lambda}}$$

或

$$\lambda = \frac{8g}{C^2}$$

式中 C 为谢才系数($m^{0.5}/s$);λ 为沿程阻力系数;g 为重力加速度(m/s^2)。C 与 λ 不同,前者包含了重力加速度 g,是有量纲的系数,而后者是没有量纲的系数,且在理论上比 C 更为合理。C 值的确定按理应像分析沿程阻力系数一样给以不同的表达式。但谢才公式出现的年代较早(1769),当时没有认识到这点,而是采用了总结部分实测资料得出的经验公式,因而未能较全面地概括水流阻力的规律性。目前采用的经验公式,其资料来源大都限于紊流水力粗糙区(即阻力平方区)。常用的 C 值经验公式有两种:①曼宁(Manning,1890)公式

$$C = \frac{1}{n}R^{\frac{1}{6}} \quad (m^{0.5}/s)$$

式中 n 为粗糙系数(糙率),R 为水力半径,以 m 为单位。②巴甫洛夫斯基(Павловскиŭ,1925)公式

$$\begin{cases} C = \frac{1}{n}R^{y} \quad (m^{0.5}/s) \\ y = 2.5\sqrt{n} - 0.13 - 0.75\sqrt{R}(\sqrt{n} - 0.10) \\ 0.1 \leqslant R \leqslant 3.0m \\ 0.011 \leqslant n \leqslant 0.035 \sim 0.04 \end{cases}$$

当水力半径 $R>3.0$m 时,由于实际资料不多,只能在延伸的意义上应用这个公式。（叶镇国）

xin

辛普森公式 Simpson formula

取等间距的三积分点,将被积函数近似为通过三积分点的二次函数的数值积分公式。当积分区间〔a,b〕较大时,把〔a,b〕n 等分,对其中各个等份应用上述数值积分。公式最后表为

$$\int_a^b f(x)dx = \frac{h}{6}\left[f(a) + f(b) + \frac{4}{6}\sum_{i=1}^{n} f(x_{2i-1}) + \frac{2}{6}\sum_{i=1}^{n-1} f(x_{2i})\right]$$

$$x_i = a + i\frac{h}{2}, h = \frac{b-a}{n}$$

（包世华）

新拌混凝土 fresh concrete

水泥、粗细骨料、水(外加剂、掺合料)等原材料,按设计的比例配合,刚搅拌均匀的混合料。含有固相、液相和气相。固相包括粗细骨料、未水化的水泥颗粒、氢氧化钙及水泥凝胶等水化产物;液相存在于凝胶孔、毛细孔、固相周界及游离状态中;气相存在于未被水化产物和液相占据的孔隙和气泡中。按稀稠程度大致可分为干硬性的、低塑性的和塑性的几种。（胡春芝）

新拌混凝土的流变性 rheological behavior of fresh concrete

新拌混凝土在硬化前随时间、温度、湿度和受力状态而不断发生弹粘塑性及强度变化的性能。可用宾厄姆体流变模型来表示,主要流变参数是屈服应力 θ_t 和塑性粘度 η_{pl}。可用双圆筒粘度计、流动桌、剪切盒等仪器来测量流变参数。水泥品种、混凝土配合比、拌合物温度和所采用的外加剂等因素,都影响流变参数值及其演变进程,进而影响拌合物的运输、成型及硬化混凝土的性能。（胡春芝）

新拌混凝土的稳定性 stability of fresh concrete

在外力作用下,新拌混凝土保持所要求的均匀性的能力。不稳定的两个最普遍的特点,是离析和泌水。（胡春芝）

信号分析仪 signal analyzer

对信号的特征进行分析的仪器。例如对随机信号进行统计分析以求得其概率密度函数,传递函数,相关函数,功率谱,相位谱,相干函数等特性。一般有模拟式和数字式两类。前者功能有限,转换再处理的性能差,后者精确快速,适应性强,实际上是一种专用计算机。（石 沅 王娴明）

xing

行波 progressive wave

又称推进波、前进波、进行波。波形以某种速度向前移动的波。这种波沿其传播方向也伴随一定的流体质量的转移并能传播能量。如洪水波、潮汐波、溃坝波等均属此类。 (叶镇国 郭 平)

形变和内耗与温度关系曲线 deformation and internal friction verses temperature plots

高聚物的内耗-温度曲线与高聚物的形变-温度曲线有相互对应的关系，如图所示。在玻璃化转变温度以下，高聚物受外力作用时，形变很小且能及时跟上，因此力学损耗角 δ 很小，内耗也很小。但在某些温度下有 β、γ 和 δ 力学损耗峰出现，分别对应于比链段更小单元的运动与冻结。在升温到玻璃化转变温度附近时链段运动开始解冻，高弹形变开始出现，但尚不能充分发展，且内摩擦很大，使高弹形变明显地落后于应力的变化，体系内耗很大，并在玻璃化转变区出现一个内耗峰。温度再升高，进入高弹态时，链段有足够的热运动能，高弹形变很大，且体系粘度很小，因而内耗很小。当温度高于粘流温度时，分子间不断产生相对滑移，不可逆形变越来越大，并使内耗迅速增大。

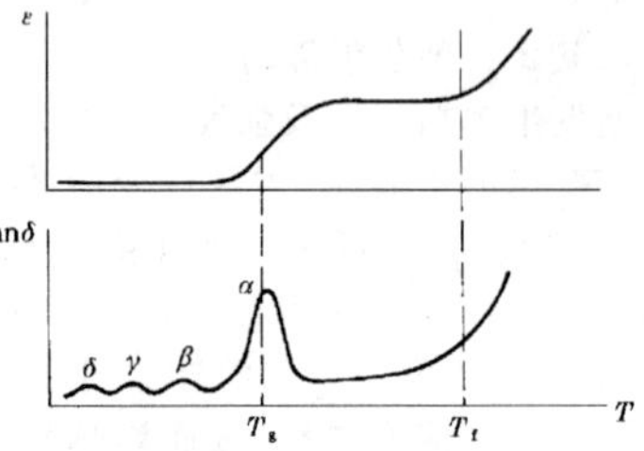

(周 啸)

形常数

单跨超静定梁在各支座单位位移(单位角位移和单位弦转角等)分别单独作用下所产生的杆端弯矩和杆端剪力。包括转动刚度、侧移系数、侧移刚度以及用于计算传递弯矩的传递系数等。它们均只与杆件的长度、截面形状和尺寸、材料性质以及支承情况有关，而与荷载等外因无关。 (罗汉泉)

形函数 shape function

又称形状函数或形态函数。用以构造单元位移函数的基函数。位移函数可表达为

$$u = \sum_{i=1}^{n} N_i u_i$$

式中，u 为单元位移场分量；u_i 为结点位移分量；N_i 为形函数。N_i 的特点是在结点 i 的 u_i 方向的值为1；而在结点 i 的其余方向和其他结点的各个方向，N_i 的值均为零。因此，当 $u_i=1$ 而单元的其他位移分量均为零时，N_i 反映 $u_i=1$ 时的单元位移形态。根据单元的性质，常选择拉格朗日(Lagrange)多项式、赫尔米特(Hermite)多项式、样条函数等作为形函数；对于三角形单元和四面体单元，有时选用由面积坐标和体积坐标构成的插值函数。 (夏亨熹)

形函数矩阵 shape function matrix

由形函数组成的矩阵。是单元结点位移向量与单元位移场向量的转换矩阵。反映单元的位移形态。对于等参元，它也是单元任意点坐标与结点坐标的转换矩阵。 (夏亨熹)

形心 centroid of area

把平面图形看成是均质等厚的薄板，薄板的重心就与图形的形心重合，是截面的几何参数。形心坐标公式为

$$\bar{y} = \frac{S_z}{A}; \quad \bar{z} = \frac{S_y}{A}$$

$\bar{y}$ 为形心到 Z 轴的距离；$\bar{z}$ 为形心到 y 轴的距离；S_z 为图形对 z 轴的面积矩(参见面积矩，239 页)；S_y 为图形对 y 轴的面积矩；A 为图形面积。 (庞大中)

形状参数变量 shape parameter variables

结构形状用某个带有系数或(和)幅值的函数来描述并在结构形状优化时被采用作为设计变量的系数或(和)幅值。常用的有多项式函数的系数。在结构形状优化设计中取这种参数作设计变量的方法属于集中参数优化设计。 (杨德铨)

形状效应 shape effect

试件截面形状或长径(宽)比对试验结果的影响。不同的形状会在试件内部产生不同的应力分布，因而影响试验结果。由于圆柱体内应力轴对称分布，故很多试验采用这种形状的试件。 (袁文忠)

形状优化设计 optimum shape and/or configuration design

通过改变结构边界形状或(和)构形来改善结构的优化设计。优化时所取的设计变量一般是用以确定结构形状的结点坐标变量，或形状参数变量，或形状函数本身，也可以含有截面尺寸变量。在结构优化设计中属第二层次，难度较大，但优化潜力比截面优化设计大。按形状的表达方式可区分为两类：①基于有限元模型的集中参数优化设计；②基于变分方法的分布参数优化设计。 (杨德铨)

形状阻力 form drag

见压强阻力(403 页)。

性态变量 behaviour variables

在优化设计时被看作可调并构成结构性态的反

应量。它们在优化过程中需逐步地加以改变而达到预定要求,但它们不能直接地加以控制,只能通过调整设计变量来间接地加以影响。它们和设计变量一起可以构成组合向量,有时采用在组合向量空间(性态变量空间和设计空间)中进行搜索的方法可以促进优化设计进程。 (杨德铨)

性态变量空间 behaviour variable space

结构性态变量所形成的空间。空间中的一个点代表结构的一种性态组合,空间的维数等于结构的性态约束方程数。选择适当的性态变量(如位移),可以使结构的某些性态约束函数成为性态变量空间中的线性函数,使优化设计易于实现。 (杨德铨)

性态相优化 optimum in state phase

见桁架设计两相优化法(139 页)。

性态约束 behaviour constraints

在优化设计中对结构性态所施加的限制。常见的有应力约束、位移约束、稳定约束和频率约束等。它还被区分为整体性约束和局部性约束。除极简单的问题外,其约束函数大都是设计变量的非线性函数,而且有时是隐式,比较复杂。对这类约束的检验首先需进行结构分析,工作量较大。 (杨德铨)

xiu

修正单纯形法 revised simplex method

逆矩阵形式的单纯形法。它直接利用基矩阵之逆阵的变化来寻求新的基本可行解,在每次换基中主要只处理一个系数列向量,使得几乎所有数据都可以存放在外部存贮器上,需要时再一列一列地调入内存。换基中需要存贮的新信息仅为基矩阵之逆阵和当前基本可行解,不需整个单纯形表,存贮与运算量较少,求解过程中便于随时估计累计误差,并在该误差超限时用重新求逆的方法予以消除。适用于求解较大型的线性规划问题。 (刘国华)

修正的格里菲斯强度理论 modified Griffith's strength theory

根据压应力作用下裂隙会闭合的特性修正格里菲斯假设而得出的理论。由麦克林托克(F.A.Moclintok)和瓦尔西(J.B.Walsh)于 1962 年提出。裂隙受压闭合后能承受剪应力和正应力。破裂准则为

$$\sigma_1 = \frac{4\sigma_t}{\left(1 - \frac{\sigma_3}{\sigma_1}\right)\sqrt{1 + f^2} - \left(1 + \frac{\sigma_3}{\sigma_1}\right)f}$$

f 为裂隙面间的摩擦系数;σ_t 为岩石抗拉强度;σ_1 和 σ_3 分别为裂隙周围的最大和最小主应力。 (周德培)

修正的拉格朗日格式 updated Lagrangian method

几何非线性分析中对大应变问题所采用的一种分析方法。以加载或时间步长开始时的位形(configuration)为基准(参考),在整个分析过程中,参考位形不断更新,基本方程中变量每步均以此步开始时的新位形为基准位形。 (包世华)

修正 N-R 法 modified N-R method

又称等刚度迭代法。始终用初始切线矩阵来求新的近似解的非线性方程组解法。它是对 Newton-Raphson 法的一种修正,用以克服每次迭代需重新形成并求逆一个新的切线矩阵带来的麻烦。它用初始切线矩阵来代替,即令 $\boldsymbol{K}_T^{(m)} = \boldsymbol{K}_T^{(0)}$,于是,每次迭代求解的是同一方程组

$$\Delta\boldsymbol{a}^{(m)} = -(\boldsymbol{K}_T^{(0)})^{-1}(\boldsymbol{P}^{(m)} + \boldsymbol{f})$$

系数矩阵只需分解一次,每次迭代只进行一次回代即可。虽然付出的代价是收敛速度降低,但一般情况下总体上还是比较经济的。 (姚振汉)

修正剑桥模型 modified Cam clay model

罗斯科(Roscoe)和伯兰特(Burland)于 1968 年对剑桥模型作了修正后提出的一个土的弹塑性模型。主要是对剑桥模型的弹头形屈服面形状作了修正,认为屈服面轨迹应为椭圆,其方程为

$$p'\left[\frac{(q/p')^2 + M^2}{M^2}\right] = p'_0$$

式中 p' 为平均有效应力,q 为主应力差,M 为 $p':q$ 平面上临界状态线斜率;p'_0 为屈服轨迹与等向固结线交点的平均有效应力值。修正后的模型通常称为修正剑桥模型。随后又修正了剑桥模型认为在完全状态边界面内土体变形是完全弹性的观点。认为在完全状态边界面内,当剪应力增加时,虽不产生塑性体积变形,但产生塑性剪切变形。这可认为是对修正剑桥模型的再次修正。 (龚晓南)

xu

虚变形能 virtual deformation energy

又称为虚应变能或内虚功。力状态的微段两侧截面上的应力合力 N_1、Q_1、M_1 在位移状态的微段变形 $\varepsilon_2 dx$、$\gamma_2 dx$、$\kappa_2 dx$ 上所作的虚功,常以 W_i 表示。对于杆件结构

$$W_i = \Sigma\int_0^l (N_1\varepsilon_2 + Q_1\gamma_2 + M_1\kappa_2)dx$$

参见杆件平衡条件和杆件变形协调条件(107 页)。 (罗汉泉)

虚功 virtual work

①质点或质点系发生虚位移时,作用在其上的力所作的元功。可根据作用力的具体情况,应用在无

限小实位移中元功的求法来计算。例如应用元功解析式时，力 $\boldsymbol{F}$ 的虚功 $\delta W = X\cdot\delta x + Y\cdot\delta y + Z\cdot\delta z$，式中 X、Y、Z 为力 $\boldsymbol{F}$ 在 x、y、z 坐标轴上的投影，变分 δx、δy、δz 为该质点的虚位移在此三轴上的投影。

②作功的力在与该力无关的其他力或其他外因所引起的相应位移上所作的功。包括外力虚功和虚变形能。虚功中的"虚"字并非虚无之意，而是强调做功的力所处的状态(称为力状态)与作功的位移所处的状态(称为位移状态)两者彼此独立无关。因此，既可以将力状态看成是虚设的，位移状态为实际存在的；也可把位移状态看成是虚设的，而力状态是实际存在的。它们各有不同的应用。参见虚功原理。 (黎邦隆 罗汉泉)

虚功方程 equation of virtual work

虚功原理(变形杆件)的数学形式。以 W 表示力状态的力系在位移状态的相应位移上所作的外力虚功，以 W_i 表示力状态的各微段的应力合力在位移状态的微段相应变形上所引起的虚变形能(又称为内虚功)的总和，则有 $W = W_i$。以变形直杆 AB 为例，设其在力状态下受有轴向分布荷载 $p_1(x)$、横向分布荷载 $q_1(x)$、分布力偶矩 $m_1(x)$ 的作用，A 端和 B 端分别作用有杆端力 $\overline{N}_A$、$\overline{Q}_A$、$\overline{M}_A$ 和 $\overline{N}_B$、$\overline{Q}_B$、$\overline{M}_B$；又设直杆在位移状态下，微段的线应变、剪应变和曲率分别为 ε_2、γ_2、κ_2，杆件两端的位移分别为 $\overline{u}_A$、$\overline{v}_A$、$\overline{\varphi}_A$ 和 $\overline{u}_B$、$\overline{v}_B$、$\overline{\varphi}_B$，则其虚功方程可表为

$$
\begin{aligned}
&(\overline{N}_B\overline{u}_B + \overline{Q}_B\overline{v}_B + \overline{M}_B\overline{\varphi}_B) \\
&- (\overline{N}_A\overline{u}_A + \overline{Q}_A\overline{v}_A + \overline{M}_A\overline{\varphi}_A) \\
&+ \int_A^B (p_1u_2 + q_1v_2 + m_1\varphi_2)\mathrm{d}x \\
&= \int_A^B (N_1\varepsilon_2 + Q_1\gamma_2 + M_1K_2)\mathrm{d}x
\end{aligned}
$$

式中左边的 u_2、v_2、φ_2 为直杆在位移状态下微段的轴向位移、法向位移和角位移；右边的 N_1、Q_1、M_1 为力状态下微段的轴力、剪力和弯矩。当上述两种状态中的力状态是给定的而位移状态为虚设时，虚功方程实质上代表静力平衡方程，可用于求力状态的未知力；当位移状态为给定的而力状态为虚设时，则虚功方程实质上代表变形协调方程，可用于求位移状态的未知位移。 (罗汉泉)

虚功原理 principle of virtual work

力学中一个关于运动可能位移和静力可能应力之间功能关系的普遍原理。作用在物体上的外力在运动可能位移场上所作的功等于与外力对应的静力可能应力场在相应的运动可能应变场(见几何可能位移场，157页)上所作的功。设以 u_i^*、ε_{ij}^* 表示运动可能位移和对应的应变，σ_{ij}^0 表示静力可能应力，则虚功原理可表示为

$$
\int_v \sigma_{ij}^0\varepsilon_{ij}^*\mathrm{d}v = \int_v f_iu_i^*\mathrm{d}v + \int_s p_i^0u_i^*\mathrm{d}s
$$

式中 v 为物体所占空间，s 为物体的表面，f_i 为体积力；p_i^0 为与 σ_{ij}^0 平衡的面力。虚功原理是力学中的一个基本等式，由它可以推导各种能量原理以及能量方法。这个原理的别种陈述方法有

①虚位移原理 若某一内、外力系在各种运动可能位移及应变上所作的内功和外功相等，则此力系必是静力可能的。

②虚内力(应力)原理 若某位移场和应变场使各种静力可能的外力和内力(应力)在其上所作的外功和内功相等，则此位移场和应变场必是运动可能的。

在杆系结构力学中，设变形体系在某力系作用下处于平衡状态(称为力状态)，同时变形体系在其他力系或外因作用下发生符合约束条件的微小连续变形(称为位移状态)，则力状态中的力系在位移状态的相应位移上所作的外力虚功 W 恒等于力状态中各微段的应力合力在位移状态的微段变形上所引起的虚变形能 W_i。上述作功的力状态和位移状态两者彼此独立无关。若力状态是给定的，位移状态为虚设的，虚功原理就成为虚位移原理，据此建立的虚功方程等价于静力平衡方程，可用于求力状态中的未知力；若位移状态是给定的，力状态为虚设的，则虚功原理即成为虚力原理，由此所建立的虚功方程等价于变形协调条件，可用于求位移状态的未知位移。故虚功原理所建立的方程既可以用来代替平衡条件，也可用来代替变形协调条件。此原理是力学中的基本原理之一，应用极广。既适用于线性变形体系，也适用于非线性变形体系。用它可导出势能驻值原理等许多能量原理，也可由它导出解算超静定结构的两个基本方法——力法和位移法，等等。 (熊祝华 罗汉泉)

虚铰 imaginary hinge

由联接两个刚片且不直接相交的两根链杆(其轴线的延长线交于某一点)所形成的约束。其作用相当于单铰。当两个刚片以此种方式相联时，两者可以产生以两链杆轴线的交点为中心的相对转动，该瞬时的运动情况与两刚片在这点用单铰相联时完全相同。该点即为此虚铰的铰心，又称为相对转动瞬心，其位置随着链杆的转动而不断改变。对于两根轴线平行的链杆，所形成的虚铰铰心在无穷远处。 (洪范文)

虚力原理 principle of virtual force

在一个变形体系上，使其变形与位移协调并与约束几何相容的必要和充分条件是，对于任意满足平衡条件的虚设力系，外力虚功等于虚变形能。它是虚功原理应用的两种形式之一，其中位移状态是

给定的，力状态则为虚设的。据此所建立的虚功方程等价于变形协调条件。当虚设状态中只包含一个广义力时，可据以求得给定位移状态下沿广义力方向的相应广义位移。当虚设力状态中只有一个单位广义力时，即可导出计算位移的一般公式，这一方法即为单位荷载法。由虚力原理可导出最小余能原理。 （罗汉泉）

虚梁 imaginary beam

共轭梁法中与实梁相比拟的虚设梁。实梁以及相对应的虚梁，合称为共轭梁。虚梁的虚荷载为实梁的弯矩。实梁与虚梁的支座约束间要满足一定的转换关系。举例如下：

实梁	端部铰支座	中间铰支座	固定端	自由端
虚梁	端部铰支座	中间铰链联接	自由端	固定端

（庞大中）

虚拟状态 virtual state

应用虚功原理进行结构分析时，人为设定的与实际状态独立无关的状态。基于不同的计算目的，可选取力状态或位移状态中的任一状态作为虚拟状态。例如，用单位荷载法求位移时取力状态作为虚拟状态。 （何放龙）

虚速度原理 principle of virtual velocity

有关外虚功率与虚应变率的一个普遍原理。可用于运动过程的任何给定时刻。其解析表达式为

$$\int_{\mathrm{v}}\sigma_{ij}^{0}\dot{\varepsilon}_{ij}^{*}\mathrm{d}v+\sum_{l}\int_{\mathrm{sl}}t_{i}^{0}[\dot{u}_{i}^{*}]\mathrm{d}s+\int_{\mathrm{v}}\rho\ddot{u}_{i}\dot{u}_{i}^{*}\mathrm{d}v$$
$$=\int_{\mathrm{v}}F_{i}\dot{u}_{i}\mathrm{d}v+\int_{\mathrm{s}}T_{i}^{0}\dot{u}_{i}^{*}\mathrm{d}s$$

式中，σ_{ij}^0为对应于$\ddot{u}_i$的动力容许应力场；$\dot{\varepsilon}_{ij}^*$为运动容许应变率场；s_1为第l个速度间断面；$t_i^0=\sigma_{ij}n_j$为间断面上的应力矢；$[\dot{u}_j^*]$为$\dot{u}_i^*$的间断值。$\dot{u}_i$、$\dot{\varepsilon}_j^*$与σ_{ij}^0、F_i、T_i^0之间可互不相关且ε_{ij}^*与σ_{ij}之间可不存在任何关系。问题的真实解应满足虚速度原理。这一原理在动力学中具有重要的用途，例如，根据这个原理可以导出塑性动力学的极值原理。 （徐秉业）

虚位移 virtual displacement

简称可能位移。在材料力学中指在不破坏约束的情况下，质点或质点系为约束所容许的无限小位移。它与实位移是两个不同的概念。虽然两者都是约束容许的位移，但后者是质点或质点系在不平衡力系作用下发生的真实位移，前者是实际并未发生，只是设想它发生的位移。受平衡力系作用的静止质点或质点系，后者不可能发生，前者仍可设想发生。在给定力系作用下和给定的运动初始条件下，后者只有一种，且需经历一段时间；前者则可有许多种，且不需经历任何时间。在非定常约束情况下，后者与约束的变化有关，约束方程中时间t不是常量；前者不考虑约束的变化，约束方程中t是常量。只在定常约束的情况下，后者才是前者的一种。后者用微分符号d表示，求它是作微分运算；前者用变分符号δ表示，求它是作变分运算。但在定常约束的情况，可用微分法求得变分。令系统发生虚位移，是推导和应用虚位移原理所必需的，在分析动力学里也要用到。解决平衡问题时，还需作虚位移分析，分析方法通常是：① 将各主动力作用点的直角坐标表为所选广义坐标的函数，然后求它们的变分；② 用对机构进行速度分析的方法，将各有关虚位移用所选的独立虚位移表示。

在结构力学中指由与作功的力无关的任何其他原因所引起的（也可以是虚设的）、能满足全部位移边界条件和变形连续条件的微小位移。又称为几何可能位移，或简称可能位移。（黎邦隆 罗汉泉）

虚位移原理 principle of virtual displacement

又称虚功原理（principle of virtual work）。受到双面、定常、理想约束的质点系保持静止平衡的必要与充分条件是：在系统的任何虚位移中，作用在其上的所有主动力的虚功之和等于零。可表示为

$$\Sigma(\boldsymbol{F}_i\cdot\delta\boldsymbol{r}_i)=0$$

或 $$\Sigma(X_i\cdot\delta X_i+Y_i\cdot\delta y_i+Z_i\cdot\delta z_i)=0$$

本原理是关于平衡的最普遍的规律，是一切平衡条件的概括，不但理论价值很高，而且用来解决复杂的非自由质点系的平衡问题也常常比较方便。此外它还广泛应用于其他力学分支。

在变形杆件中，变形体系处于平衡的必要和充分条件是，对于任意微小的且满足变形协调条件的虚位移，外力虚功等于虚变形能。是虚功原理应用的两种形式之一。其中做功的力状态是给定的，位移状态则为虚设的。据此所建立的虚功方程等价于静力平衡条件，利用它可求解未知力。用机动法作影响线，用机构法求梁和刚架的极限荷载都需应用这一原理。在保守系统中，由它可导出势能驻值原理。 （黎邦隆 罗汉泉）

虚应变 virtual strain

又称几何可能应变。在虚功方程中，位移状态的应变。杆件的虚应变，有三个分量：线应变ε，剪应变γ，曲率κ。它们与该状态的虚位移u、v、φ之间必须满足下面的几何关系

$$\left.\begin{aligned}\varepsilon&=\frac{\mathrm{d}u}{\mathrm{d}x}\\ \gamma&=\frac{\mathrm{d}v}{\mathrm{d}x}+\varphi\\ \kappa&=\frac{\mathrm{d}\varphi}{\mathrm{d}x}\end{aligned}\right\}$$

参见杆件变形协调条件（107页）。

（罗汉泉）

虚应力法 fictitious stress method

边界积分方程间接法的一种，将求解域开拓为无限域，假想在原边界线上作用虚荷载，根据在求解域边界满足边界条件建立对于虚荷载的边界积分方程，然后求解原问题的方法。对于以 Γ 为边界的 Ω 域上的弹性静力问题，若假想在无限域中沿 Γ 作用虚设的密度为 p_α（p）的线荷载，则所产生的位移场为

$$u_\alpha(Q)=\int_\Gamma u^s_{\alpha\beta}(p;Q)p_\beta(p)\mathrm{d}\Gamma(p)$$

式中 $u^s_{\alpha\beta}$（p；Q）即开尔文解；p 为边界上的源点；Q 为域内任意点。根据边界条件可对给定位移边界点 q 及给定面力边界点 q 建立如下方程

$$\int_\Gamma u^s_{\alpha\beta}(p;Q)p_\beta(p)\mathrm{d}\Gamma(p)=\bar{u}_\alpha(q)$$

$$n_\beta(q)\int_\Gamma \sigma^s_{\alpha\beta\gamma}(p;q^-)p_\gamma(p)\mathrm{d}\Gamma(p)=\bar{t}_\alpha(q)$$

式中 $\sigma^s_{\alpha\beta\gamma}$为相应于开尔文解的应力；$q^-$ 为相应于边界点 q 的域内侧点。（姚振汉）

徐变推算公式及曲线 formula and curve for the predication of creep

我国有关部门提出的徐变推算公式如下：

①普通混凝土

$$\varphi\ (t)_0=\frac{t^{0.6}}{4.168+0.312t^{0.6}}$$

$$\varphi\ (t)\ =\varphi\ (t)_0\cdot k_1\cdot k_2\cdot k_3\cdot k_4\cdot k_5\cdot k_6^{\varphi}\cdot k_7^{\varphi}$$

$$C\ (t)_0=\frac{\varphi\ (t)_0}{E\ (\tau)}$$

②轻骨料混凝土

$$\varphi\ (t)_0^L=\frac{t^{0.6}}{4.520+0.359t^{0.6}}$$

$$\varphi\ (t)^L=\varphi\ (t)_0^L\cdot k_1\cdot k_2\cdot k_3\cdot k_4\cdot k_5\cdot k_6^{\varphi}\cdot k_7^{\varphi}$$

$$C\ (t)_0^L=\frac{\varphi\ (t)_0^L}{E\ (\tau)^L}$$

式中：$\varphi\ (t)_0$ 和 $\varphi\ (t)_0^L$ 为在标准条件下普通混凝土和轻骨料混凝土的徐变系数；$\varphi\ (t)$ 和 $\varphi\ (t)^L$ 为在非标准条件下普通混凝土和轻骨料混凝土的徐变系数；$C\ (t)_0$和 $C\ (t)_0^L$ 为标准条件下钢筋混凝土中，普通混凝土和轻骨料混凝土的徐变度；t 为混凝土徐变测试时间（天）；$E\ (\tau)$ 和 $E\ (\tau)^L$ 为时间为 τ 时普通混凝土和轻骨料混凝土的弹性模量，可用 28 天龄期的弹性模量来推算；k_1、k_2、k_3、k_4、k_5、k_6^{φ}、k_7^{φ} 分别为环境相对湿度、构件截面尺寸、养护方法、粉煤灰掺量、混凝土标号、加荷龄期、应力水平等，对徐变的影响系数，可由有关表查得。徐变曲线见图。

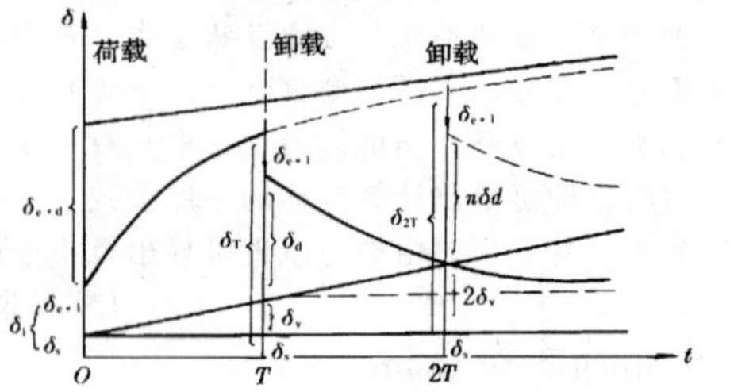

（胡春芝）

徐变系数 coefficient of creep

徐变变形值与瞬时变形值之比，是表达徐变量的一种方法。（胡春芝）

徐变与温度和外力关系曲线 temperature and stress dependence of creep

在恒定载荷作用下改变温度，或在恒定温度下改变所加恒定外力的水平时，应变对时间的作图。曲线的测定一般用拉伸方式进行，也可用压缩或切变等方式进行。徐变和徐变速率对温度和荷载有较强的敏感性。但若温度过低、载荷太小、徐变就很小，徐变速率也很低，在短时间内不易察觉；若温度过高、载荷过大，形变的建立很快，徐变也不明显；在比 T_g 稍高的温度，在适当大小的载荷作用下，可观察到较明显的徐变发生。且在一定的温度范围内随温度的升高和载荷的增大，徐变和徐变速率都增大。（周　啸）

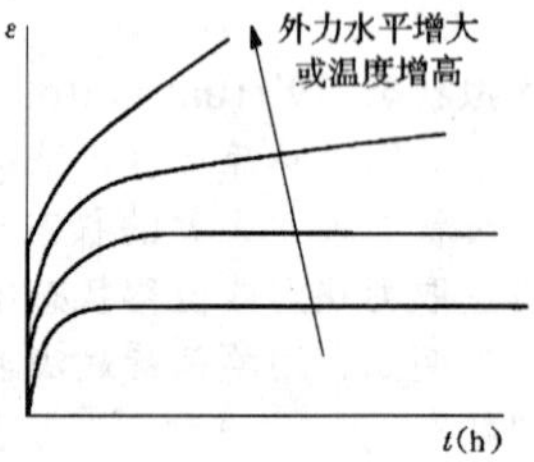

许用应力 allowable working stress

保证构件安全工作所许用或容许的设计应力限值，记为〔σ〕。其计算式为〔σ〕$=\sigma^0/k$，σ^0 为极限应力，k 为安全系数。（郑照北）

序列二次规划法 sequential quadratic programming

又称 SQP 法。用一系列二次规划子问题去逐步逼近原问题的一种约束非线性规划算法。其原理是先由库－塔克（K－T）条件写出一非线性方程组；然后由解非线性方程组的牛顿法构造迭代方程式，该方程式恰好与一个二次规划问题的 K－T 条件相同，从而这一迭代过程等价于求解一个二次规划问题，其中的目标函数是拉格朗日（Lagrange）函数在迭代点上的二次展开式，约束条件是原约束在迭代点上的线性近似以及不等式约束乘子的非负性限制；以这个二次规划问题的解点作为原问题解的一个新的近似进入下一轮迭代，如此反复直至收

敛。确保算法高效、可靠的另两条重要措施是：①为减少二次展开的计算量，引入变尺度的思想，利用已有的迭代信息来构造近似的海色（Hesse）矩阵；②为保证算法的整体收敛性，用二次规划子问题的解确定搜索方向，构造罚函数并采用监控技术进行一维搜索。序列二次规划法溶入了K－T条件、线性近似、二次近似、拉格朗日函数、罚函数、变尺度和二次规划等重要的优化概念与手段，成为当前最有效的约束非线性规划算法之一。（刘国华）

序列线性规划法 sequential linear programming

又称SLP法。通过一系列线性问题来逐步逼近原非线性问题的一种约束非线性规划算法。在迭代点上将目标函数和约束函数作线性展开，构成一个线性规划子问题，以子问题的解作为新的迭代点，重复上述过程直至逼近最优点为止。由于线性展开式只有在展开点附近才能较好地逼近原函数，所以必须施加对变量变化范围的限制，称为移动限制。增加移动限制后的SLP法又称为限步法或近似规划法。该算法简单易行，比较适用于求解设计变量和约束条件较多，但只有少量约束为非线性的问题。该法的收敛性还没有得到证明，不过实际应用表明对凸规划通常是收敛的。（刘国华）

絮凝结构 flocculated structure

新拌水泥浆在水泥水化潜伏期内，水泥颗粒形成较均匀地分散在浓稠悬浮体中的网状结构。此时有一定的粘结强度。它可以被表面活性物质所破坏。（胡春芝）

絮凝泥浆 flocculated slurry

泥浆悬浮体中加入少量絮凝剂，迅速产生疏松棉絮状沉淀物的泥浆。实际生产中，加入少量Ca^{2+}、Mg^{2+}的硫酸盐或氯化物絮凝剂，都可以增大吸浆速度。（胡春芝）

絮状结构 flocculent structure

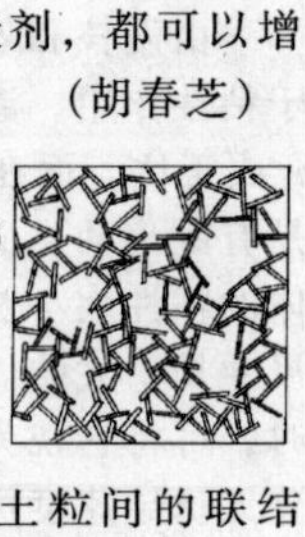

细微的粘粒（粒径＜0.005mm）在含电介质的悬浮液中成团并下沉而形成的土的结构。具有这种结构的粘性土孔隙比大，含水量高，压缩性高，抗剪强度低，渗透性低。土粒间的联结强度会由于压密和胶结作用而得到加强。（朱向荣）

xuan

悬臂梁 cantilever beam

一端为固定端，另一端为自由端的梁。支座反力为固定端处通过截面形心的水平分力、垂直分力以及一个力偶。（庞大中）

悬索结构 suspended cable structure

以柔性受拉悬索、固定悬索用的边缘构件以及支架所构成的承重结构。悬索通常采用钢丝绳、钢丝束、钢绞线或圆钢等受拉性能良好的线材做成。它能充分利用高强度材料的抗拉性能，具有自重轻、跨越空间大、节省材料等优点，适用于大型公共建筑等工程。按其受力状态，分为平面悬索结构和空间悬索结构。后者多用于大跨度屋盖结构，其常用形式有辐射式悬索结构和索网结构等，如1961年建成的北京工人体育馆，其屋盖采用了双层辐射式悬索结构。单索是悬索结构的基本单元，其内力和变形均与荷载成非线性关系。故这类结构的计算比工程中常用的一般结构（梁、刚架、桁架等）要复杂得多。（何放龙）

悬索桥 suspension bridge

由主梁、塔、缆索和锚锭共同组成的单跨或多跨桥梁（见图）。其主要优点为自重轻、跨越能力大。承担桥面荷载的主梁用吊杆与缆索相连。当跨度较大时，主梁常采用加劲桁架等形式，以增大其刚度。悬索桥属柔性结构，在承受荷载后变形较大，一般应按几何非线性结构计算。中国著名桥梁专家李国豪于1940年发表的《悬索桥按二阶理论的实用计算》一文为此提供了一种简便的计算方法。

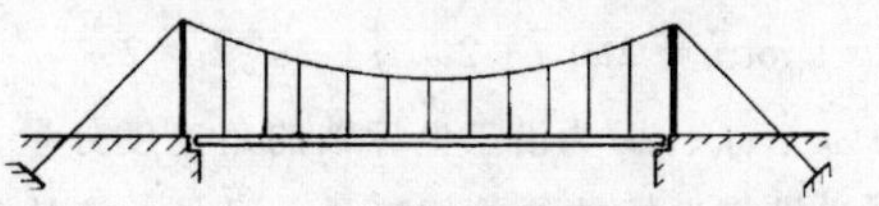

（何放龙）

悬移临界值 critical value of suspension

判别泥沙颗粒是否可悬浮的无量纲数。按下式计算：

$$\xi = \frac{\omega}{\beta K v_*}$$

式中ω为沉速；β为泥沙悬移质扩散系数与动量扩散系数的比值。K为卡门常数；v_*为动力流速。对一定的水流条件说，ξ愈大，即ω愈大或泥沙颗粒愈粗。理论分析和实测验证表明，当$\xi \geqslant 1.5$时，颗粒悬浮高度基本上达不到水面，当$\xi \geqslant 5$时，可以认为不能悬浮，因此，$\xi = 5$可作为悬浮的临界值。（叶镇国）

悬移质 suspended load

又称悬沙或浮沙。远离床面随水流向下游的泥沙。泥沙悬浮的原因是紊流流速的脉动及水流中向上运动的旋涡作用，由于脉动、旋涡的运动方式及

其强度呈现随机性，因此这种泥沙在运动过程中也表现出时沉时浮的现象。（叶镇国）

悬移质测量法 measuring method for suspended load

水流中含砂量或含砂浓度的测定方法。悬移质采样器日常用的有横式及瓶式两种。我国黄河水利委员会等单位还研制出同位素采样器，对所采得的水样，经过量积、沉淀、过滤、烘干、称重等手续，由一定体积的浑水中求出干砂重量，按下式求算测点的含砂量

$$\rho_s = \frac{V_s}{V}$$

式中 ρ_s 为实测含砂量（kN/m^3），V_s 为水样中干砂重，V 为水样容积。对于天然河流的断面含砂量可通过测定点含砂重推得垂线平均含砂重，并和取样垂线间部分流量计算断面输砂率，然后按下式求得断面平均含砂量

$$\bar{\rho}_s = \frac{Q_s}{Q}$$

式中 Q 为流量（m^3/s），Q_s 为断面输砂率（kN/s），$\bar{\rho}_s$ 的单位一般为（kN/m^3）。（彭剑辉）

旋度 rotation

又称涡量。矢量场中旋转量的度量。它是个矢量。常以

$$\vec{\Omega} = \text{rot}\ \vec{v}$$

表示。速度 $\vec{v}$ 的旋度可表示为

$$\text{rot}\ \vec{v} = 2\omega_x\vec{i} + 2\omega_y\vec{j} + 2\omega_z\vec{k} = 2\vec{\omega}$$

式中 ω_x、ω_y、ω_z 为沿三坐标轴的角速度分量；$\vec{i}$，$\vec{j}$，$\vec{k}$ 为沿三坐标轴的单位矢量。可见，流速场中旋度的大小为流体微团旋转角速度的二倍，其方向与微团的瞬时转动轴线重合。在流速场中，旋度 rot $\vec{v}$ 在给定点处，它的方向乃是最大的环流密度的方向，其模为最大环流密度的数值，它在任一方向上的投影，即为该方向上的环流密度。

（叶镇国）

旋光器法 light rotator method

利用旋光器分离等差线和等和线条纹的一种实验技术。偏振光通过石英晶体或磁场时都将发生偏振方向的改变。当第一次通过模型的物光（可以看成两束互相垂直的平面偏振光）通过旋光器后，旋光器使两束光的偏振面都旋转 90 度。当这两束光经由反射镜反射，第二次通过模型时，原来快轴方向的偏振光转为慢轴方向，而慢轴方向的偏振光转为快轴方向。因此，这两束光在第二次通过模型时将产生符号相反的相对光程差，致使最后总的相对光程差为零，等差线消失。而等和线的条纹级数则由于物光两次通过模型而增加一倍。常用的旋光器有：石英旋光器和法拉第效应旋光器。

（钟国成）

旋桨式流速仪 Rotor-type current meter

利用水流冲击旋桨旋转量测水流速度的仪器。它利用一组受水流冲击后可旋转的叶片的转数换算成流速大小。其形式有多种，可用于天然河道及试验室内测速。其中小型光电式旋桨流速仪，如图所示（直径为 6～10mm，测速范围为 3～500cm/s），当接通电源后，小灯珠所发光亮即通过导光玻璃丝传到光电三极管上。旋桨在水流作用下旋转，叶片不断地遮断光线，相应地就会使三极管不断地产生电脉冲讯号，其频率是随流速的增加而增加，频率的多少可变成电压的大小，即可根据电压大小来决定相应的流速。

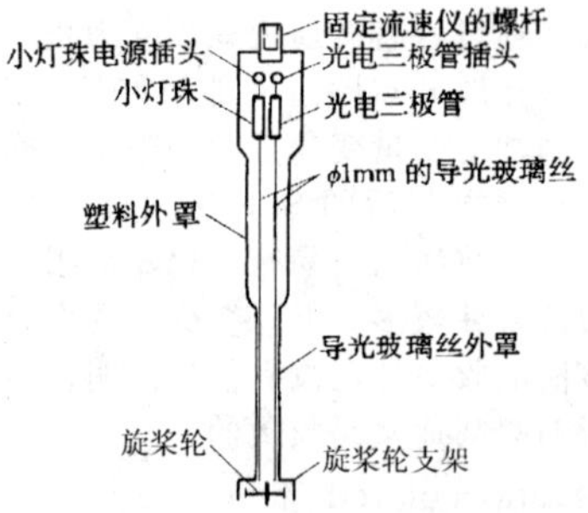

（彭剑辉）

旋涡 vortex

流体团的旋转运动。自然界中的旋涡如大气中的龙卷风，桥墩后的旋涡区，流体绕物体流动的尾涡等。旋涡的产生伴随着机械能损耗，引起压力降低，或使物面受负压。（刘尚培）

旋涡结构 structure of vortex

由涡核和外层流动所组成的结构。在涡核内由于粘性作用，流体微团绕核心旋转速度 v_θ 与半径 r 成正比，而在涡核外 v_θ 与 r 则成反比。涡核内是有旋流动、而核外是无旋流动。涡核的尺度因流体的粘性大小及涡强大小而异。一般来讲，涡核的尺寸是不大的。在计算旋涡对外部流场的诱导速度时，可将它视为涡线来处理。旋涡对其本身涡核部分无诱导速度可言。（施宗城）

旋涡脱落 vortex shedding

流体绕物体的流动中，其粘性边界层在物面某处分离，形成旋涡，脱离开物体，进入下游流场中的现象。（刘尚培）

旋涡脱落频率 vortex shedding frequency

绕物体的流动中，在物面某处周期性地脱落旋涡的频率。在亚临界雷诺数区（Re≈300～3×

10^5），旋涡脱落频率是一个非常确定的值；在跨临界雷诺数区，呈现为有较宽的频带。 （刘尚培）

旋转壳 shell of revolution

中面为旋转曲面的薄壳。旋转曲面是一种轴对称曲面（旋转轴为对称轴），通常取曲面的经线和纬线为 α、β 坐标线，并引用无量纲的坐标 $\alpha=\varphi$，$\beta=\theta$。这里 φ 是旋转轴（z 轴）和曲面上任一点 P 的法线的夹角，θ 是 XZ 坐标面和通过 P 点与 z 轴的平面之间的夹角（见图）。工程中常见的这种壳体轴对称弯曲问题宜用混合法求解。即以中面经线上的横向剪力 Q_α 和纬线方向的主曲率半径 R_β 的积 $\psi=-R_\beta Q_\alpha$ 及经线上切线的转动角 ω 作为基本未知量，将薄壳理论的基本方程简化为两个相互耦联的二阶常微分方程

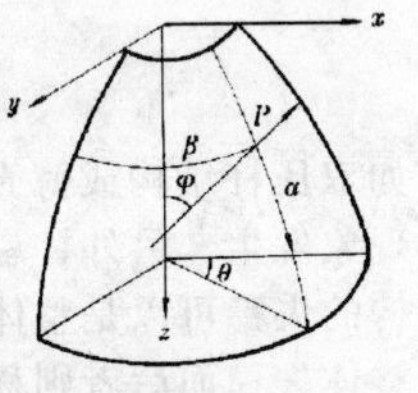

$$L[\omega]-\frac{\mu}{R_\alpha}\omega=\frac{\psi}{D}$$

$$L[\psi]-\frac{\mu}{R_\alpha}\psi=-Et\omega$$

式中 $\omega=\frac{1}{R_\alpha}\frac{d\omega}{d\varphi}-\frac{u}{R_\alpha}$，微分算子 $L[\cdots]=\left\{\frac{R_\beta}{R_d}\frac{d}{d\varphi}\left[\frac{1}{R_\alpha}\frac{d\ (\cdots)}{d\varphi}\right]+\frac{1}{R_\alpha}\mathrm{ctg}\varphi\frac{d\ (\cdots)}{d\varphi}-\frac{\mathrm{ctg}^2\varphi}{R_\beta}(\cdots)\right\}$。

从上列方程组解出基本未知量 φ 和 ω 后，可按下式求内力

$$M_\alpha=-D\left(\frac{1}{R_\alpha}\frac{d\omega}{d\varphi}+\mu\frac{\mathrm{ctg}^2\varphi}{R_\beta}\omega\right),$$

$$M_\beta=-D\left(\frac{\mathrm{ctg}\varphi}{R_\beta}\omega+\frac{\mu}{R_\alpha}\frac{d\omega}{d\varphi}\right)$$

$$Q_\alpha=-\frac{\psi}{R_\beta},M_{\alpha\beta}=M_{\beta\alpha}=0,Q_\beta=0;$$

$$N_\alpha=\frac{\mathrm{ctg}\varphi}{R_\beta}\psi+N_\alpha^*,$$

$$N_\beta=\frac{1}{R_\alpha}\frac{d\psi}{d\varphi}+N_\beta^*,$$

$$N_{\alpha\beta}=N_{\beta\alpha}=0。$$

式中 D 见薄壳理论的基本方程（9页），N_α^*、N_β^* 为轴对称薄膜内力，可按下式计算

$$N_\alpha^*=\frac{1}{R_\beta\sin^2\varphi}\left[\int R_\alpha R_\beta\sin\varphi(p_\gamma\cos\varphi-p_\alpha\sin\varphi)d\varphi+c\right];$$

$$N_\beta^*=R_\beta p_\gamma-\frac{R_\beta}{R_\alpha}N_\alpha^*$$

式中积分常数 c 可根据静力边界条件（或内力有限值条件）决定。 （杨德品）

xun

循环荷载蠕变 cyclic creep

非对称循环的交变应力下的蠕变。对于金属材料，这种情况下的蠕变变形一般介于平均应力下和最大应力下的静蠕变变形之间，但有时也大于最大应力下的静蠕变变形，也有时在脉动循环的交变应力下蠕变变形几乎不进展，因此变形以及寿命的推断比较困难。 （王志刚）

循环积分 ignorable integral

第二类拉格朗日方程的一个第一积分。对应于保守系统的循环坐标 q_j 的广义动量 $p_j=\frac{\partial L}{\partial\dot{q}_j}=$ 常量，即广义动量 p_j 守恒。这是对应于循环坐标 q_j 的循环积分。它有时表示动力学普遍定理中的动量守恒或动量矩守恒。 （黎邦隆）

循环温度蠕变 cyclic temperature creep

恒定应力作用下，温度交替变化时的蠕变。与热棘变形的差别在于，循环温度蠕变指不产生热应力、不产生与时间无关的塑性变形累积的情况。 （王志刚）

循环坐标 ignorable coordinates

又称可遗坐标。不出现在拉格朗日函数 L 中的广义坐标。例如质量为 m、受牛顿引力作用的质点，当以力心为极点，用极坐标法研究其运动时，$L=T-V=\frac{m}{2}(\dot{r}^2+r^2\dot{\varphi}^2)+GM\frac{m}{r}$（参看势能，313页），广义坐标 φ 不出现在 L 的表达式中，故为循环坐标。 （黎邦隆）

Y

ya

压电式加速度传感器 piezoresistive type acceleration transducer

以压电材料为转换元件，将被测构件的加速度转换为电荷变化的一种传感器。压电式加速度传感器工作原理如图示，当传感器感

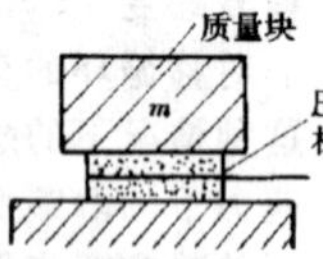

受加速度时，质量块的惯性力作用在压电材料上，产生相应的电荷变化，用电荷放大器可测定加速度的大小。它具有体积小、高频性能好等优点，是目前最广泛应用的一种加速度传感器。 （张如一）

压杆稳定性 stability of compressed bar

压杆经微小扰动能够恢复原来平衡形式的性质。杆件受力后处于一定形式的平衡状态，判断其稳定性可给以微小扰动，使之偏离原来的平衡形式，然后移去，如果杆件能恢复原来平衡形式，则称为稳定平衡；如果不能恢复原来形式而继续偏离，则称为不稳定平衡，也称为杆件失稳或屈曲。从稳定平衡过渡到不稳定平衡的中间状态，则称为随遇平衡，也称为临界状态。对应于临界状态的荷载称为临界荷载，此时横截面上的应力则称为临界应力。以中心受压杆件（柱）为例，当压力小于临界值时，直线形式是唯一的平衡形式，因而直线平衡是稳定的。当压力达到临界值时，杆件可以有直线平衡形式，也可有微弯平衡形式，这就是临界状态时平衡形式的分支点。

杆件或结构的失稳形态有两种类型：即分支点失稳与极值点失稳。分支点失稳又称为第一类失稳已如上述，再以两端铰支压杆为例给以图示说明，其特征是指荷载 P 与相应变形（中点挠度 f）的关系曲线（称为平衡路径）上存在分支点 A，称 OA 为原始平衡路径（直线形式），AB 为第二平衡路径（弯曲形式），分支点 A 为两路径的交点。当荷载低于分支点时仅有一种平衡形式，当荷载超过分支点时，则可能有两种不同的平衡形式。相应于分支点的荷载即为临界荷载 P_{cr}。极值点失稳的特征是在平衡路径上不存在分支点而有极值点，当荷载达到此值时变形将迅速增大，极值点荷载值即称为临界荷载。极值点失稳又称为第二类失稳问题，例如双压杆结构或薄壳在压力作用下常有极值点失稳现象发生，另外，扁壳还可能出现跳跃型失稳。结构的失稳可以是整体的也可能是局部的，前者称为整体失稳而后者则称为局部失稳。

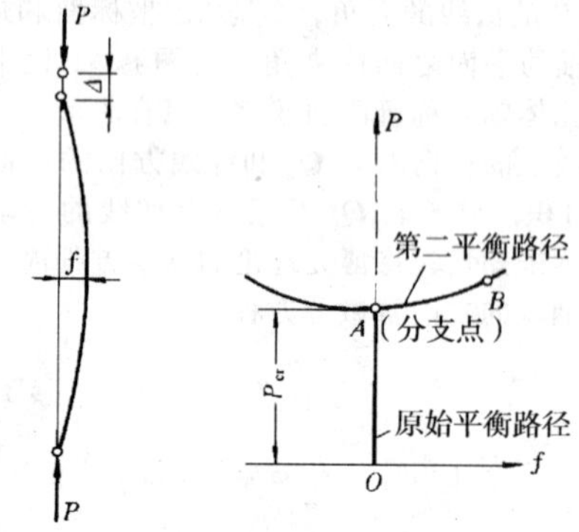

(a) (b)

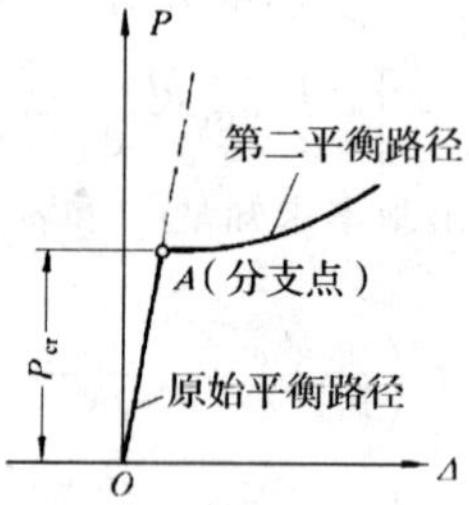

(c)

（吴明德）

压溃荷载 collapse load

见失稳极限荷载（308 页）。

压力 compression

杆件轴向压缩时横截面上的内力。它使杆单元产生缩短变形，规定为负。

（郑照北）

压力多边形 polygon of pressure

用图解法求三铰拱内力时所绘出的由合力作用线构成的多边形。也常用它来作为选择合理拱轴时的参考。当作用于拱上的荷载连续分布，且取无限多截面时，其合力作用线便会是一条光滑曲线，称为压力曲线。 （何放龙）

压力方程联解半隐格式 semi-implicit pressure linked equation

俗称 SIMPLE 算法。解对流扩散方程的一种差分算法。此法由斯帕尔丁（D.B.Spalding）、帕

坦卡（S.V.Patankar）等人发展起来。该法物理概念清晰，使用简便，在国际工程界计算流体流动及传热问题中一个时期非常流行。经过不断改进已有SIMPLE、SIMPLER、SIMPLE－C三种版本的算法和程序。（郑邦民）

压力曲线 curve of pressure

见压力多边形（402页）。

压力扫描阀 pressure scanivalve

由压力传感器和扫描阀所组成的测压系统。用于模型表面压力分布的多点测量。各测压点的导管依次与扫描阀定子的测量孔管接头相连接，当转子旋转时，通过一条沟槽将定子测压孔依次连接到传感器上，测量出各点压强值。通常每个压力扫描阀的测点数有48个或更多，扫描速率约为每分钟100个测点。在使用该阀时应把一个或数个测压管与已知的参考压强连接，以便随时修正传感器的漂移量。（施宗城）

压力体 pressure prism

静水中受压曲面及其在自由表面（或水面的延续面）上的投影之间的铅直柱体。（叶镇国）

压力系数 pressure coefficient

表示压强变化的无量纲数。例如绕流物体表面或流场中任一点的压力系数为

$$C_p = (p - p_\infty)\left(\frac{1}{2}\rho_\infty v_\infty^2\right)$$

式中 p 为流体压强；p_∞ 自由流压强；ρ_∞ 为自由流密度；v_∞ 为自由流流速。从 C_p 的正负可判断当地压强是否大于自由流压强。当 $C_p>0$ 时，该区域为正压区；$C_p<0$ 时为负压区。管流中的压强损失、风机或泵的压强增量等也可无量纲化为相应的压力系数，但定义系数的具体形式略有不同。

（叶镇国）

压力中心 center of pressure

静水总压力的作用点。其位置常低于受压平面的形心。只有当受压平面水平放置时，压强均匀地分布在作用面上，压力中心与受压平面的形心重合。（叶镇国）

压强 pressure

流体界面上单位面积所受的压力。它的作用方向与受压面垂直并与作用面的外法线方向相反。水力学中规定压强用正号表示，常用符号为 p。对于静止液体，其值与液体的重度和自由表面以下的深度有关；对于气体，压强与温度、体积等有密切关系，如为理想气体，则服从以下的状态方程：

$$pV = RT$$

式中 p 为压强；V 为单位质量气体的体积（即比容）；T 为热力学温度；R 为气体常数（空气的 $R=287.14\mathrm{m^2/s^2\cdot K}$）。压强单位在国际单位制中用Pa。（叶镇国）

压强测量 pressure measurement

又称压力测量。对点压强的测定。压强是表征流体运动过程的重要水力要素之一。而流速、流量等水力要素的测量也往往可转换为压强测量的问题。因此在流体力学实验中，它是一项最基本的测试项目。（彭剑辉 施宗城）

压强水头 pressure head

又称压力水头、单位压能、简称压头或单位重量液体的压力势能。流体压强所转化的液柱高度。若某点压强为 p，流体重度为 γ，则该点的压强水头为 $\frac{p}{\gamma}$，其单位为 m，它可以用测压管中的液柱高度测得，当 p 为绝对压强时，即 $p=p_{\mathrm{abs}}$，则 $\frac{p_{\mathrm{abs}}}{\gamma}$ 称为绝对压强水头；当 p 为相对压强时，即 $p=p_\gamma$，则 $\frac{p_\gamma}{\gamma}$ 称为相对压强水头。（叶镇国）

压强梯度 pressure gradient

压强标量场不均匀性的量度。常以 $\frac{\mathrm{d}p}{\mathrm{d}s}$ 表示，它表示沿 s 方向单位长度的压强的变化，其值等于该方向流体的单位质量力 f 与流体密度 ρ 的乘积，即

$$\frac{\mathrm{d}p}{\mathrm{d}s} = f\rho$$

（叶镇国）

压强阻力 pressure drag

又称形状阻力、压差阻力。垂直物面的流体压强所合成的阻力。它主要取决于物体的形状，所以又称形状阻力。在实际流体中，粘性作用不仅会产生摩擦阻力，而且会使物面上压强分布与理想流体不同并产生这种阻力。对于流线型体，流体与物面不会出现边界层分离现象，这种阻力远小于摩擦阻力；对于非流线型体，边界层分离出现的尾流会造成很大的压差阻力并成为总阻力的主要部分。因此，减小压差阻力的良策是采用流线型化。

（叶镇国）

压水扬程 discharge head

水泵的压水高度与压水管水头损失之和。其中压水高度为水泵出口中心线至其上方蓄水池水面的高差。它是水泵扬程的一部分。水泵的压水管水力计算可属短管类，也可属长管类，视压水管具体情况而定。（叶镇国）

压缩波 compression wave

扰动使气体压强升高时扰动区和未扰动区的分界面。反之则称为膨胀波。例如，在管道左侧的活

塞以极小的速度 dv 向右运动，相邻静止气体被压缩；压强、密度升高 dp，$d\rho$，并最终被迫以 dv 向右运动。接着下一层气体被压缩，活塞所产生的扰动如此逐层以一定速度向未扰动区传播，此压缩气体与未压缩气体的分界面即压缩波。其传播速度等于声速，正比于未扰动气体绝对温度的开方。压缩波与膨胀波的根本区别是：对于一系列前后相继的压缩波，后面的波传播速度大于前面的波，最终可能叠成一道突跃的压缩波，即激波；膨胀波则不会形成突跃的膨胀波。定常超声速气流绕凸壁表面和凹壁表面的流动就是压缩波和膨胀波的典型例子。在固体力学中的含义，参见无旋波（379 页）。

（叶镇国）

压缩指数 compression index

半对数坐标图上土的压力－孔隙比曲线中直线段的斜率。表达式为：$C_c=(e_1-e_2)/\log(p_2/p_1)$。$C_c$ 为压缩指数；e_1、p_1 和 e_2、p_2 分别为该直线段范围内任意两点的孔隙比及压力。C_c 越大，土的压缩性越高。一般由土的固结试验确定。

（谢康和）

压头贯入量 platen penetration

在点荷载强度试验的加载过程中，压头进入试件表面的深度。包括视贯入量和真贯入量。前者是试件破裂面上颜色比岩样本色浅的压痕，它是试件在压头接触点下面剪切裂纹扩展的结果；后者则是加载过程中两压头实际进入试件表面的深度。

（袁文忠）

压弯杆件失稳 instability of member subjected to both bending and compression

既受压又受弯的杆件（也称为梁柱）丧失稳定的问题。可分为单向压弯杆件（弯矩作用于一个对称平面内）和双向压弯杆件（无对称平面或弯矩作用平面偏离对称平面的压弯杆件）的失稳两类。其中，单向压弯杆件的失稳问题又有平面内失稳和平面外失稳两种情况。其平面内失稳是指该压杆在弯矩作用平面内失稳，属极值点失稳，是不具有平衡分支的稳定问题。在弹性工作阶段内，通常可导出其弯矩和挠度的表达式，求出最大弯矩和最大挠度，以杆件的最大压应力进入屈服时的荷载为其临界荷载（失稳极限荷载）作为设计的依据。这一设计准则称为边缘纤维屈服准则；其在弹塑性工作阶段的平面内失稳问题，因不仅与轴力和弯矩的数值有关，还与加载过程有关，一般只能求得数值解，通常采用弹塑性阶段的所谓“相关公式”（反映轴力与弯矩联合作用的半理论半经验公式）作为设计准则。单向压弯杆件在平面外的稳定问题是具有平衡分支的稳定问题。可建立中性平衡微分方程确定其临界荷载（参见弯扭失稳，363 页）。对于双向压弯杆件在弹性范围内的稳定问题，为简化计算，通常假设由于偏心弯矩产生的弯曲变形远小于失稳时的变形，认为杆件在失稳前仍保持为直线平衡状态，按分支点失稳计算其屈曲荷载。其在弹塑性阶段的失稳问题则多采用数值方法（有限元法、有限差分法等）进行分折。

（罗汉泉）

雅可比迭代法 Jacobi iterative method

与高斯－赛德尔迭代法类似，只是在所有未知量迭代完一次之后才在迭代公式中代入新得到的迭代解，为解线性代数方程组的迭代法之一。迭代公式

$$a_i^{(m+1)}=K_{ii}^{-1}\left\{P_i-\sum_{j=1}^{i-1}K_{ij}a_j^{(m)}-\sum_{j=i+1}^{n}K_{ij}a_j^{(m)}\right\}$$

（姚振汉）

雅可比法 Jacobi method

对于标准特征值问题 $\boldsymbol{K\Phi}=\lambda\boldsymbol{\Phi}$，其中 $\boldsymbol{K}$ 为对称矩阵，利用一系列转动矩阵 $\boldsymbol{P}^{(m)}$ 对 $\boldsymbol{K}$ 作变换 $\boldsymbol{K}^{(m+1)}=\boldsymbol{P}^{(m)})^{\mathrm{T}}\boldsymbol{K}^{(m)}\boldsymbol{P}^{(m)}$，每次变换依次使 $\boldsymbol{K}$ 的一个非对角元素化为零最后得到全部特征值的近似值的方法。若第 m 次变换要使 K_{ij} 化为零，则 $P^{(m)}$ 的元素应为 $P_{ii}=P_{jj}=\cos\theta$，其余主对角元素均为 1，而 $P_{ij}=-P_{ji}=-\sin\theta$（当 $j>i$），式中 θ 可如下确定

$$\tan2\theta=\frac{2K_{ij}^{(m)}}{K_{ii}^{(m)}-K_{jj}^{(m)}},\quad 当\ K_{ii}^{(m)}\neq K_{jj}^{(m)}$$

$$\theta=\pi/4,\quad 当\ K_{ii}^{(m)}=K_{jj}^{(m)}$$

对所有非对角元素循环一遍后，检查是否满足

$$\frac{(K_{ii}^{(m+1)}-K_{ii}^{(m)})}{K_{ii}^{(m+1)}}\leqslant10^{-s},$$

$$\left(\frac{K_{ij}^{(m+1)}}{K_{ii}^{(m+1)}K_{jj}^{(m+1)}}\right)^{1/2}\leqslant10^{-s}$$

若满足，则 $\boldsymbol{K}$ 近似为对角阵 $\boldsymbol{\Lambda}\approx\boldsymbol{K}^{(m+1)}$ 其对角元素即全部特征值的近似值。（姚振汉）

雅可比行列式 determinate of the Jacobian matrix

又称雅可比式或雅可比变换矩阵行列式，是雅可比矩阵 $\boldsymbol{J}$ 的行列式，记为

$$\det\boldsymbol{J}\equiv\frac{\partial(x,y,z)}{\partial(\xi.\eta.\zeta)}=\begin{vmatrix}\frac{\partial x}{\partial\xi}&\frac{\partial y}{\partial\xi}&\frac{\partial z}{\partial\xi}\\\frac{\partial x}{\partial\eta}&\frac{\partial y}{\partial\eta}&\frac{\partial z}{\partial\eta}\\\frac{\partial x}{\partial\zeta}&\frac{\partial y}{\partial\zeta}&\frac{\partial z}{\partial\zeta}\end{vmatrix},$$

两种坐标系微元体积之间的变换关系为

$$dxdydz=\det\boldsymbol{J}d\xi d\eta d\zeta$$

（包世华）

雅可比矩阵 Jacobian matrix

函数的导数从整体坐标 x、y、z 转换到局部坐标 ξ、η、ζ 时的变换矩阵 $\boldsymbol{J}$. 形式为

$$J=\begin{bmatrix}\frac{\partial x}{\partial \xi} & \frac{\partial y}{\partial \xi} & \frac{\partial z}{\partial \xi}\\ \frac{\partial x}{\partial \eta} & \frac{\partial y}{\partial \eta} & \frac{\partial z}{\partial \eta}\\ \frac{\partial x}{\partial \zeta} & \frac{\partial y}{\partial \zeta} & \frac{\partial z}{\partial \zeta}\end{bmatrix},\quad \begin{Bmatrix}\frac{\partial}{\partial \xi}\\ \frac{\partial}{\partial \eta}\\ \frac{\partial}{\partial \zeta}\end{Bmatrix}=J\begin{Bmatrix}\frac{\partial}{\partial x}\\ \frac{\partial}{\partial y}\\ \frac{\partial}{\partial z}\end{Bmatrix}$$

J 可通过整体坐标与局部坐标的关系表示为局部坐标的函数。用于等参元的坐标转换。（包世华）

亚声速流动 subsonic flow

流体在流场中所有各点的流速都低于当地声速的流动。它和超声速流动的主要区别有两方面：①在管流中各流动参数（如流速、压强、流体密度、温度等）与管道横断面积的关系不同。亚声速时，管道横断面积减小，则流速增大，压强、流体密度及温度减小；超声速时，管道横断面积减小则流速减小，压强、流体密度及温度增大。②在绕流中扰动传播的区域不同。当物体在静止气体中运动时，如运动速度低于声速时，则它对气体的扰动可传播到全流场；当运动速度超过声速时，扰动的范围是有限的，若把物体看成是点扰源，则扰动只局限于点扰源后的马赫锥内。（叶镇国）

yan

烟风洞 smoke wind tunnel

专门以烟流法显示流动图案的小型低速风洞。一般在实验段入口处，白烟经导管由梳状管平行泄出，与气流一起流过模型，形成可以观察的流动图案。（施宗城）

淹没出流 submerged discharge

下游（或出口处）水位对泄流能力有影响的出流状态。孔口或管道出口位于下游水位之下的出流状态、宽顶堰流收缩断面处水深大于临界水深时的出流状态均属此类。（叶镇国）

淹没射流 submerged jets

又称淹没自由紊动射流。一种流体进入与其物理性质相同的另一种流体空间中的射流。例如下水道泄入河湖的水流。这种射流在喷嘴出口处流速几乎是均匀的。出口处由于紊流横向脉动作用，射流质点部分地与周围静止的流体质点发生动量交换，并将其卷入一起向前运动，使射流流股的断面沿程不断增大，流量也沿程逐渐增加；同时，由于静止流体的掺入并发生动量交换而产生的阻滞作用，会使原射流边界部分的流速减低。这种掺混减速作用沿程逐渐向射流内部扩展，经一定距离后即达到射流的中心轴线，以后整个射流都成为紊动射流。在射流的流动未受到掺混影响仍保持出口处均匀流速的中心部分称为射流等速核心区，核心区的外侧至射流边界称为射流边界层。射流边界以外的流体处于静止状态，边界层的外边界向上游方向的延长线交点称为极点。射流边界层沿流程逐渐加厚，而等速核心区则逐渐减小，以至下游某截面处核心消失，该断面称为转捩面。转捩面前的射流段称为初始段，转捩面后的射流段称为主体段。在主体段内，轴线上的最大流速沿流动方向逐渐减小。实验得出：在射流的主体段，各断面的纵向流速分布有明显的相似性，中间大两边小，也称自模性。另外，射流边界则呈直线扩散。（叶镇国）

淹没水跃 submerged hydraulic jump

表面水滚淹没了闸孔或溢流坝下游收缩断面的水跃。发生这种水跃衔接形式的水力条件是与收缩断面水深对应的跃后共轭水深 h''_c 小于下游尾水的实际水深 h_t，即 $h''_c<h_t$，此时水跃将在下游水压力的作用下被推向上游并淹没收缩断面。发生这种水跃衔接时，全渠处于缓流状态，对渠道的防冲有利，但淹没过大会降低闸孔及溢流坝的泄水能力，并将引起下游水位的波动。（叶镇国）

淹没系数 coefficient of submergence

堰、闸等建筑物的淹没出流流量与自由出流流量的比值。常用符号 σ 表示，它是淹没出流条件下泄水能力下降的一种折减系数，$\sigma<1$，由试验方法测定（当为自由出流时，$\sigma=1$）。（叶镇国）

延伸率 percentage elongation

材料拉断时的相对塑性伸长变形，是衡量材料可塑性大小的一个参数。记为 δ，其计算公式为

$$\delta=\frac{l_1-l}{l}\times 100\%$$

l 和 l_1 分别是试件工作段的原长和拉断后的长度。δ 的大小与试件工作段的长度对其横截面尺寸的比值有关，通常是指 $l=10d$ 标准试件的计算值。（郑照北）

延续性 extensiveness

表征结构面的展布范围和延伸长度。岩体重要特征之一。在研究时，应考虑结构而延伸度与岩体工程规模的相对大小。在隧道或地下洞室围岩中，如果存在延续 5～10m 范围的平直的结构面，则对稳定性可能具有重大意义。（屠树根）

延滞时间 retardation time

又称延迟时间或推迟时间。粘弹性材料函数中表征蠕变过程快慢的重要参数。开尔文固体在突加恒应力 σ_0 作用下的应变响应为 $\varepsilon(t)=\sigma_0(1-e^{-t/\tau_d})/E$，其中 $\tau_d=\eta/E$ 为延滞时间。当恒应力 σ_0 作用时间 t/τ_d 时应变为 $\sigma_0(e-1)/eE$，约为稳态值 σ_0/E 的 63%。胡克固体受力时变形瞬即达稳态值，其延滞时间为零。广义开尔文模型的蠕变

柔量中含有多个延滞时间。（杨挺青）

延滞时间谱 retardation spectrum

表述蠕变柔量的延滞时间分布函数，常记作 $L(\tau)$，n 个开尔文单元串联时，模型的柔量为 $J(t)=\sum_{i=1}^{n}J_i(1-e^{-t/\tau_i})$，$J_i$ 和 τ_i 分别为第 i 个开尔文单元的稳态柔量和延滞时间。当 n 趋于无穷，延滞时间自零至无限值连续分布，则 $J(t)=j_g+\int_{-\infty}^{\infty}L(\tau)(1-e^{-t/\tau_i})\mathrm{d}\ln\tau$，其中 J_g 为瞬时弹性柔量。（杨挺青）

岩爆 rock burst

岩体在高地应力（极限应力状态）地段发生脆性破坏的一种深部地压现象。岩体在三轴应力作用下蓄积了大量弹性应变能，且部分岩体接近极限平衡状态。随时间的延续，变形最终趋于稳定，也可能经历一段时间后，变形积累到一定限度，岩体内部的高应力由最大值瞬间降至理论上的零值，岩体发生脆性破坏，释放出蓄积的弹性能。其中很大部分转化为动能，产生动力现象，即岩爆。它作用在支护结构上产生冲击压力。（屠树根）

岩基稳定性 stability of foundation rock

地基岩体在各种工程荷载作用下，抵抗发生下沉变形，或挤出破坏，或剪切滑动破坏的性能。压缩变形引起下沉，强度不足引起挤出破坏，不利地质条件的组合造成剪切滑动破坏。分析时，应研究外力作用下，在地基岩体中的应力分布、变形、承载力和抗滑稳定及其加固措施。应力分布和下沉量计算可用弹性理论；具有一定塑性效应导致应力重分布的岩体承载力可用极限承载力的精确解来计算，对于脆性岩石的地基承载力可用格里菲斯（Griffith）强度理论推得的公式求出。（屠树根）

岩坡稳定性 rock slope stability

边坡岩体的稳定程度。它主要取决于边坡岩体的工程地质条件。在已定的工程地质条件下，岩坡的稳定性则取决于边坡的高度和边坡角的大小。提高它的稳定性的有效方法之一，就是减缓边坡角，但剥离量必须增大，从而增加费用。所以研究其实质，就是在合理处理安全性和经济性的矛盾中，正确地确定边坡最优组成。影响它的主要因素是岩体的岩石组成、岩体构造和地下水，以及爆破和地震、边坡形状等。（屠树根）

岩石 rock

由一种或多种矿物以一定结合规律组成的自然地质体。是组成岩体的物质，具有非均匀性、各向异性、裂隙性等特性。这些特性的表现程度与岩石的种类、形成时的地质环境、结构、构造等因素有关。与金属、玻璃等人造材料有显著区别，属于复杂力学介质。地质学上按形成原因分为岩浆岩、沉积岩和变质岩三大类。（周德培）

岩石本构关系 constitutive relation of rock

又称岩石本构方程。岩石固有材料性质从经验加以抽象化的数学描述。表示岩石在一定环境和外荷载作用下的反应。每一种本构关系定义一种理想材料。在实际问题的应力分析中，目前通常根据岩石种类和受力条件，将岩石抽象化为线弹性、弹塑性、粘弹性等理想材料，从而按一定原则建立相应的应力－应变、应力－应变－时间－温度等形式的数学表达式。岩石具有弹性、塑性、粘滞性、裂隙性等性质，寻求能正确描述这些特性的数学表达式是岩石力学研究的重要课题。（周德培）

岩石变形模量 deformation modulus of rock

岩石试件上轴向正应力与该应力引起的轴向正应变之比。以 E_0 表示。与岩石弹性模量的区别在于确定 E_0 时计及了岩石的弹性和非弹性变形，与应力大小、加载速率等因素有关。通常在单轴压缩的应力－应变曲线上，按岩石切线模量、岩石平均模量、岩石割线模量三种方法之一确定的量表示。（周德培）

岩石标准试件 standard specimen for rocks

经过机械加工、符合国际岩石力学学会或国内有关部门（如水电部门）要求的岩石试件。试件形状可以是圆柱体、圆盘或棱柱体，尺寸视试验类型而异。多数力学性质试验采用圆柱体试件，直径和高径比参见直接拉伸试验、间接拉伸试验、单轴压缩试验、常规三轴试验等。圆柱体试件的两个端面必须磨光、符合公差要求，并严格平行且垂直于圆柱体轴线。（袁文忠）

岩石长期强度 long-time strength of rock

又称持久强度或真实强度。岩石抵抗荷载长期作用的最大能力。是衡量岩石工程结构物长期稳定性的重要指标。可通过蠕变试验直接测定，或采用应变速率法、松弛法等间接方法确定。（周德培）

岩石常规三轴试验 conventional triaxial test for rocks

又称岩石三轴压缩试验或岩石三轴应力试验。是在三个正交的方向对岩石试件施加压荷载，从而测定试件在此受力状态下强度和变形特性的试验。其特点是三个主压应力 $\sigma_1\neq\sigma_2=\sigma_3$，其中 σ_1 称为轴压，σ_2 和 σ_3 称为围压或侧压。是研究岩石抗压强度、剪切强度和变形特性的重要试验方法之一。试验在岩石常规三轴试验机上进行。试件为高径比 2～3、直径不小于 54mm 的圆柱体。每组岩样的试件不少于5个。通过不同的*加载路径*，可得到在不同应力状态下岩石的强度和变形特性。用最大轴向荷载除以试件初始横截面积，可得到在某一围压条件下的抗压强度。用侧压力作横座标，用强度作纵座标，可得到各个试件的强度包络线，再由参数 m 和 b 计算试件的内摩擦角 φ 和内聚力 c。

$$\varphi = \arcsin\frac{m-1}{m+1}$$

$$c = b\,\frac{1-\sin\varphi}{\cos\varphi}$$

该试验的主要缺点是不能反映中间主应力对岩石强度和变形特性的影响。

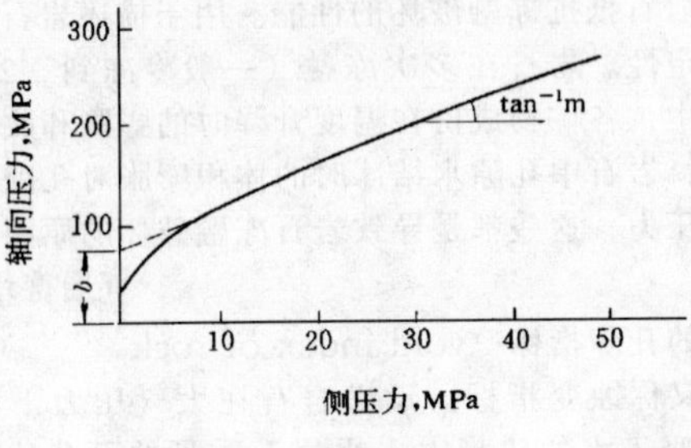

（袁文忠）

岩石常规三轴试验机 conventional triaxial testing machine for rocks

进行*岩石常规三轴试验*的设备。主要包括：三轴压力室C；轴向加压设备P；侧压设备HP，如图所示。图中MC为控制操纵设备。侧压由液体施加。常用的国产机为长江——500型三轴应力试验机，其最大轴向加载能力为5000kN，最大侧向加载能力为150MPa。

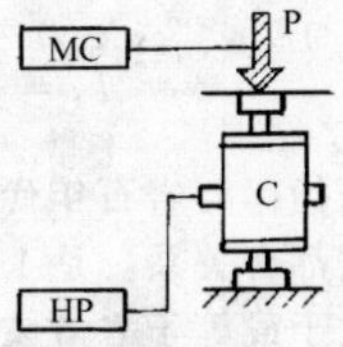

（袁文忠）

岩石初始蠕变 primary creep of rock

又称岩石第一阶段蠕变。受力岩石出现瞬时应变后立即产生的与时间有关的变形。变形与时间的关系可用幂函数、指数函数或对数函数表示，变形速率随时间减小。卸载时一部分变形瞬时恢复，其余表现出*岩石弹性滞后*。（周德培）

岩石脆性破坏 brittle rupture of rock

在荷载作用下岩石无显著变形而发生的突然破坏。变形量通常小于3%，破裂成碎块，破裂面无明显擦痕，有时伴随剧烈响声。多数坚硬岩石在单轴拉伸、压缩或弯曲下，都呈现这种破坏型式。

（周德培）

岩石单轴抗压强度 uniaxial compression strength of rock

岩石受单向压力作用而发生破坏时的应力值。以 σ_c 表示。通常在室内测定，影响测试结果的因素在岩性方面有岩石成分、颗粒大小、层理等；在试验方面有试件尺寸、端面约束条件、加载速率等。同种岩石的 σ_c 不是一个恒定值，有一定变化范围。例如细砂岩、砾岩、页岩和石灰岩的 σ_c 分别为106～146、82～96、19～40、54～161MPa。

（周德培）

岩石单轴压缩试验 uniaxial compressive test for rocks

一种测定岩石试件单轴抗压强度、弹性模量、泊松比和在单轴压缩下的应力－应变曲线的常规*岩石力学试验*。试验在万能试验机上进行。试验为高径比2.5～3.0、直径不小于54mm的圆柱体。试验时加载速度应保持恒定，使破坏发生在5～10min内。每组岩样的试件不得少于5个。试件的单轴抗压强度 σ_c 和弹性模量 E 以及泊松比 μ 的计算如下

$$\sigma_c = \frac{4P_{max}}{\pi D^2} \quad (\text{MPa})$$

$$E = \frac{4P}{\pi D^2 \varepsilon_1} \quad (\text{MPa})$$

$$\mu = \frac{\varepsilon_2}{\varepsilon_1}$$

式中，P_{max} 为试件破坏时所受荷载（N），P 为作用荷载（N），D 为试件直径（mm），ε_1 和 ε_2 分别为试件的纵向和横向应变。（袁文忠）

岩石单轴压缩应变 uniaxial compression strain of rock

在单轴压应力作用下岩石产生的应变。可通过*单轴压缩试验*测出。沿压应力方向的应变 ε_{u1}，一般为试件压缩量与其原长度之比。垂直于压应力的两个正交方向，产生膨胀应变 ε_{u2} 和 ε_{u3}。对于各向同性岩石 $\varepsilon_{u2}=\varepsilon_{u3}=-\mu\varepsilon_{u1}$。$\mu$ 为*岩石的泊松比*。

（周德培）

岩石的饱水率 waterlogged capacity of rock

在高压（一般为150个大气压）或真空条件下表征岩石吸水能力的指标。以 w_2 表示

$$w_2 = \frac{G_w}{G_s}\times 100 \quad (\%)$$

G_w 为岩石在高压或真空下吸入水的重量，G_s 为岩石在105±2℃下干燥后的重量。（周德培）

岩石的饱水系数 water saturation ratio of rock

岩石吸水率 w_1 和饱水率 w_2 之比。以 K_w 表示

$$K_w = \frac{w_1(\%)}{w_2(\%)}$$

是衡量*岩石抗冻性*的间接指标，一般岩石的 K_w =

0.5～0.8。当 $K_w>0.91$ 时，冻结过程中形成的冰会对岩石的孔隙产生很大额外压力，使岩石发生破坏。（周德培）

岩石的崩解性 slaking characteristic of rock

在反复干燥和浸水过程中岩石碎裂而崩解的性质。岩石浸水后其中一些矿物会溶解于水中，浸入孔隙的水会削弱颗粒间的粘结力，使内部结构松散，有时还会使岩石膨胀，在干燥时岩石经历了热胀冷缩的过程。这些原因都会导致岩石崩解，其程度因岩石种类而异。（周德培）

岩石的变形能 deformational energy of rock

岩石因变形而获得的能量。岩石受外力作用产生弹性和塑性变形，同时外力对岩石作的功则转变为岩石变形能。单位体积内的变形能可根据*岩石的应力－应变曲线* OABC 围成的面积计算，包括塑性变形能 U_p 和弹性变形能 u_e。在加载过程中 u_p 以热能等形式被消耗了，u_e 则贮存在岩石内，卸载时又释放出来。

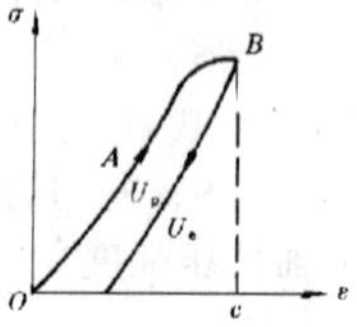

（周德培）

岩石的表观孔隙度 apparent porosity of rock

岩石中张开型孔隙的体积占总体积的百分比。岩石中那些互相连接并且延伸到岩石外表面的孔隙称为张开型孔隙，互相孤立又与岩石外表面不相通的孔隙称为封闭孔隙。采用重力法或容积法测定孔隙体积时，未将岩样磨成粉末，仅计及了张开型孔隙的体积。（周德培）

岩石的动泊桑比 dynamic Poisson's ratio of rock

根据弹性波在岩石中的传播速度确定的泊桑比。以 μ_d 表示

$$\mu_d=\frac{v_p^2-2v_s^2}{2(v_p^2-v_s^2)}$$

v_p 和 v_s 分别为纵波和横波在岩石中的传播速度。是岩石动力学测试与分析的基本参数。（周德培）

岩石的干密度 dry density of rock

岩石固体颗粒质量 M_s 与岩石总体积 V 之比。用 ρ_d 表示

$$\rho_d=\frac{M_s}{V}$$

在室内测试 ρ_d 的最简单方法是将岩石制成规则形状如圆柱体、立方体等。用千分卡尺量其尺寸并计算 V，再放入烘箱在105℃下干燥，待质量达到恒定时，称出质量 M_s，由公式确定 ρ_d。（周德培）

岩石的剪切破坏 shear rupture of rock

岩石沿某个面或几个面发生挤压式相对滑移的破坏。是岩石压应力下的典型破坏型式。在围压三轴压缩中，一般沿单一剪切面发生破坏。围压升高往往沿多个剪切面发生多重剪切破坏，出现剪切破裂网格，伴随显著塑性变形。剪切面上有明显擦痕。（周德培）

岩石的静力学性质 statics properties of rock

岩石在静荷载作用下显现出来的力学性质。包括岩石在各种静荷载作用下的变形、强度、稳定性、失稳破坏机理、本构关系、流变等性质。在岩土工程的理论分析、设计和施工中，起着重要作用，是*岩石力学*研究的一项重要内容。（周德培）

岩石的抗冻性 frost resistance of rock

岩石抵抗冻融破坏的性能。用于描述岩石抗风化稳定性。岩石在多次冻融（一般冷冻到－25℃）过程中，各矿物成份在温度升降时的膨胀和收缩量不同，岩石中孔隙水结冰时的体积膨胀对孔隙产生附加压力，这些都是导致岩石冻融破坏的原因。（周德培）

岩石的孔隙指标 void index of rock

又称蚀变指标。干燥岩石在大气压力下浸泡1h后吸入水的质量占干燥岩石质量的百分比。以 I_v 表示。室内测定该指标时，将重量大于50g的10块岩样用脱水硅胶干燥24h后，称其质量 A；待浸水1h后称其质量 B，

$$I_v=\frac{B-A}{A}\times100\quad(\%)$$

该指标与岩石年代、强度及地震波在岩石中传播速度都有关系。是工程上常用的一个重要物理指标，大于或等于*岩石吸水率*而小于*岩石饱水率*。（周德培）

岩石的扩容 dilatancy in a rock

岩石受力过程中出现的体积膨胀现象。是伴随裂隙的形成和不稳定扩展的力学过程。可用以预计岩石的破坏。其特点可通过常规三轴压缩试验得出的偏应力与体积应变曲线反映。在 B 点压缩的体积应变达到最大值，以后随偏应力增加逐渐进入膨胀阶段。与围压大小、加载速率等因素有关。（周德培）

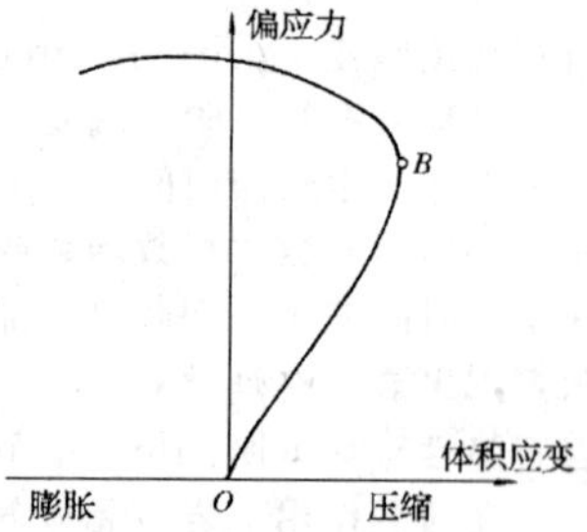

岩石的流变性 rheological behavior of rock

岩石随时间、温度和受力状态等而发生弹粘塑性变化的性能。在应力作用下岩石发生滑粘（stick

－slip）位移，并在破裂前发生塑性微应变。岩石类型、表面光滑程度及断层泥、正应力值、温度等，都影响粘滑性态。对花岗石来说，预滑位移通常为 5～15μm，部分是可逆的；突发滑移为 50～100μm。滑移还有稳滑和粘滑之分。某些岩石如大理岩等，在脆裂前的塑性微应变有重要作用。由塑性微应变而形成微破裂作用。 （胡春芝）

岩石的耐崩解性指标 slake-durability index of rock

表征岩石抗崩解能力的参数。以 I_d 表示

$$I_d = \frac{B}{A} \times 100 \quad (\%)$$

A 为岩样在 105℃ 下烘干的重量；B 为烘干后的岩样放入浸在水中并带 2mm 孔眼筛网的滚筒里，以每分钟 20 转的速度旋转 10min 后在相同温度下烘干后的重量。一般以两次循环（旋转 10min 后烘干，再旋转 10min 后再烘干）的 B 值确定 I_d。可用于评价岩石抗风化的能力。 （周德培）

岩石的屈服强度 yield strength of rock

岩石受外力作用而进入塑性状态时的应力值。是塑性力学的概念，用以描述*岩石塑性*承载能力。在单向拉、压或纯剪时，是岩石发生屈服时的应力值。在三向应力状态下，是三个主应力的综合反映，应由相应屈服准则确定，或由试验测定。 （周德培）

岩石的全孔隙度 total porosity of rock

岩石中全部孔隙体积占总体积的百分比。以 n_t 表示，与固体颗粒密度 ρ_s 及干密度 ρ_d 的关系为

$$n_t = \frac{\rho_s - \rho_d}{\rho_s} \times 100 \quad (\%)$$

用比重瓶法或浮力法测定 ρ_s 时，将岩样磨成了粉末，计及了岩石中全部孔隙体积。 （周德培）

岩石的全应力－应变曲线 complete stress-strain curve of rock

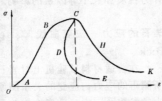

又称岩石应力－应变全过程曲线。在刚性试验机上测得岩石在荷载作用下峰值前后的应力与应变关系的图象。由峰值前的曲线 $OABC$ 和峰值后期曲线 CHK 或 CDE 组成。OA、AB、BC 段分别对应了岩石的压密、弹性和塑性性质。在 OB 段内卸载时塑性变形很小，在 $BCHK$（或 $BCDE$）段内卸载时塑性变形很显著。在此曲线上可确定岩石破坏前后的力学性质及残余强度。 （周德培）

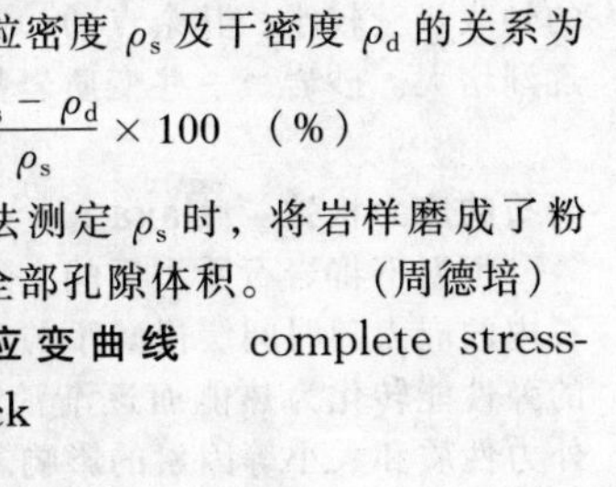

岩石的三相指标 3-phase index of rock

表征岩石中固体颗粒、水和气体三相间数量关系的指标。与土的三相指标定义相似。是描述岩石物理性质的重要参数。通常包括下列指标：

①含水量 $W = \frac{M_w}{M_s} \times 100 \quad (\%)$

②孔隙度 $n = \frac{V_v}{V} \times 100 \quad (\%)$

③干密度 $\rho_d = \frac{M_s}{V}$

④饱和度 $S_r = \frac{V_w}{V_v} \times 100 \quad (\%)$

⑤孔隙比 $e = \frac{V_v}{V_s}$

⑥密度 $\rho = \frac{M}{V}$

⑦饱和密度 $\rho_{sat} = \frac{M_s + V_v \cdot \rho_w}{V}$

⑧相对干密度 $d_d = \frac{\rho_d}{\rho_w}$

⑨相对密度（比重） $d = \frac{\rho}{\rho_w}$

⑩饱和相对密度 $d_{sat} = \frac{\rho_s}{\rho_w}$

⑪固体颗粒密度 $\rho_s = \frac{M_s}{V_s}$

⑫表观密度 $\gamma = \rho g$

⑬固体颗粒相对密度 $d_s = \frac{\rho_s}{\rho_w}$

M_s 和 V_s 为固体颗粒的质量和体积；M_w 和 V_w 为孔隙中水的质量和体积；孔隙中气体质量为零，体积为 V_a；孔隙体积 $V_v = V_w + V_a$；岩石总质量 $M = M_s + M_w$；岩石总体积 $V = V_s + V_v$；ρ_w 和 g 为 4℃ 水的密度与重力加速度。一般由实验测出 W、n、ρ_d，其余由定义或下列公式求出

$$S_r = \frac{100 W \rho_d}{n \rho_w} \quad (\%)$$

$$\rho_s = \frac{100 \rho_d}{100 - n}$$

$$\rho = \left(1 + \frac{W}{100}\right) \rho_d$$

$$e = \frac{n}{100 - n}$$

这些指标对*岩石强度*、*岩石变形模量*等岩石的力学参数有明显影响。 （周德培）

岩石的时间效应 time-dependent effects of rock

又称岩石流变性。岩石的各力学性质随时间变化的性质。主要表现在加载速率和荷载作用时间两个方面。前者表现为弹性模量随加载速率的增加而增大，以及破坏应变随加载速率减小而增加；后者

表现为岩石的蠕变、应力松弛、岩石长期承载能力等。是岩石力学研究的重要内容，目的是寻求应力－应变－时间－温度的本构关系，解释导致岩石流变破坏的过程，以及确定岩石流变参数。这些结果可用于解决地下洞室、岩石边坡等有关问题。

（周德培）

岩石的双轴压缩应变 biaxial compression strain of rock

在双轴压应力作用下岩石产生的应变。沿两个压应力方向各产生主应变 ε_1 和 ε_2，与其正交的方向产生膨胀性的主应变 ε_3。与压应力大小、加载速率、岩性等因素有关。可由双轴压缩试验测出，或由应力－应变本构关系求出。 （周德培）

岩石的水理性质 physical properties of rock under water

岩石受到水作用时表现出来的性质。包括吸水性、抗冻性、软化性、透水性、崩解性、膨胀性等。是水对岩石内各种矿物的物理化学作用的结果，对岩石的力学性质有明显影响。岩石种类不同表现程度也不同。 （周德培）

岩石的塑性 plasticity of rock

岩石在加载时能承受很大变形又不丧失承载能力而卸载时产生明显永久变形的性质。与塑性力学中材料塑性的定义类似。表现程度因岩石受的压力大小和温度高低而异。在三向压缩中，一般随温度或侧压力增加而更加显著。 （周德培）

岩石的弹性模量 elastic modulus of rock

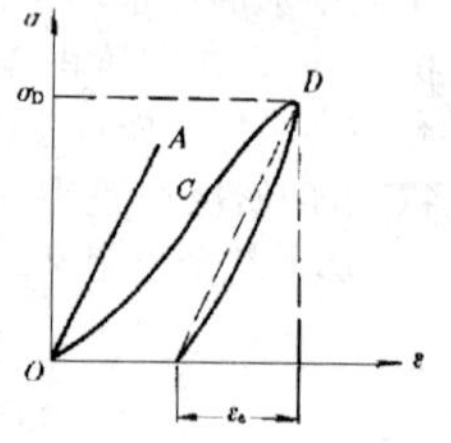

岩石试件上的轴向正应力与该应力引起的轴向弹性应变之比。以 E 表示。与材料力学中的弹性模量定义相同。通常由单轴压缩的应力－应变曲线确定。坚硬致密岩石具有较好线弹性，应力－应变是直线 OA，E 由 OA 的斜率确定；许多岩石具有非线性应力－应变曲线 OCD，E 由卸载应力 σ_D 及瞬时恢复弹性应变 ε_e 确定，$E=\frac{\sigma_D}{\varepsilon_e}$。 （周德培）

岩石的弹性滞后 elastic hysteresis of rock

又称弹性后效。岩石在弹性范围内受力时，外力不增加而弹性变形随时间缓慢增长，或外力撤除后，一部分变形瞬时恢复，其余随时间逐渐恢复的现象。是岩石粘滞性和内部结构对岩石弹性的约束造成的。 （周德培）

岩石的吸水率 water absorption capacity of rock

在大气压力下表征岩石吸水能力的指标。以 ω_1 表示

$$\omega_1=\frac{G_w}{G_s}\times 100 \quad (\%)$$

G_w 为岩石在大气压力下吸入水的重量，G_s 为岩石在 105±2℃ 下干燥后的重量。可用以估计岩石的抗冻性。$\omega_1<0.5\%$ 的岩石，一般可视为耐冻的。

（周德培）

岩石的卸载模量 unloading modulus of rock

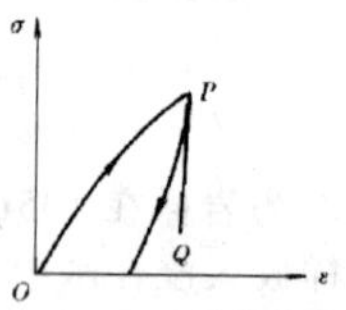

卸载时作用在岩石中的正应力与相应正应变之比。一般根据单轴压缩试验测出卸载时的应力－应变曲线确定，通常取卸载点 P 的切线 PQ 的斜率值。

（周德培）

岩石的应变软化性 strain-softening behaviour of rock

岩石产生的应变增量随等应力增量的增加而显著增加的性质。在岩石应力－应变曲线上，原点附近的切线模量较大，随应力增加，各点的切线模量逐渐减小。页岩、泥岩、凝灰岩等软弱岩石都具有这种性质。 （周德培）

岩石的应变硬化性 strain-hardening behaviour of rock

岩石产生的应变增量随等应力增量的增加而显著减小的性质。在岩石应力－应变曲线上原点附近的切线模量较小，其余点的切线模量随应力增加而逐渐增大。砂岩、一些变质岩都具有这种性质。

（周德培）

岩石的应力松弛 relaxation of rock

恒温下将岩石受力后的变形固定在某个值，岩石内的应力随时间缓慢减小的现象。是岩石内积聚的弹性能转化为热能而逐渐消耗的过程。受岩性、外力性质和大小等因素的影响。

（周德培）

岩石的应力－应变曲线 stress-strain curve of rock

在普通材料试验机上对岩石连续加载直到破坏所测得的应力与应变的关系图象。用于确定岩石的力学参数及应力－应变本构关系。影响测试结果的因素较多，在岩性方面有岩石种类、节理、层面等；在试验方面有试件尺寸、加载速率、温度等。单轴压缩下的测试结果大概归纳为六种类型：Ⅰ—弹性，Ⅱ—弹－塑性，Ⅲ—塑－弹性，Ⅳ—塑－弹－塑性，Ⅴ—弹－塑－弹性，Ⅵ—弹－塑－蠕变性。

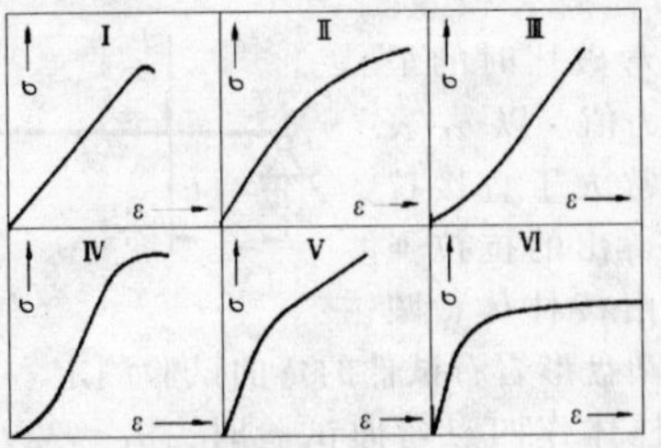

（周德培）

岩石的滞后效应　hysteresis effect of rock

岩石在卸载时变形完全恢复但卸载时的应力－应变曲线与加载曲线不重合的现象。此时岩石仍表现为弹性。加载时对岩石作的功大于卸载时岩石释放的功，一部分能量在加、卸载循环中被消耗了。（周德培）

岩石动弹性模量　dynamic elastic modulus of rock

由弹性波在岩石中的传播速度确定的弹性模量。以 E_d 表示

$$E_{\mathrm{d}} = \rho V_{\mathrm{p}}^{2}\frac{(1+\mu)(1-2\mu)}{1-\mu}$$

或

$$E_{\mathrm{d}} = \frac{\rho V_{\mathrm{s}}^{2}(3V_{\mathrm{p}}^{2}-4V_{\mathrm{s}}^{2})}{V_{\mathrm{p}}^{2}-V_{\mathrm{s}}^{2}}$$

V_p 和 V_s 分别为纵波和横波在岩石中的传播速度；ρ 和 μ 分别为岩石密度和泊桑比。通常 E_d 大于静弹性模量 E_m（初始切线模量），其原因是动力法试验造成岩石变形量很小，加载速率很高，作用时间短。受岩石孔隙影响小，基本上没有扰动岩石的天然应力状态，地下水的存在提高了弹性波传播速度。对于松软、破碎严重的岩石 $E_d \div E_m$ 约为 1～2；对于坚硬、密实的岩石约为 2～2.9。（周德培）

岩石断裂力学　rock fracture mechanics

用断裂力学的基本理论研究岩石断裂机理和裂纹扩展规律的岩石力学的一个分支。它以微观和宏观结合的力学方法和概率过程论方法，研究岩石在各种应力状态下的断裂现象，并把岩石的微观组织差异性描述于宏观行为的公式中。研究范围包括：岩石的强度、断裂过程、断裂理论、断裂参数的测试方法，以及它们在水工、采矿、地下工程等方面的应用。（袁文忠）

岩石断裂韧度　fracture toughness of rock

岩石材料抵抗裂纹扩展能力的一种固有属性。即处于极限状态的应力强度因子。用 $K_{\mathrm{I}c}$ 表示

$$K_{\mathrm{I}c} = \sqrt{2\gamma_{\mathrm{eff}}E}$$

式中，γ_{eff} 为有效表面能，E 为弹性模量，系数 2 表示每个裂纹尖端与两个断裂面有关。$K_{\mathrm{I}c}$ 可作为：(1) 岩石分类的指标；(2) 岩石破碎过程的指标；(3) 一种模拟岩石破碎的材料性质以及进行稳定性分析和地质特性解释时的材料性质。国际岩石力学学会建议采用三点弯曲试验或短棒拉伸试验来测试岩石的 $K_{\mathrm{I}c}$ (1988.4)。（袁文忠）

岩石对顶锥破坏

岩石受压时形成以上下端面为基底的锥体形断块而发生的破坏。常在单轴压缩中出现。是端面约束效应引起的一种特殊剪切破坏形式，不是岩石受压破坏的固有特征。如果通过有效措施消除这种效应，就不会出现这种破坏型式。（周德培）

岩石割线模量　secant modulus of rock

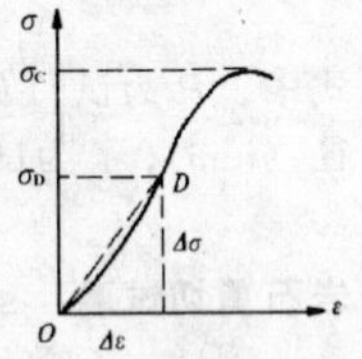

由岩石应力－应变曲线上某点 D 与座标原点所连直线段的斜率所确定的值。以 E_s 表示，$E_s = \dfrac{\Delta\sigma}{\Delta\varepsilon}$。在选择 D 点时，通常使它对应的应力 σ_D 等于岩石抗压强度 σ_c 的 50%。

（周德培）

岩石含水量　water content of rock

岩石孔隙中所含水的质量与岩石颗粒质量之比。以 W 表示。在工程上通常测定岩石的天然含水量。在取样、储存及搬运过程中要注意使含水量变化维持在原有值的 1% 以内。测试时称得样品质量 M 后，放入烘箱在 105℃ 下干燥，待质量达到恒定后，称出质量 M_s。

$$W = \frac{M - M_{\mathrm{s}}}{M_{\mathrm{s}}} \times 100 \quad (\%)$$

（周德培）

岩石加速蠕变　accelerated creep of rock

又称岩石第三阶段蠕变。岩石稳定蠕变后紧接着出现的与时间有关的变形。变形速率迅速增加，持续时间相对较短，最终导致岩石破坏。和岩石初始蠕变及稳定蠕变不同，不是一个纯变形过程，还伴随岩石破裂与破裂扩展的过程。（周德培）

岩石坚固性系数　competent coefficient of rock

又称普氏系数。说明围岩各种性质（强度、抗钻性、构造等）的笼统指标。以 f 表示。在普氏理论中用以确定天然拱高度。对于具有似摩擦角 φ 的松散岩体、土及砂质土 $f \approx \mathrm{tg}\varphi$；对于具有粘聚力 c 及 φ 的岩体，$f \approx \mathrm{tg}\varphi + \dfrac{c}{\sigma}$；对于整体结构岩体，$f \approx \dfrac{R_b}{100}$。$\sigma$、$R_b$ 分别是岩石剪切破坏时的正应力及峰值抗压强度。（周德培）

岩石间接拉伸试验　indirect tensile test for rocks

用间接方法测定岩石抗拉强度的试验。它包括：弯曲试验、液压扩张试验、巴西（劈裂）试验等。1977 年国际岩石力学学会建议用巴西试验间接测定岩石的抗拉强度。试验装置如图。试件直径 54mm，厚度约等于 27mm。试件的抗拉强度 σ_t 为

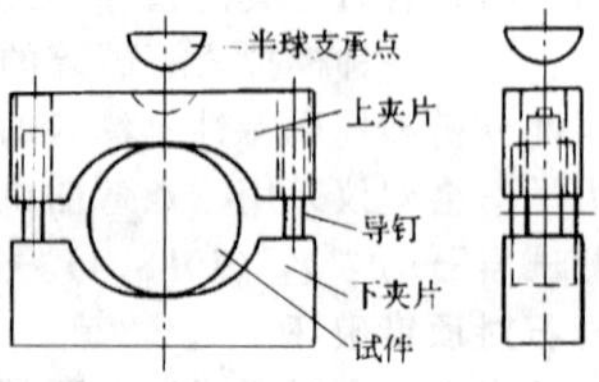

$$\sigma_t = 0.636\frac{P}{D_t} \quad (\text{MPa})$$

式中，P 为试件破坏时的荷载（N），D 为试件直径（mm），t 为试件中心部位厚度（mm）。

（袁文忠）

岩石剪切试验 shear test for rocks

测试岩石剪切强度的试验。它包括*扭转试验*，*单面剪切试验*，*双面剪切试验*，*圆剪试验*，*倾斜压模剪切试验*等，在某种意义上也可包括*常规三轴试验*。其中，*单面剪切试验*，*双面剪切试验*，*圆剪试验*和*倾斜压模剪切试验*又称为直接剪切试验。

（袁文忠）

岩石抗冻系数 coefficient of frost resistance of rock

岩石冻融 25 次后的抗压强度占冻融前抗压强度的百分比。是评价*岩石抗冻性*的指标。岩石抗压强度降低值不超过 20%～25%时，则认为这种岩石是抗冻的。 （周德培）

岩石抗剪强度 shear strength of rock

在一定法向应力 σ 作用下岩石能承受的最大剪应力。以 τ 表示

$$\tau = c + \sigma \text{tg}\varphi$$

c 和 φ 沿用了土力学中的术语，分别是岩石粘聚力和内摩擦角。与*岩石孔隙度*、*含水量*等因素有关。是岩石重要的强度指标。通常在室内由岩石直接剪切或三轴压缩试验测出的 τ 和 σ 关系曲线确定。

（周德培）

岩石抗拉强度 tension strength of rock

岩石受拉破坏时的应力值。以 σ_t 表示。比*岩石单轴抗压强度*低得多。是判断岩石受拉破坏的重要指标。通常由直接拉伸或间接拉伸试验测定。细砂岩、砾岩、页岩和石灰岩的 σ_t 分别为 5.6～18、4.1～12、2.8～5.5、7.9～14.1MPa。

（周德培）

岩石抗弯强度 bending strength of rock

又称破裂模量。岩石受弯破坏时的最大拉应力值。以 σ_b 表示。通常大于直接拉伸试验得出的抗拉强度值。由棱柱体、圆柱体或圆盘形岩石试件的弯曲试验测定。用直径为 d 的圆柱体作四点弯曲试验时，$\sigma_b = 32pa \div \pi d^3$，$p$ 为试件破坏时的力。 （周德培）

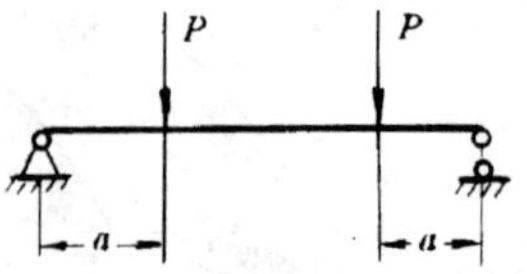

岩石力学 rock mechanics

研究*岩石*和*岩体*力学性态的理论和应用的学科。是在土力学、固体力学、地质学等学科的基础上发展起来的一门新兴学科。国际岩石力学学会是其国际性的学术团体，定期召开学术会议，讨论学科发展，在各国间交流研究成果，出版学术刊物。主要研究特点是：在大量室内试验、现场试验与量测资料的基础上，进行理论分析和数值方法的研究。在土木工程方面，主要探讨人类工程活动范围内的岩体对周围物理环境中力场的反应。主要研究内容有：①岩石物理性质（密度、膨胀性、渗透性等）；②动、静荷载作用下岩石的变形规律、变形机理和本构关系；③岩石破裂机理和强度理论；④岩石的流变性态；⑤高温高压下岩石的力学性质；⑥岩体中节理的力学性质；⑦岩体中水的流动规律；⑧室内岩块试验及相似材料模拟试验的技术与理论；⑨岩体现场试验与量测的技术与理论；⑩岩体（岩基、岩坡、洞室围岩等）的稳定性；⑪岩体中的应力状态；⑫岩体与工程结构物相互作用下的力学性质；⑬加固岩体的技术措施；⑭与核废料处理有关的问题；⑮其他。目前本学科仍处于发展阶段，已出现下列分支：岩体力学、矿山岩体力学、*岩体结构力学*、*岩体水力学*、岩石破碎力学、*岩石断裂力学*等。这些理论知识广泛应用于水利水电、矿业、地学、建筑、铁路交通、国防工程等领域。

（周德培）

岩石力学试验 rock mechanics test

通过测定岩石物理、力学性质研究岩石在外力作用下变形和破坏的规律，探索岩体稳定性分析的原则和方法的一种研究手段。它是建立*岩石力学*概念和理论的物质基础。其包含的内容，按研究方法可分为直接试验和模型试验；按受力性质可分为压缩试验、拉伸试验、剪切试验、弯曲试验、扭转试验等；按荷载作用方式可分为单轴试验和多轴试验；按加载过程可分为静载试验、动载试验和流变试验；按试验场所可分为室内试验和现场试验。进行试验时应对试验条件、试验方法和试验设备等要求，作出明确的规定。 （袁文忠）

岩石力学室内试验 laboratory tests for rock mechanics

在实验室内进行的*岩石力学试验*。它包括：单轴和多轴压缩试验、直接和间接拉伸试验、剪切试验、弯曲试验、扭转试验、流变试验、疲劳试验、室内弹性波试验、各种测定岩石物理性质的试验等。它的主要优点是：省时、省工、省经费；便于进行重复试验；容易控制试验环境；容易变化试验参数，便于对问题进行深入系统研究。由于试件体积小，脱离现场岩体所处的地质环境，难以反映节理、裂隙等结构面和地质环境对岩体性质的影响，试验结果仅反映了组成岩体的岩块的性质。（袁文忠）

岩石力学现场试验 in situ tests for rock mechanics

在工程现场测定天然岩体强度和变形特性的试验。是*岩石力学试验*的重要组成部分之一。它的内容和方法很多，如量测岩体变形特性的*刚性垫板法*、确定*岩体弹性抗力系数*的径向荷载试验、确定岩体动弹性参数的弹性波法、测试岩体剪切强度的*双千斤顶法*、现场三轴试验、*点荷载强度试验*、各种量测地应力的方法以及国际岩石力学学会1967年以来提出的一系列现场试验的建议方法等。与*岩石力学室内试验*相比，它的结果更能反映天然岩体的强度和变形特性。但是工作量大、费时、费用高。（袁文忠）

岩石流变模型 rheologic models of rock

由多个元件组成的用以表达岩石内部结构和描述岩石流变性质的模型。为了描述岩石的流变力学性质，目前已提出了多种类型的模型（粘弹性模型、粘弹塑模型、裂粘弹模型等）。它们不但能直观反映岩石的蠕变、松弛、弹性滞后等性质，还能给出理想化的岩石应力－应变－时间的本构方程。（周德培）

岩石黏滞系数 viscosity coefficient of rock

简称岩石黏度。表示*岩石黏滞性*强弱的指标。因岩石种类而异，还与荷载、温度等因素有关。对于同种岩石，数值变化范围较大，例如页岩为10^{16}～10^{17}Pa·s。通常在*岩石稳定蠕变阶段*，由应力与应变速率的比值确定。（周德培）

岩石黏滞性 viscosity of rock

又称岩石内摩擦性。岩石内部阻碍颗粒间发生相对流动的性质。与流体力学中流体黏滞性的概念相同。具有使岩石消耗能量并且产生永久变形的作用。是岩石的一个重要属性。（周德培）

岩石扭转试验 torsion test for rocks

由扭转机通过其端部夹具对试件的扭转作用，测定岩石剪切强度的试验。试件为端部加工成方形的圆柱体。试件最外圈产生的最大剪应力 τ_{max} 为

$$\tau_{max}=\frac{16T}{\pi D^3}$$

式中，T 为扭矩，D 为试件直径。岩石的抗拉强度一般比剪切强度低，该试验中试件的破裂实际上是由单纯拉伸所致，故试验结果与岩石的抗拉强度较为接近，而明显低于其他岩石剪切试验的结果。（袁文忠）

岩石膨胀性 swelling property of rock

岩石浸水后体积增大的性质。是水作用于岩石的一种物理化学过程。膨胀时产生的应变和压力的大小、性质和均匀程度因岩石种类、结构、吸水性、颗粒间胶结程度等因素而异。一些岩石如泥岩、页岩含有较大膨胀性的粘土质矿物，膨胀时还会出现崩解。（周德培）

岩石平均模量 average modulus of rock

由*岩石应力－应变曲线*上近似直线区段的平均斜率确定的值。以 E_{av} 表示，$E_{av}=\frac{\Delta\sigma}{\Delta\varepsilon}$。

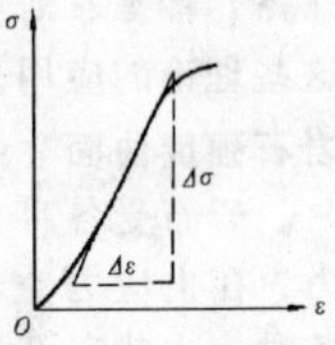

（周德培）

岩石泊桑比 Poisson's ratio of rock

岩石试件受一定轴向应力作用时所产生的侧向与轴向应变之比。以 μ 表示。和材料力学中的泊桑比含义类似。与应力大小、岩石内裂隙数量、结构和构造、加载速率等因素有关，还具有各向异性。通常根据单轴压缩的轴向和侧向应力－应变曲线确定。$\mu=-\frac{E_o}{E_{or}}$。E_o 为*岩石变形模量*；E_{or}为侧向应力－应变曲线的斜率，按照确定 E_0 的三种方法之一取值。例如按照*岩石割线模量法*，$\mu=-\frac{\sigma_A}{\Delta\varepsilon_1}\div\frac{\Delta\sigma_A}{\Delta\varepsilon_2}=-\Delta\varepsilon_2\div\Delta\varepsilon_1$。

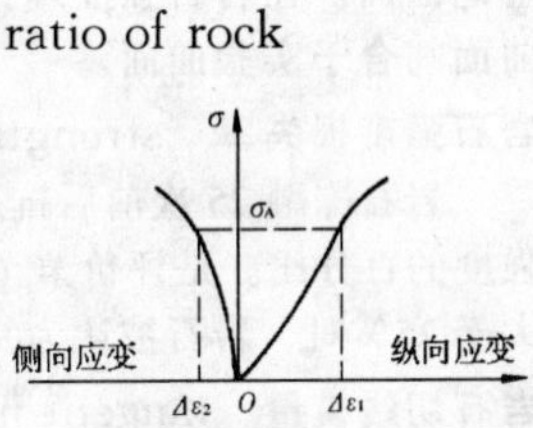

（周德培）

岩石破裂后期模量 post-failure modulus of rock

又称岩石破裂后期刚度。岩石破裂后作用在岩石中的正应力与相应正应变之比。一般根据单轴压缩试验测出的*岩石应力－应变后期曲线*确定，通常取曲线上某点的切线模量值。数值越大，说明岩石的脆性越显著。（周德培）

岩石强度 strength of rock

岩石受外力作用而发生破坏时的应力。与材料

力学中材料强度定义相同。岩石具有特殊的强度性质，一般随荷载作用时间而减小，随加载速率增加而提高，抵抗动荷载的能力比静荷载强。按照外力施加方式分类有：单轴抗压强度、抗剪强度、三轴抗压强度等；按照破坏程度分类有屈服强度、峰值强度、残余强度等。研究岩石强度可确定破坏机理、承载能力、建立破坏准则，为岩石工程结构物的强度计算提供理论依据。 （周德培）

岩石强度理论 strength theory of rock

在岩石工程强度计算中提出的关于在复杂应力状态下解释岩石破坏原因及建立破坏准则的假说。是岩石力学研究的重要内容。目前对各种岩石在复杂应力状态下的强度特性研究得不充分，尚未建立满意的理论。在实际应用中仍采用材料力学中提出的强度理论，较常用的有*莫尔强度理论*、*库仑强度理论*、*格里菲斯强度理论*。因岩石材料的复杂性，这些理论的应用是有条件的。 （周德培）

岩石强度曲面 strength curve surface of rock

岩石受各种应力状态作用发生破坏时的主应力，在主应力空间 $O\sigma_1\sigma_2\sigma_3$ 中形成的曲面。根据各种应力状态下岩石的破坏性试验确定的曲面是实验曲面，由强度理论建立的破坏准则确定的曲面是理论曲面。在岩石强度理论研究中，应尽量使理论曲面吻合于实验曲面。 （周德培）

岩石强度损失率 strength loss ratio of rock

岩石冻融 25 次前后抗压强度之差占冻融前抗压强度的百分比。是评价*岩石抗冻性*的指标。该指标大于 25%时，岩石被认为是不抗冻的。（周德培）

岩石切线模量 tangent modulus of rock

由*岩石应力－应变曲线*上某点 D 的切线斜率所确定的值。以 E_t 表示，$E_t=\dfrac{\Delta\sigma}{\Delta\varepsilon}$。在选择 D 点时，通常使它对应的应力 σ_D 等于岩石抗压强度 σ_c 的 50%。如果 D 点选择在座标原点 O，得出的 E_t 称为岩石初始切线模量。

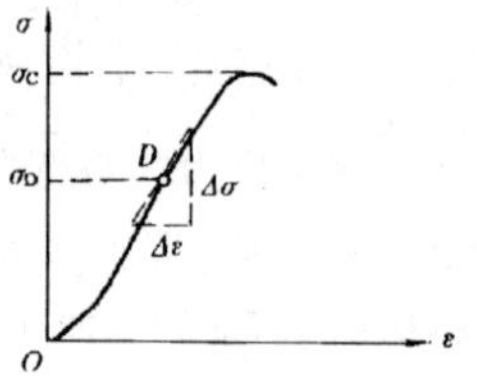

（周德培）

岩石蠕变曲线 creep curve of rock

通常由岩石蠕变试验测定的反映岩石蠕变性质的曲线。有下列四个部分：瞬时应变段 OA、*岩石初始蠕变段* AB、*岩石稳定蠕变段* BC 和*岩石加速蠕变段* CD。仅当作用在岩石上的应力达到适当值时，这四个部分的曲线才会连续出现。 （周德培）

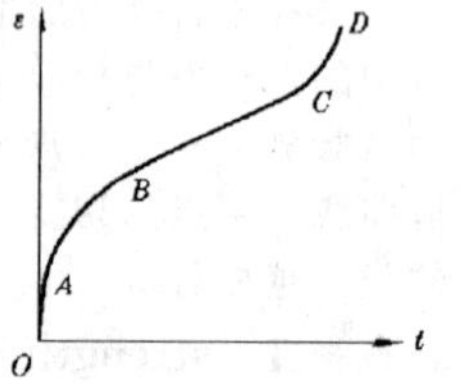

岩石软化系数 softening coefficient of rock

岩石浸水后的强度与浸水前的强度之比。是表征岩石抗软化的指标，以 n 表示。通常用岩石饱水状态单轴抗压强度 σ_{cw} 与干燥状态的单轴抗压强度 σ_c 之比值确定，$n=\dfrac{\sigma_{cw}}{\sigma_c}$。 （周德培）

岩石软化性 softening property of rock

岩石浸水后强度降低的性质。水浸入岩石，改变了它的物理状态，使其中不耐水成份软化，削弱了颗粒间的粘结力，造成岩石强度降低。降低程度取决于岩石中矿物成份的亲水性、水的含量、水的物理化学性质、温度等。粘土岩、泥质砂岩、泥灰岩、页岩等岩石具有明显软化性。 （周德培）

岩石三轴抗压强度 triaxial compression strength of rock

在三向压力作用下岩石发生破坏时的应力值。是岩石发生破坏时作用在它上面的三个主应力的综合反映。受加载方式、孔隙压力、温度等因素的影响。是研究岩石强度理论的重要指标。在工程上通常由*常规三轴试验*测定。 （周德培）

岩石三轴压缩应变 triaxial compression strain of rock

在三轴压应力作用下岩石产生的应变。在这三个压应力方向岩石产生的主应变各为 ε_1、ε_2 和 ε_3，与三个压应力大小、加载速率、加载途径等因素有关。可由三轴压缩试验测出，或由应力－应变本构关系求出。 （周德培）

岩石渗透系数 permeability coefficient of rock

衡量*岩石透水性*强弱的指标。以 k 表示。是岩石中水渗透速度 v 及水压差 i 之间的比例常数，$v=k_i$。完整致密岩石的 k 值很小，如花岗岩 $k=5\times10^{-11}\sim2\times10^{-10}$ cm/s；而破碎疏松岩石的 k 值较大，如疏松砂岩 $k=1.3\times10^{-4}\sim1.5\times10^{-3}$ cm/s。 （周德培）

岩石双轴拉伸试验 biaxial tensile test for rocks

测量岩石试件在双轴拉伸条件下强度和变形特性的试验。资料表明，岩石的双轴拉伸强度和单轴拉伸强度是一致的。由于试验技术的困难，一般不进行该项试验。 （袁文忠）

岩石双轴压缩试验 biaxial compressive test for rocks

沿两个正交方向对试件进行压缩，测定岩石在此受力状态下的强度和变形特性的试验。试件一般为正六面体。 （袁文忠）

岩石塑性破坏 plastic rupture of rock

岩石在荷载作用下出现很大塑性变形而发生的破坏。无明显破裂面和破坏荷载，有时以许用变形量作为判断标准。是岩石颗粒间产生微小滑移的累积结果。这种破坏能否出现，由岩石结构、围压大小、温度等因素确定。 （周德培）

岩石透水性 permeability of rock

又称岩石渗透性。岩石传递水的性质。与*岩石孔隙度*、孔隙大小及其贯通程度有关。岩石中因孔隙分布不均匀，水在岩石中的渗透具有各向异性，特别是层状岩石尤为明显。 （周德培）

岩石弯曲试验 bending test for rocks

一种间接拉伸试验。试件为棱柱体或圆柱体。试件受到弯曲时，其外沿只产生拉应力。破坏时试件最外侧的最大拉应力则为岩石的抗拉强度为

$$\sigma_t = -\frac{MC}{I} \quad (\mathrm{MPa})$$

式中，M 为弯矩（N·mm），C 为至中性轴的距离（mm），I 为中性轴以上梁横截面的惯性矩（mm^4）。 （袁文忠）

岩石稳定蠕变 steady-state creep of rock

又称岩石第二阶段蠕变。*岩石初始蠕变*后产生的与时间有关的变形。变形速率为常数。卸载时岩石的变形除了瞬时恢复和产生*岩石弹性滞后*外，其余残留于岩石中成为永久变形。 （周德培）

岩石吸水性 water absorption of rock

岩石吸收水的性质。吸收水分的多少，与岩石所含孔隙、裂纹的数量、大小、开闭程度及其分布情况有关。还与试验条件、水压力和浸水时间长短有关。 （周德培）

岩石应力－应变后期曲线 post-failure stress-strain curve of rock

在刚性试验机上测得的岩石峰值后的应力与应变关系图象。分为第Ⅰ类曲线 AEF 和第Ⅱ类曲线 ABC，分别描述了两种类型的岩石峰值后的性质：稳定破裂传播型和非稳定破裂传播型。岩石结构决定了曲线类别，高孔隙率岩石的曲线属第Ⅰ类，致密细颗粒岩石则属第Ⅱ类。在高应变率加载下，曲线会由第Ⅰ类转变为第Ⅱ类。还受试件尺寸、形状、围压大小等因素的影响。 （周德培）

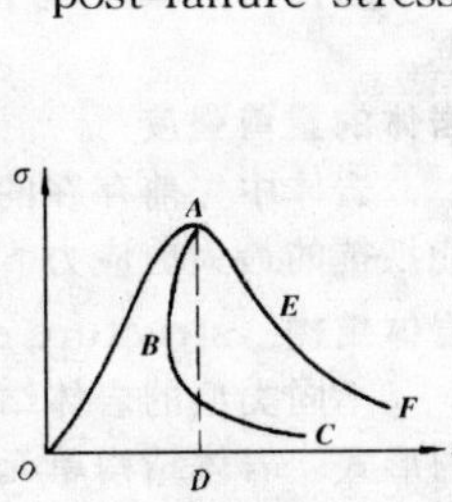

岩石真三轴试验 true triaxial test for rock

又称不等压三轴试验。在三个正交方向上向试件施加互不相等的压力，并研究材料在该应力状态下的强度和变形特性的试验。可较好地模拟*原岩应力*的空间状态（$\sigma_1 \geqslant \sigma_2 \geqslant \sigma_3$），对于认识岩石的力学性质，进行工程设计和建立岩石本构关系，都有重要意义。试验在*岩石真三轴试验机*上进行，试件为长方体或正方体。在该试验中，岩石破坏点在主应力空间是一个壳状曲面，如图所示。（袁文忠）

岩石真三轴试验机 true triaxial testing machine for rocks

进行*岩石真三轴试验*的设备。竖直压力一般由普通的压力机施加，水平压力则分别由两组独立的千斤顶施加。第一台国产机是 330 型岩石三轴应力试验机，该机最大竖向压力为 2 000kN，两个互相垂直的水平压力最大为 550kN。三个方向的加载油缸由一台高压油泵供油，经过分流阀和控制阀的调节，可以达到同步、单独调节和保持恒压。 （袁文忠）

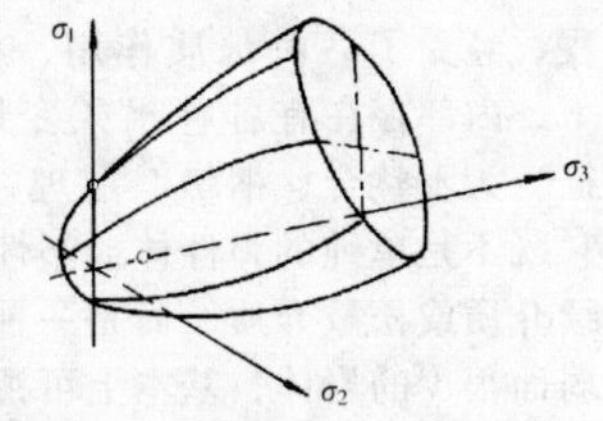

岩石直接拉伸试验 direct tensile test for rocks

直接测定岩石试件单轴抗拉强度的试验。试验在万能试验机上进行。试件为高径比 2.5～3.0、直径不小于 54mm 的圆柱体。试验时试件两端粘结在备有适当联接装置的圆筒状金属套帽中，以保证荷载通过试件的轴线。加载速度应保持恒定，使破坏发生在 5 分钟内。每组岩样的试件不得少于 5 个。试件的抗拉强度，以作用在试件上的最大荷载（N）除以试件的初始横截面积（mm^2）得到。 （袁文忠）

岩石质量指标 rock quality designation

简称 RQD。根据钻孔岩芯完整程度判断岩体质量的指标。可表示为

$$\mathrm{RQD} = \frac{L_p}{L} \times 100$$

式中 L_p 为 10cm 以上岩芯的累计长度；L 为钻孔全长。迪立（Deere, D.U.）的岩体按岩石质量指标分类见表。

岩石质量指标（*RQD*）	100～90	90～75	75～50	50～25	25～0
岩石质量描述	很好的	好的	一般的	差的	很差的

（屠树根）

岩石重量损失率 weight loss ratio of rock

岩石冻融 25 次前后的干燥重量之差占冻融前

干燥重量的百分比。是评价*岩石抗冻性*的指标。该指标大于2%时，岩石被认为是不抗冻的。

（周德培）

岩体 rock mass

经受过地质上的构造运动，遭受过变形、破坏，由一定的岩石成分组成，具有一定的结构、赋存于一定的地质环境中，在一定工程范围内的自然地质体。其物理力学性质取决于岩体结构单元的物理力学性质。由于岩体经历了漫长的自然历史过程，经受了各种地质作用，在地应力的长期作用下，内部存在有各种永久变形和各种地质构造特征，为不整合、褶皱、层理、节理、隐微裂隙等。它既不是单纯的弹性体或塑性体，也不是单纯的连续介质或松散介质，而是一种多介质的裂隙体。对弱面很少的岩体，基本上可视为均质连续体；而弱面充分发育的碎块状岩体则可看做松散体；介于两者之间的岩体可称之为裂隙介质或准连续介质。岩体的力学属性随其裂隙系统的发育程度而不同。从力学作用规律的观点出发，可将岩体分为：*连续介质岩体*、*碎裂介质岩体*、*块裂介质岩体*和*板裂介质岩体*。

（屠树根）

岩体本构关系 constitutive relationship of rock mass

岩体变形的基本规律。用公式表示为

岩体变形 = F(岩石、岩体结构、地应力、水、温度、时间)

这种数学表达式称为本构方程。方程前两项为岩体的实体，后三者为岩体赋存环境，最后表征变形过程。

（屠树根）

岩体变形 deformation of rock mass

岩体在受力条件改变时，产生体积变化、形状改变、结构面的压缩及结构体间位置移动的总和。它由材料变形和结构变形组成。材料变形包括结构体弹塑性变形 u_e、结构体流动变形 u_n、结构面闭合变形 u_j 和结构面错动变形 u_{dis}；结构变形包括结构面滑动变形 u_{si}、结构体滚动变形 u_t、软弱夹层挤出变形 u_c 及板柱体弯曲变形 u_{sb}。则岩体变形为

$$u = u_e + u_n + u_j + u_{dis} + u_{si} + u_t + u_c + u_{sb}$$

前四部分变形可采用连续介质力学方法分析，后四部分应采用结构力学方法分析计算。但分析必须依据与实际岩体相符的力学模型。

（屠树根）

岩体变形机制 mechanism of rock mass deformation

岩体变形的力学过程。如岩块压缩变形的机制是岩块在全围压作用下体积缩小，岩块形状改变，沿结构面滑动和结构体滚动是在剪力作用下产生的；板裂结构体横向弯曲和纵向缩短是梁和柱的结构变形的力学作用等。岩体变形可同时包含几种变形机制，也可以是一种。变形计算时必须对各种变形机制的效应作出正确判断。按照孙广忠的意见它可用*变形机制单元*来表征。

（屠树根）

岩体变形模量 deformation modulus of rock mass

岩体压缩时，正应力与正应变之比。正应变包括弹性变形应变 ε_e 与永久变形（残余变形）应变 ε_y 之和。岩体变形模量 E_D 为

$$E_D = \frac{\sigma}{\varepsilon_e + \varepsilon_y} \tag{1}$$

一般采用刚性垫钣现场测得，即

$$E_D = \frac{p(1-\mu^2)}{2rw} \tag{2}$$

式中，p 为千斤顶施加荷载；μ 为岩体的泊桑比；r 为圆钣半径；w 为刚性圆钣下垂直位移。

（屠树根）

岩体的各向异性 anisotropy of rock mass

岩体受力后，在各个方向上具有不同的物理力学性质。如岩体的强度、变形模量、弹性波速度等指标，在岩体各个方向上均有所不同，甚至差别显著。导致这种性质的原因是岩体中组成岩石的成层条件及矿物结晶的分布规律、结构面特性及其发育展布规律、地下水的分布及其运动规律、地应力的大小及其分布规律等。

（屠树根）

岩体的剪断强度

岩体中先前没有破坏的面，在任一法向应力下能抵抗的最大剪应力。

（屠树根）

岩体的抗切强度

岩体剪切面上垂直压应力等于零时的剪断强度。

（屠树根）

岩体的重剪强度

岩体中先前存在的破坏面，在任一法向应力下能抵抗的最大剪应力。

（屠树根）

岩体结构 structure of rock mass

不同类型的岩体结构单元在岩体内组合、排列的形式。岩体结构单元有*结构面*和*结构体*两种基本类型。而结构面又可分为*软弱结构面*和*硬性结构面*；结构体又可分为*块状结构体*和*板状结构体*。它们在岩体内的组合、排列不同，构成不同类型的岩体结构。岩体结构是岩体的基本特性之一，它控制着岩体的变形、破坏及其力学性质。

（屠树根）

岩体结构分析法 structural analysis for rock mass

在研究岩体结构及其特性的基础上，结合工程

作用力，对工程岩体的稳定性做出定性或半定量评价的方法。可借助赤平极射投影、实体比例投影法或块体坐标投影法进行图解分析。主要解决岩体中结构体之间互相依存、相互制约的关系，确定不稳定结构体的边界、几何形态及其在外力作用下的稳定状态。是研究岩体稳定性的基础。（屠树根）

岩体结构力学 structural mechanics of rock mass

从岩体结构及其力学效应入手，运用结构力学手段、理论、方法，研究岩体的力学作用和性质，以解决地质工程问题的岩体力学。1982 年我国学者孙广忠首先提出这一概念。它明确地提出了岩体力学的基础理论是岩体结构控制论，力学基础是岩体结构的力学效应，研究的基本方法是岩体结构分析方法。系统地阐述了岩体变形，破坏及岩体力学性质基本规律；将岩体按岩性、结构及环境应力条件划分成连续、碎裂、块裂、板裂四种力学介质和多种力学模型，提出了岩体力学是上述四种力学介质构成的力学体系，这一概念的提出向建立完整的岩体力学理论体系迈出了一步。（屠树根）

岩体抗剪强度 shear strength of rock mass

岩体内任一方向剪切面在任一法向应力下所能抵抗的最大剪应力。它是岩体最重要的强度性质。通常可分为剪断强度、重剪强度和抗切强度。它主要受软弱面、应力状态、岩体的岩石学特性、风化程度及含水量等因素影响。在高应力条件下，岩体的剪切强度性质比较接近岩块性质。反之，在低应力条件下，它主要受软弱面控制。由于工程作用于岩体的力一般多在 10MPa 以下，所以与工程活动有关的岩体破坏多数表现为沿软弱面滑动，即出现重剪破坏，这时岩体的剪切强度最小，且其等于软弱面的抗剪强度。（屠树根）

岩体破坏 failure of rock mass

岩体结构改组和结构联结的丧失现象。遭受过破坏的现存岩体，已经形成了自己的特殊结构，即不连续结构，而再破坏会使现存岩体结构发生新的变化，称这种新的变化为岩体结构改组。随此，岩体在结构改组过程中伴随着发生原岩体的结构联结丧失，在形成新的结构后又形成新的结构联结。如完整结构岩体由于受力超过其强度时，其结晶联结遭受破坏，随之产生结构改组，变为碎裂结构或散体结构，其结构联结变为新的结构中结构体咬合联结。（屠树根）

岩体强度 strength of rock mass

岩体结构的强度。结构体强度和结构面强度的一个综合指标。一般通过原位试验来测定，也可根据岩块的力学性质来推断所谓的准岩体强度。它主要受组成岩体的岩石、岩体结构、环境（地应力、地下水）三种因素的影响。岩体强度随岩体内含结构体数增加而减少，其减少程度与岩块强度和岩体强度之差成正比，与岩体内含的结构体数成反比；岩体内发育的结构面密度愈大，则其强度愈低；结构面产状导致岩体强度具有各向异性特点，但并不是一成不变的，而是随环境应力增加而逐渐减小，随围压的增高，各向异性逐渐消失。软弱夹层遇水就会使其强度降低；裂隙中存在静水压，则岩体抗剪强度降低。通常岩体的强度比同类岩块的强度为小。（屠树根）

岩体水力学 hydraulics for rock mass

研究岩体和水的流动规律以及水流耦合作用时，岩体的再变形和再破坏规律，并应用这些规律解决工程建设中的地质工程问题的一门学科。它是岩体力学的新课题，是岩体力学和流体力学互相渗透而正在建立和发展的一门应用性边缘学科。研究岩体和水流之间的耦合作用规律是其核心内容。耦合作用规律表现在以下几方面：1. 耦合本构关系：固体和流体之间的耦合本构关系是研究岩体变形和破坏的基础；2. 岩体水力参数和力学参数之间的耦合关系；3. 软化作用是岩体和水流之间的一种物理化学作用，结果降低了岩体的粘聚力 c、内摩擦角 φ 值。研究时，应以岩体赋存的地质环境为背景探讨岩体和水流之间的耦合作用规律，进而作出岩体水力学分析。（屠树根）

岩体投影 rock mass projection

用二维图形表示三维岩体图形点、线、面的位置关系及数量关系的方法。该二维图形通常是画在投影球的球面或平面上，投影面上对应于三维图形的直线或平面的几何元素，称为该直线或平面的投影。是研究岩体中许多结构问题的主要工具之一。有多种类别，如赤平极射投影、心射切面投影等。（屠树根）

岩体稳定性 stability of rock mass

在一定时间内，一定的工程荷载作用条件下，岩体不发生显著的变形与破坏的特征（岩体发生了显著变形或破坏称为岩体失稳）。稳定或失稳的概念是相对的，不同的工程所要求的标准不完全相等。岩体的稳定性评价就是研究岩体发生失稳的条件及变形破坏的规律，为岩体的利用与改造提供依据。可分为区域稳定性、山体稳定性、工程岩体稳定性。前两者主要解决工程规划和总体部署所要论证的问题；后者论证具体工程部位岩体的稳定问题，如地下工程围岩、岩坡及岩基的稳定。（屠树根）

岩体中的垂直应力 vertical stress in rock mass

又称地应力垂直分量。主要由自重作用下产生的垂直应力组成，由岩体容重 γ 与埋深 h 的乘积确定。 （袁文忠）

岩体中的水平应力 horizontal stress in rock mass

又称地应力水平分量。主要由两部分构成：①自重应力的水平分量；②构造应力的水平分量。其分布特点为：最大水平应力分量绝大多数大于垂直应力分量；地壳内第一主应力方向接近水平；平均水平应力分量可分为两个群，一群大于垂直应力分量，一群小于垂直应力分量；小水平应力分量通常为原岩应力最小主应力分量。 （袁文忠）

岩音定位法 location method with rock sound

通过测定岩音音源位置预报岩层移动及将要破坏的岩体区域和范围的方法。岩体内应力升高或岩层移动时，会以微震波或岩音的形式释放能量，用地音仪测出岩音的速度和传播时间，可算得探头到音源的距离。在被监测区附近设置足够多（如 5 个以上）的地音仪探头，即可确定音源的位置。

（袁文忠）

沿程水头损失 friction Read-loss

单位重量液体克服液体内摩擦阻力作功消耗能量而损失的水头。它随流程的长度而增加。其通用计算公式为

$$h_f = \lambda \frac{l}{4R} \cdot \frac{v^2}{2g}$$

式中 λ 为沿程阻力系数；l 为流程的长度；R 为水力半径；v 为断面平均流速。其中 λ 由实验确定，亦可按一些半经验公式计算，它与管子材料及流动型态有关。上式亦称达西－魏士巴哈（Darcy－Weisbach）公式。 （叶镇国）

沿程阻力 frictional resistance

沿流程流体粘性造成的内摩擦阻力。它是导致沿程水头损失的外因。其大小随流体横向流速梯度而变化，且沿程均匀分布。对于牛顿流体，当为层流时，沿程阻力服从牛顿内摩擦定律；对于紊流，流体质点存在脉动，相邻流层间有质量交换和动量交换，除层流状态时的阻力外，还存在紊流附加剪切应力（又称惯性应力或雷诺应力）。由于目前对紊流机理尚未彻底了解，对于紊流附加剪切应力的分析主要采用半经验方法，即一方面对紊流进行一定的机理分析，另一方面依靠一些实验结果来建立附加剪切应力和时均流速的关系。这类半经验理论至今已提出不少，应用较普遍的有德国学者普朗特（L·Prandtl）提出的混合长度理论。 （叶镇国）

沿程阻力系数 frictional loss factor

又称沿程水头损失系数。按流速水头计算沿程水头损失的折减系数。常以 λ 表示，且

$$\lambda = \frac{h_f}{\frac{l}{4R} \cdot \frac{v^2}{2g}}$$

式中 h_f 为沿程水头损失，l 为流段长度；v 为断面平均流速；R 为水力半径；g 为重力加速度。对于圆管，$R = \frac{d}{4}$。不同的流动型态有不同的 λ 值。对于圆管层流运动，λ 与雷诺数成反比。寻找断面流速分布关系，是分析 λ 变化规律的基本途径。λ 值计算除圆管层流有理论公式外，主要通过经验公式确定。圆管层流的 λ 理论公式为

$$\lambda = \frac{64}{\mathrm{Re}}$$

式中 Re 为雷诺数。对于工业管道的圆管紊流，λ 可按柯列勃洛克（C.F.Colebrook）公式计算

$$\frac{1}{\sqrt{\lambda}} = 1.74 - 2\lg\left(\frac{\Delta}{r_0} + \frac{18.7}{\mathrm{Re}\sqrt{\lambda}}\right)$$

式中 d 为管径；Δ 为管道当量粗糙度；Re 为雷诺数；r_0 为圆管半径。按上式计算，当为水力光滑区时，可取 $\frac{\Delta}{r_0} = 0$；当为水力粗糙区时，可取 $\frac{18.7}{R_e\sqrt{\lambda}} = 0$。齐恩（A. K. Jain）为求解方便，已将上式改换成下列公式

$$\lambda = \frac{1.325}{\left[\ln\left(\frac{\Delta}{3.7d} + \frac{5.74}{\mathrm{Re}^{0.9}}\right)\right]^2}$$

（叶镇国）

堰 weir

从河渠底部或两侧使水流受到束狭和变形的建筑物。如溢流坝或桥涵等。堰顶超出河渠底部的高度称为堰高，堰的溢流宽度称为堰宽，堰沿水流方向的厚度称为堰壁厚度。按此厚度与堰顶水头的比值大小可将堰分为薄壁堰、实用堰、宽顶堰三类；按堰槛在平面图上的位置与河渠轴线的方向关系可分为正交堰、斜交堰及侧堰三类。当堰槛垂直于河渠轴线时称为正交堰，与河渠轴线斜交时称为斜交堰，与河渠轴线平行时称为侧堰。此外，当堰壁上的缺口为矩形时，称为矩形堰，当堰壁上的缺口为梯形时，称为梯形堰，当堰壁上的缺口为三角形时，称为三角堰。由于过堰水流与堰槛垂直，因此堰还有一定的整流作用。堰是水利工程中的一种主要的引水和泄水建筑物，也是一种挡水建筑物，它可用来控制河渠的水位及流量，大、中、小型水利工程都离不开它；在水力学、水工实验、灌溉工程、给水工程及水力机械制造厂中，堰还是一种重要的量水工具。 （叶镇国）

堰顶水头　head on weir crest

又称堰上水头。堰上游距堰壁最近的渐变流断面处水位超出堰顶的高度。实验得出，测量堰顶水头 H 的断面距上游堰壁为（3～5）H。堰流计算中，为考虑堰前行近流速 v_0 对上游总水头增大的影响，常用堰顶有效水头 H_0 建立流量公式，其中 H_0 按下式计算

$$H_0 = H + \frac{\alpha_0 v_0^2}{2g} = H + \frac{\alpha_0 Q^2}{2g\omega_0^2}$$

式中 α_0 为 ω_0 断面的动能修正系数；g 为重力加速度；ω_0 为 H 所在的上游过水断面面积。由于 ω_0 中包含了 H 值，因此只能试算求解 H。

（叶镇国）

堰流　weir flow

无压缓流流经堰顶时出现上游水面壅高而后降落的局部水力现象。由于过堰水流在堰顶上的流程较短，故以局部水头损失为主，其水力计算内容为决定堰顶水深，堰宽及堰的泄水能力。同时，对于自由出流、淹没出流、有侧收缩与无侧收缩及堰的类型在计算中均应区别对待。　（叶镇国）

堰流流量系数　coefficient of discharge for weir flow

综合反映过堰水流纵向收缩程度 k、局部水头损失系数 ζ 和压强分布折算系数 ξ 三者对堰泄水能力影响的系数。常用 m 表示，其一般表达式为

$$m = k\varphi\sqrt{1-\xi}, \varphi = \frac{1}{\sqrt{\alpha+\zeta}}$$

式中 φ 为流速系数；α 为动能修正系数。m 值用实验方法确定，与堰的类型有关，常按经验公式计算。对于矩形薄壁堰常用的有巴赞（Bazin）及雷伯克（T. Rehbock）公式

$$m_0 = \left[0.405 + \frac{0.0027}{H} - 0.03\frac{B-b}{B}\right] \times \left[1 + 0.55\left(\frac{H}{H+p}\right)^2\left(\frac{b}{B}\right)^2\right] \quad \text{(Bazin)}$$

$$m_0 = \frac{2}{3}\left(0.605 + \frac{0.001}{H} + 0.08\frac{H}{P}\right) \quad \text{(Rehbock)}$$

式中 H 为堰顶水头；P 为堰上游坎高；b 为堰宽；B 为引水渠宽（$B>b$）。巴赞公式适用范围为 $H=0.1\sim0.6$m，$b=0.2\sim2.0$m，$H\leqslant 2P$，其误差为1%左右；雷伯克公式精度较高，适用于 $B=b$，$H\geqslant 0.025$m，$\frac{H}{P}\leqslant 2$，$P\geqslant 0.3$m 的情况。对于实用断面堰，当为真空实用断面堰时，$m=0.486\sim0.577$，非真实堰 $m=0.49$，折线多边形堰 $m=0.30\sim0.42$。对于宽顶堰，当进口为直角，$\frac{P}{H}>3.0$ 时，$m=0.32$，$0\leqslant\frac{P}{H}\leqslant 3$ 时，可按别列津斯基（A. P. Березинскuй）公式计算

$$m = 0.32 + 0.01\frac{3-\frac{P}{H}}{0.46+0.75\frac{P}{H}}$$

当进口修圆，$\frac{P}{H}>3.0$ 时，$m=0.36$，$0\leqslant\frac{P}{H}\leqslant 3.0$ 时，可按别列津斯基公式计算

$$m = 0.36 + 0.01\frac{3-\frac{P}{H}}{1.2+1.5\frac{P}{H}}$$

以上式中符号意义与前相同，可以证明，宽顶堰最大流量系数 $m=0.385$。　（叶镇国）

堰流通用公式　general formula of weir flow

各类堰泄水能力的通用公式。按照能量守恒原理及堰的边界条件可得此通用公式为

$$Q = \sigma\varepsilon mb\sqrt{2g}H_0^{3/2} = \sigma\varepsilon mb\sqrt{2g}\left(H + \frac{\alpha_0 Q^2}{2g\omega_0^2}\right)^{3/2}$$

式中 σ 为淹没系数；ε 为侧收缩系数；m 为堰的流量系数；b 为堰的溢流宽度；H_0 为含堰前流速水头的堰顶水头；ω_0 为 H 所在的上游过水断面积；g 为重力加速度。其中 $m<1$，$\varepsilon<1$，$\sigma<1$。当为自由出流时 $\sigma=1$，当为无侧收缩堰时，$\varepsilon=1$。m、σ、ε 由实验方法确定。由上式可知，欲确定堰的泄水能力时需通过试算。　（叶镇国）

堰流淹没系数　submerged coefficient for weir flow

堰下游水位升高造成淹没出流条件并引起泄水能力下降的流量折减系数。它由下式通过实验方法测算

$$\sigma = \frac{Q}{mb\sqrt{2g}H_0^{3/2}}$$

式中 σ 为堰流淹没系数；Q 为实际泄水流量；b 为堰宽；H_0 为含堰前流速水头在内的堰顶水头；m 为堰的流量系数。　（叶镇国）

yang

杨布普遍条分法　Janbu general slice method

杨布（Janbu）建立的一种土坡稳定分析的条分法。它与瑞典圆弧滑动法的主要区别为下述二点：①适用于任意形状的滑动面；②考虑条间力的作用满足土条的静力平衡条件，但对条间力的作用点位置作了假设，通常假定推力线位于土条两侧的1/3高处。图所示为Janbu普遍条分法的滑动面与推力线的情况。

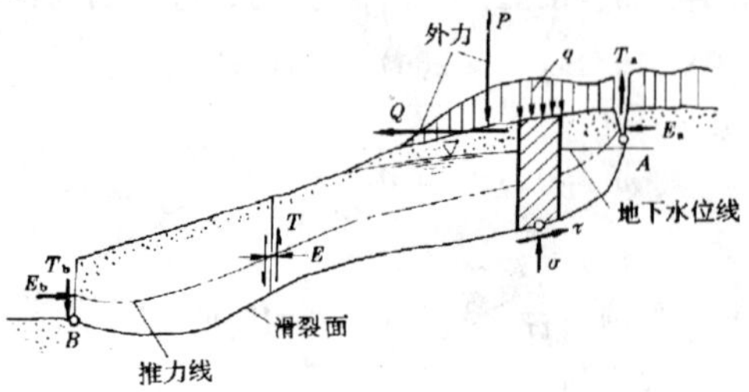

(龚晓南)

杨氏条纹 Young's fringe

相干光通过双孔或双缝衍射形成的干涉图样，是一些平行直线。 (钟国成)

样条边界元法 spline boundary element method

在边界线上用样条函数插值，从而将边界积分方程离散化为代数方程组然后求解的方法。

(姚振汉)

样条插值函数 spline interpolation function

过已知点并满足一定光滑性要求的分段多项式函数。它保留了低次多项式的简便性，克服了高次多项式的不稳定性，又具有一定的光滑性。在函数插值、曲线及曲面拟合、构造板、壳单元的位移函数等方面有广泛的应用。常用的有三次样条插值和五次样条插值。集中力作用下小变形梁的弹性变形曲线就是三次样条曲线。 (杜守军)

样条有限条法 spline finite strip method

用样条插值函数表达纵向位移分布的有限条法。条元的位移函数表示成纵向样条函数与常规横向形函数的乘积。适用于板、折板、箱形结构、壳等几何形状较为规则的结构分析。由于能够找到具有所需连续性（不连续性）的适当的样条插值函数，因而可以处理集中力、小片荷载、内部支座等在有限条法中难于处理的具有不连续性质的问题。本法保留了有限条法计算量小、输入数据少等优点，而应用上更为灵活。 (支秉琛)

样条元 spline element

以样条函数表示单元场函数的单元。与一般的插值函数比，能以较低次的样条函数、较少的自由度，获得精度较高、光滑性较好的结果。

(包世华)

样条子域法 spline subdomain method

一种应用样条函数和子域概念，基于变分原理而建立的半解析数值法。计算过程为：①划分子域。②子域分析。位移函数用样条函数和基函数乘积表示（单样条子域法），或用二个样条函数的乘积表示（双样条子域法）；根据势能驻值原理建立子域刚度方程。③整体分析，集成总刚度方程求解。适用于规则区域结构。比有限元法精度高，计算量少。 (包世华)

ye

液化势评价 evaluation of liquefaction potential

对场地地基或土工建筑物发生液化可能性及其发展趋势的估计。评价方法较多，大致可分为经验法、半经验法和解析法。由于各种方法均有其局限性，对重要工程宜进行综合分析。

(吴世明 陈龙珠)

液化应力比 stress ratio of liquefaction

土的抗液化强度与固结压力之比。其值越大则土抗液化的能力越高，并随破坏振次的增大而减小。 (吴世明 陈龙珠)

液、塑限联合测定法

用质量为76克，锥角为30°的圆锥，分别量测在不同含水量的试样中的下沉深度来确定土的液限和塑限的试验方法。将粒径小于0.5mm及有机质含量不大于试样总质量5%的风干土，加不同数量纯水，制备成三种不同含水量的试样，用电磁落锥法分别测定圆锥下沉深度。在双对数座标纸上绘制圆锥下沉深度和含水量的关系直线。国家标准《土工试验方法标准》(GBJ123) 中规定，在该直线上查得下沉深度为17mm和10mm所对应的含水量分别为17mm液限和10mm液限，查得下沉深度为2mm所对应的含水量为塑限。 (李明逵)

液体动力学 hydrodynamics

见水动力学（320页）。

液体金属电阻应变计 liquid-metal resistance strain gauge

由水银或镓－铜－锡合金等液体金属充填在栅状橡胶管内组成的测应变元件。可测应变高达100%。灵敏系数随所测应变值而变化。适用于刚度小的试件量测，如生物力学中肌键性能的研究等。 (王娴明)

液体相对平衡 relative equilibrium of liquid

液体质点之间及其与容器之间无相对运动的平衡状态。处于相对平衡的液体，其质点与设在容器上的坐标系亦无相对运动，但相对于不在容器上的坐标系可以不是静止的。如以等角速度旋转容器中的液体平衡状态即属此类。 (叶镇国)

液体质点 particle of liquid

见流体质点（230页）。

液位测量 liquid level measurement

液面高程的测定。水位测量仪器有：①量水测针或电感闪光测针，这种设备上有刻度，可直接测读水位，闪光测针还可解决肉眼视读的困难。②浮筒水位计，用以测读水位变化过程，它由带平衡锤的浮筒、记录滚筒、记录笔及小马达操纵的变速机构组成。常用以滚筒旋转方向为时间坐标，与滚筒轴线平行的方向为水位坐标。③跟踪式水位计是70年代末用以取代浮筒式水位计的一种较现代化量测液位的仪器。 (彭剑辉)

液限 liquid limit

又称流限。土由可塑状态过渡到流动状态的界限含水量。以百分数表示。可用液、塑限联合测定法或液限试验（碟式仪法）测定。 (朱向荣)

液限试验 liquid limit test

测定粒径小于0.5mm细粒土由可塑状态转到流动状态时的界限含水量试验。有碟式仪法和圆锥仪法两种。 (李明逵)

液性指数 liquidity index

土的天然含水量 w 减塑限 w_p 然后与塑性指数 I_p 之比。记为 I_L，即：$I_L=(w-w_p)/I_p$。是粘性土的稠度状态指标。根据其值粘性土可分为坚硬、硬塑、可塑、软塑及流塑。 (朱向荣)

yi

一般曲线坐标变换 general curvilinear coordinate transformation

方程中的自变量或函数通过某种对应关系变换成新坐标系的方法。只变换自变量中几何坐标者，为几何变换或部分变换，同时变换方程中的物理量函数的，为全部变换。几何变换可将物理区域的不规则形状变换为计算区域上的规则矩形区域。物理量的变换将以一种坐标表示的方程转换为新坐标系表示的方程。变换可为代数形式，也可为微分形式。 (郑邦民)

一次应力 primary stress

又称初始应力（initial stress）。洞室开挖前存在于岩体中的应力。参见原岩应力（441页）。 (袁文忠)

一点应变状态 strain state at a point

物体中一点处所有方向上的应变的全体。在直角坐标系中，它可由该点在三个坐标轴方向的应变分量来表示。三个方向上的九个分量为 ε_x、ε_{xy}、ε_{xz}、ε_y、ε_{yz}、ε_{yx}、ε_z、ε_{zx}、ε_{zy}，其中 ε_x、ε_y、ε_z 是 x、y、z 方向的线应变（正应变），而 ε_{xy} 是 x、y 两个方向上微线段夹角改变量（剪应变）的一半，其余类推。由一点的九个应变分量可以求出通过该点的其他方向上的应变，即可由九个应变分量表示该点的应变状态。一般情况下，物体中各点的应变状态是不同的，研究它可以了解物体变形后局部的几何性质，并能得到某些有特殊意义的应变值及其对应方向。 (刘信声)

一点应力状态 stress state at a point

在直角坐标系中，一点的应力状态可由该点三个相互垂直的微分面上的应力分量来表示。三个微分面上共有九个应力分量，即 σ_x、τ_{xy}、τ_{xz}、σ_y、τ_{yz}、τ_{yx}、σ_z、τ_{zx}、τ_{zy}，可以将它们表示在一个微分六面体上。由一点的九个应力分量，可以求出通过该点的任意方向微分面上的应力，即由九个应力分量可以表示该点的应力状态。在一般情况下，物体中各点的应力状态是不同的。研究应力状态可以得到材料达到临界状态的有关依据。 (刘信声)

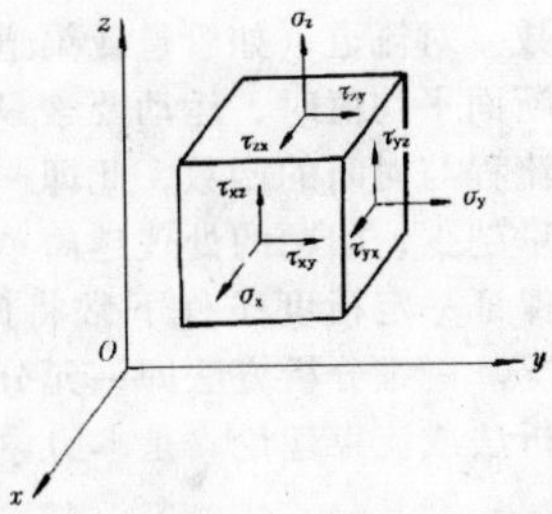

一维非恒定渐变总流运动方程 one-dimensional unsteady flow equation of total flow

表征作用于总流 ds 段上的重力、压力、惯性力及阻力等的平衡关系式。其形式如下

$$\frac{\partial z}{\partial s}+\frac{1}{\gamma}\cdot\frac{\partial p}{\partial s}+\frac{1}{g}\left(\frac{\partial v}{\partial t}+v\frac{\partial v}{\partial s}\right)+\frac{\tau_0}{\gamma R}=0$$

式中 z 为总流断面的平均高程；p 为平均压强；v 为断面平均流速；R 为总流水力半径；τ_0 为总流流段 ds 四周的平均剪切应力；s 为沿流程的位置坐标；g 为重力加速度；t 为时间；γ 为重度。$\frac{\tau_0}{\gamma R}$ 为总流流段上的平均阻力对单位重量液体在单位距离上所作的功，它等于单位距离内单位重量液体所消耗能量的平均值。 (叶镇国)

一维非恒定流动连续性微分方程 continuity equation of one-dimensional unsteady flow

表征一维非恒定流动质量守恒的关系式。其普遍形式为

$$\frac{\partial}{\partial s}(\rho v\omega)+\frac{\partial}{\partial t}(\rho\omega)=0$$

式中 ρ 为流体密度；v 为断面平均流速；ω 为过水断面面积；s 为沿流程的位置坐标；t 为时间。当为不可压缩流体但 ω 可随时间变化时，有

$$\frac{\partial}{\partial s}(v\omega)+\frac{\partial\omega}{\partial t}=0$$

此式可应用于分析明渠非恒定流动。 (叶镇国)

一维固结 one dimensional consolidation

又称单向固结。土层中仅发生竖向渗流和竖向变形的固结问题。太沙基首先对其作了研究并获得一定条件下的解答。天然地基上均布荷载面积远大于土层厚度是一维固结的典型情况，此时可利用该解答求得地基任一时刻的固结度。（谢康和）

一维流动 one-dimensional flow

又称一元流动。运动要素只是一个坐标的函数。对流道（如管道或渠道）中流体运动要素取其断面平均值时，运动要素只是流体流程的函数或为流程与时间的函数，此即一维流动。显然，坐标变量越少，问题的处理越简单，因此工程问题中，在保证一定精度条件下常将问题简化为一维流动情况。一维分析方法即一元分析方法，亦称为总流分析法或流束理论，是水力学中常用的分析方法。

（叶镇国）

一维搜索 line search

又称线性搜索。下降算法中沿已定下降方向寻求单变量问题极小点的过程。由于方向已定，搜索过程中待求的仅仅是步长因子这一独立变量，故曰一维搜索，又因其沿固定直线方向进行搜索，故又称线性搜索。它也泛指沿指定方向寻求特定点（如约束最优化问题中的边界点）的搜索过程。一维搜索的方法很多，常用的有二次插值法（抛物线法）、0.618 法（黄金分割法）、牛顿法、裴波那契数法、有理插值法、两分法等。（杨德铨）

一致质量矩阵 consistent mass matrix

又称协调质量矩阵。按照质量的实际分布，根据位移插值公式由单元动能表达式推导出的质量矩阵。推导质量矩阵时采用的位移插值公式通常与推导刚度矩阵时所采用的形式相同。采用它比采用集中质量矩阵要复杂些；但如单元位移是协调的，单元刚度矩阵的积分也是精确的，采用它求得结构的频率将为真实频率的上限，这点对实际工作有意义。（包世华）

伊利石 illite

主要由云母在碱性介质中风化形成的粘土矿物。其结构单元是两层硅氧晶片之间夹一层铝氢氧晶片组成的晶胞。晶胞之间由 K^+ 或 Na^+ 离子联

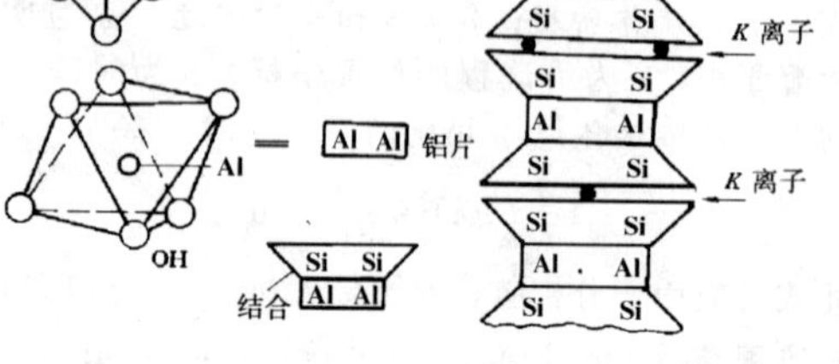

结。具有一定的与水相互作用能力。（朱向荣）

伊柳辛公设 Ilyushin's postulate

比德鲁克公设适用范围更广泛的关于塑性材料的假设。它指出，在一个应变循环中功不为负，即 $\oint \sigma_{ij} d\varepsilon_{ij} \geqslant 0$。在简单拉伸情况下，德鲁克公设只适用于 $d\sigma/d\varepsilon \geqslant 0$ 的情况，即稳定材料；伊柳辛公设则不受此限制。由伊柳辛公设可导出应变空间中的屈服曲面是外凸的。（熊祝华）

移动活荷载 moving load

见活荷载（148 页）。

移位因子 shift factor

见热流变简单行为（289 页）。

yin

阴极射线示波器 oscillograph

采用阴极射线示波管对电信号的波形进行量测的电子示波器。工作频率可高达上千兆赫。可显示爆炸、高速冲击等瞬态信号。配以附件后可将信号贮存一周以上并可随时显示。也可配高速摄影机进行记录。（王娴明）

引伸计 extensometer

变形的测试仪表，分为杠杆式引伸仪、光学引伸仪和电磁式引伸仪等。这些引伸仪的灵敏度一般为 1μm 精度。

①表式引伸仪，量测标距内的变形通过千分表顶针传至表内齿轮放大系统进行放大，由表盘上的指针直接读数，其灵敏度取决于千分表的灵敏度。有时在拉伸试件的对应两边安装两个千分表引伸仪，称为双表引伸仪。

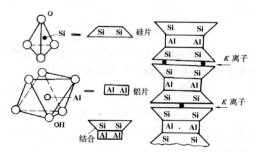

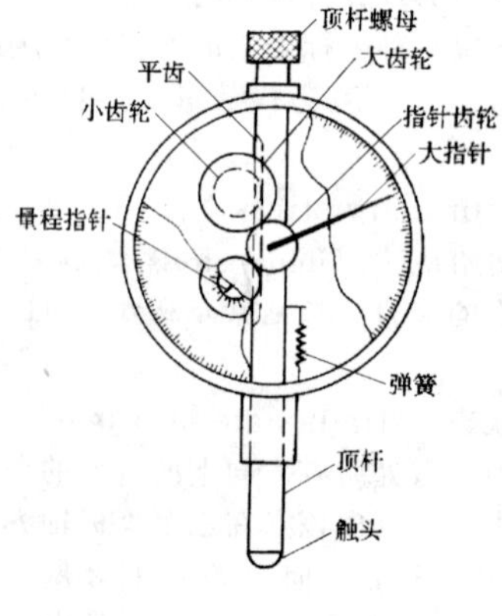

千分表

②杠杆式引伸仪，利用复合杠杆放大，放大倍数一般为 1 000 倍，它的杆距可随试件选定，具有

较高的适应性。

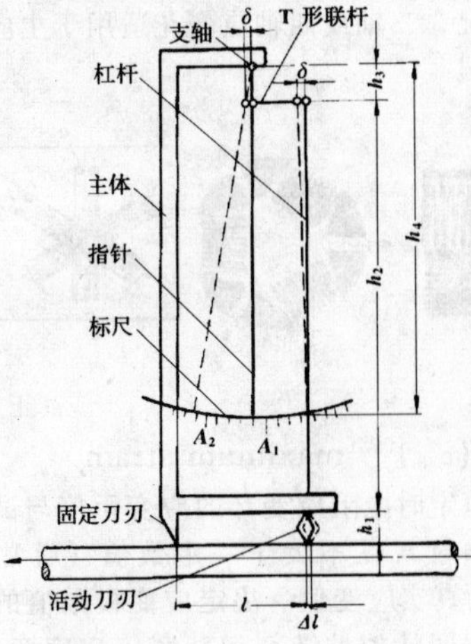

杠杆式引伸仪的传动系统

③马丁仪，又称镜式引伸仪，它利用光学杠杆原理将变形放大。试件变形时，可动接触点发生移动，安装在可动点棱口的反射镜转动，由仪表中的望远镜读标尺读数。它的放大倍数 $m=\frac{l'}{\Delta l}=\frac{s\text{tg}2\theta}{r\sin\theta}$，由于变形很小，$\theta$ 很小，所以 m 可近似取为$\frac{2s}{r}$。如增大反射镜到标尺距离 s，则放大倍数 m 可增大。当变形较大时变形与反射镜的旋转角及读数不成正比例（见图）。

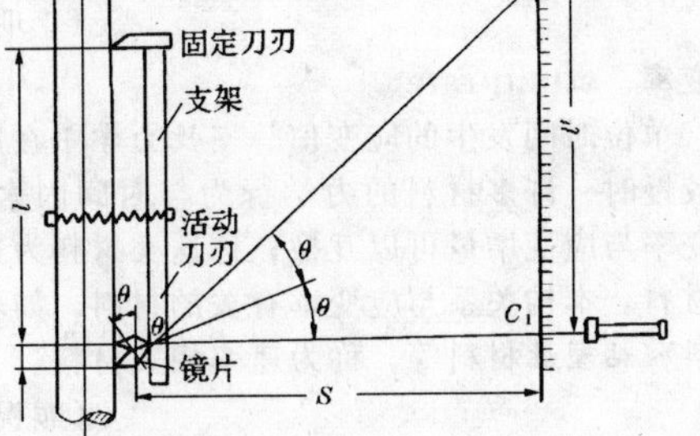

镜式引伸仪构造示意图

（郑照北）

隐式约束 implicit constraints

不能表达成设计变量显式函数关系的约束条件。结构优化设计中的性态约束大都属这一类，是优化过程较难处理的约束条件。

（杨德铨）

ying

迎风格式 up-wind scheme

又称上风格式或特征偏心格式。对时间导数采用向前差分，对空间导数采用向后差分，以考虑迎风效应的格式。波动方程具有一定的依赖区域，因此对流项会受流动方向的影响，差分格式的取点也应迎着流向（风向）取点，才能正确反映波的传播性质并保持计算的稳定性。对流性质或波的传播性质实质上与特征线方向有关，迎风性质实际上考虑了特征线的特点。

（王 烽）

迎风面 windward side

建筑物、丘陵、高山等面对风的来流方向的一面。

（石 沅）

影响线 influence line

当一个方向不变的单位集中力（P＝1）沿结构移动时，表示某指定量值（支座反力或截面内力）变化规律的函数图形。主要用来判定活荷载（可变荷载）作用下的最不利荷载位置，以确定结构上某量值的最大值（最大正值）和最小值（最大负值）。作影响线的方法主要有静力法和机动法两种。静定结构的反力和内力影响线均由直线段组成；超静定结构的反力和内力影响线则为三次曲线。苏联学者普罗斯库利亚科夫于 1887 年首先将影响线应用于桥梁计算中。

（何放龙）

影响线顶点 vertex of influence line

静定结构的影响线图中两段直线的交点。是确定最不利荷载位置的重要布载位置。当移动活荷载处于最不利荷载位置时，其中必有某一集中荷载位于影响线的一个顶点上，据此可导出临界位置判别式。间接荷载作用下的单跨静定梁或静定桁架的内力影响线常有多个顶点。

（何放龙）

影响线方程 equation of influence line

用静力法作影响线时，所求量值 S 与单位集中力（$P=1$）的作用位置 x 之间的关系式。静定结构的反力和内力影响线方程均为 x 的分段一次函数，而静定结构的位移影响线及超静定结构的反力和内力影响线方程均为 x 的分段三次函数。

（何放龙）

影子云纹法 shadow-moiré method

将参考栅投射在试件表面上的影子作为试件栅的一种云纹法。试件栅（影子）由于试件表面的高低不平而被扭曲。当用眼睛或照相机观察时，能看到它和参考栅干涉产生的云纹。这种云纹提供的信息是试件表面离面位移分量 w 的等值线（等高线）。

（崔玉玺）

应变 strain

变形体局部的相对变形，采用体内任一点处物质单元体变形的量度来表示。设变形体内 A 点处变形前线元 AB，长 ΔS，由于变形此线元长变为 $\Delta S'$（见图 a），则定义

$$\lim_{\Delta S\to O}\frac{\Delta S'-\Delta S}{\Delta S}=\varepsilon$$

为 A 点处沿 AB 方向的线应变，简称应变，为无量纲量。同一点处线元的方向不同，应变一般也不相同。在选定坐标轴 X、Y、Z 三个方向应变分别记为 ε_x、ε_y、ε_z。通常将过 A 点两正交物质线元由于变形而引起的角度减少（见图 b）定义为 A 点处该两方向上的剪应变或角应变，其式为

$$\lim_{\substack{\Delta S_1\to O\\ \Delta S_2\to O}}(\angle CAD-\angle C'A'D')=\gamma$$

剪应变亦为无量纲量。如物质线元分别取在直角坐

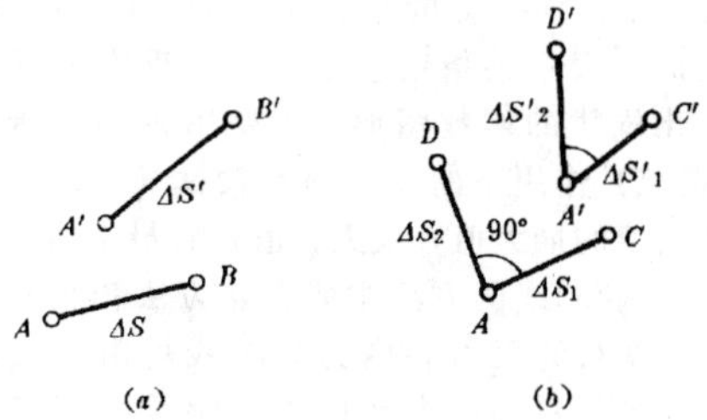

标轴向则分别记为 γ_{xy}、γ_{yz}、γ_{zx}。（吴明德）

应变电桥 strain bridge

又称测量电桥。能把应变计阻值微小的变化转换成输出电压的变化的电阻应变仪输入电路。典型的应变电桥如图所示，当 R_1、R_2 为应变计，R_3、R_4 为电阻元件时，称为半桥，四个桥臂全部为应变计时，称为全桥。为使输出电压的初始值为零，应变电桥附有电阻平衡装置，以交流电源供桥的交流电桥还附有电容平衡装置。按供桥的电源不同，有直流电压桥、交流电压桥、单恒流源电桥、双恒流源电桥等数种，其中恒流源电桥具有线性关系好、对接触电阻影响小等优点，可用于大应变及多点测量线路中。

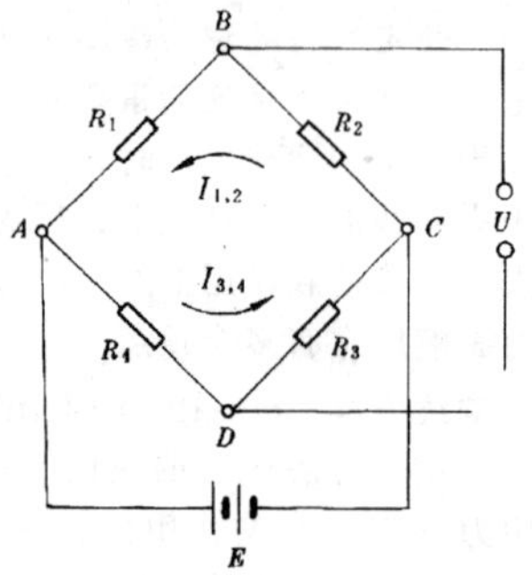

应变电桥

（张如一）

应变花 rosette gauge

具有两个或两个以上不同轴向敏感栅的电阻应变计。用于确定平面应力场中的主应变大小及方向。二轴（夹角为 90°）应变花适用于主应力方向已知的情况，三轴或四轴应变花适用于主应力方向未知的情况。

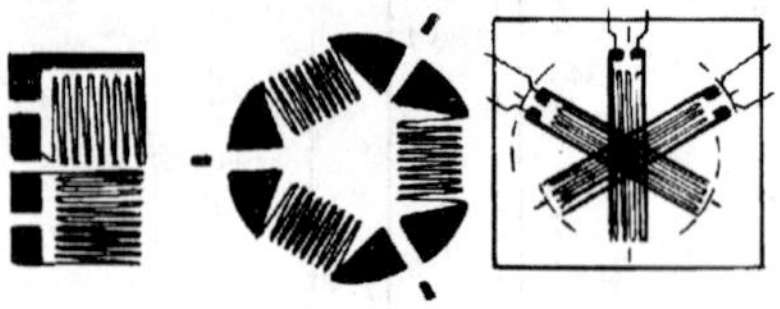

（王娴明）

应变极限（$\varepsilon_{\lim}$） maximum strain

温度恒定时电阻应变计的应变示值与试件的真实应变的相对误差不大于一定数值（通常规定为 10%）时的真实应变值。决定应变极限值的主要因素是电阻应变计的粘结剂和基底传递应变的性能。工作温度升高会使应变极限明显下降。

（王娴明）

应变空间 strain space

以应变分量为坐标的空间。在此空间中的每一点表示一个应变状态，称为应变点；当应变状态变化时，应变点在应变空间中给出的曲线称为应变路径。（熊祝华）

应变控制式三轴压缩仪 strain control triaxial compression apparatus

以等轴向变形方式对土试样施加轴向压力，直至破坏的三轴压缩仪。试样轴向应变速率可根据土类和试验要求调节。主要设备有压力室、轴向加压设备、变速机构、施加周围压力系统、孔隙水压力量测系统及测定试样体积变化系统等组成。

（李明逵）

应变率 strain rate

单位时间发生的应变值。塑性力学中在加载速度较慢时，许多材料的力学行为与时间因素无关，应变率与应变增量可以互换；称这类材料为速率无关材料。本构关系与应变率有关的材料，如粘弹性材料、粘塑性材料等，称为速率相关材料。

（熊祝华）

应变莫尔圆 Mohr's circle of strain

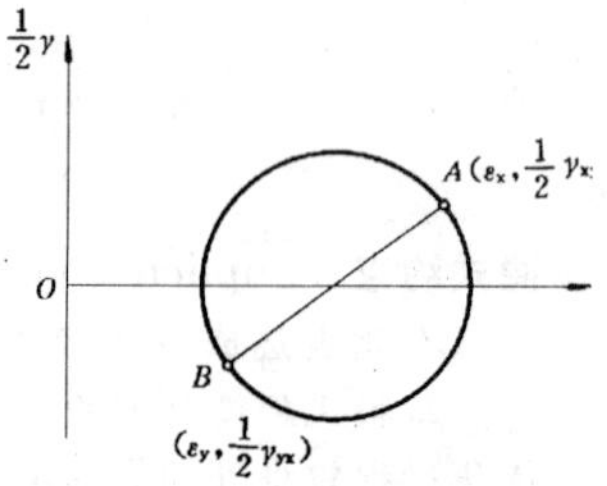

简称莫尔圆。应变的图解分析中描写物体内一点处各个方向应变分量间关系的圆形轨迹图。例如平面应力状态，以线应

变 ε 为横坐标，以剪应变之半 $\frac{1}{2}\gamma$ 为纵坐标，根据给定的 ε_x、ε_y、$\gamma_{xy}=-\gamma_{yx}$，可作应变圆。由此圆上可确定任意方向的应变值。其规律与应力莫尔圆类似。

推广到空间应变状态，在 ε，$\frac{1}{2}\gamma$ 坐标中，以三个主应变 ε_1、ε_2、ε_3 两两之差的绝对值为直径作出的彼此相切的三个圆。与应力莫尔圆相同，三个圆之间的扇形内的点代表该点附近不同方向上的正应变 ε_n 和剪应变 γ_n，并可在图上求得应变偏量的主值，e_1、e_2、e_3 以及应变偏量状态。

（吴明德 刘信声）

应变能 strain energy

又称变形能。变形体由于变形所吸收的能量。属于势能的一种。以一维问题为例，单位体积的应变能（简称比能或应变能密度）为

$$u=\int_0^{\varepsilon_1}\sigma\mathrm{d}\varepsilon$$

此值的几何意义相当于曲线与横轴所包面积。对于线弹性体，比能为

$$u=\frac{1}{2}\sigma_1\varepsilon_1=\frac{\sigma_1^2}{2E}=\frac{1}{2}E\varepsilon_1^2$$

在力学中，定义图 a 所示曲线与纵轴所包的面积为单位体积的应变余能，记为 u^*，其值为

$$u^*=\int_0^{\sigma_1}\varepsilon\mathrm{d}\sigma$$

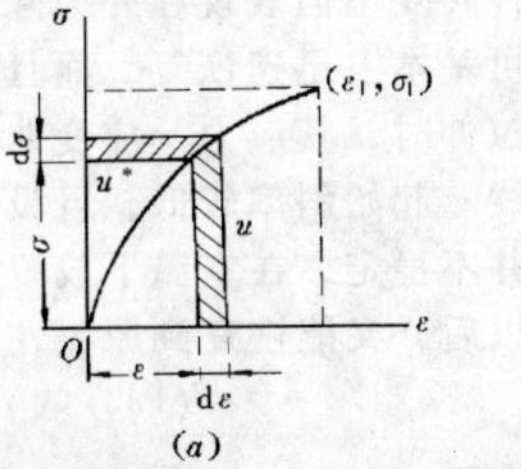

(a)

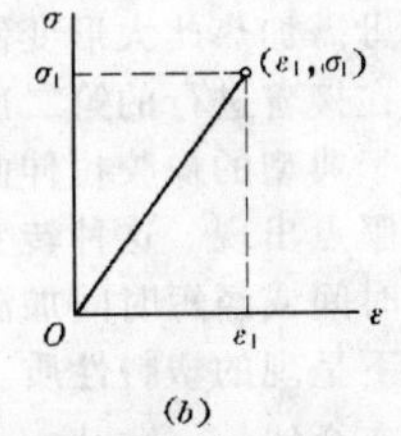

(b)

对于线弹性体，$u^*=u$。整个变形体内的应变能为

$$U=\int_V u\mathrm{d}V$$

对于弹性体的应变能，当外力卸除时，应变能可以完全释放出来。在三维问题中，如果不考虑变形过程中的动力效应和温度效应，则外力功 w 全部变为贮存于弹性体中的应变能 U。若令应变能密度（即单位体积的应变能）为 A，则弹性体的应变能为

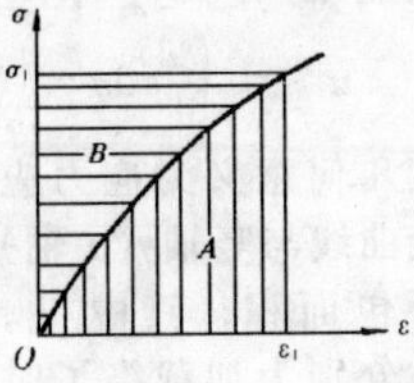

(c)

$$U=\iiint_V A\mathrm{d}v=\iiint_V\Big(\int\sigma_x\mathrm{d}\varepsilon_x+\int\sigma_y\mathrm{d}\varepsilon_y+\int\sigma_z\mathrm{d}\varepsilon_z+\int\tau_{xy}\mathrm{d}\gamma_{xy}+\int\tau_{yz}\mathrm{d}\gamma_{yz}+\int\tau_{zx}\mathrm{d}\gamma_{zx}\Big)\mathrm{d}v$$

在单向拉伸时（图 c），应力－应变曲线下方的面积表示其应变能密度，而曲线上方的面积称为余应变能密度 B。由此可以得到弹性体的余应变能为

$$U^*=\iiint_V B\mathrm{d}v=\iiint_V\Big(\int\varepsilon_x\mathrm{d}\sigma_x+\int\varepsilon_y\mathrm{d}\sigma_y+\int\varepsilon_z\mathrm{d}\sigma_z+\int\gamma_{xy}\mathrm{d}\tau_{xy}+\int\gamma_{yz}\mathrm{d}\tau_{yz}+\int\gamma_{zx}\mathrm{d}\tau_{zx}\Big)\mathrm{d}v$$

对于服从广义胡克定律的弹性体，应力与应变成线性关系时，则有

$$U=U^*=\frac{1}{2}\iiint_V(\sigma_x\varepsilon_x+\sigma_y\varepsilon_y+\sigma_z\varepsilon_z+\tau_{xy}\gamma_{xy}+\tau_{yz}+\gamma_{yz}+\tau_{zx}\gamma_{zx})\mathrm{d}v。$$

（吴明德 刘信声）

应变能定理 theorem of strain energy

又称克拉珀龙定理。弹性体在外力作用下处于平衡状态时，贮存于物体内的应变能等于外力对弹性体各点从原有位置经过位移而达到另一平衡位置时所作的功。设作用于弹性体（体积为 V）上单位体积的体力为 f_x、f_y、f_z，作用于表面 S 处单位面积上的面力为 F_x、F_y、F_z，而且外力是由零连续缓慢地变化到该值，在变化过程中均处于准平衡状态；则经过位移 u、v、w 后，外力作功为

$$\overline{W}=\frac{1}{2}\iiint_V(f_xu+f_yv+f_zw)\mathrm{d}V+\frac{1}{2}\iint_S(F_xu+F_yv+F_zw)\mathrm{d}S$$

若弹性体的应变能密度为 A，则应变能为

$$U=\iiint_V A\mathrm{d}V=\iiint_V(\sigma_x\mathrm{d}\varepsilon_x+\sigma_y\mathrm{d}\varepsilon_y+\sigma_z\mathrm{d}\varepsilon_z+\tau_{xy}\mathrm{d}\gamma_{xy}+\tau_{yz}\mathrm{d}\gamma_{yz}+\tau_{zx}\mathrm{d}\gamma_{zx})\mathrm{d}V$$

按照该定理有

$$U=\overline{W}$$

式中 σ_x、τ_{xy} 等是应力分量，ε_x、γ_{xy} 等是应变分量。

（刘信声）

应变能密度因子准则 strain energy density factor criterion

又称 S 准则。以应变能密度因子 S 作为参量确定裂纹扩展方向与临界状态的准则。在线弹性断裂力学中，裂纹尖端附近的应变能密度也存在奇异性，其奇异性强度记为 S，称为应变能密度因子。该准则认为：在以裂纹尖端为中心的同心圆上，裂纹扩展是沿着应变能密度因子 S 取极小值 $S_{\min}$ 的方向进行的。当 $S_{\min}$ 达到某一临界值 S_c 时，裂纹即开始扩展。S_c 只决定于材料性能，可由 $K_{\text{I}c}$ 换算。

（罗学富）

应变偏斜张量 strain deviatoric tensor

又称应变偏量。从应变张量中减去应变球形张量而得到的一个张量。可写成

$$(e_{ij}) = (\varepsilon_{ij}) - (\varepsilon_{ij}^0)$$

$$= \begin{pmatrix} \varepsilon_x - \varepsilon_m & \frac{1}{2}\gamma_{xy} & \frac{1}{2}\gamma_{xz} \\ \frac{1}{2}\gamma_{yx} & \varepsilon_y - \varepsilon_m & \frac{1}{2}\gamma_{yz} \\ \frac{1}{2}\gamma_{zx} & \frac{1}{2}\gamma_{zy} & \varepsilon_z - \varepsilon_m \end{pmatrix}$$

$$= \begin{pmatrix} e_x & e_{xy} & e_{xz} \\ e_{yx} & e_y & e_{yz} \\ e_{zx} & e_{zy} & e_z \end{pmatrix}$$

它是二阶对称张量，其主轴方向与应变主方向一致，且仅反映微元体的形状变化。 （刘信声）

应变球形张量 strain spherical tensor

由等于平均应变 ε_m 的三个主应变所构成的张量，是应变张量的一部分。可写成

$$(\varepsilon_{ij}^0) = \begin{pmatrix} \varepsilon_m & 0 & 0 \\ 0 & \varepsilon_m & 0 \\ 0 & 0 & \varepsilon_m \end{pmatrix}$$

其中 $\varepsilon_m = (\varepsilon_x + \varepsilon_y + \varepsilon_z)/3$。也可写成 $\varepsilon_{ij}^0 = \varepsilon_m \delta_{ij}$，$\delta_{ij}$为克罗内克符号，且定义为

$$S_{ij} + \begin{cases} 1, & i = j \\ 0, & i \neq j \end{cases}$$

ε_{ij}^0仅反映微元体的体积变化。 （刘信声）

应变曲面 strain surface

确定一点附近应变状态的曲面。根据应变分量的正负号的不同，它可能是椭球面，也可能是单叶双曲面与双叶双曲面，参见应力曲面，432 页。 （刘信声）

应变式天平 strain gage balance

应用应变测量原理，通过天平上各受力元件的变形测量来求得模型所受到的气动力和力矩的装置。它适用于各类风洞。 （施宗城）

应变向量 strain vector

由单元的正应变和剪应变分量组成的列向量。它表征单元的应变场。根据几何方程，单元的应变由单元位移表示，而单元位移可通过形函数用结点位移表示，因此，单元应变可用结点位移来表示。以单元结点位移向量表示单元应变向量的转换矩阵称为应变转换矩阵，它是以形函数的导数组成的矩阵。 （夏亨熹）

应变协调方程 equations of compatibility of strains

又称圣维南方程。六个应变分量之间必须满足的微分方程。在线性弹性力学中，六个应变分量是由三个位移分量导出的，它们彼此之间存在着一定的内在联系（笛卡尔坐标系），即

$$\frac{\partial^2 \varepsilon_z}{\partial y^2} + \frac{\partial^2 \varepsilon_y}{\partial z^2} + \frac{\partial^2 \gamma_{yz}}{\partial y \partial z}$$

$$\frac{\partial^2 \varepsilon_x}{\partial z^2} + \frac{\partial^2 \varepsilon_z}{\partial x^2} = \frac{\partial^2 \gamma_{zx}}{\partial z \partial x}$$

$$\frac{\partial^2 \varepsilon_y}{\partial x^2} + \frac{\partial^2 \varepsilon_x}{\partial y^2} = \frac{\partial^2 \gamma_{xy}}{\partial x \partial y}$$

$$\frac{\partial}{\partial x}\left(\frac{\partial \gamma_{zx}}{\partial y} + \frac{\partial \gamma_{xy}}{\partial z} - \frac{\partial \gamma_{yz}}{\partial x}\right) = 2\frac{\partial^2 \varepsilon_x}{\partial y \partial z}$$

$$\frac{\partial}{\partial y}\left(\frac{\partial \gamma_{xy}}{\partial z} + \frac{\partial \gamma_{yz}}{\partial x} - \frac{\partial \gamma_{zx}}{\partial y}\right) = 2\frac{\partial^2 \varepsilon_y}{\partial z \partial x}$$

$$\frac{\partial}{\partial z}\left(\frac{\partial \gamma_{yz}}{\partial x} + \frac{\partial \gamma_{zx}}{\partial y} - \frac{\partial \gamma_{xy}}{\partial z}\right) = 2\frac{\partial^2 \varepsilon_z}{\partial x \partial y}$$

由位移分量按几何方程求得的应变分量自然满足协调方程。若由应变分量按几何方程求位移分量，对于单连通物体，只要应变分量满足协调方程，则可以求得单值、连续的三个位移分量；对于多连通物体，为保证位移是单值连续函数，应变分量不仅要满足协调方程，还要满足补充条件。

（刘信声）

应变诱发塑料-橡胶转变 strain-induced plastic-rubber transition

室温下呈现出塑料性质的嵌段共聚物，在外力作用下产生的大形变诱发下，使连续的塑料相变成不连续的微区而分散在连续的橡胶相中导致材料呈现橡胶性质的转变。这种转变不但表现在外力除去后毋需加热此大形变便可基本上迅速恢复，而且表现在接着进行的第二次拉伸时，其应力-应变曲线属于典型的橡胶拉伸曲线。起始斜率较低，且没有屈服点出现。这种转变并不稳定，在室温下放置较长时间或经短时间加温以后，又能恢复到原先在室温下呈现的塑料性质。 （周 啸）

应变余能 complementary energy

设单元体应力应变的关系曲线如图示，单位体积的应变余能 u^* 定义为

$$u^* = \int_0^{\sigma_l} \varepsilon \mathrm{d}\sigma$$

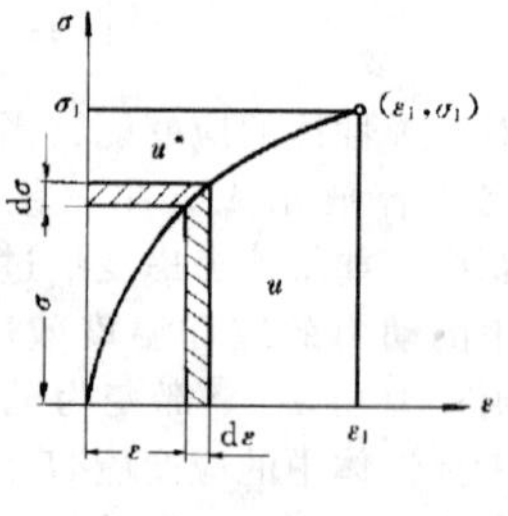

其几何意义为应力应变曲线与竖轴（σ 轴）所包面积，其中 σ_l，ε_l 分别为加载终了时应力与应变值。根据应变能的定义 $u = \int_0^{\varepsilon_l} \sigma \mathrm{d}\varepsilon$，显然，$u^* = \sigma_l \varepsilon_l - u$。对于三维问题，单位体积应变余能 u^* 表达式

$$u^* = \int_0^{\sigma_{xl}} \varepsilon_x d\sigma_x + \int_0^{\sigma_{yl}} \varepsilon_y d\sigma_y + \int_0^{\sigma_{zl}} \varepsilon_z d\sigma_z + \int_0^{\tau_{xlyl}} \gamma_{xy} d\tau_{xy} + \int_0^{\tau_{ylzl}} \gamma_{yz} d\tau_{yz} + \int_0^{\tau_{zlxl}} \gamma_{zx} d\tau_{zx}$$

如为线弹性体，则 $u^* = u$。整个弹性体的应变余能表达式为

$$U^* = \iiint_V u^* dV = U$$

$$= \frac{1}{2E} \iiint_V \begin{bmatrix} \sigma_{xl}^2 + \sigma_{yl}^2 + \sigma_{zl}^2 \\ -2\nu(\sigma_x\sigma_{yl} + \sigma_{yl}\sigma_{zl} + \sigma_{zl}\sigma_{xl}) \\ +2(1+\nu)(\tau_{xyl}^2 + \tau_{yzl}^2 + \tau_{zxl}^2) \end{bmatrix} dV$$

式中 E 为弹性模量；ν 为泊松比。　（吴明德）

应变张量　strain tensor

描述一点附近应变状态且与坐标系无关的一个几何量。在直角坐标系中表示为

$$(\varepsilon_{ij}) = \begin{bmatrix} \varepsilon_x & \varepsilon_{xy} & \varepsilon_{xz} \\ \varepsilon_{yx} & \varepsilon_y & \varepsilon_{yz} \\ \varepsilon_{zx} & \varepsilon_{zy} & \varepsilon_z \end{bmatrix} = \begin{bmatrix} \varepsilon_x & \frac{1}{2}\gamma_{xy} & \frac{1}{2}\gamma_{xz} \\ \frac{1}{2}\gamma_{yx} & \varepsilon_y & \frac{1}{2}\gamma_{yz} \\ \frac{1}{2}\gamma_{zx} & \frac{1}{2}\gamma_{zy} & \varepsilon_z \end{bmatrix} \quad (i, j = x, y, z)$$

其中 ε_x、ε_y、ε_z 分别为 x、y、z 方向上的正应变，$\gamma_{xy} = 2\varepsilon_{xy}$ 为 x、y 面上的剪应变等。在九个应变分量中，$\varepsilon_{ij} = \varepsilon_{ji}$ $(i \neq j)$，即只有六个独立分量，因此应变张量为二阶对称张量。由 ε_{ij} 确定其他方向上的应变分量时相当于进行坐标变换，在新坐标 x'、y'、z' 中的应变分量 $\varepsilon_{i'j'}$ 与原坐标中的分量 ε_{ij} 之间满足转轴公式，即

$$\varepsilon_{i'j'} = \alpha_{i'j}\alpha_{j'i}\varepsilon_{ij} \qquad (i', j' = x', y', z')$$

其中 $\alpha_{i'j}$、$\alpha_{j'i}$ 为新坐标系各轴与原坐标系各轴的方向余弦。转轴后各分量都发生了变化，但九个分量作为一个“整体”所描述的一点应变状态是不变的。它可以分解为应变球形张量与应变偏斜张量。　（刘信声）

应变张量的不变量　invariants of strain tensor

不随坐标系选择而变化的应变分量的某种组合值。确定主应变的特征方程为

$$\varepsilon^3 - J_1\varepsilon^2 + J_2\varepsilon - J_3 = 0$$

其中各系数（以笛卡尔坐标系为例）

$$J_1 = \varepsilon_x + \varepsilon_y + \varepsilon_z$$

$$J_2 = \varepsilon_x\varepsilon_y + \varepsilon_y\varepsilon_z + \varepsilon_z\varepsilon_x - \frac{1}{4}(\gamma_{xy}^2 + \gamma_{yz}^2 + \gamma_{zx}^2)$$

$$J_3 = \varepsilon_x\varepsilon_y\varepsilon_z + \frac{1}{4}\gamma_{xy}\gamma_{yz}\gamma_{zx} - \frac{1}{4}(\varepsilon_x\gamma_{yz}^2 + \varepsilon_y\gamma_{zx}^2 + \varepsilon_z\gamma_{xy}^2)$$

它们分别为应变张量的第一、第二和第三不变量。当坐标系旋转时，应变分量改变，但这些组合值是不变的。　（刘信声）

应变主方向　principal directions of strain

一点处剪应变为零的截面方向。该方向上的正应变称为主应变。若用 ε_1、ε_2、ε_3 表示某点的主应变，当 $\varepsilon_1 \neq \varepsilon_2 \neq \varepsilon_3$ 时，三个主方向相互垂直；当 $\varepsilon_1 = \varepsilon_2 \neq \varepsilon_3$ 时，与 ε_3 垂直的任何方向都是主方向；当 $\varepsilon_1 = \varepsilon_2 = \varepsilon_3$ 时，任何方向都是主方向。对于各向同性弹性体，一点的应变主方向与应力主方向是一致的。　（刘信声）

应力　stress

内力的集度。在截面的 c 处取一微面积 ΔA（见图）其上的合内力为 $\Delta\vec{P}$（设只合成为力），则当 $\Delta A \to 0$ 时，极限值 $\lim\limits_{\Delta A \to 0} \frac{\Delta\vec{P}}{\Delta A} = \vec{p}_c$ 称为 c 点的总应力，是矢量。它在直角坐标系 x、y、z 轴向的分量分别为

正应力 σ_x——沿截面法向 x 的分量；

剪应力 τ_{xy}、τ_{xz}——分别为截面内沿 y 及 z 向的分量。同时

$$|\vec{p}|^2 = \sigma_x^2 + \tau_{xy}^2 + \tau_{xz}^2$$

应力的量纲为［F］［L］$^{-2}$，法定计量单位为 Pa 或 MPa。其中 $1Pa = 1N/m^2$，$1MPa = 10^6Pa$。

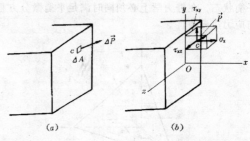

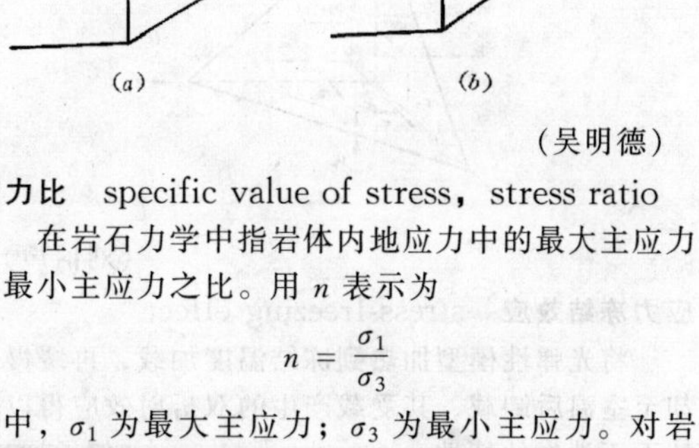

（吴明德）

应力比　specific value of stress，stress ratio

在岩石力学中指岩体内地应力中的最大主应力与最小主应力之比。用 n 表示为

$$n = \frac{\sigma_1}{\sigma_3}$$

式中，σ_1 为最大主应力；σ_3 为最小主应力。对岩体而言，应力比要比单个应力的数值更重要。n 愈大，愈接近单轴应力状态；n 愈小，愈接近于三轴应力状态。在后一种情况下，n 愈小，岩体受结构面的影响也愈小。

在结构优化中指构件在一组荷载作用下的工作应力值与其容许应力值之比。应力比小于 1 表示该构件截面有富裕，截面尺寸可以削减；反之，大于 1，表示截面不足，应增大。在满应力设计中应

力比被用来作为修改构件截面的依据。（屠树根　汪树玉）

应力比法　stress-ratio method

按构件本身的应力比对各自截面进行修改的满应力设计传统方法。在每一轮迭代中各构件用各自的应力比修改截面，按此组成新的结构设计方案，然后再作结构分析，计算新一轮的应力比，如此反复，使结构逐步接近满应力准则的要求。当有多组荷载作用（即多工况）时，各构件在不同工况时的应力比将不同，此时各构件在每一轮迭代中应按各自的最大应力比修改截面。（汪树玉）

应力边界条件　boundary condition of stress

处于平衡状态的物体，表面各点处的应力分量与作用于该点处的面力所必须满足的条件。在表面处某点取出的微单元体，一般情况下为一个带倾斜面的微分四面体。若倾斜平面外法线的方向余弦为 l、m、n，单位面积上的面力为 F_x、F_y、F_z，由作用于微分四面体上力的平衡条件可得

$$\sigma_x l + \tau_{yx} m + \tau_{zx} n = F_x$$
$$\tau_{xy} l + \sigma_y m + \tau_{zy} n = F_y$$
$$\tau_{xz} l + \tau_{yz} m + \sigma_z n = F_z$$

利用张量符号可将上式写成

$$\boldsymbol{\sigma}_{ij}\boldsymbol{\alpha}_i = \boldsymbol{F}_j$$

式中 α_i 即 α_x，α_y，α_z 表示 l，m，n。若物体处于平衡状态，在静力学上必须同时满足平衡微分方程与应力边界条件。

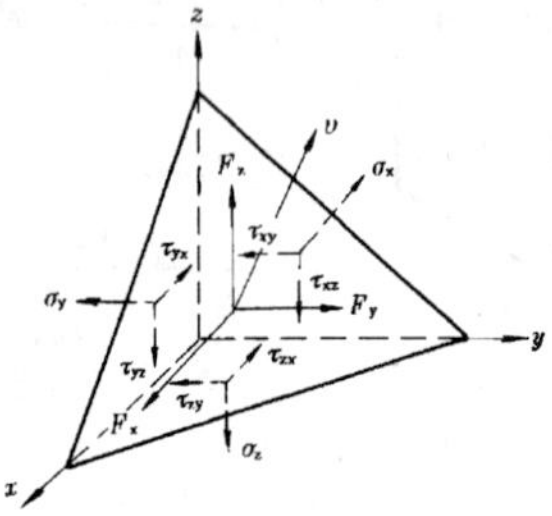

（刘信声）

应力冻结效应　stress-freezing effect

将光弹性模型加热到冻结温度加载，再缓慢冷却至室温后卸载，其受载产生的双折射效应得以保持而不消失的特性。（傅承诵）

应力发白　stress-induced whitening

热塑性塑料（如硬聚氯乙烯）、橡胶增韧的塑料（如高抗冲聚苯乙烯、ABS 等）在拉应力、弯曲应力或冲击应力作用下引起的变形部分或断裂部分的发白现象。这被认为是材料在应力作用下产生的密度和折光率比本体小的无数裂纹体导致的一种光学效应。（周　啸）

应力腐蚀　stress corrosion

处于活性环境介质中的金属材料在拉应力远低于屈服极限情况下出现的裂纹扩展和断裂现象。从断裂力学和工程应用的角度出发，人们引入名义裂纹扩展门槛值 $K_{\mathrm{I\,scc}}$ 和第二阶段的裂纹扩展速率 $(\mathrm{d}a/\mathrm{d}t)_{\mathrm{II}}$ 作为材料抵抗应力腐蚀裂纹扩展的性能指标。其裂纹扩展的机理，按金属与环境介质的不同，可分为阳极溶解和氢脆两种不同的机理。应力腐蚀断裂通常归属于脆性断裂。不同的材料与环境介质，其应力腐蚀的作用差别很大。（余寿文）

应力腐蚀裂纹扩展速率　crack propagation rate for stress corrosion

在应力腐蚀条件下，裂纹长度对于时间的变化率。由于拉伸应力对应力腐蚀的发生起主要作用，应力腐蚀裂纹扩展速率通常只限于Ⅰ型裂纹。典型的裂纹扩展速率 $\mathrm{d}a/\mathrm{d}t$ 与应力强度因子的关系如图示。对实用最有意义的是第Ⅱ阶段的 $\left(\frac{\mathrm{d}a}{\mathrm{d}t}\right)_{\mathrm{II}}$。在平面应变状态下，$K_{cr}$ 即为 $K_{\mathrm{I\,c}}$。

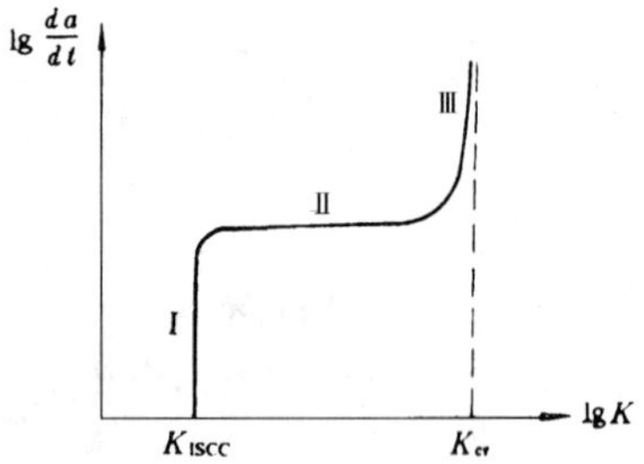

（余寿文）

应力腐蚀临界应力强度因子　critical stress intensity factor under stress corrosion condition

应力腐蚀条件下，裂纹起裂时的应力强度因子。又称名义裂纹扩展门槛值 $K_{\mathrm{I\,scc}}$。当应力强度因子 $K<K_{\mathrm{I\,scc}}$ 时，裂纹处在萌生期，其裂纹扩展速率 $\mathrm{d}a/\mathrm{d}t$ 趋近于零，可以略去。因此，当 $K<K_{\mathrm{I\,scc}}$ 时，裂纹不会扩展。测量 $K_{\mathrm{I\,scc}}$ 的方法主要有两种：一种是悬臂梁试件的恒荷载法；另一种是改进型 *WOL* 试件的恒位移法。（余寿文）

应力－光学定律　stress-optic law

定量描述一点应力状态的应力值与该点双折射效应的折射率值的关系表达式。该点应力椭球的应力主轴应与其折射率椭球的主轴相重合。实验表明，主折射率 n_1、n_2、n_3 与主应力 σ_1、σ_2、σ_3 有如下关系

$$\begin{cases} n_1 - n_0 = a\sigma_1 + b(\sigma_2 + \sigma_3) \\ n_2 - n_0 = a\sigma_2 + b(\sigma_1 + \sigma_3) \\ n_3 - n_0 = a\sigma_3 + b(\sigma_1 + \sigma_2) \end{cases} \quad (1)$$

由此可得

$$\begin{cases} n_1 - n_2 = c(\sigma_1 - \sigma_2) \\ n_1 - n_3 = c(\sigma_1 - \sigma_3) \\ n_2 - n_3 = c(\sigma_2 - \sigma_3) \end{cases} \qquad (2)$$

式中 $c = a - b$ 为应力光学常数。

对于二维应力状态，有

$$n_1 - n_2 = c(\sigma_1 - \sigma_2) = \frac{\Delta}{\delta} \qquad (3)$$

其中 Δ 为沿 σ_1 和 σ_2 振动的两束平面偏振光通过厚度为 δ 的模型所产生的光程差。

$$\sigma_1 - \sigma_2 = \frac{f}{\delta}N \qquad (4)$$

式中 $N = \frac{\Delta}{\lambda}$ 为该点等差线条纹级数。$f = \frac{\lambda}{c}$ 为材料条纹值。 （傅承诵）

应力函数 stress function

表示应力分量的某种特殊类型的函数，它使平衡微分方程得到满足。在弹性力学平面问题中，若无体力，可将应力 σ_x，σ_y，τ_{xy} 用函数 φ (x，y) 来表示，即

$$\sigma_x = \frac{\partial^2 \varphi}{\partial y^2} \quad \sigma_y = \frac{\partial^2 \varphi}{\partial x^2} \quad \tau_{xy} = -\frac{\partial^2 \varphi}{\partial x \partial y}$$

其中 φ 为艾里应力函数。对于均匀各向同性弹性体，将以 φ 表示的应力分量代入应变协调方程，则得

$$\Delta\Delta\varphi = 0,$$

式中 Δ 为平面的拉普拉斯算符，而 $\Delta\Delta = \left(\frac{\partial^2}{\partial x^2} + \frac{\partial^2}{\partial y^2}\right)\left(\frac{\partial^2}{\partial x^2} + \frac{\partial^2}{\partial y^2}\right) = \frac{\partial^4}{\partial x^4} + 2\frac{\partial^4}{\partial x^2 \partial y^2} + \frac{\partial^4}{\partial y^4}$。由 φ 可以求得应力分量，进一步可以求得应变分量与位移分量。在求解柱体的扭转问题与弯曲问题时，也分别引入了扭转应力函数与弯曲应力函数。

（刘信声）

应力互换定律 law of reciprocity of stresses

通过物体中一点的任意两个微分面，第一个微分面上的总应力在第二个微分面的法线方向上的投影，等于第二个微分面上的总应力在第一个微分面的法线方向上的投影。若过 M 点两个微分面的法线分别为 ν 和 ν'，面上的总应力分别为 T 和 T'，利用投影关系以及斜面上的应力表达式，则可以证明 T 在 ν' 上的投影 $T_{\nu'}$ 与 T' 在 ν 上的投影 T'_{ν} 相等，即

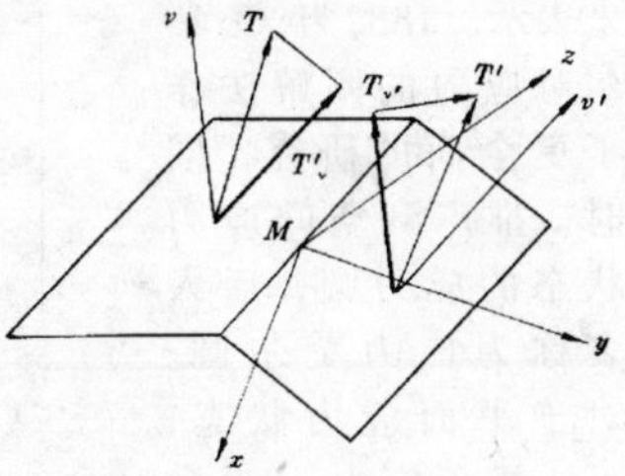

$$T_{\nu'} = T'_{\nu}$$

特殊情况，若该点的两个微分面互相垂直，该定律即变为剪应力互等定律。 （刘信声）

应力恢复法 stress recovery method

又称环形槽应力恢复法。是通过扁千斤顶向被环形槽分割的岩体施加压力，并使该压力值等于岩体被分割前数值，从而量测洞壁应力的一种方法。在岩体表面设三个方向不同的应变计并记录应变，然后沿与所测应力垂直的方向掏槽，再将扁千斤顶放入槽内对岩体加压，使三个应变计的读数恢复到掏槽前的数值，这时扁千斤顶施与槽壁的单位压力即为槽壁上原有的法向应力（近似值）。该法的主要优点是无需知道岩体的应力－应变关系而直接得到原岩应力。 （袁文忠）

应力集中 stress concentration

应力分布不均，在局部区域产生很高的应力峰值的情况。常发生在物体形状、尺寸突然改变处，或存在缺陷（例如裂纹、缺口、孔洞等）的地方。在应力集中处，应力的最大值（峰值应力）和物体的几何形状与加载方式等因素有关。在交变荷载的作用下，由应力集中引起的疲劳破坏常是结构失效的主要破坏方式之一。应力集中具有明显的局部性质，消除或减弱应力集中可以更充分发挥结构整体的承载能力。 （罗学富）

应力集中的扩散 stress concentration diffusion

局部增高的应力由峰值应力点向外迅速衰减，逐渐趋于均匀的现象。不同的应力分量与体内不同的方向上有不同的衰减速度。当两个以上的应力集中因素相互靠近地存在时，由于应力集中的扩散，将使应力集中现象加剧或缓和。 （罗学富）

应力集中系数 stress concentration factor

又称理论应力集中系数。表示应力集中程度的量。由最大应力或峰值应力 σ_m 对基准应力 σ_0 之比表示。基准应力又称名义应力，通常取为假定没有应力集中因素存在时，基体所产生的应力。

（罗学富）

应力计 stress gauge

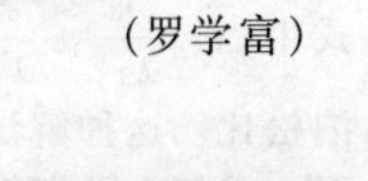

可直接得到试件应力值的电阻应变计式敏感元件。由夹角为 2φ 的两组敏感栅组成。使 $\varphi = \mathrm{tg}^{-1}\sqrt{\mu}$，$\mu$ 为试件材料的泊松比，即可由应变示值算出试件的轴向应力值。一定夹角（2φ）的应力计只适用于具有与之相应的泊松比的材料。 （王娴明）

应力间断面 surface of discontinuity in stress

物体内沿其上应力不连续的面。例如梁截面到达塑性极限状态时，中性轴（拉伸屈服区与压缩屈

服区的分界线）就是应力间断线。根据平衡要求，只允许间断面的切向正应力间断，即 $[\sigma_t] = \sigma_t^+ - \sigma_t^- \neq 0$；$\sigma_n^+ = \sigma_n^-$；$\tau_{tn}^+ = \tau_{tn}^-$；［…］为间断值，$n$，$t$ 分别表示间断面的法线和切线方向，“+”和“-”表示间断面两侧的量。在塑性平面应变问题中，应变被限制在一个平面之内，间断面与此平面的交线称为间断线。（熊祝华）

应力解除法 stress relief method

通过使岩块与周围岩体分离，使岩块所受压力解除而测定*原岩应力*的方法。具体作法是将电阻应变片贴在岩块表面，然后在岩块周围掏槽而使其与所在岩体分离，记录应变片所测弹性恢复应变，如已知岩体弹性模量 E 和泊松比 μ，则可按弹性理论算出应力解除前岩体内的应力。根据应变量测部位，可分为*表面应力解除法*和*钻孔应力解除法*。（袁文忠）

应力解法 stress method

又称贝尔脱拉密－米歇尔方程。以应力分量作为基本未知函数求解弹性力学问题的一种基本方法。满足平衡微分方程及应力边界条件的应力分量，还必须满足以应力分量表示的应变协调方程，以保证物体是连续的。当体力为零或常量时，以应力表示的协调方程为

$$(1+\nu)\Delta\sigma_x + \frac{\partial^2\Theta}{\partial x^2} = 0$$

$$(1+\nu)\Delta\sigma_y + \frac{\partial^2\Theta}{\partial y^2} = 0$$

$$(1+\nu)\Delta\sigma_z + \frac{\partial^2\Theta}{\partial z^2} = 0$$

$$(1+\nu)\Delta\tau_{xy} + \frac{\partial^2\Theta}{\partial x\partial y} = 0$$

$$(1+\nu)\Delta\tau_{yz} + \frac{\partial^2\Theta}{\partial y\partial z} = 0$$

$$(1+\nu)\Delta\tau_{zx} + \frac{\partial^2\Theta}{\partial z\partial x} = 0$$

式中 $\Delta = \frac{\partial^2}{\partial x^2} + \frac{\partial^2}{\partial y^2} + \frac{\partial^2}{\partial z^2} =$；$\Theta = \sigma_x + \sigma_y + \sigma_z$；$\nu$ 是泊松比。这种解法归结为：在给定的应力边界条件下，求解由平衡微分方程及以应力表示的应变协调方程所组成的偏微分方程组。（刘信声）

应力空间 stress space

以应力分量为坐标的空间。在此空间中的每一点表示一种应力状态，称为应力点；当应力状态变化时，应力点在应力空间中给出的曲线称为应力路径。对于各向同性材料，为了描述材料的力学行为与应力状态的关系，只需涉及三个主应力值，而与主方向无关；以三个主应力为坐标的三维空间称为主应力空间或黑格－韦斯特加德（Haigh－Westergaard）应力空间。（熊祝华）

应力控制式三轴压缩仪 stress control triaxial compression apparatus

以分级施加荷重方式对土试样施加轴向压力，直至破坏的*三轴压缩仪*。目前新式加荷装置多已改为折膜汽缸（bellofrom cylinder）加荷。除施加轴向压力设备不同外，其余与*应变控制式三轴压缩仪*同。（李明逵）

应力扩散 stress dispersion

基础荷载在地基内所产生的应力随深度的增加和离荷载中心距离的增大逐渐扩散而衰减的现象。利用应力扩散的概念，可简化基底以下任意深度处竖向应力的计算。（谢康和）

应力路径 stress path

又称应力途径。应力空间中代表一点应力状态的点的运动轨迹。用以描述土体单元在受力过程中的应力状态变化。按所采用的应力表示方法不同，可分为*总应力路径*和*有效应力路径*。（谢康和）

应力路径法 stress path method

按现场土体中某些有代表性单元的*有效应力路径*，在室内进行相应模拟试验并量取试样各阶段的垂直应变，然后乘以土层厚度来得到地基初始及最终沉降的方法。（谢康和）

应力莫尔圆 Mohr's circle of stress

简称莫尔圆。应力状态的图解分析中所引入的一点处各个截面上应力分量间关系的圆形轨迹图示。1866 年 K·库尔曼首先证明了物体中任一点的平面应力状态其斜截面上的应力分量可由一圆上各点的坐标来表示。1882 年 O·莫尔对应力的图解法作了更全面的研究，同时，推广到空间应力状态的应力圆，后人多称为应力莫尔圆。对于平面应力状态，可选择正应力 σ 为横坐标，剪应力 τ 为纵坐标，根据给定的 σ_x、σ_y、$\tau_{xy} = -\tau_{yx}$，在（σ，τ）平面上确定两点 A（σ_x，τ_{xy}）和 B（σ_y，τ_{yx}），以 AB 为直径作一圆，即为应力莫尔圆（图 a）。由此圆可确定任意截面上的应力分量。例如主应力 σ_1 及 σ_2，即应力圆与横轴

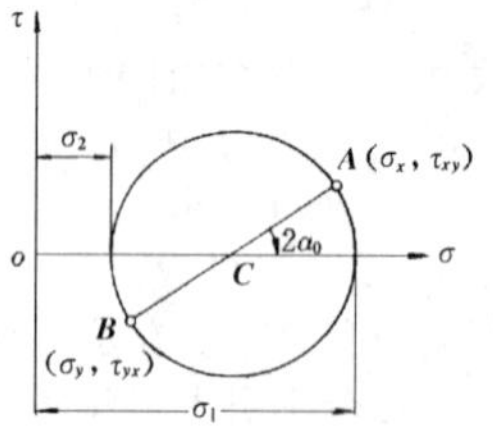

(a)

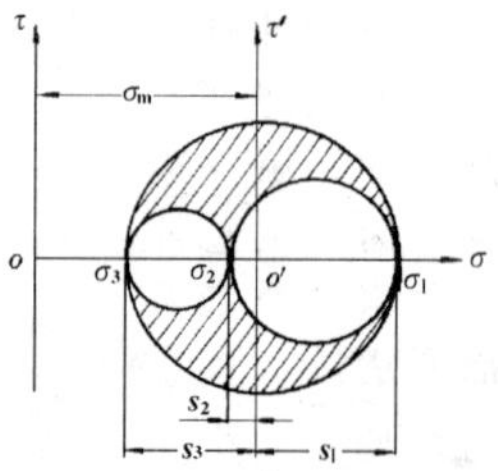

(b)

交点的横坐标值。对于空间应力状态也有类似的应力圆，如已知一点的三个主应力 σ_1、σ_2、σ_3，在 $\sigma-\tau$ 坐标系中可作出彼此相切的三个圆，其圆心分别为（$\sigma_1+\sigma_3$）/2、（$\sigma_1+\sigma_2$）/2 及（$\sigma_2+\sigma_3$）/2。则该点任意方向截面上的正应力和剪应力所对应的点，都将落在大圆与两个小圆之间的阴影部分（图 b）。若将 τ 轴移动一个距离 σ_m，且 $\sigma_m=\frac{1}{3}(\sigma_1+\sigma_2+\sigma_3)$，则在 σ 轴上可得该点的应力偏量的主值 S_1、S_2、S_3。对于应变，也有相同形式的应变莫尔圆。（吴明德　刘信声）

应力偏斜张量　stress deviatoric tensor

又称应力偏量。从应力张量中减去应力球形张量而得到的一个张量。可写成

$$(S_{ij})=(\sigma_{ij})-(\sigma_{ij}^0)$$
$$=\begin{pmatrix}\sigma_x-\sigma_m & \tau_{xy} & \tau_{xz}\\ \tau_{yx} & \sigma_y-\sigma_m & \tau_{yz}\\ \tau_{yx} & \tau_{zy} & \sigma_z-\sigma_m\end{pmatrix}$$
$$=\begin{pmatrix}S_x & S_{xy} & S_{xz}\\ S_{yx} & S_y & S_{yz}\\ S_{zx} & S_{zy} & S_z\end{pmatrix}$$

它是二阶对称张量，其主轴方向与主应力方向一致。物体形状的变化是由应力偏量引起的。

（刘信声）

应力偏斜张量的不变量　invariants of stress deviatoric tensor

不随坐标旋转而变化的应力偏量分量的某种组合值。确定应力偏量主值的特征方程为

$$S^3-I'_1S^2-I'_2S-I'_3=0$$

其中 I'_1、I'_2 和 I'_3 分别称为应力偏斜张量的第一、第二和第三不变量，且有

$$I'_1=0$$
$$I'_2=-(S_xS_y+S_yS_z+S_zS_x)+S_{xy}^2+S_{yx}^2+S_{zx}^2$$
$$I'_3=S_xS_yS_z+2S_{xy}S_{yz}S_{zx}-S_xS_{yz}^2-S_yS_{zx}^2-S_zS_{xy}^2$$

I'_2 与八面体剪应力仅相差一个系数。

（刘信声）

应力平衡法　stress-equilibrium method

视岩体为弹性变形体，根据滑动边界面的应力分布进行计算的方法。若滑动面是直线型，首先求得滑动面上各点的法向应力和剪应力，然后结合滑动面各部位的抗剪强度指标，用积分法计算滑动面上总的抗滑力和滑动力，从而求得整体安全系数；如果滑动面呈折线型，应考虑各段作用力的方向和大小。（屠树根）

应力强度因子　stress intensity factor

表征在外力作用下，弹性平面物体裂纹尖端附近应力场强度的参量。它与裂纹几何和外荷载有关。对于张开型裂纹，裂纹尖端附近的应力场，当 $r\to0$ 时，可表示为

$$\sigma_{ij}(r,\theta)=\frac{K_{\rm I}}{\sqrt{2\pi r}}\tilde{\sigma}_{ij}(\theta)$$

式中 σ_{ij}（σ_x，σ_y，τ_{xy}等）为应力分量；r，θ 为以裂纹尖端为原点的极坐标；$\tilde{\sigma}_{ij}(\theta)$ 称为角分布函数。$K_{\rm I}$ 为Ⅰ型（张开型）应力强度因子，它与裂纹体的几何形状和外荷载有关。相应有Ⅱ型和Ⅲ型的 $K_{\rm II}$、$K_{\rm III}$。在裂纹尖端附近，各应力分量、位移分量均与之成正比。K_i（i＝Ⅰ，Ⅱ，Ⅲ）可用弹性力学的方法求得，一部分结果已有手册可查。1957 年，G. R. 欧文，建立了以 $K_{\rm I}$ 为控制参量的断裂准则：$K_{\rm I}=K_{\rm Ic}$，$K_{\rm Ic}$为材料的应力强度因子的临界值。上述准则成功地应用于低应力脆断分析。（余寿文）

应力强度因子断裂准则　stress intensity factor fracture criterion

当裂纹尖端场的应力强度因子 K 达到某一临界值 K_c 时，将发生临界裂纹扩展。判断脆性材料中裂纹是否扩展的准则之一，由 G. R. 欧文 1957 年提出。这一临界值 K_c 称为断裂韧性（也称断裂韧度），是表示材料性质的常数，可由实验决定。

（罗学富）

应力强度因子计算的边界配点法　boundary collocation method for stress intensity factor calculation

在边界应用配位法求有限尺寸含裂纹构件应力强度因子的一种解析数值方法。M. L. 威廉斯，1957 年提出这一方法来求解三点弯曲与紧凑拉伸试件的应力强度因子。此法采用含若干待定常数的级数形式应力函数，使其满足双调和方程与裂纹面边界条件，而待定常数则由在其余边界的若干指定点（配点）上，使边界条件得以满足来确定。配点的数量与位置直接影响解的精度。（罗学富）

应力强度因子计算的复势法　complex potential method for stress intensity factor calculation

采用复变应力函数确定应力强度因子的一种解析方法，主要用于求解无限尺寸平面弹性裂纹问题。常用的复变应力函数有穆什海里什维利应力函数与威斯特噶德应力函数。对边界条件复杂的裂纹问题，还可采用保角变换法和柯西型积分等方法求解。（罗学富）

应力强度因子计算的权函数法　weight function method for stress intensity factor calculation

求二维裂纹受复杂载荷作用时应力强度因子的一种解析方法。以 $K_0(a)$ 与 $u_0(a,x)$ 表示当

裂纹面受荷载 σ_0 (x) 时的应力强度因子与裂纹面位移，其中 a 为裂纹长度。由贝蒂互换定理，裂纹面受载为 σ (x) 时的应力强度因子为

$$K(a)=\int_0^a \sigma(x)m(a,x)\mathrm{d}x$$

其中 m (a, x) 为权函数，定义为

$$m(a,x)=\frac{E'}{K_0(a)}\frac{\partial u_0(a,x)}{\partial a}$$

E'为弹性常数。m (a, x) 仅取决于裂纹几何，与荷载无关。该法将应力强度因子的求解化为一个定积分问题，所需计算很少。（罗学富）

应力强度因子计算的柔度法 compliance method for stress intensity factor calculation

用计算或实验求得裂纹体的柔度来确定应力强度因子的方法。试件的柔度随试件内的裂纹长度而变，通过计算或实验得到柔度与裂纹尺寸的关系，然后再根据能量释放率 G（或应力强度因子 K）与柔度改变率间的关系算出 G（或 K）来。（罗学富）

应力强度因子计算的实验法 experimental method for stress intensity factor calculation

以实验手段量测裂纹尖端场的应变、位移或柔度，再通过应力强度因子 K 与这些可测量之间的关系确定 K 的方法。常采用的有：柔度法、光弹性法、激光全息法、激光散斑法与云纹法等。（罗学富）

应力强度因子计算的威斯特噶德法 Westergaard's method for stress intensity factor calculation

求含裂纹无限大板中，Ⅰ型与Ⅱ型裂纹问题应力强度因子的一种复应力函数方法。为穆什海里什维利一般复应力函数在裂纹问题中的特例。当裂纹分布与加载条件比较复杂时，此法失效。（罗学富）

应力强度因子计算的有限元法 finite element method for stress intensity factor calculation

用有限元法确定应力强度因子的方法。根据有限元计算所得的应力场或位移场，按线弹性裂纹尖端场分布来直接确定应力强度因子 K_i ($i=1, 2, 3$)，或根据弹性能、J 积分或其他量来间接确定 K_i。（罗学富）

应力强度因子计算方法 stress intensity factor calculation method

以解析、数值、半解析半数值或实验方法，考虑裂纹几何及外荷载的类型和分布，确定裂纹尖端区域应力强度因子。是线弹性断裂分析的一个重要部分。（罗学富）

应力球形张量 stress spherical tensor

由三个均等于平均应力 σ_m 的主应力所构成的张量，是应力张量的一部分。可写成

$$(\sigma_{ij}^0)=\begin{pmatrix}\sigma_m & 0 & 0\\ 0 & \sigma_m & 0\\ 0 & 0 & \sigma_m\end{pmatrix}$$

其中 $\sigma_m=(\sigma_x+\sigma_y+\sigma_z)/3$。也可以写成 $\sigma_{ij}^0=\sigma_m S_{ij}$，而 S_{ij}为克罗内克（Kronecker）符号，且定义为

$$S_{ij}=\begin{cases}1, & i=j\\ 0, & i\neq j\end{cases}$$

由于三个主应力相同，应力曲面是球形的，即表示一个球形应力状态，它仅使微元体的体积发生改变，而不产生形状变化。（刘信声）

应力曲面 stress surface

用以确定物体中任一点 M 处应力状态的曲面。设过 M 点外法线为ν的微分面上正应力为 σ_ν，且设 $\sigma_\nu=\pm c^2/p^2$，c 为任选非零常数，$\sigma_\nu>0$ 时取“+”，反之取“−”。令

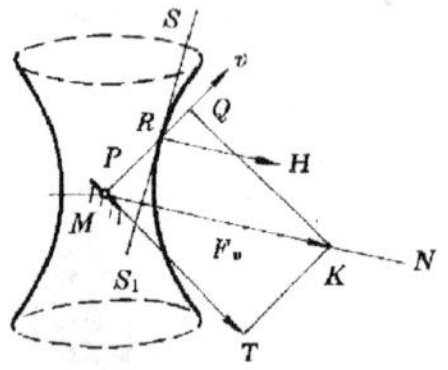

$\boldsymbol{P}$ 是长度为 p 正交于微分面的矢量，则所有过 M 点微分面上矢量 $\boldsymbol{P}$ 的末端就构成了应力曲面。因此一旦选定 c，就可以确定应力曲面。已知应力曲面（见图）。则由 $\boldsymbol{MR}$ 的长度 p 可以确定正应力 σ_ν，图中以 $\boldsymbol{MQ}$ 表示。过点 R 作切平面 SS_1，微分面上的总应力 $\boldsymbol{F}_\nu$ 垂直于该切平面，由 M 点作 SS_1 的垂线 MN，再过点 Q 作 MQ 的垂直线与 MN 交于K，则 $\boldsymbol{MK}=\boldsymbol{F}_\nu$，而 $\boldsymbol{MT}$ 则表示该点的剪应力。曲面的形状取决于主应力 σ_1、σ_2、σ_3 的符号。当三个主应力的符号相同时是以主应力值为半轴的椭球面，若三个主应力值相等，则椭球面退化为球面；当三个主应力的符号不同时，则为单叶双曲面与双叶双曲面，若有一个主应力为零则退化为柱面，若两个主应力为零则退化为两个平行平面。（刘信声）

应力松弛 stress relaxation

简称松弛。保持变形不变而应力随时间逐渐降低的现象。温度越高应力松弛越显著。松弛和蠕变是一个问题的两个方面，保持应力不变时产生蠕变，保持变形不变时就产生应力松弛。应力随时间下降的曲线称为应力松弛曲线，由应力松弛试验测定。应力松弛曲线一般可分成两个阶段：第Ⅰ阶段，应力随时间急剧下降；第Ⅱ阶段，下降速度减缓并趋于稳定，在半对数坐标系内 $\lg\sigma-t$（σ 表示应力，t 表示时间）呈线性关系。直线斜率的倒数

及第Ⅱ阶段开始应力与初始应力之比表示松弛稳定性。松弛可使紧固件如弹簧、螺栓等丧失工作能力。

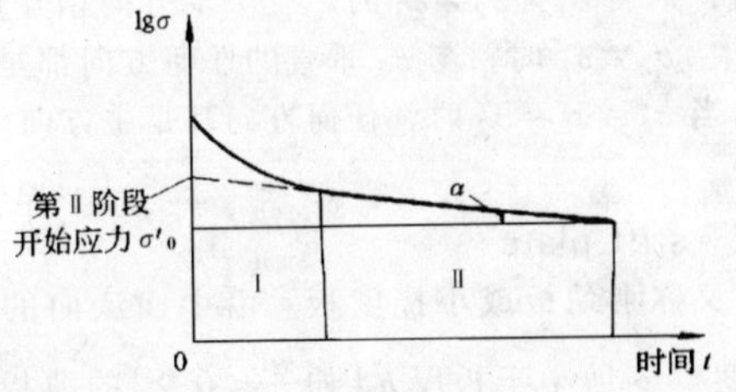

对高聚物而言，指在一定的温度下，当高聚物的应变从原有水平突然改变为另一水平时，其起始应力较大，随着时间的推移应力值发生缓慢衰减的过程。对于交联网状高聚物，最终将达到与新水平的应变相适应的应力状态；而对于线型高聚物，最终将把应力全部衰减掉。 （王志刚　周　啸）

应力松弛仪　stress relaxometer

在固定伸长的条件下测定高聚物试样应力松弛的装置。图中试样的伸长是通过迅速把下夹具拉下来实现的，伸长停止器可使试样受到任何规定的伸长，并用固定螺丝拧紧，保持伸长不变。应力是用粘接在悬臂梁式弹簧片上的应变计来测量的。

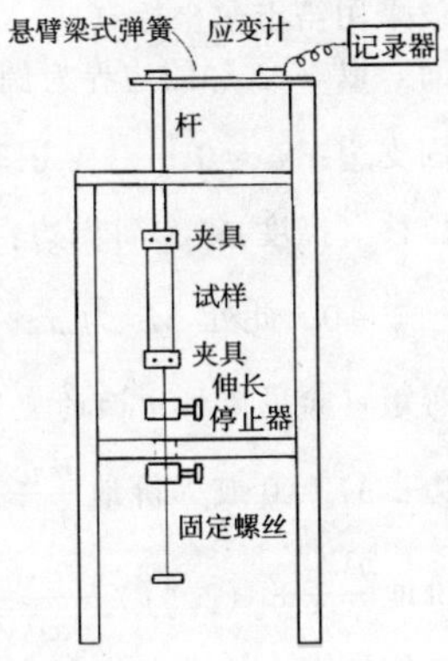

（周　啸）

应力向量　stress vector

由单元的正应力和剪应力分量组成的列向量。表征单元的应力场。它的每个元素必须与应变向量中的元素一一对应。应力向量可用结点位移向量表示，以单元结点位移向量表示单元应力向量的转换矩阵称为应力转换矩阵，表达为弹性常数矩阵与应变转换矩阵的乘积。当结点位移已知，可通过应力转换矩阵求单元应力。

（夏亨熹）

应力星圆　star circle of stress

在主应力空间等倾面（π平面）上表示主应力与主应力偏量，等效应力和应力型式指数之间的几何图形。其数学表达式为

$$\sigma_1 = \sigma_0 + \frac{2}{3}\bar{\sigma}\cos\omega_\sigma$$

$$\sigma_2 = \sigma_0 + \frac{2}{3}\bar{\sigma}\cos(\omega_\sigma - 120°)$$

$$\sigma_3 = \sigma_0 + \frac{2}{3}\bar{\sigma}\cos(\omega_\sigma - 240°)$$

式中，σ_0为平均应力；$\bar{\sigma}$为等效应力；ω_σ为表征应力状态的参量，称应力型式指数。应力星圆的作法是：在横坐标上取σ_0为圆心，以$\frac{2}{3}\bar{\sigma}$为半径画圆。由圆心出发画出倾角为ω_σ，$\omega_\sigma - 120°$，$\omega_\sigma - 240°$的直线并与圆相交于A_1、A_2、A_3点，它们在水平线上的投影便是主应力偏量S_1、S_2、S_3（见图）。参量ω_σ与罗德参数μ_σ的关系是$\mu_\sigma = \sqrt{3}\ \mathrm{tg}(\omega_\sigma - 30°)$。 （徐秉业）

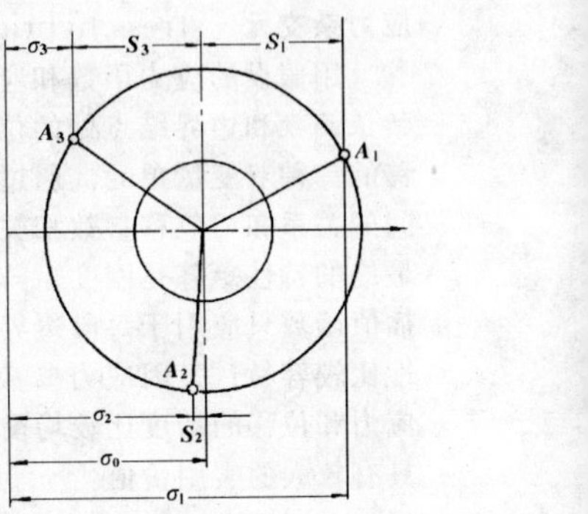

应力-应变曲线　stress-strain curve in tension

又称$\sigma-\varepsilon$曲线。通过拉伸试验得到的应力和应变的关系曲线。低碳钢的拉伸曲线具有一定的代表性。以纵坐标代表试验机上的荷载P，以横坐标代表试件工作段的伸长量Δl，可以绘制拉伸图。将拉伸图的纵坐标除以试件横截面的原面积A，横坐标除以试件工作段原长l，就得到应力-应变曲线或$\sigma-\varepsilon$曲线。采用试件原横截面和工作段原长度，得到的应力为名义应力，应变为名义应变。应力-应变曲线分为弹性阶段、屈服阶段、强化阶段和局部变形阶段（见图）。相应的特性点分别为：比例极限σ_P、弹性极限σ_e、屈服极限（流动极限）σ_s及强度极限σ_b。

Ⅰ弹性阶段

Ⅱ屈服阶段

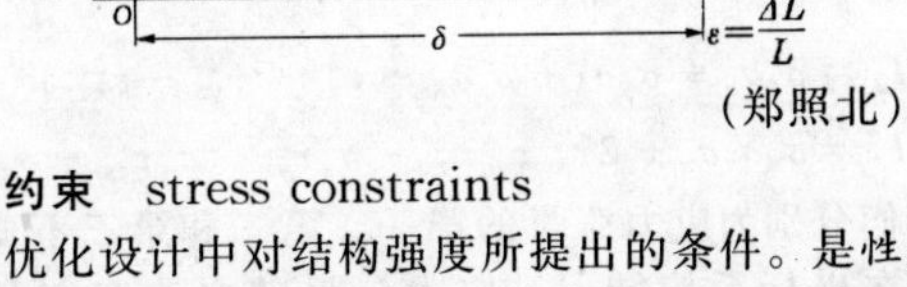

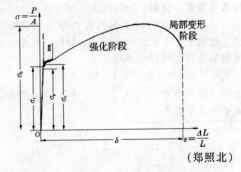

（郑照北）

应力约束　stress constraints

优化设计中对结构强度所提出的条件。是性态约束的一种，属于针对结构构件（或单元）的局部性约束。一般表达为工作应力不能超过容许应力。有时，稳定约束也可以转化为应力约束——工作应

力不超过屈曲临界应力。

（杨德铨）

应力杂交元 stress hybrid element

用假设的应力函数和应力参数表示应力场，用插值函数和边界结点处的位移参数表示单元边界位移的一种双变量单元。通过余能原理建立两类变量间的关系和与位移参数相关的单元刚度矩阵。因为最终的特性矩阵是刚度矩阵，应用比较方便；因为插值函数只应用于每段边界，保持单元之间的协调性比较容易；又因应力参数和位移参数是独立的，应力和位移的精度比较均衡，在各种杂交元中，它具有较大的实用价值。（包世华）

应力张量 stress tensor

描述一点应力状态的与坐标系无关的一个物理量。在给定坐标系中，它的分量就是应力的九个分量。在笛卡尔坐标系中表示为

$$(\sigma_{ij}) = \begin{pmatrix} \sigma_x & \tau_{xy} & \tau_{xz} \\ \tau_{yx} & \sigma_y & \tau_{yz} \\ \tau_{zx} & \tau_{zy} & \sigma_z \end{pmatrix} (i, j = x, y, z)$$

其中 σ_x、τ_{xy}、τ_{xz}是作用在法线为 x 方向的微面上的应力矢量的三个分量。在上式中处于 σ_x、σ_y、σ_z 主对角线两侧对称位置上的分量是相等的，因此 σ_{ij}称为二阶对称张量。当坐标变换时，例如由 x、y、z 坐标作旋转变换成另一坐标 x'、y'、z'时，则旋转前后坐标系的九个分量之间满足转轴公式，即

$$\sigma_{i'j'} = \alpha_{i'j}\alpha_{j'i}\sigma_{ij} \quad (i', j' = x', y', z')$$

其中 $\alpha_{i'j}$、$\alpha_{y'j}$为新坐标系各轴与原坐标系各轴的方向余弦。转轴后各分量都发生了变化，但九个分量作为一个“整体”所描述的一点应力状态是不变的。它可以分解为应力球形张量和应力偏斜张量。

（刘信声）

应力张量的不变量 invariants of stress tensor

不随坐标旋转而变化的应力分量的某种组合值。在确定一点应力状态的主方向时，根据存在非零解的条件得到特征方程为

$$\sigma^3 - I_1\sigma^2 + I_2\sigma - I_3 = 0,$$

方程式的三个根 σ_1、σ_2、σ_3 是该点的主应力；而式中的各系数为

$$I_1 = \sigma_x + \sigma_y + \sigma_z$$

$$I_2 = \sigma_x\sigma_y + \sigma_y\sigma_z + \sigma_z\sigma_x - \tau_{xy}^2 - \tau_{yz}^2 - \tau_{zx}^2,$$

$$I_3 = \sigma_x\sigma_y\sigma_z + 2\tau_{xy}\tau_{yz}\tau_{yx} - \sigma_x\tau_{yz}^2 - \sigma_y\tau_{zx}^2 - \sigma_z\tau_{xy}^2$$

它们分别为应力张量的第一、第二和第三不变量，即在坐标系旋转时，应力分量随之改变，而 I_1、I_2 和 I_3 是不变的。

（刘信声）

应力主方向 principal directions of stress

一点处剪应力为零的截面方向。该方向上的正应力称为主应力。若以 σ_1、σ_2、σ_3 表示某点的主应力，则当 $\sigma_1 \neq \sigma_2 \neq \sigma_3$ 时，三个主方向相互垂直；当 $\sigma_1 = \sigma_2 \neq \sigma_3$ 时，与 σ_3 垂直的任何方向都是主方向；当 $\sigma_1 = \sigma_2 = \sigma_3$ 时，任何方向都是主方向。

（刘信声）

硬板 stiff plate

又称刚劲板或小挠度板。沿中面法向的位移（挠度）w 远小于板厚 h $\left(如 \frac{w}{h} < 0.2\right)$ 的薄板。此时板在弯曲变形中不产生附加拉伸应力；可按薄板小挠度方程和硬板的边界条件求解。

（熊祝华）

硬板的边界条件 boundary conditions for stiff plate

硬板边缘处的静力平衡关系或位移连续关系。设采用笛卡尔坐标（x，y，z），z 轴正交于板的中面。以 $x = x_0$ 的边界为例，常见的边界条件有，①固支边：$w = 0$，$\frac{\partial w}{\partial x} = 0$，此处 w 为沿中面法向的位移（挠度）；②简支边：$w = 0$，$M_x = 0$ 或等价地 $\frac{\partial^2 w}{\partial x^2} = 0$，此处 M_x 为 xz 平面内沿中面单位长度的弯矩（参见薄板中面的变形和内力，6 页）；③自由边：$M_x = 0$ 或等价地$\frac{\partial^2 w}{\partial x^2} + \nu\frac{\partial^2 w}{\partial y^2} = 0$，$Q_x = 0$ 或等价地$\frac{\partial^3 w}{\partial x^3} + (2-\nu)\frac{\partial^3 w}{\partial x \partial y^2} = 0$；此处 Q_x 为沿中面单位长度上的横向剪力，ν 为泊松比。（熊祝华）

硬度试验 hardness testing

固体材料对外界物体局部机械作用（如压陷）相对承受能力的试验。目的在于测定材料的物质凝聚力和结合强弱的程度。便于对各种材料表面的软硬进行比较，采用不同的标准、不同的测量方法和测量条件进行试验，有布氏硬度及洛氏硬度等。

（郑照北）

硬化混凝土 hardened concrete

新拌混凝土经过一定龄期的养护后，固相比例大大增加，液相和凝胶比例明显下降，凝固变硬的混凝土。水泥浆凝固后形成的水泥石中既有水化生成物和未水化水泥颗粒组成的固相，还有吸附水、凝聚水组成的液相及孔隙中的少量气相。硬化速度主要与水泥品种有关，养护制度（时间、温湿度）和掺用的外加剂也有较大影响。凝结与硬化的区别，在于硬化混凝土具有强度。混凝土的硬化程度可以用成熟度来表示。

（胡春芝）

硬化混凝土的流变性 rheological behavior for hardened concrete

硬化混凝土随时间、温度、湿度及受力状态而发生弹粘性变化的性能。骨料和水泥石中的结晶体呈现弹性，水泥石中的凝胶显示粘性。流变特征主要表现为强度、弹性模量、泊松比和徐变。 （胡春芝）

硬化原理

参见刚化原理（108页）。

硬性结构面 solid structure plane

不夹有其它物质的干净结构面。为节理、劈理等多属于这种结构面。 （屠树根）

yong

壅塞 choking

管道中某一截面处可压缩流动的流速达到声速时发生的一种流动现象。表现为不论管道出口外压强如何降低，声速截面前的流速、压强等都不再发生变化，相应地流量也保持不变。壅塞有多种。常见的有超声速风洞起动壅塞、飞机进气道壅塞、摩擦管壅塞和加热管壅塞等。管道中因喉道出现的壅塞称为几何壅塞。摩擦作用和加热作用也会使等截面管道发生壅塞，前者称为摩擦壅塞；后者称为加热壅塞。飞机进气道中的壅塞可使飞机所受阻力大为增加及发动机的推力显著减小。 （叶镇国）

壅水水面曲线 backwater curve

明渠水流中水深沿程增加的水面曲线。它属于减速流动。桥、涵及堰坝前的水面曲线形状多属此类。 （叶镇国）

涌波 surge wave

又称击岸波。浅水推进波破碎后重新组成向岸坡推进的波浪。这种波浪的水质点有明显的向前移而底层则产生回流，由于它蓄有较大的能量，能掀起水底的泥沙、冲击岸滩，在这一地区的水工建筑物将受到它的强烈冲击。由于波浪破碎时已消耗了一部分能量，所以这种波的波高和波长都小于浅水推进波的波高和波长。 （叶镇国）

用差分表示的插值多项式 interpolation polynomial expressed in terms of finite difference

用差分形式表示的插值公式。用向前差分表示的插值多项式叫牛顿向前插值公式，适用于计算在表头或区域起始端附近的函数值。用向后差分表示的插值多项式叫牛顿向后插值公式，适用于计算在表尾或区域末端附近的函数值。当插值结点不等距分布时，引入均差概念，可组成牛顿基本插值多项式。与拉格朗日插值公式相比，具有使用方便，计算经济的优点，且增加结点时，只要在原来的基础上增加相应的项即可。 （包世华）

you

优化后分析 post optimality analysis

优化问题中给定参数的改变对最优解影响的分析。在优化问题的目标函数与约束条件中还包括许多参数，虽然它们事先可给定，但有的可根据实际情况予以调整。分析这些参数变动对目标函数最优值和最优点的影响有实际意义。在线性规划中这种分析也称灵敏度分析，例如约束条件（$\boldsymbol{Ax}=\boldsymbol{b}$）的右端项 $\boldsymbol{b}$ 的任一分量有微小改变时对目标函数最优值 $f(\boldsymbol{x}^*)$ 的影响，即求向量 $\{\partial f(\boldsymbol{x}^*)/\partial b_i\}$，其值与相对应的对偶问题的最优解相等，经济学上称影子价格（Shadow prices），表示资源约束值的改变对利润（目标函数）的影响，从而可探讨资源的最合理分配。 （汪树玉）

优化设计层次 hierarchy of optimum design

根据结构优化设计所选设计变量的种类与性质以及优化处理的难易而作的划分。大体上分为以下层次：第一层次为结构的截面优化设计；第二层次为结构的形状优化设计；第三层次为结构的拓扑优化设计；结构材料和结构类型的优选属于更高层次的优化设计，牵涉的因素更多，难度更大。 （杨德铨）

优化设计数学模型 mathematical model for optimum design

根据结构优化设计问题的性质和要求所建立的适于用某种数学方法进行求解的数学程式。建立数学模型是优化设计中的一个非常重要步骤，其主要工作是：①选择设计变量，一般记作由 n 个设计变量组成的向量 $\boldsymbol{x}=(x_1, x_2, \cdots, x_i, \cdots, x_n)^{\mathrm{T}}$；②确定目标函数，一般记作 $f(\boldsymbol{x})$；③建立约束条件，一般记作 m 个不等式约束条件 $g_j(\boldsymbol{x})\geqslant 0, j=1,2,\cdots,m$，和 l 个等式约束条件 $h_k(\boldsymbol{x})=0, k=1,2,\cdots,l$。于是构成如下的一般数学模型，并被称作约束最优化问题：

求 $\boldsymbol{x}$

使 $f(\boldsymbol{x})$ 极小化（极大化）

受约束于 $g_j(\boldsymbol{x})\geqslant 0, j=1,2,\cdots,m; h_k(\boldsymbol{x})=0, k=1,2,\cdots,l$。由于极大化问题很容易转化为极小化问题，因而通常都把优化设计问题表达为寻求极小化问题，其简洁的数学模型为

$$\begin{aligned}&\min\cdot f(\boldsymbol{x})\\ &\text{s.t.}\quad g_j(\boldsymbol{x})\geqslant 0, j=1,2,\cdots,m\\ &\qquad\ h_k(\boldsymbol{x})=0, k=1,2,\cdots,l\end{aligned}$$

上式是利用数学规划法求解优化设计问题的典型数学模型，并被称为约束极小化问题。当上列模型 $m=0$，$l=0$，即无约束条件，则上列相应问题称为无约束最优化问题和无约束极小化问题。当用准则法求解优化设计问题时，数学模型将有所不同。建立数学模型要充分考虑结构的力学特性和工程特性。（杨德铨）

有侧移刚架 rigid frame with sidesway

在荷载作用下，当忽略杆件的轴向变形时，除各刚结点发生角位移之外，还将有结点线位移（称为侧移）的刚架。其计算较无侧移刚架复杂。实际计算时，多采用卡尼迭代法或位移法求解。对于多跨多层有侧移刚架，常采用近似法作简化计算。其中，当只承受竖向荷载作用时，因侧移较小，有时忽略侧移对内力的影响而将原刚架按无侧移刚架来计算，或采用分层计算法。但当刚架承受水平荷载作用时，其侧移的影响是主要的，这时可采用反弯点法或 D 值法来计算。（罗汉泉）

有界性定理 finite theorem

块体理论中确定一个块体是否有界的定理。假定一个块体是由 n 个面定义的半空间交集确定，将每个平面移到通过原点，得到一个相应的块体锥。如果凸体棱边以外是空的，则它是有界的，反之，若块体棱边以外是非空的，那么该凸块就是无界的。图（a）中块体 $U_1L_2L_3$ 是无界的，而图（b）中的块体 $U_1U_2L_3$ 是有界的。用数学式表示，如果有且仅有一个块体的节理锥 JP 和开挖锥的交集等于空集 φ，即

$$JP \cap EP = \varphi$$

则这个块体是有界的。

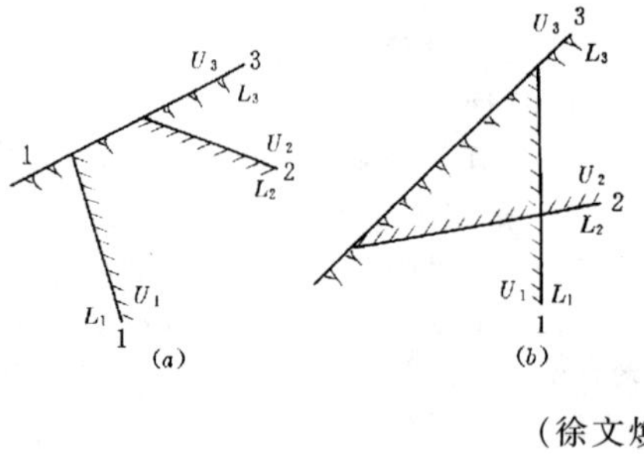

（徐文焕）

有理插值法

又称有理分式法。利用欲求极小点的一元函数的一串导数值构成有理分式来推求使函数的导数为零的点——极小点的一维搜索方法。在一定的条件下求 $\varphi(x)$ 极小点就是求 $\varphi'(x)=0$ 的解，反过来，若以 $\varphi'(x)$ 为自变量，则 x 为因变量，亦即有反函数 $x=f(\varphi'(x))$，对应于 $\varphi'(x)=0$ 的反函数值 $f(\varphi'(x))$ 就是 $\varphi(x)$ 的极小点。利用这种思路，先计算 x^1，x^2，…，x^n（$n=3\sim6$）各点的 $\varphi(x)$ 和 $\varphi'(x)$ 值，构造一个有理分式来求得一个新点 x^{n+1} 并算得 $\varphi(x^{n+1})$ 和 $\varphi'(x^{n+1})$，加入这三个数后，重复上述过程，直到相邻两次求得的新点充分接近或新点的 $\varphi'(x)$ 充分小，即可取最后的新点作为近似极小点。（杨德铨）

有势力 potential force

又称保守力。对质点所作的功仅与质点的始、末位置有关而与其运动轨迹无关的场力。如重力、弹性力、牛顿引力等。（黎邦隆）

有限变形 finite deformation

当位移分量的偏导数不再是很小的量时所对应的变形。利用变形前笛卡尔坐标 x，y，z 作自变量（拉格朗日法）描述一点附近的变形时，常用的应变分量表达式为

$$\tilde{\varepsilon}_x=\frac{\partial u}{\partial x}+\frac{1}{2}\left[\left(\frac{\partial u}{\partial x}\right)^2+\left(\frac{\partial v}{\partial x}\right)^2+\left(\frac{\partial w}{\partial x}\right)^2\right]$$

$$\tilde{\varepsilon}_y=\frac{\partial v}{\partial y}+\frac{1}{2}\left[\left(\frac{\partial u}{\partial y}\right)^2+\left(\frac{\partial v}{\partial y}\right)^2+\left(\frac{\partial w^2}{\partial y}\right)^2\right]$$

$$\tilde{\varepsilon}_z=\frac{\partial w}{\partial z}+\frac{1}{2}\left[\left(\frac{\partial u}{\partial z}\right)^2+\left(\frac{\partial v}{\partial z}\right)^2+\left(\frac{\partial w}{\partial z}\right)^2\right]$$

$$\tilde{\gamma}_{xy}=2\tilde{\varepsilon}_{xy}=\frac{\partial v}{\partial x}+\frac{\partial u}{\partial y}+\left(\frac{\partial u}{\partial x}\frac{\partial u}{\partial y}+\frac{\partial v}{\partial x}\frac{\partial v}{\partial y}+\frac{\partial w}{\partial x}\frac{\partial w}{\partial y}\right)$$

$$\tilde{\gamma}_{yz}=2\tilde{\varepsilon}_{yz}=\frac{\partial w}{\partial y}+\frac{\partial v}{\partial z}+\left(\frac{\partial u}{\partial y}\frac{\partial u}{\partial z}+\frac{\partial v}{\partial y}\frac{\partial v}{\partial z}+\frac{\partial w}{\partial y}\frac{\partial w}{\partial z}\right)$$

$$\tilde{\gamma}_{zx}=2\tilde{\varepsilon}_{zx}=\frac{\partial u}{\partial z}+\frac{\partial w}{\partial x}+\left(\frac{\partial u}{\partial z}\frac{\partial u}{\partial x}+\frac{\partial v}{\partial z}\frac{\partial v}{\partial x}+\frac{\partial w}{\partial z}\frac{\partial w}{\partial x}\right)$$

利用变形后笛卡尔坐标，ξ，η，ζ 作自变量（欧拉法）时则为

$$\varepsilon_\xi^*=\frac{\partial u}{\partial \xi}-\frac{1}{2}\left[\left(\frac{\partial u}{\partial \xi}\right)^2+\left(\frac{\partial v}{\partial \xi}\right)^2+\left(\frac{\partial w}{\partial \xi}\right)^2\right]$$

$$\varepsilon_\eta^*=\frac{\partial v}{\partial \eta}-\frac{1}{2}\left[\left(\frac{\partial u}{\partial \eta}\right)^2+\left(\frac{\partial v}{\partial \eta}\right)^2+\left(\frac{\partial w}{\partial \eta}\right)^2\right]$$

$$\varepsilon_\zeta^*=\frac{\partial w}{\partial \zeta}-\frac{1}{2}\left[\left(\frac{\partial u}{\partial \zeta}\right)^2+\left(\frac{\partial v}{\partial \zeta}\right)^2+\left(\frac{\partial w}{\partial \zeta}\right)^2\right]$$

$$\gamma_{\xi\eta}^*=2\varepsilon_{\xi\eta}^*=\frac{\partial v}{\partial \xi}+\frac{\partial u}{\partial \eta}-\left(\frac{\partial u}{\partial \xi}\frac{\partial u}{\partial \eta}+\frac{\partial v}{\partial \xi}\frac{\partial v}{\partial \eta}+\frac{\partial w}{\partial \xi}\frac{\partial w}{\partial y}\right)$$

$$\gamma_{\eta\zeta}^*=2\varepsilon_{\eta\zeta}^*=\frac{\partial w}{\partial \eta}+\frac{\partial v}{\partial \zeta}-\left(\frac{\partial u}{\partial \eta}\frac{\partial u}{\partial \zeta}+\frac{\partial v}{\partial \eta}\frac{\partial v}{\partial \zeta}+\frac{\partial w}{\partial \eta}\frac{\partial w}{\partial \zeta}\right)$$

$$\gamma_{\zeta\xi}^*=2\varepsilon_{\zeta\xi}^*=\frac{\partial u}{\partial \zeta}+\frac{\partial w}{\partial \xi}-\left(\frac{\partial u}{\partial \zeta}\frac{\partial u}{\partial \xi}+\frac{\partial v}{\partial \zeta}\frac{\partial v}{\partial \xi}+\frac{\partial w}{\partial \zeta}\frac{\partial w}{\partial \xi}\right)$$

式中 u，v，w 是沿坐标 x、y、z 或 ξ、η、ζ 的位移分量，$\tilde{\varepsilon}_{ij}$ 与 ε_{kl}^* 分别称为格林应变张量与阿尔曼西应变张量，它们所示的六个量是有限变形的分量。由于方程是非线性的，对于这类问题不能采用叠加原理。如果以 E_x 表示微分线段沿 x 方向的相对伸长，以 φ_{xy} 表示 dx，dy 之间微分线段夹角的改变，则有

$$E_x=\sqrt{1+\tilde{\varepsilon}_x}-1,$$

$$\sin\varphi_{xy}=\frac{2\tilde{\varepsilon}_{xy}}{(1+E_x)(1+E_y)}。$$

即 $\tilde{\varepsilon}_x$ 和 $\tilde{\varepsilon}_{xy}$ 分别描述了正应变与剪应变。在小变形的情况下，格林应变分量与阿尔曼西应变分量相同，且简化为小变形情况下的几何方程。

（刘信声）

有限层法 finite layer method

将三维连续体离散为有限个片层元素进行分析的一种半离散化计算方法。计算过程和原理与有限条法类似。层元是三维的，其两个横向端边界与结构边界一致。层元的特点是：沿两个横方向用解析解，沿层厚方向用离散化解。将三维问题降阶为一维问题，由于只在一个方向上离散，未知量和计算工作量比有限元法大大减少。适用于夹层结构和层状地基等问题。 （包世华）

有限差分法 finite difference method

又称差分方法。一种以差商代替微商，以差分方程逼近微分方程，通过求网格点上的函数值来求解偏微分（或常微分）方程和方程组定解问题的数值解法。基本作法是：把问题的定义域进行网格剖分，然后在网格点上，按适当的数值微分公式把定解问题中的微商换成差商，从而把原问题离散化为差分格式（亦称差分方程），进而求出数值解。方法具有简单、灵活以及通用性强等特点，容易在计算机上实现；是解各类数学物理问题的主要数值方法，也是计算力学中的主要数值方法之一。在固体力学中，有限元法出现以前，主要采用差分方法；在流体力学中，仍然是主要的数值方法，对依赖于时间发展的方程，更是如此。

在杆系结构稳定中，将稳定问题中的中性平衡微分方程近似地用差分方程代替以确定临界荷载的一种数值方法。宜与电子计算机配合应用。其要点为：先写出该稳定问题的中性平衡微分方程，利用差分公式把微分方程中未知函数 v（x）的各阶导数（或偏导数）用有限个差分结点的函数值来表示，从而将微分方程近似地用相应的差分方程组来代替。这样便把中性平衡微分方程化为含有 n 个未知量的齐次线性代数方程组，据此可导出其稳定方程，进而可求得临界荷载的近似解。所取差分结点越多，计算结果越精确。它属于应用静力准则求解稳定问题的近似法。为了提高计算精度，常辅以里查森外推法。用有限差分法只能求得临界荷载的近似值而不能得到挠度函数 v（x）的表达式。

（包世华 王 烽 罗汉泉）

有限分析法 finite analytic method

求有限分析解的一种半解析半数值的解法。利用控制方程的局部分析解组成整体的数值解。即将区域分成有限个矩形单元，单元内采用控制方程的解析解，单元边界条件采用插值近似。这样所得到的有限分析解，可以比较好地保持原有问题的物理性质，在雷诺数变化时计算具有自动迎风效应。所得的解的形式是可微的。通过微分运算所得的导数也是比较准确的。此法离散化方程的有限分析系数随边界条件的近似方式不同而定，计算速度、精度也受到相应的影响。 （郑邦民）

有限棱法 finite prism method

将三维连续体离散化为有限的棱柱体进行分析的一种半离散化计算方法。计算过程和原理与有限条法类似。棱柱元或棱元是三维的，其一个方向端边界与结构边界一致。棱元的特点是：沿棱元的一个方向用解析解，另二个方向用离散化解。将三维问题降价为二维问题，未知量和计算工作量比有限元法要少。适用于一个方向边界比较规则的三维问题。 （包世华）

有限条的刚度矩阵 stiffness vector of finite strip

有限条分析中，从结线位移向量求结线力向量的转换矩阵。其关系为：结线力向量等于刚度矩阵乘结线位移向量；是条元分析的主要方程。可由势能驻值原理导出，步骤与有限元法中推导单元刚度矩阵的步骤相同。将各有限条的刚度矩阵集成，可得整个结构的刚度矩阵。

（包世华）

有限条的荷载向量 load matrix of finite strip

有限条分析中，由结线荷载组成的向量。当有非结线荷载时，可通过能量等效的原则，求出等效结线荷载；而总结线荷载则由直接结线荷载和等效结线荷载叠加而成。将各有限条的荷载向量集成，可得整个结构的荷载向量。 （包世华）

有限条的结线 nodal line in finite strip

在有限条法中将连续体划分为有限个条形元素（简称条元）的分割线，或条元的边界线。结线上的位移不仅在条元分析中被取为位移参数，在整体分析中也是连续体的位移参数。有限条法的精度与结线的多少有直接关系，在场函数剧烈变化处，应增加结线的数目，以保证必要的精度。

（包世华）

有限条的结线自由度 degrees of freedom at nodal line in finite strip

又称有限条的结线位移参数（nodal line displacement parameters in finite strip）。有限条元结线上独立的位移参数。它们通常是结线上的位移；对高阶条，是结线上的位移和其对横向坐标的一阶偏导数（转动）。是条元分析和整体分析中的基本未知量。 （包世华）

有限条的内结线 internal nodal line in finite

strip

又称有限条的辅助结线（auxiliary nodal line）。有限条元内部的结线。为了提高精度，在条元内部可增设结线，内结线上的位移也被取作位移参数，以提高插值函数的阶次。（包世华）

有限条的位移函数 displacement function of finite strip

表示有限条位移场的函数。以结线位移参数为基本未知参数。沿条长方向为满足两端边界条件的解析函数，通常以谐和函数的级数或样条函数表示，级数的每一项都应满足条长方向两端的边界条件。沿横方向为多项式插值函数，通常以形函数的形式表示。位移函数常写为以上两部分的乘积形式，位移函数的选取，是条元分析的第一步，也是最为重要的一步，以后即按一定程式进行计算。除条元的疏密外，位移函数的选取是决定有限条法精度的重要因素。（包世华）

有限条法 finite strip method

又称有限条带法。将连续体离散化为有限个条形元素进行分析的一种半离散化计算方法。计算过程与有限元法类似，即①离散化，把连续体分解为有限数目的条元，条元长度方向的两端边界通常是与结构边界一致的；②条元分析，分析条元的力学特性，得出条元的基本方程；③整（或总）体分析，将条元组合成整体，使满足变形和平衡条件，得出结构的基本方程。解此基本方程，再利用条元的基本方程求出条元的位移和内力。有限条法是数学上的坎托罗维奇法（Kantorovich method）和解偏微分方程的线法（method of lines）在固体力学中的具体应用，并赋予它们以明确的力学解释。条元的特点是：沿条元长度方向用解析解，沿条元横方向用离散化解。将二维问题降阶为一维问题。由于只在一个方向上离散，未知量和计算工作量均比有限元法要少。适用于边界比较规则的问题。在固体力学和结构工程中应用广泛。（包世华）

有限元法 finite element method

又称有限单元法或有限元素法。力学分析中一种将连续体离散化的数值解法。基本方法是物理模型的化整为零、积零为整。其计算过程是：①离散化，把连续体分解为有限个单元；②单元分析，分析单元的力学特性，得到单元的基本方程；③整体（或总体）分析，把单元组合成整体，得到连续体的整体基本方程。解整体基本方程求得基本参数值后，利用单元的基本方程计算单元的位移和应力。建立基本方程的方法有：①直接根据平衡、应力－应变、应变－位移三大关系建立的直接法；②根据能量泛函驻值条件建立的变分法；③根据已知问题微分方程的（加权）余量方程建立的加权余量法。根据所选取基本参数的不同分为：位移法、力法和混合（杂交）法等。其中位移法最易实现计算自动化，应用最广。该法可用于固体力学和工程结构的静力分析、动力分析、稳定问题和非线性问题，也可用于流体力学问题；在非力学的领域中也获得了很大的发展。

在杆系结构稳定问题中，将压杆或刚架等结构离散成有限个单元所组成的集合体来计算其临界荷载的一种数值方法。应用时必须与电子计算机结合。多采用矩阵位移法。其要点为：对于结构中各梁式杆单元，仍采用普通受弯杆件忽略轴向变形的单元刚度矩阵；而对于其中的压弯杆件（既受压又受弯的杆件，也称为梁柱）单元，则必须采用梁柱单元刚度矩阵。用直接刚度法将各单元的单元刚度矩阵集成得到结构刚度矩阵 $\boldsymbol{K}$ 后，根据其对应的行列式 $|\boldsymbol{K}|=0$ 的条件，即可确定临界荷载。

（包世华　罗汉泉）

有限元解的上界性质 upper bound character of solution by finite element method

由最小余能原理导出的近似解是精确解的上界。近似的计算模型比真实的体系更柔软，与平衡的应力近似解相应的位移场是不连续的。近似解的体系余能、应变余能和主柔度系数的值大于精确解的对应值。因求得的主柔度系数是其精确解的上界，常将其相应的位移解称为解的上界。

（支秉琛）

有限元解的下界性质 lower bound character of solution by finite element method

满足最小势能原理全部约束条件的近似解是解的下界。由于计算模型的自由度少于真实体系的自由度，模型比真实体系更为刚硬。当没有初应力或初应变时，近似解的应变能和主柔度系数值小于精确解的对应值。因求得的主柔度系数值是其精确解的下界，常将其位移解称为解的下界。（支秉琛）

有限元线法 finite element method of lines

以有限元法为半离散化手段，由能量泛函导出一组在离散结线上定义的常微分方程组后，用微分方程求解器直接求解的一种新型的半解析数值分析方法。与有限条法相比，本法不是使用人为设定的结线函数，而是由求解微分方程得到结线函数，提高了求解精度；与有限元法相比，本法不是全离散方法，而是半离散法。本法在很大程度上保留了有限元法应用上的灵活性，又简化了网格划分及数据输入等工作。但需要具有高质量的常微分方程组求解器。（支秉琛）

有限振幅立波 finite amplitude standing wave

又称有限振幅驻波。波浪要素相同但传播方向相反的两组有限振幅推进波叠加后产生的波动现象。当建筑物前水深大于半波长且大于波浪临界水深时，称为深水立波，当建筑物前水深小于半波长且大于波浪临界水深时称为浅水立波。在立波的波节上，水质点沿水平方向振动，在波腹中间，水质点沿垂直方向振动。波浪向前传播遇到各类建筑物时，将受到其反作用而发生反射、破碎、绕流等复杂现象并改变原来波浪的运动性质。当水深大于波浪临界水深、推进的波浪遇到直墙式建筑物时，将发生反射现象，反射的波系与原始推进的波系叠加而成的波系称为干涉波。如果推进波属于二向自由规则波，波浪推进的方向又和建筑物直墙面相垂直，则原始推进波系和反射波系可叠加成完整的立波。因此，立波是干涉波的一种特殊典型情况，而且是设计计算时必须考虑的重要情况之一。这种波的主要特性是叠加后的最大振幅（即波高，为原始推进波的二倍，但波长和周期不变，其波形并不向前传播，而是在波节之间的波面呈上下升降的振荡运动。此外，其水质点的运动轨迹不再是封闭曲线，而是抛物线，抛物线的主轴垂直，线型弯曲向上。质点在平衡位置时，质点速度最大，加速度为零，在最高或最低位置时，质点速度为零，加速度最大。 （叶镇国）

有限振幅推进波 finite amplitude progressive wave

水质点波动振幅为有限值的自由波。它可分为有限振幅深水推进波与有限振幅浅水推进波两类，其特点是波形相对于静水面不对称，波峰尖陡，波谷缓坦，波浪中线在静水面之上。对于这种波浪运动，曾用势波理论进行过广泛的研究，如斯托克斯孤立波等理论，但这些理论的数学运算复杂，结果又均有其局限性，因此，在工程实用上常采用一些近似理论，对于深水推进波有盖司特耐（F. Gerstner）圆余摆线理论（1802）；对于浅水推进波有鲍辛司克（J. Boussinesq）椭圆余摆线理论等。对于这种波浪的研究方法采用的是拉格朗日描述法。

（叶镇国）

有效粒径 effective diameter

相应于土的颗粒级配曲线上土粒相对含量为10%的粒径。常用于表示砂土的渗透性。

（朱向荣）

有效内摩擦角 effective angle of internal friction

见抗剪强度有效应力法和有效应力强度参数（190页）。

有效黏聚力 effective cohesion intercept

见抗剪强度有效应力法和有效应力强度参数（190页）。

有效应力 effective stress

又称粒间应力。土体或岩体内通过固体颗粒接触而传递的应力。它直接控制着土或岩体的强度和变形。其大小按有效应力原理计算。

（谢康和 袁文忠）

有效应力集中系数 effective stress concentration factor

又称疲劳缺口应力集中系数。光滑试样的疲劳极限荷载与相同材料和尺寸的带缺口试样的疲劳极限荷载之比。 （罗学富）

有效应力路径 effective stress path

用有效应力表示的应力路径。 （谢康和）

有效应力破坏包线 effective stress failure envelope

以有效应力表示剪切破坏面上法向应力确定的莫尔包线。常由三轴固结不排水试验结果得出，由该破坏包线可确定有效粘聚力 c' 和有效内摩擦角 φ'。 （张季容）

有效应力强度参数 effective stress strength parameter

又称有效应力强度指标。以有效应力表示土中应力状态而得出的土的抗剪强度参数。包括有效黏聚力 c' 和有效内摩擦角 φ'，可由三轴固结不排水试验或固结排水试验测得。通常用于地基强度的有效应力分析方法中。 （张季容）

有效应力原理 principle of effective stress

揭示饱和土体中总应力、有效应力及孔隙水压力三者之间关系的定律，由太沙基（Terzaghi，1925）首先提出。为现代土力学赖以建立的主要支柱。该原理认为：(1) 饱和土体中总应力 σ 为有效应力 σ' 与孔隙水压力 u 之和，即 $\sigma=\sigma'+u$；(2) 土的强度和变形受有效应力控制。毕肖普（Bishop，1955）将有效应力原理用于非饱和土，提出更一般的表达式：$\sigma=\sigma'+u_a-\psi(u_a-u)$，式中 u_a 为孔隙气压力，ψ 为一个与饱和度有关的参数。

（谢康和）

有效约束 active constraints

见作用约束（481页）。

有旋流动 rotational flow

又称有涡流动或涡旋。流体质点流速场形成微小质团转动的流动。有旋流动必须满足的条件是其旋转角速度矢量不等于零，即

$$\vec{\omega}=\vec{i}\,\omega_x+\vec{j}\,\omega_y+\vec{k}\,\omega_z\neq 0$$

有 $$\omega_x=\frac{1}{2}\left(\frac{\partial u_z}{\partial y}-\frac{\partial u_y}{\partial z}\right)\neq 0,\frac{\partial u_z}{\partial y}\neq\frac{\partial u_y}{\partial z},$$

$$\omega_y = \frac{1}{2}\left(\frac{\partial u_x}{\partial z} - \frac{\partial u_z}{\partial x}\right) \neq 0, \frac{\partial u_x}{\partial z} \neq \frac{\partial u_z}{\partial x}$$

$$\omega_z = \frac{1}{2}\left(\frac{\partial u_y}{\partial_x} - \frac{\partial u_x}{\partial y}\right) \neq 0, \frac{\partial u_y}{\partial x} \neq \frac{\partial u_x}{\partial y}$$

式中 u_x，u_y，u_z 分别为三坐标轴方向的流速分量；$\vec{i}$，$\vec{j}$，$\vec{k}$为三坐标轴方向的单位矢量。（叶镇国）

有压涵洞 full flow through culvert

水流充满整个洞身且过水断面上无自由表面的涵洞。为减小水头损失，一般将进口做成喇叭形。这类涵洞的水力条件为

$$\frac{H}{a} \geqslant 1.5$$

式中 H 为涵前水深；a 为矩形涵洞断面高度或圆形断面的直径。有压涵洞的水力计算任务与有压管流相同，一般按短管计算，即洞身断面形状和尺寸选定后在一定的上下游水位下确定涵洞泄水流量，或根据泄水流量要求，设计洞径并确定涵前水深，洞内动水压强沿程变化及出口消能计算等。

（叶镇国）

有压流 pressure flow

又称有压管流。封闭流道过水断面上相对压强不为零的流动。其过水断面的周界即湿周。水利工程中的压力隧洞、压力钢管、城镇的给水管网、供热供煤气及通风管道等内部的流体流动均属此类。在工程设计中的有压管流一般均按恒定流计算，主要有三个方面问题：①输水能力计算；②确定管路相应水头；③计算各断面的压强，判明各处压强是否满足需要，是否会出现过大真空及出现空穴等问题。其计算情况有长管、短管、并联管路，串联管路及管网等。减少流动阻力，增加输水效果是目前一项重要的科研课题。近年来发现，具有线形结构的高分子物质（其分子量大于 50 000）能降低紊流阻力，具有广泛的应用前景。（叶镇国）

有源式传感器 energy-transducer

又称发电式传感器。工作时不需辅助电源，即可将非电物理量转换为电信号的传感器。如压电式加速度传感器、感应式拾振器等。（王娴明）

诱导阻力 induced drag

当流体在物体上产生举力时，与由此产生的尾流有关的阻力。其数值大致与举力平方成正比。

（叶镇国）

yu

淤泥 muck

在静水或缓慢的流水环境中沉积、经生物化学作用形成、天然含水量大于液限、天然孔隙比大于或等于 1.5 的粘性土。（朱向荣）

淤泥质土 mucky soil

在静水或缓慢的流水环境中沉积、经生物化学作用形成、天然含水量大于液限、天然孔隙比小于 1.5 但大于或等于 1.0 的粘性土。（朱向荣）

余波 swell

见自由波（473 页）。

余量 residual

加权余量法中，把所设的试函数 $\bar{u}$ 代入微分方程或边界条件 $L(u)-f=0$ 后所产生的误差 $R=L(\bar{u})-f$。加权余量法就是根据余量的加权积分等于零的条件，求出试函数中的待定参数，从而求得近似解。（包世华）

余能驻值原理 principle of stationary complementary energy

在所有满足弹性体内平衡条件和给定静力边界条件的应力状态中，真实的应力状态使体系的总余能 n_c 有驻值。总余能 n_c 定义为体系的应变余能 V 与给定支座位移的对应余能 V_d 之和，$n_c=V+V_d$。总余能泛函的驻值条件为 $\delta n_c=0$，它等效于满足应力－位移关系和给定的位移边界条件。在结构力学中将此原理应用于超静定结构分析，可以导出力法基本方程。对于稳定平衡问题，泛函的二次变分 $\delta^2\Pi_c>0$，相应的原理称为最小余能原理。若问题中没有支座移动，则体系的总余能 Π_c 等于其应变余能 V，这时的原理可称为应变余能驻值原理。（支秉琛 罗汉泉）

宇宙气体动力学 cosmic gasdynamics

应用气体动力学方法研究宇宙中物质的形态和运动规律的学科。它是流体力学和天体物理学的一个交叉分支。宇宙中的物质形态以等离子体为主，还有稀薄气体，此外，行星内部有液态核，它们都是流体或磁流体，所以应用流体力学和磁流体力学能描述很多宇宙尺度的天体过程。其研究的领域已从行星环境扩展到太阳内部，从气云到星系以至局部宇宙的演化规律，并取得了一批成果，其中包括太阳风、地球磁层、气云的坍缩和破碎、无碰撞激波、恒星大气的反常加热、宇宙中磁场的起源和演化、宇宙中的湍流特性、星系的密度波理论等。由此学科还促进了辐射气体动力学、宇宙磁流体力学或宇宙电动力学的发展；把气体动力学的连续介质假设概念用于研究宇宙线，还产生了宇宙线动力学等。（叶镇国）

宇宙速度 cosmic velocities

在航天技术中，从地面发射人造地球卫星、人造行星和恒星际飞行器所需的最小速度。在万有引力作用下，其轨道为圆锥曲线（参看质点在牛顿引

力场中的运动)。当发射速度 $v_0=7.9\text{km/s}$ 且 $\boldsymbol{v}_0$ 为水平方向时,轨道偏心率 $e=0$,飞行器绕地球作圆周运动,成为人造地球卫星;当 $7.9\text{km/s}<v_0<11.2\text{km/s}$ 时,$e<1$,飞行器的轨道为椭圆,仍为人造地球卫星;当 $v_0=11.2\text{km/s}$ 时,$e=1$,飞行器的轨道为抛物线,将脱离地球引力范围而成为人造行星;$v_0>11.2\text{km/s}$ 时,$e>1$,飞行器的轨道为双曲线,也成为人造行星;当 $v_0\geqslant16.7\text{km/s}$ 时,它将脱离太阳引力范围,成为恒星际飞行器。7.9km/s、11.2km/s、16.7km/s 分别称为第一、第二及第三宇宙速度。 (黎邦隆)

域外回线虚荷载法 method of fictitious loads on the contour outside the domain

边界积分方程间接法的一种,将求解域开拓为无限域,在原域外侧的某一回线作用虚荷载,根据在求解域边界满足边界条件建立对于虚荷载的回线积分方程,然后求解原问题的方法。以平面弹性静力问题为例,对于在以 Γ 为边界的 Ω 域上的定解问题,假想在无限域中沿域外回线 Γ^* 作用虚荷载,而使其产生的位移场和应力场满足原问题在边界 Γ 上给定的边界条件,由此得回线积分方程,然后求解虚荷载,最终得原问题的解。

(姚振汉)

域外奇点法 method with singular points outside the domain

边界积分方程直接法的一种,为避免奇异积分,将通常的含奇异积分的直接法边界积分方程中核函数的奇异点移到域外,得到非奇异的边界积分方程来求解的方法。对于三维弹性静力学问题方程为

$$\int_{s}u_{ij}^{s}(p^{*};q)t_{j}(q)\mathrm{d}S(q)$$
$$-\int_{s}t_{ij}^{s}(p^{*};q)u_{j}(q)\mathrm{d}S(q)$$
$$+\int_{v}u_{ij}^{s}(p^{*};Q)f_{j}(Q)\mathrm{d}V(Q)=0$$

式中 p^* 为域外奇点;q、Q 分别是边界及域内的任意点,u_{ij}^s、t_{ij}^s 分别是基本解即开尔文解的位移及相应的面力,而 u_j、t_j、f_j 分别为待解状态的位移,面力与体力。 (姚振汉)

yuan

元冲量 elementary impulse

见冲量(43页)。

元功 elementary work

见功(120页)。

元功解析式 analytical expression of the elementary work

见功(120页)。

元流 filamentous flows

又称微小流束。过水断面无限小流管中的流体。其过水断面上各点运动要素(如流速、压强等)在同一时刻可以认为是相同的。在恒定流动中,元流的形状与位置不随时间改变。元流概念对直观分析流动及处理某些流动问题具有重要意义。

(叶镇国)

元涡 vortex element

又称涡带。微元涡管内的有旋液流。

(叶镇国)

原生结构面 primary structure plane

在岩体形成过程中产生的结构面和构造面。如岩浆岩体冷却收缩时形成的原生节理面、流动构造面、与早期岩体接触的各种接触面;沉积岩体内的层理面、不整合面;变质岩体内的片理、片麻理构造面等。除岩浆岩中的原生节理面外,一般多为非开裂式的,即结构面上存在有大小不等的联结力。

(屠树根)

原型 prototype

模型模拟的对象。其性能可通过对模型的研究来预测。 (袁文忠)

原岩 original rock, virgin rock

未经人类活动扰动,保持天然产状条件的岩体。在地下工程中,特指围岩范围以外的岩体。

(袁文忠)

原岩应力 stress in original rock

又称岩体内应力、天然岩体应力、岩体初始应力、地应力。处于天然条件下岩体具有的内应力。它是在多种复杂因素作用下形成的。它包括:自重应力、构造应力、岩石遇水后物理化学变化引起的膨胀应力、温度引起的热应力、岩体不连续引起的自重应力波动等,但主要是自重应力和构造应力。

(袁文忠)

原岩应力比值系数 stress-ratio coefficient of original rock

表示原岩应力空间分布状态特性的指标。它包括:①最大水平应力 σ_{h1} 与垂直应力 σ_v 的比值 λ_1;②最小水平应力 σ_{h2} 与垂直应力 σ_v 的比值 λ_2。实测资料表明,λ_1 一般在 1.2~2.0 之间,λ_2 一般在 0.3~0.8 之间,它们取决于岩体的地质条件和所经历的构造运动史。 (袁文忠)

原状土 undisturbed soil

土体保持天然状态,其结构没有被人为扰动的土。 (朱向荣)

圆杆内的扭转波 torsional wave in circular

cylindrical rod

使圆杆各截面作为刚性平面相互转动的波场。根据材料力学关于圆杆扭转的平面假设所建立起来的扭转波理论，适用于波长远大于杆直径的情况。扭转波是横波，以截面绕轴的转角为场量，沿杆的轴线传播。它的波速

$$c=\sqrt{\frac{G}{\rho}}$$

式中 ρ 为材料的密度；G 为剪切弹性模量。

（郭　平）

圆弧形破坏　circular failure

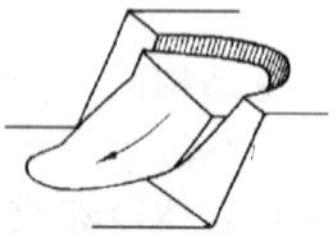

滑动面为圆弧形的破坏。散体结构岩体或坡高很大的碎裂岩体边坡大多呈此破坏形式。滑体的后部往往产生许多张裂隙，雨后，雨水灌进裂隙中，减弱了滑面的抗剪强度，促使滑体滑动。（屠树根）

圆剪试验　circle shear test

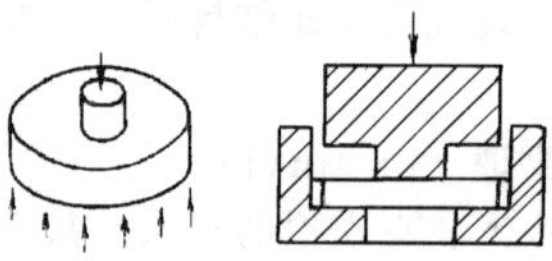

又称冲孔试验。是一种用直径等于支座内径的圆柱状塞对固定在环形支座的圆盘状试件进行剪切的试验。剪切强度 τ 为

$$\tau=\frac{P}{\pi Dt}\quad(\text{MPa})$$

式中，P 为剪切力（N），D 为支座内直径（mm），t 为试件厚度（mm）。因所得强度值分散性较大，一般只用于定性目的。（袁文忠）

圆砾　rounded gravel

粒径大于 20mm 的颗粒含量不超过全重 50%、粒径大于 2mm 的颗粒含量超过全重 50%、以圆形及亚圆形颗粒为主的土。（朱向荣）

圆偏振光　circularly polarized light

在传播过程中横向振动的振幅不变、方位作匀速旋转、从而使光矢量的尖端轨迹为一圆形螺旋线的偏振光。（傅承诵）

圆筒壳受法向均布外压力的屈曲　buckling of circular cylindrical shell under uniform external normal pressure

长圆筒在法向均布外压力 q 作用下的屈曲。设长圆筒两端简支，在 q 作用下，$N_\beta^*=qR$，$N_\alpha^*=0$，$N_{\alpha\beta}^*=0$，由唐奈方程（见圆柱壳屈曲基本方程）解得临界荷载为 $q=q_{cr}=\frac{Et^3}{4(1-\mu^2)}$。

（杨德品）

圆筒壳受扭转的屈曲　buckling of circular cylindrical shell under torsion

圆筒壳两端受相反方向扭矩 M 作用时的屈曲。此时由弹性力学可求出 $N_{\alpha\beta}^*=-\frac{M}{2\pi R^2}$，$N_\alpha^*=N_\beta^*=0$。再由唐奈方程（见圆柱壳屈曲基本方程，443 页）解得临界荷载近似解为 $M=M_{cr}=\frac{2}{3}\sqrt{\frac{2}{3}}\frac{E}{(1-\mu^2)^{3/4}}\left(\frac{t}{R}\right)^{3/2}\pi R^2t$。

（杨德品）

圆形拉伸试件　disk-shaped compact specimen

金属材料平面应变断裂韧度试验方法规定可采用的形状如圆盘形的一类试件，其几何构形与受载方式见图示。它适用于圆棒形或圆盘形材料的测试。

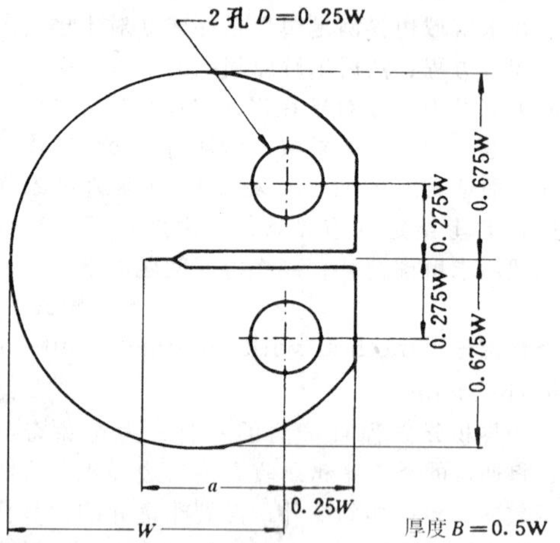

（孙学伟）

圆轴扭转平面假设　assumption of plane cross section in torsion for a circular shaft

圆轴在扭转变形中，其横截面仍保持为平面，且形状不变，只是绕杆轴作刚性平面转动。它是轴扭转计算中一种变形几何性假设，这一假设通过试验和弹性力学计算证明是正确的。（郑照北）

圆柱壳　cylindrical shell

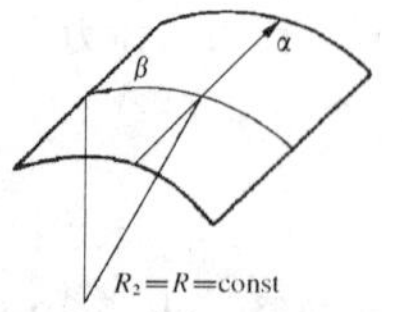

中面为圆柱面的薄壳。若 α、β 坐标线分别取为壳体中面的母线和周线，则有 $k_\alpha=0$，$k_\beta=\frac{1}{R}=\text{const.}$（见图）。由于壳体沿母线方向的曲率为零，沿周围的曲率为常数，便于制作和进行受力分析，所以应用极为广泛。这种薄壳一般按位移法求解，位移法的基本微分方程（略去次要项 Q_β/R 的影响）为

$$\frac{\partial^2 u}{\partial \alpha^2}+\frac{1-\mu}{2}\frac{\partial^2 u}{\partial \beta^2}+\frac{1+\mu}{2}\frac{\partial^2 v}{\partial \alpha \partial \beta}+\frac{\mu}{R}\frac{\partial w}{\partial \alpha}$$

$$+\frac{1-\mu^2}{Et}p_\alpha=0$$

$$\frac{\partial^2 v}{\partial \beta^2}+\frac{1-\mu}{2}\frac{\partial^2 v}{\partial \alpha^2}+\frac{1+\mu}{2}\frac{\partial^2 u}{\partial \alpha \partial \beta}+\frac{1}{R}\frac{\partial w}{\partial \beta}$$

$$+\frac{1-\mu^2}{Et}p_\beta=0$$

$$\frac{\mu}{R}\frac{\partial u}{\partial \alpha}+\frac{1}{R}\frac{\partial v}{\partial \beta}+\frac{w}{R^2}+\frac{t^2}{12}\nabla^4 w$$

$$-\frac{1-\mu^2}{Et}p_\gamma=0$$

式中 u，v 和 w 是位移分量；p_α，p_β 和 p_γ 是荷载分量；t 是厚度；E 是弹性模量；μ 是泊松比；$\nabla^4\equiv(\nabla^2)^2\equiv\left(\frac{\partial^2}{\partial\alpha^2}+\frac{\partial^2}{\partial\beta^2}\right)^2$。对给定的边界条件，由上列微分方程组解出位移分量 u、v、w 后，可按下列各式求得中面内力

$$N_\alpha=C\left[\frac{\partial u}{\partial \alpha}+\mu\left(\frac{\partial v}{\partial \beta}+\frac{w}{R}\right)\right]$$

$$N_\beta=C\left(\frac{\partial v}{\partial \beta}+\mu\frac{\partial u}{\partial \alpha}+\frac{w}{R}\right)$$

$$N_{\alpha\beta}=N_{\beta\alpha}=(1-\mu)C\left(\frac{\partial u}{\partial \beta}+\frac{\partial v}{\partial \alpha}\right)$$

$$M_\alpha=-D\left(\frac{\partial^2 w}{\partial \alpha^2}+\mu\frac{\partial^2 w}{\partial \beta^2}\right)$$

$$M_\beta=-D\left(\frac{\partial^2 w}{\partial \beta^2}+\mu\frac{\partial^2 u}{\partial \alpha^2}\right)$$

$$M_{\alpha\beta}=M_{\beta\alpha}=-(1-\mu)D\frac{\partial^2 w}{\partial \alpha \partial \beta}$$

$$Q_\alpha=-D\frac{\partial}{\partial \alpha}(\nabla^2 w)$$

$$Q_\beta=-D\frac{\partial}{\partial \beta}(\nabla^2 w)$$

式中 C 和 D 见薄壳理论的基本方程（9页）。而无矩理论的平衡方程和弹性方程则分别为

$$\frac{\partial N_\alpha}{\partial \alpha}+\frac{\partial N_{\alpha\beta}}{\partial \beta}+p_\alpha=0$$

$$\frac{\partial N_\beta}{\partial \beta}+\frac{\partial N_{\alpha\beta}}{\partial \alpha}+p_\beta=0$$

$$\text{和}\ N_\beta-Rp_\gamma=0$$

$$\frac{\partial u}{\partial \alpha}=\frac{N_\alpha-\mu N_\beta}{Et}$$

$$\frac{\partial v}{\partial \beta}+\frac{w}{R}=\frac{N_\beta-\mu N_\alpha}{Et}$$

$$\frac{\partial u}{\partial \beta}+\frac{\partial v}{\partial \alpha}=\frac{2(1+\mu)}{Et}N_{\alpha\beta}$$

上列两组方程，可以分别求解，而不需联立，这也是这种壳体分析简便之处。此外，符拉索夫针对周向加劲的长圆柱壳体提出一种简化的半有矩理论，它是在忽略柱体母线方向所有弯矩和周向变形的基础上建立的理论，这种理论还被广泛应用于任意截面形状的长柱壳体。（杨德品）

圆柱壳屈曲基本方程 fundamental equation of buckling of cylindrical shell

又称唐奈方程。圆柱壳线性稳定近似理论的基本方程。它是一个八阶齐次偏微分方程，即

$$D\nabla^8 w-\nabla^4\left(N_\alpha^*\frac{\partial^2 w}{\partial \alpha^2}+N_\beta^*\frac{\partial^2 w}{\partial \beta^2}+2N_{\alpha\beta}^*\frac{\partial^2 w}{\partial \alpha \partial \beta}\right)$$

$$+\frac{Et}{R^2}\frac{\partial^4 w}{\partial \alpha^4}=0$$

其中 D 见薄壳理论的基本方程（9页）；w 为法向位移；N_α^*、N_β^*、$N_{\alpha\beta}^*$ 为壳体的薄膜内力，R 为环向曲率半径，$\nabla^8=(\nabla^4)^2$ 为微分算子；∇^4 见圆柱壳。令 $N_\beta^*=N_{\alpha\beta}^*=0$，便可用此方程求轴向受压圆柱壳的临界荷载。同理，令 $N_{\alpha\beta}^*$ 等于剪力荷载或令 N_β^* 等于表面压力引起的环向力，便可用此方程求承受扭转或表面压力圆柱壳的临界荷载。

（杨德品）

圆柱壳轴向均匀受压的屈曲 buckling of cylindrical shell under uniform axial pressure

圆柱壳在轴向均布荷载作用下的屈曲。设轴向均布荷载 N，则 $N_\beta^*=N_{\alpha\beta}^*=0$，$N_\alpha^*=N$。对于环向闭合的圆柱壳（圆筒），由唐奈方程（见圆柱壳屈曲基本方程）可解得临界荷载为

$$N=N_{cr}=\frac{1}{\sqrt{3(1-\mu^2)}}\cdot\frac{Et^2}{R}\left(\text{当}\ Z=\frac{l^2}{Rt}(1-\mu^2)^{1/2}>2.85，l\ \text{为圆柱壳长度}\right)$$

$$\text{或}\ N=N_{cr}=\frac{D\pi^2}{l^2}\cdot\left(1+\frac{12Z^2}{\pi^4}\right)\ (\text{当}\ Z<2.85)$$

若 Z 趋于零，则 $N=N_{cr}=\frac{D\pi^2}{l^2}$，此值接近于无侧向支承宽板的临界荷载。

对于环向开敞的圆柱壳，可解得

$$N=N_{cr}=\frac{1}{\sqrt{3(1-\mu^2)}}\frac{Et^2}{R}\left(\text{当圆弧中心角}\ \varphi_0\geqslant C=2\pi\left[\frac{1}{12(1-\mu^2)}\frac{t^2}{R^2}\right]^{1/4}\right)$$

或

$$N=N_{cr}=\frac{\pi^2 Et^3}{3(1-\mu^2)(R\varphi_0)^2}+\frac{E\varphi_0^2 t}{4\pi^2}(\text{当}\ \varphi_0<C)$$

当 φ_0 值很小时，式中右边第二项是一个很小的量，这时与板条的临界荷载很相近。（杨德品）

圆柱面波 circular cylindrical wave

波前或波面为圆柱面的波场。最简单的圆柱面波是轴对称的一维波场。在传播过程中，它的波形不断改变，波幅与至轴的距离的平方根成反比而衰减。对弹性体内无限长圆柱孔的内壁施力可以产生

圆柱面波。当所施之力使圆柱孔沿径向均匀伸缩时，所生成的是具有纵波形式的无旋圆柱面波；当所施之力使圆柱孔沿轴线作刚性运动时，所生成的是具有横波形式的等容圆柱面波。（郭 平）

圆锥仪法

又称瓦氏液限仪法。是A. M. 瓦西里耶夫提出的一种测定土的液限的方法。将调成均匀浓糊状试样装满在盛土杯内，刮平杯口表面，水利电力部《土工试验规程》(SD128)规定用锥角为30°、质量为76g的圆锥仪放在试样表面中心，在自重下沉入试样，若圆锥仪经15min恰好下沉10mm，此时杯内试样的含水量即为液限。前苏联、东欧、中国等多采用此法，一般碟式仪法测得液限高于本法。

（李明逵）

源 source

流体从一点均匀地向各个方向流出的流动。对于二维线源有

$$u = u_r = \frac{Q}{2\pi r} = \frac{M}{r}, \left(M = \frac{Q}{2\pi}\right)$$

$$u_x = \frac{M}{r^2}x$$

$$u_y = \frac{M}{r^2}y$$

式中u_r为径向流速；u_x，u_y为笛卡尔坐标系中的二个流速分量；Q为源的强度；r为源的辐射半径。当$r \to 0$时，$u \to \infty$，此点称为“奇点”。实际液流中，除“奇点”外，有些液流动与二维线源近似，如向外渗漏的井。源的重要意义还在于为势流叠加提供了一种基本势流流型，许多复杂的实际流型，都可通过它与其他简单流型的组合解决。

（叶镇国）

远端弯矩 moment at the far end

当杆件的某一端发生转动时，在杆件的另一端（称为远端）所产生的弯矩。（罗汉泉）

远驱水跃 remote hydraulic jump

又称远离水跃。跃前断面远离坝或闸孔下游收缩断面的水跃。这类水跃是闸、坝下游泄水的一种水流衔接形式，它与收缩断面间还有一段呈C型壅水水面曲线的急流。发生这种水跃衔接的水力条件是与收缩断面水深对应的跃后共轭水深h''_c大于下游尾水的实际水深h_t，即$h''_c > h_t$，这表明水流还有多余能量可将下游水体推向远离收缩断面后才发生水跃。这种水跃的跃前急流段长，冲刷力强，对水利工程不利。消除这种水跃危害的办法是采用消能措施。（叶镇国）

yue

约束 constraint

限制非自由体沿某个或某些方向运动的其他物体。例如桥墩、墙或柱、轴承等分别是桥架、屋架、飞轮（连同轴）所受的约束。在分析力学里指对质点或质点系中各质点的位置或速度所加的限制。（彭绍佩 黎邦隆）

约束反力 force of constraint

又称约束力。约束反作用力的简称。约束作用于受它限制的非自由体上的力。它由主动力或物体的运动引起，是一种被动力。一般是通过约束与被约束物体之间的相互接触而产生，作用在两物体的接触处。其方向总是与约束所阻碍的运动方向相反，大小则是未知的，在静力学中可用平衡条件确定，在动力学中可用有关的动力学规律确定。

（彭绍佩）

约束方程 constraint equation

表示约束对非自由质点或非自由质点系中各质点的坐标或坐标与速度所加的限制条件的方程。有n个质点的质点系受到S个定常、双面的几何约束时，其约束方程的一般形式为

$$f_j(x_1, y_1, z_1; \cdots; x_n, y_n, z_n) = 0 \quad (j = 1, 2, \cdots, s)$$

非定常的几何约束方程的一般形式为

$$f_j(x_1, y_1, z_1; \cdots; x_n, y_n, z_n; t) = 0 \quad (j = 1, 2, \cdots, s)$$

非定常、非完整约束方程的一般形式为

$$f_j(x_1, y_1, z_1; \cdots; x_n, y_n, z_n; \dot{x}_1, \dot{y}_1, \dot{z}_1; \cdots; \dot{x}_n, \dot{y}_n, \dot{z}_n; t) = 0 \quad (j = 1, 2, \cdots, s)$$

（黎邦隆）

约束非线性规划 constrained non-linear programming

研究受约束条件限制且目标函数和约束函数中至少有一个为非线性的一类极值问题的数学规划分支。是非线性规划中难度较大、应用也较广的部分。求解的算法可分为三类：第一类是转换的方法，即将原问题转换为一系列较简单的问题来求解，如罚函数法与乘子法（转换为无约束非线性规划问题），序列线性规划法（转换为线性规划问题），序列二次规划法（转换为二次规划问题）；第二类是直接处理约束的方法，如卓坦狄克可行方向法、梯度投影法、简约梯度法和广义简约梯度法等，第三类是不用导数信息的直接法，如复形法。一般认为，序列二次规划法、广义简约梯度法和乘子法是其中较有效的算法。问题的数学表达参见优化设计数学模型，模型中m和l不全为零，且$f(\boldsymbol{x})$、$g_j(\boldsymbol{x})$、$h_k(\boldsymbol{x})$中至少有一个函数式为非线性。

（刘国华）

约束函数 constrained functions

约束条件的左端函数式。优化设计数学模型中的约束条件通常包括不等式约束$g_j(\boldsymbol{x}) \geqslant 0 (j = 1,$

$2,\cdots,m$)和等式约束 $h_k(\boldsymbol{x})=0(k=1,2,\cdots,l)$。其中的$g_j(\boldsymbol{x})$和$h_k(\boldsymbol{x})$即为相应约束条件的约束函数。（杨德铨）

约束函数梯度 gradient of constrained function

约束函数对各设计变量的一阶偏导数所组成的向量。作用约束的约束函数梯度所指示的方向对于构成约束非线性规划算法的搜索方向有重要意义，该梯度还是构成库-塔克条件的组成部分。为求得性态约束函数梯度需耗费较多的计算工作量。（杨德铨）

约束极小化 constrained minimization

见最优化和优化设计数学模型（480 页、435 页）。

约束界面 constrained boundaries

设计空间中约束函数值为零的等值面。对于不等式约束 g_j（$\boldsymbol{x}$）$\geqslant 0$ 来说，是临界点（满足 g_j（$\boldsymbol{x}$）$=0$）的集合；而对等式约束 h_k（$\boldsymbol{x}$）$=0$ 来说，则是满足该约束的设计点的集合。在 n 维设计空间中，它是（$n-1$）维的"曲面"。当给"约束函数为零"这种苛刻的条件予以适当的宽容，即只要求满足 $-\varepsilon_1\leqslant g_j$（$\boldsymbol{x}$）$\leqslant\varepsilon_2$，和 $-\varepsilon_1\leqslant h_k$（$\boldsymbol{x}$）$\leqslant\varepsilon_2$ 时，则约束界面将具有"厚度"（$\varepsilon_1+\varepsilon_2$），这里的宽容值 ε_1 和 ε_2 即为约束容差，它们是两个小的正标量，通常取 $\varepsilon_1=\varepsilon_2$。（杨德铨）

约束力

见约束反力（444 页）。

约束扭转 restrained torsion

薄壁杆件的非自由扭转。以开口薄壁杆件为例，与自由扭转相比较其变形特点表现为各个横截面的翘曲不同，杆件轴向将产生伸缩变形，或者说扭转变形之外还伴有弯曲变形。横截面上不但有剪应力，还将产生附加的扇性正应力（参见薄壁杆件，6 页）。（吴明德）

约束曲线 confinement curve

表征支护（或衬砌）性态的曲线。它说明支护（衬砌）与受到还在进行的径向变位而发出的约束压力。如果为圆形隧道的支护，承受荷载为均布径向压力 P_s，这曲线由压力 P_s 和相增加的径向位移 u_{rs}的关系来确定。不同支护系统可得出不同的约束曲线。图中 a 曲线为 0.2m 厚的喷混凝土支护环，而 b 曲线为点锚头锚杆支护。（屠树根）

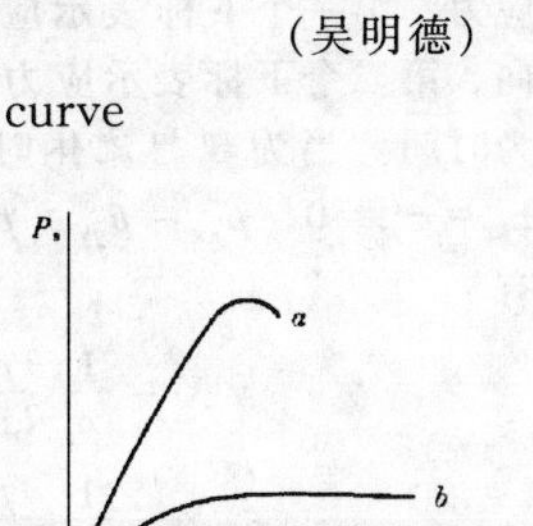

约束容差 constrained tolerance

见约束界面和作用约束（481 页）。

约束条件 constrained condition

优化设计中可行设计应满足的条件，也是对设计变量所施加的限制。在结构优化设计中，按约束性质可区分为界限约束和性态约束；按约束形式可区分为不等式约束和等式约束；按函数关系可区分为线性约束、非线性约束、显式约束和隐式约束；按对结构的作用范围可区分为整体性约束和局部性约束；按优化过程中是否对设计点的移动起实际限制作用而区分为作用约束和非作用约束。（杨德铨）

约束最优化 constrained optimization

见最优化和优化设计数学模型（480 页、435 页）。

yun

云纹法 moire method

又称莫尔（moire）法。利用两组栅线相互重叠所得到的干涉条纹作为计量信息的实验方法。这种干涉条纹称作云纹。其中一组栅线随试件一起变形，称为试件栅；另一组栅线不随试件变形，称为参考栅（分析栅）。云纹法可用于测试任意固体材料的位移场和应变场：透明的或非透明的，各向同性或各向异性的，聚合的或复合的，弹性的或非弹性的。既可测面内位移，也可测离面位移、斜率、曲率、以及物体的形状等。它可在各种工作条件下进行测试。尤其适用于高温、塑性、长时、大变形等条件。它既能用于接触式量测，也可用于非接触式量测。另外，它在医学等其他领域也有广泛应用。（崔玉玺）

云纹干涉法 moiré interferometry

利用激光和光栅技术获取受力构件表面变形的云纹干涉条纹图进行应力、应变分析的实验方法。在被测构件表面上复制高密度位相型衍射光栅，形成试件栅。当随试件受力而变形的试件栅在相干激光的照射下，使其不同衍射光的波前发生干涉产生云纹干涉条纹图，由此获得构件表面的位移场或应变场。其灵敏度可达波长量级。它具有非接触式量测、全场性、光强集中、条纹的高反差和实时观测等优点。已应用于实验力学中的无损检测、残余应力、弹塑性力学、断裂力学、复合材料力学及动态测量等领域。（傅承诵）

云纹条纹倍增技术 moiré fringe multiplication technique

沿参考栅的主方向移动参考栅，可以获得分数级条纹。把不同分数级条纹的云纹图平行地重叠在

一起，可使云纹图条纹倍增的技术。（崔玉玺）

匀变速转动 uniformly accelerated rotation

见变速转动（19页）。

匀速转动 uniform rotation

角速度保持不变的转动。其运动特征是，在任何相等的时间里，刚体转过的角度相等，即刚体角位移与时间成正比。这时，刚体的角加速度等于零，作用于其上的各外力对转动轴之矩的代数和等于零。（何祥铁）

运动初始条件 initial conditions of motion

在运动开始计算时间的瞬时（即 $t=0$ 时），质点的坐标和速度。对于质点系，则指初始广义坐标和广义速度。在已知力作用下，须已知这些初始条件，才能完全确定质点或质点系的运动。

（宋福磐）

运动单元 motional unit

见高分子运动（114页）。

运动单元活化能 activation energy of motional unit

激发高分子的某种运动单元以某种模式运动时所需的活化能。或谓使高分子的某种运动单元作某种模式运动所需克服的位垒。（周　啸）

运动的绝对性与相对性 absoluteness and relativity of motion

关于运动的辩证观点。世界是物质的，而物质又是运动（包括机械运动）的，运动是物质的固有属性和存在方式。这就是运动的绝对性。由于参考系可以任意选择，对机械运动的具体描述只能是相对的，必须指出相对哪个参考系而言，物体的运动才有明确的涵义。这就是运动的相对性。

（何祥铁）

运动多重性 multiplicity of motion

见高分子运动（114页）。

运动方程 equation of motion

在结构动力分析中，根据动力平衡条件或位移条件对振动体系列出的以时间为自变量，以质点位移为函数的微分方程或微分方程组。是对动力平衡方程和位移方程的总称，对于同一体系这两类方程形式不同，但实质相同。对于单自由度体系，它是一个常微分方程；对于多自由度体系，是一个常微分方程组；而对于无限自由度体系，则是一个偏微分方程。运动方程是对体系运动状态的科学描述，也是进行结构动力分析的基础。（洪范文）

运动粘度 kinematic viscosity

又称运动粘滞系数或运动粘性系数。流体动力粘度与其密度的比值。它可用下式计算

$$\upsilon=\frac{\mu}{\rho}$$

对于水，常用泊肃叶（Poiseuille 1799～1869）经验公式计算，即

$$\upsilon=\frac{0.000\,017\,79}{1+0.033\,68t+0.000\,220\,99t^2}\quad(\mathrm{m^2/s})$$

式中 υ 为运动粘度，其单位为 $\mathrm{m^2/s}$，μ 为动力粘度；ρ 为流体密度，t 为水的温度，以℃计。

（叶镇国）

运动粘滞系数 coefficient of kinematic viscosity

见运动粘度。

运动图 motion graph

表示点的坐标随时间而变化的图像。以坐标－时间曲线形式表出，能代替点的运动方程确定它在每一瞬时的位置。该曲线任一点处的斜率，等于动点在对应瞬时的速度在该坐标轴上的投影，故可由运动图作出相应的速度图。（何祥铁）

运动微分方程 differential equation of motion

流体运动的动力学微分关系式。在笛卡尔坐标中，其分量形式为

$$\left.\begin{aligned}
&X+\frac{1}{\rho}\left(-\frac{\partial p_{xx}}{\partial x}+\frac{\partial\tau_{yx}}{\partial y}+\frac{\partial\tau_{zx}}{\partial z}\right)=\frac{\mathrm{d}u_x}{\mathrm{d}t}\\
&Y+\frac{1}{\rho}\left(+\frac{\partial\tau_{xy}}{\partial x}-\frac{\partial p_{yy}}{\partial y}+\frac{\partial\tau_{zy}}{\partial z}\right)=\frac{\mathrm{d}u_y}{\mathrm{d}t}\\
&Z+\frac{1}{\rho}\left(+\frac{\partial\tau_{xz}}{\partial x}+\frac{\partial\tau_{yz}}{\partial y}-\frac{\partial p_{zz}}{\partial z}\right)=\frac{\mathrm{d}u_z}{\mathrm{d}t}\\
&\frac{d}{\mathrm{d}t}=\frac{\partial}{\mathrm{d}t}+u_x\frac{\partial}{\partial x}+u_y\frac{\partial}{\partial y}+u_z\frac{\partial}{\partial z}
\end{aligned}\right\}$$

式中 X、Y、Z 分别为单位质量力沿三坐标轴的分量；p_{xx}、p_{yy}、p_{zz} 和 τ_{yx}、τ_{zx}、τ_{xy}、τ_{zy}、τ_{xz}、τ_{yz} 分别为作用于所取微元六面体各表面上的压强和切应力，第一个下标表示应力所在的平面的法线方向，第二个下标表示应力方向；ρ 为流体密度；t 为时间。当为理想流体时，$\tau_{yx}=\tau_{zx}=\tau_{xy}=\tau_{zy}=\tau_{xz}=\tau_{yz}=0$，$p_{xx}=p_{yy}=p_{zz}=p$，则上述运动方程有

$$\left.\begin{aligned}
X-\frac{1}{\rho}\frac{\partial p}{\partial x}&=\frac{\mathrm{d}u_x}{\mathrm{d}t}\\
Y-\frac{1}{\rho}\frac{\partial p}{\partial y}&=\frac{\mathrm{d}u_y}{\mathrm{d}t}\\
z-\frac{1}{\rho}\frac{\partial p}{\partial z}&=\frac{\mathrm{d}u_z}{\mathrm{d}t}
\end{aligned}\right\}$$

此式即水力学及流体力学中常见的欧拉运动微方程式，1755年由欧拉提出，它奠定了古典流体力学的基础。当 $u_x=u_y=u_z=0$ 时，此即欧拉平衡微分方程。参见质点的运动微分方程（459页）。

（叶镇国）

运动相似 kinematic similarity

表征两现象运动状况的相似。它要求两现象一切对应的运动量方向相同，大小保持固定的比例关系，亦即速度比尺 $C_v = v_p/v_m$、加速度比尺 $C_a = a_p/a_m$、时间比尺 $C_t = t_p/t_m$ 均为固定值（式中下标 p 表示原型量，m 表示模型量）。显然，运动相似的两个流动，其速度场、加速度场必定相似。这是模型试验的重要内容之一。运动相似只有在几何相似、动力相似的条件下才能获得。 （李纪臣）

运动许可的塑性应变率循环 kinematically admissible cycle of plastic strain rates

在变值荷载的一个循环周期 T 内所积累的运动许可的塑性应变增量 Δq_j^p，其式为 $\Delta q_j^p = \int_0^T \dot{q}_j^p(s, t)dt$，式中 $\dot{q}_j^p$ 为运动许可的塑性应变率。这是建立运动安定定理的一个重要概念。 （熊祝华）

运动许可速度场 kinematically admissible velocity field

满足几何连续条件和速率边界条件，且使荷载功率为 E 的速度场，记为 v_i^*。通常假定在速率边界上位移速度为零。与之对应的应变率称为运动许可应变率场，记为 $\dot{\varepsilon}_{ij}^*$。 （熊祝华）

运动许可系数 kinematically admissible coefficient

简称运动系数。使内能等于外功的荷载系数，记为 λ^*。它由下列功能等式计算

$$\int_v \sigma_{ij}^* \dot{\varepsilon}_{ij}^* dv + \sum_i \int_{A_i} \tau_s \mid [v_t] \mid dA$$
$$= \lambda^* \int_{S_t} \overline{p}_i v_i^* ds, \int_{S_t} \overline{p}_i v_i^* ds > 0$$

式中 σ_{ij}^* 为与 $\dot{\varepsilon}_{ij}^*$（塑性应变率）对应的应力，即满足塑性本构关系的应力，但一般不满足平衡条件。A_i 为速度间断面的面积，$i = 1, 2, \cdots, k$，$[v_t]$ 为相应间断面上切向速度间断值，τ_s 为剪切屈服极限。$\overline{p}_i$ 为基准荷载，v_i^* 为运动许可速度。 （熊祝华）

运动学 kinematics

从几何学观点研究物体运动的空间和时间的关系，不涉及运动发生和变化的物理原因如质量、力等。是理论力学的一个组成部分。基本内容是研究如何运用数学方法来描述物体运动的规律和特征，包括点的轨迹、运动方程、速度与加速度，刚体的运动方程、角速度与角加速度，并建立不同运动特征量之间、物体的运动与物体上点的运动之间的联系。它把实际物体抽象为点（即运动质点）和刚体两种力学模型，因此划分为点的运动学和刚体运动学。同点的运动相比，刚体的运动较为复杂，有平动、定轴转动、平面运动、定点转动及一般运动等不同形式。这些运动分析的基础知识不仅是研究动力学所必需的，而且为研究流体力学、空气动力学、连续介质力学以及机械原理等学科准备条件。在工程技术中也有直接的应用。 （何祥铁）

运动要素 essential factor of motion of fluid

表征流体运动状态物理量的统称。如流速、压强、加速度、剪应力等。当用欧拉描述法时，它是空间坐标以及时间的连续可微函数。

（叶镇国）

运动约束 constraint of motion

又称微分约束、速度约束。除了限制质点或质点系中各质点的位置外，还限制其速度的约束。约束方程中含有坐标对时间的导数。

（黎邦隆）

运动自由度 degree of freedom

简称自由度。体系发生运动时独立变化的几何参变量的数目，亦即用以确定该体系位置所需要的独立坐标的数目。自由度大于或等于零是决定体系几何可变或几何不变的充分必要条件。在平面内，一个点的自由度为2，一个刚片的自由度为3。对于由刚片和约束组成的体系，先按各刚片都不受约束的情况算出自由度总数，再减去所加入的非多余约束的个数，便可求得该体系的自由度数。在不容易确定非多余约束的个数时，一般先求出计算自由度，再进行几何组成分析，对体系的几何组成特征进一步作出判断。 （洪范文）

Z

za

杂填土 miscellaneous fill

含有建筑垃圾、工业废料、生活垃圾等杂物的人工填土。 (朱向荣)

zai

载常数

单跨超静定梁在荷载、温度改变等外因单独作用下所产生的杆端弯矩和杆端剪力。它即为固端力或广义固端力。参见固端弯矩和固端剪力(124页)。 (罗汉泉)

再分桁架 subdivided truss

在各大节间内加入一个或若干个小型的简单桁架联结而成的桁架(见图 *a*)。采用这种桁架的目的主要是为了减小节间长度和加大桁架高度。根据几何组成情况和受力特点,再分桁架可看成是由基本桁架和附加小桁架(图 *b*)组成。内力分析时,可先独立计算各附加小桁架,然后计算基本桁架,最后把两部分结果相叠加,即可求得原桁架各杆的内力。

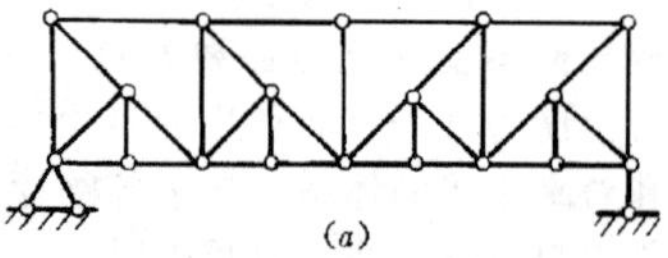

(*a*)

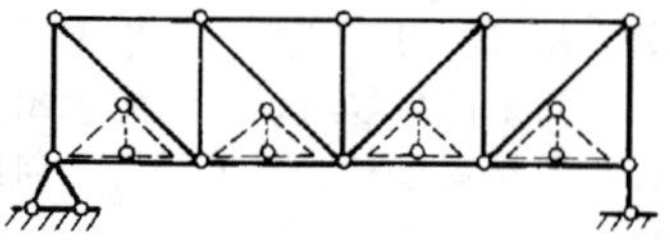

(*b*)

(何放龙)

再附着 reattachment

绕流自物体表面某处发生分离后,在一定的条件下又重新附着物面,沿物面流动的现象。 (刘尚培)

再现实像 reconstructed real image

见全息照相(287页)。

再现虚像 reconstructed virtual image

见全息照相(287页)。

再压缩曲线 recompression curve

土的固结试验卸压(参见回弹曲线,145页)完毕后再逐级加压、土体重新压缩的过程中孔隙比 e 与压力 p 的关系曲线。常绘制在 $e-p$ 或 $e-\log p$ 平面上。 (谢康和)

zan

暂时双折射效应 temporary birefringent effect

有些透明的非晶体材料(如玻璃、赛璐珞、环氧树脂、聚碳酸酯等)受到应力时,由无应力的光学各向同性变为各向异性,呈现出晶体双折射效应的现象。当这些非晶体材料上某点承受三维应力时,该点各个不同截面上的应力可用应力椭球表示。与该点应力状态相对应,也存在一个晶体双折射的折射率椭球,它们的主应力方向与主晶轴相对应。在弹性范围内,三个主应力的大小与主折射率呈正比关系。由此,该效应奠定了光弹性这门学科的基础。 (傅承诵)

暂态响应 transient response

又称瞬态响应、瞬态振动。振动系统受到极短暂的激励后,在恢复力和阻尼力作用下所进行的迅速衰减的振动。通常是指系统在受到一次冲击之后所进行的有阻尼自由振动。 (宋福磐)

zeng

增减平衡力系公理 axiom of adding or subtracting a balanced force system za

在作用于刚体的任一力系中添加或除去任一平衡力系,不会改变原力系的作用效果。是静力学公理之一。只适用于刚体。是研究力系的等效代换的基础。 (彭绍佩)

增量变刚度法 incremental method with varying stiffness matrix

简称变刚度法。用荷载增量和变刚度矩阵解非线性问题的方法。把荷载分为许多增量,在第 i 步荷载增量 $\Delta \boldsymbol{P}_i$ 时,假设应力增量和应变增量间关系为线性,导出 $\boldsymbol{K}(\boldsymbol{\delta}_{i-1})\Delta\boldsymbol{\delta}_i=\Delta\boldsymbol{P}_i$。由此求出第 i 步的位移增量 $\Delta\boldsymbol{\delta}_i$、应变增量和应力增量;重复此过程,直到荷载加完为止。每一步加载时的刚度矩阵都要根据该步加载前的状态重新计算一次，计算量较大。

在杆系结构中，用矩阵位移法确定理想弹塑性连续梁和刚架的极限荷载的方法。它适合于用计算机求解。本方法以出现新的塑性铰为分界的标志，把加载的全过程分成几个阶段：先从结构的弹性工作阶段开始，用矩阵位移法求出其弯矩分布状态，由此确定出现第一个塑性铰的截面；然后以出现第一个塑性铰的情况作为第二阶段。此时，假定塑性区退化为一个截面（塑性铰处的截面），其余部分仍为弹性区，因而仍可按弹性方法对这一阶段的结构进行分析，但其结构刚度矩阵需按出现塑性铰后的情况进行修改。求出其弯矩分布状态；再按上述方法依次分析出现第二，第三……个塑性铰的阶段，直至最后到达结构的极限状态（此状态的结构刚度矩阵为奇异矩阵）。上述每一阶段都有一个相应的荷载增量及相应的内力和位移增量，分别将它们累加起来，即可求得结构的极限荷载以及最后的内力和位移。（包世华　王晚姬）

增量初应变法　incremental initial strain method

用荷载增量和初应变法解非线性问题的方法。把荷载分为许多增量，在每步增量加载时，把问题表为具有初应变的线性问题，迭代求解。然后转入下一步增量加载，直到给定的荷载加完为止。本方法在每一步增量加载及步内迭代过程中都采用相同的刚度矩阵，计算方便。对只能用应力以显式表示应变的问题（如蠕变问题），需用此法求解。

（包世华）

增量初应力法　incremental initial stress method

用荷载增量和初应力法解非线性问题的方法。把荷载分为许多增量，在每步增量加载时，把问题表为具有初应力的线性问题，迭代求解；然后转入下一步增量加载，直到给定的荷载加完为止。本方法在每一步增量加载及步内迭代过程中都采用相同的刚度矩阵，计算方便。（包世华）

增量法　incremental method

把荷载分为增量，逐步求解非线性问题的方法。基本作法是：把荷载分为许多增量，每次施加一个荷载增量；对每一荷载增量，假定方程是线性的，刚度矩阵是常量；对不同的荷载增量，刚度矩阵有不同的值；从每步荷载增量，得到一组位移增量和应力增量；累积后即得到最后结果。只要每步荷载增量足够小，解的收敛性可以保证。按每步荷载增量时计算方法的不同有：增量变刚度法、增量初应力法和增量初应变法。增量法可以得到加载过程各阶段的中间数值结果，当问题的性质与加载历史有关时，宜用此法。是非线性分析中最常用的方法。（包世华）

增塑剂效应　plasticizer effect

通过加入低凝固点物质使高聚物的流动温度降低、塑化性能提高，玻璃化温度降低以及耐寒性得到改善的作用。利用这种效应的实际体系主要是软聚氯乙烯。也有人把通过无规共聚使聚合物 T_g 发生改变的作用称为内增塑效应。（周　啸）

zha

闸下出流　outflow under gates

又称闸孔出流。水流受闸门控制经闸门底缘和闸底板之间孔口的出流。这种出流时，闸门上游水位壅高，闸孔上下游的水面曲线不连续（突降）。由于受闸孔影响，闸孔下游约（0.5～1）e 处（e 为闸孔开度），水流因发生纵向收缩出现水深最小的收缩断面，其水深称为收缩断面水深，常用 h_c 表示，其值一般均小于临界水深 h_k，即 $h_c < h_k$。但闸孔下游渠道的水深 h_t 多大于临界水深，呈缓流状态，因此，闸下出流往往通过水跃与下游衔接。闸孔出流的泄水能力按下式计算

$$\begin{cases} Q = \sigma_s \mu_0 be\sqrt{2gH_0} \\ \mu_0 = \varepsilon\varphi\sqrt{1-\dfrac{h_c}{H_0}} = \varepsilon\varphi\sqrt{1-\varepsilon\dfrac{e}{H_0}} \\ \sigma_s = 0.9s\sqrt{\dfrac{\ln\left(\dfrac{H}{h_t}\right)}{\ln\dfrac{H}{h''_c}}} \end{cases}$$

式中 σ_s 为淹没系数；μ_0 为闸孔流量系数；ε 为闸孔纵向收缩系数；φ 为流速系数；b 为闸孔宽度；e 为闸门开度；g 为重力加速度；H_0 为含行近流速水头的闸前水头；H 为闸前水深。上式适用于平底闸孔出流。当为自由出流时，$\sigma_s = 1$。流量系数 μ_0 值与水闸入口条件有关，在水力学书或有关计算手册中均有许多经验公式供查用。

（叶镇国）

zhai

窄带随机过程　narrow-band random process

频率成分分布在某一窄频带内的随机过程。其功率谱密度函数具有尖峰特性，并只在一个窄带内才取有意义的量级。窄频带的带宽与研究的问题有关，通常等于或小于1/3倍频程。其波形类似正弦波，但其振幅和相位是随机变化的。

（陈树年）

zhang

张开型(Ⅰ型)裂纹 opening mode (mode-Ⅰ) crack

两表面（上、下唇）沿其法线方向相对移动而彼此张开的裂纹。其荷载可简化为与裂纹表面垂直的拉力。相应的应力强度因子为 K_{I}。这类裂纹在工程中最常见，也最重要。（罗学富）

涨水波 positive wave

又称正波。引起明渠水位抬高的波。当它作顺流传播时，称为顺行涨水波或顺行正波。如闸门突然开大时下游流量突然增加、水位迅速上涨并向下游传播的波即属此类。

（叶镇国）

zhe

折算频率 reduced frequency

用垂直于来流的结构物模型的最大宽度 D 乘以该模型的振动频率 ω，再除以来流平均速度 V，所得到的无量纲频率，即 $\omega D/V$。（施宗城）

zhen

针入度 penetration

表示沥青材料抵抗剪切变形的能力，反映在一定条件下沥青材料相对粘度（视粘度与剪变率成反比）的指标。用针入度仪（见图）测定。测定时，将增重到 100g 的标准针垂直刺入 25℃的沥青中，记录 5s 时的刺入深度为针入度，以 $\frac{1}{10}$ mm 为单位表示。目前我国石油沥青即按针入度值来划分牌号命名。

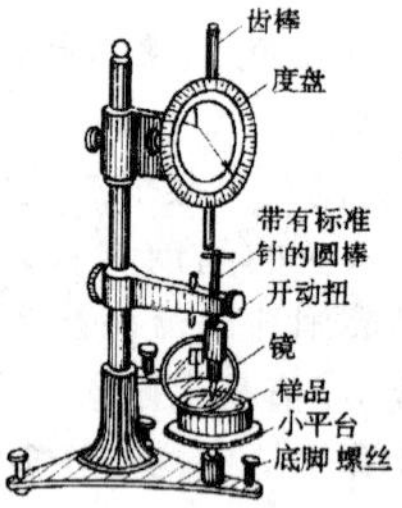

（胡春芝）

针入度指数 penetration index

衡量沥青感温性能的一种指标。根据按标准方法测得的沥青软化点和针入度值，由下式计算出沥青材料的针入度指数（pI）：

$$\mathrm{pI} = \frac{30}{1 + 50 \times \text{针入度感温率}} - 10$$

针入度感温率 =（lg800 − lg 针入度）/（软化点 − 25）。其中，800 是在软化点温度下沥青的针入度近似值。（胡春芝）

针入法 ball penetration test

又称球体贯入度试验。用凯利球测定混凝土拌合物工作性的一种方法。凯利球和导管形状见图。球直径 152mm，铸铁制成，球与导管重 13.6kg。球放在新拌混凝土表面，靠自重沉入混凝土中，读取沉入的深度作为评定工作性的指标。此试验，混凝土厚度不得小于 200mm，侧边尺寸不得小于 460mm。（胡春芝）

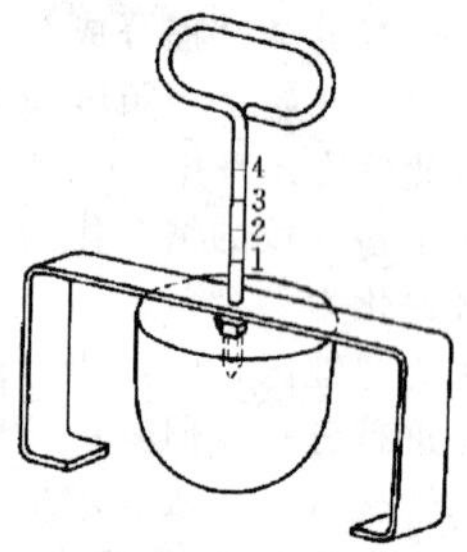

真空 vacuum

流体中绝对压强小于大气压强时的现象，即相对压强为负值。应注意，水力学中的真空现象不等于该处完全没有空气的绝对真空情况。真空状态下的压强称为真空压强，常用 p_v 表示，且有

$$p_v = p_a - p_{abs}$$

式中 p_a 为大气压强；p_{abs} 为绝对压强。（叶镇国）

真空度 high vacuum

表示真空压强大小的液柱高度。常用 h_v 表示，且有

$$h_v = \frac{p_v}{\gamma} = \frac{p_a - p_{abs}}{\gamma}$$

式中 p_v 为真空压强，p_a 为大气压强，p_{abs} 为绝对压强，γ 为流体的重度。对于完全真空，即 $p_{abs} = 0$，则 $h_{vmax} = 10$m 水柱，此即最大真空度。液体中，若真空度过大，将发生空化现象。因此水泵的安装高度及虹吸管的水力计算均需考虑允许的真空度。一般允许的真空度约为 6～7m 水柱。（叶镇国）

真空计 vacuum-meter

测量小于大气压强（负相对压强）的仪器。如图示。若测点处压强小于大气压强，则真空计测压管中液面将高出自由表面，于是测点真空压强 p_v 可按下式计算

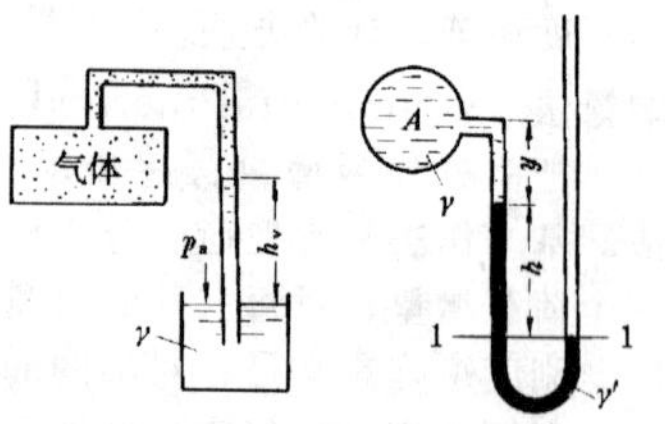

$$\frac{p_v}{\gamma} = h_v$$

式中 h_v 为真空度，以液柱表示；γ 为管中液体重

度。当真空度较大时，可用U型测压管中加水银测读。如图中A点真空压强可按下式计算

$$\frac{p_v}{\gamma} = \frac{\gamma'}{\gamma}h + y$$

式中γ'为水银重度。　　（彭剑辉）

真内摩擦角　true angle of internal friction

见伏斯列夫参数，102页。

真黏聚力　true cohesion

见伏斯列夫参数（102页）。

真三轴仪　true triaxial apparatus

能模拟地基土体三向应力状态并能独立地改变试样上三个主应力大小用以测定土的强度和变形特性的仪器。通常的三轴压缩仪只能模拟轴对称应力条件。至今已有数种不同型式的真三轴仪，土试样都是立方体的，按其加荷方式可分为刚性板、柔性板和混合式三种。仪器构造较为复杂，多用于研究性试验。　　（李明逵）

真实轨迹　actual path

又称正路。代表多自由度质点系运动过程中各个瞬时的位形（configuration）的点在多维空间中描出的轨迹，如图中的曲线ACB。曲线ADB是与它无限接近且具有同样端点、为约束容许的其他可能运动的轨迹，称为比较轨迹（又称旁路、弯路、虚路）。分析力学的变分原理的一个共同特点，是提供把系统的真实运动与约束容许的可能运动加以区别的某种准则，故常需用到上述概念。　　（黎邦隆）

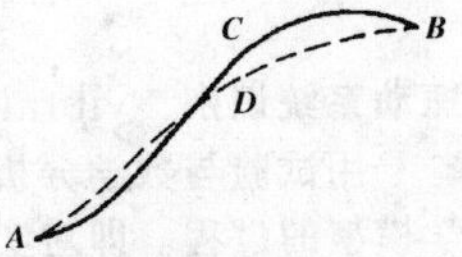

真应力－应变曲线　true stress-strain curve in tension

按试件横截面瞬时面积和工作段瞬时长度计算的应力－应变关系曲线。真实应力σ_t和瞬时应变增量$d\varepsilon$分别为

$$\sigma_t = \frac{P}{A_t}, \quad d\varepsilon = \frac{dl}{l_t}$$

A_t为试件的瞬时横截面面积；l_t为试件工作段的瞬时长度。

真实应变为

$$e = \int_l^{l_t} d\varepsilon = \ln\frac{l_t}{l}$$

e又称为对数应变，适用于大变形情况。利用体积不变性原理

$$A_t l_t = Al$$

Al为试件工作段原体积。$A_t l_t$为试件工作段瞬时体积，则真实应变可表示为

$$e = \ln\frac{l_t}{l} = \ln\frac{l + dl}{l} = \ln(1+\varepsilon)$$

$$= \ln\frac{A}{A_t}$$

真实应力和真实应变计算公式适用于试件均匀拉伸阶段。真应力－应变曲线如图示。

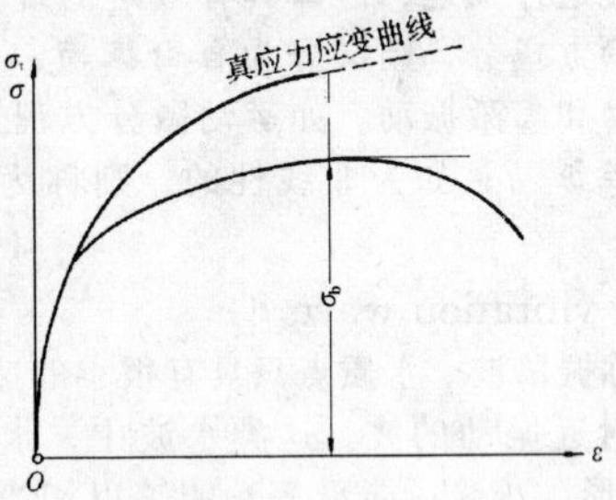

按拉伸时试件有无颈缩，材料有无屈服，该曲线可分为三类：若起始截面积为A_0、起始工作长度为l_0的试样，在拉力F作用下产生形变时，真应力$\sigma' = F/A$对应变$\varepsilon = (l - l_0)/l_0$作出的曲线。式中$A$和$l$是拉伸过程中各时刻的真实截面积和真实长度。这种曲线适合于描述大形变过程。这时试样产生屈服的条件为$\frac{d\sigma'}{d\varepsilon} = \frac{d\sigma'}{d\lambda} = \frac{\sigma'}{\lambda}$。式中$\lambda = l/l_0$称为拉伸比。从横坐标的$\varepsilon = -1$或$\lambda = 0$点向$\sigma' - \varepsilon$曲线作切线，第一个切点为屈服点，相应的真应力为屈服真应力σ'_y，相应的ε_y为屈服伸长率。这种曲线可分为三类：①无颈缩、无屈服，均匀伸长变细直至断裂；②有颈缩、有屈服，过切点后细颈变细，荷载减小直至断裂；③有两个切点，Y为屈服点，从E点起张力恒定，发生冷拉直到断裂。　　（郑照北　周　啸）

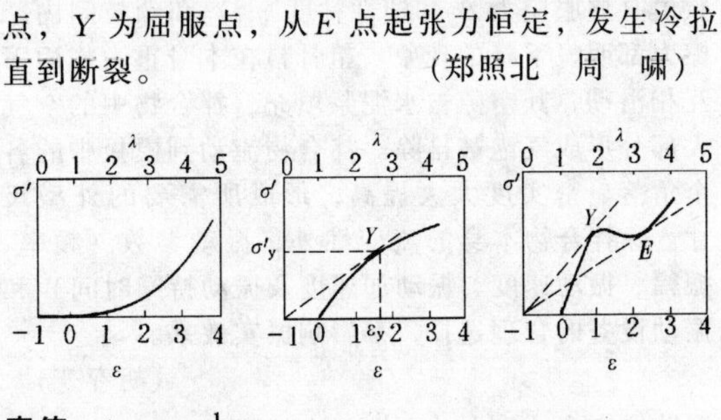

真值　true value

被测物理量的实际大小。由于各种条件的限制，例如量测仪器，量测方法，周围环境及人的观察能力等均不能达到完美无缺，真值一般无法测得。通常认为是在无系统误差和粗大误差的条件下，无限多次测定值的算术平均值。　　（王娴明）

振动　vibration

物体（或某个物理量）在其平衡位置（或平均值）附近往复运动（或变动）的现象。力学里只研究机械振动（mechanical vibration），即物体或力学系统在其平衡位置附近所作来回往复的运动，并简称为振动。例如车厢的晃动、飞机机翼的颤振、机

床和刀具在切削加工时的振动、桥梁和建筑物在变荷载作用下的振动、琴弦的振动等等。按照系统响应的性质，振动可分为定则振动和随机振动两大类。前者的运动规律可用时间的确定函数来描述；后者不能这样描述，但却具有一定的统计规律性。若按激励方式分，则又分为自由振动、受迫振动、自激振动和参激振动。如运动微分方程是线性的，称为线性振动；如为非线性的，则称为非线性振动。（宋福磐）

振动波　vibration wave

又称振荡波。水质点只具有很小的速度在其平衡位置附近振动的波。这类水波中，水中的扰动（例如波形、压强、能量等）能够以相当大的速度传播到遥远的地方，但几乎没有流量的传递，即其平均流量为零，或者说所伴随的质量转移很小，此即与行波不同处。风成波、船行波等表面波属此类。（叶镇国）

振动单剪试验　cyclic simple shear test

测定土的动力性质的室内试验。试验时土样在竖向应力作用下进行 Ko 状态固结，随后施加水平动力荷载，测定土样变形和孔隙水压力的变化，据此确定土的动模量、阻尼、液化特性或动强度参数等。由于受力状态不同，所得的数据与振动三轴试验所得的有差异。（吴世明　陈龙珠）

振动流变　dynamic rheology

拌合物在脉冲剪切力作用下发生触变，流变参数值（屈服应力 θ_t 和塑性粘度 η_{pl}）和颗粒间内摩擦力都明显下降的现象。粗骨料在本身重力作用下互相滑动，其空隙被水泥浆填充，拌合物中的空气大部分形成气泡被排除。拌合物流动到模板中的各个角落，密实度大大提高，形成所需要的外型尺寸。除拌合物本身的流变性外，振动参数（频率、振幅、振动速度、振动加速度及振动持续时间）和振动设备的合理选择，都影响振实效果。

（胡春芝）

振动模态　mode of vibration

振动系统按某一阶固有频率作自由振动（简谐振动）时的空间形态（又称模态振型）。在数学上用特征向量描述它，无阻尼和比例阻尼振动系统为实特征向量，一般阻尼振动系统多为复特征向量，前者称实模态，后者称复模态。广义讲，振动模态指振动系统与模态振型有关的一些特性。

（戴诗亮　陈树年）

振动频率　frequency of vibration

见简谐振动（166页）。

振动三轴试验　cyclic triaxial test

测定在动荷载下土性状的室内试验。圆柱形土样在围压下施加轴向周期荷载或随机振动荷载，测定土样变形和孔隙水压力的发展，据以确定土的动强度参数、液化特性以及土的应力－应变关系等。

（吴世明　陈龙珠）

振动式黏度计法　vibration viscosimeter method

主要用于测定预应力混凝土拌合物的稠度，并观察拌合物的离析情况。试验装置见图。由装试料的圆筒和观察流动状况的隔板以及安装的柔性振动器（ø45mm，800转/min）等构成。试验时，测定圆筒内的拌合物流至各流出孔时圆筒内拌合物的下降值。其平均“下降值”以 cm 表示，并观察拌合物从 A 室流至 B、C、D 室的流动状态，观察拌合物的离析情况。

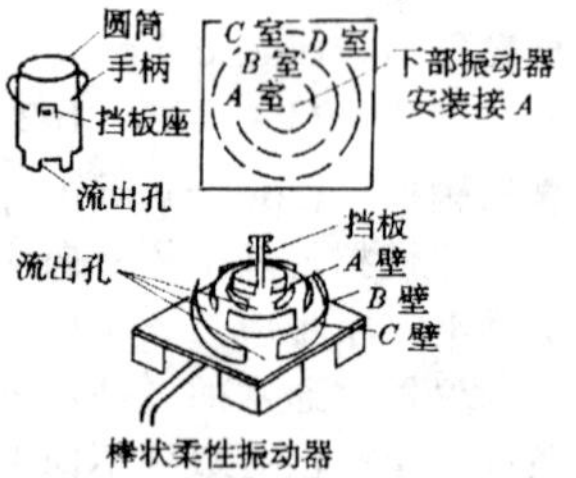

（胡春芝）

振动系统识别　vibration system identification

用试验与数学分析相结合的方法确定系统的数学模型的过程。即对实际系统进行试验和观测，分析测到的输入和输出数据，建立数学模型，并根据一定的准则，使该模型反映实际系统的振动特性。求取模态参数、建立模态参数模型的识别为模态参数识别，在结构动力学系统识别中常被采用。

（陈树年　戴诗亮）

振动周期　period of vibration

往复振动一次所需的时间。它等于振动频率的倒数。（宋福磐）

振动自由度　degree of freedom of vibration

为确定体系全部质量在振动任一时刻的位置所需的独立几何参变量的数目。工程中一般不考虑质量转动的惯性，故其中不包括质量绕自身转动的自由度，而只讨论与质量移动相应的自由度。确定体系的振动自由度，是为了对结构动力分析选取合理的计算简图。自由度数目与结构的超静定次数无关，一般也不等于质点的个数。实际结构具有无限多个自由度，但在大多数情况下都简化为有限自由度体系（单自由度体系或多自由度体系）来计算，振动自由度的多少则是根据体系的特点和计算的要求来确定的。

（洪范文）

振幅　amplitude

通常指单自由度系统进行简谐振动时广义坐标的最大值。对于作直线振动的质点，就指它对平衡位置的最大偏移（参见简谐振动，166页）。

（宋福磐）

振幅曲线　amplitude curve

振动体系达到振幅位置时的弹性变形曲线。该曲线方程同时满足动力平衡条件和位移边界条件，但通常是未知的，因此只能预先设定，建立其近似的方程式。在把无限自由度体系简化为多自由度体系时，利用广义坐标可以将它用若干个满足位移边界条件的形状函数的线性组合来表示。在能量法和等效质量法中，通常用某种静力荷载（如自重）作用下的弹性曲线作为近似的振幅曲线，根据它与某一实际振型的相似程度，即可求出与该振型相应的自振频率的近似值，以作为该频率的上限。（洪范文）

振幅型光栅　amplitude type grating

由一些透明和不透明（亮和暗）的线交替排列而成的栅称为振幅型光栅。通常，它们是一些彼此平行，间距相等的直线，称为平行栅（图 *a*）。暗线称为栅线。相邻两栅线中心线的间距称为节距。节距的倒数称为栅线密度。和栅线垂直的方向称为主方向。节距相等的两块栅称为等节栅；若节距不等，则称为异节栅。由两组彼此垂直的直线构成的栅称为正交栅（图 *b*）。

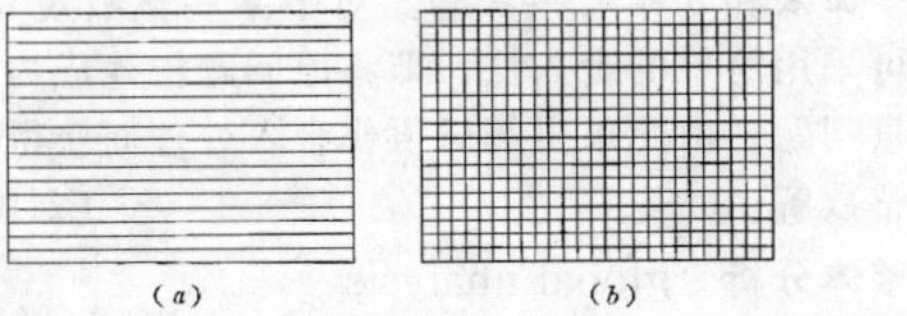

(*a*)　　(*b*)

（崔玉玺）

振幅型全息图　amplitude hologram

全息图上的干涉条纹以感光材料对光吸收的空间变化的方式记录下来，底片的曝光量对再现光波进行振幅调制。常用的银盐乳剂型全息底片拍摄的全息图属于这一类全息图。其特点是衍射效率低，约为6%。（钟国成）

振簧仪　vibrating reed apparatus

用高聚物试样作簧片，一端被固定并作强迫横向振动，用来测量高聚物杨氏模量和力学损耗的仪器。改变振动频率时，将会达到簧片的自然频率，引起试样共振。这时试样自由端振幅将出现极大值。这一频率称为共振频率 ν_r，振幅为最大振幅的 1/2 时的两个频率 ν_1 和 ν_2 称为半宽频率，振幅为最大振幅的 $1/\sqrt{2}=0.707$ 时的两个频率 ν'_1 和 ν'_2 称为半指数宽频率。试样的动态杨氏模量和力学损耗角正切由下式求得：$E'=B\rho\left(\frac{L^4}{D^2}\right)\nu_r^2$，$E''=B\rho\left(\frac{L^4}{D^2}\right)\nu_r\Delta\nu$，$\tan\delta=\frac{E''}{E'}=\frac{\Delta\nu}{\nu_r}$。$\Delta\nu$ 可为 $\nu_2-\nu_1$ 也可用 $\nu'_2-\nu'_1$。式中 L 和 D 分别为试样的长度和宽度；ρ 为试样的密度；B 为常数。（周　啸）

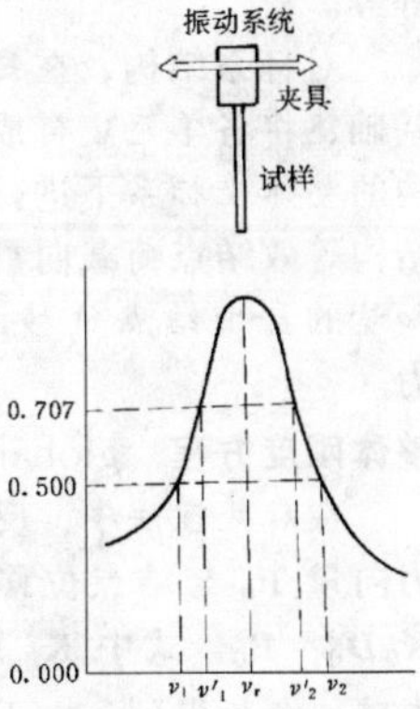

振弦应变计　vibrating-wire strain gauge

利用钢弦的自振频率随其张力的变化而变化的原理制成的测应变装置。钢弦应变和自振频率的关系为

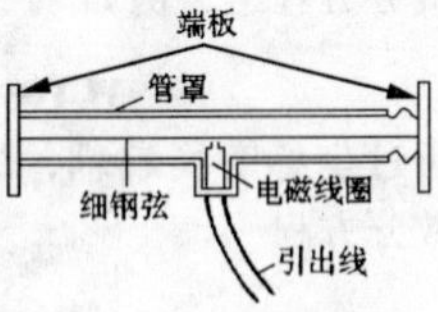

$$\varepsilon=\frac{4l^2\rho}{E}f^2=Kf^2$$

式中 ε，l，ρ，E，f 分别为钢弦的应变、长度、密度、弹性模量和自振频率；K 为振弦应变计的灵敏系数。由细钢弦、固定钢弦的端板、电磁线圈及管罩组成。端板随同试件变形、电磁线圈激励钢弦振动、并产生由钢弦振动引起的感应电势，其频率与钢弦振动频率相同。通过测定频率确定试件的应变。因而性能稳定，受周围环境及温、湿度的影响小。特别适用于材料和结构长期性能的研究及重要工程或大体积结构物内部应力的量测。当用作内部应力量测时，应注意使其刚度与所测材料的刚度相匹配以免引起应力集中。（王娴明）

振陷　dynamic settlement

在振动荷载作用下地基和填土所出现的永久性沉降。它是由振动过程中土的模量减小、振动压密或孔隙水压力消散等原因引起的。影响振陷的因素有土类型、应力状态、初始孔隙比、饱和度以及荷载强度和作用时间等。在地震荷载作用下产生的振陷特称震陷。（吴世明　陈龙珠）

振型　mode shape of vibration

主振型的简称。在多自由度和无限自由度体系的自由振动中，当各质点均按某一自振频率作简谐振动时，因各质点位移之比恒为常数而使体系发生的某一振动形式。此时，根据各质点位移的比值可得出振型向量（多自由度体系）和振型曲线（无限自由度体系）。振型是体系的动力特性之一。振型只反映体系的变形形式而不反映振幅的大小。振型只有在特定的初始条件下才能发生，它总是与体系的某一频率相应。其中与第一频率对应的，即称为第一振型，又称为基本振型。可以用数学中计算特征值和特征向量的方法求频率和振型。（洪范文）

振型分解法　mode decomposition method

又称振型叠加法。利用正则坐标将质点位移按振型分解，从而将具有 n 个自由度的多自由度体系转化为 n 个相互独立的单自由度体系来求解的方法。它广泛用于多自由度体系在一般动力荷载作用下的计算和考虑阻尼时受迫振动的动力分析。其要点是将度量位移的几何坐标 $\boldsymbol{Y}$ 转换为以振型为基底的广义坐标 $\boldsymbol{X}$，即

$$\boldsymbol{Y} = \boldsymbol{\Phi X}$$

式中 $\boldsymbol{\Phi}$ 为振型矩阵，再利用振型正交性使计算得以简化。它的数学实质是将一组相互耦联的 n 阶微分方程组，例如

$$\boldsymbol{M}\ddot{\boldsymbol{Y}} + \boldsymbol{KY} = \boldsymbol{P}(t)$$

通过坐标变换解耦，最终转化为 n 个相互独立的微分方程

$$\widetilde{\boldsymbol{M}}\ddot{\boldsymbol{X}} + \widetilde{\boldsymbol{K}}\boldsymbol{X} = \widetilde{\boldsymbol{P}}(t)$$

从而利用单自由度体系的解析或数值方法求解，在得到广义坐标后，即可叠加得出动位移的解答。式中 $\boldsymbol{Y}$、$\ddot{\boldsymbol{Y}}$ 和 $\boldsymbol{P}(t)$ 分别为位移向量、加速度向量和干扰力向量，$\boldsymbol{M}$ 和 $\boldsymbol{K}$ 分别为体系的质量矩阵和刚度矩阵；$\boldsymbol{X}$、$\ddot{\boldsymbol{X}}$ 和 $\widetilde{\boldsymbol{P}}(t)$ 分别为广义坐标向量、广义加速度向量和广义荷载向量，$\widetilde{\boldsymbol{M}}$ 和 $\widetilde{\boldsymbol{K}}$ 分别为广义质量矩阵和广义刚度矩阵。在进行数值积分时，由于对低阶振型可采用较大步长，因此本方法的效率高于通常的直接积分法，其缺点是只能用于线性问题。（姚振汉　洪范文）

振型矩阵　mode matrix

见正则坐标（457页）。

振型向量　modal vector

见振型（453页）。

振型正交性　orthogonality of modes

多自由度体系发生自由振动时，任意两个不同的振型向量 $\boldsymbol{\Phi}^{(i)}$ 和 $\boldsymbol{\Phi}^{(j)}$ $(i \neq j)$ 之间相对于质量矩阵 $\boldsymbol{M}$ 和刚度矩阵 $\boldsymbol{K}$ 彼此正交的性质。其中振型关于质量的正交性 $\boldsymbol{\Phi}^{(i)\mathrm{T}}\boldsymbol{M\Phi}^{(j)} = 0$ 称为振型的第一正交条件，振型关于刚度的正交性 $\boldsymbol{\Phi}^{(i)\mathrm{T}}\boldsymbol{K\Phi}^{(j)} = 0$ 称为振型的第二正交条件。这表明，不同振型之间在动能和势能上互不影响，能量只能在本振型内进行转换。振型正交性属于体系本身固有的动力特性。在取振型作为形状函数，而将各质点的位移表示为振型的线性组合时，利用正交性可简便地确定位移展开式的广义坐标，从而在振型分解法中广泛应用。无限自由度体系也同样具有振型正交性。

（洪范文）

振子　vibrator

见广义单自由度体系（129页）。

zheng

整数变量　integral variables

优化设计过程中只能取整数的设计变量。是离散变量中的一个特例。如框架的跨数、层数，桁架的节数以及结构加强件的件数等。这类变量所构成的优化设计问题需借助整数规划求解。（杨德铨）

整数规划　integer programming

研究带有设计变量整数性要求的多元函数条件极值问题的数学规划分支。常特指其中目标函数和约束条件（除整数性要求外）均为线性的线性整数规划。要求设计变量全部取整数值时称纯整数规划，部分取整数值时称混合整数规划。求解过程比解相应的连续变量问题更为复杂，其典型思路是：①对原问题生成一个个相关的衍生问题；②每个衍生问题作为源问题，舍弃其整数性要求形成一个比它更易于求解的松弛问题；③通过松弛问题的解来确定源问题应被舍弃还是再生成一个或多个它本身的衍生问题来替代它；④选择一个至今尚未被舍弃或替代的衍生问题，再转步骤②直至不再剩有未解决的衍生问题为止。可归纳为上述思路的解法有割平面法和分枝定界法等。对于某些整数规划问题，可采用简单的舍入法，即将原问题松弛成为连续变量问题，由此求得解后再作舍入处理而获得近似的整数解。（刘国华）

整体分析　global analysis

又称总体分析。根据结点变形协调条件和平衡条件把离散单元重新集合成整体的分析过程。内容包括：建立结构的结点力列向量与结点位移列向量的关系式，导出结构的基本方程组；求解方程组，并利用单元的基本方程求出单元的位移和内力。主要工作是求得联系上述两个列向量的转换矩阵，即利用单元刚度矩阵或单元柔度矩阵求得有限元位移法中的整体刚度矩阵或有限元力法中的整体柔度矩阵等。

对杆系结构，在矩阵位移法中，以单元分析为基础，将各单元集合成为结构整体的步骤。它在结构的整体坐标系下进行，首先建立结构刚度矩阵和结构等效结点荷载向量，然后从中解出作为基本未知量的自由结点位移向量，最终求得各单元杆端力。（夏亨熹　洪范文）

整体刚度方程　global stiffness equation

在后处理法中，反映整体坐标系下结构的结点力向量 $\boldsymbol{P}_0$ 与结点位移向量 $\boldsymbol{D}_0$ 之间关系的表达式 $\boldsymbol{K}_0\boldsymbol{D}_0 = \boldsymbol{P}_0$。式中 $\boldsymbol{K}_0$ 即为整体刚度矩阵。该方程由整体分析得到，由于建立过程中没有考虑结构的

支承条件，因此不能由该方程求得结点位移的唯一解答。在引入支承条件，对整体刚度方程进行处理后，便得矩阵位移法基本方程。（洪范文）

整体刚度矩阵 global stiffness matrix

又称整体劲度矩阵或总刚度矩阵。以结构的结点位移列向量表示结点力列向量的转换方阵。它描述了结构的整体刚度特性，其中任一元素 k_{ij} 的物理意义为，当结点位移 δ_j 为 1 时在结点位移 δ_i 方向产生的结点力，称为整体刚度系数。有如下特点：①是对称矩阵，即存在 $k_{ij}=k_{ji}$（$i\neq j$）；②在约束处理前，是奇异矩阵，在约束处理后为正定矩阵；③是稀疏矩阵，并且一般是带状矩阵。形成整体刚度矩阵是整体分析的主要任务。

对杆系结构，又称原始刚度矩阵，简称总刚。在整体刚度方程中，反映结构的结点力向量与结点位移向量之间关系的转换矩阵。以 $\boldsymbol{K}_0$ 表示，是一对称方阵，具有奇异性、稀疏性和非零元素带状分布的特点。可以用分块的形式表达，其子块由组成该结构的所有单元的单元刚度矩阵（单刚）的子块用后处理法集成得到。其中位于主对角线上的主子块由各相关单元单刚的相应主子块叠加组成；与相关结点对应的非零副子块则由相关单元单刚的相应副子块组成；而与不相关结点对应的副子块都是零子块。根据支承条件对整体刚度矩阵进行修改后，即可得到结构刚度矩阵 $\boldsymbol{K}$。（洪范文　夏亨熹）

整体刚度矩阵的集成 assembly for global stiffness matrix

按刚度法形成整体刚度矩阵的方法。先将整体坐标系的单元刚度矩阵扩大为单元贡献矩阵，对所有的单元贡献矩阵进行矩阵相加即得到整体刚度矩阵。电算程序中的形成方法是，按照结点的局部编码与整体编码的对应关系，“对号入座”，把按局部编码排列的单元刚度矩阵元素一个一个地累加到整体刚度矩阵中按整体编码排列的对应元素上，最后形成整体刚度矩阵。整体刚度矩阵元素是由单元刚度矩阵元素集合而成的。（夏亨熹）

整体剪切破坏 general shear failure

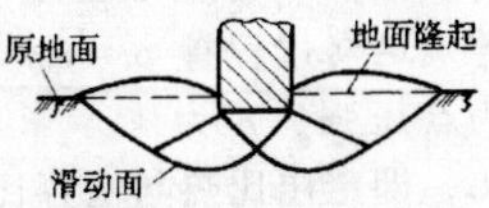

在基础荷载作用下，地基发生连续剪切滑动面的一种地基破坏型式。其破坏特征是，当基础荷载达到某一数值时，首先在基础边缘的土体发生剪切破坏，随着荷载的增加，剪切破坏区不断扩大，最后在地基中形成连续的滑动面，基础急剧下沉并向一侧倾倒，基础两侧的地面向上隆起。密实的砂土和硬粘土较可能发生这种破坏型式。（张季容）

整体码 global code

又称总码。在直接刚度法中，对单元刚度矩阵中的元素，以其进入整体刚度矩阵 $\boldsymbol{K}_0$（后处理法）或结构刚度矩阵 $\boldsymbol{K}$（先处理法）后所在位置的行数和列数表示的序号。例如单元刚度矩阵中某元素 k_{ij}^{e} 进入 $\boldsymbol{k}_0$ 或 $\boldsymbol{k}$ 的第 h 行和第 l 列的位置，则其整体码分别为行码 h 和列码 l。结构各单元的所有元素，都是由其局部码根据换码所得的整体码进入其相应位置（先处理法中，整体码为零的元素不进入结构刚度矩阵），以达到集成刚度的目的。（洪范文）

整体柔度矩阵 global flexibility matrix

又称总柔度矩阵。以结构的结点力向量表示结点位移向量的转换矩阵。可由单元柔度矩阵集合而成；一般为对称正定矩阵，其逆矩阵为整体刚度矩阵。它描述结构的整体柔度特性，其中任一元素 f_{ij} 的物理意义为：当结点力 F_j 为 1 时在结点力 F_i 方向上引起的位移（称为整体柔度系数）。（夏亨熹）

整体性约束 structural global behaviour constraints

结构整体性态所受到的约束条件。如对结构的位移、整体屈曲、自振频率、塑性极限承载力、动力稳定性等性态所施加的约束。在整体优化时，为处理这一类约束需考虑所有设计变量，并进行综合处理；在分级优化时，只在主体优化阶段处理这类约束，而且要求在分部优化时大体上不被破坏，并最终应使其得到满足。（杨德铨）

整体优化 optimum design of structural systems

将结构整体地加以考虑，在满足各种约束的条件下达到结构整体目标的优化设计。它不同于结构多级优化设计，在优化过程中要综合考虑所有的设计变量以及整体性约束和局部性约束，比较复杂。目前已有人采用一种将最优性准则和非线性规划结合使用的优化方法来实现。（杨德铨）

整体坐标系 global coordinate system

又称总坐标系或结构坐标系。整体分析时所采用的坐标系。它是结构或连续体的统一坐标系。整体性质矩阵、整体性质方程都必须对整体坐标系写出。

对杆系结构指在矩阵位移法中，对整个结构选定的用于整体分析的直角坐标系。所取的坐标原点和坐标轴方向，应使计算较为简便。在平面体系中记作 Oxy 坐标系；在空间体系中记作 $Oxyz$ 坐标系，通常规定 x、y 和 z 轴的正向按右手法则定。（洪范文　夏亨熹）

正常固结土 normally consolidated soil

历史上所经受的前期固结压力与现行自重应力相等的土。其超固结比为1。 （谢康和）

正常水深 normal depth

明渠均匀流动的渠中水深。常用符号 h_0 表示。由谢才公式知

$$K_0 = \frac{Q}{\sqrt{i}} = f(h_0)$$

式中 K_0 为含正常水深的流量模数；Q 为流量；i 为渠道底坡。当渠道断面形状（如梯形断面的边坡系数以及渠底宽度 b）已知且流量、底坡、粗糙系数给定后，按上式即可解得正常水深。由上式可见，当 $i \leqslant 0$ 时，渠中均不存在正常水深，只可能是非均匀流动。 （叶镇国）

正定矩阵 positive definite matrix

对于任意不全为零的 n 维列向量 $\{\boldsymbol{x}\}$ 恒有

$$\boldsymbol{x}^{\mathrm{T}} \quad \boldsymbol{A} \quad \boldsymbol{x} > 0$$

的实矩阵 $\boldsymbol{A}$。式中 $\boldsymbol{A}$ 为 $n \times n$ 阶实矩阵；其所有的主子式均大于零，并由此可以推论其主对角线元素全大于零。由有限元法得到的线性代数方程组，其系数矩阵一般属于对称正定矩阵。 （夏亨熹）

正交参考栅云纹法 perpendicular reference grating moiré method

在面内云纹法中，若使用的参考栅（分析栅）和试件栅都是正交栅。则得出的云纹图同时包含两族相互交叉的条纹，分别表示 u 和 v 的等位移线。根据它们可求得应变分量 ε_x、ε_y 和 r_{xy}。

（崔玉玺）

正交各向异性 orthotropy

材料的力学性质具有三个正交对称面的情况。这三个平面的交线称为材料性质的对称轴。在正交各向异性弹性体中，若取坐标轴与材料性质对称轴相一致，其应力应变关系为

$$\sigma_x = c_{11}\varepsilon_x + c_{12}\varepsilon_y + c_{13}\varepsilon_z, \tau_{xy} = c_{44}\gamma_{xy}$$
$$\sigma_y = c_{21}\varepsilon_x + c_{22}\varepsilon_y + c_{23}\varepsilon_z, \tau_{yz} = c_{55}\gamma_{yz}$$
$$\sigma_z = c_{31}\varepsilon_x + c_{32}\varepsilon_y + c_{33}\varepsilon_z, \tau_{zx} = c_{66}\gamma_{zx}$$

式中 c_{mn} 为弹性常数。如果存在应变能势函，则有 $c_{12} = c_{21}$，$c_{13} = c_{31}$，$c_{23} = c_{32}$，因此，独立的弹性常数为九个。若所取坐标轴与材料的力学性质的对称轴不一致，则正应力分量将产生剪应变分量，反之亦然。在这种情况下，其应力应变关系具有各向异性的一般表达式的形式，但独立的弹性常数仍为九个。 （刘信声）

正交各向异性热应力 orthotropic thermal stress

见各向同性热应力（119页）。

正六面体元族 rectangular prism element family

弹性力学空间问题中常用的几何形状为正六面体的单元系列。根据其形函数的构成方法可分为揣测元族和拉格朗日元族两类。常用的揣测元族有八结点线性元、二十结点二次元和三十二结点三次元。 （支秉琛）

正确度 accuracy

又称准确度。它是反映系统误差大小的定量标志。某测量结果的正确度好，则表示其系统误差小。正确度是表述测量结果好坏的重要参数。它与精密度组成精确度（又称置信度）作为评定测量结果好坏的标准。 （李纪臣）

正态模型 normal model

线性长度比尺在各个方向都一致的模型。它是一种几何上与原型完全相似的模型。当水流长、宽、深的尺寸差别不大时，一般是采用这种模型。但当原型水流的长宽或长深尺寸相差很大的，采用这种模型就可能遇到这样的困难：几何比尺较大时，模型很长，实验场地就不够；比尺较小时，模型的宽或深会很小，表面张力就不能忽略，势必增加要求满足的相似准则，这将带来麻烦甚至使模型无法设计。在这情况下，只好考虑采用纵横或纵深方向比尺不一致的变态模型。 （李纪臣）

正态随机过程 normal random process

又称高斯随机过程。概率密度函数服从正态分布（高斯分布）的随机过程。根据概率论的中心极限定理，大量的自然现象都可看作正态过程。正态过程的线性变换仍是正态过程，对常系数线性系统来说，这意味着当输入为正态过程时，响应也定是正态的。正态过程只需知道均值和方差，就可确定其所有统计特性，故是一类很重要的随机过程。

（陈树年）

正项式 polynomial

见广义多项式（129页）。

正压流体 barotropic fluid

内部点压强只与密度有关的流体。广义说，其力学特性与热力学特性无关。例如，不可压缩流体有 $\rho = \rho(p) = \mathrm{const}$；等温运动过程有 $p = C\rho$；等熵运动过程有 $p = C\rho^k$ 等均属正压流体。其中 p 为点压强，ρ 为流体密度，C 为常数，k 为比热比，即定压比热与定容比热之比，亦称绝热指数。

（叶镇国）

正应力 normal stress

又称法向应力。截面上任一点处正交于截面的应力分量（参见应力，427页）。其指向与截面外法线相同者为正号正应力（拉应力），反之为负号正应力（压应力）。 （吴明德）

正则坐标 normal coordinate

在振型分解法中，以多自由度体系的振型为基底，将质点位移在此基底上展开而得到的坐标。它把原来用几何坐标表示的质点位移改为用振型的线性组合来表示，其组合系数即为正则坐标。这是广义坐标在结构动力分析中的应用。若分别以 $\boldsymbol{Y}$ 和 $\boldsymbol{X}$ 表示位移向量和正则坐标向量，则两者的关系为 $\boldsymbol{Y}=\boldsymbol{\Phi X}$，式中 $\boldsymbol{\Phi}$ 是以各振型向量为列向量排列成的矩阵，称为振型矩阵，即

$$\boldsymbol{\Phi}=[\boldsymbol{\Phi}^{(1)}\boldsymbol{\Phi}^{(2)}\cdots\boldsymbol{\Phi}^{(i)}\cdots\cdots\boldsymbol{\Phi}^{(n)}]$$

式中 $\boldsymbol{\Phi}^{(i)}$ 即为第 i 振型的振型向量。振型矩阵是几何坐标和正则坐标之间的转换矩阵。(洪范文)

zhi

支架干扰修正 support interference correction

由实验所测得的模型气动力中减去支架干扰量从而获得单独模型的气动力的做法。在风洞中实验时，须用支架将模型支撑着，使其与来流保持一定的姿态，以便测出模型在该姿态下的气动力。由于有支架的存在，所测量的模型气动力中会包含着单独支架的气动力、模型存在对支架作用的气动力以及支架存在对模型作用的气动力。这三部分气动力总和称为支架干扰。支架干扰量通常可用实验的方法来得到。 (施宗城)

支座 pedestal

将结构物联结到基础或其他固定支承物上的装置。是对结构物的约束。常用的有固定铰支座、活动铰支座、固定端支座、滑动支座、弹性支座、固定球形铰支座等。 (黎邦隆)

枝状管网 branching pipes

管路呈树枝状分岔的管网。其水力计算有两类：①新建给水系统；②扩建已有的给水系统。前者一般已知管路沿线地形、各管段长度、通过的流量、端点要求的自由水头，要求确定各管段直径及水塔高度；后者一般已知管路沿线地形、水塔高度；管路长度、用水点的自由水头及通过的流量，要求确定管径。 (叶镇国)

直杆内的弯曲波 flexural wave in rod

使直杆内各点作横向运动的波场。根据材料力学关于直梁弯曲的平面假设所建立起来的弯曲波理论。适用于波长远大于截面尺寸的情况。弯曲波是横波，以轴线上点的横向位移为场量，沿杆的轴线传播。它的相速度随着频率的变化而改变，是频散波，频散关系为

$$\omega=\frac{1}{2}\kappa^2\sqrt{\frac{EI}{\rho A}}$$

式中 ω 为频率；κ 为波数；ρ 为材料的密度；E 为弹性模量；A 为截面面积，I 为惯性矩。

(郭 平)

直杆内的纵波 longitudinal wave in rod

使直杆各个截面沿着杆的轴线作纵向运动的波场。根据材料力学关于轴向拉压的平面假设所建立起来的纵波理论，适用于波长远大于截面尺寸的情况，直杆内纵波的波速

$$c=\sqrt{\frac{E}{\rho}}$$

式中 ρ 为材料的密度；E 为弹性模量。(郭 平)

直接测量 direct measurement

用仪器或量具直接测读被测值的测量方法。如用尺量出某距离的长度，或用天秤称出某物的重量，用压力表测出某点的压强等。直接测量又分绝对测量和相对（比较）测量两种。前者用仪器或量具测读出被测值整个数值；后者只是测读出被测值与标准尺寸值的偏差值。在生产和科学实验中，大多数量值用直接测量方法测出，但也有许多量不能或不便于直接测量，而必须借助于间接测量方法。

(李纪臣)

直接法 direct search method

又称直接搜索法。只利用目标函数和约束函数值，而不要求提供其导数信息的一类非线性规划算法。它不要求函数可微和连续，适应面较广且算法比较简单；但收敛速度一般较慢，计算量随问题维数的增加而急剧加大，限制了它在高维问题中的应用。此类方法中较典型的算法有坐标轮换法和模式搜索法（包括鲍威尔法、单纯形法与复形法等)。

(刘国华)

直接法边界积分方程 boundary integral equation of direct method

以原物理问题（偏微分方程边值问题）的边界未知量为基本未知量建立的边界积分方程。通常可利用原问题微分算子的基本解为辅助解借助于格林等式或高斯公式来建立。当微分算子非自共轭时则应以其共轭算子的基本解为辅助解。例如，二维位势问题的调和算子是自共轭算子，以奇异点在边界点 P 的基本解为辅助解，利用格林等式即可得到直接法边界积分方程

$$c(p)u(p)=\int_{\Gamma}\left[u^{s}(p;q)\frac{\partial u}{\partial n}(q)-\frac{\partial u^{s}(p;q)}{\partial n(q)}u(q)\right]\mathrm{d}\Gamma(q)$$

式中 Γ 为边界线；q 为边界线上的点；n 为边界外法线方向；$u^{s}(p;q)=\frac{1}{2\pi}\ln\frac{1}{r(p,q)}$是基本解，即点源的对数势；$c(p)$是为把奇点从积分域中除去而产

生的自由项的系数，对光滑边界点 $c(p)=1/2$。

（姚振汉）

直接反分析法 direct back analysis method

又称直接逼近法（direct approach）。基于把误差函数减至最小以改正未知参数试算值的迭代方法，在分析中，对于待求的各种参数，可以根据经验及初步试验的结果选取一组初始值，然后进行一般的正分析，例如由此可以求出在地下洞室开挖时的位移场 $\{u\}$，若此时实测的位移值为 $\{u_m\}$，取二者差值的平方和为误差函数，调整各参数值，使误差函数趋于极小，这样就把问题变成了一个多变量优化问题。此法计算工作量比较大，但适应性较好。它可用于需要考虑非线性性质的复杂岩体。

（徐文焕）

直接刚度法 direct stiffness method

又称刚度集成法。在矩阵位移法中，将结构各单元的单元刚度矩阵，分别以子块或元素为单位，根据局部码与整体码的对应关系，用"对号入座"的方式直接叠加形成整体刚度矩阵或结构刚度矩阵的方法。它们在集成刚度矩阵的过程中，对结构的支承条件的处理可以事后或事先考虑，故直接刚度法又可分为后处理法和先处理法两类，但在编制计算程序时都是按照换码后的整体码，对单元刚度矩阵中的元素逐个予以集成的。按此法编制程序十分方便，故在结构分析程序中被普遍采用。

（夏亨熹　洪范文）

直接剪切试验 direct shear test

对土试样施加垂直压力后，施加水平推力，使试样的上半部（或下半部）沿某一特定面相对于试样的另一部分平行错动的剪切试验。通常用四个试样，分别施加不同垂直压力进行剪切，求得破坏时的剪应力，根据库仑定律确定土的抗剪强度参数。有快剪试验、固结快剪试验和慢剪试验等。由于仪器结构限制，不能有效控制排水，因此国家土工试验方法标准 GBJ123—88 规定仅对渗透系数小于 10^{-6}cm/s 的粘性土才容许进行快剪或固结快剪试验。

（李明逵）

直接剪切仪 direct shear apparatus

由固定的上盒和滑动的下盒组成的剪切容器，以水平力推动下盒，使试样在上下盒的交接面上产生剪切来测定土的抗剪强度的仪器。按施加水平推力的方式，有应力控 制式和应变控制式两种。前者对试样分级施加等量水平剪力，后者等速推动下盒，使试样受等速剪切位移，目前多使用后者。此外，该仪器还用于测定土与其他材料（如混凝土等）的交接面上的应力与应变关系及交接面上的摩阻力。该仪器具有剪切面固定、不能控制排水和受剪时试样剪应变不均等缺点，但由于构造简单，操作方便，至今仍广泛使用。

（李明逵）

直接三角分解法 factorization method

解线性代数方程组的直接法之一。考虑方程组 $\boldsymbol{Ka}=\boldsymbol{P}$，若 $\boldsymbol{K}$ 为对称正定矩阵，则可分解为三角阵、对角阵及三角阵的转置阵的乘积，即 $\boldsymbol{K}=\boldsymbol{LDL}^{\mathrm{T}}$，其中 $\boldsymbol{L}$ 为单位下三角阵，其主对角元素为 1，$\boldsymbol{D}$ 为对角阵。$\boldsymbol{L}^{\mathrm{T}}$、$\boldsymbol{D}$ 的元素可确定如下

$$d_{11}=K_{11}$$

对 $j=2, 3, \cdots, n$ 依次计算

$$g_{m_j,j}=K_{m_j,j}$$

$$g_{ij}=K_{ij}-\sum_{r=m_m}^{i-1}l_{ri}g_{rj}\quad(i=m_j+1,\cdots,j-1)$$

$$l_{ij}=\frac{g_{ij}}{d_{ii}}\qquad(i=m_j,\cdots,j-1)$$

$$d_{jj}=K_{jj}-\sum_{r=m_j}^{j-1}l_{rj}g_{rj}$$

式中 m_j 为第 j 列第一个非零元素行号；$m_m=\max\{m_i,\ m_j\}$。在上述分解后由 $\boldsymbol{LV}=\boldsymbol{P}$ 回代可解出 $\boldsymbol{V}$，再由 $\boldsymbol{L}^{\mathrm{T}}\boldsymbol{a}=\boldsymbol{D}^{-1}\boldsymbol{V}$ 回代即可求得 $\boldsymbol{a}$。

（姚振汉）

直接水击 water-hammer for rapid closure

在压力管道中阀门关闭时间小于水击相长时引起的水击现象。当阀门完全关闭时，直接水击引起的最大水击压强 $\Delta p_{\max}$ 及相应的最大水头增值 $\Delta h_{\max}$ 可按下式计算

$$\Delta p_{\max}=\rho Cv_0$$

$$\Delta h_{\max}=\frac{Cv_0}{g}$$

式中 ρ 为流体密度；g 为重力加速度；C 为水击波波速；v_0 为恒定流管道中的原正常流速。上述直接水击的最大压强常可造成管道破裂。防止直接水击破坏的办法可有多种，如延长阀门关闭时间、缩短有压管路的长度、减小管内流速（加大管径）、在管路上设置缓冲空气室或安装具有安全阀作用的水击消除装置等。在水电站引水系统中，一般设置调压井。

（叶镇国）

止裂 arrest of crack propagation

裂纹扩展速率减少至零，表示裂纹停止扩展的现象。止裂时对应的断裂韧性值称为止裂韧性。它可以用弹性能释放率的止裂值表示，记为 G_{Ia}，也可以用应力强度因子的止裂韧性值 K_{Ia} 表示。裂纹在动态扩展中的止裂准则可用 $K\leqslant K_{\mathrm{Ia}}$ 表示。研究指明：止裂现象的分析应建立在结构的动力学分析与材料的动态阻力曲线的基础之上。采用止裂结构的设计思想，有利于提高结构的安全度。

（余寿文）

质点 particle

具有质量而不计几何尺寸的物体。是将某些实际物体抽象得来的理想模型。当物体的尺寸很小(例如一般物体中的任一微小部分)，或物体尺寸与其运动范围相比很小（例如绕太阳公转的各行星）时，可抽象为这种模型。刚体作平动时，体内各点的运动完全相同，可用其中任一质点的运动来代表。刚体的一般运动可分解为随同质心的平动和绕质心的转动，其中的平动部分可由质心的运动代表，并由质心运动定理确定。（彭绍佩）

质点的惯性力 inertia force of a particle

在质点对惯性参考系的运动中，大小等于质点的质量与其加速度的乘积，方向与加速度相反的力($\boldsymbol{F}_Q = -m\boldsymbol{a}$)。当质点作曲线运动时，其加速度可分为切向与法向两个分量，$\boldsymbol{F}_Q$ 相应地可分为切向与法向两个分力 $\boldsymbol{F}_Q^\tau = -m\boldsymbol{a}^\tau$ 与 $\boldsymbol{F}_Q^n = -m\boldsymbol{a}^n$。此外还可写出沿直角坐标轴的惯性力表达式。此力本为质点由于具有惯性而对使它加速运动的施力物体的反作用力或其合力，并不作用在此质点本身，但将它虚加在质点上后，则可用平衡规律解决该质点的动力学问题（见动静法，72 页)。在质点相对运动的动力学问题中，添加的牵连惯性力与科氏惯性力对于非惯性参考系则具有实际作用力那样的动力与静力效应，并且可以测出。（黎邦隆）

质点的运动微分方程 differential equations of motion of a particle

将质点动力学基本方程 $m\boldsymbol{a} = \Sigma\boldsymbol{F}$ 投影到坐标轴上得到的二阶常微分方程组。是描述质点运动的动力学方程，可用以解决质点动力学两类基本问题。常用的形式有两种，即

$$\left.\begin{aligned} m\ddot{x} &= \Sigma F_x \\ m\ddot{y} &= \Sigma F_y \\ m\ddot{z} &= \Sigma F_z \end{aligned}\right\}\text{直角坐标形式}$$

和

$$\left.\begin{aligned} m\frac{\mathrm{d}v}{\mathrm{d}t} &= \Sigma F_\tau \\ m\frac{v^2}{\rho} &= \Sigma F_n \\ 0 &= \Sigma F_b \end{aligned}\right\}\text{自然坐标形式}$$

式中 ρ 表示轨迹上质点所在处的曲率半径；ΣF_τ、ΣF_n 与 ΣF_b 分别表示作用于该质点上的诸力在轨迹的切线、主法线和副法线上投影的代数和。用极坐标法、柱坐标法、球坐标法描述质点的运动时，将上述矢量式投影到有关的各坐标轴上，可分别得到各种对应形式的运动微分方程。（宋福磐）

质点动力学基本方程 fundamental equation of dynamics of a particle

牛顿运动定律中第二定律的数学表达式 $m\boldsymbol{a} = \boldsymbol{F}$（或 $\Sigma\boldsymbol{F}$）。在牛顿力学中不考虑物体质量随速度不同而改变，故可由该定律直接得出本方程。质点动力学的两类基本问题可用本方程解决，动力学中的其他规律也可由本方程导出。（宋福磐）

质点系 system of particles

有限或无限多个相互之间有一定联系的质点的集合。例如由太阳、各行星与卫星组成的太阳系。又如刚体是由无限多个质点组成，其中任意两质点间的距离保持不变，故可称为不变质点系。由若干个刚体组成的系统以及流体、弹性体等，也都是质点系。（彭绍佩）

质点相对运动动力学基本方程 fundamental equation of dynamics of relative motion of a particle

描述质点相对于动参考系运动的动力学方程，即 $m\boldsymbol{a}_r = \boldsymbol{R} + \boldsymbol{F}_e + \boldsymbol{F}_c$。式中 m 为质点的质量，$\boldsymbol{a}_r$ 为质点相对于动参考系的加速度，$\boldsymbol{R}$ 为实际作用于质点的诸力（包括主动力和约束反力）的合力，$\boldsymbol{F}_e$、$\boldsymbol{F}_c$ 分别为质点的牵连惯性力和科氏惯性力(又称科氏力、科里奥利斯力)，它们分别等于质点的质量与牵连加速度和科氏加速度（见科里奥利斯加速度，191 页）的乘积并冠以负号，即 $\boldsymbol{F}_e = -m\boldsymbol{a}_e$，$\boldsymbol{F}_c = -m\boldsymbol{a}_c$。此处的动参考系是指相对于所取的惯性参考系作某种运动的参考系，它可以作惯性运动，也可以作非惯性运动。（宋福磐）

质点相对运动微分方程 differential equations of relative motion of a particle

将质点相对运动动力学基本方程在动参考坐标系 $Ox_1y_1z_1$ 三轴上投影所得的微分方程组

$$\left.\begin{aligned} m\ddot{x}_1 &= R_{x1} + F_{ex1} + F_{cx1} \\ m\ddot{y}_1 &= R_{y1} + F_{ey1} + F_{cy1} \\ m\ddot{z}_1 &= R_{z1} + F_{ez1} + F_{cz1} \end{aligned}\right\}$$

可用来解答质点相对运动的动力学两类基本问题。（宋福磐）

质点在牛顿引力场中的运动 motion of a particle in Newton's gravitational field

当质点所受中心力是牛顿引力（万有引力）时，质点作的轨迹为一圆锥曲线的运动。以极坐标表示的轨迹方程为

$$r = \frac{p}{1 + e\cos(\varphi - \beta)}$$

力心为曲线的焦点，焦点参数 $p = \dfrac{C^2}{GM}$（$C = r^2\dot{\varphi}$ =2 倍面积速度，G 为万有引力常数，M 为在力心处的物体质量)，偏心率 $e = pD$。D 及上式中的 β 均为积分常数，p、D、β 均可由运动初始条件确定。当 $e = 0$ 时，动点的轨迹是圆；$e < 1$ 时，轨

迹是椭圆；$e=1$ 时，轨迹是抛物线；$e>1$ 时，轨迹是双曲线。（黎邦隆）

质量 mass

量度质点及平动刚体惯性大小的物理量。即牛顿第二定律中的 m，由牛顿首先提出。由相对论力学知，它的大小与物体的运动速度有关。工程技术中，一般物体的速度都远小于光速，这时可将 m 视为常量。（宋福磐）

质量矩阵 mass matrix

在多自由度体系的运动方程中，由体系的质量所组成的矩阵。质量矩阵与加速度向量相乘，所得的惯性力向量是动力平衡方程中起重要作用的因素。对于集中质量的多自由度体系，相应的质量矩阵都是对角矩阵，称为集中质量矩阵，其主对角线上的元素分别为各质点的质量。在有限元法中，也采用与推导单元刚度矩阵相同的形函数形成质量矩阵，称为一致质量矩阵。工程实际中广为采用集中质量矩阵。（包世华　洪范文）

质量力 mass force

又称体积力。作用于流体每一质点上的力。它与受作用流体的质量成正比；在均质流体中，它与受作用的流体的体积成正比。（叶镇国）

质量流量 mass flow rate

单位时间内流经过水断面的液体质量。其单位为 kg/s。由流量定义有

$$Q_{\text{mass}} = \rho Q = \rho\int_{\omega} u\,\mathrm{d}\omega$$

式中 ρ 为液体密度；Q 为体积流量；u 为流体质点流速；ω 为过水断面积。由此可知，体积流量、重量流量与质量流量三者的关系为（叶镇国）

$$Q = \frac{Q_{\text{weight}}}{\gamma} = \frac{Q_{\text{mass}}}{\rho}$$

质量缩聚 mass condensation technique

又称特征值简化法（eigenvalue economizer procedure）。动力分析中，将结构的自由度分为两类：一类是对惯性特性影响大的主自由度，另一类是对惯性特性影响小的从自由度，通过消元，去掉从自由度，使动力方程仅含主自由度，从而使动力分析得以简化。（包世华）

质心 center of mass

质点系质量中心的简称。以 m_i 表示系统中任一质点 i 的质量，$\boldsymbol{r}_i$ 表示质点 i 相对于任一固定点 o 的位置矢，则质心的位置矢

$$\boldsymbol{r}_{\mathrm{c}} = \frac{\Sigma(m_i\boldsymbol{r}_i)}{\Sigma m_i} = \frac{\Sigma(m_i\boldsymbol{r}_i)}{M}$$

式中 $M=\Sigma m_i$ 为质点系的总质量。上式可用直角坐标表示为

$$x_{\mathrm{c}} = \frac{\Sigma(m_ix_i)}{M}, y_{\mathrm{c}} = \frac{\Sigma(m_iy_i)}{M}, z_{\mathrm{c}} = \frac{\Sigma(m_iz_i)}{M}$$

此点的位置可大致反映质点系质量分布的情况。在重力场中，由于物体内各点重力的大小与质量成正比，所以质心与重心重合。但前者的意义比后者广泛。脱离了重力场的物体，重心便失去意义，而质心对宇宙间的任何质点系都恒有明确的意义。（宋福磐）

质心运动定理 theorem of motion of the mass center

质点系动量定理的另一形式。质点系的总质量与质心加速度的乘积等于作用于该系统上的外力系的主矢量，即

$$M\boldsymbol{a}_{\mathrm{c}} = \boldsymbol{R}^{\mathrm{e}}$$

式中 $\boldsymbol{a}_{\mathrm{c}}$ 为质心 c 的加速度矢；$\boldsymbol{R}^{\mathrm{e}}$ 为作用于质点系上所有外力的矢量和；M 为系统的总质量。本定理揭示质心的运动和一个位于质心处的质点（此质点的质量等于质点系的总质量，其上集中地作用了系统的所有外力，且具有与质心同样的运动初始条件）的运动一样。它的应用极广，如在刚体动力学中，可用来确定刚体随质心的平动。工程机械中动反力的计算等，也要用到这个定理。（宋福磐）

质心运动守恒 conservation of motion of the mass center

当作用在质点系上的外力系的主矢量为零时，质心的加速度 $\boldsymbol{a}_{\mathrm{c}}=0$，质心保持静止或作匀速直线运动；若外力系在某一轴上的投影的代数和为零，则质心的加速度在此轴上的投影为零，质心沿此轴将作匀速运动；若其初始速度在此轴上的投影也为零，则此后质心对应于此轴的坐标将保持不变。利用这些结论，可根据系统内某一部分的已知位移或速度，求出另一部分的位移或速度。（宋福磐）

秩力法 rank force method

利用线性代数中关于秩的概念和高斯－约当消去法的消元技巧，对矩阵力法加以改进所得的结构分析方法。它可在计算过程中将多余未知力自动分离出来，消除了矩阵力法用人工确定基本未知量的任意性。由于避免了计算所需的辅助手算工作，有利于编制通用程序，故比一般矩阵力法更为实用。（洪范文）

滞后（H） hysteresis

传感器的加、卸载特性曲线的最大差值与满量程（F.S.）输出之比。以%F.S. 表示。（王娴明）

滞后现象 hysteresis

高聚物在交变外力作用下产生的交变形变比外

力变化落后一个相位差的现象。这种现象对温度和外力作用频率有较强的依赖性。在温度很低或外力变化频率很高时，形变来不及发展，无滞后可言；在温度很高或外力变化频率很低时，滞后现象也不明显；只有在玻璃化转变温度附近，外力作用频率不太高时，链段能充分运动，但又不能紧紧跟上外力的变化，这时滞后现象才十分明显。增加外力的频率与降低体系的温度对滞后现象的影响相同。

（周　啸）

滞弹性　delayed elasticity

材料受到迅速变化的荷载作用时，应变以一定的规律落后于负荷的现象。可以用开尔文力学模型来表示，应该在瞬间产生的弹性元件的形变，由于将弹性元件与粘性元件并联而推迟了。实际上表示的是恢复性徐变（一次徐变）或迟缓弹性变形。麦克亨利叠加原理将徐变看成是滞弹性现象。

（胡春芝）

zhong

中厚板　moderate thick plate

板厚与板面的最小特征尺寸（长度、宽度或直径）之比超过 1/5 的板。对这种板，若采用克希霍夫理论（参见薄板弯曲的基本假设）进行分析将出现较大误差。此时板内由横向剪力引起的剪切变形与弯曲变形属于同量级，不容忽略。本世纪二十年代，S. P. 铁摩辛柯在一维梁的分析中首先考虑了横向剪力对弯曲的影响。1943 年 E·赖斯纳将其推广到二维问题，导出了中厚板的弯曲微分方程。

（罗学富）

中厚板元　moderately thick plate element

基于中厚板理论建立的板单元。特点是，考虑横剪力引起的变形；即挠度 w 和中面法线转动 θ_x 及 θ_y 为各自独立的场函数。用于厚度较大的板件。当板变薄时，有剪切闭锁现象。（包世华）

中面的几何性质　geometrical property of middle surface

中面作为一空间曲面所具有的几何特性。在弹性薄壳理论中，为了简化分析，通常采用正交曲线坐标（主曲率线坐标）α、β。需要考虑的曲面几何特性，主要有：①α、β 方向的拉梅系数 A_α、A_β；② α、β 方向的主曲率 κ_α、κ_β $\left(\text{或主曲率半径 } R_\alpha=\dfrac{1}{\kappa_\alpha},\ R_\beta=\dfrac{1}{\kappa_\beta}\right)$。它们可按下列公式计算

$$A_\alpha = \sqrt{a_{11}},$$
$$A_\beta = \sqrt{a_{22}},$$
$$R_\alpha = A^2\alpha/b_{11}, R_\beta = A_\beta^2/b_{22}$$

其中
$$a_{11} = \left(\frac{\partial x}{\partial \alpha}\right)^2 + \left(\frac{\partial y}{\partial \alpha}\right)^2 + \left(\frac{\partial z}{\partial \alpha}\right)^2$$
$$a_{22} = \left(\frac{\partial x}{\partial \beta}\right)^2 + \left(\frac{\partial y}{\partial \beta}\right)^2 + \left(\frac{\partial z}{\partial \beta}\right)^2$$
$$b_{11} = \frac{1}{\sqrt{a}}\left[\frac{\partial^2 x}{\partial \alpha^2}\left(\frac{\partial y}{\partial \alpha}\frac{\partial z}{\partial \beta} - \frac{\partial y}{\partial \beta}\frac{\partial z}{\partial \alpha}\right)_1 + \frac{\partial^2 y}{\partial \alpha^2}\left(\frac{\partial z}{\partial \alpha}\frac{\partial x}{\partial \beta} - \frac{\partial z}{\partial \beta}\frac{\partial x}{\partial \alpha}\right)_2 + \frac{\partial^2 z}{\partial \alpha^2}\left(\frac{\partial x}{\partial \alpha}\frac{\partial y}{\partial \beta} - \frac{\partial x}{\partial \beta}\frac{\partial y}{\partial \alpha}\right)_3\right]$$
$$b_{22} = \frac{1}{\sqrt{a}}\left[\frac{\partial^2 x}{\partial \beta^2}\left(\frac{\partial y}{\partial \alpha}\frac{\partial z}{\partial \beta} - \frac{\partial y}{\partial \beta}\frac{\partial z}{\partial \alpha}\right)_1 + \frac{\partial^2 y}{\partial \beta^2}\left(\frac{\partial z}{\partial \alpha}\frac{\partial x}{\partial \beta} - \frac{\partial z}{\partial \beta}\frac{\partial x}{\partial \alpha}\right)_2 + \frac{\partial^2 z}{\partial \beta^2}\left(\frac{\partial x}{\partial \alpha}\frac{\partial y}{\partial \beta} - \frac{\partial x}{\partial \beta}\frac{\partial y}{\partial \alpha}\right)_3\right]$$

这里
$$\sqrt{a} = \sqrt{a_{11}a_{22} - a_{12}^2}$$
$$a_{12} = \frac{\partial x}{\partial \alpha}\frac{\partial x}{\partial \beta} + \frac{\partial y}{\partial \alpha}\frac{\partial y}{\partial \beta} + \frac{\partial z}{\partial \alpha}\frac{\partial z}{\partial \beta}$$

以上诸式中，$x = f_1$（α, β），$y = f_2$（α, β），$z = f_3$（α, β），代表曲面（中面）的参数方程。

（杨德品）

中砂　medium sand

粒径大于 0.5mm 的颗粒含量不超过全重 50%、粒径大于 0.25mm 的颗粒含量超过全重 50% 的土。（朱向荣）

中心差分　central difference

函数 $y = f(x)$ 在等距结点 $x_i = x_0 + ih$（$i = 0, 1, \cdots, m$）上的值 $y_i = f(x_i)$ 为已知，函数在每个小区间 $\left[x_i + \dfrac{h}{2},\ x_i - \dfrac{h}{2}\right]$ 上的变化值 $y_{i+\frac{1}{2}} - y_{i-\frac{1}{2}}$ 叫 $y = f(x)$ 在点 x_i 上以 h 为步长的一阶中心差分，记作 $\delta y_i = y_{i+\frac{1}{2}} - y_{i-\frac{1}{2}}$。对一阶差分再作一次差分是二阶差分，记为 $\delta^2 y_i = \delta y_{i+\frac{1}{2}} - \delta y_{i-\frac{1}{2}}$。依次可得 n 阶差分 $\delta^n y_i = \delta^{n-1} y_{i+\frac{1}{2}} - \delta^{n-1} y_{i-\frac{1}{2}}$。用它们可组成用差分表示的插值多项式和差分方程式。

（包世华）

中心差分法　central difference method

动力方程组的直接积分法之一，它假设

$$\ddot{\boldsymbol{a}}_t = \frac{1}{\Delta t^2}(\boldsymbol{a}_{t-\Delta t} - 2\boldsymbol{a}_t + \boldsymbol{a}_{t+\Delta t})$$
$$\dot{\boldsymbol{a}}_t = \frac{1}{2\Delta t}(-\boldsymbol{a}_{t-\Delta t} + \boldsymbol{a}_{t+\Delta t})$$

$t + \Delta t$ 时刻的位移解可由 t 时刻的动力方程来求出。这是条件稳定的显式积分法之一。选择步长 Δt 应小于临界步长 Δt_{cr} 以保证稳定。计算步骤可参

考动力方程的直接积分法。起步时

$$\boldsymbol{a}_{t-\Delta t}=\boldsymbol{a}_0-\Delta t\,\dot{\boldsymbol{a}}_0+c_3\,\ddot{\boldsymbol{a}}_0$$

等效质量阵 $\hat{\boldsymbol{M}}=c_0\boldsymbol{M}+c_1\boldsymbol{C}$

t 时刻等效为载荷 $\hat{\boldsymbol{P}}_t=\boldsymbol{P}_t-(\boldsymbol{K}-C_2\boldsymbol{M})\,\boldsymbol{a}_t-(c_0\boldsymbol{M}-c_1\boldsymbol{C})\,\boldsymbol{a}_{t-\Delta t}$

求解 $t+\Delta t$ 时刻位移的方程为 $\boldsymbol{LDL}^{\mathrm{T}}\boldsymbol{a}_{t+\Delta t}=\hat{\boldsymbol{P}}_t$

有关系数为 $c_0=\dfrac{1}{\Delta t^2}$，$c_1=\dfrac{1}{2\Delta t}$，$c_2=2c_0$，$c_3=1/c_2$。 （姚振汉）

中心惯性主轴 principal central axis of inertia

又称中心惯量主轴。过刚体质心的惯性主轴。 （黎邦隆）

中心力 central force

又称有心力。作用在运动质点上，且作用线总是通过某一固定点的力。该固定点称为力心。其大小通常可表为质点到力心距离的某个已知函数。例如在初步计算中，可把太阳中心看作固定点，把太阳对行星的引力作为过太阳中心的中心力，其大小按万有引力定律变化。 （黎邦隆）

中心裂纹试件 central crack specimen

具有中心裂纹的平板型试件，通常承受拉伸荷载。 （孙学伟）

中心主转动惯量 central principal moment of inertia

刚体对中心惯性主轴的转动惯量。（黎邦隆）

中性层 neutral surface

梁内不发生长度变化的纤维层。中性层内，正应力为零；离中性层越远，正应力值越大。 （庞大中）

中性大气边界层模拟 neutral atmospheric boundary layer simulation

在边界层风洞中形成模拟的无温度层结的大气边界层。目前有两种方法，即自然形成法和人工加速形成法。前者需要有足够长的试验段并在底板上置有合适的粗糙元分布，当气流流经试验段时便自然形成模拟的大气边界层，其速度剖面与湍流结构是相一致的。后者可在较短一点的试验段中通过人工加速来获得，但其速度剖面与湍流结构不一定相符。 （施宗城）

中性平衡微分方程 differential equation of neutral equilibrium

按照线性小挠度稳定理论进行屈曲分析时，依据体系变形后的随遇平衡（中性平衡）状态所建立的平衡方程。一般由静力法根据静力平衡条件可直接得到，也可由势能驻值原理来建立。在有限自由度体系中，该方程为线性代数方程组，求解较为简捷；在无限自由度体系中，所建立的是线性常微分方程。求出微分方程的一般解后，利用边界条件可导出稳定方程，进而可确定临界荷载。当微分方程不能积分为有限形式时，则可以寻求无穷级数形式的解。 （罗汉泉）

中性轴 neutral axis

中性层与横截面的交线。横截面上该处的正应力为零。 （庞大中）

终止准则 termination criteria

为避免在优化设计中追求不必要的严格收敛而对收敛准则给予一定的宽容后作为迭代计算是否终止的标准。例如，在无约束极小化问题中运用下降算法时，把收敛准则：$\|\nabla f(\boldsymbol{x})\|=0$ 放松为 $\|\nabla f(\boldsymbol{x})\|\leqslant\varepsilon$；又如，在结构优化设计中运用满应力设计时，把收敛准则：应力比 $\beta=1.0$ 放松为 $1-\varepsilon\leqslant\beta\leqslant1+\varepsilon$。终止准则还可以采用和收敛准则不同的形式，只要它足以检验迭代算法的结果充分接近或达到预定目标所应满足的标准。文中的 ε 为一个小的正标量。 （杨德铨）

重力 gravity

地球对地面附近物体的引力。由于地球不是正球体，且由于自转的影响，此力并不正好指向地心（参看铅垂线的偏斜，279 页）。但这个差别很小，在工程实用中可忽略不计。 （宋福磐）

重力波 gravity wave

波动产生后水面趋向恢复为水平面时主要靠重力作用的波浪。自由波和强迫波均属此类。 （叶镇国）

重力的功 work done by gravity

重力对在地面附近运动的物体所作的功。取 z 轴铅垂向上，并将重力加速度 g 作为常量时，地球重力对质量为 m 的质点所作的元功 $\delta W=-mg\mathrm{d}z$；质点从坐标为 z_1 处运动到 z_2 处时，重力的总功 $W_{1,2}=mg(z_1-z_2)$，即等于质点的重量与其始、末两位置的高度差的乘积。质量为 M 的质点系从位置Ⅰ运动到位置Ⅱ时，重力对它所作的总功 $W_{1,2}=Mg(z_{c1}-z_{c2})$，式中 z_{c1} 与 z_{c2} 分别是质点系在位置Ⅰ与Ⅱ时其质心的 z 坐标。即重力对质点系的功等于质点系的重量与其质心在始、末两位置的高度差的乘积。 （黎邦隆）

重力加速度 acceleration of gravity

地球表面附近的物体，由于地球引力的作用而在真空中下落的加速度。用 g 表示，其方向与重力的方向相同。地球不同纬度处的 g 值略有不同，在我国，其近似标准值取为 $980\mathrm{cm/s^2}$ 或 $9.80\mathrm{m/s^2}$。 （宋福磐）

重力水 gravitational water

在流体力学中指仅受重力作用的水。普通水力

学所讨论的问题多属重力水。由欧拉平衡微分方程所得的液体平衡微分方程综合式

$$dp = \rho(X\mathrm{d}x + Y\mathrm{d}y + Z\mathrm{d}z)$$

可知，对于重力水有 $X=0$，$Y=0$，$Z=-g$，其压强分布规律为

$$p = p_0 + \gamma h$$

式中 ρ 为水的密度；X、Y、Z 为沿三坐标轴 x，y，z 方向的单位质量力；g 为重力加速度；p_0 为自由表面压强，h 为从自由表面至计算点的垂直深度；γ 为水的重度。上式表明，对于重力水，相对压强只与水深成正比，其等压面为一系列水平面。

在土力学中指存在于地下水位以下透水土层中的自由水。在重力或压力差作用下运动，对土粒有浮力作用。对土中应力状态、地下工程的排水和防水有影响。 （叶镇国 朱向荣）

重力应力梯度 gravity stress gradient

重力应力随深度变化的指标。它在数值上等于断面为 $1\mathrm{cm}^2$、高 100cm 的岩柱体重量的 kg 数，即深度每增加 1m 时重力应力垂直分量的增长。它是岩体平均表观密度的函数。 （袁文忠）

重量流量 weight flow rate

单位时间内流经过水断面的液体重量。其单位为 kN/s。由流量定义有

$$Q_{\mathrm{weigt}} = \gamma Q = \gamma\int_{\omega} u\,\mathrm{d}\omega$$

式中 γ 为液体重度；u 为流体质点流速；ω 为过水断面积；Q 为体积流量。 （叶镇国）

重心 center of gravity

在地面附近的小范围内，作用于物体各质点的重力近似地组成的同向平行力系的中心。亦即将物体任意摆放时，此同向平行力系的合力作用线的汇交点。确定物体重心的位置可用以下几种方法：①利用均质物体所具有的几何对称性：重心在物体的对称面、对称轴、对称中心上。② 对具有简单几何形状的均质物体用积分法。其重心的坐标公式为

$$x_{\mathrm{c}} = \frac{\int_{\mathrm{v}} x\mathrm{d}\boldsymbol{v}}{V}, y_{\mathrm{c}} = \frac{\int_{\mathrm{v}} y\mathrm{d}\boldsymbol{v}}{V}, z_{\mathrm{c}} = \frac{\int_{\mathrm{v}} z\mathrm{d}\boldsymbol{v}}{V}$$

式中 V 是物体的体积，$\mathrm{d}\boldsymbol{v}$ 是微单元的体积。如物体为等厚薄壳或等截面细线，式中的 V 可分别用面积 A 及线长 L 代替，$\mathrm{d}\boldsymbol{v}$ 则分别用 $\mathrm{d}A$ 及 $\mathrm{d}L$ 代替。因均质物体重心的位置只决定于其几何形状而与它的重量无关，故此时重心又称形心。③ 对于由若干具有简单几何形状的部分组成的物体，可利用各部分重心的已知位置而用平行力系中心的坐标公式确定整个物体重心的位置。④ 用求合力作用线的图解法。⑤ 用实测法，如称重法、悬挂法。⑥用其他方法，例如用古尔顿定理。 （彭绍佩）

zhou

周期荷载 periodic load

大小和方向均随时间作周期性变化的动力荷载。反映其荷载值 P 与时间 t 关系的 $P \sim t$ 曲线为满足 $P(t) = P(t+T)$ 条件的某种周期性多波形，式中 T 即为周期。根据荷载随时间的变化规律，它又可分为简谐荷载和非简谐周期荷载。其中，简谐荷载是指荷载值与时间按正弦或余弦函数规律变化的荷载。即

$$P(t) = p\sin\theta t$$

或

$$P(t) = p\cos\theta t$$

式中 θ 为其频率，它是工程中常见的最简单也是最主要的周期荷载，通常机械在转动时因偏心产生的动力荷载即属此类。非简谐周期荷载又称为一般周期荷载，例如曲柄连杆机构工作时产生的水平干扰力即为多波形的周期荷载，利用数学中的傅里叶级数，可将其化为一系列简谐荷载的线性叠加。

（洪范文）

周期加载双线性应力应变模型 bilinear stress-strain model

一种以两种折线近似描述土在周期荷载下应力 - 应变关系的数学模型。其参数包括极限应变 ε_{y} 以及达到 ε_{y} 前后的模量 G_1 和 G_2。

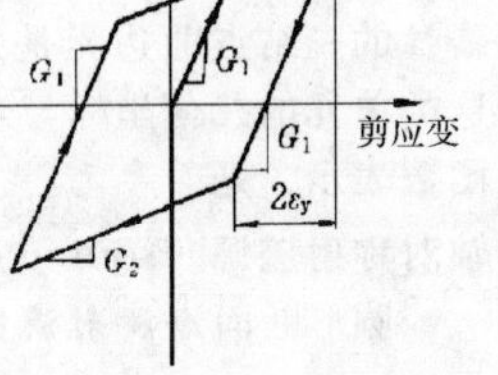

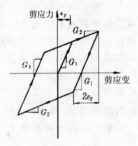

（吴世明 陈龙珠）

轴对称平面问题 axially symmetrical plane problem

应力分布对称于过坐标原点且垂直于所在平面的轴的平面问题。在极坐标系 (r, θ) 中，这类问题的应力分量与极角 θ 无关，仅是 r 的函数，且只有正应力 σ_{r} 和 σ_θ，剪应力 $\tau_{\mathrm{r}\theta}$ 为零。这时可用应力函数 $\varphi(r)$ 表示应力分量为

$$\sigma_{\mathrm{r}} = \frac{1}{r}\frac{\mathrm{d}\varphi}{\mathrm{d}r} \quad \sigma_\theta = \frac{\mathrm{d}^2\varphi}{\mathrm{d}r^2}$$

而协调方程为

$$\left(\frac{\mathrm{d}^2}{\mathrm{d}r^2} + \frac{1}{r}\frac{\mathrm{d}}{\mathrm{d}r}\right)\left(\frac{\mathrm{d}^2\varphi}{\mathrm{d}r^2} + \frac{1}{r}\frac{\mathrm{d}\varphi}{\mathrm{d}r}\right) = 0$$

上式的通解为

$$\varphi(r) = A\ln r + Br^2\ln r + Cr^2 + D$$

由此求得的应力为轴对称的，但这并不意味着其位移也是轴对称的，只有当物体的几何约束也是轴对称的情况下，位移才是轴对称的。若坐标原点处无孔，常数 A 和 B 必须为零，而当体力为零时，σ_{r}

和 σ_θ 必为常量；若坐标原点处有孔，或物体不包含坐标原点，可以求解承受均匀压力作用的厚壁圆筒以及曲梁纯弯曲等问题。（刘信声）

轴对称壳体截锥元 conical frusta element of axisymmetric shell

沿子午线方向为直线的截锥形壳体单元。可应用于圆锥壳和子午线方向曲率不大的轴对称壳的分析。圆锥形壳体中面上一点的位移由径向位移、轴向位移和径向切线的转动三个分量确定。截锥单元以截锥顶、底面的六个位移分量为结点（圆）参数。薄壳分析是要求 C_1 连续性的问题，其单元中面上任一点在局部坐标系中径向位移和法向位移可分别用一次和三次多项式表示，径向切线的转动分量可由法向位移求导得到。若考虑横向剪切变形，则可将壳体分析变换为要求 C_0 连续性的问题，将上述三个位移分量都设为同次的独立函数，构造出对较厚壳体也可应用的截锥元。（支秉琛）

轴对称壳体曲边元 curved element of axisymmetric shell

沿子午线方向截面轴线为曲线形状的环形壳体单元。在几何形状上可以较好地模拟实际的壳体。为了使位移函数中包含刚体运动，以保证单元的收敛性，对线位移和转动分量分别插值。具有 C_0 连续性的三结点曲边元是常用的简单、有效的单元。这类单元的几何坐标与形函数采用相同的二次插值函数表示，是等参元。（支秉琛）

轴对称射流源 source of round jets

圆形断面淹没射流的极点（见淹没射流，405页）。（叶镇国）

轴对称元 axisymmetric element

由一定的平面截面形状绕对称轴旋转一周构成的环状单元。应用于旋转体在轴对称荷载作用下的应力分析问题。平面截面上的结点在轴对称单元上是结圆。单元内一点的应变、应力状态与该点环向的位置无关，位移函数以结圆上的径向、轴向两个位移分量为参数，其分析与二维问题的分析相似。常用的有三角形截面轴对称元、壳体分析中的轴对称壳体截锥元和轴对称壳体曲边元等。对于非轴对称荷载作用下的旋转体问题，可将荷载沿环向展成富氏级数后用轴对称元分析。（支秉琛）

轴对称圆板 symmetrical circular plate

外加侧向荷载与支承条件关于旋转轴呈对称的圆板或环板。此时板发生轴对称变形；在以中面圆心为原点的柱坐标系内，板中的内力、变形与位移均只是半径 r 的函数。板的挠曲微分方程是一个四阶线性非齐次常微分方程，其特解取决于荷载 $p(r)$ 的形式，通解中的四个待定常数由四个边界条件决定。（罗学富）

轴力 axial force

相应于杆件横截面上沿轴向均匀拉伸（或压缩）的内力。直杆受到作用线与直杆轴线相重合的外力作用，横截面上的应力均匀分布，其合力即为轴力。（郑照北）

轴力图 axial force diagram

表示轴力沿杆轴线变化规律的图形。以杆轴线坐标表示横截面的位置，垂直杆轴线坐标表示对应横截面的轴力值。（郑照北）

轴向变形 axial deformation

杆件在外界作用下（如轴向荷载）沿轴向的伸缩变形。可用横截面的轴向位移来表示。（吴明德）

轴向荷载 axial load

沿杆件轴线方向施加的荷载。（吴明德）

轴向静压梯度影响修正 correction for longitudinal static pressure gradient effect

对风洞中轴向静压梯度引起的模型附加阻力所进行的修正。在闭口风洞实验段中，由于壁面边界层沿流向不断地增厚，致使试验段的有效横截面积逐渐缩小、相应气流的流速逐渐增大、静压相应降低，从而沿试验段轴向形成静压梯度。该静压梯度对模型会产生一个附加的阻力。而在实际结构物的绕流流场范围内并不存在这样的静压梯度。（施宗城）

zhu

逐点分析法 point-by-point analysis

从散斑图中分析物体表面一点位移的光学信息处理方法。一束细激光通过双曝光散斑图底片时，将产生衍射。其衍射图象与双孔衍射类似，在屏幕上形成平行条纹，常称杨氏条纹。条纹方向和位移方向垂直，条纹间距

$$b = \frac{\lambda l}{d}M$$

式中 λ 为波长；l 为散斑图到屏幕的距离；M 是记录时象的放大倍数；d 为物体表面对应点的位移。由此可求得该点的位移。（钟国成）

逐级循环加载法 progressively circulating loading test

对岩体进行分级加载并在每级荷载下进行加、卸载循环，以测定岩体在不同荷载条件下变形特性的岩石力学现场试验方法。如果每级荷载进行一次加、卸载循环，称为逐级一次循环加载，该法适用于较完整的岩体。如果每级荷载进行多次加、卸载

循环，称为逐级多次循环加载，该法适用于了解含有断层、裂隙和软弱夹层的岩体，以了解各结构面对岩体变形的影响。 （袁文忠）

主动隔振 active vibration isolation

又称积极隔振，见隔振（118页）。

主动力 active force

又称荷载。主动使物体运动或有运动趋势的力。重力、水压力、土压力、风力、油压力、气体压力等都是。这些力一般可以彼此独立地预先测定或估定。 （彭绍佩）

主动土压力 active earth pressure

当挡土结构物向离开土体方向偏移至土体达到极限平衡状态时的土压力。是土压力的最小值。工程上常用的计算理论主要有朗肯土压力理论和库伦土压力理论。 （张季容）

主动土压力系数 coefficient of active earth pressure

见郎肯土压力理论与库伦土压力理论。（204页、197页）。

主动湍流发生器 active turbulence generator

在桥梁模型风洞实验时用来产生符合指定特性的湍流的装置。在均直来流中安置两排对称翼型的二维翼，根据输入的驱动信号，用特定的伺服系统，带动两排二元翼作随机振动。通过用主动搅动空气的办法，将附加能量赋予平均气流，在模型实验区获得具有指定强度、尺度和谱的湍流。该装置于1983年首先由美国J.E.Cermak教授等研制成功。 （施宗城）

主法线 principal normal

曲线上一点的密切面与法平面的交线。通过该点并垂直于曲线在该点的密切面的直线，称为曲线在该点的副法线或次法线。曲线上任一点的主法线、副法线与切线三者相互正交。

（何祥铁）

主固结 primary consolidation

在荷载作用下，土体随着孔隙水的排出、孔隙水压力的消散、有效应力的增大而发生体积减小、强度增大的过程。其历时的长短主要取决于土的固结系数和土层排水距离的大小。 （谢康和）

主观散斑 subjective speckle

通过透镜成象记录的散斑。散斑尺寸与光学系统的基本参数及照明光波长的关系为

$$\sigma = 1.2\lambda F$$

式中 σ 为散斑横向尺寸；λ 为照明光波长；F 为透镜相对孔径。$F=\frac{f}{D}$，f 为记录透镜的焦距，D 为记录透镜的孔径尺寸。

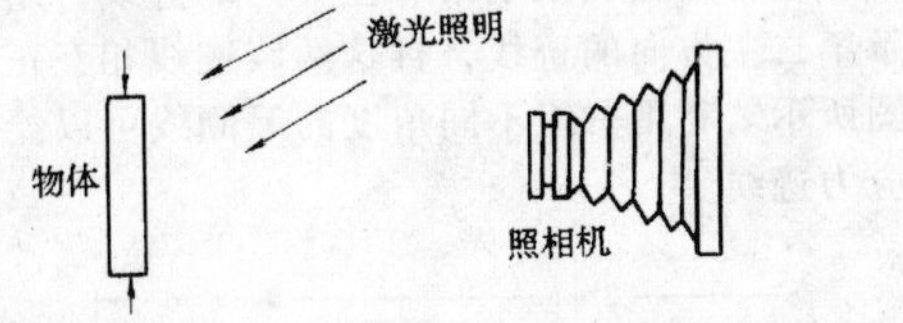

（钟国成）

主剪应力 principal shearing stresses

一点处剪应力的极值。当取坐标轴与三个应力主方向重合时，剪应力的极值为

$$\tau_1 = \pm\frac{\sigma_2-\sigma_3}{2},$$

$$\tau_2 = \pm\frac{\sigma_3-\sigma_1}{2},$$

$$\tau_3 = \pm\frac{\sigma_1-\sigma_2}{2}$$

该剪应力所作用的微分面通过一个坐标轴，并与其他两个坐标轴成45°和135°的夹角。在这些面上除了作用极值剪应力外，还作用着正应力，其值分别为 $(\sigma_2+\sigma_3)/2$，$(\sigma_3+\sigma_1)/2$，$(\sigma_1+\sigma_2)/2$。式中 σ_1、σ_2、σ_3 为主应力。 （刘信声）

主扇性惯矩 principal sectorial moment of inertia

薄壁截面的几何性质中，根据主扇性坐标（面积）ω 所定义的扇性惯矩，记为 I_ω。其表达式为 $I_\omega=\int_A\omega^2\mathrm{d}A$，式中 $\mathrm{d}A$ 为薄壁截面沿周界 S 的微段面积（参见扇性惯矩，302页）。 （吴明德）

主体优化 system-level optimization

又称系统级优化。见多级优化设计（83页）。

主应力 principal stress

物体内任一点处三个互为正交的极值正应力。按其代数值排列为，$\sigma_1\geqslant\sigma_2\geqslant\sigma_3$。主应力所作用的平面称为主平面，主平面上剪应力为零。由主应力所构成的应力状态谓之主应力状态。 （吴明德）

主应力法 principal stress method

又称切块法。金属块体成形过程力学分析的近似解析法。在金属成形工序中，根据金属流动方向沿变形体截面切出单元块体，并假设块体上的正应力为均匀分布的主应力；因此平面应变或轴对称问题的屈服条件简化为线性方程，而由此所建立的单元块体平衡条件为一常微分方程。将平衡方程和屈服条件联立求解，即可求出各应力分量以及塑性变形时所需外力的表达式，也可找出各种参量对变形力、应力和应变值的影响。 （徐秉业）

主应力迹线 isostatic

以曲线上每一点的切线和法线来表征该点主应力方向的曲线簇。主应力迹线图总是由两族曲线组

成；通常用实线表示第一主方向的迹线，用虚线表示第二主方向的迹线，且这两族迹线相互正交。如图所示。利用一组不同角度的等倾线可以绘制出主应力迹线。

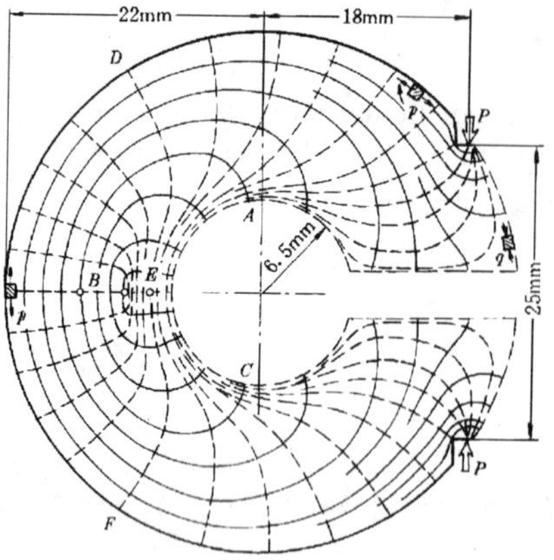

（傅承诵）

主转动惯量 principal moment of inertia

刚体对惯性主轴的转动惯量。（黎邦隆）

主自由度 master degree of freedom

表征单元或子结构力学特性的独立参数。在单元分析中，单元的边界结点未知量通常是主自由度，内部结点未知量是从自由度。在子结构法中，子结构的边界自由度是主自由度，内部自由度是从自由度。分析时，先从子结构总力学特性方程，通过缩聚消去从自由度，得只含主自由度的方程及主、从自由度间的关系，使问题得以简化。在动力分析的有限元法中，也常用主从自由度法，假设一部分自由度为主自由度，另一部分为从自由度，通过缩聚使动力特性矩阵降阶，参见质量缩聚（460页）。（包世华）

助泵剂 pumping aid

又称泵送剂。防止混凝土拌合物在泵送管路上发生离析和堵塞，使其在泵压下能顺利通行的外加剂。减水剂、塑化剂、引气剂及增稠剂等均可作助泵剂。可根据混凝土配合料的水泥用量和水灰比，选用不同的助泵剂。在低水灰比的富配合料中为改善其流动性，可采用减水剂，如木质素磺酸钙等；为保持富拌合料在大量浇灌和连续泵送中的工作性，降低泵送阻力，则选用塑化剂；引气剂常用于防止混凝土拌合料因级配改变可能引起的管路堵塞；聚氯乙烯类增稠剂用于贫配合料，避免在泵送过程中发生离析和堵塞。（胡春芝）

贮能函数 stored energy function

在只涉及材料宏观弹性行为而不考虑其微观结构的唯象理论中引入的一个描述每单位体积的材料在形变以后所贮能量的函数，记作 $\overline{W}$。根据形变时外力所做的功等于贮能函数的增加这一规定，可以由贮能函数找出各种受力条件下的应力－应变关系式。1940 年蒙内（Mooney）提出的经验的贮能函数为

$$W = c_1(\lambda_1^2 + \lambda_2^2 + \lambda_3^2 - 3) + c_2(1/\lambda_1^2 + 1/\lambda_2^2 + 1/\lambda_3^2 - 3)$$

式中 c_1、c_2 为常数，λ_1、λ_2 和 λ_3 分别为 1、2、3 方向上的伸长比。1948 年列夫林（Rivlin）又提出了适合大形变的、形式更为普遍的贮能函数

$$W(I_1, I_2, I_3) = \sum_{i,j,k=0}^{\infty} c_{ijk}(I_1 - 3)^i (I_2 - 3)^j \times (I_3 - 1)^k$$

式中 c_{ijk}为常数，I_1、I_2 和 I_3 为应变不变量，而且 $I_1 = \lambda_1^2 + \lambda_2^2 + \lambda_3^2$，$I_2 = \lambda_1^2\lambda_2^2 + \lambda_2^2\lambda_3^2 + \lambda_3^2\lambda_1^2$，$I_3 = \lambda_1^2\lambda_2^2\lambda_3^2$。（周　啸）

贮水率 ratio of store water

又称弹性给水度。水头变化一个单位时，单位体积含水层中弹性释放或贮存的总水量（体积）。其量纲为 $[L^{-1}]$，其值一般为 0.1～0.3。它是含水层弹性释放或弹性贮存的数值特征，只和水位波动带的岩性及时间有关，并渐趋一个固定值。（叶镇国）

贮水系数 coefficient of store water

又称弹性释放系数。当水头变化一个单位时，含水层从水平面积为一个单位面积、高度等于含水层厚度的柱体中所释放（或贮存）的水量（体积）。它是一个无量纲数，按下式计算

$$S = S_s M$$

式中 S 为贮水系数；S_s 为贮水率；M 为含水层厚度。通常 $S = 10^{-5} \sim 10^{-3}$，这小于 S_s（$S_s = 0.1 \sim 0.3$），故无压渗流时可取 $S = 0$，它和含水层岩性和液体性质有关，而与时间无关。（叶镇国）

驻波 standing wave

又称立波。水面只在原处起伏振动而外形不移动的波浪。它可分为深水立波与浅水立波两类。其水质点运动轨迹不再是封闭曲线，而是抛物线，抛物线的主轴向下，线形弯曲向上，每个水质点只在抛物线的一段距离上往复摆动，在波腹的断面上的水质点的轨迹是一段直线，在铅直墙面上永远出现波腹。波浪运动中的深水与浅水的概念是指水深与波长的比较，凡水深大于半波长时称为深水；凡水深小于半波长时称为浅水。立波的波形曲线是圆余摆线，其最大波高可为原推进波波高的两倍，其波压强的附加值为原推进波波压强附加值的四倍。尽管立波只发生在一个很短的时间内，而且事实上很

少遇到，但因它对建筑物能够产生很大的压力，因此在设计可能受到立波作用的建筑物时必须予以考虑。　　（叶镇国　郭　平）

驻点　stagnation point

又称滞止点。流体绕过障碍物时速度为零的点。此处全部动能转化为压能。毕托管测速仪就是利用这一特性制成的。流体流经障碍物时，在此处分岔的流线必有一个转折点，因此，流线不相交或转折的特性在此处例外。　　（叶镇国　刘尚培）

驻点压强　pressure at the stagnation point

又称滞止压强。驻点处压强比水流未被扰动处压强的增高值。即

$$p_s = \frac{\rho v_0^2}{2}$$

式中 p_s 称驻点压强；ρ 为流体密度；v_0 为流体未被扰动处的流速。若以 p_0 表示未被扰动处的压强，则驻点处总压强为

$$p_A = p_s + p_0 = \frac{\rho v^2}{2} + p_0$$

驻点压强及其总压强不仅仅应用于被阻塞的流动中，也可以应用于一切任意流动。由元流能量方程可得：

$$\frac{\rho v^2}{2} + p + \gamma z = \text{const}$$

式中$\frac{\rho v^2}{2}$可看成流体在考察处的驻点压强或动力压强。考察处的总压强则为

$$p_M = \frac{\rho v^2}{2} + p = 常量 - \gamma z$$

式中 z 为考察处位置高度；p、v 为考察处的压强和流速。若流线位于水平平面上，则 p_M 也是常量。此时，它就是恒定流能量方程式中的常量。

（叶镇国　刘尚培）

柱　column

在刚架和铰接排架等结构中以承受压力为主的竖杆。在大多数情况下，它们既受压力又受弯矩作用。进行内力分析时，对于计算简图中两端为铰接且不受横向荷载作用的杆件，按链杆（只受轴力）考虑，而对于既受压又受弯的杆件，则按梁式杆考虑。在实际设计时，除进行上述计算外，还应对这类杆件作压杆稳定性计算。通常是根据杆件两端的支承情况，确定其计算长度，进而确定其稳定折减系数 φ（轴心受压柱）或偏心距增大系数 η（偏心受压柱），以计算柱的承载能力。　　（罗汉泉）

柱比法　column analogy

利用数学算式之相似，将求解超静定结构截面弯矩的问题转化为偏心荷载作用下短柱应力的计算问题的一种结构分析方法。为美国 H·克劳斯教授首创。其解题步骤为：①去掉多余约束，将原结构转化为静定结构（即力法基本体系），求出它在原有荷载作用下的弯矩 M_s（称为静定弯矩）；②作出一假想的短柱，即比拟柱；③将 M_s 视为比拟柱的轴向分布荷载，求得比拟柱所受的总轴向压力 P 和偏心弯矩 M_x、M_y；④利用偏心受压柱的应力公式求得比拟柱各纤维的应力 σ，它在数值上即等于静定结构在多余未知力作用下的弯矩 M_i，但符号相反；即 $M_i = -\sigma$；⑤求原结构的实际弯矩 $M = M_s + M_i$。此法用于求变截面梁和曲梁的弯矩最为简捷，并可作为力矩分配法之辅助工具（求转动刚度、传递系数和固端弯矩等），以分析由变截面杆或曲杆所组成的刚架。它也可直接用于分析超静定次数不大于 3 的刚架。　　（罗汉泉）

柱体的扭转　torsion of cylindrical bars

等截面杆件仅在两端面承受扭矩作用时的扭转变形。在实际问题中，有时端面上受力分布情况是不清楚的，而仅知道其静力等效的合力；即使知道端面上力的分布情况，要按弹性力学方法求得严格满足端部边界条件的解也是很困难的。若利用圣维南原理将端部边界条件放松，即认为在离端面足够远处的应力仅与端面上外力的合力及合力矩有关。这样的问题称为圣维南问题。利用半逆解法，取应力分量或位移分量为基本未知量，并引进扭转应力函数或扭转位移函数来表示，可以求解截面为圆形、椭圆形、等边三角形以及矩形等简单形状柱体的扭转问题。对于复杂形状截面柱体的扭转问题，可采用薄膜比拟或数值计算方法。　　（刘信声）

柱体的弯曲　bending of cylindrical bars

等截面杆在横力作用下的弯曲变形。与柱体的扭转一样，它也是一种圣维南问题。利用半逆解法，并用弯曲应力函数表示剪应力分量，可以求解横截面形状为圆形、椭圆形、正方形等柱体的弯曲问题。柱体的弯曲问题也可与承受均匀拉力的薄膜进行比拟。　　（刘信声）

zhuan

转动方程　equation of rotation

见刚体的定轴转动（109 页）。

转动刚度　rotation stiffness

又称劲度系数。使 ik 杆的 i 端转动单位角度时，在转动端需施加的力矩。以 S_{ik} 表示。是力矩分配法中计算结点杆端的力矩分配系数的依据。对于等截面直杆，当为两端固定时，其两端的转动刚度均为 $S_{ki} = S_{ik} = 4i$；当 i 端固定，k 端为铰支时，$S_{ik} = 3i$；当 i 端固定，k 端为滑动支座时，

$S_{ik}=i$。其中 $i=\frac{EI}{l}$为该杆的线刚度。转动刚度的概念也可推广应用于曲杆和某些子结构中；当曲杆或子结构的某一端转动单位角度时，在该端所需施加之力矩，称为曲杆或子结构在转动端的广义转动刚度。 （罗汉泉）

转动惯量 moment of inertia

又称质量惯性矩（moment of inertia of mass），刚体转动惯量的简称。量度刚体转动时的惯性的物理量，它表征刚体对某一轴或某一点的质量分布情况。刚体对任意轴 z 的转动惯量：$J_z=\Sigma(m_ir_i^2)$，r_i 是质量为 m_i 的任意质点到该轴的距离；对 O 点的转动惯量：$J_0=\Sigma(m_iR_i^2)$，R_i 是任意质点到该点的距离。具有规则形状的均质物体，其转动惯量用积分法计算。由几部分组成的刚体对某轴或某点的转动惯量，等于各部分对该轴或该点的转动惯量之和。对坐标原点与对直角坐标轴的转动惯量之间有关系 $J_0=\frac{1}{2}(J_x+J_y+J_z)$；对于薄片型刚体，取其平面为 xy 坐标面时，$J_0=J_z=J_x+J_y$。

（黎邦隆）

转动加速度 rotational acceleration

见里瓦斯公式（207页）。

转动偶 rotation couple

刚体以等值、反向的角速度绕两平行轴转动的组合。这时，刚体作平动或瞬时平动。自行车脚蹬对车身的运动就是一例。刚体平动速度的大小等于任一角速度大小与两轴间距的乘积。

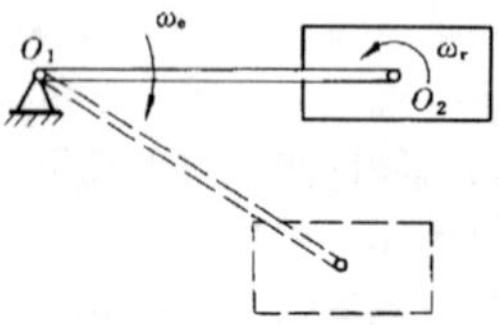

（何祥铁）

转换方程 state transformation equation

见状态变量（470页）

转角分配系数 distribution factor of rotation moment

用卡尼迭代法计算超静定刚架时，在转角弯矩的迭代公式中所引用的力矩分配系数。它只与汇交于该结点各杆的线刚度 i_{ik} 有关。ik 杆在 i 端的转角分配系数以 μ'_{ik}表示，可按下式计算

$$\mu'_{ik}=-\frac{1}{2}\frac{i_{ik}}{\sum\limits_{(i)}i_{ik}}$$

式中，$\sum\limits_{(i)}i_{ik}$为汇交于结点 i 各杆的线刚度之和。每一结点各杆端的转角分配系数之和应满足

$$\sum_{(i)}\mu'_{ik}=-\frac{1}{2}。$$

（罗汉泉）

转角弯矩 rotation moment

受弯杆件由于杆端转角所产生的杆端弯矩。包括近端转角弯矩和远端转角弯矩。是卡尼迭代法中引用的杆端弯矩的组成部分。对于 ik 杆（等截面杆）的 i 端来说，其近端转角弯矩 M'_{ik}表示当 i 端转动 φ_i 时在 i 端所产生的杆端弯矩之半，即 $M'_{ik}=2i_{ik}\varphi_i$，其远端转角弯矩 M'_{ki}表示当 k 端转动 φ_k 时在 i 端所产生的杆端弯矩，即 $M'_{ki}=2i_{ik}\varphi_k$（i_{ik}为 ik 杆的线刚度）；而对 k 端来说，M'_{ik}为其远端转角弯矩，M'_{ki}为其近端转角弯矩。转角弯矩的迭代公式为

$$M'_{ik}=\mu'_{ik}\left[M_i^g+\sum_{(i)}(M'_{ki}+M''_{ik})\right]$$

μ'_{ik}为 ik 杆 i 端的转角分配系数，M_i^g 为结点 i 的各杆端固端弯矩之和，M'_{ki}和 M''_{ik}分别为远端转角弯矩和侧移弯矩$\sum\limits_{(i)}(M'_{ki}+M''_{ik})$表示对汇交于结点 i 的各杆的远端转角弯矩和侧移弯矩求和。

（罗汉泉）

转角位移法 slope-deflection method

又称角变位移法。直接利用杆件的转角位移方程和结构的静力平衡条件建立位移法基本方程来解算超静定结构的方法。属位移法的算法之一。由德国学者 A·本迪克森于 1914 年提出。其主要步骤为：先由转角位移方程写出各杆的杆端弯矩（有时还要写出杆端剪力）表达式；根据各刚结点的力矩平衡条件和结构某一部分的平衡条件建立位移法方程，据此求出基本未知量（结点独立角位移和结点独立线位移，后者常以弦转角表示）Z_1、$Z_2\cdots Z_n$；将各基本未知量代回转角位移方程，可求得各杆端弯矩，进而即可作出最后内力图。 （罗汉泉）

转角位移方程 slope-deflection equation

又称为角变位移方程。直杆的杆端弯矩与杆端位移（角位移和线位移）、作用于杆件上的荷载之间的关系式。对于两端固定杆件，其形式为

$$\left.\begin{aligned}M_{ik}&=S_{ik}[\varphi_i+C_{ik}\varphi_k-(1+C_{ik})\beta_{ik}]+M_{ik}^g\\M_{ki}&=S_{ki}[\varphi_k+C_{ki}\varphi_i-(1+C_{ki})\beta_{ik}]+M_{ki}^g\end{aligned}\right\}\qquad(a)$$

式中，M_{ik}和 M_{ki}分别表示 ik 杆在 i 端和 k 端的弯矩；S_{ik}和 S_{ki}分别表示 i、k 两端的转动刚度；C_{ik}和 C_{ki}分别表示从 i 端向 k 端或从 k 端向 i 端的弯矩传递系数；φ_i、φ_k 分别为 i、k 两端的角位移，β_{ik}表示 ik 杆在两端发生相对线位移 Δ_{ik}后的弦转角；而 M_{ik}^g和 M_{ki}^g则分别为 i、k 两端的固端弯矩。公式中的杆端弯矩和角位移均规定以顺时针为正，β_{ik}也以顺时针方向为正。若为等截面直杆，其转角位移方程可简化为

$$\left.\begin{aligned}M_{ik}&=4i\left(\varphi_i+\frac{1}{2}\varphi_k-\frac{3}{2}\beta_{ik}\right)+M_{ik}^g\\M_{ki}&=4i\left(\varphi_k+\frac{1}{2}\varphi_i-\frac{3}{2}\beta_{ik}\right)+M_{ki}^g\end{aligned}\right\}\qquad(b)$$

式中，$i=\frac{EI}{l}$为杆件的线刚度。除式（a）、（b）所示两端固定杆件的转角位移方程外，还有一端固定、一端铰支杆和一端固定、另一端为滑动支座的杆件的转角位移方程。它们是位移法（包括转角位移法）的计算基础。若已求得了杆端位移 φ_i、φ_k 和 β_{ik}，利用上述方程即可算出其杆端弯矩，再运用杆件的平衡条件求出杆端剪力，进而即可求得杆件上任一截面的内力。也有某些文献将杆端剪力和杆端弯矩的表达式一并称为转角位移方程。

此外，在用位移法解算刚架稳定问题时，需要用到杆件考虑轴向力效应的转角位移方程，它称为压弯杆件的转角位移方程。这类方程在各种稳定问题的著作中有多种不同的表达形式。其中结构力学教材中的常见形式为（等截面杆件）

$$\left.\begin{aligned}M_{ik}&=2i\left[2\varphi_i\xi_1(u)+\varphi_k\xi_2(u)-\frac{3\Delta}{l}\eta_1(u)\right]\\M_{ki}&=2i\left[\varphi_i\xi_2(u)+2\varphi_k\xi_1(u)-\frac{3\Delta}{l}\eta_1(u)\right]\end{aligned}\right\}\qquad(c)$$

式中，$i=\frac{EI}{l}$为杆件 ik 的线刚度，φ_i，φ_k，Δ 分别表示杆件两端的转角和相对线位移；函数 $\xi_1(u)$、$\xi_2(u)$和 $\eta_1(u)$称为考虑轴向力效应的修正系数，它们包含了轴压力 P 的影响$\left(u=l\sqrt{\frac{P}{EI}}\right)$，有现成表格可供查用。当 $P=0$ 时，各项修正系数均等于1，式（c）便转变为普通梁式杆的转角位移方程（b）。

（罗汉泉）

转轴时应变分量的变换 transformation of strain components on rotating axes

当坐标系旋转时，旋转前后坐标系内应变分量之间的关系。与转轴时应力分量的变换一样，坐标系变换时只考虑转轴的情况。转轴前的坐标系为 $Oxyz$，应变分量为 ε_x，ε_y，ε_z，γ_{xy}，γ_{yz}，γ_{zx}，转轴后的坐标系为 $Ox'y'z'$，与原坐标系各轴的方向余弦为 $\alpha_{i'j}$，应变分量 $\varepsilon_x{}'$与 $\gamma_{x'y'}$分别为

$$\begin{aligned}\varepsilon_{x'}&=\varepsilon_x l_1^2+\varepsilon_y m_1^2+\varepsilon_z n_1^2+\gamma_{xy}l_1m_1\\&\quad+\gamma_{yz}m_1n_1+\gamma_{zx}n_1l_1\\\gamma_{x'y'}&=\gamma_{y'x'}=2(\varepsilon_x l_1l_2+\varepsilon_y m_1m_2+\varepsilon_z n_1n_2)\\&\quad+\gamma_{xy}(l_1m_2+l_2m_1)+\gamma_{yz}(m_1n_2+m_2n_1)\\&\quad+\gamma_{zx}(n_1l_2+n_2l_1)\end{aligned}$$

通过 x'，y'，z'的轮换，可以得到其余四个分量的表达式。用张量符号表示时则写成

$$\varepsilon_{i'j'}=\alpha_{i'j}\alpha_{j'i}\varepsilon_{ij}$$

当 $i\neq j$ 时 ε_{ij}为相应剪应变 γ_{ij}的一半。

（刘信声）

转轴时应力分量的变换 transformation of stress components on rotating axes

当坐标系旋转时，旋转前后坐标系内应力分量之间的关系。以笛卡尔坐标系为例，记变换前的坐标系为 $Oxyz$，变换后为 $O'x'y'z'$。在一般情况下，可将变换后的坐标系看作是由原坐标系的平移和转动而得到的，由于坐标系的平移对于同一点的各应力分量不产生任何变化，因此只需研究转轴的情况。设转轴前后坐标系各轴之间的方向余弦 $\alpha_{i'j}$如表所示，转轴前的应力分量为 σ_x，σ_y，σ_z，τ_{xy}，τ_{yz}，τ_{zx}，则转轴后的应力分量为

	x	y	z	
x'	l_1	m_1	n_1	
y'	l_2	m_2	n_2	
z'	l_3	m_3	n_3	

$$\begin{aligned}\sigma_{x'}&=\sigma_x l_1^2+\sigma_y m_1^2+\sigma_z n_1^2+2\tau_{xy}l_1m_1\\&\quad+2\tau_{yz}m_1n_1+2\tau_{zx}n_1l_1\\\sigma_{y'}&=\sigma_x l_2^2+\sigma_y m_2^2+\sigma_z n_2^2+2\tau_{xy}l_2m_2\\&\quad+2\tau_{yz}m_2n_2+2\tau_{zx}n_2l_2\\\sigma_{z'}&=\sigma_x l_3^2+\sigma_y m_3^2+\sigma_z n_3^2+2\tau_{xy}l_3m_3\\&\quad+2\tau_{yz}m_3n_3+2\tau_{zx}n_3l_3\\\tau_{x'y'}&=\tau_{y'x'}=\sigma_x l_1l_2+\sigma_y m_1n_2+\sigma_z n_1n_2\\&\quad+\tau_{xy}(l_1m_2+l_2m_1)+\tau_{yz}(m_1n_2+m_2n_1)\\&\quad+\tau_{zx}(n_1l_2+n_2l_1)\\\tau_{y'z'}&=\tau_{z'y'}=\sigma_x l_2l_3+\sigma_y m_2m_3+\sigma_z n_2n_3\\&\quad+\tau_{xy}(l_3m_2+l_2m_3)+\tau_{yz}(m_3n_2+m_2n_3)\\&\quad+\tau_{zx}(n_3l_2+n_2l_3)\\\tau_{z'x'}&=\tau_{x'z'}=\sigma_x l_1l_3+\sigma_y m_1m_3+\sigma_z n_1n_3\\&\quad+\tau_{xy}(l_1m_3+l_3m_1)+\tau_{yz}(m_1n_3+m_3n_1)\\&\quad+\tau_{zx}(n_3l_1+n_1l_3)\end{aligned}$$

上式表明，当坐标系作转轴变换时，应力分量遵循张量的变换规律，用张量符号表示时写成

$$\sigma_{i'j'}=\alpha_{i'j}\alpha_{j'i}\sigma_{ij}$$

由转轴公式可以求得某些特殊截面上的应力分量。

（刘信声）

zhuang

装配应力 assembly stress

结构因杆件制造尺寸不准确在装配时所引起的、自我平衡的内应力。它是初始应力 的一种，只存在于超静定结构中。装配应力有时有害，但有时也有利于结构增强其承载能力或增强结构的安全度。

（郑照北）

状态变量 state variable

表征多阶段决策过程中各阶段所处状态的变量。这些变量的全体称为状态。对于特定的阶段来说，有输入状态和输出状态。某一阶段的输入状态同时亦是它上一阶段的输出状态。输出状态由这一阶段的输入状态和决策变量确定，其间的函数关系称为转换方程。有时也将线性规划中基变量称为状态变量。 （刘国华）

状态方程 state equation

表征流体压强、流体密度、温度等三个热力学参量的函数关系式。不同流体模型有不同的状态方程。它可用下述关系表示

$$p = p(\rho T)$$

$$U = U(\rho T)$$

式中 p 为压强；ρ 为流体密度；T 为热力学温度；U 为单位质量流体的内能。完全气体的状态方程为

$$p = \rho RT$$

式中 R 为气体常数；$R = 287.14\text{m}^2/(\text{s}^2\text{K})$。比热为常数的完全气体的状态方程为

$$U = C_v T$$

式中 C_v 为定容比热。 （叶镇国）

撞击中心 center of percussion

又称打击中心。具有质量对称面且绕垂直于此平面的固定轴转动的刚体，受到对称面内的碰撞冲量作用而不引起轴承动反力时，此冲量与转动轴到质心的连线的交点。不引起轴承动反力的必要与充分条件为：碰撞冲量 $\boldsymbol{S}$ 与上述连线 OC 垂直，且 $\boldsymbol{S}$ 与连线的交点 O_1 到 O 点的距离 $h = J_0/Ma$。式中 J_0 是刚体对 O 轴的转动惯量，M 为刚体的质量，a 为质心 C 到 O 轴的距离。撞击中心正好与刚体作为复摆时的摆心重合，即 h 等于复摆的简化长度。

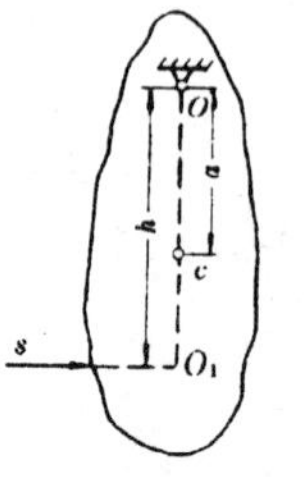

（宋福磐）

zhui

追赶法 method for the solution of systems with tridiagonal matrix

用向前、向后回代步骤解三对角方程组的方法。对于三对角方程组 $\boldsymbol{Ka} = \boldsymbol{P}$，$\boldsymbol{K}$ 的主对角元素为 b_i，而上下副对角元素为 c_i 和 d_i。首先作分解 $\boldsymbol{K} = \boldsymbol{LS}$，其中下三角阵 $\boldsymbol{L}$ 只有主对角元素 l_i 和副对角元素 d_i 两列非零，上三角阵 $\boldsymbol{S}$ 的主对角元素为 1，副对角元素为 s_i，其余均为零。

$$l_1 = b_1$$

$$s_i = c_i/l_i,\quad l_{i+1} = b_{i+1} - d_i s_i \quad (i = 1,2,\cdots,n-1)$$

然后由 $\boldsymbol{LV} = \boldsymbol{P}$ 可求 $\boldsymbol{V}$，再由 $\boldsymbol{Sa} = \boldsymbol{V}$ 求解 $\boldsymbol{a}$ 得

$$v_1 = p_1/l_1$$

$$v_i = (p_i - d_{i-1}v_{i-1})/l_i,\qquad (i = 2,3,\cdots,n)$$

$$a_n = v_n,\ a_i = v_i - s_i a_{i+1} (i = n-1, n-2,\cdots,1)$$

解 $\boldsymbol{V}$ 用向前回代称“追”，解 $\boldsymbol{a}$ 用向后回代称“赶”，追赶法由此得名。 （姚振汉）

zhun

准脆性断裂 quasi-brittle fracture

裂纹周线附近的材料偏离线弹性的区域的特征尺寸远小于裂纹长度（或物体的其他特征尺寸）的断裂现象。相应的材料称为准脆性材料。

（罗学富）

准定常塑性流动 quasi-steady plastic flow

又称几何相似非定常塑性流动。平面应变情况下塑性区保持几何相似的塑性变形过程。即在塑性流动过程中，塑性区的大小改变，但仍保持几何相似，因而滑移线场随塑性流动的发展而不断几何相似地扩大，但其速度平面内的映象保持不变。例如，光滑刚性楔体压入半无限刚塑性介质的变形过程就属于此类。 （熊祝华）

准静态问题 quasi-static problem

又称拟静态问题。粘弹性边值问题中惯性力可以忽略不计的问题。这种情况下采用静力平衡方程，但其中应力分量与时间相关。

（杨挺青）

准岩体强度 pseudo-strength of rock mass

用实验室测得的岩石强度间接确定的岩体强度。小尺寸岩石试件的强度与岩体强度之间存在一定的函数关系，如果用岩石试件的单轴抗压（拉）强度乘以完整性系数（日本称为龟裂系数）K，则得准岩体强度为

$$R_{\text{Mc}} = K_{R_\text{c}}$$

或

$$R_{\text{Mt}} = KR_\text{t}$$

其中 R_{Mc}、R_{Mt}为准岩体抗压和抗拉强度；R_c、R_t 为岩石试件单轴抗压或抗拉强度。

（屠树根）

准则步 recurrence step using optimality

根据与所用设计准则相应的递推关系对设计变量进行修改的迭代步骤。是准则法进行结构优化设计时的主要内容。利用这一步骤可使结构逐步满足相应的设计准则。例如，采用满应力准则时，用应力比修改结构各构件的截面尺寸，即为满应力设计中的准则步。 （汪树玉）

准则法 criterion approach

通过调整设计变量使结构满足预先规定的某种准则，以达到或认为是达到优化目标的一类优化设计方法。准则可以根据设计经验和力学概念直观地确定，如同步失效准则，满应力准则等；亦可根据数学规划中最优性条件理性地推出。前者称感性准则，后者称理性准则。准则法的主要优点是收敛比较快，迭代次数不随设计变量的增多而急剧增加，在一定条件下准则法的解能给出结构优化设计的局部最优解；缺点是适用范围较窄，目前多数限于处理以截面尺寸为设计变量的结构优化设计。此外不同约束有不同的准则亦是它的弱点。（汪树玉）

准作用约束 approximate active constraints

见作用约束（481页）。

zhuo

卓坦狄克可行方向法 Zoutendijk's feasible direction method

通过求解一个线性规划问题来确定下降可行方向的一种可行方向法。1960年由G. 卓坦狄克（Zoutendijk）提出，是最早的一种可行方向法。它借助于迭代点上目标函数和作用约束的梯度，构造一个线性规划问题来确定可行的最速下降方向；沿该方向作一维搜索获得一个新的迭代点，这新点要么是边界点（至少使一个约束成为作用约束），要么是内点（是搜索方向上的一维无约束极小点），然后再从新点出发，继续上述步骤，直到逼近最优点为止。该法的优点是所生成的点列是可行点，缺点是收敛速度缓慢。（刘国华）

卓越周期 dominant period

对随机荷载的记录（例如强风脉动、地震等）作频谱分析，得出的频谱曲线上的峰值周期。强风的卓越周期与风力大小、风结构等有关，对于一次强风过程，在同一地点所得的卓越周期是相同的。（田　浦）

zi

子结构 substructure

结构分析中，取作超级单元的结构子块。当结构中有多块相同的部分时，可取相同的部分作为子结构；当结构的变化只在局部时，可将不变部分划作若干子结构，变化部分划成另外的子结构。子结构中也可再套子结构，形成多重子结构。先分析子结构的力学特性；再由它们合成整体结构，得出整个结构的力学特性。大型结构应用子结构概念进行分析，可以将问题由大化小，使小型计算机可以计算大问题。（包世华、洪范文）

子结构法 method of substructure

将结构视作子结构组合体的分析方法。基本作法是：①将结构划分为子结构，分析子结构的力学特性，得出子结构的特性方程；②将子结构合成整体结构，使其满足平衡和变形条件，得出整个结构的结果。子结构法可以将大型问题化小，分阶段分析，达到小计算机解大问题的目的。（包世华、洪范文）

子空间迭代法 subspace iteration method

大型特征值问题比较有效的解法之一，基本思想是假设 r 个起始向量同时迭代以求得前 s 个（$s<r$）特征值和特征向量。计算过程是，首先选取 r 个起始向量，构成 $n\times r$ 的起始向量矩阵 $\boldsymbol{x}_0$，并形成 $\boldsymbol{Y}=\boldsymbol{M}\boldsymbol{x}_0$，然后求解 $\boldsymbol{K}\boldsymbol{x}_1=\boldsymbol{Y}$，以 $\boldsymbol{x}_1$ 的各向量为基建立子空间，形成子空间的广义特征值问题 $\widetilde{\boldsymbol{K}}\boldsymbol{\Phi}^*=\lambda^*\widetilde{\boldsymbol{M}}\boldsymbol{\Phi}^*$，其中 $\widetilde{\boldsymbol{K}}=\boldsymbol{x}_1^{\mathrm{T}}\boldsymbol{K}\boldsymbol{x}_1$，$\widetilde{\boldsymbol{M}}=\boldsymbol{x}_1^{\mathrm{T}}\boldsymbol{M}\boldsymbol{x}_1$。接着用求解阶数较低的广义特征值问题的有效方法求解，λ^* 就是原问题特征值的近似值，相应的特征向量为 $\boldsymbol{x}_1\boldsymbol{\Phi}^*$。检查前 s 个 λ^* 是否满足迭代的精度要求，若尚未满足，形成新的 $\boldsymbol{Y}=\boldsymbol{M}\boldsymbol{x}_1\boldsymbol{\Phi}^*$ 返回迭代。（姚振汉）

自激振动 self-excited vibration

又称自感振动。在非线性系统内由非振动性能量转变为振动激励而产生的振动。例如，当小提琴的弓往一个方向移动，弦获得非振动的能量而振动发音；打秋千；机床的高频振动；机翼的颤振；等等。它是不存在强迫外力产生的振动，其激励力是系统本身的位移、速度或加速度的函数，是由系统自身运动所产生或控制的，随运动停止而消失。自激振动系统在运动中有能量损失，但由于这种系统存在负阻尼，可从外界吸入能量而使运动增大。当损失的能量与吸入的能量相等时，则形成周期性运动；当损失大于吸入时则振幅减小，当损失小于吸入时则振幅增大，系统变为不稳定，最终导致破坏。（陈树年）

自来水表 tapwater meter

又称速度式流量计。测量过流水管的总水量的仪器。它主要由外壳、翼轮、转动机构、计数机构等构成。水流流过时带动翼轮旋转，其转速与过流量成正比。翼轮的转动通过齿轮传动机构带动计数机构，再由指针指示出水流量。翼轮形状有平翼轮式和螺旋翼轮式两种。前者适用于测量小流量，后者适用于测量大流量。平翼轮式根据计数机构是否直接放入水中分为湿式和干式两种。湿式适用于4～30℃的低温水，干式适用于90℃以下的热水。

都仅能测量单向水流流量总和，不能指示瞬时流量。 (彭剑辉)

自流井 artesian well

又称承压井。自流层供水的井。所谓自流层即两不透水层间渗流所受的压强大于大气压的含水层，亦称承压层。对井底直达不透水层的自流井，称为完全自流井，否则称为非完全自流井。非完全自流井的产水量按经验公式计算，对于完全自流井，其产水量及测压管水头线方程如下式

$$Q = 2.73\frac{kts}{\lg\frac{R}{r_0}}$$

$$z - h = 0.366\frac{Q}{kt}\lg\frac{R}{r_0}$$

$$s = H - h$$

式中 Q 为产水量；k 为渗透系数；t 为含水层厚度；H 为凿穿上覆盖不透水层时，地下水位上升的高度；h 为井中水深；z 为距半径 r 处的测管水头；r_0 为井的半径；R 为影响半径，由现场测定或按经验公式计算。 (叶镇国)

自模拟 self-simulation

把原型本身视为模型的一种研究方法。在该方法中，模型各部分尺寸和材料与原型的尺寸和材料完全一致。 (袁文忠)

自然边界条件 natural boundary condition

又称本质边界条件。泛函驻值问题中，由泛函驻值条件导出的边界条件。泛函驻值问题中，把边界条件分为基本边界条件和自然边界条件两类。基本边界条件是要求泛函的自变函数事先必须满足的，自然边界条件是当泛函取驻值后自然得到满足的。例如，应用最小势能原理求弹性体的位移时，体系的位移边界条件是基本边界条件，体系的静力边界条件是自然边界条件。在有限元法等近似分析中，这类条件只能得到近似满足。 (支秉琛)

自然平衡拱 natural equilibrious arch

又称天然拱或塌落拱。普氏压力拱理论中提出的洞室上部围岩塌落后形成的平衡结构。一般认为是抛物线型。 (周德培)

自然形成法

在回流式大气边界层风洞中控制底壁温度用来形成温度分层的常用方法。在第三拐角前方使用热交换器造成气流有 5℃～95℃ 范围的环境温度，在试验段入口上游底壁的一定长度上装有加热或冷却装置，能控制底壁壁温在 5℃～200℃ 范围内调节，这样便可在下游的实验段中得到速度边界层和温度边界层相匹配的模拟的大气边界层。当环境气流加热而底壁冷却时，可获得稳定状态的温度层结；反之，环境气流冷却底壁加热时，可获得不稳定的逆温层结。风洞洞体都应认真采取绝热保温措施。 (施宗城)

自然休止角 slope of repose

无粘性土自然堆积所形成的土坡的极限坡角，数值等于松散状态下的内摩擦角 φ。无粘性土土坡的坡角等于自然休止角时，抗滑力等于滑动力，稳定安全系数等于1.0，土坡处于极限平衡状态。无粘性土土坡稳定性与坡高无关，仅取决于坡角。只要坡角小于自然休止角，土坡就是稳定的。 (龚晓南)

自然轴系 axes of a natural trihedron

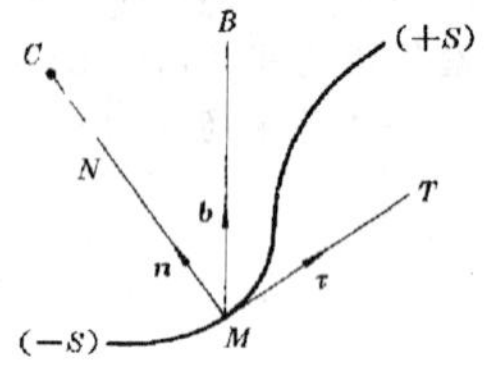

由轨迹曲线上动点所在处的切线、主法线及副法线构成的正交轴系。这三轴的单位矢量 $\boldsymbol{\tau}$、$\boldsymbol{n}$、$\boldsymbol{b}$ 有如下约定：切线单位矢量 $\boldsymbol{\tau}$ 沿切线 MT，指向轨迹的正向；主法线单位矢量 $\boldsymbol{n}$ 沿主法线 MN，指向曲率中心 C；副法线单位矢量 $\boldsymbol{b}$ 沿副法线 MB，指向由 $\boldsymbol{\tau}\times\boldsymbol{n}$ 决定。与直角坐标系不同，该正交轴系的原点及各轴的方向均随动点在轨迹曲线上的位置而改变，单位矢量 $\boldsymbol{\tau}$、$\boldsymbol{n}$、$\boldsymbol{b}$ 成为变矢量。自然轴系的引入，使得点的加速度沿自然轴的分量有明确的物理意义。 (何祥铁)

自锁 self-locking

当作用在物体上所有主动力的合力 $\boldsymbol{Q}$ 的作用线在摩擦锥面内时，不论该力如何大，物体都能保持平衡的现象。它在工程上有重要应用，例如千斤顶的螺杆、夹紧装置中的楔子等都要求不论承受多大压力，都不至自行松脱。与此相反，若上述 $\boldsymbol{Q}$ 力的作用线在摩擦锥面以外，则无论该力如何小，物体都将滑动。这在工程上也有应用，例如手动水闸门在洪水来临时须能自动开启，不被卡住以便及时排洪。 (彭绍佩)

自由变量 free variables for linear programming

线性规划中没有非负性条件的设计变量。若问题中含有这种变量，为构成线性规划标准式，常以两个相减的非负设计变量替代之，使优化设计数学模型中的所有设计变量均为非负设计变量。替代前后的最优解是等价的。具有自由变量的线性规划问题有时亦可利用对偶理论化为对偶问题直接求解。 (刘国华)

自由表面 free surface of liquid

液体和气体的分界面。对于开敞容器和江、河、湖、海中的液体，其自由表面处的压强等于当

地大气压强；当为密闭容器时，其自由表面处的压强可不等于大气压强。自由表面也是一种等压面，且垂直于液体所受的质量力；对于只受重力作用的液体，其自由表面为一近似的水平面。(叶镇国)

自由波 free wave

又称余波。外力停止作用时仍继续传播的波。例如地震或山崩停止后的波以及风成波传播到风区以外的情形。实际上，波浪是一种复杂的、随机性的波动，在研究时，为了便于探明其运动的基本特性，往往先从较简单规则的自由波开始。

(叶镇国)

自由出流 free discharge

下游水位或出口处水位不影响泄流能力的出流状态。孔口及管道的水流直接流入空气中的出流状态、宽顶堰流收缩断面处水深小于临界水深时的出流状态等均属此类。(叶镇国)

自由大气层 free atmospheric layer

大气边界层以上（即高度 500～1000m 以上）的大气。其运动不受地表摩擦力的影响。

(石　沅)

自由度 degrees of freedom

独立虚位移的个数。对完整系统而言，独立虚位移的个数等于其广义坐标数，故有时用广义坐标个数来定义。以 N 表自由度，则自由质点的 $N=3$，定轴转动与平面运动刚体的 N 值各为 1 与 3，定点转动刚体的 $N=3$，一般运动刚体的 $N=6$。完整系统的 N 值也等于其各质点的直角坐标总个数减去约束方程的个数；如 n 个质点组成的质点系有 S 个几何约束（包括可积分的运动约束）及 S_1 个非完整约束方程，则其 N 值为 $3n-S-S_1$。平面机构与平面结构的每个构件不受约束时的 $N=3$，故如有 n 个构件，则其 N 值为 $3n$ 减去系统所受内外约束使其减少的自由度总数。(黎邦隆)

自由度缩减 condensation of degree of freedom

在振动自由度较多的多自由度体系上建立运动方程后，再采用降阶的方法对其求解，使自由度数目得以减少的过程。它不仅能使计算简便，还能保证所得的较低的频率和相应振型具有足够的精度。

(洪范文)

自由结点荷载向量 nodal load vector

见结点力向量（171 页）。

自由结点位移向量 nodal displacement vector

见结点位移向量（171 页）。

自由面流动 flow with free surface

具有自由表面且其上各点受大气压强作用的流动。因为自由表面位置在计算前是未知的，并且如以流速或流函数或势函数为未知量时，其边界条件是非线性的，从而给计算带来一定的困难。目前对自由面流动计算，常采用迭代法、复变换函数法或用可变域变分法形成有限元进行求解。(王　烽)

自由射流 free jets

又称非淹没射流。进入大气介质的液体射流。这种射流的结构随应用要求可有明显差异。在工程中，水力挖土需要射流紧密结实；消防射流需要冲击力强，有足够大的作用半径；人工降雨用射流则需要喷射均匀分散，这些都靠改变喷嘴结构的办法来实现。目前只是对消防射流研究较多。实验得出，自由射流中的压强可以认为等于周围介质的压强，在自由射流的所有断面，单位时间内通过的流体的总动量为常数，即动量通量为常数。

(叶镇国)

自由水 free water

存在于土粒表面电场影响范围以外的水。按其所受作用力不同分重力水和毛细水。(朱向荣)

自由水头 free head

保证用水点一定流量所需的压强水头。在进行管网的干管设计时，它应满足用水点的消防、楼房、扩建的要求。(叶镇国)

自由水跃 free hydraulic jump

在明渠中不借助任何障碍物所形成的水跃。

(叶镇国)

自由体 free body

可在空间不受限制地任意运动的物体。如自由落体、抛射体、正在飞行的飞机、导弹、人造卫星等。把研究对象从周围物体中隔离开以后也称自由体（参见隔离体，118 页）。(彭绍佩)

自由体积理论 free volume theory

把液态和固态物质的体积区分为占有体积和自由体积两部分来解释液体的粘度与温度的关系，推导 WLF 方程和解释玻璃化转变机理及其影响因素的一种理论。在一定的温度下，液态物质内部处于高弹态的高聚物内的自由体积分数、构成自由体积的孔穴在尺寸和位置上的分布状态也是一定的。随着温度的升降，不但占有体积要热胀冷缩，而且自由体积也要热胀冷缩，孔穴的大小及其分布也要进行调整，以适应所处的温度。但是当物质处于玻璃态时，只有占有体积能热胀冷缩，而自由体积则因分子运动和链段运动的冻结而被冻结。这一理论把玻璃态视为等自由体积状态。(周　啸)

自由体图

见受力图（315 页）。

自由紊流 free turbulence

全称自由紊动射流。紊动发展不受固体边界约束且不存在粘性底层的远离固体边界的紊流。常见的自由紊流有两种形式：①射流。即从孔口等较小的断面喷射而出的一股流体。②尾流。即绕流物体后的涡量集中、紊动强烈的流动区。在通风、环境及水利等工程部门，射流是常见的工程问题。按质点运动的型态也可以分为层流和紊流型两类，在生产实际中，绝大多数属于紊流型。（叶镇国）

自由涡 free vortex

又称势涡。流体质点流速和涡心距离成反比的旋涡。这种旋涡一经某种扰动成涡后，理论上无须再加入能量，在有势质量力作用下流体继续作回转运动。但流体质点本身并不旋转，属于无旋流动。例如水泵中及蜗室内的流动基本上属此类。

（叶镇国）

自由振动 free vibration

又称固有振动。振动体系由于初干扰（初位移或初速度）的影响，而使质点围绕原有平衡位置所进行的无干扰力作用的振动。其运动方程分别为齐次常微分方程（单自由度体系）、齐次常微分方程组（多自由度体系）和齐次偏微分方程（无限自由度体系）。初干扰的大小会影响振动的振幅，而对自振周期、自振频率和振型没有影响。自由振动可以反映出体系的动力特性，它是分析体系受迫振动的基础。按照是否考虑阻尼，又可分为无阻尼自由振动和有阻尼自由振动两类，前者一般由不同频率的简谐振动叠加而成，后者则是随时间逐渐衰减的振动。（洪范文）

自由质点 free particle

未受任何约束的质点。如空中飞行的飞机、炮弹，宇宙空间的各个星体等，都可视为这种质点。这种质点的运动由给定的作用力和运动初始条件所完全确定。（宋福磐）

自由质点系 system of free particles

各质点未受到任何限制，因而可任意运动的质点系。例如将飞机看作质点时，空中的一队飞机。若系内某些质点受到外界的约束或各质点之间相互有约束作用，则称为非自由质点系。例如一台机器及其零、部件，建筑物或其构件，管道中的流体等，都是非自由质点系。（宋福磐）

自振频率 natural frequency of vibration

见固有频率（125页）。

自振周期 natural period of vibration

简称周期。体系发生自由振动时，任一质点重新回到原有运动状态所需要的时间。通常以 T 表示，单位为秒。它与自振频率互为倒数，同为动力特性的重要指标，都只与体系的质量分布和刚度特性有关，而与外界的干扰因素无关。通常质量越大，则频率越低，周期越长；刚度越大，则频率越高，周期越短。（洪范文）

自重应力 gravity stress

又称重力应力。岩（土）体自重产生的应力。可按岩（土）体是均匀连续介质的假定为基础的计算理论计算得到。按此理论，垂直方向的应力分量 σ_v 为

$$\sigma_v = \gamma h$$

式中 γ 为岩（土）体容重；h 为研究点至岩（土）体表面的深度。当埋深较小、上覆岩（土）体为多层不同岩（土）体时，为

$$\sigma_v = \sum_{i=1}^{n} \gamma_i h_i$$

式中 γ_i 和 h_i 分别为第 i 层岩（土）体的容重和厚度。水平方向的应力分量 σ_h 为

$$\sigma_h = \lambda \sigma_v$$

式中 λ 为侧压系数。（袁文忠　谢康和）

zong

综合结点荷载 integrated node load

简称结点荷载。在结构矩阵分析中，由作用在各单元的非结点荷载经过等效变换后集成所得的等效结点荷载与直接作用在结点上的原有荷载叠加而成的结点荷载。（洪范文）

综合误差 composition error

测量中各类误差合成得到的总误差。它是表征全部误差对测量影响的定量标志，也是测量结果准确度的评定标准。综合误差常按极限误差合成得到，也可按标准误差合成求得。按前者合成的综合误差为

$$\Delta_{\lim} = \Sigma \Delta_i \pm \Sigma e_i \pm \delta_{\lim}$$

式中 Δ_i 为测量中的已定系统误差极限值；e_i 为未定系统误差极限值；$\delta_{\lim}$为随机误差极限值。

（李纪臣）

综合消力池 combined stilling basin

既降低护坦高程又加设消力槛的消能工。其作用是为减小开挖量，降低消力槛高度，保证在池内发生淹没水跃，缩短急流段长度，消减下泄动能，控制水跃位置，以利河床防冲刷并增加主体建筑物的安全。其水力计算任务是决定池深、槛高及池长。为计算方便，可先按水流在池中及消力槛后均发生临界水跃，由此求得池深 S_0 及槛高 C_0，并使采用的池深 $S > S_0$，消力槛高 $C < C_0$，按此确定综合消力池的深度，即取 $S + C$。关于池长，若为矩形断面平坡渠道，可按下式计算

$$l = 1.74\sqrt{H_0(p_0 + S + C + 0.24H_0)} + (0.7 \sim 0.8) l_y$$

式中 l 为池长；H_0 为含流速水头的跌坎处水头；P_0 为跌坎高度；S 为消力池深；C 为消力槛高；l_y 为水跃长度。（叶镇国）

总流 total flow

无数元流组成的整股水流。工程上和日常生活中常遇的有压管流及明渠水流均属此类。

（叶镇国）

总流分散方程 dispersion equation for total flow

见纵向移流分散。

总水头 total head

又称单位总能。单位重量液体的总机械能。为位置水头、压强水头与流速水头三者之和。对于实际流体，因有水流阻力，总水头恒沿程减小，流体总是朝总水头小的方向流动。（叶镇国）

总水头线 total head line

液流沿程各点总水头的连线。对于理想液体，它为一水平线；对于实际液体，由于存在能量损失，当无外加或输出的能量时，它为一沿程下降的曲线；当两断面间有能量输入或输出时，它呈突变形式。（叶镇国）

总压 total pressure

又称全压或滞止压强。运动流体等熵滞止时所具有的压强。在不可压缩流体的流动中，总压等于静压与动压之和；在可压缩流体的流动中，总压大于静压与动压之和，即

$$p_{\text{total}} = p + \rho v^2/2 + \psi$$

式中 p_{total}为可压缩流动中的总压；p 为静压；ρ 为流体密度；v 为流速；ψ 为压缩因子

$$\psi = 1 + \text{Ma}^2/2 + \cdots\cdots$$

式中 Ma 为马赫数。在粘性流体流动或出现激波时，由于部分机械能耗散为热，流体的总压必然下降。（叶镇国）

总应力 total stress

作用在土体上的单位面积总力。对饱和土即为孔隙水压力与有效应力之和。（谢康和）

总应力路径 total stress path

用总应力表示的应力路径。（谢康和）

总应力破坏包线 total stress failure envelope

以总应力表示剪切破坏面上法向应力确定的莫尔包线。由该破坏包线可确定相应的总应力强度参数。（张季容）

总应力强度参数 total stress strength parameter

又称总应力强度指标。以总应力表示土中应力状态而得出的土的抗剪强度参数。包括粘聚力和内摩擦角，可由直接剪切试验或三轴压缩试验确定，通常用于地基强度的总应力分析方法中。

（张季容）

总余能偏导数公式 formula of partial derivative of total complementary energy

若将结构的总余能 Π^* 表为荷载（或未知力）的函数，则总余能对任一荷载 P_i 的偏导数等于与该荷载相应的位移 Δ_i。即

$$\frac{\partial \Pi^*}{\partial P_i} = \Delta_i$$

式中，Π^* 由结构的应变余能 U^* 和边界支承处已知位移的余能（$-\Sigma R_i C_i$）两部分组成：$\Pi^* = U^* - \Sigma R_i C_i$。其中 C_i 为边界支承处的已知位移，R_i 为与 C_i 相应的边界支承力。$\Sigma R_i C_i$ 为所有边界支承力在已知的边界相应位移上所作的总功。当边界支承处无支座位移（$C_i = 0$）时，体系的总余能即等于其应变余能，即 $\Pi^* = U^*$。利用总余能偏导数公式可导出克罗第一恩格塞定理，卡氏第二定理和力法基本方程等。（罗汉泉）

纵波 longitudinal waves

介质中质点的振动方向与波的传播方向互相平行的波。气体和液体中的声波即是纵波。固体中的弹性波也可以具有纵波的形式。纵波使介质产生体积应变，但不会使介质各部分发生刚性旋转；因此，弹性体内的纵波是无旋波。

（郭 平 叶镇国）

纵向移流分散 longitudinal convective dispersion

又称纵向离散。因断面上移流速度的差异而引起的纵向分散作用。它和分子运动或流体微团紊动所引起的扩散在概念上不同（见紊流扩散，375页）。对于一维流动，纵向移流分散关系如下

$$\frac{\partial C}{\partial t} + v\frac{\partial C}{\partial x} = \frac{1}{\omega}\cdot\frac{\partial}{\partial x}\left[\omega(D_{\text{L}} + D_{\text{t}})\frac{\partial C}{\partial x}\right]$$

式中 C 为断面平均浓度；v 为断面平均流速；t 为时间；ω 为过水断面积；D_{L} 为纵向移流分散系数；D_{t} 为垂向的紊动扩散系数。上式亦称总流分散方程。（叶镇国）

纵向振动散斑干涉测量术 axial vibration measurement using speckle interferometry

用时间平均法记录散斑图，以测量作面内（纵向）振动的物体表面振幅的一种光测力学方法。激光束均匀地照射到作面内振动的漫射物体表面时，物面空间形成散斑物。照相机聚焦于物体表面，用时间平均法记录散斑图。将此散斑图用全场分析法分析，可得表征等振幅的干涉条纹图。（钟国成）

ZU

足尺模型 full-scale model

又称全尺寸模型。与实物的几何外形、尺寸均相同的，满足试验要求的模型。（施宗城）

阻力平方区 square region of flow resistance

又称水力粗糙区、自动模型区。尼古拉兹试验曲线中水流阻力与流速成正比的部分。在此区内流动，即使雷诺数不同，只要几何相似，边界性质相同，也能自动保证模型流与原型流的相似，故有自动模型区之称。（叶镇国）

阻力曲线方法 resistance curve method

又称 R 曲线方法。根据裂纹扩展阻力 R 与裂纹稳定扩展量 Δa 之间的关系曲线（阻力曲线），分析裂纹的起始扩展、稳定扩展过程与失稳扩展状态，以及在某种给定的荷载下，确定裂纹稳定扩展量的方法。R 曲线通常看作材料的特性，与裂纹的初始长度 a_0 无关。也与测定 R 曲线的试件形状无关，它只是裂纹扩展量 Δa 的函数。（罗学富）

阻力相似准则 resistance similarity criterion

阻力相似必须遵循的准则。两个几何相似的流动要达成阻力相似，其佛汝德数 Fr 与水力坡度 J 的比值必须相等，即 $Fr_p/J_p = Fr_m/J_m$（下标 p 和 m 分别表示原型和模型量）。可以证明两流动的沿程阻力系数 λ 相等，便有 $Fr_p/J_p = Fr_m/J_m$。因此可以说，两个几何相似的流动要达到阻力相似，其沿程阻力系数必须相等，即 $\lambda_p = \lambda_m$。一般情况 $\lambda = f(Re, \Delta/d)$，对于紊流阻力粗糙区，$\lambda$ 只与相对粗糙度 Δ/d 有关，而几何相似的流动，其 Δ/d 必然相等，因此几何相似的两个紊流粗糙区的流动，其阻力必定相似，但对于层流或紊流非粗糙区的流动，因其阻力系数 λ 与 Re 和 Δ/d 都有关，因此它们要达到阻力相似的条件除了要求满足粗糙率相似外，还要求满足雷诺数相等，即要满足雷诺相似准则。（李纪臣）

阻尼 damping

振动系统在运动中可能遇到的各种阻力的统称。它包括两接触面间的滑动摩擦力、气体或液体介质的阻力、电磁阻力以及由于材料的粘弹性而产生的内部阻力等。（宋福磐）

阻尼比 damping ratio

阻尼系数 n 与固有频率 ω_n 的比值。用 ζ 表示，$\zeta = n/\omega_n$。它是表征系统阻尼大小和决定系统的运动性质的无量纲参数。在无外来干扰力的情况下，当 $\zeta<1$ 即 $n<\omega_n$ 时（小阻尼情形），系统的运动是衰减振动（见单自由度系统的衰减振动）。当 $\zeta>1$ 即 $n>\omega_n$ 时（大阻尼情形），系统的运动方程为 $q(t) = Ae^{-nt}\mathrm{sh}\left(\sqrt{n^2-\omega_n^2}t+\alpha\right)$，其中 A、α 是由运动的初始条件决定的积分常数。这时系统的运动已不是振动，在受到初始扰动而偏离平衡位置后，由于阻尼大的缘故，将缓慢地回到平衡位置。$\zeta=1$ 即 $n=\omega_n$ 时的阻尼称为临界阻尼，对应的阻力系数（见单自由度系统的衰减振动）$c_c = 2m\omega_n$ 称为临界阻力系数，此时系统的运动方程为 $x(t) = e^{-nt}(A_1 + A_2 t)$，也不是振动。临界阻尼情形是振动型和非振动型两种不同性质的运动的分界线。$\zeta<1$ 时又称为欠阻尼，$\zeta>1$ 时又称为过阻尼。

在土动力学中为材料阻尼的一种量度。土的阻尼比 D 一般由振动三轴试验或共振柱试验测定。用振动三轴试验测定时，按图示定义 $D = A_1/4\pi A_2$，A_1 是滞回圈总面积，A_2 是阴影部分的面积。共振柱试验是通过测定对数递减率来计算阻尼比的。D 值一般随应变幅的增大而增大，并分别随有效围压和加载次数的增加而减小。

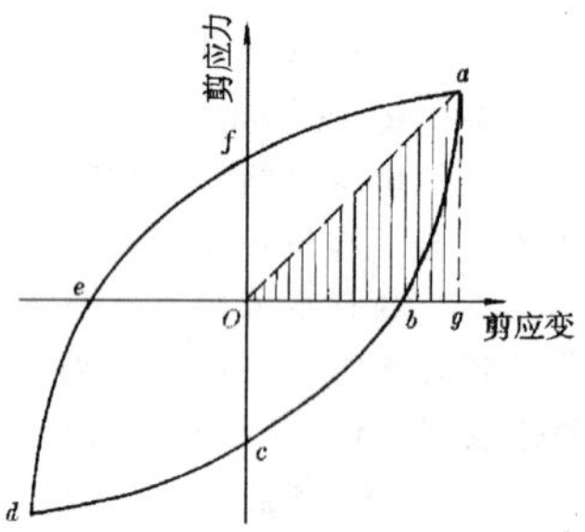

（宋福磐 吴世明 陈龙珠）

阻尼介质 damping continuum

能够耗散运动能量的介质。例如，阻尼介质可使自由振动逐渐衰减。若阻尼介质与时间有关，则在小振动中阻尼力与振动构件的速度成正比，方向与速度相反。阻尼力有线性的或非线性的。由线性阻尼力引起的阻尼称线性阻尼；由非线性阻尼力引起的阻尼称非线性阻尼。阻尼虽使系统能量耗散，但也可用以抑制共振响应，延长疲劳寿命，降低噪声水平和提高控制系统的稳定性。（徐秉业）

阻尼矩阵 damping matrix

在多自由度体系的运动方程中，由阻尼系数所组成的矩阵 C。通常为一满阵，反映了引起能量耗散的阻尼作用，由它所形成的阻尼力是运动方程中一项具有重要影响的因素。在较为常用而又简便的粘滞阻尼理论中，阻尼力向量 $\boldsymbol{R}$ 与速度向量 $\dot{\boldsymbol{Y}}$ 的关系即为 $\boldsymbol{R} = -\boldsymbol{C}\dot{\boldsymbol{Y}}$。阻尼矩阵中的元素（阻尼系数）$C_{ij}$ 表示第 j 个自由度方向的单位速度（其他自由度方向速度为零）在第 i 个自由度方向上产生的阻尼力。采用实测手段确定 $\boldsymbol{C}$ 是相当困难的，通常采用以下简化方式近似考虑：假定 $\boldsymbol{C}$ 与质量矩阵 $\boldsymbol{M}$ 成正比 $\boldsymbol{C} = a\boldsymbol{M}$；或假定 $\boldsymbol{C}$ 与刚度矩阵 $\boldsymbol{K}$ 成正比 $\boldsymbol{C} = b\boldsymbol{K}$，式中 a、b 为待定常数；更一般则是假定 $\boldsymbol{C}$ 以上述两种形式的线性组合形成 $\boldsymbol{C} = a\boldsymbol{M} + b\boldsymbol{K}$，称为瑞利阻尼或振型阻尼。这样，在振型分解法中利用振型正交性时，可将阻尼矩阵变换成为对角矩阵，达到使运动方程解耦的目的，故瑞利阻尼被广泛采用。（包世华　洪范文）

阻尼力　damping force

在振动过程中，对质点运动起阻碍作用，与其速度方向相反的阻力。它使体系的原有能量逐渐损耗，故可导致自由振动的衰减和停止，而在受迫振动中则必须由外部干扰力提供能量，才能使振动得以维持。振动中的阻尼力有多种来源，例如振动过程中材料间的内摩擦，结构与支承间的摩擦，周围介质阻力等。根据不同的阻尼因素，可以对其作出不同假设，如大小与质点速度无关的摩擦力，大小与质点速度平方成正比的流体阻力，但应用较广又较常见的是与速度成正比的粘滞阻尼力。根据粘滞阻尼所得的运动方程是线性的，其计算比较简便。其他类型的阻尼力有时也可化为等效粘滞阻尼力进行分析。（洪范文）

阻尼系数　damping coefficient

见单自由度系统的衰减振动（56 页）。

组合变形　combined deformation

杆件变形为两种或两种以上基本变形组合的情况。此时可将总荷载分解为与基本变形对应的分荷载，分别计算相应的基本变形及应力，再利用叠加原理将所得结果进行叠加。

（庞大中）

组合机构　combined mechanism

机构法中由某两个或两个以上的破坏机构所组合成的新的机构。用以组合新破坏机构的机构可以是基本机构，也可以是其他组合机构。在挑选已有机构组合新的机构时，应力求使其上有较多的塑性铰的转角能互相抵消（使塑性铰闭合），以使新机构中内力所做的总虚功尽可能小，以期求得较小的可破坏荷载。（王晚姬）

组合结点　mixed type joint

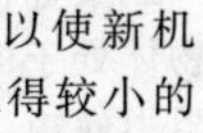

在同一联接处，某些杆件间为铰结，另一些杆件之间为刚性联接的结点。在这种结点上，各杆件之间的联接分别具有铰结点或刚结点的特性。（洪范文）

组合结构　composite structure

由梁式杆和链杆共同组成的杆件结构。两类杆件可采用同一种材料，也可以由不同材料做成。工程中常见的有加劲梁、组合屋架以及拱桁结构（图 *a*）、拱梁结构（图 *b*）等。这种结构能在充分发挥各部分材料力学性能的前提下提高结构的刚度和承载能力。计算这类结构时，须将两种不同受力特性的杆件加以区分，通常先求出链杆的轴力，然后再求梁式杆的内力。

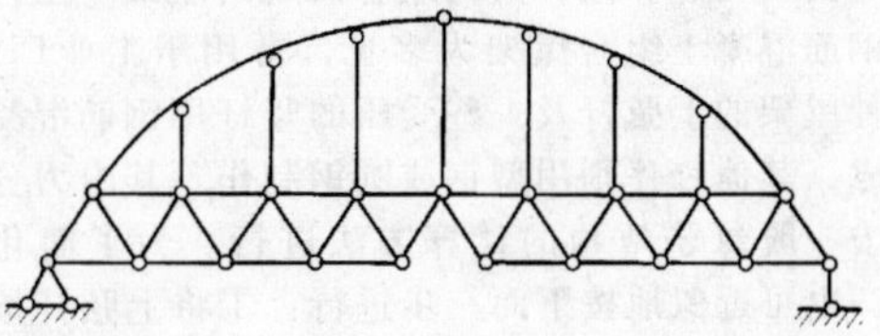

(*a*)

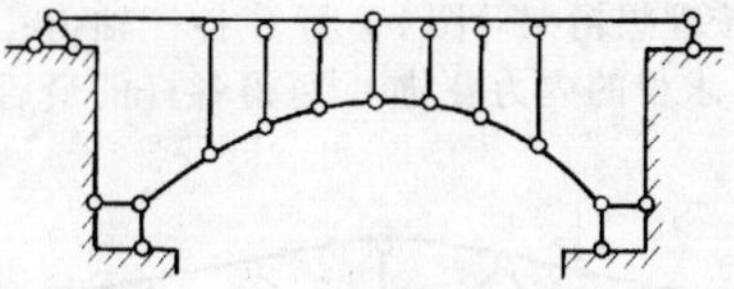

(*b*)

（何放龙）

组合块体　combination block

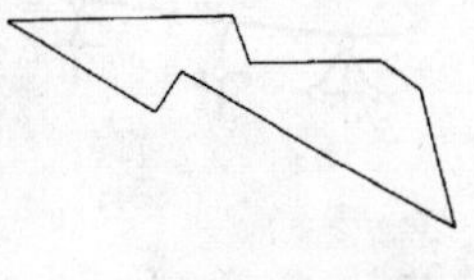

有限个凸体的和集。通常一个组合块体是非凸体，其边界是由节理面或自由面构成。图示为一个非凸体的八边形两维组合块体。（徐文焕）

组合梁　composite beam

由数种相同材料或不同材料组合而成的梁。诸如由几种型钢组合而成的梁以及由木材包以钢板或角钢的组合梁等。（吴明德）

组合未知力　generalized unknown forces

又称广义未知力。由若干个未知力线性组合而成的未知力，常用的是由两个未知力组合而成的成对未知力。当用力法选取对称的基本体系求解对称结构，而单个多余未知力不在对称轴上时，将无法得到正对称或反对称的单位内力图，因而力法典形方程中的副系数将不等于零。此时，若采用组合未知力，即若干对的未知力为正对称未知力，另一些为反对称未知力，则可使方程中较多的副系数等于零，达到简化计算的目的。如图 *a* 所示对称刚架，有两个多余约束，采用图 *b* 所示的基本体系和组合未知力 X_1（正对称）及 X_2（反对称），则可使力法方程中的副系数 $\delta_{12}=\delta_{21}=0$。

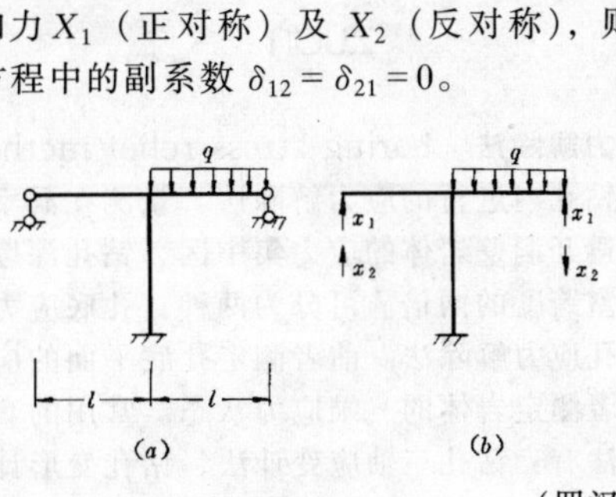

(*a*)　　(*b*)

（罗汉泉）

组合屋架　composite roof truss

由梁式杆和链杆共同组合而成的屋架。工程中以钢筋混凝土组合屋架为多见，常用于工业厂房。这种屋架的上弦杆及一些受压的竖杆用钢筋混凝土制成，其他杆件则用型钢或圆钢制作。其内力分析可按一般组合结构的计算方法进行。为了简化计算，也可近似地按下面三步进行：①将上弦杆按各结点均为刚性链杆支承的多跨连续梁（图 *b*）进行分析；②将上面求得的支座反力反向加于上弦结点，再按理想桁架（图 *c*）计算各杆轴力；③将由图 *b*、*c* 求得的内力叠加，可得各杆的最后内力。

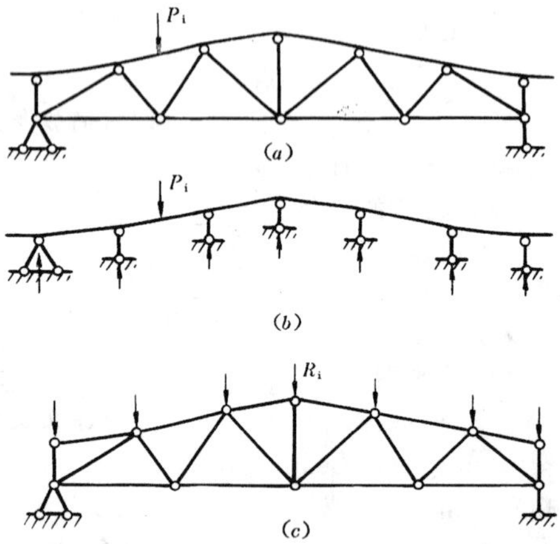

（何放龙）

组合系数 combined factor

以下公式所表示的系数

$$\alpha' = \frac{\sigma_f}{\sigma_0} = \alpha\sqrt{1 - \frac{\sigma_2}{\sigma_1} + \left(\frac{\sigma_2}{\sigma_1}\right)^2}$$

式中 σ_0 为基准应力（无应力集中存在时的基体名义应力）；σ_f 为考虑主应力 $\sigma_3 = 0$ 时的米泽斯等效应力；σ_1 与 σ_2 为应力集中点的主应力；α 为应力集中系数。组合系数 α' 将通常的应力集中系数 α 与塑性屈服的米泽斯准则结合起来。

（罗学富）

zuan

钻孔应力解除法 boring stress-relief method

在钻孔内进行的应力解除法。量测在洞室内进行，应避开洞壁岩体的应力集中区，钻孔深度一般大于洞室跨度的两倍。可分为两种：孔底应力解除法和套孔应力解除法。前者测定孔底平面的应力状态；后者测定岩体的三维应力状态。常用的套孔应力解除法有：钻孔三轴应变计法，钻孔变形计法和压磁应力计法。

（袁文忠）

zui

最不利荷载位置 most unfavourable position of load

使结构的某量值（内力或反力）产生最大值（最大正值和最大负值）的活荷载作用位置。多借助于影响线来确定。对于可动活荷载，可直接由影响线图形的正、负号面积确定其最不利荷载位置；对于移动活荷载则较复杂，其中对于承受移动活荷载的静定梁式结构，一般是先利用临界位置判别式找出使所求量值产生极值的各种荷载位置，然后从诸极值中得出最大值，其对应的荷载位置即为最不利荷载位置。（何放龙）

最大风速样本 sample of maximum wind speed

计算基本风速所需的风速子样。它是确定基本风速六个因素之一。一年之中，只有一次风速是最大的。每年都有一个最大风速值，因此选择年最大风速作为一个样本是较合适的。如果采用月最大风速或日最大风速，则每年最大风速在整个数列中只占 $\frac{1}{12}$ 和 $\frac{1}{365}$ 的权，大大降低了年最大风速在决定基本风压中的重要性。中国荷载规范 GBJ9 采用年最大风速作为样本进行统计计算。（张相庭）

最大干密度 maximum dry density

压实曲线峰值对应的干密度。单位为 g/cm^3。其值与土的种类、压实能量等有关。是控制填土密实度的重要指标。（朱向荣）

最大滚动摩阻力偶矩 maximum moment of couple of rolling resistance

又称极限滚动摩阻力偶矩或最大滚阻力偶矩。物体处于即将发生滚动的临界平衡状态时的滚动摩阻力偶矩。（彭绍佩）

最大剪应力 maximum shearing stress

主剪应力的最大值。若取坐标轴与三个应力主方向重合，则当 $\sigma_1 > \sigma_2 > \sigma_3$ 时，$\tau_{max} = (\sigma_1 - \sigma_3)/2$，作用在过 σ_2 轴且平分 σ_1 轴和 σ_3 轴夹角的微分面上；当 $\sigma_1 = \sigma_3 \neq \sigma_2$ 时，$\tau_{max} = (\sigma_1 - \sigma_2)/2$，作用在与 σ_2 轴成 45°角的圆锥面相切的微分面上；当 $\sigma_1 = \sigma_2 = \sigma_3$ 时，过该点的任何微分面上都没有剪应力。式中 σ_1、σ_2、σ_3 为主应力。

（刘信声）

最大剪应力理论 maximum shear theory

又称第三强度理论、特雷斯卡（Tresca）屈服准则。根据最大剪应力而建立的塑性屈服以及剪断的强度准则。此理论假定材料内某点处最大剪应力 τ_{max} 达到同一材料单向拉伸屈服时最大剪应力极限

值 τ_s 时，则材料在该点处即呈现塑性屈服现象。屈服准则可写成

$$\sigma_1 - \sigma_3 = \sigma_s$$

式中 σ_1、σ_3 分别为该点处最大及最小主应力；σ_s 为材料单向拉伸时的屈服极限。此理论多用于塑性材料的屈服条件或其它材料的剪断条件。由此建立的强度条件为

$$\sigma_1 - \sigma_3 \leqslant [\sigma]$$

式中 $[\sigma]$ 为材料的许用应力。 （吴明德）

最大静摩擦力 maximum static frictional force

又称极限静摩擦力（limiting static frictional force）。物体处于即将发生滑动的临界平衡状态时的摩擦力。因它是物体保持静止与发生滑动之间的分界标志，所以对于解决考虑滑动摩擦的平衡问题非常重要。 （彭绍佩）

最大拉应力理论 maximum tensile stress theory zui

又称第一强度理论。根据最大拉应力所建立的脆性断裂准则。此理论假定材料内一点处的最大拉应力 σ_1 达到同一材料单向拉伸时强度极限 σ_b 值时，则将产生脆性断裂。此准则可写成

$$\sigma_1 = \sigma_b$$

此理论多用于脆性材料。由此建立的强度条件为

$$\sigma_1 \leqslant [\sigma]$$

式中 $[\sigma]$ 为材料的许用应力。 （吴明德）

最大能量释放率准则 maximum energy release rate criterion

又称 G 准则。以能量释放率作为参量确定裂纹扩展方向与临界状态的准则。这一准则认为：在以裂纹尖端为中心的同心圆上，裂纹扩展是沿着能量释放率 G 取极大值的方向进行的。当沿该方向的最大能量释放率 G_{max} 达到某一临界值 G_{cr} 时，裂纹即开始扩展。在平面应变状态下，上述临界值 G_{cr} 就是材料的断裂韧性 $G_{\text{I}c}$。 （罗学富）

最大伸长应变理论 maximum tensile strain theory

又称第二强度理论。根据最大伸长应变而建立的脆性断裂准则。此理论假定材料内一点处的最大伸长应变 ε_1 达到同一材料单向拉伸断裂时最大伸长应变的极限值 $\varepsilon_b\left(\varepsilon_b=\dfrac{\sigma_b}{E}\right)$，则产生脆性断裂。此准则可写成

$$\sigma_1 - \nu(\sigma_2 + \sigma_3) = \sigma_b$$

式中 σ_1、σ_2、σ_3 为该点的主应力；ν 为材料的泊松比；σ_b 为材料单向拉伸时强度极限。此理论多用于脆性材料。由此建立的强度条件为

$$\sigma_1 - \nu(\sigma_2 + \sigma_3) \leqslant [\sigma]$$

式中 $[\sigma]$ 为材料的许用应力。 （吴明德）

最大正应变准则 maximum normal strain criterion

见最大正应力准则。

最大正应力准则 maximum normal stress criterion

又称最大周向应力准则，或 σ_θ 准则。以周向应力 σ_θ 作为参量确定裂纹扩展方向与临界状态的准则。对于Ⅰ、Ⅱ型加载的平面复合裂纹问题，在以裂纹尖端为中心的同心圆上，裂纹的扩展是沿着具有最大周向拉应力 $\sigma_{\theta max}$ 的截面进行的。当沿该方向的当量应力强度因子达到材料的断裂韧性 K_{IC} 时，裂纹即开始扩展。当量应力强度因子定义为

$$K_e = \lim_{r\to 0} \sqrt{2\pi r}\sigma_\theta(r, \theta_0)$$

其中 θ_0 为裂纹扩展方向的 θ 角。σ_θ 为周向应力。将上述所有应力二字用应变代替，即为最大正应变准则。 （罗学富）

最佳值 optimum value

又称最优概值或平均值。为有限次测定值的平均值。 （王娴明）

最轻设计 minimum weight design

以结构重量最小为追求目标的优化设计，亦指该种优化设计所获得的结果。适用于重量大小（本质上即为材料用量多少）可以表征结构优劣的设计问题，如钢结构或其他金属结构的设计。其缺点是未能体现设计优劣的其他因素，如构造复杂性、施工难度等。 （杨德铨）

最速下降法 steepest descent method

又称梯度法。利用目标函数负梯度方向进行搜索，用于求解无约束非线性规划问题的一种下降算法。是梯度型算法中最简单的一种。就某一点来说，负梯度方向是该点上目标函数下降速率最大的方向，故称最速下降法。由于目标函数梯度仅反映函数在某一点上的局部性质，因此就整体来说，沿负梯度方向搜索通常并不能最快地趋近于极小点，迭代点的移动轨迹常呈锯齿形。其收敛速度是线性的。 （刘国华）

最小成本设计 minimum cost design

以结构成本（或造价）最低为追求目标的优化设计，亦指该种优化设计所获得的结果。优化设计所追求的目标不仅包括材料用量，还包括施工费用等，比单纯追求用料最省或最轻能更全面体现设计的优劣，但较为复杂。常用于由多种材料组成（如钢筋混凝土结构、混合结构等）且材料用量以外的费用所占比重较大的结构设计。 （杨德铨）

最小势能原理 principle of minimum potential energy

又称极小势能原理。在所有几何可能的位移形式（满足变形连续条件和边界已知位移条件）中，稳定平衡问题的真实解使弹性体（线性或非线性）的总势能 Π_p 为最小值。即使 Π_p 为最小值的位移解必满足体系的平衡条件。为经典变分原理之一。总势能 Π_p 定义为体系总应变能 U 与外力势能 U_p 之和，$\Pi_p = U + U_p$。弹性力学中体系的总势能 Π_p 表达式为

$$\Pi_p(u_i) = \int_v A(\varepsilon_{ij})dv - \int_v f_i u_i dv - \int_{s_\sigma} \bar{p}_i u_i dv$$

式中，u_i 和 ε_{ij} 分别为体系的真实位移和应变；v 为体系所占的空间；s_σ 是给定外力的边界；f_i 是体积力；$\bar{P}_i$ 是给定的面力；A（ε_{ij}）为应变能密度。式中第一项积分表示总应变能 U，第二、三项表示外力势能 U_p。

势能泛函的极值条件 $\delta\Pi_p = 0$ 实质上是平衡条件的能量形式（变分陈述），由此条件可以确定问题的真实解。与任何其他几何可能的位移形式相应的近似解都具有解的下界性质。以 u_i^*、ε_{ij}^* 表示体系的几何可能位移与应变，最小势能原理可写作

$$\Pi_p(u_i) \leqslant \Pi_p(u_i^*)$$

只当 u_i^* 等于真实解 u_i 时，式中等号成立。在有限元法中，以最小势能原理为基础，可以导出常规的位移元，并求得弹性体稳定平衡问题的位移近似解。 （支秉琛 熊祝华 罗汉泉）

最小体积设计 minimum volume design

以结构体积（工程量）最小为追求目标的优化设计，亦指该种优化设计所获得的结果。本质上与最轻设计无区别，都是追求结构材料用量最小。适用于体积大小可以表征结构优劣的设计问题，如挡土墙、混凝土坝等大体积均质结构的设计。其缺点是未能体现设计优劣的其他因素，如基坑开挖量、施工难度等。 （杨德铨）

最小应变能定理 principle of least strain energy

在无体力的情况下，当弹性体处于实际发生的位移状态时，物体中的应变能总是最小。物体实际发生的位移状态系指相应的应力分量满足平衡微分方程，并满足位移边界条件的位移状态。在超静定结构以及某些二维问题的求解中经常应用该定理。 （刘信声）

最小余能原理 principle of minimum complementary energy

在所有满足弹性体内平衡条件和给定静力边界条件的应力状态中，稳定平衡问题的真实应力状态使体系的总余能 Π_c 有最小值。即使 Π_c 为最小的应力解必满足变形协调条件和边界位移的给定条件。是经典变分原理的一种。余能泛函的极值条件 $\delta\Pi_c = o$ 实质上等价于变形协调条件，是变形协调条件的能量形式（变分陈述）。弹性力学中体系总余能 Π_c 的表达式为

$$\Pi_c(\sigma_{ij}) = \int_v B(\sigma_{ij})dv - \int_{s_u} P_i \bar{u}_i ds$$

式中，v 为物体所占空间；S_u 为给定位移的边界；B（σ_{ij}）为应变余能密度；$\bar{u}_i$ 为给定的边界位移。以此原理为基础可以构造有限元法中的应力杂交元和平衡元。 （支秉琛 熊祝华 罗汉泉）

最优点 optimal points

又称最优解。使目标函数值取极小（对于极小化问题）或极大（对于极大化问题）的设计点。对于约束（不等式约束）最优化问题，它是可行域内满足库－塔克条件的点；对于无约束最优化问题，它是设计空间中满足最优性条件的设计点。有局部最优点和全局最优点两类。结构优化设计的最优点一般都位于约束界面上。 （杨德铨）

最优含水量 optimum water content

相应于最大干密度的含水量。用百分数表示。其值与土的种类、压实能量等有关。是控制填土密实度的重要指标。 （朱向荣）

最优化 optimization

寻求多元函数在给定区域内的最优解（最优值和最优点，包括极大值和极大点或极小值和极小点）问题的总称。也是各种寻求最优设计（包括结构优化设计）、最优策略、最优流程等实际问题及其数学表达的总称。当上述“给定区域”为整个设计空间（即无约束条件限制）时，称为无约束最优化问题；当上述“给定区域”是指满足约束条件的可行域时，称为约束最优化问题。由于求极大问题易于转化为求极小问题，故最优化问题常表达为极小化问题，相应于无约束和有约束问题则分别表达为无约束极小化问题和约束极小化问题。其一般的表达式参见优化设计数学模型（435 页）。求解这类问题的方法称为最优化算法。包括线性规划、非线性规划、几何规划等各种数学规划方法，还可包括非数学规划方法，如准则法以及经典的数学方法。 （杨德铨）

最优解 optimal solutions

见最优点。

最优设防水平 optimal safety standard

结构模糊优化设计中使所追求的目标达到最优时所采用的结构安全防护标准。结构设计所采用的安全防护标准可称为设防水平，利用设防水平概念可以将某些结构设计模糊性作非模糊处理，针对不同的设防水平可在模糊可行域中求得不同的最优

解，从而得到一系列最优解，再在这些最优解中进行设防水平优化求得适合工程结构具体条件的最优设防水平，其所对应的设计即为模糊最优设计。

（杨德铨）

最优性条件 optimality conditions

优化问题的最优点（解）应具备的条件。是高等数学中函数极值条件在多元函数与有约束问题上的扩展。不同性质的问题有不同的最优性条件，下面以求极小问题为例。①对于无约束非线性规划问题，当目标函数可微时，某一点成为最优点的必要条件是该点上目标函数梯度为零向量，而充分条件是上述条件加上该点的目标函数海色（Hesse）矩阵正定。由于海色矩阵的计算及其正定性判别均不易，故充分条件仅有理论意义，而必要条件常被用于构造优化算法和作为迭代的收敛准则。②对于线性规划问题，当问题存在有界最优解时，一个极点（基本可行解）成为最优点的充分必要条件是

$$\boldsymbol{c}_{\mathrm{B}}^{\mathrm{T}}\boldsymbol{B}^{-1}\boldsymbol{N}-\boldsymbol{c}_{\mathrm{N}}^{\mathrm{T}}\leqslant\boldsymbol{0}$$

式中符号的意义参见单纯形表，公式的几何意义是当在该极点上沿所有与之相连的棱边移动时，目标函数值均不下降。③关于约束非线性规划问题的最优性条件参见“库－塔克”条件。（汪树玉）

最优性准则 optimality criteria

通过建立结构优化设计问题的库—塔克条件而推导出的理性准则，用来指导优化设计的迭代过程。早期结构优化中的准则大多是从直观概念出发而建立的，与目标函数无直接联系，70年代以来，通过W. 扑莱格尔（Prager）、V. B. 冯凯耶（Venkayya）等人的工作，将力学概念与数学规划最优性条件相结合，形成了一类与目标函数最优相联系的理性准则。理性准则有一定的物理意义，一般表明结构成为最优时应有的贮能能力或能量分布情况，例如受位移约束时最轻结构中各构件的比虚应变能（单位重量中的虚应变能）应相等。

（汪树玉）

最优性准则法 optimality criterion methods

利用最优性准则进行优化设计的迭代方法。每一轮迭代主要由三步组成：第一步，通过结构分析以获得对荷载和环境的结构响应量，求得相应的目标函数和约束函数；第二步，利用最优性准则构造递推关系式，修改设计变量使之逐步向满足准则要求的设计方案（一般是局部最优解）逼近；第三步，采用射线步或其他措施，使每次迭代后的设计点成为边界点。通过对各轮边界点重量的比较，以逼近最优点（最轻设计点）。（汪树玉）

最终边坡角 final slope angle

最终边坡与水平面的夹角。露天矿采场边坡是由周边台阶组成的斜坡，到达最终位置的边坡称为露天矿最终边坡，其相应的边坡角为最终边坡角。

（屠树根）

最终沉降 final settlement

在荷载作用下，土体所能产生的最大竖向位移（S_∞）。为瞬时沉降、最终固结沉降和次固结沉降之和。实际工程中，一般按规范沉降计算法计算。

（谢康和）

ZUO

作用水头 acting head

沿程水头损失、局部水头损失及出口断面流速水头三者之和。这一水头所具有的能量值，一部分用于克服水流阻力而作功，其余部分则变成出口处单位动能。（叶镇国）

作用与反作用定律 law of action and reaction

两物体间互相作用的力，即作用力与反作用力，总是大小相等，沿同一直线 而指向相反。是静力学公理之一，也是牛顿运动定律中的第三定律，对解决物体系统的平衡问题及质点系的动力学问题非常重要。（彭绍佩）

作用约束 active constraints

又称有效约束或活动约束。对于可行域内的设计点以不大的步长走向非可行域将起限制作用的约束条件。它依附于所论设计点和约束容差的大小。规范化了的各种约束函数，凡相应于设计点$\boldsymbol{x}$其约束函数值在规定的约束容差内，即对于小的正标量ε_1、ε_2，满足$-\varepsilon_1\leqslant g_j(\boldsymbol{x})\leqslant\varepsilon_2$，则该约束条件$g_j(\boldsymbol{x})\geqslant 0$即为该设计点的作用约束。有时把具有约束容差的作用约束称为近似作用约束（又称准作用约束）；而把无约束容差，即$\varepsilon_1=\varepsilon_2=0$的作用约束称为严格的作用约束。在优化迭代过程中，$\varepsilon_1$和$\varepsilon_2$的取值应由大到小地变化，借以避免搜索过程中的锯齿形现象，同时又可使最终的设计点落在较严格的约束界面上。从概念上说，所有等式约束都是作用约束，但实用上仅针对不等式约束而言。（杨德铨）

坐标变换 coordinate transformation

泛指不同坐标系之间坐标对应关系的数学表达式，在结构矩阵分析的矩阵位移法中，指将杆端力向量、杆端位移向量和单元刚度矩阵在局部坐标系与整体坐标系之间进行转换的数学运算。由于单元分析一般在局部坐标系下进行，而各单元的局部坐标系方向又不尽相同，为了便于在整体分析中考虑结构的平衡条件和变形协调条件，必须对结构选定统一的整体坐标系，并把所有单元分析的结果转换

到整体坐标系中。在计算单元的杆端力时，又需要将整体坐标系下的位移或力转换为按局部坐标系表示。在坐标变换中，根据力学特性和几何关系，应用逆步变换规律，可以得到力、位移和单元刚度矩阵在不同坐标系之间的转换关系。反映这一关系的转换矩阵称为坐标变换矩阵 $\boldsymbol{T}$，其中的元素一般由不同坐标系对应坐标轴之间的方向余弦组成。$\boldsymbol{T}$ 的形式随单元类型的不同而改变。以 $\boldsymbol{F}^e$、$\boldsymbol{d}^e$、$\boldsymbol{K}^e$ 和 $\bar{\boldsymbol{F}}^e$、$\bar{\boldsymbol{d}}^e$、$\bar{\boldsymbol{K}}^e$ 分别表示整体坐标系和局部坐标系下的杆端力向量、杆端位移向量、单元刚度矩阵，则上述转换关系可表示为

$$\bar{\boldsymbol{F}}^e = \boldsymbol{T}\boldsymbol{F}^e \quad \boldsymbol{F}^e = \boldsymbol{T}^T\bar{\boldsymbol{F}}^e \quad 和 \quad \bar{\boldsymbol{d}}^e = \boldsymbol{T}\boldsymbol{d}^e \quad \boldsymbol{d}^e = \boldsymbol{T}^T\bar{\boldsymbol{d}}^e$$

以及

$$\boldsymbol{K}^e = \boldsymbol{T}^T\bar{\boldsymbol{K}}^e\boldsymbol{T}$$

（洪范文）

坐标变换矩阵 coordinate transformation matrix

见坐标变换（481 页）。

坐标变量 coordinate variables

反映结构构件（或单元）结点坐标位置变化的设计变量。当结构优化设计进入形状优化设计或布局优化设计或拓扑优化设计层次时才出现这种设计变量。（杨德铨）

坐标轮换法 cyclic coordinate method

依次沿各个坐标方向搜索目标函数改善点直至求得无约束非线性规划问题最优点的一种直接法。是直接法中最简单的算法之一。可适用于设计变量数目不多的问题。沿给定方向搜索时常可采用如下两种方法之一：①加速增量法，即以一个初始步长分别沿坐标轴的正反方向进行探索，若在某一方向上目标函数得到改善，则将步长增加一倍继续探索直至目标函数不能改善为止，并以当前步长的一半作为下一轮迭代的初始步长。不同的坐标方向可取不同的初始步长，构成一初始步长向量。②精确一维搜索法，即通过一维搜索寻求该方向上目标函数的极小点（对于求极小的问题）。（刘国华）

外文字母·数字

ASME 缺陷评定方法 ASME defect assessment method

简称 ASME 方法，美国机械工程学会制订的锅炉及受压容器第Ⅲ篇中的附录 G“防止非延性破坏”和第Ⅺ篇中的附录 A 所建议的缺陷评定方法。它是以 K_{Ic}和韧－脆转变温度为参量，从落锤试验等其他试验方法，通过经验关系得出 K_{Ic}，K_{Id} 和 K_{Ia}的低限线，作为评定的根据。其中 K_{Ic}为平面应变断裂韧性，K_{Id}为动载断裂韧性，K_{Ia}为止裂韧性。（余寿文）

BFGS 法 BFGS method

用逐次修改切线刚度矩阵的方法求新近似解的非线性方程组解法。对于方程组

$$\boldsymbol{\Psi}(\boldsymbol{a}) \equiv \boldsymbol{P}(\boldsymbol{a}) + \boldsymbol{f} = 0$$

在第 m 次迭代首先计算迭代增量的方向

$$\Delta\bar{a} = -(\boldsymbol{K}^{(m-1)})^{-1}(\boldsymbol{P}^{(m-1)} + \boldsymbol{f})$$

其中 $\boldsymbol{K}^{(0)}$取起点的切线刚度矩阵 $\boldsymbol{K}^T$，而令

$$\boldsymbol{a}^{(m)} = \boldsymbol{a}^{(m-1)} + \beta\Delta\bar{a}$$

$\boldsymbol{\beta}$ 是一标量系数，通过选择使

$$-\Delta\bar{a}^T(\boldsymbol{P}^{(m)} + \boldsymbol{f}) \leqslant -\varepsilon\Delta\bar{a}^T(\boldsymbol{P}^{(m-1)} + \boldsymbol{f})$$

$\boldsymbol{\varepsilon}$ 为迭代允许误差。然后修改刚度矩阵

$$(\boldsymbol{K}^{(m)})^{-1} = (\boldsymbol{I} + \boldsymbol{V}^{(m)}\boldsymbol{W}^{(m)T})^T(\boldsymbol{K}^{(m-1)})^{-1} \times (\boldsymbol{I} + \boldsymbol{V}^{(m)}\boldsymbol{W}^{(m)T})$$

其中

$$\boldsymbol{V}^{(m)} = -\left[\frac{\boldsymbol{\delta}^{(m)T}\boldsymbol{\gamma}^{(m)}}{\boldsymbol{\delta}^{(m)T}\boldsymbol{K}^{(m-1)}\boldsymbol{\delta}^{(m)}}\right]^{1/2}\boldsymbol{K}^{(m-1)}\boldsymbol{\delta}^{(m)} - \boldsymbol{\gamma}^{(m)}$$

$$\boldsymbol{W}^{(m)} = \frac{\boldsymbol{\delta}^{(m)}}{\boldsymbol{\delta}^{(m)T}\boldsymbol{\gamma}^{(m)}}$$

式中 $\boldsymbol{\delta}^{(m)} = \boldsymbol{a}^{(m)} - \boldsymbol{a}^{(m-1)}$，$\boldsymbol{\gamma}^{(m)} = \boldsymbol{P}^{(m)} - \boldsymbol{P}^{(m-1)}$，$-\boldsymbol{K}^{(m-1)}\boldsymbol{\delta}^{(m)} = \beta(\boldsymbol{P}^{(m-1)} + f)$ 然后返回作 $m+1$ 次迭代，直至收敛为止。（姚振汉）

B 样条 B-spline

局部非零、形状如山形的基样条函数，即任何多项式样条函数均可用 B 样条的线性组合表示。B 样条的 B 字取自英文 Basis splines（基样条）的字头。B 样条具有良好的计算性态，在样条函数的理论分析及数值计算中有着独特的重要作用，是表示任意多项式样条函数的最常用的基样条函数。三次 B 样条应用最多最广，在有限元法中可用于构造性态良好的位移函数，在计算机图形学中可用于曲线或曲面的逼近与设计。（杜守军 袁 驷）

CEGB-R6 方法 CEGB-R6 defect assessment method

英国中央电业局 CEGB 报告 $R/H/R6$ 建议的缺陷评定方法。采用线弹性脆性断裂和塑性失稳两个极端状态作为破坏准则。近年来引入全塑性 J 积

分的计算方法，得出相应的破坏评定图（FAD)。

（余寿文）

C_n 连续性 C_n continuity 外文字母·数字

又称 C^n 连续性。表示函数具有 n 次连续可微的性质。如果有限元能量泛函的被积函数含有场函数的 n 阶导数，为了使该泛函具有意义，则应要求该场函数为 C_{n-1} 连续。例如在平面问题、空间问题的位移元中，由于应变能中含位移的一阶导数，故位移函数应具有 C_0 连续性。又如在梁、板、壳的位移元中，由于应变能中含挠度的二阶导数，故挠度函数应具有 C_1 连续性。

（龙驭球、包世华）

COD 断裂准则 COD fracture criterion

以裂纹张开位移 δ 达到某一临界值 δ_c 即（$\delta=\delta_c$)，则裂纹起始扩展的一种断裂准则。其中裂纹张开位移由 $D-B$ 模型或有限元法求得，δ_c 按国家标准"裂纹张开位移（COD）试验方法"(GB2358－80）测量确定。（余寿文）

COD 法 COD method

弹塑性断裂力学中以裂纹张开位移作为断裂过程控制参量的近似的工程方法。由 A. A. 韦尔斯，于 1963 年提出。当裂纹顶端张开位移 δ 达到其临界值 δ_c 时，裂纹开始扩展。δ_c 由试验测定，δ 可由 $D-B$ 模型或全塑性解确定。COD 法已广泛应用于金属结构特别是压力容器结构及其部件的缺陷评定。（余寿文）

COD 设计曲线 COD design curve

由布德金提出的以裂纹张开位移 COD 为参量的缺陷评定曲线。它已为一些国家的缺陷评定规范所采用。该曲线的表达式为

$$\Phi = (e/e_y)^2 \qquad (e/e_y \leqslant 0.5)$$

$$\Phi = e/e_y - 0.25 \qquad (e/e_y \rangle 0.5)$$

其中无量纲 COD 为 $\Phi=\delta\ (2\pi e_y a)$，式中 e 为塑性标称应变；$e_y=\sigma_y/E$；σ_y 为材料的屈服极限；δ 为张开位移；e 为弹性模量；$2a$ 为裂纹特征长度。

（余寿文）

CVDA 缺陷评定曲线 CVDA defect assessment curve

中国压力容器学会和化工机械与自动化学会 1984 年制定出的 CVDA－1984"压力容器缺陷评定规范"中，所建议的缺陷评定曲线。其表达式为

$$\Phi = (e/e_y)^2 \qquad (0 \leqslant e/e_y \leqslant 1)$$

$$\Phi = \frac{1}{2}(e/e_y + 1) \qquad (e/e_y \rangle 1)$$

各符号与 COD 设计曲线相同其中 Φ 为无量纲张开位移；e 为标称应变；e_y 为屈服应变。它是考虑到中国材料与加工情况，适当调整使得在不同 e/e_y 区段中，具有较为一致的安全裕度而提出的评定方法。（余寿文）

D-B 模型 D-B model

达噶代尔与巴连布拉特于 60 年代初提出的一个断裂力学模型。对于平面应力型的薄板，在拉伸外载作用下，沿裂纹延长线上，出现一条窄带型的屈服区。在假定了该屈服区内的应力分布（D 模型假设应力 $\sigma_y=\sigma_s$，σ_s 为材料单向拉伸的屈服极限）之后，求得的裂纹尖端张开位移为

$$\delta = \frac{8\sigma_s a}{\pi E}\ln\left[\sec\left(\frac{\pi\sigma^{\infty}}{2\sigma_s}\right)\right]$$

其中 σ^{∞} 为远处的拉伸应力；$2a$ 为裂纹长度；E 为弹性模量。（余寿文）

d 次样条函数 spline function of degree d

具有直到 $d-1$ 阶连续导数的分段 d 次多项式函数。当 $d=1$ 时，与线性分段拉格朗日插值函数无区别。当 $d>1$ 时，与相同幂次的分段拉格朗日插值函数或分段赫尔米特插值函数相比，样条函数具有相同的逼近阶，但在分点处具有更高阶的连续性及光滑性，而且待定参数的数目大为减少。样条函数是良好的逼近工具，不仅多用于曲线曲面的插值、拟合与磨光等，也常用于各类近似法中（如里兹法、有限元法、加权余量法等）作试函数。例如，在有限元法中用 d 次样条分段插值及双 d 次样条分片插值，可获得收敛性好、精度较高的一维梁单元及二维平面单元、板元和壳元。

（杜守军 袁 驷）

D 值法 D-value method

在反弯点法的基础上经过改进得到的一种近似计算法，因修改后的侧移刚度用 D 表示而得名。为日本学者武滕清教授所创。它导出了反映刚架的楼层数、梁柱刚度比对反弯点位置的影响的各种反弯点高度比 η_n（柱的反弯点高度与该柱高度之比）及考虑结点转角影响的修正侧移刚度 D_n 的计算公式，并制成了便于应用的计算表格。其余计算步骤与反弯点法无异。（罗汉泉）

HRR 奇异场 HRR singular field

弹塑性平面裂纹尖端附近的应力应变奇异场。由 J. W. 哈钦松、J. R. 赖斯与 G. F. 罗森格林，分别提出而得名。利用塑性形变理论求得奇异场。它用以描述硬化材料中裂纹尖端的应力状态

$$\sigma_{ij}(r,\theta) = \sigma_0\left(\frac{EJ}{\alpha\sigma_0^2 I_n r}\right)^{\frac{1}{n+1}}\tilde{\sigma}_{ij}(\theta,n)$$

$$\varepsilon_{ij}(r,\theta) = \frac{\alpha\sigma_0}{E}\left(\frac{EJ}{\alpha\sigma_0^2 I_n r}\right)^{\frac{n}{n+1}}\tilde{\varepsilon}_{ij}(\theta,n)$$

式中 r，θ 为原点在裂纹右尖端的极坐标；σ_{ij}，ε_{ij}

为应变分量；$\tilde{\sigma}_{ij}$，$\tilde{\varepsilon}_{ij}$为角分布函数；J为J积分；α、n分别为幂硬化系数和指数；σ_0为材料屈服极限；E为弹性模量；I_n为与应力状态和n相关的常数值。（余寿文）

IIW 方法 IIW defect assessment method

国际焊接学会防脆断缺陷评定标准草案建议的缺陷评定方法。由 COD 设计曲线，得出允许当量裂纹尺寸的计算公式。但对疲劳、蠕变、腐蚀等破坏形式均未涉及。（余寿文）

J_R 阻力曲线 J_R resistance curve

相应于裂纹真实扩展量Δa的J积分值J_R与Δa的关系曲线。我国 GB2038－80 标准中规定采用J_R阻力曲线来确定金属材料的延性断裂韧度。（余寿文）

J 积分 J integral

弹塑性断裂力学中一个与路径无关的积分，是 1968 年 J.R. 赖斯提出的，其定义为

$$J=\int_{\Gamma}\left(W\mathrm{d}x_2-\vec{T}\cdot\frac{\partial\vec{u}}{\partial x_1}\mathrm{d}s\right)$$

Γ为绕二维裂纹体裂纹顶端逆时针方向的任意积分回路；W为非线性弹性体的应变能密度；$\vec{T}$为作用在Γ上的张力矢量；$\vec{u}$为位移矢量；s为沿Γ的弧长；x_1、x_2为原点位于裂纹尖端的直角坐标系。在简单加载条件下，J可用于描述弹塑性平面裂纹体的裂纹尖端附近的应力变形状态。（余寿文）

J 积分断裂准则 J integral fracture criterion

以J积分为断裂参量的表征裂纹起始扩展的弹塑性断裂准则：$J=J_{\mathrm{Ic}}$。其中J值可由利用全塑性解的弹塑性断裂手册或有限元法计算得到。J_{Ic}可按国家标准"利用J_R阻力曲线确定金属材料延性断裂韧度的试验方法"（GB2038－80）测量得到。（余寿文）

J 控制扩展 J control crack growth

可用J积分描述的裂纹扩展。在某些条件下，J积分可用于分析裂纹的扩展与稳定性。这些条件是为保证非比例塑性变形与扩展引起的卸载只局限在裂纹尖端附近的一个小的局部区域。在此区域之外，仍由J主导区包围。（余寿文）

J 主导条件 J dominant condition

对于幂硬化材料，当硬化指数n为有限值时，裂纹尖端场可由 HRR 奇异性来描述的条件。此时裂纹尖端场的幅值可由J积分表示。J主导区的尺寸与受力状态、裂纹构形和材料的硬化指数有关。（余寿文）

K_0 固结不排水试验 K_0 consolidated undrained compression test

又称CK_0U试验。在三轴压缩仪压力室中，对试样施加周围压力，同时调整轴向压力，使试样在保持侧向不变形的情况下排水固结，然后在不允许排水条件下增加轴向压力直至破坏的试验。用以模拟天然土层自重固结后，迅速加载的情况。（李明逵）

K_0 固结排水试验 K_0 consolidated drained compression test

又称CK_0D试验。在三轴压缩仪压力室中，对试样施加周围压力，同时调整轴向压力，使试样保持侧向不变形条件下排水固结，然后在允许排水条件下增加轴向压力直至破坏的试验。用以模拟天然地基自重固结后，缓慢加载的情况。（李明逵）

K_0 固结 consolidation under K_0 condition

模拟天然土层的固结条件使土样在无侧向变形的情况下固结。用经过K_0固结的土样进行其他试验，测得的土体参数较符合地基土的实际性状。（谢康和）

K—T 点 Kuhn-Tucker points

见库—塔克条件（197 页）。

K—T 条件 Kuhn-Tucker condition

见库—塔克条件（197 页）。

K-ε 模型 K-ε model

只引入湍流脉动动能K与湍流耗散率ε两个量的输运微分方程的湍流模型。将雷诺应力用涡粘性系数ε_τ和平均运动变形速率表示，则有

$$-\overline{u'_iu'_j}=\varepsilon_\tau\left(\frac{\partial\bar{u}_i}{\partial x_j}+\frac{\partial\bar{u}_j}{\partial x_i}\right)-\frac{2}{3}K\delta_{ij},$$

$$K=\frac{1}{2}\overline{u'_iu'_j},$$

$$\varepsilon_\tau=\frac{C_\mu K^2}{\varepsilon}$$

式中K为湍流脉动动能；C_μ为待定常数。把K和ε都当作基本未知量，它们可由从脉动运动动量方程导出的各自的输运微分方程确定。这些方程一般地可归纳成以下形式：局部的时间变化项＋对流项＝扩散项＋产生项－耗散项。但其中出现了一些更复杂的新未知项。对所有这些新未知项只能再引入模型假设，例如将K方程与ε方程可分别表示为

$$\frac{DK}{Dt}=\frac{\partial}{\partial x_j}\left[\left(C_k\frac{K^2}{\varepsilon}+\nu\right)\frac{\partial K}{\partial x_j}\right]-\overline{u'_iu'_j}\frac{\partial\bar{u}_i}{\partial x_j}-\varepsilon$$

$$\frac{D\varepsilon}{Dt}=\frac{\partial}{\partial x_j}\left[\left(C_\varepsilon\frac{K}{\varepsilon}+\nu\right)\frac{\partial\varepsilon}{\partial x_j}\right]-C_{\varepsilon1}\frac{\varepsilon}{K}\overline{u'_iu'_j}\frac{\partial\bar{u}_i}{\partial x_j}-C_{\varepsilon2}\frac{\varepsilon^2}{K}$$

$$\frac{D}{Dt}=\frac{\partial}{\partial t}+\bar{u}_j\frac{\partial}{\partial x_i}$$

式中 υ 为运动粘度；t 为时间；C_K、C_ε、$C_{\varepsilon1}$、$C_{\varepsilon2}$ 为待定常数。以上这些关系式加上雷诺平均运动方程就构成 $K-\varepsilon$ 模型下的封闭方程组。其中系数常取 $C_K=0.09\sim0.11$；$C_\varepsilon=0.07\sim0.09$；$C_{\varepsilon1}=1.41\sim1.45$；$C_{\varepsilon2}=1.9\sim1.92$。$K-\varepsilon$ 模型是目前应用最广泛的一种较简单而又有效的湍流模型。

（叶镇国　郑邦民）

Matsuoka-Nakai 屈服准则　Matsuoka-Nakai yield criterion

Matsuoka 和 Nakai（1974）建立在空间滑动面理论上的屈服准则。基本点是土体的屈服是由空间滑动面上的剪应力与法向应力的比值决定的。表达式为

$$\frac{I_1I_2}{I_3}=k$$

式中 I_1、I_2 和 I_3 分别为应力张量的第一、第二、和第三不变量，k 为材料常数。（龚晓南）

P 波　P wave

无旋波的简称。P 为英文 primary（第一的）的字头，意指无旋波的波速比等容波的波速大，在观测点首先接收到的是从波源发射来的无旋波。

（郭　平）

QR 迭代法　*QR* iteration method

用雅可比转动矩阵将线性方程组系数矩阵分解为 *QR* 矩阵求解实对称矩阵标准特征值问题的方法。对特征值问题 $\boldsymbol{K\Phi}=\lambda\boldsymbol{\Phi}$，首先将矩阵 $\boldsymbol{K}$ 作分解

$$\boldsymbol{K}^{(m)}=\boldsymbol{Q}^{(m)}\boldsymbol{R}^{(m)}$$

式中 $\boldsymbol{Q}^{(m)}$ 为正交矩阵；$\boldsymbol{R}^{(m)}$ 为上三角矩阵；$\boldsymbol{K}^{(1)}=\boldsymbol{K}$，然后形成

$$\boldsymbol{K}^{(m+1)}=\boldsymbol{R}^{(m)}\boldsymbol{Q}^{(m)}=\boldsymbol{Q}^{(m)\mathrm{T}}\boldsymbol{K}^{(m)}\boldsymbol{Q}^{(m)}$$

上述分解可用雅可比转动矩阵实现（参见雅可比法，404 页）

$$\boldsymbol{P}_{n,n-1}^{\mathrm{T}}\cdots\boldsymbol{P}_{31}^{\mathrm{T}}\boldsymbol{P}_{21}^{\mathrm{T}}\boldsymbol{K}=\boldsymbol{R}$$

$$\boldsymbol{Q}=\boldsymbol{P}_{21}\boldsymbol{P}_{31}\cdots\boldsymbol{P}_{n,n-1}$$

式中 $\boldsymbol{P}_{ji}^{\mathrm{T}}$ 使 $\boldsymbol{K}$ 中的（j，i）元素变为零。反复上述过程，当 $m\to\infty$ 时

$$\boldsymbol{K}^{(m+1)}\to\boldsymbol{\Lambda},\qquad \boldsymbol{Q}^{(1)}\boldsymbol{Q}^{(2)}\cdots\boldsymbol{Q}^{(m)}\to\boldsymbol{\Phi}$$

实际计算中迭代到一定精度要求为止。（姚振汉）

SH 波　SH wave

质点的位移方向与地平面或物体表面平行的 S 波。在弹性动力学的平面问题中，“SH 波”表示由出面运动所形成的波场；在与边界发生作用时，SH 波与由面内运动所形成的 P 波和 SV 波互不耦合。（郭　平）

SV 波　SV wave

质点的位移方向与地平面或物体表面不平行的 S 波。在弹性动力学的平面问题中，“SV 波”表示由面内运动所形成的 S 波；在与边界发生作用时，它与 P 波耦合，与 SH 波不耦合。（郭　平）

S 波　S wave

等容波的简称。S 为英文 secondary（第二的）的字头，意指等容波的波速比无旋波的波速小，在观测点首先接收到的是从波源发射来的无旋波，其次才是等容波。（郭　平）

t 分布　Student distribution function

用于小子样误差分析的一种随机分布，其概率密度函数为

$$f(x)=\frac{\Gamma\left(\frac{v+1}{2}\right)}{\sqrt{v\pi}\,\Gamma\left(\frac{v}{2}\right)\left(1+\frac{t^2}{v}\right)^{\frac{v+1}{2}}}$$

式中 t 为随机变量并定义为 $t=\frac{\bar{x}-m}{s/\sqrt{n}}$；$n$ 为子样数；$\bar{x}$ 为一组随机变量的子样平均数；m 为母体的平均数；s 为子样方差；v 为自由度 $=n-1$；Γ 为特殊函数，其定义为

$$\Gamma(m)=\int_0^\infty x^{m-1}e^{-x}\mathrm{d}x。$$

（王娴明）

U 形管测压计　U-tube manometer

又称 U 形管比压计。测量两点间压强差的仪器。常用的有水比压计、水银比压计、倾斜比压计等。U 形管中加入的液体与被测液体的压差情况有关，当压差大时，常用水银以缩小比压计的构造尺寸。当压差较小时，可用油类等比水轻的液体以放大压差视读尺寸。对于水银比压计，若两点间的水银液面差 Δh，则其压差可按下式计算

$$\Delta p=(\gamma'-\gamma)\Delta h$$

式中 γ' 为水银重度，γ 为被测液体的重度。

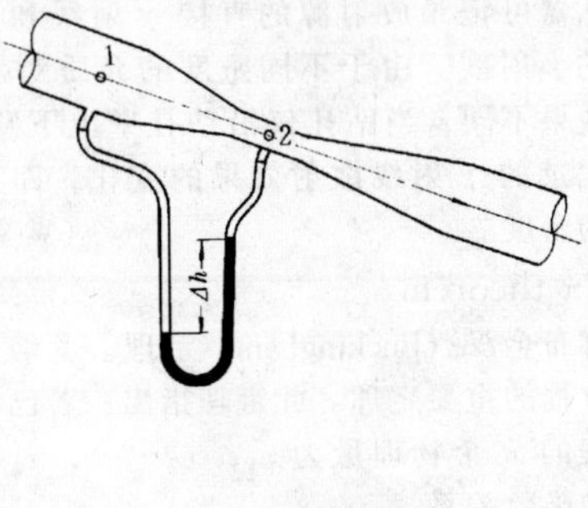

U 形管测压计

（彭剑辉）

WLF 方程　WLF equation

关于移动因子与温度和参考温度的经验方程式：$\log a_T = -\frac{c_1\ (T - T_s)}{c_2 + T - T_s}$，式中 c_1 和 c_2 为经验常数；T_s 为参考温度；a_T 是移动因子，定义为温度 T 和 T_s 时的松弛时间 τ 和 τ_s 的比值。当选择 T_g 作参考温度时，$c_1 = 17.44$，$c_2 = 51.6$，是近似的普适值。当选用 $c_1 = 8.86$ 和 $c_2 = 101.6$ 时，对所有的高聚物都可以找到一个参考温度 T_s，使 WLF 方程在 $T_s \pm 50$℃ 的温度范围内，对所有非晶态高聚物都适用。根据 WLF 方程，可以计算各温度下的移动因子，用它来把某一温度下测得的力学数据改变成另一温度下的力学数据。（周　啸）

X-Y 函数记录仪　*X-Y* recorder

可记录被测信号的时程曲线及两个参量间的函数关系的记录仪器。采用零位法测定。准确性及灵敏度都较高，但记录频率低，只宜于低频过程的记录。（王娴明）

β 方程　β equation

表示结构变形后各杆件的弦转角 β 之间关系的方程。由俞忽教授首先提出。可用于计算形状复杂的刚架和空腹桁架，也可用来作桁架的位移图（即为维氏变位图的数解法）。例如，当利用它来确定任意闭合刚架上各结点的相对线位移时，其一般形式为

$$\Sigma(x_j - x_i)\beta_{ij} = 0$$

$$\Sigma(y_j - y_i)\beta_{ij} = 0$$

式中 x、y 分别代表 i、j 两点在平面直角坐标系中的横坐标和纵坐标；β_{ij} 代表 ij 杆的弦转角；Σ 表示对闭合回路上的杆件求和。当利用 β 方程来计算桁架结点的位移时，式中尚应包含杆件轴向变形的影响。（何放龙）

γ 射线法　γ rays method

用 γ 射线的散射效果确定岩层密度变化的方法。在钻孔仪中放入 γ 射线源和 γ 射线强度指示器。指示器可记录放射源的直接 γ 射线和周围岩体散射的 γ 射线。由于不同密度的介质对 γ 射线的散射效果不同，当钻孔仪沿钻孔壁上下移动时，根据所记录的 γ 射线散射效果的变化，即可确定各岩层的密度。（袁文忠）

π 定理　π theorem

又称布金汉（Buckingham）定理。量纲分析求导物理方程的重要定理。此定理指出：若已知影响物理过程的 n 个物理量为 x_1，x_2……，x_n，并存在完整的函数关系

$$f(x_1, x_2\cdots\cdots, x_n) = 0$$

设其中有 m 个基本物理量，则可以用由 m 个基本物理量与其他物理量组成的（$n - m$）个无量纲数 π 去建立该物理现象的无量纲关系式：

$$F(\pi_1, \pi_2, \cdots\cdots, \pi_{n-m}) = 0$$

式中无量纲数用 π 表示，故名 π 定理。应用此定理去进行量纲分析建立某物理现象的关系式时，先从 n 个物理量中选取 m 个基本物理量，再求出基本物理量与其他物理量组成的（$n - m$）个 π 数。在力学系统中一般只有三个基本物理量（即 $m = 3$），因此共有（$n - 3$）个 π 数，分别为

$$\pi_1 = x_4 / x_1^{a_1} x_2^{b_1} x_3^{c_1}$$

$$\pi_2 = x_5 / x_1^{a_2} x_2^{b_2} x_3^{c2}$$

…………

$$\pi_{n-3} = x_n / x_1^{a_{n-1}} x_2^{b_{n-3}} x_3^{c_{n-3}}$$

式中 a_i、b_i、c_i 为各个 πi 的待定指数；x_1、x_2、x_3 为基本物理量。待定指数可根据量纲齐次性原理求出。因 π 为无量纲数，上面各 π 算式的分子分母的量纲必定相同，因此有量纲方程式 $[x_{i+3}] = [x_1^{a_i} x_2^{b_i} x_3^{c_i}]$，将 x_{i+3}、x_1、x_2、x_3 等物理量的量纲代入，则可求出 a_i、b_i、c_i；再将求出的指数代进 π 式，便求得各个 π 数，从而得到无量纲函数式；最后将此无量纲方程式变为有量纲的方程式便可以得到所求的物理关系式。π 定理的应用，不受参与物理过程变量多少的限制，因此它比瑞利定理更具有普遍性。（李纪臣）

π 平面　π plane

又称应力偏量平面。主应力空间（见应力空间）中过坐标原点且法线与三根坐标轴等倾的平面。其表达式为 $\sigma_1 + \sigma_2 + \sigma_3 = 0$。位在 π 平面上的应力点对应于应力偏斜张量。位于过原点且垂直于 π 平面的直线 $\sigma_1 = \sigma_2 = \sigma_3$ 上的应力点对应于应力球形张量。式中 σ_1、σ_2、σ_3 为主应力。

（熊祝华）

0-1 规划　zero-one programming

研究设计变量值域为 0 和 1 的多元函数条件极值问题的数学规划分支。0 和 1 常用于表示决策的采用与否。是整数规划等离散变量问题的特例，而且有界的离散变量问题均可等价地转化为 0—1 规划问题，因而它是整数规划与组合优化的重要分支。可采用隐枚举法或分枝定界法等算法求解。

（刘国华）

0.618 法　golden section method

又称黄金分割法。利用黄金分割的等比性，每次仅用一个试探点使搜索区间有效地缩小（1—0.618）倍的一维搜索方法。是一种不利用导数只利用目标函数值大小进行比较，使搜索区间快速缩小的直接法。搜索时先在区间内部取两个点，分别离前端点的距离为区间长度的（1—0.618）倍和 0.618 倍，比较这两个点的函数值大小，用以判断

丢弃前一小段或后一小段，使区间长度缩小到原长度的 0.618 倍。由于 1 : 0.618 = 0.618 : (1—0.618)，缩小后区间内的已有一个中间点就是下一轮搜索时应取的两个中间点之一，下一轮只需再取一个相应位置的中间点。区间快速缩小而又能保持搜索区间应有的性质，最终将找到极小点的逼近点。该法是被广泛采用的一维搜索方法。约束最优化问题寻找约束边界时的一维搜索也可用此法，此时在确定丢弃那一段时还要考虑各个点的约束函数值的变化，其收敛速度不如两分法。（杨德铨）

$\frac{1}{4}$椭圆尖劈、档板和粗糙元组合法

英国 J.Counihan 在 1969 年提出的一种形成模拟的中性大气边界层的方法。目前应用最广泛。在试验段入口处放置档板，造成初始的动量亏损。下游为一组四分之一椭圆形尖劈角不变的旋涡发生器，这种形状可使边界层内外动量亏损合理，不致使速度剖面扭曲；其间隔要兼顾流场横向均匀性和湍流尺度。为了避免速度剖面畸形，还可采用前后两组高低不同的尖劈。由于每个尖劈中心处湍流掺混使动量亏损减小，所以将档板局部加高为锯齿或城垛形。然后在旋涡发生器下游底板较大范围内均匀地分布粗糙元，它起“动量汇”作用，建立雷诺应力剖面。（施宗城）

3σ法 3σ criterion

以偶然误差的正态分布为基础的判断实验数据中是否含有粗大误差的一种方法。若数据的残差大于 3σ，则认为此数据含有粗大误差，应剔除。由于工程实验的数据较少，用此法判断粗大误差不太准确。（王娴明）

词目汉语拼音索引

说　　明

一、本索引供读者按词目汉语拼音序次查检词条。

二、词目的又称、旧称、俗称、简称等，按一般词目排列，但页码用圆括号括起，如(1)、(9)。

三、外文、数字开头的词目按外文字母与数字大小列于本索引末尾。

a

阿贝－赫梅特判据　(1)
阿贝－赫梅特准则　1
阿基米德原理　1
阿克莱特法则　1
阿太堡界限　1

an

安定性　1
安全系数　1
鞍点定理　1
岸壁阻力　1

ba

八面体剪应力　2
八面体正应力　2
巴甫洛夫斯基公式　2
巴隆固结理论　2

bai

白光散斑法　2
白噪声　(2)
白噪声随机过程　2

ban

板裂介质岩体　2
板屈曲的静力法　2
板屈曲的能量法　2
板(柱)状结构体　3
半带宽　3
半导体应变计　3
半刚架法　3
半功率点　3
半结构法　3
半解析法　(3)
半解析数值法　3
半解析有限元法　3
半解析元法　(3)
半空间　4
半离散法　4,(3)
半逆解法　4
半平面问题的边界元法　4
半无限平面问题　4
半压涵洞　4
半压流　4
半正定矩阵　4
伴生自由振动　5
拌合物的可塑性　5
拌合物的易密性　5
拌合物工作性两点试验法　5

bao

包达公式　5
包氏效应　(5)
包辛格效应　5
薄板大挠度方程组　5
薄板的边界条件　5
薄板的抗弯刚度　6
薄板的弹性屈曲　6
薄板的弹性失稳　(6)
薄板弯曲的基本假设　6
薄板弯曲元　6
薄板小挠度方程　6
薄板中面的变形和内力　6
薄壁杆件　6
薄壁结构　7
薄壁堰　7
薄膜　7
薄膜比拟法　7
薄膜的边界条件　8
薄膜平衡方程　8
薄壳的边界条件　8
薄壳的边缘效应　8
薄壳的变形协调方程　8
薄壳的薄膜理论　8
薄壳的弯曲理论　9
薄壳的稳定理论　9
薄壳的无矩状态　9

薄壳分析的混合法 9
薄壳分析的力法 9
薄壳分析的位移法 9
薄壳理论的基本方程 9
薄翼理论 10
饱和度 10
饱和土 10
保角变换 (10)
保角映射 10
保守力 10,(436)
保守力场 10,(312)
保守系统 10
保向力 11
保形映射 (10)
保型优化设计 11
保续元 (391)
保证系数 11
鲍威尔法 11
鲍辛耐司克理论 11
暴风 11

bei

贝蒂定理 (121)
贝尔曼最优性原理 11
贝尔脱拉密－米歇尔方程 (430)
背风面 11
倍增半减法 (179)
被动隔振 11
被动土压力 11
被动土压力系数 12

ben

本构方程 12
本构关系 (12)
本构微分方程 12
本体极迹 (77)
本质边界条件 (472)

beng

泵送剂 (466)

bi

比奥固结理论 12
比耗散功率 12
比耗散函数 (12)
比较轨迹 12
比例步 (304)
比例极限 12
比例加载 12
比流量 12
比流速 12
比奈公式 12
比拟柱 13
比强度 (154)
比热 13
比热比 13
比消散函数 13
比徐变 13
比阻尼容量 13
彼得斯－维尔金生法 13
笔录仪 13
毕托管 13
毕肖普法 14
闭合壳体的周期性条件 14
壁函数 14
壁式刚架 14
壁式框架 (14)

bian

边界层 14
边界层方程 15
边界层分离 15
边界层风洞 15
边界点 15
边界积分方程－边界元法 (15)
边界面模型 15
边界条件 15
边界条件相似 15
边界影响 (8)
边界余量 15
边界元 15
边界元法 15
边界元法方程组 15
边界元与有限元耦合 16
边坡安全系数 16
边坡安全性的强度判据 16
边坡安全性的位移判据 16
边坡安全性的最大滑动速度判据 16
边坡地质模型 16
边坡稳定安全系数 16
边坡系数 16
边值问题 17
鞭梢效应 17
扁壳 17
扁壳的合理中面 18
扁壳元 18
变尺度法 18
变带宽一维贮存 18
变分 18
变分法 18
变刚度法 (448)
变截面杆 18
变量变换 18
变量结组 19
变水头渗透试验 19
变速转动 19
变态模型 19
变形 19
变形测试仪表 19
变形机制单元 19
变形能 (425)
变值荷载 19
变质量质点的运动微分方程 19
遍历随机过程 (119)

biao

标量场 20
标准高度 20
标准贯入试验 20
标准化振型 20
标准试件 20
标准误差(σ) 20
标准线性固体 (296)
表观黏度 20
表观应力－应变曲线 21
表面波 21

表面波试验 21
表面力 21
表面应力解除法 21
表面张力 21
表面张力波 (216)
表面张力系数 22
表面张力相似准则 (367)
表面阻力 (301)
表压强 (387)

bin

宾厄姆体 22

bing

并联管路 22
并行算法 22

bo

波长 22
波导 22
波底 22
波顶 22
波动流 (241)
波动面 22
波陡 22
波额 (22)
波尔兹曼叠加原理 22
波峰 22
波锋 22
波锋等相面 (23)
波幅 22
波腹 23
波高 23
波高比 (386)
波谷 23
波节 23
波浪 23
波浪基本要素 23
波浪扩散长度 (46)
波浪临界水深 23
波浪中线 23
波流量 23
波面 23
波能量 23
波能流量 24
波前 (22)
波前法 24
波群 24
波群速 24
波矢量 (24)
波数 24
波数矢量 24
波速 24
波速法 25
波体 25
波纹板 25
波压强 25
波阵面 (22),(23)
波周期 25
波状水跃 25
玻璃化温度 (26)
玻璃化温度测量方法 25
玻璃化转变 25
玻璃化转变多维性 26
玻璃化转变机理 26
玻璃化转变频率 26
玻璃化转变温度 26
玻璃化转变压力 26
玻璃态 26
玻璃态高聚物应力-应变曲线 26
伯格斯模型 26
伯努利方程 27
伯努利积分 (27)
伯诺里方程 (27)
泊肃叶流动 27
箔式电阻应变计 27

bu

补偿器 27
补充加速度 (191)
不等精度测量 27
不等式约束 27
不等压三轴试验 (415)
不固结不排水试验 27
不规则岩石试件 27
不均匀系数 28
不可逆徐变 (91)
不可压缩流罚函数法 28
不可压缩流体 28
不可压缩流体一维非恒定总流能量方程 28
不可压缩粘性流方程解法 28
不连续变形分析 28
不连续波 (80)
不排水剪试验 (27)
不排水抗剪强度 28
不平衡剪力 28
不平衡推力传递法 28
不重复度 29
不完全井 29
布勃诺夫-伽辽金法 29
布金汉定理 (486)
布局优化设计 29
布朗运动 29
布氏硬度 29
布辛内斯克问题 29
布辛内斯克方程 29
步长加速法 30
步长 30
步长因子 30
部分抛物型方程 30

cai

材料的断裂韧性 30
材料非线性问题 30
材料高温特性 30
材料函数 30
材料函数关系 30
材料力学 31
材料条纹值 31

can

参考光 31
参考光调制法 31
参考体 (31)
参考系 31
参考坐标系 31
参量式传感器 (379)
参照系 (31)

残差 (206),(308)
残余抗剪强度 (173)
残余孔隙水压力 31
残余内摩擦角 32
残余强度 32
残余应变场 32
残余应力场 32

cao

糙率 32,(47)

ce

侧限压缩模量 (356)
侧压系数 32
侧堰 32
侧移分配系数 32
侧移刚度 33
侧移机构 33
侧移弯矩 33
侧移系数 33
侧胀系数 33
测定值 33
测管坡度 33
测管水头 33
测管水头线 33
测量电桥 (424)
测量精密度 33
测温计 33
测压管 34
测压计 34
测压耙 (34)
测压排管 34
测针 34

ceng

层叠图 34
层机构 (33)
层流 34
层流底层 (255)

cha

差动电阻式应变计 (188)
差分方程构造法 34
差分方程守恒性 34
差分方程输运性 34
差分方法 (437)
差分格式 35
差热分析法 35
插值函数 35

chan

掺气浓度 35
掺气水流 35
产状 36
颤振 36
颤振导数 36
颤振后性能 36
颤振临界风速 36
颤振频率 36

chang

长波 36
长管 36
长涵 36
长细比 37
常规固结试验 37
常规压缩试验 (37)
常水头渗透试验 37
常应变三角形元 37
常应变四面体元 37
常应变位移模式 37

chao

超参元 37
超固结比 37
超固结土 37
超静定次数 37
超静定结构 37
超静孔隙水压力 37
超声波测流法 38
超声波法 (38)
超声波试验 38
超声脉冲法 38
超声速流动 38
超声探伤 38
超松弛迭代法 38
超重 (133)
潮解膨胀破坏 38

chen

沉速 (252)

cheng

承风面积 38
承压井 (472)
承载比试验 38
乘大数法 39
乘子法 39
程序 ADINA 39
程序 ASKA 39
程序 MSC/NASTRAN 39
程序 SAP 39

chi

驰振 39
驰振不稳定 40
驰振力 40
驰振型颤振 40
迟缓弹性变形 40
持荷时间 40
持久强度 (406)
尺寸效应 40
齿行法 40
赤道转动惯量 40
赤平极射投影 40
赤平投影 (40)

chong

冲击 41
冲击波 (151)
冲击波波角 41

冲击波波前 42
冲击地压 42
冲击荷载 42
冲击脉冲 42
冲击脉冲持续时间 42
冲击脉冲有效持续时间 (42)
冲击模量 (326)
冲击韧性 42
冲击试验机 42
冲击响应谱 42
冲剪破坏 42
冲角 (121)
冲孔试验 (442)
冲量 43
冲量定理 43
冲量荷载 (42)
冲量矩 43
冲量矩定理 43
冲刷系数 43
冲填土 43
冲泻质 43
充满度 40
充满角 40
充填度 41
充填物 41
重复应力集中 (83)
重积分本构方程 (41)
重积分型本构关系 41
重剪破坏 41
重塑土 41
重现期 41

chu

初参数法 43
初干扰 43
初生气穴数 (222)
初始沉降 (326)
初始点 44
初始缺陷准则 44
初始塑性流动 44
初始条件 44
初始液化 44
初始应力 (421)
初位移刚度矩阵 44
初应力刚度矩阵 44,(156)
初应力矩阵 (217)
储能模量 44
储能柔量 44
触变性 44

chuai

揣测元族 44

chuan

穿堂风 44
传递波 (370)
传递函数 44
传递剪力 44
传递率 (119)
传递弯矩 44
传递系数 45,(119)
传感器 45
传输方程 45
串联管路 45

chuang

床面形态 (301)
床面形态阻力 45
床面形态阻力的爱因斯坦法 45
床面形态阻力的英格隆法 46
床沙质 46

chui

吹程 46
垂直喷射法 46

chun

纯剪应力状态 46
纯扭转 46
纯弯曲 46

ci

磁尺 46
磁带记录仪 46
磁电式拾振器 46
磁力探测 46
磁流体力学 46
次参元 47
次固结 47
次固结沉降 47
次固结系数 47
次级松弛 47
次价键 (89)
次生结构面 47
次生应力 (86)
次主应力 47

cong

从自由度 47

cu

粗糙度 47
粗糙系数 47
粗差 (48)
粗大误差 48
粗砂 48

cui

脆性材料 48
脆性度 48
脆性断裂 48
脆性断裂理论 (118)
脆性断裂力学 (384)
脆性损伤 48
脆性涂层法 48
脆性转变温度 (80)

cuo

错位云纹干涉法 48

da

达朗伯－拉格朗日方程 (74)
达朗伯－欧拉定理 48

达朗伯原理 49
达西定律 49
达西公式 (49)
达西－魏士巴哈公式 49
打击中心 (470)
大变形刚度矩阵 (44)
大变形稳定理论 (93)
大分子 (114)
大风 49
大孔眼格网法 49
大挠度板 (294)
大气 49
大气边界层 49
大气扩散 50
大气湿度 50
大气湍流 50
大气温度 50
大气污染 50
大气旋涡 50
大涡模拟 50
大应变电阻应变计 50
大 M 法 50

dai

带刚域的杆 50
带宽 51
带宽极小化 (51)
带宽最小化 51
带状矩阵 51

dan

单摆 51
单边裂纹试件 51
单边缺口弯曲试件(SENB) (297)
单层势 51
单纯形表 51
单纯形法 51
单光束散斑干涉法 52
单光束散焦散斑干涉法 52
单积分本构关系 52
单剪仪 52
单铰 52
单跨超静定梁 52
单宽流量 52
单粒结构 52
单连通区域 52
单面剪切试验 52
单面约束 52
单式断面渠道 53
单位长度的允许扭转角 53
单位弹性抗力系数 53
单位动能 (228)
单位荷载法 53
单位能量损失 (324)
单位势能 (33)
单位体积力 (53)
单位位能 (374)
单位位移法 53
单位质量力 53
单位重量液体的全势能 (33),(181)
单位重量液体的压力势能 (403)
单位总能 (475)
单向固结 (422)
单向机构条件 (274)
单向约束 (52)
单一曲线假设 53
单元 54
单元的几何各向同性 54
单元的自然坐标 54
单元分析 54
单元刚度方程 54
单元刚度矩阵 54
单元刚度系数 55
单元贡献矩阵 55
单元劲度方程 (54)
单元劲度矩阵 (54)
单元柔度方程 55
单元柔度矩阵 55
单元柔度系数 55
单元自由度 55
单元坐标系 (183)
单值定理 55
单值条件 (14)
单轴光弹性应变计 55
单轴抗拉强度 55
单自由度体系 55
单自由度系统 (55)
单自由度系统的受迫振动 55
单自由度系统的衰减振动 56
单自由度系统的自由振动 56

dang

当量粗糙度 56
当量弹簧常数 (61)
当量缺陷 56

dao

导波 56
导出量纲 56
导电液泡式倾角传感器 57
导热 (289)
导水率 (306)
导水系数 57
捣实因素 57
捣碎法 57
倒虹吸管 57

de

德鲁克公设 57
德鲁克－普拉格屈服条件 57

deng

等参元 58
等参元的母单元 58
等参元的曲线坐标 58
等参元的图象映射 58
等参元的坐标变换 58
等参元组合式模型 58
等差线 58
等程线 58
等代荷载 (144)
等带宽二维贮存 59
等刚度迭代法 (395)
等和线 59
等精度测量 59
等精度高斯积分 59
等强度梁 59
等倾线 59

等曲率线 59
等容波 59
等色线 (58)
等熵流动 59
等时变分 59
等式约束 60
等势面 60
等速加荷固结试验 60
等梯度固结试验 60
等位移线 60
等温弹性系数 60
等向强化 60
等效的分布钢筋应力应变矩阵 60
等效荷载法 60
等效结点荷载向量 (171)
等效力偶 60
等效力系 61
等效裂纹长度 61
等效频率 61
等效质量法 61
等斜率线 61
等压面 61
等应变速率固结试验 61
等值弹簧常数 61
邓·哈托驰振判据 61

di

低阶条元 62
低速风洞 62
底沙 (360)
地基沉降的弹性力学公式 62
地基承载力 62
地基极限承载力 62
地基容许承载力 62
地基受压层厚度 (62)
地基稳定性 62
地基压缩层厚度 62
地基中的附加应力 62
地力学模型试验 (63)
地貌 62
地面粗糙度 63
地球流体力学 63
地球物理勘探 63
地下水动力学 63
地压 (368)
地应力 (441)
地应力垂直分量 (418)
地应力水平分量 (418)
地质力学模型试验 63
地质模型 63
递增变形破坏 63
第二类拉格朗日方程 63
第二类摩擦 (132)
第二类失稳 63,(154)
第二强度理论 (479)
第三类边界条件 (146)
第三类失稳 63
第三强度理论 (478)
第四强度理论 (363)
第一类拉格朗日方程 64
第一类摩擦 (142)
第一类失稳 64,(97)
第一强度理论 (479)

dian

点的变速直线运动 64
点的复合运动 64
点的轨迹 64
点的合成运动 (64)
点的加速度合成定理 64
点的曲线运动 65
点的速度合成定理 65
点的位移 65
点的运动的极坐标法 65
点的运动的球坐标法 65
点的运动的直角坐标法 65
点的运动的柱坐标法 66
点的运动的自然坐标法 66
点的运动方程 66
点的直线运动 66
点荷载强度试验 66
点荷载强度指标 66
点荷载仪 67
点压强 67
点支座 (124)
电比拟法 67
电测方法 67
电磁流量计 67
电感式位移传感器 67
电感式压力传感器 67
电荷放大器 68
电容放大器 68
电容式加速度计 68
电容式压力传感器 68
电容式引伸计 68
电容应变计 68
电涡流式传感器 68
电涡流式位移传感器 68
电液伺服闭环 68
电液伺服阀 69
电子散斑干涉仪 69
电阻率法 69
电阻网络比拟 69
电阻应变计 69
电阻应变片 (69)
电阻应变式测力传感器 69
电阻应变式加速度传感器 69
电阻应变式倾角传感器 69
电阻应变式位移传感器 70
电阻应变式压力传感器 70
电阻应变式引伸计 70
电阻应变仪 70

die

迭代法 70,(60),(188)
叠加原理 70
碟式仪法 70
蝶形铰链 71

ding

定参考系 71
定常流动 71
定常热应力 71
定常塑性流动 71
定常约束 71
定床 71
定床水力学 71
定倾中心 71
定瞬心轨迹 71
定位向量 71
定向支座 (142)

定轴轮系的传动比 72
定轴转动刚体的轴承动反力 72

dong

动参考系 72
动床 72
动床水力学 72
动床阻力 72
动荷系数 72
动静法 72
动力触探试验 72
动力法 73
动力反应 73
动力方程组的直接积分法 73
动力分析的有限元法 73
动力固结 73
动力和运动连续条件 73
动力荷载 73
动力流速 73
动力粘度 73
动力粘性系数 (73)
动力粘滞系数 74,(73)
动力平衡方程 74,(241)
动力失稳 74
动力特性 74
动力系数 (90)
动力相似 74
动力响应 (73)
动力学 74
动力学普遍定理 74
动力学普遍方程 74
动力优化设计 75
动力准则 75
动量 75
动量定理 75
动量矩 75
动量矩定理 75
动量矩守恒定律 75
动量守恒定律 76
动量损失厚度 76
动量修正系数 76
动能 76
动能变化系数 76
动能定理 76
动能修正系数 76
动平衡 77
动蠕变 77
动势 (201)
动水压力相似准则 (262)
动瞬心轨迹 77
动态电阻应变仪 77
动态断裂韧性 77
动态光弹性法 77
动态规划 77
动态模量 77,(104)
动态扭摆仪 77
动态柔量 78,(104)
动态岩石强度 78
动压 78
动载断裂韧性 78
冻结内力法 78
冻土 78
洞壁干扰修正 78

dou

抖振 78
抖振力 78
陡坡 79

du

杜福特-弗兰克格式 79
杜哈梅积分 79

duan

端部效应 (79)
端面效应 79
短波 79
短管 79
短涵 80
短接式电阻应变计 80
断波 80
断层 80
断裂动力学 80
断裂力学 80
断裂力学参量 80
断裂临界应力 80
断裂韧性 80
断裂韧性试件 80
断裂形貌转变温度 80
断面比能 80
断面单位能量 (81)
断面环流 81
断面平均流速 81
断面平均水深 81

dui

对称结构 81
对称矩阵 81
对称屈曲 81
对称正定矩阵的平方根法 82
对称正定矩阵的三角分解法 82
对角线矩阵 82
对流扩散 82
对偶单纯形法 82
对偶理论 82
对偶性 82
对数减幅系数 83
对心斜碰撞 83
对心正碰撞 83
对应原理 (345)

dun

钝体 83
钝体空气动力学 83
钝形物体 (83)

duo

多重应力集中 83
多管测压计 83
多级优化设计 83
多阶段决策过程 83
多孔介质 83
多跨静定梁 83
多连通区域 84
多连通无限平面域 84
多连通有限平面域 84
多路喷射法 84
多面集 84

多目标优化设计 84
多维固结 84
多相流体力学 84
多余的零能模式 84
多余力 (84)
多余未知力 84
多余约束 84
多余坐标 85
多振型耦合颤振 85
多自由度体系 85

en

恩格勒黏度计 85
恩氏黏度计法 85

er

二次插值法 (264)
二次插值函数 86
二次规划 86
二次截止性 86
二次力矩分配法 86
二次流 (81)
二次目标函数 86
二次曝光法 (318)
二次四面体元 (309)
二次徐变 (91)
二次应力 86
二类变量广义变分原理 (137)
二力杆 86
二力平衡公理 86
二十结点四面体元 86
二维流动 86
二维势流 (273)
二维问题的边界线元 86
二向波 86
二元流动 (86)
二元体 87

fa

发电式传感器 (440)
伐里农定理 (136)
罚函数法 87
法平面 87
法向刚度(K_n) 87
法向加速度 87
法向应力 (456)

fan

反触变性 87
反对称屈曲 87
反分析法 87
反复直剪强度试验 87
反锯齿形策略 87
反力互等定理 88
反力与位移互等定理 88
反幂法 88
反平面裂纹 (328)
反坡渠道 (253)
反射边界 88
反射式光弹性仪 88
反射云纹法 88
反推力 88
反弯点 88
反弯点法 88
反向喷射法 89
反压饱和 89
反转法 89
泛函 89
泛函的变分 89
泛函的二阶变分 89
泛函的极值条件 89
泛函的极值问题 89
泛函的条件极值问题 89
泛函的无条件极值问题 89
泛函的一阶变分 (89)
范德华引力 89

fang

方程余量 90
方向加速法 90,(11)
防水电阻应变计 90
放大率 (90)
放大系数 90
放大因子 (90)

fei

非饱和土 90
非保守力 90
非保续元 (94)
非变换型问题 90
非定常流动 90
非定常气动系数 90
非定常热应力 90
非定常约束 90
非多余约束 90
非固执约束 (52)
非惯性参考系 90
非赫兹接触 91
非恒定流动 (90)
非恒定渗流基本方程 91
非恒定有压管流 91
非恢复性徐变 91
非活动约束 (94)
非基变量 91
非晶态高聚物 91
非均匀流动 91
非均匀平面波 (91)
非均匀平面简谐波 91
非开裂混凝土的材料矩阵 92
非可行点 92
非可行域 92
非棱柱形渠道 92
非粘性泥沙 92
非牛顿流体 92
非牛顿流体力学 92
非耦合热弹性理论 92
非耦合热应力 92
非耦合准静热弹性理论 92
非弹性碰撞 (333)
非弹性屈曲 92
非完整系统 92
非完整约束 92
非稳定约束 (90)
非线性边界条件 92
非线性变形体系 93
非线性大挠度稳定理论 93
非线性方程组解法 93
非线性分析的有限元法 93

非线性规划 93
非线性目标函数 93
非线性黏弹行为 93
非线性黏弹性 (93)
非线性弹性模型 93
非线性约束 93
非线性振动 94
非协调元 94
非淹没射流 (473)
非轴对称圆板 94
非自由体 94
非自由质点 94
非自由质点系 94
非作用约束 94
菲涅尔全息照相 94
费莱纽斯法 (294)

fen

分布参数优化设计 94
分布荷载 94
分布力 94
分部优化 94
分层单元组合式模型 94
分层计算法 94
分层总和法 95
分离点 95
分离流扭转颤振 95
分离气泡 95
分离体 95,(118)
分离体图 (315)
分力 95
分裂算子法 95
分配剪力 95
分配弯矩 95
分片检验 (390)
分区混合变分原理 95
分区混合法 96
分区混合广义变分原理 96
分区混合能量原理 96
分区混合有限元法 (96)
分区势能原理 96
分区余能原理 96
分散 96
分散性土 96
分析动力学 96
分析静力学 97
分析力学 97
分析力学的变分原理 97
分项混合能量原理 97
分支点失稳 97
分枝定界法 97
分子扩散 97
粉末激波管 98
粉砂 98
粉土 98
粉质黏土 98

feng

风 98
风成波 98
风的空间相关性 98
风洞 98
风洞实验数据修正 98
风洞天平 99
风工程 99
风荷载 99
风力 99
风(力)等级 99
风力矩 99
风玫瑰图 99
风剖面 (100)
风琴振动 99
风速 99
风速风压关系式 100
风速廓线 100
风速谱 100
风速实测 100
风速沿高度变化规律 100
风速仪 100
风向 100
风向仪 100
风压 100
风压高度变化系数 101
风压谱 101
风载体型系数 101
风振控制 101
风振系数 101
封闭式电阻应变计 101
封闭应力 101
峰因子 101,(11)
峰值强度 101
蜂窝结构 101

fo

佛汝德数 101
佛汝德相似准则 102

fu

夫琅和费全息照相 102
肤面阻力 (301)
弗劳德数 (101)
弗劳德相似准则 (102)
伏尔斯莱夫面 102
伏斯列夫参数 102
浮力 102
浮沙 (399)
浮体 102
浮心 102
浮轴 102
浮子流量计 102
符合度 (33)
幅频特性 103
幅频特性曲线 103
幅值方程 103
辐照损伤 103
负波 (233)
负孔隙水压力 103
负坡渠道 (253)
负梯度方向 103
附加应力 103
附着力 103
复摆 103
复合单元 103
复合破坏 104
复合型断裂准则 104
复合应力波 104
复铰 104
复模量 104
复模态参数 104
复模态理论 104
复柔量 104

复式测压计 (83)
复式断面渠道 104
复式刚架 104
复形法 104
复杂管路 105
复杂桁架 105
复振幅 105
副法线 105
傅里叶变换全息图 105
傅里叶定律 105

gai

改进的 WOL 试件 105
盖琳格速度方程 105
盖司特耐理论 105
概率断裂力学 106
概率密度 106

gan

干扰力 106
干燥徐变 106
杆端力向量 106
杆端位移向量 106
杆件 106
杆件变形协调条件 107
杆件代替法 107
杆件结构 107
杆件结构有限元法 (172)
杆件平衡条件 107
杆件塑性分析 108
杆件体系机动分析 108
杆件物理条件 108
杆系结构 (107)
杆轴 108

gang

刚度 108
刚度法 108
刚度集成法 (458)
刚度矩阵 108
刚度系数 108
刚化原理 108
刚架 108
刚结点 109
刚劲板 (434)
刚片 109
刚塑性模型 109
刚体 109
刚体的定点转动 109
刚体的定轴转动 109
刚体的平动 109
刚体的平面运动 109
刚体的一般运动 110
刚体的移动 (109)
刚体定点转动的运动方程 110
刚体定轴转动微分方程 110
刚体对过同一点的任意轴的转动惯量 110
刚体惯性力系的简化 110
刚体角位移 110
刚体静力学 111,(156)
刚体平面运动的运动方程 111
刚体平面运动微分方程 111
刚体弹簧模型 111
刚体位移模式 111
刚体一般运动的运动方程 111
刚体转动的合成 111
刚体转动惯量 (468)
刚性垫板法 112
刚性加载法 112
刚性链杆－弹簧体系 112
刚性模型 112
刚性试验机 112
刚性完全塑性模型 (208)
刚性支座 112
钢盖假定 112
钢筋混凝土本构模型 112
钢筋混凝土有限元分离式模型 112
钢筋混凝土有限元分析 113
钢筋混凝土有限元整体式模型 113
钢筋混凝土有限元组合式模型 113

gao

高超声速流动 113
高超声速尾迹 113
高超声速相似律 113
高(低)温电阻应变计 113
高分子 (114)
高分子热运动 114,(114)
高分子运动 114
高阶条元 114
高阶元 114
高精度元 (114)
高聚物 114
高聚物的理论强度 114
高聚物的松弛过程 114
高聚物老化 114
高聚物力学图谱 114
高聚物流变学 114
高岭石 115
高频测力天平 115
高斯积分 115
高斯－赛德尔迭代法 115
高斯随机过程 (456)
高斯消去法 115
高斯循序消去法 (115)
高斯－约当消去法 115
高斯主元素消去法 116
高耸结构 116
高速边界层 116
高速水流 116
高弹态 116
高弹态高聚物的力学性质 116
高弹形变 116
高温材料本构关系 116
高温低周疲劳 116
高温疲劳 116
高温气体动力学 117
高温徐变仪 117
高温硬度 117
高压固结试验 117
高桩承台 117

ge

割平面法 117
割线刚度法 117
割线模量 117
格拉布斯方法 118
格里菲斯断裂准则 118
格里菲斯强度理论 118

格林函数法 118
格栅 (167)
格子中标记点法 118
格子中质点法 118
隔点传递系数 118
隔离体 118
隔离体图 118,(315)
隔振 118
隔振系数 119
葛洲坝模型 119
各态历经随机过程 119
各向不等压固结不排水试验 119
各向不等压固结排水试验 119
各向同性 119
各向同性假定 119
各向同性热应力 119
各向异性 119
各向异性热应力 120

gen

跟踪液位计 120

gong

工程地质比拟法 120
工程结构 (171)
工程力学 120
工程流体力学 120
工程应力-应变曲线 (21)
工业空气动力学 120
功 120
功的互等定理 121
功率 121
功率方程 121
功率谱密度 121
攻角 121
拱 121
拱的合理轴线 (136)
拱形拉伸试件 121
共轭方向 122
共轭方向法 122
共轭梁法 122
共轭算子 122
共轭梯度法 122
共轭斜量法 122
共振 123
共振频率 123
共振柱试验 123
共转坐标系 (361)

gou

构造结构面 123
构造应力 123

gu

古典颤振 123
古典力学 (179)
古尔顿定理 123
固定端支座 123
固定铰支座 123
固定球形铰支座 124
固端剪力 124
固端弯矩 124
固结不排水试验 124
固结沉降 124
固结度 124
固结快剪试验 124
固结理论 124
固结排水试验 124
固结曲线 124
固结试验 124
固结试验曲线 (124)
固结速率 125
固结系数 125
固结压力 125
固有频率 125
固有振动 (474)
固执约束 (318)

guan

关键块体 125
管网 125
管网控制点 125
管网控制干线 125
管系比阻抗 (125)
管系阻抗 125
管涌 125
管嘴出流 125
惯量半径 (145)
惯量积 (126)
惯量椭球 (126)
惯量张量 (126)
惯量主轴 (126)
惯性 126
惯性半径 (145)
惯性参考系 126
惯性积 126
惯性力法 (72)
惯性力相似准则 (327)
惯性式拾振器 126
惯性水头 126
惯性椭球 126
惯性运动 126
惯性张量 126
惯性主轴 126
惯性坐标系 127

guang

光测力学 127
光滑接触面约束 127
光滑圆柱形铰链 127
光塑性比拟法 127
光塑性法 127
光弹性材料 127
光弹性法 127
光弹性夹片法 128
光弹性散光法 128
光弹性贴片法 128
光弹性斜射法 128
光弹性仪 128
光弹性应变计 128
光弹性应力冻结法 128
光纤维应变计 128
光线示波器 128
光线振子示波器 (128)
光学傅里叶变换 129
广义单自由度体系 129
广义动量 129
广义多项式 129
广义刚度 129

广义刚度矩阵 129
广义荷载 129
广义荷载向量 129
广义胡克定律 129
广义既约梯度法 (130)
广义简约梯度法 130
广义开尔文模型 130
广义力 130
广义力表示的平衡条件 130
广义麦克斯韦模型 130
广义米泽斯屈服条件 (57)
广义速度 131
广义特雷斯卡屈服准则 131
广义未知力 (477)
广义位移 131
广义协调元 131
广义应变 131
广义应力 131
广义杂交元 131
广义质量 131
广义质量矩阵 131
广义转角位移法 131
广义坐标 131

gui

归一化振型 (20)
规范沉降计算法 131
规格化振型 (20)
规则波 132

gun

辊轴支座 132,(147)
滚波 132
滚动铰支座 132,(147)
滚动接触 132
滚动摩擦 (132)
滚动摩擦力偶 (132)
滚动摩阻 132
滚动摩阻定律 132
滚动摩阻力偶 132
滚动摩阻系数 132
滚轴支座 132,(147)
滚阻定律 (132)
棍栅法 132

guo

过度曝光法 132
过渡元 132
过分协调元 (133)
过失误差 (48)
过水断面 133
过协调元 133
过应力模型理论 133
过载 133
过载系数 (72)
过阻尼 133

ha

哈密顿原理 133
哈密顿作用量 133

hai

海漫 133
海姆理论 133
亥姆霍兹速度分解定理 134
亥姆霍兹涡定理 134

han

含奇异积分的直接法 134
含气比 (35)
含沙量 134
含沙浓度 (134)
含沙体积比浓度 134
含沙重量比浓度 134
函数的变分 135
函数误差 135
函数误差分配 135
涵洞水流 135
焓 135
寒土 (78)
汉森极限承载力公式 135
汉森模型 135
焊接式电阻应变计 136

hao

豪包特法 136
耗散力 136

he

合理拱轴 136
合力 136
合力的功 136
合力矩定理 136
合力投影定理 136
合力相似准则 (257)
和风 136
河槽形态阻力 136
河渠自由渗流 136
荷载 136,(465)
荷载势能 137
荷载系数 137
赫 (137)
赫尔米特插值函数 137
赫林格一瑞斯纳变分原理 137
赫兹 137
赫兹接触 137

heng

亨奇定理 137
亨奇应力方程 137
恒定流动 138,(71)
恒定流动量方程 138
恒定流动量矩方程 138
恒定流连续性方程 138
恒定流能量方程 138
恒荷载 138
桁架 138
桁架设计两相优化法 139
桁架图解法 (235)
横波 139
横风向风力 139
横观各向同性体 139
横流驰振 139
横弯曲 139
横向荷载 139

横向加速度 139
横向速度 139
横向效应 139
横向效应系数 139
横向振动散斑干涉测量术 139
横压试验 (263)

hong

红宝石激光器 139
红黏土 140
虹吸管 140

hou

后差分 140
后处理法 140
后方气压 140
后屈曲平衡状态 140
厚壳元 140

hu

弧长法 140
弧坐标法 (66)
胡海昌－鹫津变分原理 141
胡克定律 141
胡克元件 (346)
互补松弛条件 141
护坦 141

hua

滑动接触 141
滑动摩擦 142
滑动摩擦系数 142
滑动支座 142
滑动轴承 142
滑开型(Ⅱ型)裂纹 142
滑面爆破加固 142
滑线电阻式位移传感器 142
滑移线 142
滑移线的性质 142
滑移线法 142
化学键 (143)
化学键合力 143
划零置一法 143

huan

环剪仪 (258)
环境空气动力学 143
环球软化点 143
环形槽应力恢复法 (429)
环状管网 143
缓流 143
缓坡 144
换码 144
换热系数 144
换算荷载 144
换算截面法 144

huang

黄金分割法 144,(486)
黄土 144
黄土湿陷试验 144
黄土湿陷性 144

hui

恢复力 145
恢复系数 145
恢复性徐变 145
回归方程 145
回归分析 145
回缩力 145
回弹曲线 145
回弹系数 145
回弹指数 145
回转半径 145
回转力矩 (362)
回转效应 (362)
汇 145
汇交力系的合成 145

hun

混合边界条件 146
混合法 146
混合强化 146
混合元 146
混凝土的徐变 146
混凝土工作度 146
混凝土裂缝模型 147
混凝土裂纹模型 (147)
混凝土三轴破坏准则 147
混凝土双轴破坏准则 147
混凝土徐变估计 147
混凝土徐变破坏 147
混凝土应力应变矩阵 147
混凝土真弹性变形 147

huo

活动度 147
活动铰支座 147
活动约束 (481)
活荷载 148
火箭的特征速度 148
火箭的运动微分方程 148
火箭的质量比 148
或然误差(γ) 148

ji

击岸波 (435)
击实试验 148
机动安定定理 148
机动定理 (303)
机动法 148,(149)
机动分析 (157)
机构 149
机构法 149
机械导纳 149
机械能守恒定律 149
机械式天平 149
机械运动 149
机械滞后 149
机械阻抗 149
积分关系法 (160)
积分型本构关系 149
基本边界条件 150
基本风速 150
基本风速换算系数 150

基本风压 150
基本机构 150
基本解 150
基本可行解 150
基本量纲 150
基本频率 150
基本破坏机构 (150)
基本未知量 150
基本未知数 (150)
基本物理量 150
基本徐变 150
基本振型 150
基变量 150
基础参考系 (126)
基础坐标系 (127)
基底附加应力 151
基底接触压力 151
基点 151
基点法 (271)
基尔霍夫－乐甫假设 (6)
基函数 151
基函数的正交性 151
基于可靠度的优化设计 151
畸变波 151,(59)
畸变能屈服条件 (238)
激波 151
激波捕捉 151
激波层 151
激波管 151
激光测位移 152
激光多普勒流速仪 152
激光器 152
激励 152
激扰力 (106)
吉伯梁 (83)
吉文斯·豪斯豪尔德法 152
极大定理 (382)
极点 152
极方向 152
极限比徐变 152
极限分析定理 153
极限风荷载 153
极限滚动摩阻力偶矩 (478)
极限荷载 153,(331)
极限荷载系数 (331)
极限静摩擦力 (479)
极限平衡状态 153
极限曲面 153
极限速度 153
极限条件 153
极限弯矩 (332)
极限误差 153
极限徐变度 (152)
极限应力 154
极限应力比 154
极限优化设计 154
极限状态 154
极小点 154
极小定理 (303)
极小解 (154)
极小势能原理 (480)
极值点失稳 154
极转动惯量 154
即时全息干涉法 154
即时时间平均法 154
即时速度 (329)
急变流 154
急流 154
急坡 (79)
疾风 155
集散波 (379)
集体分配单位 (155)
集体分配单元 155
集体分配法 (212)
集体分配系数 155
集中参数优化设计 155
集中荷载 155
集中力 155
集中质量法 155,(61)
集中质量矩阵 155
几何不变体系 155
几何不变体系组成规则 155
几何方程 156
几何非线性问题 156
几何刚度矩阵 156
几何规划 156
几何规划的对偶算法 156
几何规划的困难度 156
几何规划的线性化算法 156
几何静力学 156
几何可变体系 157
几何可能位移场 157
几何可能应变 (397)
几何相似 157
几何相似非定常塑性流动 (470)
几何约束 157,(177)
几何阻尼 157
几何组成分析 157
挤压强度条件 157
挤压应力 157
计示压强 (387)
计算简图 157
计算力学 157
计算力学的数值方法 158
计算流体力学 158
计算自由度 158
迹线 158
既约梯度法 (166)
继承积分 (149)

jia

加工强化 (159)
加工硬化 159
加劲板 159
加劲梁 159
加力凝聚性 (87)
加权函数 (286)
加权平均值 159
加权算术平均值 (159)
加权余量法 159
加权余量法的边界法 159
加权余量法的伽辽金法 159
加权余量法的混合法 160
加权余量法的矩法 160
加权余量法的离散型最小二乘法 160
加权余量法的连续型最小二乘法 160
加权余量法的内部法 160
加权余量法的配点法 160
加权余量法的子域法 160
加权余量法的最小二乘法 160
加速度 160
加速度冲量外推法 161

加速度瞬心 161
加速度图 161,(161)
加速度图解 161
加速应力比法 162
加载路径 162
加载条件 (281)
加载卸载规律 162
加州承载比试验 (38)
夹层板 162
夹层全息干涉法 162
夹层散斑法 162
伽辽金法 (29)

jian

尖塔旋涡发生器法 162
间断面的传播 162
间接测量 162
间接法边界积分方程 162
间接水击 163
减幅系数 163
减水剂效应 163
减缩积分 (167)
减振 163
剪力 163
剪力分配法 163
剪力分配系数 163
剪力静定杆 (163)
剪力静定柱 163
剪力图 164
剪切闭锁 164
剪切波 164,(59)
剪切盒法 164
剪切胡克定律 164
剪切流 164
剪切模量 (164)
剪切强度条件 164
剪切弹性模量 164
剪切应变速率 164
剪心 164
剪应变 164
剪应力 164
剪应力差法 164
剪应力环量定理 165
剪胀 165
简单管路 165
简单桁架 165
简单加载 165,(12)
简单加载定理 165
简单卸载定理 (392)
简化的应力-应变曲线 165
简化中心 166
简谐波 166
简谐荷载 166
简谐运动 166
简谐振动 166
简约梯度法 166
简支等曲率扁壳 166
简支梁 167
建筑空气动力学 167
剑桥模型 167
渐变流 167
渐近模量 (376)

jiang

降阶积分 167
降水水面曲线 167
降维法 167

jiao

交变荷载 167
交变塑流破坏 (167)
交变塑性破坏 167
交叉梁系 167
交错网格法 167
交替方向迭代法 167
焦耳 168
角变位移法 (468)
角变位移方程 (468)
角冲量 (43)
角点法 168
角动量 (75)
角加速度 168
角砾 168
角速度 168
角速度合成定理 168
角位移 169
铰 (127)
铰接排架 169
铰结点 169

jie

阶段效益 (169)
阶段效应 169
接触问题 169
节点 (170)
节点法 (170)
节段模型 169
节理 169
节理单元 169
节理块体 170
节理锥 170
节理组数 170
节流式流量计 170
节线 170
结点 170
结点不平衡力矩 170
结点独立线位移 170
结点法 170
结点荷载 (474)
结点荷载向量 171
结点机构 171
结点力向量 171
结点位移向量 171
结点自由度 171
结构 171
结构的力学模型 (157)
结构动力分析 171,(171)
结构动力学 171
结构刚度矩阵 171
结构(或连续体)的离散化 171
结构极限分析 172,(174)
结构静定化 172,(78)
结构矩阵分析 172
结构力学 172
结构面 172
结构面闭合模量 172
结构面当量闭合刚度 172
结构面的法向变形 173
结构面的剪切变形 173
结构面间距 173
结构面抗剪强度 173

结构面力学效应 173
结构面摩擦强度 173
结构面弱面系数 173
结构面形态 173
结构破损分析 (174)
结构设计模糊性 173
结构塑性分析 173
结构体 174
结构稳定理论 174
结构相优化 174
结构优化设计 174
结构坐标系 (455)
结合水 174
结晶高聚物 175
结晶态高聚物应力－应变曲线 175
截断误差 175
截面 175
截面尺寸变量 175
截面法 175
截面惯性半径 175
截面惯性积 175
截面惯性矩 175
截面核心 175
截面极惯性矩 175
截面几何参数 176
截面几何性质 (176)
截面翘曲 176
截面塑性模量 176
截面形心主轴 176
截面形状系数 176
截面性质的平行移轴定理 176
截面性质的转轴定理 176
截面优化设计 176
截面主惯性轴 177
解除约束原理 177
解答的唯一性 177
解凝泥浆 177
介电松弛 177
界面波 177
界面单元 (169)
界限定理的推论 177
界限含水量 (1)
界限含水量试验 177
界限约束 177

jin

金属薄膜应变计 177
金属材料的冲击试验 177
金属测压计 178
金属成形力学 178
金属的徐变 178
金属压力表 (178)
紧凑拉伸试件 178
近地层 178
近地风 178
近端弯矩 178
近似规划法 (383),(399)
近似重分析 178
近似相似模型 179
近似作用约束 179
进退法 179
进行波 (394)
浸润面 179
浸润线 179
浸渍法 179

jing

经典力学 179
经典力学的相对性原理 179
经济流速 179
经时性 180
经验公式 (145)
精度 180
精密度 180
精确度 (180)
井群 180
井组 (180)
颈缩现象 180
劲度系数 180,(467)
劲风 180
净波压 (180)
净波压强 180
径向加速度 180
径向速度 180
静不定结构 (37)
静定结构 180
静风 180
静荷常温试验 180
静荷载试验 181
静力安定定理 181
静力触探试验 181
静力定理 (382)
静力法 181
静力荷载 181
静力可能应力场 181
静力凝聚 (181)
静力水头 181
静力缩聚 181
静力系数 (181)
静力许可系数 181
静力许可应力场 181
静力学 181
静力学公理 182
静力学普遍方程 182
静力准则 182
静面矩 (239)
静平衡 182
静水池塘 (389)
静水应力状态 182
静水总压力 182
静态电阻应变仪 182
静压 182
静止侧压力系数 (182)
静止土压力 182
静止土压力系数 182
静止液体基本方程 (321)
镜式引伸仪 (423)

ju

局部变形阶段 182
局部剪切破坏 182
局部落石破坏 183
局部码 183
局部水头损失 183
局部性约束 183
局部阻力 183
局部阻力系数 183
局部最优点 183
局部最优解 (183)
局部坐标系 183
矩形板的伽辽金解法 183

矩形板的里兹解法 183
矩形板的列维解 184
矩形板的纳维叶解 184
矩形板元 184
矩阵 184
矩阵力法 184
矩阵位移法 184
矩阵位移法基本方程 184
举力 184
举力面理论 185
举力系数 185
举力线理论 185
飓风 185
锯齿形现象 185
聚合物 185,(114)
聚合物的力学性质 185

jue

决策变量 186
绝壁物体 186
绝对粗糙度 186
绝对加速度 186
绝对式测振仪 (126)
绝对速度 186
绝对误差 186
绝对压强 186
绝对运动 186
绝对最大弯矩 186
绝热流动 186
绝热弹性系数 186
绝缘电阻 186

jun

均布荷载 186
均方根差 (20)
均匀变形 187
均匀流 187
均匀流基本方程 187
均匀泄流管路 187
均质连续性假定 187
龟裂系数 187

ka

卡尔逊应变计 188
卡门定律 188
卡门方程组 (5)
卡门理论 (318)
卡门－钱学森公式 188
卡门涡街 (376)
卡尼迭代法 188
卡诺定理 188
卡萨格兰德法 188
卡氏第二定理 188
卡氏第一定理 189
卡氏液限仪法 (70)
卡斯提里阿诺第二定理 (188)
卡斯提里阿诺第一定理 (189)

kai

开尔文定理 189
开尔文－佛克脱固体 (189)
开尔文固体 189
开尔文链 (130)
开尔文模型 (189)
开裂混凝土的材料矩阵 189
开普勒定律 189
开挖面的空间效应 189
开挖锥 189

kan

坎托罗维奇法 189

kang

抗剪强度有效应力法 190
抗剪强度总应力法 190
抗拉刚度 190
抗扭刚度 190
抗扭截面模量 190
抗弯截面模量 190
抗液化强度 190
抗震优化设计 190

ke

柯埃梯流动 190
柯兰克－尼克尔逊格式 191
柯朗条件 191
柯尼希定理 191
柯西方程 (156)
柯西－黎曼方程 191
柯西－黎曼条件 (191)
柯西相似准则 191
科达齐－高斯条件 191
科里奥利斯加速度 191
科氏惯性力 191
科氏加速度 (191)
科伊特定理 (148)
颗粒分析试验 191
可泵性 192
可变荷载 (148)
可变域变分法 192
可动边界 192
可动活荷载 192
可动铰支座 (147)
可动球形支座 192
可动圆柱形支座 192
可分规划 192
可接受荷载 192
可控应变试验法 192
可控应力试验法 192
可能位移 (397)
可逆徐变 (145)
可破坏荷载 192
可塑性泥团 192
可塑性泥团的流变性 192
可行点 192
可行方向 193
可行方向法 193
可行域 193
可压缩流体 193
可移动性定理 193
可遗坐标 (401)
克拉珀龙定理 (425)
克劳德分解 193
克雷洛夫法 (43)
克罗第－恩格塞定理 193

客观散斑 193

kong

空腹桁架 193
空化现象 193
空间杆件结构 194
空间刚架 194
空间桁架 194
空间结构支座 194
空间相干性 194
空间相关性折算系数 194
空泡现象 (193)
空气动力 194
空气动力加热 (277)
空气动力系数 194
空气动力学 194
空气动力学小扰动理论 195
空蚀 (277)
空穴现象 (193)
孔板流量计 195
孔板速度车法 195
孔口出流 195
孔隙比 196
孔隙度 (196)
孔隙介质 196
孔隙率 196
孔隙气压力 196
孔隙水压力 196
孔隙压力 (196)
孔隙压力系数 A 196
孔隙压力系数 B 196
孔隙压力消散试验 196
控制变量 (186)
控制断面 196
控制水深 196

ku

库尔曼法 196
库尔曼图解法 196
库伦定律 (197)
库伦方程 197
库伦公式 (197)
库伦摩擦定律 197
库伦土压力理论 197
库－塔克条件 197

kua

跨变结构 198
跨度 198
跨孔试验 198
跨声速流动 198
跨声速相似律 198

kuai

块裂介质岩体 198
块石 198
块体共振试验 198
块体理论 198
块体锥 199
块状结构体 199
快剪试验 199
快速固结试验 199
快速压缩试验 (199)

kuan

宽带随机过程 199
宽顶堰 199

kuang

狂风 199

kui

溃坝波 199

kuo

扩散度试验 (226)
扩散质 200

la

拉断破坏 200
拉杆拱 200
拉格朗日变数 200
拉格朗日插值函数 200
拉格朗日乘子 201
拉格朗日乘子法 201
拉格朗日方程 201
拉格朗日函数 201
拉格朗日描述法 201
拉格朗日元族 201
拉力 201
拉力试验机 201
拉梅－纳维方程 (373)
拉梅势函 202
拉普拉斯变换 202
拉伸放热 202
拉伸失稳 202,(180)
拉氏变换 (202)
拉氏乘子法 (201)
拉氏多项式 (200)
拉氏域 202
拉特－邓肯模型 202
拉特屈服准则 202
拉条模型 203
拉瓦尔管 203

lai

来流紊流 203
莱维－米泽斯理论 203
赖柴耳定理 203
赖斯纳理论 203

lan

兰啸斯法 203
蓝脆现象 204

lang

朗肯土压力理论 204
朗肯状态 204

le

乐甫波 204
乐甫－基尔霍夫假设 204

lei

雷暴风 204
雷列法 (295)
雷诺方程 204
雷诺数 205
雷诺数影响修正 205
雷诺相似准则 205
雷诺应力 205
雷诺应力模型 205

leng

棱柱形渠道 206
冷脆性 206
冷脆转化温度 (292)
冷作强化 (159)

li

离差 206
离面位移场双光束散斑分析法 206
离面位移等值线 (370)
离面云纹法 206
离散 (96)
离散变量 206
离散单元法 206
离散误差 206
离心力 206
离心模型试验 206
离心转动惯量 (126)
李萨如图 207
里查森外推法 207
里瓦斯公式 207
里兹法 (295)
里兹向量法 207
理论断裂强度 207
理论力学 207
理论应力集中系数 (429)
理想刚塑性变形模型 208
理想高弹体 208
理想铰结点 (169)
理想流体 208
理想气体 208
理想塑性 208
理想弹塑性变形模型 208
理想弹塑性模型 208
理想液体 208
理想约束 208
理想轴压杆 208
力 208
力场 209
力的独立作用原理 209
力的分解 209
力的可传性 209
力的平行四边形法则 209
力的平移定理 209
力对点之矩 209
力对轴之矩 210
力多边形 210
力法 210
力法典型方程 210
力法基本结构 (211)
力法基本体系 211
力函数 211
力矩 211
力矩分配单位 (211)
力矩分配单元 211
力矩分配法 211
力矩分配系数 211
力矩集体分配法 212
力螺旋 212
力偶 212
力偶矩 212
力偶系的合成 212
力三角形 212
力系 212
力系的等效代换 213
力系的平衡方程 213
力系的中心轴 213
力系的主矩 213
力系的主矢量 213
力学单位制 213
力学模型 214
力学损耗 214
力学相似 214
力学相似准则 214
力在平面上的投影 214
力在轴上的投影 214
力作用的独立性原理 (70)
立波 (466)
沥青 214
沥青的变形模量 (214)
沥青的刚度 (214)
沥青的劲度 214
沥青的流变性 214
沥青的热应力破坏 215
砾砂 215
粒度 215
粒间应力 (439)
粒组 215

lian

连拱 215
连续变量 215
连续波 215
连续加荷固结试验 215
连续介质假设 215
连续介质岩体 215
连续梁 216
连续损伤力学 216
连续性微分方程 216
涟波 216
联合桁架 216
联结单元 216
链段位移 216
链杆 216

liang

梁 216
梁的边界条件 217
梁的侧向屈曲 217
梁的连续条件 217
梁的主应力迹线 217
梁式杆 217
梁式桁架 217
梁式机构 217
梁柱单元刚度矩阵 217
梁柱单元几何刚度矩阵 217
量测位移反分析 218
量测误差 218
量纲 218

量纲方程 (218)
量纲分析法 218
量纲公式 218
量纲和谐原理 (218)
量纲齐次性原理 218
量热式测速法 218
量水槽 218
量水堰 218
两分法 218
两互相垂直的柱体接触 218
两互相平行的柱体接触 219
两铰拱 219
两球体接触 219
两相法 219

lie

烈风 219
裂缝 (219)
裂纹 219
裂纹表面能 219
裂纹的动态扩展 219
裂纹体几何特性描述 (220)
裂纹的动态响应 219
裂纹的分叉 219
裂纹的声发射检测 220
裂纹的涡流检测 220
裂纹几何 220
裂纹尖端场角分布函数 220
裂纹检测的交流电位法 220
裂纹检测的金相剖面法 220
裂纹检测的直流电位法 220
裂纹扩展 220
裂纹扩展极限速率 220
裂纹扩展计 220
裂纹扩展力 (249)
裂纹起始扩展 221
裂纹驱动力 (249)
裂纹失稳扩展 221
裂纹体几何特性描述 (220)
裂纹稳定扩展 221
裂纹元 221
裂纹张开位移 221
裂隙粗糙系数 221
裂隙抗压强度 221
裂隙频率 221

lin

临界标准贯入击数 221
临界荷载 221
临界雷诺数 221
临界裂纹尺寸 222
临界裂纹张开位移 222
临界流 222
临界马赫数 222
临界平衡状态 (224)
临界坡度 222
临界坡降 (223)
临界气穴数 (222)
临界气穴指数 222
临界渗透坡降 (223)
临界水力坡度 223
临界水力梯度 (223)
临界水深 223
临界水跃 223
临界位置判别式 223
临界应力 223
临界应力曲线 223
临界应力总图 (224)
临界转速 224
临界状态 224
临界状态弹塑性模型 224
临界状态线 224
临界阻尼 224
临界J积分 224
临塑荷载 224

ling

灵敏度分析 224
灵敏系数(K) 225
零杆 225
零级条纹法 225
零能变形模式 (84)
零飘 225
零塑性温度 (379)
零位置 225
零载法 225

liu

流变学 225
流场 225
流动单元 225
流动活化能 226
流动极限 (285)
流动阶段 (285)
流动显示 226
流动形态 226
流动性 226
流动桌 226
流管 226
流函数 226
流函数法 226
流函数-涡量法 226
流滑 226
流量 226
流量测定速度面积法 227
流量测定体积法 227
流量测定重量法 227
流量测量 227
流量模数 227
流量系数 227
流散 (96)
流速测量 228
流速势 228
流速水头 228
流速系数 228
流速压力的原参数法 228
流体 228
流体动力学 228
流体静力学 228
流体力学 229
流体力学基本方程 (229)
流体力学控制方程 229
流体力学实验 229
流体流动的有限元法 229
流体密度 230
流体容重 (230)
流体运动学 230
流体质点 230
流体重度 230
流体重率 (230)

流体阻力 230
流土 230
流网 230
流线 231
流线型化 231
流线型体 231
流限 (421)
硫化橡胶应力－应变曲线 231
六结点二次三角形元 231

long

龙格－库塔法 232
龙卷风 232

lou

楼层剪力 232
楼层力矩 232

lu

路程 232
路径 (64)

lü

吕德斯线 (142)
滤频 232

luan

卵石 232

luo

罗斯贝数 232
罗斯公式 232
罗斯科面 232
罗托计 (102)
螺旋测微计 233
洛德参数 233
洛氏硬度 233
落水波 233
落体对铅垂线的偏离 233
落体偏东 234
落体运动 234

ma

马丁耐热试验法 234
马格努斯力 234
马格努斯效应 234
马赫角 234
马赫数 234
马赫数无关原理 235
马赫锥 235
马力 235
马利科夫判据 (235)
马利科夫准则 235

mai

麦克亨利叠加原理 235
麦克斯韦定理 (372)
麦克斯韦－克利莫那图解法 235
麦克斯韦流体 235
麦克斯韦模型 (235)
麦克斯韦—莫尔法 (53)
麦克斯韦－莫尔公式 (372)
脉冲法 (38)
脉冲全息干涉术 235
脉动分析法 235
脉动风 235
脉动风的概率分布 235
脉动风的相关函数 236
脉动风速 236
脉动风压 236
脉动棍栅法 236
脉动流速 236
脉动系数 236
脉动压强 236
脉动增大系数 236

man

满应力设计 237
满应力准则 237
满约束准则 237
曼代尔－克雷尔效应 237
曼宁公式 237
慢剪试验 237

mao

毛细管黏度计 237
毛细管上升高度试验 237
毛细水 237

mei

梅兰定理 (181)
梅耶霍夫极限承载力公式 238

men

门式刚架 238

meng

蒙特卡洛法 238
蒙脱石 238

mi

弥散 (96)
米切尔准则 238
米泽斯屈服条件 238
米泽斯屈服准则 (363)
密切面 238
密歇尔斯基方程 (19)
幂法 239
幂律关系 239
幂强化 239

mian

面波 (21)
面积矩 239
面积收缩率 239
面积速度 239
面内位移场双光束散斑分析法 239
面内云纹法 240
面向设计的结构分析 240
面支座 (192)

ming

名义挤压应力 (157)
名义剪应力 240
名义屈服极限 240
明渠 240
明渠冲击波 240
明渠非恒定渐变流动量方程 240,(241)
明渠非恒定渐变流基本微分方程组 (241)
明渠非恒定渐变流连续性方程 240
明渠非恒定渐变流圣维南方程组 241
明渠非恒定渐变流水量平衡方程 241,(240)
明渠非恒定渐变流运动方程 241
明渠非恒定流动 241
明渠恒定非均匀渐变流动 242
明渠恒定急变流 242
明渠恒定渐变流基本微分方程 242
明渠恒定流动 242
明渠均匀流动 242
明渠流 (243)
明渠水流 243

mo

模糊优化设计 243
模量比 243
模拟式记录仪 243
模式搜索法 243
模式移步法 (30)
模态参数 243
模态分析 243
模态综合法 243
模型 244
模型材料 (388)
模型律 244
模型试验 244
膜 (7)
摩擦 244
摩擦角 244
摩擦锥 244
摩擦锥法 244
摩根斯坦－普赖斯法 245
摩阻流速 (73)
莫尔包线 245
莫尔法 (445)
莫尔－库伦理论 245
莫尔－库伦屈服条件 245
莫尔强度理论 246
莫尔圆 246,(424),(430)

mu

目标函数 246
目标函数等值线(或面) 246
目标函数海色矩阵 246
目标函数梯度 246

na

纳维方程 (268)
纳维－斯托克斯方程 247

nai

奈奎斯特图 247

nao

挠度 247
挠曲线 247
挠曲线微分方程 247

nei

内变量与黏弹性 247
内禀渗透系数 (249)
内波 248
内部结点自由度 248
内部可变度 248
内点 (192)
内耗 248
内耗峰 248
内耗与频率关系曲线 248
内聚力 248,(254)
内力 248
内力包络图 248
内力范围图 (248)
内力系数法 248
内摩擦角 248
内虚功 (395)
内在渗透系数 249

neng

能量法 249
能量方程 (27)
能量积分 249
能量释放率 249
能量守恒原理 (149)
能量损失厚度 249
能量微分方程 250
能量准则 250
能坡 (322)

ni

尼古拉兹试验 250
泥浆稠化系数 250
泥浆的流变性 251
泥浆的棚架结构 251
泥浆厚化系数 (250)
泥浆黏度测定 251
泥沙 251
泥沙沉降粒径 251
泥沙沉降速度 (252)
泥沙沉速测量 251
泥沙等容粒径 251
泥沙干表观密度 251
泥沙干容重 (251)
泥沙干重度 (251)
泥沙干重率 (251)
泥沙粒径 251
泥沙临界推移力 251
泥沙起动流速 252
泥沙筛孔粒径 252
泥沙水力粗度 252
泥沙算术平均粒径 252
泥沙中值粒径 252
泥炭 253
拟定常理论 253

拟静力法 253
拟静态问题 (470)
拟牛顿法 (18)
拟线性本构方程 253
拟协调元 253
逆波 (253)
逆步变换 253
逆解法 253
逆坡渠道 253
逆算反分析法 253
逆行波 253
逆序递推法 253

nian

黏度 254
黏度测量 254
黏附力 (103)
黏壶 (256)
黏结单元 254
黏聚力 254
黏流态 254
黏流温度 254
黏弹行为 254
黏弹性 (254)
黏弹性边值问题 254
黏弹性波 254
黏弹性测试 254
黏弹性功的互等定理 (255)
黏弹性互易定理 255
黏弹性基础梁 255
黏弹性基支黏弹板 255
黏弹性斯蒂尔吉斯卷积 255
黏弹性体的振动 255
黏弹性问题解的唯一性 255
黏弹性性能 (254)
黏土 255
黏土的塑性指数 255
黏性底层 255
黏性流动 255
黏性流体 256
黏性流有限元方程 256
黏性流中奇异子分布法 256
黏性泥沙 256
黏性土 256
黏性系数 (254)
黏性元件 256
黏性阻力相似准则 (205)
黏性阻尼 (256)
黏滞变形 256
黏滞系数 256,(254)
黏滞性测量 (254)
黏滞阻尼 256

ning

凝聚力 (254)

niu

牛顿法 256
牛顿－科特斯积分 257
牛顿－雷扶生法 257
牛顿力学 257
牛顿流体 257
牛顿内摩擦定律 257
牛顿三定律 (257)
牛顿相似准则 257
牛顿引力的功 257
牛顿元件 (256)
牛顿运动定律 257
牛顿撞击理论 258
扭剪仪 258
扭矩 258
扭矩图 258
扭弯频率比 258
扭转变形 258
扭转刚度条件 258
扭转试验机 258
扭转位移函数 259
扭转应力函数 259
扭转中心 259
纽马克法 260
纽马克感应图 260

ou

欧拉变数 260
欧拉动力学方程 260
欧拉方程 261
欧拉公式 261
欧拉角 261
欧拉－拉格朗日法 261
欧拉描述法 261
欧拉平衡微分方程 261
欧拉涡轮方程 262
欧拉相似准则 262
欧拉型紊流扩散基本方程 262
欧拉运动微分方程 262
欧拉运动学方程 262
偶然荷载 262
偶然误差 (335)
耦合热弹性理论 262
耦合热应力 262

pa

爬坡效应 263
帕斯卡定律 263
帕斯卡三角形 263
帕斯卡四面体 263
帕歇尔水槽 263

pai

拍 (24)
排挤厚度 (372)
排水剪试验 (124)

pang

旁压试验 263

pao

抛射体运动 264
抛物线法 264
抛物型方程的差分格式 264
泡状函数 264

pei

配点多项式 (200)

pen

喷嘴流量计 264

peng

膨胀波 264,(379)
膨胀计法 264
膨胀土 264
碰撞 265
碰撞冲量 265
碰撞力 265
碰撞情况下的拉格朗日方程 265
碰撞时的动力学普遍定理 265
碰撞中动能的损失 265

pi

坯体干燥过程的流变性 265
疲劳缺口应力集中系数 (439)
疲劳寿命(N) 265
疲劳寿命计 266
疲劳损伤 266

pian

偏心拉伸(压缩) 266
偏振光 266
偏振片 266
片条理论 266

piao

漂石 266

pin

频率方程 266
频率禁区 266
频率谱 267
频率约束 267
频谱面 267
频散 267
频散波 267
频闪法 267
频响函数 267
频响特性 267
频域 267
频域相关系数 (387)
品质因数 (267)
品质因子 267

ping

平板内的弯曲波 267
平板壳元 267
平衡 268
平衡分支荷载 268
平衡力系 268
平衡输沙过程 268
平衡微分方程 268
平衡稳定性 268
平衡元 268
平截面假定 269
平均风 269
平均风速 269
平均风速时距 269
平均风速梯度 (100)
平均风压 269
平均粒径 269
平均气流偏角修正 269
平均误差 η 269
平均值 (479)
平面波 269
平面杆件结构 269
平面刚架 269
平面桁架 270
平面简谐波 270
平面力系的图解法 270
平面力系平衡的图解条件 270
平面流动 (86)
平面偏振光 270
平面破坏 271
平面全息图 271
平面射流源 271
平面图形 271
平面图形上任意点加速度的合成法 271
平面图形上任意点速度的合成法 271
平面图形上任意点速度的瞬心法 271
平面弯曲 271
平面位移场全息干涉测量术 271
平面问题的边界元法 272
平面应变断裂韧性 272
平面应变问题 272
平面应变仪 272
平面应力全息光弹性分析法 272
平面应力条 272
平面应力问题 272
平面有势流动 273
平坡渠道 273
平稳随机过程 273
平行板压缩仪法 273
平行力系的合成 273
平行力系中心 274
平行算法 (22)
平行轴定理 274
平移滑动 (271)
评价函数 (246)

po

泊松比 274
泊松公式 274
泊松效应 274
破坏包线 (245)
破坏机构 274
破坏机构条件 274
破坏机理 (274)
破坏机制 274
破坏模型试验 274
破坏线 (332)
破裂角 274
破裂模量 (412)
破裂前泄漏准则 274

pu

蒲福风级 274,(99)
普朗特承载力理论 275
普朗特－格劳厄脱法则 275
普朗特混合长度理论 275

普朗特－罗伊斯理论 275
普朗特数 276
普朗特应力函数 (259)
普氏理论 (276)
普氏系数 (411)
普氏压力拱理论 276
谱密度 (121)

qi

齐奥尔可夫斯基公式 276
奇异矩阵 276
奇异元 276
起伏差 276
起伏度 276
气动导纳 277
气动导数 (36)
气动加热 277
气动力 (194)
气动噪声 277
气动阻尼 277
气流紊流度影响修正 277
气蚀 277
气弹模型 277
气体 277
气体动力学 278
气体引射器 278
气穴数 (278)
气穴现象 278,(193)
气穴指数 278
气压表 278
汽车风洞 278

qian

千分卡尺 278
牵连惯性力 279
牵连加速度 279
牵连速度 279
牵连运动 279
铅垂线的偏斜 279
前差分 279
前方气压 279
前进波 (394)
前期固结压力 279
前屈曲平衡状态 279
潜水井 279
潜体 279
潜体阻力 (288)
浅水推进波 280
浅水有限元方程 280
欠固结土 280
欠阻尼 280

qiang

强度 280
强度各向异性指标 280
强度极限 280
强度计算 280
强度理论 280
强度模量比 (243)
强度条件 280
强度指标 280
强风 280
强化规律 280
强化阶段 281
强化条件 281
强加边界条件 (150)
强迫波 281
强迫高弹形变 281
强迫高弹性 281
强迫涡 281
强迫振动 (315)

qiao

翘曲函数 (259)
壳体的应变和应力 281
壳体中面的变形和内力 281

qie

切尔诺夫线 (142)
切口试件 282
切块法 (465)
切线刚度矩阵 282
切线模量 282
切线模量理论 282
切向刚度 K_s 282
切向加速度 282

qing

轻风 283
氢脆 283
氢键 283
倾倒破坏 283
倾斜压模剪切试验 283
清华弹塑性模型 283
清劲风 (180)

qiu

求应力集中系数的诺埃伯法 283
球面波 283
球壳均匀受压的屈曲 283
球体贯入度试验 (450)
球形铰链 284
球与圆柱的接触 284
裘布衣公式 284

qu

区段叠加法 284
区域稳定性 284
曲杆 284
曲梁 285,(284)
曲梁纯弯曲 285
曲率平面 (238)
曲率系数 285
曲面壳元 285
曲网法 285
曲线切面蜂窝器法 285
曲线坐标 285
屈服极限 285
屈服阶段 285
屈服强度 (240)
屈服曲面 285
屈服条件 285,(334)
屈服弯矩 (343)
屈服准则 (286)
屈曲 286
屈曲荷载 286,(268)
屈曲模态 286

渠道允许流速 286

quan

权 286
权函数 286
权数 (286)
全场分析法 286
全尺寸模型 (476)
全局最优点 286
全拉格朗日格式 286
全模型 286
全塑性解 287
全息底片 (288)
全息干涉法 287
全息干涉位移场测量术 287
全息干涉振动测量术 287
全息光弹性法 287
全息术 (287)
全息无损检测术 287
全息衍射光栅 287
全息照相 287
全息照相的记录材料 288
全压 (475)

que

缺口试件 (282)
缺陷评定 288
确定性误差 (381)

rao

扰动线 (42)
绕流阻力 288

re

热变形温度测定法 288
热冲击 289
热传导 289
热传导方程 289
热带气旋 289
热导率 289
热光弹性法 289
热函 (135)
热棘变形 289
热流变简单行为 289
热流变简单性能 (289)
热敏电阻风速计 289
热黏弹性 (289)
热黏弹性理论 289
热膨胀 290
热疲劳 290
热屈曲 290
热输出 290,(314)
热弹塑性理论 290
热弹性常数 290
热弹性理论 290
热线风速计 290
热－相变弹塑性理论 290
热－相变弹性理论 290
热－相变应力 290
热应力 291
热障 291
热振动 291
热滞后 291
热阻 291

ren

人工变量 291
人工建筑物阻力 291
人工粘性法 291
人工填土 291
人工形成法 291
任意力系的简化 291
韧脆性转变温度 292
韧度 (42)
韧性断裂 292
韧性－塑性损伤 (340)

rong

熔融黏度 292
熔融指数 292

rou

柔度标定 292
柔度法 292
柔度矩阵 292
柔度系数 293
柔韧板 (294)
柔性加载法 293
柔性体约束 293

ru

儒科夫斯基定理 293
儒科夫斯基黏度计 293
蠕变 293,(146)
蠕变持久极限 (293)
蠕变持久强度 293
蠕变函数 294
蠕变柔量 294
蠕变试验 294
蠕变损伤 294
蠕动 294
蠕动流 (327)

ruan

软板 294
软板的边界条件 294
软风 294
软黏土 294
软弱结构面 294
软土 (294)

rui

瑞典圆弧滑动法 294
瑞利比 (296)
瑞利波 294
瑞利定理 (295)
瑞利法 295
瑞利耗散函数 295
瑞利－里兹法 295
瑞利散射 296
瑞利商 296
瑞利阻尼 296
瑞斯纳变分原理 (137)

ruo

弱可压缩流方程解 296

san

三参量固体 296
三参量流体 297
三次插值函数 297
三次四面体元 (86)
三点弯曲试件 297
三角棱柱体元族 297
三角形薄壁堰 297
三角形单元的面积坐标 297
三角形截面轴对称元 297
三角形元族 297
三铰拱 298
三结点三角形板元 298
三结点十八自由度三角形元 298
三类变量广义变分原理 (141)
三力平衡汇交定理 298
三弯矩方程 298
三维流动 298
三维问题的边界面元 298
三维问题的边界元法 298
三维应力全息光弹性分析法 299
三向变形法 299
三相土 299
三元流动 (298)
三轴剪切试验 (299)
三轴伸长试验 299
三轴压缩试验 299
散斑 299
散斑错位干涉法 299
散斑干涉法 299
散斑干涉振动测量术 299
散斑光弹性干涉法 300
散度 300
散光光弹性仪 300
散光散斑干涉法 300
散焦散斑错位干涉法 300
散体地压 300

se

色散波 300

sha

沙波运动 301
沙波阻力 (45)
沙尔定理 301
沙浪 301
沙粒阻力 301
沙垄 301
沙纹 301
砂的相对密实度试验 301
砂堆比拟 301
砂沸 302
砂土 302

shan

山墙机构 302
山岩压力 (368)
闪耀衍射光栅 302
扇性惯矩 302
扇性几何性质 302
扇性剪应力 302
扇性面积 (303)
扇性正应力 302
扇性坐标 303
扇性坐标极点 303

shang

熵 303
熵弹性 303
上风 303
上风格式 (423)
上临界雷诺数 303
上临界流速 303
上升气流 303
上限定理 303
上限元技术 303
上曳气流 (303)

shao

烧蚀 304

she

舍入误差 304
设计变量 304
设计点 304
设计空间 304
射流 304
射线步 304
射线探测 305
摄动法 305

shen

深壳元 305
深水推进波 305
沈珠江三重屈服面模型 305
渗出假说 305
渗出理论 (305)
渗流 305
渗流基本方程 305
渗流量 305
渗流流速 306
渗流模型 306
渗流有限元 306
渗透力 306
渗透率 (249)
渗透试验 306
渗透速度 306
渗透系数 306

sheng

升力 (184)
升力系数 (185)
声测法 306
声发射法 307
声光偏转器 307
声全息法 307
声速 307
声弹性法 307

声障 307
绳套曲线 307
圣维南方程 (426)
圣维南函数 (259)
圣维南模型 (109)
圣维南体 (334)
圣维南原理 308
剩余变量 308
剩余强度 (32)
剩余误差 308

shi

失速 308
失速颤振 308
失稳 308
失稳极限荷载 308
湿化试验 308
湿陷性黄土 308
湿周 308
十结点三次三角形元 308
十结点四面体元 309
十字板剪切试验 309
十字板抗剪强度 309
时程分析 309
时间边缘效应 309
时间对数拟合法 309
时间分裂法 309
时间间隔 309
时间平方根拟合法 309
时间平均法 309
时间－温度等效原理 309
时间－温度叠加原理 (310)
时间相干性 309
时间相关法 310
时间因素 (310)
时间因子 T_v 310
时间准数 (327)
时均法 310
时均流速 310
时均压强 310
时刻 (325)
时温等效性 (310)
时温等效原理 310
时域 310
时域相关系数 310
实功原理 311
实际弹性变形 (147)
实际流体 (256)
实际气体 311
实际气体效应 311
实时法 (154)
实时分析 311
实体结构 311
实验测量误差 311
实验力学 311
实验数据处理 311
实验－数值计算综合分析法 311
实用堰 312
蚀变指标 (408)
史密特数 312
矢径 312,(374)
矢跨比 312
矢量场 312
矢量代数法 312
示力图 (315)
势函数 312,(211)
势力场 312
势流 312,(379)
势流叠加原理 312
势流解法 313
势流拉普拉斯方程 313
势能 313
势能驻值原理 313
势涡 (474)
视塑性法 313
视应变 314
试函数 314
试算法 314
试探函数 (314)
适体坐标 314

shou

收敛曲线 314
收敛速度 314
收敛－约束法 314
收敛准则 315
收缩断面水深 315,(383)
收缩系数 315
受剪面 315
受力分析 315
受力图 315
受迫振动 315

shu

舒适度 315
输出温度影响 315
输出状态 316
输入状态 316
输沙率 316
竖向风速谱 316
竖向固结时间因子 (310)
数量场 (20)
数学摆 (51)
数学规划 316
数学规划法 316
数值耗散 (316)
数值积分 316
数值扩散 316
数值弥散 316
数值奇异性 316
数字式记录仪 316

shuai

衰减系数 (381)

shuang

双边裂纹试件 317
双参数地基模型 317
双层电阻应变计 317
双层势 317
双光束散斑干涉法 317
双剪应力屈服条件 317
双力矩 317
双面剪切试验 317
双面约束 318
双模量理论 318
双模型法 318
双坡刚架机构 (302)
双曝光全息干涉法 318
双千斤顶法 318

双曲型方程的差分格式 318
双弹簧联结单元 318
双调和函数 318
双线性矩形元 318
双向约束 (318)
双悬臂梁试件 319
双圆筒黏度计法 319
双折射效应 319
双轴光弹性应变计 319

shui

水泵扬程 319
水锤 (320)
水电模拟 319
水跌 319
水动力学 320
水洞 320
水击 320
水击波 320
水击的相 (321)
水击方程 320
水击基本方程 320
水击联锁方程 320
水击相长 321
水击压强 321
水静力学 321
水静力学基本方程 321
水力半径 321
水力粗糙面 321
水力粗糙区 (476)
水力光滑管 (322)
水力光滑面 322
水力坡度 322
水力学 322
水力要素 322
水力指数 322
水力指数积分法 322
水力最佳断面 323
水力最优断面 (323)
水面曲线分段求和法 323
水面曲线数值积分法 323
水泥混凝土的流变性 323
水泥浆的流变性 323
水泥砂浆的流变性 324
水平风速谱 324
水头 324
水头损失 324
水头线 324
水压破裂法 324
水跃 324
水跃长度 324
水跃高度 324
水跃共轭水深 324
水跃函数 325
水跃消能率 325

shun

顺波 (325)
顺流堰 (32)
顺坡渠道 325
顺行波 325
顺序递推法 325
瞬变体系 325
瞬时 325
瞬时沉降 326
瞬时风速 326
瞬时恢复 326
瞬时力 (265)
瞬时平动 326
瞬时速度 (329)
瞬时速度中心 (330)
瞬时贮存器 326
瞬时转动中心 326
瞬时转动轴 326
瞬态模量 326
瞬态响应 (448)
瞬态振动 (448)
瞬心 (330)
瞬轴 (326)

si

丝绕式电阻应变计 326
斯宾塞法 326
斯克拉顿数 326
斯肯普顿极限承载力公式 326
斯耐尔定律 327
斯特罗哈相似准则 327
斯通利波 327
斯托杜拉法 (70)
斯托克布里奇阻尼器 327
斯托克斯流动 327
斯脱罗哈数 327
撕开型(Ⅲ型)裂纹 328
撕裂模量 328
四边形滑移单元 328
四分之一波片 328
四面体单元的体积坐标 328
四面体元族 328
伺服控制试验机 328
似柱 (13)

song

松弛 (432)
松弛变量 328
松弛函数 329
松弛模量 329
松弛时间 329
松弛时间谱 329
松弛试验 329
松弛指数 329
松软岩体 329
松散岩体 329

sou

搜索区间 329

su

苏米格梁纳等式 329
素填土 329
速度 329
速度端图 330
速度环量 330
速度间断面 330
速度检层法试验 (382)
速度矢端曲线 (330)
速度式流量计 (471)
速度势 (228)
速度瞬心 330
速度梯度 330

速度投影定理 330
速度图 330,(331)
速度图解 331
速度约束 (447)
速端曲线 (330)
速率 331
塑限 331
塑限试验 331
塑性 331
塑性本构关系 331
塑性变形积累破坏 (63)
塑性材料 331
塑性承载能力 (331)
塑性抵抗矩 (176)
塑性动力学 331
塑性分析定理 (153)
塑性机构 (274)
塑性极限荷载 331
塑性极限荷载系数 331
塑性极限扭矩 332
塑性极限弯矩 332
塑性极限转速 332
塑性极限状态 332
塑性铰 332
塑性铰线 332
塑性力学 332
塑性力学平面问题 333
塑性流动法则 333
塑性流动理论 (334)
塑性碰撞 333
塑性区半径 333
塑性区尺寸 333
塑性全量理论 333
塑性失稳 333
塑性图 333
塑性弯矩条件 334
塑性位势 334
塑性形变理论 (333)
塑性循环破坏 (167)
塑性应变 334
塑性元件 334
塑性增量理论 334
塑性指标 334
塑性指数 334

suan

算术－几何均值不等式 334
算术平均值 334

sui

随动力 334
随动强化 335
随机变量 335
随机规划 335
随机过程 335
随机荷载 335
随机水力学 335
随机误差 335
随机有限元 335
随机振动 335
随遇平衡 336
碎裂介质岩体 336
碎石 336
碎石土 336

sun

损耗角 336
损耗模量 336
损耗柔量 336
损耗因子 336
损耗正切 (336)
损伤力学 336

suo

缩放管 (203)
缩(凝)聚 (181)
缩限 336
缩限试验 336
索多边形 337
索网 337
锁定现象 337

ta

塌落拱 (472)
塔科马峡谷桥 337
塔桅结构 (116)

tai

台风 337
太沙基承载力理论 338
太沙基固结理论 338
太沙基理论 338
太沙基－伦杜立克扩散方程 339
泰勒法 339

tan

坍落度法 339
滩面阻力 339
弹脆性损伤 (48)
弹簧 (346)
弹簧常数 339
弹簧刚度 (339)
弹簧刚性系数 (339)
弹塑性材料矩阵 339
弹塑性断裂力学 339
弹－塑性分界面 340
弹塑性模量矩阵$[D]_{ep}$ 340
弹塑性扭转 340
弹塑性失稳 340,(92)
弹塑性损伤 340
弹塑性弯矩 340
弹塑性弯曲 340
弹性 340
弹性半空间地基模型 340
弹性薄板 341
弹性薄壳理论 341
弹性波 341
弹性波的反射 341
弹性波的绕射 341,(341)
弹性波的衍射 341
弹性波的折射 341
弹性波法 341
弹性波理论 (342)
弹性常数 (345)
弹性常数矩阵 342
弹性地基梁 342
弹性动力学 342

弹性动力学的互易定理 342
弹性动力学的基本奇异解 342
弹性动力学的射线理论 342
弹性给水度 (466)
弹性核 342
弹性荷载 342
弹性荷载法 343
弹性后效 343,(410)
弹性回弹 343
弹性基础梁 (342)
弹性极限 343
弹性极限荷载 343
弹性极限扭矩 343
弹性极限弯矩 343
弹性极限转速 344
弹性阶段 344
弹性抗力 344
弹性抗力系数 344
弹性理论 (344)
弹性力的功 344
弹性力相似准则 (191)
弹性力学 344
弹性力学变分原理 344
弹性力学复变函数法 344
弹性力学广义变分原理 345
弹性力学平面问题 345
弹性力学平面问题的多项式解 345
弹性力学平面问题的三角级数解 345
弹性力学问题的边界元法 345
弹性模量 345
弹性－粘弹性相应原理 345
弹性碰撞 345
弹性平衡状态 345
弹性曲线 (247)
弹性释放 345
弹性释放系数 (466)
弹性系数 345
弹性元件 346
弹性支承刚度系数 346
弹性支承压杆 346
弹性支座 346
弹性中心 346
弹性中心法 346
弹性贮存 346

tang

唐奈方程 (443)

tao

陶瓷材料的流变性 347
陶瓷的高温徐变 347
陶瓷泥浆 347

te

特雷夫茨法 347
特雷斯卡屈服条件 347
特雷斯卡屈服准则 (478)
特征偏心格式 (423)
特性曲线法 (314)
特征紊流 347
特征线法 347
特征向量 347
特征值 347
特征值简化法 (460)

ti

梯度 348
梯度法 (479)
梯度风 348
梯度投影法 348
梯度型算法 348
梯形公式 348
梯形堰 348
提升球黏度计法 348
体变柔量 349
体波 349
体积变化柔量 (349)
体积节理模数 (349)
体积力 349,(460)
体积裂隙数 349
体积流量 (226)
体积模量 349
体积全息图 349
体积松弛 349
体积弹性模量 349
体积松弛模量 (349)
体积压缩系数 349
体积应变 349
体积应力 350
替代刚架法 350

tian

天然拱 (472)
天然岩体应力 (441)

tiao

条分法 350
条件变分问题 350,(89)
条件荷载 350
条件屈服极限 (240)
条件应力强度因子 350
条纹计数法 350
调和函数 350
调和与双调和方程的差分格式 350
挑流冲刷系数 (43)
跳跃屈曲 (63)
跳跃失稳 (63)

tie

铁摩辛柯法 351
铁摩辛柯函数 (364)

tong

通路法 351
同步失效准则 351
同时破坏模式 (351)
同轴回转圆筒黏度计法 (319)
统计试验法 (238)

tou

透射式光弹性仪 351

tu

凸多面体 (84)

凸规划 351
凸函数 351
凸集 352
凸体 352
凸组合 352
突加荷载 352
突进现象 352
图乘法 352
土 352
土的饱和密度 352
土的饱和容重 (353)
土的饱和重度 353
土的本构模型 353
土的比重试验 353
土的变形模量 353
土的材料阻尼 353
土的长期强度 353
土的超弹性模型 353
土的稠度 353
土的次弹性模型 353
土的动剪切模量 353
土的动力性质 353
土的动强度 353
土的浮容重 (357)
土的干密度 354
土的干容重 (354)
土的干重度 354
土的构造 354
土的含水量 354
土的含水量试验 354
土的加工硬化理论 354
土的结构 354
土的浸水容重 (357)
土的抗剪强度 354
土的抗剪强度包线 (245)
土的抗剪强度参数 354
土的抗剪强度指标 (354)
土的颗粒级配 354
土的可塑性 355
土的拉伸试验 355
土的力学本构方程 (353)
土的灵敏度 355
土的流变学模型 355
土的流动规则理论 355
土的密度 355
土的密度试验 355
土的密实度 355
土的内蕴时间塑性模型 355
土的黏弹性模型 355
土的泊松比 355
土的破坏准则 355
土的切线模量 355
土的屈服面理论 356
土的容重 (357)
土的容重试验 (355)
土的渗透破坏 356
土的渗透性 356
土的弹塑性模型 356
土的弹塑性模型理论 356
土的弹性模量 356
土的弹性模型 356
土的体积变形模量 356
土的体积压缩系数 356
土的相对密实度 356
土的压缩模量 356
土的压缩曲线 356
土的压缩系数 356
土的压缩性 356
土的液化 356
土的应力－应变模型 (353)
土的有效密度 357
土的有效容重 (357)
土的有效重度 357
土的原始压缩曲线 357
土的振动压密 357
土的重力密度 357
土的阻尼 357
土工模型试验 357
土力学 357
土粒比重 (357)
土粒相对密度 357
土坡 357
土坡稳定分析 358
土坡稳定分析方法 358
土坡稳定极限分析法 358
土坡稳定极限平衡法 358
土体的变形 358
土体的残余变形 358
土体的触变 358
土体的剪胀 358
土体固结 358
土体中的应力 358
土压力 358
土中波的弥散特性 358
土中骨架波 358
土中孔隙流体波 358
土中气 359
土中应力波 359

tuan

湍流 359
湍流长度尺度 359
湍流度 (360)
湍流流速分布定律 359
湍流模化理论 359
湍流强度 360
湍流统计理论 360
湍流应力 (205)
湍流粘性系数 (377)
湍能耗散率 360
团聚质量矩阵 (155)
团粒 360

tui

推迟时间 (405)
推进波 (394)
推力 360
推移质 360
推移质测量法 360
退化 361

tuo

拖带坐标系 361
脱离体 361,(118)
脱离体图 (315)
陀螺 361
陀螺的定轴性 361
陀螺的规则进动 361
陀螺的近似理论 361
陀螺的进动 361
陀螺的赝规则进动 362
陀螺的章动 362

陀螺的自转 362
陀螺力矩 362
陀螺效应 362
椭圆偏振光 362
椭圆型方程边值问题的差分格式 362
拓扑优化设计 362

wa

蛙步法 362
瓦 362
瓦氏液限仪法 (444)

wai

歪形能理论 363
外力 363
外力实功 363
外力虚功 363
外伸梁 363
外虚功 (363)

wan

弯管内流体的欧拉方程 363
弯矩 363
弯矩定点比 363
弯矩定点法 363
弯矩分配法 (211)
弯矩图 363
弯路 (451)
弯扭屈曲 (363)
弯扭失稳 363
弯曲变形 364
弯曲刚度 364
弯曲剪应力强度条件 364
弯曲应力函数 364
弯曲正应力强度条件 364
弯心 (164)
完全解 364
完全井 364
完全气体 364
完全水跃 (365)
完全相似模型 365
完全状态边界面 365
完整水跃 365
完整系数 (187)
完整系统 365
完整约束 365
万能试验机 365
万有引力定律 366

wang

网格法 366
网格划分 366
网格生成 366
网格自动生成 366
网架结构 366
往返活动性 366

wei

威尔逊-θ法 367
微波 (367)
微布朗运动 367
微分算子的基本解 367
微分型本构方程 (367)
微分型本构关系 367
微分约束 (447)
微风 367
微幅波 367
微幅振动 367
微扰动准则 (182)
微小流束 (441)
韦伯相似准则 367
韦尔斯公式 368
围岩 368
围岩变形压力 368
围岩反力 (344)
围岩非弹性变形区 368
围岩流变压力 368
围岩膨胀压力 368
围岩松动区 368
围岩松动压力 368
围岩塑性变形压力 368
围岩弹性变形压力 368
围岩稳定性 368
围岩压力 368
围岩应力 369
唯一性定理 (55)
维勃仪法 369
维利斯法 (89)
维列沙金法 (352)
维氏变位图 369
维氏硬度 369
伪规则进动 (362)
尾迹 (370)
尾流 370
尾流驰振 370
尾水 370
尾涡 (370)
位相型全息图 370
位相型衍射光栅 370
位移 370
位移波 370
位移等高线 370
位移法 370
位移法典型方程 371
位移法基本结构 (371)
位移法基本体系 371
位移法基本未知量 371
位移方程 371
位移函数 371
位移函数的完备性 372
位移厚度 372
位移互等定理 372
位移计算一般公式 372
位移间断法 372
位移解法 373
位移可行域 373
位移可用域 (373)
位移弯矩 (33)
位移影响线 373
位移元 373
位移元的单调收敛性 373
位移元的广义坐标 373
位移元的收敛准则 373
位移约束 373
位移杂交元 373
位置矢 374
位置水头 374
位置约束 (157)
魏锡克极限承载力公式 374

wen

温度边界层的模拟 374
温度补偿片 374
温度传导率 (374)
温度扩散率 374
温度漂移 374
温度谱 374
温度自补偿式电阻应变计 374
文克尔地基模型 375
文丘里流量计 375
文丘里水槽 375
紊动扩散 375
紊动射流 375
紊流 375,(359)
紊流扩散 375
紊流模型 375
稳定方程 375
稳定分析的伽辽金法 375
稳定分析的有限元法 376
稳定风 (269)
稳定平衡 376
稳定数法 (339)
稳定约束 376,(71)
稳定折减系数 376
稳态进动 (361)
稳态模量 376
稳态受迫振动 376
稳态响应 376

wo

涡带 (441)
涡的诱导流速 376
涡管 376
涡迹 376
涡激共振 376
涡激力 376
涡街 376
涡量 377,(400)
涡流探测 377
涡轮流量计 377
涡黏性系数 377
涡强 377
涡通量 (377)
涡线 377
涡旋 (439)
涡致振动 377

wu

无侧限抗压强度 378
无侧限抗压强度试验 378
无侧移刚架 378
无风 (180)
无滑移边界条件 378
无剪力分配法 378
无剪力力矩分配法 (378)
无铰拱 378
无结点自由度 378
无界元 (379)
无矩理论 (8)
无拉分析法 378
无量纲坐标 (54)
无黏性土 378
无黏性土天然坡角试验 378
无穷远边界 378
无条件变分问题 378,(89)
无推力桁架 (217)
无涡流动 (379)
无限小角位移合成定理 378
无限域问题的边界元法 379
无限元 379
无限元法 379
无限自由度体系 379
无旋波 379
无旋流动 379
无压涵洞 379
无压恒定流动 (242)
无压井 (279)
无压流 379,(243)
无延性转变温度 379
无源式传感器 379
无约束非线性规划 379
无约束极小化 380
无约束最优化 380
五弯矩方程 380
物光 380
物理摆 (103)
物理－化学流体动力学 380
物理现象相似 380
误差传播 380
误差合成 380

xi

西奥多森函数 381
西奥多森数 381
吸力 381
吸收边界 381
吸收系数 381
吸水扬程 381
稀薄气体动力学 381
稀疏矩阵 381
习用应力－应变曲线 (21)
系杆拱 (200)
系统级优化 (465)
系统误差 381
细长体理论 382
细砂 382

xia

下风 382
下降方向 382
下降算法 382
下孔试验 382
下临界雷诺数 382
下临界流速 382
下洗 382
下限定理 382

xian

先处理法 382
先期固结压力 (279)
弦转角 382
衔接水深 383
显式约束 383
显微维氏硬度 383
现场土的渗透试验 383
现场压缩曲线 (357)
线冲量 (43)
线动量 (75)

线刚度 383
线加速度法 383
线密度 (221)
线粘弹性 (385)
线膨胀系数 384
线弹性断裂力学 384
线弹性裂纹尖端奇异场 384
线位移 384
线型 384
线性变形体系 384
线性插值函数 384
线性弹性体系 (384)
线性度(L) 384
线性规划 384
线性规划标准式 385
线性规划典范式 385
线性目标函数 385
线性粘弹行为 385
线性粘弹性模型 385
线性粘弹性能 (385)
线性搜索 (422)
线性弯矩三角形混合板元 385
线性小挠度稳定理论 385
线性应变三角形元 (231)
线性约束 385
线性振动 385
线性阻尼 (256)
线应变 385
线支座 (192)
限步法 383
限定粒径 383

xiang

相当极惯性矩 385
相当弯矩 386
相当应力 386
相对波高 386
相对粗糙度 386
相对光滑度 386
相对加速度 386
相对角速度法 (89)
相对静止 386
相对流量 (12)
相对流速 (12)
相对论流体力学 386
相对平衡 386
相对收敛 386
相对速度 386
相对位移 386
相对误差 386
相对压强 387
相对于质心的冲量矩定理 387
相对于质心的动量矩定理 387
相对运动 387
相干光波 387
相干函数 387
相关单元 387
相关法 387
相关关系 387
相关结点 388
相关系数(γ) 388
相继屈服条件 (281)
相容方程 (8)
相似比尺 388
相似材料 388
相似材料模型试验 388
相似函数 388
相似理论 388
相似三定理 388
相似误差 388
相似准数 388
相速度 389
相应原理 (345)
湘雷屈曲理论 389
响应 389
向后差分 (140)
向前差分 (279)
向轴加速度 389
相频特性 389
相频特性曲线 389
象平面全息术 389

xiao

消极隔振 (11)
消力池 389
消力戽 390
消力槛 390
消力墙 (390)
消能 390
消能池 (389)
消能戽 (390)
消能墙 (390)
销钉 (127)
小变形假定 390
小变形稳定理论 (385)
小挠度板 (434)
小片检验 390
肖氏硬度 390

xie

楔体问题 391
楔形剪切试验 (283)
楔形破坏 391
协调元 391
协调质量矩阵 (422)
挟沙力 391
挟沙水流 391
斜管测压计 392
斜管微压计 (392)
斜拉桥 392
斜弯曲 392
斜压流体 392
斜张桥 (392)
谐时数 (327)
谐振法 392
卸载波 392
卸载规律 392
谢才公式 393
谢才系数 393

xin

辛普森公式 393
新拌混凝土 393
新拌混凝土的流变性 393
新拌混凝土的稳定性 393
信号分析仪 393

xing

行波 394
形变和内耗与温度关系曲线 394

形常数 394
形函数 394
形函数矩阵 394
形态函数 (394)
形心 394
形状参数变量 394
形状函数 (394)
形状效应 394
形状优化设计 394
形状阻力 394,(403)
性态变量 394
性态变量空间 395
性态相优化 395
性态约束 395

xiu

修正单纯形法 395
修正的格里菲斯强度理论 395
修正的拉格朗日格式 395
修正 N－R 法 395
修正剑桥模型 395

xu

虚变形能 395
虚单位力法 (53)
虚功 395
虚功方程 396
虚功原理 396,(397)
虚铰 396
虚力原理 396
虚梁 397
虚梁法 (122)
虚拟状态 397
虚速度原理 397
虚位移 397
虚位移原理 397
虚应变 397
虚应变能 (395)
虚应力法 398
徐变 (293)
徐变度 (13)
徐变柔量 (294)
徐变推算公式及曲线 398
徐变系数 398
徐变与温度和外力关系曲线 398
许用应力 398
序列二次规划法 398
序列线性规划法 399
絮凝结构 399
絮凝泥浆 399
絮状结构 399

xuan

悬臂梁 399
悬沙 (399)
悬索结构 399
悬索桥 399
悬移临界值 399
悬移质 399
悬移质测量法 400
旋度 400
旋光器法 400
旋桨式流速仪 400
旋涡 400
旋涡结构 400
旋涡脱落 400
旋涡脱落频率 400
旋转壳 401

xun

循环荷载蠕变 401
循环积分 401
循环温度蠕变 401
循环坐标 401

ya

压差阻力 (403)
压电式加速度传感器 402
压杆稳定性 402
压溃荷载 402,(308)
压力 402
压力表 (178)
压力测量 (403)
压力多边形 402
压力方程联解半隐格式 402
压力曲线 403
压力扫描阀 403
压力水头 (403)
压力体 403
压力系数 403
压力中心 403
压强 403
压强测量 403
压强水头 403
压强梯度 403
压强阻力 403
压水扬程 403
压缩波 403,(379)
压缩指数 404
压头 (403)
压头贯入量 404
压弯杆件失稳 404
雅可比变换矩阵行列式 (404)
雅可比迭代法 404
雅可比法 404
雅可比行列式 404
雅可比矩阵 404
雅可比式 (404)
亚临界裂纹扩展 (221)
亚声速流动 405
亚黏土 (98)

yan

烟风洞 405
淹没出流 405
淹没射流 405
淹没水跃 405
淹没系数 405
淹没自由紊动射流 (405)
延迟时间 (405)
延伸率 405
延续性 405
延滞时间 405
延滞时间谱 406
岩爆 406
岩基稳定性 406
岩坡稳定性 406
岩石 406
岩石本构方程 (406)

岩石本构关系 406
岩石变形模量 406
岩石标准试件 406
岩石长期强度 406
岩石常规三轴试验 406
岩石常规三轴试验机 407
岩石初始蠕变 407
岩石脆性破坏 407
岩石单轴抗压强度 407
岩石单轴压缩试验 407
岩石单轴压缩应变 407
岩石的饱水率 407
岩石的饱水系数 407
岩石的崩解性 408
岩石的变形能 408
岩石的表观孔隙度 408
岩石的动泊桑比 408
岩石的干密度 408
岩石的剪切破坏 408
岩石的静力学性质 408
岩石的抗冻性 408
岩石的孔隙指标 408
岩石的扩容 408
岩石的流变性 408
岩石的耐崩解性指标 409
岩石的屈服强度 409
岩石的全孔隙度 409
岩石的全应力－应变曲线 409
岩石的三相指标 409
岩石的时间效应 409
岩石的双轴压缩应变 410
岩石的水理性质 410
岩石的塑性 410
岩石的弹性模量 410
岩石的弹性滞后 410
岩石的吸水率 410
岩石的卸载模量 410
岩石的应变软化性 410
岩石的应变硬化性 410
岩石的应力松弛 410
岩石的应力－应变曲线 410
岩石的滞后效应 411
岩石第二阶段蠕变 (415)
岩石第三阶段蠕变 (411)
岩石第一阶段蠕变 (407)
岩石动弹性模量 411
岩石断裂力学 411
岩石断裂韧度 411
岩石对顶锥破坏 411
岩石割线模量 411
岩石含水量 411
岩石加速蠕变 411
岩石坚固性系数 411
岩石间接拉伸试验 411
岩石剪切试验 412
岩石抗冻系数 412
岩石抗剪强度 412
岩石抗拉强度 412
岩石抗弯强度 412
岩石力学 412
岩石力学模型试验 (63)
岩石力学试验 412
岩石力学室内试验 413
岩石力学现场试验 413
岩石流变模型 413
岩石流变性 (409)
岩石内摩擦性 (413)
岩石黏度 (413)
岩石黏滞系数 413
岩石黏滞性 413
岩石扭转试验 413
岩石膨胀性 413
岩石平均模量 413
岩石泊桑比 413
岩石破裂后期刚度 (413)
岩石破裂后期模量 413
岩石强度 413
岩石强度理论 414
岩石强度曲面 414
岩石强度损失率 414
岩石切线模量 414
岩石蠕变曲线 414
岩石软化系数 414
岩石软化性 414
岩石三轴抗压强度 414
岩石三轴压缩试验 (406)
岩石三轴压缩应变 414
岩石三轴应力试验 (406)
岩石渗透系数 414
岩石渗透性 (415)
岩石双轴拉伸试验 414
岩石双轴压缩试验 414
岩石塑性破坏 415
岩石透水性 415
岩石弯曲试验 415
岩石稳定蠕变 415
岩石吸水性 415
岩石应力－应变后期曲线 415
岩石应力－应变全过程曲线 (409)
岩石真三轴试验 415
岩石真三轴试验机 415
岩石直接拉伸试验 415
岩石质量指标 415
岩石重量损失率 415
岩体 416
岩体本构关系 416
岩体变形 416
岩体变形机制 416
岩体变形模量 416
岩体初始应力 (441)
岩体的各向异性 416
岩体的剪断强度 416
岩体的抗切强度 416
岩体的重剪强度 416
岩体结构 416
岩体结构分析法 416
岩体结构力学 417
岩体抗剪强度 417
岩体内应力 (441)
岩体破坏 417
岩体强度 417
岩体水力学 417
岩体投影 417
岩体稳定性 417
岩体中的垂直应力 417
岩体中的水平应力 418
岩音定位法 418
沿程水头损失 418
沿程水头损失系数 (418)
沿程阻力 418
沿程阻力系数 418
堰 418
堰顶水头 419
堰流 419
堰流流量系数 419

堰流通用公式 419
堰流淹没系数 419
堰上水头 (419)

yang

杨布普遍条分法 419
杨辉三角形 (263)
杨氏弹性模量 (345)
杨氏条纹 420
样条边界元法 420
样条插值函数 420
样条有限条法 420
样条元 420
样条子域法 420

ye

液化势评价 420
液化应力比 420
液、塑限联合测定法 420
液体动力学 420,(320)
液体金属电阻应变计 420
液体相对平衡 420
液体质点 420
液位测量 420
液限 421
液限试验 421
液性指数 421

yi

一般壳元 (305)
一般曲线坐标变换 421
一次矩 (239)
一次徐变 (145)
一次应力 421
一点应变状态 421
一点应力状态 421
一维非恒定渐变总流运动方程 421
一维非恒定流动连续性微分方程 421
一维固结 421
一维流动 422
一维搜索 422
一元流动 (422)
一致质量矩阵 422
伊利石 422
伊柳辛公设 422
移动波 (370)
移动活荷载 422
移位因子 422
遗传积分 (149)

yin

因次 (218)
因次分析法 (218)
阴极射线示波器 422
音速 (307)
音障 (307)
引伸的特雷斯卡屈服准则 (131)
引伸计 422
隐式约束 423

ying

迎风格式 423
迎风面 423
迎角 (121)
影响线 423
影响线顶点 423
影响线方程 423
影子云纹法 423
应变 424
应变电桥 424
应变花 424
应变极限(ε_{lim}) 424
应变空间 424
应变控制式三轴压缩仪 424
应变率 424
应变莫尔圆 424
应变能 425
应变能定理 425
应变能密度因子准则 425
应变片 (69)
应变偏量 (426)
应变偏斜张量 426
应变球形张量 426
应变曲面 426
应变式天平 426
应变向量 426
应变协调方程 426
应变诱发塑料－橡胶转变 426
应变余能 426
应变张量 427
应变张量的不变量 427
应变主方向 427
应力 427
应力比 427
应力比法 428
应力边界条件 428
应力冻结效应 428
应力发白 428
应力腐蚀 428
应力腐蚀裂纹扩展速率 428
应力腐蚀临界应力强度因子 428
应力－光学定律 428
应力函数 429
应力互换定律 429
应力恢复法 429
应力集中 429
应力集中的扩散 429
应力集中系数 429
应力计 429
应力间断面 429
应力解除法 430
应力解法 430
应力空间 430
应力控制式三轴压缩仪 430
应力扩散 430
应力路径 430
应力路径法 430
应力莫尔圆 430
应力偏量 (431)
应力偏量平面 (486)
应力偏斜张量 431
应力偏斜张量的不变量 431
应力平衡法 431
应力强度因子 431
应力强度因子断裂准则 431
应力强度因子计算的边界配点法 431
应力强度因子计算的复势法 431
应力强度因子计算的权函数法 431

应力强度因子计算的柔度法 432
应力强度因子计算的实验法 432
应力强度因子计算的威斯特噶德法 432
应力强度因子计算的有限元法 432
应力强度因子计算方法 432
应力球形张量 432
应力曲面 432
应力松弛 432
应力松弛仪 433
应力途径 (430)
应力向量 433
应力星圆 433
应力－应变曲线 433,(21)
应力元 (268)
应力约束 433
应力杂交元 434
应力张量 434
应力张量的不变量 434
应力主方向 434
硬板 434
硬板的边界条件 434
硬度试验 434
硬化混凝土 434
硬化混凝土的流变性 435
硬化原理 435,(108)
硬性结构面 435

yong

壅塞 435
壅水水面曲线 435
永久荷载 (138)
永久应变 (334)
涌波 435,(80)
用差分表示的插值多项式 435

you

优化后分析 435
优化设计层次 435
优化设计数学模型 435
游标卡尺 (278)
有侧移刚架 436
有界性定理 436
有矩理论 (9)
有理插值法 436
有理分式法 (436)
有势力 436
有势流动 (379)
有涡流动 (439)
有限变形 436
有限层法 437
有限差分法 437
有限单元法 (438)
有限分析法 437
有限棱法 437
有限条带法 (438)
有限条的辅助结线 (438)
有限条的刚度矩阵 437
有限条的荷载向量 437
有限条的结线 437
有限条的结线位移参数 (437)
有限条的结线自由度 437
有限条的内结线 437
有限条的位移函数 438
有限条法 438
有限元法 438
有限元混合法 (146)
有限元解的上界性质 438
有限元解的下界性质 438
有限元力法 (292)
有限元素法 (438)
有限元位移法 (108)
有限元线法 438
有限振幅立波 438
有限振幅推进波 439
有限振幅驻波 (439)
有效粒径 439
有效内摩擦角 439
有效黏聚力 439
有效应力 439
有效应力集中系数 439
有效应力路径 439
有效应力破坏包线 439
有效应力强度参数 439
有效应力强度指标 (439)
有效应力原理 439
有效约束 439,(481)
有心力 (462)
有旋流动 439
有压管流 (440)
有压涵洞 440
有压流 440
有源式传感器 440
诱导量纲 (56)
诱导阻力 440

yu

淤泥 440
淤泥质土 440
余波 440,(473)
余量 440
余能驻值原理 440
与屈服条件相关连的塑性流动法则 (334)
宇宙气体动力学 440
宇宙速度 440
域外回线虚荷载法 441
域外奇点法 441

yuan

元 (54)
元冲量 441
元功 441
元功解析式 441
元件级优化 (94)
元流 441
元素 (54)
元涡 441
原生结构面 441
原型 441
原岩 441
原岩应力 441
原岩应力比值系数 441
原状土 441
圆杆内的扭转波 441
圆弧形破坏 442
圆剪试验 442
圆砾 442
圆偏振光 442
圆筒壳受法向均布外压力的屈曲 442

圆筒壳受扭转的屈曲 442
圆形拉伸试件 442
圆轴扭转平面假设 442
圆柱铰 (127)
圆柱壳 442
圆柱壳屈曲基本方程 443
圆柱壳轴向均匀受压的屈曲 443
圆柱面波 443
圆锥仪法 444
源 444
远端弯矩 444
远离水跃 (444)
远驱水跃 444

yue

约束 444
约束变分问题 (89)
约束反力 444
约束反作用力 (444)
约束方程 444
约束非线性规划 444
约束函数 444
约束函数梯度 445
约束极小化 445
约束界面 445
约束力 445,(444)
约束扭转 445
约束曲线 445
约束容差 445
约束条件 445
约束最优化 445
跃高 (324)

yun

云纹法 445
云纹干涉法 445
云纹条纹倍增技术 445
匀变速转动 446
匀速转动 446
运动 (149)
运动初始条件 446
运动单元 446
运动单元活化能 446
运动的绝对性与相对性 446
运动多重性 446
运动方程 446
运动粘度 446
运动粘性系数 (446)
运动粘滞系数 446,(446)
运动图 446
运动微分方程 446
运动系数 (447)
运动相似 447
运动许可的塑性应变率循环 447
运动许可速度场 447
运动许可系数 447
运动学 447
运动要素 447
运动约束 447
运动准则 (75)
运动自由度 447
运行波 (370)

za

杂填土 448

zai

载常数 448
再分桁架 448
再附着 448
再现实像 448
再现虚像 448
再压缩曲线 448

zan

暂时双折射效应 448
暂态响应 448

zeng

增减平衡力系公理 448
增量变刚度法 448
增量变形破坏 (63)
增量初应变法 449
增量初应力法 449
增量法 449
增塑剂效应 449

zha

闸孔出流 (449)
闸下出流 449

zhai

窄带随机过程 449

zhang

张开型(Ⅰ型)裂纹 450
涨水波 450

zhe

折算模量理论 (318)
折算频率 450

zhen

针入度 450
针入度指数 450
针入法 450
真空 450
真空度 450
真空计 450
真内摩擦角 451
真黏聚力 451
真三轴仪 451
真实轨迹 451
真实流体 (256)
真实气体 (311)
真实强度 (406)
真应力－应变曲线 451
真值 451
振荡波 (452)
振动 451
振动波 452
振动单剪试验 452
振动流变 452
振动模态 452

振动频率 452
振动三轴试验 452
振动式黏度计法 452
振动系统识别 452
振动周期 452
振动自由度 452
振幅 452
振幅曲线 453
振幅型光栅 453
振幅型全息图 453
振簧仪 453
振弦应变计 453
振陷 453
振型 453
振型叠加法 (454)
振型分解法 453
振型矩阵 454
振型向量 454
振型正交性 454
振子 454

zheng

整数变量 454
整数规划 454
整体分析 454
整体刚度方程 454
整体刚度矩阵 455
整体刚度矩阵的集成 455
整体剪切破坏 455
整体劲度矩阵 (455)
整体码 455
整体柔度矩阵 455
整体性约束 455
整体优化 455
整体最优解 (286)
整体坐标系 455
正波 (450)
正常固结土 456
正常水深 456
正定矩阵 456
正规化坐标 (54)
正交参考栅云纹法 456
正交定律 (355)
正交各向异性 456
正交各向异性热应力 456
正六面体元族 456
正路 (451)
正坡渠道 (325)
正确度 456
正态模型 456
正态随机过程 456
正项式 456
正压流体 456
正应力 456
正则坐标 457

zhi

支架干扰修正 457
支座 457
枝状管网 457
直杆内的弯曲波 457
直杆内的纵波 457
直剪试验 (164)
直接逼近法 (458)
直接测量 457
直接法 457
直接法边界积分方程 457
直接反分析法 458
直接刚度法 458
直接剪切试验 458
直接剪切仪 458
直接三角分解法 458
直接水击 458
直接搜索法 (457)
止裂 458
质点 459
质点的惯性力 459
质点的运动微分方程 459
质点动力学基本方程 459
质点模拟法 (118)
质点系 459
质点相对运动动力学基本方程 459
质点相对运动微分方程 459
质点在牛顿引力场中的运动 459
质量 460
质量矩阵 460
质量力 460
质量流量 460
质量缩聚 460
质心 460
质心运动定理 460
质心运动守恒 460
秩力法 460
滞后(H) 460
滞后现象 460
滞弹性 461
滞止点 (467)
滞止压强 (467),(475)

zhong

中厚板 461
中厚板元 461
中径 (252)
中面的几何性质 461
中砂 461
中心差分 461
中心差分法 461
中心惯量主轴 (462)
中心惯性主轴 462
中心力 462
中心裂纹试件 462
中心主惯性轴 (176)
中心主轴 (176)
中心主转动惯量 462
中性层 462
中性大气边界层模拟 462
中性平衡 (336)
中性平衡微分方程 462
中性应力 (196)
中性轴 462
终止准则 462
重度 (357)
重力 462
重力波 462
重力的功 462
重力加速度 462
重力水 462
重力相似准则 (102)
重力应力 (474)
重力应力梯度 463
重量流量 463
重心 463

zhou

周期 (474)
周期荷载 463
周期加载双线性应力应变模型 463
轴对称平面问题 463
轴对称壳体截锥元 464
轴对称壳体曲边元 464
轴对称射流源 464
轴对称元 464
轴对称圆板 464
轴力 464
轴力图 464
轴向变形 464
轴向荷载 464
轴向静压梯度影响修正 464

zhu

逐点分析法 464
逐级循环加载法 464
主动隔振 465
主动力 465
主动土压力 465
主动土压力系数 465
主动湍流发生器 465
主法线 465
主固结 465
主观散斑 465
主价键 (143)
主剪应力 465
主扇性惯矩 465
主体优化 465
主应力 465
主应力法 465
主应力迹线 465
主振型 (453)
主转动惯量 466
主自由度 466
助泵剂 466
贮能函数 466
贮水率 466
贮水系数 466
驻波 466
驻点 467
驻点压强 467
柱 467
柱比法 467
柱体的扭转 467
柱体的弯曲 467

zhuan

转动方程 467
转动刚度 467
转动惯量 468
转动加速度 468
转动偶 468
转换方程 468
转角分配系数 468
转角弯矩 468
转角位移法 468
转角位移方程 468
转轴时应变分量的变换 469
转轴时应力分量的变换 469
转子流量计 (102)

zhuang

装配应力 469
状态变量 470
状态方程 470
撞击中心 470

zhui

追赶法 470
赘余力 (84)

zhun

准脆性断裂 470
准定常理论 (253)
准定常塑性流动 470
准静态问题 470
准确度 (456)
准岩体强度 470
准则步 470
准则法 471
准作用约束 471

zhuo

卓坦狄克可行方向法 471
卓越周期 471

zi

子结构 471
子结构法 471
子空间迭代法 471
自动模型区 (476)
自感振动 (471)
自激振动 471
自来水表 471
自流井 472
自模拟 472
自然边界条件 472
自然流体力学 (63)
自然频率 (125)
自然平衡拱 472
自然形成法 472
自然休止角 472
自然轴系 472
自锁 472
自由变量 472
自由表面 472
自由波 473
自由出流 473
自由大气层 473
自由度 473,(447)
自由度缩减 473
自由结点荷载向量 473,(171)
自由结点位移向量 473,(171)
自由面流动 473
自由扭转 (46)
自由射流 473
自由水 473
自由水头 473
自由水跃 473
自由体 473,(118)
自由体积理论 473
自由体图 473,(315)
自由紊流 473

自由紊动射流 (473)
自由涡 474
自由振动 474
自由质点 474
自由质点系 474
自振频率 474,(125)
自振周期 474
自重应力 474

zong

综合结点荷载 474
综合误差 474
综合消力池 474
总刚度矩阵 (455)
总流 475
总流分散方程 475
总码 (455)
总柔度矩阵 (455)
总水头 475
总水头线 475
总体分析 (454)
总压 475
总应力 475
总应力路径 475
总应力破坏包线 475
总应力强度参数 475
总应力强度指标 (475)
总余能偏导数公式 475
总坐标系 (455)
纵波 475
纵向离散 (475)
纵向堰 (32)
纵向移流分散 475
纵向振动散斑干涉测量术 475

zu

足尺模型 475
阻力平方区 476
阻力曲线方法 476
阻力相似准则 476
阻尼 476
阻尼比 476
阻尼介质 476
阻尼矩阵 476
阻尼力 477
阻尼器 (256)
阻尼系数 477
组合变形 477
组合机构 477
组合结点 477
组合结构 477
组合块体 477
组合梁 477
组合式测压计 (83)
组合未知力 477
组合屋架 477
组合系数 478

zuan

钻孔应力解除法 478

zui

最不利荷载位置 478
最大风速样本 478
最大干密度 478
最大滚动摩阻力偶矩 478
最大滚阻力偶矩 (478)
最大剪应力 478
最大剪应力理论 478
最大剪应力屈服条件 (347)
最大静摩擦力 479
最大拉应力理论 479
最大能量释放率准则 479
最大伸长应变理论 479
最大误差 (153)
最大正应变准则 479
最大正应力准则 479
最大周向应力准则 (479)
最佳值 479
最轻设计 479
最速下降法 479
最小成本设计 479
最小二乘配点法 (160)
最小势能原理 479
最小体积设计 480
最小应变能定理 480
最小余能原理 480
最优点 480
最优概值 (479)
最优含水量 480
最优化 480
最优解 480,(480)
最优设防水平 480
最优性条件 481
最优性准则 481
最优性准则法 481
最终边坡角 481
最终沉降 481
最终强度 (32)

zuo

作用水头 481
作用与反作用定律 481
作用约束 481
坐标变换 481
坐标变换矩阵 482
坐标变量 482
坐标轮换法 482

外文字母·数字

ASME 方法 (482)
ASME 缺陷评定方法 482
BFGS 法 482
B 样条 482
CAD 试验 (119)
CAU 试验 (119)
CBR 试验 (39)
CEGB-R6 方法 482
C－F－L 条件 (191)
CGC 试验 (60)
choleski 法 (82)
CK_0D 试验 (484)
CK_0U 试验 (484)
C_n 连续性 483
C^n 连续性 (483)
COD (221)
COD 断裂准则 483
COD 法 483
COD 设计曲线 483

CRL 试验 (60)
CRS 试验 (61)
CVDA 缺陷评定曲线 483
D-B 模型 483
d 次样条函数 483
D 值法 483
FATT (80)
FC 法 (350)
GRG 法 (130)
G 准则 (479)
HFFB 技术 (115)
HRR 奇异场 483
IIW 方法 484
J_R 阻力曲线 484
J 积分 484
J 积分断裂准则 484
J 控制扩展 484
J 主导条件 484
K_0 固结不排水试验 484
K_0 固结排水试验 484
K_0 固结 484
K—T 点 484
K—T 条件 484,(197)
K-ε 模型 484
log*t* 法 (309)
Matsuoka-Nakai 屈服准则 485
M 图 (363)
N－S 方程 (247)
P 波 485,(379)
QR 迭代法 485
Q 图 (164)
RQD (415)
R 曲线方法 (476)
SH 波 485
SIMPLE 算法 (402)
SLP 法 (399)
SQP 法 (398)
SUMT 法 (87)
SV 波 485
S 波 485,(59)
S 准则 (425)
$\sqrt{t}$法 (309)
t 分布 485
U 形管比压计 (485)
U 形管测压计 485
WLF 方程 485
X-Y 函数记录仪 486
ZF 法 (225)
β 方程 486
γ 射线法 486
π 定理 486
π 平面 486
σ_θ 准则 (479)
σ－ε 曲线 (433)
0-1 规划 486
0.618 法 486
$\frac{1}{4}$椭圆尖劈、档板和粗糙元组合法 487
3σ 法 487

词目汉字笔画索引

说　明

一、本索引供读者按词目的汉字笔画查检词条。

二、词目按首字笔画数序次排列；笔画数相同者按起笔笔形，横、竖、撇、点、折的序次排列，首字相同者按次字排列，次字相同者按第三字排列，余类推。

三、词目的又称、旧称、俗称、简称等，按一般词目排列，但页码用圆括号括起，如(1)、(9)。

四、外文、数字开头的词目按外文字母与数字大小列于本索引的末尾。

一画

〔一〕

一元流动 (422)
一次应力 421
一次矩 (239)
一次徐变 (145)
一点应力状态 421
一点应变状态 421
一致质量矩阵 422
一般曲线坐标变换 421
一般壳元 (305)
一维非恒定流动连续性微分方程 421
一维非恒定渐变总流运动方程 421
一维固结 421
一维流动 422
一维搜索 422

二画

〔一〕

二十结点四面体元 86
二力平衡公理 86
二力杆 86
二元体 87
二元流动 (86)
二向波 86
二次力矩分配法 86
二次目标函数 86
二次四面体元 (309)
二次应力 86
二次规划 86
二次徐变 (91)
二次流 (81)
二次插值法 (264)
二次插值函数 86
二次截止性 86
二次曝光法 (318)
二类变量广义变分原理 (137)
二维问题的边界线元 86
二维势流 (273)
二维流动 86
十字板抗剪强度 309
十字板剪切试验 309
十结点三次三角形元 308
十结点四面体元 309

〔丿〕

八面体正应力 2
八面体剪应力 2
人工形成法 291
人工变量 291
人工建筑物阻力 291
人工粘性法 291
人工填土 291
几何不变体系 155
几何不变体系组成规则 155
几何方程 156
几何可变体系 157
几何可能位移场 157
几何可能应变 (397)
几何刚度矩阵 156
几何约束 157,(177)
几何阻尼 157
几何规划 156
几何规划的对偶算法 156
几何规划的困难度 156
几何规划的线性化算法 156
几何非线性问题 156
几何组成分析 157
几何相似 157
几何相似非定常塑性流动 (470)
几何静力学 156

〔乙〕

力 208
力三角形 212
力对轴之矩 210
力对点之矩 209
力场 209

力在平面上的投影 214
力在轴上的投影 214
力多边形 210
力作用的独立性原理 (70)
力系 212
力系的中心轴 213
力系的平衡方程 213
力系的主矢量 213
力系的主矩 213
力系的等效代换 213
力的分解 209
力的可传性 209
力的平行四边形法则 209
力的平移定理 209
力的独立作用原理 209
力法 210
力法典型方程 210
力法基本体系 211
力法基本结构 (211)
力学单位制 213
力学相似 214
力学相似准则 214
力学损耗 214
力学模型 214
力函数 211
力矩 211
力矩分配系数 211
力矩分配单元 211
力矩分配单位 (211)
力矩分配法 211
力矩集体分配法 212
力偶 212
力偶系的合成 212
力偶矩 212
力螺旋 212

三画

〔一〕

三力平衡汇交定理 298
三元流动 (298)
三向变形法 299
三次四面体元 (86)
三次插值函数 297
三角形元族 297
三角形单元的面积坐标 297
三角形截面轴对称元 297
三角形薄壁堰 297
三角棱柱体元族 297
三参量固体 296
三参量流体 297
三相土 299
三轴压缩试验 299
三轴伸长试验 299
三轴剪切试验 (299)
三点弯曲试件 297
三弯矩方程 298
三类变量广义变分原理 (141)
三结点十八自由度三角形元 298
三结点三角形板元 298
三铰拱 298
三维问题的边界元法 298
三维问题的边界面元 298
三维应力全息光弹性分析法 299
三维流动 298
干扰力 106
干燥徐变 106
土 352
土力学 357
土工模型试验 357
土中气 359
土中孔隙流体波 358
土中应力波 359
土中波的弥散特性 358
土中骨架波 358
土压力 358
土体中的应力 358
土体固结 358
土体的变形 358
土体的残余变形 358
土体的剪胀 358
土体的触变 358
土坡 357
土坡稳定分析 358
土坡稳定分析方法 358
土坡稳定极限分析法 358
土坡稳定极限平衡法 358
土的力学本构方程 (353)
土的干重度 354
土的干容重 (354)
土的干密度 354
土的比重试验 353
土的切线模量 355
土的内蕴时间塑性模型 355
土的长期强度 353
土的本构模型 353
土的可塑性 355
土的加工硬化理论 354
土的动力性质 353
土的动剪切模量 353
土的动强度 353
土的压缩曲线 356
土的压缩系数 356
土的压缩性 356
土的压缩模量 356
土的有效重度 357
土的有效容重 (357)
土的有效密度 357
土的次弹性模型 353
土的抗剪强度 354
土的抗剪强度包线 (245)
土的抗剪强度参数 354
土的抗剪强度指标 (354)
土的材料阻尼 353
土的体积压缩系数 356
土的体积变形模量 356
土的含水量 354
土的含水量试验 354
土的应力-应变模型 (353)
土的灵敏度 355
土的阻尼 357
土的拉伸试验 355
土的构造 354
土的饱和重度 353
土的饱和容重 (353)

土的饱和密度 352
土的变形模量 353
土的泊松比 355
土的屈服面理论 356
土的相对密实度 356
土的重力密度 357
土的结构 354
土的振动压密 357
土的破坏准则 355
土的原始压缩曲线 357
土的浮容重 (357)
土的流动规则理论 355
土的流变学模型 355
土的浸水容重 (357)
土的容重 (357)
土的容重试验 (355)
土的黏弹性模型 355
土的液化 356
土的渗透性 356
土的渗透破坏 356
土的密实度 355
土的密度 355
土的密度试验 355
土的弹性模型 356
土的弹性模量 356
土的弹塑性模型 356
土的弹塑性模型理论 356
土的超弹性模型 353
土的稠度 353
土的颗粒级配 354
土粒比重 (357)
土粒相对密度 357
工业空气动力学 120
工程力学 120
工程地质比拟法 120
工程应力－应变曲线 (21)
工程结构 (171)
工程流体力学 120
下风 382
下孔试验 382
下降方向 382
下降算法 382
下限定理 382
下临界流速 382
下临界雷诺数 382
下洗 382
大气 49
大气边界层 49
大气扩散 50
大气污染 50
大气旋涡 50
大气湿度 50
大气温度 50
大气湍流 50
大分子 (114)
大风 49
大孔眼格网法 49
大应变电阻应变计 50
大变形刚度矩阵 (44)
大变形稳定理论 (93)
大挠度板 (294)
大涡模拟 50
大 M 法 50
与屈服条件相关连的流动法则 (334)
万有引力定律 366
万能试验机 365

〔丨〕

上升气流 303
上风 303
上风格式 (423)
上曳气流 (303)
上限元技术 303
上限定理 303
上临界流速 303
上临界雷诺数 303
小片检验 390
小变形假定 390
小变形稳定理论 (385)
小挠度板 (434)
山岩压力 (368)
山墙机构 302

〔丿〕

千分卡尺 278

〔丶〕

广义力 130
广义力表示的平衡条件 130
广义开尔文模型 130
广义未知力 (477)
广义动量 129
广义协调元 131
广义刚度 129
广义刚度矩阵 129
广义杂交元 131
广义多项式 129
广义米泽斯屈服条件 (57)
广义麦克斯韦模型 130
广义位移 131
广义坐标 131
广义应力 131
广义应变 131
广义转角位移法 131
广义质量 131
广义质量矩阵 131
广义单自由度体系 129
广义胡克定律 129
广义既约梯度法 (130)
广义荷载 129
广义荷载向量 129
广义速度 131
广义特雷斯卡屈服准则 131
广义简约梯度法 130
门式刚架 238

〔乙〕

子空间迭代法 471
子结构 471
子结构法 471
习用应力－应变曲线 (21)
马丁耐热试验法 234
马力 235
马利科夫判据 (235)

马利科夫准则 235
马格努斯力 234
马格努斯效应 234
马赫角 234
马赫锥 235
马赫数 234
马赫数无关原理 235

四画

〔一〕

井组 (180)
井群 180
开尔文-佛克脱固体 (189)
开尔文固体 189
开尔文定理 189
开尔文链 (130)
开尔文模型 (189)
开挖面的空间效应 189
开挖锥 189
开裂混凝土的材料矩阵 189
开普勒定律 189
夫琅和费全息照相 102
天然岩体应力 (441)
天然拱 (472)
元 (54)
元功 441
元功解析式 441
元件级优化 (94)
元冲量 441
元素 (54)
元涡 441
元流 441
无风 (180)
无压井 (279)
无压恒定流动 (242)
无压流 379,(243)
无压涵洞 379
无延性转变温度 379
无约束极小化 380
无约束非线性规划 379
无约束最优化 380
无条件变分问题 378,(89)
无穷远边界 378
无拉分析法 378
无侧限抗压强度 378
无侧限抗压强度试验 378
无侧移刚架 378
无限小角位移合成定理 378
无限元 379
无限元法 379
无限自由度体系 379
无限域问题的边界元法 379
无界元 (379)
无矩理论 (8)
无结点自由度 378
无涡流动 (379)
无推力桁架 (217)
无铰拱 378
无旋波 379
无旋流动 379
无黏性土 378
无黏性土天然坡角试验 378
无剪力分配法 378
无剪力力矩分配法 (378)
无量纲坐标 (54)
无滑移边界条件 378
无源式传感器 379
韦尔斯公式 368
韦伯相似准则 367
云纹干涉法 445
云纹条纹倍增技术 445
云纹法 445
五弯矩方程 380
支架干扰修正 457
支座 457
不可压缩流体 28
不可压缩流体一维非恒定总流能量方程 28
不可压缩流罚函数法 28
不可压缩粘性流方程解法 28
不可逆徐变 (91)
不平衡推力传递法 28
不平衡剪力 28
不均匀系数 28
不连续变形分析 28
不连续波 (80)
不完全井 29
不规则岩石试件 27
不固结不排水试验 27
不重复度 29
不排水抗剪强度 28
不排水剪试验 (27)
不等式约束 27
不等压三轴试验 (415)
不等精度测量 27
太沙基-伦杜立克扩散方程 339
太沙基固结理论 338
太沙基承载力理论 338
太沙基理论 338
区段叠加法 284
区域稳定性 284
比拟柱 13
比阻尼容量 13
比奈公式 12
比例加载 12
比例极限 12
比例步 (304)
比耗散功率 12
比耗散函数 (12)
比热 13
比热比 13
比较轨迹 12
比徐变 13
比消散函数 13
比流速 12
比流量 12
比奥固结理论 12
比强度 (154)
互补松弛条件 141
切口试件 282
切尔诺夫线 (142)
切向加速度 282
切向刚度 K_s 282
切块法 (465)

切线刚度矩阵 282
切线模量 282
切线模量理论 282
瓦 362
瓦氏液限仪法 (444)

〔丨〕

止裂 458
中心力 462
中心主转动惯量 462
中心主轴 (176)
中心主惯性轴 (176)
中心差分 461
中心差分法 461
中心惯性主轴 462
中心惯量主轴 (462)
中心裂纹试件 462
中径 (252)
中性大气边界层模拟 462
中性平衡 (336)
中性平衡微分方程 462
中性应力 (196)
中性层 462
中性轴 462
中厚板 461
中厚板元 461
中砂 461
中面的几何性质 461
贝尔特拉密-米歇尔方程 (430)
贝尔曼最优性原理 11
贝蒂定理 (121)
内力 248
内力包络图 248
内力系数法 248
内力范围图 (248)
内在渗透系数 249
内变量与黏弹性 247
内波 248
内点 (192)
内耗 248
内耗与频率关系曲线 248
内耗峰 248
内部可变度 248
内部结点自由度 248
内虚功 (395),(396)
内禀渗透系数 (249)
内聚力 248,(254)
内摩擦角 248
水力半径 321
水力光滑面 322
水力光滑管 (322)
水力坡度 322
水力学 322
水力指数 322
水力指数积分法 322
水力要素 322
水力粗糙区 (476)
水力粗糙面 321
水力最优断面 (323)
水力最佳断面 323
水击 320
水击方程 320
水击压强 321
水击的相 (321)
水击波 320
水击相长 321
水击基本方程 320
水击联锁方程 320
水平风速谱 324
水电模拟 319
水头 324
水头线 324
水头损失 324
水动力学 320
水压破裂法 324
水泥砂浆的流变性 324
水泥浆的流变性 323
水泥混凝土的流变性 323
水泵扬程 319
水面曲线分段求和法 323
水面曲线数值积分法 323
水洞 320
水跃 324
水跃长度 324
水跃共轭水深 324
水跃函数 325
水跃高度 324
水跃消能率 325
水跌 319
水锤 (320)
水静力学 321
水静力学基本方程 321

〔丿〕

牛顿力学 257
牛顿三定律 (257)
牛顿元件 (256)
牛顿内摩擦定律 257
牛顿引力的功 257
牛顿运动定律 257
牛顿法 256
牛顿相似准则 257
牛顿-科特斯积分 257
牛顿流体 257
牛顿-雷扶生法 257
牛顿撞击理论 258
毛细水 237
毛细管上升高度试验 237
毛细管黏度计 237
气穴现象 278,(193)
气穴指数 278
气穴数 (278)
气动力 (194)
气动加热 277
气动导纳 277
气动导数 (36)
气动阻尼 277
气动噪声 277
气压表 278
气体 277
气体引射器 278
气体动力学 278
气蚀 277
气流紊流度影响修正 277
气弹模型 277
升力 (184)

升力系数 (185)
长波 36
长细比 37
长涵 36
长管 36
片条理论 266
化学键 (143)
化学键合力 143
反力与位移互等定理 88
反力互等定理 88
反分析法 87
反平面裂纹 (328)
反对称屈曲 87
反压饱和 89
反向喷射法 89
反坡渠道 (253)
反转法 89
反复直剪强度试验 87
反弯点 88
反弯点法 88
反射云纹法 88
反射边界 88
反射式光弹性仪 88
反推力 88
反幂法 88
反锯齿形策略 87
反触变性 87
介电松弛 177
从自由度 47
分力 95
分子扩散 97
分支点失稳 97
分区余能原理 96
分区势能原理 96
分区混合广义变分原理 96
分区混合有限元法 (96)
分区混合变分原理 95
分区混合法 96
分区混合能量原理 96
分片检验 (390)
分布力 94
分布参数优化设计 94
分布荷载 94
分层计算法 94
分层单元组合式模型 94
分层总和法 95
分枝定界法 97
分析力学 97
分析力学的变分原理 97
分析动力学 96
分析静力学 97
分项混合能量原理 97
分配弯矩 95
分配剪力 95
分离气泡 95
分离体 95,(118)
分离体图 (315)
分离点 95
分离流扭转颤振 95
分部优化 94
分散 96
分散性土 96
分裂算子法 95
风 98
风力 99
风力矩 99
风(力)等级 99
风工程 99
风压 100
风压高度变化系数 101
风压谱 101
风成波 98
风向 100
风向仪 100
风玫瑰图 99
风的空间相关性 98
风洞 98
风洞天平 99
风洞实验数据修正 98
风振系数 101
风振控制 101
风载体型系数 101
风荷载 99
风速 99
风速风压关系式 100
风速仪 100
风速沿高度变化规律 100
风速实测 100
风速廓线 100
风速谱 100
风剖面 (100)
风琴振动 99
欠阻尼 280,(476)
欠固结土 280
匀变速转动 446
匀速转动 446

〔丶〕

六结点二次三角形元 231
文丘里水槽 375
文丘里流量计 375
文克尔地基模型 375
方向加速法 90,(11)
方程余量 90
火箭的运动微分方程 148
火箭的质量比 148
火箭的特征速度 148
计示压强 (387)
计算力学 157
计算力学的数值方法 158
计算自由度 158
计算流体力学 158
计算简图 157

〔乛〕

尺寸效应 40
引伸计 422
引伸的特雷斯卡屈服准则 (131)
巴甫洛夫斯基公式 2
巴隆固结理论 2
孔口出流 195
孔板速度车法 195
孔板流量计 195
孔隙比 196
孔隙水压力 196
孔隙气压力 196

孔隙介质 196
孔隙压力 (196)
孔隙压力系数 A 196
孔隙压力系数 B 196
孔隙压力消散试验 196
孔隙度 (196)
孔隙率 196
邓·哈托驰振判据 61
双力矩 317
双千斤顶法 318
双边裂纹试件 317
双光束散斑干涉法 317
双曲型方程的差分格式 318
双向约束 (318)
双折射效应 319
双层电阻应变计 317
双层势 317
双坡刚架机构 (302)
双参数地基模型 317
双线性矩形元 318
双面约束 318
双面剪切试验 317
双轴光弹性应变计 319
双圆筒黏度计法 319
双调和函数 318
双悬臂梁试件 319
双剪应力屈服条件 317
双弹簧联结单元 318
双模型法 318
双模量理论 318
双曝光全息干涉法 318

五画

〔一〕

示力图 (315)
击岸波 (435)
击实试验 148
打击中心 (470)
正六面体元族 456
正压流体 456
正则坐标 457
正交各向异性 456
正交各向异性热应力 456
正交定律 (355)
正交参考栅云纹法 456
正应力 456
正规化坐标 (54)
正坡渠道 (325)
正态随机过程 456
正态模型 456
正波 (450)
正定矩阵 456
正项式 456
正常水深 456
正常固结土 456
正确度 456
正路 (451)
功 120
功的互等定理 121
功率 121
功率方程 121
功率谱密度 121
古尔顿定理 123
古典力学 (179)
古典颤振 123
节线 170
节点 (170)
节点法 (170)
节段模型 169
节流式流量计 170
节理 169
节理块体 170
节理单元 169
节理组数 170
节理锥 170
本体极迹 (77)
本构方程 12
本构关系 (12)
本构微分方程 12
本质边界条件 (472)
可分规划 192
可动边界 192
可动活荷载 192
可动圆柱形支座 192
可动球形支座 192
可动铰支座 (147)
可压缩流体 193
可行方向 193
可行方向法 193
可行点 192
可行域 193
可变荷载 (148)
可变域变分法 192
可泵性 192
可逆徐变 (145)
可破坏荷载 192
可能位移 (397)
可接受荷载 192
可控应力试验法 192
可控应变试验法 192
可移动性定理 193
可遗坐标 (401)
可塑性泥团 192
可塑性泥团的流变性 192
布氏硬度 29
布辛内斯克方程 29
布辛内斯克问题 29
布局优化设计 29
布金汉定理 (486)
布勃诺夫－伽辽金法 29
布朗运动 29
龙卷风 232
龙格－库塔法 232
平行力系中心 274
平行力系的合成 273
平行板压缩仪法 273
平行轴定理 274
平行算法 (22)
平均气流偏角修正 269
平均风 269
平均风压 269
平均风速 269
平均风速时距 269
平均风速梯度 (100)

平均误差 η 269
平均值 (479)
平均粒径 269
平坡渠道 273
平板内的弯曲波 267
平板壳元 267
平面力系平衡的图解条件 270
平面力系的图解法 270
平面有势流动 273
平面刚架 269
平面全息图 271
平面问题的边界元法 272
平面杆件结构 269
平面位移场全息干涉测量术 271
平面应力全息光弹性分析法 272
平面应力问题 272
平面应力条 272
平面应变仪 272
平面应变问题 272
平面应变断裂韧性 272
平面图形 271
平面图形上任意点加速度的合成法 271
平面图形上任意点速度的合成法 271
平面图形上任意点速度的瞬心法 271
平面波 269
平面弯曲 271
平面桁架 270
平面破坏 271
平面射流源 271
平面流动 (86)
平面偏振光 270
平面简谐波 270
平移滑动 (271)
平截面假定 269
平稳随机过程 273
平衡 268
平衡力系 268
平衡元 268
平衡分支荷载 268
平衡输沙过程 268
平衡微分方程 268
平衡稳定性 268

〔丨〕

卡门方程组 (5)
卡门定律 188
卡门-钱学森公式 188
卡门涡街 (376)
卡门理论 (318)
卡氏第一定理 189
卡氏第二定理 188
卡氏液限仪法 (70)
卡尔逊应变计 188
卡尼迭代法 188
卡诺定理 188
卡萨格兰德法 188
卡斯提里阿诺第一定理 (189)
卡斯提里阿诺第二定理 (188)
凸多面体 (84)
凸体 352
凸规划 351
凸函数 351
凸组合 352
凸集 352
归一化振型 (20)
目标函数 246
目标函数海色矩阵 246
目标函数梯度 246
目标函数等值线(或面) 246
电子散斑干涉仪 69
电比拟法 67
电阻网络比拟 69
电阻应变片 (69)
电阻应变计 69
电阻应变仪 70
电阻应变式引伸计 70
电阻应变式加速度传感器 69
电阻应变式压力传感器 70
电阻应变式位移传感器 70
电阻应变式测力传感器 69
电阻应变式倾角传感器 69
电阻率法 69
电测方法 67
电荷放大器 68
电涡流式传感器 68
电涡流式位移传感器 68
电容式引伸计 68
电容式加速度计 68
电容式压力传感器 68
电容应变计 68
电容放大器 68
电液伺服闭环 68
电液伺服阀 69
电感式压力传感器 67
电感式位移传感器 67
电磁流量计 67
史密特数 312
四分之一波片 328
四边形滑移单元 328
四面体元族 328
四面体单元的体积坐标 328

〔丿〕

失速 308
失速颤振 308
失稳 308
失稳极限荷载 308
矢径 312,(374)
矢量代数法 312
矢量场 312
矢跨比 312
白光散斑法 2
白噪声 (2)
白噪声随机过程 2
用差分表示的插值多项式 435
乐甫波 204
乐甫-基尔霍夫假设 204
外力 363
外力实功 363
外力虚功 363
外伸梁 363
外虚功 (363)
包氏效应 (5)

包达公式 5
包辛格效应 5

〔、〕

主动力 465
主动土压力 465
主动土压力系数 465
主动湍流发生器 465
主动隔振 465
主价键 (143)
主自由度 466
主观散斑 465
主体优化 465
主应力 465
主应力法 465
主应力迹线 465
主转动惯量 466
主固结 465
主法线 465
主振型 (453)
主扇性惯矩 465
主剪应力 465
立波 (466)
闪耀衍射光栅 302
兰啸斯法 203
半无限平面问题 4
半正定矩阵 4
半功率点 3
半平面问题的边界元法 4
半压流 4
半压涵洞 4
半刚架法 3
半导体应变计 3
半空间 4
半带宽 3
半逆解法 4
半结构法 3
半离散法 4,(3)
半解析元法 (3)
半解析有限元法 3
半解析法 (3)
半解析数值法 3
汇 145
汇交力系的合成 145
汉森极限承载力公式 135
汉森模型 135
永久应变 (334)
永久荷载 (138)

〔乙〕

尼古拉兹试验 250
弗劳德相似准则 (102)
弗劳德数 (101)
加力凝聚性 (87)
加工硬化 159
加工强化 (159)
加权平均值 159
加权余量法 159
加权余量法的子域法 160
加权余量法的内部法 160
加权余量法的边界法 159
加权余量法的连续型最小二乘法 160
加权余量法的伽辽金法 159
加权余量法的矩法 160
加权余量法的配点法 160
加权余量法的离散型最小二乘法 160
加权余量法的混合法 160
加权余量法的最小二乘法 160
加权函数 (286)
加权算术平均值 (159)
加州承载比试验 (38)
加劲板 159
加劲梁 159
加载条件 (281)
加载卸载规律 162
加载路径 162
加速应力比法 162
加速度 160
加速度冲量外推法 161
加速度图 161,(161)
加速度图解 161
加速度瞬心 161
边坡地质模型 16
边坡安全系数 16
边坡安全性的位移判据 16
边坡安全性的最大滑动速度判据 16
边坡安全性的强度判据 16
边坡系数 16
边坡稳定安全系数 16
边界元 15
边界元与有限元耦合 16
边界元法 15
边界元法方程组 15
边界余量 15
边界条件 15
边界条件相似 15
边界层 14
边界层分离 15
边界层风洞 15
边界层方程 15
边界面模型 15
边界点 15
边界积分方程–边界元法 (15)
边界影响 (8)
边值问题 17
发电式传感器 (440)
圣维南方程 (426)
圣维南体 (334)
圣维南函数 (259)
圣维南原理 308
圣维南模型 (109)
对心正碰撞 83
对心斜碰撞 83
对角线矩阵 82
对应原理 (345)
对称正定矩阵的三角分解法 82
对称正定矩阵的平方根法 82
对称屈曲 81
对称矩阵 81
对称结构 81
对流扩散 82
对偶单纯形法 82
对偶性 82

对偶理论　82
对数减幅系数　83
台风　337
丝绕式电阻应变计　326

六画

〔一〕

动力反应　73
动力分析的有限元法　73
动力方程组的直接积分法　73
动力平衡方程　74,(241)
动力失稳　74
动力优化设计　75
动力系数　(90)
动力固结　73
动力和运动连续条件　73
动力法　73
动力学　74
动力学普遍方程　74
动力学普遍定理　74
动力相似　74
动力响应　(73)
动力荷载　73
动力特性　74
动力准则　75
动力流速　73
动力粘性系数　(73)
动力粘度　73
动力粘滞系数　74,(73)
动力触探试验　72
动水压力相似准则　(262)
动平衡　77
动压　78
动床　72
动床水力学　72
动床阻力　72
动势　(201)
动态电阻应变仪　77
动态光弹性法　77
动态扭摆仪　77
动态规划　77
动态岩石强度　78
动态柔量　78,(104)
动态断裂韧性　77
动态模量　77,(104)
动参考系　72
动载断裂韧性　78
动荷系数　72
动能　76
动能变化系数　76
动能定理　76
动能修正系数　76
动量　75
动量守恒定律　76
动量定理　75
动量矩　75
动量矩守恒定律　75
动量矩定理　75
动量修正系数　76
动量损失厚度　76
动静法　72
动瞬心轨迹　77
动蠕变　77
吉文斯·豪斯豪尔德法　152
吉伯梁　(83)
扩散质　200
扩散度试验　(226)
地力学模型试验　(63)
地下水动力学　63
地压　(368)
地应力　(441)
地应力水平分量　(418)
地应力垂直分量　(418)
地质力学模型试验　63
地质模型　63
地面粗糙度　63
地球物理勘探　63
地球流体力学　63
地基中的附加应力　62
地基压缩层厚度　62
地基极限承载力　62
地基沉降的弹性力学公式　62
地基受压层厚度　(62)
地基承载力　62
地基容许承载力　62
地基稳定性　62
地貌　62
共转坐标系　(361)
共轭方向　122
共轭方向法　122
共轭梯度法　122
共轭斜量法　122
共轭梁法　122
共轭算子　122
共振　123
共振柱试验　123
共振频率　123
亚声速流动　405
亚临界裂纹扩展　(221)
亚黏土　(98)
机动分析　(157)
机动安定定理　148
机动法　148,(149)
机动定理　(303)
机构　149
机构法　149
机械式天平　149
机械导纳　149
机械运动　149
机械阻抗　149
机械能守恒定律　149
机械滞后　149
权　286
权函数　286
权数　(286)
过水断面　133
过分协调元　(133)
过失误差　(48)
过协调元　133
过应力模型理论　133
过阻尼　133
过度曝光法　132
过载　133
过载系数　(72)

过渡元 132
再分桁架 448
再压缩曲线 448
再附着 448
再现实像 448
再现虚像 448
协调元 391
协调质量矩阵 (422)
西奥多森函数 381
西奥多森数 381
压力 402
压力中心 403
压力水头 (403)
压力方程联解半隐格式 402
压力扫描阀 403
压力曲线 403
压力多边形 402
压力体 403
压力系数 403
压力表 (178)
压力测量 (403)
压水扬程 403
压电式加速度传感器 402
压头 (403)
压头贯入量 404
压杆稳定性 402
压弯杆件失稳 404
压差阻力 (403)
压溃荷载 402,(308)
压强 403
压强水头 403
压强阻力 403
压强测量 403
压强梯度 403
压缩波 403,(379)
压缩指数 404
有心力 (462)
有压流 440
有压涵洞 440
有压管流 (440)
有势力 436
有势流动 (379)
有侧移刚架 436
有限元力法 (292)
有限元位移法 (108)
有限元法 438
有限元线法 438
有限元素法 (438)
有限元混合法 (146)
有限元解的下界性质 438
有限元解的上界性质 438
有限分析法 437
有限条的内结线 437
有限条的刚度矩阵 437
有限条的位移函数 438
有限条的结线 437
有限条的结线自由度 437
有限条的结线位移参数 (437)
有限条的荷载向量 437
有限条的辅助结线 (438)
有限条法 438
有限条带法 (438)
有限层法 437
有限变形 436
有限单元法 (438)
有限差分法 437
有限振幅立波 438
有限振幅驻波 (439)
有限振幅推进波 439
有限棱法 437
有界性定理 436
有矩理论 (9)
有效内摩擦角 439
有效约束 439,(481)
有效应力 439
有效应力破坏包线 439
有效应力原理 439
有效应力集中系数 439
有效应力强度参数 439
有效应力强度指标 (439)
有效应力路径 439
有效黏聚力 439
有效粒径 439
有涡流动 (439)
有理分式法 (436)
有理插值法 436
有旋流动 439
有源式传感器 440
达西公式 (49)
达西定律 49
达西－魏士巴哈公式 49
达朗伯－拉格朗日方程 (74)
达朗伯－欧拉定理 48
达朗伯原理 49
夹层全息干涉法 162
夹层板 162
夹层散斑法 162
划零置一法 143
毕托管 13
毕肖普法 14

〔丨〕

尖塔旋涡发生器法 162
光纤维应变计 128
光学傅里叶变换 129
光线示波器 128
光线振子示波器 (128)
光测力学 127
光弹性仪 128
光弹性夹片法 128
光弹性材料 127
光弹性应力冻结法 128
光弹性应变计 128
光弹性法 127
光弹性贴片法 128
光弹性斜射法 128
光弹性散光法 128
光滑圆柱形铰链 127
光滑接触面约束 127
光塑性比拟法 127
光塑性法 127
当量缺陷 56
当量粗糙度 56
当量弹簧常数 (61)
曲网法 285
曲杆 284

曲线切面蜂窝器法 285
曲线坐标 285
曲面壳元 285
曲率平面 (238)
曲率系数 285
曲梁 285,(284)
曲梁纯弯曲 285
团粒 360
团聚质量矩阵 (155)
同步失效准则 351
同时破坏模式 (351)
同轴回转圆筒粘度计法 (319)
吕德斯线 (142)
因次 (218)
因次分析法 (218)
吸力 381
吸水扬程 381
吸收边界 381
吸收系数 381
回归分析 145
回归方程 145
回转力矩 (362)
回转半径 145
回转效应 (362)
回弹曲线 145
回弹系数 145
回弹指数 145
回缩力 145
刚片 109
刚化原理 108
刚体 109
刚体一般运动的运动方程 111
刚体平面运动的运动方程 111
刚体平面运动微分方程 111
刚体对过同一点的任意轴的转动惯量 110
刚体位移模式 111
刚体角位移 110
刚体转动的合成 111
刚体转动惯量 (468)
刚体的一般运动 110
刚体的平动 109
刚体的平面运动 109
刚体的定轴转动 109
刚体的定点转动 109
刚体的移动 (109)
刚体定轴转动微分方程 110
刚体定点转动的运动方程 110
刚体惯性力系的简化 110
刚体弹簧模型 111
刚体静力学 111,(156)
刚劲板 (434)
刚性支座 112
刚性加载法 112
刚性完全塑性模型 (208)
刚性试验机 112
刚性垫板法 112
刚性链杆－弹簧体系 112
刚性模型 112
刚度 108
刚度系数 108
刚度法 108
刚度矩阵 108
刚度集成法 (458)
刚架 108
刚结点 109
刚塑性模型 109
网架结构 366
网格生成 366
网格划分 366
网格自动生成 366
网格法 366

〔丿〕

先处理法 382
先期固结压力 (279)
传递系数 45,(119)
传递波 (370)
传递函数 44
传递弯矩 44
传递率 (119)
传递剪力 44
传感器 45
传输方程 45
伏尔斯莱夫面 102
伏斯列夫参数 102
优化后分析 435
优化设计层次 435
优化设计数学模型 435
伐里农定理 (136)
延伸率 405
延迟时间 (405)
延续性 405
延滞时间 405
延滞时间谱 406
任意力系的简化 291
伪规则进动 (362)
自由大气层 473
自由水 473
自由水头 473
自由水跃 473
自由出流 473
自由扭转 (46)
自由体 473,(118)
自由体图 473,(315)
自由体积理论 473
自由表面 472
自由质点 474
自由质点系 474
自由变量 472
自由波 473
自由面流动 473
自由度 473,(447)
自由度缩减 473
自由结点位移向量 473,(171)
自由结点荷载向量 473,(171)
自由振动 474
自由射流 473
自由紊动射流 (473)
自由紊流 473
自由涡 474
自动模型区 (476)
自来水表 471
自重应力 474
自振周期 474
自振频率 474,(125)

自流井 472
自锁 472
自然平衡拱 472
自然边界条件 472
自然休止角 472
自然形成法 472
自然轴系 472
自然流体力学 (63)
自然频率 (125)
自感振动 (471)
自模拟 472
自激振动 471
伊利石 422
伊柳辛公设 422
向后差分 (140)
向轴加速度 389
向前差分 (279)
似柱 (13)
后方气压 140
后处理法 140
后屈曲平衡状态 140
后差分 140
行波 394
全尺寸模型 (476)
全场分析法 286
全压 (475)
全局最优点 286
全拉格朗日格式 286
全息干涉位移场测量术 287
全息干涉法 287
全息干涉振动测量术 287
全息无损检测术 287
全息术 (287)
全息光弹性法 287
全息底片 (288)
全息衍射光栅 287
全息照相 287
全息照相的记录材料 288
全塑性解 287
全模型 286
合力 136
合力投影定理 136
合力的功 136
合力相似准则 (257)
合力矩定理 136
合理拱轴 136
杂填土 448
负孔隙水压力 103
负坡渠道 (253)
负波 (233)
负梯度方向 103
各向不等压固结不排水试验 119
各向不等压固结排水试验 119
各向同性 119
各向同性热应力 119
各向同性假定 119
各向异性 119
各向异性热应力 120
各态历经随机过程 119
名义屈服极限 240
名义挤压应力 (157)
名义剪应力 240
多孔介质 83
多目标优化设计 84
多自由度体系 85
多阶段决策过程 83
多级优化设计 83
多连通无限平面域 84
多连通区域 84
多连通有限平面域 84
多余力 (84)
多余未知力 84
多余约束 84
多余坐标 85
多余的零能模式 84
多相流体力学 84
多面集 84
多重应力集中 83
多振型耦合颤振 85
多维固结 84
多跨静定梁 83
多路喷射法 84
多管测压计 83
色散波 300

〔、〕

冲孔试验 (442)
冲击 41
冲击地压 42
冲击韧性 42
冲击波 (151)
冲击波波角 41
冲击波波前 42
冲击试验机 42
冲击响应谱 42
冲击脉冲 42
冲击脉冲有效持续时间 (42)
冲击脉冲持续时间 42
冲击荷载 42
冲击模量 (326)
冲角 (121)
冲泻质 43
冲刷系数 43
冲剪破坏 42
冲量 43
冲量定理 43
冲量矩 43
冲量矩定理 43
冲量荷载 (42)
冲填土 43
齐奥尔可夫斯基公式 276
交叉梁系 167
交变荷载 167
交变塑性破坏 167
交变塑流破坏 (167)
交替方向迭代法 167
交错网格法 167
次生应力 (86)
次生结构面 47
次主应力 47
次价键 (89)
次级松弛 47
次固结 47
次固结系数 47
次固结沉降 47
次参元 47

产状 36
决策变量 186
亥姆霍兹速度分解定理 134
亥姆霍兹涡定理 134
充填物 41
充填度 41
充满角 40
充满度 40
闭合壳体的周期性条件 14
并行算法 22
并联管路 22
关键块体 125
米切尔准则 238
米泽斯屈服条件 238
米泽斯屈服准则 (363)
宇宙气体动力学 440
宇宙速度 440
安全系数 1
安定性 1
许用应力 398
设计变量 304
设计空间 304
设计点 304

〔乙〕

导水系数 57
导水率 (306)
导电液泡式倾角传感器 57
导出量纲 56
导波 56
导热 (289)
收敛曲线 314
收敛－约束法 314
收敛速度 314
收敛准则 315
收缩系数 315
收缩断面水深 315,(383)
阶段效应 169
阶段效益 (169)
阴极射线示波器 422
防水电阻应变计 90
红宝石激光器 139
红黏土 140
约束 444
约束力 445,(444)
约束反力 444
约束反作用力 (444)
约束方程 444
约束曲线 445
约束扭转 445
约束极小化 445
约束条件 445
约束非线性规划 444
约束变分问题 (89)
约束函数 444
约束函数梯度 445
约束界面 445
约束容差 445
约束最优化 445
驰振 39
驰振力 40
驰振不稳定 40
驰振型颤振 40

七画

〔一〕

麦克亨利叠加原理 235
麦克斯韦－克利莫那图解法 235
麦克斯韦定理 (372)
麦克斯韦－莫尔公式 (372)
麦克斯韦—莫尔法 (53)
麦克斯韦流体 235
麦克斯韦模型 (235)
形心 394
形状优化设计 394
形状阻力 394,(403)
形状函数 (394)
形状参数变量 394
形状效应 394
形态函数 (394)
形变和内耗与温度关系曲线 394
形函数 394
形函数矩阵 394
形常数 394
进行波 (394)
进退法 179
远驱水跃 444
远离水跃 (444)
远端弯矩 444
韧性断裂 292
韧性－塑性损伤 (340)
韧度 (42)
韧脆性转变温度 292
运动 (149)
运动方程 446
运动自由度 447
运动多重性 446
运动许可系数 447
运动许可的塑性应变率循环 447
运动许可速度场 447
运动约束 447
运动系数 (447)
运动初始条件 446
运动图 446
运动的绝对性与相对性 446
运动单元 446
运动单元活化能 446
运动学 447
运动相似 447
运动要素 447
运动准则 (75)
运动粘性系数 (446)
运动粘度 446
运动粘滞系数 446,(446)
运动微分方程 446
运行波 (370)
扰动线 (42)
攻角 121
赤平投影 (40)
赤平极射投影 40
赤道转动惯量 40
折算频率 450
折算模量理论 (318)
坎托罗维奇法 189

坍落度法 339
均匀变形 187
均匀泄流管路 187
均匀流 187
均匀流基本方程 187
均方根差 (20)
均布荷载 186
均质连续性假定 187
抛物线法 264
抛物型方程的差分格式 264
抛射体运动 264
抗扭刚度 190
抗扭截面模量 190
抗拉刚度 190
抗弯截面模量 190
抗剪强度有效应力法 190
抗剪强度总应力法 190
抗液化强度 190
抗震优化设计 190
抖振 78
抖振力 78
护坦 141
壳体中面的变形和内力 281
壳体的应变和应力 281
块石 198
块体共振试验 198
块体理论 198
块体锥 199
块状结构体 199
块裂介质岩体 198
扭转中心 259
扭转刚度条件 258
扭转位移函数 259
扭转应力函数 259
扭转变形 258
扭转试验机 258
扭矩 258
扭矩图 258
扭弯频率比 258
扭剪仪 258
声发射法 307
声光偏转器 307
声全息法 307
声测法 306
声速 307
声弹性法 307
声障 307
拟牛顿法 (18)
拟协调元 253
拟定常理论 253
拟线性本构方程 253
拟静力法 253
拟静态问题 (470)
克劳德分解 193
克拉珀龙定理 (425)
克罗第－恩格塞定理 193
克雷洛夫法 (43)
苏米格梁纳等式 329
杆件 106
杆件平衡条件 107
杆件代替法 107
杆件体系机动分析 108
杆件物理条件 108
杆件变形协调条件 107
杆件结构 107
杆件结构有限元法 (172)
杆件塑性分析 108
杆系结构 (107)
杆轴 108
杆端力向量 106
杆端位移向量 106
杜哈梅积分 79
杜福特－弗兰克格式 79
材料力学 31
材料条纹值 31
材料非线性问题 30
材料的断裂韧性 30
材料函数 30
材料函数关系 30
材料高温特性 30
极大定理 (382)
极小势能原理 (480)
极小定理 (303)
极小点 154
极小解 (154)
极方向 152
极转动惯量 154
极限比徐变 152
极限分析定理 153
极限风荷载 153
极限平衡状态 153
极限曲面 153
极限优化设计 154
极限条件 153
极限状态 154
极限应力 154
极限应力比 154
极限弯矩 (332)
极限误差 153
极限荷载 153,(331)
极限荷载系数 (331)
极限速度 153
极限徐变度 (152)
极限滚动摩阻力偶矩 (478)
极限静摩擦力 (479)
极点 152
极值点失稳 154
李萨如图 207
杨氏条纹 420
杨氏弹性模量 (345)
杨布普遍条分法 419
杨辉三角形 (263)
求应力集中系数的诺埃伯法 283
两互相平行的柱体接触 219
两互相垂直的柱体接触 218
两分法 218
两相法 219
两球体接触 219
两铰拱 219
来流紊流 203
连拱 215
连续介质岩体 215
连续介质假设 215
连续加荷固结试验 215
连续变量 215
连续波 215

连续性微分方程 216
连续损伤力学 216
连续梁 216

〔丨〕

步长 30
步长加速法 30
步长因子 30
肖氏硬度 390
时均压强 310
时均法 310
时均流速 310
时间分裂法 309
时间平方根拟合法 309
时间平均法 309
时间边缘效应 309
时间对数拟合法 309
时间因子 T_v 310
时间因素 (310)
时间间隔 309
时间相干性 309
时间相关法 310
时间准数 (327)
时间－温度等效原理 309
时间－温度叠加原理 (310)
时刻 (325)
时域 310
时域相关系数 310
时程分析 309
时温等效性 (310)
时温等效原理 310
助泵剂 466
里瓦斯公式 207
里查森外推法 207
里兹向量法 207
里兹法 (295)
围岩 368
围岩反力 (344)
围岩压力 368
围岩应力 369
围岩松动区 368
围岩松动压力 368
围岩非弹性变形区 368
围岩变形压力 368
围岩流变压力 368
围岩弹性变形压力 368
围岩塑性变形压力 368
围岩稳定性 368
围岩膨胀压力 368
足尺模型 475
串联管路 45
吹程 46

〔丿〕

针入法 450
针入度 450
针入度指数 450
体变柔量 349
体波 349
体积力 349,(460)
体积节理模数 (349)
体积压缩系数 349
体积全息图 349
体积应力 350
体积应变 349
体积松弛 349
体积松弛模量 (349)
体积变化柔量 (349)
体积流量 (226)
体积弹性模量 349
体积裂隙数 349
体积模量 349
作用与反作用定律 481
作用水头 481
作用约束 481
伯努利方程 27
伯努利积分 (27)
伯格斯模型 26
伯诺里方程 (27)
低阶条元 62
低速风洞 62
位相型全息图 370
位相型衍射光栅 370
位移 370
位移元 373
位移元的广义坐标 373
位移元的收敛准则 373
位移元的单调收敛性 373
位移互等定理 372
位移方程 371
位移计算一般公式 372
位移可用域 (373)
位移可行域 373
位移杂交元 373
位移约束 373
位移间断法 372
位移法 370
位移法典型方程 371
位移法基本未知量 371
位移法基本体系 371
位移法基本结构 (371)
位移波 370
位移函数 371
位移函数的完备性 372
位移厚度 372
位移弯矩 (33)
位移等高线 370
位移解法 373
位移影响线 373
位置水头 374
位置矢 374
位置约束 (157)
伴生自由振动 5
伺服控制试验机 328
佛汝德相似准则 102
佛汝德数 101
伽辽金法 (29)
近地风 178
近地层 178
近似作用约束 179
近似规划法 (383),(399)
近似相似模型 179
近似重分析 178
近端弯矩 178
余波 440,(473)
余能驻值原理 440

余量 440
坐标轮换法 482
坐标变换 481
坐标变换矩阵 482
坐标变量 482
含气比 (35)
含沙体积比浓度 134
含沙重量比浓度 134
含沙浓度 (134)
含沙量 134
含奇异积分的直接法 134
龟裂系数 187
狂风 199
角加速度 168
角动量 (75)
角冲量 (43)
角位移(变形体) 169
角变位移方程 (468)
角变位移法 (468)
角点法 168
角速度 168
角速度合成定理 168
角砾 168
条分法 350
条件应力强度因子 350
条件变分问题 350,(89)
条件屈服极限 (240)
条件荷载 350
条纹计数法 350
卵石 232
迎风面 423
迎风格式 423
迎角 (121)
系杆拱 (200)
系统级优化 (465)
系统误差 381

〔、〕

冻土 78
冻结内力法 78
状态方程 470
状态变量 470
亨奇应力方程 137
亨奇定理 137
床沙质 46
床面形态 (301)
床面形态阻力 45
床面形态阻力的英格隆法 46
床面形态阻力的爱因斯坦法 45
库尔曼图解法 196
库尔曼法 196
库伦土压力理论 197
库伦公式 (197)
库伦方程 197
库伦定律 (197)
库伦摩擦定律 197
库-塔克条件 197
应力 427
应力元 (268)
应力比 427
应力比法 428
应力互换定律 429
应力计 429
应力平衡法 431
应力主方向 434
应力边界条件 428
应力发白 428
应力扩散 430
应力-光学定律 428
应力曲面 432
应力向量 433
应力杂交元 434
应力约束 433
应力冻结效应 428
应力-应变曲线 433,(21)
应力间断面 429
应力张量 434
应力张量的不变量 434
应力松弛 432,433
应力松弛仪 433
应力空间 430
应力函数 429
应力星圆 433
应力恢复法 429
应力莫尔圆 430
应力途径 (430)
应力球形张量 432
应力控制式三轴压缩仪 430
应力偏斜张量 431
应力偏斜张量的不变量 431
应力偏量 (431)
应力偏量平面 (486)
应力集中 429
应力集中系数 429
应力集中的扩散 429
应力强度因子 431
应力强度因子计算方法 432
应力强度因子计算的边界配点法 431
应力强度因子计算的权函数法 431
应力强度因子计算的有限元法 432
应力强度因子计算的实验法 432
应力强度因子计算的威斯特噶德法 432
应力强度因子计算的复势法 431
应力强度因子计算的柔度法 432
应力强度因子断裂准则 431
应力路径 430
应力路径法 430
应力解法 430
应力解除法 430
应力腐蚀 428
应力腐蚀临界应力强度因子 428
应力腐蚀裂纹扩展速率 428
应变 424
应变片 (69)
应变电桥 424
应变主方向 427
应变式天平 426
应变协调方程 426
应变曲面 426
应变向量 426
应变花 424
应变极限(ε_{lim}) 424
应变余能 426
应变张量 427

应变张量的不变量 427
应变空间 424
应变诱发塑料-橡胶转变 426
应变莫尔圆 424
应变能 425
应变能定理 425
应变能密度因子准则 425
应变球形张量 426
应变控制式三轴压缩仪 424
应变偏斜张量 426
应变偏量 (426)
应变率 424
冷作强化 (159)
冷脆转化温度 (292)
冷脆性 206
序列二次规划法 398
序列线性规划法 399
辛普森公式 393
间接水击 163
间接法边界积分方程 162
间接测量 162
间断面的传播 162
沥青 214
沥青的刚度 (214)
沥青的劲度 214
沥青的变形模量 (214)
沥青的热应力破坏 215
沥青的流变性 214
沙尔定理 301
沙纹 301
沙垄 301
沙波运动 301
沙波阻力 (45)
沙浪 301
沙粒阻力 301
汽车风洞 278
泛函 89
泛函的一阶变分 (89)
泛函的二阶变分 89
泛函的无条件极值问题 89
泛函的极值问题 89
泛函的极值条件 89
泛函的条件极值问题 89
泛函的变分 89
沈珠江三重屈服面模型 305
沉速 (252)
快速压缩试验 (199)
快速固结试验 199
快剪试验 199
完全井 364
完全水跃 (365)
完全气体 364
完全状态边界面 365
完全相似模型 365
完全解 364
完整水跃 365
完整约束 365
完整系统 365
完整系数 (187)
评价函数 (246)
补充加速度 (191)
补偿器 27
初干扰 43
初生气穴数 (222)
初位移刚度矩阵 44
初应力刚度矩阵 44,(156)
初应力矩阵 (217)
初始条件 44
初始应力 (421)
初始沉降 (326)
初始点 44
初始缺陷准则 44
初始液化 44
初始塑性流动 44
初参数法 43

〔乙〕

灵敏系数(K) 225
灵敏度分析 224
即时全息干涉法 154
即时时间平均法 154
即时速度 (329)
层机构 (33)
层流 34
层流底层 (255)
层叠图 34
尾水 370
尾迹 (370)
尾涡 (370)
尾流 370
尾流驰振 370
迟缓弹性变形 40
局部水头损失 183
局部坐标系 183
局部阻力 183
局部阻力系数 183
局部码 183
局部变形阶段 182
局部性约束 183
局部剪切破坏 182
局部落石破坏 183
局部最优点 183
局部最优解 (183)
改进的 WOL 试件 105
张开型(Ⅰ型)裂纹 450
阿太堡界限 1
阿贝-赫梅特判据 (1)
阿贝-赫梅特准则 1
阿克莱特法则 1
阿基米德原理 1
阻力平方区 476
阻力曲线方法 476
阻力相似准则 476
阻尼 476
阻尼力 477
阻尼比 476
阻尼介质 476
阻尼系数 477
阻尼矩阵 476
阻尼器 (256)
附加应力 103
附着力 103
陀螺 361
陀螺力矩 362
陀螺的自转 362
陀螺的进动 361

陀螺的近似理论 361
陀螺的规则进动 361
陀螺的定轴性 361
陀螺的章动 362
陀螺的赝规则进动 362
陀螺效应 362
劲风 180
劲度系数 180,(467)
纯扭转 46
纯弯曲 46
纯剪应力状态 46
纳维方程 (268)
纳维－斯托克斯方程 247
纵向振动散斑干涉测量术 475
纵向离散 (475)
纵向移流分散 475
纵向堰 (32)
纵波 475
纽马克法 260
纽马克感应图 260

八画

〔一〕

环形槽应力恢复法 (429)
环状管网 143
环球软化点 143
环剪仪 (258)
环境空气动力学 143
现场土的渗透试验 383
现场压缩曲线 (357)
表压强 (387)
表观应力－应变曲线 21
表观黏度 20
表面力 21
表面应力解除法 21
表面张力 21
表面张力系数 22
表面张力波 (216)
表面张力相似准则 (367)
表面阻力 (301)
表面波 21
表面波试验 21
规则波 132
规范沉降计算法 131
规格化振型 (20)
坯体干燥过程的流变性 265
拓扑优化设计 362
拖带坐标系 361
拍 (24)
势力场 312
势函数 312,(211)
势涡 (474)
势流 312,(379)
势流拉普拉斯方程 313
势流解法 313
势流叠加原理 312
势能 313
势能驻值原理 313
拉力 201
拉力试验机 201
拉瓦尔管 203
拉氏多项式 (200)
拉氏变换 (202)
拉氏乘子法 (201)
拉氏域 202
拉杆拱 200
拉伸失稳 202,(180)
拉伸放热 202
拉条模型 203
拉格朗日元族 201
拉格朗日方程 201
拉格朗日变数 200
拉格朗日函数 201
拉格朗日乘子 201
拉格朗日乘子法 201
拉格朗日描述法 201
拉格朗日插值函数 200
拉特－邓肯模型 202
拉特屈服准则 202
拉梅－纳维方程 (373)
拉梅势函 202
拉断破坏 200
拉普拉斯变换 202
拌合物工作性两点试验法 5
拌合物的可塑性 5
拌合物的易密性 5
范德华引力 89
直杆内的纵波 457
直杆内的弯曲波 457
直接三角分解法 458
直接水击 458
直接反分析法 458
直接刚度法 458
直接法 457
直接法边界积分方程 457
直接测量 457
直接剪切仪 458
直接剪切试验 458
直接搜索法 (457)
直接逼近法 (458)
直剪试验 (164)
枝状管网 457
板屈曲的能量法 2
板屈曲的静力法 2
板(柱)状结构体 3
板裂介质岩体 2
松弛 (432)
松弛时间 329
松弛时间谱 329
松弛变量 328
松弛试验 329
松弛函数 329
松弛指数 329
松弛模量 329
松软岩体 329
松散岩体 329
构造应力 123
构造结构面 123
或然误差(γ) 148
奈奎斯特图 247
奇异元 276
奇异矩阵 276
欧拉公式 261
欧拉方程 261

欧拉平衡微分方程 261
欧拉动力学方程 260
欧拉运动学方程 262
欧拉运动微分方程 262
欧拉角 261
欧拉-拉格朗日法 261
欧拉变数 260
欧拉型紊流扩散基本方程 262
欧拉相似准则 262
欧拉涡轮方程 262
欧拉描述法 261
转子流量计 (102)
转动方程 467
转动加速度 468
转动刚度 467
转动偶 468
转动惯量 468
转角分配系数 468
转角位移方程 468
转角位移法 468
转角弯矩 468
转轴时应力分量的变换 469
转轴时应变分量的变换 469
转换方程 468
软土 (294)
软风 294
软板 294
软板的边界条件 294
软弱结构面 294
软黏土 294

〔丨〕

非开裂混凝土的材料矩阵 92
非牛顿流体 92
非牛顿流体力学 92
非可行点 92
非可行域 92
非协调元 94
非自由体 94
非自由质点 94
非自由质点系 94
非多余约束 90
非均匀平面波 (91)
非均匀平面简谐波 91
非均匀流动 91
非作用约束 94
非完整约束 92
非完整系统 92
非固执约束 (52)
非饱和土 90
非变换型问题 90
非定常气动系数 90
非定常约束 90
非定常热应力 90
非定常流动 90
非线性大挠度稳定理论 93
非线性分析的有限元法 93
非线性方程组解法 93
非线性目标函数 93
非线性边界条件 92
非线性约束 93
非线性规划 93
非线性变形体系 93
非线性振动 94
非线性黏弹行为 93
非线性黏弹性 (93)
非线性弹性模型 93
非轴对称圆板 94
非保守力 90
非保续元 (94)
非活动约束 (94)
非恒定有压管流 91
非恒定流动 (90)
非恒定渗流基本方程 91
非恢复性徐变 91
非基变量 91
非粘性泥沙 92
非淹没射流 (473)
非惯性参考系 90
非弹性屈曲 92
非弹性碰撞 (333)
非棱柱形渠道 92
非晶态高聚物 91
非赫兹接触 91
非稳定约束 (90)
非耦合热应力 92
非耦合热弹性理论 92
非耦合准静热弹性理论 92
齿行法 40
卓坦狄克可行方向法 471
卓越周期 471
明渠 240
明渠水流 243
明渠冲击波 240
明渠均匀流动 242
明渠非恒定流动 241
明渠非恒定渐变流水量平衡方程 241,(240)
明渠非恒定渐变流圣维南方程组 241
明渠非恒定渐变流动量方程 240,(241)
明渠非恒定渐变流运动方程 241
明渠非恒定渐变流连续性方程 240
明渠非恒定渐变流基本微分方程组 (241)
明渠恒定非均匀渐变流动 242
明渠恒定急变流 242
明渠恒定流动 242
明渠恒定渐变流基本微分方程 242
明渠流 (243)
固执约束 (318)
固有振动 (474)
固有频率 125
固定球形铰支座 124
固定铰支座 123
固定端支座 123
固结不排水试验 124
固结压力 125
固结曲线 124
固结系数 125
固结沉降 124
固结快剪试验 124
固结试验 124
固结试验曲线 (124)
固结度 124

固结速率 125
固结理论 124
固结排水试验 124
固端弯矩 124
固端剪力 124
岸壁阻力 1
岩石 406
岩石力学 412
岩石力学现场试验 413
岩石力学试验 412
岩石力学室内试验 413
岩石力学模型试验 (63)
岩石三轴压缩应变 414
岩石三轴压缩试验 (406)
岩石三轴抗压强度 414
岩石三轴应力试验 (406)
岩石切线模量 414
岩石内摩擦性 (413)
岩石长期强度 406
岩石双轴压缩试验 414
岩石双轴拉伸试验 414
岩石本构方程 (406)
岩石本构关系 406
岩石平均模量 413
岩石加速蠕变 411
岩石对顶锥破坏 411
岩石动弹性模量 411
岩石吸水性 415
岩石抗冻系数 412
岩石抗拉强度 412
岩石抗弯强度 412
岩石抗剪强度 412
岩石扭转试验 413
岩石坚固性系数 411
岩石含水量 411
岩石应力-应变后期曲线 415
岩石应力-应变全过程曲线 (409)
岩石间接拉伸试验 411
岩石初始蠕变 407
岩石直接拉伸试验 415
岩石软化系数 414
岩石软化性 414
岩石的三相指标 409
岩石的干密度 408
岩石的水理性质 410
岩石的孔隙指标 408
岩石的双轴压缩应变 410
岩石的动泊桑比 408
岩石的扩容 408
岩石的吸水率 410
岩石的全孔隙度 409
岩石的全应力-应变曲线 409
岩石的抗冻性 408
岩石的时间效应 409
岩石的应力-应变曲线 410
岩石的应力松弛 410
岩石的应变软化性 410
岩石的应变硬化性 410
岩石的表观孔隙度 408
岩石的饱水系数 407
岩石的饱水率 407
岩石的变形能 408
岩石的屈服强度 409
岩石的耐崩解性指标 409
岩石的卸载模量 410
岩石的流变性 408
岩石的弹性滞后 410
岩石的弹性模量 410
岩石的崩解性 408
岩石的剪切破坏 408
岩石的滞后效应 411
岩石的塑性 410
岩石的静力学性质 408
岩石质量指标 415
岩石变形模量 406
岩石单轴压缩应变 407
岩石单轴压缩试验 407
岩石单轴抗压强度 407
岩石泊桑比 413
岩石标准试件 406
岩石重量损失率 415
岩石弯曲试验 415
岩石真三轴试验 415
岩石真三轴试验机 415
岩石破裂后期刚度 (413)
岩石破裂后期模量 413
岩石透水性 415
岩石脆性破坏 407
岩石流变性 (409)
岩石流变模型 413
岩石常规三轴试验 406
岩石常规三轴试验机 407
岩石第一阶段蠕变 (407)
岩石第二阶段蠕变 (415)
岩石第三阶段蠕变 (411)
岩石粘度 (413)
岩石粘滞系数 413
岩石粘滞性 413
岩石断裂力学 411
岩石断裂韧度 411
岩石剪切试验 412
岩石渗透系数 414
岩石渗透性 (415)
岩石割线模量 411
岩石强度 413
岩石强度曲面 414
岩石强度损失率 414
岩石强度理论 414
岩石塑性破坏 415
岩石稳定蠕变 415
岩石膨胀性 413
岩石蠕变曲线 414
岩体 416
岩体中的水平应力 418
岩体中的垂直应力 417
岩体内应力 (441)
岩体水力学 417
岩体本构关系 416
岩体投影 417
岩体抗剪强度 417
岩体初始应力 (441)
岩体的各向异性 416
岩体的抗切强度 416
岩体的重剪强度 416
岩体的剪断强度 416
岩体变形 416

岩体变形机制 416
岩体变形模量 416
岩体结构 416
岩体结构力学 417
岩体结构分析法 416
岩体破坏 417
岩体强度 417
岩体稳定性 417
岩坡稳定性 406
岩音定位法 418
岩基稳定性 406
岩爆 406
罗托计 (102)
罗斯贝数 232
罗斯公式 232
罗斯科面 232
帕斯卡三角形 263
帕斯卡四面体 263
帕斯卡定律 263
帕歇尔水槽 263
贮水系数 466
贮水率 466
贮能函数 466
图乘法 352

〔丿〕

迭代法 70,(60),(188)
垂直喷射法 46
物光 380
物理－化学流体动力学 380
物理现象相似 380
物理摆 (103)
和风 136
侧压系数 32
侧向屈曲 (81)
侧胀系数 33
侧限压缩模量 (356)
侧移分配系数 32
侧移机构 33
侧移刚度 33
侧移系数 33
侧移弯矩 33
侧堰 32
质心 460
质心运动守恒 460
质心运动定理 460
质点 459
质点动力学基本方程 459
质点在牛顿引力场中的运动 459
质点系 459
质点的运动微分方程 459
质点的惯性力 459
质点相对运动动力学基本方程 459
质点相对运动微分方程 459
质点模拟法 (118)
质量 460
质量力 460
质量矩阵 460
质量流量 460
质量缩聚 460
往返活动性 366
爬坡效应 263
彼得斯－维尔金生法 13
径向加速度 180
径向速度 180
舍入误差 304
金属压力表 (178)
金属成形力学 178
金属材料的冲击试验 177
金属的徐变 178
金属测压计 178
金属薄膜应变计 177
受力分析 315
受力图 315
受迫振动 315
受剪面 315
肤面阻力 (301)
周期 (474)
周期加载双线性应力应变模型 463
周期荷载 463
饱和土 10
饱和度 10

〔丶〕

变水头渗透试验 19
变分 18
变分法 18
变尺度法 18
变刚度法 (448)
变形 19
变形机制单元 19
变形测试仪表 19
变形能 (425)
变态模型 19
变质量质点的运动微分方程 19
变带宽一维贮存 18
变速转动 19
变值荷载 19
变量变换 18
变量结组 19
变截面杆 18
底沙 (360)
净波压 (180)
净波压强 180
放大因子 (90)
放大系数 90
放大率 (90)
闸下出流 449
闸孔出流 (449)
单一曲线假设 53
单元 54
单元分析 54
单元刚度方程 54
单元刚度系数 55
单元刚度矩阵 54
单元自由度 55
单元贡献矩阵 55
单元坐标系 (183)
单元劲度方程 (54)
单元劲度矩阵 (54)
单元的几何各向同性 54
单元的自然坐标 54
单元柔度方程 55
单元柔度系数 55
单元柔度矩阵 55
单边裂纹试件 51
单式断面渠道 53

单光束散斑干涉法 52
单光束散焦散斑干涉法 52
单边缺口弯曲试件(SENB) 297
单自由度体系 55
单自由度系统 (55)
单自由度系统的自由振动 56
单自由度系统的受迫振动 55
单自由度系统的衰减振动 56
单向机构条件 (274)
单向约束 (52)
单向固结 (422)
单连通区域 52
单位长度的允许扭转角 53
单位动能 (228)
单位体积力 (53)
单位位能 (374)
单位位移法 53
单位势能 (33)
单位质量力 53
单位重量液体的压力势能 (403)
单位重量液体的全势能 (33),(181)
单位总能 (475)
单位荷载法 53
单位能量损失 (324)
单位弹性抗力系数 53
单层势 51
单纯形表 51
单纯形法 51
单面约束 52
单面剪切试验 52
单轴光弹性应变计 55
单轴抗拉强度 55
单积分本构关系 52
单值条件 (14)
单值定理 55
单宽流量 52
单铰 52
单粒结构 52
单剪仪 52
单摆 51
单跨超静定梁 52
浅水有限元方程 280
浅水推进波 280
法平面 87
法向加速度 87
法向刚度 K_n 87
法向应力 (456)
河渠自由渗流 136
河槽形态阻力 136
泊松比 274
泊松公式 274
泊松效应 274
泊肃叶流动 27
沿程水头损失 418
沿程水头损失系数 (418)
沿程阻力 418
沿程阻力系数 418
泡状函数 264
泥沙 251
泥沙干表观密度 251
泥沙干重度 (251)
泥沙干重率 (251)
泥沙干容重 (251)
泥沙中值粒径 252
泥沙水力粗度 252
泥沙沉降速度 (252)
泥沙沉降粒径 251
泥沙沉速测量 251
泥沙临界推移力 251
泥沙起动流速 252
泥沙粒径 251
泥沙等容粒径 251
泥沙筛孔粒径 252
泥沙算术平均粒径 252
泥炭 253
泥浆的流变性 251
泥浆的棚架结构 251
泥浆厚化系数 250
泥浆黏度测定 251
泥浆稠化系数 250
波长 22
波节 23
波矢量 (24)
波尔兹曼叠加原理 22
波动面 22
波动流 (241)
波压强 25
波导 22
波阵面 (22),(23)
波体 25
波谷 23
波状水跃 25
波纹板 25
波顶 22
波周期 25
波底 22
波面 23
波前 (22)
波前法 24
波陡 22
波速 24
波速法 25
波峰 22
波高 23
波高比 (386)
波流量 23
波浪 23
波浪中线 23
波浪扩散长度 (46)
波浪临界水深 23
波浪基本要素 23
波能流量 24
波能量 23
波幅 22
波锋 22
波锋等相面 (23)
波腹 23
波数 24
波数矢量 24
波群 24
波群速 24
波额 (22)
性态约束 395
性态变量 394
性态变量空间 395

性态相优化 395
定向支座 (142)
定位向量 71
定床 71
定床水力学 71
定参考系 71
定轴转动刚体的轴承动反力 72
定轴轮系的传动比 72
定倾中心 71
定常约束 71
定常热应力 71
定常流动 71
定常塑性流动 71
定瞬心轨迹 71
空气动力 194
空气动力加热 (277)
空气动力系数 194
空气动力学 194
空气动力学小扰动理论 195
空化现象 193
空穴现象 (193)
空间刚架 194
空间杆件结构 194
空间相干性 194
空间相关性折算系数 194
空间结构支座 194
空间桁架 194
空泡现象 (193)
空蚀 (277)
空腹桁架 193
实功原理 311
实用堰 312
实时分析 311
实时法 (154)
实体结构 311
实际气体 311
实际气体效应 311
实际流体 (256)
实际弹性变形 (147)
实验力学 311
实验测量误差 311
实验－数值计算综合分析法 311
实验数据处理 311
试函数 314
试探函数 (314)
试算法 314
视应变 314
视塑性法 313

〔乙〕

建筑空气动力学 167
屈曲 286
屈曲荷载 286,(268)
屈曲模态 286
屈服曲面 285
屈服阶段 285
屈服极限 285
屈服条件 285,(334)
屈服弯矩 (343)
屈服准则 (286)
屈服强度 (240)
弧长法 140
弧坐标法 (66)
弥散 (96)
弦转角 382
承风面积 38
承压井 (472)
承载比试验 38
降水水面曲线 167
降阶积分 167
降维法 167
函数的变分 135
函数误差 135
函数误差分配 135
限步法 383
限定粒径 383
参考光 31
参考光调制法 31
参考体 (31)
参考坐标系 31
参考系 31
参量式传感器 (379)
参照系 (31)
参数共振 (74)
线支座 (192)
线加速度法 383
线动量 (75)
线刚度 383
线冲量 (43)
线位移 384
线应变 385
线性小挠度稳定理论 385
线性目标函数 385
线性约束 385
线性应变三角形元 (231)
线性阻尼 (256)
线性规划 384
线性规划典范式 385
线性规划标准式 385
线性变形体系 384
线性弯矩三角形混合板元 385
线性度(L) 384
线性振动 385
线性粘弹行为 385
线性粘弹性能 (385)
线性粘弹性模型 385
线性弹性体系 (384)
线性插值函数 384
线性搜索 (422)
线型 384
线粘弹性 (385)
线密度 (221)
线弹性断裂力学 384
线弹性裂纹尖端奇异场 384
线膨胀系数 384
组合未知力 477
组合式测压计 (83)
组合机构 477
组合块体 477
组合系数 478
组合变形 477
组合屋架 477
组合结构 477
组合结点 477
组合梁 477
细长体理论 382

细砂 382
终止准则 462
驻波 466
驻点 467
驻点压强 467
经时性 180
经典力学 179
经典力学的相对性原理 179
经济流速 179
经验公式 (145)

九画

〔一〕

玻璃化转变 25
玻璃化转变机理 26
玻璃化转变压力 26
玻璃化转变多维性 26
玻璃化转变温度 26
玻璃化转变频率 26
玻璃化温度 (26)
玻璃化温度测量方法 25
玻璃态 26
玻璃态高聚物应力－应变曲线 26
封闭式电阻应变计 101
封闭应力 101
持久强度 (406)
持荷时间 40
拱 121
拱形拉伸试件 121
拱的合理轴线 (136)
挟沙力 391
挟沙水流 391
挠曲线 247
挠曲线微分方程 247
挠度 247
挑流冲刷系数 (43)
挤压应力 157
挤压强度条件 157
带刚域的杆 50
带状矩阵 51
带宽 51
带宽极小化 (51)
带宽最小化 51
胡克元件 (346)
胡克定律 141
胡海昌－鹫津变分原理 141
标准化振型 20
标准试件 20
标准线性固体 (296)
标准贯入试验 20
标准误差(σ) 20
标准高度 20
标量场 20
柯兰克－尼克尔逊格式 191
柯尼希定理 191
柯西方程 (156)
柯西相似准则 191
柯西－黎曼方程 191
柯西－黎曼条件 (191)
柯埃梯流动 190
柯朗条件 191
相干光波 387
相干函数 387
相对于质心的动量矩定理 387
相对于质心的冲量矩定理 387
相对平衡 386
相对加速度 386
相对压强 387
相对光滑度 386
相对论流体力学 386
相对收敛 386
相对运动 387
相对位移 386
相对角速度法 (89)
相对波高 386
相对误差 386
相对速度 386
相对流速 (12)
相对流量 (12)
相对粗糙度 386
相对静止 386
相当极惯性矩 385
相当应力 386
相当弯矩 386
相似三定理 388
相似比尺 388
相似材料 388
相似材料模型试验 388
相似函数 388
相似误差 388
相似准数 388
相似理论 388
相关关系 387
相关系数(γ) 388
相关单元 387
相关法 387
相关结点 388
相应原理 (345)
相速度 389
相容方程 (8)
相继屈服条件 (281)
相频特性 389
相频特性曲线 389
柱 467
柱比法 467
柱体的扭转 467
柱体的弯曲 467
威尔逊－θ法 367
歪形能理论 363
厚壳元 140
砂土 302
砂的相对密实度试验 301
砂沸 302
砂堆比拟 301
泵送剂 (466)
面支座 (192)
面内云纹法 240
面内位移场双光束散斑分析法 239
面向设计的结构分析 240
面波 (21)
面积收缩率 239
面积矩 239
面积速度 239
牵连加速度 279

牵连运动 279
牵连速度 279
牵连惯性力 279
残余内摩擦角 32
残余孔隙水压力 31
残余抗剪强度 (173)
残余应力场 32
残余应变场 32
残余强度 32
残差 (206),(308)
轴力 464
轴力图 464
轴对称元 464
轴对称平面问题 463
轴对称壳体曲边元 464
轴对称壳体截锥元 464
轴对称圆板 464
轴对称射流源 464
轴向变形 464
轴向荷载 464
轴向静压梯度影响修正 464
轻风 283

〔丨〕

背风面 11
点支座 (124)
点压强 67
点的加速度合成定理 64
点的轨迹 64
点的曲线运动 65
点的合成运动 (64)
点的运动方程 66
点的运动的自然坐标法 66
点的运动的极坐标法 65
点的运动的直角坐标法 65
点的运动的柱坐标法 66
点的运动的球坐标法 65
点的位移 65
点的直线运动 66
点的变速直线运动 64
点的复合运动 64
点的速度合成定理 65
点荷载仪 67
点荷载强度试验 66
点荷载强度指标 66
临界马赫数 222
临界水力坡度 223
临界水力梯度 (223)
临界水跃 223
临界水深 223
临界气穴指数 222
临界气穴数 (222)
临界平衡状态 (224)
临界位置判别式 223
临界状态 224
临界状态线 224
临界状态弹塑性模型 224
临界应力 223
临界应力曲线 223
临界应力总图 (224)
临界阻尼 224
临界坡降 (223)
临界坡度 222
临界转速 224
临界标准贯入击数 221
临界荷载 221
临界流 222
临界渗透坡降 (223)
临界裂纹尺寸 222
临界裂纹张开位移 222
临界雷诺数 221
临界J积分 224
临塑荷载 224
竖向风速谱 316
竖向固结时间因子 (310)
显式约束 383
显微维氏硬度 383
界限约束 177
界限含水量 (1)
界限含水量试验 177
界限定理的推论 177
界面单元 (169)
界面波 177
虹吸管 140
品质因子 267
品质因数 (267)
响应 389
哈密顿作用量 133
哈密顿原理 133
罚函数法 87

〔丿〕

钝形物体 (83)
钝体 83
钝体空气动力学 83
钢盖假定 112
钢筋混凝土本构模型 112
钢筋混凝土有限元分析 113
钢筋混凝土有限元分离式模型 112
钢筋混凝土有限元组合式模型 113
钢筋混凝土有限元整体式模型 113
卸载规律 392
卸载波 392
矩阵 184
矩阵力法 184
矩阵位移法 184
矩阵位移法基本方程 184
矩形板元 184
矩形板的列维解 184
矩形板的里兹解法 183
矩形板的伽辽金解法 183
矩形板的纳维叶解 184
氢脆 283
氢键 283
适体坐标 314
科氏加速度 (191)
科氏惯性力 191
科达齐－高斯条件 191
科伊特定理 (148)
科里奥利斯加速度 191
重力 462
重力水 462
重力加速度 462
重力应力 (474)
重力应力梯度 463
重力的功 462

重力波 462
重力相似准则 (102)
重心 463
重现期 41
重复应力集中 (83)
重度 (357)
重积分本构方程 (41)
重积分型本构关系 41
重剪破坏 41
重量流量 463
重塑土 41
复式刚架 104
复式测压计 (83)
复式断面渠道 104
复合应力波 104
复合单元 103
复合型断裂准则 104
复合破坏 104
复杂桁架 105
复杂管路 105
复形法 104
复柔量 104
复振幅 105
复铰 104
复摆 103
复模态参数 104
复模态理论 104
复模量 104
顺行波 325
顺序递推法 325
顺坡渠道 325
顺波 (325)
顺流堰 (32)
修正的拉格朗日格式 395
修正的格里菲斯强度理论 395
修正单纯形法 395
修正剑桥模型 395
修正N－R法 395
保向力 11
保守力 10,(436)
保守力场 10,(312)
保守系统 10
保形映射 (10)
保角变换 (10)
保角映射 10
保证系数 11
保型优化设计 11
保续元 (391)
信号分析仪 393
追赶法 470
剑桥模型 167
脉动分析法 235
脉动风 235
脉动风压 236
脉动风的相关函数 236
脉动风的概率分布 235
脉动风速 236
脉动压强 236
脉动系数 236
脉动流速 236
脉动棍栅法 236
脉动增大系数 236
脉冲全息干涉术 235
脉冲法 (38)
急坡 (79)
急变流 154
急流 154
蚀变指标 (408)

〔、〕

弯心 (164)
弯曲正应力强度条件 364
弯曲刚度 364
弯曲应力函数 364
弯曲变形 364
弯曲剪应力强度条件 364
弯扭失稳 363
弯扭屈曲 (363)
弯矩 363
弯矩分配法 (211)
弯矩图 363
弯矩定点比 363
弯矩定点法 363
弯路 (451)
弯管内流体的欧拉方程 363
迹线 158
音速 (307)
音障 (307)
差分方法 (437)
差分方程守恒性 34
差分方程构造法 34
差分方程输运性 34
差分格式 35
差动电阻式应变计 (188)
差热分析法 35
前方气压 279
前进波 (394)
前屈曲平衡状态 279
前差分 279
前期固结压力 279
逆行波 253
逆步变换 253
逆序递推法 253
逆坡渠道 253
逆波 (253)
逆解法 253
逆算反分析法 253
总水头 475
总水头线 475
总压 475
总刚度矩阵 (455)
总体分析 (454)
总余能偏导数公式 475
总坐标系 (455)
总应力 475
总应力破坏包线 475
总应力强度参数 475
总应力强度指标 (475)
总应力路径 475
总码 (455)
总柔度矩阵 (455)
总流 475
总流分散方程 475
洞壁干扰修正 78
测压计 34
测压耙 (34)

测压排管 34
测压管 34
测针 34
测定值 33
测量电桥 (424)
测量精密度 33
测温计 33
测管水头 33
测管水头线 33
测管坡度 33
活动约束 (481)
活动度 147
活动铰支座 147
活荷载 148
洛氏硬度 233
洛德参数 233
恒定流动 138,(71)
恒定流动量方程 138
恒定流动量矩方程 138
恒定流连续性方程 138
恒定流能量方程 138
恒荷载 138
恢复力 145
恢复系数 145
恢复性徐变 145
举力 184
举力系数 185
举力线理论 185
举力面理论 185
突加荷载 352
突进现象 352
穿堂风 44
客观散斑 193
扁壳 17
扁壳元 18
扁壳的合理中面 18
误差传播 380
误差合成 380
诱导阻力 440
诱导量纲 (56)

〔乙〕

退化 361
既约梯度法 (166)
费莱纽斯法 (294)
陡坡 79
柔韧板 (294)
柔性加载法 293
柔性体约束 293
柔度系数 293
柔度法 292
柔度标定 292
柔度矩阵 292
结合水 174
结构 171
结构力学 172
结构动力分析 171,(171)
结构动力学 171
结构刚度矩阵 171
结构优化设计 174
结构设计模糊性 173
结构极限分析 172,(174)
结构体 174
结构坐标系 (455)
结构(或连续体)的离散化 171
结构的力学模型 (157)
结构相优化 174
结构面 172
结构面力学效应 173
结构面当量闭合刚度 172
结构面闭合模量 172
结构面形态 173
结构面抗剪强度 173
结构面间距 173
结构面的法向变形 173
结构面的剪切变形 173
结构面弱面系数 173
结构面摩擦强度 173
结构矩阵分析 172
结构破损分析 (174)
结构塑性分析 173
结构静定化 172,(78)
结构稳定理论 174
结点 170
结点力向量 171
结点不平衡力矩 170
结点机构 171
结点自由度 171
结点位移向量 171
结点法 170
结点独立线位移 170
结点荷载 (474)
结点荷载向量 171
结晶态高聚物应力-应变曲线 175
结晶高聚物 175
绕流阻力 288
绝对加速度 186
绝对式测振仪 (126)
绝对压强 186
绝对运动 186
绝对误差 186
绝对速度 186
绝对粗糙度 186
绝对最大弯矩 186
绝热流动 186
绝热弹性系数 186
绝缘电阻 186
绝壁物体 186
统计试验法 (238)

十画

〔一〕

耗散力 136
泰勒法 339
素填土 329
振子 454
振动 451
振动三轴试验 452
振动式黏度计法 452
振动自由度 452
振动系统识别 452
振动周期 452
振动单剪试验 452
振动波 452
振动流变 452

振动频率 452
振动模态 452
振弦应变计 453
振型 453
振型分解法 453
振型正交性 454
振型向量 454
振型矩阵 454
振型叠加法 (454)
振荡波 (452)
振陷 453
振幅 452
振幅曲线 453
振幅型光栅 453
振幅型全息图 453
振簧仪 453
载常数 448
起伏度 276
起伏差 276
损伤力学 336
损耗正切 (336)
损耗因子 336
损耗角 336
损耗柔量 336
损耗模量 336
换码 144
换热系数 144
换算荷载 144
换算截面法 144
热光弹性法 289
热传导 289
热传导方程 289
热冲击 289
热导率 289
热应力 291
热阻 291
热变形温度测定法 288
热屈曲 290
热函 (135)
热线风速计 290
热带气旋 289
热－相变应力 290
热－相变弹性理论 290
热－相变弹塑性理论 290
热振动 291
热疲劳 290
热流变简单行为 289
热流变简单性能 (289)
热敏电阻风速计 289
热黏弹性 (289)
热黏弹性理论 289
热弹性理论 290
热弹性常数 290
热弹塑性理论 290
热棘变形 289
热滞后 291
热输出 290,(314)
热障 291
热膨胀 290
捣实因素 57
捣碎法 57
莱维－米泽斯理论 203
莫尔包线 245
莫尔－库伦屈服条件 245
莫尔－库伦理论 245
莫尔法 (445)
莫尔圆 246,(424),(430)
莫尔强度理论 246
荷载 136,(465)
荷载系数 137
荷载势能 137
真三轴仪 451
真内摩擦角 451
真应力－应变曲线 451
真空 450
真空计 450
真空度 450
真实气体 (311)
真实轨迹 451
真实流体 (256)
真实强度 (406)
真值 451
真黏聚力 451
桁架 138
桁架设计两相优化法 139
桁架图解法 (235)
格子中质点法 118
格子中标记点法 118
格里菲斯断裂准则 118
格里菲斯强度理论 118
格拉布斯方法 118
格林函数法 118
格栅 (167)
样条子域法 420
样条元 420
样条边界元法 420
样条有限条法 420
样条插值函数 420
索网 337
索多边形 337
速度 329
速度矢端曲线 (330)
速度式流量计 (471)
速度约束 (447)
速度投影定理 330
速度间断面 330
速度环量 330
速度势 (228)
速度图 330,(331)
速度图解 331
速度检层法试验 (382)
速度梯度 330
速度端图 330
速度瞬心 330
速率 331
速端曲线 (330)
配点多项式 (200)
砾砂 215
破坏包线 (245)
破坏机构 274
破坏机构条件 274
破坏机制 274
破坏机理 (274)
破坏线 (332)
破坏模型试验 274
破裂角 274

破裂前泄漏准则 274
破裂模量 (412)
原生结构面 441
原状土 441
原岩 441
原岩应力 441
原岩应力比值系数 441
原型 441
逐级循环加载法 464
逐点分析法 464
烈风 219

〔丨〕

紧凑拉伸试件 178
恩氏黏度计法 85
恩格勒粘度计 85
峰因子 101,(11)
峰值强度 101
圆形拉伸试件 442
圆杆内的扭转波 441
圆弧形破坏 442
圆柱壳 442
圆柱壳屈曲基本方程 443
圆柱壳轴向均匀受压的屈曲 443
圆柱面波 443
圆柱铰 (127)
圆轴扭转平面假设 442
圆砾 442
圆偏振光 442
圆剪试验 442
圆筒壳受扭转的屈曲 442
圆筒壳受法向均布外压力的屈曲 442
圆锥仪法 444

〔丿〕

钻孔应力解除法 478
铁摩辛柯法 351
铁摩辛柯函数 (364)
铅垂线的偏斜 279
缺口试件 (282)
缺陷评定 288
特征向量 347
特征线法 347
特征值 347
特征值简化法 (460)
特征紊流 347
特性曲线法 (314)
特征偏心格式 (423)
特雷夫茨法 347
特雷斯卡屈服条件 347
特雷斯卡屈服准则 (478)
乘大数法 39
乘子法 39
积分关系法 (160)
积分型本构关系 149
秩力法 460
称特征偏心格式 (423)
透射式光弹性仪 351
笔录仪 13
倾倒破坏 283
倾斜压模剪切试验 283
倒虹吸管 57
倍增半减法 (179)
射线步 304
射线探测 305
射流 304
徐变 (293)
徐变与温度和外力关系曲线 398
徐变系数 398
徐变度 (13)
徐变柔量 (294)
徐变推算公式及曲线 398
脆性材料 48
脆性转变温度 (80)
脆性度 48
脆性损伤 48
脆性涂层法 48
脆性断裂 48
脆性断裂力学 (384)
脆性断裂理论 (118)

〔丶〕

衰减系数 (381)
高分子 (114)
高分子运动 114
高分子热运动 114,(114)
高压固结试验 117
高阶元 114
高阶条元 114
高(低)温电阻应变计 113
高岭石 115
高桩承台 117
高速水流 116
高速边界层 116
高耸结构 116
高弹形变 116
高弹态 116
高弹态高聚物的力学性质 116
高超声速尾迹 113
高超声速相似律 113
高超声速流动 113
高斯主元素消去法 116
高斯－约当消去法 115
高斯积分 115
高斯消去法 115
高斯随机过程 (456)
高斯循序消去法 (115)
高斯－赛德尔迭代法 115
高温气体动力学 117
高温材料本构关系 116
高温低周疲劳 116
高温徐变仪 117
高温疲劳 116
高温硬度 117
高频测力天平 115
高聚物 114
高聚物力学图谱 114
高聚物老化 114
高聚物的松弛过程 114
高聚物的理论强度 114
高聚物流变学 114
高精度元 (114)
准则步 470
准则法 471
准作用约束 471

准岩体强度 470
准定常理论 (253)
准定常塑性流动 470
准脆性断裂 470
准确度 (456)
准静态问题 470
疾风 155
疲劳寿命计 266
疲劳寿命(N) 265
疲劳损伤 266
疲劳缺口应力集中系数 (439)
离心力 206
离心转动惯量 (126)
离心模型试验 206
离面云纹法 206
离面位移场双光束散斑分析法 206
离面位移等值线 (370)
离差 206
离散 (96)
离散变量 206
离散单元法 206
离散误差 206
紊动扩散 375
紊动射流 375
紊流 375,(359)
紊流扩散 375
紊流模型 375
唐奈方程 (443)
部分抛物型方程 30
旁压试验 263
粉土 98
粉末激波管 98
粉质黏土 98
粉砂 98
烧蚀 304
烟风洞 405
递增变形破坏 63
涟波 216
消力池 389
消力戽 390
消力墙 (390)
消力槛 390
消极隔振 (11)
消能 390
消能池 (389)
消能戽 (390)
消能墙 (390)
涡轮流量计 377
涡的诱导流速 376
涡线 377
涡带 (441)
涡迹 376
涡致振动 377
涡流探测 377
涡通量 (377)
涡旋 (439)
涡黏性系数 377
涡量 377,(400)
涡街 376
涡强 377
涡管 376
涡激力 376
涡激共振 376
海姆理论 133
海漫 133
浮力 102
浮子流量计 102
浮心 102
浮体 102
浮沙 (399)
浮轴 102
流土 230
流动阶段 (285)
流动形态 226
流动极限 (285)
流动单元 225
流动性 226
流动显示 226
流动活化能 226
流动桌 226
流场 225
流网 230
流体 228
流体力学 229
流体力学实验 229
流体力学控制方程 229
流体力学基本方程 (229)
流体动力学 228
流体运动学 230
流体阻力 230
流体质点 230
流体重度 230
流体重率 (230)
流体流动的有限元法 229
流体容重 (230)
流体密度 230
流体静力学 228
流变学 225
流函数 226
流函数法 226
流函数-涡量法 226
流限 (421)
流线 231
流线型化 231
流线型体 231
流速水头 228
流速压力的原参数法 228
流速系数 228
流速势 228
流速测量 228
流散 (96)
流量 226
流量系数 227
流量测定体积法 227
流量测定重量法 227
流量测定速度面积法 227
流量测量 227
流量模数 227
流滑 226
流管 226
浸润线 179
浸润面 179
浸渍法 179
涨水波 450
涌波 435,(80)
宽顶堰 199

宽带随机过程 199
宾厄姆体 22
窄带随机过程 449
朗肯土压力理论 204
朗肯状态 204
扇性几何性质 302
扇性正应力 302
扇性坐标 303
扇性坐标极点 303
扇性面积 (303)
扇性剪应力 302
扇性惯矩 302
被动土压力 11
被动土压力系数 12
被动隔振 11
调和与双调和方程的差分格式 350
调和函数 350

〔乙〕

弱可压缩流方程解 296
陶瓷材料的流变性 347
陶瓷的高温徐变 347
陶瓷泥浆 347
通路法 351
能坡 (322)
能量方程 (27)
能量守恒原理 (149)
能量法 249
能量损失厚度 249
能量积分 249
能量准则 250
能量释放率 249
能量微分方程 250
继承积分 (149)

十一画

〔一〕

球与圆柱的接触 284
球形铰链 284
球壳均匀受压的屈曲 283
球体贯入度试验 (450)
球面波 283
理论力学 207
理论应力集中系数 (429)
理论断裂强度 207
理想气体 208
理想刚塑性变形模型 208
理想约束 208
理想轴压杆 208
理想高弹体 208
理想流体 208
理想铰结点 (169)
理想液体 208
理想弹塑性变形模型 208
理想弹塑性模型 208
理想塑性 208
域外回线虚荷载法 441
域外奇点法 441
排水剪试验 (124)
排挤厚度 (372)
推力 360
推进波 (394)
推迟时间 (405)
推移质 360
推移质测量法 360
接触问题 169
控制水深 196
控制变量 (186)
控制断面 196
掺气水流 35
掺气浓度 35
基于可靠度的优化设计 151
基本风压 150
基本风速 150
基本风速换算系数 150
基本未知量 150
基本未知数 (150)
基本可行解 150
基本边界条件 150
基本机构 150
基本物理量 150
基本振型 150
基本破坏机构 (150)
基本徐变 150
基本量纲 150
基本频率 150
基本解 150
基尔霍夫－乐甫假设 (6)
基变量 150
基底附加应力 151
基底接触压力 151
基函数 151
基函数的正交性 151
基点 151
基点法 (271)
基础坐标系 (127)
基础参考系 (126)
黄土 144
黄土湿陷性 144
黄土湿陷试验 144
黄金分割法 144,(486)
菲涅尔全息照相 94
梅兰定理 (181)
梅耶霍夫极限承载力公式 238
梯形公式 348
梯形堰 348
梯度 348
梯度风 348
梯度投影法 348
梯度法 (479)
梯度型算法 348
副法线 105

〔丨〕

虚力原理 396
虚功 395
虚功方程 396
虚功原理 396,(397)
虚拟状态 397
虚位移 397
虚位移原理 397
虚应力法 398
虚应变 397
虚应变能 (395)

虚变形能 395
虚单位力法 (53)
虚速度原理 397
虚铰 396
虚梁 397
虚梁法 (122)
常水头渗透试验 37
常应变三角形元 37
常应变四面体元 37
常应变位移模式 37
常规压缩试验 (37)
常规固结试验 37
悬沙 (399)
悬索结构 399
悬索桥 399
悬移质 399
悬移质测量法 400
悬移临界值 399
悬臂梁 399
曼代尔－克雷尔效应 237
曼宁公式 237
跃高 (324)
唯一性定理 (55)

〔丿〕

铰 (127)
铰结点 169
铰接排架 169
移动波 (370)
移动活荷载 422
移位因子 422
符合度 (33)
第一类失稳 64,(97)
第一类拉格朗日方程 64
第一类摩擦 (142)
第一强度理论 (479)
第二类失稳 63,(154)
第二类拉格朗日方程 63
第二类摩擦 (132)
第二强度理论 (479)
第三类失稳 63
第三类边界条件 (146)
第三强度理论 (478)
第四强度理论 (363)
偶然误差 (335)
偶然荷载 262
偏心拉伸(压缩) 266
偏振片 266
偏振光 266
衔接水深 383
斜压流体 392
斜张桥 (392)
斜拉桥 392
斜弯曲 392
斜管测压计 392
斜管微压计 (392)
脱离体 361,(118)
脱离体图 (315)
象平面全息术 389

〔丶〕

减水剂效应 163
减振 163
减幅系数 163
减缩积分 (167)
旋光器法 400
旋转壳 401
旋度 400
旋桨式流速仪 400
旋涡 400
旋涡结构 400
旋涡脱落 400
旋涡脱落频率 400
盖司特耐理论 105
盖琳格速度方程 105
粗大误差 48
粗砂 48
粗差 (48)
粗糙系数 47
粗糙度 47
粒间应力 (439)
粒组 215
粒度 215
断层 80
断波 80
断面比能 80
断面平均水深 81
断面平均流速 81
断面环流 81
断面单位能量 (81)
断裂力学 80
断裂力学参量 80
断裂动力学 80
断裂形貌转变温度 80
断裂韧性 80
断裂韧性试件 80
断裂临界应力 80
剪力 163
剪力分配系数 163
剪力分配法 163
剪力图 164
剪力静定杆 (163)
剪力静定柱 163
剪切闭锁 164
剪切应变速率 164
剪切波 164,(59)
剪切胡克定律 164
剪切流 164
剪切盒法 164
剪切弹性模量 164
剪切强度条件 164
剪切模量 (164)
剪心 164
剪应力 164
剪应力环量定理 165
剪应力差法 164
剪应变 164
剪胀 165
焊接式电阻应变计 136
焓 135
清华弹塑性模型 283
清劲风 (180)
淹没水跃 405
淹没出流 405
淹没自由紊动射流 (405)
淹没系数 405

淹没射流 405
渠道允许流速 286
渐近模量 (376)
渐变流 167
混合元 146
混合边界条件 146
混合法 146
混合强化 146
混凝土三轴破坏准则 147
混凝土工作度 146
混凝土双轴破坏准则 147
混凝土应力应变矩阵 147
混凝土的徐变 146
混凝土真弹性变形 147
混凝土徐变估计 147
混凝土徐变破坏 147
混凝土裂纹模型 (147)
混凝土裂缝模型 147
液化应力比 420
液化势评价 420
液体动力学 420,(320)
液体质点 420
液体金属电阻应变计 420
液体相对平衡 420
液位测量 420
液性指数 421
液限 421
液限试验 421
液、塑限联合测定法 420
游标卡尺 (278)
淤泥 440
淤泥质土 440
深水推进波 305
深壳元 305
涵洞水流 135
梁 216
梁式机构 217
梁式杆 217
梁式桁架 217
梁的主应力迹线 217
梁的边界条件 217
梁的连续条件 217
梁的侧向屈曲 217
梁柱单元几何刚度矩阵 217
梁柱单元刚度矩阵 217
渗出理论 (305)
渗出假说 305
渗透力 306
渗透系数 306
渗透试验 306
渗透速度 306
渗透率 (249)
渗流 305
渗流有限元 306
渗流流速 306
渗流基本方程 305
渗流量 305
渗流模型 306
惯性 126
惯性力法 (72)
惯性力相似准则 (327)
惯性水头 126
惯性主轴 126
惯性半径 (145)
惯性式拾振器 126
惯性运动 126
惯性坐标系 127
惯性张量 126
惯性参考系 126
惯性积 126
惯性椭球 126
惯量主轴 (126)
惯量半径 (145)
惯量张量 (126)
惯量积 (126)
惯量椭球 (126)
密切面 238
密歇尔斯基方程 (19)
谐时数 (327)
谐振法 392

〔乙〕

弹性 340
弹性力的功 344
弹性力学 344
弹性力学广义变分原理 345
弹性力学平面问题 345
弹性力学平面问题的三角级数解 345
弹性力学平面问题的多项式解 345
弹性力学问题的边界元法 345
弹性力学变分原理 344
弹性力学复变函数法 344
弹性力相似准则 (191)
弹性元件 346
弹性支承压杆 346
弹性支承刚度系数 346
弹性支座 346
弹性中心 346
弹性中心法 346
弹性平衡状态 345
弹性半空间地基模型 340
弹性动力学 342
弹性动力学的互易定理 342
弹性动力学的射线理论 342
弹性动力学的基本奇异解 342
弹性地基梁 342
弹性曲线 (247)
弹性回弹 343
弹性后效 343,(410)
弹性阶段 344
弹性抗力 344
弹性抗力系数 344
弹性极限 343
弹性极限扭矩 343
弹性极限转速 344
弹性极限弯矩 343
弹性极限荷载 343
弹性系数 345
弹性贮存 346
弹性波 341
弹性波的反射 341
弹性波的折射 341
弹性波的衍射 341
弹性波的绕射 341,(341)
弹性波法 341

弹性波理论 (342)
弹性给水度 (466)
弹性荷载 342
弹性荷载法 343
弹性核 342
弹性理论 (344)
弹性基础梁 (342)
弹性常数 (345)
弹性常数矩阵 342
弹性－粘弹性相应原理 345
弹性释放 345
弹性释放系数 (466)
弹性碰撞 345
弹性模量 345
弹性薄壳理论 341
弹性薄板 341
弹脆性损伤 (48)
弹－塑性分界面 340
弹塑性失稳 340,(92)
弹塑性扭转 340
弹塑性材料矩阵 339
弹塑性弯曲 340
弹塑性弯矩 340
弹塑性损伤 340
弹塑性断裂力学 339
弹塑性模量矩阵〔D〕$_{ep}$ 340
弹簧 (346)
弹簧刚性系数 (339)
弹簧刚度 (339)
弹簧常数 339
随动力 334
随动强化 335
随机水力学 335
随机过程 335
随机有限元 335
随机规划 335
随机变量 335
随机误差 335
随机振动 335
随机荷载 335
随遇平衡 336
隐式约束 423
颈缩现象 180
绳套曲线 307
维氏变位图 369
维氏硬度 369
维列沙金法 (352)
维利斯法 (89)
维勃仪法 369
综合误差 474
综合结点荷载 474
综合消力池 474

十二画

〔一〕

替代刚架法 350
塔科马峡谷桥 337
塔桅结构 (116)
堰 418
堰上水头 (419)
堰顶水头 419
堰流 419
堰流流量系数 419
堰流通用公式 419
堰流淹没系数 419
超声波法 (38)
超声波试验 38
超声波测流法 38
超声脉冲法 38
超声速流动 38
超声探伤 38
超松弛迭代法 38
超固结土 37
超固结比 37
超参元 37
超重 (133)
超静孔隙水压力 37
超静定次数 37
超静定结构 37
提升球黏度计法 348
揣测元族 44
插值函数 35
搜索区间 329
斯托克布里奇阻尼器 327
斯托克斯流动 327
斯托杜拉法 (70)
斯克拉顿数 326
斯肯普顿极限承载力公式 326
斯耐尔定律 327
斯特罗哈相似准则 327
斯宾塞法 326
斯通利波 327
斯脱罗哈数 327
联合桁架 216
联结单元 216
散光光弹性仪 300
散光散斑干涉法 300
散体地压 300
散度 300
散斑 299
散斑干涉法 299
散斑干涉振动测量术 299
散斑光弹性干涉法 300
散斑错位干涉法 299
散焦散斑错位干涉法 300
葛洲坝模型 119
落水波 233
落体对铅垂线的偏离 233
落体运动 234
落体偏东 234
棱柱形渠道 206
棍栅法 132
椭圆型方程边值问题的差分格式 362
椭圆偏振光 362
硬化原理 435,(108)
硬化混凝土 434
硬化混凝土的流变性 435
硬板 434
硬板的边界条件 434
硬性结构面 435
硬度试验 434
确定性误差 (381)
硫化橡胶应力－应变曲线 231

裂纹 219
裂纹几何 220
裂纹元 221
裂纹失稳扩展 221
裂纹扩展 220
裂纹扩展力 (249)
裂纹扩展计 220
裂纹扩展极限速率 220
裂纹尖端场角分布函数 220
裂纹体几何特性描述 (220)
裂纹张开位移 221
裂纹驱动力 (249)
裂纹表面能 219
裂纹的分叉 219
裂纹的动态扩展 219
裂纹的动态响应 219
裂纹的声发射检测 220
裂纹的涡流检测 220
裂纹起始扩展 221
裂纹检测的交流电位法 220
裂纹检测的直流电位法 220
裂纹检测的金相剖面法 220
裂纹稳定扩展 221
裂隙抗压强度 221
裂隙粗糙系数 221
裂隙频率 221
裂缝 (219)
辊轴支座 132,(147)
暂时双折射效应 448
暂态响应 448
雅可比式 (404)
雅可比行列式 404
雅可比迭代法 404
雅可比变换矩阵行列式 (404)
雅可比法 404
雅可比矩阵 404
翘曲函数 (259)

〔丨〕

最大干密度 478
最大风速样本 478
最大正应力准则 479
最大正应变准则 479
最大伸长应变理论 479
最大拉应力理论 479
最大周向应力准则 (479)
最大误差 (153)
最大能量释放率准则 479
最大剪应力 478
最大剪应力屈服条件 (347)
最大剪应力理论 478
最大滚动摩阻力偶矩 478
最大滚阻力偶矩 (478)
最大静摩擦力 479
最小二乘配点法 (160)
最小成本设计 479
最小体积设计 480
最小余能原理 480
最小应变能定理 480
最小势能原理 479
最不利荷载位置 478
最优化 480
最优设防水平 480
最优含水量 480
最优性条件 481
最优性准则 481
最优性准则法 481
最优点 480
最优概值 (479)
最优解 480,(480)
最佳值 479
最终边坡角 481
最终沉降 481
最终强度 (32)
最轻设计 479
最速下降法 479
量水堰 218
量水槽 218
量纲 218
量纲分析法 218
量纲公式 218
量纲方程 (218)
量纲齐次性原理 218
量纲和谐原理 (218)
量测位移反分析 218
量测误差 218
量热式测速法 218
喷嘴流量计 264
遗传积分 (149)
蛙步法 362
幅值方程 103
幅频特性 103
幅频特性曲线 103

〔丿〕

链杆 216
链段位移 216
销钉 (127)
锁定现象 337
短波 79
短接式电阻应变计 80
短涵 80
短管 79
剩余变量 308
剩余误差 308
剩余强度 (32)
程序 ADINA 39
程序 ASKA 39
程序 MSC/NASTRAN 39
程序 SAP 39
稀疏矩阵 381
稀薄气体动力学 381
等代荷载 (144)
等式约束 60
等压面 61
等曲率线 59
等刚度迭代法 (395)
等向强化 60
等色线 (58)
等时变分 59
等位移线 60
等应变速率固结试验 61
等势面 60
等和线 59
等参元 58
等参元的母单元 58

等参元的曲线坐标 58
等参元的坐标变换 58
等参元的图象映射 58
等参元组合式模型 58
等带宽二维贮存 59
等差线 58
等速加荷固结试验 60
等值弹簧常数 61
等倾线 59
等效力系 61
等效力偶 60
等效的分布钢筋应力应变矩阵 60
等效质量法 61
等效结点荷载向量 (171)
等效荷载法 60
等效裂纹长度 61
等效频率 61
等容波 59
等梯度固结试验 60
等斜率线 61
等程线 58
等温弹性系数 60
等强度梁 59
等精度测量 59
等精度高斯积分 59
等熵流动 59
傅里叶变换全息图 105
傅里叶定律 105
集中力 155
集中质量法 155,(61)
集中质量矩阵 155
集中参数优化设计 155
集中荷载 155
集体分配系数 155
集体分配单元 155
集体分配单位 (155)
集体分配法 (212)
集散波 (379)
焦耳 168
储能柔量 44
储能模量 44
循环坐标 401
循环荷载蠕变 401
循环积分 401
循环温度蠕变 401
舒适度 315
飓风 185

〔、〕

装配应力 469
普氏压力拱理论 276
普氏系数 (411)
普氏理论 (276)
普朗特应力函数 (259)
普朗特－罗伊斯理论 275
普朗特承载力理论 275
普朗特－格劳厄脱法则 275
普朗特混合长度理论 275
普朗特数 276
滞止压强 (467),(475)
滞止点 (467)
滞后现象 460
滞后(H) 460
滞弹性 461
湘雷屈曲理论 389
湿化试验 308
湿周 308
湿陷性黄土 308
温度边界层的模拟 374
温度扩散率 374
温度传导率 (374)
温度自补偿式电阻应变计 374
温度补偿片 374
温度漂移 374
温度谱 374
溃坝波 199
湍流 359
湍流长度尺度 359
湍流应力 (205)
湍流度 (360)
湍流统计理论 360
湍流流速分布定律 359
湍流粘性系数 (377)
湍流强度 360
湍流模化理论 359
湍能耗散率 360
滑开型(Ⅱ型)裂纹 142
滑动支座 142
滑动轴承 142
滑动接触 141
滑动摩擦 142
滑动摩擦系数 142
滑线电阻式位移传感器 142
滑面爆破加固 142
滑移线 142,(142)
滑移线的性质 142
滑移线法 142
割平面法 117
割线刚度法 117
割线模量 117
寒土 (78)
遍历随机过程 (119)
幂法 239
幂律关系 239
幂强化 239
谢才公式 393
谢才系数 393

〔乙〕

强化阶段 281
强化条件 281
强化规律 280
强风 280
强加边界条件 (150)
强迫波 281
强迫振动 (315)
强迫高弹形变 281
强迫高弹性 281
强迫涡 281
强度 280
强度计算 280
强度各向异性指标 280
强度极限 280
强度条件 280
强度指标 280
强度理论 280

强度模量比 (243)
隔点传递系数 118
隔振 118
隔振系数 119
隔离体 118
隔离体图 118,(315)
絮状结构 399
絮凝泥浆 399
絮凝结构 399
缓坡 144
缓流 143

十三画

〔一〕

瑞利比 (296)
瑞利－里兹法 295
瑞利阻尼 296
瑞利法 295
瑞利波 294
瑞利定理 (295)
瑞利耗散函数 295
瑞利商 296
瑞利散射 296
瑞典圆弧滑动法 294
瑞斯纳变分原理 (137)
摄动法 305
塌落拱 (472)
蓝脆现象 204
蒲福风级 274,(99)
蒙特卡洛法 238
蒙脱石 238
楔形破坏 391
楔形剪切试验 (283)
楔体问题 391
楼层力矩 232
楼层剪力 232
概率断裂力学 106
概率密度 106
裘布衣公式 284
赖柴耳定理 203
赖斯纳理论 203
碎石 336
碎石土 336
碎裂介质岩体 336
碰撞 265
碰撞力 265
碰撞中动能的损失 265
碰撞冲量 265
碰撞时的动力学普遍定理 265
碰撞情况下的拉格朗日方程 265
雷列法 (295)
雷诺方程 204
雷诺应力 205
雷诺应力模型 205
雷诺相似准则 205
雷诺数 205
雷诺数影响修正 205
雷暴风 204
零级条纹法 225
零杆 225
零位置 225
零载法 225
零能变形模式 (84)
零塑性温度 (379)
零飘 225
辐照损伤 103
输入状态 316
输出状态 316
输出温度影响 315
输沙率 316

〔丨〕

频闪法 267
频响函数 267
频响特性 267
频域 267
频域相关系数 (387)
频率方程 266
频率约束 267
频率禁区 266
频率谱 267
频散 267
频散波 267
频谱面 267
畸变波 151,(59)
畸变能屈服条件 (238)
跨孔试验 198
跨声速相似律 198
跨声速流动 198
跨变结构 198
跨度 198
跳跃失稳 (63)
跳跃屈曲 (63)
路径 (64)
路程 232
跟踪液位计 120
蜂窝结构 101

〔丿〕

错位云纹干涉法 48
锯齿形现象 185
简支梁 167
简支等曲率扁壳 166
简化中心 166
简化的应力－应变曲线 165
简约梯度法 166
简单加载 165,(12)
简单加载定理 165
简单卸载定理 (392)
简单桁架 165
简单管路 165
简谐运动 166
简谐波 166
简谐振动 166
简谐荷载 166
微小流束 (441)
微分约束 (447)
微分型本构方程 (367)
微分型本构关系 367
微分算子的基本解 367
微风 367
微布朗运动 367
微扰动准则 (182)
微波 (367)

微幅波 367
微幅振动 367
鲍辛耐司克理论 11
鲍威尔法 11
触变性 44
解除约束原理 177
解答的唯一性 177
解凝泥浆 177

〔丶〕

新拌混凝土 393
新拌混凝土的流变性 393
新拌混凝土的稳定性 393
数字式记录仪 316
数学规划 316
数学规划法 316
数学摆 (51)
数值扩散 316
数值奇异性 316
数值弥散 316
数值耗散 (316)
数值积分 316
数量场 (20)
塑性 331
塑性力学 332
塑性力学平面问题 333
塑性元件 334
塑性区尺寸 333
塑性区半径 333
塑性分析定理 (153)
塑性本构关系 331
塑性失稳 333
塑性动力学 331
塑性机构 (274)
塑性全量理论 333
塑性形变理论 (333)
塑性材料 331
塑性极限扭矩 332
塑性极限状态 332
塑性极限转速 332
塑性极限弯矩 332
塑性极限荷载 331
塑性极限荷载系数 331
塑性位势 334
塑性应变 334
塑性抵抗矩 (176)
塑性图 333
塑性变形积累破坏 (63)
塑性承载能力 (331)
塑性指标 334
塑性指数 334
塑性弯矩条件 334
塑性流动法则 333
塑性流动理论 (334)
塑性铰 332
塑性铰线 332
塑性循环破坏 (167)
塑性碰撞 333
塑性增量理论 334
塑限 331
塑限试验 331
满约束准则 237
满应力设计 237
满应力准则 237
源 444
滤频 232
滚动接触 132
滚动铰支座 132,(147)
滚动摩阻 132
滚动摩阻力偶 132
滚动摩阻系数 132
滚动摩阻定律 132
滚动摩擦 (132)
滚动摩擦力偶 (132)
滚阻定律 (132)
滚波 132
滚轴支座 132,(147)
滩面阻力 339

〔乙〕

叠加原理 70

十四画

〔一〕

静力水头 181
静力可能应力场 181
静力安定定理 181
静力许可系数 181
静力许可应力场 181
静力系数 (181)
静力法 181
静力学 181
静力学公理 182
静力学普遍方程 182
静力定理 (382)
静力荷载 181
静力准则 182
静力触探试验 181
静力缩聚 181
静力凝聚 (181)
静不定结构 (37)
静止土压力 182
静止土压力系数 182
静止侧压力系数 (182)
静止液体基本方程 (321)
静水池塘 (389)
静水应力状态 182
静水总压力 182
静风 180
静平衡 182
静压 182
静态电阻应变仪 182
静定结构 180
静面矩 (239)
静荷载试验 181
静荷常温试验 180
赘余力 (84)
赫 (137)
赫尔米特插值函数 137
赫林格—瑞斯纳变分原理 137
赫兹 137
赫兹接触 137
截面 175
截面几何性质 (176)

截面几何参数 176
截面尺寸变量 175
截面主惯性轴 177
截面优化设计 176
截面形心主轴 176
截面形状系数 176
截面极惯性矩 175
截面法 175
截面性质的平行移轴定理 176
截面性质的转轴定理 176
截面核心 175
截面惯性半径 175
截面惯性矩 175
截面惯性积 175
截面翘曲 176
截面塑性模量 176
截断误差 175
聚合物 185,(114)
聚合物的力学性质 185
模式移步法 (30)
模式搜索法 243
模拟式记录仪 243
模态分析 243
模态参数 243
模态综合法 243
模型 244
模型材料 (388)
模型试验 244
模型律 244
模量比 243
模糊优化设计 243
碟式仪法 70
磁力探测 46
磁尺 46
磁电式拾振器 46
磁带记录仪 46
磁流体力学 46

〔丨〕

颗粒分析试验 191

〔丿〕

稳态进动 (361)
稳态受迫振动 376
稳态响应 376
稳态模量 376
稳定分析的有限元法 376
稳定分析的伽辽金法 375
稳定风 (269)
稳定方程 375
稳定平衡 376
稳定约束 376,(71)
稳定折减系数 376
稳定数法 (339)
算术－几何均值不等式 334
算术平均值 334
箔式电阻应变计 27
管网 125
管网控制干线 125
管网控制点 125
管系比阻抗 (125)
管系阻抗 125
管涌 125
管嘴出流 125
膜 (7)

〔丶〕

豪包特法 136
端面效应 79
端部效应 (79)
精度 180
精密度 180
精确度 (180)
熔融指数 292
熔融黏度 292
漂石 266
慢剪试验 237
谱密度 (121)

〔乙〕

缩放管 (203)
缩限 336
缩限试验 336
缩(凝)聚 (181)

十五画

〔一〕

耦合热应力 262
耦合热弹性理论 262
撕开型(Ⅲ型)裂纹 328
撕裂模量 328
撞击中心 470
增减平衡力系公理 448
增量初应力法 449
增量初应变法 449
增量变刚度法 448
增量变形破坏 (63)
增量法 449
增塑剂效应 449
鞍点定理 1
横风向风力 139
横压试验 (263)
横向加速度 139
横向振动散斑干涉测量术 139
横向荷载 139
横向速度 139
横向效应 139
横向效应系数 139
横观各向同性体 139
横波 139
横弯曲 139
横流驰振 139

〔丨〕

暴风 11
影子云纹法 423
影响线 423
影响线方程 423
影响线顶点 423
蝶形铰链 71

〔丿〕

德鲁克公设 57
德鲁克－普拉格屈服条件 57

〔丶〕

摩阻流速 (73)
摩根斯坦－普赖斯法 245
摩擦 244
摩擦角 244
摩擦锥 244
摩擦锥法 244
熵 303
熵弹性 303
潜水井 279
潜体 279
潜体阻力 (288)
潮解膨胀破坏 38

十六画

〔一〕

薄壳分析的力法 9
薄壳分析的位移法 9
薄壳分析的混合法 9
薄壳的无矩状态 9
薄壳的边界条件 8
薄壳的边缘效应 8
薄壳的变形协调方程 8
薄壳的弯曲理论 9
薄壳的稳定理论 9
薄壳的薄膜理论 8
薄壳理论的基本方程 9
薄板大挠度方程组 5
薄板小挠度方程 6
薄板中面的变形和内力 6
薄板的边界条件 5
薄板的抗弯刚度 6
薄板的弹性失稳 (6)
薄板的弹性屈曲 6
薄板弯曲元 6
薄板弯曲的基本假设 6
薄膜 7
薄膜比拟法 7
薄膜平衡方程 8
薄膜的边界条件 8
薄壁杆件 6
薄壁结构 7
薄壁堰 7
薄翼理论 10
整体分析 454
整体刚度方程 454
整体刚度矩阵 455
整体刚度矩阵的集成 455
整体优化 455
整体坐标系 455
整体劲度矩阵 (455)
整体码 455
整体性约束 455
整体柔度矩阵 455
整体剪切破坏 455
整体最优解 (286)
整数规划 454
整数变量 454

〔丿〕

镜式引伸仪 (423)
儒科夫斯基定理 293
儒科夫斯基黏度计 293
膨胀土 264
膨胀计法 264
膨胀波 264,(379)

〔丶〕

凝聚力 (254)
壅水水面曲线 435
壅塞 435
糙率 32,(47)
激光多普勒流速仪 152
激光测位移 152
激光器 152
激扰力 (106)
激励 152
激波 151
激波层 151
激波捕捉 151
激波管 151

〔乙〕

壁式刚架 14
壁式框架 (14)
壁函数 14

十七画

〔丨〕

瞬心 (330)
瞬时 325
瞬时力 (265)
瞬时风速 326
瞬时平动 326
瞬时沉降 326
瞬时转动中心 326
瞬时转动轴 326
瞬时贮存器 326
瞬时恢复 326
瞬时速度 (329)
瞬时速度中心 (330)
瞬态响应 (448)
瞬态振动 (448)
瞬态模量 326
瞬变体系 325
瞬轴 (326)
螺旋测微计 233

〔丿〕

黏土 255
黏土的塑性指数 255
黏附力 (103)
黏性土 256
黏性元件 256
黏性系数 (254)
黏性阻力相似准则 (205)
黏性阻尼 (256)
黏性底层 255
黏性泥沙 256
黏性流中奇异子分布法 256
黏性流动 255

黏性流有限元方程 256
黏性流体 256
黏度 254
黏度测量 254
黏结单元 254
黏壶 (256)
黏流态 254
黏流温度 254
黏弹行为 254
黏弹性 (254)
黏弹性互易定理 255
黏弹性功的互等定理 (255)
黏弹性边值问题 254
黏弹性问题解的唯一性 255
黏弹性体的振动 255
黏弹性波 254
黏弹性性能 (254)
黏弹性测试 254
黏弹性基支黏弹板 255
黏弹性基础梁 255
黏弹性斯蒂尔吉斯卷积 255
黏滞系数 256,(254)
黏滞阻尼 256
黏滞变形 256
黏滞性测量 (254)
黏聚力 254
魏锡克极限承载力公式 374

十八画

〔一〕

鞭梢效应 17

十九画

〔、〕

颤振 36
颤振后性能 36
颤振导数 36
颤振临界风速 36
颤振频率 36

二十画

〔丨〕

蠕动 294
蠕动流 (327)
蠕变 293,(146)
蠕变试验 294
蠕变函数 294
蠕变持久极限 (293)
蠕变持久强度 293
蠕变柔量 294
蠕变损伤 294

外文字母·数字

ASME 方法 (482)
ASME 缺陷评定方法 482
B 样条 482
BFGS 法 482
CAD 试验 (119)
CAU 试验 (119)
CBR 试验 (39)
CEGB-R6 方法 482
C－F－L 条件 (191)
CGC 试验 (60)
choleski 法 (82)
CK_0D 试验 (484)
CK_0U 试验 (484)
C_n 连续性 483
C^n 连续性 (483)
COD (221)
COD 设计曲线 483
COD 法 483
COD 断裂准则 483
CRL 试验 (60)
CRS 试验 (61)
CVDA 缺陷评定曲线 483
d 次样条函数 483
D 值法 483
D-B 模型 483
FATT (80)
FC 法 (350)
G 准则 (479)
GRG 法 (130)
HFFB 技术 (115)
HRR 奇异场 483
IIW 方法 484
J 主导条件 484
J 积分 484
J 积分断裂准则 484
J 控制扩展 484
J_R 阻力曲线 484
K_0 固结不排水试验 484
K_0 固结排水试验 484
Ko 固结 484
K—T 条件 484,(197)
K—T 点 484
K-ε 模型 484
log$t$ 法 (309)
M 图 (363)
Matsuoka-Nakai 屈服准则 485
N－S 方程 (247)
P 波 485,(379)
Q 图 (164)
QR 迭代法 485
R 曲线方法 (476)
RQD (415)
S 波 485,(59)
S 准则 (425)
SASW 法 (21)
SH 波 485
SIMPLE 算法 (402)
SLP 法 (399)
SQP 法 (398)
SUMT 法 (87)
SV 波 485
t 分布 485
$\sqrt{t}$ 法 (309)
U 形管比压计 (485)
U 形管测压计 485
WLF 方程 485

X-Y 函数记录仪 486
ZF 法 (225)
β方程 486
γ射线法 486
π平面 486
π定理 486,(388)
σ-ε曲线 (433)
σ_θ准则 (479)
0-1 规划 486
0.618 法 486
$\frac{1}{4}$椭圆尖劈、档板和粗糙元组合法 487
3σ法 487

词目英文索引

Abb'e-Helmert criterion 1
ablation 304
abnormal model 19
absolute acceleration 186
absolute error 186
absolute maximum moment 186
absolute motion 186
absoluteness and relativity of motion 446
absolute pressure 186
absolute roughness 186
absolute velocity 186
absorbed boundary 381
absorption coefficient 381
accelerated creep of rock 411
accelerating direction method 90
accelerating stress-ratio method 162
acceleration 160
acceleration component pointing to axis 389
acceleration diagram 161
acceleration graph 161
acceleration head 126
acceleration of gravity 462
acceleration transducer with resistance strain gauge 69
accuracy 456
accuracy (precision) 180
Ackeret rule 1
acoustical holography 307
acoustic emission detection for crack 220
acoustic emission method 307
acoustic-optic deflector 307
acoustoelasticity method 307
acting head 481
activation energy of flow 226
activation energy of motional unit 446
active constraints 439,481
active earth pressure 465
active force 465
active turbulence generator 465
active vibration isolation 465
activity index 147
actual path 451
actual work of external force 363
additional stress 103
adhesion 103
adiabatic elastic constants 186
adiabatic flow 186
adverse slope channel 253
aeolian oscillation 99
aerated water flow 35
aerodynamic admittance 277
aerodynamic coefficient 194
aerodynamic damping 277
aerodynamic force 194
aerodynamic heating 277
aerodynamic noise 277
aerodynamics 194
aeroelastic model 277
ageing of polymer 114
aggregate 360
air in soil 359
allowable bearing capacity of foundation soil 62
allowable twisting angle of twist per unit length 53
allowable working stress 398
alternating current electrical potential method for detecting crack 220
alternating load 167
alternating plasticity failure 167
amorphous polymer 91
amplitude 452
amplitude curve 453
amplitude equation 103
amplitude-frequency characteristic 103
amplitude-frequency characteristics curves 103

amplitude hologram 453
amplitude type grating 453
anaflow 303
analogical recorder 243
analogous column 13
analysis of geometrical stability 157
analytical dynamics 96
analytical expression of the elementary work 441
analytical mechanics 97
analytical statics 97
anemometer wind gauge 100
anemometry 100
angle of attack 121
angle of friction 244
angle of internal friction 248
angle of rupture 274
angular acceleration 168
angular displacement 169
angular displacement of a rigid body 110
angular function of near tip fields 220
angular gravel 168
angular velocity 168
anisotropic thermal stress 120
anisotropy 119
anisotropy of rock mass 416
antisymmetric buckling 87
anti-thixotropy 87
apparent porosity of rock 408
apparent shearing stress 240
apparent strain 290,314
apparent viscosity 20
apparent yield limit 240
approximate active constraints 179,471
approximate reanalysis technique 178
approximate similarity model 179
approximate theory of gyroscope 361
apron 141
arch 121
Archimedes principle 1
architectural aerodynamics 167
arc length method 140
arc-shaped specimen(or C-shaped specimen) 121
area coordinates of triangular element 297
areal velocity 239
area of resisting shear 315
arithmetic-geometric mean inequality 334
arithmetic mean 334
arrest of crack propagation 458
artesian well 472
artificial variables 291
ASME defect assessment method 482
assembly for global stiffness matrix 455
assembly stress 469
associated free vibration 5
assumption of homogeneity and continuity 187
assumption of isotropy 119
assumption of plane cross-section 269
assumption of plane cross section in torsion
for a circular shaft 442
assumption of small deformation 390
atmosphere 49
atmospheric boundary layer 49
atmospheric diffusion 50
atmospheric moisture 50
atmospheric pollution 50
atmospheric temperature 50
atmospheric turbulence 50
atmospheric vortex 50
Atterberg limits 1
attitude 36
automatic mesh generation 366
automobile wind tunnel 278
average error 269
average modulus of rock 413
averaging time of mean wind speed 269
axes of a natural trihedron 472
axial deformation 464
axial force 464
axial force diagram 464
axial load 464
axially symmetrical plane problem 463
axial vibration measurement using speckle
interferometry 475
axiom of adding or subtracting a balanced force

system 448
axiom of equilibrium of two forces 86
axioms of statics 182
axis of bar 108
axis through the center of buoyancy and the center of gravity 102
axisymmetric element 464
axisymmetric element with triangular cross-section 297
back analysis method 87
back analysis of measured displacements 218
back pressure 140
back pressure saturation 89
backward difference 140
backward recurrence method 253
backwater curve 435
baffle sill 390
balanced force system 268
balance in wind tunnel 99
ball-and-socket 284
ball penetration test 450
banded matrix 51
bandwidth 51
banking inclinometer 57
bank resistance 1
bar 106
baroclinic fluid 392
barometer 278
barotropic fluid 456
Barron's consolidation theory 2
bar with varying cross-section 18
base point 151
basic creep 150
basic differential equation for steady nonuniform gradually varied flow in open channel 242
basic equation for seepage flow 305
basic equation for unsteady seepage flow 91
basic equation for water-hammer 320
basic equation of hydrostatics 321
basic equation of uniform flow 187
basic feasible solutions 150
basic function 151
basic hypothesis for plate bending 6
basic mechanism 150
basic singular solution of elastodynamics 342
basic solutions 150
basic unknowns 150
basic unknowns in displacement method 371
basic variables 150
basic wind pressure 150
basic wind speed 150
Bauschinger effect 5
beam 216
beam mechanism 217
beam of uniform strength 59
beam on elastic foundation 342
beam on viscoelastic foundation 255
bearing capacity of foundation soil 62
bearing ratio test 38
Beaufort scale 274
bed load 360
bed material load 46
bed resistance 45
behaviour constraints 395
behaviour variables 394
behaviour variable space 395
Bellman's principle of optimality 11
bellows-type plate 25
bending deformation 364
bending for transversely loaded beams 139
bending member 217
bending moment 363
bending moment diagram 363
bending of cylindrical bars 467
bending strength of rock 412
bending test for rocks 415
bending theory of thin shells 9
Bernoulli's equation 27
best hydraulic cross section 323
BFGS method 482
biaxial compression strain of rock 410
biaxial compressive test for rocks 414
biaxial photoelastic strain gage 319
biaxial tensile test for rocks 414

bifurcation load 268
bifurcation point instability 97
big-M method 50
biharmonic function 318
bilateral constraint 318
bilinear rectangular element 318
bilinear stress-strain model 463
bimoment 317
Binet's formula 12
Bingham body 22
binormal 105
Biot's consolidation theory 12
birefringent effect 319
bisection method 218
Bishop method 14
bitumen 214
blast reinforcement with slide 142
blazed diffraction grating 302
block pyramid 199
block-rent medium rock mass 198
block resonant test 198
block stone 198
block structure body 199
block theory 198
blue shortness 204
bluff body 83,186
bluff body aerodynamics 83
body-fitted coordinates 314
body force of unit mass 53
body wave 349
boiling 302
Boltzmann superposition principle 22
bond element 216
boring stress-relief method 478
boulder 266
boundary collocation method for stress intensity
factor calculation 431
boundary condition 15
boundary condition of stress 428
boundary condition of thin shells 8
boundary conditions for flexible plate 294
boundary conditions for membrane 8
boundary conditions for stiff plate 434
boundary conditions for thin plate 5
boundary conditions of beams 217
boundary element 15
boundary element method 15
boundary element method for elasticity problem 345
boundary element method for half-plane problem
of elasticity 4
boundary element method for infinite domain
problem of elasticity 379
boundary element method for three dimensional
elasticity problem 298
boundary element method for two dimensional
elasticity problem 272
boundary integral equation of direct method 457
boundary integral equation of indirect method 162
boundary layer 14
boundary layer equation 15
boundary layers at high speed 116
boundary-layer type wind tunnel 15
boundary line element of two dimensional
problem 86
boundary method in weighted residual method 159
boundary points 15
boundary surface element of three dimensional
problem 298
boundary surface model of soil 15
boundary value problem 17
bound water 174
Boussinesq equation 29
Boussinesq problem 29
Boussinesq's theory 11
branch and bound method 97
branching pipes 457
bridge truss 217
Brinell hardness 29
brittle-coating method 48
brittle damage 48
brittle fracture 48
brittle material 48
brittleness 48
brittle rupture of rock 407

broad-band random process 199
broad-crested weir 199
Brownian motion 29
B-spline 482
bubble function 264
Bubnov-Galerkin method 29
buckling 286
buckling load 286
buckling mode shape 286
buckling of circular cylindrical shell under torsion 442
buckling of circular cylindrical shell under uniform external normal pressure 442
buckling of cylindrical shell under uniform axial pressure 443
buckling of spherical shell under uniform pressure 283
buckling or stability constraints 376
buffeting 78
buffeting force 78
bulk compliance 349
bulk modulus 349
buoyancy 102
Burgers model 26
cable-stayed bridge 392
calculation of strength 280
calm 180
caloritype method of velocity measurement 218
Cambridge model 167
canonical equation of displacement method 371
canonical equation of force method 210
canonical form of linear programming 385
cantilever beam 399
capacitance amplifier 68
capacitance gauge 68
capacitance strain gauge 68
capactive type accelerometer 68
capillary lift test 237
capillary viscometer 237
capillary water 237
Carlson strain gauge 188
Carnot's theorem 188
carrying capacity 391
carryover factor 45
carryover factor in alternate joint 118
carryover moment 44
carryover shear force 44
Casagrande's method 188
Castigliano's first theorem 189
Castigliano's second theorem 188
Cauchy-Riemann equation 191
Cauchy similarity criterion 191
cavitation 277
cavitation phenomenon 193,278
CEGB-R6 defect assessment method 482
center of a parallel force system 274
center of buoyancy 102
center of gravity 463
center of mass 460
center of percussion 470
center of pressure 403
center of reduction 166
center of twist 259
central axis of a force system 213
central crack specimen 462
central difference 461
central difference method 461
central force 462
central principal moment of inertia 462
centrifugal force 206
centrifugal model test 206
centroid of area 394
change of code 144
channel for simple cross-section 53
channel of compound cross-section 104
characteristic velocity of a rocket 148
charge amplifier 68
chemical bonds 143
Chézy coefficient 393
Chézy formula 393
choking 435
Cholesky factorization method 82
chord rotation 382
circle shear test 442
circular cylindrical wave 443
circular failure 442

circularly polarized light 442
classical flutter 123
classical mechanics 179
clay 255
close loop of electric-hydraulic servo system 68
C_n continuity 483
coarse sand 48
cobble 232
Codazzi – Gauss conditions 191
COD design curve 483
COD fracture criterion 483
COD method 483
coefficient of active earth pressure 465
coefficient of compressibility of soil 356
coefficient of consolidation 125
coefficient of contraction 315
coefficient of creep 398
coefficient of curvature 285
coefficient of discharge for weir flow 419
coefficient of dynamic viscosity 74
coefficient of earth pressure at rest 182
coefficient of elastic resistance 344
coefficient of erosion for jet 43
coefficient of excess load 72
coefficient of frost resistance of rock 412
coefficient of heat transfer 144
coefficient of kinematic viscosity 446
coefficient of kinetic-energy variation 76
coefficient of lateral expansion 33
coeffi cient of linear expansion 384
coefficient of passive earth pressure 12
coefficient of permeability 306
coefficient of resilience 145
coefficient of restitution 145
coefficient of rolling resistance 132
coefficient of secondary consolidation 47
coefficient of sliding friction 142
coefficient of slurry consistency 250
coefficient of store water 466
coefficient of submergence 405
coefficient of surface tension 22
coefficient of thermal conductivity 289
coefficient of transmissibility 57
coefficient of transverse sensitivity 139
coefficient of uniformity 28
coefficient of unit elastic resistance 53
coefficient of velocity 228
coefficient of vibration isolation 119
coefficient of viscosity 256
coefficient of volume compressibility for fluid 349
coefficient of volume compressibility of soil 356
coefficient of weak plane 173
coefficients of elasticity 345
coherence function 387
coherent element 254
coherent light 387
cohesion 248,254
cohesionless soil 378
cohesive sediment 256
cohesive soil 256
collapse load 402
collapse mechanism condition 274
collapsibility of loess 144
collapsible loess 308
collocation method in weighted residual method 160
column 467
column analogy 467
column with statically determinate shear force 163
combination block 477
combined deformation 477
combined factor 478
combined mechanism 477
combined model element with layers 94
combined model in finite element analysis of
reinforced concrete 113
combined stilling basin 474
combined stress wave 104
comfort degree 315
compacting factor 57
compaction test 148
compactness of soil 355
compact tension specimen 178
comparative path 12
compatible element 391

compensator 27
competent coefficient of rock 411
complementary energy 426
complementary slackness condition 141
complete hydraulic jump 365
completeness of the displacement function 372
complete solution 364
complete state boundary surface 365
complete stress-strain curve of rock 409
complete well 364
complex amplitude 105
complex compliance 104
complex method 104
complex modal parameter 104
complex modulus 104
complex pipes 105
complex potential method for stress intensity factor calculation 431
complex rigid frame 104
complex truss 105
complex variable method in theory of elasticity 344
compliance calibration 292
compliance method for stress intensity factor calculation 432
complicated hinge 104
component 95
component-level optimization 94
composite beam 477
composite element 103
composite failure 104
composite method of acceleration for an arbitrary point of a plane figure 271
composite method of velocity for an arbitrary point of a plane figure 271
composite model or ‘smeared’ reinforcement model in finite element analysis of reinforced concrete 113
composite motion of a particle 64
composite roof truss 477
composite structure 477
composition error 474
composition of concurrent forces 145
composition of couples 212
composition of parallel forces 273
composition of rotations of a rigid body 111
compound pendulum 103
compound truss 216
compressibility of soil 356
compressible fluid 193
compression 402
compression curve of soil 356
compression index 404
compression member with elastic support 346
compression wave 403
computational fluid mechanics 158
computational mechanics 157
concentrated force 155
concentrated load 155
concentrated mass method 155
concentration of self-aerated water flow 35
condensation of degree of freedom 473
conditional load 350
conditional stress intensity factor 350
condition of bending strength for max. normal stress 364
condition of compatibility of member 107
condition of hardening 281
condition of shearing strength in bending 364
conditions of continuity of beams 217
conditions of extrusion strength 157
conditions of shear strength 164
conditions of strength calculus 280
conditions of torsional rigidity 258
cone of friction 244
confinement curve 445
conformal mapping 10
conforming element 391
conical frusta element of axisymmetric shell 464
conjugate depths of hydraulic jump 324
conjugate direction method 122
conjugate directions 122
conjugate gradient methods 122
conjugate operator 122
conservational property of difference equation 34

conservation of motion of the mass center 460
conservative force 10
conservative force field 10
conservative system 10
consistency of soil 353
consistent mass matrix 422
consolidated anisotropically drained test 119
consolidated anisotropically undrained test 119
consolidated drained direct shear test 237
consolidated drained test 124
consolidated quick direct shear test 124
consolidated undrained test 124
consolidation curve 124
consolidation of soil mass 358
consolidation pressure 125
consolidation settlement 124
consolidation test 124
consolidation test under constant loading rate 60
consolidation test under constant rate of strain 61
consolidation under K_0 condition 484
constant gradient consolidation test 60
constant head permeability test 37
constant strain mode 37
constant strain tetrahedron element 37
constant strain triangular element 37
constitutive equations 12
constitutive model of reinforced concrete 112
constitutive model of soil 353
constitutive relation of rock 406
constitutive relationship of rock mass 416
constitutive relations of metals at high
temperatures 116
constrained body 94
constrained boundaries 445
constrained condition 445
constrained diameter 383
constrained functions 444
constrained minimization 445
constrained non-linear programming 444
constrained optimization 445
constrained particle 94
constrained tolerance 445
constraint 444
constraint equation 444
constraint of motion 447
contact between sphere and cylinder 284
contact between two cylinders with orthogonal
axes 218
contact between two cylinders with parallel axes 219
contact between two spheres 219
contact pressure 151
contact problem 169
contemporaneous variation 59
continual loading consolidation test 215
continuity equation of gradually-varied
unsteady flow in open channels 240
continuity equation of liquid for steady-flow 138
continuity equation of one-dimensional unsteady
flow 421
continuous arch 215
continuous beam 216
continuous least square method in weighted
residual method 160
continuous medium hypothesis 215
continuous medium rock mass 215
continuous variables 215
continuous wave 215
continuum damage mechanics 216
contour of displacement 370
contour of equal displacement 60
contour of partial curvature 59
contour of partial slope 61
contours of objective function 246
contractional depth 315
contragradient transformation 253
control depth 196
controlling equations of fluid mechanics 229
control main line of pipe network 125
control of wind-excited vibration 101
control point of pipe network 125
control section 196
convected (or co-moving) coordinate system 361
convection diffusion 82
conventional triaxial test for rocks 406

conventional triaxial testing machine for rocks 407
convergence-confinement method 314
convergence criteria 315
convergence criteria of displacement based element 373
convergence curve 314
conversion coefficient of spatial correlation 194
conversion factor of basic wind speed 150
convex body 352
convex combination 352
convex function 351
convex programming 351
convex set 352
conveying property of difference equation 34
cooling-brittle toughness 206
coordinate transformation 481
coordinate transformation for isoparametric elements 58
coordinate transformation matrix 482
coordinate variables 482
core of section 175
Coriolis acceleration 191
Coriolis inertial force 191
cornerpoints method 168
corollaries on bound theorems 177
correction for longitudinal static pressure gradient effect 464
correction for mean stream angle 269
correction for Reynolds number effect 205
correction for stream turbulence effect 277
correction for tunnel wall 78
correlation 387
correlation coefficient 388
correlation coefficient in time domain 310
correlation element 387
correlation function of fluctuating wind 236
correlation node 388
correlation relation 387
cosmic gasdynamics 440
cosmic velocities 440
Couette flow 190
Coulmann construction 196
Coulomb's earth pressure theory 197
Coulomb's equation 197
Coulomb's laws of sliding friction 197
couple 212
coupled thermal elastic theory 262
coupled thermal stress 262
couple of rolling resistance 132
coupling technique of boundary element and finite element 16
Courant condition 191
crack 219
crack branching 219
crack element 221
crack geometry 220
crack growth 220
crack model of concrete 147
crack opening displacement 221
crack propagation gauge 220
crack propagation rate for stress corrosion 428
crack surface energy 219
Crank-Nicolson scheme 191
creep 293
creep compliance 294
creep curve of rock 414
creep damage 294
creep failure of concrete 147
creep function 294
creep motion 294
creep of concrete 146
creep of metal 178
creep predication of concrete 147
creep rupture strength 293
creep test 294
criterion approach 471
critical crack opening displacement 222
critical crack size 222
critical damping 224
critical depth 223
critical depth of wave 23
critical edge pressure 224
critical flow 222
critical fracture stress 80

critical hydraulic gradient 223
critical hydraulic jump 223
critical J integral 224
critical load 221
critical Mach number 222
critical number of blows of standard penetration test 221
critical Reynolds number 221
critical slope 222
critical speed of rotation 224
critical state 224
critical state elastoplastic model 224
critical state line 224
critical stress 223
critical stress intensity factor under stress corrosion condition 428
critical stress ratio 154
critical tractive force of sediment 251
critical value of suspension 399
cross flow galloping 139
cross-hole test 198
cross section 133
cross wind force 139
Crotti-Engesser theorem 193
Crout factorization 193
crushed stone 336
crystalline polymer 175
cubic interpolation function 297
cubic triangular element with ten nodes 308
Culmann method 196
curved bar 284
curved beam 285
curved element of axisymmetric shell 464
curved shell element 285
curve model 384
curve of critical stress 223
curve of pressure 403
curvilinear coordinates 285
curvilinear coordinates of isoparametric element 58
curvilinear motion of a particle 65
CVDA defect assessment curve 483
cyclic coordinate method 482
cyclic creep 401
cyclic mobility 366
cyclic simple shear test 452
cyclic temperature creep 401
cyclic triaxial test 452
cylindrical-coordinate method for motion of a particle 66
cylindrical shell 442
d'Alembert-Euler theorem 48
d'Alembert principle 49
damage mechanics 336
dam-break wave 199
damped vibration of one degree of freedom system 56
damping 476
damping coefficient 477
damping continuum 476
damping force 477
damping matrix 476
damping ratio 476
Darcys law 49
Darcy-Weisbach equation 49
D-B model 483
dead load 138
decision variables 186
decrement 163
deep shell element 305
defect assessment 288
deflection 247
deflection curve 247
deflective constraints 373
deflocculated slurry 177
deformation 19
deformational energy of rock 408
deformational pressure of surrounding rock 368
deformation and internal force of middle surface of shell 281
deformation and internal friction versus temperature plots 394
deformation modulus of rock 406
deformation modulus of rock mass 416
deformation of rock mass 416

deformation of soil mass 358
deformations and internal forces of middle surface of thin plate 6
degeneracy 361
degree of consolidation 124
degree of difficulty for geometric programming 156
degree of filling 41
degree of freedom 447
degree of freedom of vibration 452
degree of redundancy 37
degree of saturation 10
degrees of freedom 473
degrees of freedom at nodal line in finite strip 437
degrees of freedom of element 55
delayed elastic deformation 40
delayed elasticity 461
Den Hartog galloping criterion 61
density for fluid 230
density of soil 355
density test 355
derived dimension 56
descent algorithm 382
descent direction 382
design oriented structural analysis 240
design points 304
design space 304
design variable groupings 19
design variables 304
determinate of the Jacobian matrix 404
determination of thermal deformation temperature 288
deviation 206
deviation of a falling body from the vertical 233
deviation of the vertical 279
diagonal matrix 82
diameter of sediment grain 251
dielectric relaxation 177
difference scheme 35
differential equation of constitution 12
differential equation of continuity 216
differential equation of deflection curve 247
differential equation of energy 250
differential equation of equilibrium 268
differential equation of motion 446
differential equation of motion of a rigid body rotating about a fixed axis 110
differential equation of neutral equilibrium 462
differential equations of motion of a particle 459
differential equations of motion of a particle with variable mass 19
differential equations of motion of a rocket 148
differential equations of plane motion of a rigid body 111
differential equations of relative motion of a particle 459
differential equilibrium equation of Euler 261
differential form of constitutive relation 367
differential motion equation of Euler 262
differential thermal analysis 35
diffraction of elastic wave 341
diffusion matter 200
digital recorder 316
dilatancy 165
dilatancy in a rock 408
dilatational wave 264
dilatation of soil mass 358
dilatometer method 264
dimension 218
dimension formula 218
direct back analysis method 458
direct central impact 83
direct current potential method for detecting crack 220
direct integration method of the equations of motion 73
directive force 11
direct measurement 457
direct method with singular integrals 134
direct search method 457
direct shear apparatus 458
direct shear test 458
direct stiffness method 458
direct tensile test for rocks 415
discharge coefficient 227

discharge head 403
discharge per unit width 52
discontinuous deformation analysis 28
discrete element method 206
discrete least square method in weighted residual method 160
discrete variables 206
discretization error 206
discretization of structure(or continuum) 171
discriminant for critical position of load 223
disk-shaped compact specimen 442
dispersion 96,267
dispersion equation for total flow 475
dispersion of waves in soils 358
dispersive soil 96
dispersive wave 267,300
displacement 370
displacement based element 373
displacement criterion of slope safety 16
displacement discontinuity method 372
displacement function of finite strip 438
displacement function of torsion 259
displacement functions 371
displacement hybrid element 373
displacement method 370,373
displacement method for thin shell analysis 9
displacement of a particle 65
displacement sensor with eddy-current 68
displacement sensor with resistance strain gauge 70
displacement thickness 372
dispose of experiment data 311
dissipating force 136
dissipation rate of turbulence energy 360
distortion energy theory 363
distortion wave 151
distributed force 94
distributed load 94
distributed moment 95
distributed shear force 95
distributed unit of total out-of -balance moment of joint 155
distribution factor of moment 211
distribution factor of rotation moment 468
distribution factor of shear force 163
distribution factor of sidesway moment 32
distribution factor of total out-of-balance moment of joint 155
distribution for function error 135
distribution method of total out-of-balance moment of joint 212
disturbing force 106
divergence 300
Dofort-Frankel scheme 79
domain of frequency 267
domain of Laplace 202
domain of time 310
dominant period 471
double cantilever beam specimen 319
double-deck resistance strain gauge 317
double edge crack specimen 317
double-exposure holography 318
double-jack method 318
double layer potential 317
double modulus theory 318
double-shear test 317
double spring link element 318
down-hole test 382
downstream-slope channel 325
downstream wave 325
downwash 382
downwind 382
drag due to flow around a body 288
dredger fill 43
Drucker-Prager yield condition 57
Drucker's postulate 57
dry density of rock 408
dry density of soil 354
drying creep 106
dry unit weight of sediment 251
dry unit weight of soil 354
dual algorithm for geometric programming 156
dual beam speckle interferometry 317
duality 82
duality theorem 82

dual simplex method 82
ductile-brittle transition temperature 292
ductile fracture 292
Duhamel integral 79
dune 301
Dupuit formula 284
duration of shock pulse 42
dusty-gas shock tube 98
D-value method 483
dynamicaly response of crack 219
dynamic analysis of structure 171
dynamic and kinematic continuous condition 73
dynamic balance 77
dynamic behavior 74
dynamic compliance 78
dynamic consolidation 73
dynamic creep 77
dynamic criterion of stability 75
dynamic densification of soils 357
dynamic elastic modulus of rock 411
dynamic fracture toughness 77
dynamic instability 74
dynamic load 73
dynamic method 73
dynamic modulus 77
dynamic penetration test 72
dynamic photoelasticity 77
dynamic Poisson's ratio of rock 408
dynamic pressure 78
dynamic programming 77
dynamic propagation of crack 219
dynamic properties of soils 353
dynamic reactions of the bearings supporting a rotating rigid body 72
dynamic resistance strain tester 77
dynamic response 73
dynamic rheology 452
dynamics 74
dynamic settlement 453
dynamic shear modulus of soils 353
dynamic similarity 74
dynamics of plasticity 331
dynamics of structures 171
dynamic strength of rock 78
dynamic strength of soils 353
dynamic torsion pendulum apparatus 77
dynamic viscosity 73
earth pressure 358
earth pressure at rest 182
earth pressure of loose ground 300
east deviation of a freely falling body 234
easy compaction of mix 5
eccentric tension(compression) 266
economy velocity 179
eddy current detection for crack 220
eddy-current inspection 377
eddy-current transducer 68
eddy viscosity coefficient 377
edge effect of thin shells 8
effective angle of internal friction 439
effective cohesion intercept 439
effective density of soil 357
effective diameter 439
effective stress 439
effective stress analysis of shear strength 190
effective stress concentration factor 439
effective stress failure envelope 439
effective stress path 439
effective stress strength parameter 439
effective unit weight of soil 357
effect of water-reducing admixture 163
effect of wind flow over ramps and escarpments 263
efficiency of energy dissipation of hydraulic jump 325
eigenfunction 151
eigenvalue 347
eigenvector 347
Einstein method for forms resistance of bed 45
elastic buckling of thin plate 6
elastic center 346
elastic centre method 346
elastic core 342
elastic deformational pressure of surrounding rock 368
elastic element 346
elastic half-space foundation model 340

elastic hysteresis of rock 410
elastic impact 345
elasticity 340,344
elasticity release 345
elastic lagging effect 343
elastic limit 343
elastic limit angular speed 344
elastic limit bending moment 343
elastic limit load 343
elastic limit twisting moment 343
elastic load 342
elastic matrix 342
elastic model of soil 356
elastic modulus of rock 410
elastic modulus of soil 356
elastic plastic damage 340
elastic-plastic flexure 340
elastic-plastic fracture mechanics 339
elastic-plastic interface 340
elastic-plastic moment 340
elastic-plastic torsion 340
elastic resistance 344
elastic springback 343
elastic stage 344
elastic storage 346
elastic support 346
elastic thin plate 341
elastic-viscoelastic correspondence principle 345
elastic wave 341
elastic wave testing method 341
elastodynamic ray theory 342
elastodynamic reciprocal theorem 342
elastodynamics 342
elasto-plastic instability 340
elasto-plastic matrix of material 339
elastoplastic model of soil 356
elastoplastic modulus matrix $[D]_{ep}$ 340
electrical experiment method 67
electronic-hydraulic servo valve 69
electronic simulation 67
electronic speckle pattern interferometry 69
element 54
element analysis 54
elementary impulse 441
elementary work 441
element contributed matrix 55
element flexibility coefficient 55
element flexibility equation 55
element flexibility matrix 55
element of deformation mechanism 19
elements of Lagrange family 201
elements of Serendipity family 44
element stiffness coefficient 55
element stiffness equation 54
element stiffness matrix 54
element stiffness matrix for beam-column 217
elevated pile foundation 117
elevated temperature fatigue 116
elevated temperature low cycle fatigue 116
elevation head 374
ellipsoid of inertia 126
elliptically polarized light 362
encapsulated resistance strain gauge 101
endochronic plasticity model for soil 355
end surface effect 79
energy criteria 250
energy criterion of stability 250
energy dissipation of flow through outlet structure 390
energy equation liquid for steady-flow 138
energy equation of one-dimensional unsteady total flow for incompressible fluids 28
energy gradient 322
energy integral 249
energy loss thickness 249
energy method 249
energy method for plate buckling 2
energy release rate 249
energy-transducer 440
Engelund method for forms resistance of bed 46
engineering geology analogue 120
engineering mechanics 120
Engler's viscosimeter method 85
Engler viscometer 85

enthalpy 135
entire similarity model 365
entropy 303
entropy elasticity 303
envelope of moment and shear diagram 248
environmental aerodynamics 143
equality constraints 60
equation of compatibility of deformation of thin shells 8
equation of dynamic displacement 371
equation of dynamic equilibrium 74
equation of heat conduction 289
equation of influence line 423
equation of moment-of-momentum for steady-flow of liquid 138
equation of motion 446
equation of rotation 467
equation of virtual work 396
equations of compatibility of strains 426
equations of equilibrium of a force system 213
equations of general motion of a rigid body 111
equations of motion of a particle 66
equations of motion of a rigid body rotating about a fixed point 110
equations of plane motion of a rigid body 111
equation with wind speed and wind pressure 100
equatorial moment of inertia 40
equilibrium 268
equilibrium condition of member 107
equilibrium conditions of a system in generalized forces 130
equilibrium element 268
equilibrium equation of membrane 8
equilibrium equation of water quantity for gradually-varied unsteady flow in open channels 241
equilibrium transport-process of sediment 268
equipotential surface 60
equipressure surface 61
equivalent bending moment 386
equivalent couples 60
equivalent crack length 61
equivalent defect 56
equivalent force systems 61
equivalent frequency 61
equivalent load 144
equivalent load method 60
equivalent mass method 61
equivalent roughness 56
equivalent spring constant 61
equivalent stress 386
equivalent substitution for a force system 213
equi-volume size of sediment 251
equivoluminal wave 59
ergodic random process 119
error composite 380
error for experiment measurement 311
errors from measure 218
essential boundary condition 150
essential factor for wave 23
essential factor of motion of fluid 447
Euler equations 261
Euler fundamental equation of turbulent diffusion 262
Eulerian angles 261
Eulerian method 261
Eulerian variable 260
Euler-Lagrange method 261
Euler's dynamical equations 260
Euler's equation for the fluid flowing in a bend pipe 363
Euler's equation for turbomachines 262
Euler's formula 261
Euler similarity criterion 262
Euler's kinematic equations 262
evaluation of liquefaction potential 420
excavation cone 189
excess coordinates 85
excess load 133
excess pore water pressure 37
excitation 152
exotherm in stretch 202
expansion wave 264
expansive soil 264
experimental mechanics 311

experimental method for stress intensity factor
calculation 432
experiment of fluid mechanics 229
explicit constraints 383
extended Tresca yield criterion 131
extension 385
extension test 355
extensiveness 405
extensometer 422
extensometer with resistance strain gauge 70
external force 363
external virtual work 363
extrapolation of acceleration impulse 161
extremal condition of functional 89
extremal problem of functional 89
extremal problem of functional with no
subsidiary condition 89
extremal problem of functional with subsidiary
condition 89
extreme directions 152
extreme points 152
extrusion stress 157
factorization method 458
factor of safety 1
factor of step length 30
failure criteria of concrete under biaxial stress 147
failure criteria of concrete under multiaxial stress 147
failure criterion of soil 355
failure mechanism 274
failure-model test 274
failure of rock mass 417
fall diameter of sediment 251
falling curve 167
fast consolidation test 199
fatigue damage 266
fatigue life 265
fatigue life gauge 266
fault 80
feasible direction methods 193
feasible directions 193
feasible points 192
feasible region 193
feasible region in displacement space 373
fetch 46
fiber-optic strain gauge 128
fictitious stress method 398
filamentous flows 441
fill 291
filling 41
filtration of frequency 232
final settlement 481
final slope angle 481
fineness 180
fine sand 382
finite amplitude progressive wave 439
finite amplitude standing wave 438
finite analytic method 437
finite deformation 436
finite difference formulations of elliptic equation 362
finite difference formulations of harmonic and
biharmonic equations 350
finite difference formulations of hyperbolic
equation 318
finite difference formulations of parabolic equation 264
finite difference method 437
finite element analysis of reinforced concrete 113
finite element equation for shallow water flow 280
finite element equation in viscous
flow 256
finite element method 438
finite element method for dynamic analysis 73
finite element method for non-linear analysis 93
finite element method for stability analysis 376
finite element method for stress intensity factor
calculation 432
finite element method in fluid flow 229
finite element method of lines 438
finite element of seepage flow 306
finite layer method 437
finite prism method 437
finite strip method 438
finite theorem 436
first moment of area 239
fissuration coefficient 187

fissure frequency 221
five-moment equation 380
fixed bed 71
fixed centrode 71
fixed-end moment 124
fixed-end shear force 124
fixed-end support 123
fixed-pin pedestal 123
fixed reference system 71
flat shell element 267
flexibility coefficient 293
flexibility matrix 292
flexibility method 292
flexible constraint 293
flexible loading method 293
flexible plate 294
flexural rigidity 364
flexural rigidity of thin plate 6
flexural wave in plate 267
flexural wave in rod 457
floating body 102
float-type current meter 102
flocculated slurry 399
flocculated structure 399
flocculent structure 399
flow field 225
flowing soil 230
flow net 230
flow nozzle 264
flow rate 226
flowrate measurement 227
flow slide 226
flow table 226
flow through culvert 135
flow unit 225
flow visualization 226
flow with free surface 473
fluctuating amplification factor 236
fluctuating coefficient 236
fluctuating pressure 236
fluctuating velocity 236
fluctuating wind 235
fluctuating wind pressure 236
fluctuating wind speed 236
fluid 228
fluid drag 230
fluid dynamics 228
fluidity 226
fluid mechanics 229
fluid mechanics of engineering 120
fluid mechanics of multiphase systems 84
fluid wave in soil 358
flutter 36
flutter critical wind speed 36
flutter derivative 36
flutter frequency 36
fluvial hydraulics 72
foil resistance strain gauge 27
follower force 334
forbidden zone of structural natural frequency 266
force 208
force analysis 315
forced rubberlike elastic deformation 281
forced rubberlike elasticity 281
forced vibration 315
forced vibration of one degree of freedom system 55
forced vortex 281
forced wave 281
force field 209
force function 211
force method 210
force method for thin shell analysis 9
force of constraint 444
force polygon 210
force sensor with resistance strain gauge 69
force system 212
force triangle 212
form drag 394
formula and curve for the predication of creep 398
formulae for rotation of axes (area properties) 176
formula of partial derivative of total
  complementary energy 475
forward and backward search for the initial
  bounded interval 179

forward difference 279
forward recurrence method 325
Fourier's law 105
Fourier transform hologram 105
four-node bond element 328
fraction 215
fracture appearance transition temperature 80
fracture dynamics 80
fracture mechanics 80
fracture mechanics parameters 80
fracture toughness 80
fracture toughness for dynamic loading 78
fracture toughness of materials 30
fracture toughness of rock 411
fracture toughness specimen 80
fragment-rent medium rockmass 336
framed structure 107
framed structure of slurry 251
Fraunhofer holography 102
free atmospheric layer 473
free body 473
free discharge 473
free head 473
free hydraulic jump 473
free jets 473
free particle 474
free seepage-flow for river and channels 136
free surface of liquid 472
free turbulence 473
free variables for linear programming 472
free vibration 474
free vibration of one degree of freedom system 56
free volume theory 473
free vortex 474
free water 473
free wave 473
freezing internal force method 78
frequency constraints 267
frequency equation 266
frequency of vibration 452
frequency response characteristic 267
frequency response function 267
frequency spectrum 267
fresh breeze 180
fresh concrete 393
fresh gale 49
Fresnel holography 94
friction 244
frictional loss factor 418
frictional resistance 418
friction pyramid method 244
friction Read-loss 418
friction strength of structural plane 173
friction velocity 73
fringe counting technique 350
Frontal pressure 279
frost resistance of rock 408
Froude number 101
Froude similarity criterion 102
frozen soil 78
full-angle 40
full flow through culvert 440
full-level 40
full plastic method 287
full-scale model 475
fully-constrained criterion 237
fully-stressed criteria 237
fully-stressed design 237
functional 89
function error 135
function of hydraulic jump 325
fundamental dimension 150
fundamental equation of buckling of cylindrical shell 443
fundamental equation of dynamics of a particle 459
fundamental equation of dynamics of relative motion of a particle 459
fundamental equation of matrix displacement method 184
fundamental equation of thin shells 9
fundamental frequency 150
fundamental mode 150
fundamental physical quantity 150
fundamental solution of a differential operator 367

funicular polygon 337
fuzzyness of structural design 173
fuzzy optimum design 243
gable mechanism 302
gale 49
Galerkin method for solving rectangular plate 183
Galerkin method for stability analysis 375
Galerkin method in weighted residual method 159
galloping 39
galloping flutter 40
galloping force 40
galloping instability 40
gas 277
gas dynamics 278
gauge factor 225
Gaussian elimination method 115
Gaussian elimination with pivoting 116
Gaussian quadrature or Gauss integration 115
Gaussian quadrature with equi-accuracy 59
Gauss-Jordan method 115
Gauss-Seidel method 115
Geiringer's velocity equations 105
general curvilinear coordinate transformation 421
general displacement formula 372
general equation of dynamics 74
general equation of statics 182
general formula of weir flow 419
generalized conforming element 131
generalized coordinates 131
generalized coordinates of displacement based element 373
generalized displacement 131
generalized force 130
generalized Hooke's law 129
generalized hybrid element 131
generalized Kelvin model 130
generalized load 129
generalized load vector 129
generalized mass 131
generalized mass matrix 131
generalized Maxwell model 130
generalized momentum 129
generalized polynomial 129
generalized reduced gradient method 130
generalized single-degree of freedom system 129
generalized slope-deflection method 131
generalized stiffness 129
generalized stiffness matrix 129
generalized strain 131
generalized stress 131
generalized unknown forces 477
generalized variational principles in theory of elasticity 345
generalized velocity 131
general motion of a rigid body 110
general shear failure 455
general theorems of dynamics 74
general theorems of dynamics for impact 265
gentle breeze 367
geologic model 63
geology model of slope 16
geomechanical model test 63
geometrical equations 156
geometrically non-linear problem 156
geometrically stable system 155
geometrically unstable system 157
geometrical property of middle surface 461
geometric constraint 157
geometric damping 157
geometric isotropy of element 54
geometric programming 156
geometric properties of cross-section 176
geometric similarity 157
geometric statics 156
geometric stiffness matrix 156
geometric stiffness matrix for beam-column element 217
geophysical exploration 63
geophysical fluid dynamics 63
geotechnical model test 357
Gerstner's theory 105
Ge-Zhou-Ba(Ge-Zhou Dam)model 119
Givens-Householder method 152
glass transition 25

glass transition frequency 26
glass transition mechanism 26
glass transition pressure 26
glass transition temperature 26
glassy state 26
global analysis 454
global code 455
global coordinate system 455
global flexibility matrix 455
global optima 286
global stiffness equation 454
global stiffness matrix 455
golden section method 144,486
Gomory's cutting plane method 117
gradient 348
gradient based method 348
gradient of constrained function 445
gradient of objective function 246
gradient projection method 348
gradient wind 348
gradually varied flow 167
grain resistance 301
grain size analysis test 191
granularity 215
graphic conditions of equilibrium of a coplanar
force system 270
graphic method of a coplanar
force system 270
graph multiplication method 352
gravelly sand 215
gravitational water 462
gravity 462
gravity method for measuring flow 227
gravity stress 474
gravity stress gradient 463
gravity wave 462
Green function method 118
grid 167
grid generation 366
grid method 366
Griffith fracture criterion 118
Griffith's strength theory 118
ground roughness 63
groundwater dynamics 63
Grubbs criterion 118
guarantee factor 11
guided support 142
guide wave 56
gust loading factor 101
gyroscope 361
gyroscopic effect 362
gyroscopic moment 362
half-bandwidth 3
half equal bandwidth storage 59
half-power points 3
Hamilton's action 133
Hamilton's principle 133
Hansen's model 135
Hansen's ultimate bearing capacity formula 135
hardened concrete 434
hardening rules 280
hardness of metal at high temperatures 117
hardness testing 434
harmonic function 350
harmonic motion 166
head 324
head line 324
head loss 324
head of pump 319
head on weir crest 419
heat barrier 291
heat conduction 289
heavy damping 133
heavy exposure method 132
height of hydraulic jump 324
Heim theory 133
Hellinger-Reissner variational principle 137
Helmholtz's theorem 134
Helmholtz velocity decomposing theorem 134
hemi-space 4
Hencky's stress equations 137
Hencky's theorem 137
Hermitian interpolation function 137
Hertz 137

Hertz contact 137
Hessian matrix of objective function 246
hierarchy of optimum design 435
higher order element 114
higher order strip 114
high-frequency force balance 115
high(low)temperature resistance strain-gauge 113
high polymer 114
high pressure consolidation test 117
high-rise structure 116
high speed flow 116
high-temperature creep of ceramics 347
high temperature creep tester 117
high temperature gas physical mechanics 117
high vacuum 450
hinge 71
hinged bar 216
hinged bent frame 169
hinged joint 169
hingeless arch 378
hodograph 330
holographic diffraction grating 287
holographic interferometry 287
holographic non-destructive testing 287
holography 287
holonomic constraint 365
holonomic system 365
holo-photoelasticity 287
homogeneous deformation 187
honeycomb structure 101
Hooke's law 141
Hooke's law for shear 164
horizontal channel 273
horizontal stress in rock mass 418
horizontal wind-speed spectrum 324
horse-power 235
hot-wire anemometer 290
Houbolt method 136
HRR singular field 483
hurricane 185
Hu-Washizu variational principle 141
Hvorslev parameter 102
Hvorslev surface 102
hybrid experimental-numerical stress analysis 311
hydraulically rough wall of turbulent flow 321
hydraulically smooth wall of turbulent flow 322
hydraulic drop 319
hydraulic essentials 322
hydraulic exponent 322
hydraulic fracturing testing method 324
hydraulic jump 324
hydraulic radius 321
hydraulics 322
hydraulics for rock mass 417
hydraulic size of sediment 252
hydrodynamics 320,420
hydro-electrical analogy 319
hydrogen bond 283
hydrogen embrittlement 283
hydrokinematics 230
hydrostatica 321
hydrostatic resultant force 182
hydrostatics 228
hydrostatic stress state 182
hyperelastic model of soil 353
hypersonic flow 113
hypersonic wake 113
hypoelastic model of soil 353
hypothesis of permeability 305
hysteresis 460
hysteresis effect of rock 411
ideal constraints 208
ideal elastomer 208
ideal elastoplastic model 208
ideal fluid 208
ideal gas 208
idealized axial compression member 208
idealized stress-strain curves 165
ideal liquid 208
ignorable coordinates 401
ignorable integral 401
IIW defect assessment method 484
illite 422
Ilyushin's postulate 422

image holography 389
imaginary beam 397
imaginary hinge 396
immediate settlement 326
immersion method 179
impact 265
impact testing machine 42
impact testing of metal 177
impede 125
implicit constraints 423
impulse 43
impulse of a impulsive force 265
impulsive force 265
impulsive load 42
impulsive toughness 42
inactive constraints 94
incident turbulence 203
inclination sensor with resistance strain gauge 69
inclined-tube manometer 392
incompressible fluid 28
incremental initial strain method 449
incremental initial stress method 449
incremental method 449
incremental method with varying stiffness matrix 448
incremental theory of plasticity 334
independent displacement of joint 170
index number of cavitation 278
index number of critical cavitation 222
index of plasticity 334
index of strength 280
indirect measurement 162
indirect tensile test for rocks 411
induced drag 440
induced velocity of vortex 376
inductance type pressure transducer 67
industrial aerodynamics 120
inelastic buckling 92
inequality constraints 27
inertia 126
inertia force of a particle 459
inertial coordinate system 127
inertial motion 126
inertial reference system 126
inertia principal axes of area 177
inertia tensor 126
infeasible points 92
infeasible region 92
infinite boundary 378
infinite degree of freedom system 379
infinite element 379
infinite element method 379
inflexion point 88
influence line 423
influence line of displacement 373
inhomogeneous plane harmonic wave 91
initial condition 44
initial conditions of motion 446
initial crack growth 221
initial displacement stiffness matrix 44
initial excitation 43
initial imperfection criterion 44
initial liquefaction 44
initial parameter method 43
initial plastic flow 44
initial points 44
initial stress stiffness matrix 44
in-plane displacement analysis using dual beam
speckle interferometry 239
in-plane moiré method 240
input state 316
inside wave 248
in situ tests for rock mechanics 413
instability 308
instability in tension 202
instability of first kind 64
instability of member subjected to both bending
and compression 404
instability of second kind 63
instability of third kind 63
instant 325
instantaneous axis of rotation 326
instantaneous-center method for velocity of an
arbitrary point of a plane figure 271
instantaneous center of acceleration 161

instantaneous center of velocity 330
instantaneous centre of rotation 326
instantaneously unstable system 325
instantaneous modulus 326
instantaneous recovery 326
instantaneous translation 326
instantaneous wind speed 326
insulation resistance 186
integer programming 454
integral form of constitutive relation 149
integral variables 454
integrated node load 474
interface wave 177
interior method in weighted residual method 160
interlocking equation of water-hammer 320
internal force 248
internal friction 248
internal friction peak 248
internal friction versus circular frequency 248
internal nodal degrees of freedom 248
internal nodal line in finite strip 437
interpolation function 35
interpolation polynomial expressed in terms of finite difference 435
interrelations between material functions 30
intrinsic permeability coefficient 249
intrinsic variables and viscoelasticity 247
invariants of strain tensor 427
invariants of stress deviatoric tensor 431
invariants of stress tensor 434
inverse back analysis method 253
inverse method 253
inverse power method 88
inverted siphon 57
irregular specimen for rocks 27
irreversible creep 91
irrotational wave 379
isentropic flow 59
isochromatic 58
isoclinic 59
isodromics 58
isolated body 118
isolated-body diagram 315
isopachic 59
isoparametric combined element 58
isoparametric element 58
isostatic 465
isothermal elastic constants 60
isotropic hardening 60
isotropic thermal stress 119
isotropy 119
iteration method 70
Jacobian matrix 404
Jacobi iterative method 404
Jacobi method 404
Janbu general slice method 419
J.C.Bordas formula 5
J control crack growth 484
J dominant condition 484
jet 304
jet exhauster for gas 278
J integral 484
J integral fracture criterion 484
join depth 383
joint 169
joint block 170
joint compressive strength 221
joint element 169
joint mechanism 171
joint pyramid 170
joint roughness coefficient 221
joint set number 170
Joukowsky theorem 293
Joukowsky-type viscometer 293
Joule 168
journey 232
J_R resistance curve 484
K_0 consolidated drained compression test 484
K_0 consolidated undrained compression test 484
Kani iteration method 188
Kantorovich method 189
kaolinite 115
Kármán-Tsien formula 188
Kelvin solid 189

Kelvin's theorem 189
Kepler's laws of planetary motion 189
key block 125
kinematically admissible coefficient 447
kinematically admissible cycle of plastic strain rates 447
kinematically admissible velocity field 447
kinematically possible displacement field 157
kinematical shakedown theorem——Koiter's theorem 148
kinematic analysis of framed system 108
kinematic hardening 335
kinematic method 148
kinematics 447
kinematic similarity 447
kinematic viscosity 446
kinetic energy 76
kinetic energy correction factor 76
Kn normal stiffness Kn 87
Koenig's theorem 191
Kuhn-Tucker condition 197,484
Kuhn-Tucker points 484
K-ε model 484
laboratory tests for rock mechanics 413
Lade-Duncan model 202
Lade yield criterion 202
Lagrange multiplier method 201
Lagrange's equation 201
Lagrange's equation of impulsive motion 265
Lagrange's equations of first kind 64
Lagrange's equations of second kind 63
Lagrange's function 201
Lagrange's method 201
Lagrange's multiplier 201
Lagrange variable 200
Lagrangian interpolation function 200
Lame's potential 202
laminar flow 34
Lanczos method 203
Laplace equation in potential flow 313
Laplace transformation 202
large deflection equations for thin plate 5
large eddy simulation 50
laser 152
laser-Doppler current meter 152
latent-water well 279
lateral buckling of beam 217
lateral isotropy 139
lateral pressure coefficient 32
lateral vibration measurement using speckle interferometry 139
Laval nozzle 203
law of action and reaction 481
law of conservation of mechanical energy 149
law of conservation of moment of momentum 75
law of conservation of momentum 76
law of reciprocity of stresses 429
law of rolling resistance 132
law of universal gravitation 366
law of wind speed variation with height 100
leak before break criterion 274
leap frog method 362
least square method in weighted residual method 160
leeward side 11
length of hydraulic jump 324
length scale of turbulence 359
lengthy wave 36
Levy-Mises theory of plasticity 203
Lévy solution for rectangular plate 184
lift 184
lift coefficient 185
lifting ball viscosimeter method 348
lifting line theory 185
lifting surface theory 185
light air 294
light-beam oscillograph 128
light breeze 283
light damping 280
light rotator method 400
limit analysis method of soil slope stability 358
limit analysis of structure 172
limit condition 153
limited-step method 383
limit equilibrium method of slope stability 358

limit error 153
limiting point instability 154
limiting stress 154
limiting velocity 153
limit-load of instability 308
limit state 154
limit surface 153
limit-velocity for crack propagation 220
limit wind loading 153
linear acceleration method 383
linear constraints 385
linear deformation system 384
linear elastic fracture mechanics 384
linear elastic near-tip singular fields 384
linear interpolation function 384
linearity 384
linearlizing algorithm for geometric programming 156
linear objective function 385
linear programming 384
linear resistance potentiometers 142
linear small deflection theory of stability 385
linear strain 385
linear variable differential transformer 67
linear vibration 385
linear viscoelastic behavior 385
linear viscoelastic model 385
line of nodes 170
line search 422
link element 216
liquefaction strength 190
liquidity index 421
liquid level measurement 420
liquid limit 421
liquid limit test 421
liquid-metal resistance strain gauge 420
Lissajous figures 207
live load 148
load 136
load coefficient 137
loading path 162
loading time 40
load matrix of finite strip 437
local code 183
local coordinate system 183
local fall-stone failure 183
localization vector 71
localized deformation stage 182
local optima 183
local shear failure 182
local stability 284
location method with rock sound 418
locked in stress 101
lock-on phenomenon 337
Lode parameter 233
loess 144
loess collapsibility test 144
logarithmic decrement 83
logarithm of time fitting method 309
long culvert 36
longitudinal convective dispersion 475
longitudinal wave in rod 457
longitudinal waves 475
long pipe 36
long-term strength of soil 353
long-time strength of rock 406
looping pipes 143
loop-rating curve 307
loosening zone of surrounding rock 368
loose pressure of surrounding rock 368
loose rock mass 329
loss angle 336
loss compliance 336
loss factor 336
loss modulus 336
loss of kinetic energy in impact 265
Love – Kirchhoff hypotheses 204
Love wave 204
lower bound character of solution by finite element method 438
lower bound theorem 382
lower critical Reynolds number 382
lower critical velocity 382
lower order strip 62
low speed wind tunnel 62

lumped mass matrix 155
Mach angle 234
Mach cone 235
Mach number 234
Mach number independence principle 235
magnetical displacement sensor 46
magnetic flow-meter 67
magnetic inspection 46
magnetic tape recorder 46
magneto-fluid mechanics 46
magneto-pick up 46
magnification factor 90
Magnus effect 234
Magnus force 234
Mandel-Cryer effect 237
Manning formula 237
mapping 58
Martins test 234
Marykoff criterion 235
mass 460
mass condensation technique 460
mass flow rate 460
mass force 460
mass matrix 460
mass ratio of a rocket 148
master degree of freedom 466
material damping of soil 353
material fringe value 31
material functions 30
material matrix of cracked concrete 189
material matrix of uncracked concrete 92
mathematical model for optimum design 435
mathematical programming 316
mathematical programming method 316
matrix 184
matrix displacement method 184
matrix force method 184
matrix structural analysis 172
Matsuoka-Nakai yield criterion 485
maximum dry density 478
maximum energy release rate criterion 479
maximum moment of couple of rolling resistance 478
maximum normal strain criterion 479
maximum normal stress criterion 479
maximum shearing stress 478
maximum shear theory 478
maximum static frictional force 479
maximum strain 424
maximum tensile strain theory 479
maximum tensile stress theory 479
Maxwell-Cremona's graphic method 235
Maxwell fluid 235
McHeney's principle of superposition 235
mean depth over a cross-section 81
mean diameter 269
mean diameter of sediments 252
mean velocity of cross section 81
mean wind 269
mean wind pressure 269
mean wind-pressure factor varied with height 101
mean wind speed 269
measured value 33
measurement for equal precision 59
measurement for sedimental velocity of silt 251
measurement for unequal precision 27
measurement precision 33
measuring method for suspended load 400
measuring method of bed load 360
measuring methods of glass transition temperature 25
mechanical balance 149
mechanical effect of structural plane 173
mechanical hysteresis 149
mechanical impedance 149
mechanical loss 214
mechanical motion 149
mechanical properties of metals at high temperature 30
mechanical properties of polymer 185
mechanical properties of rubberlike polymer 116
mechanical similarity 214
mechanical similarity criterion 214
mechanical spectrum of polymer 114
mechanical system of units 213

mechanical vibration analysis using holographic interferometry 287
mechanical vibration analysis using speckle interferometry 299
mechanics of materials 31
mechanics of metal forming 178
mechanism 149
mechanism method 149
mechanism of collapse 274
mechanism of rock mass deformation 416
medium diameter of sediments 252
medium sand 461
melt index 292
melting viscosity 292
member 106
member with rigid end parts 50
membrane 7
membrane analogy method 7
membrane strain gauge 177
membrane theory of thin shells 8
mesh subdivision 366
metacenter 71
metallographic profile method for detecting crack 220
metal pressure gauge 178
method for dimensional analysis 218
method for the solution of non-linear equation systems 93
method for the solution of systems with tridiagonal matrix 470
method of alternating direction iteration 167
method of artificial viscosity 291
method of characteristics 347
method of conjugate beam 122
method of conjugate gradients 122
method of contraflexure point 88
method of direct integration through hydraulic exponent 322
method of elastic load 343
method of fictitious loads on the contour outside the domain 441
method of half-frame 3
method of half-structure 3
method of Hooke and Jeeves 30
method of inverse iteration 88
method of joint 170
method of kineto-statics 72
method of mark in cell 118
method of moment distribution 211
method of moment-fixed point 363
method of moments in weighted residual method 160
method of multiplication by a large number 39
method of particle-in-cell 118
method of reverse rotation 89
method of section 175
method of separate levels of rigid frame 94
method of shear force distribution 163
method of singularity distribution in viscous flow 256
method of slip line 142
method of substitution of bars 107
method of substructure 471
method of virtual unit displacement 53
method of visionplasticity 313
method with singular points outside the domain 441
Meyerhof's ultimate bearing capacity formula 238
Michell's criteria 238
micro-Brownian motion 367
micrometer screw gauge 233
midwater level of wave 23
mild slope 144
minimal points 154
minimization of half-bandwidth 51
minimum cost design 479
minimum volume design 480
minimum weight design 479
minor head-loss 183
minor head-loss coefficient 183
minor resistance 183
miscellaneous fill 448
Mises yield condition 238
mixed boundary condition 146
mixed element 146
mixed hardening 146
mixed method 146
mixed method for thin shell analysis 9

mixed method in weighted residual method 160
mixed mode fracture criterion 104
mixed type joint 477
mixed-type plate bending element with linearly varying bending moments 385
modal analysis 243
modal parameter 243
modal vector 454
mode decomposition method 453
model 244
model experiment 244
model law 244
modelling theory of turbulence 359
model of idealized elastic-plastic deformation 208
model of idealized rigid-plastic deformation 208
model of mechanics 214
model test 244
model test with simulating materials 388
mode matrix 454
mode of vibration 452
moderate breeze 136
moderately thick plate element 461
moderate thick plate 461
mode shape of vibration 453
mode synthesis method 243
modified Cam clay model 395
modified Griffith's strength theory 395
modified N-R method 395
modified wedge-opening loading specimen 105
modulus of compressibility of soil 356
modulus of deformation 353
modulus of deformation of structural plane 172
modulus of discharge 227
modulus of elasticity 345
modulus ratio 243
Mohr-Coulomb theory 245
Mohr Coulomb yield condition 245
Mohr's circle 246
Mohr's circle of strain 424
Mohr's circle of stress 430
Mohr's envelope 245
Mohr's theory of strength 246
moiré fringe multiplication technique 445
moiré interferometry 445
moire method 445
molecular diffusion 97
molecular motion in polymers 114
moment at the far end 444
moment at the near end 178
moment of a couple 212
moment of a force with respect to an axis 210
moment of a force with respect to a point 209
moment of force 211
moment of impulse 43
moment of inertia 468
moment of inertia of cross-section 175
moment of inertia of mass of a rigid body about concurrent axes 110
moment of momentum 75
momentum 75
momentum correction factor 76
momentum equation for stead-flow of liquid 138
momentum equation of unsteady gradually-varied flow in open channels 240
momentum loss thickness 76
monotonic convergence of displacement based element 373
Monte-Carlo method 238
montmorillonite 238
Morgenstern-Price method 245
most unfavourable position of load 478
motional unit 446
motion equation of gradually-varied unsteady flow in open channels 241
motion graph 446
motion of a falling body 234
motion of a particle in Newton's gravitational field 459
motion of a projectile 264
motion of sand wave 301
movable bed 72
movable load 192
movable-pin pedestal 147
moving boundary 192

moving centrode 77
moving load 422
moving reference system 72
muck 440
mucky soil 440
multi-degree of freedom system 85
multi-dimensional consolidation 84
multidimensional glass transition 26
multi-level optimum design 83
multi-mode coupled flutter 85
multiobjective optimum design 84
multiple integral form of constitutive relations 41
multiple stress concentration 83
multiple-tube manometer 83
multiple-well 180
multiplicity of motion 446
multiplier method 39
multiply connected finite plane region 84
multiply connected infinite plane region 84
multiply connected region 84
multi-span statically determinate beam 83
multistage decision process 83
narrow-band random process 449
natural boundary condition 472
natural-coordinate method for motion of a particle 66
natural coordinates of element 54
natural equilibrious arch 472
natural frequency 125
natural frequency of vibration 474
natural period of vibration 474
Navier solution for rectangular plate 184
Navier-Stokes equation 247
near gale 155
necessary constraint 90
necking process 180
negative gradient direction 103
negative wave 233
net foundation pressure 151
net wave pressure 180
network cable 337
Neuber method for solving stress concentration factor 283
neutral atmospheric boundary layer simulation 462
neutral axis 462
neutral equilibrium 336
neutral surface 462
Newmark influence chart 260
Newmark method 260
Newton-Cotes quadrature (integration) 257
Newtonian fluid 257
Newtonian impact theory 258
Newtonian mechanics 257
Newtonian similarity criterion 257
Newton-Raphson method 257
Newton's law of viscosity 257
Newton's laws of motion 257
Newton's method 256
Nikuradse's experiment 250
nil ductility temperature 379
nodal degrees of freedom 171
nodal displacement vector 171,473
nodal force vector 171
nodal line in finite strip 437
nodal load vector 171,473
node 170
nodeless degrees of freedom 378
nominal stress-nominal strain curve 21
non-basic variables 91
noncohesive sediment 92
non-complete well 29
non-conforming element 94
nonconservative force 90
non-crystalline polymer 91
nonelastic deformational zone of surrounding rock 368
nonenergy-transducer 379
non-Hertzian contact 91
nonholonomic constraint 92
nonholonomic system 92
noninertial reference system 90
nonlinear boundary condition 92
nonlinear constraints 93
nonlinear deformation system 93
nonlinear elastic model 93

nonlinear large deflection theory of stability 93
nonlinear material problem 30
nonlinear objective function 93
nonlinear programming 93
nonlinear vibration 94
nonlinear viscoelastic behavior 93
non-Newtonian fluid 92
non-Newtonian fluid mechanics 92
non-pressure flow 379
non-prismatic channel 92
non-rotational flow 379
nonsymmetrical circular plate 94
nonuniform flow 91
nonuniform rectilinear motion of a particle 64
nonuniform rotation 19
normal acceleration 87
normal coordinate 457
normal deformation of structural plane 173
normal depth 456
normalized mode 20
normally consolidated soil 456
normal model 456
normal plane 87
normal random process 456
normal stress 456
no-slip boundary condition 378
notched specimen 282
no tension analysis method 378
nozzle efflux 125
numerical diffusion 316
numerical dispersion 316
numerical integration 316
numerical-integration method for analysis
of flow profile 323
numerical methods in computational mechanics 158
numerical singularity 316
nutation of a gyroscope 362
Nyquist plot 247
object beam 380
objective function 246
objective speckle 193
oblique central impact 83
occasional load 262
octahedral normal stress 2
octahedral shearing stress 2
off-focus speckle-shearing interferometry 300
off-plane displacement analysis using dual beam
speckle interferometry 206
one-dimensional array storage 18
one dimensional consolidation 421
one-dimensional flow 422
one-dimensional unsteady flow equation of total
flow 421
open channel 240
open-channel flow 243
open flow in culvert 379
opening mode(mode-I)crack 450
open-web truss 193
optical Fourier transform 129
optical-plastic analogy 127
optimality conditions 481
optimality criteria 481
optimality criterion methods 481
optimal limit design 154
optimal points 480
optimal safety standard 480
optimal solutions 480
optimization 480
optimum design considering topological changes 362
optimum design in the dynamic response regime 75
optimum design of aseismatic structure 190
optimum design of concentrated parameter
structure 155
optimum design of distribution parameter
structure 94
optimum design of sectional sizing 176
optimum design of structural systems 455
optimum design with expected deformed shape 11
optimum in state phase 395
optimum in structural phase 174
optimum layout design 29
optimum shape and/or configuration design 394
optimum structural design 174
optimum value 479

optimum water content 480
orifice discharge 195
orifice meter 195
original rock 441
orthogonality of modes 454
orthogonal properties of the basic functions 151
orthotropic thermal stress 456
orthotropy 456
oscillograph 422
osculating plane 238
outflow under gates 449
out-of-balance moment of joint 170
out-of-balance shear force 28
out of plane moiré method 206
output state 316
over-conforming element 133
overconsolidated soil 37
over consolidation ratio 37
overhanging beam 363
parabolic approximate method 264
parallel algorithm 22
parallel axis formulae (area properties) 176
parallel-axis theorem 274
parallelogram law of forces 209
parallel-plate compressometer method 273
parent element 58
Parshall trough 263
partially parabolic equation 30
particle 459
particle of fluid 230
particle of liquid 420
particle-size-distribution of soil 354
partly full flow 4
partly full flow through culvert 4
Pascal law 263
Pascal tetrahedron 263
Pascal triangle 263
passive earth pressure 11
passive vibration isolation 11
patch test 390
path-line 158
path of a particle 64
pattern of structural plane 173
pattern search method 243
Pavlovskii formula 2
peak factor 101
peak strength 101
peat 253
pedestal 457
penalty function method 87
penalty function method in incompressible flow 28
penetration 450
penetration index 450
percentage elongation 405
percentage reduction of area 239
perfect gas 364
perfect plasticity 208
periodicity condition of closed shell 14
periodic load 463
period of vibration 452
period of wave 25
permeability coefficient of rock 414
permeability of rock 415
permeability of soil 356
permeability test 306
permissible velocity for channel 286
perpendicular reference grating moiré method 456
perturbation method 305
Peters-Wilkinson method 13
phase for water hammer 321
phase-frequency characteristic 389
phase-frequency characteristics curves 389
phase hologram 370
phase-type diffraction grating 370
phase velocity 389
photoelastic coating method 128
photoelasticity 127
photoelastic material 127
photoelastic oblique incidence method 128
photoelastic sandwich method 128
photoelastic strain gauge 128
photomechanics 127
photoplasticity 127
photothermoelasticity 289

photovoltaic displacement sensor 152
physical condition of member 108
physical properties of rock under water 410
physico-chemical hydrodynamics 380
piezometer 34
piezometric gradient 33
piezometric head 33
piezometric head line 33
piezoresistive type acceleration transducer 402
pipe network 125
pipes in parallel 22
pipes in series 45
pipe with uniform discharge along the line 187
piping 125
pitot-rack 34
Pitot tube 13
plain fill 329
plane bending 271
plane displacement measurement using
holographic interferometry 271
plane failure 271
plane figure 271
plane framed structure 269
plane harmonic wave 270
plane hologram 271
plane motion of a rigid body 109
plane polarized light 270
plane problem in elasticity 345
plane problem of plasticity 333
plane rigid frame 269
plane strain apparatus 272
plane strain fracture toughness 272
plane stress strip 272
plane truss 270
plane wave 269
plastic analysis of bars 108
plastic analysis of structures 173
plastic collapse-basic theorem 153
plastic constitutive relations 331
plastic deformational pressure of surrounding rock 368
plastic element 334
plastic flow law 333
plastic hinge 332
plastic hinge line 332
plastic impact 333
plastic index of clay 255
plastic instability 333
plasticity 331,332
plasticity chart 333
plasticity index 334
plasticity of mix 5
plasticity of rock 410
plasticity of soil 355
plasticizer effect 449
plastic limit 331
plastic limit angular speed 332
plastic limit bending moment 332
plastic limit load 331
plastic limit load coefficient 331
plastic limit state 332
plastic limit test 331
plastic limit twisting moment 332
plastic material 331
plastic modulus for the cross section 176
plastic moment condition 334
plastic potential 334
plastic rupture of rock 415
plastic slurry paste 192
plastic stage 285
plastic strain 334
plastic zone size 333
plate loading test 181
platen penetration 404
point-by-point analysis 464
point gauge 34
point load apparatus 67
point load strength index 66
point load strength test 66
point of separation 95
Poiseuille flow 27
Poissons effect 274
Poisson's formula 274
Poisson's ratio 274
Poisson's ratio of rock 413

Poisson's ratio of soil 355
polarbid 266
polar-coordinate method for motion of a particle 65
polariscope 128
polarized light 266
polar moment of inertia 154
polar moment of inertia of area 175
polar section modulus 190
pole of sectorial coordinate 303
polygon of pressure 402
polyhedral set 84
polymer 185
polynomial 456
pop-in phenomenon 352
pore air pressure 196
pore medium 196
pore pressure dissipation test 196
pore pressure parameter A 196
pore pressure parameter B 196
pore water pressure 196
porosity 196
porous medium 83
portal rigid frame 238
position vector 374
positive definite matrix 456
positive semidefinite matrix 4
positive wave 450
possible collapse load 192
post-buckling equilibrium state 140
post-failure modulus of rock 413
post-failure stress-strain curve of rock 415
post-flutter behavior 36
post optimality analysis 435
post-treatment method 140
post yield resistance strain gauge 50
potential energy 313
potential energy of loads 137
potential flow 312
potential force 436
potential force field 312
potential function 312
pounding method 57
Powell's method 11
power 121
power equation 121
power hardening 239
power law relations 239
power method 239
power spectral density 121
practical weir 312
Prandtl bearing capacity theory 275
Prandtl-Glauert rule 275
Prandtl mixing length theory 275
Prandtl number 276
Prandtl-Reuss theory of plasticity 275
pre-buckling equilibrium state 279
precession of a gyroscope 361
precession with nutation of a gyroscope 362
preconsolidation pressure 279
pressure 403
pressure at the point 67
pressure at the stagnation point 467
pressure coefficient 403
pressure drag 403
pressure flow 440
pressure gauge 34
pressure gradient 403
pressure head 403
pressure measurement 403
pressuremeter test 263
pressure of surrounding rock 368
pressure prism 403
pressure scanivalve 403
pressure sensor with capacitance 68
pressure sensor with strain resistance wire 70
pre-treatment method 382
primary consolidation 465
primary creep of rock 407
primary stress 421
primary structure of displacement method 371
primary structure of force method 211
primary structure plane 441
primitive variable method 228
principal axes of inertia 126

principal central axis of inertia 462
principal centroid axes of cross section 176
principal directions of strain 427
principal directions of stress 434
principal moment of a force system 213
principal moment of inertia 466
principal normal 465
principal sectorial moment of inertia 465
principal shearing stresses 465
principal stress 465
principal stress method 465
principal vector of a force system 213
principle of actual work 311
principle of dimensional homogeneity 218
principle of effective stress 439
principle of independent action of forces 209
principle of least strain energy 480
principle of minimum complementary energy 480
principle of minimum potential energy 479
principle of relativity of classical mechanics 179
principle of removal of constraint 177
principle of solidification 108
principle of stationary complementary energy 440
principle of stationary potential energy 313
principle of subregion complementary energy 96
principle of subregion potential energy 96
principle of superposition 70
principle of virtual displacement 397
principle of virtual force 396
principle of virtual velocity 397
principle of virtual work 396
prismatic channel 206
probabilistic fracture mechanics 106
probability density 106
probability distribution of fluctuating wind 235
probability error 148
problem of nontransform type 90
problem of plane strain 272
problem of plane stress 272
product of inertia 126
product of inertia of cross-section 175
progressive deformation failure 63
progressively circulating loading test 464
progressive wave 394
progressive wave in deep water 305
progressive wave in shallow water 280
projection of a force on an axis 214
projection of a force on a plane 214
propagation of discontinuous surface 162
propagation of random errors 380
properties of slip lines 142
proportional limit 12
proportional loading 12
propulsive force 88
Protodyakonov's theory 276
prototype 441
pseudo-strength of rock mass 470
pulsatile analysis method 235
pulse holographic interferometry 235
pumpability 192
pumping aid 466
punching shear failure 42
pure bending 46
pure bending of curved beam 285
pure shearing stress state 46
pure torsion 46
P wave 485
QR iteration method 485
quadratic interpolation function 86
quadratic objective function 86
quadratic programming 86
quadratic termination property 86
quadratic triangular element with six nodes 231
quality factor 267
quarter-wave plate 328
quasi-brittle fracture 470
quasi-conforming element 253
quasilinear constitutive equation 253
quasi-static method 253
quasi-static problem 470
quasi-steady plastic flow 470
quasi-steady theory 253
quick direct shear test 199
radial acceleration 180

radial velocity 180
radiation damage 103
radiographic inspection 305
radius of gyration 145
radius of gyration of cross-section 175
radius of plastic zone 333
radius vector 312
random error 335
random finite element 335
random load 335
random process 335
random variable 335
random vibration 335
rank force method 460
Rankine's earth pressure theory 204
Rankine state 204
rapid flow 154
rapidly varied flow 154
rarefied gas dynamics 381
rate of consolidation 125
rational middle surface of shallow shell 18
ratio of moment-fixed point 363
ratio of specific heats 13
ratio of store water 466
Rayleigh damping 296
Rayleigh quotient 296
Rayleigh-Ritz method 295
Rayleigh scattering 296
Rayleigh's dissipation function 295
Rayleigh's method 295
Rayleigh wave 294
real gas 311
real gas effect 311
real-time holography 154
real-time time-average holography 154
reattachment 448
rebound curve 145
reciprocal theorem for reaction and displacement 88
reciprocal theorem of displacements 372
reciprocal theorem of reactions 88
reciprocal theorem of works 121
recompression curve 448
reconstructed real image 448
reconstructed virtual image 448
recording materials of hologram 288
rectangular-coordinate method for motion of a particle 65
rectangular plate element 184
rectangular prism element family 456
rectilinear motion of a particle 66
recurrence period 41
recurrence step using optimality 470
red clay 140
reduced basis method 167
reduced factor of buckling 376
reduced frequency 450
reduced gradient method 166
reduced integration 167
reduction of an arbitrary force system 291
reduction of inertia force system of a rigid body 110
redundant constraint 84
redundant force 84
reference coordinate system 31
reference light 31
reference light modulation method 31
reference system 31
reflected boundary 88
reflection-moiré method 88
reflection of elastic wave 341
reflection polariscope 88
refraction of elastic wave 341
region of search 329
regression analysis 145
regression equation 145
regular precession of a gyroscope 361
regular wave 132
Reissner theory 203
relative acceleration 386
relative convergence 386
relative density of soil 356
relative density test 301
relative displacement 386
relative equilibrium 386
relative equilibrium of liquid 420

relative error 386
relative motion 387
relative pressure 387
relative rest 386
relative roughness 386
relative smoothness 386
relative velocity 386
relative wave 386
relativistic fluid mechanics 386
relaxation factor 329
relaxation function 329
relaxation in polymer 114
relaxation modulus 329
relaxation of rock 410
relaxation spectrum 329
relaxation test 329
relaxation time 329
reliability-based optimum design 151
remolded soil 41
remote hydraulic jump 444
removable theorem 193
Resal's theorem 203
residual 440
residual angle of internal friction 32
residual deformation of soil mass 358
residual error 308
residual pore water pressure 31
residual strain field 32
residual strength 32
residual stress field 32
residue of boundary 15
residue of equation 90
resistance curve method 476
resistance for artificial structures 291
resistance for forms of river course 136
resistance network analogy 69
resistance similarity criterion 476
resistances of movable bed 72
resistance strain gauge 69
resistance strain tester 70
resistivity method 69
resolution of a force 209
resonance 123
resonant column test 123
resonant frequency 123
resonant method 392
response 389
restoring force 145
restrained torsion 445
resultant 136
retardation spectrum 406
retardation time 405
retractive force 145
reversible creep 145
revised simplex method 395
Reynolds equation 204
Reynolds number 205
Reynolds similarity criterion 205
Reynolds stress 205
Reynolds stresses model 205
rheological behavior for hardened concrete 435
rheological behavior in drying process for green body 265
rheological behavior of bitumen 214
rheological behavior of cement concrete 323
rheological behavior of cement paste 323
rheological behavior of ceramic material 347
rheological behavior of fresh concrete 393
rheological behavior of mortar 324
rheological behavior of plastic slurry paste 192
rheological behavior of rock 408
rheological behavior of slurry 251
rheological model of soil 355
rheological pressure of surrounding rock 368
rheologic models of rock 413
rheology 225
rheology of high polymer 114
rheonomic constraint 90
Richardson′s extrapolation scheme 207
rigid bar-spring system 112
rigid body 109
rigid body mode 111
rigid body spring model 111
rigid boundary hydraulics 71

rigid disk 109
rigid frame 108
rigid frame without sidesway 378
rigid frame with sidesway 436
rigidity 108
rigid joint 109
rigid model 112
rigid plastic model 109
rigid support 112
ripple 301
ripple wave 216
riprap 133
rise-span ratio 312
Ritz's method for solving rectangular plate 183
Ritz vector method 207
Rivals formula 207
rock 406
rockburst 42
rock burst 42,406
rock fracture mechanics 411
rock mass 416
rock mass projection 417
rock mechanics 412
rock mechanics test 412
rock quality designation 415
rock slope stability 406
Rockwell hardness 233
roller bucket 390
rolling contact 132
rolling resistance 132
rolling wave 132
Roscoe surface 232
rosette gauge 424
Rossby number 232
Ross equation 232
rotation 400
rotational acceleration 468
rotational flow 439
rotation couple 468
rotation moment 468
rotation of a rigid body about a fixed axis 109
rotation of a rigid body about a fixed point 109
rotation stiffness 467
Rotor-type current meter 400
roughness 47
roughness coefficient 32,47
rounded gravel 442
round-off errors 304
routine consolidation test 37
rubber elastic deformation 116
rubbery state 116
ruby laser 139
rule of loading-unloading 162
rule of unloading 392
Runge-Kutta method 232
saddle point theorem 1
safety factor of slope 16
safety factor of stability of slope 16
Saint-Venant's principle 308
sample of maximum wind speed 478
sand 302
sand heap analogy 301
sands resistance 339
sand-wave 301
sandwich holography 162
sandwich plate 162
sandwich speckle method 162
SAP 39
saturated density of soil 352
saturated soil 10
saturated unit weight of soil 353
scalar field 20
scaling step 304
scattered-light method of photoelasticity 128
scattered-light polariscope 300
scattered-light speckle interferometry 300
Schmidt number 312
scleronomic constraint 71
Scruton number 326
secant method 117
secant modulus 117
secant modulus of rock 411
secondary consolidation 47
secondary consolidation settlement 47

secondary flow in the plane of cross section 81
secondary principal stress 47
secondary relaxation 47
secondary stress 86
secondary structure plane 47
second variation of functional 89
section 175
sectional sizing variables 175
section model 169
section modulus for a beam 190
sectorial coordinate 303
sectorial geometric property 302
sectorial moment of inertia 302
sectorial normal stress 302
sectorial shear stress 302
sediment 251
sediment concentration 134
sediment concentration as percentage by weight 134
sediment-laden flow 391
seepage discharge 305
seepage failure of soil 356
seepage flow 305
seepage-flow model 306
seepage force 306
seepage velocity 306
segment translation 216
seismic transducer 126
self-excited vibration 471
self-locking 472
self-simulation 472
self-temperature-compensating resistance strain gauge 374
semi-analytical finite element method 3
semi-analytical numerical method 3
semiconductor strain gauge 3
semi-discrete method 4
semi-implicit pressure linked equation 402
semi-infinite plane problem 4
semi-inverse method 4
sensitivity analysis 224
sensitivity of soil 355
separable programming 192
separated-flow torsional flutter 95
separated model in finite element analysis of reinforced concrete 112
separation bubble 95
separation of boundary layer 15
sequential linear programming 399
sequential quadratic programming 398
servo-controlled testing machine 328
set of Saint-Venant equations for unsteady gradually-varied flow in open channels 241
shadow-moiré method 423
shakedown 1
shallow shell 17
shallow shell element 18
Shanley theory of inelastic buckling 389
shape effect 394
shape factor for sections 176
shape factor for wind loading 101
shape function 394
shape function matrix 394
shape parameter variables 394
sharp crested weir 7
shear box test 164
shear center 164
shear deformation of structural plane 173
shear flow 164
shearing force 163
shearing force diagram 164
shearing moiré interferometry 48
shearing strain 164
shearing stress 164
shear locking 164
shear modulus 164
shear rupture of rock 408
shear strain rate 164
shear strength of rock 412
shear strength of rock mass 417
shear strength of soil 354
shear strength of structural plane 173
shear strength parameter of soil 354
shear stress difference method 164

shear test for rocks 412
shear wave 164
shell of revolution 401
Shen Zhujiang three yield surface model 305
shift factor 422
shock 41
shock capture 151
shock layer 151
shock pulse 42
shock response spectrum 42
shock tube 151
shock wave 151
shock wave in open channel 240
Shore hardness 390
short-access storage 326
short culvert 80
short pipe 79
short wave 79
shrinkage limit 336
shrinkage limit test 336
SH wave 485
side constraints 177
sideslope coefficient 16
sidesway coefficient 33
sidesway mechanism 33
sidesway moment 33
sidesway stiffness 33
side weir 32
sieve-aperture size for sediment 252
signal analyzer 393
signature turbulence 347
silt 98
silty clay 98
silty sand 98
similarity criterion number 388
similarity function 388
similarity laws 388
similarity of boundary conditions 15
similarity of physical phenomenon 380
similarity scale 388
similarity theory 388
similitude error 388
similitude of hypersonic flow 113
similitude of transonic flow 198
simple harmonic load 166
simple harmonic motion 166
simple harmonic vibration 166
simple harmonic wave 166
simple hinge 52
simple loading 165
simple pendulum 51
simple pipes 165
simple shear apparatus 52
simple truss 165
simplex method 51
simplex tableau 51
simplified sketch 157
simply connected region 52
simply supported beam 167
simply supported shallow shell with equal curvatures 166
Simpson formula 393
simulating materials 388
simultaneous mode of failure approach 351
single beam off-focus speckle interferometry 52
single beam speckle interforometry 52
"single curve" hypothesis 53
single-degree of freedom system 55
single edge crack specimen 51
single edge notched bend specimen or three point bend specimen 297
single-grained structure 52
single-integral constitutive relations 52
single layer potential 51
single-shear test 52
single-span statically indeterminate beam 52
singular element 276
singular matrix 276
sink 145
siphon 140
size effect 40
skeleton waves in soils 358
Skempton's ultimate bearing capacity formula 326
skew bending 392

slab(pillar) structure body 3
slab-rent medium rock mass 2
slack variables 328
slake-durability index of rock 409
slaking characteristic of rock 408
slaking test 308
slave degree of freedom 47
slender-body theory 382
slenderness ratio 37
slice method 350
sliding bearing 142
sliding contact 141
sliding friction 142
sliding mode (mode-Ⅱ) crack 142
slip lines 142
slope-deflection equation 468
slope-deflection method 468
slope of repose 472
slump test 339
slurry of ceramic 347
small-amplitude wave 367
small deflection equation for thin plate 6
small oscillation 367
small-perturbation theory of aerodynamics 195
smoke wind tunnel 405
smooth cylindrical pin 127
smooth-surface constraint 127
Snell's law 327
soaking line 179
soaking surface 179
soft clay 294
softening coefficient of rock 414
softening point of asphalt with circle-ball method(bitumen) 143
softening property of rock 414
soft rock mass 329
soil 352
soil damping 357
soil liquefaction 356
soil mechanics 357
soil slope 357
soil structure 354
soil texture 354
solid structure 311
solid structure plane 435
solution of equation in incompressible viscous flow 28
solution of plane problems in elasticity by polynomials 345
solution of plane problems in elasticity by trigonometric series 345
solution of potential flow 313
solution of weakly compressible flow 296
Somigliana identity 329
sonic barrier 307
sound exploration method 306
source 444
source of plane jets 271
source of round jets 464
space effect of excavating face 189
space framed structure 194
space rigid frame 194
space truss 194
spacing between structural planes 173
span 198
sparse matrix 381
spatial coherence 194
spatial correlation of wind speed 98
spatial grid structure 366
specific creep 13
specific damping capacity 13
specific discharge 12
specific dissipation function 13
specific energy at the section 80
specific gravity of solid particles 357
specific gravity test 353
specific heat 13
specific value of stress 427
specific velocity 12
specific weight for fluid 230
specific work dissipation rate 12
speckle 299
speckle interferometry 299
speckle-photoelastic interferometry 300

speckle-shearing interferometry 299
spectrum plane 267
speed 331
speed of convergence 314
speed of sound 307
Spencer method 326
spherical-coordinate method for motion of a particle 65
spherical fixed support 124
spherical movable support 192
spherical roller support 192
spherical wave 283
spin of a gyroscope 362
spline boundary element method 420
spline element 420
spline finite strip method 420
spline function of degree *d* 483
spline interpolation function 420
spline subdomain method 420
split operator method 95
spring constant 339
spurious zero-energy mode 84
square region of flow resistance 476
square root method for symmetric positive-definite matrix 82
square root of time fitting method 309
stability analysis method of slope 358
stability analysis of slope 358
stability equation 375
stability of compressed bar 402
stability of equilibrium 268
stability of foundation rock 406
stability of foundation soil 62
stability of fresh concrete 393
stability of gyro axis 361
stability of rock mass 417
stability of surrounding rock 368
stability theory of structure 174
stability theory of thin shells 9
stable crack growth 221
stable equilibrium 376
stage returns 169
staggered grid method 167
stagnation point 467
stall 308
stall flutter 308
standard deviation 20
standard form of linear programming problem 385
standard height 20
standard penetration test 20
standard specimen for rocks 406
standard step sum method for analysis of flow profile 323
standard test specimens 20
standing wave 466
star circle of stress 433
state equation 470
state of elastic equilibrium 345
state of limit equilibrium 153
state transformation equation 468
state variable 470
statically admissible coefficient 181
statically admissible load 192
statically admissible stress field 181
statically determinate structure 180
statically indeterminate structure 37
statically possible stress field 181
statical shake-down theorem——Melan's theorem 181
static balance 182
static condensation 181
static cone penetration test 181
static criterion of stability 182
static equilibrium method for plate buckling 2
static load 181
static method 181
static pressure 182
static resistance strain tester 182
statics 181
statics head 181
statics properties of rock 408
static test at normal temperature 180
stationary random process 273
statistical theory of turbulence 360
steady flow 71,138

steady flow in open channels 242
steady nonuniform gradually varied flow in open channel 242
steady plastic flow 71
steady rapidly-varied flow in open channels 242
steady-state creep of rock 415
steady state modulus 376
steady state of forced vibration 376
steady-state response 376
steady thermal stress 71
steelmaking cap supposition 112
steepest descent method 479
steep slope 79
step length 30
stereographic projection 40
stiffened plate 159
stiff loading method 112
stiffness 108
stiffness coefficient 180
stiffness coefficient of the elastic support 346
stiffness factor 108
stiffness matrix 108
stiffness matrix of structure 171
stiffness method 108
stiffness of bitumen 214
stiffness vector of finite strip 437
stiff plate 434
stiff plate method 112
stiff testing machine 112
stilling basins 389
stochastic hydraulics 335
stochastic programming 335
Stockbridge damper 327
Stokes' flow 327
stone 336
stoneley wave 327
storage compliance 44
storage modulus 44
stored energy function 466
storm 199
story moment 232
story shear force 232
strain 424
strain and stress in shell 281
strain bridge 424
strain-controlled testing method 192
strain control triaxial compression apparatus 424
strain deviatoric tensor 426
strain energy 425
strain energy density factor criterion 425
strain gage balance 426
strain gauge 19
strain-hardening behaviour of rock 410
strain-induced plastic-rubber transition 426
strain rate 424
strain-softening 410
strain space 424
strain spherical tensor 426
strain state at a point 421
strain surface 426
strain tensor 427
strain vector 426
strategy for anti-zigzagging 87
stream function 226
stream function-and vorticity method 226
stream function method 226
streamline body 231
streamlines 231
streamlining 231
stream tube 226
strength 280
strength anisotropy index 280
strength criterion of slope safety 16
strength curve surface of rock 414
strengthened stage 281
strength loss ratio of rock 414
strength of rock 413
strength of rock mass 417
strength of turbulent 360
strength theory of rock 414
stress 427
stress concentration 429
stress concentration diffusion 429
stress concentration factor 429

stress constraints 433
stress-controlled testing method 192
stress control triaxial compression apparatus 430
stress corrosion 428
stress deviatoric tensor 431
stress dispersion 430
stress-equilibrium method 431
stress-freezing effect 428
stress-freezing method of photoelasticity 128
stress function 429
stress function of bending 364
stress function of torsion 259
stress gauge 429
stress hybrid element 434
stress-induced whitening 428
stress in original rock 441
stress in soil mass 358
stress intensity factor 431
stress intensity factor calculation method 432
stress intensity factor fracture criterion 431
stress in the surrounding rock 369
stress method 430
stress-optic law 428
stress path 430
stress path method 430
stress ratio 427
stress-ratio coefficient of original rock 441
stress-ratio method 428
stress ratio of liquefaction 420
stress recovery method 429
stress relaxation 432,433
stress relaxometer 433
stress relief method 430
stress space 430
stress spherical tensor 432
stress state at a point 421
stress-strain curve in tension 433
stress-strain curve of crystalline polymer 175
stress-strain curve of glassy polymer 26
stress-strain curve of rock 410
stress-strain curve of vulcanized rubber 231
stress-strain matrix of concrete 147
stress-strain matrix of 'smeared' reinforcement 60
stress surface 432
stress tensor 434
stress vector 433
stress waves in soils 359
string polygon 337
strip theory 266
stroboscopic vibration technique 267
strong breeze 280
strong gale 219
Strouhal number 327
Strouhal similarity criterion 327
structural analysis for rock mass 416
structural body 174
structural global behaviour constraints 455
structural local behaviour constraints 183
structural mechanics 172
structural mechanics of rock mass 417
structure 171
structure of rock mass 416
structure of vortex 400
structure plane 172
structuring method of difference equation 34
Student distribution function 485
subdivided truss 448
subdomain method in weighted residual method 160
sub-item mixed energy principle 97
subjective speckle 465
submerged body 279
submerged coefficient for weir flow 419
submerged discharge 405
submerged hydraulic jump 405
submerged jets 405
subparametric element 47
subregion mixed energy principle 96
subregion mixed finite element method 96
subregion mixed generalized variational principle 96
subregion mixed variational principle 95
subsonic flow 405
subspace iteration method 471
substitute-frame method 350
substructure 471

successive overrelaxation method 38
suction head 381
suction pore water pressure 103
suddenly applied load 352
superimposed stress in ground 62
superparametric element 37
superposition principle of potential flow 312
supersonic flow 38
supersonic method for measuring flow 38
support interference correction 457
support of space structure 194
surface displacement measurement using
holographic interferometry 287
surface force 21
surface layer 178
surface of discontinuity in stress 429
surface of discontinuity in velocity 330
surface stress relief method 21
surface tension 21
surface wave 21
surface wave test 21
surface wind 178
surge 80
surge wave 435
surplus variables 308
surrounding rock 368
suspended cable structure 399
suspended load 399
suspension bridge 399
SV wave 485
S wave 485
Swedish method 294
swell 440
swelling index 145
swelling pressure of surrounding rock mass 368
swelling property of rock 413
symmetrical circular plate 464
symmetrical structure 81
symmetric buckling 81
symmetric matrix 81
synchronized-analysis 311
systematic error 381
system-level optimization 465
system of constrained particles 94
system of equations for boundary element
method 15
system of free particles 474
system of particles 459
Tacoma Narrows Bridge 337
tail water 370
tangential acceleration 282
tangential stiffness matrix 282
tangent modulus 282
tangent modulus of rock 414
tangent modulus of soil 355
tangent modulus theory 282
tapwater meter 471
taut strip model 203
Taylor method 339
tearing mode(mode-Ⅲ) crack 328
tearing modulus 328
tectonic stress 123
tectonic structure plane 123
temperature and stress dependence of creep 398
temperature boundary layer simulation 374
temperature complement gauge 374
temperature sensor 33
temperature spectrum 374
temporal coherence 309
temporary birefringent effect 448
tension 201
tensional rigidity 190
tension failure 200
tension strength of rock 412
tension tester 201
termination criteria 462
terrain 62
Terzaghi-Rendulic diffusion equation 339
Terzaghi's bearing capacity theory 338
Terzaghi's consolidation theory 338
Terzaghi theory 338
tetrahedron element family 328
tetrahedron element with ten nodes 309
tetrahedron element with twenty nodes 86

Theodorson function 381
Theodorson number 381
theorem of composition of accelerations of a particle 64
theorem of composition of angular velocities 168
theorem of composition of infinitesimal angular displacements 378
theorem of composition of velocities of a particle 65
theorem of concurrence of three balanced forces 298
theorem of impulse 43
theorem of moment of impulse 43
theorem of moment of impulse about the center of mass 387
theorem of moment of momentum 75
theorem of moment of momentum about the center of mass 387
theorem of momentum 75
theorem of motion of the mass center 460
theorem of projection of velocities of two particles 330
theorem of simple loading 165
theorem of strain energy 425
theorem of the moment of a resultant 136
theorem of the projection of a resultant 136
theorem of translation of a force 209
theorem of work and kinetic energy 76
theorem on the circulation of shearing stress 165
theorems of Pappus and Guldinus 123
theoretical cohesive strength 207
theoretical mechanics 207
theoretical strength of polymer 114
theory of complex mode 104
theory of consolidation 124
theory of elastic thin shell 341
theory of elastoplastic model of soil 356
theory of flow rule of soil 355
theory of overstress modes 133
theory of strain hardening law of soil 354
theory of strength 280
theory of thermoviscoelasticity 289
theory of yield surface of soil 356
thermal buckling 290
thermal delay 291
thermal diffusivity 374
thermal expansion 290
thermal fatigue 290
thermal motion of macromolecules 114
thermal-phase transformation elastic theory 290
thermal-phase transformation elastoplastic theory 290
thermal-phase transformation stress 290
thermal ratchet 289
thermal resistance 291
thermal shock 289
thermal stress 291
thermal vibration 291
thermal zero drift 374
thermoelastic constant 290
thermoelasticity 290
thermo-elasto-plasticity theory 290
thermorheologically simple behavior 289
thermosistor type blast velocimeter 289
thick error 48
thickness of compression layer of foundation 62
thick shell element 140
thin-airfoil theory 10
thin plate bending element 6
thin-walled member 6
thin-walled structure 7
thixotropy 44
thixotropy of soil mass 358
three-dimensional flow 298
three dimensional stress analysis using holo-photoelastic method 299
three-hinged arch 298
three-moment equation 298
three-node-triangular element 18 degrees of freedom 298
three-node triangular plate element 298
three-parameter fluid 297
three-parameter solid 296
threshold velocity of sediment 252
throttle meter 170
thrust 360
thunderstorm wind 204
tied arch 200

time-average holography 309
time-dependent effects of rock 409
time-dependent method 310
time-dependent property 180
time-division method 309
time-edge effect 309
time factor T_v 310
time interval 309
time-mean method 310
time-mean pressure 310
time-mean velocity 310
time-procedure analysis 309
time-temperature equivalent principle 309,310
Timoshenko's method 351
toppling failure 283
tornado 232
torsional-bending frequency ratio 258
torsional deformation 258
torsional -flexural buckling 363
torsional rigidity 190
torsional tester 258
torsional wave in circular cylindrical rod 441
torsion of cylindrical bars 467
torsion shear apparatus 258
torsion test for rocks 413
total flow 475
total head 475
total head line 475
total Lagrangian method 286
total porosity of rock 409
total pressure 475
total stress 475
total stress analysis of shear strength 190
total stress failure envelope 475
total stress path 475
total stress strength parameter 475
total theory of plasticity 333
trace-type water level meter 120
trail and error method 314
trail of vortex 376
trajectories of principal stresses of beam 217
tranquil flow 143
transducer 45
transfer function 44
transformation of strain components on rotating axes 469
transformation of stress components on rotating axes 469
transformation of variables 18
transformed section method 144
transient response 448
transition element 132
translational displacement 384
translation of a rigid body 109
translatory wave 370
transmissibility of a force 209
transmission polariscope 351
transmitting ratio of a wheel train 72
transonic flow 198
transport acceleration 279
transport equation 45
transport inertial force 279
transport motion 279
transport rate 316
transport velocity 279
transverse acceleration 139
transverse load 139
transverse sensitivity 139
transverse velocity 139
transverse wave 139
trapezoidal formula 348
trapezoidal weir 348
Trefftz method 347
Tresca yield condition 347
trial function 314
triangular element family 297
triangular prism element family 297
triangular sharp-crested weir 297
triaxial compression strain of rock 414
triaxial compression strength of rock 414
triaxial compression test 299
triaxial extension test 299
tri-phase soil 299
tropical cyclone 289

true angle of internal friction 451
true cohesion 451
true elastic deformation of concrete 147
true stress-strain curve 451
true stress-strain curve in tension 451
true triaxial apparatus 451
true triaxial test for rock 415
true triaxial testing machine for rocks 415
true value 451
truncation error 175
truss 138
Tsinghua elastoplastic model 283
Tsiolkovsky's formula 276
turbine flow-meter 377
turbulent diffusion 375
turbulent flow 359,375
turbulent jets 375
turbulent model 375
twice moment distribution method 86
twin shear stress yield condition 317
twisting moment 258
twisting moment diagram 258
two-cylindrical viscosimeter method 319
two-dimensional flow 86
two-dimensional potential flow 273
two dimensional stress analysis using
holo-photoelastic method 272
two-dimensional wave 86
two-force bar 86
two-hinged arch 219
two models method 318
two-parameter foundation model 317
two phase method for truss optimization 139
two-phase simplex method 219
two-point test of mix workability 5
type of flow 226
typhoon 337
ultimate bearing capacity of foundation soil 62
ultimate load 153
ultimate specific creep 152
ultimate strength 280
ultrasonic inspection 38
ultrasonic pulse method 38
ultrasonic wave test 38
unconfined compression strength 378
unconfined compression strength test 378
unconsolidated undrained test 27
unconstrained minimization 380
unconstrained nonlinear programming 379
unconstrained optimization 380
uncoupled quasi-static thermal elastic theory 92
uncoupled thermal elastic theory 92
uncoupled thermal stress 92
underconsolidated soil 280
undisturbed soil 441
undrained shear strength 28
undular hydraulic jump 25
undulate degree 276
uniaxial compression strain of rock 407
uniaxial compression strength of rock 407
uniaxial compressive test for rocks 407
uniaxial photoelastic strain gauge 55
uniaxial tensile strength 55
uniform flow 187
uniform flow in open channel 242
uniformly accelerated rotation 446
uniformly distributed load 186
uniform rotation 446
unilateral constraint 52
uniqueness of solution 177
uniqueness of solution in viscoelasticity 255
uniqueness theorem 55
unit elongation 385
unit-load method 53
unit of moment distribution 211
unit weight of soil 357
universal test machine 365
unloading modulus of rock 410
unloading wave 392
unrepeatability 29
unsaturated soil 90
unstable crack growth 221
unsteady aerodynamic coefficient 90
unsteady flow 90

unsteady flow in open channels 241
unsteady flow in pipes 91
unsteady thermal stress 90
unsymmetrical bending 392
updated Lagrangian method 395
upper bound character of solution by finite element method 438
upper bound element technique 303
upper bound theorem 303
upper critical Reynolds number 303
upper critical velocity 303
upstream wave 253
upwind 303
up-wind scheme 423
U-tube manometer 485
vacuum 450
vacuum-meter 450
Van der Waals force 89
vane shear test 309
vane strength 309
variable head permeability test 19
variable load 19
variable metric methods 18
variation 18
variational method 18
variational principles in theory of elasticity 344
variational principles of analytical mechanics 97
variation of function 135
variation of functional 89
variation of variable domain 192
Vebe apparatus method 369
vector algebra method 312
vector field 312
vector of nodal displacements 106
vector of nodal forces 106
velocity 329
velocity-area method for measuring flow 227
velocity circulation 330
velocity diagram 331
velocity distribution law for turbulence 359
velocity gradient 330
velocity graph 330
velocity head 228
velocity measurement 228
velocity potential 228
Venturi flow-meter 375
Venturi trough 375
vernier calliper 278
vertex of influence line 423
vertical stress in rock mass 417
vertical wind-speed spectrum 316
Vesic's ultimate bearing capacity formula 374
vibrating reed apparatus 453
vibrating-wire strain gauge 453
vibration 451
vibration isolation 118
vibration of viscoelastic bodies 255
vibration reduction 163
vibration system identification 452
vibration viscosimeter method 452
vibration wave 452
vibrator 454
Vickers hardness 369
Vickers microhardness 383
violent storm 11
virgin compression curve of soil 357
virgin rock 441
virtual deformation energy 395
virtual displacement 397
virtual state 397
virtual strain 397
virtual work 395
viscoelastic behavior 254
viscoelastic boundary value problem 254
viscoelasticity test 254
viscoelastic model of soil 355
viscoelastic plate on viscoelastic foundation 255
viscoelastic reciprocal theorem 255
viscoelastic stieltjes convolution 255
viscoelastic wave 254
viscosimetry of slurry 251
viscosity 254
viscosity coefficient of rock 413
viscosity measurement 254

viscosity of rock 413
viscous damping 256
viscous deformation 256
viscous element 256
viscous flow 255
viscous flow state 254
viscous flow temperature 254
viscous fluid 256
viscous sublayer 255
void index of rock 408
void ratio 196
volume coordinates of tetrahedron element 328
volume force 349
volume hologram 349
volume method for measuring flow 227
volume relaxation 349
volume strain 349
volume stress 350
volumetric deformation modulus of soil 356
volumetric joint count 349
volumetric modulus of elasticity 349
volumetric sediment concentration in percent 134
von Kármán's law 188
vortex 400
vortex element 441
vortex-excited resonance 376
vortex-induced force 376
vortex-induced vibration 377
vortex intensity 377
vortex line 377
vortex shedding 400
vortex shedding frequency 400
vortex street 376
vortex tube 376
vorticity 377
wake flow 370
wake galloping 370
wall frame 14
wall function 14
warping of cross section 176
wash load 43
water absorption capacity of rock 410
water absorption of rock 415
water content of rock 411
water content of soil 354
water content test 354
water-hammer 320
water-hammer equations 320
water-hammer for rapid closure 458
water-hammer for slow closure 163
water-hammer pressure 321
water-hammer wave 320
waterlogged capacity of rock 407
waterproof resistance strain gauge 90
water saturation ratio of rock 407
water trough for measuring flowrate 218
water tunnel 320
Watt 362
wave 23
wave amplitude 22
wave angle of shock wave 41
wave body 25
wave bottom 22
wave crest 22
wave discharge 23
wave energy 23
wave energy discharge 24
wave front 22
wave front method 24
wave front of shock wave 42
wave group 24
wave group velocity 24
waveguide 22
wave height 23
wave length 22
wave loop 23
wave nodes 23
wave number 24
wave number vector 24
wave pressure 25
wave steepness 22
wave surface 23
wave top 22
wave valley 23

wave velocity 24
wave velocity method 25
waving surface 22
weak structure plane 294
Weber similarity criterion 367
wedge failure 391
wedge problem 391
weight 286
weighted average 159
weighted residual method 159
weight flow rate 463
weight function method for stress intensity factor calculation 431
weighting function 286
weight loss ratio of rock 415
weir 418
weir flow 419
weir for measuring flowrate 218
weld resistance strain gauge 136
Wells formula 368
Westergaard's method for stress intensity factor calculation 432
wetted perimeter 308
whiplash effect 17
white-light speckle method 2
white noise random process 2
whole-field analysis 286
whole gale 199
whole model 286
Willot displacement graph 369
Wilson-θ method 367
wind 98
wind class 99
wind cock 100
wind direction 100
wind-driven wave 98
wind engineering 99
wind force 99
wind loading 99
wind moment 99
wind pressure 100
wind pressure spectrum 101
wind rose 99
wind speed 99
wind speed profile 100
wind-speed spectrum 100
wind suction 381
wind through the main room of a house 44
wind tunnel 98
wind tunnel test data correction 98
windward area 38
windward side 423
Winkler foundation model 375
wire resistance strain gauge 326
WLF equation 485
work 120
workability of concrete 146
work done by an elastic force 344
work done by gravity 462
work done by Newton's gravitation 257
work done by the resultant 136
work hardening 159
wrench or force screw 212
writing recorder 13
X-Y recorder 486
yield condition 285
yield strength 285
yield strength of rock 409
yield surface 285
Young's fringe 420
zero configuration 225
zero-force member 225
zero load method 225
zero-moment state of thin shells 9
zero-one method 143
zero-one programming 486
zero-order fringe technique 225
zero -shear distribution method 378
zero shift 225
zigzag 185
zigzag moving method 40
Zoutendijk's feasible direction method 471
β equation 486
γ rays method 486

π plane 486
π theorem 486
Шаля theorem 301
3-phase index of rock 409
3σ criterion 487